骆小丽◎编著

0~3岁育儿百科

中医古籍出版社

图书在版编目(CIP)数据

0～3岁育儿百科/骆小丽编著. －北京:中医古籍出版社,2015.6

ISBN 978－7－5152－0936－4

Ⅰ.①0… Ⅱ.①骆… Ⅲ.①婴幼儿－哺育－基本知识 Ⅳ.①TS976.31

中国版本图书馆CIP数据核字(2015)第158249号

0～3岁育儿百科

编　　著 骆小丽

责任编辑 于　峥
出版发行 中医古籍出版社
社　　址 北京东直门内南小街16号(100700)
印　　刷 北京楠萍印刷有限公司
开　　本 787mm×1125mm　1/16
印　　张 38
字　　数 408千字
版　　次 2015年6月第1版　2015年6月第1次印刷
印　　数 0001～5000册
标准书号 ISBN 978－7－5152－0936－4
定　　价 78.00元

前言

0 ~ 3 岁，是婴幼儿身体发育、心智发育、潜能开发的关键时期。抓好 0 ~ 3 岁儿童大脑的开发，就为孩子幼儿及小学阶段的学习乃至一生打下了坚实的基础。做好 0 ~ 3 岁儿童的日常喂养和保健，让孩子的身体各项机能得到良好发育，使孩子拥有强健的体魄和充沛的精力，对其一生的健康有着至关重要的意义。因此，如何哺育好 0 ~ 3 岁孩子，如何对 0 ~ 3 岁的孩子进行潜能开发，是所有为人父母的首要职责，也是决定孩子未来成长的关键一步。

家有 0 ~ 3 岁宝宝的年轻父母，也许正在为种种育儿问题焦头烂额，正在为孩子的智力开发而苦思冥想，也许有各种各样的答案在你眼前，你却判断不清哪个实用有效，哪个只能让你白费工夫。为了给年轻的父母提供一个科学、实用、有效且值得信赖的权威育儿读本，我们精心编写了这本《0–3 岁育儿百科》。它综合了大量国内外营养学、儿科、早教等相关领域的研究成果，介绍了先进的育儿理念、实用的育儿知识和科学的育儿方法，解答了现代中国父母的常见困惑。

本书精心选取了家长高度关注的 0 ~ 3 岁宝宝的养育问题，内容涉及宝宝的喂养、照料、健康、智力开发、教育、紧急救护等方面，共分三篇来讲述。第一篇为“家庭护理”，以年龄分章，分别讲述宝宝在各个年龄阶段的身体发育特征，以及日常护理要点，同时，介绍了不同时期易发的儿科疾病，以及家庭护理方法。让家长轻松掌握家庭护理的基本方法，如怎样给孩子洗澡，怎样教孩子控制大小便等，根据成长指标监测宝宝的成长发育情况。第二篇为“科学喂养”，讲述了孩子在 0 ~ 3 岁不同阶段所需要的营养方案、喂养方法、发育指标、饮食策略、食谱等，科学的营养建议，有益孩子身心健康的饮食配方，以及解决孩子拒奶、上火、厌食、偏食等的各种妙招，喂养过程中的一切棘手难题都迎刃而解，不仅能让宝宝愿意吃，而且吃得好、吃得健康。第三篇为“智能提升”，按不同年龄段为父母提供提升智力、激发孩子多元潜能的方案，促进孩子的认知发展、语言发展、大动作和精细动作发展、自我意识的发展等，训练孩子的记忆力和注意力，促进情绪管理和社交能力发展，指出了 0 ~ 3 岁孩子智能发展过程中的常见问题，诸如，怎样应对宝宝的认生，怎样教孩子掌握数的概念和空间概念，如何帮宝宝建立良好的人际关系，并提供了科学的解决方案。

此外，本书还借鉴了近年来优秀育儿、早教相关图书的编写体例，立足于现代生活，从中国家长的实际需要出发，根据中国人特有的体质、生活方式、育儿环境等进行编写，因而更适合中国家庭使用，是中国家庭必备的育儿宝典。

本书旨在应家长之需，急家长之所急，想家长之所想，为家长出谋划策，解决实际问题。目的在于解答初为父母者的疑惑，帮助新手父母认识宝宝的生理、心理特点，并学会养育、教育宝宝，从而促进宝宝的早期发展，奠定人生发展的基础。在书中，凡家长普遍关心和经常遇到的问题，诸如，母乳喂养和人工喂养的问题，训练孩子大小便的问题，进行早期智力开发的问题，等等，都可以在书中找到答案。书中所讨论的这些问题都是从各大育儿论坛、问卷调查中得来，是从家长的实际生活中来，所以非常贴近实际、贴近大众。针对每个问题，书中不仅告诉你怎么做，而且还告诉你为什么要这么做，如果不这么做会有什么后果。每个问题都有科学的解答，阐述得详细而深入，把育儿知识讲得清晰透彻，让家长学起来轻松，用起来放心。

拥有这本书，你将不再是那个忧心忡忡、手忙脚乱的妈妈，按照本书的早教方法，无须带宝宝参加价格高昂的早教培训，你自己就可以成为宝宝最好的早教专家，制定出个性化的早教方案，因材施教，轻松开发宝宝的潜能，帮助宝宝赢在起跑线上！

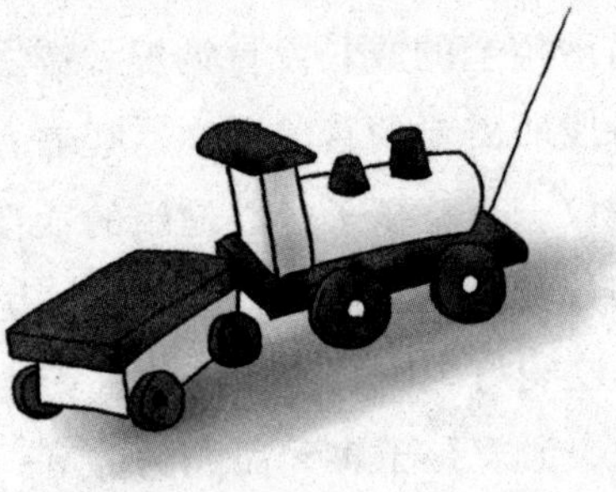

目　录

第1篇　家庭护理

第1章　宝宝诞生之前

第2章　新生儿的家庭护理

第2篇　科学喂养

第18章　2岁宝宝的饮食营养

第 3 篇　智能提升

第2章　7～9个月宝宝的智能提升

第 4 章　13 ～ 18 个月宝宝的智能提升

第 1 篇　家庭护理

第 1 章 宝宝诞生之前

婴儿房的选择

婴儿房的位置

婴儿房应该向阳，能让阳光照射进来，保证良好的光线，方位在东为好。有一个通风顺畅的窗户，但不要有穿堂风，以防宝宝感冒。

房间最好紧挨爸爸妈妈的主卧室，以免宝宝需要帮助却无人看管。此外，婴儿房尽量远离厨房厕所等地，以免油烟、臭气甚至细菌侵扰宝宝。

婴儿房的地面

婴儿房的地面适宜采用天然的实木地板，安全无毒而且易清洁。要充分考虑地面的防滑，但也不宜放置地毯，虽然地毯的安全性较高，可以防止宝宝跌倒，但是由于附着太多粉尘，长期使用会导致宝宝患有支气管炎和呼吸道疾病。

在装饰材料的选择上，无论墙面、顶棚还是地板，应选用无毒无味的天然材料，以减少装饰所产生的居室污染。

婴儿房的灯光

要保证合适且充足的照明，让房间温暖、有安全感，有助于消除宝宝独处时的恐惧感。

当宝宝游戏玩耍时，尽可能用整体灯光照明，可以装置不同色彩的灯光，刺激宝宝视觉的发育，但亮度不宜过强，持续观看的时间不宜过久，以免引起宝宝神经系统的疲劳。

宝宝看图画书时，可选择局部可调光台灯来加强照明，以取得最佳亮度。

宝宝入睡时，最好选用柔和的壁灯，不会刺激宝宝的眼睛，而且能够使室内显得安静，从而创造入睡的气氛。

婴儿房的色调

婴儿房在色彩和空间搭配上的色调最好以明快、亮丽、鲜艳、轻松、愉悦为主，以偏浅色调为佳，尽量不用深色，太刺眼的大红大紫会刺激宝宝，也忌用黑色及纯白色，可以多些对比色。

活泼、艳丽的色彩有助于刺激宝宝的视觉神经，满足宝宝丰富的想象力，塑造宝宝开朗健康的心态，还能改善室内亮度，形成明朗亲切的室内环境，给宝宝安全感。粉红、淡绿色、淡蓝色都是很好的墙面装饰色彩，可以把墙面装饰成蓝天白云、风景宜人的自然景观，让宝宝感到轻松活泼。

婴儿房内不宜摆放花草

有些人喜欢在婴儿居室摆放一些花草，但是这样会影响婴幼儿饮食、休息和健康，降低婴幼儿的嗅觉和食欲。

引起头痛、恶心、呕吐的花草：具有浓烈香味的茉莉花、丁香、水仙、木兰等。

引起皮肤过敏反应、黏膜水肿的花草：万年青、仙人掌、五彩球、洋绣球、报春花等。

引起咽喉部位黏膜充血、水肿，造成吞咽和呼吸困难的花：万年青。不要让宝宝接触，更不能把枝叶含在口中玩耍。

引起婴幼儿急性中毒症状的花草：夹竹桃。切忌让宝宝误吞。

发生急性胃肠炎的花草：水仙花鳞茎。不要让宝宝去咬。

此外，宝宝新陈代谢旺盛，需要有充分的氧气供应，而花卉夜间吸进新鲜氧气，吐出二氧化碳，从而减少室内氧气，这不利于宝宝的健康。所以婴幼儿居室内不宜放置花草。

婴儿床的选择

婴儿70%的时间都是在床上度过的，良好的睡眠和宝宝的成长发育是密不可分的，所以，给宝宝选择一个安全、舒适、方便的婴儿床，是宝宝健康成长的保证，爸爸妈妈应该认真选择。

床的位置

婴儿床不能放在靠窗靠门处，直接吹风不利于宝宝身体健康；不要放置在阳光直晒的位置，宝宝需要阳光，但过于暴露在阳光下会伤害宝宝的眼睛和皮肤；也不要靠近家具，避免宝宝依靠家具爬出婴儿床或者家具倾倒伤害宝宝；更不要靠近电源，以免宝宝触电。可把床放在没有门窗的那面墙边，靠墙紧贴，可避免婴儿床翻动，又能防止宝宝掉到床和墙的夹缝中。

床的板条

婴儿床四周板条之间的距离不要过宽，一定不要超过宝宝头的宽度，否则容易导致宝宝的头从缝隙之间滑入缺口，造成伤害甚至窒息。婴儿床的四周不要棱角分明，尖利的棱角很可能碰伤宝宝的皮肤，组装的床还要注意螺丝是否拧紧，插销的位置是否安全等。总之，床表面要光滑，没有毛刺，以免划伤宝宝皮肤；设计要完善、坚固，经得起好动的宝宝的“折腾”；不要有突出物和缺口，不要选择花纹复杂、雕饰太多的婴儿床，以免钩住宝宝的衣服，或者卡住宝宝的手指和身体的其他部位；还要注意不要有可分离的小零件，以防宝宝吞食。

床的栅栏

栅栏的高度一般以高出床垫50厘米为宜，不会让宝宝有爬过栅栏掉下来的危险，也能方便父母抱起或者放下宝宝。所以，可以选择栅栏附近有活动小门的婴儿床，尽量选择圆柱形的栅栏，两个栅栏之间的距离不可超过6厘米，以防止宝宝把头从中间伸出来卡住。

床的材质

婴儿床的材料必须保证安全无毒，不含重金属元素等有害物质，表面可漆上防止龟裂的保护层，床缘的双边横杆装上保护套，避免宝宝用嘴巴啃时牙齿受到伤害。

床垫的选择

处于成长发育期的婴幼儿大部分时间是在床上度过的，如果睡过硬的床垫，会造成骨骼发育不良，还可能使宝宝与床垫接触的部位如头、背、髋骨发生变形，最终可能导致婴儿脊柱侧凸。脊柱侧凸症容易使宝宝体形出现异常，严重时还会使宝宝的胸廓发生变形，进而导致胸腔容积减少，引起一系列心肺疾病。而睡过软的床，会使宝宝的脊柱难以保持自然的生理弯曲而出现侧弯，影响脊柱的正常发育，而且在软床上睡觉，会使肌肉一直保持紧张的收缩，宝宝睡醒后可能会有浑身酸痛的症状，再加上宝宝睡眠时间长，长期使用，对宝宝的身体发育也会带来不良的影响。所以要依据宝宝的体重选择相应的硬度，最好选手感好、有弹性、支撑力好的优质床垫，如天然椰棕加天然乳胶床垫，弹性支撑力适中，透气、抗虫、防螨、防霉变，是不错的选择。床垫要与床架紧紧密合，以预防宝宝探头进去或者将手指头卡在里面。床垫的厚度一般在5～10厘米比较合适，最多不要超过13厘米。

调位卡锁

婴儿床两边的床缘通常有两个高低调整位置，这些调整控制必须具有防范宝宝的固定卡锁，宝宝自己无法把床缘降下，有些婴儿床设计了单边调整控制，可以减少意外松开的机会。

装饰图案

婴儿床的表面不要有贴纸或涂上各种颜色，因为贴纸翘开后宝宝可能会撕下来，塞进口中；涂上颜色的床，如果涂料中含铅，当宝宝啃咬栏杆时就有发生铅中毒的危险，出现贫血。

宝宝家具的选购

在宝宝的房间里配置一些具有游戏功能及童趣的家具，不仅可以保证宝宝生活的需要，还能够培养宝宝乐观向上、活泼开朗的性格，并提升宝宝的智力和审美品位。

家具的材质

应尽量避免使用玻璃制品等易碎材料作为宝宝的家具，要选择耐用、承受破坏力强的家具，棱角边缘需经过360°完全打磨处理，保证不刺手，不会有尖棱利角碰伤宝宝；杜绝家具晃动或倾倒现象发生；扶手和拉手也应是无棱角的圆滑设计，防止宝宝在使用中碰伤头；拉开抽屉，打开柜门不能有异味，以防空气污染。另外，因为宝宝尚处于身体的发育时期，对有害物质的抵抗力很弱，所以家具的材料中不能含有有害的化学物质，如常见的各种有害重金属（铅、水银等）、苯、酚及游离甲醛，否则会影响宝宝的健康成长。

家具的颜色

家具的颜色不要太鲜艳，以中性色调为主，尽量避免可能给宝宝带来心理压力的黑色和深蓝色，要选择温馨舒适柔和的色彩。家具的油漆最好采用亚光漆，以保护宝宝的视力。

家具的高度

书桌、椅子的高度要适宜，使稍大一点的宝宝可以舒服地在上面做游戏或者涂鸦。也可以选择可调节的桌椅，可以长期使用，而且有利于培养宝宝正确的坐姿，对眼睛、脊椎的发展有好处。

家具的布置

家具最好布置紧凑，靠墙摆放，以便能腾出更大的空间给宝宝活动和游戏。不要放在床和门相对的地方，这样会阻碍宝宝的正常活动。

出行用品的选购

宝宝出生后，妈妈会经常带着宝宝出去转转，晒晒太阳，给宝宝准备一个婴儿车是不可或缺的。

婴儿车的种类

坐卧两用多功能婴儿车适合1岁以前的宝宝使用 这种车可以折叠，功能较多，车厢可以按不同角度调节靠背，既可以给宝宝当床、当摇篮，也可以把靠背扶起，让宝宝坐下。

带有较大车篷和遮阳纱罩的婴儿车可以让宝宝在天气好的时候外出进行日光浴。

有的车可以把卧垫掀起，下面有一个小三角座垫，宝宝学走路时可以跨坐在上面，扶着前面的护栏，父母在后面轻推，帮助宝宝练习走路。这种车还备有杂物筐，外出时可以盛放宝宝外出的各种用品。

但是这种车体积较大，不便于带宝宝远途外出。外出时宝宝睡着后，可以临时把宝宝放在推车里睡觉。但是晚上睡觉时，不能把宝宝放在车里睡觉后会因为宝宝睡着，翻身，打滚容易摔下车或翻车，而且长期在手推车里睡觉不利于宝宝的生长发育。

便携式折叠婴儿手推车　适合于 1 岁以后的宝宝外出游玩，推荐使用铝合金管制成的伞柄式婴儿手推车。

这种婴儿车打开后是一个帆布座椅，下面有四个车轱辘，两个前轮可以调节，自由改变方向。

有的折叠婴儿手推车带有一个小巧的遮阳篷，避免宝宝被阳光晒到，折叠起来后就像一把大伞，非常轻便，适合带宝宝上公园、旅游等。

伞柄车的安全性很高，因为伞柄车有一个安全带，把宝宝放在车子里，系上安全带系上，防止宝宝掉下来。

但是伞柄车只能让宝宝在里面坐着，不能躺下。

宝宝在推车里时，妈妈一定不能走远，因为伞柄车的稳定性不如普通的推车，劲大的宝宝在伞柄车里就能站起来，如果无人看管他，宝宝的身体前倾可能会翻出去。

婴儿车的质量

在选择婴儿车时，要注意车架表面不能有油漆脱落、划伤，车身结构一定要牢固，各接合处不能有螺丝松脱现象；宝宝在小车上一定要保证车身无变形，车轮旋转轻松自如。使用前应仔细阅读说明书，避免操作不当造成事故，给宝宝带来危险。

婴儿车必须具有方便操作的刹车，停止行走时，都要使用刹车。

要选择使用基底较宽的婴儿车，以免翻倒。

婴儿车的使用

在打开或关闭婴儿车时，要让宝宝远离，防止宝宝的手指夹在婴儿车的折叠铰链里。

不要将袋子或其他东西挂在婴儿车的把手上，避免婴儿车向后翻覆摔伤宝宝。婴儿车上的栏筐位置要低，并尽量靠近后面的轮子。

婴儿车上应该有安全带，宝宝无论何时乘坐都应该使用。腰部安全带的长短、大小应进行调节，松紧度以放入大人四指为宜，调节部位尾端最好剩出 3 厘米。

不要让宝宝单独待在婴儿车上。

注意不能在斜坡上停留，宝宝容易与车子一起溜坡、滑跑。

如果是双胞胎婴儿车，两个座位上的脚踏要相连，避免宝宝的脚陷在夹缝里。

宝宝衣物准备

	物品	数量	需求度
服装	纱布内衣、纯棉内衣	2 ~ 3 件	★★★
	连衣内衣	2 ~ 3 件	★★★
	小马甲	1 件	★★★
	披风或小包被	1 ~ 2 个	★★★
	带袖抱袋	2 个	★★★
	外出服	2 套	★★★

小配件	围嘴	2个	★★★
	肚围	2个	★★
	手套 / 脚套或袜子	2对	★★★
	帽子	2个	★★
	婴儿洗衣液	1瓶	★★★
	婴儿专用衣架	数量视需要而定	★★★
防尿系列	纸尿裤	S型即可，宝宝生长发育快，不用购买太多	★★★
	布尿布	视需求而定，最好多准备一些	★★★
	布尿套	2～3个	★★★
	尿布桶、尿布包及尿布洗涤剂	数量视需求而定	★★
	婴儿柔湿巾	即用即买	★★★
	防漏尿垫	2个	★★★

（参见第1篇第2章“新生儿穿衣须知”“打造温暖安全的襁褓”“打理宝宝卫生的尿布”“宝宝纸尿裤的选购”）

宝宝洗浴准备

物品	数量	需求度
大浴巾	1～2条	★★★
纱布手帕	2～4条	★★★
纱布澡巾或小毛巾、大毛巾	2条	★★★
婴儿洗澡盆	1个	★★★
婴儿浴网或洗澡椅	1个	★★★
洗澡水温计	1支	★★★
婴儿沐浴液	1瓶	★★★
婴儿洗发精	1瓶	★★★
婴儿香皂	1块	★★★
婴儿爽身粉、粉扑盒	1套	★★★
婴儿润肤霜	1瓶	★★★
婴儿护臀霜	1瓶	★★
婴儿棉签	大头棉签和小头棉签各1盒	★★★
婴儿指甲剪	1把	★★★
吸鼻器	1个	★★

宝宝喂养准备

	物品	数量	需求度
食物	配方奶粉	1袋	★★★
	奶瓶	3～4个，可用于存储母乳等	★★★
	奶嘴	每个奶瓶配上2个	★★★
	奶瓶奶嘴刷	1对，清洗奶瓶奶嘴用	★★★
	奶瓶消毒锅	1个，消毒奶瓶奶嘴用	★★
用具	奶瓶夹	1个，夹消毒过的奶瓶，一般奶瓶消毒柜可能附有	★★★
	暖奶煲	1个，暖奶用	★★
	奶瓶清洁剂	1瓶，清洗奶瓶用	★★★
	安抚奶嘴	2～3个	★★
	奶瓶保温桶	1个，外出时哺乳	★

宝宝寝具准备

	物品	数量	需求度
食物	婴儿床	1张，双胞胎2张	★★★
	床垫	根据床的数量而定	★★
	尿布台	1个	★★
小配件	床单或凉席	1～2床	★★★
	棉被/毛毯	根据需求而定	★★★
	加大型睡袋	1个	★★
	枕头	1～2个	★★★
	婴儿床蚊帐	1～2个	★★
防尿系列	摇篮	1个	★★★
	床挂玩具	根据宝宝需求喜好而定	★★
	尿湿提示器	1个	★
	室内温度计	1个	★★★
	室内湿度计	1个	★★★
	加湿器	1个	★★★

宝宝衣物准备

物品	用途	需求度
婴儿背带	选择比较宽的软垫袋子，在室外随时可以安装、拆卸	★★
婴儿手推车	适用于出行、散步	★★
婴儿汽车座椅	给宝宝准备0～1岁的专业汽车座椅	★
婴儿坐垫	要可调式的座位角度、舒适的底座和很好的承托力	★
牙胶	利于婴儿的牙齿成长	★★

第 2 章 新生儿的家庭护理

成长指标

身体外观	体重	宝宝出生时体重的正常范围为 3 ～ 3.3 千克	
		平均每天可增加 30 ～ 40 克；平均每周可增加 200 ～ 300 克；1 个月内体重增加平均 1000 克	
	身长	宝宝诞生时的平均身长为 50 厘米，男、女婴有 0.2 ～ 0.5 厘米的差别。满月前后平均增加 3 ～ 5 厘米	
	头围	宝宝诞生时平均头围在 33 ～ 35 厘米之间。满月前后增长 2 ～ 3 厘米	
	前囟	新生儿前囟门的斜径平均为 2.5 厘米	
运动情况	摩罗反射	当新生儿忽然失去支持或是受到高声、疼痛等刺激时，现出头朝后扬，背稍微有些弓形，经常伴有身体的扭动和双臂立即向两边伸展。然后再慢慢向胸前合拢，像拥抱姿势，同时发出哭声	此类反射在出生后 4 个月左右消失
	踏步反射	当宝宝被竖着抱起，把他的脚放在平面上时，他会做出迈步的动作	这种反射会在 8 周左右消失
	觅食反射	当新生儿触到妈妈乳房或其他部位时，出现寻觅乳头的动作。用手指抚弄新生儿面颊时，他的头也会转向刺激方向。	这种反射出生后半小时就会出现，在 3–4 个月时逐渐消失
	蜷缩反射	当新生铁缩起脚背碰到平面边缘时，会做出与小猫动作相似的蜷缩动作	这种反射会在 8 周左右消失
	视觉反射	眼前闪过亮光时，宝宝会扭转颈部，尽力避开亮光	
	强直性颈反射	新生儿躺着时，头会转向一侧，摆出击剑者式的姿势，伸出宝宝喜欢的一边手臂和腿，屈曲另一边手臂和腿	胎龄 28 周时就出现了
	掌握反射	叩击婴儿手掌时，他会立即握住你的手指	这种反应到 1 周岁后才消失
	巴宾斯反射	叩击他的足底时，他的足底屈曲，脚趾收紧	6 个月以后这种反射会消失
感官发育	语言发育	哭是新生儿唯一的语言，包括饥饿性啼哭、过饱性啼哭、口渴性哭闹、尿湿性啼哭、寒冷性啼哭、燥热性啼哭、困倦性啼哭、疼痛性啼哭、害怕性啼哭、便前啼哭、伤感性啼哭、吸吮性啼哭等	
	视觉发育	从刚出生时只看见身边的东西，逐渐发展到可以看到前方 30 厘米处的物体，到一个月时可以看见 3 米处的物体	

感官发育	听觉发育	第一个月期间，宝宝的听力发育完全成熟
	知觉发育	第1种状态：深睡眠 第2种状态：浅睡眠 第3种状态：嗜睡 第4种状态：眼睛睁开身体不动 第5种状态：面部和身体主动活动 第6种状态：哭泣，身体乱动

照料护理

脐带是联系母亲与胎儿的纽带，通过脐带，妈妈将营养物质带给胎儿，并将废物排出。但是胎儿出生后，脐带就失去了它的作用。断脐时仅在新生儿的腹部留下一个脐带残端。但是在它没有完全闭合时，脐带内的血管是与新生儿的血液相通的，如果此时没有注意保护好脐带，细菌就会乘虚而入，轻则引起脐炎，重则病菌入血，可造成败血症而危及新生儿生命。因此，对宝宝的脐带必须精心护理。

脐带护理要点

记得一定要洗手　宝宝脐部容易受到细菌感染，所以在护理脐带部位时一定要洗手。

脐带一定要保持干燥　即将脱落的脐带是一种坏死组织，容易感染细菌，所以在宝宝的脐带脱落前或刚脱落时，要保证脐带和脐窝的干燥，脐带一旦被水或被尿液浸湿，应该马上擦干，用干棉球或干净柔软的纱布都可以，然后用酒精棉签消毒。脐带脱落前，不能让宝宝泡在浴盆里洗澡。要先洗上半身，擦干后再洗下半身。洗澡后要用酒精擦拭肚脐，由内而外进行，保证肚脐部位的干燥。另外要注意尿布不要盖到脐部，这样尿液或粪便会沾污脐部创面。如果在这个阶段给宝宝游泳，一定要贴上防水贴，商店或者网上都可以购买。

要尽量避免摩擦　纸尿裤大小要合适，切忌使尿裤的腰际刚好在脐带根部，宝宝活动时摩擦会使脐带根部受到伤害，破皮发红，严重时可至出血。所以应选择质地柔软的衣裤减少局部摩擦。

不要盲目保养　切忌用面霜、乳液及油类涂抹脐带根部，这样脐带不易干燥，严重时会导致感染。

不要使用脐带粉和龙胆紫　粉剂撒在局部后与分泌物粘连成痂，痂下的脓性分泌物外流受到阻碍，伤口愈合变慢，感染机会增加，而龙胆紫的干燥效果仅限于表面，脐带里面却是湿润的，很容易导致脐带化脓而一时不易发现，贻误治疗。

避免爽身粉等的刺激　新生儿洗澡后涂用爽身粉时应注意不要落到脐部，以免长期刺激形成慢性脐炎。

用酒精擦拭　每天要用75%的酒精棉签擦拭，早晚各一次。尤其是脐带与肉连接的地方，要充分地擦拭。不要反复擦拭，脏的棉签要及时换掉，以免引起感染和发炎。

小贴士：异常情况

脐带不脱落　一般宝宝的脐带会慢慢变黑、变硬，1～2周内脱落。如果宝宝的脐带2周后仍未脱落，要仔细观察脐带有无感染迹象，如没有红肿或化脓，没有大量液体从脐窝中渗出，就没有问题。如要加速脐带残端脱落和肚脐愈合，可以用酒精给宝宝擦拭脐窝，使脐带残端保持干燥，用干纱布轻轻擦拭脐带残端，也能加速肚脐的愈合。切不可用草木灰、滑石粉等东西涂在脐部，以免引起脐炎，甚至继发败血症。

脐带有分泌物　脐带在愈合中，其残端经常会渗出清亮的或淡黄色黏稠的液体，不必担心，这属于正常现象。由于脐带脱落的表面还没有完全长好，肉芽组织里的液体会渗出，所以脐带自然脱落后，脐窝会有些潮湿，并有少许米汤样液体渗出，用 75% 的酒精轻轻擦干净即可。一般一天 1 ～ 2 次，2 ～ 3 天后脐窝就会干燥。如果肚脐的渗出液很浓或有恶臭味，说明脐部可能出现了感染，要带宝宝去医院。

脐带发红现象　脐带残端一经脱落，就形成肚脐。在脐带残端脱落过程中，肚脐周围可能会出现轻微的发红，这是脐带残端脱落过程中的正常现象。但是，如果发红现象特别明显，而且摸起来感觉皮肤发热，可能是肚脐发生了感染，要及时带宝宝去医院。

囟门护理

新生宝宝总有很多特别娇弱的部位，比如囟门。

小儿头顶前部开口较大部位叫前囟，形状近似菱形，面积约 2.5 厘米 ×2.5 厘米。前囟通常是平的，当宝宝哭闹时则略微凸起，如果宝宝的头发较稀疏，就能清晰地看到囟门处脉搏的跳动。

头部后侧于枕部的另一开口叫后囟，较前囟小，呈三角形，直径约 1.2 厘米。

随着宝宝长大，头颅骨也不断地生长，在颅骨的边缘不断生长新骨，囟门也不断缩小。绝大多数宝宝的前囟通常在 1 岁～ 1 岁半时闭合；后囟在 3 个月以前就完全闭合。通过触摸囟门能了解其大小和闭合情况，医生也能通过检查囟门发现问题。囟门是新生宝宝脑颅的“窗户”。脑组织软，需要骨性的脑颅保护，初为父母的爸爸妈妈们会有这样那样的忌惮，因为对囟门不甚了解，不敢去碰、不敢清洗，以致污垢堆积。实际上这个“柔软的部分”比看起来要坚实得多，它是颅骨尚未长拢，而非少了一块骨头，外层的保护膜足以应付一般的触摸，洗头、理发都不会伤及宝宝大脑。

囟门如果不加以清洁容易引起宝宝头皮感染，继而病原菌穿透没有骨结构的囟门而发生脑膜炎、脑炎，所以囟门的日常清洁护理非常重要。

日常护理

材质太硬的枕头，宝宝不宜使用。

经常为宝宝翻身，保持一个睡姿容易引起偏头现象。（参见第 1 篇第 2 章“预防偏头，从小做起”）

保证家中家具和环境安全，防止尖锐的家具硬角弄伤宝宝头部。

如果宝宝擦破头皮，应立即用酒精棉球消毒以防止感染。

在冬天外出应戴较厚的帽子，可以保护囟门，减少热量散失。

清洁须知

囟门清洗要用宝宝专用洗发液而不宜用强碱肥皂，以免刺激头皮诱发湿疹或加重湿疹。一般在洗澡时进行。（参见第 1 篇第 4 章“让宝宝爱上洗澡”）

清洗时手指应平置在囟门处揉洗，动作要轻柔，切忌强力按压或强力搔抓，更不能以硬物在囟门处刮划。

如果囟门处有污垢不易洗掉，可以先用麻油或精制油蒸熟后润湿浸透 2 ～ 3 小时，待这些污垢变软后再用无菌棉球擦掉，注意要按照头发的生长方向，并在洗净后扑上婴儿粉。（参见第 1 篇第 3 章“头皮痂垢巧处理”）

病症信号

小头畸形、脑发育不良：囟门关闭过早(生后3～4个月),而且头围小于正常值。

骨骼发育及钙化障碍、佝偻病、甲状腺功能低下、严重营养不良、脑积水：囟门关闭延迟，前囟超过 18 个月还未闭合。

重度脱水、重度营养不良：婴儿在安静状态下囟门明显凹陷。

颅内压增高、有炎症（脑炎、脑膜炎）或中毒：婴儿在安静状态下囟门明显饱满、隆起。

如果宝宝出现这些情况，应及时就医。

臀部护理

宝宝的小屁股非常娇嫩，容易受到尿渍、粪渍的侵害，要注意清洁和护理。（参见第 1 篇第 2 章“新生儿尿布皮炎”）

要选用清洁细软、吸水性强的尿布，如纯棉布或一次性尿片。

尿湿后应该立刻更换尿布，每次便后要及时更换尿片，并立即用温度适中的清水清洁臀部残留的尿渍、粪渍，然后涂上婴儿护臀霜，也可涂上 5% 鞣酸软膏，以预防红臀。夜间或外出不便于用水清洁时，可选用刺激性小的湿纸巾。宝宝大便以后，小屁屁不光要清洗干净，可以稍稍涂点植物油。涂抹时用小棉棒在臀部皮肤上慢慢滚动，不要使用油布或塑料布直接包裹臀部。

肛门周围皱褶较多，易残存粪便，清洗不当会对肛门周围皮肤产生不良刺激，所以一定要清除干净。

注意尿布的清洁卫生，使用一次性尿片，注意要符合卫生标准。重复使用布尿片时，应及时将尿布用肥皂清洗并用开水烫洗，冲洗净肥皂后，在太阳下晒干后再用，在阴雨天，用熨斗烫干，避免病菌感染。

如果婴儿臀部护理不当，常易造成臀炎。表现为臀部皮肤潮红，有红色丘疹，严重的会有皮肤溃糜烂。

男宝宝的清洁

外生殖器周围的清洁：男孩儿在新生儿期大多数为包茎，清洗时可将包皮向上轻推，随着年龄的增长包皮可逐渐上翻，这时应轻轻上翻包皮清洗，去除藏在包皮内的尿垢。

皱褶处的清洁与干燥：男孩儿的腹股沟、阴茎与阴囊相邻处皮肤很容易藏污纳垢，应重点清洁，如不及时清洁和保持干燥，常会出现糜烂。

每次便后要注意清洁，还可以准备一些爽身粉保证干燥，或者在臀部涂抹护臀霜，肛门周围涂擦鞣酸软膏，以预防尿布疹。但一定注意不要将爽身粉直接倒在这些部位，以免遇湿硬结，刺激皮肤，同时，尽量避免将粉末扬到空气中，以防宝宝吸入影响肺部健康。

女宝宝的清洁

女宝宝的尿道较短，易被肛门周围的细菌感染，如果小宝宝的外阴沾有粪便，应按照从外阴到肛门的顺序及时用温水将粪渍冲掉，以防来自肛门的细菌污染阴道和尿道。不要用毛巾擦洗阴唇黏膜，以免造成黏膜损伤，引起感染。

有时候，女宝宝的外阴部会有少量白色物体，一般是脱落的上皮或尿碱形成的，如果量不多、周围皮肤黏膜也没有红肿的话，千万不要过度清洁。

口腔清洁

宝宝喝奶会造成口腔、舌头上的奶垢堆积，味道有点臭臭的，影响宝宝的卫生和健康。不要认为宝宝长牙之前的口腔清洁不重要，如果口腔卫生搞得不好，就很容易引发牙龈炎，表现为宝宝牙龈红肿、哭闹、流口水、不愿吃东西，甚至有发烧症状。因此，每次宝宝进食后要记得清洁一下口腔。

清洁的方法

准备水温适宜的温开水。

将纱布沾湿、拧干。

把湿纱布圈套在食指上，把宝宝舌胎、牙龈上的奶垢清洁干净。不要紧张，动作要轻柔，否则容易惊吓到宝宝，使宝宝产生抵触情绪，造成清洁时的困难。

清洁时应特别注意牙龈、舌头等奶渣容易残留的部位，但如果擦不干净，也不必太用力，以免脱皮造成宝宝吞咽困难。

眼睛清洁

眼屎太多令宝宝不舒服，眼睛越眨分泌物越多，因此，必须进行适时的清洁。尤其是宝宝患了眼疾，更需要细心地照料和护理，才能使宝宝早日恢复一双明亮健康的眼睛。

清洁的方法

拿一支棒头比较粗的棉花棒，用生理食盐水把它蘸湿，或者用温水也行。

按照由内眼睑向外眼睑的方向轻轻推，清洁眼睛的分泌物。

棉花棒必须是一次性使用，用完即丢，否则容易滋长细菌。

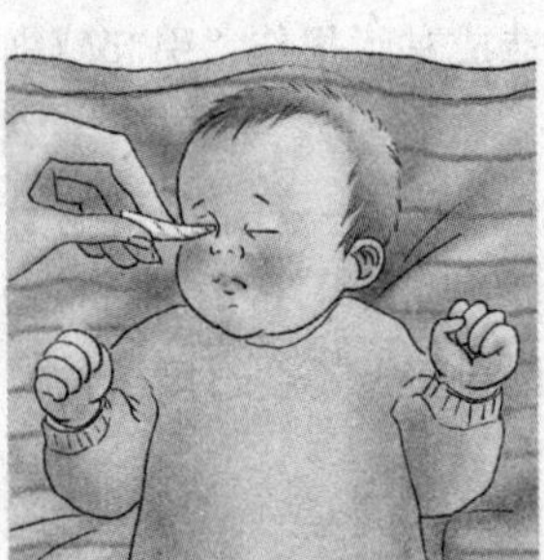

清洁时按从内眼角到外眼角的顺序进行，两只眼睛不要用同一支棉花棒，以免交叉感染。

宝宝护眼健康操

用棒头粗的棉花棒分别在宝宝的上、下眼窝处轻轻按摩，一天3～4次，可以畅通宝宝的鼻泪管。

小贴士：患有眼疾时该怎么做

（1）点眼药膏

使用眼药膏前，最好先将前端多余的部分挤掉，使用后段干净的药膏，避免细菌进入眼睛；接着用棒头比较细的棉花棒蘸上眼药膏。

将下眼睑翻开，按顺时针方向，轻轻地由内眼睑擦拭到外眼睑。注意尽量在宝宝眼睛睁开时擦拭，使药膏更容易进入眼睛，效果更佳。

不要在宝宝哭的时候擦药，因为药膏会随着泪水向外流，眼睛无法吸收。

（2）注意清洁

患有眼疾时，宝宝眼睛的分泌物会比平常多，这时必须更加注意宝宝眼部状况，及时清洁，以减轻宝宝不适感。

鼻子清洁

鼻涕多不但容易堵塞呼吸道，变硬的鼻屎也会让鼻子感到很痛。尤其是对于易过敏、流鼻水的宝宝，及时清洁可以保证呼吸道的顺畅，更为重要。

一般清洁

使用棒头细的棉花棒，以温开水或生理食盐水润湿后来擦拭，动作要轻，以免刮伤宝宝娇嫩的皮肤。

特殊清洁

宝宝鼻子的分泌物很多时，就要用吸鼻器清洁，吸一侧鼻孔时，按压另一侧的鼻孔会取得更好的效果。

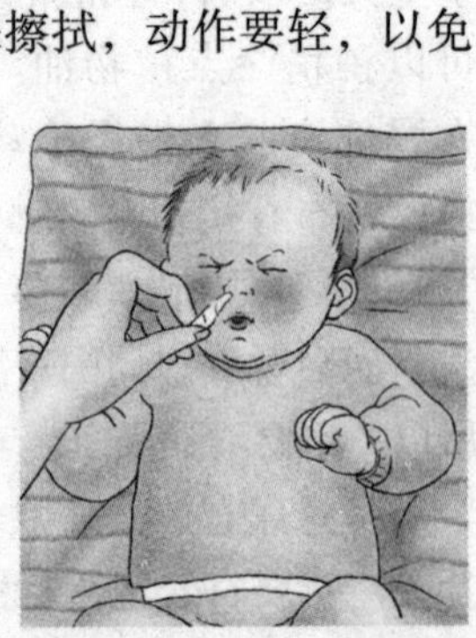

可以在宝宝的鼻孔里滴几滴生理盐水．同样应使用小刷将黏液和灰尘弄出。

清洁前后都必须要洗手，避免细菌侵入。

手要支撑住宝宝的头颈部，调整到顺手的姿势后再清洁。如果觉得清洁姿势不顺手，建议将宝宝平放在床上，或请人协助清洁。

动作要轻柔，心情放松但要谨慎小心。

仔细观察宝宝的状况，有必要时再做清洁，太频繁的清洁会使宝宝感到厌倦，引起抵触。

喂奶后尽量不做清洁，避免清洁时宝宝哭闹，造成不舒服引起呕吐。

耳朵清洁

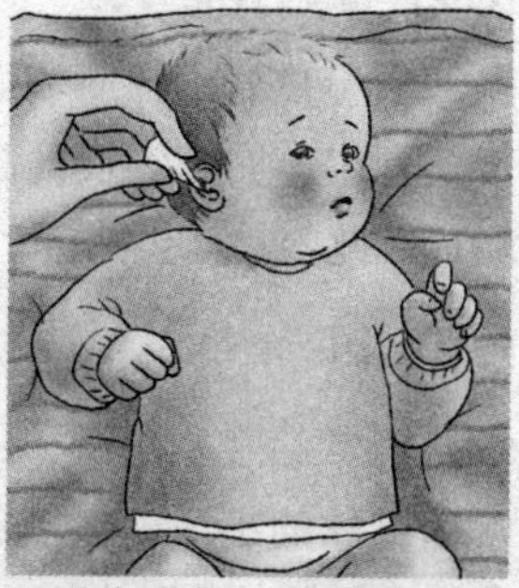

用手指卷起一块棉布来清洁耳朵。请你清洁耳廓，也就是耳朵的外部而不是内部，内耳道很脆弱，不要轻易用棉棒等物去掏。耳朵后面的皮肤如果出现了皲裂，可以涂上凡士林。

足月新生儿耳廓已完全成型，但外耳道相对较狭窄，一旦污水流入耳道深处，极易引起发炎，严重者可致外耳道疖肿。给新生儿洗头、洗澡或滴眼药时，一定注意勿使污水、药液等流入耳道深处。

婴儿的外耳道很柔软，而且头部常常左右摇摆，不宜用火柴棒或耳挖将耳垢除去，这些尖锐物可能导致耳朵受伤，伤处受到细菌感染会导致恶化。通常，婴儿的耳垢会自然排出，耳朵不是清理得越干净越好，保留少量耳垢才能保护耳朵。

清洗外耳可以选择在洗澡的同时，用纱布稍微以清水沾湿后清洁。只要在耳朵外围绕一圈，维持外耳的干净清爽就可以了，千万不要擅自使用棉棒深入内耳道内清洁，因为宝宝的耳道还十分窄小，如此反而容易将杂物推入耳内，破坏自洁机制。

新生儿的骨骼未发育完全，外耳道几乎是一条缝隙，感染炎症后会压迫和刺激神经，使宝宝感到疼痛，会出现哭闹不安、夜间难以入睡的状况。

一旦发生外耳道炎症时，应及时去医院就医，按时服药、滴药，局部热敷，只要治疗得当，此症愈后良好。

滴耳药步骤

准备用品：所需药水，消毒棉棒 1 包，盛污物小盘一个，3% 双氧水或生理盐水一瓶。注意滴耳药的温度应接近体温，如果药液过冷要稍微加温，以免药液滴入后引起宝宝眩晕、恶心、呕吐等不良反应。

洗手后，让宝宝呈侧卧状，患耳朝上，用无菌棉棒轻擦外耳道分泌物，必要时用生理盐水或 3% 双氧水清洗外耳道。

左手牵引耳廓，向后下方牵引，使外耳道成垂直方向，右手以滴瓶或滴管将药液滴入耳道后壁 3 ~ 5 滴，轻压耳屏，使药液沿耳道壁缓缓流入耳内，让宝宝保持姿势 5 分钟左右。

皮肤护理

宝宝的皮肤同其他器官组织一样，结构尚未发育完全，不具备成人皮肤的许多功能，所以在照料时一定要细心打理，有时稍有不慎，便会惹出不少的麻烦，给妈妈和宝宝的生活带来很大的烦恼。那么，宝宝的皮肤与大人相比都有哪些特点，应该怎样去照料呢？

宝宝皮肤对过敏物质反应比成人强烈

宝宝皮肤的平均表面积是 2500 平方厘米，平均体重 5 千克，二者之比为 1 ∶ 500；成人皮肤的平均表面积是 18000 平方厘米，平均体重 65 公斤，二者之比为1∶270。因此，宝宝对于同量的洗护品的吸收要比成人多，同样对于过敏物质的反应也比成人要强烈。

照料对策

给宝宝洗澡时，应选择安全性高、品质纯正温和、符合宝宝皮肤特性并与成人的用品有区别的洗护用品，成人沐浴用品常为碱性，或含有一些化学添加剂，会对宝宝皮肤产生刺激，因而不适合给宝宝使用，必要时可以经过严格医学测试来区分。

皮肤薄容易因摩擦受损

宝宝的皮肤仅有成人皮肤的十分之一厚，皮肤的角质层尚未发育成熟，表皮是单层细胞，真皮中胶原纤维少，弹性不足，很容易被外物渗透，在摩擦时很容易受到伤害。

照料对策

宝宝的尿布及贴身衣物要选择棉质、柔软、吸水的，要用弱碱性婴儿皂清洗；洗完澡用细腻不含杂质的婴儿爽身粉涂于全身，皱褶处应尤其注意，以达到有效吸湿、预防痱子及尿疹的效果，令肌肤干爽舒适，同时减少肌肤摩擦，避免宝宝的娇嫩肌肤受损。

皮肤控制酸碱能力差

宝宝是靠皮肤表面的天然酸性保护膜来保护皮肤的，所以要保护好这层保护膜以预防细菌感染，并维持皮肤滋润。

照料对策

避免用含皂质、酒精和刺激性成分的碱性洗护品清洗，以免破坏保护膜，应选择pH值中性，最好是选择婴儿润肤露，此类洗护品能有效滋润娇嫩的肌肤，在肌肤上留下一层滋润保护膜，并能保留水分。宝宝护肤品的牌子要锁定一种，避免宝宝的皮肤对不同的护肤品做出调整。

皮肤色素层薄

宝宝皮肤黑色素生成很少，皮肤色素细胞较少，容易被阳光中的紫外线灼伤。

照料对策

阳光虽有利于宝宝的健康成长，但阳光中的紫外线会损伤宝宝肌肤中的天然组织。所以宝宝要避免过度暴露在强烈的阳光下。外出时，最好使用无刺激性不含有机化学防晒剂的高品质婴儿防晒品，提高宝宝肌肤防晒能力，给暴露的肌肤以有效保护。

皮肤体温调节能力弱

宝宝皮肤的汗腺和血液循环系统还处于发育中，周围温度升高时调节体温能力弱，因此容易产生热痱。

照料对策

经常给宝宝洗澡，保持皮肤清洁，经常用柔软的小毛巾擦拭宝宝的全身，用婴儿爽身粉涂抹皮肤。切忌给宝宝穿戴过多。婴儿热痱粉可以帮助宝宝去痱止痒，宝宝长痱子后妈妈不妨一试。

皮肤抵抗力差

宝宝免疫力低下，抵抗力弱，较易出现红斑、丘疹、水疱等皮肤过敏现象。

照料对策

在给宝宝清洗皮肤时，不要用刺激性的沐浴露，避免刺激宝宝娇嫩的皮肤，婴儿润肤露要性质温和。清洗婴儿衣物的清洁剂应选用刺激性小、添加剂少的品种，不要用含酶洗衣粉和柔顺剂及碱性强的肥皂，避免造成宝宝皮肤过敏。衣物洗后要将清洁剂漂洗干净，避免残留物刺激小宝宝的肌肤。

泪腺发育不成熟

由于宝宝泪腺尚未发育完全，眨眼少，所以不能分泌足够的泪水来保护眼睛，常常受到刺激物的伤害。

照料对策

应选用专为婴儿设计的100%不含皂质的洗发精或洗发沐浴露，以免刺激、伤害宝宝的眼睛。

宝宝洗澡须知

给新生宝宝每天洗澡是护理工作中必不可少的一项，因为新生儿的新陈代谢旺盛，容易出汗，大小便次数多，因而新生儿娇嫩的皮肤很容易受到这些排泄物的刺激，并且积聚在皮肤上，如不及时清洗，就会成为病菌生长繁殖的地方，最终导致皮肤感染。因此，要经常给新生儿洗澡，以利于血液循环，帮助皮肤呼吸，并通过水的压力、温度等来锻炼身体，促使新生儿的生长发育。

准备工作

准备洗澡用的物品，包括小浴盆、洗澡和洗头的小毛巾、无泪洗发精、沐浴液或婴儿皂、润肤露或爽身粉等。

新生儿的洗澡盆最好专用，洗澡前先将盆刷干净，有条件的话用热水烫洗洗澡盆以免留下细菌。

洗澡后的用品也要事先准备好，如大浴巾、干净尿布、衣裤、包被等。

将洗澡房间的温度调到25℃～30℃，准备洗澡水，温度在38℃～40℃，应先放冷水再放热水，滴在大人的手背上感觉稍热而不烫手为宜，也可以将大人的肘部放入水中，不烫而有温热感觉就可以了。也可以使用专门的水温计测量水温。

浴室内的光线不要太刺眼，要柔和，以免刺激宝宝眼睛。

注意：给宝宝洗澡时间应尽量安排在喂奶前、排便后。如果是在喂奶后洗澡，宝宝可能会吐奶；如果宝宝睡眠不太好，可在晚上睡觉前洗澡，可以帮助宝宝睡觉。

洗澡须知

7天内的大部分新生儿脐带还没有脱落，因此，不能将全身浸泡在水中洗澡，而是应当将上下身分开来洗。当脐带残端掉落，并痊愈之后，就可以给宝宝用澡盆洗澡了。

先把宝宝专用的沐浴液倒入水中或全身涂抹沐浴液。由脚开始，逐渐让宝宝滑进澡盆里，使用一只手支撑宝宝的颈部和头部，使宝宝觉得安全舒适，用食指和拇指轻轻将宝宝耳朵向内盖住，防止水流入宝宝耳朵。

给宝宝洗澡要先从头部开始，先洗脸再洗头，宝宝脸部清洗要由内向外，用湿棉球或毛巾从宝宝眼角内侧向外侧轻轻擦洗，宝宝的眼皮非常嫩，所以动作一定要特别轻柔。接着由鼻梁向两边擦洗，从脸部中央向外侧洗涤。擦洗宝宝其他部位时，如果用沐浴液，应注意用手轻轻挡住宝宝的眼睛、鼻子和嘴巴，避免沐浴液泡沫飞溅进这些部位。给宝宝洗头时，可用左手托住宝宝的头部，同时要用左手拇指及中指捂住宝宝的耳朵，以免洗头水流进去。然后右手用小毛巾蘸水轻轻洗。洗头时一般不用肥皂，洗完后用专用毛巾轻轻擦干头上的水就可以了。如果不慎将水流进宝宝的耳朵，可用干净的棉签蘸干耳朵里的水。如果宝宝的头皮上有黄痂，也不要惊慌，这主要是皮脂溢出所致，洗头时不可硬擦，只需先用熬过的菜籽油轻轻涂擦使之软化，然后用清水洗去就可以了，如果黄痂比较厚，需要多次清洗才能洗净。

注意：洗发水最好是对眼睛无刺激性的，以免流入眼睛中引起疼痛，使宝宝以后惧怕洗头或洗澡。洗完后一定要用清水

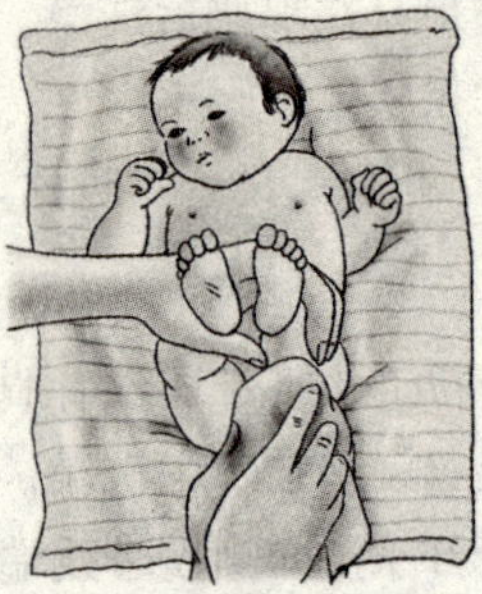

1. 解下宝宝的尿布，然后清洗宝宝的臀部。先用尿布的边角，然后用浸湿的棉布（从前向后擦）。给宝宝洗澡前要好好地清洗臀部，以免弄脏洗澡水。

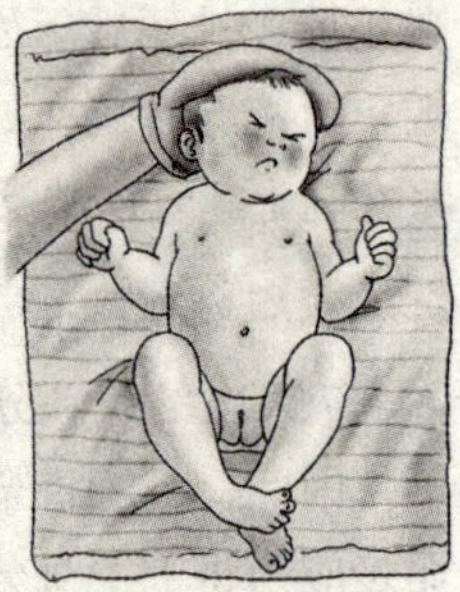

2. 现在给宝宝涂沐浴液，先涂身体，然后是头发。不要怕给宝宝的头涂沐浴液，囟门没有那么脆弱，能够承受正常的压力。

3. 将宝宝放入水中之前，请先洗净你沾满沐浴液的双手，用胳膊肘（皮肤的敏感处）测试水温。这样的测试并非是没有用的，它可以避免将孩子放入过热或过冷的水中。

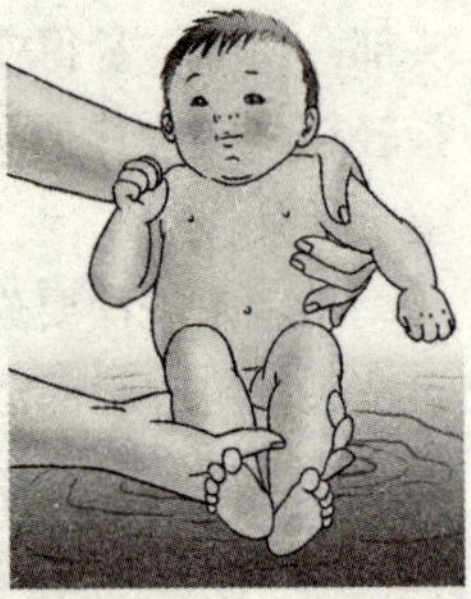

4. 将左手放在宝宝的脖子后，右手放在他的脚踝处，抱起宝宝，然后把他轻轻地放入水中。如果这时候宝宝有些紧张，可以和他讲话，你轻柔的声音和动作将很快使他平静下来。

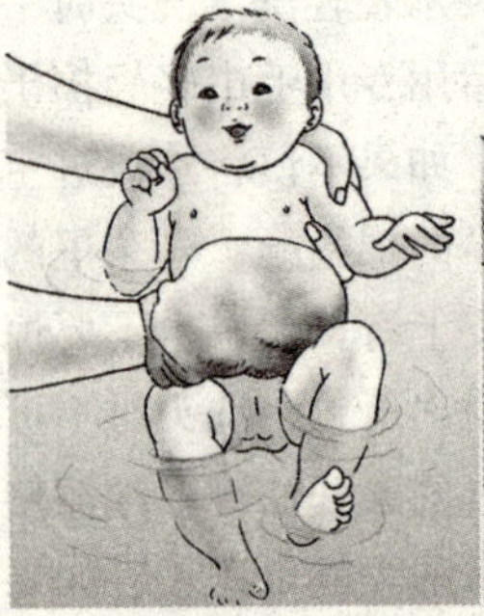

5. 用左手紧紧地抱住孩子，用右手为他清洗，不要忘了头发和耳朵后部。将头发和耳朵后部放入手中片刻。

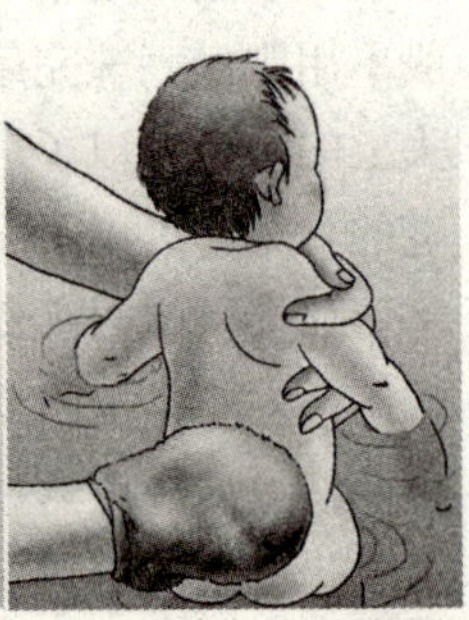

6. 几天后，当你可以很熟练地抱住在水中的宝宝时，你可以让他腹部贴在水中——婴儿通常都喜欢这种姿势。

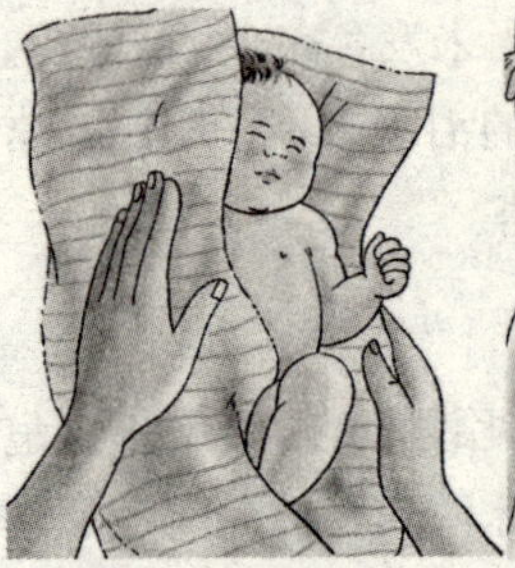

7. 用刚介绍过的方法（见图 4）将宝宝从水中抱出来，并把他放在浴巾上。从头发开始，仔细将宝宝擦干，注意仔细擦干有褶皱的皮肤，尤其是胳膊下、腹股沟、大腿、膝盖等处的皮肤。

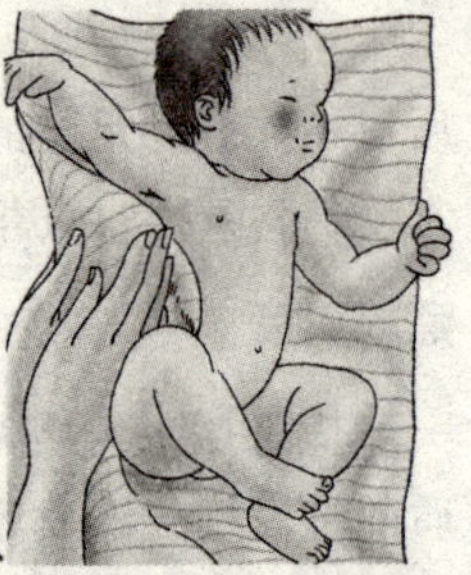

8. 可以通过轻拍宝宝的皮肤来使他的皮肤变干。然后他会为自己变干净了而感到很高兴，可以让他赤着身子胡乱动动。这也是给宝宝做做按摩或让他做“体操”的好时机。

冲洗干净，并用毛巾轻轻擦干头发。

洗完脸部头部，再洗宝宝正面身体部位。让宝宝头枕在左臂上，头稍后仰，用水打湿上身，小毛巾上滴少许沐浴露，分别清洗颈部、前胸、腋下、腹部、手臂和手掌，然后用清水将泡沫洗净。洗臀部的小毛巾上滴少许沐浴露，将宝宝倒过来，使宝宝的头顶贴在妈妈的左胸前，用左手抓住宝宝的左大腿，右手用浸

水的小毛巾先洗会阴腹股沟及臀部（女婴一定要从前向后洗），然后让宝宝趴在右手臂上，抓住其左手臂，清洗背部、臀部、下肢和脚。清洗时要注意皮肤皱褶处应洗净。洗完，立即用大毛巾裹上宝宝，轻轻擦干。

注意：宝宝皮肤娇嫩，不能用粗糙的硬度较大的毛巾给宝宝洗澡，以免擦伤皮肤，应选用柔软的小毛巾。最好备用两条毛巾，一条擦洗脸部，一条擦洗身体其他部位。如果已经拿毛巾擦洗宝宝外阴，特别是女孩，就不应该再用该毛巾擦洗身体其他部位，特别是宝宝的鼻子、嘴巴、眼睛，避免外阴部位细菌感染这些部位。如果再用此毛巾，必须清洗确保干净。

肥皂的选择要温和，使用不能太频繁，否则会使宝宝的皮肤干燥。另外，宝宝洗澡时间最好不要超过 5 分钟，避免感冒。

给宝宝洗澡后，擦干身体，然后用宝宝专用爽身粉涂抹宝宝身体，需要注意用手挡住宝宝脸部，不让爽身粉溅入宝宝的鼻子嘴巴。

洗澡完毕后，可以对宝宝身体进行抚触。两个拇指竖起从宝宝的眉心到两边太阳穴轻抚 15 下；两手交叉轻抚宝宝的上身，避开乳头，然后顺时针轻抚宝宝的肚子，一般抚触按摩进行半小时左右，可以放一些柔和轻缓的音乐，使宝宝心情放松。抚触能直接刺激宝宝的皮肤，激活人体的免疫系统，对宝宝的神经系统和消化系统发育有重要的促进作用，能够防止宝宝便秘，还可以减少哭闹、增强睡眠和提高智能。抚触还是父母与宝宝情感交流的最佳方式，有助于建立更加和谐的亲情互动关系。

忌用乳汁洗脸

给新生儿洗脸洗手的顺序是：

先洗脸

洗眼部：将小毛巾或纱布在准备好的温开水中浸湿，拧成半干，按照从内侧向外侧的顺序轻轻擦拭眼睛，眼屎较多时要仔细，避免擦得不干净引起宝宝眼睛睁不开。

清洗鼻眼周围皮肤：将小毛巾清洗，然后依次清洗鼻外侧眼内侧及耳朵后面的皮肤，以及耳廓的内外皮肤，切忌将水弄进外耳道中，引起发炎。

擦洗口鼻附近、脸颊和额头处。

需要注意的是，每擦完一个部位之后，都要重新清洗毛巾，防止感染。妈妈或爸爸可用左臂把宝宝抱在怀里，或直接让宝宝平卧在床上，右手用洗脸毛巾蘸水轻轻擦洗，也可两人协助，一个人抱住宝宝，另一个人给宝宝洗。洗完后要用洗脸毛巾轻轻蘸去宝宝脸上的水，不能用力擦。

再洗手

由于宝宝喜欢握紧拳头，因此洗手时妈妈或爸爸要先把宝宝的手轻轻扒开，手心手背都要洗到，洗干净后再用毛巾擦干。一般来讲，宝宝洗脸不用刺激性的肥皂，洗手时可以适当用一些婴儿香皂。

注意事项

宝宝皮下血管丰富，而且皮肤细嫩，所以妈妈在给宝宝洗脸、洗手时，动作一定要轻柔，否则容易使宝宝的皮肤受到损伤甚至引起发炎。

为宝宝洗脸、洗手，一定要准备专用的小毛巾，专用的脸盆在使用前一定要用开水烫一下。洗脸、洗手的水温度不要太高，只要和宝宝的体温相近就行了。

洗脸前必须先将大人的手洗干净。洗脸毛巾最好放到太阳下晒干，可以借太阳光来消毒。

忌用乳汁洗脸。传统观念认为，给新生儿用母乳洗脸可以让宝宝皮肤长得又白又嫩。其实，这种方法对宝宝是有害的。因为母乳营养丰富，是细菌滋生的良好培养基。新生儿皮肤娇嫩，血管又丰富，若将母乳涂在面部，很容易使细菌在面部大量繁殖后进入皮肤的毛孔中，引起毛囊炎。若不及时治疗，可能导致败血症，危及宝宝的生命。

嘴唇起皮护理

吃奶频繁导致嘴唇起皮

新生宝宝吃奶频繁，时间过长，嘴唇皮肤长期性被奶水浸泡，会引起嘴唇起皮。这种嘴唇起皮虽然没有任何疼痛，但是不能忽视，长时间得不到缓解也需要到医院进行专业治疗。

妈妈须知

控制喂奶时间　新生宝宝由于吮吸的力量不够，每次吃奶都要很长的时间。妈妈要严格控制宝宝的吃奶时间，每次不要超过 10 分钟，并且每次喂奶后要清洁宝宝嘴唇。

控制喂奶次数　新妈妈要控制宝宝喂奶次数，一般情况下每天的喂奶次数最好不要超过 8 次。可以根据宝宝食量适当调整，或请专家指导，找到适合自己宝宝吃奶的次数。

改正入睡习惯　有些宝宝喜欢含着奶头入睡，这会加重宝宝嘴唇负担，对宝宝的嘴唇皮肤产生伤害，要让宝宝改正含着奶头入睡的不良习惯。

缺乏微量元素引起宝宝嘴唇起皮

有的宝宝嘴唇起皮是由于缺乏微量元素等病理原因引起的，表现为经常哭闹，需要及时到医院治疗。

妈妈须知

补充水分　新生宝宝对水分的需求量很大，尤其是炎热或干燥季节，除了日常的喂奶外，还需要给宝宝补充一定量的水分，新妈妈每天给宝宝补水要不少于 100 毫升。如果宝宝嘴唇干裂，一定要保证补水的温度，太烫或太冷的水会加重宝宝的疼痛感。

口唇湿润　如果宝宝嘴唇出现干裂，可以用湿棉球经常擦拭宝宝嘴唇，或给宝宝涂些甘油，还可以用婴儿唇膏，以保持宝宝嘴唇湿润。

补充营养　给宝宝吃点 B 族维生素，平时多吃蔬菜水果。

护理不当引起宝宝皮肤干燥、嘴唇起皮

给宝宝洗澡过于频繁，或者水温过高，沐浴液用量过多，就会加剧皮肤干燥；室内温度过于干燥，尤其在秋季季节，宝宝嘴唇皮肤细嫩，更容易起皮，增加病毒感染机会，甚至感染炎症。

妈妈须知

洗澡时水温以 39℃左右较好，而且不必每次都用沐浴液，以缓解宝宝皮肤干燥的症状。

保持室内湿度，干燥的空气环境容易引发宝宝嘴唇破皮，因此妈妈可以在宝宝房间挂一个温湿计，掌控房间湿度。如果宝宝的房间干燥，妈妈可以使用加湿器增加湿度，使宝宝房间湿度保持在 55% 左右。

新生儿嘴唇出现白色薄皮时，切忌用手去揭或用力擦，往往会导致出血或感染，给宝宝带来不必要的痛苦。

可用石蜡油或熟花生油涂在嘴唇上，每次吃完奶后涂搽 1 次，待其自然脱落。还可用消毒纱布在温开水内浸湿后覆盖在宝宝嘴唇上，待 1 小时后揭开纱布，用消毒的小毛巾轻轻擦拭。

抱新生宝宝要小心

倚肩式抱法

让孩子依偎在你的胸部，使他的头斜靠在你的肩膀上。一只手支撑住孩子的臀部和后腰，另一只手放在孩子的颈部和背部，以防孩子突然向后仰倒。（见图 1）

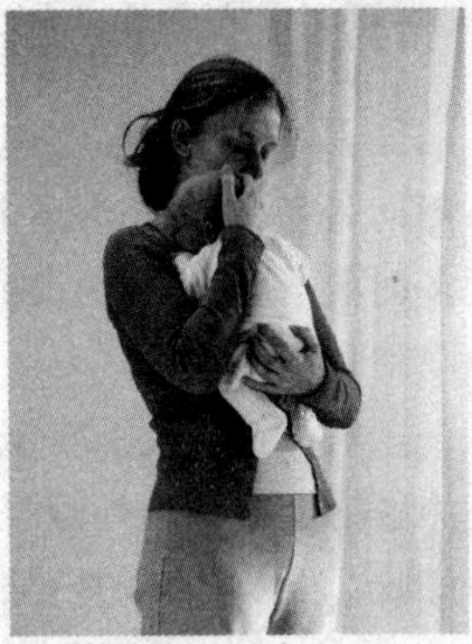

（图 1）

摇篮式抱法

抱孩子时让孩子的头部和肩部枕在你的一只臂弯，另一只手托住孩子的臀部和

后腰。当孩子被紧紧地抱着时，他会感到十分舒适和安全。（见图 2）

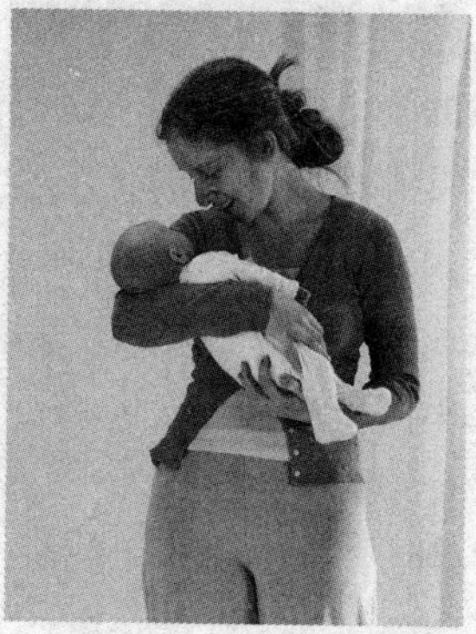

（图 2）

注意事项

抱宝宝要横抱，不宜竖抱　宝宝在 1 ~ 2 个月时，颈肌还没有完全发育，颈部肌肉无力。而且新生儿的头占全身长的 1/4，竖抱宝宝时，宝宝头的重量全部压在颈椎上，会对宝宝脊椎产生损伤。这些损伤当时不易发现，但可能影响宝宝将来的生长发育。

让宝宝紧贴妈妈的左胸　抱宝宝时，应将他的头部放在妈妈的左侧，并有意让宝宝的耳朵贴近父母的心跳处，让他听到心跳的节律，这样宝宝更易安静下来。这是因为胎儿在母体内听惯了母亲的心跳，出生后让他再听到这样熟悉的声音便会产生一种亲切感，很容易适应这种情境，从而使情绪平静下来。

抱宝宝时注意感情交流　贴身抚抱宝宝是亲子交往建立感情的第一步，对宝宝身心发育十分重要。父母要经常和宝宝说话，温柔地注视宝宝，轻轻抚摸宝宝，让宝宝感觉到你对他的爱。感情的交流可以使宝宝的视野更开阔，受周围环境的刺激更多，对宝宝的大脑发育、精神发育以及身体生长都有着极大的好处。而且当抱起宝宝时，用眼神或说话声音逗引，使他注意，一边逗引，一边伸手将他慢慢抱起，这样不会使宝宝受到惊吓。

宝宝啼哭未必是坏事　如果无异常现象，宝宝的啼哭是一种对身体有益的属于新生宝宝的运动方式，所以不要一听到新生宝宝哭就抱起来或喂奶，这样养成非抱不睡、一着床就醒就哭的坏习惯。父母应注意观察宝宝的啼哭规律，正确判断宝宝啼哭的原因，给予适当应对。而且躺在大人的手上睡觉，对宝宝脊柱的正常发育会产生不利影响。

新生儿穿衣须知

新宝宝衣物选择

天然纤维织品有助于宝宝更好地调节体温。纯棉的衣服手感柔软舒适，所以宝宝的衣服应选择纯棉或纯毛的天然纤维织品，特别要保证腋下和裆部这些宝宝经常活动的关键部位的衣物柔软，防止面料粗糙使宝宝皮肤受损。

宽松、舒适且便于穿戴的开襟、开裆衣服可以选择给宝宝穿，记住不要用扣子或拉锁，这样可能会弄伤皮肤。想方便系围嘴儿可以选择和尚服式的上衣，还有利于颈部散热，前襟略长能盖住肚脐，防止腹泻。这一阶段宝宝穿脱衣服和换尿布频繁，可以选择前开衫的衣服，减少宝宝身体裸露的机会。

忌用过紧的松紧带束系宝宝身体，影响胸廓发育。连脚裤要宽松，一定要让宝宝伸直腿。

为了及时发现宝宝是否身体不适或弄脏衣物，内衣裤最好选择浅色或者素色。

可以给宝宝戴吸汗的纯棉帽，应对宝宝头部出汗。

袜子一定要松紧舒适，反面不能有线头，要平滑，保护宝宝脚指头。

要让宝宝四肢活动自如，不要给宝宝过多的束缚，比如戴手套、把小手藏在袖子里等。

为刚出生的宝宝选择衣服时宜买大忌买小，衣服对宝宝来说稍微大一些，不会影响他的生长发育，但是太紧身会影响宝宝的行动和发育，使宝宝感到不舒服。

宝宝的穿衣量和更换频率

宝宝的新陈代谢也比较快，而且新宝宝大多数时间都是在室内的，所以不用穿太多，一般情况下，宝宝应该比大人多穿一件衣服，这样有利于增强宝宝抵抗力，不容易生病。加个背心或者小肚兜之类在里面，可以防止宝宝着凉。

小宝宝新陈代谢活跃，经常出汗，最好每天更换内衣和贴身的衣服。如果宝宝经常吐奶，可以套上一个大的围兜在宝宝身上，或是在脏的部位做局部清理，没有必要每次都全身上下换一套。

二手衣放心穿

旧衣服不但柔软而且安全，不会像有些新衣服可能含有甲醛等有害物质，很适合宝宝穿。但要注意一定要做好清洁，把旧衣服用洗涤剂彻底清洗，然后放在太阳底下曝晒，消毒杀菌，就可以放心穿了。

怎样给宝宝穿衣服

由于新生儿身体很软，头比较大而且直不起来，再加上胖胖的手臂和始终弯曲的腿，而且不懂得配合穿衣，给新宝宝穿衣服是一件令爸爸妈妈头疼的事，往往弄得手忙脚乱。所以给新宝宝穿衣，一定要讲究技巧，否则不但自己麻烦，还有可能弄疼宝宝。

穿上衣

将衣服平放在床上，再把宝宝平放在上面。为宝宝穿衣服时，选择一个平坦的地方，并准备一些玩具或轻快的音乐。还要注意和宝宝的情感交流。

轻抬宝宝的一只胳膊，先向上再向外侧慢慢伸入袖子中，不要让身子下面的衣服褶皱，让宝宝感觉不舒服。

抬起另一只胳膊，使肘关节稍稍弯曲，将小手伸向袖子中，慢慢拉出小手，再将衣服带子系好。

妈妈用手拉开领口，把衣服套到宝宝的头上，注意宝宝的耳朵和鼻子不要被衣领弄伤。套头时，宝宝可能会因被遮住视线而恐惧，可以和他（她）说话，分散他（她）的注意力，让宝宝感觉到你的存在，给宝宝足够的安全感。

穿裤子：把手伸入裤管，拉住宝宝小脚，然后向上提裤子。动作要轻柔，不要弄疼宝宝。

穿连体衣的方法

连体衣的好处：一是宝宝在里面活动自由，有利于宝宝的生长发育。二是方便换尿布。三是容易穿脱，而且让宝宝感觉舒适。四是温度适宜。

先把所有的扣子解开、放平，然后把宝宝平放在衣服上，脖子对准衣领的位置。先穿裤腿，大人的手从裤脚管中伸入，拉住小脚，将裤子向上提，即可将裤子穿上。尿布下面的扣子一定要扣好，不要让宝宝的腿伸出来。然后再穿上衣（方法同上）。脱的时候，把步骤反过来就可以了。

为新生儿洗衣服注意事项

忌用刺激性强的洗衣粉，可以用宝宝专用的洗衣液。

大人和小孩的衣服要分开洗。

要注意的是，新衣服买回去后，一定要先清洗一下，建议用白醋消毒，还可以使衣物更加柔软，最后要在太阳下晒干后再给宝宝穿。

图 1

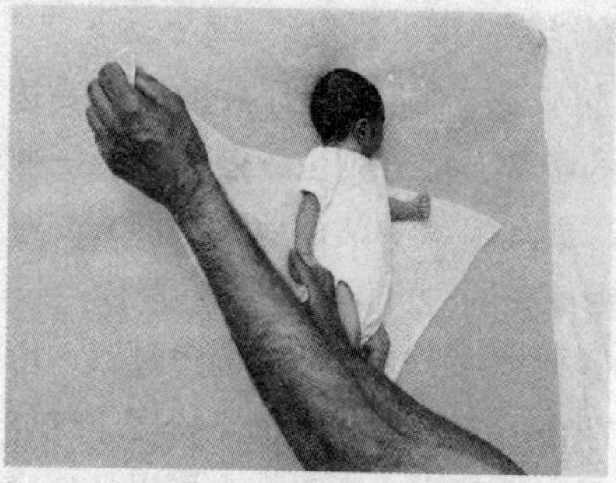

图 2

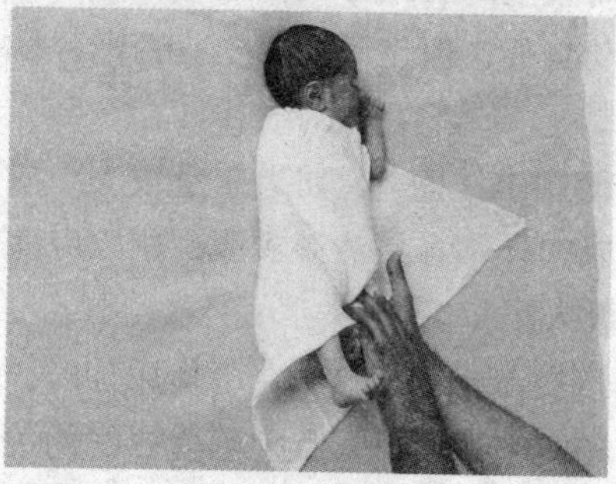

图 3

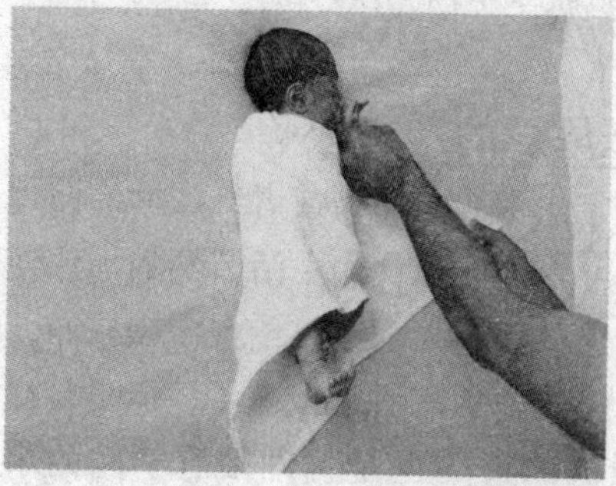

图 4

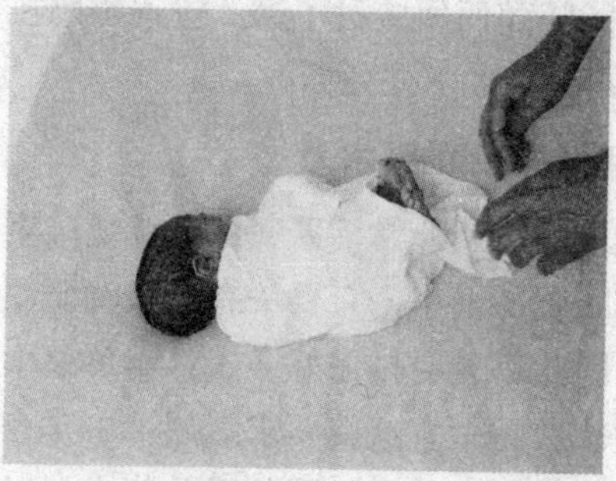

图 5

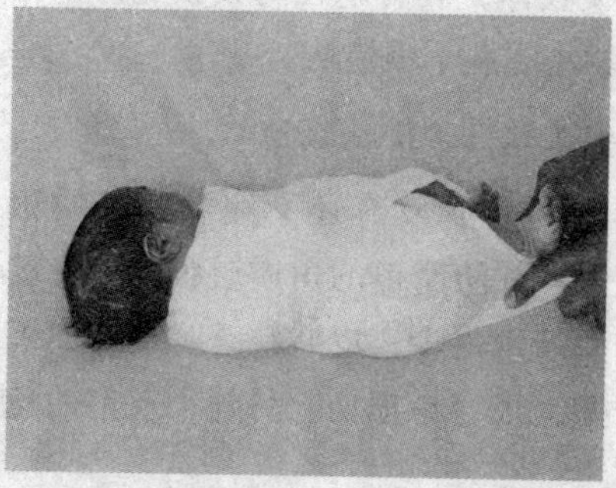

图 6

打造温暖安全的襁褓

襁褓的作用就是把宝宝舒适地包裹起来，把宝宝包得漂亮又温暖是做父母要掌握的一个技巧。

襁褓的作用

襁褓能避免宝宝被自己的惊吓反射干扰而睡不好，帮助宝宝在受到刺激后恢复平静，给宝宝以安全感。宝宝刚从妈妈的子宫里出来，还不适应外面的环境，需要感受子宫里那种被紧紧包裹的安全感，襁褓就可以派上用场了。同时襁褓也有助于宝宝体内自动调节机能开始正常发挥作用之前保持温暖和舒适。

何时用

当宝宝快满月时，宝宝醒着就可以不给他用襁褓了，这时候宝宝已经长大一些，继续包襁褓可能会妨碍宝宝的活动和发育。

如果宝宝在襁褓里睡得更安稳，睡觉时还是可以用襁褓；但是如果宝宝会用哭闹和踢蹬腿表示抗议，就说明他不愿意被束缚了。

如何包裹你的宝宝

1. 让宝宝躺在一张事先折叠成三角形的婴儿床单或者是毯子上（具体用哪个主要取决于温度——要小心，不要让宝宝感觉太热）。他的脖子应该在三角形最长边的中间，最长边相对的那个三角形的顶点应该在他的脚下（图 1）。

2. 将他的右胳膊平放在他的身旁。拉起床单包在他的身上（图 2）。

3. 把床单的一角轻轻地塞在他左边的屁股底下（图 3）。

4. 将他的左胳膊平放在他的身旁(图4)。

5. 将床单的另一角提起，包住他的身体，然后塞在他右边的屁股底下（图 5）。

6. 如果床单的底部起了褶皱，将它拉

直（图6）。

打理宝宝卫生的尿布

换尿布步骤

将宝宝裤子脱下，主要是抓牢脚腕，把两腿轻轻抬起，使其臀部提高。

用手托起宝宝的腰部，把宝宝的臀部放在尿布的中间位置，然后放下宝宝双腿。

把尿布一端在肚脐下方折过来，再系住尿布。如果是纸尿裤，将纸尿裤防漏隔边向外拉一拉，以防侧漏。

注意事项

更换频率　每个纸尿裤使用时间不宜太长，因为宝宝的皮肤需要及时通风换气，更换尿片的适当间隔为 2 ~ 3 个小时，一天约为 10 次。一旦宝宝纸尿裤脏了或者湿了，都应及时更换，否则很容易得尿布疹。这一时期的婴儿，每天排尿次数很多，其间还有数次是排便，所以尿片的需要量很大；早上宝宝醒来后，要马上检查尿布干湿，宝宝晚上如果已经将尿布尿湿，要及时更换；潮湿的尿片会让宝宝感到不快，所以宝宝会用哭声提醒妈妈，这时要进行检查，然后更换尿片；在喂奶前更换尿片，可以让宝宝以愉快的心情吸奶；不宜在宝宝喝完奶后立即更换纸尿裤，因为平躺的姿势很容易导致宝宝吐奶；宝宝睡觉前一定要给换尿布，以预防湿疹，还可以给宝宝一个安静舒适的睡眠。

怎样检查　轻轻抚摸男婴的睾丸及阴囊即可知道是否排便，女婴因大阴唇较发达，所以必须注意粪便是否堆积在臀部的中央。沾在臀部的尿液与粪便应该用干净的脱脂棉或纱布擦拭，沾水拧干，仔细擦净。尿和大便都对宝宝娇嫩的皮肤有刺激性，一定要及时更换，否则会使皮肤受到损害，轻者皮肤发红或出现尿布疹，严重还可能腐烂、溃疡、脱皮。

注意不要盖住肚脐　尿片的后方要达到婴儿的腰部，前方则位于肚脐下两三厘米之处，如此可减少沾湿肌肤的部分，避免肚脐受凉，同时可保持肚脐的清洁。

松紧要适当　尿布不可包得过紧，应该有容纳得下二三根手指的宽松度，这样不会妨碍宝宝的腹式呼吸，也可以让宝宝大腿活动自如，但也不要太松，否则容易掉下。

不可露出尿兜外　如果尿量较大，尿片露出尿兜外，容易沾湿衣服，所以应该把尿片放入尿兜正中。

感情交流也很重要　在更换尿片时，要主动和宝宝谈话，让宝宝感受妈妈的关爱，对妈妈产生信赖感。

宝宝纸尿裤的选购

宝宝出生后，尿布或者纸尿裤的使用是必不可少的，现代人生活节奏的加快使得有些爸爸妈妈无暇自已给宝宝做尿布，那就只能去商店购买纸尿裤了，但是要注意纸尿裤的选购也是一件很有学问的事情，不能随随便便应付了事。爸爸妈妈在购买时可参考如下几条标准：

纸尿裤要有超强的吸水力

宝宝的代谢非常活跃，尿很快就产生了；可膀胱却很小，只要一有点尿就要往外排，因此每天要排尿好多次，年龄越小排尿的次数越多。这就要求纸尿裤中含有高分子吸收体，具有超强的吸收能力，保持宝宝的小屁屁干爽清洁。

纸尿裤要柔软并含护肤成分

宝宝的皮肤发育还不完善，肤质很薄而且娇嫩，防摩擦的角质层很薄，真皮中的胶原纤维也少，皮肤缺乏弹性，如果受到摩擦，很容易损伤。另外，宝宝的免疫系统功能低，抵抗力较弱，稍有不慎小屁屁就会因穿不合适的纸尿裤引发皮肤过敏。所以纸尿裤一定要柔软舒适，另外，不要含有对小屁屁造成摩擦的刺激成分，最好含有一些护肤成分，比如芦荟等，有效隔断尿便对屁屁的刺激，防止皮肤过敏。

纸尿裤透气性要求高

宝宝的排汗量几乎和成人一样，但是皮肤汗腺排汗孔很小，仅有成人的一半，因此，在环境温度增高时，不能很好控制皮肤的温度。为了避免产生热痱和尿布疹，必须适当地透出湿气和热气，否则会使小屁屁红肿或发炎。另外，有透气性的纸尿裤本身也具有柔软的特点。

纸尿裤大小一定要适当

纸尿裤尺寸分为初生型、小型、中型、大型、加大型等5种，妈妈一定要注意是否适合宝宝的体型，尤其注意腿部和腰部不能勒得过紧，以防弄伤宝宝的皮肤，阻碍宝宝正常的活动。

纸尿裤要选用防漏设计，有尿湿显示

选用有防漏设计的纸尿裤，有效地防止渗漏。选用加入遇尿液便会变色但无刺激性的化学物质的纸尿裤，便于妈妈及时发现和更换。

纸尿裤的胶粘功能要好

粘贴要牢固、透气性好，防止掉落，但是不能粘宝贝的皮肤。

观察使用后的效果

要保证吸收了一定的液体后，纸尿裤表面能保持干爽，使宝宝感到舒适，还应能保持完整、均匀的形状，不变散、结团。

辨别新生儿大小便

大便的次数

母乳喂养的宝宝每天大便4～6次，甚至达7～8次之多，这都属于正常情况。

用配方奶喂养的宝宝大便相比母乳喂养较少，每天约1～2次，通常会干燥粗糙一些。

正常的大便颜色

新生儿出生24小时内排出胎粪。胎粪是由胃肠分泌物、胆汁、上皮细胞、胎毛、胎脂以及咽进去的羊水所组成的，颜色黑绿黏稠，没有臭味。

随后2～3天排出的是棕褐色的大便，逐渐转为正常大便。

由于每个宝宝的喂养状况不同，大便颜色也会各有差异。

一般而言，吃母乳的宝宝排出金黄色的粪便，偶尔会微带绿色，形态稀软，均匀一致。

喂婴儿配方乳品的宝宝，排便的形状和颜色会有很多种，常呈淡黄色或土黄色，有的是褐绿色，如配方奶含铁比较多，颜色会深得发黑，有时大便里还混有灰白色的“奶瓣”，大便干燥、粗糙，有很大的粪臭味。一般情况下很硬，但是如果奶中糖量较多，大便可能变软。

牛奶喂养的宝宝，大便呈淡黄色，均匀质硬，有臭味。

如果母亲乳头有裂伤出血，大便可能呈柏油样，这都属于正常大便。

不正常的大便颜色

大便带有鲜血，要注意宝宝是否有假月经（参见第1篇第2章“了解假月经”）、肛裂、外伤及尿布疹。

大便次数过多，呈黄色，且粪与水分开，多泡沫、酸味重，可能是母乳糖分过多导致宝宝消化不良，使宝宝出现肠胀气，妈妈应该限制糖的摄入量，适当控制淀粉的摄入量。

大便呈灰白色，同时宝宝的白眼珠和

皮肤呈黄色，有可能为胆道梗阻或胆汁黏稠或肝炎。

大便呈黑色，可能是胃或肠道上部出血或服用防治贫血的铁剂药物所致。

大便带有鲜红的血丝，可能是大便干燥，或者是肛门周围皮肤破裂。

大便有硬结块，味道有臭鸡蛋味，可能是母乳中蛋白质过多，蛋白质消化不良导致，这时，要限制鸡蛋、瘦肉、豆制品、奶类等蛋白质含量高的食品的摄入量。

大便呈蛋花汤样、带有黏液或脓血，可能是因为感染导致。

大便色绿量少且次数多，呈绿色黏液状，且味道发酸。这种情况因为母乳喂养不足，宝宝饥饿导致，这时要给予足量喂养或者添加配方奶。

大便次数增多，大便中的奶瓣呈小球状或似豆瓣样，颜色浅白。可能因为母乳中脂肪含量过多，或者牛奶喂养的脂肪颗粒较大。如果是母乳喂养，妈妈要少吃油腻食物及蛋白质较高食物，减少脂肪的摄入。可以在喂奶前半个小时至一个小时，饮一大杯淡盐开水，稀释乳汁后再哺乳。

大便呈溏薄或水样的黏液便，且脓性腥臭，可能是肠道感染，这时需要带宝宝去医院就诊。

小便状况辨别疾病

小便次数较多，尿量少，宝宝疼痛哭闹，可能尿道有炎症。

小便金黄色或橘黄色，可能是维生素B2、黄连素、痢特灵等药物的影响。

小便棕黄色或浓茶色，摇晃时黄色沾在便盆上，泡沫也发黄，宝宝可能患黄疸型肝炎。

小便乳白混浊，如加热后变清则为正常现象，加热后变得更混浊则不正常。

小便放置片刻有白色沉淀，如果宝宝一切正常，尿检查除盐类结晶外，无其他异常，不属病态，让宝宝多喝水沉淀即会消失。

了解假月经

在宝宝出生一周左右，很多女宝宝的爸爸妈妈就会发现一个很奇怪的问题，这些女婴的阴道居然会排出少量红色和白色的分泌物，不用担心，这是假月经。

因为在怀孕期间，母体雌激素会进入胎儿体内，从而引起阴道上皮和子宫内膜的增生。等到宝宝出生后，母体雌激素的影响突然中断，宝宝增生的阴道上皮和子宫内膜就会脱落，分泌出白色黏液，即白带，一些女婴的阴道会流出血性分泌物，称为假月经。

假月经是生理性阴道出血，属于正常现象。发生这种情况后，一般会持续 1 ~ 2 天，爸爸妈妈要保持外阴的清洁卫生，不需要作特殊治疗。

新生宝宝睡眠须知

新生儿的睡眠时间

足够的睡眠是保证新生儿健康的重要保证。年龄越小睡眠时间越长，新生儿 24 小时中几乎 90% 的时间在睡眠状态，只有 2 ~ 3 小时 (10%) 处于觉醒状态，即除哺乳时间外，基本上都处于睡眠状态。

给宝宝营造温暖舒适安全的睡眠环境

睡眠环境的温度保持在 24 ℃ ~ 25℃，湿度以 50% ~ 60% 为宜。

冬天要注意保暖，可选用暖气保暖或者热水袋保暖，但一定注意不要烫伤宝宝，室温过低可能导致硬肿症。（参见第 1 篇第 2 章“新生儿硬肿症”）

夏季注意室内的通风，电风扇不能直吹宝宝，空调不宜长时间开放。

室内要保持一定的湿度，过于干燥的

空气会使宝宝呼吸道黏膜变干，抵抗力低下，也可发生呼吸道感染。冬季可以准备一些干净湿润的毛巾放在暖气上面，夏季可洒一些清水在地上，空气加湿器也是一个不错的选择。

另外，宝宝最好居住在向阳的房间，但要避免强光直射宝宝的面部。

居室的门窗宜加上纱门、纱窗和窗帘，以避免蚊蝇叮咬。

宝宝居室禁止吸烟，感冒、腹泻、传染病、皮肤病患者最好不要入内。

建议把宝宝放在摇篮或婴儿床里，小床四周最好有栏杆，而且栏杆的高度最好是宝宝站立时到前胸的上半部，防止宝宝爬出来或者摔下去。小床不宜过软，因为太软的床不利于孩子骨胳的发育。最好选用硬的（或稍有弹性的）钢丝床、木头床或棕棚床。

哄睡须知

轻拍宝宝　如果宝宝的情绪很不安定，难以入睡，可以在宝宝躺下后，边哼儿歌，边轻拍宝宝，也可以给宝宝选择一些轻柔的音乐，让宝宝感到轻松惬意和安全。另外，光线不要太刺激，最好让宝宝背光而睡，因为宝宝在妈妈肚子里已经适应了黑暗的环境。

切忌不要过度摇晃宝宝　因为摇晃动作使宝宝的大脑在颅骨腔内不断晃荡，使未发育成熟的大脑与较硬的颅骨相撞，造成脑小血管破裂，引起脑轻微震伤综合征，轻者发生恶心、呕吐、哭闹不安等，严重者可能会出现脑水肿、癫痫、智力低下等。

不要和宝宝同睡一个被窝　首先，大人呼出的二氧化碳易被宝宝吸进体内，使宝宝可能因大脑供氧不足而出现睡不稳、易惊醒等情况，从而影响生长发育；还有在同一被窝中睡觉温度较高，宝宝的体温也会随之上升，致使大量出汗，很容易发生脱水和缺氧而窒息；另外，爸爸妈妈睡觉翻身时，也易压伤宝宝，造成窒息的危险。

宝宝睡觉不安稳　宝宝睡眠不安可能是下面一些因素造成的，如缺微量元素；太热或是太冷；空气干燥，有鼻屎；睡前过度兴奋；饥饿；积食、消化不良；尿湿；想排便；被子过于厚重等等。

但是爸爸妈妈不要有一点风吹草动就大惊小怪，宝宝在浅睡眠时期会有一些动作，如睁眼、吸吮、翻身、哭啼，有时还会抬头张望，但这些动作大多是无意义的，可静观其变，过多的呵护可能会打扰宝宝的睡眠。

哭是宝宝的第一语言

人们常常以呱呱坠地来形容宝宝的诞生,这哭声宣告了一个小生命来到了人间。宝宝出生后，医生可以通过哭声的大小来衡量新生儿的成熟程度,足月产的婴儿哭声洪亮。相反,早产儿由于不成熟,哭声很小很弱。从某种意义上说，哭闹是健康的表现。哭，可以使新生儿胸廓和腹部的活动加大，使喉部发育加快。新生儿的啼哭，是一种本能反应，是表达情绪的特殊语言，是与父母交流的方式和对内外环境刺激与要求的反应，也是主要的活动和锻炼。在宝宝很小的时候，爸爸妈妈就应该学着倾听他的一言一行，读懂宝宝的哭闹，和宝宝建立亲密的关系。（参见第 3 篇第 1 章“如何让宝宝少哭泣”）

新生儿啼哭分为非病理性和病理性两种。

非病理性啼哭

“我觉得很冷”表现为哭声小,乏力,皮肤发紫，严重时苍白，干燥，全身蜷曲，动作减少。说明温度太低，宝宝感到冷了，可把宝宝抱在怀中或加盖被子，调节室内温度。

“我太热了” 表现为哭声响亮有力，四肢乱蹬，皮肤潮红，可用手去摸摸宝宝的额头、脖子和耳朵等暴露在外面的部位，如有轻度出汗，甚至出现轻度发热，则表示太热了，爸爸妈妈需要将所盖或包裹的小被子松解或移开，出汗多者需擦汗换衣，如出现发热者则可以洗温水澡。

“我饿了，快开饭吧” 新生儿的胃容量小，喂奶频率要高，距离前次喂奶 2～3 小时后，哭声较短，声音不高不低，长短均匀，平坦有节律，而且宝宝转动头部并张开嘴巴左右觅食，伴有伸舌和吞咽动作。此时，妈妈可试探性地碰触宝宝的嘴唇，如果他立刻含住奶头吸吮起来，则给予喂奶。宝宝吃饱即可安然入睡。

“真难受，快给我换尿布吧” 宝宝的哭声常在吃完奶或睡醒后突然出现，长短不一，高低不均，没有规律，下肢的活动比上肢的活动要多，常常边哭边活动小屁股。此时，要更换尿布，并注意小屁股的清洁与润肤，以防止尿布皮炎的发生。

“我感到很累” 如果宝宝累了，却又不容易入睡，会出现啼哭，哭声响亮，双手揉搓面部，尤其是鼻子和眼睛，而且还略有颤抖和跳跃，此时，不要一厢情愿地哄他、逗他、抱他，这样抗议的哭声会更强烈。可轻拍宝宝，注意拍打的节律，稍慢于心率，并随着宝宝哭声的时有时无，越来越轻，拍打的节律也要越来越慢，使宝宝慢慢进入梦乡。

“太恐怖了” 宝宝受到惊吓或打击时，先出现受惊吓的表现，如双臂举起，拥抱状，或哆嗦一下等，哭声随后立即出现，哭声高而尖，回声长而短，面部涨红，此时妈妈如给予轻声安慰拍哄，啼哭可较快消失。

“这儿太乱了，我受不了了！” 这种哭泣常常带着烦躁不安的情绪，可能是受到周围环境的刺激，比如灯光刺眼、噪音很大、移动幅度太大等。这时要让周围的环境平静下来，把灯光调到合适的亮度，减少不必要的噪音，减小手臂的摆动幅度等，给宝宝一个安静舒适的环境。还可以建立一个日常作息时间表，尽可能使每天的喂奶、洗澡、散步、睡觉时间固定下来，给宝宝一个健康规律的生活。

“快来陪我玩会儿吧！” 这种哭泣常在宝宝吃饱入睡前或玩耍前，哭声长短不一，无节奏感，常哭哭停停，断断续续，并且时不时会睁大眼睛左顾右盼。即使宝宝很小，但是也有与人交往的愿望，在宝宝感到无聊或者想换个环境的时候，会用哭声来提醒爸爸妈妈，这时可以把宝宝抱起来安抚，或者清唱他熟悉的歌，给宝宝看转动的玩具，让宝宝的生活丰富起来，这样宝宝就会高兴起来。

病理性啼哭

“我吃得不舒服” 宝宝吃奶时边吃边哭，可能是母乳过多或过少或奶嘴开口不合适，要适当调整乳汁的流量，奶嘴开口以挤压后奶汁流出顺畅为合适；宝宝感冒鼻塞时也会出现这种情况。

“身体很不舒服” 此时宝宝的哭声烦躁，皱眉，四肢扭动。一般出现在解便前，肚子胀气，衣服过紧，蚊虫叮咬，衣服内夹入细线、小刺等异物，宝宝卧位不适等，妈妈可仔细观察，及时调整，可以使新生儿的啼哭停止。

“疼死我了” 各种疼痛也会刺激啼哭，此时宝宝的哭声无规律性，常表现为突然的尖叫，声音较高，长而有力，多为阵发性，忽缓忽急，食欲下降，身体活动没有特异性，这时可能患上肠痉挛、肠梗阻、斜疝嵌顿、尿布皮炎、外伤等等，其他皮肤湿疹（俗称奶癣）等引起的皮肤瘙痒也会导致宝宝啼哭。

“生病了，好难受啊”　此时宝宝的哭声没有规律，声音低沉，表现为颜面潮红，哭声时轻时重，短而无力甚至呈呻吟状，同时全身反应淡漠，不吃奶，发热，体温过高时，常常出现吮吸的动作。宝宝发烧时多见这种情况。此外，任何感染都会引起啼哭，如口腔炎、中耳炎、肺炎、败血症、腹膜炎、腹痛、肠炎以及尿路感染等。

预防偏头从小做起

凡事都要以预防为主，宝宝前 3 个月是塑造头形的关键时期，孩子出生后，头颅都是正常对称的。为了避免受到外界环境影响，引起偏头，宝宝一出生，妈妈就应该注意宝宝的睡眠姿势，给宝宝一个完美的头形，不用日后纠正，给宝宝带来麻烦。

经常改变睡姿

一般情况下，大部分新生儿是采取仰卧的睡觉姿势，因为这种睡觉姿势可使全身肌肉放松，对心脏、胃肠道和膀胱的压迫最少。但是，仰卧睡觉时，因舌根部放松并向后下坠，会影响呼吸道通畅。对于侧卧睡的宝宝，家长应适时调整左右方向，以保持宝宝头部两侧受力均匀，不要让宝宝经常采取同一种睡姿，特别是在白天，以免造成偏脸现象。俯卧睡可以让宝宝的头型圆，也能避免被溢奶呛着，但趴睡时可能造成窒息。如果让宝宝趴着睡，就不要给宝宝用枕头，床不能过软，床上也不要放毛绒玩具等。

头下加垫合适物品

刚出生的宝宝在 3 个月前不需要枕头或定型枕，因为新生儿的脊柱是直的，没有生理弯曲，新生儿在平躺时后背与后脑自然地处于同一平面上，所以新生儿睡觉不需用枕头也不会颈部肌肉紧绷而引起落枕。如果给新生儿垫上过高的枕头反而容易造成脖颈弯曲，造成呼吸障碍，影响正常生长发育。这时一些松软的棉絮或者是质地比较好的纯棉毛巾是不错的选择，毛巾叠成长方形块，垫在宝宝头下，也可以自制一个 3 ~ 4 厘米高度的枕头，选用吸汗透气的纯棉布料，里面适当填充麦皮、茶叶、芦花等，缓解头部着枕处所受的压力。

经常调换位置　一般情况下，妈妈喂奶时宝宝会把头习惯性地转向妈妈一侧，宝宝在睡觉时一般也都习惯于面向妈妈。所以妈妈和宝宝同睡时应经常和宝宝变换位置或者掉头睡，避免影响宝宝头骨发育。宝宝醒着时，也要左右两个方向变换位置和宝宝说话。

常给宝宝适当补充钙和维生素 D　为了促进宝宝骨骼的发育，钙质和维生素 D 是必不可少的。此外，还要进行日光浴，让宝宝多晒太阳。

宝宝打嗝巧护理

打嗝原因

宝宝吸入冷风、受凉，再加上护理不当导致打嗝。

饮食不注意节制，奶水过凉，或服用寒凉药物导致脾胃功能下降，气温升降异常使胃气上逆诱发打嗝。

因为奶瓶开口小，宝宝在吸奶的时候，因用力吸而吞入太多的空气，造成了胀气现象。

奶水过猛过急，宝宝受到惊吓之后进食，一时哽噎也可诱发打嗝。

对药物过敏而产生不良反应，或者与胃食道逆流、肺炎有关。

预防和护理

对于胃食道逆流造成的打嗝及溢奶，可以让宝宝在喝奶的中间休息一下，喂奶后不要马上让宝宝平躺，可以让宝宝直立靠在妈妈的肩上或者直立站在妈妈腿上，轻轻拍宝宝的背排气，或是轻柔按摩腹部来帮助排气。到了4个月添加辅食的时候，可以添加米粉或麦粉以增加奶的黏稠度，防止打嗝。

给宝宝喂奶要在安静的状态与环境下进行，不要让宝宝过度饥饿再喂奶，在宝宝受惊哭得很凶时也不要喂奶，可以试着少量多餐的喂食法。

保持正确的喂奶姿势，进食要避免过急、过冷、过烫，宝宝打嗝后可以喂一点温开水以减少不适。

在宝宝打嗝时可以让宝宝听音乐舒缓心情，或者用玩具来转移、吸引宝宝的注意力，以减少打嗝的频率。

不过如果宝宝频繁地打嗝，同时有食欲变差、体重减轻或频繁呕吐的症状，就应该带宝宝到医院做详细检查。

抚触按摩好处多

新生儿的皮肤娇嫩柔软，非常脆弱，而且容易发生干燥、发炎、瘙痒等，所以非常需要特殊的呵护。（参见第3篇第1章“抚摸构建母子情”）

给宝宝抚触和按摩的好处

抚触和按摩时，通过对宝宝皮肤的温柔刺激，可以让宝宝感受到妈妈的浓浓爱意，在充满爱的呵护下，宝宝会充满幸福感和安全感，促进父母与宝宝的感情交流。对于哭泣或者烦躁的宝宝，可以稳定宝宝的情绪，减少焦虑。

抚触能使宝宝减轻腹胀、便秘等现象，胃口大开，增加吃奶量；此外，通过皮肤上的按摩刺激，可以增加迷走神经活动，使人体产生更多的荷尔蒙及胰岛素，有助于食物吸收，所以按摩还会让宝宝的体重增加。

抚触和按摩可以使宝宝安然入睡，不易惊醒，而且也比较少哭闹。

抚触按摩可以消除鼻塞，使宝宝呼吸变得更平稳；可以促进血液循环，刺激免疫系统，提高宝宝的免疫力和应激能力，使宝宝少生病。

通过抚触可以使宝宝紧缩的肌肉得到舒展，促使屈肌和伸肌得到平衡。例如胸部按摩可以使呼吸顺畅，腹部按摩可以消除胀气。还可以使皮肤弹性增强，尤其对生病的婴儿可以减轻疼痛和不适感觉。

抚触能促进婴儿神经系统发育，提高宝宝智商，使宝宝变得更聪明。尤其是早产儿，更要多抚触按摩，改善其生理功能，使其能更好地生长发育。

按摩时宝宝身体裸露在外面有助于妈妈观察宝宝的身体状况。宝宝的对称性、反应灵敏程度、有无颈斜现象都可以通过抚触按摩观察，以及通过宝宝的反应观察宝宝的听觉和视觉发育。

让宝宝熟悉身体各部位的名称，妈妈在帮宝宝按摩时，可以边按摩边说出身体各部位的名称，让宝宝渐渐熟悉这些部位。

怎样抚触和按摩

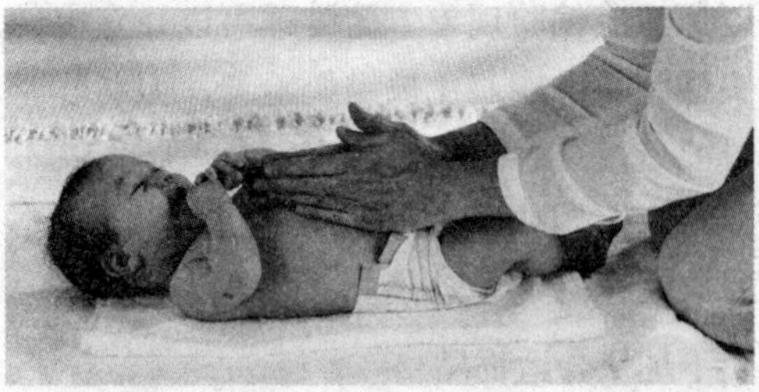

1. 让婴儿仰卧。看着宝宝的眼睛。双手合掌，将小指外侧放到婴儿的胸部中央。两个拇指并拢，小指分别向两侧滑移，

慢慢张开双掌到两只手都平放到婴儿身体上，然后将双手平放的状态保持片刻。

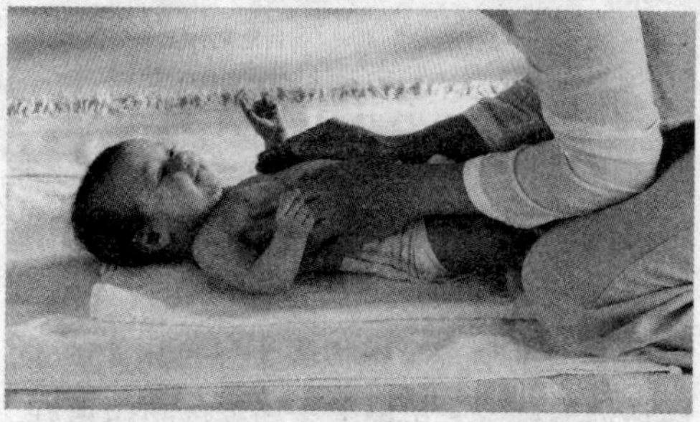

2. 告诉婴儿你打算给他做按摩了。顺着婴儿身体慢慢地进行按摩。开始时使用两只手按摩，然后其中一只手翻转过来，遮住婴儿的胸部上端，另一只手则顺着婴儿身体轻柔地按摩。双手相互轮换，动作尽量连贯。

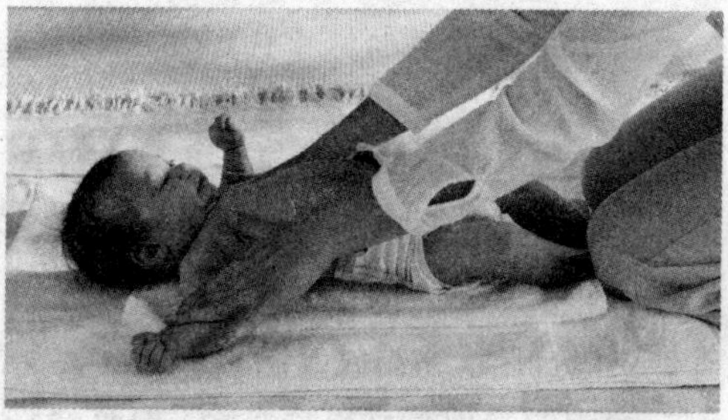

3. 将双手搁在婴儿胸前，朝上、朝外顺着婴儿的手臂、手掌的方向按摩。

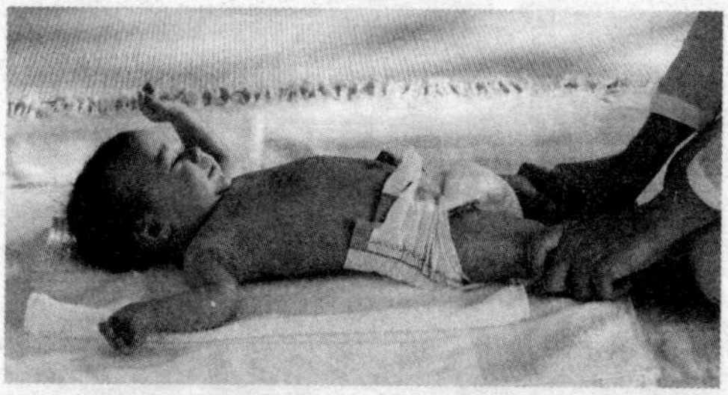

4. 顺着婴儿的身体按摩他的双手，并逐渐扩大按摩范围到双腿。一只手握住婴儿的左腿，另一只手轻压住脚踝。顺着大腿往下轻轻按捏。

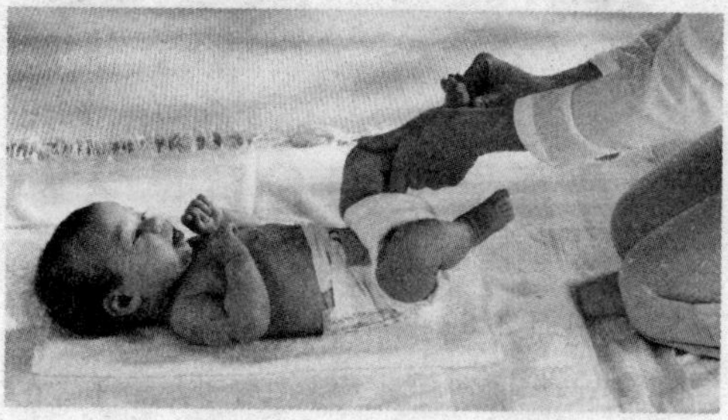

5. 握住婴儿的左脚，抓住脚后跟。用另一只手的拇指按照自里向外、自脚跟到脚趾的顺序按摩脚底。再换到右脚，重复上述动作。

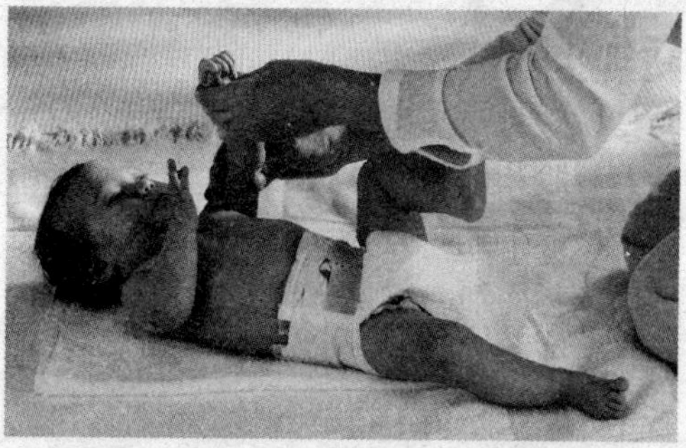

6. 用一只手捏住婴儿的左臂，另一只手握住左手手掌或手腕，按手臂到手腕的方向轻轻地按捏。两只手可轮流按捏，以便保持动作的连续性。再换到右臂，重复上述动作。

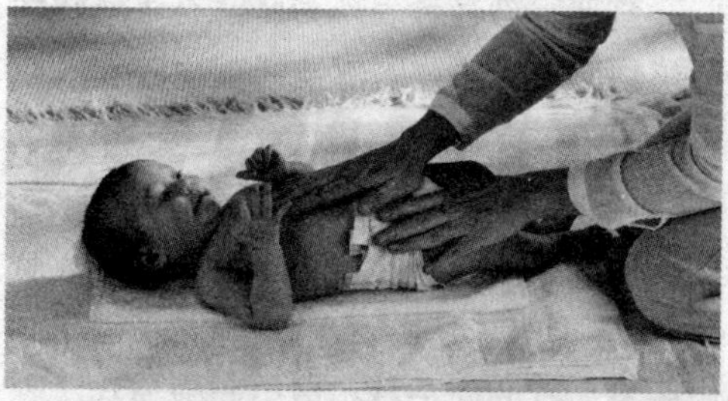

7. 轻轻地把双手搁在婴儿的肚子上，按从腹部右侧朝腹部左侧的方向做弧线运动——这是消化道的蠕动方向。注意不要往下按压婴儿的肚子。

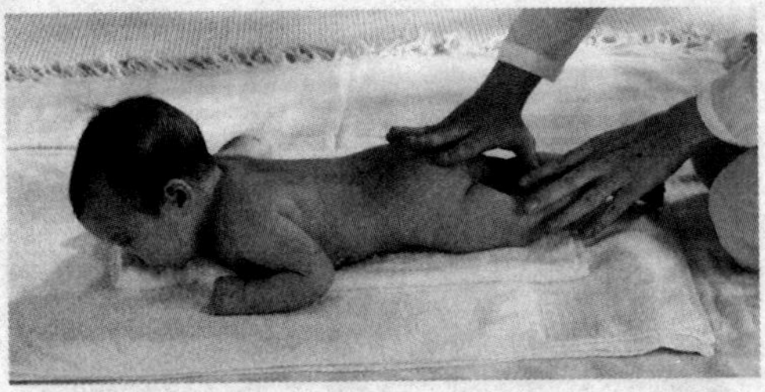

8. 把婴儿身子翻过来。必要时可取下尿布。双手放到婴儿肩膀上，顺着脊骨一直往下推拿，直到推过腿肚。用手掌的平坦部分按照从臀部右半边往左半边的方向做弧线运动。然后顺着婴儿的后背再重复之前的按摩动作。

新生儿脐炎

脐带是胎儿在母体内由母亲供给胎儿营养和胎儿排泄废物的通道，出生后，在脐带根部结扎，剪断。断脐后，脐带残端逐渐干枯变细，而成为黑色，一般在生后3～7天脱落，脐带血管与新生儿血液相连，新生儿脐炎是由于在断脐时或断脐后消毒处理不严、护理不当、被细菌入侵和繁殖所引起的脐部发炎。

症状

脐炎早期表现为脐带根部发红，或者脐带脱落后伤口不愈合，脐窝湿润、流水。

脐部感染轻者表现为脐窝有浆液脓性分泌物，带臭味，脐部及周围皮肤发红或有肿胀。宝宝伴有发热、食欲差、烦躁、无精打采等症状。

脐部感染重者表现为感染扩散形成腹壁感染，导致脓肿，有的向腹膜扩散引起腹膜炎，有的向全身扩散引起败血症（参见第1篇第2章“新生儿败血症”），病情严重时有全身中毒症状。

预防和护理

孕妈妈要做好产前准备工作，防治感染性疾病，加强产期保健。

普及新法接生，分娩过程中严格执行无菌操作，土法接生时，剪刀不消毒或开水一烫就去剪脐带，容易造成感染引起破伤风。

断脐后的一周内要护理好脐部，保持局部干燥和清洁卫生。新生儿脐带脱落之前，不要把宝宝放在水盆中洗澡，最好采用擦浴的方式，因为将脐带浸湿后会导致延期脱落且易致感染，在洗澡后要将脐带周围的水用消毒干棉棒吸干，可用75%的酒精消毒残端，再换上干净的纱布包裹好。

要给宝宝选择吸水、透气性能好的消毒尿布，而且不宜过长，不能覆盖住脐部，避免尿湿后污染伤口，及时检查尿布是否尿湿，勤给宝宝换消过毒的尿布，以保持局部干燥，防止粪便尿液污染。

可以选择消毒敷料覆盖来保护脐部，每天用95%酒精擦脐部4～6次，促进脐带干燥脱落。

给宝宝选择质地柔软的衣裤减少局部摩擦，为宝宝创造一个干净卫生的环境，所用的床上物品、内裤、毛巾及婴儿尿布等，要以抗菌织物制成，保证干净无毒。

给宝宝涂用爽身粉时注意不要落到脐部，以免长期刺激形成慢性脐炎。

不要用脐带粉和龙胆紫，因为粉剂撒在局部后与分泌物粘连成痂，影响伤口愈合，也增加感染机会，而龙胆紫只能起到表面干燥作用。

如果脐带有潮湿、渗液或脓性分泌物，根部发红，或脐带脱落后伤口不愈合，应立即进行处理，用3%双氧水冲洗局部2～3次后用碘酊消毒，再用酒精脱碘，如果脐部炎症明显，可敷上百多邦软膏或按医嘱选用抗生素治疗。

抗生素治疗。对已形成脓肿的，要请医生及时切开引流换药。已形成慢性肉芽肿者要用10%硝酸银或硝酸银棒局部烧灼，如肉芽较大不易烧灼的，应给予手术切除。

新生儿黄疸

新生儿黄疸是在新生儿时期出现皮肤、巩膜及黏膜黄染，又称新生儿高胆红素血症。

原因

红细胞破坏太多太快。人体内的胆红素约 80% 是由衰老的红细胞被破坏而形成的，而如果红细胞破坏太多太快就会导致胆红素激增，从而引起黄疸。母、子血型不合引起的溶血性黄疸就属于这一类。

肝脏酶活力低下。常见于患新生儿肝炎或败血症的宝宝，导致肝细胞摄取、结合和排泄胆红素发生障碍。由于肝细胞发炎或肝细胞内缺少一种酶，或这种酶活力低，就不能很好地排泄胆红素。

母乳中含有具有脂肪成分的孕酮物质，宝宝吃后，这种脂肪成分很快被脂肪酶分解，释放出游离脂肪酸，它可以增加小肠对胆红素的吸收而导致黄疸，但这种黄疸是健康的。

由于胆管阻塞，胆红素不能排泄到小肠，使胆汁淤积在肝细胞或胆道内而引起阻塞性黄疸，常见于新生儿胆道闭锁、胆汁黏稠等。

症状

生理性黄疸

生理性黄疸一般颜色不深，不明显。

宝宝食欲没有下降，精神状态也很好，没有过多的哭闹烦躁现象。

一般出现在出生后的 3 ~ 5 天，10 天左右就基本消退。

随着新生儿肝脏处理胆红素的能力加强，生理性黄疸会自然消退。

病理性黄疸

黄疸遍及全身，颜色呈橘黄色，在短时间内有明显加深的迹象。

宝宝的大便颜色很淡或呈白色，尿呈深黄色。

宝宝伴有发烧、拒奶、精神不好、嗜睡、两眼呆滞等症状。

在新生儿出生后 24 小时内黄疸就非常明显，出现后 2 ~ 3 周仍不减轻甚至更明显，黄疸症状减轻或消退后可能加重或重新出现。

情况严重时可并发脑核性黄疸，通常称“核黄疸”，造成神经系统损害，导致宝宝智力低下，甚至危及生命。

预防和护理

妈妈在怀孕的时候就要注意自己的饮食，不要吃过于生冷的食物，不吃辛辣食物，不喝酒，以防损伤脾胃，饮食要有规律，不能暴饮暴食，也要补充充足的营养。

宝宝出生后就要密切观察其有无黄疸情况，发现黄疸应尽早治疗，并观察黄疸颜色变化，以了解黄疸的进退。

注意观察宝宝的症状，比如食欲、吮吸情况、睡眠情况、精神状态等，以及身体状况，看有无四肢强直或抽搐等症状，如果有要及时处理。

注意观察宝宝的心率、心音、贫血程度及肝脏大小变化，早期预防和治疗心力衰竭。

注意保护宝宝的皮肤、脐部及臀部清洁，防止破损感染。

给宝宝创造良好的生活环境，做好空气消毒工作。

新生儿鹅口疮

鹅口疮是由白色念珠菌所致的口腔黏膜炎症，又称口腔念珠菌病，多见于周岁内的婴儿或新生儿。

症状

多发生在口腔内舌、颊和软腭处，主要表现为牙龈、颊黏膜或口唇内侧等处出现乳白色奶块样的膜样物，呈斑点状或斑片状分布。

初起时常在舌面上出现乳白色微高起斑膜，周围无炎症反应，形似奶块无痛。

严重时口腔有灼热刺疼和干燥感，宝宝会因疼痛而烦躁不安、食欲下降、哭闹、哺乳困难，部分患儿伴有低烧的症状。

受损的黏膜治疗不及时，可波及咽喉、气管或肠道黏膜，引起念珠菌性食道炎或肺念珠菌病，出现呼吸、吞咽困难，少数可并发慢性黏膜皮肤念珠菌病从而影响终身免疫功能，甚至可继发其他细菌感染，造成败血症。

病因

多由于乳具消毒不严，乳母乳头不洁或喂奶者手指污染所致，也可在出生时经产道感染。或见于腹泻、使用广谱抗生素或肾上腺皮质激素的患儿。

准妈妈产道有念珠菌感染，宝宝出生时通过产道，接触妈妈阴道附近的念珠菌而感染。

妈妈压力过大甚至生病导致抵抗力下降，导致念珠菌增多，增加感染几率。

宝宝的身体抵抗力还很低，新生宝宝的口腔黏膜娇嫩，如果有擦损现象，会使病菌侵入宝宝的伤口继发感染。

妈妈的乳头不洁或奶瓶奶嘴消毒不彻底导致感染。

宝宝喝完奶后口腔清洁不干净，存留在宝宝口腔内的奶汁因长时间变质导致病菌滋生。

消毒工作不到位，宝宝的毛巾、奶瓶、奶嘴、尿布、玩具等没有及时清洁和消毒，成为病菌的传播源。

带菌的医护人员或卫生条件不达标的育婴室，都有可能造成宝宝感染致病菌。

长期、盲目使用广谱抗生素、类固醇药物或不适当应用激素治疗，造成体内菌群失调，霉菌乘虚而入并大量繁殖，引起鹅口疮。

预防和护理

注意宝宝的口腔卫生，在宝宝每次喝完奶之后或起床后、就寝前，以干净的纱布沾水，轻轻擦拭口腔内壁及牙床。

注意饮食卫生，要保持食品和餐具的清洁，使用后用碱水清洗，煮沸消毒。母乳喂养者每次喂奶前，母亲应先洗手，清洁乳头。

宝宝的玩具、毛巾、奶瓶、奶嘴、尿布要及时清洗消毒，防止感染。

当发现宝宝口腔内有类似奶瓣的斑块时，不要随便揩洗，以免黏膜损伤引起细菌感染。在确诊宝宝患有鹅口疮后，爸爸妈妈可以用消毒药棉蘸 2% 的小苏打水擦洗口腔，擦洗的时候动作要轻，再用 1% 龙胆紫涂在患处，每天 1 ~ 2 次。还可以用制霉菌素研成末与鱼肝油滴剂调匀，涂搽在创面上，每 4 小时用药一次，疗效显著。

新生儿呕吐

呕吐是指胃内容物和一部分小肠内容物在消化道内逆行而上，自口腔排出的反射性动作，是消化道机能障碍的一种表现。新生儿胃容量小，发育差，呈水平位容易发生呕吐，是新生儿时期的常见症状。

病因

和新生儿的生理特点有关

新生儿的胃呈水平位置，胃与食管相连接的部位叫贲门，其肌张力差，而胃与十二指肠相连接的部位叫幽门，其肌张力强，且食管下端括约肌的机械压力在出生后数日内是低于正常的，也容易造成贲门松弛，使得胃内容物易经食管从口腔吐出。

胚胎时期各脏器分化和发育的异常，尤其是前、中、后肠的异常，容易造成消化道的畸形，使摄入的食物或消化道分泌物不能顺利通过肠道，逆行从口腔排出，形成呕吐。

宝宝出生时如果吞咽了大量的羊水、血液，或者出生后内外环境的急剧变化，也容易诱发新生儿呕吐。

新生儿呕吐中枢发育不完善，容易受全身炎症或代谢障碍产生的毒素刺激引起呕吐。

喂养不当引起的新生儿呕吐

喂奶次数过于频繁，喂奶量太多，浓度不适合。

宝宝喂奶前哭闹或吃奶过急，导致吸入空气，当空气由胃内溢出时，造成呕吐。

妈妈乳头下陷，或者人工喂养的新生儿由于奶瓶的奶孔过大以致奶汁流入太急、或奶孔过小吸入过多空气导致呕吐。

牛奶太烫或太冷。

配方奶稀释过分或配方经常更换。

喂奶后就将新生儿平放或过多翻动新生儿等。

疾病因素引起的新生儿呕吐

比如消化系统功能紊乱、咽下综合征、胃出血、应激性溃疡、急性胃炎、急性肠炎、坏死性小肠结肠炎、腹膜炎等、肠狭窄、肠闭锁、先天性巨结肠、肛门闭锁、败血症、呼吸道感染、泌尿系统感染等都会引起新生儿呕吐，另外，许多药物可引起消化道反应，发生呕吐，如红霉素、两性霉素 B 等。

预防和护理

对于喂养不当引起的呕吐，爸爸妈妈要改进喂养方式，进行合理喂养，母乳喂养的宝宝，每次哺乳前妈妈要用温开水擦洗乳头，人工喂养的宝宝每次哺乳前用开水泡洗奶具，奶液充满奶头后再进行哺乳，奶瓶的奶孔大小要适宜，喂奶后将新生儿直抱，轻拍背部，让胃内空气溢出，吃奶后半小时左右才能将宝宝放下睡觉，而且要将头、颈、背抬高，作斜坡式右侧卧位，一般能很好地停止或减少呕吐，哺乳后不宜短时间内抬起下肢更换尿布。

爸爸妈妈要让宝宝有规律地生活，加强锻炼以提高机体免疫力，增加生理睡眠时间，饮食要定时定量，不要太饱，而且食物一定要新鲜卫生。宝宝呕吐后，及时漱口，勤给宝宝洗澡。

对于贲门松弛的新生儿，将奶调稀再喂养能防止奶上溢；胃食管返流的宝宝可在爸爸妈妈的照看下，采取头侧俯卧位，每次 20 分钟，每日 2 ~ 4 次，可降低返流频率，减少呕吐次数，防止呕吐物误吸，避免吸入性肺炎及窒息的发生。对于食管闭锁、幽门狭窄等先天性消化道发育异常的宝宝，由于呕吐发生早，症状严重，应该进行外科手术治疗原发病，缓解呕吐。

对于服药引起呕吐的宝宝，注意药液不要太热或太冷，可采用少量多次服用法，呕吐后及时清洁口腔、面部、颈部皮肤，更换被污染的衣物、床单。

新生儿硬肿症

新生儿硬肿症多发生在冬季和早春寒冷季节，由寒冷损伤、感染或早产引起，其中以寒冷损伤为最多见，又称寒冷损伤综合征，以皮下脂肪硬化和水肿为特征。

病因

新生儿皮下脂肪少，体温调节功能不足，而体表面积相对较大，皮肤较薄，血管较多，易于散热而致体温偏低。

新生儿缺少使饱和脂肪酸成为不饱和

脂肪酸的酶，饱和脂肪酸含量较多，溶点高，在受寒时易凝固。

环境寒冷，给宝宝的保温工作不到位，增加热量流失。

新生儿在出现缺氧、感染、早产、颅内出血和红细胞增多症时，也易发生体温调节和能量代谢紊乱，出现低体温和硬肿。

症状

出生后7～10天内的新生儿比较多见。

体温在35℃以下，重症低于30℃，体核温度（肛温）可能低于体表温度（腋温）。

皮肤和皮下组织出现硬肿，皮肤呈浅红或暗红色，严重者可呈苍灰色或青紫色。

硬肿首先出现在下肢、臀部、面颊和下腹部，然后至上肢和全身。

重型硬肿症可发生休克、肺出血。

预防

要做好孕期保健工作，防治妊娠中毒症，减少早产儿、体重不足的宝宝和产伤的发生。

在寒冷季节和地区要做好临产时母子保暖防寒工作，为产房装配保暖设备。

新生儿出生后马上用预暖的包被包裹好。如宝宝手脚发凉可在包被外面再加暖水袋，但要注意防止烫伤。

注意尽早喂奶，保证足够的热量，及时防治各种疾病等，预防新生儿硬肿症的发生。

新生儿败血症

新生儿败血症指新生儿期细菌侵入血液循环，并在其中繁殖和产生毒素所造成的全身性感染，有时还在体内产生迁移病灶。目前仍是新生儿期很重要的疾病，其发生率约占活产婴儿的1‰～10‰，早产婴儿的发病率更高。

病因

新生儿的皮肤黏膜薄嫩，容易破损，而且脐部没有愈合，很容易导致细菌入侵。

新生儿免疫功能低，易感染，细菌从皮肤、黏膜进入血液循环向全身扩散而导致败血症。

新生儿发生局部感染，爸爸妈妈没有及时发现。如脐炎、口腔炎、皮肤小脓疱、脓头痱子、眼睑炎等，若不及时治疗，可能发展为败血症。

妈妈患有感染性疾病，使某些细菌及其毒素通过胎盘传染给宝宝。

宝宝出生时，由于母体胎膜早破、羊水污染、产程延长、助产过程消毒不严等，发生感染而导致新生儿败血症。

症状

最常见的是宝宝呼吸急促，对氧的需要增加，脸色青紫，甚至出现呼吸暂停、呼吸衰竭、心率增快等症状。

血压低、低血糖或高血糖。

体温不稳定。

出现呕吐、腹泻、腹胀等症状，食欲差，拒绝吃奶水。

活动减弱，嗜睡、烦躁不安、呻吟，哭声低弱。

有瘀斑或瘀点。

严重败血症可出现中毒性肠麻痹，表现为腹胀，肠鸣音减低，或发生弥漫性血管内凝血、呕血、便血，或肺出血。

预防和护理

妈妈要注重孕期的保健工作，防治胎儿在宫内感染，预防宝宝败血症。

妈妈在分娩过程中要严格执行无菌操作，对产房环境、抢救设备等都要严格消毒。

早期破水、产程太长、宫内窒息的新

生儿，出生后要进行预防性治疗。

保护新生儿皮肤、黏膜、脐部，防止受到感染或损伤。

注意观察新生儿的脸色、食欲、精神状态，保持口腔、脐部皮肤黏膜的清洁。

维持宝宝的体温稳定，当体温偏低或体温不升时，要进行保暖；当体温过高时，要给宝宝多喂水，也可以采取物理降温。

如果宝宝患有脐炎、鹅口疮、脓疱疮、皮肤破损等，要及时治疗，防止感染继续扩散。

保证宝宝吸收足够的营养。

新生儿脂溢性皮炎

脂溢性皮炎是多发生于皮脂腺分布较丰富部位的一种慢性皮肤炎症，是一种以头面部发红、瘙痒、起皮屑、渗液、结痂为特征的疾病。

特征

多发于肥胖的新生儿，常发生于皮脂腺及汗腺丰富的部位，特别是头皮、眉际、耳后，有时会在躯干部出现。

头皮处开始为轻度潮红斑片，上覆灰白色糠状鳞屑，伴轻度瘙痒，皮疹扩展，可见油腻性鳞屑性地图状斑片；严重者伴有渗出、厚痂、有臭味，可侵犯整个头部，使头发脱落、稀疏，严重者导致脂溢性脱发。

发生于面部的脂溢性皮炎损害多见于鼻翼、鼻唇沟和眉弓，有淡红色斑，覆以油腻性黄色鳞屑。

发生于胸部、肩胛部的脂溢性皮炎初为小的红褐色毛囊丘疹伴油腻性鳞屑，以后逐渐发展为中间具有细鳞屑、边缘有暗红色丘疹及较大的油腻性的环状斑片。

新生儿脂溢性皮炎无明显的炎症，稍有痒感，时发时愈，严重者渗液甚多，易继发感染成脓疱。

预防和护理

给宝宝清洁头皮时动作要轻柔，不要擦破皮肤。

要保持皮肤的干爽，勤洗澡。

宝宝的贴身衣物要宽松吸汗，最好选用棉布的衣服，避免尼龙及毛料类衣物。

妈妈平时应限制多糖、多脂饮食，忌饮酒和辛辣刺激性食物，避免这些食物通过乳汁影响宝宝。

让宝宝补充维生素 B，通过母亲的饮食来调整，母亲可吃一些肝、肾、鸡蛋、小米、鱼、花生、绿叶菜等食物。

新生儿破伤风

新生儿破伤风是破伤风厌氧芽孢梭菌由脐部侵入引起的一种急性感染性疾病。常在宝宝出生 7 天左右发病，潜伏期大多 4 ~ 8 天，临床上以全身骨骼肌的强直性痉挛、牙关紧闭为特征，故有“脐风”“七日风”“锁口风”之称。

病因

主要是接生时用未消毒的剪刀、线绳来断脐、结扎或包裹脐端时消毒不严，使破伤风梭状杆菌侵入脐部导致。

症状

早期症状为哭闹不安，有食欲但口张不大，吃奶困难。

随后牙关紧闭，面部紧张，口角上牵，出现“苦笑”面容，双拳紧握，上肢过度屈曲，下肢伸直，强直性痉挛阵阵发作，存在间歇期肌肉收缩。

轻微的刺激（强光、风吹、声响及震动等），均可诱发抽搐发作。

面色青紫，咽肌痉挛使唾液充满口腔，易窒息，膀胱及直肠括约肌痉挛可导致尿潴留和便秘。

预防和护理

孕妇肌注破伤风类毒素，增加宝宝的抗体。

实行新法接生，接生人员的手、接生用具以及产妇外阴部都要经过严格消毒，如果接生时未严格消毒，一定要在24小时内将宝宝脐带远端剪去一段，并重新结扎，消毒脐蒂处，同时肌注TAT1500～3000IU，或注射破伤风毒素75～250U。

新生儿出生后，脐带要认真严格护理，防止感染。

宝宝患破伤风后，要置于安静、避光的环境，尽量减少刺激以减少痉挛发作。

新生儿尿布皮炎

新生儿尿布皮炎俗称“红臀”，是新生儿常见的皮肤病，是婴儿臀部受尿液、粪便以及不洁尿布刺激、磨擦后，与尿布接触部分的皮肤发生的接触性皮炎，表现为鲜红色红斑，并呈片状分布。严重时其上可发生丘疹、水疱、糜烂；如有细菌感染可产生脓疱。有时可蔓延到会阴及大腿内外侧，甚至可导致败血症的发生。

病因

尿布质地不良，或者宝宝尿后不及时更换，导致臀部皮肤经常处于潮湿或浸渍状态，刺激皮肤诱发红臀。

尿布清洗不干净，导致残留的尿渍及粪便被腐物寄生菌分解而产生氨类物质，刺激皮肤引起本病。

宝宝对一次性纸尿裤过敏或长期使用塑料布致使尿液不能蒸发，诱发本病。

病原菌感染导致。

预防和护理

要选用质地细软、吸水性强的纯棉布做尿布，最好选用纯白无色或浅色纯棉针织料，不要使用质地粗糙、深色的尿布，以免摩擦宝宝的皮肤，也不要在尿布中加用橡胶布、油布或塑料布，以免宝宝臀部处于湿热状态。

洗涤时要用清水，建议不要用消毒剂，要把肥皂冲洗干净，必要时煮沸消毒，以免残留物刺激宝宝皮肤。不要用含萘或樟脑的防蛀球来收藏尿布，尿布和尿布垫要经常进行消毒并拿到太阳下翻晒。

要勤换尿布，避免潮湿的尿布长期接触皮肤；不要用塑料布包在尿布外面，以利于水分散发，减少对皮肤的刺激；给宝宝更换尿布时可用无刺激的爽身粉，保持皮肤干燥；女宝宝屁股底下的尿布要垫厚些，男宝宝生殖器上要垫厚些。

宝宝大便后用温水冲洗臀部及外阴部，并轻轻擦干，涂上些爽身粉和消毒过的植物油，腹泻的宝宝要每天在臀部涂上防止尿布疹的药膏。

发现宝宝有轻微臀部发红时，要及时使用护臀膏，用微温水清洗，不要用碱性肥皂或温度偏高的水清洗或摩擦，换尿布后在患处涂上鞣酸软膏或消过毒的植物油。

新生儿腹泻

新生儿腹泻是一组由多病原、多因素引起的大便次数增多和大便性状改变为特点的儿科常见病。多发于6个月～2岁婴幼儿，一年四季都可能发生，但以夏秋季最多。可分为非感染性、肠道内感染性腹泻和肠道外感染性腹泻三种。（参见第2篇第5章“宝宝腹泻怎么办”）

非感染性腹泻

原因

妈妈喂养不当引起，喂奶过多或过少，时间间隔太短或太长等都可能引起宝宝腹泻。

宝宝吸收不良导致。

乳糖、果糖、牛奶过敏等引起大便异常、次数增加。

气候寒冷，腹部受凉使肠蠕动增加；天气过热使消化液分泌减少，也会引起宝宝腹泻。

症状

症状较轻，宝宝有明显厌食情绪，进食会出现溢乳或呕吐现象。

宝宝的精神较好，一般也无明显发热现象，加强护理，去除病因可恢复健康。

治疗和护理

坚持母乳喂养，遵循一定的规律，量度要适当。如果喝配方奶，不要经常更换牌子，以免宝宝不适应。

宝宝发生腹泻后，为了补充宝宝流失的营养与水分，减轻宝宝腹泻程度，可用煮沸过的糖盐水掺入适当稀释奶质后喂养，奶和糖盐水各一半比例，并适当增加喂奶次数。

营养米粉中含有高浓度的碳水化合物，可增加水盐的吸收，可以用来治疗宝宝腹泻，但要注意米粉要熬得稀稠适宜，根据宝宝腹泻的次数决定饮用的次数和用量。腹泻好转后，再饮用2～3天，以补充体内损耗的水分和营养。

环境温度要适宜，宝宝的腹部对温度的变化极其敏感，过高或过低都可能引起腹泻。

新生宝宝患上腹泻要随时注意臀部护理。每次便后要冲洗臀部，洗后在肛门周围和臀部涂上护臀霜、植物油或鞣酸软膏以防尿布疹的发生。使用尿布的宝宝，要注意尿布的洗净和消毒。

肠道内感染性腹泻

原因

人工喂养或混合喂养的新生宝宝，如果奶具不洁，会滋生病毒、细菌、真菌及寄生虫，比如人类轮状病毒、大肠杆菌和痢疾杆菌等，从而引起宝宝腹泻。

出生经过妈妈产道时感染。

症状

宝宝伴有呕吐及发烧症状，体温可达39℃～40℃，面色发灰，哭声低弱，精神不振，体重快速减轻。

宝宝小便减少，会排出呈黄绿色水样便，有击拍声，向外溅射，且臭味很大，一天大便次数多达10次左右，并极容易出现脱水症状。

此类腹泻潜伏期短，发作快，症状重，如果不及时治疗，会危及宝宝生命。

治疗和护理

母乳喂养时妈妈要先用温水清洗乳房，然后再喂养，增强宝宝对疾病的抵抗力，远离腹泻。

配方奶喂养或者母乳喂养的宝宝要保证奶具的清洁和消毒。

和宝宝接触的人要注意个人卫生，做到勤洗手、勤消毒，不要让生病的人接触宝宝。

肠道外感染性腹泻

原因

由于病原体毒素的影响或神经系统发育不健全，导致宝宝消化系统功能紊乱、肠蠕动增加而引起腹泻。

患有中耳炎、上呼吸道感染、肺炎、泌尿系感染、皮肤感染、败血症等急性传染病的新生宝宝，细菌从肠道外或血液中透过肠壁渗入到肠道内，引起肠炎，导致腹泻。

症状

患此类腹泻的宝宝每日大便次数多在

10次以下，极少数可达十几次，每次大便量不多，稀薄或带水，呈黄色、或微黄色，有酸味，常见白色或黄白色奶瓣和泡沫，并混有少量黏液。

宝宝食欲不振，微有发热现象，体温一般在38℃以下，无脱水等明显症状。只要治疗及时，一般可在数日内痊愈。

治疗和护理

如果宝宝患上中耳炎、上呼吸道感染、肺炎、泌尿系感染、皮肤感染、败血症等急性传染病，要及时送医院治疗，以免引起腹泻。

对引起肠道外感染性腹泻的病毒要进行隔离，避免宝宝接触这些致泻病毒。

遵照医嘱给宝宝进行疫苗注射，抵抗传染性病菌。

新生儿结膜炎

宝宝出生没多长时间，眼睛周围不断出现一些黄白色的分泌物，使宝宝睁不开眼睛，这就是新生儿结膜炎，也是新生宝宝非常容易感染的一种眼病。

病因

新生宝宝免疫力低下，对病菌的抵抗力和成人或者大一些的儿童相比很弱，很多不易致病的细菌也可能使新生儿遭受感染。

新生儿泪腺发育不完善，眼泪较少，所以不易将侵入的病菌冲洗掉，在眼部繁殖就会发生结膜炎。

宝宝出生时，头部要经过妈妈的子宫颈和阴道，如果这些部位有病菌污染，宝宝的眼部就很容易被感染。妈妈阴道的衣原体为阳性，从阴道分娩的婴儿70%都可能被感染，其中18%～50%会发生新生儿衣原体结膜炎。

症状

宝宝会出现眼睑肿胀、睑结膜发红、水肿等症状，同时会有白色的分泌物产生，很快转变为黄白色带脓性的分泌物，有时有假膜形成，有时有小滤泡出现。

最初可能只有一侧的眼睛患病，但随着病情发展，另一侧眼睛也可能受到影响，这时要及时护理治疗，否则炎症会直接影响角膜，给宝宝的眼睛留下后遗症。

预防和护理

孕妈妈如果患淋病或非淋菌性尿道炎、阴道炎，要选用抗菌药物进行治疗，必要时及时就医。

爸爸妈妈在照料宝宝时，一定要先用流动的水洗手，保持自己的双手及衣服清洁，用干净、柔软、消过毒的棉布擦洗宝宝的眼睛。

爸爸妈妈可以用消毒纱布或棉签蘸上开水或无菌生理盐水，轻轻擦洗眼部的分泌物。分泌物较多，可用蘸上温开水的消毒棉球湿敷一段时间，再换湿棉球从眼内侧向眼外侧轻轻擦拭，直到擦干净为止，注意棉球不可重复使用。

为了避免由于分泌物粘附而导致宝宝的眼睛无法睁开，爸爸妈妈可以用无针头注射器抽取生理盐水反复冲洗眼睛，让宝宝侧卧，需要冲洗的眼睛在上面，把小盘放在宝宝的鼻梁与另一只眼睛之间，用一支无菌的无针头注射器吸满干净的生理盐水，从宝宝的外眼角一滴一滴地缓慢冲洗，流下来的污染液体收集在小盘中，注意不要让液体流进耳朵里。宝宝患结膜炎可以遵照医嘱使用抗生素滴眼液。水平抱起宝宝，要背着光线，轻摇宝宝上身和头部，使宝宝自动睁开双眼，这时就可将眼药水或眼膏滴进眼睛，注意要滴在下眼睑的里面，不要滴在黑眼珠上或让药水瓶口触碰到眼睫毛，点药时不要使眼药水瓶碰到下眼睑，以免宝宝闭眼，影响滴药的效果。瓶口离眼睛要保持2厘米左右的距离，每次2～3滴即可。滴后松开手指，用拇指和食指轻轻提上眼皮，防止药水流进鼻腔，若双眼均需滴药，应先滴病变较轻的一侧，再滴较重的一侧，中间最好间隔3～5分钟，每2～3小时滴一次，一般7天左右可痊愈。

新生儿泪囊炎

新生儿泪囊炎是一种较常见的外眼病，通常，新生儿的泪道在鼻泪管的出口处都有膜状物封闭，大多数新生儿在出生的同时就会自动破裂，泪道开始畅通。一些宝宝出生后泪道出口处的膜状物没有破裂，或由于鼻泪管部先天性畸形等因素，鼻泪管下端的胚胎残膜没有退化，阻塞鼻泪管下端，泪液和细菌潴留在泪囊内，而泪囊内的湿度最适宜细菌生长繁殖，一旦引发感染，泪水就变成了脓液，导致新生儿患上泪囊炎。约有2%～4%足月产婴儿可能有此种残膜阻塞，发病年龄一般为出生后6周，少数在1岁以后，通常为慢性，逐渐疤痕化阻塞泪道。绝大多数残膜可在出生后4～6周内自行萎缩而恢复通畅。

症状

新生儿泪囊炎可表现在单侧或双侧，新生儿出生后不久即流泪，逐步变为脓状分泌物，压迫泪囊区时有黏液脓性分泌物回流，有的显现泪囊区肿胀。

宝宝患病后，常有流泪、泪道有分泌物、眼睑湿疹三大症状。

护理

泪囊区加压按摩法

按摩进行前，操作者一定要洗净双手，剪去指甲，以免宝宝感染细菌或伤害到宝宝。

让宝宝仰卧，一个人固定住宝宝的头部和四肢，操作者由鼻根部泪囊区顺鼻翼向下推挤。注意用力要适宜，既要有一定力度，又不要力量太大损伤皮肤。

按摩结束后，按医嘱滴用抗生素眼药水

点眼药水时应轻拉下眼皮，滴入眼药1滴。药瓶距离眼睛1～2厘米为宜。如果离得太远，药水滴入时会刺激宝宝眼睛；离得太近，容易让瓶口触及眼睛。

滴药后药水溢出，可用清洁干棉球或干净的面巾纸拭去，避免用不洁物品擦双眼。

眼药用后瓶口不能触及其他物品，并及时盖上瓶盖，保存在阴凉处，防止污染。

本月接种疫苗

新生儿要接种卡介苗和乙肝疫苗（第一针），1月龄的时候要接种乙肝疫苗（第二针）。

卡介苗（免费接种）

预防疾病　结核病

接种时间　宝宝出生2天内应接种卡介苗第1针。早产儿最好在出生6个月后再接种卡介苗，半年内体重超过2500克的宝宝，医生检查发育正常也可以接种。

接种反应　接种卡介苗后约1～2周，局部会呈现红色小节结，逐渐长大，微有痛痒，没有发烧症状；6～8周形成脓泡或溃烂；10～12周开始结痂，痂皮脱落后留有微红色小疤痕，逐渐消退。接种卡介苗后局部有脓泡或溃烂时，不需要擦药或包扎。注意保持局部的清洁，衣服不要穿得太紧，如有脓液流出，可用无菌纱布或棉花拭净，不要挤压，一般3个月就会自然结痂，不要自行抠去。

接种禁忌　新生儿如有下列情况者就

应暂缓接种：

体重2500克以下，早产儿或未成熟儿。

腹泻或严重消化不良。

有湿疹、脓疱疹等全身性皮肤病。

分娩创伤并有明显临床症状，如新生儿窒息、颅内出血等。

先天性脑脊膜膨出、先天性心脏病、先天性脑积水等较重的先天性畸形。

有以下表现者不适宜接种卡介苗：

感冒发热，体温超过 37.5℃，或者在预定注射免疫接种前一周内正在用抗生素。

患各种急性传染病或病愈未满一个月。

患各种器质性疾病如心脏病、肾炎、肝炎、活动性结核病等。

患有全身皮肤病或接种部位皮肤病。

患过敏性哮喘、荨麻疹等过敏性疾病或有过敏史。

宝宝曾有过惊厥，或患有癫痫等中枢神经系统疾病。

以往预防接种有过敏反应史者或体弱多病的宝宝。

没有及时接种怎么办

先带宝宝进行结核菌素试验，3 天后观察结果，如果结核菌素试验为阴性，则应立即补种卡介苗。

乙肝疫苗（免费接种）

预防疾病 乙肝

接种时间 出生后 24 小时内应接种乙肝疫苗第 1 剂，间隔 1 个月和 6 个月再分别接种第 2 剂和第 3 剂。

接种方式 采取肌肉注射的方式。

接种部位 上臂三角肌。

接种禁忌 如果宝宝是早产儿体重不足 2500 克的应暂缓接种。

宝宝患有黄疸或急性严重疾病者应缓种。

有严重过敏性体质的宝宝不要接种。

正在发热或持续发热的宝宝，体温超过 37.5℃，应查明原因，待体温正常后再接种。

对患有急性或慢性严重疾病的宝宝或痊愈后还不足两周，要暂缓接种乙肝疫苗。

对于已经患有慢性乙肝的宝宝，不必接种乙肝疫苗，其体内已经存在乙肝病毒，无预防和治疗效果。

接种症状 一般情况下无异常反应，少数宝宝会出现接种部位红肿、硬结、疼痛、发热、恶心、呕吐、乏力、皮疹等与一般疫苗接种大致相仿的轻微反应，多在 1 ~ 3 天内不治自愈。

接种检查 次年要通过化验检查宝宝乙肝表面抗原和乙肝表面抗体，以监测乙肝疫苗接种效果。如果乙肝表面抗原阴性，乙肝表面抗体阳性，说明母婴阻断成功，乙肝疫苗接种效果好。如果乙肝表面抗体弱阳性，就需要尽快强化接种一次乙肝疫苗，以后再定期复查。如果乙肝表面抗体阴性，就要重新接种三次乙肝疫苗。

不能接种疫苗的宝宝

有一些特殊的宝宝是不能接种疫苗的，如果爸爸妈妈忽视这一点，就会使宝宝在接种过程中出现一些严重的异常反应，甚至可产生严重的后果。

有免疫缺陷病的宝宝不宜接种疫苗，如先天性缺丙种球蛋白血症，目前仍长期服用激素等免疫制剂的宝宝也不宜接种疫苗。

患高热惊厥、癫痫或其他神经系统疾病的宝宝，即使病愈后接种流脑疫苗、乙脑疫苗、百白破疫苗都应视为禁忌症。

有过敏史的宝宝，如食物过敏、药物过敏、花粉过敏等，即便过敏症状已经消失，接种疫苗也一定要慎重。因为疫苗均属于免疫制剂，过敏的宝宝接种疫苗后很容易诱发过敏反应。

患有急性传染病和恢复未满 1 个月的宝宝，以及有急性传染病接触史没有过检疫期的宝宝，如麻疹或百日咳接触后未满 21 天、白喉或流行性脑脊髓膜炎接触后未满 7 天都不能接种疫苗。

感冒、发热、腹泻的宝宝不要接种疫苗，感冒、发热要等到病愈后 3 ~ 5 天，宝宝精神、食欲恢复正常后才可以预防接种。

患有肾脏疾病的宝宝如肾炎、紫癜、肾病综合征等，即使痊愈也尽量不要接种疫苗。因为接种疫苗有可能使疾病复发，如出现蛋白尿、血尿等症状。

患幼儿急疹的宝宝，要在出疹 3 周以后再接种疫苗。因为幼儿急疹是病毒感染性疾病，会影响宝宝的免疫系统，而 3 周后免疫系统得到恢复，再接种免疫效果更好。

有颅脑损伤的宝宝预防接种时，要根据临床表现适当延迟接种时间。如果出现惊厥、运动发育明显落后等临床症状，要停止接种疫苗。

有活动性结核病、皮肤疾患或接种部位有湿疹者不宜接种卡介苗。

在预防接种前，爸爸妈妈应说明宝宝有无上述情况，以免发生意外。

第3章 2～3个月宝宝的家庭护理

2个月宝宝成长指标

身体外观	体重	男婴4.3～6.0千克，女婴4.0～5.4千克
	身长	男婴55.5～60.7厘米，女婴54.4～59.2厘米
	头围	男婴头围平均为39.84厘米，女婴头围平均为38.67厘米
	前囟	对边连线是1.5～2.0厘米
运动情况	在这一个月，宝宝身体的许多运动仍然是反射性的。已经可以挣扎着抬起头并向四周张望，但只能抬起1～2秒钟。腿逐渐变得更加强劲而主动，会从刚出生时的屈曲状态开始伸直，力量将增加很快。宝宝的手部运动将出现许多变化，手突然间就会放松，手臂外展。这个月的宝宝还不能主动把手张开，但会把攥着的小拳头放在嘴边吸吮	
感官发育	语言发育	1个多月的宝宝还不能用语言来表达，但已经有表达的意愿，小嘴经常做说话动作，嘴唇微微向上翘，向前伸，呈○形。（参见第3篇第1章“宝宝和妈妈对话”）
	视觉发育	两个月以内的婴儿最佳注视距离是15～25厘米，宝宝能注视7秒以上。两眼的肌肉已能协调运动，能够追随移动的物体和亮光，喜欢看颜色鲜艳的东西，而且对看到的东西存在记忆
	听觉发育	宝宝会转头寻找声源（参见第3篇第1章“通过声音认识妈妈”）

3个月宝宝成长指标

身体外观	体重	男婴体重5.0～6.9千克，女婴体重4.7～6.2千克
	身长	男婴身高58.5～63.7厘米，女婴身高57.1～59.5厘米
	头围	男婴头围平均为41.25厘米，女婴头围平均为39.90厘米
	前囟	前囟没有多大变化
运动情况	可以把头抬得很高。可以靠上身和上肢的力量翻身，但臀部以下还是仰卧位的姿势。在这个月内，摩罗反射及踏步反射将逐渐消失，开始出现无意识的抓握，用手够东西，但常常够不到。自己玩自己的手，开始学着吸吮大拇指	
感官发育	语言发育	两三个月是宝宝简单发音阶段。宝宝舒服、高兴时会有一些简单的发音，如“阿、哦、噢”等
	视觉发育	宝宝的眼睛更加协调，两只眼睛可以同时运动并聚焦，并且可以转移视线，更亲近妈妈

睡眠颠倒的纠正

睡前准备工作

到了 2 ~ 3 个月，宝宝晚上的睡觉时间应该长一些。宝宝睡觉最晚不能超过晚上 10 点，要做好睡前准备工作，培养宝宝“到睡觉的时间了”的意识。睡觉前不要对宝宝拍抱摇，因为这样宝宝习惯在摇晃中进入浅睡眠，一旦放到床上就睡不着了。宝宝入睡后，要保持室内安静，不要吵醒宝宝，保证宝宝后半夜熟睡且不易醒来，慢慢形成习惯。

宝宝困倦征兆

很多宝宝在困乏时会很烦躁，爸爸妈妈怎么逗也不会有灵敏的反应，而且会以哭的形式表现出来。

宝宝的眼神迷离，而且会揉眼睛、拉耳朵，或者出现淡淡的黑眼圈。

日夜颠倒如何纠正

宝宝刚刚来到这个世界，还不适应黑夜和白天的交替，大脑功能的发育也很不完善，因此会把“生物钟”搞错，出现黑白颠倒的现象。这时，爸爸妈妈要帮助宝宝纠正这个习惯。

应该让宝宝将日夜区别清楚。白天多带宝宝出门走走，尽量多和宝宝交流，做游戏，限制宝宝白天的睡眠时间，下午五六点钟后，不要让宝宝睡觉。到了夜晚，宝宝累了自然就睡了。白天宝宝在房里睡觉时，不必刻意弄暗室内光线，或刻意营造安静的环境，轻手轻脚。当宝宝醒来时，可以和宝宝说话，逗一下他，让他兴奋起来，把玩具给宝宝，刺激宝宝的反应。但不能勉强宝宝，不能抱有让宝宝白天不睡、夜里能安安静静睡个好觉的想法，以免适得其反。

给宝宝固定的睡眠暗示，每次睡眠前做相同的事情，做完就让宝宝睡在床上。例如：先给宝宝洗一个热水澡，然后给他喂奶、换尿布。每天坚持这么做，让宝宝有要睡觉的意识，形成惯性，以后每次做这些事情的时候，宝宝就会有该睡觉了的思想准备。

如果晚上宝宝不睡觉，不要听见宝宝一哭就抱，一抱就喂，一喂就睡，不要开灯，轻轻按摩宝宝的腹部，如果不是因为一些特殊原因，最好做冷处理，让宝宝清楚白天和夜晚的区别。

安全抱放宝宝

准备工作

要注意清洁卫生。抱宝宝之前一定要洗手，尤其是给宝宝换过尿布之后，更不能直接抱宝宝，防止细菌侵入。

抱前先和宝宝对话。准备抱起宝宝时，要先和他说说话，宝宝听到熟悉的声音会有安全感，如果突然移动宝宝会引起他的不安和紧张，甚至哭闹。

正确的抱姿

用力支撑宝宝的颈部，扶住身体。因为宝宝的颈部尚未发育成熟，此时，在移动宝宝时，力气应该放在颈与背部，不要让宝宝的头向下耷拉，如果头向后仰，很容易受伤，也不要让四肢任意向下。

坐立式抱放　与宝宝面对面，将手掌张开，把宝宝的头部放在虎口的位置，让宝宝下半身贴近你的腹部，调整合适的距离。把宝宝抱在臂弯的姿势，将宝宝的头部放在肘弯处，下半身放在大腿上，这样可以更好地支撑宝宝的头部和肢体，宝宝会感到很舒适。或者也可以把宝宝搂在怀里，上半身重量放在胸前。轻松一点的方法可以让宝宝坐在你的腿上，背靠在你的胸前，轻轻环住他即可。

肩靠式抱放　用手环住宝宝的头部轻

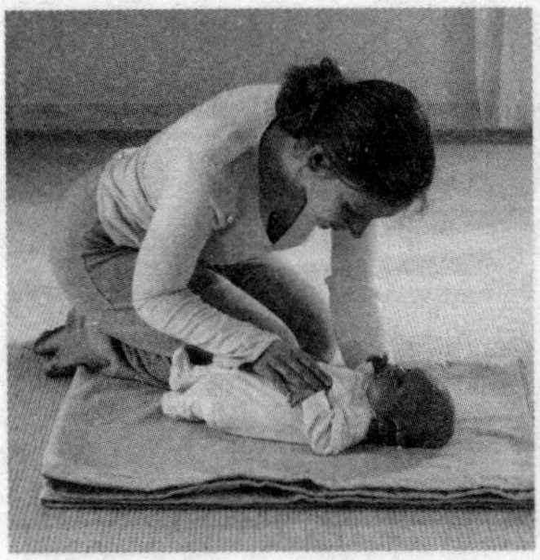

尽量轻柔地说话，让躺着的孩子意识到你在他的身旁，并且把一只手放在孩子的腹部，弯下腰，让你的身体靠近孩子，将另一只手伸到孩子的头颈部下面。

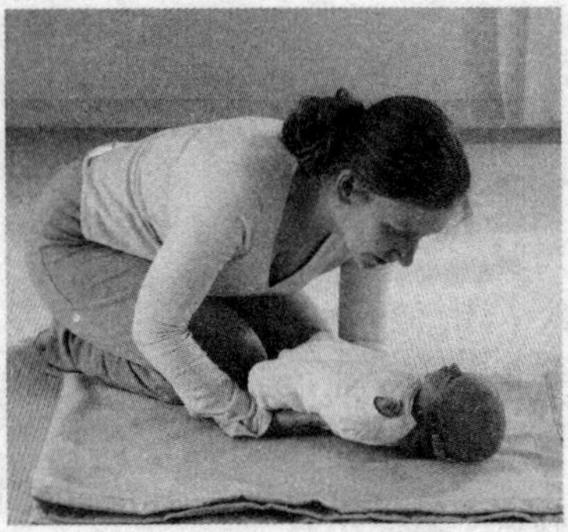

将先前放在腹部的那只手伸到孩子背部，托住后腰。用手掌承受住孩子的体重，把孩子慢慢抱起来。等到孩子快要靠近自己胸口时，再坐起来。

要放下孩子时，在俯身弯下腰的同时应把孩子抱至胸口，这样做是为了避免孩子在半空中移动太远距离。放下后，手在先前的位置停留片刻后再撤出来。

轻托起，让宝宝靠着你的肩膀。一只手扶在宝宝的臀下，支持他的身体重量，另一只手扶住他的头，将宝宝抱直，抱时尽量靠近自己的身体。也可以将宝宝斜放在肘弯，贴近你的胸前，一手支持着他的上半身，一手环抱着他的下半身。这样的抱姿稳定而且安全。宝宝若是挣扎，就顺着他的姿势，慢慢移动。避免直接放下宝宝，先放在肘弯，再轻轻放到床上，切忌掐住宝宝的脖子，造成淤血。

交换人抱姿要领　双手环住宝宝的身体，宝宝躺在抱者手肘上，用另一只手托住宝宝下面。交换的人也以同样的姿势承接宝宝的身体。一定要确保抱稳宝宝的身体之后，原抱者才可放手。然后用手扶住宝宝耳侧，并支撑他的头颈，另一手托住他的下半身。

在抱宝宝时要尽量避免触摸宝宝的脸颊，或者做一些捏鼻子、拉耳朵、亲小嘴、弹额头之类的动作，以免引起不必要的伤害。

不要突然把宝宝高高举起，这样容易引起脑出血。

宝宝如何空气浴

空气浴的好处

给宝宝进行空气浴可以提高神经和心血管系统反应的灵敏度，增强体温调节功能。

由于室外空气温度比室内低，宝宝到户外受到冷空气刺激，可以不断锻炼皮肤和呼吸道黏膜，促进皮肤的呼吸作用，还能从外面新鲜的空气中吸入较多的氧气，增强对外界环境的适应能力和身体的抵抗力，减少疾病的发生。

具体方法

给宝宝穿上单薄、肥大、透气的衣服，到室外让皮肤广泛地接触空气。每次空气浴的时间，可从开始时的几分钟，循序渐进，逐渐延长，最长可达 2 ～ 3 小时。

未满月的婴儿或者当天气情况不允许带宝宝做室外活动时，也可以在室内进行裸体空气浴。做室内裸体空气浴以前，应该先开窗 20 分钟，排出屋里的废气，换上新鲜的空气，然后要等到室温升到 20℃左右时才可进行。把宝宝的衣服全部脱掉，让宝宝躺在床上，或者在木质地板上铺上一块较厚的毯子，把宝宝放在上面。根据宝宝的喜好进行活动，如婴儿体操、抚触按摩等，没有固定模式，只要能活动全身就行。

注意事项

春秋季节，只要室外的气温在 18℃以上，没有大风时就可以打开窗户，给宝宝进行空气浴。

夏季天气闷热，要多打开门窗，流通空气，需要注意不要让对流风直接吹着宝宝。夏天最好选择去户外，但要避免高温强光直射。如果宝宝有面色苍白、嘴唇发紫等不适反应，要立即停止活动。在夏天出生的宝宝，出生后 7 ~ 10 天，就可以进行空气浴了。

冬季在阳光灿烂的天气，隔一小时打开一次窗户换换空气。可选择中午时段气温较高的时候或者室内外温差较小的天气到室外去，将近满月的宝宝，更要增加户外活动，除了特别寒冷的风雪天气，都可以到院子里进行锻炼。不要包裹过多过严，时长根据宝宝年龄变化而变化，一般情况下每次 3 ~ 5 分钟即可，一天可以出去 1 ~ 2 次，然后根据宝宝的耐受情况逐渐延长。冬季出生的宝宝在满月后，才可以抱到户外进行空气浴。

宝宝头发巧护理

这个阶段需要特别关注宝宝的头发护理，千万不要以为头发无关紧要，头发的护理可比你想象中的要重要得多，这个阶段保养好了有助于宝宝以后有一头乌黑亮丽的头发。（参见第 2 篇第 20 章“让宝宝长出乌黑秀发”）

洗发

洗发是保持清洁的关键，利于头皮得到良性的刺激，促进头发健康生长。

2 ~ 3 个月的宝宝生长发育速度极快，新陈代谢也非常旺盛，头发容易脏，尤其是夏季，更容易出汗。因此，在 6 个月前，尽量每天给宝宝洗一次头发。6 个月后，可改成 2 ~ 3 天一洗。

水温要适宜，不能太热烫伤宝宝，也不能太凉引发受凉感冒头痛等症状，保持在 37℃ ~ 38℃即可。

用正确的方法，轻轻用手指肚按摩宝宝的头皮，不宜用指甲抓洗，也不可用力揉搓头发，注意不要让水进入宝宝的耳朵。

使用清水即可，清水最安全，而且能起到清洁效果。洗发水可以选用无刺激性的婴儿洗发水，但不要频繁使用。

梳发

经常给宝宝梳理头发，不仅能让宝宝整体看上去整洁干净，而且可以刺激头皮，促进血液循环，有利于头发的健康成长。

可以随身携带一把宝宝专用梳，在宝宝需要时给予梳理。

最好选用柔软有弹性的梳子，棱角要圆滑，梳齿不要太坚硬，这样会弄伤头皮。橡胶梳子是个不错的选择。

在梳理头发时，要顺着宝宝的头发生长的方向梳理，不要强行改变生长方向。

梳理过程中，动作和力量不要过大，要轻柔，防止弄疼宝宝。

护发

饮食营养可以影响到发质的好坏，从 4 个月开始，宝宝就要逐步添加辅食，妈妈要在宝宝的辅食中增加护发元素，而且还要注意自己的饮食营养，保证乳汁营养。多吃一些富含蛋白质的食物，如动物肝脏、蛋黄、豆类、瘦肉等，可以保证宝宝头发的浓密，因为角蛋白占宝宝头发成分的 90% 以上。其次，要多吃一些维生素，维生素 A 具有减少头屑、滋润头皮、促进血液循环的作用；B 族维生素能让头发黑亮，粗粮、豆类、蔬果等都含有丰富的 B 族维生素；维生素 C 可以促进铁质的吸收，防止掉发，所以要多吃蛋类、木耳、油菜、芹菜、莴苣、海带、芝麻等营养丰富的食物。

保证充足的睡眠，如果宝宝睡眠不足，大脑皮层一直处于兴奋的状态，脑部集中的血液营养就越多，供血不足导致头发稀少缺少弹性。而且睡眠不足通过对宝宝食欲、健康的影响也会间接影响头发生长。

适当接受阳光照射，紫外线可促进头皮的血液循环，改善头发质量，对宝宝头发生长很有益。但是要注意不要强光直射晒伤头皮，可以给宝宝戴上一顶遮阳帽。

理发

理发也是宝宝头发护理的一个重要方面，不是一件容易的事，但是这个时候给宝宝理发尚早，5 个月以后详细叙述。（参见第 1 篇第 4 章“给宝宝理发”）

头皮痂垢巧处理

产生原因

宝宝头皮皮脂腺分泌功能旺盛，分泌物得不到及时清除，和头皮上的脏物积聚在一起，时间长了形成一层厚痂，这就是乳痂。

遗传因素，父母头屑特多或患有脂溢性皮炎，所生的子女易患乳痂；母亲怀孕后期体内雄激素过多也会促使婴儿乳痂生成。

饮食营养，妈妈的饮食营养、宝宝的喂养状况以及生物素等因素都会影响乳痂的产生。如果饮食中油脂含量高，就容易长乳痂。

错误的生活习惯，不注重宝宝卫生清洁，不给宝宝洗澡洗头理发，使乳痂越积越厚。

对宝宝的危害

乳痂藏污纳垢，易导致感染。

乳痂掩盖了对囟门的观察，不能及时发现宝宝囟门传递的一些病症，以至影响诊治某些疾病。

乳痂较硬，紧贴囟门，会限制囟门伸缩的缓冲功能，如果出现宝宝颅内压增高性脑病时，囟门就会丧失缓冲高压的作用。

洗护步骤

用一只手抱住宝宝的头，让宝宝背部靠在前臂上，把宝宝的腿放在肘部。

然后用另一只手轻轻将水淋在宝宝头上，注意要避免将水溅到宝宝眼睛、耳朵里。

将植物油（菜油、橄榄油等）或者婴儿油加热消毒，放凉，涂在乳痂表面，不要立即清洗，滞留数小时至乳痂被浸泡松软。

软化后，薄的乳痂会自然脱落，至于大块的头垢用齿软而钝的宝宝专用梳子刷松，最后再用宝宝专用洗发水把头垢冲洗掉，就可以了。可慢慢重复几次。

最后将宝宝抱在膝上，用一条消过毒的毛巾将宝宝的头轻轻擦干。

预防乳痂再生

坚持洗头　宝宝出生后，要坚持给宝宝洗头，重点清洗易生乳痂的头顶部，囟门也要进行清洗，不要担心会影响宝宝的智力，正常清洗是不会损伤大脑的。动作要轻柔，不会给宝宝带来伤害。

调整母婴饮食　给宝宝补充维生素。生物素即维生素 H，有减轻乳痂生成和促进细胞再生的作用。妈妈可以给宝宝添加果汁，这是供给宝宝生物素的最好办法。哺乳妈妈多吃富含维生素和生物素的食物，如肝脏、坚果、肾脏、蛋黄、酿酒的酵母、豆类、鱼类等。

勤理发　宝宝头发过长很容易导致乳痂堆积，不便清除，最好给宝宝剪短发，这样护理起来方便。

宝宝倒睫现象

健康的睫毛可以保护眼球，阻挡风沙、灰尘、细菌的侵袭，但如果睫毛内倒，表现为宝宝柔软的睫毛总有几根会经常碰触宝宝眼珠表面，严重时甚至粘在眼珠上面，医学上称为“倒睫”，是宝宝常见的眼部问题，会引起宝宝眼睛流泪、红肿，让宝宝感觉眼内有异物，有时会感到眼部刺痛，会对角膜有危害性，还可以引起视力下降。

原因

身体状况　如果宝宝出生时身体比较肥胖，长有一张圆圆的娃娃脸，两颊部很丰满，鼻根部的脂肪由于处于发育阶段呈扁平状，眼间距宽，很容易导致下眼皮内翻；或者是宝宝眼内侧皮肤出现褶皱，从而造成下眼皮内轻度内翻，眼睑毛向眼球方向生长，形成倒睫。

发育不良　孕妈妈体内营养缺乏或是有疾病影响宝宝眼睑的发育，使宝宝出生时出现先天性眼睑内翻，眼睑发育不良，造成倒睫的出现。

疾病因素　宝宝的眼部疾病引发倒睫。由于宝宝身体抵抗力弱，护理不当极有可能患上沙眼、眼角边缘发炎、结膜炎等症状，导致宝宝哭闹、用手揉眼睛，引起眼睑痉挛，使眼部肌肉发生改变，也会形成倒睫。

解决对策

宝宝倒睫主要发生在下睑内侧。由于宝宝的睫毛比较柔软，对角膜损害程度不大，轻度的下睑内翻，会随年龄的增长、脸型变长，鼻骨发育逐渐自愈。

妈妈可以用大拇指从宝宝鼻根部向下向外轻轻按摩下眼皮，使下眼皮有轻度外翻，让睫毛离开眼珠。每次按摩 5 ~ 10 分钟，坚持下去，慢慢矫正向里倒的睫毛。

如果倒睫引起角膜上皮点状脱落，首先可以使用眼药水、眼药膏缓解宝宝倒睫毛的症状，症状较轻的可滴涂抗生素眼液、眼膏（如金霉素眼膏、洁霉素眼液等），注意要到大型药店或医院购买适合宝宝使用的眼药水、眼药膏；其次，眼药水、眼药膏的使用不宜太过频繁，以免伤害宝宝眼睛；最后，妈妈要注意眼药水、药膏的安全卫生，做好防菌工作，使用时不能让瓶口碰到宝宝的眼睛，以免碰伤宝宝眼睛。

如果宝宝倒睫很严重，已经有超过 1/3 的睫毛属于倒睫毛，而且睫毛又粗又短，戳刺眼睛，刺伤角膜，造成灶性浸润，宝宝流泪明显，那就需要带宝宝到医院进行治疗，手术治疗一般在 2 岁以后。

宝宝倒睫切忌自行拔除或剪去，这样并不能有效解决宝宝倒睫毛问题，而且拔除睫毛时很容易损伤宝宝毛囊和睑缘皮肤，造成新睫毛乱生、倒长，甚至是眼睑内翻，加重宝宝的病情。拔睫毛还会使宝宝毛孔增大，感染病菌几率增大，发生眼部炎症，在给宝宝拔睫毛时还会有碰伤眼球的危险。

纠正宝宝偏头的关键期

新生儿偏头应该早预防，但是如果因为各种各样的原因引起宝宝偏头，一定要及时纠正。3 个月以内是纠正宝宝偏头的黄金期，如果 2 个月以后发现宝宝的头形不对称了，3 个月以内赶快调整还来得及，有些妈妈们觉得可能是遗传或者别的什么原因，没太在意，再纠正就晚了。一般来说，宝宝的头形在 3 个月以后就基本固定了，在一周岁至一周岁半时，囟门会闭合，头型定形，很难再有所改变。如果在 1 周岁半以后才想起来给宝宝纠正头形会很难。

原因

宝宝出生时被使用外力　有些妈妈在生产时，可能会由于难产等原因被医生采用真空吸引、使用产钳等方法，这可能会形成血肿。使宝宝出生后常常侧向没有血肿的一侧睡，形成偏头。

宝宝错误的睡眠习惯　宝宝经常朝一个方向睡觉使头部长期偏向一侧，或者妈妈经常习惯采取同一个姿势喂养宝宝，因为宝宝出生后，正常情况下其左右头颅是对称的，但是这个时候头颅骨没有完全骨化，各个骨片之间仍有成长空隙，有很大的可塑性。再加上宝宝的颈部肌肉无力转动沉重的头部，当某一方位的骨片长期承受整个头部重量的压力时，就会出现左右不对称情况。

营养不足　妈妈在孕期营养不足也可能导致宝宝头颅畸形，所以妈妈一定要注意孕期的护理营养，做好孕前准备工作。

与遗传疾病有关　家族遗传因素导致宝宝偏头。

纠正偏头的方法

把宝宝偏头的一侧垫高点，或者准备定型枕　准备一些比较松软的东西把宝宝的头部有点偏的一侧垫高一些，这样宝宝的头就不能随意偏向该侧。另外，使用定型枕也是不错的选择，能够取得良好效果，一般婴童专卖店里都有卖。

偏向宝宝偏头一侧，和宝宝边说话边给宝宝喂奶　宝宝在白天醒着的时候，切忌朝一边和宝宝说话，要左右两边“公平对待”，特别注意偏向于宝宝睡偏头的一侧，以便于纠正。妈妈喂奶时也不要使用一个姿势，也要偏向宝宝偏头一侧。

适度地按摩宝宝的颈部　由于宝宝颈部肌肉力量不足，所以根据宝宝偏头的方向给宝宝的颈部以适度按摩，这样可以缓解其颈部的压力，坚持下去会有好的效果。如果宝宝的头偏向右，就给其右颈部按摩，偏向左，给其左部按摩。

固定宝宝睡姿可用米袋　如果偏头的宝宝已经习惯于某种睡姿，不配合妈妈纠正睡姿，经常翻回到原来的睡姿，这时，妈妈可用纯棉布料做一个米袋，里面装入炒熟大米，放在宝宝的后枕部来固定其头部。若宝宝是左偏头，就让宝宝朝右侧睡，反之，则让其朝左侧睡。

给宝宝拍照忌用闪光灯

危害

宝宝在出生前经过了 9 个月漫长的子宫中的“暗室”生活，因此对光的刺激非常敏感，眼睛受到较强光线的刺激时还不善于调节，对外界光线有一个逐步适应的过程。同时，由于视网膜发育还不完善，遇到强光可能使视网膜神经细胞发生化学变化，使瞳孔对光的反射灵敏度下降，泪腺发育差导致眼角膜干燥，损害宝宝的眼睛。

照相机的闪光灯中含有一种高能量可见光——蓝光，是宝宝眼睛的“头号杀手”，它会穿过角膜和晶状体并且接触到视网膜，加速视网膜黄斑区的细胞氧化，对宝宝的眼睛造成难以估量的伤害。

因此，切勿用闪光灯或其他强光直接照射宝宝的面部拍照。

避免闪光灯危害的方法

使用双层柔光箱降低灯光强度，使用儿童专用闪光灯，闪光时间持续非常短，可以最大限度地保护宝宝的眼睛。

全自然光拍摄避免闪光，在光线充足的时候拍摄，减少对闪光灯的需求。

改变闪光灯照射角度，如果必须要借

助于闪光灯，那么别让宝宝正对照相机，宝宝眼睛和照相机之间成 45 度角以上。照相机离宝宝至少要有 1 米远，如果设备允许，最好把闪光灯的光打到墙或天花板上，不要直接照宝宝的脸。

宝宝日光浴四季各不同

宝宝满月以后，就可以进行日光浴了。

最佳时间段

上午 9 ~ 10 点，此时阳光中的红外线强，紫外线偏弱，可以促进新陈代谢。

下午 4 ~ 5 点，此时紫外线中的 X 光束成分多，能够更好地促进肠道对钙、磷等物质的吸收，促进骨骼生长，增强体质。

忌晒时间段

上午 10 点 ~ 下午 4 点，因为这个时段阳光中的紫外线最强，会对皮肤造成伤害。

日光浴时长

每次晒太阳时间的长短随宝宝年龄大小而定，要循序渐进，可由每天十几分钟逐渐增加至一二小时即可，或每次时间短，多进行几次。宝宝皮肤娇嫩，要小心保护。

季节的不同，宝宝日光浴的注意事项也有差别。

春季注意事项

要尽可能暴露皮肤，不能因为怕宝宝感冒，给宝宝穿过多的衣服，甚至戴帽子、手套和口罩，春天太阳中的紫外线和夏天相比很弱，紫外线要透过那么多的衣物到达皮肤就很难，达不到预期的效果。所以，给宝宝晒太阳要尽可能地暴露皮肤，当然，也要应根据当时的气温条件，不可盲目。

避免阳光直射头部，引起宝宝头痛。

晒太阳前要吃好，不能让宝宝空腹晒太阳，引起头晕、晕眩。

尽量不给宝宝洗澡，因为洗澡时会把人体皮肤中合成活性维生素 D 的材料“7- 脱氢胆固醇”洗去，不利于宝宝对钙的吸收。

不要隔着玻璃晒太阳，皮肤生产维生素 D 主要靠阳光中的紫外线，而常隔着玻璃让宝宝晒太阳，大部分紫外线阻挡在外，降低了日光浴的功效。

及时擦抹保湿霜，晒完太阳后，最好给宝宝涂些保湿霜之类，保养宝宝的皮肤，防止皮肤干燥。

夏季注意事项

上午 10 点 ~ 下午 14 点之间，阳光中紫外线最强，杀伤力最大。因此，宝宝晒太阳应该避开这个时间段，防止晒伤。炎热的夏季日光浴最好选择清晨和傍晚，比如清晨 8 点 ~ 10 点，傍晚 18 点 ~ 19 点。

宝宝晒太阳时，尽量选择公园草地等有树荫或者阴凉的地方，这里环境优美，空气清新，而且很安静，不仅能避免晒伤，还能让宝宝有一个好心情，促进身心健康。

夏季带宝宝外出晒太阳时应该做好防护措施，衣服透气性要好，还要准备遮阳帽、太阳伞等物，防止过度晒太阳产生不适。

一般而言，炎热的夏季，宝宝晒太阳时间不宜超过 45 分钟，以半小时左右为最佳。

晒太阳时可以用伞。纱帘等遮住宝宝的头部，避免阳光直射面部，防止晒伤眼睛和脸部。

晒伤后要进行补救措施，轻度晒伤的症状有局部皮肤变红、脱皮等，这时要马上停止日光浴，要尽快将宝宝带至阴凉处，让宝宝身体降温，给宝宝肌肤补充水分，涂抹保湿霜。如果局部皮肤出现水疱、浮肿等，就属于重度晒伤，应尽快带宝宝去医院就诊。

秋冬季节注意事项

秋冬季节日照时间短，宝宝骨骼生长较快、发育速度也快，新陈代谢增加，钙磷等物质的需求也增加，所以这两个季节要多晒太阳，保证宝宝骨骼生长对维生素 D、钙元素的需求，预防佝偻病。

选择合适时间段,秋冬季臭氧层薄弱，太阳光中的紫外线加强，因此晒太阳的时段要选好。第一阶段为早晨 8 ～ 9 点，这时的阳光以温暖柔和的红外线占上峰，紫外线相对薄弱。红外线温度较高，可以使人体温热、促进血液循环和新陈代谢；第二、三阶段分别是上午 9 ～ 10 点和下午 4 ～ 5 点，这两个时间段的照射特点是紫外线中的 A 光束成分较多，维生素 D 的储备在这两个阶段再合适不过了，另外还可以促进肠道对钙、磷的吸收，增强体质，促进骨骼正常钙化。

这两个季节给宝宝准备一顶带帽沿的小帽子，特别对于月龄小的宝宝是很有必要的，可以用来保护视网膜，保护对紫外线抵抗能力差的头颅骨骨板。

尽量暴露皮肤，让阳光与皮肤亲密接触，达到日光浴目的。

晒后尽量别洗澡。

日光浴衣服颜色有讲究，晒太阳时最好穿红色衣服，因为红色衣服的辐射长波能迅速抵挡短波紫外线，使其杀伤力大大降低。最好不要穿黑色衣服。

日光浴前给宝宝喂些鱼肝油，会有很好的效果。

每次日光浴后，多给宝宝喂些水喝，补充失掉的水分。

日光浴后宝宝要多吃水果、蔬菜，补充维生素 C，抑制黑色素的产生。

晒太阳时，如果宝宝皮肤出现变红、汗多、脉搏加速等症状，应立即停止，并给予清凉饮料或淡盐水，或用温水给宝宝擦身。

安抚奶嘴要化弊为利

现在，关于安抚奶嘴是好是坏的争议很多，事实上，好坏并不是绝对的，只要掌握好使用的方法和度，就能让安抚奶嘴安全地陪伴宝宝成长。

哪些宝宝需要使用安抚奶嘴来过渡

睡觉含着奶瓶的宝宝　一些宝宝喜欢含着奶瓶睡觉，宝宝睡着后，嘴里滞留的奶液容易滋生细菌，发生龋齿。这时，可以暂时用安抚奶嘴来改掉宝宝的坏习惯。

经常吸手指的宝宝　有些宝宝的吸吮感没有被充分满足，于是喜欢吸吮自己的手指，容易导致皮肤受伤、手指变形，而且不卫生，不雅观，在宝宝长牙的时候还会影响牙床的发育。这些宝宝也要借用安抚奶嘴来改善。

体重不足的早产儿　由于早产儿的吸吮及吞咽的能力都比足月宝宝弱，使用安抚奶嘴可完善其口腔、肠胃的蠕动，同时可以进行自我安抚。

安抚奶嘴的消毒可参考奶瓶的使用与消毒，宝宝每次使用后要进行消毒，要保证每次使用都安全无毒。（参见第 2 篇第 1 章“奶瓶的使用和消毒”）

安抚奶嘴始终要戒除

让宝宝短暂地使用安抚奶嘴虽然在一定程度上可以减少哭闹、起到安慰的作用，改善一些状况，但是，必须有一个节制，因为长此以往，会对宝宝牙齿有害，也不利于心理健康发育。所以，当孩子哭闹时不要一味地塞进一个安抚奶嘴应付宝宝，要弄清楚宝宝苦恼的真正原因，对症下药。经常带宝宝去花园或附近的公园散步，多做户外运动。让宝宝多和其他同龄宝宝接触，把心思放在玩耍上。最终，戒除安抚奶嘴。

婴儿枕秃

观察出生后2～3个月的婴儿，会发现他们几乎都会出现脑后头发稀少的现象。小婴儿的枕部，也就是脑袋跟枕头接触的地方，出现一圈头发稀少或没有头发的现象叫枕秃。

原因

宝宝在入睡时因为环境、室内温度、或者被子过于厚重等问题常常出汗，当出汗现象严重时导致枕头被汗液浸湿，使宝宝头部皮肤发痒，宝宝因为感到不适而左右摇晃头部，使头枕部经常与枕头或床面摩擦，导致头发变少。

这个阶段的宝宝容易对外界的声音、图像、人表现出兴趣，但是当其平躺在床上的时候，不能控制自己身体的转动，想要看或者听一样东西只能通过转头才可实现。经常左右转头，枕部的头发受到反复摩擦，也会出现局部脱发。

宝宝所枕的枕头或平躺的床面较硬，对枕部头发产生压迫，造成局部头发变少。

妈妈在孕期营养不足、不均衡，也有可能引起宝宝枕秃。

头发稀少也可能是宝宝缺钙或者佝偻病的前兆。

加强护理

宝宝的枕头要透气、高度适中、柔软适中，如果宝宝夜间出汗，枕头要及时清洗，适时更换，以保证宝宝头部的干爽。

注意室内的温度和湿度要适当，不能引起宝宝出汗，引起宝宝难受而摩擦头部，还会引起感冒等其他疾病的发生。另外要注意被子不要盖得过厚。

如果是病理性枕秃，要给宝宝补充钙质，进行日光浴。如果已经出现了佝偻病的症状体征，则要通过补充维生素D和钙剂来治疗。具体治疗方案要靠医生来确定。

婴儿湿疹

婴儿湿疹是婴儿期最常见的皮肤病，多见于吃奶的小婴儿，因此通常称为“奶癣”，一般在宝宝出生两个月后出现。典型的婴儿湿疹多发生在头、面、耳部周围。开始出现时呈红色小米粒大小的疙瘩，较密集，后出现黄色、半透明的黏稠渗出液，而后结痂。在双眉、头皮、耳垂周围黄痂较多。此疹也可发生在大腿根、腋下、外阴部、颈部等处，常因磨擦而使皮肤红肿、糜烂，形成鲜红色潮湿的伤面。患儿因剧痒而烦躁不安，用手抓患处，可引起出血，继发细菌感染，严重者可化脓发烧。（参见第2篇第9章“湿疹宝宝的辅食添加”）

预防和护理

饮食喂养要慎重，因为宝宝皮肤发育尚不健全，为了保险起见，喂养牛奶时，应多煮些时间，改变其成分结构，以破坏牛奶中的致敏物质。母乳喂养时，妈妈不要喝牛奶或者相应食品，忌食辛辣刺激性食物，如辣椒、葱、蒜、酒等，忌食海鲜等易致过敏的食物。宝宝出生后满4～6个月再开始添加辅食，添加辅食最好从婴儿营养米粉开始，每增加一样辅食，都要坚持由少到多的原则，让宝宝适应后再慢慢加量，必要时可选用植物蛋白食物。宝宝食物中要有丰富的维生素、无机盐和水，糖和脂肪要适量，少吃盐，以免体内积液太多。同时避免过量喂食，防止消化不良。

减少衣物对宝宝皮肤的刺激，衣物的选择要清洁柔软舒适，尤其是内衣要选用纯棉制品，不可过紧过厚，避免毛织品、丝织品、人造纤维等直接与宝宝接触，宝宝的衣服、枕头要常换洗。避免用碱性的肥皂给宝宝洗衣服，不用刺激性强的洗浴用品，不用香水，不用过烫的水洗患处，洗澡过多容易刺激皮肤干燥，但不洗澡又不容易保持皮肤清洁，所以每天用温水快速清洗皮肤即可，既可以洗去皮肤上附着的病菌，又不会造成皮肤表面油脂的丢失。

不要使宝宝着凉受热，保持适宜的温度和湿度，夏季不要暴晒在阳光下，不吹冷风，使用空调方法要适当。（参见第1篇第7章第2节“不要让空调伤害宝宝”）

对于患湿疹的宝宝，避免宝宝抓搔患处，防止继发感染，可用软布包裹双手，但要勤观察，防止线头缠绕手指，尽量让宝宝远离过敏原。

在湿疹发作时，不做预防接种，以免发生不良反应。

小儿惊厥

发病原因

引起婴儿惊厥的原因很多，常见的有热惊厥、低钙血症、脑部先天畸形、脑外伤硬膜下血肿、脑膜炎、癫痫等。这些疾病虽都有惊厥，但还具有各自疾病的特点。发生惊厥后，要去医院检查，查明缘由。

惊厥表现

宝宝姿势改变：四肢和躯干伸直，常伴有不规则的舞动。如四肢各关节角度小于90度，说明肌张力增高，若四肢松软、伸直，全身成“大”字形，说明肌张力低下。

宝宝面色改变：有短时间的面色发白或青紫，有时会同时伴有口吐白沫。

宝宝眼神不正常：宝宝瞳孔散大、两眼球向下移动，表现为失神、凝视或斜视等，有短时间的意识丧失。

紧急护理要点

正确放置患儿。出现惊厥时，应立即使宝宝平卧，把扣子解开，领口、裤带放松，头偏向一侧，从而有利于口腔分泌物流出。一定不要随便乱搬动宝宝，要有专人守护在床边以防摔伤。

防止咬伤舌头。宝宝惊厥时牙关紧闭，要在上、下牙齿之间放一块干净的纱布或手绢，也可用压舌板外包纱布，以防止宝宝把舌头咬伤。注意宝宝牙关紧闭时不要硬撬。

要保持呼吸道顺畅。这个时候的宝宝不会咳嗽，不会吞咽，要保持侧卧，位使宝宝嘴里的痰或分泌物自行流出。如果分泌物太多，则须用导管吸出，以免堵住气管引起窒息。

为患儿吸入氧气。不管面色是否有青紫皆应吸入氧气，以保护脑组织，防止宝宝发生缺氧脑病。窒息后，应进行人工呼吸。

要保持环境安静，不要高声呼叫，减少对惊厥宝宝过度刺激。

患儿伴有高热症状，应进行物理或药物降温。打开窗户，让新鲜的空气进入室内。如果宝宝出汗多，要用毛巾擦干身体，换一套贴身衣服。

宝宝惊厥发作时，禁止喂食喂水。要等到惊厥症状好转，宝宝神志清醒后根据病情适当喂食，最好要选择流质或半流质等利于消化的食物。

必要时可用针刺人中、合谷等穴位，最好是医生来进行。

就医时，一定要向医生反映抽痉开始时间、抽痉次数、持续时间、抽搐部位、两眼有无凝视或斜视、大小便有无失禁以及解痉后有无嗜睡现象等，以便诊断和处理。

外耳道疖肿

外耳道疖肿发生于外耳道软骨部，是耳科常见病之一，多发于夏季，是外耳道皮肤急性局限性化脓性病变，又称局限性外耳道炎。

病因

经常给宝宝挖耳朵导致外耳道皮肤的损伤。

宝宝在洗澡时或游泳后外耳道积水，使局部表皮软化，被细菌侵入而感染。

由疾病引起，比如宝宝患有化脓性中耳炎被脓液浸渍，某些全身疾病如糖尿病等也可诱发外耳道疖肿。

症状体征

耳郭牵引痛、耳屏压痛，宝宝在进食咀嚼也会疼痛。

单发抑或多发疖肿，有脓栓，而且已破溃溢脓。

注意有腮腺及乳突，而且疖肿在外耳道前壁的宝宝，可发生耳前肿胀，后壁疖肿会引起耳后、乳突部的肿胀。

护理

帮助宝宝掏挖耳朵时，力度要适当，不宜过重，也不要太频繁。

在冬天宝宝患病时，可以用疏松的棉花球塞在在外耳道，使外耳道保持一定的湿度，有利于排毒，也有易于愈合。

要保持外耳道的干燥和清洁。给宝宝擦污秽时，动作要轻柔，切忌使劲反复擦拭。

在患病早期或疖肿未成熟的时候，可在耳外部进行热敷，每天 3 ~ 4 次。

在宝宝睡觉的时候，注意不要压到患病耳朵。

宝宝十分疼痛时，可针刺合谷、内关、少商穴以减少疼痛。

在病耳刚刚愈合时，宝宝会有轻微瘙痒感，注意不要让宝宝狂搔乱掐。

接种疫苗

出生 2 个月的宝宝应接种白喉百日咳破伤风（百白破）疫苗 (第一剂)、脊髓灰质炎疫苗 (第一剂)。

出生 3 个月的宝宝应接种脊髓灰质炎疫苗 (第二剂)。

百白破疫苗

把百日咳菌苗、精制的白喉类毒素和破伤风类毒素混合在一起制成，可以同时预防百日咳、白喉和破伤风三种疾病。

接种部位

该疫苗需要肌内注射，一般在臀部或上臂三角肌。

接种剂量

0.5 毫升。

接种反应

可能会局部出现红肿、疼痛、发痒的症状，有的还伴有低热、疲倦头痛等。一般不需要特殊处理便会自行消退。过敏性皮疹、血管性水肿偶尔出现。

无菌性化脓。这种症状大多是因为注射过浅或者疫苗摇晃不够均匀，产生硬结不能吸收形成的注射部位化脓。

如果出现了较重的全身反应，要及时到医院进行诊治。

接种禁忌

患有癫痫、神经系统疾病及有抽风史者禁用。

发热者和患有急性传染病者在完全康复之前应暂缓注射。

此疫苗为儿童免疫制剂，成人禁用。（参见第 1 篇第 2 章“不能接种疫苗的宝宝”）

注意事项

充分摇匀后方能使用；制品冻结后出现凝块，不能使用；采用肌内注射，局部可能有硬结，可逐步吸收，注射第 2 针时应更换另一侧部位；应备有 1 ∶ 1000 肾上腺素，以防发生休克，可用来急救；注射第 1 针后如果有高热、惊厥等异常情况，停止注射第 2 针。

脊髓灰质炎疫苗（糖丸）

预防疾病

脊髓灰质炎（小儿麻痹症）。

接种部位

口服。

接种剂量

糖丸剂型 1 粒，液体剂型 2 滴。

接种反应

只有极少数宝宝服用脊灰疫苗后会发生腹泻，但是不太严重。

接种禁忌

有免疫缺陷的宝宝、白血病患儿、正在接受免疫抑制剂治疗的宝宝禁服。

对牛奶及乳制品过敏的宝宝禁服糖丸剂型疫苗，可选择服用液体型脊髓灰质炎疫苗。

腹泻宝宝要暂缓接种。

宝宝患有发热、口腔溃疡、营养不良，以及在急性传染病、活动性肺结核及其他心、肝、肾疾病的发病期或恢复期都应该暂缓接种。

注意事项

脊髓灰质炎疫苗为活疫苗，不能加在热开水或热的食物内服用，如果偶尔超出剂量或者多剂次服用对人体无害。

没有及时接种怎么办

错过接种时间补上就行，把第一粒糖丸放在第 5 个月时补种不会影响效果。

第4章
4 ~ 6个月宝宝的家庭护理

4个月宝宝成长指标

身体外观	体重　男婴体重5.7 ~ 7.6千克，女婴体重5.3 ~ 6.9千克
	身长　男婴身长61.0 ~ 66.4厘米，女婴身长59.4 ~ 64.5厘米
	头围　男婴头围平均为42.30厘米，女婴头围平均为41.20厘米
	囟门　此时的婴儿后囟门闭合，前囟门对边连线在1.0 ~ 2.5厘米之间
运动情况	宝宝能够用上肢支撑头和上身，和床面约成90°角。这个月宝宝开始会翻身，先是从仰卧到侧卧，逐渐发展到从仰卧到俯卧，还不能独立坐稳
感官发育	语言发育　会用“微笑”谈话，发出“阿、噢、哦”的元音
	视觉发育　眼睛协调能力增强，能够跟踪在面前半周视野内运动的任何物体；视线灵活，能从一个物体转移到另外一个物体；视觉注意力增强，注视后进行辨别差异的能力不断增强，记忆更加清晰
	听觉发育　能够区分男声和女声

5个月宝宝成长指标

身体外观	体重　男婴体重6.3 ~ 8.2千克，女婴体重5.8 ~ 7.5千克
	身长　男婴身长63.2 ~ 68.6厘米，女婴身长61.5 ~ 66.7厘米
	头围　男婴头围平均为43.10厘米，女婴头围平均为41.90厘米
	囟门　囟门可能会有所减小，但幅度不大
运动情况	宝宝开始能够靠着坐一会，并学会翻身，能够从仰卧翻到俯卧，能主动用前臂支撑起上身，并抬起头，但还不会从俯卧翻成侧卧或仰卧。手眼配合比较协调，经常会把玩具放到嘴里啃。动手能力进一步增强，知道伸手让妈妈抱语言发育　宝宝进入了连续音节阶段，发音增多，可发出如ba—ba、da—da等声音。
感官发育	视觉发育　这时宝宝能辨别红色、蓝色和黄色之间的差异。视力范围可以达到几米远，而且将继续扩展。眼球能上下左右移动，注意一些小东西。（参见第3篇第1章“通过视觉捕捉世界”）

6 个月宝宝成长指标

身体外观	体重	男婴体重 6.9 ～ 8.8 千克，女婴体重 6.3 ～ 8.1 千克
	身长	男婴身长 65.1 ～ 70.5 厘米，女婴身长 63.3 ～ 68.6 厘米
	头围	男婴平均为 44.32 厘米，女婴平均为 43.20 厘米
	囟门	前囟门尚未闭合，一般为 0.5 ～ 1.5 厘米
	牙齿	有的宝宝这个月开始长牙
运动情况		此时宝宝俯卧时，能用肘支撑着将胸抬起，仰卧时喜欢把两腿伸直举高。头部颈肌发育成熟，头能竖起来了。靠坐时，腰能伸直。会伸手够东西。脚和腿的力量更大了，会用脚尖蹬地了
感官发育	语言发育	这时的宝宝对语音的感知更加清晰，会无意识地叫妈妈、爸爸了
	视觉发育	这时宝宝已经能够自由转头，视野扩大了，视觉灵敏度接近成人水平。手眼协调能力增强，能在镜子中发现自己

养成正确的睡眠习惯

到了 4 ～ 6 个月，宝宝每天睡眠时间应保证在 15 ～ 16 个小时。随着宝宝白天活动量的增加，白天的睡眠时间开始逐渐减少，夜里睡眠时间增加。宝宝 3 ～ 4 个月大时，妈妈可能仍然要在晚上起来给宝宝喂奶，宝宝可能只醒一次，等宝宝长到 6 个月大时，身体条件增强，可以一觉睡到天亮了。但是，要让宝宝安静地睡上一整夜，还要帮助宝宝养成良好的睡眠习惯和睡眠规律。（参见第 3 篇第 1 章“如何培养良好的睡眠习惯”）

制订固定的晚上上床睡觉时间和白天休息的时间

宝宝上床睡觉的最佳时间是在晚上 7:00 ～ 8:30 之间。太晚宝宝会因为过度疲倦而难以入睡。至于白天睡觉也要在固定的时间，可以在中午午睡时间让宝宝小睡一会儿，确保宝宝有充足的睡眠即可。

开始形成一套固定的睡前程序

睡觉前给宝宝把尿、洗个澡、换新尿布，然后准备上床，如果宝宝难以入睡，可以给宝宝读一两篇睡前故事、唱一支摇篮曲、亲吻安抚宝宝，重要的是要坚持每天在同一时间、以同样的顺序完成。形成规律有序的生活，有助于促进宝宝健康成长。

早上起床时间要固定，帮助宝宝建立生物钟

如果宝宝早晨睡懒觉，最好把他叫醒，这有助于宝宝建立起每天的生物钟，建立有规律的作息，如果宝宝睡眠不足，可以通过白天的小睡补充睡眠。

宝宝睡觉出汗的护理

出汗是受交感神经支配的，宝宝交感神经兴奋性高，一般都比较爱出汗。（参见第 3 篇第 1 章“宝宝出汗多是缺钙吗”，第 2 篇第 12 章“饮食不当，宝宝多汗”）

因此需要鉴别下述几种情况：

宝宝入睡后不久出汗，过一段时间就自行消退，这是因为宝宝从兴奋状态逐渐进入睡眠状态，全身血流较快而导致出汗，属正常现象。所以在宝宝开始入睡时，不要把被子盖得过多，待熟睡后完全处于稳定状态，再将被子盖好，此外要注意室内的空气流通。

宝宝表现出与环境因素无关的多汗，以头部最为明显，出现摇头现象，可能会

有枕秃。有时神经处于兴奋状态，如睡后突然惊醒、哭闹或者烦躁不安等，并且骨骼也会改变，如颅骨软化、肋骨外翻、前囟大、方颅等。这是佝偻病早期的症状，需要到医院治疗。

如果宝宝刚入睡时无汗，入睡一段时间后，特别是下半夜出现全身大汗，这种叫做“盗汗”。若宝宝还伴有面色苍白或苍黄、精神不振、胃口差、低热和咳嗽等症状，有可能是肺结核，应去医院传染科做检查。

宝宝对枕头的要求

从第四个月开始，宝宝的颈部脊柱开始向前弯曲，宝宝头与身体的比例逐渐趋于协调。尤其是学爬、学坐时，胸部脊柱开始向后胸部脊柱开始向后弯曲，肩也开始增宽。为了让宝宝的生理弯曲在睡眠时保持舒适，这个阶段就可以给宝宝睡枕头了。

枕头的高度可酌情调节　3 ~ 4个月的宝宝准备1 ~ 2厘米的枕头即可,6个月以后的宝宝需要高度大概为3 ~ 4厘米的枕头，宝宝的枕头切忌太高，常枕高枕头容易形成驼背，枕头的长度与宝宝两肩的宽度相等为宜。

宝宝的枕头软硬度也要合适　由于宝宝颅骨较软，囟门和颅骨缝还未完全闭合，过硬易造成扁头偏脸，还会把枕部的一圈头发磨掉而出现枕秃（参见第1篇第3章“婴儿枕秃”）；而松软又大的枕头不能支撑宝宝躺上去的压力，可能使小宝宝特别是新生儿发生窒息危险。

注意枕套枕芯的选择　宝宝专用的枕头可以用棉布做枕套，用谷子、小米或荞麦皮作芯，柔软舒适的天然乳胶也是枕芯的很好选择，不但软硬度合适，吸湿性、透气性也很强，而且还易清洗。

宝宝的枕头要常洗晒　宝宝容易溢奶、流口水或出汗、哭闹，所以枕头上会留下很多汗渍、奶渍或者眼泪、污垢，必须经常给宝宝洗晒枕套，枕芯一般不易清洗，所以要定期晾晒，最好每周晒一次，而且要经常活动枕芯内的填充物，保持松软、均匀，最好每年更换一次枕芯，保持枕头的清洁、干爽、无异味，以免引发一些过敏性疾病或者皮肤病。

宝宝衣物，安全第一

4个月的宝宝生长发育迅速，活动量增大，所以宝宝衣服的设计原则是简单、大方、易穿、易脱、舒适、宽松。

服装的面料选择

内衣要选择质地柔软、通透性能好、吸湿性强的棉织布料，不要用化纤布料，因为布料中的化学成分会刺激宝宝的皮肤，引发皮炎、瘙痒等过敏症状。但由于化纤布料具有易洗、易干的特点，宝宝的外衣可适当地选用化纤布料。

服装的款式选择

先要保证宝宝的舒适，重要的一点是消除一切安全隐患。尤其是内衣，不要有纽扣、拉链、扣环、别针之类容易损伤宝宝皮肤的东西，如果使用布带代替纽扣，也要注意布带不要勒伤宝宝。

4个月的宝宝活动增加，上衣要比前几个月时的稍长些，和尚服也可以“退休”，改为翻领衣服。

给宝宝穿上下一体的衣服来帮助宝宝活动。注意尽量不要给宝宝穿得太厚，这样会使宝宝显得笨重，不易活动。

到了5 ~ 6个月，宝宝控制自己活动的意识依然不强，所以服装的安全性还是非常重要的。而且这时宝宝能自己抓住东西往嘴里填，因此，给这个月龄的宝宝准备衣服时，最好不要钉扣子，如果被宝宝误食，后果不堪设想。此外，衣服上也尽量不要有装饰物。

还有一点很重要，宝宝的内衣裤上不要有脱下的线头，防止宝宝的小手被内衣的线头缠伤，或者小脚丫被勒伤，更严重的是，男宝宝的阴茎如果被内裤里的线头勒破、勒伤会引发感染。

为宝宝选购袜子

由于这个阶段的宝宝身体各个器官正在生长发育，肌体的各项功能都不健全，调节体温能力差，所以，宝宝不穿袜子很容易着凉。宝宝的活动范围在逐步扩大，在两只脚的踩蹬过程中如果不穿袜子，容易损伤皮肤或脚趾。袜子还可以保持宝宝脚部的清洁卫生，避免尘土、细菌等对宝宝皮肤造成伤害。

选购指南

选择透气性能好的纯棉袜，不要选择化学纤维制成的袜子，不仅不吸汗，而且某些化学成分会引起宝宝脚部皮肤过敏。

注重袜子的款式和尺寸。款式要符合宝宝的脚型，尺寸大小要合适，太大不利于宝宝脚部的活动，太小会影响宝宝脚部的正常发育。

给宝宝剪指甲

由于宝宝新陈代谢旺盛，指甲生长速度快，尤其是在宝宝很小的手指头上，几天就会超过指尖，宝宝的指甲又特别薄弱，皮肤也非常娇嫩，这个阶段宝宝的活动欲望大大加强，尤其是对于爱动的宝宝，如果不及时修剪指甲，那就可能会导致一些不良后果。

为什么要常剪指甲

长指甲容易藏污纳垢，滋生细菌，如果宝宝有吮吸手指和直接用手抓东西的习惯，指甲就会成为疾病的传染源，容易引起消化道疾病和蛔虫病，严重影响身体健康。

宝宝爱动，指甲长了容易自己抓伤自己，尤其是脸部、眼睛、耳朵，有些宝宝经常握紧小拳头，指甲长还会伤害宝宝的手掌心，还会导致滋生细菌。

宝宝活泼好动，而新生指甲又薄又软，就很容易在活动中劈裂甚至引起手指尖出血，在穿衣服时，也可能勾住线头扳伤手指。

剪指甲的间隔时间

通常情况下，手指甲的生长速度较快，建议2～3天1次，1周内修剪2～3次，若发现指甲有劈裂，就要随时修剪。脚趾甲生长相对较慢，一般10天左右修剪一次。

最佳时机

建议在宝宝熟睡时进行修剪。因为宝宝只要是醒着，就爱手脚乱动。熟睡中的宝宝对外界敏感度低，可以放心地进行修剪工作。如果宝宝大一些，也可以尝试在宝宝喝奶或做安静游戏时进行修剪，还可以一边讲故事一边修剪，在剪完后给予鼓励和表扬。尽量不要在宝宝饥饿或者哭闹时强行进行，这会让宝宝抵触，甚至弄伤宝宝。

选用工具

指甲钳：婴儿指甲钳专门针对婴儿的小指甲而设计，安全实用，而且修剪后有自然弧度。对于宝宝来说，是个很好的选择。

指甲剪：已经能灵活使用指甲钳的妈妈可以选用指甲剪，要选择刀刃快、刀面薄、质量好的指甲剪给宝宝剪指甲，建议选用专用婴儿指甲剪，它具有灵活度高、刀面锋利的特点，可一次顺利修剪成型，顶部是钝头设计，即使宝宝突然动一下，也不用担心会被戳伤。

具体操作

正确的姿势 让宝宝平躺在床上，爸爸或妈妈支靠在床的一侧，保持平稳状态，在同方向握住宝宝的小手。在宝宝醒着的时候，可以把宝宝抱在身上，使其背靠妈妈，然后也是同方向地握住宝宝的一只小手。如果剪脚趾，由于脚上的指甲较硬较厚，可以先给宝宝洗澡或洗脚，使它自然变软。

握宝宝手的方法 把宝宝五指分开，捏住其中一个指头剪。最好不要同时抓住一排指甲剪，以免宝宝动一指影响一排，让剪刀误伤其他指甲。

修剪顺序 为了不把边角剪得过深，注意先剪中间再修两头，这样比较容易掌握修剪的长度。动作要轻要快，一次不要剪得太多太狠，以免产生疼痛。指(趾)甲的适宜长度是：指(趾)甲顶端与指(趾)顶齐平或稍短一些。

修圆并检查 宝宝的指甲要剪得圆滑些，不要剪成带尖角的。剪完后家长要用自己的手抚摸一下，看看指甲断面是否光滑，如果不光滑，可用指甲剪上的小锉锉光滑，避免此尖角抓伤宝宝。

肉刺处理 有时宝宝指甲边会出现肉刺，要及时发现并处理。切忌用手直接拔除，如果拉扯过多，会伤及周围皮肤组织。应该仔细用剪刀将肉刺根剪断。

清洁工作 藏在指甲里的污垢，最好不要用坚硬物来挑，容易弄伤手指，要在修剪后用清洗的方式来处理。

避免"嵌甲" 指甲两侧的角剪得太深，使长出来的指甲嵌入软组织内，就是"嵌甲"。嵌甲会损伤指甲周围的皮肤，造成皮下组织的化脓性感染，引发甲沟炎或其他炎症。所以在给宝宝剪指甲的时候，两侧的角一定不要剪得过深。

戒除宝宝吮手指

吮指是婴儿常见的行为，是觅乳反射的一种表现。大约有一半的小婴儿有过这种吮指行为。在宝宝饥饿时，90%的婴儿会将自己的手指放在口中吸吮。不同的宝宝可能有不同的吮指方式。有的只是把手指塞在嘴里"咂"；还有的宝宝抱着毛绒的玩具就要吃指；还有的吮食指、中指，甚至拳头。

有的宝宝醒着自己一个人无聊就吮，有的是在睡觉前才吮。

吮指的原因

不经意形成的习惯 宝宝在两个月左右可能就会"注意"自己的小手，偶尔会把手、手指很自然地碰到嘴边、伸到嘴里，给宝宝带来舒服感，所以，宝宝会经常这样做从而形成习惯。

妈妈喂奶方式不当 妈妈喂奶速度太快，不能满足宝宝吸吮的欲望。宝宝的肚子饱却不能满足心理上的需求，便会以吸吮手指来代替。

宝宝感到无聊时会用吸手指来解闷 有些宝宝不爱整天睡觉，而妈妈忽略宝宝与外界交流的需要，宝宝会自然地玩弄自己的手指和吸吮手指来解闷。

吮指的益处

有利于神经功能的发展 宝宝在吃手的时候，触觉、嗅觉和味觉的刺激都会加强，促进神经功能发展。而且还能提高吸吮水平，吃起奶来变得有力，有利于生长发育。

宝宝吃手是智力发展的一个象征 宝宝把手放在嘴巴里吸吮，证明宝宝的肌肉控制能力加强，是宝宝智力发展的一种信号。

说明宝宝手眼协调性开始加强 宝宝能准确地把手放到嘴里，已经是一个进步，为以后的进食打下良好的基础，而且吃手指的过程能够锻炼宝宝手部的灵活性和手眼的协调性。

尽管如此，但是必须谨慎观察宝宝吸手指所带来的影响，不要让宝宝因为过分吸手指而影响到日后的健康。

吮指的危害

导致牙齿生长不正常 在宝宝长牙的过程中，如果吸手指，会使牙齿照着吸手指所用力的方向不正确地生长，进而影响牙齿的排列、咬合，容易引发口腔问题。

影响上下颌的正常生长 宝宝在吃手指时，手指在口腔内会产生外力，逐渐形成上颌前突、下颌后缩、噘嘴畸形等，上下前牙不能正常接触，影响进食，还会影响宝宝颜面的美观。

容易使宝宝的手指受伤 如果宝宝长期吃手指，会影响到手指骨骼的生长，甚至出现变形。尤其是在宝宝长牙之后，可能造成手指脱皮、变肿等现象，严重时引发感染。

容易引起细菌入侵 宝宝经常用手触摸一些东西，细菌肯定不可避免，把这些细菌吃进肚子里，很容易感染疾病，影响肠胃功能。

造成宝宝语言障碍 吃手导致牙齿排列不整齐，造成讲话漏风或含糊不清。

影响宝宝个性发展 宝宝一旦吃上手指就容易沉浸在自己的小世界里，满足于吃手指的乐趣，拒绝和外界交流，不愿参加其他活动，影响智力和心理发育。

预防及纠正措施

妈妈在哺乳时，不仅要提供母乳，还要注意和宝宝的交流，心态要平和，让宝宝感到温暖和关心。使用奶瓶喂养要注意奶瓶的开口大小，不可太大，造成流速过快，要充分满足宝宝吮吸的需要。

在手指上涂上“有异味的东西”，如苦味、辣味、咸味等，对刚形成吮指习惯的宝宝很有用，但要注意涂抹的东西必须保证不对宝宝健康构成威胁。

在宝宝刚有吸吮手指的倾向时，可以拉长衣袖遮盖手指。

宝宝睡醒后，要抱起来，一个人留在床上太久难免会感到无聊而把手放进嘴里，进而养成不好的习惯。

多给宝宝玩具。宝宝如果有吮吸手指倾向，要及时制止，用玩具或者其他东西转移宝宝的注意力，多让宝宝用手去拉扯玩具，例如悬吊玩具、手摇铃等，让宝宝明白手不是用来“吸”的，还可以用来玩，这样不仅可以戒除吸手指，还能提升宝宝的手部能力。

提高宝宝的认知能力。爸爸妈妈要多陪宝宝，让宝宝接触各种不同类型的东西，比如看看花、树、车，利用空闲时间多和宝宝谈话、唱儿歌、做游戏等，这样宝宝接受周围事物的刺激多了，就会忘记吮手指。

宝宝的吮指需要得到一定程度的满足，如此才不致于造成长大后的心理不平衡及缺乏安全感。当然，吸吮手指也是必须要戒除的，在纠正或帮助宝宝戒除吸手指的习惯时，应该循序渐进地对症下药，不能操之过急，因为太过紧张会导致宝宝产生心理压力，影响宝宝的健康成长。

减轻宝宝出牙疼痛

出牙是指第一批20颗牙齿（称为乳齿或乳牙）从牙龈表面冒出的过程。通常，牙齿按如下顺序逐步萌发：6～12个月大时冒出分别位于上颌和下颌中间的中切牙；9～13个月时冒出侧切牙；16～22

个月时冒出犬牙；13 ~ 19 个月时冒出第一磨牙；25 ~ 33 个月时冒出第二磨牙。大多数宝宝在 3 岁以前会长出所有乳牙。这个时期，宝宝的牙齿“破龈而出”，牙龈开始发痒、肿胀，口水增多，肯定会非常疼痛，宝宝可能变得爱哭闹，心情烦躁，脾气暴躁，甚至拒绝进食，难以入睡。此外，一些宝宝还会因为唾液性质和数量产生变化而导致胃肠反应，引发呕吐和轻微腹泻。虽然，宝宝出牙疼痛是正常现象，但是，爸爸妈妈不会眼睁睁看着宝宝受苦，所以要做一些准备，帮助宝宝一起度过这个难关。

按摩牙龈

轻轻按摩牙龈对缓解宝宝出牙的疼痛很有帮助，按摩前先把手洗干净，然后轻柔地摩擦宝宝的牙龈，注意力度要适当。

冷敷牙龈

一些冰凉的东西有助于舒缓发炎的牙龈，转移宝宝的注意力。可以把冰块用毛巾包住，让宝宝吮吸，注意不能让宝宝直接咬冰块，以免损伤牙龈，可以裹上一个毛巾，这样不仅能让宝宝更舒服地咬住冰块，还能防止冰块滑入喉咙，冷敷时要时刻看着宝宝，防止宝宝吞下冰块引起窒息。此外，冰香蕉、胡萝卜由于味道可口，而且能起到冷敷的作用，又不至于担心误食，也是不错的选择。

使用咬牙胶

咬牙胶要色彩漂亮、厚度适合、软硬适度，而且一定要注意对牙胶的清洗和消毒。牙胶也可以放入冰箱的冷藏室里，凉凉的感觉更能降低宝宝牙床的痛感。

使用磨牙棒

洗净宝宝的双手，让宝宝自己抓住磨牙棒，慢慢摩擦正在长牙的牙床，要注意应该每天都给宝宝使用磨牙棒，而且应该让宝宝保持坐立姿势，家长最好能够在旁边监护，用量根据实际情况而定（至少一条）。

巧用奶瓶

让宝宝含冰镇橡皮奶嘴也能起到作用，或者在奶瓶中注入水或果汁，倒置后将奶瓶放入冰箱，保持倒置方式，让液体变凉甚至冻住，奶瓶的冻奶嘴也能起到减轻疼痛的作用。要注意查看奶嘴有没有裂开。

宝宝流口水的护理

生理性流涎

宝宝出生 4 个月以后，唾液腺的发育逐渐成熟，唾液分泌增加，4 ~ 6 个月的婴儿每天大约可分泌 200 毫升唾液。（参见第 3 篇第 1 章“宝宝口水太多怎么办”）

到了 6 个月，开始出牙，乳牙的萌出会刺激牙龈神经，而且这个阶段正处于添加辅食的时期，半固体、固体食物的添加，进一步加大了唾液的分泌量。

但此时宝宝的口腔相对较浅，吞咽功能没有发育完善，没有吞咽大量唾液的习惯，闭唇和吞咽的动作不协调，神经系统控制唾液在口腔内流量的功能差，所以容易出现口水增多的现象，此种现象被称为“生理性流涎”。“生理性流涎”不是大问题，但妈妈不要因为是成长时的必然现象便置之不理，如果因清洁不当，感染其他疾病，就得不偿失了。

护理时要注意，经常受到涎水刺激的颈部和胸部的皮肤要保持干燥和清洁，防止发生糜烂。

要随时用纸巾或质地柔软的棉布手帕为宝宝擦去口水，擦时不可用力，轻轻将口水拭干即可，以免损伤局部皮肤。

要常用温水洗净口水流淌处，然后涂

上油脂，以保护下巴和颈部的皮肤。如果宝宝口水太多，并得不到适时清理，口水便会沿着嘴角蔓延到下巴、脖子、前胸，造成湿疹和种种过敏反应。

平时可以让宝宝穿上防水的围兜或者戴个围嘴，系在宝宝的衣领处，以保护宝宝的颈部和胸部不被唾液弄湿，减少更换衣服的频率，还能减少患病几率。要选择吸水性强的棉布或毛巾，或者去商店购买，注意不要选用塑料及橡胶制成的围嘴，这种围嘴虽然不怕湿，但会对宝宝的下巴和手产生不良影响。围兜或围嘴脏了要及时解下来清洗，用开水烫一下，在太阳下晒干备用。

如果宝宝口水流得特别严重，造成湿疹和种种过敏反应，需要涂抹类固醇药膏时，一定注意不要让宝宝误食，白天可先为宝宝擦掉嘴角、身上的口水，然在晚上宝宝睡觉时，在患处擦上薄薄的一层药膏和凡士林，作为肌肤的防护膜，加速其痊愈的时间。

宝宝流口水也不要只注意其嘴角，宝宝的手也不能忽视，这个阶段的宝宝双手有一定的活动力，常常会抓住东西乱咬，如果滴有口水的玩具沾上灰尘后，宝宝再抓着放进嘴里，会感染疾病。所以妈妈要勤替宝宝洗手，整理并清洁宝宝的活动环境，并且定时把玩具清洁消毒。

生理性流涎随着牙齿的长齐、口腔深度的增加，以及吞咽功能的完善，会逐渐消失。

病理性流涎

不能把流口水都当做理所当然，还有一种病理性流涎也会引发口水流不停，要引起注意。

口腔发炎和咽喉炎　口腔发炎和咽喉炎属于急性感染，会引起疼痛，导致宝宝吞咽困难，口水流出嘴角。宝宝要及时按医嘱服用维生素B1、B2、C等，妈妈要勤喂宝宝温开水，以达到补充营养、清洁口腔的目的，还要注意餐具(奶头、奶瓶)及玩具的消毒，还要保证充分的睡眠和休息。

肠病毒　肠病毒容易在春、夏和初秋感染。当宝宝接触到病毒或带病毒者的口鼻分泌物，或是吃进受病毒污染的食物时，都会造成感染。另外，玩具也是一种传染媒介，尤其是带毛的玩具带有大量病毒，如果接近宝宝的嘴巴，很容易感染，所以一定要注意清洁。

鹅口疮(参见第1篇第2章“新生儿鹅口疮”)　宝宝抵抗力弱的时候，存在于宝宝嘴巴内的口腔念珠菌会引发鹅口疮。妈妈乳头和奶嘴不洁也会引起感染。鹅口疮一般发生于3个月以下的宝宝。症状为口腔黏膜出现像奶渣一样的白色斑点，而且吃东西时会产生疼痛感，使得宝宝因疼痛而抗拒吞咽动作，造成流口水和排斥喝奶的现象。宝宝除了需要接受治疗外，家长平日应将奶瓶、奶嘴彻底清洁消毒，并定时帮宝宝清洁口腔、补充营养、增强抵抗力。

“斗鸡眼”的预防

“对眼”，又称为斗鸡眼，出生数月的婴儿经常出现“斗鸡眼”。其实，人的每个眼珠上有六条肌肉互相牵拉配合，两个眼珠也总是协调转动，注视物体。宝宝的眼球因发育尚未成熟，直径很短，宝宝缺乏用双眼注视物体的能力，就会出现暂时性的两眼向内斜视，也就是“斗鸡眼”。

爸爸妈妈要注意对宝宝的视觉培养，预防和改善对眼等眼睛问题。

注意不要近距离地与宝宝对视，尤其是对宝宝讲话时不要离得太近，至少要离30厘米以上，以避免宝宝两眼聚中，形成对眼。

爸爸妈妈要注意变换宝宝睡眠的体位，光线的投射方向也要经常改变，今天头睡左边，明天睡右边，隔日调换，这样就能使宝宝的眼球不再只转向一侧。

正确摆放玩具，并不断调整位置。宝宝在出生 2 个月后视力增强，已能注视周围的人和物，不要把吸引宝宝的玩具放得过近或过偏，也不要让宝宝躺在离灯光较近的地方，宝宝较长时间的注视，眼球不动，时间长了就很容易形成对眼。若要摆设玩具、物件，必须在 1.5 米以外，不能只摆 1 件，而应摆几件，左右两边都要有，两件之间还要有一定的间隔距离，这样宝宝可以轮流着看玩具或物件，使眼珠不断转动，预防对眼的发生。

增加宝宝眼球转动的频率。宝宝在摇篮的时间不宜过长，妈妈应过一段时间就抱起宝宝去外面转一转，让宝宝看看周围的新鲜事物，以增加宝宝的眼球转动频率。

由于宝宝的瞬目反射尚不健全，此时应特别注意预防眼内异物。外出时如果有风，应给宝宝蒙上纱巾，风特别大的时候不宜出门；打扫房间时将宝宝抱开，以免尘土或扫帚、凉席上的小毛刺进入宝宝眼内，引发感染，造成严重后果。

不要随意遮挡宝宝眼睛，婴儿期是宝宝视觉发育最敏感的时期，如果宝宝患眼疾时爸爸妈妈自作主张随意遮盖宝宝的眼睛，几天时间就有可能造成被遮盖眼永久性的视力异常，因此，患眼病的宝宝一定要在医生的指导下进行治疗。

给宝宝理发

因为宝宝的颅骨较软，头皮柔嫩，好动，理发时宝宝不懂得配合，稍有不慎就可能弄伤宝宝的头皮。所以给宝宝理发是一件很难的事情。

准备工作

理发工具要安全可靠，要去正规的婴幼儿用品专柜或专卖店购买。

理发前理发者要用香皂和清水清洁手指，保证手部的清洁。

理发前应先把梳子、剪刀等理发工具用 75%酒精消毒，防止细菌侵入头部。

理发过程

理发时，一手持电动推子，另一只手要把住宝宝头部，两只手配合好，防止宝宝乱动。当然，动作要轻柔，顺着宝宝的动作，不要弄痛宝宝。

先剃前额，剃的时候让宝宝以舒适的姿势倚在一处或者躺在妈妈的怀里。

前额剃完再剃后脑勺，要由两边往中间剃。这时可以让宝宝趴在妈妈的小臂上，一定注意要把宝宝抱稳，防止摔下来。

先剃掉大块头发，短的头发要慢慢地慎重地剃，不能划到宝宝的头皮。

如果宝宝哭闹，就要停止理发，看看宝宝是不是因为饥饿或者尿湿，千万不可强制进行，以免碰伤宝宝。

整个理发过程要不断与宝宝进行交流，分散宝宝的注意力，以达到和宝宝相互配合的目的。

剃发后用柔软的毛刷打扫一下碎头发，避免宝宝抓挠。然后要清理干净头皮和粘在头上的碎发。注意不能把头发弄到宝宝眼睛里，最好是仰面洗头。

注意事项

宝宝理发要干发理，理好之后再洗发。因为宝宝胎发本来就很软，洗完发后头发会变得更加软，增加理发难度。

头部长痱子的宝宝在洗头理发之后，要擦上痱子粉。还要注意保持头发的清洁。

头上有头垢的宝宝，最好要先把头垢处理干净，然后再理发。如果不处理掉，在理发过程中会将头垢带下来，引起宝宝的疼痛和感染现象。

头部长了湿疹的宝宝更应该及时理发，防止湿疹恶化。需要注意的是，推子应该离头皮远一些，防止刺激湿疹。（参见第 1 篇第 3 章“婴儿湿疹”）

“满月头”无科学依据。很多老人在宝宝满月的时候会给剃个“满月头”，以为这样能让头发长得更黑、更亮、更浓密，但这种做法并不科学，而且对宝宝的健康有害无益。宝宝头发的好坏与遗传因素和宝宝后天身体健康状况有关，头发的生长也有早有迟，有快有慢。许多宝宝的头发原来又黄又稀，但随着身体的发育和成长，头发也逐渐变得又黑又密，当宝宝体质较差、营养不良或病后体质虚弱时，头发就可能变得稀疏而没有光泽。如果宝宝经过加强营养、增强体质或病后恢复很好，头发也就自然会长好。而且在给宝宝剃头的过程中，刀片会对宝宝的头皮造成一些肉眼看不到的伤害，使病菌趁虚而入，宝宝对细菌或病毒的感染抵抗力低，头皮的自卫能力不强，宝宝的头皮受伤之后，很有可能导致头皮发炎或形成毛囊炎，甚至影响头发的生长。而且宝宝的头骨和神经系统还没有完全长好，近距离接触宝宝的头皮，往往有可能损伤头骨和神经系统。因此，对宝宝来说，理发的主要目的还是为了宝宝的清洁和卫生。

让宝宝爱上洗澡

宝宝长到 5 个月的时候，已经能够很好地控制自己的脖子，这时，可以给宝宝准备一个大浴盆洗澡。要让宝宝习惯这种新的洗澡方式，把洗澡当成一种新的玩耍方式。

浴盆里水不要装得太多，以免宝宝不慎滑落，引起呛水。

水温一定要适宜，不要过凉也不要过烫。

准备一些必备用品，比如海绵或毛巾、婴儿沐浴露、婴儿洗发精、尿布和干净衣服等，一个防滑的浴盆垫也是必不可少的，放在浴盆里用来保证宝宝的安全。还要给宝宝戴上一个护脸罩，因为宝宝还不懂得自我防护，当水流或洗发水从头上流下来的时候，不会自动闭上眼或低下头，洗发水掉进宝宝眼睛里，会对眼睛造成刺激。

克服宝宝对大浴盆的不适应，多进行感情的交流，宝宝慢慢会熟悉这个新的洗澡场地，喜欢坐在温水里的感觉，而且会对添水、倒水、拍水、戏水感兴趣。爸爸妈妈可以在水里放一些塑料杯子、勺子之类的物品，让宝宝自己盛水、倒水玩，还可以在水上放些能漂浮的玩具，比如皮球、小船或者塑料小鸭子等，再拿些不能漂浮的小汽车、小镜子等玩具让它沉入水底。让宝宝在洗澡时玩游戏，大大增强洗澡的乐趣，而且还可以让宝宝在玩耍中学习，了解水的基本特性，发现洗澡的快乐。

在整个洗澡的过程中，不要让宝宝一个人待在浴盆里，防止意外滑落现象的发生。

给宝宝换衣服时要注意不要让宝宝独自待在椅子上，否则容易滑下来摔伤，洗完之后在原地给宝宝换衣服即可。

帮助宝宝翻身

“翻身”是小宝宝人生中最早的“大型”自主运动。宝宝翻身动作良好，将有助于接下来 1 ～ 2 个月后坐姿的发展。4 ～ 6 个月是宝宝翻身的大好时机，由于此阶段宝宝的身体各部分发展包括神经、骨骼、肌肉等已趋于成熟，动作渐渐有所发展，能主动翻身，其发展的过程为俯姿翻为仰姿，再由仰姿翻为俯姿。宝宝累了会

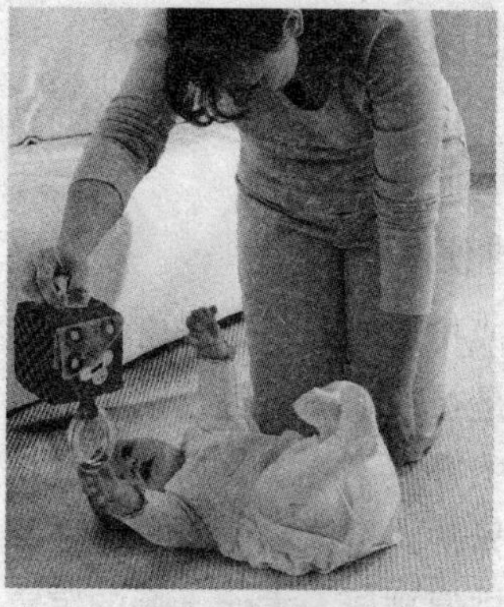

1. 让宝宝仰面躺下。在宝宝头顶上方手持一个宝宝喜爱的玩具来吸引其注意力。玩具应处于宝宝刚好触碰不到的位置。

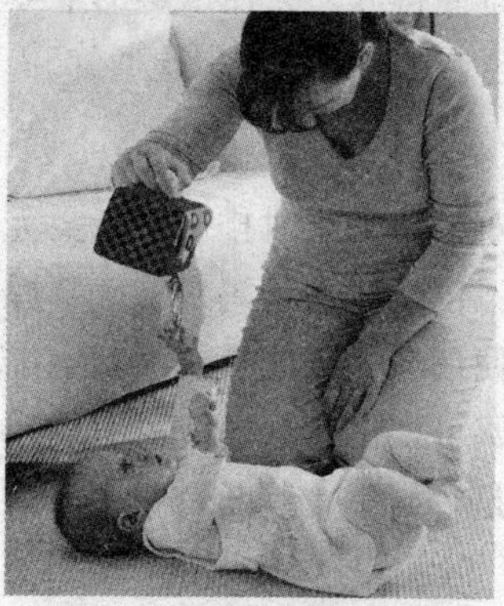

2. 把玩具拿到一边，鼓励宝宝向它伸手，并开始朝宝宝的这边摇动。

3. 用双手温柔地抱住宝宝的后腰片刻。然后慢慢地把宝宝从仰卧翻到俯卧的姿势。做这一步时，应确定宝宝处于快乐的情绪中。

翻到一半停止不动，求助于爸爸妈妈的帮助。这时，爸爸妈妈要去帮助宝宝翻身。（参见第3篇第1章“翻身挑战宝宝能力”）

爸爸妈妈可以用手握住宝宝的头由上往下慢慢地转，从而带动宝宝身体的转动。或者用双手抓住宝宝的脚，慢转至另一方向，由下往上带动宝宝身体的翻转。

父母也可将宝宝抱起，让宝宝与爸爸妈妈身体保持一段距离，让宝宝可以看到爸爸妈妈的脸，不要贴着胸部，这样训练宝宝支撑头部的力量，锻炼颈肌，也能起到帮助宝宝翻身的作用。

在宝宝翻身的时候，准备一个小被单或者小枕头也能辅助宝宝翻身。

宝宝在翻身时，如果手总是内旋到身子下面，就要多加注意，可能是因为宝宝的手臂两侧的神经尚未发育成熟所致，必要时要去医院就医。

另外，一定要保证环境的安全，由于宝宝翻身的时间大部分是在床上，因此要格外注重床的安全，从床上滚下、坠落都容易使宝宝的头部受到严重的伤害，所以要在宝宝的床边安装护栏，避免宝宝在享受翻身乐趣的同时遭到意外，还要保证周围没有任何危险物品，以防宝宝随意抓握而被弄伤，甚至放入嘴中造成梗塞。

别让便秘困扰宝宝

婴儿便秘，一般是指婴儿大便次数较平日减少，甚至2～3天或更多天不解大便的现象。但在判断宝宝是否便秘时，粪便的性状较次数显得更为重要。（参见第2篇第11章“宝宝便秘吃什么好”）

2～3个月大的母乳喂养的宝宝，如果大便为软便，无硬结，即使4～5天1次也属于正常现象，不是便秘；但是大便次数正常，而粪便干硬，不易排出，每次量少，呈颗粒状则属于便秘。

原因

母乳量少，配方奶太浓，辅食添加不及时，碳水化合物、脂肪或水分摄入不足都可能导致便秘。

人工喂养的宝宝较母乳喂养容易便秘，这是因为牛奶中含有更多的钙和酪蛋白，而糖和淀粉含量相对减少，食入后容易引起便秘。

宝宝的食物中所含的蛋白质过多、糖分过少，致使粪便停留在肠道内较长时间，水分被肠道吸收而使大便干燥，导致便秘。

宝宝的生活没有规律性，没有按时排便的习惯，也易引起便秘。

有些慢性病症如佝偻病、皮肌炎等导致营养不良，也容易引起便秘。少数宝宝便秘可能因患有先天性巨结肠、肛裂、肛门闭锁等疾病而引起，应及时去医院诊治。

宝宝便秘后，往往数天不解大便，或者大便中夹有血丝及黏液（这是由于干燥的粪便擦伤肠黏膜所致），排便时肛门疼痛，甚至可导致外痔及直肠脱垂，多日未排便的宝宝，体内会产生毒素，出现精神不振和食欲不佳、腹胀的状况。

防治便秘

训练宝宝定时排便的习惯。从 3 个月左右开始，就可以有意识地训练宝宝按时排便，使其逐渐形成条件反射，定时产生便意。

针对饮食不当引起的便秘，要科学喂养，正确添加辅食。

冲调奶粉时可用米汤，适当增加水的量或减少奶粉的量，避免宝宝大便干燥。

在两次喂乳之间可喂一些新鲜果汁或白开水，一日 2 ~ 3 次。

6 个月的宝宝可以适当增加蔬菜泥和水果泥的量，如胡萝卜泥、苹果泥或香蕉泥等，可有效防治便秘。

每天早晨空腹服用适量蜂蜜可预防便秘。

减少配方奶的摄入量，增加辅食的量，要注意科学健康地添加辅食。

采用按摩的方法，用右手掌心自宝宝右下腹向上绕脐轻轻按摩，要按照顺时针的方向，以达到蠕肠通便之作用。

对于便秘严重的宝宝，应带宝宝看医生，排除先天性巨结肠、肛门直肠狭窄等疾病状况。

给宝宝把便把尿

一般情况下，宝宝从 4 个月开始就可以进行把便把尿训练了。

如何判断宝宝排便排尿

宝宝排便或排尿时，表情异常，可能会哭闹，哪怕是在睡眠中，也会动一动，在吃奶的过程中突然不吃了，在玩的过程中突然出现了异常，情绪突然改变等，都可能是宝宝要排便排尿。大便干燥的宝宝排便时，往往会憋足力气，涨得脸通红。

把便

建立时间观，每天定时排便对于宝宝来说很重要，不仅能让爸爸妈妈准确掌握宝宝特殊的排便信号，还能有效缓解宝宝便秘。爸爸妈妈可根据每天形成的习惯或者宝宝的表情是否异常，判断是否应该给宝宝把便。

训练宝宝坐便盆，不要让宝宝一见到便盆就会有种恐惧心理，要挑选一个宝宝喜欢的颜色作为便座。18 个月以前的宝宝神经系统还没有发展到可以完成“命令指示”的程度，一般到 20 ~ 30 个月中枢神经系统才可以对负责排泄的括约肌有自主的控制。所以，家长不要操之过急，否则会给宝宝心理和生理的正常发育带来不利因素，影响训练效果。（参见第 1 篇第 7 章“让宝宝学会控制大小便”）

养成便后良好的卫生习惯，指导宝宝排泄后的卫生程序：排便——擦屁股——冲水——穿内裤——洗手，久而久之，让宝宝形成习惯。

把尿

这个阶段宝宝的饮食大都属流质，如母乳、牛奶，另外，也会补充大量的水，所以宝宝排尿的次数可达每天十几次。宝宝排尿的间隔一般在 1 个小时左右，对于定量吃奶的宝宝，一般排尿时间间隔较长，定时把尿成功率较高。

如果宝宝不配合，爸爸妈妈一定也要耐心细致地对待，持之以恒，进行多次尝试，让宝宝形成条件反射，逐渐形成良好的排便排尿习惯。

让宝宝适应保姆

产假休完，妈妈必须去上班了，这就要为宝宝请一位保姆，怎样帮助宝宝较快地习惯保姆的照顾呢？

选用保姆要慎重

保姆的素质直接关系到对宝宝的照顾和宝宝适应时间的长短。一般选用保姆的要求是：

要有爱心、有耐心，不急不躁 可以通过交谈、调查等方式，了解保姆的性格特点和人缘。

一定要具备一定的文化素质 一定的文化修养能使保姆较快地接受新信息，及时掌握照顾宝宝的知识、技能，有益于对宝宝进行早期教育，和宝宝的交流也会方便得多。

年龄适当，相貌端正 年纪太大可能精力不足以照顾宝宝，太小则可能经验不足，而且宝宝有一定的审美观，所以要让宝宝看着“顺眼”。同时要保证保姆不会短时期更换，减少宝宝适应的时间和难度。

让宝宝接受保姆

不要让宝宝对妈妈过度依恋，增强宝宝的社会性。

多带宝宝去户外散心，可以去花园、公园游玩，去亲友家作客，多和小朋友在一起玩。

逐渐减少宝宝和妈妈在一起的时间，晚上要让宝宝单独在自己的婴儿房内睡觉。

妈妈与保姆共同照顾宝宝一段时间，让宝宝有一个熟悉的过渡期，避免突然交接时宝宝接受不了。（参见第3篇第2章“宝宝黏人怎么办”）

培养宝宝与保姆的感情

把能让宝宝感到快乐的事情交给保姆来做，把能获得宝宝好感的机会留给保姆。让保姆给宝宝讲故事、读儿歌，和宝宝一起玩，以此增加宝宝对保姆的依恋。

提前让保姆了解宝宝的生活习惯、性格特征等，从而达到照顾宝宝时能得心应手的效果。

反复呼吸道感染

小儿反复呼吸道感染是指在单位时间内，上、下呼吸道感染反复发作超过常规次数的一种临床综合症，是小儿常见病、多发病，尤其多见于3岁以下小儿。该类患儿常称为“复感儿”，通常“复感儿”的体质较差，免疫功能缺陷或低下。

特点是反复发作，每次发病症状较重、病程较长、缠绵难愈，涉及呼吸道病种较多，对宝宝的正常生长发育危害极大。

反复呼吸道感染的原因和对策

宝宝免疫功能低下 宝宝的免疫功能发育还不完善，宝宝出生后妈妈传给的免疫球蛋白在6个月后消失，而呼吸道中免疫球蛋白在12岁才能达到成人水平，所以，这时宝宝本身不能合成免疫球蛋白，不能抵抗病菌的入侵，咳嗽反射差，呼吸道排痰的功能差，容易导致有痰排不出，使病菌在呼吸道生长繁殖。母乳喂养的宝宝，母乳中的免疫球蛋白可使宝宝少患病，提高婴幼儿的免疫功能，防止反复呼吸道感染。也可给宝宝吃牛初乳制剂，其中含有免疫球蛋白，可减少呼吸道感染的发生。肌肉注射丙种球蛋白或静脉注射免疫球蛋白也可在1～2个月内有效，但这种药物是血液制品，是成人血液的提取物，有可能含有某些未能除尽的病毒，要慎用。此外，也可在医生指导下应用一些药物。

缺乏营养元素或营养不足　缺乏维生素 A 时，呼吸道上皮细胞发育差，免疫功能低下，易发呼吸道感染，可口服维生素 A 治疗。缺锌的宝宝免疫功能差，可多吃含锌的食物如鱼、肝、蛋类、牡蛎等或口服锌制剂。对于营养不良的宝宝要加强营养，多吃些高蛋白质的食物如瘦肉、鱼、豆制品等。

佝偻病、缺铁性贫血导致发生反复呼吸道感染　佝偻病的宝宝应在医生指导下补充维生素 D 与钙。缺铁性贫血的宝宝应多吃含铁多的食物，如动物血、肝脏、黑木耳、芝麻糊、紫菜等，也可服用补铁药物。

腺样体肥大　腺样体又称为增殖体，是位于鼻咽部后壁的淋巴组织。腺样体肥大的宝宝会出现张口呼吸，睡觉时打鼾的现象，夜间憋醒，说话有鼻音，常有鼻炎、鼻子不通气的症状。因呼吸不畅、鼻咽部分泌物向下流，易发生反复呼吸道感染。可以用手术切除肥大的腺样体治疗。

胃食管反流　食管与胃之间有一圈环形的肌肉，使进入胃的食物不再回流到食管中。如果这一环形的肌肉发育不好，进入胃的食物可能在某些情况下会返回到食管中吐出，这称为胃食管反流。患这种病的宝宝常呕吐，喂食困难，由于食管中食物反流到咽喉部再呛入呼吸道，或反复刺激咽喉部，所以会发生反复呼吸道感染。宝宝可采取俯卧位，上身抬高 30°，以减少反流。饮食以稠厚为主，少吃多餐，睡觉前 2 小时不要进食。必要时应到医院进行药物或手术治疗。

先天性心脏病　先天性心脏病是出生时就有的心脏畸形。有几种先天性心脏病会引起肺部瘀血，如室间隔缺损、房间隔缺损、动脉导管未闭，可引起小儿反复呼吸道感染。这些宝宝在哭闹、屏气后面色呈青紫，心脏检查有杂音，应到医院诊治，必要时手术治疗。

支气管异物　有的宝宝在进食或喂药时哭闹，将饭粒或药丸呛入气管，因为这些异物较小，宝宝在一阵咳嗽后无明显气急与面色青紫现象，被家长忽视，以后可能患反复呼吸道感染。所以有进食某物后突然呛咳的情况，爸爸妈妈应注意支气管异物的可能，及时到医院取出异物。

鼻后滴流综合征　宝宝在患感冒或鼻炎平卧时，鼻腔中分泌物向后流，刺激喉部，引起慢性咽喉炎、慢性咳嗽与反复呼吸道感染。患儿可取侧卧位，应用呋麻液点鼻，及时治疗鼻炎，可避免反复呼吸道感染。

铅中毒　铅中毒会影响宝宝的消化、血液、神经系统。早期，宝宝会有食欲不振、闹人、烦躁不安、无力等症状，以后会患上反复呼吸道感染，还可能会有腹痛、腹泻、贫血等症状。防止铅中毒，首先要避免环境污染与食物的铅污染。饭前要洗手，在平时多吃富含维生素 C 多的水果，如橘子、西红柿、草莓等，多吃含钙、锌、锰、铁、果胶多的食物以减少铅的吸收，尤其含铁多的食物可减少铅在体内的蓄积，如动物血、肝脏、木耳、紫菜、芝麻等。

体重过重　宝宝经常吃高热量、高脂肪的食物而且活动少会导致越来越胖，这类宝宝体内免疫球蛋白、淋巴细胞含量低，易发生反复呼吸道感染。家长要让宝宝多运动，少吃高热量、高脂肪的食物，不喝过于甜的饮料，多吃新鲜蔬菜水果。

预防和护理

锻炼身体，增强体质。可以通过适当的户外活动加强体格锻炼，多晒太阳以增加免疫力。

保证室内空气流通。不管哪个季节，都要多开窗保持室内空气新鲜，还可以熬醋进行空气消毒。

避免宝宝接触病原。流感流行季节，不要带宝宝到人群拥挤的公共场所去，要避免已感染的人和宝宝接触。

季节更替时，要加强护理。宝宝穿的衣服冷暖要适宜，尤其要注意宝宝的脚部保暖，因为脚是身体血液循环的末端，如果脚部着凉，会反射引起鼻、咽、气管等上呼吸道黏膜的改变，使抵抗力下降，导致体内细菌大量繁殖，使患呼吸道感染的几率增大。所以，爸爸妈妈要注意让宝宝多活动，每天用温水给宝宝洗脚。

加强营养。宝宝新陈代谢快，蛋白质需求量大，所以，要多给宝宝吃些蛋类、肉类和乳制品，保证充足的营养，还要养成良好的饮食习惯，按时吃饭，不偏食不挑食，饮食粗细荤素搭配要合理。

适当用药物来增强宝宝机体的免疫力。

食物过敏

小儿食物过敏，即食物变态反应，是指宝宝在吃了某种食物之后，引起身体某一组织、某一器官甚至全身的强烈反应，以致出现各种各样的功能障碍或组织损伤。大多数食物过敏会影响人的皮肤、肠道、呼吸道等，个别宝宝还会影响循环系统、神经系统的正常运转。

食物过敏最容易发生在婴幼儿身上，而且犯病快，可能在进食某种食物前很正常，吃过马上就会又吐又泻，而且皮肤起大疱，还有的会有湿疹、荨麻哮喘、支气管炎等症状。严重的食物过敏会引起喉咙水肿而造成窒息、过敏性休克。（参见第 2 篇第 14 章“食物过敏，谁是元凶”）

食物过敏的症状

消化系统　恶心、腹胀、腹部剧痛、腹泻、口臭、打嗝、胀气。

皮肤系统　湿疹、荨麻疹、皮肤干燥、黑眼圈。

神经系统　烦躁易怒、坐立不安、注意力不集中。

呼吸系统　憋气、胸闷、刺激性咳嗽、呼吸困难、流清水鼻涕。

视听系统　视物模糊、眼睑浮肿、眼结膜充血、流泪、听觉失灵、口齿不清。

生殖系统　外生殖器水肿、瘙痒。

引起小儿食物过敏的原因

过早添加辅食所致　4 个月前不宜添加辅食，4 个月内添加辅食的宝宝发生失误过敏的危险性是晚加辅食者的 1.35 倍。

遗传因素所致　父母有各种过敏性疾病的，宝宝食物过敏发病率高。妈妈也要提防曾让自己过敏的食物，以免让宝宝通过母乳间接食用过敏。

婴幼儿食物过敏主要与宝宝体内某种蛋白质结构的变异缺陷或功能的发育迟缓有关。

易引起过敏的食物

蛋白质类　鱼、虾、贝类、鸡、鸭、蛋、豆制品、牛奶等。

淀粉类　面粉或米类制作的食物、各种坚果、蚕豆等。

蔬菜类　苋菜、土豆、莴笋、蘑菇等。

水果类　菠萝。

另外，食物添加剂也可引起过敏反应，如谷氨酸单钠能引起风疹、黄色食品可引起哮喘、苯甲酸酯可引起荨麻疹等。当然，每个宝宝对食物敏感的差异也很大。

通常，过敏反应大部分为即时型和迟发型两大类。大部分食物过敏都属于即时型反应，一般发生在进食后的几分钟至 1

小时之内，严重者可能会在1分钟内发生过敏性休克；而迟发型过敏反应则需要几小时或1天乃至2～3周后才会发生。也有些宝宝只有在过量进食某种食物时才出现过敏现象，而适量进食不产生过敏问题。

小儿食物过敏的预防

坚持母乳喂养 只有母乳喂养才能满足6个月以内宝宝所需要的全部营养，而且可大大降低过敏的发生率。因此，对有过敏体质的宝宝，都应将哺乳时间坚持到婴儿对食物过敏的自发消失期，即在10～12个月。

科学添加辅食（参见第2篇第5章“给宝宝添加辅食须知”）

需特别强调的是，过量的糖、脂肪、化学添加剂、盐、味精对宝宝有害，通常牛奶中含钠较高，母乳代奶粉应进行脱钠处理才能喂宝宝。因此，婴儿辅食应尽量选用高钾低钠的食物作为必要的营养补充。动物性食物等固体食物的加入最好延迟到6个月之后，不要在宝宝食物中过早加入花生、大豆等。

缺铁性贫血

婴儿时期是宝宝生长发育最旺盛的时期，这个阶段如果宝宝体内储存的铁被用尽，饮食中铁的含量少，导致消化道对铁的吸收不足以补充血容量和红细胞的增加，宝宝就会发生贫血，这就是“缺铁性贫血”。（参见第2篇第7章“补铁宜忌要留意”）

原因

宝宝在出生时体内铁储备不足 新生儿体内总铁量的75%以上在血红蛋白中，因此，新生儿体内铁的含量主要取决于血容量和血红蛋白的浓度，而血容量与体重成正比，出生体重越低，体内铁的总量越少，所以早产儿或者双胞胎、多胞胎发生贫血的可能性很大。妈妈分娩中胎盘血管破裂也可能影响新生儿体内铁的含量，引起缺铁性贫血。

铁的供应赶不上宝宝的生长速度 宝宝生长迅速，血容量增加速度变快，尤其对于早产儿来说，对铁的需要量远远超过正常宝宝，如果不及时供应足量的铁，就会发生贫血。

饮食缺铁 宝宝以乳类食品为主，此类食品中铁的含量极低，而且宝宝如果没有足量的母乳喂养，配方奶中铁含量少，血红蛋白和储存铁不在正常范围内，则易发生贫血。

症状

主要表现为皮肤、黏膜苍白。重度贫血时皮肤往往呈蜡黄色。

病程较长的宝宝还易疲倦，伴有毛发干枯、营养低下、体格发育迟缓等症状。

宝宝精神不振，注意力不集中，性情易激动，脑组织严重缺氧可出现昏厥现象。较大的宝宝还会有头痛、昏眩、眼前有黑点或耳鸣等症状。

宝宝出现食欲减退、恶心、腹胀或便秘等症状。有的宝宝会患舌炎、舌乳头萎缩等。

体格检查时宝宝心率加快，脉搏加强，动脉压增高，有时可见毛细血管搏动。到重度贫血代偿功能失调时，会出现心脏扩大、心前区收缩期杂音，甚至发生充血性心力衰竭。

预防

妈妈在孕期、哺乳期要多吃含铁、蛋白质丰富的食品，如动物肝脏、瘦肉、蛋类、豆制品、新鲜蔬菜和水果等，孕期内应定期测血红蛋白，如果发现贫血时应及时治疗，以免影响胎儿体内的贮铁量。

坚持母乳喂养，因为母乳中铁的吸收率高，至少要喂养至4个月，最好延长到6～9个月。非母乳喂养的宝宝在2个月时可酌情添加菜汁或水果汁。

4个月添加辅食时，应增加含铁及蛋白质丰富又易于吸收的食品，包括蛋黄、菜泥、豆制代乳粉、肝泥、肉泥、鱼肉等。同时可服用维生素C或添加水果泥，以增强铁的吸收。一般动物性食物所含血红素里的铁吸收好，且不受其他因素影响，而植物性食物中所含的草酸、磷酸等物质，会妨碍铁的溶解和吸收。

要培养宝宝不挑食、不厌食的良好饮食习惯。同时不应给宝宝喂茶水、咖啡，以免影响铁的吸收率。

对一些体弱多病或生长过快的宝宝，如早产儿，双胞胎，低体重出生儿，或肥胖的宝宝，应提倡科学喂养，合理安排膳食，饮食要粗细、荤素搭配以便提高铁的吸收率及蛋白质的互补作用。

注意定期去医院测量血红蛋白，预防和及早发现贫血现象。

百日咳

百日咳是一种小儿急性呼吸道传染病，好发于冬春季节，5岁以下的小儿多见。因咳嗽症状可持续2～3个月以上，故名“百日咳”。百日咳初期类似于感冒，咳嗽、流涕，有时伴有低热。3～4天后，一般症状好转，但干咳加重，尤其是夜里咳嗽频繁。1～2周后咳嗽变为痉挛性、阵发性发作，患儿连续咳嗽不止，头部浅静脉充血，面红耳赤。剧咳之后出现特殊的高调鸡鸣吼声，大量的黏液或浓痰由气管排出，有时会伴有呕吐。

如能提早给予恰当的治疗和护理，可使百日咳的病程缩短，并减轻并发症。首先要进行有效的抗菌治疗，疗程多为7～14天。其次是对症治疗，痉咳频繁且痰液黏稠不易咳出时，可用祛痰剂或雾化吸入；夜间咳嗽剧烈而影响睡眠者，可用镇静剂。上述药物均应在医生指导下使用。

预防

控制传染源　不要与百日咳患者接触，冬春季节百日咳流行期间，少带宝宝到公共场所去。与百日咳患者接触过的宝宝，要请医生注射高效免疫血清或胎盘球蛋白，以防感染。凡确诊的患者应立即隔离至病后40天，或隔离至痉咳后30天。对接触者应密切观察至少3周，若有前驱症状应及早进行抗生素治疗。

切断传播途径　患儿擦鼻涕、唾液用过的手纸及吐出物要焚烧或深埋。手帕、毛巾、玩具要用2%～3%的来苏达水浸泡消毒。衣服、被褥要在太阳底下曝晒，保持室内通风，对痰液及口鼻分泌物则应进行消毒处理。

接种疫苗（参见第1篇第3章“接种疫苗”）百日咳、白喉、破伤风三联疫苗对百日咳有预防作用。要带宝宝到医院或防疫站按时进行接种。

护理

保持居室内空气新鲜，阳光充足。屋内不要吸烟和炒菜，避免灰尘和不良气味刺激宝宝痉咳发作。要常带宝宝到户外呼吸新鲜空气，晒太阳，注意要穿戴包裹好，防止着凉。

给宝宝吃易消化且富有营养的食物，如面条、蒸蛋、米粥等，含维生素多的水果和蔬菜也必不可少；采用少量多餐的办法，喂食不可过急，食后少动，以免引起呕吐；饮食不可过凉或过热，以免刺激气管导致咳嗽或者呕吐；宝宝呕吐时要把头转向一侧，最好抱起来或让宝宝坐起，以免呛入气管，呕吐后要及时漱口；注意口腔卫生，经常用淡盐水擦拭口腔，以免发生口腔溃疡。

减少宝宝的哭闹和情绪波动，对宝宝要有耐心，可以用讲故事、有趣的游戏、玩具哄逗等办法转移宝宝的注意力，减少痉咳的次数。

宝宝咳嗽时，协助宝宝侧卧或坐起，轻拍其背部，按压腹部或使用腹带包腹，以减轻因腹肌扩张所引起的腹痛，而且有助于痰液排出。

注意观察病情，如宝宝出现发热、气喘或头痛、烦躁不安、抽风、昏迷等症状时，可能有并发症，应送医院治疗。百日咳最常见的并发症是肺炎，表现为发热、喘憋、鼻翼煽动、面色发青等；最严重的并发症为颅内出血及百日咳脑病。如患儿出现剧烈头痛、烦躁不安，小婴儿出现尖叫哭闹，或抽风昏迷，可能合并颅内出血；如患儿出现神志不清、失语、肢体瘫痪等症状，可能合并脑病，这些情况要及时就医。

肠套叠

肠套叠是小儿常见的腹部急症之一，是指某段肠管凹陷入其远端的肠管，像收起单眼望远镜一样。5 个月～1 岁半的宝宝患此病的较多，尤以 5～9 个月大最常发生，男婴比女婴多。腹泻、便秘、服用药物、上呼吸道感染、肠胃过敏与结肠蠕动力增加都可能造成肠套叠的发生。

肠套叠，75%的病例发生于回盲瓣附近，其次为小肠，单纯肠套叠发生时，凹入的肠段会使血管受压，使静脉血和淋巴液发生郁积，致使肠壁肿胀，甚至肠黏膜破裂，造成出血。如果套夹得更紧，则肠壁动脉也会阻塞，演变成肠子坏死、破裂，造成腹膜炎。

症状

当肠道前后相套，造成部分阻塞时，宝宝会产生规律性阵发性的腹痛，伴有腹胀、呕吐等肠梗阻症状。

当阵发性疼痛过后，宝宝会感到倦意，伴有脸色苍白、出冷汗的症状。

大便带血，颜色多为红果酱样。这是因肠管套牢后，肠壁出血混着肠黏液所造成的血便，此时若再不及时送医，很容易造成肠坏死，甚至腹膜炎。

治疗方法

非手术疗法　适于早期婴儿肠套叠，以钡剂或空气灌肠复位。早期复位率较高。

手术疗法　单纯复位术：早期可手法复位成功，即手在套叠的远端，将套入部逆行挤出，避免将套入部从鞘内拉出，以免拉破肠管，复位困难时可对套入部稍用牵引力。完全复位后应观察肠壁血运情况，肠壁无坏死，不需进一步处理。

肠切除吻合术　已有肠坏死，或复位失败，肠壁损伤严重，都应切除肠管，一期肠吻合术。

接种疫苗

出生 4 个月后，宝宝应接种百白破三联疫苗（第 2 针）、脊髓灰质炎疫苗（第 3 针）。

出生 5 个月的宝宝应接种百日破疫苗（第 3 针）。

出生 6 个月的宝宝应接种乙型肝炎疫苗（第 3 针），A 群流脑疫苗（第 1 针），流行性乙型脑炎疫苗（灭活疫苗），本月初次接种，共 2 针。

A 群流脑疫苗（第 1 针）

A 群流脑疫苗主要用于 6 个月～15 周岁的儿童。

接种程序

A 群流脑疫苗接种 4 针，6 个月的宝宝接种第 1 针，第 2 针接种与第一针不能相隔 3 个月以上；第 3、4 针次为加强免疫，

3 岁左右的宝宝接种第 3 针，注意与第 2 针间隔时间不少于 1 年；6 岁时接种第 4 针，与第 3 针接种间隔不少于 3 年。

注意事项

本疫苗使用后，宝宝可能会有短暂的低热症状，局部有压痛感，一般情况下可自行缓解。

接种完毕后，留观 15 ~ 30 分钟。

没有及时接种怎么办

乙脑、流脑疫苗多数地区属于季节性疫苗，每年在固定的月份接种。如果错过打乙脑、流脑的时间可以等到第二年相应的月份再进行补种。

流行性乙型脑炎疫苗（灭活疫苗）：本月初次接种，共 2 针。

流行性乙型脑炎（乙脑）是由乙脑病毒经蚊子传播的急性传染病，在人和畜间流行，严重者可丧失生命。患病后大部分宝宝或多或少地留有不同程度的后遗症，轻者可能肢体瘫痪，重者会大脑瘫痪或智力低下。

接种对象

乙脑流行地区 6 个月 ~ 6 周岁儿童。

由非疫区进入疫区的人，不管是宝宝还是成人都要接种。

使用方法

在宝宝的上臂外侧三角肌下缘进行皮下注射。

接种反应

大多数宝宝没有什么不良反应，仅有个别特殊的宝宝在接种 24 小时后，注射部位出现红肿、疼痛和微热现象，均属于正常反应，经过 1 ~ 2 天即可自愈。极少数的宝宝可能出现过敏性皮疹。

禁忌症

宝宝有发热或者患有急性疾病不适宜接种。

患有严重慢性病的宝宝要视为禁忌症。

患有脑及神经系统疾病的宝宝不宜接种。

对抗生素、疫苗有过敏史、患有过敏性疾病的宝宝接种要慎重。

第 5 章 7 ~ 9 个月宝宝的家庭护理

7 个月宝宝成长指标

身体外观	体重	男婴体重 7.4 ~ 9.3 千克，女婴体重 6.8 ~ 8.6 千克
	身长	男婴身长 66.7 ~ 72.1 厘米，女婴身长 64.8 ~ 70.2 厘米
	头围	男婴头围平均为 45 厘米，女婴头围平均为 43.7 厘米
	囟门	一般在 0.5 ~ 1.5 厘米之间，已经很小了，有的出现假闭合
	牙齿	长出 2 颗乳牙
运动情况		这个月宝宝能独坐了，翻身已经相当灵活，而且有了爬的愿望和动作。能把一个物体从一只手递到另一只手上。会自己拿着奶瓶喝奶了
感官发育	语言发育	学会模仿发音，并且不断重复音节，能听懂不同语气、语调的不同意义
	视觉发育	对食物、玩具等自己喜欢的东西表现出很大的兴趣，能较长时间注意物象。能辨别不同物象。对陌生人表现出惊奇
	听觉发育	能够熟练地寻找声源，对自己的名字有反应，对声音的敏锐度加强 8 个月宝宝成长指标

8 个月宝宝成长指标

身体外观	体重	男婴体重 7.8 ~ 9.8 千克，女婴体重 7.2 ~ 9.1 千克
	身长	男婴身长 68.3 ~ 73.6 厘米，女婴身长 66.4 ~ 71.8 厘米
	头围	男婴头围平均为 45.74 厘米，女婴头围平均为 45.20 厘米
	囟门	囟门变化不大
	牙齿	长出 2 ~ 4 颗乳牙
运动情况		这个月宝宝已经坐得很稳了，可独坐几分钟，还可以一边坐一边玩，可随意翻身，能由俯卧翻成仰卧位，或由仰卧翻成俯卧位。这个阶段宝宝发育的标志是可以匍匐爬行了。很精确地用拇指和食指、中指捏东西
感官发育	语言发育	发音明显增多，能够发出可识别的音节。能发出双唇音，能模仿咳嗽声、舌头“喀喀”声或咂舌声。能够区别不同人的发音
	视觉发育	能更有目的性地视物，对看到的东西有了直观思维能力，能把奶瓶和吃奶联系起来，开始有兴趣有选择地看东西
	听觉发育	已经能够听懂常用指令

9个月宝宝成长指标

身体外观	体重	男婴体重8.2～10.2千克，女婴体重7.6～9.5千克
	身长	男婴身长69.7～75.0厘米，女婴身长67.7～73.2厘米
	头围	男婴头围平均为46厘米，女婴头围平均为45.20厘米
	囟门	变化不大
	牙齿	3～4颗乳牙
运动情况		这个月宝宝开始向前爬，但四肢运动还不协调。扶物可以站起，但不会自己向前迈步。有的宝宝可以离开手扶物独站几秒钟。喜欢用食指抠东西
感官发育	语言发育	能够理解更多的语言，并能连续模仿发声，已经能用简单语言回答问题，会做3～4种表示语言的动作，当听到妈妈叫自己的名字时，能停止活动，听到熟悉的声音时，能跟着哼唱，能说一个字并表示动作，如说“不”时摆手，“这、那”时用手指着东西
	视觉发育	能记忆自己看到的东西，能够认识五官，开始识别颜色，对性别有了初步认识
	听觉发育	这个月的宝宝已经能够随着音乐有节奏地摇晃身体

让宝宝自己重新入睡

这一阶段的宝宝大概每天要睡14～15个小时，而且一次可以睡比较长的时间。这是宝宝养成良好睡眠习惯的成功标志。现在宝宝白天午睡的时间较短，晚上一般是在8～9点钟入睡，半夜醒1～2次(计算在睡眠时间内)，早晨6～7点起床。(参见第3篇第2章“养成独自睡眠的习惯”)

如果宝宝仍然要每天小睡2～3次，也是正常的，不用担心。但是需要固定晚上上床睡觉时间及白天小睡时间，慢慢调整宝宝的睡眠规律。

如果宝宝白天睡眠时间比较短，但是晚上能连续睡上12个小时左右，也不要紧。

如果宝宝喜欢活动，白天经常到户外活动，和小朋友一起玩耍，精力旺盛，吃得也正常，即使一天只睡11～12小时，爸爸妈妈也不要着急，不要强制宝宝睡觉，为了增加宝宝的睡眠时间，不断哄宝宝睡觉，养成宝宝必须靠哄才肯入睡的毛病，导致宝宝入睡困难，这样不利于培养宝宝的独立生活能力。

避免宝宝“咬”妈妈

宝宝长牙之后，母乳喂养最令妈妈痛苦的就是，宝宝会时不时咬上妈妈的乳房一口，带来钻心疼痛。

怎么避免被宝宝咬

训练宝宝正确的喝奶姿势，如果妈妈发现宝宝长牙的征兆，就要在喂奶时尽量保持警觉。让宝宝含住整个乳晕，切忌让宝宝的嘴巴只含住乳头，而导致妈妈的乳头破皮。

在宝宝吃得半饱时，妈妈要留意宝宝的吸吮位置是否改变，若宝宝稍微将嘴巴松开，往乳头方向滑动，就要改变宝宝的姿势，避免乳头被咬。

宝宝已经吃饱，就不要让宝宝含着乳房睡觉，避免宝宝在睡眠过程中因牙龈肿胀而咬伤妈妈的乳头。

这个阶段的宝宝，好奇心大，容易受外界吸引，妈妈喂奶时要找个安静、较少受影响的角落来喂奶。如此一来，可以避免宝宝受到外界环境的吸引，突然转头而拉扯到乳头。

妈妈被宝宝咬后怎样应对

首先一定要理解宝宝，这个时期宝宝正处在长牙阶段，牙床肿痛，经常想要咬东西来减轻疼痛，或者宝宝可能鼻塞，身体不适，也有可能咬住妈妈的乳头，所以即使被宝宝咬疼了，也一定要保持冷静，沉着应对，不要对宝宝大吼大叫，使宝宝受到惊吓，产生厌奶现象。

再次，不要急着拉出乳头，避免宝宝咬得过紧而拉伤乳头，深吸一口气，待宝宝不动时，再缓缓拉出，然后检查一下自己的乳房。

咬伤之后，可以暂停喂奶，让宝宝咬原料无毒的固齿器来缓解牙龈肿胀的感觉。冰凉的固齿器、小萝卜、冷冻过后的苹果切片或小手帕，也能帮助舒缓宝宝的不适。

待宝宝情绪缓和后，用严肃的口气告诉宝宝，什么该咬，什么不该咬，不管宝宝听不听得懂，至少会对妈妈的语气有所反应。

必要时可以请教儿科医师，看看是否有缓解宝宝长牙时牙齿不适的牙龈药膏，当宝宝不舒服时，涂抹在宝宝的牙床上。

通常情况下，母乳通常可以一直吃到1岁多。宝宝咬妈妈乳头，只是亲子哺乳关系上的小小挑战，妈妈千万不能因为这个原因而给宝宝断奶，导致宝宝生长发育所必要的营养得不到满足。

帮宝宝提高听力

宝宝的听力水平在这个阶段已经有了很大的进步，家长应该抓住时机，让宝宝倾听各种各样不同的声音，进一步帮助宝宝提高听力。

让宝宝感受自然环境和日常生活中的声音，流水声、鸟叫声、走路声、风声、雨声以及门铃声、闹钟的响声等这些声音都可以促进宝宝听力的发育。因此，要有意识地让宝宝多听一些这样的声音，让宝宝自己慢慢感受。还可以在床头系上一些发声的玩具，比如让宝宝听听拨浪鼓、玩具钢琴、橡皮鸭子等发出的声音。但是，太过嘈杂或者刺耳的噪音，如工地施工的声音、机器的轰鸣、钢铁的摩擦声、机场的声音等，对宝宝听力会造成损害，应尽量避开。

抱宝宝时，要采取左手抱的姿势，让宝宝靠近爸爸妈妈的心脏，倾听心跳声。

平时多和宝宝说话交流，经常读书给宝宝听，给宝宝讲故事，听父母说话是刺激宝宝智力发育的最好办法。注意不要不停地说，以免引起宝宝厌烦。

哼唱或者给宝宝播放一些温柔、节奏舒缓、旋律优美的音乐或者儿歌来刺激宝宝的听力，不宜选择过于吵闹的爵士乐或摇滚乐。

让宝宝分辨不同的声音，比如男声女声有什么不同，各种动物的叫声有什么区别，让宝宝辨别各种音乐器材发出的不同声音，如钢琴的叮咚声和铜锣的铿锵声。

经常呼唤宝宝的乳名，使宝宝听到自己的名字后转过头来，形成反射。

让宝宝追溯声源，用一些发声的玩具训练宝宝的听觉辨别力和方位感，可先将各种发声体在宝宝视线内弄响，待其注意后，再慢慢移开，让宝宝追声寻源，然后再变化方向继续和宝宝进行游戏。

别让灯光伤害宝宝眼睛

如今人们对家庭装修的要求越来越高，采光、质量、空气清新……但是，往往忽视一种新型的污染——光污染。

光辐射增至一定量时，会对环境及人体健康产生不良影响，这称为“光污染”。

对于宝宝来说，光污染对宝宝的成长发育会产生意想不到的影响。所以，在装修时，灯光的设计要注意以下几点：

照明要以功能需求为主，同时注重色调搭配，不要过于刺眼。装修时各个房间应根据不同的需求采取不同的照明方式。例如：卧室、卫生间的灯光要采用暖色调，比较温暖柔和，书房、客厅和厨房要采用冷色调，要明亮实用，切不可单纯为了采光、亮丽在室内安装过多的镜面、粉刷刺眼的白墙，或者用过分明亮的瓷砖装修，让宝宝长期处在反光强烈、缺乏色彩的环境，可能会伤害到眼角膜和虹膜，导致视疲劳或视力下降，增加白内障的发病率。同时，还会诱发神经衰弱和失眠，形成不正常的作息规律，影响宝宝的健康成长。

保持光源的稳定，避免光线直射入眼。很多家庭在选用灯具和光源时，为了追求浪漫、豪华，往往忽视合理的采光需要，设计杂乱的五颜六色的灯光。这种颜色杂乱的灯光不仅危害视力，而且干扰大脑中枢神经。如果长期生活在过量、不协调的光辐射下，可能会出现头晕、目眩、失眠和情绪低落等症状，甚至会血压升高、心悸、发热。这种“光污染”对宝宝的影响更大，严重降低宝宝的视力，影响宝宝视力的正常发育。所以应该选用稳定的光源，避免明暗交替或闪烁的灯光，以保护宝宝视力。另外，照明方向和强弱也要注意，避免强光直射入眼，刺激宝宝眼睛，可采用“二次照明”的方法，把灯光打到天花板后反射下来，在保护眼睛的同时，也能营造温馨的氛围。

选用“光污染”小的灯，用合适的灯具来降低“光污染”的影响。各种室内光源的照明亮度和“光污染”程度各不相同，宜选用柔和的白炽灯、镜面白炽灯及荧光灯，可以用灯具在一定程度上降低光污染的影响。降低局部照明时，应用遮光性好的台灯，以阻挡这类光源所含的较多红外线辐射。

宝宝不宜开着灯睡觉。长期让宝宝的双眼暴露在灯光下，光线对眼睛的刺激会持续不断，眼睛和睫状肌便不能得到充分的休息。而2岁前后正是宝宝眼球发展的重要时期，长期开灯睡觉会影响网状激活系统，致使宝宝的睡眠时间缩短，容易变得躁动不安、情绪不宁，甚至难以成眠，睡眠深度变浅且易于惊醒，而且影响其视力的正常发育。所以，为了宝宝的健康成长，在宝宝睡觉的时候，家长一定要将室内的灯关掉，如果宝宝胆小不适应，可在走廊上开灯，增加卧室亮度，卧室里的灯具应选光线柔和、亮度较弱的，灯和床之间有一段距离，不能直射宝宝的眼睛。

如何清除宝宝眼睛异物

多风的季节，沙尘、小飞虫以及细微的异物很容易飞进宝宝的眼睛，使宝宝感到难受，需要爸爸妈妈帮助宝宝进行处理。但是宝宝的眼睛十分娇嫩，如果处理不当，很容易伤害到角膜。所以，在护理宝宝的眼睛时，一定要掌握正确的方法和姿势。

清除步骤

不要让宝宝揉眼睛　异物入侵后，宝宝的眼睛会产生不适感。宝宝的第一反应肯定是用手去揉眼睛，这是很危险的，因为这样来回揉，会将吹进的细小异物揉进角膜或将角膜擦伤，继发感染，所以当怀疑宝宝因眼睛有杂物而去揉眼时，首先须将宝宝的双手按住，以制止再去揉眼睛。

固定宝宝的头部，防止他乱动　给宝宝清洗消除异物时，如果他乱动，会影响清洗，家长可以用手轻轻固定住宝宝头部。

让宝宝头部倾向于受伤的一侧　将宝宝的头部向进异物眼睛的一侧倾斜，如果左眼进异物，头部则向左面倾斜。

准备好冷开水、汤匙 迅速准备一碗干净的冷开水（必须经过煮沸的冷水）或矿泉水，用汤匙盛水来准备冲洗眼睛。

对眼睛进行冲洗 以汤匙盛水冲洗受伤的眼睛，大概进行 5 分钟左右。注意不能用自来水洗眼睛，这样容易引起细菌感染。如果宝宝的眼睛不慎进了石灰等化学物品，这对眼睛的损伤很大，会损伤角膜，甚至使角膜形成溃疡，发生穿孔甚至失明。遇到这种情况，应立即用凉开水或自来水冲洗眼睛，通常要冲洗 30 分钟。冲洗时要注意使受伤的眼睛处于低位，以免化学物品流入原本未受伤害的眼内。

冲洗完让宝宝闭起眼睛 冲洗一会儿后，如果宝宝的不适感稍稍缓和，就可让宝宝试着闭起眼睛，并让泪水流出，异物会随泪水自然流出眼睛。如果是化学物品，可以让宝宝闭上眼睛后用无菌纱布加以敷盖，赶快将宝宝送去医院急诊。同时要记得带上这种化学物品去医院，以便医生能对症治疗。

应急措施

如果在郊外游玩时灰沙、小虫飞进宝宝眼中，但是没有冷开水和汤匙，这时，该怎么办呢?

如果异物进入宝宝眼睛，家长可用拇指和食指轻轻捏住上眼皮，向前提起，向宝宝眼睛内轻轻呼气，刺激眼睛流泪，将沙尘冲出。

让宝宝眼睛向上看，家长用手指轻轻扒开下眼皮寻找异物，尤其是下眼皮与眼球交界处的皱褶处易存留异物。如果没有，再翻开上眼皮寻找。找到异物后，用湿棉签或干净手绢的一角将异物轻轻粘出。

去除宝宝的眼屎

眼睛是“心灵的窗户”，宝宝眼部分泌物（眼屎）多的现象并不少见。

原因

眼睫毛的刺激 宝宝几个月大的时候，眼睫毛容易向内生长，眼球受到摩擦刺激就产生眼屎。可以用毛巾蘸上温水擦拭，也可以用棉签沾 2% 硼酸溶液，从内眼角向外眼角轻轻擦拭干净。这种情况一般到 1 岁左右停止，1 岁的宝宝睫毛会自然向外生长，眼屎便会越来越少。

宝宝可能因为上火，体内积热造成眼屎过多 这种情况常伴有怕热、易出汗、大便干燥、舌苔厚等症状。要多给宝宝喂水，严重时服一些清热泻火、消食导滞的中药，或者到医院就诊。

眼睛受到细菌感染 宝宝突然有很多黄色眼屎，同时还伴有眼充血、发红，则可能是细菌侵入到泪囊并且繁殖、化脓，导致脓性物填满整个泪囊，无法排泄而堆积在眼角。这种情况可能并发角膜炎，角膜会由黑变白形成白斑。这种情况一定要及时治疗，否则会影响宝宝的视力发育。注意不要擅自用滴眼药，要及时到医院就诊。此外不要共用脸盆、毛巾等洗浴物品，以防引起交叉感染。

宝宝鼻泪管发育不全 宝宝鼻泪管较短，开口部的瓣膜发育不全，位于眼的内眦，导致眼泪无法顺利排出，导致眼屎堆积。

另外，新生儿泪囊炎、结膜炎症、淋球菌性脓眼病、眼睑内翻、角膜溃疡也可能是引起宝宝眼屎过多的原因，这些情况要去医院就诊。

应对方法

因感染引起的眼屎过多

居家照顾给宝宝清洁眼屎 首先妈妈先用流动的清水将手洗净，然后取一条干净的小方巾或消毒纱布、消毒棉球，用生理盐水或者煮过放冷的开水浸湿，并将多余的水分挤掉（以不往下滴水为宜）。如果宝宝睫毛上黏着较多分泌物，可用消毒棉球或毛巾先湿敷一会儿，等到软化之后，用毛巾（或棉球）的一角包住食指，由眼睛内侧（眼角处）向外侧轻轻擦拭，但要记得不要反复擦拭，棉球一次只能用一个，毛巾（或纱布）的四角要交替使用，用过之后换新的，再重复之前的步骤清洗宝宝眼睛。妈妈在帮宝宝清理眼屎时，力气不宜过大，只要轻轻擦拭就可以，以免伤害宝宝眼睛肌肤。

若宝宝患有严重的结膜炎，则必须用生理盐水及棉花棒直接冲洗，才能将秽物清洗干净。

药物治疗（参见第 1 篇第 2 章“眼睛清洁”）可以遵照医生指示，给宝宝滴入眼药水，每 2 ~ 3 个小时一次，每次各在一侧眼中滴入眼药水 1 ~ 2 滴。注意在帮宝宝点眼药水时，双手一定要先洗干净，以避免造成宝宝感染。

因鼻泪管发育不全导致

按摩方式　如果为鼻泪管发育不全所致，爸爸妈妈在照顾时，可每天用手在宝宝鼻梁处稍加按摩，借助挤压，将泪囊内贮积的分泌物压出，帮助鼻泪管畅通，减少眼睛分泌物的产生及感染的机会。首先，父母要将双手洗净，把指甲剪短一些，以免误伤宝宝眼睛。利用食指由上而下，自泪囊往鼻泪管方向按摩(即按摩鼻梁两侧)，以指腹画圆的方式进行，每次 5 ~ 6 下，一天可重复按摩 3 ~ 4 次。最好选择固定的时间段。大部分的鼻泪管阻塞，在使用按摩的方法后都可以获得缓解。

做鼻泪管探测术将泪管打通　对于稍大一点的宝宝，如果按摩无效，仍有鼻泪管阻塞的现象，而且溢泪的现象严重，或常常造成发炎，甚或引起严重的泪囊炎，此时可考虑做鼻泪管探测术将泪管打通或进一步处置，一定要及早治疗。

要“善待”宝宝的耳屎

耳屎的作用

耳屎可以保护外耳道和鼓膜，防止异物侵入耳朵　当空气中的尘埃侵入宝宝的耳道时，耳屎能粘住侵入耳道的尘埃，抵挡小飞虫飞入宝宝耳道，保持外耳道的清洁。

耳屎还能保护宝宝听力，有“消声器”的作用　如果过强的声波传进宝宝耳朵，如打雷、爆炸等，宝宝鼓膜会受到剧烈震动，导致损伤，听力也会因此下降。而耳屎则可以减轻声波的冲击，以保护鼓膜，进而保护听力。尤其对于听力还处于发育阶段的宝宝来说，耳屎的这种保护作用更加重要。

耳屎具有油腻性，可以防止脏水入耳　如果宝宝在洗澡时不小心将水流进耳中，耳屎就可以有效防止脏水的侵袭，进而防止可能引起的感染性疾病，如外耳道炎、中耳炎的发生。

由于宝宝的外耳道发育还不成熟，而且外耳道多呈扁平缝隙状，不容易操作，加上宝宝耳内皮肤更是娇嫩，频繁掏耳会引起肉眼难以看见的隐性破损导致感染，掏伤耳内皮肤而引起炎症，生疖长疮。一般的细菌感染，使用有效消炎药后会很快好转，但如果诱发霉菌感染，则耳内瘙痒剧烈，会使人坐立不安。另外，如果不小心刺伤耳膜，则可引起听力下降甚至中耳炎，要想恢复听力有时可能需要手术治疗。经常掏耳屎，还可能会使外耳道的皮肤因为经常受到刺激而形成外耳道乳头状瘤。虽然可以用手术的方法切除，但容易复发，而多次复发后就有可能转化为癌症，危及宝宝生命。

但是，如果宝宝耳内的耳屎积存过多，耳屎变干、甚至塞满耳道，而又不能自行排出的话，会引起耳痒及堵塞感，诱发感染及耳鸣，甚至妨碍听力，造成不完全耳聋。所以，适时给宝宝掏耳屎是必要的。

清洁耳屎的方法

最好用棉棍轻轻在外耳道转动，然后让宝宝耳朵朝下，耵聍可自行出来；注意一定不要用指甲、铁签等尖锐物掏耳，否则容易刺破外耳道皮肤，导致宝宝外耳道发炎、肿胀以及剧痛。

宝宝临睡前，可以给宝宝滴1～2滴耳药水。在滴药水时，要让宝宝躺在床上或者抱在膝盖上，要让宝宝的头侧过来，滴耳药水的耳朵要在上面。在药水滴入后，不要马上动，保持这个姿势几分钟，使耳屎得到充分的稀释。然后在宝宝不适的耳朵内塞一个用消毒棉球做成的耳塞。早上取出耳塞，耳屎可能粘在上面，从而被清除出耳道。

掏耳屎大概一个月一次，但在灰尘较多的地方或有"油耳"的宝宝可根据自己需求适当调整。

如果形成耵聍栓塞，应到医院用专门器械取出，取出后坚持用滴耳剂滴耳2～3天预防感染。

帮助宝宝从翻身到坐起

坐是宝宝发育的必经阶段。坐得稳了，表示宝宝的骨骼发育、神经系统、肌肉协调能力等逐渐趋于成熟。6～8个月是宝宝坐起的大好时机。这个阶段的宝宝脊部、背部、腰部已渐渐茁壮，因此从翻身到坐起是连贯动作的自然发展。通常宝宝会先靠着呈现半躺半坐的姿势，接下来身体会微微向前倾，并会以双手在两侧辅助支撑。一般来说，宝宝从6个半月开始，可以用两手支撑起上半身，身体稍向前倾，背部弯曲，但不会坚持太长时间，手一松就会倒，而且倾倒后不会自己恢复坐姿，需要父母的帮忙才能重新坐起。当宝宝7个月时，背部已可伸直，并保持平衡。可以逐渐放开手，不用支撑，宝宝就可以坐稳。8～9个月的宝宝，坐稳后还可以用两手拿东西。若前方有玩具，就会坐起来主动去取，但是转动身体时仍会倒下。

在宝宝4个月时，父母就可以用手支撑宝宝的背部、腰部，让他维持短暂的坐姿了。宝宝5～6个月时，能控制脑、头和背肌，不必依靠支撑物就可以坐下。但是他的背肌尚不结实，为了让他坐好，可以用枕头垫背，坐在地面上代替坐在柔软的床垫上，这样会坐得更稳。到了6～7个月时，父母可在宝宝的面前摆放一些玩具，引诱他去抓握玩具，逐渐练习，这样慢慢地放手之后，宝宝也能坐稳了。

注意事项

坐的时间不宜过长，因为这个阶段宝宝坐的脊椎骨尚未发育完全，如果长时间让宝宝坐着，容易造成脊椎侧弯，影响生长发育。

床面最好与宝宝的身体呈垂直的角度，以防有外力或宝宝动作过大而有摔下床的危险，在宝宝的床边安装护栏，以避免宝宝坠下床而遭到意外。

学爬阶段的护理

在宝宝的成长过程中，爬行是必不可少的一个阶段，也是所有动作发展的基础，8～9个月是宝宝学爬的最好时机。宝宝爬行大致上分为两个阶段，俯爬式以及狗爬式。一般而言，宝宝在8个月左右就会自然爬行了。在学习爬行的初期，几乎都是以同手同脚的移动方式进行，之后会以手肘往前匍匐前进，而且腹部贴在地面，

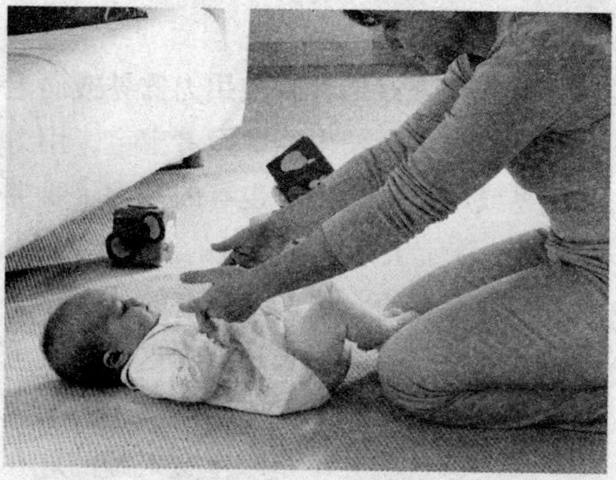

1. 等到婴儿仰面躺卧时，伸出你的手臂，看看宝宝是否想被拉起来。如果是，可以轻柔地帮宝宝过渡到坐的姿势。但需要确保颈部始终和身体处于一条直线。

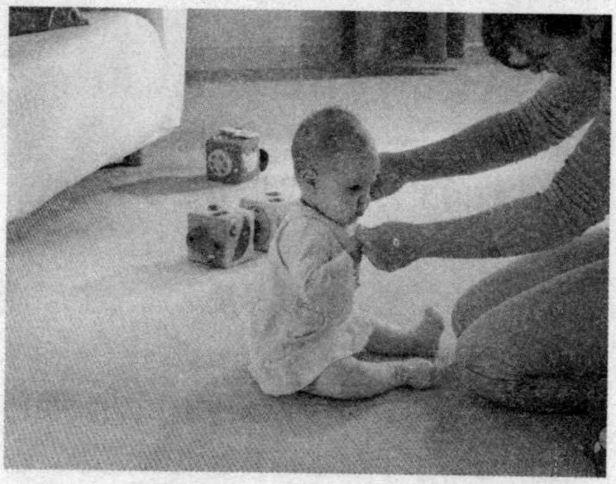

2. 从坐立的姿势开始，可以慢慢地放低婴儿的后背直到宝宝仰面躺下。将上述所有动作重复一遍，确保宝宝的颈部和身体始终处于一条线上。

爬行速度十分缓慢。在 9 个月大时，身体才能慢慢离开地面，采取两手前后交替的方式，开始顺利地往前爬行。（参见第 3 篇第 2 章“宝宝能爬行了”）

宝宝爬行有很多好处

首先宝宝利用四肢爬行，需要抬高颈部，并且左右转动，这样有益于颈部的发展。

宝宝爬行时用手腕支撑身体重量，手腕力量的增强，有益于宝宝将来拿汤匙吃饭、拿笔涂鸦。

宝宝爬行的过程中，还可锻炼膝、臂动作的协调与四肢关节的灵活度。

爬行是全身的活动，有助于宝宝身体的协调发展，锻炼肌肉，为以后直立行走做准备。

通过爬行还能提高宝宝的认知能力、交流能力，促进语言发展和智力的发育。

不会爬行的宝宝可能造成如下影响

宝宝在婴儿期不会爬或爬行时间很短，导致上半身和下半身动作欠协调，会引起感觉统合失调。稍大一点就会表现出注意力不集中、多动、胆小、易受挫等。

宝宝爬行有障碍，会导致学走路时姿势不协调，动作比较迟缓。导致宝宝手臂力量小，手指无力，脊柱的发育会比较迟缓。导致宝宝语言发育迟缓，说话可能会比较晚。

怎样帮助宝宝学会爬

准备工作

衣物的准备　宝宝衣物不要有扣子或者饰物，长带子的衣服也不要穿，避免绊住宝宝的脚，最好选择衣和裤子连成一个整体的“青蛙衣”。（参见第 3 篇第 2 章“婴儿对爬不感兴趣怎么办”）

设施的准备　在地上铺上一些软硬适中的专用垫子或席子，最好厚一些，颜色鲜艳，要注意及时清洗。还可以准备一些棉质的护肘和护膝以及一些颜色鲜艳吸引宝宝的会闪会动的玩具，如各种色彩鲜艳的玩具、图片、软垫、巧拼地板。

环境安全问题

爬行的地方要软硬适中，磨擦力不可过大或过小。水泥、石子、瓷砖等所铺设的地板，容易让宝宝跌倒，为避免发生危险，可在硬地板上面铺设软垫，不过要使用厚度较高的软垫才能发挥功用，软垫上不要有小挂物，以防伤害到宝宝，或者让宝宝抠起来吃。宝宝在床上爬行时注意不要离人，以免发生坠床事件。

宝宝爬行时要将一切尖锐玩具收藏，注意开水瓶一定不能放在地上。

尖锐的桌角或者是柜子角对学爬的宝宝来说很危险，最好一律将所有的桌角或柜子角套上护垫，而且尽量远离宝宝爬行的地方。

宝宝在到处爬行的过程中可能会爬到插座附近，如不留意将有触电的危险。爸爸妈妈要使用安全插座，为电插座加上防护盖或者封住。

清扫地面的小物件，以免宝宝放入口中。

训练方法

有的宝宝在爬行时怎么使劲都不能向前，一直在原地打转，甚至会往后退。这时爸爸妈妈可以用一块宽毛巾托住宝宝的胸腹部，帮助宝宝离开地面，四肢着地，然后一个人在宝宝的后面用手顶他的脚，另一个人在前面逗引宝宝。

父母可以把宝宝放在地板上，利用色彩鲜艳、丰富的玩具吸引宝宝的注意力，诱导宝宝向前爬行。当宝宝努力爬到“终点”时，爸爸妈妈可以给宝宝一个爱的拥抱，或者把宝宝喜欢的玩具或者零食拿来，给宝宝以鼓励。

还可以让宝宝和小朋友一起玩耍，在玩耍中，宝宝会自然而然地互相学习、模仿，从而学会爬行。

如果宝宝出现用一腿爬行来带动另一腿的方式，这属于正常现象。因为宝宝在刚开始学习爬行时，两只脚的力量并不平衡，会有一只脚较不灵活，并不是腿脚出现问题，爸爸妈妈不用太担心，然而如果这种状况维持太久而没有改进，就要怀疑宝宝可能患了肌肉神经或脑性麻痹等异常状况，要去就医。

不要抛摇宝宝

有些宝宝好像喜欢被用力摇晃或向上扔，所以很多家长也经常抱着宝宝，用力地摇晃或向空中抛扔。也有的是为了哄宝宝入睡，让宝宝仰卧在自己的双腿上颠颤，或者抱起宝宝边走边颠，还有的放在摇篮里用力地摇。有些家长还认为这是让宝宝乖乖入睡和不哭不闹的好办法。

其实，这些并不是哄宝宝入睡的好办法，而且对宝宝的健康极为不利，甚至会造成严重后果。

宝宝的大脑发育比较早，头部的分量和颈部肌肉相比较重，而宝宝颈部力量不足，也比较松软，抛扔时宝宝的颈部支撑不了头部的重量，就容易让头部受到较强的震动，使脑部受到伤害。另一方面，抛摇宝宝也会影响宝宝智力的发育。另外，如果大幅度地抛扔或摇晃宝宝，如果接不住，容易发生意外，后果不堪设想。

宝宝用品常消毒

宝宝抵抗力弱，如果接触大量细菌，很容易生病。所以宝宝平时用的东西，比如毛巾、尿布、玩具需要经常消毒，特别是到了夏天，消毒更显得十分必要。

夏季有各种各样的小虫，比如螨虫、苍蝇、蚊子等，如果趴在了宝宝的毛巾、餐具、玩具上，会对宝宝的健康产生很大威胁。

由于夏季空气湿度高，气温高，非常适宜霉菌的生长与繁殖。如果室内飘浮的一些霉菌随着室内的气流附着在宝宝的用具上，危害宝宝的肌体，严重时会诱发鹅口疮、霉菌性肠炎等病症。

玩具被宝宝玩久了会产生细菌和病原体，如果长时间不用，也会引发很多问题。像痢疾杆菌、伤寒杆菌、流感病毒、乙型肝炎病毒等传染病的病原体都有可能传播，所以不管宝宝是否玩了玩具，都要经常进行消毒处理。

换季时，存放一年的毛巾被、毯子、凉席不能直接拿给宝宝用。因为这些物品可能会有霉味，附着有害微生物，还会引起宝宝过敏。还有用樟脑丸保存的衣物用品更需要消毒，因为樟脑味对患有克-6-PD酶缺乏症的宝宝可诱发溶血，导致严重贫血。

消毒方法

高温消毒　这是应用较普遍的一种有效方法，采用蒸、煮达到消灭病原菌的目的。

紫外线消毒　紫外线可以杀灭悬浮在空气中、水中和附着于物体表面的细菌、真菌、支原体和病毒等。但它不能射入食物和衣料、被服等纺织物，故一般常用于室内空气的灭菌。宝宝的衣服、毛巾、被褥和其他床上用品可通过太阳照射消毒。

禁用含化学药物的消毒剂　消毒剂如果清洗不干净，会刺激宝宝的皮肤或黏膜。所以，消毒剂不能滥用。

用没有刺激的肥皂或洗衣粉　清洁时避免使用强效洗涤剂和加酶洗衣粉，因为宝宝皮肤娇嫩，会引起发炎。如果使用织物柔顺剂，一定要确保将其漂洗干净，否则，柔顺剂也会使宝宝的皮肤发炎。

宝宝四季服装的区别

这个阶段的宝宝正是学走练爬的时期，活动量大大增多，会经常出汗，而且宝宝不能自己照顾自己，衣服很容易弄脏。所以，这个阶段，宝宝的衣服选择有一定的要求，四季也有所不同。

春秋季节的宝宝服装：外衣衣料要结实耐磨、吸湿性强、透气性好，而且要选择容易清洁的织物，如棉、涤棉混纺等。纯涤纶、腈纶等布料虽然颜色鲜艳、结实、易洗、快干，但吸湿性差，容易沾土脏污，所以不要给宝宝穿。

夏季的宝宝服装：基本原则是遮阳透气，穿着舒适，不影响宝宝的生理机能。最好选择浅色调的纯棉制品，这种面料不仅吸湿性好，而且对阳光有反射作用。纯涤纶、腈纶等布料透气性差，会发生静电，穿着这类衣服后，宝宝会感到闷热，易生痱子，甚至有过敏反应，最好不要使用。

冬季的宝宝服装：宝宝冬季的服装应以保暖、轻快为主。外衣布料以棉、涤棉混纺等为主，也可使用纯涤纶、腈纶等布料。服装松紧要适度，以免影响宝宝正常活动。如果宝宝穿背带裤，臀部要宽松，背带不可过细，而且裤腰上的松紧带要与腰围相适合，不能过紧束缚宝宝的胸腹部，影响宝宝的肺活量及胸廓和肺脏的正常生长发育。

会爬宝宝的生活环境

6个月以后，宝宝从母体里带来的免疫力消退之后，就很难抵御外界细菌或病毒的侵扰，所以，对这个阶段的宝宝来说，生活环境的卫生与安全很重要。

房间内的温度要适宜，一般控制在25℃左右为宜，还要保持一定的湿度，避免过度干燥引起宝宝缺水，导致宝宝上火。

房间要保持阳光充足和空气新鲜，因为新鲜空气中所含有的氧气多，人体内有充分的氧气，才能对蛋白、脂肪、碳水化合物进行氧化，促进新陈代谢；要防止煤气炉、液化石油气灶等对室内空气的污染，以免对宝宝的眼睛和呼吸道产生危害；还有，宝宝的居室要远离厨房；不要在房间内存留污水、污物，尤其是在夏天的时候，要防止蚊子、苍蝇等造成疾病的传染。

宝宝的房间不宜装修。现代装潢材料如合成板材、油漆涂料等，均含有苯和甲醛之类，会使室内空气污浊，刺激呼吸道，并可能危及宝宝的皮肤、神经系统，降低宝宝免疫力，所以宝宝不宜生活在刚刚装修过的房间。

要给宝宝一个良好的活动空间，这个阶段宝宝已经会坐会爬，所以要创造一个较大的空间让宝宝自由地活动，宝宝爬行不受影响。此外，在房间内，凡是宝宝站起来能够得着的地方，不要放置任何危险物品，电器及其插座等都要加以安全防护，以防造成危险。

房间内可以悬挂或张贴几幅颜色鲜艳的图片，刺激宝宝的视觉，促进视力发育。

室内空气和地面也一般不要用消毒剂消毒。因为宝宝如果爬来爬去，会受到伤害，如果必须使用，在消毒时，要将宝宝抱到其他房间暂时避开。一般室内通过开窗通风就能达到消毒的目的。地面用干净的墩布擦拭即可。潮湿的墩布滋生细菌或霉菌，所以使用的墩布要经常晾干。

给宝宝选择什么玩具

玩具不但可以丰富宝宝的生活，也能激发宝宝的表现力，提高他的动手能力和促进智力的发展。现在玩具种类很多，爸爸妈妈往往不知道怎么选择才好，什么样的玩具才是对宝宝有益的玩具呢？下面提供一些建议给年轻的父母。

好的玩具应该具备以下条件：

安全有保障

玩具是否能让宝宝玩得安全，是父母亲最关心的一件事。合格的玩具必须无毒，不使用易燃的材料，不含有有害的化学物质和成分，而且不能有尖锐的边缘，接头或夹缝不会夹到手或头发。它的零件的组合要非常牢固，以免松脱伤到宝宝或者让宝宝误食。一些发声的玩具，要避免声音过大或者刺耳，影响宝宝的听力发展。要选择不易碎的玩具，避免碎末伤到宝宝或者被宝宝吞食。在宝宝学爬学走阶段，应选择没有长细绳和小零件的玩具，避免绊倒宝宝。父母在选购玩具时，要选择贴有“安全玩具”的标志，即国家检验合格的安全玩具，同时，家长要仔细地阅读使用说明，并注意在玩具产品上是否贴有警告标示。

玩具的制作要精良

好的玩具要有好的材质和别致的设计，这才是有价值的玩具。如果玩具很快地就被玩坏了，就会影响宝宝的兴趣。而且做工精致的玩具会提升宝宝的审美观，这也是一种美学的教育。

可以刺激宝宝感官发育

好的玩具能提供适当的感官刺激，爸爸妈妈可以选择有特别声响的、触感不同的、色彩丰富或者形状美观、可爱的玩具，用来刺激宝宝的视觉、听觉、嗅觉、触觉等器官，还可以提高宝宝的想象力。宝宝也可以借着玩具学到一些基本概念：大小、重量、颜色、平衡等。

玩具能适应宝宝的能力发展

爸爸妈妈要从玩具上标示的适用年龄及功能来了解它是否适合现阶段的宝宝或有益于下一阶段的发展。要根据宝宝年龄及能力不同而有选用不同的玩具，因为宝宝能够操作的玩具才会让他们感兴趣，太难的会令宝宝有挫折感，太简单又使他们觉得无聊。

玩具要促进和发展宝宝的基本动作协调能力

玩具要具备一定的功能，让宝宝在玩的过程中，又能促进手眼协调能力的发展，还可以训练小肌肉，帮助宝宝更好的成长。在选购玩具时，要考虑玩具的功能，宝宝能从中学习哪些能力等这几个方面。

要选择具有多重功能、挑战性的玩具

宝宝的学习发展应是全方位的，挑战性和鼓励性的玩具，能带给宝宝很大的成就感，他可从操作玩具中得到“控制”或“完成”的满足感，例如，宝宝在积木搭桥的过程中，不管自己搭出来的是什么，都会为自己的“杰作”感到骄傲。

好的玩具应能调动宝宝的主动性

宝宝能主动在操作中学习，并且可以从玩耍中产生成功的喜悦，他们便会获得一种成就感，如此一来，他们便会成为一个勇于追求挑战的人。所以，玩具应该充分调动宝宝的主动性，给宝宝提供解决问题的机会，让整个玩耍的过程变得更有趣，使宝宝感到快乐，能培养宝宝的好奇心，使宝宝更聪明。

口角炎

口角炎是口腔炎的一种，多见于小儿时期。俗称“烂嘴角”，秋冬季是小儿患口角炎的高发季节，父母应提前预防。

症状

口角周围潮红、起疱，呈乳白色糜烂、裂口或结痂，伴有烧灼和痛感，张口易导致出血，严重时甚至会影响吃饭说话。

原因

冬春季节人的皮脂腺分泌减少，口唇及周围的皮肤容易干裂，会导致细菌和病毒的侵入，导致细菌性口腔炎或疱疹性口腔炎发生。

饮食不当或营养不良。宝宝的饮食中缺乏维生素 B2、维生素 C 和微量元素锌，引起口角炎，尤其是胃肠消化吸收功能不良的宝宝如果摄入的绿叶蔬菜不足，更加容易发生口角炎。

宝宝养成了不良的生活习惯。比如宝宝有舔嘴唇、吃零食、吮手指等恶习，容易引起口角炎。

防治

调节宝宝饮食，注意膳食平衡，加强营养。平时要让宝宝养成不偏食、不挑食的良好习惯。要给宝宝多喝水，多给宝宝吃些富含维生素 B、C、E 和锌的食物，如动物肝脏、瘦肉、禽蛋、牛奶、豆制品、胡萝卜、新鲜绿叶蔬菜等。在烹调的时候，要注意防止维生素流失。米不要过度淘洗，熬米粥煮豆类时尽量不放碱，蔬菜要先洗后切，切后尽快下锅，炒菜时可加点醋。

注意宝宝的保暖工作，衣物、被褥要适当，不要过热或过冷。

纠正宝宝的不良习惯，注意宝宝的口腔卫生，尤其在寒冷的季节。饭后应及时给宝宝洗脸、擦嘴，涂上合适的润唇膏或防裂油，以保持皮肤滋润，防止口角干裂。对于患口角炎的宝宝，由于炎症刺激，往往会不由自主地用舌头去舔患处或用手揭伤疤，这样容易使原有的伤口糜烂感染，从而影响痊愈，爸爸妈妈一定要及时纠正。

对已发生口角炎的宝宝，在保持口腔清洁的基础上，给宝宝服用维生素 B2、维生素 C 或抗病毒的药物，并用温的淡盐开水清洗患处，然后涂以冰硼散、西瓜霜、珍珠层粉或 1% 碘甘油等，每天 2 ~ 3 次，一般 3 ~ 5 天可痊愈。

小儿急疹

幼儿急疹，也叫烧疹或玫瑰疹，是由病毒感染而引起的突发性皮疹，一年四季都可能发生，尤以春、秋两季较为普遍。常见于出生 6 ~ 12 个月左右的宝宝。幼儿急疹的潜伏期大约是 10 ~ 15 天。

症状

幼儿急疹有两个阶段，在 5 ~ 15 天的潜伏期后，首先出现如下症状：

宝宝持续 3 ~ 4 天发高烧，体温达到

39～40℃，但感冒症状并不明显，精神、食欲等都还可以。

咽喉可能有些发红，颈部、枕部的淋巴结可以触到，但无触痛感，也无其他症状和体症。

有时宝宝会出现高热惊厥，还会出现咳嗽、耳痛等症状。

发病后 4 天左右进入第二阶段，这时的症状有：

体温迅速恢复正常。

出现细小、清晰的粉红色斑点状皮疹，多分布在头部和躯干部，可持续 4 天左右，皮疹消退没有脱屑，没有色素沉着。

免疫功能低下的宝宝可能发生肝炎或肺炎等并发症。

护理

要让宝宝多休息，保持室内安静，空气新鲜，被子不宜盖得过厚过多。

要保持宝宝皮肤的清洁卫生，宝宝出汗要及时擦去，避免着凉。

要多给宝宝喝开水或果汁，以利于出汗和排尿，促进毒素的排出。

给宝宝吃易于消化的食物，以流质或半流质为主，适当补充维生素 B 和维生素 C 等营养元素。

尽量少去户外活动，注意做好宝宝的隔离工作，不要与患幼儿急疹的孩子接触。

应鼓励宝宝增加运动，提高自身的免疫力。

如果体温较高，宝宝出现哭闹不止、烦躁等情况，可以给予物理降温或适当服用少量的退热药物，以免发生惊厥。

婴儿感冒

原因

80%～90% 的感冒是由病毒引起的，能引起感冒的病毒有 200 多种。随着宝宝的成长，他会用手乱摸，甚至把一些东西填在嘴里，用小脏手去抠鼻孔，揉眼睛，所以，很容易沾上感冒病毒。（参见第 2 篇第 13 章“感冒食谱”）

宝宝的免疫系统发育不成熟，抵抗力低下，容易受病毒侵袭。

秋冬季节的宝宝更容易得感冒，因为冷空气和室内的暖气都会使宝宝的鼻黏膜发干，让感冒病毒更容易入侵。

症状

宝宝一年可能会患上 5～6 次感冒，一般持续 7～10 天，小宝宝有时可持续 2 周左右。典型症状包括：流鼻涕、鼻子堵塞、咳嗽、嗓子疼、疲倦、没有食欲、发热。6 个月内的宝宝，还会出现吃奶和呼吸困难。

治疗

3 个月内的宝宝，一出现感冒的症状，要马上去看医生，让医生诊断感冒的病因。

如果是病毒性感冒，要照顾好宝宝，使症状减轻，7～10 天内宝宝就可以康复。

如果是细菌引起的，要按时按剂量给宝宝吃一些抗生素。不要自行增加药物剂量，以免产生副作用。

如果宝宝有发烧症状，服用退烧药要遵照医生的嘱托。体温低于 38.5℃，不必服用退烧药，不要给宝宝乱吃感冒药。

如果宝宝鼻子堵塞，导致吃奶有困难，可以在吃奶前 15 分钟给宝宝滴一些盐水滴鼻液，过一会，即可用吸鼻器将鼻腔中的盐水和黏液吸出。滴鼻水可以稀释黏稠的鼻涕，使之容易清洁。如果宝宝除了鼻塞之外，没有任何症状，需要带宝宝去耳鼻喉科进行鼻腔检查。

护理

感冒的宝宝，一定要保证良好的休息，如果宝宝过度劳累抵抗力就会更低，尽量让宝宝多睡一会，适当减少户外活动。如果宝宝鼻塞，可以在宝宝的褥子底下垫上一两条毛巾，稍稍抬高头部来缓解。不要让两岁以下的宝宝直接睡在枕头上或将枕头垫在床垫下，这样很容易引起窒息或损伤颈椎。

保证宝宝的饮食，让宝宝多喝一点水，充足的水分能使鼻腔的分泌物稀释一点，容易清洁；身体的碱性环境不利于感冒病毒的繁殖，要多给宝宝吃碱性食物，以提高其免疫力，对抗感冒病毒，苹果、葡萄、番茄、胡萝卜、海带等都含有碱性；另外，多给宝宝吃富含维生素 A 的食物，维生素 A 缺乏时，各种抗病能力也随着下降，呼吸道黏膜的功能也跟着削弱，一旦受到病毒、细菌的侵袭，就容易发生呼吸道感染，牛奶、鸡蛋、胡萝卜、蔬菜叶、鱼油等都是不错的选择；在感冒或发烧的时候，体内白细胞的维生素 C 浓度会降低，让宝宝多吃一些含维生素 C 丰富的水果和果汁，可以预防病毒感染，强健体魄；富含锌的食物也能抑制感冒病毒的繁殖，同时增强机体的免疫功能，牡蛎、瘦肉、猪肝、鱼类、蛋黄等都富含锌；对于食欲下降的宝宝，妈妈应当准备一些易消化的、色香味俱佳的食品。

为了让宝宝呼吸顺畅，爸爸妈妈要帮宝宝擤鼻涕。在宝宝的外鼻孔中抹上一点凡士林油，往往能减轻鼻子的堵塞；如果鼻涕黏稠，可以试用吸鼻器，还可以把医用棉球，捻成小棒状，沾出鼻子里的鼻涕。

要保持空气湿润，爸爸妈妈可以用加湿器增加宝宝居室的湿度，帮助宝宝更顺畅地呼吸。另外，要保证加湿器的清洁，可以每天用白醋和水清洁，避免灰尘和病菌的聚集。居家空气定期通风换气，避免宝宝接触小动物。

可以为宝宝做个蒸汽浴，在浴室，打开热水或淋浴，关上门，让宝宝在充满蒸汽的房子里待上 15 分钟，改善宝宝的鼻塞状况，爸爸妈妈要陪着宝宝，不要让宝宝自己呆在里面，浴后给宝宝换上干爽的衣服。

加强锻炼，增强机体抗病能力。

小儿肺炎

肺炎是小儿时期的常见病和多发病，多见于婴幼儿。肺炎是指多种病原微生物和其他一些致病因素在肺部引起的炎症。其病理特点是在肺间质和肺泡内有渗出性炎症，使肺组织呈或多或少的病变。四季均易发生，以冬春季为多。肺炎是造成婴儿夭折的主要病因之一，因此，对其必须引起足够的重视。

临床特征

发热、咳嗽，常伴有气促、呼吸增快、鼻翼煽动、喘憋，严重者还可出现口周及指趾青紫，此外，还可有烦躁或嗜睡、呕吐和腹泻等症状。这些症状可能突然出现，也可能在发病前先有轻度的上呼吸道感染数日。

护理方法

宝宝患肺炎后，爸爸妈妈一方面应积极配合医生进行治疗，另一方面应注意对宝宝进行正确地护理，以促使其早日痊愈。肺炎患儿的护理主要包括以下几个方面：

给宝宝创造一个良好的环境　首先要保持室内空气的新鲜，经常开窗通风换气，使宝宝吸入新鲜空气，防止缺氧，但患儿要注意保暖，应注意避免对流风伤害到宝宝。其次要保持室内的安静，让宝宝好好休息。还有室内人员不要太多，因为人们呼出的二氧化碳积聚太多不利于宝宝的康复。

应注意合理的营养及补充足够的水分

肺炎患儿常伴有高热、胃口较差、不愿进食，所以饮食应清淡、易消化，同时保证一定的优质蛋白。伴有发热者，给予流质饮食(如人乳、牛乳、米汤、蛋花汤、牛肉汤、菜汤、果汁等)，退热后可加半流质食物(如稀饭、面条、蛋糕之类的食品)，因为患儿因高热呼吸增快，丢失水分较多，故必须补充适量的糖盐水。

加强对宝宝皮肤及口腔的护理　如果宝宝经常出汗，一定要及时更换衣服，并用热毛巾把汗液擦干，这有利于皮肤散热及抵抗病菌。宝宝有痰了应尽量让痰液咳出，否则会影响康复。病情较轻的宝宝，爸爸妈妈要经常抱起宝宝，轻轻拍打背部，卧床不起的患儿应勤翻身，促使痰液咳出，这样有助于康复。另外，要及时为宝宝清除口鼻分泌物以保持呼吸道通畅，这就要求室内要保持一定的湿度，避免空气干燥，有利于痰液咳出。

要按时服药、打针，以免影响疗效　由于宝宝抗病力较差，尤其是小婴儿病情容易反复，当家长发现小儿呼吸快，呼吸困难，口唇四周发青，面色苍白或发绀时，说明患儿已缺氧，必须及早抢救。

忌食

忌多糖之物　糖分是一种热量补充物质，基本上不含其他营养素。若小儿肺炎患者食糖过多，会抑制体内白细胞的杀菌作用，从而加重病情。

忌高蛋白饮食　瘦肉、鱼和鸡蛋的主要成分为蛋白质。1克蛋白质在体内吸收18毫升水分，蛋白质代谢的最终产物是尿素。宝宝进食蛋白质多，排出尿素相对也会增高，每排出300毫克尿素，最少要带走20毫升水分。而肺炎总是伴有高热失水症状，所以应忌食高蛋白的食物，在疾病后期可适当补充，以增强体质。

忌辛辣食物　辛辣的食物刺激大，而且容易化热伤津，故肺炎患儿在膳食中不宜加入辣油、胡椒及辛辣调味品。

忌滥用退热药　刚发热就用过多的退热药，不仅对机体不利，而且还可能掩盖病情，延误治疗。因此，对发热患儿应慎用退热药，且忌用药过多，以防体温骤降，大汗淋漓，发生虚脱。

忌油腻厚味　肺炎患儿消化功能多低下，若食油腻厚味，更影响消化功能，必要的营养得不到及时补充，导致抗病力降低。因此，不宜吃鱼肝油、松花蛋黄、蟹黄以及动物内脏等厚味食品。若喝牛奶应将上层油膜除去，乳母也应少吃油腻，以免加重病情。

忌喝茶　肺炎患儿多有发热，应忌喝茶水。因茶叶中的茶碱有兴奋中枢神经的作用，可使大脑保持兴奋状态，还可使脉搏加快，血压升高。饮茶后会刺激心肌，加重消耗，不能退热还会使体温升高，诱发其他疾病。

忌生冷食物　若过量食用西瓜、冰淇淋、冰冻果汁、冰糕、冰棒、冷饮、香蕉、生梨等生冷食物，容易操作体内阳气，而阳气受损则无力抗邪，病情也难痊愈，故应忌食，特别对有消化道症状的患儿更应禁忌。

忌乱服用清热药　金银茶、青果、板蓝根冲剂等清热药，对肺炎患儿有益。但不能较长时间服用，特别是体质较弱者，勿轻易服用清热药。否则，会伤及人体正气，使原来的症状加剧。

忌用酸性药物和食品　五味子、乌梅、维生素C、酸果、橘子、食醋等味酸，能敛、能涩、有碍汗出解表。

小儿出水痘

水痘是一种常见病、多发病，有很强的传染性，是由水痘–带状疱疹病毒引起的急性传染病，多见于冬春季节，6 个月以内的宝宝因有母体获得的抗体，一般不会发生水痘；8 个月以后的宝宝，就很容易被传染发病。

水痘是病毒感染的疾病，如果没有其他并发症，对身体不会有太大的影响，病初发热时，宝宝显得萎靡不振，没有精神，嗜睡，可以自行痊愈。一些并发症可以依据症状进行治疗，如发烧、咳嗽、倦怠等情况出现时，可以相应地吃一些药物。护理也是十分重要的。

预防

接种计划　水痘疫苗是一种高度活性的减毒疫苗，适用于接种 1 岁以上至 12 岁以下的健康儿童。注射完成后于 2 ~ 4 周体内可产生对抗水痘的抗体，其保护性可持续 10 年以上。注射后预防感染水痘的效果达 98%。

中药预防　若周围人群中有水痘患者，可以给宝宝适当喝一些绿豆汤、板蓝根，可以起到一定的预防作用。

护理

避免接触人群。水痘传染力非常强，如果宝宝感染水痘，要让他在家休息，暂时不要去公共场所，要等到宝宝全身的疹子都结痂干掉，没有传染力后，再外出活动。

给宝宝止痒，因为水痘疱疹很痒，宝宝常常会用手去抓挠。宝宝的指甲和手部有许多细菌污染，细菌极有可能进入水疱中，引起疱疹糜烂化脓，引起继发感染。如果累及真皮层，会引起瘢痕。所以可给宝宝服用扑尔敏，并用抗生素软膏涂于皮疹处，也可用炉甘石洗剂局部涂擦止痒。

剪短宝宝的指甲，避免抓破伤口。为了防止宝宝抓破后伤口继发感染，爸爸妈妈要给宝宝剪短指甲，保持手的清洁，必要时可戴上手套或用布包住手。

保持宝宝身体的清洁卫生，长水痘期间，要坚持帮宝宝洗澡，洗完澡后，可用浴巾吸干身上的水分，再抹上止痒药。

要保持衣物和被褥的清洁，多在太阳底下暴晒，衣服要宽松，防止因穿过紧的衣服或盖过厚的被子造成发热，引起疹子发痒。

爸爸妈妈应给宝宝吃易消化的食物，并多吃维生素 C 含量丰富的水果、蔬菜，比如苹果、桃、西红柿等。

皮肤被抓破后，可用抗生素软膏涂擦。特别应注意不能使用激素类药物，否则会引起严重的病毒血症。出水痘时，不要使用阿司匹林等退烧药，以免并发其他症候群。

水痘患儿应严格隔离 2 ~ 3 周，待水痘完全干燥结痂，又未见新的皮疹出现时，方可解除隔离。

个别水痘患儿会并发肺炎、脑炎。如发现患儿高热不退、咳喘，伴有呕吐、头痛、烦躁不安、嗜睡等症状，应及时找医生诊治。

接种疫苗

8 个月的宝宝应接种麻疹疫苗（第一针）；9 个月宝宝应接种 A+C 群脑膜炎球菌多糖疫苗；流行性乙型脑炎疫苗（第二针）。此后，在 1 岁、4 岁、7 岁时还需各接种一次加强针；8 ~ 12 个月的宝宝，推荐接种风疹疫苗、流行性腮腺炎疫苗。

麻疹疫苗

接种对象

8 个月以上易感染的宝宝：初免年龄为 8 月龄，再免疫年龄为 7 周岁。初免失败可到 1.5 ~ 2 岁再免疫 1 针。

病例发生后的应急接种：其对象是病

人活动范围的易感者。流行地区接种率应在 95% 以上。接种时间愈早愈好，在首代病例出现后疫情尚未蔓延之前接种完毕。麻疹的潜伏期一般为 7 ~ 14 天，最长可达 21 天。接种疫苗后 7 ~ 12 天就可产生抗体，比感染后产生抗体的时间短，因此对易感者进行应急接种可控制疫情蔓延或终止流行。对麻疹潜伏期的儿童接种疫苗后一般没有不良反应，在麻疹感染后 1 ~ 2 天内接种疫苗可阻止病毒血症的产生，使感染者的临床症状减轻。

没有注射过麻疹疫苗而又与麻疹患者密切接触的易感者和不宜接种疫苗者，可应用丙种球蛋白，但这种免疫力一般只能维持 2 ~ 3 周，此后如再接触麻疹患儿又可再次感染。因此，若以后无禁忌的 8 月龄以上儿童必须接种各种麻疹疫苗。

使用方法

冻干麻疹活疫苗：按瓿签所示用量加灭菌注射用水待完全溶解后使用。

注射部位及剂量：上臂外侧三角肌附着处皮肤，先用 75% 的乙醇消毒，待干后在皮下注射 0.2 毫升。儿童和成人剂量相同。

接种反应

在注射部位出现短时间的烧灼感和刺疼的感觉，还有个别儿童在接种后 5 ~ 12 天会出现发烧或皮疹，但很快就会消失。轻微发热，精神不振，不想吃东西，哭闹等，这是由于制品本身所引起的反应，一般来说，由于生物制品引起的接种反应轻微，时间也比较短，也不需要做任何特殊处理。罕见的接种反应包括一些轻度的局部反应，如红斑、硬结和触痛、喉痛及不适、恶心、呕吐、腹泻等，少数会有过敏反应、一过性的关节炎和关节痛。

禁忌症

妊娠期的妇女。

对新霉素和鸡蛋有过敏反应的宝宝。

伴有发热的呼吸道疾病、活动性结核、血液病、恶病质和恶性肿瘤等。

原发性和继发性免疫缺陷的病人或接受免疫抑制剂治疗者。

个人或者其家族有惊厥史和脑外伤史的视为禁忌。

A+C 群脑膜炎球菌多糖疫苗

疫苗预防

用于预防 A 群和 C 群脑膜炎引起的流行性脑脊髓膜炎。

接种方式

肌肉注射或皮下注射。

不良反应

注射后偶尔会有短暂的低热症状，局部有压痛感，一般情况下自行缓解。

接种禁忌

癫痫、抽风、脑部疾患及有过敏史者，肾脏病、心脏病及活动性结核者，急性传染病及发热者要视为禁忌症。

注意事项

接种后留观 15 ~ 30 分钟；如出现轻微反应，一般可在 1 ~ 2 天内消退，不需特殊处理，必要时可对症治疗。

小儿秋冬季腹泻

小儿秋冬季腹泻是指在每年 10 月份至来年 4 月份，由于小儿（6 个月至 5 岁居多）对寒冷气候的反应比较敏感，胃肠功能较弱，胃液及消化液相对较少，胃肠道的抵抗力差，很容易被病毒感染，导致腹泻。所以称为“小儿秋冬季腹泻”。

症状

发病初期伴有发热（一般为 38 ~ 40℃）、流鼻涕、咳嗽、咽部疼痛等症状。

大便每日数次至数十次，多为水样便或蛋花样便，较大幼儿大便呈喷射状，无特殊腥味及黏液脓血。大便化验正常或有少许的白细胞。

伴有胃肠道症状，呕吐、腹痛，频繁腹泻，而且食欲低下，容易被误诊为胃肠型感冒。

患儿容易出现不同程度的脱水现象，严重者可出现电解质紊乱，但少数可合并脑炎、肠出血、肠套叠或心肌炎而危及生命。

预防

注意饮食卫生，给宝宝的食物必须保证新鲜、清洁，千万不要给宝宝吃变质的食物，给宝宝喝水也要注意安全无毒，不要给宝宝喝没有煮开的水。另外，宝宝的餐具也要注意消毒。

宝宝 6 个月内一定要坚持母乳喂养，保证必需的营养，提高宝宝的免疫力。人乳中含有 IgA，可中和大肠杆菌肠毒素，有预防感染埃希氏大肠杆菌的作用。

要按时给宝宝添加辅食，添加时遵循从少到多、从稀到稠、从软到硬的原则。夏季应多喂水，不要饮食过量或食用脂肪多的食物。（参见第 2 篇第 16 章“宝宝腹泻的饮食禁忌”）

衣着要合理，宝宝的穿衣要随着天气的变化而增减，避免过热或过冷，夜晚睡觉也要保持合适的室温，尤其要避免腹部受凉。爸爸妈妈要经常给宝宝进行温水浴。

让宝宝加强锻炼，平时要多去户外活动，提高对自然环境的适应能力，可以选择让宝宝做婴儿操，以增强体质，提高身体的抵抗力，避免感染各种疾病。

不要刺激宝宝，不要让宝宝过度疲劳，不要让宝宝受到惊吓而导致精神过度紧张。

避免交叉感染，感染性腹泻易引起传染，所以不要带宝宝去人口聚集的公共场所，以免宝宝接触患者；腹泻病人接触的东西要及时进行消毒，不要让宝宝碰到。

合理应用抗生素，抗生素一定要在医生的指导下再用，滥用可能会引起肠道菌群失调，招致耐药菌繁殖引起肠炎。

秋冬季腹泻是一种自限性疾病，通过护理和合理治疗，多数的患儿在一周左右会自然止泻。所以爸爸妈妈要加强对宝宝的护理，使宝宝早日康复。

护理

调整宝宝的饮食　传统的腹泻治疗方法，主张让患儿禁食一段时间。但是这样宝宝得不到充足的营养，会导致营养不良。所以现在不主张禁食。要遵循少量多餐的原则，每日至少进食 6 次。继续母乳喂养，可酌情减少哺乳次数和时间，妈妈的饮食含脂量要低些，否则会使宝宝腹泻加重。6 个月以内人工喂养的宝宝，可按平时量喝奶，6 个月以上已经添加辅食的宝宝，可添加一些易消化的食物，如稀粥、烂面条、鱼肉末、少量蔬菜泥，不能给宝宝吃不易消化的食物或脂肪类食物，待停止腹泻后再恢复辅助食品，由一种到多种，先流质后半流质，然后再喂固体食物。

补充宝宝身体所丢失的水分　宝宝腹泻时上吐下泻，大便次数多，肯定会不同程度的脱水，轻度脱水的宝宝有口渴感，口唇稍干，尿比平时要少，颜色发黄，并且有烦躁、爱哭的表现。严重脱水时皮肤弹性减退（可查看宝宝肚皮处的皮肤），尿少或无尿。妈妈可以自制糖盐水补液，即在 500 毫升的温开水中加入 1.75 克精食盐和 10 克白糖；或者制作米汤加盐液体补液，即在500毫升温开水加入1.75克的精食盐；也可以用医生开的“口服补液”，一包可冲500毫升水（不必煮沸），每次只能一匙一匙喂服，少量多次，这样才能使胃内易于吸收，减少呕吐和脱水。严重脱水者要立即送医院进行静脉输液。

加强对宝宝腹部的护理 宝宝腹泻后一定要注意腹部的保暖，如果腹部受凉，肠蠕动加快，会使腹泻加重。

加强对宝宝臀部的护理 腹泻时宝宝排便次数增多，而且腹泻时排出的粪便对皮肤刺激较大。所以宝宝每次大便后，妈妈要用温水帮宝宝清洗，特别是注意肛门和阴部的清洁，最好用柔软清洁的棉布，洗完后暴露在空气中自然干燥，然后涂些甘油、护肤脂或爽身粉，还要注意及时更换尿布，脏衣裤及尿布、便盆、餐具、玩具及护理者的手都要及时消毒，以免发生红臀及尿路感染。

密切注意宝宝病情的发展 如果宝宝囟门和眼窝出现凹陷，哭时眼泪少，口干舌燥，烦躁不安加重，用手捏起大腿内侧的皮肤然后马上松手时，皮肤皱褶变平的时间超过2秒，这是脱水严重的信号；或者已治疗护理3天但病情不见好转，出现频繁的大量水样便，呕吐、口渴加剧，不能正常进食进水，补液后尿仍很少，发烧及便中带血等症状，要马上带宝宝去医院进行诊治。

第 6 章
10 ~ 12 个月宝宝的家庭护理

10 个月宝宝成长指标

身体外观	体重	男婴体重 8.6 ~ 10.6 千克，女婴体重 7.9 ~ 9.9 千克
	身长	男婴身长 71.0 ~ 76.3 厘米，女婴身长 69.0 ~ 74.5 厘米
	头围	男婴头围平均为 46.09 厘米，女婴头围平均为 44.89 厘米
	囟门	看上去闭合了，实际上还没有
	牙齿	长出 4 ~ 6 颗乳牙
运动情况		这个月的宝宝能够独自站立片刻，能迅速爬行，妈妈牵着手能走了；正在向直立过渡。这个月宝宝开始喜欢扔东西，有的宝宝可以一手扶物蹲下捡东西了
感官发育	语言发育	此时的宝宝已经会熟练地叫妈妈、爸爸，能够主动地用动作表示语言，宝宝的声音有音调、强度的改变，开始能模仿别人的声音，并要求成人有应答，进入了会话萌芽阶段
	视觉发育	这个月宝宝开始喜欢照镜子，喜欢看画册上的人物和动物，能通过看图画来认识物体，学会了察颜观色，能看懂爸爸妈妈的表情
	听觉发育	这个月的宝宝能够对细小的声音做出反应

11 个月宝宝成长指标

身体外观	体重	男婴体重 8.9 ~ 11.0 千克，女婴体重 8.2 ~ 10.3 千克
	身长	男婴身长 72.2 ~ 77.6 厘米，女婴身长 70.3 ~ 75.8 厘米
	头围	男婴头围平均为 46.3 厘米，女婴头围平均为 45.3 厘米
	囟门	少数宝宝前囟门闭合
	牙齿	长出 4 ~ 6 颗乳牙
运动情况		大多数宝宝，能自由地爬行，有的宝宝能够爬到被垛等高处。大多数宝宝离开扶着的物体，能独站片刻。有的宝宝可以颤微微地向前迈步，牵一只手就能走了，但走路还不协调，一般为交叉步，自己容易绊倒自己。有的宝宝可以单手扶着床沿走几步，会推着小车向前走。将玩具扔掉后，自己能捡起来了，能试着拿笔并在纸上乱涂
感官发育	语言发育	这个月宝宝能准确理解简单词语的意思。不仅会叫爸爸、妈妈，家中一些其他的成员，比如爷爷、奶奶、姑、姨等也可以在大人的提醒下喊了；会一些表示词义的动作；可正确模仿音调的变化，并能说一些简单的词
	视觉发育	宝宝观察的能力已经很强了，可以在图画书上认图、认物、正确叫出图物的名称
	听觉发育	能听懂 3 ~ 4 个字组成的一句话，理解简单词句的意思

12个月宝宝成长指标

身体外观	体重	男婴体重9.1～11.3千克，女婴体重8.5～10.6千克
	身长	男婴身长73.4～78.8厘米，女婴身长71.5～77.1厘米
	头围	男婴头围平均为46.5厘米，女婴头围平均为45.4厘米
	囟门	宝宝前囟门闭合，有的还可以摸到
	牙齿	长出6～8颗乳牙
运动情况		1周岁的宝宝能够在不用妈妈扶的情况下自己站起、坐下，能独走几步，有的宝宝可以自己走路了，但还不太稳。站着时，能弯下腰去捡东西，也能爬到一些矮的家具上去。喜欢将东西摆好后再推倒。这个月宝宝能拿着食物自己吃，但还用不好勺子
感官发育	语言发育	这个月宝宝的语言能力提高很大，能够对简单的语言要求作出反应，能够用摇头代替“不”。开始用语言与人交流，能模仿和说出一些词语，可以说出“爸爸、妈妈、阿姨、帽帽、拿、抱”等5～10个简单的词（参见第3篇第3章“能说出简单词语了”）
	视觉发育	随着宝宝月龄的增长，能够有意识地注意某一件事情，已经具备了看书的能力，在妈妈的帮助下可以认识图画、颜色、指出图中所要找的动物、人物
	听觉发育	能够对爸爸妈妈的指令要求作出正确反应

宝宝不爱睡觉怎么办

10～12个月的宝宝晚上大约要睡11～12小时，白天要小睡2次，每次大概1.5～2小时。这个阶段应该继续坚持之前学到的方法，持续培养好的睡眠习惯，制订固定的晚上上床睡觉时间和白天休息时间，确保宝宝有充足的睡眠，因为睡眠对于宝宝的生长发育至关重要。

这个阶段出现最大的问题是宝宝不爱睡觉了，综合大多数宝宝的个体情况，大概有以下几种原因：

可能因为过度兴奋难以入睡。宝宝长到这一时期就要开始一些标志性动作了，包括坐起、翻身，发育快的宝宝甚至还有爬行、抓着东西站起来、进一步学习行走等行为。这一阶段，宝宝正在提高和发展这些技能，到了晚上可能还处在兴奋期，无法入睡，甚至会在夜间醒来继续练习这些技能。这时更要注重对宝宝良好睡眠习惯的培养，睡前不要再做剧烈的或者过多的活动。

这个阶段宝宝都要自己睡一个房间，醒来后，经常会找不到爸爸妈妈，所以会由于焦虑导致在半夜醒来的次数增多。这种情况下，爸爸妈妈要走进他的房间跟他打个招呼，让宝宝平静下来。

由于饮食不当导致。宝宝的消化肠道系统还未发育成熟，对食物的温度及质量要求较高，如果饮食不当，比如母乳不足，未及时添加配方奶，或辅食添加量不够导致宝宝饥饿，宝宝会在不睡的同时伴有哭泣，有意识寻找妈妈或奶嘴；或者喂食量过多，宝宝吃得过饱，也会使宝宝消化不良，腹胀不适，出现腹泻或便秘，使宝宝无法入睡；宝宝肠胃发育未成熟，极易敏感，如果妈妈晚上给宝宝喝的奶过凉，在服用后可能会引起宝宝肠胃轻微痉挛，胃肠会感到不适，也容易使宝宝哭闹不睡；另外，食物配制不合理，宝宝食物中有刺激性食品，比如加了蜂蜜，就可能引起宝宝腹泻，身体不适，宝宝自然难以入睡。

噪音过大导致宝宝无法入睡。电视过

吵，音乐声音过大，或者隔壁有噪音，都会刺激宝宝的听觉细胞，使宝宝烦躁不安，从而使宝宝难以入睡。所以，在宝宝入睡之后，一定要保证房间的安静，不要制造噪音，而且宝宝睡觉的房间应有良好的隔音效果。

房间的温度不适宜，室内空气过于干燥，会使宝宝鼻黏膜干燥，不利于呼吸，宝宝就不容易入睡。宝宝最佳的睡眠温度一般在24℃左右较为合适，湿度应当保持在55%～60%左右。

光线太亮影响宝宝入睡。这是爸爸妈妈最容易忽视的一个问题，当婴儿房的光线过亮时，会刺激宝宝的视觉神经，使其处于紧张和兴奋状态难以入睡。要在宝宝的房间挂深色的厚窗帘，宝宝睡觉要关灯。

宝宝不睡还可能是因为疾病原因。如果宝宝表现出哭喊、抽搐、抓挠、易惊的特征则很可能是患上了湿疹、中耳炎、肠痉挛等疾病。

宝宝打鼾须知

打鼾并不是只有大人才会有的，在婴幼儿中也并不少见。呼吸气流不顺畅，体内氧气的获取与二氧化碳的排出出现困难，导致打鼾。宝宝打鼾时，会感到呼吸困难，睡眠不安稳，在床上翻来覆去，为了顺畅呼吸往往本能地扭动身体以改变头颈部位的姿势，但往往得不到效果，长期以往，导致宝宝体内缺氧，二氧化碳增多，使宝宝哭闹不停，烦躁不安，影响睡眠质量。更严重的可能会导致心脏、肺脏及脑部的正常功能。

对于打鼾的宝宝，爸爸妈妈可以这样帮助他们：

经常改变宝宝的睡觉姿势　平躺会使舌头过度后垂阻挡呼吸通道，可以让宝宝的头侧着睡觉，以减低打鼾的程度。

给宝宝进行身体检查　去医院检查宝宝的鼻腔、咽喉、下巴骨部位有无异常，排除长肿瘤的可能，确保宝宝的神经或肌肉功能正常。

防止宝宝过度肥胖　肥胖也是打鼾的一个原因，肥胖的宝宝口咽部肉过多过软，呼吸管径窄，消耗氧气多，会导致呼吸不顺畅，引起打鼾，所以，要控制宝宝体重

严重时采用手术治疗　宝宝鼻咽腔处的腺状体、扁桃体或多余软肉肥大，严重阻挡呼吸通道，影响宝宝正常呼吸时，建议采用手术切除。

宝宝不宜洗澡的情况

宝宝刚吃饱后不要马上洗澡　由于喂奶后宝宝的胃呈扩张状态，马上洗澡容易引起吐奶现象。而且，喂奶后马上洗澡，受到热水的刺激，宝宝体内较多的血液流向被扩张的表皮血管，而腹腔血液供应相对减少，会影响宝宝的消化功能。所以洗澡通常应在喂奶后1～2小时进行为宜。

宝宝呕吐、腹泻频繁时，不宜洗澡　这种情况下，宝宝全身的水分减少，洗澡后全身毛细血管扩张，引起血容量相对不足，易导致急性脑缺血、缺氧而发生虚脱、休克。而且对于呕吐的宝宝，洗澡时来回搬动会加剧呕吐状况。

宝宝生病打针或者注射疫苗之后不能洗澡　宝宝刚刚打完针，肯定会在皮肤上留下“伤痕”，而针孔很小，是肉眼难以看见的，爸爸妈妈一定不要因为看不见就去给宝宝洗澡，而导致针孔受到污染。

宝宝发烧时不宜洗澡，包括退烧48小时内不能洗澡　发烧的宝宝洗澡时很容易打寒颤，使皮肤毛孔关闭导致体温更高，使病情加剧，有时会使全身皮肤毛细血管扩张充血，致使宝宝身体的主要脏器供血不足，严重时会发生惊厥。发烧后宝宝的

体质很弱，在退烧过程中，毛孔放大，外卫不固，抵抗力很差，若马上洗澡，会外感风寒引起复发，故主张热退 48 小时后才给宝宝洗澡。

当宝宝皮肤受到外界或者疾病的损害时不宜洗澡 宝宝有皮肤损伤，诸如烧伤、烫伤、外伤、脓疱、疖肿、荨麻疹、水痘、麻疹等，这时不宜洗澡。因为皮肤损害的局部会有创面，都有不同程度的炎症、水肿、破损、渗液等，如果洗澡，会使创面扩散或受污染，进一步损伤皮肤，引起感染，加重病情，甚至导致发生败血症。（参见第 1 篇第 2 章“新生儿败血症”）

帮助宝宝拍痰

宝宝的呼吸系统尚未发育成熟，自身的咳痰能力还不足，在患感冒、支气管炎、肺炎等呼吸道疾病时，大量痰液堆积在呼吸道内，致使肺部肺叶坍塌，细菌滋生，严重者还会出现胸闷、呼吸困难的现象。这时，家长可以用拍击的方式帮宝宝拍痰，减轻痰液给宝宝带来的不适，减少感染几率。

掌握拍痰时机

拍痰并非任何时候都适用。吃饭前后的 1 小时内不要拍痰，饭前拍痰，容易造成痰的松动，卡在喉头，吃饭的时候会吐出来；在饭后拍，也会造成胃部不适，将刚吃下的东西吐出来。

掌握拍痰时间

时间要足够长，一次大约拍 10 分钟，次数也要足够多，一天拍 4 ～ 6 次，几天之后就能见效。

拍痰步骤

找到有痰部位 把耳朵贴近宝宝胸部，仔细倾听他的呼吸声，如果有“呼噜呼噜”的声音，那就是痰的位置。

掌握拍痰的手法 五指并拢，手掌弯曲成杯状，手腕放松。

宝宝的准备姿势 如果痰液在肺部两侧，让宝宝趴在床上，或躺在妈妈的腿上，用枕头顶住腹部，呈头低脚高的姿势，拍击左右肺部；如果痰液在上肺部，要将宝宝抱直，趴在父母胸前，拍击肩胛骨上方。

拍痰需要注意的事项 手部姿势要正确，拍击时会发出很大的声响，但是不会使宝宝感觉身体不舒服。以由下而上的方向拍，持续拍击 5 ～ 10 分钟，要注意不能拍脊椎及腰部。在拍痰过程中要随时观察宝宝的脸色、呼吸状况，如果有脸色发紫或呼吸不顺畅的现象，要先停止，等宝宝呼吸平稳后再继续拍。

加强护理，改善多痰状况

保持室内的温度和湿度 经常开窗透气，让室内温度保持在 25 ～ 27℃，湿度则保持在 60% ～ 65%。让宝宝的呼吸道保持湿润状态，帮助痰液排出。

让宝宝多喝开水 痰多、咳嗽会导致宝宝脱水，加重呼吸道发炎、增加分泌物黏稠度，使痰咳出更加困难。而开水能滋润呼咳道，稀释痰液。

让宝宝的口鼻吸水蒸气 在吸蒸气机的杯中倒入开水，让宝宝的口腔和鼻子吸入升起的水蒸气，可以使痰液变稀，有利于咳出。

严重时服用化痰止咳药，或者就医 药物治疗对于排痰来说是最快速的，但要请专业医生开药，不要随便吃药。

正确给宝宝喂药

喂药前的准备事项

把宝宝的药准备好，仔细查看说明书，核对用药量，确保准确无误。

喂药者必须用洗手液认真清洗双手，

洗净后方可喂药。

喂药需用的辅助工具要清洗干净，放置在药物旁边以备使用。

准备一些白开水，不要太烫，还可以准备宝宝爱吃的饼干或糖果等零食，在宝宝哭闹时可用来安抚或奖励。

喂药辅助工具

汤匙：普遍适用于新生儿到 1 岁的宝宝。

针筒或滴管：适用于还不会吞咽的宝宝。

药杯：适用于 1 岁以上的吞咽能力较强的宝宝。

喂药时间选择有讲究

一般情况下宝宝的吃药时间应选在两餐之间。

如果宝宝吃完东西会导致呕吐，可选在饮食前 30 ~ 60 分钟，此时胃已排空，可以避免服药引起的呕吐。

但是某些对胃有较大刺激的药物，如铁剂等，要在餐后 1 小时喂服，防止药物损伤胃黏膜。

喂一般糖浆、冲剂、散剂

喂服散剂前，先用少量温开水将药溶解，然后再喂。可以加适量白糖或者让宝宝在吃药前服用适量白糖水，掩盖药剂的苦味。

然后抱宝宝在在腿上，用大拇指轻按宝宝的下巴，让宝宝张嘴，用小勺或滴管取少量药液，从嘴角慢慢送进口中，不要马上抽离，要等宝宝快咽下去时再抽出来，否则容易呛到宝宝。

可以轻抬宝宝的下颌，帮助他进行吞咽。

宝宝哭闹时要停止喂药，等他安静下来再喂，强制喂药会使药液呛入气管或引起呕吐。

注意不要将药与奶混在一起喂，一方面可能影响药效，另一方面，会导致宝宝厌奶。其他的果汁和药物一起吃也会影响药效。

喂药后可给宝宝服用少量白开水，冲下口中残留的药，但服止咳糖浆后除外，因为留在口腔和咽部的药可以缓和刺激，减轻宝宝咳嗽。

喂片剂类的药物

首先将片剂碾碎，捣成散粉。记住不要直接给药丸或药片，宝宝 4 岁以后才可练习吞药片。

在粉末上面撒上适量绵沙糖，遮盖药粉的苦味，取适量粉末倒在小勺上。

宝宝张开小嘴后，将药粉直接送入口中，动作要轻而快，防止宝宝受不了苦味哭闹。

喂宝宝一些白开水，帮助他吞下药粉。

给宝宝吃一块小饼干或者糖果，以盖住药物的苦味。

如果宝宝吃不下，不要捏鼻子强灌，这样会引起宝宝哭闹，不仅容易使宝宝呛着，还会让宝宝越来越害怕，对吃药产生抵触情绪。

调和药物的开水要用温凉的，热水尤其是开水会破坏药物成分，影响药效。

别用药瓶直接给孩子喂药，把握不好量会呛到宝宝。

宝宝生殖器官的护理

不管是男宝宝还是女宝宝，私密处的护理都是非常重要的。很多家长对宝宝私处的护理了解不多，当宝宝出现问题时，不能从容应对，爸妈要注意以下护理小窍门，清楚男宝宝与女宝宝在护理上的差异，才能有效保护宝宝。

护理男宝宝

男宝宝阴部包括阴茎、尿道外口、包

皮、阴囊、腹股沟和肛周。阴茎的最前端叫龟头，富含神经末梢，因此特别敏感。所以男宝宝的内裤一般会有一个突出的兜起，以更好保护会阴部。

阴囊、阴茎皮肤皱褶多，汗腺多，分泌力强，大量的汗液、尿液及粪便残渣易污染到阴茎、阴囊和会阴区，滋生细菌，阴茎头部冠状沟内相当容易积淀脏物，形成白色甚至紫黑色的“包皮垢”，包皮垢是细菌繁殖的温床，它很容易导致包皮和阴茎头发炎。所以，男宝宝的尿布和内裤一定要吸收力强、透气、纯棉质，使宝宝穿着舒适。而且睾丸喜欢凉爽的环境，长期处于温度过高的环境将可能导致制造精子的能力下降，通风不畅，还会引起细菌等微生物的繁殖。所以妈妈们一定记得给男宝宝穿宽松的裤子，保持下身的通风、干燥。

男宝宝可能会出现鞘膜积液，包皮过长，包皮藏匿污垢，引起龟头炎症。在给男婴洗臀部时，首先要清洗包皮处，轻轻把包皮向上翻起，暴露龟头，然后用软毛巾轻轻清洗，用清水涮一涮，把积存在包皮内的尿酸盐结晶清理干净，不要让冠状沟处生出包皮垢。对于包皮过长的孩子，应轻轻上翻包皮至冠状沟处，将包皮垢一并清除。做这些的时候动作一定要轻柔，小宝宝的皮肤很娇嫩，这个部位还有丰富的神经和血管，不宜过度刺激。

护理女宝宝

阴道总是藏在内裤或者尿布创造的黑暗中，容易受大小便残留的液体、残渣污染，所以女宝宝阴部也需要及时正确的护理。要选择透气性强、安全卫生的尿布或纸尿裤，给宝宝阴部创造干净、清爽、透气的环境。

尿道的开口处直接与内部器官相通，尿液的残留成分会刺激宝宝皮肤，所以便后要及时更换尿布，否则容易患尿布疹，引起过敏发炎，发生红臀现象。

妈妈要早点给宝宝穿内裤、满裆裤，不然外面的细菌接触阴部容易诱发感染。内裤要吸收力强、透气、棉质、宽松舒适。

女宝宝尿道与阴道口紧密相邻，又都是开放的，如果不注意卫生，容易患尿道口炎和阴道炎。妈妈在给婴儿清洁前，应注意手部的卫生，避免污染外阴。清洗女婴尿道口和臀部时一定要用流动水，从上向下冲洗，这是预防尿道和阴道发炎的关键。清洗时只需用软毛巾轻轻清洗外部阴道口，洗里面容易让阴部娇嫩的皮肤受伤。洗过以后要及时擦干水分，让阴部保持干净清爽。皮肤敏感的宝宝还可涂一层护臀霜，否则，太潮湿的皮肤也易滋生病菌。注意不要用爽身粉，容易附着在未擦干的水气以及汗液上，积累在皮肤的皱折处，结成小颗粒，摩擦皮肤引起皮肤溃烂。

给女婴擦肛门时，一定要从前向后擦，千万不能从后向前擦，否则容易使肛门口的大肠杆菌污染尿道和阴道口而引起发炎。这是护理女婴的关键。

左撇子不是病

有些宝宝从婴幼儿时期就有了左撇子的表现，如用左手拿积木，吃东西或抓物，接东西时也是用左手，有的家长以为“左撇子”的宝宝不正常，总是千方百计地纠正宝宝使用左手，但往往适得其反。其实，“左撇子”不是病，而是一种正常的发育情况。爸爸妈妈一定要明确这一点。

人手的动作是受大脑两个半球控制和支配的，大多数人都习惯于使用右手做事情拿东西，但是在人群中，约有 10% 的人是“撇子”，宝宝也不例外。

错误观点一：左撇子不正常

有些家长认为，经常用左手会影响宝

宝大脑发育，是一种病，于是就开始限制宝贝使用左手。其实，宝宝哪侧大脑占优势、常使哪只手，很大程度上是由遗传因素决定的。如果父母同为左利手时，子女左利手的比例占到 46%，不会影响宝宝的发育，宝宝习惯于使用左手没有必要加以限制，可以任他们随意使用。如果父母强迫宝宝“改手”，容易破坏宝宝的肢体协调性，陷入认知混淆，会让宝宝经常处于挫折与无助感中，容易造成说话结巴、神经紧张、情绪不安、注意力不集中等不良后果，会影响宝宝用手去探索世界、认识世界，还会影响宝宝的智力发育和心理健康。而强迫孩子改用右手的成功率仅为 5%。

错误观点二：用左手的宝宝更聪明

事实上，没有任何科学证据支持“左利手更聪明”的说法。很多人对左利手人和右利手人的智商进行对比研究，结果发现两者没有显著差异。惯用左手或右手，纯粹是天性使然，和遗传有关，与智能表现无直接关联。

右右两手都要练

这一时期是婴幼儿通过用手接触世界，促进大脑发育的关键时期，也是创造性使用手的最佳阶段。大脑的演化有其自然规律，“左撇子”和“右撇子”的孩子都有各自的潜能和美好未来，最好的办法是让宝宝左右手并用，这样可以促进大脑的两个半球充分发展，促进身体的协调。

帮助宝宝独自站立

宝宝运动功能的发育是循序渐进的，它和肌肉的发育，特别是中枢神经系统的发育有着密切的关系。宝宝已经经历了抬头、翻身、坐、爬行等过程，之后就要慢慢过渡到要学习站立走路了。

宝宝腰部和下肢运动功能的发育是站立的基础。宝宝 8 个月后，腰肢已经能够较好地支撑身体，被搀扶时能站立片刻，抓着东西也能站立，背、臀部都能伸直了，他们最喜欢的就是牵着父母的手站立，到了 9 ~ 10 个月，宝宝就能独自站立了。

爸爸妈妈要抓住宝宝运动发育的机会，在这个阶段帮助和训练宝宝站立。宝宝独自站立有助于视野的开阔，有助于他们尝试很多新奇的事物，对宝宝的成长发育有很大好处。练习站立是宝宝走路的前奏，等孩子站得很好以后就可以在大人的扶持下练习向前走了。

训练宝宝站立时，要由易到难逐渐进行，可以先把宝宝两条小腿分开，使其后背部和小屁股贴着墙，脚跟离墙壁稍远一点；然后家长可以用玩具引逗宝宝，宝宝就会张开小手，想迈动脚步而导致身体晃动，这样宝宝腿部的力量和身体的平衡能力就会增强，对智力发展也大有好处；等到宝宝逐渐适应了，也不害怕了，家长可以扶住宝宝的腋下帮助宝宝站稳，然后再轻轻地松开手，让宝宝尝试一下独站的感觉；还可以先扶住宝宝的腋下训练宝宝蹲下再站起的能力；逐渐地家长可以用手牵住宝宝，借助爸爸妈妈手部的牵拉力量，锻炼宝宝腿部力量，使宝宝站起来；下一步是让宝宝自己拉住一个东西站起来，这时可以准备一个塑料圆环，让宝宝抓住圆环的一边而爸爸妈妈抓住圆环的另一边，不要用力牵拉，要让宝宝自己抓住圆环并站起来，这样的站立完全要靠他自己来完成，宝宝必须使用上肢、下肢、腰、背、胸、腹部肌肉的全部力量才行。

经过这样的训练，宝宝扶着栏杆站立时常常会稍稍松手，以显示一下自己站立的能力，有时甚至能站得很稳，这时最好不要怕宝宝摔倒而去阻止，要及时给予鼓励和表扬。经过多次训练，一般到了 11 个月，宝贝就能够独站得比较稳了。

注意事项

宝宝由于刚学会站，动作不够稳定，这就需要继续加强训练，以提高站立的稳定性和持久性，为学习走路打下好的基础。

在宝宝站不稳时，爸爸妈妈要赶快扶住宝宝，以免宝宝受到惊吓而不愿继续接受训练。

不要让宝宝站立时间太长，学站每次不应超过 5 分钟，因为相对体重而言，宝宝下肢的支撑能力是有限的，过早和过多地站立会影响下肢的形状，而且疲劳感也会使宝宝对学站失去兴趣。

在宝宝刚开始学站时，爸爸妈妈应给予保护，可以在宝宝的生活区安装小栏杆，同时要注意检查床栏，防止床栏松动发生摔伤或坠床等意外事件。

有人认为宝宝站多了会成 X 形腿或 O 形腿，其实不然，形成 X 形腿或 O 形腿的最根本的原因还是因为维生素 D 缺乏引起的佝偻病，判断真正的 O 形腿或 X 形腿应看膝关节和踝关节能否同时并拢，而非长骨是否笔直。

为什么有的宝宝不会站立

进入 11 个月的宝宝，大多数都已经自己能够站立了，但有个别宝宝还不会自己站立起来。对仍不会自己站立起来的宝宝，爸爸妈妈要从主、客观上进行一下原因分析。

宝宝体重过重。过于胖的宝宝由于身体笨重，行动费劲，比较不容易站起，所以爸爸妈妈要适当地控制一下宝宝的饭量，科学喂养，既要吃饱也要吃好。但如果宝宝身体强壮、协调能力很好，即使重也可以站得很好。

宝宝缺乏锻炼造成。宝宝天天躺在推车里、躺椅或游戏围栏中，没有足够的时间和机会去练习站立。所以爸爸妈妈要给宝宝多一点的自由活动空间，不要总是让他躺着。

不合适的家具阻碍宝宝学站。周围的家具如果很不牢靠，宝宝的鞋袜太滑溜，对宝宝学习站立也会产生障碍。爸爸妈妈挑选家具要注意质量，并且要固定好，摆上宝宝心爱的玩具，诱使宝宝直起身子去拿。另一方面，也可以常常扶着宝宝站在你的大腿上，这对树立宝宝的信心大有益处。

从发育角度看，一般宝宝会站立起来的平均年龄是 10 个月大，大多数在 12 个月以前都能完成这个过程。如果宝宝在 1 岁时还不能站立起来，爸爸妈妈就应该带宝宝去看医生了。

不要过度依赖学步车

有些家长想给宝宝学走路找到一个方便的工具，于是都不约而同地选定了学步车，觉得学步车和桌腿或其他物品比起来更稳定，更不易摔跤，可以使宝宝克服胆怯心理，成功独立行走，一定程度上还解放了家长，不用每天夹着、扶着、拉着宝宝走路了。（参见第 3 篇第 3 章“使用学步车应该注意什么”）

但是，学步车对于宝宝的成长是弊大于利的。

用学步车损伤宝宝的平衡能力，宝宝学走路是一个不断探索的过程，只有经过摔倒后再爬起来这个过程才能进步，这也是一个克服挫折的过程。爬、走、摔倒、站起来，这也是一个发育过程，经过摔跤才能学会掌握平衡，锻炼走路能力，增强体验，在挫折中走向成功，会使宝宝有一种自豪感，对增强其自信心很有好处，而学步车没有这一功能。如果过度依赖学步车，宝宝无法练习平衡能力，离开学步车后，反而会不知所措，造成走路摔倒甚至不会走路的现象。

把宝宝束缚在狭小的学步车里，限制了宝宝自由活动的空间。

过早使用学步车剥夺宝宝的爬行能力。“三翻六坐九爬爬”，宝宝一岁前的爬行对其身体各部分动作的协调起着至关重要的作用，而学步车阻碍了宝宝摔倒再爬起的锻炼过程。

依赖学步车影响宝宝的腿形发育，经常使用学步车，会造成宝宝下肢骨骼改变，形成“X”或“O”型腿。这是因为宝宝的骨骼中含胶质多、钙质少，骨骼柔软，而学步车的滑动速度过快，宝宝不得不两腿蹬地用力向前走，时间长了，容易使腿部骨骼变弯形成“X”或“O”型腿。另外，学步车的坐垫较高，宝宝坐在上面只能用脚尖触地滑行，所以前行时，基本是脚尖用力，这样也容易使宝宝足关节变形，形成趾外翻，甚至扁平足。

学步车忽视了宝宝成长发育的个体差异性，有许多宝宝不具备使用学步车的协调、反应能力，容易对身体造成损害。

学步车不能代替父母的搀扶。宝宝在学走路过程中，爸爸妈妈的鼓励和爱是十分重要的，父母的“搀扶”可以给宝宝带来安全感，宝宝冲入父母怀中会有自豪和喜悦感，这些都是学步车所不能替代的。

学步车客观上增加了宝宝学步的危险性，一些父母常将宝宝搁置在学步车中，容易发生撞伤或者接触危险物品等现象，使宝宝发生意外。

预防宝宝八字脚

所谓“八字脚”，就是指在走路时两脚分开像“八字”。“八字脚”走路时步态难看，姿势不正，步态不稳，步子迈不开，给体力劳动和运动带来不便，也易使鞋走形、坏得快。“八字脚”包括“内八字”和“外八字”两种情况。“内八字”的人走路时足尖相对，足底朝外；“外八字”的人走路时则相反。宝宝从小就要预防八字脚，否则长大后很难纠正。（参见第 3 篇第 3 章“为什么宝宝会形成八字脚”）

原因

宝宝过早的站立、走路，或者使用学步车导致　由于宝宝腿部力量发育不足，在学站和学走时，为了使脚底面积加宽，站稳防止跌倒，双脚就自然地分开。长此以往，形成习惯，便产生双脚自然分开的姿势。

穿鞋不当导致　宝宝足部骨骼软，脚踝部力量弱，如果宝宝在学走路时，爸爸妈妈给他穿上皮鞋，尤其是硬质皮鞋，就会出现“带不动”鞋的现象，时间长了使步态扭曲。

体内钙的含量不足　宝宝骨骼含钙低时，脚部骨质不定形，在行走和站立时因重力作用的结果，容易使双侧髋关节向外分，从而形成“外八字脚”。

预防

准备一双合适的鞋。在宝宝学走路时，最好给宝宝穿布鞋或胶底鞋，不要给孩子过早地穿硬质皮鞋。另外，鞋的大小一定要合适，不能过大也不能过小。（参见第 1 篇第 6 章“给宝宝选双合适的鞋”）

宝宝学习走路的过程要循序渐进，不宜过早也不能急于求成。

给予宝宝充足的含蛋白质、钙质和维生素 D 丰富的食物，并让宝宝多晒太阳。

矫治

如果宝宝已形成了“八字脚”，应及早进行纠正练习。

在地上画上一条较宽的直线，爸爸妈

妈在宝宝背后，将两手放在宝宝的双腋下，让宝宝沿着直线行走。注意行走时使宝宝膝盖的方向要始终向前，宝宝的脚离开地面时重心在脚趾上，屈膝向前迈步时让两膝之间有一个轻微的碰擦过程。每天练习2次，便可纠正“八字脚”姿势。

帮宝宝迈出人生第一步

学走路有一个很自然的过程。随着宝宝肢体运动能力的日益增强，在经历翻身、坐、爬、站之后，走路就被提到日程上来。在宝宝已经学会扶着栏杆站立，并表现出往前移动的愿望时，这表示，从现在开始，宝宝要开始学步了，但从扶走到独自走还有一个相当长的过程。

宝宝走路的5个阶段

10~11月的宝宝扶站已经很稳了，甚至可以单独站一会儿了，这时就可以开始练习走路了。此阶段是宝宝开始学习行走的第一阶段。这时宝宝已经具备自主性的握拳和使用手指及脚趾的能力。

12个月的宝宝可以进行站—蹲—站连贯动作的训练，宝宝腿部的肌力不断增进，可以训练身体的协调性。这一阶段重要的发展过程是蹲。

12个月以上要加强宝宝平衡感的训练，这时宝宝腿部肌肉的力量已经足以支撑自身的重量，可以扶着东西行走了，接下来就是训练让宝宝放开手也能走2~3步。

13个月左右的宝宝不仅要继续训练腿部的肌力、身体与眼睛的协调性，也要着重训练宝宝对不同地面的适应能力。

经过一段时期的训练，13~15个月的宝宝已经可以行走良好，已经能灵活地转移身体各部位的重心，并懂得运用四肢，身体各部分的协调也很好，对四周事物的探索逐渐增强，这时爸爸妈妈要满足他的好奇心，促进其身心健康成长。

注意：如果宝宝还没有到达学走路的年龄，而且本身也缺乏走路的意愿，那就不能强迫宝宝去学走路，否则很可能对肢体发育产生不良影响。

协助宝宝学走路

让宝宝做做仰卧起坐　让宝宝做仰卧起坐运动，可以练习宝宝的肌力。宝宝仰卧在床上，爸爸妈妈拉着宝宝的手重复练习坐起—站立—坐下—躺下等一系列动作。注意，不要过于用力拉宝宝的双手，以防用力不当造成宝宝脱臼。

让宝宝练习蹬腿脚蹬动作　双手托在宝宝的腋下，托起宝宝，协助他做蹬腿弹跳动作，练习宝宝腿部的伸展能力。

鼓励宝宝做攀爬运动　站立是走的前提，将宝宝喜欢的玩具放在适合高度的茶几上或者拿在爸爸妈妈的手里，鼓励他扶着东西站起来抓取玩具。

扶走训练　刚开始学走路，爸爸妈妈可以扶住宝宝的腋窝，让宝宝双脚踏在爸爸妈妈的脚背上，跟着父母一起走路来防止宝宝重心不稳。等过一段时间之后，可让宝宝的双脚踏在地上，由大人扶着他慢慢向前走，增加练习的机会。家长也可以在宝宝身后保护宝宝，扶住宝宝的胳膊，带动他向前迈步走，通过这种手脚和身体的挪动配合，能够很好地训练宝宝的平衡感，但是不能牵拉或提起宝宝的前臂让他行走，这样容易造成宝宝脱臼，还可以充分利用家中比较低矮的家具摆设，比如沙发、床、椅子等，让宝宝扶着慢慢移动身体，慢慢挪步。

在宝宝的前方运用声音或具有吸引力的物品来引导宝宝　当宝宝扶着会走后，爸爸妈妈可以蹲在离宝宝几步远的前方，张开手臂做出欢迎的姿势，鼓励宝宝过来，先是一两步，再一点点增加距离。等宝宝敢走后，爸妈可以分别站在两头，让宝宝在中间来回走。

要保证宝宝有充分的营养储备 多给宝宝吃含钙食物，促进宝宝骨骼的正常发育，更有利于宝宝学习走路。

注意事项

宝宝开始学走路时，会有强烈的好奇心，喜欢四处探索新事物。为了让宝宝有一个更安全的行走空间，一定要格外留意，彻底对家中的环境进行检查和处理，防止宝宝碰撞、跌倒或滑倒等。

尽量维持地面的干净整洁，将电线、插线板、杂物等收拾好，以免宝宝不小心被绊倒，或是踩到尖锐的物品。

家中摆设的家具不要有尖锐处或棱角，可以在尖锐处或棱角上加装软垫。

保持地面的平整，但是不要过滑。在宝宝学走路时，不平整的地面会使宝宝因重心不稳而跌倒。因此应仔细检查地面，尽量消除高低不平。家中地面如果是比较光滑，可以加装地垫或软垫，以防宝宝在学走路的过程中不慎摔伤或滑倒。

将容易碎裂或损坏的贵重物品收起来，以免宝宝受到吸引去碰撞物品而受伤，另外，热水壶一定不要放在地上，以免烫伤宝宝。

及时发现宝宝走路异常

O 型腿现象

O 型腿大多属于生理性的表现，在宝宝刚出生时，小腿多会向内弯。另外，在发育初期，大腿骨会偏向内旋，导致宝宝两腿与膝关节向外远离，形成 O 型腿，也就是医学上所谓的“膝内翻”。在宝宝开始学站或学走路时，O 型腿的情形会更加明显，但会随着宝宝的成长而自然恢复正常，一般在 1 岁半以前就会恢复。如果 O 型腿现象持续到 2 岁以上，可能是因为腿部发育异常所导致，还会伴有其他不正常症状出现，例如宝宝走路时膝盖部位的稳定性不佳、走路时有疼痛的感觉等，这时要尽早就医诊断，必要时还要转诊到小儿骨科，做更详细的检查与治疗。

扁平足现象

扁平足是指足部内侧脚弓在站立时消失的情形。在刚刚出生之后，宝宝双脚的脂肪一般都比较多，而且韧带松弛，因此几乎都有扁平足的现象。到了学走路的阶段，这种现象更加明显。不过，这种现象也会随着宝宝的成长加以好转，大多数宝宝的脚弓在长大后会自然出现，不需要特别治疗。但是如果宝宝 2 岁以后还有扁平足的现象，要带宝宝到小儿科或小儿骨科检查。

经常跌倒现象

宝宝的平衡感及肌肉运动协调能力还没有发育完全，容易出现重心不稳，因而跌倒是不可避免的，爸爸妈妈不要过度紧张，这样会加剧宝宝对学步的恐惧，首先要安抚宝宝，让他产生安全感，然后要鼓励宝宝自己站起来。只要宝宝跌倒的情形在逐渐改善，或是跌倒次数日益减少，那就表示宝宝一直在进步。

宝宝不敢往前迈步

对宝宝来说，学走路是一段新的发展历程，充满了挑战性和刺激性，胆子小的宝宝开始可能会感到恐惧。为了使宝宝克服恐惧心理，让宝宝能勇敢地迈出第一步，爸爸妈妈应该多多鼓励宝宝。当宝宝害怕踏出脚步时，爸爸妈妈可以为宝宝加油鼓劲，让他感到关怀和爱，这样宝宝就有动力继续走下去。当宝宝走到目的地时，父母可以抱抱宝宝或为他鼓掌，让宝宝获得成就感。

出现踮脚尖走路的现象

一些宝宝在学步时，可能出现踮脚尖走路，爸爸妈妈可以通过观察宝宝踮脚尖走路的频率来判断是否有异常现象，如果宝宝不是一直用踮脚尖的方式走路，只是偶尔如此而且会恢复正常状态，则不必过于担忧。

宝宝走路一瘸一拐

许多刚学会走路的宝宝可能会扭伤，但由于宝宝表达能力差，容易被父母忽视，所以爸爸妈妈要密切注意宝宝的一举一动，也可压一压宝宝腿部各部位，看看宝宝是否会感到疼痛，如果宝宝疼痛，或者走路出现一瘸一拐的现象，宝宝可能是受伤了。

宝宝走路摇摇晃晃

大多数刚刚会走路的宝宝，走起路来都会摇摇晃晃的，一般情况下都是属于很正常的现象。因为宝宝在刚学会走路时，往往头重脚轻，重心不稳，另外，这个阶段宝宝的神经系统还没发育完善，大脑皮层兴奋容易泛化，腿部肌肉又缺乏力量，因此运动神经支配肌肉的运动能力也较弱。所以，在最初学走路时，身体重心发生变化时宝宝不能及时调整姿态来保持身体平衡，往往以重心前移来带动身体移动，并需身体其他部位的协助，常常出现两条胳臂和两条腿交错摆动的动作，胳臂和腿配合不协调，而且两脚之间的距离比较宽，宝宝在这个阶段走路的节奏、步幅及速度都不均匀，表现出东倒西歪、摇摇晃晃，就像小鸭子一样的状况。但是，随着神经肌肉功能的逐渐增强宝宝的步态会逐步变稳。

如果宝宝在 1 岁半后仍不能站立；或行走不稳、经常摔跤；或一开始走路正常之后逐渐出现行走困难，体内可能隐藏着某种疾病，如脑瘫、先天性髋关节脱位及进行性肌营养不良等。这时妈妈一定要带宝宝去医院就诊。

给宝宝选双合适的鞋

这个阶段宝宝正处于学步期，爸爸妈妈要为宝宝选择一双合适的鞋，来帮助宝宝更好地学站、学走路。（参见第 1 篇第 6 章“给宝宝选双合适的鞋”）

鞋的大小要适宜　太小的鞋会挤压宝宝的脚，影响血液循环，但是如果为了能多穿一段时间而把鞋买得太大，由于宝宝脚的支撑点和伸缩点与鞋的支撑点和伸缩点无法保持一致，对宝宝的脚也同样会有很大的损害。买鞋测大小具体方法：夏天买鞋比较容易观察，所以可多看看宝宝穿上鞋的样子，恰到好处即可。冬天买鞋时，从后脚跟里把手伸进宝宝穿着的鞋里，留下一个小手指的空间比较好，这样会有利于脚的生长。由于宝宝处于成长发育期，宝宝的脚长得特别快，通常 2 个月左右就需要换鞋了。爸爸妈妈要经常量一量宝宝脚的大小，及时为宝宝换上舒适合脚的鞋，保证他能够方便活动。

鞋型要合适　每个宝宝的脚型长得都不尽相同，有的宝宝脚面高，有的宝宝脚面低，所以宝宝不宜穿二手鞋，而且鞋也有系带的、敞口的等不同类型，必须选择适合脚型的鞋才能让宝宝的脚健康成长。

鞋底的厚度和软硬度要适当　鞋底厚度为 5 ～ 10 毫米，鞋跟高度在 6 ～ 15 毫米之间。鞋底可以弯曲，但弯折的部位应在脚前掌的跖趾关节处，这样可以使行走时与脚的弯折部位相符合。

宝宝鞋的后帮应硬挺、包脚　鞋面的头部不宜太软，以免硬物冲撞脚趾。脚背处的鞋面宜柔软些，以利于脚部的弯折。

夏天，宝宝不宜穿塑料凉鞋　这种凉鞋容易变形和传热，影响脚的健康。最好买后跟有带子的皮革或棉布制的凉鞋，宝宝穿这样的鞋子走路才会随脚。

这个阶段的宝宝，适宜穿软底布鞋或粗毛线编织的鞋，鞋帮稍稍硬一些，可以保护宝宝的踝关节。

婴儿尿路结石

甲状旁腺功能亢进导致高尿钙症，或酸代谢异常导致原发性高草酸盐尿症等代谢异常的问题，都可导致宝宝尿路结石。但在多数情况下，宝宝尿路结石是由于饮食结构与生活方式不科学造成的。

病因

宝宝蛋白质、盐分的摄入量过多，宝宝吃了过多的高蛋白、高热量、低纤维素的食物，比如肉食，另外，巧克力、牛奶进食过多，喝水又太少，时间长了可能形成结石。

过量的钙剂和含草酸盐、磷酸盐较多的食物如番茄、菠菜、芹菜、草莓、甜菜、巧克力、豆制品等一起进入宝宝身体时，导致尿中碱性磷酸盐等增多，增加结石的风险。宝宝常喝富含草酸的饮料，也会提高草酸结石的发病率。

父母给宝宝滥补钙剂导致，比如随意给宝宝加补钙片，导致宝宝血钙偏高，尿中的钙浓度也随之上升，增加了患结石的风险。

宝宝一直处在高温的环境下，而且活动减少以及饮水减少也是尿路结石形成的相关因素。

少数宝宝存在泌尿系统畸形，也可诱发尿路结石。

症状

在显微镜下可见血尿。

宝宝发作时哭闹、呕吐、出冷汗、面色苍白。

还有的宝宝低热、食欲不振、消瘦、生长发育迟缓、伴有尿路感染症状。

预防与护理

注意让宝宝多饮水，还要适当给宝宝补充苏打水，这是预防结石的关键。因为多饮水可以稀释尿液，降低尿内盐类的浓度，减少尿盐沉积的机会。宝宝胃容积较小，喂水要少量多次。

让宝宝多运动，适当的运动可促进排石。1 岁以内的宝宝，爸爸妈妈可以在宝宝骨骼发育成熟的情况下，帮助宝宝做运动，刚会走路的宝宝可适当增加户外活动。2 ~ 3 岁的宝宝可在家长的监护下学做跳跃动作。

注意不要让宝宝过量服用维生素 D，以避免钙磷沉淀形成结石。

婴儿期要防止母乳不足，儿童期要防止高动物蛋白、高精制糖及富含草酸食物过量摄入。

要密切关注宝宝的一些表现，避免宝宝因为不能表达而耽误治疗。如果小便时哭闹，这可能是因为尿道结石引起疼痛；如腰背出现疼痛，尿液混浊或偶见血尿等情况，要及时就诊；如宝宝出现发烧、食欲不振、尿急尿痛等综合症状，且生长发育缓慢，就可能是结石导致的尿路感染；如小男孩出现阴茎勃起，也可能是因为结石进入阴茎而导致的。

宝宝泌尿道感染

小儿泌尿道感染为小儿常见病，是指病原体直接侵入尿路在尿液中生长繁殖并侵犯尿路黏膜或组织而引起损伤，按病原体侵袭的部位不同分为肾盂炎、膀胱炎和尿道炎等。

病因

与宝宝的生理特点有关。宝宝输尿管长而弯曲，管壁弹力纤维发育不全，易扭曲而发生尿储留。女孩尿道短，括约肌薄弱，易导致细菌上行感染。

与宝宝的抵抗力低下有关。尤其是对

于新生儿与月龄小的宝宝，感染多为血行播散。

慢性尿路感染常为膀胱输尿管反流引起。

由多种细菌与病毒引起，以肠道细菌为主，其中以大肠杆菌最多见，其次为副大肠杆菌、变形杆菌等。球菌主要为葡萄球菌、粪链球菌等。

护理治疗措施

要勤换尿布、内衣，尿布要用开水烫洗晒干，或用煮沸、高压消毒。保持阴部的清洁干燥，清洗外阴时应由前向后清洗，女婴更应注意这一点；大便后用纸由前向后擦，且每次大便后应清洗臀部；尽可能缩短宝宝穿开裆裤的时间，尽早穿封裆裤。

平时让宝宝多饮开水，不要让宝宝憋尿，及时发现和处理包茎，矫治尿路畸形。

宝宝有高热、哭闹症状时，可用物理或药物降温，使宝宝镇静下来。

注意宝宝病情的变化，包括体温、消化道、神经系统等方面的症状。

服用抗菌药物要遵医嘱，注意并观察药物的副作用。口服抗菌药物可能出现恶心、呕吐、食欲减退等现象，饭后服药可减轻胃肠道副作用，若副作用仍明显，必要时减量或更改其他药物。磺胺药服用时应多喝水，并注意有无血尿、尿少、尿闭等症状。

宝宝屏息

通常被娇宠的宝宝容易发生屏息症，是一种下意识的向父母威胁的行为，宝宝因为愤怒、沮丧或痛楚大哭不止，甚至歇斯底里，半天缓不过气来，由于换气不及，脸憋得铁青，以至于出现暂时停止呼吸、屏住呼吸的情形，在婴幼儿中发生比例约为1/5，年龄约在6个月～4岁。有些纯属偶发性，而有的则一天1～2次，不足以造成任何脑部伤害；有的宝宝发作时间很短，往往没等爸爸妈妈缓过神儿来，宝宝却在瞬间完全恢复正常；有的宝宝嘴唇变青，这种情况也不是太严重；严重的宝宝全身发青然后意识昏迷，更有甚者身体会变硬，甚至不断抽搐。

应急处理

宝宝哭闹不止，爸爸妈妈不要不停地哄，一般照顾者越紧张，宝宝发作越厉害。

爸爸妈妈可以偷偷地离开（注意不要真的走），要在宝宝看不到的地方观察他，如果脸色没有变化，则没有大碍，就让他哭到自然停。如果宝宝肤色开始变黑，呼吸紧张，在1～2分钟停止呼吸，这也是正常的，通常情况下宝宝会慢慢地重新开始呼吸，此时爸爸妈妈再出现。

如果宝宝的肤色变成暗红或者苍白色，达2～3分钟以上，这时情况就很严重了，爸爸妈妈要马上去帮助宝宝，可以用手指刺激（捏挟）宝宝的脚底部，让他因突然的刺痛重新开始呼吸，只要有呼吸，就能改善宝宝缺氧的状况。

如果宝宝抽搐或昏迷，要清除宝宝口腔异物、维持呼吸、心跳，马上送医院治疗。

护理措施

保证宝宝得到足够的休息，如果休息不够容易使宝宝动肝火，以至于常常发脾气哭闹引起屏息。

对于脾气不好的宝宝，在发脾气之前，爸爸妈妈要想办法让他不烦躁，利用音乐、玩具或者其他宝宝感兴趣的东西，使他平静下来，一定不要给宝宝制造紧张情绪。

宝宝发生屏息，爸爸妈妈要冷静处理，不要过分紧张焦虑，焦虑这会使宝宝情况更加严重。

事情过后，也不要怕宝宝再屏息而过分放任他，这会让宝宝觉得屏息可以得到好处，从而养成习惯。

对于经常哭闹而至屏息的宝宝，平日

家中需要准备氧气（筒）备用，在宝宝哭泣时可在口鼻附近给予些氧气（1 ~ 2 升 / 分），防止宝宝停止呼吸吸收不到氧气。

注意屏息和癫痫的区别，一般的屏住呼吸会先有哭泣，然后宝宝在失去意识之前脸色先变青；而癫痫，通常没有任何前因，而且宝宝在发作之前脸色也不会转为青色。

小儿哮喘

哮喘是一种具有反复发作性咳嗽、喘鸣和呼吸困难，并伴有气道高反应性的可逆性、梗阻性呼吸道疾病。哮喘是一种严重危害儿童身体健康的常见慢性呼吸道疾病，发病率高，常表现为反复发作的慢性病程，会严重影响宝宝的成长和生活。

原因

宝宝的身体机能导致，一般宝宝上呼吸道的管腔较细，软骨软弱，弹性差，黏膜分泌液不足，纤毛运动力弱，呼吸道的清除功能与成人相比很差。而且婴幼儿尤其是有过敏体质家族的婴儿缺乏免疫球蛋白 A，导致呼吸道抵抗力弱而诱发儿童哮喘。

外界环境的变化、冷空气的刺激常常直接诱发哮喘；螨虫、室内尘土、棉絮、霉菌、烟和花粉、工业刺激性气体、烹调时油气味及油膝味、羽毛等过敏原和刺激物都可引发哮喘。

引起感染的病原体、毒素导致宝宝哮喘，婴幼儿哮喘中 95% 以上是由于呼吸道感染所致，主要病原体是呼吸道病毒，如合胞病毒 (RSV)、腺病毒、流感、副流感病毒等。

宝宝食用一些牛奶、鸡蛋、鱼虾、香料等含异性蛋白质的食物，导致食物过敏引起哮喘。

有的宝宝情绪过于激动和兴奋也会引起哮喘，比如大哭大笑或受到惊吓、训斥，剧烈活动都可能引起哮喘发作。

宝宝家庭成员及个人有过敏史，如哮喘、婴儿湿疹、荨麻疹、过敏性鼻炎等也易引起哮喘。

症状

轻度哮喘开始时宝宝有刺激性干咳，同时有轻度气喘，可以服用口服药缓解症状。

中度哮喘由干咳转为渐渐加重的咳嗽，咳有较多的白色泡沫样黏痰，而且气喘加剧，情绪不定，焦躁不安，呼吸次数加多，脸色发白；重度哮喘的宝宝往往会面红耳赤，鼻翼扩张并扇动，易出汗，呼吸困难，速度减慢而且不规则，宝宝会身体乏力，伴有呼气性呻吟，同时咳嗽减少，呼吸衰竭，两肋部呼吸音几乎听不到。

预防和护理

给宝宝准备棉质、舒适的衣物，不要给宝宝穿蚕丝质地的衣服，不用鸭绒被、蚕丝被及鸭绒枕头，以免宝宝过敏导致哮喘。

在冬季要注意保暖，尤其要夜间要防止宝宝蹬被子受凉，不要让宝宝与感冒的病人接触。

注意房间内的卫生，经常清洁，最好不要摆放易引起感染源的装饰，地毯是隐藏过敏物质与细菌的聚集地，所以最好不要铺地毯，宝宝的床上用品如床罩、被单、枕巾、衣服等也要及时清洁消毒。

饮食方面要注意，一些容易引发哮喘发作的食物，如鱼、虾、蟹、禽蛋、牛奶、腰果、芝麻等要让宝宝少吃。（参见第 2 篇第 17 章“宝宝咳嗽的饮食要点”）

宝宝出生后最好不要在家中养宠物，发现蟑螂、蚊虫等要彻底消灭并清除。

在烹调时，尽量减少油烟，避免刺激宝宝发生哮喘。

多对宝宝进行身体锻炼，以促进血液

循环及新陈代谢，改善呼吸功能，增强肌肉张力，提高机体对温度和外界环境变化的适应能力，还可以促进食欲，保持精神愉快，提高宝宝的抗病能力。

小儿扁桃体炎

当张大嘴巴，压低舌头，发出“啊”的声音时，就可看见咽喉部两侧粉红色的小肉团，这就是腭扁桃体，俗称扁桃体。扁桃体是呼吸道的门户，尤其在婴幼儿阶段，是个活跃的免疫器官，含有各个发育阶段的淋巴细胞及免疫细胞，能抑制和消灭由口鼻进入的致病菌和病毒。但是这个阶段的儿童易患上扁桃体炎。扁桃体炎可分为急性小儿扁桃体发炎和慢性小儿扁桃体发炎。（参见第2篇第17章“宝宝偏食案例大解析”）

原因

因为扁桃体是呼吸道的门户，而且扁桃体窝易积存细菌和代谢产物，这些容易容易在适宜的温度和湿度下造成感染。

宝宝免疫系统尚不健全，抵抗疾病能力差，易受病原体的侵袭导致疾病发作。

症状

颈部淋巴结肿大，扁桃体红肿，有触痛感，咳嗽，呕吐，严重时高烧不退，宝宝吞咽困难，扁桃体充血、肿大、化脓。

扁桃体反复发炎，会引起咽炎、喉炎、气管炎、肺炎、中耳炎、鼻炎、鼻窦炎、淋巴结炎等并发症。而且扁桃体的病原体，也可能使免疫系统功能紊乱而引起全身并发症，如风湿性关节炎、风湿性心脏病、牛皮癣、心肌炎、肾病、肾炎、哮喘、糖尿病、血液病等疾病。

预防和护理

培养宝宝良好的卫生习惯，爱护口腔卫生，早晚用淡盐水漱口，坚持用正确的方法刷牙。给宝宝洗澡、洗头要避免受凉，否则易引起上呼吸道感染，诱发扁桃体发炎。

平时多让宝宝喝水，饮食宜清淡，多吃蔬菜水果，多吃易消化吸收的食物，少吃一些辛辣刺激的食物，三餐要定时，养成良好的饮食习惯。

气候变化时要及时给宝宝增减衣物，夜间睡觉也要选择适宜的被子，保证室内的温度均衡。

搞好室内外的卫生，保持室内空气流通，减少空气中的尘埃和细菌污染。

加强体育锻炼，多参加户外活动，增强体质，提高机体免疫抗病能力，减少扁桃体发炎的机会。

尽量不让宝宝与上呼吸道感染的患儿接触，以免传染，诱发并发症。

宝宝患上扁桃体炎不能盲目用药，如果不对症，就会产生副作用。扁桃体切除与否要针对宝宝的个体情况，如果每年扁桃体慢性肥大造成宝宝夜间打鼾严重并影响生长发育，就应该考虑扁桃体切除，但是一定要征询医生的意见，因为从免疫的观点来看，扁桃体对身体有一定的免疫作用，所以不应将其随意切除，而且扁桃体切除在6岁以后才能进行。

接种疫苗

流行性脑脊髓膜炎疫苗：推荐8～12个月的宝宝接种。

风疹疫苗、流行性腮腺炎疫苗：宝宝在8～12个月期间进行初次免疫接种。流脑流行的季节一般在2～4月份，所以初次免疫时间宜安排在11～12月份接种。

乙脑疫苗:12个月的宝宝应接种乙脑疫苗第三针。

第 7 章
1 ~ 2 岁宝宝的家庭护理

身体外观	体重	男婴体重 11.2 ~ 14.0 千克，女婴体重 10.6 ~ 13.2 千克
	身长	男婴身长 84.3 ~ 91.0 厘米，女婴身长 83.3 ~ 89.8 厘米
	头围	男婴头围平均为 48.2 厘米，女婴头围平均为 47.1 厘米
	囟门	看上去闭合了，实际上还没有
	牙齿	长出 18 颗乳牙
运动情况	宝宝已经能够稳稳当当走路，而且能独自上下楼梯，能够自如自在地跑步，跑跑停停。能打开门插销，会画简单的图形或有意义的图画，能搭更多层积木，能玩拼插图，会在爸爸妈妈的指导下折纸，喜欢玩发条玩具和电动玩具	
感官发育	语言发育	2 岁的宝宝语言能力再上新台阶，口语词汇量突飞猛进，会使用 200 ~ 300 个词汇，能说出 3 ~ 5 个字组成的句子，多数宝宝会用三个字组合的句子，用语言表达需求的能力更强了，不在只借助于肢体动作，已经有能力与成人进行交互式对话了。宝宝会用语言表达高兴或愤怒了。这个阶段宝宝喜欢自言自语。如果宝宝从这时开始出现口吃，是正常现象。因为这个时期的宝宝，思想总是先于语言，容易出现口吃
	视觉发育	可以自己看图画书达 10 分钟之久，具备了辨别前后左右的能力
	听觉发育	能听懂和了解图片中的人或动物了，能知道自己的姓名和爸爸妈妈、周围小朋友的姓名，听到后知道在叫谁了

训练宝宝刷牙

牙齿健康是身体健康的重要组成部分，关系到宝宝的一生，爸爸妈妈要在这个阶段培养宝宝自己刷牙的习惯，为宝宝有一口洁白健康的牙齿奠定基础。（参见第 2 篇第 16 章“如何给宝宝选择健牙食物”）

准备儿童牙膏和牙刷

为了让宝宝在刚学刷牙的时候表现比较浓厚的兴趣，爸爸妈妈可以和宝宝一起选购各种水果味道的儿童牙膏，选择刷头柔软、外型好看的儿童牙刷，培养宝宝的刷牙兴趣。

注意：含氟牙膏小心选用。含氟牙膏是目前有效防治龋齿的牙膏。但使用不当，宝宝会容易得氟牙症。氟的防龋作用与产生毒性之间的界限很小，再加上宝宝的吞咽控制能力还不完善，很容易误吞含氟牙膏，导致摄入过量的氟，使牙齿产生一些斑点，严重时使牙齿变黄，表面粗糙，容易造成缺损。因此，3 岁以下的宝宝禁止使用含氟牙膏；4 ~ 6 岁的宝宝应在大人的指导下使用。

循序渐进地培养宝宝刷牙

首先，爸爸妈妈可以用指套帮助其清洁牙齿，训练宝宝独立漱口的能力，让宝宝习惯让水进口而不吞咽的这个特殊程序。

2 岁半左右，宝宝乳牙全部萌出后，爸爸妈妈应该认真而耐心地手把手教宝宝刷牙，让他养成饭后、睡前刷牙、吃过零食后漱口的好习惯。

由于在乳牙时期，宝宝的牙齿排列较稀疏，牙冠较短，容易造成食物残渣的嵌塞。因此，刷牙前要先检查宝宝的口腔，如有嵌塞，应先将残渣清除后再刷牙。

让宝宝掌握正确的刷牙方法，避免过多的拉锯式横刷法，这样不但不能把牙齿刷干净，还容易伤害牙齿，造成牙龈疼痛。

正确的刷牙顺序

顺着牙缝由上而下、由下而上地竖刷。上下、内外都是顺着牙根向牙尖刷，牙合面可以横刷。刷牙时，牙刷毛与牙齿成 90°。这样，在轻轻刷牙的同时，牙刷毛能够刷进牙齿间的缝隙。

刷牙姿势

要让宝宝感到舒适，并且要注意固定住宝宝的头，将他的头往左或右偏 45°角，以防止口水哽在喉头。如果宝宝不喜欢坐着，靠住墙壁固定住脑袋就行了。如果宝宝尝试自己拿牙刷，记得刷面和牙龈成 45°角，并沿着牙齿由前向后刷。

刷牙要领

刷门牙　门牙特别容易被虫蛀，尤其是上腭、门牙与门牙之间的“危险地带”，务必要使牙刷深入缝隙。门牙的内侧最难刷，要把牙刷竖起来刷，才能把污垢刷出来。刷门牙外侧时，牙刷与牙齿要成 90°角，小幅度摩擦，2 ～ 3 毫米为宜。

刷臼齿　要重点刷臼齿的凹凸咬合部位，脸颊内部的臼齿，其牙龈与牙床之间也要仔细的清洁。刷臼齿时，牙刷要与牙齿平行，从里向外的进行，把牙槽里的污垢扒出来。

刷臼齿的外侧时，要有意识地用牙刷毛尖端往齿缝里刷。刷臼齿的内侧时，也同样用牙刷毛尖去刷，然后将牙刷延伸到臼齿的前侧，左右来回刷几下，把臼齿的各个侧面刷干净。最后，要教宝宝用清水将口腔内多漱几次口，努力将牙膏残液全部漱出。

牙线的使用　嵌在牙缝里的污垢，如果牙刷的毛不好进去，可以用牙线去除，牙膏与牙线配合使用效果明显。但是使用牙线时要注意不要过度拽动损伤牙床。牙线穿入牙缝后，向内侧左右轻轻拽动，就能除去污垢了。

刷牙力量　带着宝宝刷牙时，不管是妈妈帮助宝宝刷，还是由宝宝自己刷，力量都一定适中，用力过度，会损伤宝宝幼弱的牙齿和牙床，将使宝宝因怕痛而逃避刷牙，妈妈可以把牙刷压在自己的手背上摩擦，如果牙刷毛扩张开了，那就是用力过度了，如果不觉得痛，那么就是适合的力度，不会伤害宝宝。

刷牙时长　刷牙每次大约 2 ～ 3 分钟，要慢慢刷，不能急，太快容易使动作力度变大，伤到宝宝，而且不容易刷干净。

宝宝磨牙问题

睡眠时有习惯性地磨牙或清醒时有无意识地磨牙习惯称为磨牙症。如果只是偶尔发生一两次夜间磨牙，没有什么大碍，也不会影响健康。但是如果天天晚上牙齿磨动，则会有不小的危害，要引起重视。宝宝的夜磨牙比较多见。夜间磨牙虽然暂时不会感到有什么痛苦，但是长期下去，会引起牙齿牙合面和邻面的严重磨损，引起牙本质过敏，遇到冷、热、酸、甜等刺激即发生疼痛；有时也会造成颞下颌关节功能紊乱症，表现为下颌关节处疼痛、关节弹响、张口受限等症状，会破坏牙合系统的形态和功能。它又可引起咀嚼肌功能异常，如咀嚼肌功能亢进、痉挛、疲乏、疼痛等。另外，牙周组织受到损害，易引起牙周病，夜间磨牙，面部肌肉特别是咀嚼肌不停地收缩，时间一久，咀嚼肌纤维增粗，脸型变方，影响宝宝面容的健美。此外，还会引起头面痛、失眠、记忆力减退等症状。

原因

宝宝磨牙，一般是由生理、病理、心理三大因素引起。

宝宝有挑食、偏食等不良习惯，容易导致缺乏钙和维生素，引起消化功能紊乱。宝宝三餐营养不均衡，不吃早餐，或晚餐吃得过多等，都会引起消化功能紊乱。比如晚餐过多或者吃得过晚会使食物在宝宝睡觉时仍然积存在胃肠内，消化吸收要加重胃肠道的负担来完成，导致消化不良、胃肠部胀气而使肠胃道蠕动紊乱，从而引起面部咀嚼肌自发性的收缩，使得牙齿来回磨动，形成宝宝磨牙现象。

口腔到肛门的疾病引起宝宝磨牙。由于宝宝发育不完善，胃肠道功能不够好，容易出现贲门括约肌松弛的情况，导致胃食道返流到气管，使得宝宝在睡梦中磨牙，对于早产儿来说尤其常见。

如果宝宝肚子里长有蛔虫，也会引起磨牙。蛔虫在宝宝的小肠内吸取各种营养物质，分泌毒素，上下乱窜，极不安宁，刺激肠管使之蠕动加快，引起消化不良、肚脐周围隐痛，使宝宝在睡眠中神经兴奋性不稳定，从而引起磨牙。有蛲虫病的宝宝，每当睡觉后蛲虫常爬到肛门口产卵，引起肛门瘙痒，导致宝宝睡不安宁，也会发生夜磨牙现象。

1岁以内的宝宝，磨牙还可能是患了鹅口疮和肛周炎、尿布皮炎。（参见第1篇第2章“新生儿鹅口疮”“新生儿尿布皮炎”）

对于稍微大一些的宝宝，患龋齿是磨牙的常见因素。患龋齿的宝宝，牙齿排列不好，加上炎症的刺激，都会引发磨牙。此外，佝偻病、神经衰弱、遗传因素等，都会引起夜磨牙。

磨牙还可能由心理紧张引起，如果宝宝具有焦虑、压抑、烦躁不安、过度紧张等不良情绪，也会导致宝宝夜间发生磨牙现象。

防治

磨牙状况较轻时可不做处理，注意休息。白天避免让宝宝玩的过度兴奋，睡前要保证宝宝的精神松弛，不要看刺激性的电视节目或者听到动感很强的音乐。

有蛔虫或蛲虫病的宝宝，应在医生的指导下驱虫。同时要养成良好的卫生习惯，不要让宝宝吃不洁的食物。

帮助宝宝养成良好的饮食习惯，合理调节膳食，粗细、荤素要搭配合适，防止宝宝营养不良，防止并改善偏食、挑食的坏习惯。另外，晚餐不要过饱，睡前别吃难消化的食物，以免引起胃肠不适。

对于患有佝偻病的宝宝要补充维生素D及钙剂，同时让宝宝进行适量的日光浴。

父母应给宝宝创造一个舒适和谐、幸福快乐的生活环境，让宝宝的身心都健康成长。

对于磨牙严重的宝宝，可以在睡前服用镇静药物来降低或消除神经系统的兴奋性，减少或防止夜间磨牙的状况。

培养宝宝独立入睡

良好的睡眠习惯，不但包括按时睡、

按时醒，而且还包括独立入睡的能力，不要让宝宝过分依赖爸爸妈妈。不仅要让宝宝养成良好的生活规律，还要培养一种自立精神，以便宝宝更好的成长。爸爸妈妈要注意以下几点：（参见第3篇第3章“该如何培养宝宝的独立能力”）

不要哄睡。有的父母怕宝宝睡不着，抱着宝宝连拍带摇，或者哼唱催眠曲，这样做的结果虽然能使宝宝在妈妈怀里尽快入睡，但把宝宝放到床上后宝宝会睡不踏实，也就是浅睡眠，常常因一点响动或其他干扰就会醒来，如果要想让宝宝重新入睡就很困难。

不要让宝宝含着乳头入睡。有的宝宝已经养成必须含着妈妈的乳头才能入睡的习惯，妈妈一旦将乳头从宝宝嘴里拽出来，宝宝就可能被惊醒，或者夜间醒来之后，必须含着乳头才能重新入睡，不然会引起哭闹，影响睡眠质量。

如果宝宝暂时没有睡意，爸爸妈妈也不要强求，宝宝自己玩得感到疲倦就会自然入睡。

爸爸妈妈可以让宝宝自己躺在床上，不要抱起来，更不要进行剧烈活动或玩太兴奋的游戏，保持室内安静，光线不要太强，制造一个睡觉的氛围，宝宝很快就会自己入睡。如果不能入睡，爸爸妈妈可以轻轻地哼首催眠曲使宝宝进入甜蜜的梦乡。

这个阶段爸爸妈妈要准备承受一些宝宝的哭声。要独自入睡，最重要的还是要靠宝宝自己。宝宝哭闹是一种正常现象，如果没人理他，慢慢就会停止哭闹，几个晚上之后就会逐渐减弱、哭闹时间会越来越短，最终会完全消失。

爸爸妈妈还可以适当给宝宝增添一些有助于睡眠的食物。但不要太多，比如一两块果汁饼干、半杯牛奶或者一片乳酪都可以，这些小点心不仅可取代宝宝原先的母乳，而且牛奶还有帮助入眠的效果。但要注意的是，吃完一定要帮宝宝清洁口腔。

宝宝头发问题大攻略

头发稀疏发黄

宝宝可能处在脱发期，属正常现象　胎儿在妈妈子宫内5～6个月就会长出胎毛，而头部的胎毛在胎儿7～8个月时，会发生一次大的脱落。在宝宝即将出生时，又会陆续长出新发，而宝宝后方枕骨部的头发会在宝宝出生后才开始掉落。所以，宝宝出生后到6个月出现少量的脱发现象是正常的。

可能是遗传因素导致　宝宝头发数量的多少、粗细、色泽、曲直等与遗传因素有很大的关系。爸爸妈妈的头发状况直接影响宝宝的头发状况，如果宝宝发黄发稀可能因为爸爸或者妈妈发质不好。另外，一些遗传代谢性疾病等也会表现为头发稀疏。

宝宝个体生长速度不同导致有些宝宝在特殊时期头发稀疏枯黄　宝宝头发的生长和身体长高一样，有早有迟，有快有慢。一般情况下，大部分宝宝的头发都会随着时间的推移和生长发育，渐渐由稀到密，由黄到黑，与出生时头发多少无关。宝宝刚出生时可能出现金色、茶色的头发，因为宝宝在妈妈肚子里的时候一直浸泡在羊水中，头发没有直接接触空气，出生后，头发接触空气，就会变得更加结实，颜色也越来越黑。

有的宝宝头发稀少与疾病有关　某些微量元素如锌、铁铜或胱氨的缺乏会造成宝宝头发稀疏，还有些宝宝出生时头发很多，但几个月后，枕部头发逐渐磨掉、脱落，出现“枕秃”，（参见第1篇第3章“婴儿枕秃”）同时还伴有多汗、烦躁不安、哭闹等症状，这时，要鼓励宝宝多吃些锌、铜含量高的贝壳类食物，但食用前必须煮熟切碎。

白发问题

宝宝长白发和遗传有很大的关系，头发颜色的深浅与基因遗传有关。东方人头发的颜色为黑色，宝宝出生后发毛开始成为永久毛，发色应该呈现黑色，但也有少数宝宝的头发呈暗褐色或较浅的棕黑色，大都正常。若有些头发呈现白发状态，可能是因为一些毛囊衰老，没有太大影响。但若某区块之头发呈现大量白色状态，则可能是疾病因素影响，应及时就医。

头发干燥

气候因素　秋天，气候干燥，也容易导致头发变得干燥脆弱、容易折断。这时要多对宝宝的头发进行护理。

饮食因素　饮食不良也容易导致宝宝头发干燥，可让宝宝吃芝麻糊，因为黑芝麻具有清大肠、解毒和补肾的作用。坚持食用，会使头发乌黑油亮，同时皮肤白净嫩滑；还可以用瘦肉、猪骨或河鱼煲汤，味道鲜美而且有护发功效；多吃栗子也有极佳的养发补发效果。忌在喝奶后吃巧克力，巧克力与牛奶混合产生不溶于水的草酸钙，长期食用，易使宝宝的头发干燥没有光泽。（参见第 2 篇第 20 章“让宝宝长出乌黑秀发”）

掉发现象

营养缺乏　钙类和蛋白质的缺乏导致枕秃或者掉发。宝宝要多补充钙剂和鱼肝油，多吃动物性食物。

药物影响　部分抗生素、阿司匹林、吲哚美辛、呋喃妥因等可致轻度脱发，影响头发生长。所以要在医生的指导下合理使用药物。

睡眠不安　由于睡觉时出汗等原因，导致宝宝经常用头部与枕头摩擦，出现掉发现象。所以宝宝睡觉时被子不要盖得过厚，避免出汗。

不要让空调伤害宝宝

空调的适宜温度　一般情况下，空调的温度在 25 ～ 28℃比较适宜。在气温较高时，比室外低 6 ～ 7℃为宜；气温不太高时，可将温差调至 3 ～ 5℃，另外，空调的风速不宜过强，以免吹坏宝宝。

空调使用时间不宜过长　即便天气很热，也不要整天开着空调，要限定使用时间。因为宝宝皮下脂肪少，毛细血管丰富，体温调节中枢尚未发育完善，成年人不能感受到的温差，宝宝却能明显地感受到。在空调房里的冷空气环境下，宝宝毛细血管收缩，汗腺孔闭合，交感神经兴奋，内脏血管收缩，胃肠运动减弱，抵抗力减弱，加上空调内各种细菌、霉菌生长繁殖，空气被污染，很容易患上肺炎。

经常通风换换空气　使用空调的房间要经常开窗换气，以确保室内外空气的流通。凉爽的早晚要给室内“大换气”，平时则“小换气”，开机 1 ～ 3 小时后关机，然后打开窗户将室内空气排出，因为空调房间如果长时间密封，室内空气混浊，细菌含量就会增加，二氧化碳等有害气体浓度增高，空气质量恶化。所以，要利用自然风维持室内空气清新，用新鲜的空气来保证宝宝健康的身体。

保持室内适宜的湿度　在空调房间里时间长了会口干舌躁，尤其对于宝宝来说更难适应。这是因为身体中的水分被冷气蒸发，而空调没有调节湿度的能力。使用空调，就要多给宝宝喝水，还可以用金银花、菊花、生地等煮水当茶饮用，以便清热解毒，预防病菌侵袭。同时要人为适当增加室内的湿度，可以使用加湿器，或者在屋子里放上一盆水，在室内，养金鱼、摆几盆水生植物，也可以增加湿度，经常开窗通风，除了可以透气，室外湿润的空气也会调节室内的湿度。

空调要定期清洁　空调的空气过滤膜，是用来过滤空气的。如果太久不清洗，附着在滤网上的毛屑、灰尘等杂质就会吹进室内，散布在空气中，吸入宝宝的肺里，导致呼吸道过敏，也可能引起咳嗽。所以，每隔半个月，就要把空调上的空气过滤网拆下来用水冲洗，保障室内空气质量。

切勿让宝宝整天待在空调房　每天清晨和黄昏，室外气温较低时，最好带宝宝到户外活动，呼吸呼吸新鲜空气，进行日光浴，增强身体的适应，经常呆在空调屋里会影响宝宝的健康。

宝宝的衣着合理　宝宝皮肤娇嫩，出汗较多，服装用料应具有柔软、吸湿、透气性好和洗涤方便的特点，以浅色的纯棉或纯针织品为宜。在空调房里宝宝的衣服要比成人多一件。

防止冬天烫伤宝宝

随着宝宝的不断成长，他的活动范围越来越大，所面临的危险也越来越多，烫伤是居家常见意外。哪些方面容易引起宝宝烫伤呢?

宝宝洗澡的时候

宝宝如果不慎跌入盛有热水的洗澡盆中，就会造成背部、臀部、会阴部的大面积烫伤。

对策

给宝宝洗澡时，一定要先放冷水再加热水，调好水温后再让宝宝进入浴盆，添热水时，不要让宝宝靠近浴盆。如果家长拿不准温度，就买个可放在浴盆中的温度计测温。

若使用热水淋浴，要等到冷水流出来后再调热水，否则只有热水而不见有冷水流出，很容易被烫伤。

宝宝碰到饮水机

如果在没有人照看的情况下，有的宝宝出于好奇自己打开饮水机，就很容易烫到手。

对策

父母要把饮水机放在宝宝不易触碰到的角落里。

如果饮水机长时间不用，可以先关掉。

爸爸妈妈应告知宝宝不要去碰饮水机的红开关。父母在接水时，要将抱着的宝宝放下。

热汤热水翻下

如果爸爸妈妈一不留神，宝宝可能会自己去拿桌子上烧好的滚烫的菜汤或茶水，导致菜汤或茶水翻下，这也是烫伤的常见原因。一般为前胸部、头面部烫伤。

对策

在宝宝够得着的地方最好不要放置热汤热水。

桌子上最好不要备桌布，尤其是桌布不可垂下让宝宝抓着，如果桌子上有热汤热饭，这样很容易被打翻而烫伤宝宝。

爸爸妈妈端热汤、热水时要小心，注意不要碰到宝宝。

电熨斗

电熨斗没有放到合适的地方，让宝宝碰到，结果会造成手部的烫伤。

对策

熨烫衣服时，不要让宝宝靠近，也可以在宝宝睡觉时进行。

熨烫衣服时，要在专门的熨衣板上进行，确保宝宝不会够到。

用完后要及时收起来，防止宝宝好奇自己去拿。

放在地上的汤锅或暖瓶

有的家中喜欢将暖瓶放在地上，这对小宝宝很不安全，宝宝可能走不稳而跌入汤锅，或是踢倒暖瓶。

对策

将汤锅、暖瓶等物品放在厨房，最好要放在平稳的高处等宝宝够不到的地方。厨房门要关好，保证宝宝不易打开。

电火锅、电水壶

冬天吃火锅时，宝宝易被电线绊倒，拉翻火锅，滚烫的火锅汤可能造成烫伤。

对策

注意电火锅、电水壶的电线、插头要远离宝宝。

吃火锅时要格外注意宝宝，照顾宝宝。

电火锅、电水壶用完后，要及时收起来，避免余热造成烫伤。

电热取暖器

宝宝娇嫩的皮肤一旦碰到取暖器，也可能造成了烫伤。

对策

电暖器应放在宝宝不易碰触的地方。当电暖气开着的时候，不要将宝宝单独留在房间里。

要远离可燃物，不要将湿衣服搭在电暖器上，不仅影响散热，还容易造成机器烧毁或引燃其他物品。

热水袋

在寒冷的天气里，1岁以下的婴儿往往不能保持体温，有的父母会用热水袋给宝宝保暖。但如果热水袋和宝宝身体的某个部位接触时间过长，就可能造成“低热烫伤”，表面看来烫伤面积不大，表皮也没有被开水烫伤看起来那么严重，但创面比较深，往往造成组织坏死，严重的可深达骨质。

对策

父母在使用热水袋时，每次只要装70%的热水即可，并且要排出热水袋内的空气。

在使用热水袋取暖时，一定要把盖拧紧，防止水流出来烫伤。

此外要注意水温不能太热，不超过50℃，最好不要把热水袋整夜放在宝宝的被窝里，应该在宝宝睡觉前放在被子里，睡觉时取出来。

使用时要用毛巾把热水袋包上几层，不要使热力表面直接作用在皮肤上。

烫伤应急处理

当宝宝不慎被烫伤时，爸爸妈妈千万不要慌张，头脑要冷静，必须在第一时间进行紧急处理，将烫伤所造成的伤害减小到最低程度，然后及时送宝宝去医院。具体步骤如下：

烫伤后切忌直接包裹宝宝去医院，应先将宝宝抱到水龙头底下，用流动的冷水持续冲烫伤的部位20～30分钟左右，或者可以把烫伤部位完全浸没在洁净的冷水中，及时散热以减轻疼痛或烫伤程度。时间越早，效果越好，用冷水浸泡时间只需10～15分钟，但要注意水温不能低于-6℃。冰水的温度太低，反而可能会冻伤肌肤，造成宝宝发生失温的危险。

在患处冷却之后，爸爸妈妈要小心除去衣物，必要时可以用剪刀剪开衣服，黏住的部分不要硬扯，可暂时保留。

创面不要涂抹任何药水或药膏，以免造成感染，影响医生的诊断。

对于伤面上出现的小水疱不要挑破，这样可能会造成感染。如果水疱已经破裂，应用消毒纱布或干净的毛巾遮盖保护。

在去医院途中，可以给宝宝喝一些水，最好在白开水中加少许糖和盐，可以更好地补充宝宝体内需要的水分。

如果是轻度烫伤，用冷水浸泡创面之后可以自行给宝宝涂药，不必包扎，让创面尽可能暴露，保持干燥，这样可加快复原。

重视宝宝防晒工作

虽然日光浴对宝宝的成长非常重要，恰当的日光浴可以让宝宝长得更强壮。可是阳光在给人体提供养分的同时也会带来不利的一面，过度晒太阳会对皮肤造成伤害。不仅会使皮肤表面泛红，还能使皮肤丧失原有的弹性，失去光泽，甚至老化，还可能导致皮肤癌。和大人相比，宝宝的皮肤娇嫩，更容易受到紫外线的伤害，所以必须重视宝宝防晒，尤其是炎炎夏日。

具体的宝宝防晒工作有以下几点：

避开阳光最盛的时刻外出　宝宝在阳光强烈的日子外出时，应尽量避开阳光最盛的时刻，最好选择在上午10点之前和下午4点之后，因为10点到下午4点这个阶段的紫外线最为强烈，而宝宝的皮肤尚未发育完全，非常薄，耐受能力差。再加上宝宝皮肤黑色素生成较少，色素层较薄，容易被紫外线灼伤。

不要让宝宝在强光下直晒　宝宝在阳光下的影子长度小于身高时就需要为宝宝寻求遮蔽处，在树荫下或阴凉处活动同样可受到折射的紫外线伤害，而且不会损害皮肤，所以在树荫里或阴凉处活动是一个很好的方法。

宝宝的成长需要阳光的照射，但晒太阳一定要把握尺度　适当的日光浴能满足宝宝长身体对钙的大量需求，获取维生素D，保证他们的健康成长。不能为了防晒而不带宝宝晒太阳。但对于宝宝来说，每天晒太阳的时间不宜过长。在夏天选择在适合的时间段，每天晒2～3次，每次10分钟左右，就可以满足一天对维生素D的需要量，还不会让宝宝的嫩肤受到日晒的损伤。

外出要准备好防晒物品　外出时要给宝宝戴上浅色的遮阳帽、太阳镜、遮阳伞，这些装备可以有效地减少强烈的阳光对宝宝皮肤的伤害。

选择合适的外出服装　外出时，要给宝宝选择轻薄、吸汗、透气性好的棉、麻、纱布等质地的服装，不仅舒适，而且便于活动。长款的服装可以更多地为皮肤遮挡阳光，有效防止皮肤被晒伤。

外出时，应该给宝宝涂抹防晒品　要选用针对宝宝皮肤特点设计，能有效防御紫外线晒伤、晒黑皮肤的宝宝专用防晒产品。不要使用成人的防晒产品，容易引起皮肤过敏。而且使用防晒品时，要在干爽的皮肤上使用，如果在湿润或有汗的皮肤上使用，防晒品会很快随水、汗脱落或失效，不能起到有效防晒的作用。夏天最好选用有防水功能的防晒品防止宝宝出汗过多，最好每隔1、2小时补充一次，适时为宝宝皮肤添加保护。阴天雨天外出时也要使用防晒品，因为阴雨天紫外线的强度并不会减弱，对宝宝的皮肤伤害仍然是很大的。

如果在使用防晒品的过程中，宝宝的皮肤出现过敏的现象及不良反应，应马上停止使用，带着防晒护肤品和说明书到医院就诊。

食物的选择也会影响防晒　吃鱼可以为人们提供一种类似于防晒霜的自然保护，使皮肤增白。多吃鱼可以作为一种特殊的防晒措施。有许多光敏性的食物，食用后在人体中会吸收更多的紫外线，如动物类有泥螺，植物类有莴苣、苋菜、荠菜、菠菜、马兰头、油菜、小白菜等，夏天尽量少给宝宝食用。

教宝宝正确擤鼻涕

当宝宝被感冒侵袭，患上呼吸道感染、鼻炎、鼻窦炎等疾病时，免不了会流鼻涕。鼻涕可分清稀、黏稠、脓性和脓血性四种。无论哪一种都要及时清除，这样一方面可保持鼻腔清洁，另一方面也可保持呼吸道的畅通。但是由于这个阶段的宝宝生活自理能力较差，生活的经验和技巧不足，所以擦鼻涕对于 1 ~ 2 岁的小宝宝不是一件容易的事，当宝宝经常流鼻涕时，爸爸妈妈除了要积极地给宝宝治疗外，还要帮助宝宝及时清除鼻腔内的鼻涕。

有的宝宝在鼻涕流出后，会用鼻子将鼻涕吸进鼻孔里，不一会儿，鼻涕又流出来了；也有的宝宝用手指捏住两侧鼻孔，用力将鼻涕擤出。这两种方法都存在危险，都是错误的擦鼻涕方法。因为人每天要靠鼻子呼吸，对于空气中的许多灰尘、细菌和病毒等有害物质，鼻腔起了一个清洁、过滤的作用，因而鼻涕中含有大量病毒和细菌。如果把两侧鼻孔都捏住擤鼻涕，就会使鼻涕到达鼻后孔、咽鼓管或进入各鼻窦腔，从而引发中耳炎或鼻窦炎。另外，如果鼻涕向后吸，会咽入食管进入肠胃中刺激胃黏膜，影响消化功能，从而出现恶心、呕吐等症状。

所以，爸爸妈妈一定要教会宝宝正确擤鼻涕的方法。

擦鼻涕之前，父母要选择柔软、无刺激的手帕或卫生纸。在教宝宝擤鼻涕时，爸爸妈妈要亲自示范给宝宝看。

父母拿着准备好的手帕或卫生纸置于宝宝的鼻翼上，先用手指压住一侧鼻孔，用力向外出气，让宝宝闭上嘴，后用拇、食指从鼻孔下方的两侧往中间对齐，先让对侧鼻孔的鼻涕擤出来。再用同样的方法，擤出另外一侧鼻孔里的鼻涕。

然后可以让宝宝自己拿着手帕或卫生纸，在爸爸妈妈的帮助下进行尝试，经过多次反复的训练，接近 2 岁的宝宝不仅可以学会擤鼻涕，而且还会擦去擤出的鼻涕。

如果遇到宝宝的鼻子不通气，鼻涕不易擤出的情况，可以先在鼻孔中滴入低浓度的麻黄素滴鼻液，让鼻子肿胀减轻后再将鼻涕擤出。

让宝宝学会控制大小便

让宝宝学会控制大小便，是一个缓慢的过程，不是一蹴而就的。每个孩子的发育进度是不相同的，爸爸妈妈要根据自己宝宝的生长发育特点进行训练，不可操之过急，否则会影响孩子心理和生理的正常发展，影响训练的成功。

确定训练的最佳时机

宝宝一次排出的尿量较多，尿后可在几个小时内保持尿布不湿，这时宝宝已处在“膀胱准备”阶段，可以进行排便训练。

宝宝走路技能已经具备并且熟练，并且可以长时间的坐下，这时宝宝就具备了坐便盆的基础。

宝宝已经可以将自己的裤子脱下和提起来。

可以和爸爸妈妈一起上厕所，能模仿爸爸妈妈的动作。

对自己尿床尿裤子的行为感到不适，有想要摆脱尿布的意识。

训练宝宝控制大便

提前准备好适用于宝宝的便盆。爸爸妈妈可以向宝宝解释为什么准备便盆，什么时候使用它，让宝宝明白它的用途，提前“熟悉”，为宝宝尽快尝试坐便盆做好基础。（参见第 3 篇第 2 章“会坐便盆的小宝宝”）

开始阶段可以让宝宝尝试一下坐在便盆上的感觉，暂时不要脱裤子，在宝宝习惯之后，在试着抽掉尿布，脱去裤子。

通过宝宝的表情和姿势来观察，如果他表情扭曲，脸色涨得通红，则可能是有便意。这时不要耽误过多时间，因为宝宝坚持不了多久。

不要过早撤掉尿布，因为在刚刚训练时，便盆对于宝宝来说，还是个新鲜事物，让宝宝适应是需要一个过程的，等宝宝一天内能多次使用便器时再取消尿布。

不要给宝宝穿过于复杂的裤子，让宝宝对大小便产生反感，尤其是在进行控制大小便训练的时候，要给宝宝穿简单舒适能自己随意脱下拉上的裤子，还要脱去宝宝多余的衣物或尿布。

在宝宝睡觉前和早上醒来之后要提醒他上厕所，逐步养成习惯。

大便之后，一定要教给宝宝如何擦屁股，特别是要教会小女孩，一定要让她明白要从前向后擦，以防细菌从肛门扩散到阴道。

便后要用水把大便冲干净，一定要让宝宝养成便后洗手的习惯，防止细菌的侵入。

训练宝宝控制小便

让宝宝控制小便相对较难，进行的前提是宝宝能够在膀胱内憋住一定量的尿液，而不是自然的排空。

宝宝能在数个小时内不尿湿，午睡时也不会尿床就表示他已经能不自觉地控制小便了，这时爸爸妈妈就可以有针对性的对宝宝进行训练。

在宝宝上床睡觉前，提醒他要小便一次，但不要强制宝宝进行。

在宝宝白天有尿意并且愿意坐便盆时，可以在白天取下尿布。但要保证宝宝可以适时地憋一会儿尿，不会裤子还没脱就尿了。

如果宝宝偶尔尿裤子，一定不要责备他，宝宝可能在开始的时候表达不清自己要小便，或者还没习惯去厕所大小便，这时，要马上帮宝宝处理身上的尿液，换下衣服。

要教给男孩子如何站在便盆前，告诉宝宝一定要对准便盆后再撒尿。你也可以在尿盆里放一小块纸，让他对准纸块撒尿。

防止宝宝被蚊虫叮咬

蚊虫叮咬多发生在夏秋季节。蚊虫叮咬有传播疾病的危险性。夏秋季节，蚊虫繁殖迅速，是传播疾病的罪魁祸首，容易引起疾病流行和传染病多发，对宝宝的危害更大，因此预防蚊虫叮咬十分重要。

预防蚊虫叮咬

保持环境的清洁与卫生，定期打扫，经常通风，保证空气流通，但要用纱窗做屏障，纱窗防蚊要注意不要留有让蚊虫飞进来的缝隙，可以用封条封住缝隙。居室内最好不要铺地毯，不养宠物，给蚊虫以藏身繁衍之地。

让宝宝勤洗澡，以去除体表分泌物的味道，防止被蚊子叮咬。可以在浴液中加入几片维生素 B1 。维生素 B1 所散发出的特殊气味，可以起到驱除蚊虫叮咬的作用。也可以在沐浴时滴上适量的花露水，使宝宝肌肤上留有花露水的味道，对驱散蚊虫也有一定功效。

夜间要给宝宝选择一个透气性较好的蚊帐。宝宝睡觉爱动，如果小胳膊、小腿、小脸不小心贴在蚊帐上，蚊子就会通过蚊帐的空隙叮咬宝宝，这时家长可以在小床的四周挡上一层高度约 30 ~ 50 厘米的薄布。蚊子喜欢朝光亮的地方飞，所以，宝宝睡觉时，最好不要开灯，以免蚊子透过纱窗的缝隙钻入卧室里。

还可以选用蚊香灭蚊，但注意一定要选用安全无毒的蚊香。可以从以下几个方面来判断，外观上加工精细，色泽均匀，使用时间在7～8小时左右。而且点燃后，烟雾少，冒出黄色的火焰和青白色的烟，有一股自然的清香，不会有刺鼻、头晕的感觉，在使用过程中效果明显，蚊子不会乱飞，燃尽后呈白、灰色。也可以在宝宝睡觉时插上电蚊香，注意蚊香不要离宝宝太近。

一些花草对驱蚊也有一定功效，比如七里香、食虫草、逐蝇梅、驱蚊草、薄荷等。放在房间内不但驱蚊效果好，而且对人体无任何伤害，还可以净化空气，令人神清气爽。

夏季带宝宝出门活动最好是在下午5点之后，这段时间比较凉快，而且蚊子较少。尽量不要去树木、花坛和草地等蚊子活动频繁的地方，尤其是有亮光的地方，蚊子比较猖獗，要尽量避开。

宝宝外出时尽量穿长衫长裤，穿上袜子，减少叮咬，最好穿着透气吸汗的浅色棉质衣服，因为蚊子喜欢停留在黑色衣服上面。

对宝宝进行饮食调理，可以适当改变体质，使身体所排出的汗液酸性浓度降低。给宝宝每天吃一片B族维生素或含B族维生素多的食物，如糙米、豆类、干果、花生仁、水果、绿色蔬菜、奶类、河鲜、海鲜以及动物的肝、肾、脑、瘦肉等。番茄中的番茄红素有防止蚊虫叮咬的作用，较大一些的宝宝可以每天给他吃一个番茄，小宝宝则可以吃番茄泥。

室内喷洒杀蚊剂时，要让宝宝远离，至少要开窗通风半小时后，才能把宝宝抱入室内。尽量注意不要让宝宝触摸一些洒过药水的物品。

被蚊虫叮咬的症状

蚊虫叮咬后常会引起皮炎，此乃夏季小儿皮肤科常见病症，以面部、耳垂、四肢等裸露部位的丘疹或淤点为多见，亦可出现丘疱疹或水疱；损害中央可找到刺吮点，像针头大小暗红色的淤点，宝宝常会感到奇痒、烧灼或痛感，表现出烦躁、哭闹；个别严重者可于眼睑、耳廓口唇等处明显红肿，甚至发热、局部淋巴结肿大；偶发由于抓挠或过敏引起的局部大疱、出血性坏死等严重反应。

被蚊虫叮咬的处理

止痒，宝宝被咬后常会感到奇痒、烧灼或痛感，可以用肥皂水或是小苏打冲洗，以中和蚊子分泌的酸性毒素，也可以稀释花露水后涂擦局部，可外涂虫咬水、复方炉甘石洗剂，也可用止痒清凉油、牙膏、仙人掌汁或芦荟汁，这些都会起到消炎、消肿、止痒的作用。注意清凉油或风油精刺激性比较大，使用时不要进入宝宝的眼睛或嘴里。

消炎，如果宝宝感染较严重，可内服抗生素消炎，清洗并消毒被叮咬的局部，如有化脓现象，可用红霉素软膏局部涂抹，如果局部红、肿、热，有发烧现象，则可能是宝宝发生过敏，应及时就诊，结合抗过敏治疗。

勤清洁，宝宝被蚊虫叮咬后，一定要保持患处的清洁卫生，防止继发感染。

防抓挠，家长要督促宝宝洗手，帮助宝宝勤剪指甲，预防宝宝挠抓蚊虫叮咬处，抓伤引起炎症。

适合1～2岁宝宝的游戏

适当为宝宝准备一些适合抓握的玩具，如小沙包，或者家中一些随手可拿的瓶罐、盒子等物品，来锻炼宝宝的抓握能力。还可以准备一些放有黄豆、绿豆的碗，让宝宝抓豆子。注意不能让宝宝将豆子放进嘴里，以防呛进气管。（参见第 3 篇第 4 章“动作提升训练”）

让宝宝玩抓泡泡的游戏，家长可以让他自己吹泡泡然后抓着玩，也可以自己用泡泡瓶吹，让宝宝追逐泡泡并用手抓，注意要选择安全的玩耍领域，避免发生危险，这个游戏可以锻炼宝宝的手眼协调能力、观察力、追逐能力。宝宝在看图画书时，让他自己练习翻书页，可以先示范给他看，让他慢慢学会一页页地翻，可训练宝宝的手指肌肉，增强手指灵活性。

让宝宝练习“蹲下”、“站起”的游戏，可适当加上一些口号，反复进行，锻炼宝宝的动作协调力和提升反应速度。

给宝宝准备一个大小合适的球，让宝宝自行举手过肩将球抛出，家长也可以和宝宝一起玩丢球、滚球、追球、捡球的游戏，让宝宝练习向前投掷动作，训练肌肉运动和双手控制球的能力。

让宝宝站在高处（10～15 厘米即可，不可太高），一般选择家里的凳子椅子，家长双手拉着宝宝，教他从高处向下跳。慢慢练习到熟练后，可让他自己登上再跳下，根据宝宝成长情况逐渐增加高度，可锻炼平衡感和跳跃动作。

在地面上放一些小的障碍物，比如玩具、彩色的绳子，或者在地面上划个圆圈，让宝宝练习从上面跨过去，适当增加玩具的面积或者圆圈的大小，或者让宝宝一连跨过几个物体，练习跨越能力。让宝宝练习走斜坡，（可以用长宽适宜的厚木板或者户外的自然斜坡），在刚开始练习时，家长可以辅助宝宝走上斜坡，等宝宝走稳后，让宝宝不借助外力独自走斜坡，锻炼宝宝的四肢协调和平衡能力。

让宝宝在两条线中或者室外的小路上独立行走，训练宝宝的平衡能力和行走能力。

给宝宝准备高度适宜的小车，让他推车向前走，可以用宝宝感兴趣的玩具在前面吸引他，让宝宝锻炼走的能力和推的能力。

让宝宝进行填充和倾倒物品的游戏，准备一些塑料容器或者鞋盒子，让宝宝用小勺子将物品装到容器中，在全部倒出来玩，这样宝宝不仅可以听到填充和倾倒物品时的响声，还可以让宝宝体验把物品藏起来并去寻找物品的乐趣，让宝宝体验快乐的同时还能锻炼他的动手能力，增强手的灵活性。

让宝宝爬楼梯来锻炼四肢，促进手脚和全身的动调。在地面上放一些小的障碍物，比如玩具、彩色的绳子，或者在地面上划个圆圈，让宝宝练习从上面跨过去，适当增加玩具的面积或者圆圈的大小，或者让宝宝一连跨过几个物体，练习跨越能力。

给宝宝一个布娃娃，帮助宝宝学习安慰他人，体验人与人之间的情感关爱，促进宝宝的情绪和情感发展。

乳牙龋齿

龋齿，俗称“虫牙”，其实质是牙齿在多种因素的作用下，硬组织中的无机物脱钙，有机物分解，牙齿逐渐被破坏形成缺损的一种疾病。

症状

发病早期，牙齿龋坏部位外观呈不透明的白垩色；当有色素沉着后，会变成黄褐色或黑褐色。

分解破坏不断进行，坚硬的牙体组织会变得疏松软化、形成不同深度的龋洞。如果吃酸、甜、冷或热的食物都会引起牙齿疼痛。

接着病变波及牙髓，引起牙髓的急性炎症，出现自发性的、阵发性的疼痛。

当炎症进一步扩散到牙根周围，引起牙床和面部的肿痛，严重的可导致颌骨骨髓炎。

病因

由口腔不卫生引起，宝宝爱吃细软的、含糖多的食物，比如糕点、饼干、糖果、果汁等，这些东西容易粘在牙上不容易清除，食物残渣留在口中，与细菌混合在一起，形成一层薄膜黏附在口腔里，形成菌斑，经过长时间的停留，会对牙齿产生脱钙作用，慢慢导致龋齿。

宝宝从 6 个月 ~ 2 岁半是乳牙萌出的阶段，刚萌出的牙齿发育还不完善，钙化程度低，耐酸能力差，因而更容易被腐蚀。而乳磨牙具有牙面窝沟点隙多、相邻牙齿间接触面积大容易积存食物的特点，更容易导致宝宝患龋齿。而且乳牙的硬组织厚度只有 2 毫米，龋齿很容易进入牙齿深层，因而乳牙一旦发生龋齿，进展很快。

这个阶段的宝宝不会自己刷牙，爸爸妈妈如果不经常给宝宝清洁牙齿，就会增加患龋齿的风险。

危害

龋齿会破坏宝宝牙齿的正常结构，有的宝宝为了避免患侧牙齿的不适，常用健侧牙齿咀嚼食物，长期下去会导致宝宝的颌骨和咀嚼肌不对称发育，甚至造成面部发育不对称。如果龋齿没有及早治疗，龋洞会越来越深，最终影响恒牙的发育和萌发，导致恒牙发育缺陷和萌发异常，最终造成错位畸形。

龋齿会使宝宝在吃东西时出现疼痛和塞牙，影响咀嚼， 从而影响宝宝进食，尤其是某些食物或大块食物无法咀嚼，长此以往影响营养的全面吸收，阻碍宝宝的生长发育。

龋齿导致乳牙残缺不全，上下牙床咬合时闭合不紧，会使宝宝发音受到影响。

严重的龋齿会使细菌进入血液循环，甚至影响心脏、肾脏等全身器官。

预防

爸爸妈妈一定要帮助宝宝养成良好的口腔卫生习惯，在宝宝没有自理能力之前，每天及时给宝宝清洁口腔，刷牙漱口。宝宝 2 岁后，教宝宝自己动手刷牙漱口。

饮食的搭配要合理，控制宝宝吃甜食的量，不要让宝宝过多的吃糖或者零食。

定期带宝宝到医院做口腔检查。

妈妈在孕期也要注意保健，多吃蔬菜、水果、茶、牛奶等含有一定量氟化物的食物和饮料，这有助于宝宝牙齿的发育。

纠正宝宝吮吸手指等不良习惯，不要让他一直吮吸着奶瓶睡觉。

治疗

宝宝患有蛀牙一定要进行治疗，蛀牙不能自愈。治疗小儿蛀牙，最好保留牙齿，可以对牙齿进行镶补，恢复牙齿的功能。对出现的牙菌斑，可以用药物进行治疗。必要时，拔除蛀牙后需要安装义齿。

接种疫苗

1 ~ 2 岁的宝宝可注射白喉百日咳破伤风（百白破）疫苗 (第三剂)、甲肝疫苗、脊髓灰质炎糖丸、乙脑疫苗。

百白破疫苗

同时预防百日咳、白喉和破伤风三种疾病。（参见第 1 篇第 3 章“接种疫苗”）。

脊髓灰质炎糖丸

预防脊髓灰质炎（小儿麻痹）。

乙脑疫苗

预防流行性乙型脑炎。

甲肝疫苗

预防疾病

甲型肝炎。

接种对象

凡 1 岁以上未患过甲型肝炎但与甲型肝炎病人有密切接触的人，以及其他易感人群都应该接种甲肝。

不良反应

局部轻微疼痛，个别患儿会有发热。但症状一般较轻，24 小时内可自行缓解。

禁忌症

正在患急性传染病或其他严重疾病的儿童不宜接种。

处于发热期，而且体温超过 37.5℃的视为禁忌症。

有免疫缺陷或正接受免疫抑制药物治疗的也不宜接种。

有过敏性体质的宝宝不宜接种。

注意事项

甲肝灭活疫苗可以同时与乙肝、白喉、脊灰、破伤风、伤寒、霍乱、乙脑、狂犬病疫苗接种，但要注意在身体不同部位接种。

接种甲肝疫苗第一针后 2 ～ 4 周便可产生对甲肝病毒的免疫力。

重复接种甲肝疫苗不会对身体产生伤害。

宝宝发烧

发烧是最为常见的症状，通常是由病毒、细菌感染或其他疾病所引起的，引起发热的原因很多，感冒、扁桃体炎，或者是肺炎、麻疹和脑膜炎等严重疾病都可能引起小儿发烧，所以这也是家长最为担心的事情，但有时候发烧是机体的保护性反应，并没有想象中那么严重。只要家长根据宝宝发烧的不同原因、程度和症状采取相应的措施进行治疗和护理，就能让宝宝早日恢复健康。

发烧症状

宝宝的身体体温腋下达到 37.5℃以上或肛温、耳温达到 38℃以上时，就是发烧的表现，一般宝宝会脸色苍白或发红、流汗、流鼻涕、鼻塞、咳嗽、皮肤干热、声音沙哑、嗓子疼、倦怠无力、浑身酸痛；有的宝宝还有头晕、头痛、呕吐、腹痛等症状；还有的会发生情绪上的变化，焦躁不安、注意力下降，嗜睡、活动力差、食欲不振、吵闹、不安、哭闹、呼吸异常等。

宝宝低烧的护理

如果宝宝的腋温在 37.5 ～ 38.5℃时，以采用补水、物理降温的办法来缓解，夏季要注意室内的温度不要过高，可以把宝宝放在凉爽的地方，饮一些清凉的果汁，或者洗一个温水澡，水温在 28 ～ 32℃之间，不需要着急地服用退烧药。

让宝宝多饮水，帮助宝宝排汗，并防止脱水。水有调节温度的功能，可使体温下降并补充宝宝体内失去的水分。

冰敷或使用冰枕。宝宝发烧时可以把冰袋或冷水袋放在额头、两侧颈部，也可放在腋下及双侧腹股沟的部位，另外，让宝宝睡冰枕，也能帮助局部散热退烧。但是 6 个月以内的宝宝最好不要用冰枕，以免冻伤宝宝皮肤，稍大一些的宝宝也要在冰袋外面裹上“保护层”。

可以用温湿的大毛巾敷在宝宝的胸腹部，也可以把稍凉的毛巾拧成半干，放在宝宝的额部、颈部、腋下及大腿根部进行冷敷，注意更换，在这个过程中要注意室

温以免宝宝着 凉，加重病情。

可以使用退热贴，舒缓高烧所带来的不适，尤其是月龄小的宝宝。使用时需注意，避免滑落，如果掉到宝宝的口鼻部位，会造成婴幼儿窒息。

要让宝宝充分休息，注意水分及电解质的补充，以免小便过黄。

如果婴儿只是低烧，而食欲、生活方面没有其他影响的，家长不要过于担心。但如果宝宝发热不退，咳嗽严重，嗓子呼噜，喘气较粗，烦躁不安，爱哭闹，应立即带宝宝去医院，排除患气管炎、肺炎的可能。

宝宝高烧的护理

宝宝发烧39℃以上时，在利用物理降温帮宝宝散热的同时，也要适当辅以退烧药物。但是使用时要注意不要同时使用两种以上的退烧药，一天使用退烧药不要超过5次以上。不宜在半夜叫醒宝宝服用退烧药，除非可能因发烧导致抽筋时。

对于体温39～40℃的宝宝，可以选择给宝宝泡温水澡，让宝宝的身体浸泡在水温约36～37℃的水里，15分钟即可，一天可进行多次。可以同时用37℃的温湿毛巾在宝宝四肢和前胸后背上下均匀地搓揉，腋窝、腹股沟等血管丰富处擦拭时间要稍长些，使皮肤表面的血管扩张以促进热量的散发。

可以选用退热栓，从肛门塞入，由直肠吸收，效果比较快速。但要注意的是，退热栓退热作用强，容易退烧过度，导致体温陡降，而且药物反复刺激肛门后，还易造成宝宝腹泻。

宝宝发烧时，要以清淡、易于消化的饮食为主，多选用半流质，如米粥、有营养的汤等，另外，多吃一些含维生素C的蔬菜和水果。

宝宝发烧要减衣服，高热的宝宝不要通过多穿衣或多盖被“捂汗”降温，这样不仅不能降温，反而不利于热量的散发，增加脱水，加重病情，诱发惊厥。

要保持室内空气的清新，定时开窗通风，室温不要过高，不要让过堂风直吹宝宝。

体温39℃以上的高烧容易引起惊厥等严重症状，而且6个月以下宝宝在发热时因病情变化快，这时家长要及时带宝宝治疗。

宝宝流鼻血

气候干燥的季节，宝宝特别爱流鼻血，这主要是因为在干燥寒冷的天气下，为了提高鼻腔的温度和湿度，会有更多的血液流经鼻腔，从而导致鼻黏膜充血；除了季节因素外，现在多数宝宝偏食，只爱吃肉，不爱吃蔬菜，营养摄入不全面，以至于造成血管脆性增加也是重要的原因之一；还有的宝宝有不良习惯，如抠鼻孔导致鼻中小血管破裂；也有的和疾病有关，如血液病、发热、咳嗽等也可能导致流鼻血。

处理方法

让宝宝的头部保持稍微向前倾的姿势，这样可以使已经流出的血液顺利地排出鼻孔外，以避免鼻血留在鼻腔内干扰呼吸。如果宝宝头部后仰，则会使血液流进咽部，加剧宝宝的咳嗽，甚至引起呕吐。

然后爸爸妈妈直接用手捏住宝宝出血侧的鼻翼上方（鼻子柔软处），压迫5～10分钟，也可以用干净的毛巾或纸巾轻轻紧捏住鼻子的前庭部位，坚持10分钟，直至不再出血为止。

给宝宝处理鼻血期间可以毛巾包裹冰块敷在鼻根及鼻头5～10分钟，以帮助鼻子血管收缩，达到止血的效果。

鼻血止住后，带宝宝至耳鼻喉科查明出血的位置及原因。

鼻血止住后几个小时内，爸爸妈妈应看管好宝宝，不要让他做剧烈的运动，更不能抠挖、摩擦鼻子，避免引发再次流血。

预防措施

当宝宝鼻腔干燥时，可以用石蜡油、甘油滴鼻，使用鼻腔喷雾加湿剂或者凡士林涂抹在鼻腔前庭部位，或用棉团蘸净水擦拭鼻腔，达到滋润鼻腔的目的。

给宝宝多喝开水以补充水分，还要让宝宝多吃蔬菜和水果及富含营养且清淡、易吸收的食物，防止维生素C的缺乏，少吃煎炸肥腻食物。平时不要给宝宝吃过多巧克力、曲奇饼、薯条等容易上火的零食，以免引起燥热性鼻出血。

太剧烈的活动会使鼻黏膜血管扩张，导致鼻腔发痒。所以要控制宝宝剧烈活动的时间和程度，避免鼻外伤。

要让宝宝养成良好的生活习惯，不要随意抠挖鼻孔，否则容易引起鼻出血。同时要注意为宝宝勤剪指甲，并将剪短后的甲边缘磨平。

带宝宝外出时，要给他戴上口罩，减少冷空气对鼻腔黏膜的刺激。

不要让居室内过于干燥，多通风，也可以使用加湿器保持室内湿度。

预防出鼻血还要预防呼吸道疾病，宝宝患了感冒、扁桃体炎、肺炎或腮腺炎等传染病，也容易导致鼻黏膜血管充血肿胀，甚至造成毛细血管破裂出血。

宠物过敏的处理

宠物过敏是指对动物皮屑、唾液、尿液或粪便的一种免疫反应。所有动物，包括狗、猫、猪等，都可能引起过敏孩子的反应。

过敏症状

如果有皮肤发痒、眼睛流泪、皮疹、流鼻涕、打喷嚏、咳嗽或在室内气喘等症状，都说明宝宝对尘螨、霉菌或宠物过敏。

处理方法

如果宝宝对宠物过敏，最好的办法是不要养宠物，如果有一定不要让宠物进卧室和铺有地毯的地方。

注意房间内空气的净化，不要让过敏原在空气中传播、在室内流通。

垃圾桶要远离家里的生活区，尤其要远离宝宝的房间，而且不能积攒过多，要及时倒掉。

家中有宠物一定要经常做彻底的大扫除。家具、地毯、窗帘甚至墙上都会有宠物的皮屑，尤其是地毯，地毯中存有过敏原的时间能达半年之久，建议可以把地毯换成光滑的地砖或木地板，这样清洁起来比较方便。

准备一个能吸附细小灰尘的吸尘器，可以吸动物的皮屑、尘螨、蟑螂粪等。

爸爸妈妈做清洁或吸尘的时候要带上口罩，如果对过敏原接触过多再和宝宝接触会间接伤害到宝宝。在大扫除时，要把宝宝带出去，因为打扫时的灰尘大概2小时才能落下来。

每周要清洗一次宝宝的玩具、被褥，用至少60℃的水烫一烫。

宝宝和宠物玩耍后要换衣服、洗手、洗澡。如果不能马上洗澡，晚上睡觉前也一定要给他洗澡、洗头，不要让他把过敏原带进卧室。

急性溃疡性口腔炎

急性溃疡性口腔炎又称为细菌性口腔炎，一般是由于细菌感染引起的，口腔不洁、黏膜干燥等均可导致细菌增生繁殖，以婴幼儿发病较多、较重。

症状

口腔黏膜充血、水肿、唾液增多。

牙龈、舌、颊、唇内侧及上腭等处出现大小不等、散在的溃疡，严重的呈大片分布。溃疡周边较规则，有较厚的纤维素性渗出物，形成灰白色或黄色假膜覆盖创面。

假膜剥离后呈出血性糜烂面，取假膜作涂片或培养可发现病原菌。

有的宝宝会有口臭、局部淋巴结肿大，有疼痛感。

有的宝宝常伴有发热、烦躁，没有食欲，或者因为局部疼痛而不能进食。

护理

多给宝宝喝水，以保持口腔黏膜清洁湿润，防止细菌繁殖。注意水的温度不要太烫，以免刺激宝宝溃疡处，引起疼痛。

不能给宝宝吃硬的、酸的、咸的食物，因为吃这样的食物会加剧宝宝的疼痛。要给宝宝提供营养丰富、没有刺激性的流食，以温凉为宜，另外还要补充维生素 B、维生素 C 等。

注意每日给宝宝彻底地清洁口腔 1 ~ 2 次，然后局部涂药。涂药时爸爸妈妈的手法一定要轻柔，不能加剧宝宝的疼痛。

用抗生素全身治疗，如青霉素等，然后注意观察溃疡面的大小、深浅及分布的部位，如果症状没有减轻，要去就医。

第 8 章
2～3 岁宝宝的家庭护理

成长指标

身体外观	体重 男婴体重 13.0～16.4 千克，女婴体重 12.6～16.1 千克
	身长 男婴身长 91.1～98.7 厘米，女婴身长 90.2～98.1 厘米
	头围 男婴头围平均为 49.58 厘米，女婴头围平均为 48.33 厘米
	囟门 宝宝前囟门闭合，有的还可以摸到
	牙齿 注意预防龋齿
运动情况	在 3 岁时，宝宝不再是机械的站立、跑动、蹦跳和行走。无论向前、向后或上下楼梯，他们的运动都十分灵活。宝宝已经会拍球、抓球和滚球，并能够接住 2 米远抛来的球，经常玩秋千、跷跷板和滑梯，跳房子，但此时宝宝的自控、判断和协调能力仍然处于发育阶段，所以爸爸妈妈要注意监护防止受伤。宝宝可以独立或合并运动自己的每一根手指，可以很好地控制餐具自己吃饭了
感官发育	语言发育 3 岁时宝宝的词汇量超过 300 个，能够以 5～6 个单词的句子交谈，开始逐渐向连续性语言发展，能够离开具体情景表述一些意思了。3 岁的宝宝正在学习使用代词你、我、他，但有时会混乱。虽然这阶段宝宝的很多发音可能是错误的，但是说话清晰，能听懂所说的大部分内容。这个阶段的宝宝会背诵唐诗、儿歌，说简单的几个英语单词，可以讲故事了（参见第 3 篇第 4 章“宝宝开始连词成句”）
	视觉发育 能分清基本颜色，例如红、黄、蓝、绿。不仅能判断圆形、三角形、正方形等，还能判断椭圆、长方形、菱形、多角形等复杂的几何图形
	听觉发育 对语音的辨别更加准确，为语言发展创造条件

宝宝入睡问题

2～3岁的宝宝，每天晚上大概需要睡11个小时，白天需要睡一小觉，约1.5～2小时。这一年龄段的宝宝通常在晚上 7～9 点之间上床睡觉，在第二天早上 6 点半～8 点之间起床。和大人比起来，他仍然有更多时间处于快速眼动的浅睡眠中。这一年龄段的宝宝有两种最常见的睡眠问题：难以入睡以及夜间频繁地醒来。

处理宝宝睡眠问题的几大技巧

宝宝的晚餐时间要固定 宝宝的晚饭时间建议为晚上 5:30～6:00，这样吃完饭后，他可以玩 1 个小时，7:30 就可以准备睡觉，8 点钟左右正式上床睡觉，而晚餐过晚不仅会减少宝宝正常的睡眠时间，还会使宝宝到了睡觉时间依然消化不了食物而影响睡眠。

（参见第 2 篇第 15 章“八类食物有助安眠”）

睡前不要过度兴奋　吃过晚饭以后，最好让宝宝做一些比较安静的活动或游戏，千万不要让他做剧烈的体育运动，或者看惊奇、恐怖的电视节目，导致睡前过度兴奋，难以入眠。对于那些特别容易兴奋的宝宝来说，下午玩的游戏和活动也不能太兴奋。

为宝宝营造良好的睡眠环境　首先要保持室内的空气新鲜、温度适中；其次，宝宝睡觉要关灯，要保持环境的安静，最好不要打麻将、唱歌或跳舞等。

做好睡前准备工作　通过给宝宝洗澡、刷牙等睡前准备工作来使宝宝产生睡觉的意识，或者给宝宝一个宝宝晚安的亲吻或给他掖一次被子，让他舒服地睡去。

宝宝难以入睡可适当催眠　宝宝睡觉前，可以播放一首催眠曲来帮助他入睡，《摇篮曲》等悠扬舒缓的曲子都是不错的选择。或者给宝宝讲故事，但是时间不要太长，情节也不要太离奇或恐怖，这样反而引起宝宝兴奋导致无法成眠。最好不要在宝宝的床上放置各种玩具，也不要让他抱着玩具睡觉，这样会导致他对玩具的依赖，那么他在半夜醒来时，都要求满足同样的条件才能再度进入梦乡。

宝宝在睡觉过程中不能吵醒他　在宝宝刚刚睡着的时候，处于浅睡眠时期，可能会翻个身、动一动、哭一两声，这时爸爸妈妈不用紧张，除非特别严重的情况，否则不必理会，跟他说话，或抱起他都会吵醒宝宝，使他变得兴奋或者完全清醒，更加难以入睡。

顺利度过口吃期

口吃是儿童在发育过程中常见的一种行为，2 岁半 ~ 4 岁最常见。

造成口吃的原因

因为两三岁的宝宝正处于语言发展的起步阶段，词汇量掌握得很少，表达能力有限。充分准确地表达自己的想法，对他们来说，是有些困难的。而且这个阶段的宝宝思维迅速发展，词汇量的积累往往赶不上思维的发展，所以不能用合适的词汇表达自己的思想，表现出犹豫、停顿和重复。应该说，这时的口吃只是一种现象，是阶段性的，不是真正的口吃，更不属于病理范围。一般随着语言能力的进步，这种口吃现象会减少，在五岁之前会逐步消失。

有的宝宝在情绪紧张时会口吃，比如受到强烈刺激，或者被严厉的批评、甚至打骂后，因为害怕不知道怎样表达，说出来的话就有断续现象，也就是一种口吃，但通常不至于影响交往。

宝宝模仿、逗乐，久而久之形成的不良习惯，这是可以通过纠正改好的。

纠正方法

宝宝的口吃是生理现象，是一种语言障碍，爸爸妈妈要帮助宝宝顺利度过这个阶段，尽量不留有“后遗症”。

不要取笑、斥责、打骂或惩罚宝宝，这样会加重宝宝的紧张心理，往往使口吃更加严重。此外，要保护宝宝的自尊心，不要议论、模仿他。

爸爸妈妈要以平常心对待宝宝的口吃，必须有足够的耐心，鼓励宝宝张口说话，不要过分强调宝宝说得怎么样的问题，只要他肯说话就是好现象，不要着急，要循序渐进，慢慢改善这一状况。

对宝宝讲话语速要慢，把每个字说清

楚，同时也要求他讲得慢，不要着急。但是，当他讲话有些拖长音或者重复时，不要打断他，等他讲完后可以让他再重复一遍，态度要温和，不要让宝宝改错似的重复，加剧其紧张情绪。必要时，爸爸妈妈可以用一句完整的话重复宝宝表达的意思，表示理解，同时也可以教给宝宝怎样正确的表达。

根据宝宝语言表达的情况，教他朗诵歌谣，念“顺口溜”，还可以放慢语速给宝宝讲笑话、讲故事。让宝宝处于轻松的氛围中，边玩边说，有效地缓解口吃现象。

当宝宝有进步时，要及时给予鼓励和表扬，增加他说话的自信心。

培养宝宝健康、开朗、大胆、自信的性格，这样即便发生过口吃，他也不会感到过分的沮丧，而且能较快地得到改善。反之，敏感、懦弱、急躁、退缩的宝宝，会觉得自己永远说不好，可能会演变为继发性口吃。

宝宝尿床怎么办

宝宝在 1 岁～1 岁半时，通过对大小便的训练就已经能在夜间控制排尿了，尿床现象已大大减少。但是不同的宝宝身体机能不同，对小便的控制程度不同，有些宝宝到了 2 岁之后，仍然会常常晚上尿床。其实，对于不到 4 岁的宝宝来说，偶尔尿床是一种正常现象，不要宝宝尿床了父母就以为患了遗尿症。

遗尿症是指 5 岁以后每周至少有一次遗尿现象，有一些疾病因素可导致宝宝患遗尿症，但对于大多数尿床的宝宝而言，尿床是一种机能性的问题，引起尿床的因素有以下几方面：

尿床原因

遗传因素导致宝宝尿床，这种现象多见于父母小时候均患遗尿的情况。

宝宝的生理机能导致，膀胱容量小的宝宝尿床的次数比较多。

宝宝入睡前剧烈运动导致玩得太累，看了刺激性的电视等导致精神兴奋过度，或者受到惊吓、斥责导致害怕都可能是引起尿床的原因。

宝宝睡眠过深，导致大脑不能接受来自膀胱的尿意，因而发生尿床现象。

父母给宝宝使用尿布的时间过长，照顾护理不周到，没有对宝宝进行及时正确的排尿训练，使宝宝没有养成自己控制排尿的习惯。

宝宝突然换了新环境，或者气候骤冷导致宝宝不适应，所以发生尿床。

宝宝在入睡前饮水过多，或者含水量多又有利尿作用的水果，比如西瓜等，而家长没有及时把尿就会造成宝宝尿床。

一些疾病因素也会导致宝宝尿床，比如蛲虫症、尿路感染、肾脏疾患、尿道口局部炎症、脊柱裂、脊髓损伤、骶部神经功能障碍、癫痫、大脑发育不全、膀胱容积过小等。

如果宝宝经常尿床而不加纠正的话，往往会养成胆小、敏感、拘谨的个性。但是对待尿床的宝宝，父母也不要给予过多的指责，更不能打骂和惩罚宝宝，那样只能适得其反。家长首先尊重宝宝的自尊心，培养他良好的性格。其次要注意护理，仔细分析引起宝宝尿床的因素，并加以着重解决。一旦宝宝尿床现象得到改善就要给予表扬和鼓励，培养宝宝良好的自信心。

预防纠正

父母要加强宝宝的个人卫生，尤其是私处的卫生，要勤洗澡，尿湿后要及时更换，内裤也要经常换洗。不要为了惩罚宝宝而让他穿着湿裤子，这会刺激宝宝尿床。

保证宝宝的睡眠环境良好，保持合适的温度和湿度，被子要干爽舒适。

宝宝每天晚上入睡前要提醒他先排尿，如果宝宝有尿意，要及时把尿，不要让宝宝憋急了尿床。

白天不要让宝宝活动量过大，以至于太过疲劳和兴奋夜里睡眠过深导致尿床，睡觉前不要给宝宝看惊险的电视节目或讲恐怖故事，也不要因为宝宝做错事而训斥他，使他产生恐惧心理而尿床。

如果宝宝经常尿床，晚饭不要吃得过晚，可选择清淡一些的食物，喝水不要太多，也不要在睡觉前吃含水量多的水果。

如果宝宝经常尿床，要在夜间及时叫醒宝宝，夜间给宝宝把尿时，要尽量让宝宝保持清醒，否则尿不干净就会尿床。

除去宝宝手上的倒刺

有时，爸爸妈妈会发现，在宝宝娇嫩的手指上，长了一根刺手的又长又细的线，从指甲边上翘起来，引起宝宝对它又“咬”又“抓”，但就是下不去。

这根长长细细的“线”叫做倒刺，在医学上称为“逆剥”。在正常情况下，指甲周围与皮肤是紧密相连的，没有一丝空隙，形成一道“天然屏障”，但有时指端表面近指甲根部的皮肤会裂开，形成翘起的三角形肉刺，这就是“倒刺”。

倒刺是一种浅表的皮肤损伤，不是什么大问题。父母不用过于担心。

长出倒刺的原因

宝宝贪玩好动　随着宝宝的一天天长大，小家伙越来越活泼好动，经常用手抓东西、或者啃咬指甲，当宝宝的小手与其他物体过多摩擦时，他们娇嫩的皮肤就可能长出倒刺。

由于宝宝的皮肤干燥　由于护理不当，导致宝宝手部皮肤干燥粗糙，尤其是指甲下面的皮肤没有油脂的滋润，从而长出倒刺。

由于宝宝缺乏必要的营养元素　如果宝宝日常饮食中缺少维生素C或其他微量元素，表现在皮肤上，很可能出现倒刺现象。

处理方法

找到了发生倒刺的原因，父母要在日常生活中有针对性地进行皮肤呵护，帮助宝宝除去倒刺。

按时护理宝宝的指甲。要经常给宝宝剪指甲，洗手，保持指甲的卫生和手部的清洁。

要多陪宝宝玩耍，不要让他觉得无聊自已啃指甲玩，要通过劝说或者教育让他明白，啃指甲是不卫生不健康的行为，应该停止。

要补充宝宝成长发育需要的营养，让宝宝多喝水、多吃水果，补充维生素C或其他微量元素。

每天要给宝宝的小手涂上无刺激、含油脂的护肤霜，比如羊毛脂、维生素E霜等，橄榄油等有防止倒刺生成功效的药物，也是一个不错的选择。先把宝宝的小手洗干净，然后将橄榄油涂在小手上，并进行按摩，既可以防止倒刺的生成，又可以营养皮肤。

宝宝长了倒刺，不要让宝宝用手撕，家长要帮助宝宝小心修剪。长倒刺的宝宝会出于好奇或觉得难受碍事，用手去撕，这样反而会造成倒刺根部皮肤真层暴露，引起继发细菌感染，不仅会疼痛出血，严重时还可能导致甲沟炎。所以千万不要硬撕，爸爸妈妈先用温水浸泡宝宝有倒刺的手，等指甲及周围的皮肤变得柔软后，再用小剪刀将其剪掉，然后用含维生素 E 的营养油按摩指甲四周及指关节，或者把宝宝的手浸泡在加了果汁(如柠檬、苹果、西柚)的温水中浸泡 10 ~ 15 分钟，去除倒刺，还宝宝水嫩的小手。

怎么知道宝宝生病了

宝宝虽然不会说话，但在患病前，常会有一些征兆。爸爸妈妈要密切关注宝宝的日常生活，发现异常，及时带宝宝治疗，以免耽误病情。

情绪的改变，健康的宝宝精神饱满，活泼好动，两眼有神，不哭不闹，如果宝宝出烦躁不安、面色发红、口唇干燥，是发烧的征兆；如果宝宝目光呆滞、两手握拳，是惊厥的先兆；若宝宝两腿屈曲，哭闹、翻滚，是腹痛的症状；若嗜睡、呕吐、脖子发硬，则有可能发生大脑的病变。

饮食的改变，宝宝出现食欲不振、精神不佳，可能是发烧；宝宝不断打嗝、放屁，有酸臭气味，表明宝宝消化不良；如果宝宝拒食、厌食或吃饭后哭闹、流口水，可能是患了口腔疾病。

睡眠的改变，如果宝宝在睡觉之前烦躁，睡着后易被惊醒，面部较红，呼吸急促，是发烧的反应；睡后汗多，有可能患了佝偻病；入睡前用手抓肛门，可能是蛲虫病；睡后不断做咀嚼动作或磨牙，要提防蛔虫病。

呼吸的改变，宝宝呼吸变粗变快，而且脸色发红，是发烧的征兆；宝宝张开嘴呼吸说明鼻子不通气；如果呼吸急促，鼻翼扇动，嘴唇发红，要检查是否患上肺炎。

怎样带宝宝看病

宝宝的抵抗力较成人弱，日常护理中稍有不注意，便容易患病，而宝宝自己没有能力表达清楚病情，因此，这就要求爸爸妈妈在医生给宝宝诊治时替宝宝讲清他的症状和感受。

向医生叙述

家长要尽量准确的说出宝宝的发病时间、间隔时间和恶化时间，这对宝宝的治疗很重要，可以区别多种疾病，如果宝宝患的是急性病或外科的急腹症，超过一定时间，病情会有很大变化，治疗方法也不相同。

如果宝宝发热就医，家长要准确无误的说出在家测过的体温状况，包括测量时间、测量次数、不同的记录，没有来得及测量的可以用有点热、烫手、滚烫等大概说明发热的程度，还要注意手心、脚心、手背的温度差别，然后再进行测量。此外，还要叙述一下宝宝发热有无规律性、周期性以及发烧时有无抽搐、身上有没有出疹子等其他症状。

要向医生叙述宝宝生病时的状态，包括是否哭闹、失眠、昏睡、烦躁不安，以及四肢的活动情况、咳嗽的剧烈程度、是否有痰、痰的颜色和稀稠性状等、呕吐物的形态等。

对于腹痛、腹泻的宝宝，还要明确指出腹痛的准确部位、疼痛的起始时间及持续时间、疼痛的程度、疼痛的性质、什么情况下疼痛会更严重、宝宝吃了什么食物等状况。

许多病是由饮食不当引起的同时也会对饮食产生不同程度的影响。所以家长应向医生说明宝宝有无吃不干净的食物、喝凉水、吃剩饭剩菜等经历。还要说明宝宝生病之后饮食的增减情况、间隔次数的变化，以及宝宝的食欲情况，有无饥饿感、饱胀感、厌食、停食等，还要说明宝宝的喝水情况，是总要水还是不喝还是只有口干舌燥才喝。

对于腹泻的宝宝，家长要向医生详细描述宝宝大便的次数、大便的量、大便的性状(如稀水样、米汤样、蛋花汤样)、大便的性质(如黑便、黏液便、脓血便)、粪便有无腥臭、恶臭或其他特殊气味。如果宝宝在腹痛、腹泻的同时，伴有发热、发冷、厌食、乏力、恶心、呕吐、鼻塞、流涕等症状，也要向医生讲清楚。

睡眠的变化也是必须向医生说明的，包括宝宝的睡眠时间、睡眠状态、睡眠质量，比如睡眠中有无惊叫、哭泣等现象。对于月龄小的宝宝，还要说明是否需要家长搂抱、抚爱才能入睡等信息。

要叙述宝宝的病史，包括宝宝以前患什么病、治疗效果如何、有无后遗症、是否有药物过敏反应、宝宝是否患过慢性病或做过手术等，以及有无遗传病史、传染病史，如果宝宝接触了或者身边的人有类似疾病，也应说明。

还要说明宝宝此次发病的可能诱因，如疲劳、受凉、过食及意外伤害等。

如果此次就诊前还去过其他医院，也应说明，已服过什么药，药的剂量，以免短期内重复用药引起不良后果。

就医注意事项

期间不要给宝宝乱吃食物，以免影响疾病诊治，加重病情。

给宝宝穿戴要适宜，应与季节、气候相适应，不要用大衣把宝宝嘴、鼻等捂起来，但也不能穿得太少，尤其是在夜间容易使宝宝着凉，加重病情甚至引发其他疾病。

家长不要惊慌失措，过分紧张，使宝宝哭闹不休，掩盖真实病情，妨碍医生诊治疾病。

保证宝宝的环境安全

这么大的宝宝，由于视野和活动范围越来越大，加上这一时期的宝宝有着强烈的好奇心，到处都想走一走、摸一摸、看一看，所以，爸爸妈妈在安全上一定要多加防范。(参见第3篇第2章“生活环境的安全隐患有多大”)

要保持地板干净空荡，因为宝宝的步态很不稳定，走起来头重脚轻很容易摔倒。如果地面上有水、不平整或地板上有玩具、鞋子和其他物体时，都有可能导致宝宝跌倒。所以应保证家中的地板上没有杂物，地上有水时要马上擦干。宝宝玩具不玩之后，不要散落在地上，要收拾到安全的地方。另外，在家中的浴缸和淋浴间内要装上扶手，并铺上防滑垫。

家具的摆放要合理，必须保证保持室内房间通道畅通。如从门口到床边之间最好不要摆放家具，这样宝宝要绕过家具才能到床边，容易在走路的过程中发生碰撞。要专门为宝宝准备一个空旷的地方玩耍，固定好周边的家具，以免宝宝拉、拽或攀爬时将其弄倒，砸伤宝宝。还有，尽量选择椭圆边的家具，避免尖锐角外露，如果有，要给尖角加上护套。宝宝床栏的高度要超过他们的胸部，玩耍的小桌子或吃饭的餐椅一定要稳固，避免翻倒使宝宝受伤。这时的孩子看到桌椅底下的空隙就钻，一定要记得检查桌子底下是否有凸出或没钉好的钉子。

让宝宝与窗户、阳台保持安全距离，这个阶段的宝宝攀爬能力很强，一不留神便有可能爬到窗户边，搞不好就会掉出去，爸爸妈妈一定要特别注意，在窗户边不要摆放宝宝可以攀爬的桌子、椅子等家具，还要在窗户和阳台上安装一定高度的栏杆，保持不会让宝宝爬出去的宽度。

保证台阶和楼梯的安全，台阶对锻炼宝宝爬的技巧很有帮助，但是宝宝的身体处于生长阶段，平衡感还很差，尤其是在上下台阶时稍有不慎，容易导致跌伤。所以台阶的一侧要安装扶手，不要放置任何东西，尤其在晚上还应该保证有足够的照明。放有地毯的台阶，地毯要铺平且保证没有毛边。若家中有楼梯，在楼梯口要安装栅栏，以免宝宝不小心跌落。

避免意外伤害，要把插头或插座封好，电线也要提高收好，避免让宝宝把手伸进去或者触摸到，引起触电；热水壶要放在宝宝拿不到的地方，比如厨房，注意要关好门，千万不能放在宝宝活动区域多的地下；危险物品（如小刀等）要收好，放在上锁的柜子里，或是宝宝拿不到的地方；家里的小物品要收好，以免宝宝误食；要给宝宝使用儿童餐具，不要使用刀叉及筷子。

适合2～3岁宝宝的游戏

让宝宝描写、抄写各种简单的线条、图形、字母、数字等，练习宝宝的握笔和写字能力。

让宝宝练习把水倒入某一容器中，尽量不要把水漏出，以锻炼宝宝的手眼协调能力（注意不要用太烫的水，防止宝宝烫伤）。（参见第3篇第5章“动作提升训练”）

让宝宝踢球或者用废纸做成的球状物体，让宝宝练习踢腿能力，鼓励他把球踢得越远越好，以增强宝宝腿部的肌肉。

在地上用粉笔画上或者用小玩具排成一个“Z”字型的路，让宝宝尽可能快地围绕着路线跑，以提升宝宝身体的敏捷度和灵活性。

角色游戏是一种有主题、有角色、有情节、有规则的创造性游戏。如玩商店、公共汽车、儿童医院、动物园、邮电局等游戏，适应宝宝爱模仿的心理特点，让宝宝在特定的角色中去提高认知能力，锻炼自己的社会生活能力。

给宝宝备一个玩具电话，玩打电话的游戏，告诉宝宝爸爸或者妈妈的电话号码，让宝宝自己打过去，然后和宝宝在模拟电话里进行对话，锻炼宝宝的语言能力和认识数字的能力。

大部分这个年龄的宝宝都能熟练地搭一些积木，喜欢用木片、砖瓦、空盒子、砂土等来堆积各种东西，他们可以用自己刚刚萌芽的想象力和手眼协调能力搭建出更高、更复杂的城堡。宝宝进行建筑游戏，认识能力、思维活动、身体动作、心理状态有一个从初级到高级发展的过程，建筑游戏是一种极其有利的益智活动，可以发展宝宝对于数量和图形的理解能力，培养创造性的构造能力，还能使体能和智能得到发展，对于宝宝的自我能力和自信心也是一种培养和激励。

传球游戏，可以两个人和宝宝一起分

开站成三角形，相距 1 ~ 1.5 米，相互传球，接球，训练宝宝手臂的肌肉及肩关节活动，以及手眼协调能力。

给宝宝进行穿珠子训练，选择不同颜色的珠子，可以用比赛的方式进行，看看谁穿得最多最漂亮，通过此活动锻炼手的小肌肉动作，发展思维能力，还能帮助宝宝识别不同的颜色。

注意事项

宝宝运动是一件好事，不过安全更重要。由于宝宝的神经系统较脆弱，大脑神经细胞易疲劳，再加上其脑组织对缺氧十分敏感，因此，在让宝宝进行身体运动时，必须注意以下 5 个原则：

运动要适量，运动量不宜过大，要循序渐进地进行。

避免让宝宝参加憋气的静力性力量活动。

动与静的活动要合理搭配和交替，以保证宝宝全面协调发展。

激烈运动之后不要立即停止，避免宝宝适应不了产生不适。

避免在尘土飞扬、空气污浊的地方进行户外活动。

要让宝宝保持良好的情绪，愉快地参加身体运动和各种活动。

宝宝入幼儿园的准备

宝宝到了 2 ~ 3 岁，由于爸爸妈妈工作的关系，也是为了满足宝宝成长发育的需要，大部分宝宝就要开始上幼儿园了，这意味着他们开始迈出漫漫求学的第一步，对宝宝来说这是人生的一个转折点，也是对父母和宝宝的双重考验，进入幼儿园时宝宝需要长期适应的过程，期间免不了会有宝宝的哭闹和不知所措。

怎样才能让宝宝尽快适应幼儿园的生活，顺利度过这个转折期呢？从家长提早做好准备到对宝宝进行训练，新手的爸爸妈妈要付出很多努力。

宝宝的准备工作

心理准备：（参见第 3 篇第 4 章“宝宝认生怎么办”）

培养宝宝对幼儿园美好的第一印象　要在入园前让宝宝在心理上产生对幼儿园的好感，多给宝宝灌输幼儿园生活很美好的思想，告诉他那里有好多的玩具、小朋友、老师，在那里不会感觉到无聊，但是也不要夸大其词，避免宝宝产生心理落差，然后在平时，家长要和宝宝一起，到幼儿园走一走，看一看幼儿园的玩具、花草，听听孩子们的唱歌声，欢笑声、让他尽快熟悉幼儿园的环境，产生进幼儿园的愿望。

培养宝宝健康的心态　教育宝宝到幼儿园不能淘气，要听话，这样老师、小朋友才会喜欢他，但是千万不要用“老师会生气”来吓唬宝宝，让宝宝对老师产生畏惧心理。

让宝宝尽快熟悉、适应环境　宝宝进入幼儿园后，会有这样那样的不适应，因为在家中，会有爸爸妈妈爷爷奶奶看护宝宝，宝宝的生活被照顾得无微不至。而自立性还不强的宝宝在入园前的几个月里，就会感到孤单，产生分离焦虑症，所以，在宝宝入园之前，家长可以每天暂时性地离开宝宝一段时间，适当放手，给宝宝“爸爸妈妈不在，我也会很安全很快乐”的意识。

自理能力准备

培养宝宝自己动手吃饭的能力　因为虽然幼儿园老师可以在刚入园时喂宝宝吃

饭，但是孩子多、老师少，难免会照顾不周，而且在这个阶段的宝宝，应该具备自己吃饭的能力，给宝宝准备一个不易碎的、轻便的碗，教给他正确的用勺姿势，让他自己用勺子吃。还要教育他不要浪费粮食，不要把饭菜洒得满地都是，给老师和其他小朋友带来不便。

培养宝宝自己喝水的能力　因为入园之前很多的宝宝都在用奶瓶喝水，这时家长就要给他准备一个塑料水杯，一开始水不要倒太满，也不要太烫，避免宝宝洒到身上，多加练习让宝宝更加熟练的掌握控制水杯的能力。

培养宝宝独立大小便的能力　上幼儿园让宝宝自己如厕很重要，家长要尽早让宝宝脱离纸尿裤，不要让宝宝穿着纸尿裤去幼儿园。另外，让宝宝有了大小便及时通知老师，还要规范宝宝大小便用词，不要让老师去猜，给幼儿园老师增加负担，也避免宝宝忍受潮湿，不洁之苦。

培养宝宝独立睡觉的能力　宝宝进入幼儿园后，中午就要在幼儿园午睡了，所以一定要让宝宝练习自己穿衣、脱衣、盖被子、洗手、刷牙、漱口。

调整宝宝的作息时间　在幼儿园里，上学放学都要遵循一定的时间，这些可能会与之前宝宝的作息规律发生冲突，所以，家长要及早为宝宝安排合理的作息时间，例如：早上七点左右起床，洗漱、适当活动一段时间，八点左右吃早餐，中午十二点左右吃午餐。然后让宝宝睡午觉，两点半左右起床，晚上回家和爸爸妈妈一起进餐，九点之前要上床睡觉。

培养宝宝的语言能力　在幼儿园宝宝的语言表达很重要，因为如果宝宝不会说就无法表达自己的要求，如果有身体不适、受伤、上厕所、没吃饱、口渴、小朋友之间发生纠纷等状况，老师就无法弄清楚而得不到解决。所以，入园之后，要激发宝宝说话的愿望，还要注意平时与宝宝用普通话进行交流，避免宝宝与老师、小朋友交流有障碍。（参见第 3 篇第 2 章“如何培养宝宝的沟通能力”）

培养宝宝的社交能力　幼儿园对于宝宝来说就是一个小社会，家长要让宝宝多和外界交往，平时多和小朋友玩，多带宝宝去一些孩子多的地方，让他学会和小朋友一起玩玩具，一起吃饭，一起交流，对于认生、胆小的宝宝尤其重要。另外，也要学会礼貌待人，守秩序，谦让，不要与小朋友发生冲突。

培养宝宝的识别能力　让宝宝懂得玩具与食物的区别，这对避免宝宝感染疾病很重要。让宝宝知道什么该吃什么不该吃，杜绝啃咬玩具。

家长的准备工作

向老师介绍宝宝的习惯与状况　宝宝进入幼儿园之前，家长要与老师进行沟通，让老师知道宝宝吃喝拉撒睡的习惯，以尽早了解宝宝，如果宝宝有过敏体质、疾病等也要告诉老师，最好是连同宝宝的大名小名一起写下来。

给宝宝准备合适的衣物　入园前要准备好宝宝的被褥、洗漱用品和几套上幼儿园的服装，最好能给宝宝穿棉制、透气的衣服，尽量不要选择尼龙、闷热的衣服，裤子最好是松紧带的，方便宝宝穿脱，鞋子也要选择容易穿的，还要给宝宝准备两块手绢。

给宝宝带上熟悉的玩具　上了幼儿园，很多宝宝不适应新的环境，很容易哭闹，而且不容易入睡，这时可以给宝宝带上一些平时喜欢的玩具，让宝宝感到熟悉和安慰。

家长要学会“放手”、“放心”　宝宝入园初期，家长尽量少去幼儿园探望，避免宝宝产生依赖，要对老师放心，相信老师会照顾好自己的宝宝。可以在宝宝刚入园时，早点来接，缩短分离时间。

在入园前给宝宝检查身体　检查身体是很必要的，幼儿园里孩子多，如果宝宝有传染性疾病，很容易传染。此外，还要给宝宝接种疫苗，预防疾病的发生。

宝宝手指皲裂

手指皲裂是小儿在秋冬季节常见的一种皮肤病，一般表现为手、足部皮肤干燥，增厚，脱皮，皮肤在顺皮纹的方向会出现一些裂口，其深浅、长短不一，经常伴随有出血和触痛。皲裂引起的皮肤损害比较好发于手指、手掌侧，以及足跟及足外侧等皮肤角质层厚或经常摩擦的部位，常常会在两侧同时发生。

原因

手足部位受到摩擦或化学物质的刺激导致。

冬季天气寒冷，宝宝的毛细血管处于收缩状态，汗腺分泌减少，再加上手足部位没有毛发保暖，没有皮脂腺，导致皮肤干燥、增厚，失去弹性，从而产生皲裂。

宝宝自理能力差，还不能自我保护，再加上平时手脚活动多，很容易发生皲裂。

宝宝偏食导致维生素 A、B 族维生素缺乏，营养不平衡也是引起皮肤皲裂的原因。

宝宝患手足湿疹、真菌感染也可能并发皲裂。

预防护理

每天宝宝洗过手脸后，为他涂上可以滋润皮肤的润肤油，比如凡士林、儿童霜。有的宝宝常流口水，一定要先替宝宝洗干净，擦干后再涂上润肤油。

冬季给宝宝洗澡不要用过烫的水，也不可太勤，不要用有刺激性的沐浴液。洗完澡之后可擦些油保湿。

不要让宝宝在天气干燥寒冷的季节长时间呆在外面玩，手脸要擦干才能出门，而且要擦上护手霜、戴好手套，避免受到冷空气的刺激引起皲裂。

注意饮食，多给宝宝吃些富含维生素 A 的食物，可以选择禽蛋、猪肝、鱼肝油、黄豆、花生等食物。

室内的温度和湿度要适宜，多开窗，为宝宝的皮肤创造良好的环境。

宝宝的手指皲裂后，先把小手放入温水中浸泡几分钟，等宝宝手上皴裂的皮肤软化后，再用无刺激的香皂把宝宝手上的污垢洗净，擦干双手后涂上护手霜。

宝宝佝偻病

佝偻病也叫软骨病，全称为维生素 D 缺乏性佝偻病，是婴幼儿时期常见的一种营养性疾病，是由于维生素 D 缺乏引起体内钙、磷代谢紊乱，而使骨骼钙化不良的一种疾病。佝偻病发病缓慢，不容易引起重视。佝偻病使宝宝抵抗力降低，容易合并肺炎及腹泻等疾病，如果不及时治疗，会影响宝宝正常的生长发育。

病因

佝偻病由缺乏使钙正常沉着于骨骼的维生素 D 引起。维生素 D 有内源性与外源性两种。内源性的是靠日光中的紫外线照射皮肤，而后在体内合成；外源性的即通过食物补充含维生素 D 的食物，如鱼、肝、蛋、乳类等含有维生素 D3，植物中的麦角固醇经紫外线照射后，形成维生素 D2。它们能促进小肠黏膜对钙、磷的吸收，减少钙、磷从尿中排出，并能促进骨样组织成熟，使血中钙、磷向骨质生长部位沉着形成新骨。如果宝宝喂养不当，食物中钙、磷含量较少，或比例不当，或者单纯用谷类食物喂养宝宝，其中含有的大量植酸，与小肠中钙、磷结合成为不溶解的植酸钙，而影响钙、磷吸收，从而导致佝偻病。

早产儿、双胞胎、低出生体重儿以及肥胖儿，因生长发育过快，机体需要维生素 D 的量大，如果不注意及时添加，也会得佝偻病。

日光照射不足，尤其在冬、春季户外活动较少，容易导致佝偻病。

慢性腹泻、肝胆系统疾病、慢性肾脏病影响维生素 D 的吸收及代谢，长期使用苯妥英钠、鲁米那等药物，加速维生素 D 的分解和代谢，都会引起佝偻病。

症状

宝宝汗多、烦躁不安、哭闹不止、睡眠质量下降，夜醒频繁。

患佝偻病的宝宝会变得呆板、不活泼。

骨骼畸形是佝偻病的主要表现。

宝宝头部囟门增大、方颅、出牙延迟；胸部可见肋骨骺部膨大如算盘珠子，胸骨前凸或下缘内陷。

当宝宝会站立和行走时，两下肢可发生弯曲呈“O 形腿”或“X 形腿”。

严重的情况会导致坐、立、走等行为的习得延迟，而且容易出现病理性骨折。

容易并发上呼吸道感染、肺炎、腹泻等疾病。

防治

预防佝偻病的关键是补充足量的维生素 D，要经常带宝宝进行日光浴，皮肤里的 7– 脱氢胆固醇经紫外线照射可转变为维生素 D，促进钙的吸收，使骨骼坚硬；也要注意保护宝宝娇嫩的皮肤。炎热的夏季可选择在树阴下或打把伞，或在太阳刚出来、日落前进行；春秋季节可常带孩子到户外玩耍；冬季在风和日丽时可多带宝宝户外活动、晒晒太阳，以中午前后为佳。

宝宝出生后尽量采用母乳喂养，及时补充富含维生素 D 的食物，早产儿应提早在出生后 2 个星期开始补充，足月儿则在满月后开始。在保证维生素 D 供给的同时，可适当补充钙剂，尤其是对人工喂养、食欲低下、生长过快的患有急慢性疾病的宝宝要注意补充适量的钙粉。但是要注意维生素 D 制剂是油性制剂，摄入多了，不会随尿液排出，会引起中毒。所以在给宝宝补充维生素 D 制剂的时候，要掌握剂量，可在医生的指导下服用，避免因过量而出现不良反应。

平时宝宝要注意加强体格锻炼，增强身体的免疫力，促进骨骼的生长。

妊娠期和哺乳期的妈妈也应经常到户外活动，多晒太阳，食用营养丰富的并富含维生素 D 的食物，如奶制品、奶酪、鸡蛋、动物肝等。患有低钙血症者应补充维生素 D(鱼肝油滴剂)和钙剂。

一旦发生佝偻病，要在医生指导下进行正规治疗。对骨骼畸形患者可采取主动或被动的方法矫正，胸部畸形作俯卧位抬头展胸运动；下肢畸形可作肌肉按摩，增加肌张力，帮助畸形恢复；对遗留有严重下肢骨骼畸形者，可在 4 岁后佝偻病活动期停止后，考虑外科手术矫正。

幼儿多动症

儿童多动症又称脑功能轻微失调，是一种较常见的儿童行为异常问题。其患病率为 5% ~ 10%，男孩多于女孩。

原因

产前、产时和产后的轻微脑损伤导致，如妊娠时病毒感染服药、围产期缺氧、母孕期的影响、新生儿窒息、产伤、脑缺氧、脑损伤、剖腹产、早产、过期产、钳产、出生后感染以及外伤等都可能是引起幼儿多动症的原因。

可能是遗传因素导致，脑外伤、神经代谢异常、中毒等也是诱因。

维生素缺乏、食物过敏、糖代谢障碍等饮食不当使宝宝对食物产生变态反应，引起小儿多动症。

宝宝缺乏微量元素，环境污染严重或和中毒（铅、汞、镉）有关。

宝宝心理发育尚不成熟，在此期间，家庭出现变故、教育方式不当，经常对宝宝进行体罚和训斥或者过分溺爱导致行为紊乱，还有的家长不顾宝宝成长发育的客观规律，给宝宝压力过大，也是造成小儿抽动症、多动症发病的原因之一。

症状

儿童多动症患儿在婴幼儿期就表现异常，情绪不受控制，容易兴奋，喂养时较困难，不好好吃饭，经常东张西望，大小便没有规律，活动增多，但是动作不协调，尤其是精细动作差，容易受外界刺激而分散注意力，行为没有目的性，情绪易冲动并缺乏控制能力。进入幼儿园后不能安静地坐着，手或脚常常动个不停，注意力不集中，话多，小动作多，玩的时候也表现异常。

预防和治疗

如果发现宝宝有多动症，应及时给予适当的行为指导和治疗，避免使他形成习惯，影响以后的学习和生活。

训练宝宝正确的认知能力和活动，锻炼他集中注意力的能力，慢慢地能克服分心。

培养宝宝的自我控制能力，减少他日常生活中的过多活动，有不良行为及时纠正。宝宝一时达不到家长所要求的，家长要有耐心，不能批评甚至打骂，这样会前功尽弃甚至使情况更严重，当宝宝的行为有进步并有良好趋向时要应及时予以鼓励，以增强其自信心。

注意宝宝的饮食选择和营养的合理，使宝宝养成良好的饮食习惯，不偏食、不挑食，食物中尽量不加人工色素调味品、防腐剂等，多吃一些含维生素的食物。

使用药物治疗，在用药前要先对宝宝进行生理和神经系统检查，查明病因后再对症下药。

给宝宝创造温馨和谐的生活环境，不要给他过多的压力，使宝宝健康快乐地长大最重要。

要给宝宝一个良好的睡眠环境，保证宝宝的睡眠质量。

提倡自然顺产以避免产伤、减少脑损伤的机会，孕妇应注意保持心情的愉快，预防疾病，慎用药物，禁用烟酒，避免中毒、外伤及物理因素的影响。

防止宝宝失聪

婴幼儿期特别是 3 周岁以前是学习语

言的关键时期，听觉神经中枢的正常发育取决于1岁以内声音强度和时间的刺激，以及婴儿对其听觉和语言中枢系统的持久应用。3岁以后，耳聋会导致宝宝产生语言障碍，甚至出现智力发育迟缓，造成心理和行为交往的缺陷。

如果宝宝听力发生异常，没有及时发现和治疗，会导致宝宝语言能力越来越差，进而影响宝宝正常的行为和生活，也不利于心理健康。

预防护理

新生儿出生后42天内应做新生儿听力筛查，尤其对具有听力障碍家族史、宫内感染病史或者曾使用耳毒性药物，颅脑形态畸形、出生时出现缺氧等症状的新生儿更应进行重点筛查，一旦出现异常，应进一步确诊。

避免噪声污染。宝宝听觉器官发育尚未完善，不能用太大的声音刺激，否则会导致内耳的微细血管痉挛，供血减少，从而使听力下降，甚至造成噪声性耳聋。应尽量少带宝宝到噪音大的环境中，家中音响的音量也应适当控制。

宝宝在玩耍的时候，要防止他把小玩具、小物件等塞入耳内，以免造成外耳道黏膜损伤、感染。

防止宝宝在打闹玩耍的时候不小心碰伤耳道，引起感染，而使听力下降。所以爸爸妈妈要照看好宝宝，保证他的安全。若头部受到外伤，也容易波及到内耳，严重的会使耳膜破裂。

给宝宝掏耳屎不宜太过频繁，不要用发夹、耳勺等给宝宝挖耳，这样很容易造成鼓膜外伤穿孔，引起耳聋。

防止外耳及中耳的污染。中耳腔内有一条通往鼻咽部的细管称咽鼓管，宝宝的咽鼓管比较短、宽且直，呈水平位，感冒等一些疾病引起的鼻咽部分泌物增多，或当宝宝吐奶或呛奶时，细菌便很容易从咽鼓管进入到中耳。妈妈在给宝宝哺乳时要保持正确的姿势。如果母乳过于充足、压力过大，可使宝宝头部稍低，奶瓶喂养时奶嘴不宜过大，奶瓶也不要举太高，避免宝宝来不及吞咽而误入咽管鼓。

在给宝宝洗澡、洗头、洗脸时，千万不要让污水进入耳内，同时应避免宝宝在哭闹时把眼泪流进耳道引发感染，尤其在躺着时要注意。

积极防治传染病。麻疹、流脑、乙脑等都可能损伤听觉器官，造成听力障碍。因此，要按时接种预防这些传染病的疫苗。

积极防治上呼吸道感染或各种急性传染病，特别注意保持患儿口腔、鼻腔和咽部的清洁，以防细菌蔓延感染到中耳。宝宝患急、慢性中耳炎时，更要及时、彻底治疗，以免留下后患。患儿尽量不用链霉素、青霉素、庆大霉素、卡那霉素、利尿剂、抗疟药等药物，因为这些药物对内耳有毒副作用。

对于一些宝宝可能是因为被吓到而引起失聪现象，这时需要在治疗的同时接受心理辅导。父母与患儿需同时接受语音师和康复师的训练，之后每过3～6个月进行一次复查。

宝宝被宠物咬伤

家里养有猫狗等宠物，或是带宝宝出门，经常会有一些流浪猫、流浪狗，宝宝贪玩好动，如果嬉戏逗弄过度常会被宠物咬伤。宝宝一旦被宠物咬伤，应该怎么办呢？

首先，不管是流浪狗还是宠物狗，都要以最快速度用大量清水冲洗伤口。冲洗伤口要仔细彻底，冲洗时要用力挤压周围软组织，设法把沾在伤口上的狗唾液和伤口上的血液冲洗干净。

然后，不要包扎伤口或在伤口上涂药，也不要做任何别的处理，马上送宝宝去医院，注射狂犬疫苗，越早越好。首次注射疫苗的最佳时间是被咬伤后 48 小时内。具体注射时间是：分别于被咬伤的当天，第 3 天，第 7 天，第 14 天，第 30 天各肌肉注射 1 支 (2 毫升) 疫苗。如果因诸多因素而未能及时注射疫苗，也要及时补上。

注意使用狂犬疫苗时要正确处理伤口，这是防止发病的关键，最好在医生的帮助下进行，其方法是先将伤口挤压出血，并用浓肥皂水反复冲洗伤口，再用大量清水冲洗，擦干后用 5% 碘酒烧灼伤口，以清除或杀灭污染伤口的狂犬病毒。只要未伤及大血管，一般不需包扎或缝合。还可在伤口周围注射狂犬病血清和破伤风抗霉素。

在注射疫苗期间，应注意不要让宝宝喝浓茶、咖啡；也不要吃有刺激性的食物，比如辣椒、葱、大蒜等等; 同时要避免受凉、剧烈运动或过度疲劳，防止感冒。

接种疫苗

3 岁接种 A 群流脑苗，加强 B 型流感嗜血杆菌混合疫苗 (HIB 疫苗)

世界上已有 20 多个国家将 HIB 疫苗列入常规计划免疫。5 岁以下宝宝容易感染 B 型流感嗜血杆菌。它不仅会引起小儿肺炎，还会引起小儿脑膜炎、败血症、脊髓炎、中耳炎、心包炎等严重疾病，是引起宝宝严重细菌感染的主要致病菌。

宝宝接种疫苗时间表

年龄	接种疫苗	可预防的传染病
出生 24 小时内	乙型肝炎疫苗 (1) 卡介苗	乙型病毒性肝炎 结核病
1 月龄	乙型肝炎疫苗 (2)	乙型病毒性肝炎
2 月龄	脊髓灰质炎糖丸 (1) 百白破疫苗 (1)	脊髓灰质炎（小儿麻痹） 百日咳、白喉、破伤风
3 月龄	脊髓灰质炎糖丸 (2)	脊髓灰质炎（小儿麻痹）
4 月龄	脊髓灰质炎糖丸 (3) 百白破疫苗 (2)	脊髓灰质炎（小儿麻痹） 百日咳、白喉、破伤风
5 月龄	百白破疫苗 (3)	百日咳、白喉、破伤风
6 月龄	乙型肝炎疫苗 (3) A 群流脑疫苗（1） 流行性乙型脑炎疫苗（1）	乙型病毒性肝炎 流脑 乙脑
8 月龄	麻疹疫苗（1）	麻疹
9 月龄	A+C 群脑膜炎球菌多糖疫苗 流行性乙型脑炎疫苗 (2)	流行性脑脊髓膜炎 乙脑
8 ~ 12 月龄	风疹疫苗 流行性腮腺炎疫苗 流行性脑脊髓膜炎疫苗	风疹 腮腺炎 脑膜炎
12 月龄	乙脑疫苗（3）	乙脑
1.5 ~ 2 岁	百白破疫苗（加强） 脊髓灰质炎糖丸（部分） 甲肝疫苗 乙肝疫苗	百日咳、白喉、破伤风 脊髓灰质炎（小儿麻痹） 甲型肝炎 乙肝
3 岁	A 群流脑苗 B 型流感嗜血杆菌混合疫苗 (HIB 疫苗)	流脑 流感等并发症
4 岁	脊髓灰质炎疫苗（加强）	脊髓灰质炎（小儿麻痹）
7 岁	麻疹疫苗（加强） 白破二联疫苗（加强）	麻疹 白喉、破伤风

第2篇 科学喂养

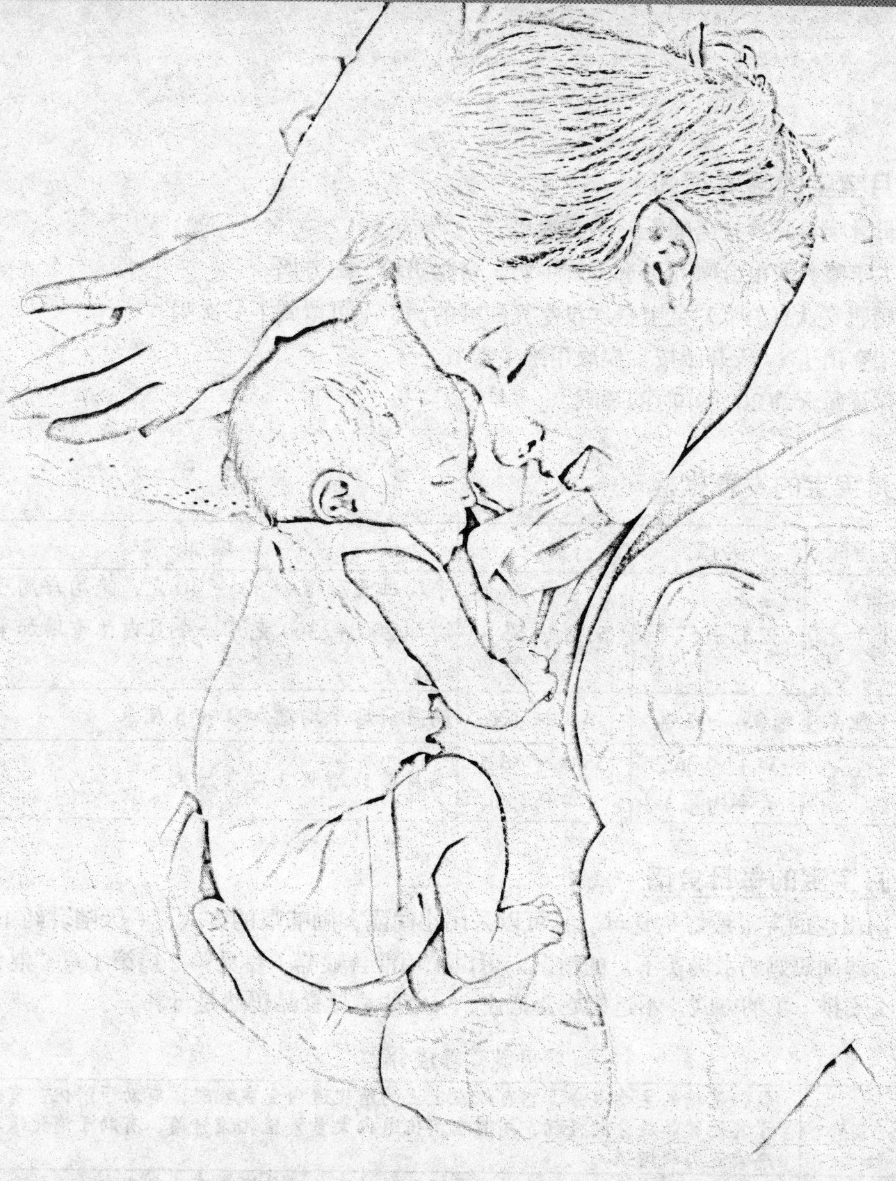

第 1 章
1 个月宝宝的饮食营养

1 个月宝宝的喂养须知

母乳喂养只要按需哺乳，不必喂水。

人工喂养及混合喂养可选择鲜牛奶、全脂奶粉、配方奶。

奶瓶要认真消毒，宝宝一次没吃完配好的奶，不可留到下一次喝。

宝宝出生 14 天开始按常规服用维生素 D。

保证每天约 20 个小时的睡眠。

1 个月宝宝的发育指标

发育指标	男孩	女孩	增加
体重（千克）	52.1 ～ 57.0	51.2 ～ 55.8	平均每天可增加 30 ～ 40 克，平均每周可增加 200 ～ 300 克，一个月内体重增加平均 1000 克
头围（厘米）	3.6 ～ 5.0	3.4 ～ 4.5	满月前后平均增加 3 ～ 5 厘米
身高（厘米）	34.1 ～ 36.2（平均值）	35.0 ～ 38.3（平均值）	满月前后增长 2 ～ 3 厘米

1 个月宝宝的每日食谱

刚出生的宝宝最好是吃母乳，可以采用小间隔，勤哺喂的方式，一天哺乳约 10 次左右。遇到妈妈奶水确实不足的情况，可以采用混合喂养（参见第 2 篇第 1 章“混合喂养怎么安排”）的方式。不过妈妈要记住，宝宝的最佳食品仍然是母乳。

母乳营养成分表

糖	乳糖是糖的主要成分，它可以在宝宝的消化道内变成乳酸，有助于消化，有利于其他营养成分的吸收，同时在消化道内大量繁殖乳酸杆菌，有助于消化道抗感染能力的增强
脂肪	母乳的脂肪球比较小，有着容易吸收的特点。母乳还含有为数不少的不饱和脂肪酸。
蛋白质	蛋白质在母乳中的主要成分是容易消化的乳清蛋白，并且含有抵抗感染的溶菌素和免疫球蛋白以及代谢过程所需要的酶
矿物质	母乳钙质的比例为 34% 左右，磷质的比例为 15% 左右，能够促进钙质的吸收。铁元素含量跟牛奶差不多，吸收率却远高于前者。母乳中的锌含量也十分适中，比较容易被宝宝消化吸收

珍惜宝贵的初乳

初乳是什么

初乳指的是妈妈在产后12天内分泌的奶水，颜色偏黄，浓度较高，手感黏腻。初乳中含有丰富的蛋白质、碳水化合物和酶类，是其他人工奶粉所不能提供的。初乳具有低脂肪、高营养、好消化的优点，其中还含有提高宝宝免疫力的物质，能够附着在宝宝尚脆弱的肠道表面，防止宝宝肠胃被病毒细菌侵害。

初乳之所以含有大量的蛋白质，是因为免疫球蛋白的含量丰富，其中的IgA有着增加宝宝的抗病能力，降低患病率的作用，是宝宝最初吸取的天然免疫抗体。

吃初乳有何好处

促进排便　妈妈产后半小时就要进行初乳喂养，这样可以使初乳的营养充分地被宝宝吸收到，有助于加快宝宝的肠胃蠕动，促进体内脂类物质的排泄和胎粪的排出。

避免黄疸　初乳中含有丰富的氨基酸和营养物质，能够满足宝宝成长的各种营养需求。尤其是对早产宝宝来说，能够增加宝宝免疫力和抗病力，防止感染，降低生黄疸的几率。

防止体重下降　初乳中含有的各种有益营养物质，可以有效地避免宝宝出生后出现体重下降的情况。

因此，妈妈一定要利用好自己的初乳，不要错过初乳的喂养时机，给宝宝造成损失。

母乳喂养很重要

对妈妈的益处

婴儿通过对乳头的吸吮，来促进母亲体内激素分泌，加快产后子宫的收缩恢复，使之从孕期到非孕期成功过渡，使妈妈早日康复。（参见第2篇第1章“妈妈奶水多，宝宝吃得饱”）

母乳喂养可以帮助妈妈产后恢复体形。

母乳喂养的妈妈患乳腺癌和卵巢癌的几率低。

能减少产后出血，母亲体内的营养物质，如蛋白质、铁和其他所必需的一些营养物质，能通过产后闭经得以贮存，有利于产后的康复，并且有利于延长生育间隔。

对宝宝的益处

母乳营养丰富　母乳中的钙磷比例为2∶1，适宜宝宝对钙的吸收；脂肪酸和乳糖以及磷脂中所含的卵磷脂和鞘磷脂含量较多；另外在初乳中含有较高的微量元素，提供给宝宝必要的水分、蛋白质、糖、维生素、矿物质以及各种抗体，有利于促进宝宝的生长发育。

母乳喂养的宝宝不易感染疾病　母乳中含有的各种免疫球蛋白可以增强宝宝的体质，提高免疫力，使其抗病能力加强，能够避免一些呼吸系统疾病，比如百日咳、肺炎，还不易感染耳病、感冒、腹泻，减少胃部、胸腔、泌尿系统等的患病几率，一般情况下，和人工喂养的宝宝相比，母乳喂养的宝宝更健康。

母乳容易消化　母乳中含有的蛋白质凝块和脂肪球小，且含有多种消化酶，母乳中含有的的乳脂酶再加上宝宝在吸吮过程中吞咽分泌的舌脂酶，有利于宝宝对脂肪的消化和对营养物质的吸收。而配方奶无论怎么接近母乳成分，都无法代替母乳的营养和构造。

母乳喂养安全放心　母乳不易引起宝宝对食物的过敏反应，母乳中几乎无菌，不易污染，而且温度适宜，宝宝可以随时放心食用。

母乳喂养可以促进宝宝的牙齿发育　吸吮运动有助于面部的发育，且可预防龋齿。

母乳喂养可以预防肥胖 母乳喂养可防止以后的儿童期肥胖症状。

母乳喂养可以提高宝宝智商 母乳中含有的 DHA、AA 等营养物质有益于宝宝的大脑发育。另外，母乳喂养过程中，妈妈通过声音、心音、气味和肌肤的接触刺激宝宝大脑，促进宝宝早期的智力开发。

母乳喂养满足宝宝的社会心理需求 喂养过程中妈妈与宝宝的皮肤接触、交流，可以增强母子之间的感情，给宝宝带来安全感，促进宝宝心理与社会适应性的发育。

健康母乳分泌

产后第一周，每次哺乳量 8 ~ 45 毫升，每日平均哺乳量 250 毫升。

第二周，每次哺乳量 30 ~ 90 毫升，每日平均哺乳量 400 毫升。

第四周，每次哺乳量 45 ~ 140 毫升，每日平均哺乳量 550 毫升。

第六周，每次哺乳量 60 ~ 150 毫升，每日平均哺乳量 700 毫升。

第三月，每次哺乳量 75 ~ 160 毫升，每日平均哺乳量 750 毫升。

第四月，每次哺乳量 90 ~ 180 毫升，每日平均哺乳量 800 毫升。

怎么给宝宝喂母乳

母乳喂养的次数和时间

妈妈要跟宝宝住在一个屋子，宝宝出生一个小时后就要让他吸吮乳头，不能给宝宝喂食除母乳以外的食物，宝宝一饿就要及时喂奶，每天 8 ~ 12 次。新生儿晚上也吃奶，不能用奶瓶来喂。妈妈无论有多么辛苦都要坚持一个月。

母乳喂养的原则

早喂奶 宝宝断脐半小时之内，就要给宝宝喂奶了。及时地喂奶不仅可以对乳房造成刺激，帮助收缩子宫，而且还能降低妈妈产后出血的几率，加快宝宝的肠胃蠕动，让宝宝将肚子里的胎粪排出。

勤喂奶 在宝宝出生 12 天之内要多让宝宝吸奶，因为这个阶段分泌的初乳有着增强宝宝免疫力合抗病力的作用。多让宝宝吸奶，还能够对妈妈的乳头形成刺激，从而增加乳汁的分泌，降低妈妈乳胀和便秘的几率。

少用奶嘴 奶嘴跟妈妈的乳头不一样，有些奶孔比较大的奶嘴，宝宝吸吮很容易。一旦换成了妈妈的乳头，就有可能让宝宝因为吸食困难而放弃母乳，因此，如果没有特殊状况，尽量不要给宝宝吸食奶嘴。

不同类型乳头的哺乳准备

扁平乳头：乳头长度较短，约在 0.5 厘米以下。直径在标准范围内却不够突出。扁平乳头比较不容易被宝宝吸到口腔深处，不过只要多吸吮，转变成正常乳头的几率很高，宝宝也就能吸得轻松又顺利。

小乳头：乳头直径与长度都在 0.5 厘米以下。让宝宝连乳晕一起含住，持续哺喂母乳，乳头形状将会变得更加容易吸吮。

哺乳妈妈的担忧

	原因	对策
奶水不足	因胀奶引起乳腺炎，而使奶水减少	指压式按摩 双手张开置于乳房两侧，由乳房向乳头挤压
	脑下垂体受到抑制后会导致乳汁分泌减少部分妈妈乳头短小，凹陷，因喂奶造成乳头受伤而不得不减少让宝宝吮吸的次数，造成奶量减少，奶水不足的情况	环形按摩 双手置于乳房的上、下方，以环形方向按摩整个乳 螺旋形按摩 一手托住乳房，另一手 食指和中指以螺旋形向乳头方向按摩

巨大乳头：乳头直径在 2.5 厘米以上。宝宝刚开始吸奶时会感到困惑，不明白该如何吸吮，但是经过多次数的吸吮，宝宝会习惯妈妈的巨大乳头。

凹陷乳头：乳头凹陷在乳晕中无法突出于外部。可以用手指头刺激或乳头吸引器等方式都可以使乳头突出，要及早先做好护理工作。

增加乳汁的方法

妈妈要多补充水分，饮食均衡，刚分娩完的妈妈不要着急减肥，要保持足够的休息时间，避免乳头受伤。

勤喂奶，配合宝宝的需求，两三个小时喂宝宝 1 次。宝宝只要饿了就喂，喂得越多，奶水分泌得就越多。

妈妈自身若无特殊情况发生，要尽量进行母乳喂养。

少用配方奶粉补充，因为吃婴儿配方奶粉会让宝宝缺乏饥饿感，就减少吮吸母奶的机会。如此一来，妈妈的奶水自然就会减少。

哺乳方式

宝宝舒服躺

宝宝要横躺在妈妈怀里，整个身体对着妈妈的身体，脸对着妈妈的乳房。宝宝的头应该枕在妈妈的前臂或者肘窝里，妈妈的前臂托住宝宝的背，妈妈的手托住宝宝的屁股或者腿。不应该让宝宝扭转头和脖子来找奶头。

妈妈舒服坐

妈妈全身要放松，肘下、怀中腰后都要垫好软的枕头。如果是在床上哺喂，就将枕头垫在膝盖下。如果是在椅子上哺喂，要注意踩一只脚凳，将膝盖提高。妈妈要利用枕头将孩子拥抱到胸前，而不要前倾身体将奶头送进宝宝嘴里。

乳房给宝宝

一只手的拇指在上方，握住乳房，另外四只手指头形成一个 C 字，捧住下方。手指头跟乳晕要拉开一段距离。

宝宝正确衔

妈妈的乳头要压在宝宝的舌头上方，直接放进宝宝嘴里，给宝宝含的乳晕不小于 2.5 厘米，要能让宝宝碰得到妈妈的乳房。哺喂不可能一次就成功的，如果宝宝不耐烦，在在宝宝平静之后，多试几次。

宝宝含乳晕

妈妈的乳头应该越过宝宝的牙床，不仅要含住妈妈的乳头。更关键的是要含住大部分的乳晕。妈妈如果发现宝宝以错误的方式吸乳，应该将小手指伸进乳房和宝宝的下唇之间，断开衔接，重新再来。

宝宝巧吸吮

应该让宝宝吸的，是妈妈的乳晕，这种方式才能有效给乳腺刺激，更多地分泌乳汁。宝宝的下唇窝在嘴里，可以用手轻轻拨弄他嘴和下巴，将下唇弄出来。

宝宝应该吸吮的是妈妈的乳房，而不是他的舌头或下唇。

助宝宝呼吸

要让宝宝保持呼吸通畅，宝宝的下颌应该紧贴妈妈的乳房，鼻子轻轻地碰到妈妈的乳房。

轻轻按妈妈的乳房，可以防止乳房阻挡宝宝的呼吸。

妈妈多喝水

妈妈在每次喂奶之前，最好补充多一点的水分，如果汁或其他的汁类。

妈妈多补水，有助于乳汁的充盈，免得妈妈在哺喂后脱水。

多喂、勤喂

初乳富含蛋白质、免疫因子以及其他对新生儿有利的成分，对宝宝尤为重要。母乳的过渡时期在一周之内，成熟要在 10 ～ 14 天之后。在开奶的初期，妈妈每天至少要哺乳 8 ～ 10 次。

母乳喂养姿势与方法

妈妈要掌握正确的喂养姿势和方法，让自己用最舒服的姿势喂奶，让宝宝用最舒服的姿势吃奶。（参见第 2 篇第 1 章“怎么给宝宝喂母乳”）

摇篮式　这是一种经典的哺乳姿势，妈妈可以坐在有扶手的椅子或靠在床上的枕头上，把脚放在矮一些的凳子或桌子上，不要让身体向宝宝倾斜。把宝宝放在大腿上，可以垫上一个枕头，让宝宝侧面躺在上面，脸、腹部和膝盖都直接朝向妈妈，妈妈要用臂弯托住宝宝的头部，把宝宝下面的胳膊放到妈妈胳膊下面。宝宝吃奶时，把他的头放在他吮吸乳房那一侧的臂弯里，把前臂和手伸到宝宝后背，托住他的颈部、脊柱和臀部。

适合情形：摇篮式适合顺产的足月宝宝。新生儿可能较难找到乳头，等到宝宝 1 个月左右颈部肌肉发展之后，适宜采用这个姿势。剖腹产的妈妈不适宜使用这种姿势，因为对腹部的压力过大。

交叉式　又称交叉摇篮式，这种姿势与摇篮式不同的是，宝宝的头部不是靠在妈妈的臂弯上，而是靠在妈妈的前臂上。如果妈妈用右侧乳房喂奶，就用左手和左臂抱住宝宝，使宝宝的胸腹部朝向妈妈。妈妈要用手指托住宝宝头部后侧及耳朵下方，引导宝宝找到乳头。

适合情形：这种姿势适合新生儿和含乳头有困难的宝宝。

橄榄球式　橄榄球式就是把宝宝夹在与哺乳乳房同一侧的胳膊下面。首先，把宝宝放在体侧的胳膊下方，让宝宝朝向妈妈，鼻子到妈妈乳头的高度，宝宝双脚伸在妈妈背后。把妈妈的胳膊放在大腿上（或身体一侧）的枕头上，用手托起宝宝的肩、颈和头部。另一只手呈 C 形托住乳房，引导宝宝找到乳头。注意，把宝宝推向胸部时要小心，用力过大宝宝向后仰头会顶住妈妈的手，要用妈妈的前臂撑住宝宝的上背部。

适合情形：适合剖腹产的妈妈，橄榄球式可以避免宝宝压到妈妈腹部。另外，如果宝宝很小或含奶头比较困难，这种姿势也有助于宝宝找到乳头。乳房较大、乳头扁平或双胞胎的妈妈也适合橄榄球式。

侧卧式　这种姿势适合侧躺在床上喂奶。妈妈可以请爸爸在身后放几个枕头作为支撑，或者在头和肩膀下面垫个枕头，双膝之间也可夹一个枕头，使后背和臀部在一条直线上。让宝宝面朝妈妈，用身体下侧的胳膊搂住宝宝的头，抱住宝宝。可以用一个小枕头把宝宝的头垫高，使宝宝离妈妈乳房更近一些，让宝宝轻松够到妈妈的乳房。

适合情形：剖腹产或难产的妈妈，选用侧卧式可以避免妈妈坐着时难受，另外，这个姿势适合在床上喂奶。

人工喂养的实际问题

人工喂养的好处

喂养方便，不管父亲还是母亲或其他人，谁都可以喂宝宝。灵活性比较强，在妈妈有事情必须和宝宝短暂分离的时候，宝宝不用饿肚子。

人工喂养的原则

奶嘴的孔不能开太大，不然容易使宝宝一下吸入过多的奶水而呛到。妈妈给宝宝喂奶时要将奶瓶后部始终略高于前部，使奶水能一直充满奶嘴，不致使宝宝吸入空气。不要让宝宝平躺在床上吸奶瓶，最好抱起宝宝，使其头略高于身体，这样不易发生奶水返流或吐奶（参见第2篇第2章“宝宝吐奶怎么办”）。

奶粉喂养实际问题

器具

宝宝直接接触的器具：两三个奶瓶、三四个奶嘴、小型奶瓶。

间接使用的辅助性器具：计量勺和刮平刀、奶粉盒、食品盒、奶嘴罩、瓶刷、长筷子和瓶子、碟子或盆、搪瓷盘、擦拭布、奶瓶用的洗涤剂、消毒器，蒸煮器。

奶温

脸颊试温：摇匀奶瓶，稍待会儿贴在脸颊上，以不感到冷或烫为准。

手腕试温：将牛奶滴几滴在手腕上，以不冷不热或略微偏温为准。

喝多少

全以奶粉喂养的宝宝，喝多少以体重来算。

一般每天每千克体重需奶水(用1份奶粉加4份水制成的)100 ~ 120毫升，计算出总量以后，等分为5 ~ 6次喂奶。

由于每个宝宝的需要量不一，因此差异也较大。每日总量不要超过1000毫升，如果宝宝喂养的总量达到1000毫升仍不能吃饱，则说明应添加辅助食品或辅食添加不够。（参见第2篇第4章“如何调配奶粉”）

怎么选购奶粉

气味：好的奶粉应该有着淡淡的乳香味，如果奶粉有霉味、酸味或者腥臭味，则是变质奶粉。

颜色：好的奶粉应该是淡黄色或者白色。焦黄色或者颜色比较深的则是比较差的奶粉。

手感：好的奶粉用手捏应该是柔软松散的。用手一捏就碎的结块奶粉尽量不要买。

奶瓶的使用和消毒

奶瓶的选择原则

要具有很高的透明度，不要有太多图案和色彩，方便看清楚奶的容量和状态，方便家长给宝宝喂奶，从而控制好喂奶量，还可以从奶粉形态确定奶粉的质量，避免给宝宝喝得太多，或者喝不卫生的奶。

奶瓶要有很高的硬度，避免遇到高温变形。在选择时，家长可以用手捏一捏来感觉。

选择符合妈妈乳头形状的奶嘴。这个阶段的宝宝以母乳喂养为主，已经习惯并适应了妈妈的乳头，所以奶嘴最好也要符合乳头的形状，不会让宝宝有太大的陌生感，否则会产生排斥。奶瓶的设计要科学合理，使宝宝在吮吸时不至于太吃力。

两大材质奶瓶大比拼

玻璃材质：适合初生宝宝

优点：安全无毒、耐热性佳，清洁方便、不容易有奶垢等。

缺点：重而且易碎，如果不小心摔掉容易烫到或者扎到宝宝。而且玻璃奶瓶容易过热，不方便宝宝拿。

塑胶材质：适合较大宝宝

优点：材质轻、不易破裂、适合外出时用，宝宝可以自己捧着喝奶。

缺点：容易留有奶垢、不易清洗。

奶瓶的使用期限

奶瓶要6个月左右更换一次，尤其是塑胶奶瓶品质较不稳定，使用一段时间后，瓶身就会因为刷洗和氧化，出现模糊的雾状，奶垢更不易清除。如果奶瓶表面有破损及磨损现象时，一定要换新。

奶嘴属于消耗品，宝宝长期使用会变硬、变质，爸爸妈妈清洗时，也会使奶嘴变大，导致宝宝喝奶时发生呛奶危险，因此建议 3 个月左右更换一次。如有破损，马上更换。

奶瓶清洁

奶瓶清洁可以降低感染疾病的几率。如果清洁不到位，可能诱发幼儿急性肠胃炎。另外，宝宝的免疫系统尚未发育健全，外来的细菌和微生物容易入侵。宝宝喝完奶后，如果奶瓶清洁不彻底，容易滋长细菌，病毒经由口传入胃肠道，会造成宝宝肠胃不适。

如果奶瓶里有剩下的奶，先倒掉，然后用清水冲净，再用奶瓶刷刷洗奶瓶内部，有奶垢的地方要洗刷干净。仔细刷洗瓶口螺纹处，不要让细菌滋生。

奶嘴和奶嘴座须拆下分开，分别清洗，尤其注意奶嘴吸孔处有无奶垢堆积，这是宝宝直接用嘴接触的地方，一定要确保卫生无细菌。

最好在宝宝喝完奶后马上清洗奶瓶，隔得时间长了，瓶上残留的牛奶的油脂，黏腻难清，不仅会加重爸爸妈妈的工作，还可能清洗不干净，引起细菌、病毒的入侵。

奶瓶消毒

清洁完奶瓶之后，就要进行消毒了。一般婴儿奶瓶的消毒方式，可以分为煮沸消毒法及蒸汽锅消毒法。

煮沸消毒法

准备一个不锈钢的煮锅，这个锅不要再用来烹调食物，必须是宝宝奶瓶消毒专用锅，然后装上足以覆盖所有需要消毒的喂奶用具的冷水。

将玻璃材质的奶瓶与冷水一起放入锅中，等水烧开后 5 ～ 10 分钟再放入奶嘴、瓶盖等塑胶制品，盖上锅盖再煮 3 ～ 5 分钟后关火；若是塑胶的奶瓶，则要等水烧开之后，再将奶瓶、奶嘴、奶瓶盖一起放入锅中消毒，约再煮 3 ～ 5 分钟即可。（注意，如果不耐高温的奶瓶最好不要煮沸，可用蒸汽锅消毒。）

等到水稍凉后，再用消毒过的奶瓶夹取出奶嘴、瓶盖、奶瓶，置于干净通风处，倒扣沥干。干了之后，把奶嘴、瓶盖套回奶瓶上备用。

蒸气锅消毒法

选购功能齐备、质量好的电动蒸汽锅。

使用蒸汽锅消毒前，也要先将所有的奶瓶、奶嘴、奶瓶盖等物品彻底清洗干净，然后再一起放入，按下开关，待其消毒完毕，会自动切断电源。

宝宝的奶瓶消毒完成后，应将留在瓶身内的水彻底倒净，之后倒扣沥干，并以消毒过的奶瓶夹将消毒过的奶瓶、奶嘴、奶瓶盖等夹放置通风、干净处放凉备用，并盖上纱布或盖子。

混合喂养怎么安排

混合喂养的原则

妈妈不要把母乳和牛奶混在一顿给宝宝吃，喂母乳就全部喂母乳，即使宝宝没吃饱，也不要马上喂牛奶，可以把下一次的喂奶时间提前。母乳不能攒着，如果把奶憋着了，乳汁的分泌就会减少，母乳吃得越空，分泌越多。因此，不要攒母乳，有了就喂，慢慢就够宝宝吃了。

混合喂养的方法

妈妈要充分利用有限的母乳，尽量多喂宝宝。母乳喂养次数要均匀分开，不要很长一段时间都不喂母乳。在夜间最好是母乳喂养，如果母乳量确实太少，宝宝吃不饱，这时就要以奶粉为主了。每次调奶粉时，不要调得太多，尽量不让宝宝吃搁置时间过长的奶粉。冲调后奶粉的温度与人体的温度差不多，一般在36° C左右即可。

混合喂养的安排

妈妈因工作需要（参见第2篇第4章“工作妈妈的喂养贴士”），跟宝宝的吃奶时间不吻合，可以用配方奶粉或其他代乳品代替。如因母乳不足，可在每次母乳后以代乳品补足，以宝宝满足、不再吸食为度。先加少量，再逐渐增加。以1～2次或数次代乳品代替母乳者，量也应该由少渐增。应按时用吸奶器吸空母乳，以保持母乳量不减，还可以预防乳疮。

混合喂养的奶粉选择

选择

母乳化奶粉：营养学家根据母乳的营养成分重新搭配的奶粉，是最适合宝宝的奶粉。

甜奶粉：营养价值没有母乳高，虽然保持了牛奶的原有成分，但是容易造成宝宝依赖甜食。

淡奶粉：不太适合新生宝宝，因为不容易消化的酪蛋白含量过高。

速溶奶粉：优点是冲泡快，选择标准是冲开后没有不易溶解的杂质沉淀物。

婴儿奶粉：比较适合宝宝的奶粉，它以牛奶为主要原料，增加了维生素D和铁剂(参见第2篇第7章“补铁宜忌要留意”)，同时又补充了滋养型单糖。

配制

全奶、1/2奶、1/3奶：刚出生的宝宝，消化功能弱，不能喂全奶，应该喂1/3奶。3天后可喂1/2奶，一周后才能喂全奶。

全奶的配制方法是：一平勺奶粉加4勺(同样大小的勺)的水，奶粉恰好溶解成全奶。

1/2奶的配制方法是：一平勺奶粉加8勺水。

1/3奶的配制方法是：一平勺奶粉加12勺水。

新生儿的营养方案

刚出生一周的宝宝，消化吸收能力还不强，所以最理想的营养来源就是母乳了。无论从结构形式还是营养素的数量比例，都是最适合宝宝的。

宝宝两周以后，消化吸收能力增强，逐步适应了周围的环境。在妈妈奶水不足的情况下，可以选择相应的配方奶科学地喂养宝宝。

妈妈如果患有肾脏疾病、肝脏疾病、心功能不全、精神疾病、癫痫病、严重的心脏病等，不适合哺乳。患有感染性的乙型肝炎、艾滋病等病毒疾病，为免引起宝宝的感染，也要避免哺乳。宝宝方面，如果患有半乳糖血症、苯丙酮尿症等疾病，则不能进食母乳。

初乳（参见第2篇第1章“珍惜宝贵的初乳”）是妈妈产后最初产生的乳汁，对病毒、细菌有很强的抵抗作用，包含丰富的抗体，妈妈应该及时让宝宝吃初乳。

因此，在宝宝出生之后，为了促进妈妈乳汁的分泌，方便以后的母乳喂养，妈妈要尽早地对宝宝进行哺乳。

配方奶（参见第2篇第4章“如何调配奶粉”）：一般的配方奶粉都含有足够的糖分，所以不需要另外加糖。具体冲泡方法是，将适量的温开水倒入奶瓶中，然后将规定比例的配方奶粉加入奶瓶，均匀地摇动奶瓶，等凉到和体温相同的温度再喂给宝宝喝。

母乳喂养的常见问题

漏奶原因与应对

漏奶，是妈妈在产后哺乳中不经宝宝吮吸或未经挤压而乳汁自溢的现象。

原因

妈妈乳头位置较低导致漏奶。

乳汁分泌过多，没有及时吸奶，乳房充盈而自溢。

周围有其他宝宝哭或者妈妈用另一侧乳房给宝宝喂奶时发生泌乳反应，导致乳房漏奶。

持续时间

在妈妈母乳喂养的第一个月，由于母乳分泌量和宝宝的奶量需求有一个磨合期，漏奶很多。但到了母乳喂养的 6 ～ 10 周，就不存在漏奶现象了。

应对措施

如果妈妈有漏奶现象，一定不要太紧张焦躁，要保持轻松的心情。

乳罩要合适，可以将乳房高高托起，乳头的位置不低于水平。当感觉乳房很胀时，就要及时喂哺或将乳汁吸出。

在喂奶过程中，可以准备些干净的毛巾或防溢乳垫来擦拭，以防衣物备弄脏弄湿。

准备“护奶器”，可以让漏出的奶水流进去，不会流到其他地方。

减少对妈妈乳房的刺激，尽量避免看到能够带来泌乳反射的场面。

双手交叉用劲按压胸部，可防止奶水很快流出。

如果问题比较严重，可以咨询一下专家，做出相应治疗、调整。

胀奶原因及应对

原因

妈妈胀奶主要是因为乳房内乳汁及结缔组织中增加的血量及水分所引起的。孕妇从怀孕末期就开始有初乳，当胎盘娩出后，泌乳激素增加，刺激产生乳汁，乳腺管及周围组织膨胀，在产后第 3 ～ 4 天达到最高点。如果妈妈在宝宝出生后没有及时喂奶，或喂奶间隔时间太长，就容易导致胀奶，还有的是因为妈妈乳汁分泌过多，乳腺管内乳汁淤积，导致乳房肿胀疼痛。

预防

早开奶，在宝宝出生 30 分钟内开始喂母乳，勤哺乳，注意哺喂次数，约 3 小时 1 次，以流出乳汁，保证乳腺管通畅，预防胀奶。

如果妈妈乳汁分泌过多，宝宝吃不完，要用吸奶器吸空多余的奶，以防妈妈乳房胀痛，而且促进乳汁分泌。

解决措施

哺乳前热敷乳房，从而使阻塞在乳腺中的乳块变得通畅，改善乳房循环状况。因为乳晕和乳头的皮肤娇嫩，所以尽量避开。温度也不要太热，避免烫伤。

热敷过乳房后，可以用手由乳房四周向乳头方向轻轻按摩，以促进乳汁的通畅。

乳房肿胀疼痛时，可以用吸奶器来辅助挤奶，缓解疼痛。

当乳房又胀又疼时，还可以冲个热水澡，在冲澡过程中按摩乳房；也可以用温水浸泡乳房，以减轻疼痛感。

如果奶胀疼痛现象非常严重，可用冷敷止痛，但注意要先将乳汁挤出后再进行冷敷。

佩戴可以把乳房托起的乳罩，以利于乳房的血液循环，从而减轻疼痛。

挤奶原因及应对

挤奶原因

乳房太胀时要挤奶来帮助宝宝吸吮。

妈妈乳头疼痛导致哺乳有困难时，可以把奶挤出喂养宝宝，既可以减轻疼痛，又可以防止乳汁分泌减少。

妈妈乳头内陷，宝宝吮吸能力差无法吮吸时，就要挤奶喂养并保持乳汁的分泌。

宝宝出生后体重不足或生病导致吸吮力降低时，应挤奶喂养。

由于工作或者其他原因母子分离时，要挤奶喂养婴儿。

挤奶方法

手工挤奶法：

挤奶前妈妈一定要洗净双手，自己进行，避免别人代替会引起疼痛。

然后找一个舒适的位置坐下，把盛奶的容器放在靠近乳房的地方。

挤奶时，把拇指放在乳头、乳晕的上方，食指放在乳头、乳晕的下方，距乳头根部 2 厘米处，以保证挤到乳晕下方的乳窦，其他手指托住乳房。拇指、食指向胸壁方向挤压，压的时候不要太用力，否则会引起乳腺导管阻塞。注意手指一定要固定住，不要来回滑动，手指反复在乳房组织的乳窦上有节奏地一压一放，使乳汁从乳头滴出，并逐渐增多。挤压各乳窦时手指不要去压乳头，压乳头是不会出奶的。

两个乳房交替挤压，每一侧乳房每次至少挤压 3 ~ 5 分钟。整个挤奶的时间以 20 ~ 30 分钟为宜，保证较多的泌乳量。

吸奶器挤奶法：

吸奶器可在商店购买，要选择适合自己乳头的罩杯，使用前先进行消毒。

挤压一下吸奶器后半部的橡皮球，使吸奶器呈负压，将吸奶器的广口罩在乳头周围的皮肤上，不让其漏气，放松橡皮球，乳汁慢慢地流入吸奶器容器内。待没有压力时，再重复挤压橡皮球。

如果挤奶遇到困难，可能是吸力过低或循环速度过快，这时需要调整吸奶器的位置。

当吸奶器中挤的奶较多时，将奶倒入准备好的容器内，再继续吸。

拒奶原因及应对

没有处在断奶期的宝宝拒绝吃母乳的现象，称为宝宝“拒奶”或“罢奶”。

拒奶原因

宝宝含乳头的方式不正确，不能有效吮吸乳汁。

宝宝处在出牙期，或者其他疾病因素引起，比如感冒、鹅口疮等。

患耳部感染的宝宝在吃奶时会使耳朵里产生压力，感到疼痛。

宝宝鼻塞时吃奶呼吸困难，所以导致拒奶。配方奶添加过多，导致妈妈乳汁分泌量减少。

宝宝吃奶时，容易分心或者经常被打断，久而久之，导致宝宝拒奶。

宝宝饿了没有及时喂奶，导致宝宝哭闹而拒奶。

宝宝与妈妈由于种种原因长时间分离。

宝宝对母乳过敏，或者妈妈乳房周围抹了乳霜或其他产品，还可能因为妈妈在哺乳时期吃药或者吃了某些食物，使乳汁味道发生变化。

因为咬到妈妈乳房遭到呵斥，使宝宝不敢或不愿意吃奶。

解决措施

在宝宝很困时或睡前喂奶，效果可能会好些。如果宝宝患鹅口疮、感冒等一定要及时就医治疗。

宝宝可能厌倦了妈妈的喂奶姿势，可以尝试不同的喂奶姿势，宝宝可能会喜欢妈妈边走边喂奶，或者摇晃着喂奶。

为了防止宝宝分心，妈妈要找个安静

的房间给宝宝喂奶，还可以把灯光调暗，远离收音机或电视机，使宝宝专心吃奶。

妈妈要多与宝宝进行皮肤接触，多给宝宝关心和爱，使母子关系更加亲近。

如果宝宝拒奶，妈妈可以每隔几个小时用手或吸奶器把奶挤出来，有助于缓解胀奶状况，而且还可以喂饱宝宝。

其他问题

如何知道宝宝吃了多少奶

在孩子吃奶前称一下体重，吃完奶后再称一下体重，差额就是吃进去的奶量。将一天内各次奶量加在一起，就是一天的总量。

妈妈奶水短暂不足怎么办

妈妈要多休息，保证充足的睡眠，放松心情，还要注意营养，主食量要够，否则热量不足，另外，还要多吃营养丰富的流质食物。（参见第 2 篇第 2 章“母乳不足喂养对策”）

妈妈用药要慎重

不管是中药还是西药，吸收到妈妈身体后都会随血液循环到达乳腺并随乳汁排出，因而乳汁中或多或少会含有药物成分。对于一个初生婴儿来说，这些都是非生理物质，而且含量大时将对婴儿产生不良作用，甚至会发生中毒反应。因此，在服用药品时，应注意药品对乳儿的影响。

双胞胎的母乳喂养

用母乳喂养的双胞胎出生后半小时即可喂 5% 糖水 25～50 克，建议妈妈用本子把两个宝宝每次的吃奶量和间隔时间分别记下来，要少吃多餐。

妈妈不要轻易放弃母乳喂养

年轻妈妈不要因为以下的原因，轻易放弃给宝宝的纯母乳喂养。

浓母乳才有好营养　有些妈妈发现，挤出来的乳汁很稀，不够营养。而奶粉的浓度可以自由调节，营养价值胜于母乳。其实母乳的浓稀与营养价值无关。正常情况下，母亲的乳汁完全能满足宝宝 4 个月内的营养需要。

觉得乳房小奶量少　有些妈妈存在一种误区，觉得自己的乳房小，奶量肯定也有限。既然都不够吃，索性宝宝一出生就给喂食配方奶。其实，影响乳汁分泌的因素很多，乳房的大小并不是唯一的决定因素。如果妈妈能够充满信心，切实做好孕期和产后的各项保健工作，让宝宝早吃奶，随宝宝的需要喂奶，母乳喂养就一定能取得成功。

担心产后的身材　一些年轻的妈妈在产后担心哺乳会让自己发胖，造成乳房下垂、变形等，影响体型，因此拒绝哺乳。其实，妈妈如果选戴合适的棉质乳罩，断奶后乳房基本上是可以恢复到原来的形状的。而喂奶也是恢复产前身材的一种很好的减肥方法，喂奶能帮妈妈减去全身尤其是腹部的多余脂肪，因为哺乳本身就是脂肪与能量消耗的过程。

过早地添加辅食　很多妈妈担心宝宝营养不够，很早就给宝宝添加辅食了。其实，添加辅食应遵循及时原则、充足原则、恰当原则和个性化原则。添加辅食一般在 4～6 个月时进行，也就是能量以及营养素无法光靠母乳或配方奶提供的时候，才添加辅食。

妈妈奶水多，宝宝吃得饱

哺乳中的妈妈都从而把宝宝喂得饱饱的，希望自己的乳汁足足的，可有时却不能如愿以偿。下面，推荐几款增加妈妈乳汁分泌的食谱，让妈妈吃得巧，宝宝吃得饱。

母乳不足的表现

妈妈感觉乳房空。

宝宝吃奶时间过长，吸吮时听不到连续的吞咽声，放开奶头会哭闹。

宝宝睡眠质量差。

宝宝大小便次数变少，量也少。

宝宝体重不增加或增加缓慢。

母乳不足的原因

妈妈营养不良，热量不足，导致乳汁的分泌量少。

妈妈由于心情不好或劳累过度、睡眠不足导致乳汁减少。

哺乳次数过少导致每次哺乳不能完全排空，乳房内乳汁积存会抑制乳汁分泌。

药物影响泌乳，如一些生物碱代谢药、止痛药等。

改善和预防措施

妈妈妊娠末期要做好哺乳准备，每天用干净的毛巾蘸上温水擦洗乳头、乳晕，乳头内陷者用手指将乳晕向胸壁挤压，使乳头突出，然后捏住乳头反复向外牵拉，每次5分钟左右，每天两次，改善乳头内陷状况，为产后哺乳作准备。

及时开奶，勤于喂奶，宝宝吸吮乳头可促进泌乳反射增加乳汁。

不要过早给宝宝添加辅食。

妈妈哺乳后可通过挤奶排空奶汁，有利于下次的乳汁分泌。

妈妈要保证充足的睡眠，避免烦躁、恼怒等不良情绪。

注意营养搭配，保证摄入充足的营养。首先，妈妈要补充充足的碳水化合物，比如米、面、杂粮、土豆、番薯等；其次，蛋白质是宝宝生长发育的基础。鱼、禽、肉及动物内脏、蛋、奶及豆制品等含有优质蛋白质的食物要补充；再次，要补充适量的脂肪，以提供能量，还可以提供脂肪酸，促进宝宝的大脑发育；此外，矿物质也是必不可少的，瘦肉、血豆腐、肝等含铁的食物可预防妈妈贫血，牛奶、豆类、芝麻酱等含钙食物可以促进宝宝骨骼的生长发育，海带、紫菜等海产品可以提供碘；最后，一定要补充维生素，多吃蔬菜和水果。

适当按摩也能增加乳汁的分泌，先用热毛巾温敷乳房，一手托住乳房，另一手在乳房的上、下、左、右根部轻轻揉搓2～5分钟，再以食、中、无名指向乳头方向推按乳房，以拇指、食指牵拉乳头并挤压乳晕。将左手或右手的食指及拇指放在乳晕两旁，先往下压，再向两旁推开；或是以乳头为中心点，采取左右、上下对称的方式按摩，使乳头突出。

乳母一日食谱

时间	食谱	加餐
早上	油条：油条100克 豆芽拌粉丝：黄豆芽50克，粉丝25克 豆浆：豆浆250毫升 红糖煮蛋：鸡蛋35克，红糖20克	花卷：50克 花生煲猪脚：猪蹄25克，花生15克，粉丝50克
中午	炒土豆丝：土豆150克 馒头：250克 豆腐鲫鱼汤：鲫鱼50克，豆腐50克	饼干：50克 萝卜丝：胡萝卜100克 甜粥：50克，红糖20克
晚上	焖鸡块：鸡肉50克 炒油菜：油菜150克 米饭：250克 香菇笋片汤：香菇15克，笋片20克	桃酥：50克 百合小米粥：小米50克，百合15克

乳母催乳食谱

鲫鱼鲜汤

原料：鲜鲫鱼500克，通草6克，少许精盐。

做法：鲫鱼去鳞，去内脏，再加上通草煮成汤即可。

每日吃鱼喝汤2次，连喝一礼拜左右。

功效：鲫鱼有着补气利湿、温虚顺气、消肿利尿、通乳利水的功效；通草也有通乳补气的作用。

虾仁馄饨汤

原料：新鲜虾仁50克，胡萝卜15克，葱末20克，猪绞肉50克，姜末10克，馄饨皮8～10片，香菜些许，高汤、精盐、胡椒、麻油适量。

做法：将绞肉、胡萝卜、虾仁、葱、姜放在一起剁碎，加入调料拌匀。将剁成的馅料分成8份，用皮包进去，放入水中煮沸。再加香菜、葱末、胡椒、麻油等调味料即可。

功效：虾仁含有丰富的蛋白质、脂肪和维生素，是一种味咸性温的食物，有着补气养血、增加乳汁的作用。

花生大米粥

原料：熟花生仁50克，大米150克，低脂鲜牛奶250毫升，白糖些许。

做法：将大米放入锅里煮粥。

快熟的时候，将花生仁和低脂鲜牛奶放进去，再拌上白糖即可。

功效：花生仁是一种性平味甘的食物，有着润肠通便、补气止血、益脾养胃、增加乳汁分泌的功效。

第2章
2个月宝宝的饮食营养

2个月宝宝的喂养须知

2个月的宝宝仍应继续坚持母乳喂养，每天喂奶5 ~ 6次。

哺乳时间控制在15分钟左右，隔3小时喂一次。

人工喂养配方奶粉的宝宝，每次的喂奶量应控制在120毫升以内。

人工喂养牛奶的宝宝，每天的总奶量不应超过800毫升。

2个月的宝宝还应喂鱼肝油，每天一次，一次一滴。

2个月宝宝的发育指标

发育指标	男孩	女孩
体重（千克）	55.5 ~ 60.7	4.4 ~ 59.2
头围（厘米）	4.3 ~ 6.0	4.0 ~ 5.4
身高（厘米）	36.8 ~ 42.4（平均值）	35.0 ~ 42.0（平均值）

2个月宝宝的每日食谱

主餐	母乳、配方奶
时间	上午4:00，7:00，10:00，12:00 下午：15:00，17:00 晚上：21:00，24:00
辅餐	一次喂50 ~ 150毫升，隔3个小时喂一次。 人工喂养或混合喂养的宝宝，可以酌量喂一些果水、菜水、米汤或温开水。 完全母乳喂养的宝宝不需要加辅食。
用法	一天加喂两次，一次30毫升左右。

怎样喂养2个月的宝宝

宝宝两个月大了，对外界的环境越来越适应，吸吮奶水的能力也越来越强。不管是母乳喂养还是人工喂养，都比新生儿时期好调理得多。这个阶段，应该怎样喂养宝宝呢?

母乳喂养

宝宝每周的体重能增加150克左右，表明成长得很健康，哺乳时间和次数应该趋于稳定。如果在母乳不足的情况下，宝宝体重增加小于100克，就需要在两次哺乳的中间合理地添加一顿牛奶餐。可以将辅餐安排在下午4点左右，一次喂100毫升左右。如果已经加了牛奶餐，妈妈的乳汁分泌也逐渐能满足宝宝的需要，宝宝哭闹的时间减少，那么就可以这样坚持下去。

如果已经加了牛奶餐，而宝宝夜里哭闹的情况仍未减少，妈妈的奶水又不足，那么就要将临睡前的一顿母乳餐改成牛奶餐，以确保妈妈和宝宝的休息。总的来说，应该根据宝宝的体重来增加牛奶餐。

除此之外，乳母还要注意乳头的保护，随时清洁乳头，不要让宝宝在同一侧的乳头上连续吮吸15分钟以上，防止将乳头吸伤，防止由于细菌的缘故而导致乳腺炎。用母乳喂养的宝宝一般比较少生病，尽管可能会出现湿疹（参见第1篇第3章“婴儿湿疹”）、吐奶、稀便、每天大便七八次等情况，但是只要宝宝情绪佳，劲头足，吃奶就不必担心。

人工喂养

2个月的宝宝人工喂养主要是用牛奶喂养。妈妈最需要注意的是不要让宝宝吃过量，避免消化器官负担加重。2个月时，每天牛奶的摄入量应在700毫升左右，一次吃150毫升左右，分成5次吃。可以酌量地增减次数和用量。

为避免加重肾脏、消化器官的负担，食量过大的宝宝一餐的用量最好也不要超过150毫升。如果发现宝宝吃完150毫升后仍然没有饱足感并哭闹时，可以巧妙地让宝宝喝加了少许白糖30毫升左右的开水。因为奶粉本身就含糖，所以用奶粉冲调牛奶时不要再加糖，否则导致宝宝营养过剩。人工喂养的宝宝如果每天大便3～4次，只要情绪佳、劲头足，妈妈也不用担心。

宝宝已经2个月了，要经常把宝宝抱到室外去晒太阳，以免佝偻病的发生。除此之外，还要每天给宝宝喂食一滴浓缩鱼肝油滴剂，补充维生素D。

母乳不足喂养对策

母乳不足时的喂养——混合喂养

月龄小的宝宝，先喂大概10分钟的母乳，然后补充代乳品。可选择维生素含量高的鲜牛奶，鲜牛奶必须煮沸，以消灭病菌，利于宝宝吸收。（参见第2篇第1章“混合喂养要怎么安排”）

如果宝宝吃完母乳后，不肯再吃乳类食品，间隔一次下次够吃饱一顿，就可以采取一顿纯吃母乳，一顿完全喂牛奶或其他代乳食品的间隔喂法；如果母乳不够吃饱一顿时，就要采取先吃牛奶后吃母乳的办法。

可以根据自身情况，安排早、晚吃母乳，中间增喂1～2次乳类或其他代乳食品。

如果母乳量不是很少，就可以让宝宝多吃几次母乳，其他乳类或制品只喂1～2次。

补充奶类或代乳品的用量要根据母乳缺少的情况来定，采取循序渐进的原则，先进行一定量试喂，如果宝宝全吃掉，再试加一些，以保证宝宝吃饱，消化正常。

以后根据月龄的增长，适当调整用量。

如果妈妈没有母乳，就要采用配方乳喂养。

没有母乳时的喂养——配方乳喂养

在没有母乳的情况下，配方乳喂养是较好的选择，特别是母乳化的配方乳。目前市场上配方乳种类繁多，选择时要慎重。

配方奶包装上的产品说明及标识要齐全，选择品牌、质量有保证的配方奶。

要注意生产日期和保质期限，避免购买过期变质产品。

最后要看奶粉的冲调性，保证冲后无结块，液体呈乳白色，奶香味浓。

冲调时要按照正确的比例，若是按重量比应是 1 份奶粉配 8 份水；若按容积比应是 1 份奶粉配 4 份水，不能随意冲调。宝宝虽有一定的消化能力，但调配过浓就会增加宝宝消化的负担，冲调过稀则会影响宝宝的生长发育。

哺乳障碍怎么解决

生第一胎的妈妈，难免在哺乳的时候慌张和笨拙一点。究竟怎样才能在哺乳时成为一名称职的妈妈呢，这还需要妈妈多留意，多哺喂。

让妈妈烦恼的哺乳障碍

乳头疼痛　有些妈妈每次给宝宝喂奶时乳头都疼得受不了，其实，即便妈妈用了正确的喂奶方法，也会在短时间内出现持续的乳头疼痛，不过这种情况很快就会过去。宝宝拒乳的很大一部分原因在于妈妈因为乳头疼痛而减少宝宝的吸吮，因而，妈妈一定要坚持哺乳，过几周，乳头就会慢慢习惯宝宝的吸吮，不会再感到疼痛。

喂养不当　妈妈没有在宝宝出生之后及早地进行初乳喂养；宝宝吃奶的时间也比较凌乱，次数不固定；没有按照宝宝的需要哺乳，哺乳的姿势欠当；过早地食用奶瓶喂奶，造成宝宝的乳头错觉；妈妈因为工作等原因与宝宝分离，这些因素都会导致宝宝不愿吸吮母乳。

乳汁不足　妈妈乳汁不足有很多原因，但主要是由于妈妈对母乳喂养缺乏信心、产后精神抑郁、月经恢复、疲劳等几个因素。也可能有乳房发育不良引起的母乳供应不足的情况出现。乳头凹陷、再次妊娠、乳房手术、使用了某些影响乳汁分泌的药物或妈妈甲状腺功能低下，都可能使乳汁分泌减少，造成妈妈乳汁不足。

宝宝不吸　妈妈如果过早地给宝宝使用奶瓶，就容易让宝宝放弃吸乳头的习惯。在母乳确实不足或宝宝和妈妈分离，为了保证营养的充足，必须喂添加物的情况下，一定要让宝宝先习惯妈妈的乳头，然后再喂添加物。先不要用奶瓶，可以用针管或者小勺。使宝宝养成必须经过努力吸吮才能吃到东西的习惯。

妈妈需要掌握的应对技巧

轮流喂哺　为了保证宝宝营养均衡全面，妈妈应该注意两边的乳房轮流哺喂。宝宝在两边乳房吸吮的奶水充足等量，对妈妈的乳房有益，也利于宝宝的生长发育。

按需喂哺　宝宝因为胃容量有限，因此应该少吃多餐。但是，需要强调的是，宝宝哭泣并不意味着就是饿了，要先排除宝宝尿布潮湿、身体不适、情感需求、温度不适等因素引起的哭闹，再进行按需哺喂。

排空乳房　老一套的错误观念认为，乳房一旦排空，乳汁就无法产生了。实际上恰恰相反，乳房的充分排空，会对泌乳素产生刺激，从而分泌出更多的乳汁，目前常用的吸奶器或者传统的挤奶手法就是两种排空乳房的常用法。

宝宝吐奶怎么办

宝宝刚喝完奶就吐了，遇到这种情况，很多没有经验的妈妈常常会手忙脚乱。其实，吐奶是一种常见的现象，一般来说，是不会有什么危险的。只要掌握了吐奶的原因和预防技巧，就能够很好地避免宝宝吐奶。宝宝吐奶现象在大约 40% 的婴儿中经常发生，是令妈妈特别头疼的一个问题。首先要弄清楚，是什么原因引起宝宝吐奶的。

生理性吐奶

吐奶原因

这个时期，宝宝的胃部和喉部还没有发育成熟。宝宝的胃很小，且呈水平位，从正面看是横躺着的，连接食管处的贲门较宽，关闭作用相比成人差，而连接小肠处的幽门又比较紧，不利通气。另外，与大人相比，宝宝喉头的位置要高一些，而且他们含乳头的方式比较笨拙，从而导致吃奶时空气与乳汁一起吸入胃部，吃好后空气往上升时，就会顶上来小部分的奶，导致吐奶。

用奶瓶喂奶时，奶嘴的开口过大，造成奶汁流出过快，宝宝来不及吞咽，导致吐奶。

奶量过多或两餐间隔时间太短。摄入了过多的营养物质，或者宝宝喜欢吃而吃得过多，不加节制，肚子里装不下了，就会发生吐奶现象。

宝宝刚喝完奶后哭、咳嗽、动得太厉害，或者刚喝完奶就躺下，造成奶汁向食管回流而吐奶。

宝宝这个阶段的消化系统还没有发育完全，宝宝食道末端的肌肉，也就是控制食物进出的肌肉，可能尚未长好，所以很容易导致吐奶。

预防和护理

把握喂奶时间 不要过于频繁，一般乳汁在胃内排空时间约为 2 ~ 3 小时，所以每隔 3 小时左右喂 1 次奶比较合理。还要注意按摩、抚触、洗澡换尿布等都应安排在喂奶前，如果喂奶之后，宝宝肚子饱胀，还要被左翻右翻，很容易导致吐奶。

把握喂奶的量 每次喂奶量不可超过 240 毫升，一方面害怕呕吐，一方面是怕引起消化不良。所以喂奶时，如果宝宝停止吸吮，就不要再强喂，可以采取少量多餐的方式喂宝宝。（参见第 2 篇第 4 章“如何判断宝宝是否吃饱”）

采用适宜的喂奶姿势 给宝宝喂奶时，尽量竖着抱宝宝，可以以一只手臂支撑宝宝的头颈部，另一只手持奶瓶，将奶嘴放入宝宝的嘴巴内，使奶瓶与嘴呈 45°。奶嘴整个放在舌头上面，喂奶时要使奶瓶中的奶水充满奶嘴处才不会吸入太多的空气。如果是母乳喂养，妈妈应注意将整个乳头和大部分乳晕都塞入宝宝的口中，如果仅仅将乳头塞入，宝宝的嘴与乳房没有紧贴，造成过多的空气吸入，在胃内与奶汁混合，气体上排（嗳气）时会将奶汁一起带出，容易造成宝宝吐奶。如果妈妈让宝宝蜷在臂弯里，或是躺着喂奶，会导致配方奶或母乳不能直接进入胃里，稍一晃动就会造成宝宝吐奶。

奶嘴大小要合适 如果宝宝是用奶瓶吃配方奶或挤出来的母乳，一定要注意奶嘴孔不能太小，因为太小会让宝宝着急，从而吞进空气。另一方面，如果奶嘴孔太大，由于奶流得太快，宝宝吞咽不及也会造成吐奶。

不要等宝宝饿了再喂 宝宝很饿的时候会吃得很急，就更有可能在吃母乳或配方奶时吞进空气。还要注意喂奶时要保持安静，让宝宝专心吃奶，避免宝宝吐奶。

不要压着宝宝的肚子　给宝宝喂奶、拍嗝的时候，不要把宝宝的肚子压在你的肩膀上。宝宝穿的衣服和纸尿裤一定不能太紧。

每次喂完奶给宝宝拍嗝　每次喂奶后把宝宝竖起来放在肩上轻轻拍背，直到宝宝打嗝以后才能躺下，这样可以减少溢乳。如果宝宝在吃奶的过程中自然地停住，也要在这个间隔给宝宝拍嗝，在宝宝吃进更多的奶之前排出宝宝胃里的空气，从而避免宝宝吐奶。如果没有拍出嗝来，也不要担心，可能是因为宝宝不需要打嗝。

宝宝吃完奶后，不要让其动得太厉害。喂完奶后，可以让宝宝保持直立的姿势半小时左右，这样重力就会发挥作用。不要马上把宝宝放在床上，也不要马上带宝宝坐车出去，因为当宝宝坐在婴儿汽车座椅里时，他的胃也会受到挤压，造成吐奶。如果宝宝一定要睡觉，睡姿以右侧卧位为宜，因右侧卧位时，胃的贲门口位置较高，幽门口的位置在下方，乳汁较易通过胃的幽门进入小肠，可防止吐奶。

以上吐奶现象属于生理性吐奶，通常发生在 4 个月前，尤其是新生儿。如果吐奶量不多，表现出溢出或轻吐，吐出来的还是原状液体，这种情况偶尔发生，吐奶后精神依然很好，不哭闹，没有痛苦的表情，那么一般没有大问题。可以在手边为宝宝准备一些小毛巾或湿巾，一旦宝宝溢奶，要及时为宝宝擦净。

病理性吐奶

如果宝宝吐奶时呈喷射状，会把胃里的奶吐光，还会吐出胃液。如果喂奶间隔很长时间，会吐出来带奶块、有酸味的半消化奶液，而且还伴随着其他身体不适的症状。出现这种情况时一定要注意，这可能是病理性吐奶。病理性吐奶是由身体疾病引起的吐奶。比如宝宝肠胃不好、上呼吸道感染、脑部疾病等都可能会引发吐奶。

感冒　宝宝感冒时，尤其是病毒性呼吸道感染时，由于咳嗽的缘故，会使得腹压升高，也常常伴有呕吐的症状。

肥厚性幽门狭窄　胃部连接十二指肠的连接关卡称之为幽门，如果此处的肌肉过于肥厚，会影响食物进入十二指肠的顺畅度，食物容易堆积在胃部，造成宝宝持续吐奶。典型症状是宝宝吐奶的频率逐渐密集，约在出生后 23 周时（也有少数患儿在出生 5 个月后才出现此症状）最容易观察出宝宝的症状，出现这种情况时，宝宝不仅会出现喷射状的吐奶，吐完之后又会因为饥饿而继续想喝奶，吐出的奶水中有时会掺杂少许血丝。

胃食管返流　它和溢奶原因差不多，但表现为比较严重的溢奶，近似于呕吐。胃食管返流主要是由全身或局部原因引起下端食管括约肌和贲门张力不够，胃内容物反流入食管所导致，并可引起严重并发症，比如咳嗽、呼吸费力等。早产儿发病率偏高，所以家有早产儿须更加注意。

感染　流行性腹泻、肝炎、中耳炎、肺炎、败血症、脑膜炎也是引起宝宝呕吐的原因。

食管闭锁　如宝宝出生后唾液较多，吞几口奶后有呕吐、呛咳、青紫甚至窒息等症状，多为食管闭锁。

肠闭锁　宝宝生后 1 天内常出现持续性呕吐，吐奶后症状常有所缓解，但吃奶后几小时又开始呕吐，吐出物常伴有奶、胆汁和粪便样的液体。

肠旋转不良　宝宝出生后数日内常出现间隔性呕吐，时轻时重，呕吐物为奶汁或胆汁。

先天性巨结肠　宝宝出生后不排胎便或量少，1 ~ 2 天后会出现肠梗阻症状，表现为频繁呕吐，呕吐物中含有胆汁或呕吐物为粪样液，腹胀明显，腹壁发亮，静脉扩张，经直肠指检或灌肠后排出大量大便。

如果是病理性吐奶，一定要及时带宝宝去医院。如果宝宝在深夜吐奶，只是出现呕吐，但是腹泻次数不多，宝宝还能够吃奶，小便量减少但还是会小便的情况，可以等到第二天再去医院。

但如果宝宝发高烧、精神恍惚，反应迟钝，或是发生痉挛，一直大哭，拉出深红色血便或白色血便，吐奶似喷水状，而且持续呕吐，没有小便，还有因头部受到撞击而引起的呕吐时，要立即就医。

吐奶和溢奶是两回事

吐奶一般是发生在喂奶之后不久，宝宝会伴有痛苦表情，张口伸脖等表现。宝宝在喝完奶之后，嘴角会流出奶，这是溢奶而不是吐奶。溢奶量比吐奶量要少得多，一般吐了一两口就止住了，相当于打了个奶嗝（参见第 1 篇第 2 章“宝宝打嗝巧护理”），所以妈妈无需太过担心。妈妈可以通过仔细观察宝宝的吐奶表现来判断宝宝究竟是溢奶还是吐奶，再采取相应的应对措施。

怎样给宝宝拍嗝

催婴儿打嗝的最简单的姿势是：抱起婴儿，让他的脸对着自己的肩膀，轻轻地抚摸或拍打他的后背几分钟。（见图 1）

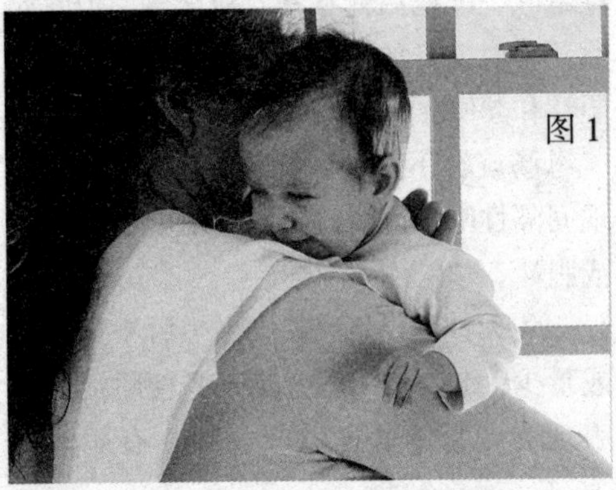

图 1

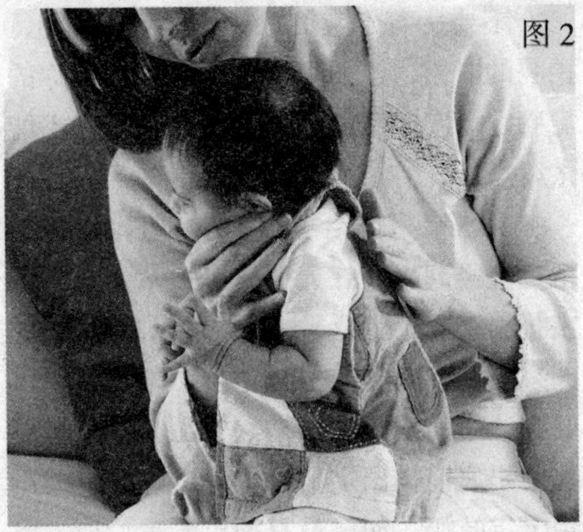

图 2

另外，也可以抱起婴儿，让他坐到自己膝盖上，用手托着婴儿下巴。让他的胸脯斜靠在自己的一只手上，同时用另一只手抚摸婴儿的后背。（见）

宝宝过敏的应对措施

原因

母乳过敏　母乳过敏指的是，肠道被母乳中的累积大分子蛋白刺激，抗体相对地形成，故而发生过敏反应。宝宝的母乳过敏在哺喂中比较常见，一般情况下不会有什么大问题，随着宝宝的成长，过敏情况会逐渐好转。但是还有些宝宝就比较严重，最明显的症状就是湿疹。在 1 岁的宝宝中，母乳过敏的发生率在 6% 左右，若没有并发症，大多数可以不用治疗。

牛奶蛋白过敏　牛奶蛋白过敏指的是，牛奶中含有的蛋白质使宝宝发生过敏反应，宝宝一接触到大的蛋白质分子，就会表现出诸如皮肤问题或胃肠道问题等不适症状。人工喂养的宝宝，因为多以牛奶配方奶粉为主餐，因此最容易发生牛奶蛋白过敏。若妈妈吃了含有过敏原的东西，那么宝宝在喝了乳汁之后就很有可能过敏。所以，妈妈要特别注意不要摄入含有牛奶蛋白的食物。若非此原因导致宝宝过敏，那就要求助专业的医生了。

症状

起疹子，常见的是湿疹。

没有原因，频繁地吐奶、放屁、打嗝。

睡眠情况糟糕，睡不安稳，夜里常哭闹。

腹泻，便秘，严重的甚至会带有脓血黏液。

应对措施

一般来说，一旦发现宝宝母乳过敏，就应该暂停母乳喂养。先用无敏奶粉喂养，等情况好转了，再逐渐换成低敏奶粉。低敏奶粉分为三大类：部分水解蛋白、游离氨基酸、深度水解蛋白。前一种主要用于预防，后两种主要用于治疗严重的蛋白过敏。主要的区别在于蛋白分子的大小，过敏越少的蛋白分子也越少。因为游离氨基酸没有包含蛋白，所以被称为无敏奶粉。

母乳是宝宝最好的营养品，原则上来说也是最不容易过敏的。因此，初期母乳过敏的宝宝，在添加辅食一段时间之后，在蛋白过敏的耐受性作用下，症状会有所缓解，可以进行母乳混合喂养。但是如果蛋白过敏严重，连其他蛋白也过敏，妈妈就只能给宝宝选择无敏奶粉或者低敏奶粉。

2个月宝宝的营养方案

两个月的宝宝生长很迅速，对各类营养素的需求也相对迅速增加。这个阶段还是鼓励母乳喂养。如果妈妈的奶量完全可以满足宝宝日常的需要，那么其他的配方奶全就可以完全不用添加。但是如果妈妈体力没有办法负荷，或者乳汁分泌有限的话，就应该选择配方奶或牛奶来进行喂养。

注意事项

浓度　配方奶的浓度低了可能会使宝宝营养不良，浓度高了又可能使宝宝拉肚子，所以，要把握好奶的浓度。

温度　各种营养素在配方奶粉中存在的条件大概是37℃，即相当于母亲身体的温度，这个温度比较容易被宝宝的肠胃接受。

污染　配方奶的配置过程要特别注意卫生情况，开罐后不要放置太长时间。因为配方奶很容易滋长细菌，奶粉冲泡好就不宜再进行高温煮沸消毒。

小贴士

妈妈不要看宝宝睡得很香，就舍不得叫醒宝宝起来喂奶。如果没有按照就餐时间喂哺，让宝宝一直睡下去，那么体质弱的宝宝就很有可能出现低血糖的情况。

如果白天宝宝已经睡足了3个小时，又到了吃奶的时间了，就算睡得很香也要叫醒宝宝。如果宝宝哭闹不肯吃，那妈妈就要仔细检查宝宝是不是不舒服。但是，如果是在夜里，宝宝在超过6个小时内吃过奶，就可以不用叫醒宝宝了。

营养食谱

西瓜汁　将西瓜放入碗内，用汤匙捣碎，再用纱布过滤即可。

橘子汁　将橘子洗干净切成两半，在挤汁器上旋转几次，果汁流入槽内过滤后即成。

青菜水　将青菜洗干净切碎，水烧开后放入碎菜，盖好锅盖烧两三分钟，焖10分钟后滤去菜渣留汤，放凉即可食用。

早产宝宝如何喂养

凡新生儿胎龄未满37周，身长少于46厘米，体重小于2500克，均称为早产儿。因为早产儿的发育不够完善，吞食能力和吸吮能力比较弱，所以需要特殊情况特殊对待。

喂养方法

直接母乳喂养 如果早产儿出生后体重较重，并且具备吮吸能力的，可以直接选择母乳喂养。母乳营养丰富，早产儿比正常宝宝更需要母乳喂养。而且早产妈妈的奶中所含各种营养物质和氨基酸比足月儿妈妈的母乳多，能充分满足早产儿的营养需求，更利于早产儿的消化吸收，并能提高早产儿的免疫力，抵抗各种感染。妈妈要尽可能早地与早产儿接触，让宝宝及早吃到母乳。对不能吸吮或吸吮力弱的宝宝，妈妈要每隔三小时挤一次奶，然后将挤出来的奶喂宝宝。

奶瓶喂养 一般用于体重较大并已有吮吸力的早产儿。要选择小号奶瓶，防止奶液变凉；选择软橡皮奶头，开孔2～3个，大小要适当，流奶不能过快，否则宝宝来不及吞咽会导致窒息；如果流奶过慢，宝宝吮吸吃力，会导致拒食。

胃管喂养 吮吸吞咽能力差，体重较低的早产儿适宜胃管喂养。插时不宜过急，可以先用镊子将胃管插入1～2厘米后，再插入1～2厘米，一般通过上鼻甲后即无多大阻力，插好后检查咽喉部位是否见该管直线往下；再将体外端管口置入温开水中查看有无气泡，该气泡是否与呼吸有关；若无关，再将2毫升温开水入管内。用上述三步即可检查鼻胃管是否插入胃中。将胃管体外段末端引至暖箱外面套接于20或30毫升注射器外管，挂于奶架上，即可灌奶。胃管内空气向上排除后，奶液便可自动渐渐流入。每次流奶完毕，再倒2～3毫升温开水冲洗管腔。另外，奶的温度要适宜，既不能太凉，也不能太烫，一般以奶滴在手背上不感到冷或烫为宜。

注意事项

喂奶次数

早产儿的消化系统还不健全，胃容量有限，但是所需的营养素又必不可少，因此，可以采取少吃多餐，分多次哺喂的方式：体重大于1.5千克的早产宝宝隔3小时一喂；体重小于1.5千克的早产宝宝隔2小时一喂。

喂奶时间

体重大于1.5千克的早产宝宝，在产后24小时可以开始喂奶；体重在1千克到1.5千克之间的早产宝宝，产后36小时可以开始喂奶。

奶量控制

早产儿最好是用母乳喂养。体重在1.5千克左右的早产宝宝，一开始不可喂得太多，先喂4.5毫升，仔细观察宝宝的反应，如果没有什么排斥现象的话，就可以酌量增加。妈妈要特别注意，宝宝吃奶后要侧着躺，避免因为吐奶造成的窒息。

滴管喂养

在宝宝没有完全的吸吮能力又需要补充能量的情况下，可以采用滴管喂养的方法。具体做法是：将牛奶或母乳用滴管吸上来之后，随着宝宝的舌根缓缓滴进。要控制奶温，不能过烫或过凉，还要注意在滴奶的时候不要一下子将宝宝的咽喉灌满，呛入气管就比较危险。

营养成分

维生素 早产宝宝的脂肪吸收率比较低，容易缺乏脂溶性维生素和其他营养素，血性贫血的发生几率比较高，较易缺乏维生素E（参见第2篇第18章“维生素缺乏的食补高招”）。因此，早产宝宝还是以母乳为主比较好。

氨基酸　早产宝宝必需氨基酸为 11 种，正常儿为 9 种。早产宝宝必须从食物中吸收必要的胱氨酸、酪氨酸。

蛋白质　早产宝宝摄入的蛋白质占总热量的 10.2%，成熟宝宝从母乳中摄入的蛋白质占总热量的 6% ~ 7%，早产儿蛋白质的摄入量高于正常宝宝。

无机盐　胎儿的最后阶段是无机盐的增加阶段，所以早产宝宝比成熟宝宝需要更多的无机盐。不足月的早产宝宝，磷铁钙都需要增加。

早产儿的喂养因宝宝的个体差异而区别对待，要结合宝宝本身的具体情况来制定喂养方案。（参见第 2 篇第 2 章“早产宝宝如何喂养”）

患病妈妈慎哺宝宝

虽然母乳喂养是给宝宝补充营养的最佳选择，也是联系宝宝与妈妈的最紧密的纽带，但不是所有母乳都适合喂养宝宝，有些患病的母亲不适合用母乳喂养婴儿。（参见第 2 篇第 3 章“哪些宝宝不适合吃母乳”）

有心衰及重症心脏病的妈妈不适合喂乳，否则会加重乳母的负担，使病情恶化。只有心脏病的代偿期或瓣膜损伤已作修补术而且恢复很好者才可以喂乳。

患结核病的妈妈在接受抗结核药治疗期间不宜喂养宝宝，而且最好不要和宝宝接触，至少应与宝宝隔离 6 周。宝宝出生后必须立即接种卡介苗，定期为宝宝作健康检查。

患精神病的妈妈不适合母乳喂养，因为不能保证宝宝正常的饮食规律，宝宝饥一顿、饱一顿，容易导致营养紊乱，而且会影响智力开发。

甲状腺功能亢进或是甲状腺功能减退，而且处在治疗期间的妈妈也不宜母乳喂养。因为抗甲亢的药，如硫氧嘧啶等进入乳汁后，宝宝长期食用，会引起婴儿甲状腺肿及甲状腺功能不足，危害身体健康。此外，哺乳母亲也不宜使用氯霉素、磺胺类药物以及阿托品、苯妥英钠、地西泮（安定）、可待因、吗啡等药，否则也会通过乳汁进入宝宝体内，影响宝宝的生长发育。

妈妈在吸毒或滥用药物、接受抗代谢药物或化疗药物治疗期间，在接受放射性同位素检查或治疗，以及工作环境中有放射性物质的情况下，均不宜哺乳。接触有毒化学物质或农药后，有害物质可通过乳汁使宝宝中毒，故哺乳期应避免接触有害物质并远离有害环境。如已接触者，必须停止哺乳。

妈妈在孕期或产后有严重并发症需要治疗时，也要暂停哺乳。

产后 4 ~ 8 天经常会有乳母出现急性乳腺肿胀的症状，这时可以把乳汁挤出来收集在干净的容器内，经煮沸后再喂给宝宝吃。但是一旦出现局部红肿，全身发热并有炎症时，妈妈的乳汁要挤出来扔掉，不能喂给宝宝吃，要经过治疗等乳房变软、肿胀消失后，再继续哺乳。

患糖尿病的妈妈要经过治疗，病情稳定时，再用母乳喂养宝宝。

妈妈乳房感染或乳房手术治疗期间不宜给宝宝哺乳。可以每隔 3 ~ 4 小时挤一次奶，以免奶汁减少而回奶，等到病愈后再继续给宝宝喂奶。

当妈妈乳头皲裂时，可以挤奶后再喂给宝宝吃。妈妈生奶疮时，患病的一侧不要给宝宝喂奶，但要按时挤出奶汁。

巨大宝宝如何喂养

生个大胖娃娃是个让爸爸妈妈高兴的事，但是如果宝宝出生时超过了 4500 克，那就要引起注意了，这个时候宝宝太胖未必是好事。出生时体重在4.5千克以上的宝宝在医学上被称为巨大儿。

有些巨大儿的出生可能受遗传影响，或者是妈妈在怀孕期间营养不足导致，此外，患有糖尿病或者携带糖尿病病原的妈妈生出巨大儿的几率较大。巨大儿对妈妈的怀孕和分娩都会产生影响。但家长也不要过于担心，因为巨大儿不一定都是病态，只要注意科学喂养和护理，也能养育出一个健康可爱的正常宝宝。

合理喂养的巨大儿

巨大儿出生时一般体重过重，肌肉骨骼坚实，喂养时要以巨大儿的体重与正常儿体重的折中数计算。比如正常的新生儿平均出生体重为3千克，而巨大儿宝宝的体重为5千克，那么一般情况下，喂养时要参照4千克宝宝的喂养量。当然，每个宝宝的具体情况不同，要根据宝宝的实际情况，必要条件下可参考医生的意见，确定一个适合自己宝宝的喂养方案。

如果宝宝身体结实匀称，身高与体重保持同步协调增长，说明喂养合理。家长要坚持给宝宝足够的喂养量，以满足宝宝的成长发育需求。

喂养不当的巨大儿

宝宝呈虚胖状态，肌肉不结实，还有的宝宝出现贫血，消化功能有障碍，食欲差，身体虚弱，抵抗能力差，易生病，长期下去会营养不良，可能发展成营养不良性水肿。

这个时候，家长要多给宝宝补充蛋白质、维生素、矿物质丰富的食品，等宝宝长到6个月以后，可适当多供给些蛋类、鱼类和肉类，以补充蛋白质和铁质，使宝宝体重缓慢增加，并使肌肉骨骼坚实起来。

因为巨大儿吃得多，胃口大，很可能出现母乳不足的情况，这时要采取混合喂养。但是不能怕宝宝吃不饱而在宝宝的奶水中加入奶糕、健儿粉等辅食。因为这个阶段还不适合给宝宝添加辅食，而且这些辅食中多含淀粉，对宝宝的成长发育不利。

双胞胎如何喂养

母乳喂养

母乳能适应新生儿消化功能不全的状况，而双胞胎宝宝体内贮糖量不足，产后更应尽早开奶、勤喂奶，否则会发生低血糖，重者会影响宝宝大脑发育，甚至危及生命。母乳仍是双胎或多胎儿首要的营养品。

喂养方法　一个乳房喂养一个宝宝，因为宝宝的吸吮能力和胃口有差异，所以可以让两个宝宝互相交换吸吮一侧乳房，帮助两侧乳房均匀分泌更多的乳汁。由于双胞胎胃容量小，消化能力差，容易发生溢奶，甚至导致腹泻，所以要采用少量多餐的喂养方法。宝宝一次不要吃太饱，如果宝宝大便发白，甚至有腹泻等消化不良现象，可能是妈妈油腻食物吃得太多，或者给宝宝喂得太多引起。另外，双胞胎由于全身器官发育不够成熟，血浆丙种球蛋白低，对各种感染的抵抗力弱，因此，妈妈的乳头要在每次喂奶前擦洗干净。

喂奶时间　因为双胞胎儿体内糖原贮备少，若饥饿时间过长，可能会发生低血糖，所以出生后半小时即可喂5%糖水25～50克。如果无异常反应，即可开奶。因为双胞胎身体较为瘦小，热量散失较多，热能按体重计算会比单胎足月儿多。所以可参考以下要求：一般体重不足1.5千克的新生儿，每2个小时要喂奶1次，每24小时要喂奶12次；体重1.5～2千克的新生儿，夜间可减少2次，每24小时喂奶10次；体重2千克以上的新生儿，每24小时要喂奶8次，平均每3个小时喂奶1次。

喂奶须知　由于妈妈要承担两个宝宝的奶量，所以要加强营养丰富的液体饮食，如鱼汤、猪蹄汤和鸡汤等，每天至少需要进食 3000 毫升，才能满足两个宝宝的需要。

混合喂养

如果妈妈母乳不够，要采取混合喂养的方式喂奶，可以同时给两个宝宝喂母乳和早产配方奶粉；或者先给体重轻的宝宝喂母乳，大一点的宝宝采取人工喂养，等到体重轻的宝宝赶上来之后，再同时给予混合喂养，在保证两个宝宝都能得到母乳后，每人再加牛奶或奶粉喂养，奶量和浓度随宝宝的情况和月龄的增加而逐渐增加。

要注意卫生，每次喂奶前妈妈要保证乳头的清洁，奶头、奶瓶也要及时清洁和消毒。

及早添加营养素：妈妈营养素的摄入往往不足以孕育两个宝宝，导致双胞胎儿体内的各种营养素贮备往往会比足月单胎宝宝少，所以要尽早给双胞胎宝宝添加营养素。

双胞胎宝宝从妈妈那里获得的贮存铁的消耗时间比足月单胎宝宝提前，出生后 1 ~ 2 个月往往会发生贫血，出生后 1 个月血清铁含量会急剧下降，3 个月时仅为初生时数值的 1/3，大多是缺铁性贫血。这时，可以让宝宝在两餐之间口服二价铁盐制剂如葡萄糖酸亚铁、富马酸亚铁等，可减少对胃黏膜的刺激，又有利于吸收。另外，口服维生素 C，也有利于对铁剂的吸收。牛奶会影响铁的吸收，不宜与铁剂同时口服。在宝宝添加辅食后，可以增加富含铁的食物，如猪肝泥、蛋黄泥、菠菜等。

由于双胞胎宝宝钙、磷及维生素 D 的贮存较少，双胎儿体内吸收脂肪及脂溶性维生素的功能也较差，所以，双胞胎儿易患佝偻病。从出生后第 2 周起，可以给双胞胎宝宝补充浓鱼肝油，每天 1 次，每次 1 滴，可在医生指导下逐渐增加服用剂量。出生 1 个月后，可以让双胞胎儿每天晒太阳几分钟到十几分钟，以增加其自身维生素 D 的合成。

第 3 章
3 个月宝宝的饮食营养

3 个月宝宝的喂养须知

宝宝如果母乳喝得足，体重稳定增长，妈妈仍然会胀奶，就表示奶水足够，不用添加配方奶。

宝宝也有可能由于减慢体重增长速度而减少吃奶，偶尔还有可能出现厌奶（参见第 2 篇第 3 章“宝宝厌奶怎么办”）的短暂现象。在这种情况下，妈妈要坚持按需哺喂的原则，每 4 小时一喂，不能让宝宝吃一顿停一顿，否则会对宝宝的健康和饮食习惯造成不良的影响。

3 个月的宝宝如果已经习惯喝菜汁和果水，妈妈可以适当地加量，一天两三次，一次喂 40 毫升左右，鱼肝油的喂养要继续，一天 1 滴。

3 个月宝宝的发育指标

发育指标	男孩	女孩
体重（千克）	58.5 ~ 63.7	57.1 ~ 59.5
头围（厘米）	5.0 ~ 6.9	4.7 ~ 6.2
身高（厘米）	36.8 ~ 42.4（平均值）	35.0 ~ 42.0（平均值）

3 个月宝宝的每日食谱

主餐	母乳、配方奶
时间	上午：6:00，9:00 下午：15:00，18:00 晚间：21:00，24:00
辅餐	一次喂 80 ~ 150 毫升，3 小时喂一次，晚间减少一次温开水、米汤、果水、菜水
用法	一次喂 50 毫升，在上午和下午两餐中间各加 1 次

怎样喂养 3 个月的宝宝

母乳喂养

妈妈的奶水充足的时候，3 个月宝宝的身高每月增加 2 厘米左右，体重平均每天增加 30 克左右。在前两个月吃奶量比较多的宝宝，两餐之间的间隔时间会逐渐拉长。前两个月睡了三个小时就因为饿而哭闹的宝宝，现在能睡超过 4 小时还不醒。在这个阶段，不要机械地按照吃奶的时间，把睡得正香的宝宝叫醒，因为 3 个月的宝宝胃里已经能存食了，叫醒就会打扰宝宝的休息。

这个阶段，妈妈的乳汁量减少的情况也不在少数。宝宝没吃饱，就会变得爱哭、爱闹，夜里醒的次数也会随之增加，体重的增长明显慢下来。在这种情况下，就应该在两餐之间加喂牛奶，依据宝宝的反应来决定是否还要增加喂奶。妈妈要注意，宝宝的体重每日增加 30 克左右方为理想情况。

人工喂养

这时候的宝宝食欲比较强，如果宝宝一哭闹就喂奶，就有可能喂过量，牛奶存食太多，长此以往，就可能会养出小胖墩，积存出不必要的脂肪，使宝宝的肾脏、肝脏和心脏负担加重。牛奶和母乳不同，虽然母乳喂养的宝宝也有肥胖的可能，但是由于母乳好消化，因此不用担心宝宝肝脏负担的问题。这个阶段的宝宝每日牛奶摄入量应该控制在 900 毫升以下，每次喂 100 毫升左右，一天分 6 次喂。

母乳喂养的成功诀窍

喂养环境要和谐

妈妈怀着爱心等待宝宝出生，与宝宝共同成长，共享母婴亲密的快乐。家人要鼓励妈妈喂养母乳，营造和谐的哺乳环境，使母乳喂养顺利地进行。

喂养方法要科学

宝宝出生两三个月后，妈妈要按照自己乳房的胀满程度和宝宝的实际需要来进行哺乳。两边乳房都要让宝宝吸吮。3 个月之后，宝宝的睡眠时间会有所延长，就可以适当地减少喂夜奶的次数。妈妈和宝宝要相互适应哺乳规律，在愉快的情绪下哺乳和吃奶。

如果妈妈在哺乳的时候发现宝宝很有节奏地用力吸奶，并且宝宝喉咙的吞奶声能够很明显听到，就说明宝宝现阶段很饿。宝宝吃饱后，吸奶的力度也就渐渐小了，并且昏昏欲睡，说明宝宝吃饱了。

喂养技巧要熟练

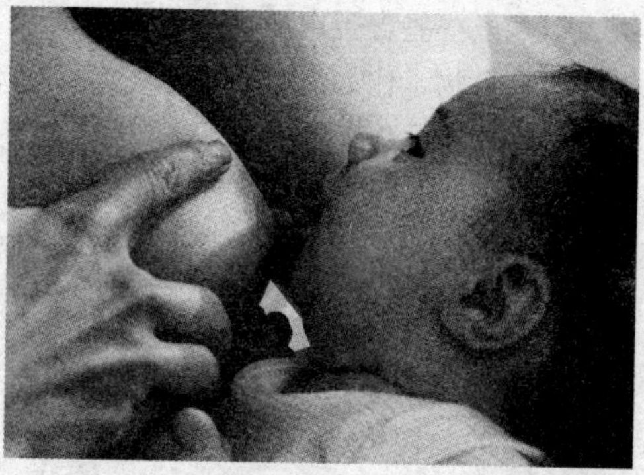

把婴儿抱到身前，让他的肚子正对着你，鼻子对着乳头。让婴儿保持较舒服的姿势，头、肩和后背成一条直线。用手指托起乳房，注意不要接触到乳晕。婴儿会自动张开嘴凑近乳头。（见上图）如果宝宝没有这样做，可以用乳头贴近婴儿的下嘴唇。

当婴儿嘴张得很大时，可以轻轻地搂住他的肩膀往自己身上靠，以便让婴儿含住乳头，并且尽可能让他将更多的乳晕吸到口里。婴儿的齿龈应该合上，但不要接触到乳头。在喂奶时，如果连续数秒都感到不适，可将手指弄湿，轻快地滑进婴儿嘴中以缓解婴儿吃奶时产生的吸力。还可以把婴儿暂时挪开，然后再喂一次。

妈妈保健很重要

妈妈的健康是母乳喂养成功最基本的条件。只有妈妈身体健康了，才能分泌健康的奶水来喂养宝宝，才有精力充沛的体力来养育宝宝，所以妈妈要特别注意自己的休息和睡眠。宝宝睡了，妈妈也要及时休息，每天要保证 8 小时的睡眠。

妈妈膳食要讲究

母乳喂养既要求妈妈的身体健康，也要求妈妈的营养摄入。所以，妈妈所吃的东西要全面，摄入量要足够，要用心地以最优营养价值的形式来烹调。每天应该保证牛奶、豆制品、蛋类、肉类和禽类等的摄入，多煮一些含蛋白质的食物和含铁、钙、碘的食物，比如海带、虾米、紫菜和鱼油，以及其他海产品。

妈妈心情要愉快

妈妈的情绪和乳汁的分泌有很大的关系。妈妈要保持心情愉快，和谐地生活，不要因为第一次哺乳而心情紧张，要把自己对宝宝的爱转化成实际的行动，相信和宝宝经过多次的磨合，一定能够把宝宝喂养得健康又强壮。

宝宝一天一天地长大，看到宝宝在自己的养育下健康可爱地成长，妈妈心里肯定是很高兴的。所以遇到不如意的事情，妈妈要放宽心，不要闷闷不乐，要及时化解不愉快的情绪化解，多想想小生命，心情自然就会好了。

宝宝喂养的时间安排

很多妈妈都有一个观念：但凡宝宝一哭就是饿了，每哭必喂。其实有时候宝宝哭不是因为肚子饿，还有可能是身体不适、心情不快的缘故。没有经验的妈妈带宝宝总会觉得精疲力竭，实际上，只要喂养宝宝的时间确定了，培养了宝宝良好的吃奶习惯，就可以使宝宝的喂养变得简单又条理化。

最佳喂奶时间

早上 6:00，10:00

下午 2:00

晚上 6:00，10:00

怎样遵守时间表

叫醒宝宝　喂奶时间快到之前，妈妈就要把宝宝抱起来，最好拉开窗帘让宝宝自己慢慢随着光线醒过来；或者让宝宝喜欢的人将宝宝抱起来，轻轻拍一拍，摇一摇，亲一亲，温柔地把宝宝叫醒。

奶要喂饱 每次喂奶，要尽量让宝宝吃饱，以便在下次吃奶的中间宝宝不会觉得饿。不要让宝宝在昏昏欲睡的时候吃奶，尽量在宝宝清醒的情况下喂奶。若宝宝才吃了没几口就叼着奶头打瞌睡了，妈妈可以摸摸宝宝的小脸，挠挠宝宝的脚底心，或者将乳头故意拨开，让宝宝清醒过来。

循环模式　很多妈妈在白天给宝宝喂完奶之后就让宝宝睡下了，这样做有可能导致宝宝积食。吃完奶后要让宝宝玩一会儿再睡，这样可以睡得更久更熟，到了下次的吃奶时间，宝宝就会自动醒过来，肚子空空，吃得也香。有些妈妈会采用“喂奶—睡觉—玩耍”的循环模式，这样做会让宝宝在睡醒的时候到了还处在半饥饿的状态，吃了一点奶就不愿意吃了。等宝宝玩够了，肚子又饿了，结果妈妈还没到下次喂奶时间，又要提前喂奶，很容易养成宝宝整天都在吃奶的坏习惯。因此，妈妈要注意避免这种恶性循环的喂奶模式。

最重要的是耐心　妈妈要记住，宝宝

吃奶时间的培养不是一天两天的事儿。妈妈要有耐性，要朝着为宝宝健康着想的目标去进行时间观念的培养。通常要两三个礼拜甚至一个月的时间才能让宝宝习惯遵守一套作息时间表。付出总会有回报的，妈妈不久就会发现，宝宝已经能适应时间表，喂奶时间一到就醒过来了。

在睡觉之前要让宝宝吃饱，这样宝宝就能一觉睡到天亮，不会晚上起来哭闹，白天精神不好了。

为宝宝厌奶来支招

宝宝在3～6个月期间，好奇心比较重，对周围的事物比较感兴趣，这样在吃奶时常被周围事物吸引，以至于出现厌奶情况。在宝宝出现厌奶情况的时候，妈妈不要轻易停止母乳喂养。为了避免营养不良，只要适当地增加一些流质辅食的喂养就可以了。

宝宝为什么会厌奶

在宝宝出生以后，吃的都是同一种食物。时间长了，宝宝就会产生厌烦的情绪。这也是宝宝在提醒妈妈，他需要吃其他不同的食物了。在宝宝厌奶的时候适当地给宝宝换一些流质的食物，就会慢慢帮助宝宝恢复食欲。如果宝宝精神头十足，那么妈妈就不需要过多担心。

如何判断宝宝厌奶

宝宝厌奶，最明显的表现就是奶量减少。所以，可以根据计算宝宝奶水的摄入量来判断宝宝是否厌奶。通常来讲，一天的奶量=（体重×150毫升）/餐次，如果宝宝的奶量减少得很明显的话，那妈妈就要留心宝宝有没有厌奶的情况了。

宝宝厌奶怎么办

妈妈要耐心　妈妈如果在照顾宝宝的时候心情烦躁，很容易被宝宝察觉。如果宝宝意识到了妈妈的不耐烦，就有可能产生抗拒的情绪。所以妈妈在对待宝宝厌奶的问题时一定要耐心，不要给宝宝太多的压力。其实只要宝宝健康、正常，也不需要担心太多。随着宝宝的成长，厌奶期很快就会过去。

营造喝奶环境　宝宝喝奶的时候，身边最好保持安静。因为宝宝的好奇心比较强，如果在喝奶的时候有人在旁边逗他，或者发出一些声音转移宝宝的注意力，就有可能影响宝宝的食欲，长此以往就容易导致宝宝厌奶。

奶粉不要经常换　宝宝不喝奶，妈妈就觉得是奶粉的问题，以为将奶粉换掉就可以解决问题。其实这是一种错误的观念。适当地换奶粉是可以的，但是不能太频繁。如果宝宝刚刚适应了一种奶粉就立刻要喝另一种新奶粉，只会让宝宝产生厌烦情绪。最好是在换了一种奶粉之后，仔细观察宝宝的排便情况，如果状况良好才可以换另一种奶粉。但是在宝宝厌奶期间，如果换了奶粉宝宝还是不愿意喝奶，那就要从其他方面找原因了。

奶嘴孔大小要调好　宝宝奶量降低，有可能是因为换了奶嘴孔比较小的奶瓶而导致吸食困难。所以妈妈要先检查一下奶瓶的奶嘴，将奶瓶倒过来看看奶汁的流出是否顺畅。如果滴得太快或者滴得太慢，对宝宝吸食和吞咽都有不良影响。

不要强迫宝宝喝奶　有些妈妈看见宝宝奶喝得那么少，担心宝宝吃不饱，就一个劲地强迫宝宝喝奶。这样容易让宝宝对喝奶产生恐惧的心理，反而得不偿失。正确的做法是以少量多餐为原则，采取随性的方式，并且尝试让宝宝接受一些流质的辅食，以避免因为奶量摄入不足而造成营养缺乏。

不宜过早添加辅食

宝宝长到2～3个月的时候，会翻身、会笑了。爸爸妈妈看到宝宝越长越大，认为可以给宝宝吃一些辅食了，其实对于这么大的宝宝来说，最佳食物依然是母乳，其次是营养丰富的婴儿奶粉。

一般情况下，如果妈妈摄入足够的营养，用乳汁喂养宝宝时就不需要额外增加营养成分，因为母乳中的营养成分很丰富，而且搭配科学合理。母乳中含有维生素C和E的结合体以及维生素B，维生素D在母乳中含量不足，但宝宝晒太阳时，体内会自动合成，因此不需要额外添加维生素。（宝宝有晒太阳禁忌除外）。母乳中含有易于宝宝吸收的铁元素，也不需额外添加。

对于喂奶粉的宝宝来说，2个月大时大约每次喝100～150毫升的奶水，大约每4小时喂一次奶。3个月大时，食量会增加到约130～180毫升，一天的总食量达到约1000毫升。一般情况下，宝宝会在2个月左右有一个食量突然增大的阶段。爸爸妈妈不要过于惊讶，要继续让宝宝吃奶，为宝宝的生长发育提供足够的营养。（参见第2篇第4章“如何调配奶粉”）

注意，现在还不到给宝宝添加辅食的时候，因为3个月的宝宝消化腺还不发达，许多消化酶尚未形成。过早给宝宝添加辅食有很多不利因素，容易导致宝宝消化不良，进而影响宝宝正常吃奶，最后造成营养不良。如果爸爸妈妈迫不及待地强行喂食，就会造成营养过剩，容易发胖。所以，爸爸妈妈不宜过早给2～3个月大的宝宝添加辅食，也不要让宝宝把奶瓶里的奶喝光。另外，葡萄糖水易影响食欲，造成宝宝拒食甚至厌食，不要给宝宝吃。

母乳的保存和加热

宝宝到了3个月，妈妈必须得上班了（产假休息超过3个月者，一定要坚持母乳喂养），为了工作、喂养两不误，妈妈就要了解一下母乳的保存和加热。

储备母乳

3～5天之内要喝的母乳可存在保鲜室，如果要保存的时间久一点，就可以存在冰箱冷冻室内。冷冻之前，奶水一定要先冷却，冷冻室温度在零下18℃以下，可以冷冻4个月。

储存母乳需要注意

储存母乳之前，要先进行容器消毒，以保证清洁卫生。

装母乳时切忌太满或把盖子盖得过紧，要让容器留点空隙，以防冷冻结冰而撑破。

每次储存母乳，都要用新的容器，且在每个容器上贴好标签记上日期，避免宝宝误食过期的母乳。

储存母乳最好以宝宝一次喂食量为准分成若干小份，这样喂养方便且不会浪费。

母乳解冻

要慢慢在冷藏室解冻，注意一定不要在室温下解冻，这样会滋生细菌。

如果需要快速解冻，先把容器放在冷水中，然后再逐渐加热水温。

冷冻奶水拿出后不可再放回冷冻室储存，只可再放回冷藏室24小时。

中，然后再逐渐加热水温。

冷冻奶水拿出后不可再放回冷冻室储存，只可再放回冷藏室24小时。

冷冻的母乳可能会出现分层，这是正常现象。只要在喂食前轻轻摇晃，将其混合均匀就可以了。

母乳加温

隔水烫热。冷藏的母乳，可以用温水浸泡盛有母乳的容器，浸泡时，要不断地晃动容器，使母乳受热均匀；冷冻的母乳，不要马上浸在热水里，要先泡在冷水解冻之后，再像冷藏母乳一样烫热。

用温奶器加热。把温奶器的温度设定在40℃，隔水加热母乳，更容易掌握温度。

忌用微波炉加热或用炉火直接加热，这样容易导致受热不均匀，宝宝吃时一半热一半凉，而且微波可能会破坏维生素，炉火温度太高，会破坏营养。

奶水颜色识别母乳

如果奶水呈黄色，可能是因为妈妈近期吃了维生素，可以放心喂养。

如果奶水呈红色或红橙色，可能是妈妈喝了有染料的饮料，另外，一些蔬菜类如甜菜也会造成此现象，也可以食用。

如果奶水呈绿色，可能是妈妈饮用海草、海藻类及大量的绿色蔬菜所致。

如果奶水呈黑色，可能是妈妈服用一些抗生素造成的，是否会影响到宝宝，要根据情况来定，可以去咨询医生的意见。

如果奶水中有血，可能因为挤奶过程不当造成出血，也可能是乳头受伤，宝宝在吸吮过程中，因姿势不正确造成乳头牵扯而挤出有血的母乳，此奶水可以喂食。

3个月宝宝的营养方案

3个月的宝宝，还是鼓励母乳喂养。如果乳汁能够满足宝宝需要，仍旧无需添加其他配方奶，吸得多更有利于乳汁的分泌。若妈妈没有母乳或者由于特殊情况无法哺乳的，可以实行人工喂养。在宝宝从母乳转换成配方奶的阶段，妈妈要特别注意宝宝的排便和食欲情况。随着代谢活动的加强，这个时候的宝宝需要吸收更多的水分，还要注意维生素的补充。

注意事项

3个月宝宝体内的盐成分，大部分来自牛奶或母乳中包含的电解质。宝宝在这个时候不能吃咸食，因为盐会加重宝宝的肾脏负担，所以不要在给宝宝做的菜水中放盐。人工喂养宝宝吃的果水、菜水、食物的新鲜卫生和所用器具的消毒都很重要。

3个月的宝宝要多出去呼吸新鲜空气，天气暖和的话，妈妈或其他家长可以带着宝宝出去多晒晒太阳，有利于宝宝身体对钙的吸收。

食谱推荐

番茄汁

原料：番茄1个、白糖适量。

做法：将番茄放在温水中浸泡两分钟，去皮之后用干净的纱布包起来。

用汤匙将番茄汁挤在干净的碗里面，加入适量的糖调匀即可。

苹果汁

原料：苹果1个、白糖适量。

做法：将苹果去核去皮，切成小块状或剁成碎块。

用纱布将碎果肉包起来放到容器中，像捣蒜那样捣纱布中的苹果。

等苹果汁被捣出来之后，将汁液挤到杯子里即可。

哪些宝宝不适合吃母乳

母乳虽然好，但也不是全能的。部分特殊宝宝也会不适合进行母乳喂养，所以千万不能一概而论，要个别情况个别对待。

症状	说明	表现
苯酮尿症	苯酮尿症是由氨基酸代谢异常引起的，是一种常见染色体隐性遗传病	苯酮尿症患者体内缺少苯丙氨酸羟化酶，无法将苯丙氨酸转化为酪氨酸，从而造成苯丙氨酸在体内的堆积。苯酮尿症患者的脑组织代谢会被严重地干扰，造成功能障碍。这类患儿常表现为智能障碍
母乳性黄疸	由于母乳中含有较多的脂肪酶和β葡萄糖醛酰苷酶。脂肪酶使乳中未饱和脂肪酸增多，对肝脏葡萄糖醛酸转移酶活性起了抑制作用，增加了肠与肝的循环，使胆红素增加而导致黄疸的出现	黄疸一般在出生后一星期内出现，继而逐渐加重。升高的胆红素可持续10天左右，然后黄疸渐渐减轻，3～12周就可以恢复正常水平
乳糖不耐受综合症状	乳糖不耐受综合症状是由于缺乏体内乳糖酶，导致乳糖不能被人体消化吸收而引发长期腹泻。有这种症状的宝宝应暂停母乳，代以其他不含糖的配方奶来喂养	乳糖不耐受综合症会使免疫力降低，引发反复感染。临床常表现为宝宝吃了母乳或牛奶后出现腹泻
氨基酸代谢异常	氨基酸代谢异常侵犯神经系统，是宝宝智力发育迟缓的重要原因，在严重智力低下的宝宝当中，有1/10是跟氨基酸代谢异常有关的。总发病率达到五千分之一到万分之一	由于氨基酸代谢异常所引起的疾病，已经发现的病种达到70种以上。苯酮尿症就是在70多种氨基酸代谢异常疾病中比较常见的氨基酸代谢疾病

工喂养注意事项

即便是知名品牌的奶粉，如果妈妈给宝宝冲奶的方法和用量不恰当的话，也会影响宝宝的健康。

不要轻易给宝宝换奶粉

当孩子的体重不增长或者大便颜色有异时，妈妈就会紧张，觉得是奶粉的问题。殊不知，轻易地给宝宝变换奶粉容易给宝宝造成压力。如果宝宝没有适应新奶粉，就有可能减少奶量，引发一系列的不良反应。还有些妈妈一听到广告或者别的妈妈介绍某种奶粉好，就赶快给孩子换奶粉，其实这完全没有必要。如果宝宝没有因为牛奶蛋白过敏而对一种奶粉起反应的话，那就最好坚持同一种奶粉喂养。

控制宝宝的奶粉摄入量

做家长的不怕孩子吃撑了，就怕孩子饿着了。很多爸爸妈妈在喂宝宝调制的奶粉时，总会存在一种误区：觉得奶粉越浓，营养就越多，宝宝吃了就更健康，所以在调奶粉的时候，总是把浓度当做营养的唯一指标。

其实不是这样的，奶粉的浓度太高，宝宝的胃肠消化能力有限，没办法将其中的蛋白质吸收。如果一味地长期喂养浓奶粉，容易增加宝宝胃肠的负担，给宝宝身体的营养吸收造成阻碍，发生腹胀、腹泻的情况。因此，宝宝的奶粉喂食量一定要根据宝宝的月龄来制定。

宝宝喝奶后一定得打嗝

许多妈妈不知道，宝宝喝奶的时候其实会连空气也一起吞进去。宝宝喝完奶感到不舒服，很大一部分原因在于空气进入宝宝的胃里，导致胃里气压变大。解决这个问题的方法就是要让宝宝喝完奶之后打一个嗝，将宝宝吞进胃里的空气释放出来。

宝宝吃奶的时候会出现吐奶的现象，出现这种情况不需要太着急，这是由于胃里的空气沿着喉道冒上来而使奶水泛出来。遇到这种情况，妈妈可以适当减少宝宝的喂食量。宝宝打嗝以后，要在 15 分钟内停止喂食，把宝宝抱着轻轻拍一会，这种情况就减轻了。

不仅喝配方奶会打嗝，宝宝吃母乳有时候也会连空气一起吞下去。由于没有其他释放空气的管道，所以最好的方法还是让宝宝通过打嗝来排解。尤其是挤在奶瓶里的母乳，其实就跟奶粉一样，喝完一定会打嗝。总之，奶粉要根据宝宝的个体情况来正确喂养，喝完奶的宝宝要尽量让其打嗝。

给宝宝添加钙铁锌

4个月以后，宝宝从母体里带来的铁、钙、锌都已经消耗得差不多了，而这个阶段宝宝仍然以较快的速度成长发育，如果宝宝的饮食不能得到足够的补充，就可能出现缺钙、缺铁。宝宝缺钙后会大量出汗，从而消耗体内的锌元素，导致缺锌。所以，4个月以上的宝宝比较容易缺乏钙、铁、锌，这与宝宝的发育特点、营养储备及饮食结构有关。

为了满足宝宝生长发育过程中对营养素的需求，除了调整饮食结构外，还要给宝宝补充一些营养补充剂，如钙、铁、锌等，各种营养补充剂要根据其特性，选择正确的时间和方法吃，以达到最好的效果。

钙制剂

宝宝在夜里睡眠不安，而且易出汗，这就是缺钙的症状。在补钙的同时给宝宝补充维生素 D 可以促进钙的吸收，一般在宝宝出生 2 周以后就可以补充维生素 D 了。（参见第 2 篇第 4 章“宝宝补钙妙招大公开”）

两次喂奶的间隔时间或两餐之间是给宝宝补充这两种制剂的最佳时间段，上午 10 点左右或下午 3 点左右都可以。另外，让宝宝在睡前补钙也是一个不错的选择，这样能维持宝宝夜间的血钙浓度，改善睡眠质量。

注意：钙剂最好单独服用，不要与牛奶、豆浆、果汁、菜汁、米汤等同服，这会降低钙的吸收率，稍大一些能进固体食物的宝宝还要注意不要与菠菜同吃，因为菠菜中含有的草酸不利于钙的吸收。婴幼儿时期的补钙剂量最好保持在每日 200 毫克左右，如果宝宝钙、铁、锌都缺乏，可按照科学剂量同时补充钙、铁、锌，使三种元素都能得到很好的吸收。

锌制剂

如果宝宝有挑食的坏习惯，食欲差，不爱吃奶，大一些的宝宝表现为不爱吃肉，而且爱出汗、头发枯黄，这些都是缺锌的症状，这时家长要注意给宝宝及时补充锌。

补锌也要在两餐之间，由于锌、铁对胃肠道有一定刺激，所以，家长要在饭后给宝宝吃。

另外，锌与钙都是阳离子，如果同时补充，宝宝消化吸收时会在体内互相干扰，从而降低锌与钙的吸收率，所以，如果宝宝需要同时补充两种制剂的，最好间隔 2 ~ 3 小时以上服用，可以上午服钙剂，下午再服用锌补充剂。

铁制剂

如果宝宝经常感到浑身无力，活动量少，易累，面无血色，则可能是贫血的表现。家长要及时给宝宝补充铁制剂。（参见第2篇第7章“补铁宜忌要留意”）

铁制剂对胃有一定的刺激性，所以要在饭后服用，最好选择在中午饭或晚饭后半小时左右吃，稍大一些的宝宝补充同时可以服用维生素C或橙子、猕猴桃等酸味水果，这样在酸性环境下，铁元素更易从三价转变成二价，而二价铁易被人体吸收。在宝宝贫血状况得到改善后，要继续服用铁剂2～3个月，以保证体内有足够的铁贮存，防止贫血复发。

三者制剂互相补充

在给宝宝补钙防止佝偻病的同时，如果同时补铁、补锌，还可以通过提高宝宝的免疫力、改善机能代谢促进佝偻病的痊愈。

在给宝宝补铁治疗贫血的同时，会使宝宝形成稳定的情绪，食欲也会增加，从而有利于钙和锌的吸收。宝宝食欲增加，再加上合理的饮食结构，就会改善钙、铁、锌的营养状况。

家长在给宝宝补充制剂时，最好先带宝宝到医院检查一下缺哪种营养素，对于三种元素都缺乏的宝宝，在补充制剂时也要定期对宝宝的身高体重及微量元素进行检测，以利于更加科学合理地给宝宝补充钙、铁、锌等元素。注意不要盲目补，更不要把补剂当补品，如果宝宝同时缺乏多种微量元素，而且不太严重时，可以服用多种营养素合剂。

家长还要注意调整好宝宝的饮食结构，培养宝宝良好的饮食习惯，不能让宝宝只依靠制剂来提高营养。

如何给宝宝补充水分

水对于人体来说必不可少，它是细胞的重要组成成分。人体的新陈代谢，如营养物质的输送、废物的排泄、体温的调节以及呼吸等都离不开水。水被摄入人体后，有1%～2%存在体内供组织生长的需要，其余部分经过肾脏、皮肤、呼吸、肠道等器官排出体外。对于宝宝来说，水更是不可或缺的。（参见第2篇第12章“宝宝喝水的策略”）

宝宝比大人更需要多补水

宝宝比大人更容易消耗水分，宝宝的体表面积比成年人要大，新陈代谢比成人要旺盛，所以不知不觉中消耗的水分比大人要多很多，更需补充水分。

肾脏担负着把废物和水一起排出体外的任务，但是宝宝因为肾脏机能还没有发育完全，如果体内水分不够，尿液较浓，就可能无法排出。所以，为了把废物排出，就需要更多的水分补充。

宝宝的含水量比大人多，成人体重中的60%是水，刚出生的宝宝含水量达到了85%，乳幼儿约占70%。而且宝宝机体代谢旺盛，如果补水不及时容易发生短暂或轻度缺水症状。

宝宝怎样补水

在0～2个月的阶段，可以开始给宝宝补充一点白开水。烧开的水晾凉到比体温低一点的时候就可以给宝宝喝了。对于宝宝来说，白开水是最好的补水选择。因为白开水不仅能补充宝宝流失的水分，还有散热、调节水和电解质平衡等多种功效。而且白开水完全安全，不会产生任何负面影响，可以放心给宝宝食用。一般而言，1周左右的宝宝喝水量20毫升，到两周为30～50毫升，4周以后可以喝60毫升。宝宝每天需要补充的水分大概占自身体重的10%～15%，所以把每天的饮水量控制在这个范围内就可以了。不过也不需要太精确地测定，根据宝宝的实际情况就好。到了3个月的时候，可以开始让宝宝喝一些稀释过的果汁了，稀释量大概是水汁比例2∶1左右。在喂的量上一定要加以控制，否则会影响宝宝正常的食欲。4个月左右，可以给宝宝添加一点菜汤、肉汤，稀释过后把汤上的油撇去再喂给宝宝。

给宝宝喂水的时间

在宝宝两顿奶的间隔阶段　在两顿奶之间，可以适当给宝宝喂一点水，能起到清洁口腔的作用。有的宝宝不爱喝白开水，所以父母习惯给宝宝喂糖水，但是糖水并没有什么特别的营养价值，爸爸妈妈也不要给得太多。因为甜味容易满足食欲，反而会降低宝宝吃奶水的量。而且糖分过高会导致胀气，在口腔停留时间长还容易引起宝宝龋齿。（参见第1篇第7章“乳牙龋齿”）

在宝宝长时间玩耍以后　宝宝长时间玩耍，活动量增大后，通常都会觉得口渴，所以这个时候妈妈要注意多给宝宝补充一些水分。特别是对月龄大的宝宝，运动量相对较大，流失的水分也就更多。

在宝宝外出时　宝宝外出活动时，比如进行日光浴时，尤其在干燥炎热的季节，很容易流汗，所以妈妈应该随身准备一些水，以便及时给宝宝补充。

在宝宝大哭以后　不要小看宝宝的哭，这可是一项全身运动，宝宝哭泣时流出很多眼泪，而且还会出很多汗，所以也很需要补水。

在宝宝洗完澡以后　洗澡对宝宝来说也是一种运动，会出很多汗，流失很多水分。所以洗完澡以后要给宝宝补充一些水分。对于比较小的宝宝，肠胃发育还不健全，可能出现呕吐、腹泻的症状，不要盲目补充，要在医生的指导下补充电解质水、葡萄糖水等。

在宝宝腹泻或者呕吐后　腹泻和呕吐会造成宝宝体内水分和电解质的流失，要及时补充水分，否则会造成脱水甚至休克。所以爸爸妈妈可以适当给宝宝喂一些电解质水，或是糖盐水，以加速吸收。

在宝宝感冒发烧后　感冒发烧以后，由于体温升高，身体会流失很多水分，宝宝比成年人更容易脱水，所以一定要注意补水。母乳或者奶粉里面都含有宝宝需要的水分，要按时喂。此外，还要多给宝宝喂一些白开水，补充水分，这有助于退热。稍大一点的宝宝，可以适当补充一些稀释后的果汁。

在炎热干燥的季节　天气炎热干燥，温度高、湿度低，宝宝比平时更容易流失水分，所以让宝宝每天多喝些温凉的白开水，可以迅速补充水分，调节体温，帮助身体散热。注意喂水时每次不要太多，可以适当增加次数，而且饭前最好不要给宝宝喂水，这样容易稀释胃液，影响消化功能，降低宝宝食欲。

第 4 章 4 个月宝宝的饮食营养

4 个月宝宝的喂养须知

4 个月宝宝的成长已经进入了一个全新的阶段，妈妈可以开始给宝宝添加辅食了。为了满足宝宝成长所需要的足够的营养，辅助食物主要以泥状物为主，像水果泥、菜泥、奶粉或蛋黄。

如果妈妈奶水充足的话，这一阶段仍然要鼓励母乳喂养。但哺乳的时间可以灵活地调整，换成上午下午各喂一次，晚间喂一次，宝宝夜里醒过来的话还可以再喂一次。

鱼肝油的喂养要继续，每天一次，一次一滴。

4 个月宝宝的发育指标

发育指标	男孩	女孩
体重（千克）	61.0 ～ 66.4	59.4 ～ 64.5
头围（厘米）	5.7 ～ 7.6	5.3 ～ 6.9
身高（厘米）	42.0（平均值）	41.0（平均值）

4 个月宝宝的每日食谱

主餐	母乳、配方奶
时间	上午：6:00，12:00 下午：15:00 晚间：21:00，24:00
辅餐	一次喂 120 ～ 150 毫升 菜泥、果泥、宝宝营养米粉 上午 9：00，宝宝营养米粉 下午 18：00，果泥或菜泥
用法	一次 25 克左右，适当给宝宝饮用白开水或果水、菜水

怎样喂养 4 个月的宝宝

4 个月的宝宝消化系统逐渐完善，分泌的唾液也增加了，对谷类食物已经具备了消化条件，一般这个阶段的宝宝会开始喜欢吃乳类之外的食品了。

母乳喂养

这个时候还不宜给完全吃母乳的宝宝增添其他代乳辅食，若宝宝每天体重可以增加 20 克左右，10 天可以增加 200 克，说明母乳量足够，仍然鼓励母乳喂养，不需要添加任何代乳品。但是若当宝宝每天的平均体重只增加 10 克左右，或夜间经常因饥饿而啼哭时，就应该再增加一次哺乳。

一般来说，4 个月宝宝吃奶的时间是固定的，除去夜间喂奶的一次，只要每隔 4 个小时喂一次就可以了。

人工喂养

喝牛奶的的宝宝可以继续用牛奶喂养，每天分 5 次喂，每次喂 200 毫升。若每天喂 6 次，那么每次喂的量就不能超过 180 毫升。宝宝每天摄入的总奶量要保持在 1000 毫升以内。

辅食喂养

为了满足 4 个月宝宝的营养，需要给宝宝添加胡萝卜泥、菜泥、果酱等辅食了。可以用汤匙喂食宝宝，给宝宝补充无机盐和维生素 A、维生素 B、维生素 C、维生素 D 等。

如何调配奶粉

妈妈没有乳汁或者因为工作原因没有办法时刻待在宝宝身边哺乳时，只能进行人工喂养。一般这种情况都是采用代乳品，即用奶粉来喂。人工喂养的宝宝怎样调配奶粉，调配的量是多少，水和奶粉的比例等等，都是爸爸妈妈要准确掌握的。如果调出来的奶粉过淡，几乎跟成年人喝的比例一样，那就很容易造成宝宝的营养不良，影响宝宝的正常发育。

计算公式：

一日奶量 = 100×[110× 体重（千克）]/86

简便算法：

一日奶量= 128 毫升 × 体重（千克）

调配方法

按重量计算：8 斤鲜牛奶可制得 1 斤奶粉，

冲调时按 1 份牛奶加 7 倍重量的水即可恢复成牛奶。

按体积配制：奶粉的表观密度为 0.5 ~ 0.6 克 / 毫升，冲调时应按奶粉与水 1 ∶ 4 的比例，即一平匙奶粉加 4 平匙水冲调。

妈妈要注意奶粉包装上的说明，不同月份宝宝的调配方法，宝宝用量和喂养次数都能在上面找到。

调配步骤

妈妈要先准备 60℃左右的温开水，把需要的量倒好。

将奶粉从奶粉罐里取出来，估量好需要的用量。用小刀背将装满奶粉的量勺背刮干净。配好比例，奶粉不能过量也不能过少。调配的奶粉浓度过高，容易导致便秘、肥胖或拉肚子；奶粉比例过低，则会影响宝宝的生长发育，导致宝宝的体重增长缓慢。

往量杯中倒入已经准备好的奶粉。

搅拌奶粉，直至奶粉完全溶解。

将量杯内的奶倒入奶瓶即可食用。

没喝完的奶要用热水加热。尽量少用微波炉加热，因为微波炉加热的牛奶，虽然奶瓶外面摸起来不烫手，但其实奶瓶内的奶往往很烫，容易让宝宝烫伤嘴。

避免错误的喂奶方式

前4个月是妈妈哺乳最频繁的时期，在给宝宝喂奶的时候，下面这些细节需要注意，以免踏入误区，影响宝宝的正常吸奶。

喂奶逗笑　妈妈在哺乳的时候想要让宝宝有个好心情，就会在吃奶的时候逗乐宝宝。殊不知这是一种危险的举动。因为宝宝在笑的时候，喉部的声门会打开，吸进去的乳汁就有可能进入气管，轻者呛奶，重者甚至可诱发吸入性肺炎。

哺乳期减肥　妈妈在哺乳期间为了尽快恢复身材，盲目减肥。这样妈妈体内的营养素缺少会导致乳汁质量下降，影响宝宝的健康。

单边喂奶　有些妈妈喂奶的时候一次只喂一边，这边乳房的乳汁空了，而那边的乳房却还是满的。这种不平衡就减少了对乳房的刺激，乳汁的分泌自然也就少了。因此，妈妈要特别注意两边乳房均衡喂食，即便宝宝光吃一边的乳汁就饱了，也要将另一边的乳房排空。

生气喂奶　妈妈在生气的时候奶汁带有一种特殊的毒素，如果给宝宝喂奶的时候妈妈气呼呼的，就可能让宝宝吸入有毒素的奶汁，从而导致宝宝生病或者生疮。

运动喂奶　哺乳中的妈妈不能从事高强度的运动，因为中等强度以上的运动会让妈妈的体内产生乳酸，乳酸存留于妈妈的血液中会使乳汁变味，影响宝宝的进食欲望。

定时喂奶　很多妈妈遵照按需哺乳的原则，宝宝一哭或者妈妈觉得自己奶胀了就喂宝宝吃奶。其实在4个月以后，要让宝宝养成固定的吃奶时间，过段日子宝宝就有自己的饮食规律了。

躺着喂奶　妈妈在喂奶的时候躺着，容易让宝宝吐奶。应该坐在座位上，抱好宝宝。一只脚抬高，踩在小凳子上，以拇指和食指轻轻夹着乳头给宝宝喂哺。

上班断奶　很多妈妈在上班之后就因为不能按时间哺乳给宝宝断奶了。其实这样完全没有必要，在妈妈上班之前，可以用手或挤奶器将母乳挤出来，放在密封消毒的奶瓶内储存母乳。这样不仅能让宝宝继续吃母乳，还能让妈妈的乳汁继续分泌，防止胀痛的情况出现。

如何判断宝宝是否吃饱

用奶瓶喂养的宝宝吃了多少奶是显而易见的，但是母乳喂养的宝宝到底吃了多少，有没有吃饱，妈妈就没办法确定了。那么怎样控制吃奶时间，让宝宝既吃饱又不吃撑呢？

科学掌握宝宝吃奶时间

宝宝吃奶的时间不能太长。从母乳的成分来讲，先被吸出来的乳汁蛋白质的含量比较高，脂肪含量比较低。后吸出来的乳汁就会反过来，蛋白质含量降低，脂肪含量增加。如果让宝宝长时间吸奶，就会造成脂肪过量，让宝宝出现腹胀腹泻等症状。

通常来讲，每侧乳房平均哺乳时间最好为10分钟左右。在吸奶的前两分钟已经可以吸到总乳汁量的一半了，最后的几分钟几乎都没有奶水可以吸，因此，并不是说吃奶时间长就吃得越饱。

宝宝吃饱了的表现

睡眠情况　宝宝如果吃饱了，就会安然地入睡。如果宝宝没有吃饱，就算睡着了也会很快醒过来。

吸奶声音　宝宝在吸奶的时候，会听见喉头咽奶的声音，就说明宝宝在吃奶。这样吃10分钟左右就可以吃饱了。如果宝宝在吃奶的时候使了很大的劲儿，小脸都涨得通红，那就说明奶水不足，宝宝没有吃饱。

乳房感觉　哺乳前的乳房是胀满的，静脉在乳房皮肤上很轻易就能看见。用手按乳房，乳汁很快就流出来了。宝宝吸奶之后，妈妈发现乳房松下来，并且有下垂的状况，那就说明宝宝吃饱了。

体重衡量　体重是否增长也是判断宝宝是否吃饱的标志。一般来讲，6 个月以内的宝宝每个月体重的增长都在 600 克左右，如果达到了这个标准，就说明宝宝吃饱了。如果宝宝的体重增加小于 500 克，就说明宝宝没吃饱，要增加奶量。

大小便状况　宝宝是否吃饱还可以从宝宝大小便的次数和状况来判断。吃饱了的宝宝，每天大便的排便量在 3 次左右，小便的排便量在 8 次左右，呈现干燥的金黄色或淡黄色。如果宝宝的大便是黏液状的绿色，就表示宝宝没有吃饱。

小贴士

喂奶量 = 喂后体重 − 喂前体重，每次喂奶量达到 150 毫升左右就说明宝宝吃饱了。

4 个月宝宝的营养方案

宝宝 4 个月了，体内的钙、铁、维生素和叶酸等营养元素相比前 3 个月会更缺乏，单靠代乳品已经不能满足宝宝生长发育的需要，所以对辅助食物有了更高的营养要求。在这一阶段，妈妈乳汁充足的话，还是鼓励母乳喂养。人工喂养喝配方奶的宝宝和母乳喂养的宝宝一样，要适当地添加富含钙、铁的食物和淀粉类食物。

注意事项

4 个月的宝宝容易对异种蛋白产生过敏反应，从而引发荨麻疹或湿疹（参见第 1 篇第 3 章“婴儿湿疹”），所以，这个阶段的宝宝最好不要喂鸡蛋清。

小贴士

不管是母乳喂养的宝宝还是人工喂养的宝宝，妈妈在喂食的时候，要给宝宝选择温度适中、光线柔和、安静舒服的环境。这样可以让宝宝保持愉快的用餐心情，有利于情绪的稳定和营养素的消化吸收。

食谱推荐

菜泥

原料：青菜、米汁。

做法：将菜梗去掉，将菜叶洗干净切碎。

把切碎的菜叶放入加了水的锅中煮。

菜叶煮烂之后取出来捣成泥状，将米汁加入菜泥中调匀即可。

苹果泥

原料：苹果、白糖。

做法：将苹果洗干净，去皮去核之后切成碎块。

把加了少许糖的苹果放在蒸锅里蒸烂。

将蒸烂之后的苹果捣烂成泥状即可。

核桃汁

原料：核桃仁、白糖、清水。

做法：将核桃仁放入温水中浸泡 5 分钟。

去皮之后放入碾碎机中搅成浆汁。

将核桃汁用干净的纱布过滤出来。

把核桃汁倒入锅中，加适量清水和白糖烧沸，放到常温后即可饮用。

宝宝补钙妙招大公开

钙是人体重要的微量元素之一，是宝宝健康成长所不能缺少的营养素。宝宝体内的部分钙一直在不断更新，因此才会生长得快。因此，宝宝的钙状况尤其要引起家长的重视，千万不要让宝宝缺钙而影响发育。

怎么判断宝宝缺钙

先是要看宝宝每天摄入食物的钙量，然后再看宝宝处在什么阶段、具体的发育情况以及成长的速度。如果宝宝的体重和身高明显高于其他月龄的宝宝，那么就要相对地加大钙量。最后要看宝宝的疾病状况。一般如果宝宝患有慢性疾病，那么吸收情况比较差，钙流失率也比较高。综合以上几样，再考虑宝宝的补钙方式和补钙量。

宝宝缺钙的表现

症状比较轻的宝宝会表现出易醒、易惊、多汗、烦躁、好哭、睡眠不安、出牙慢等情况。症状比较严重的宝宝可能会患上佝偻病，甚至有可能引起各种骨骼畸形，像O型腿或X型腿、肋骨外翻、方颅、乒乓头、鸡胸或漏斗胸等，还可能出现表情淡漠、语言发育迟缓、运动机能发育落后、肌张力低下、大脑皮层功能异常、免疫力低下等情况。

怎样给宝宝补钙

含钙量多的食物要多吃　母乳是天然补钙剂，含有适合宝宝吸收的钙和磷，因此补钙鼓励母乳喂养。妈妈的饮食与乳汁有很大关系（参见第2篇第1章“妈妈奶水多，宝宝吃得饱”），所以还在哺乳期的妈妈应多吃含钙量丰富的食物，以便增加乳汁的含钙量。奶制品是目前公认的含钙量最多、最好吸收的食品，因此牛奶和奶制品也是补钙的较好选择。在宝宝长牙之后，还可以给宝宝吃一些如坚果和海产品这样钙含量高的食物，补充维生素D的同时以促进钙质的吸收。

维生素D的补充要适量　要想让宝宝更好地吸收钙质，可以适量地补充具有生物活性的维生素D(参见第2篇第19章“维生素D的科学服用方法”）。但是要提醒妈妈的是，维生素D并不是营养品，不能补得太过量，如果补充的维生素D超过了宝宝身体所需要的量，就会使体内维生素D蓄积过多，出现诸如恶心、消瘦或食欲不振等中毒症状，因此，要给宝宝补充维D，最好听从专业人士的指导。

多带宝宝出去晒太阳　要给宝宝补钙，还要多让宝宝晒太阳，因为经过光化作用，宝宝皮肤内储存的7–脱氢胆固醇可转化为维生素D，来促进钙的吸收。经过阳光照射体内合成的维生素D是最安全的，不用担心维生素D过量的问题。值得一提的是，炎炎夏季要注意防暑，不要晒伤宝宝。

谨慎食用阻碍钙吸收的食物　钙质不能与油脂一起进食。如果摄入的脂肪含量过高，那么钙就容易与消化之后所产生的游离脂肪酸结合，减少钙的吸收。在补钙的时候，还要注意不要多吃粗粮杂粮。因为膳食纤维摄入量过多，也会减少钙的吸收。含有草酸盐的蔬菜，比如茭白、毛豆、苋菜、竹笋、菠菜等，也容易和钙质结合形成草酸钙，降低钙的吸收率。因此，妈妈在给宝宝补钙的时候，要先过沸水，去除草酸之后再烹煮这些蔬菜。

如何服用鱼肝油

鱼肝油中含有丰富的维生素A和维生素D。宝宝在日常的饮食中，适量地摄入鱼肝油能够增强宝宝的免疫力，对宝宝的生长发育起到很好的促进作用。

鱼肝油的营养成分

维生素A　维持机体的正常生长，视觉、生殖、上皮组织的健全以及抗免疫感染。缺乏维生素A容易导致宝宝骨骼发育缓慢；影响牙齿的健全和牙釉质细胞的发育；容易使上皮组织结构受损，引发消化道、泌尿道和呼吸道的感染。

维生素 D　主要作用是加快肾小管对钙磷的吸收，促进小肠黏膜对钙、磷的吸收。缺乏维生素 D 会出现多汗、烦躁和容易受惊等症状，使钙、磷的吸收量减少，引发骨样组织钙化障碍、佝偻病（参见第 1 篇第 8 章“宝宝佝偻病”）等。

添加时间

给宝宝添加鱼肝油应从新生儿期开始，正常的宝宝出生后 3 ~ 4 周就可以添加浓缩鱼肝油。

早产儿、双胞胎或者有消化道疾病的新生儿，出生后第 2 周就要开始添加鱼肝油。

添加原因

宝宝出现夜睡中多冷汗、睡眠不安宁、脾气暴躁、枕秃、视觉模糊、体重不增加、不长个子、出牙迟缓、骨骼畸形出现鸡胸、O 型腿、X 型腿症状时，很去天气因素外，就可能是维生素 A、D 缺乏导致的缺钙和免疫力低下，此种情况应及时补充鱼肝油。

妈妈奶水不足，宝宝生长速度太快使需要的营养素增加。

宝宝断奶后没有及时补充维生素 A、D 以及富含胡萝卜素的水果、蔬菜等情况。

长期不见阳光，患有影响维生素 A、D 吸收的慢性腹泻等疾病或者使维生素 A、D 的消耗增多的慢性消耗性疾病。

如何服用鱼肝油

宝宝维生素 A 和维生素 D 的每日需要量分别是 1500 国际单位和 600 国际单位，所以，父母千万不要盲目地给宝宝增加鱼肝油的服用量。如果长期超过吸收量，肯定会引发中毒反应。一般来说，维生素 A、维生素 D 比例为为 10 ∶ 1 的 10 毫升浓缩鱼肝油要吃 2 ~ 3 个月。现在市面上有一种维生素 A、维生素 D 之比为 3 ∶ 1 的鱼肝油，这一比例比较适合宝宝食用。每天四五滴，10 毫升装的大概可以两个月服完。

服用的注意事项

妈妈给宝宝服用鱼肝油要在医生的指导下进行，选择正确的剂型，确定鱼肝油的用量和使用期限，还要依据宝宝的成长月份和饮食习惯进行灵活的变化。由于鱼肝油同时含有丰富的维生素 A、维生素 D，两者又有着不一样的作用和副作用，因此在治疗佝偻病或夜盲症时，要注意使用单一的维生素 A 或维生素 D，以防维生素中毒。

妈妈给宝宝补充鱼肝油不要贪多，过量地服用鱼肝油容易使体内的器官受到伤害，也会扰乱宝宝肝脏的化学作用和消化系统，甚至可能造成鱼肝油中毒。维生素 A 中毒一般表现为奇痒难忍、易激动、肝脾肿大、皮肤干燥、皮肤皴裂、食欲不振、毛发脱落等。维生素 D 中毒一般表现为恶心呕吐、食欲不振，造成肝脏功能受损。一旦出现鱼肝油中毒的症状，妈妈要立刻停止给宝宝服用鱼肝油。

异常情况

不同于其他水溶性维生素如维生素 C、B1、B2，维生素 A、D 为脂溶性维生素，过量摄入如不能及时排除，就会在体内贮存起来，产生毒性作用，鱼肝油中毒有以下常见表现：

宝宝有头痛、呕吐、前囟隆起、骨缝裂开等症状。

宝宝皮肤瘙痒，手掌、足底脱皮，口角皲裂，但没有红热的现象。

宝宝肝脾肿大，有出血倾向。一碰皮肤即有淤斑，可能是慢性维生素 A 中毒。

宝宝臂部、腿部、骨胳疼痛，颈部、腰部骨样组织增生。

宝宝头发稀疏，烦躁易怒，有的伴有发烧症状。

宝宝有消化不良现象，大便不正常。

所以家长在给宝宝添加鱼肝油时一定要小心，如果有以上症状时应适当减少鱼肝油的用量，以免发生意外。

工作妈妈的喂养贴士

现阶段，全世界都在提倡母乳喂养。但有一些妈妈在产后不久就得回到工作岗位，所以也就造成了母乳喂养和忙碌生活的矛盾。初为人母的妈妈，由于哺乳不够，只能让孩子吃配方奶，即便心中不舍，也是无奈至极。但是，就算条件不允许妈妈时刻待在宝宝身边，只要找对了适合的方式，照样能够维持母乳喂养，使宝宝吃得好，实现喂养与工作两不误。

喂养方法要科学

这个阶段的宝宝体内的免疫物质正在减少，如果妈妈因为工作的缘故而导致母乳喂养的中断，就很容易导致宝宝消化系统的紊乱，抵抗力的下降，对宝宝的健康成长很有影响。

遇到这种情形，最好的方法是，在妈妈上班之前，将乳汁用手或吸奶器挤出来，以确保宝宝能够吃到足够的乳汁。在妈妈上班之后，将挤出的乳汁用已消毒的奶瓶搁在冰箱里存放，宝宝饿了之后，可以由家人拿出来，用温水烫热后哺喂。

妈妈尤其要注意的是，每天至少要挤奶3次，如果由于忙碌而忘记排空乳房的话，那乳房没有按时受到刺激，乳汁的分泌就会越来越少。总的说来，就算妈妈因为工作缘故无法定时给宝宝喂奶，那也要尽最大的可能坚持给宝宝进行母乳喂养。

妈妈营养要保证

妈妈的营养状况关系到奶水的营养含量，当妈妈营养状况好的时候，摄入的营养素就能满足乳汁分泌的需要。当妈妈营养状况不佳的时候，乳房为了分泌乳汁，就会消耗妈妈自身的组织，长此以往，对妈妈的身体健康很有影响。

妈妈饮食中的营养素的摄入，也关系到母乳中其他营养素的含量。特别是一部分体内贮存量比较少的水溶性维生素，一旦膳食不足，就会直接影响它在乳汁中的含量。因此，妈妈要注意补充自身的营养。

愉快情绪

妈妈的情绪跟乳汁的分泌也有很大关系。如果因为工作或者家庭的压力而导致情绪低落，乳汁的分泌就会减少，所以哺乳的妈妈应该保持愉快的心情以保证充足的乳汁分泌。

社会压力越来越大，妈妈也有烦恼的时候，少数年轻的妈妈有饮酒、吸烟等不良习惯，就有可能使酒精和尼古丁等有害物质进入乳汁，这样就不利于宝宝的健康。因此，孕期和哺乳期的妈妈要尽可能地戒烟戒酒，保持良好的生活习惯，以供给宝宝营养丰富的健康母乳。

第5章
5个月宝宝的饮食营养

5个月宝宝的喂养须知

如果母乳充足,5个月的宝宝仍然要以母乳喂养为主,人工喂养的宝宝以代乳品为主,但是在喂养的时间和方法上可以灵活地根据成长情况进行调整。

在辅食添加上，如果宝宝大便和消化情况正常的话，可以适当地添加诸如米粥、面条、米粉糊等淀粉类的食物，来补充乳品能量的不足，同时将宝宝咀嚼和使用汤匙的习惯培养起来。

此外，还应该适当地添加鱼类辅食。此外，鱼肝油的喂养要继续。

5个月宝宝的发育指标

发育指标	男孩	女孩
体重（千克）	63.2 ~ 68.6	61.5 ~ 66.7
头围（厘米）	6.3 ~ 8.2	5.8 ~ 7.5
身高（厘米）	42.9（平均值）	41.9（平均值）

5个月宝宝的每日食谱

主餐	母乳、配方奶
时间	上午：6:00，12:00 下午：15:00 晚间：21:00，24:00
辅餐	一次喂150 ~ 200毫升 菜泥、果泥、宝宝营养米粉 上午9：00宝宝营养米粉 下午18：00果泥或菜泥，一次25克左右
用法	适当给宝宝饮用白开水、果水或菜水

怎样喂养5个月的宝宝

宝宝已经5个月大了，这个月龄宝宝的喂养要比4个月的时候复杂。宝宝的活动强度增加，所消耗的能量也随之增加，再加上消化系统的日渐完善，因此，在奶制品喂养的同时，要适量地添加辅食。

母乳喂养

完全母乳喂养的宝宝，如果体重增加到每天15克左右，那么就可以不用太着急添加辅食。如果母乳量日渐减少，宝宝已经不够吃，无法满足宝宝的成长需要，那么妈妈就要开始适当地给宝宝添加牛奶或菜泥、果泥等辅食了。

其实，很多妈妈会发现，宝宝如果在5个月大才开始吃牛奶，宝宝普遍会出现排斥的现象。因为宝宝已经习惯了妈妈的乳头吸吮方式，忽然间换成了塑胶奶嘴，很可能会不肯吃。如果妈妈怎么哄宝宝都不肯吃的话，那就要考虑食用代乳品或者添加辅食了。以免体重跟不上成长的标准，导致营养不良的情况出现。

人工喂养

牛奶喂养的宝宝要注意，喂养量不用增加过多，每天1000毫升左右。宝宝在5个月的时候体重增长跟4个月时差不多，因此可以保持与4个月一样的喂奶量。但是宝宝在这个月更活泼了，不肯乖乖待着，老爱动，所以体力的消耗也增加了，因此，可以在牛奶餐的中间适当地添加辅食。

辅食喂养

5个月的宝宝，只从奶制品中获取生长发育所需要的所有营养素已经是不可能了。宝宝在这个时候很容易缺铁，因为从妈妈那里获取的铁质已经消耗得差不多了，而母乳或牛奶中的铁质又赶不上宝宝的成长速度。因此，可以适当地给宝宝喂食蛋黄（参见第2篇第11章“鸡蛋要怎么吃才健康”），来补充蛋白质和铁。从1/4个开始喂食，再慢慢地增加。

另外，5个月宝宝的唾液腺的发育已经越来越完善，差不多具备了淀粉酶，还可以适当地给宝宝喂食供给热量的淀粉类食物，或者补充矿物质和维生素的土豆泥等辅食，来满足宝宝活动量增加带来的热量需要的增加。

适合宝宝吃的代乳食品

宝宝刚刚开始吃辅食，教导宝宝怎么吃对妈妈来讲是很重要的一课。要让宝宝接近天然食物，要从吃辅食开始养成喜欢营养食物的习惯，给宝宝日后的健康饮食打下基础。

但是，哪些食物可以让宝宝放心食用呢？

香蕉　香蕉是最初添加辅食时宝宝最喜欢的一种营养食物，因为香蕉柔软而好咀嚼，营养含量高，不容易引起宝宝的过敏反应。妈妈如果拿点香蕉泥放在宝宝的唇边，宝宝一般都会很快吃掉。如果刚开始喂的时候，宝宝没有兴趣吃，那么可以隔一段时间再喂。

肉类　肉类富含铁质和蛋白质，给宝宝食用的时候可以用搅碎机或者食物处理机将肉搅碎。第一次吃肉的宝宝可以将肉末掺在宝宝熟悉的食物里让宝宝尝试。一个星期只需要尝试一种肉，要小分量地喂食。

全麦面包　全麦面包容易咀嚼，妈妈可以在两餐之间给宝宝吃。要注意面包包装上不能添加其他食物。如果宝宝有小麦或玉米过敏的现象，可以先用米或者燕麦来代替，以后再尝试小麦类的食物。

鱼类　鱼的蛋白质含量也很多，营养丰富，适合宝宝食用。若家里经常吃鱼，也可以将鱼肉添加在宝宝的食物里喂宝宝。最好是清蒸的，宝宝大一点了，才能添加贝壳类或者腌制的鱼。要特别注意将鱼肉放在手上检查，小心将鱼刺挑干净。

水果　削了皮的水果（如苹果、梨等），可以磨碎或者用汤匙刮成泥喂给宝宝吃。有些莓类的水果会引起皮肤过敏，妈妈给宝宝喂食的时候要特别注意。另外，橘、柠檬、柑等酸性水果也比较容易引起过敏反应，在宝宝一岁之前最好别吃。水果罐头是经过加工的，其中的营养素大部分已经流失了，尽量少吃或者不吃。

蔬菜　蔬菜也要让宝宝尝试着吃，一次一种，等吃习惯了再换另外一种。蔬菜最好是煮熟的，没熟的蔬菜宝宝不好咬断也不好消化。富含维生素和钙质的红萝卜可以多添加，磨成末喂给宝宝吃。

其他食物　尽量少给宝宝吃饼干、蛋糕或者布丁之类的东西，也少添加味道很重的佐料，如胡椒、番茄酱、芥末等。可以适当地给宝宝添加牛油，或者将乳酪涂在面包上增加宝宝的营养。

宝宝腹泻怎么办

吃奶粉的宝宝，如果喂养不当，很容易消化不良。换成辅食，也只是一直哭闹不肯吃，腹泻便秘的情况不时出现。这个时候妈妈就要更注意饮食，小心护理身体不适的宝宝。

腹泻宝宝的注意事项

食物要好消化　对腹泻宝宝，尽量喂养菜粥、米粥等容易消化、宝宝爱吃的软食物，尽量少选择不好消化的食物。如果宝宝实在不愿意吃，妈妈也不要太勉强，辅食添加暂停一两天也是可以的。完全母乳喂养的宝宝在发生腹泻的情况时，不要随便断奶。可以让宝宝吃前半部分含蛋白质较多、容易消化的奶水，缩短每次喂养的时间。妈妈还可以在哺乳前的半小时喝一大杯加了少许盐的开水，将乳汁稀释之后，再给宝宝喂奶。

及时补充水分　宝宝腹泻比较容易缺水，因此，及时补充水分是很重要的。可以多给宝宝喝菜汁、果汁、开水等。如果腹泻还伴随呕吐的话，就更要注重水分的补充。在腹泻缓解之后，宝宝的消化机能还需要一段时间的恢复，因此辅食的添加要慢慢来，可以先添加辅食初期的食物，再慢慢换成其他食物。还要注意尿布（参见第 1 篇第 2 章“打理宝宝卫生的尿布”）要勤换，否则容易引起斑疹（参见第 1 篇第 5 章“小儿急疹”）。

巧用食物来止泻

宝宝腹泻不能光靠药物止泻，妈妈还要巧妙地用食疗的方法替宝宝止泻。

苹果泥

将苹果切成两半。

用汤匙刮成泥状即可。

苹果是碱性食物，含有丰富的果胶和鞣酸，有收敛、止泻、吸附的功效，也比较适合腹泻宝宝食用。

焦米汤

将米粉研磨成粉状，炒到焦黄色。

加入水和适量的糖，煮沸成稀糊状即可。

焦米汤比较好消化，其碳化结构还有止泻的功效，是宝宝腹泻时的食疗佳品。

胡萝卜汤

将胡萝卜洗干净，去茎切块后放入加了水的锅中煮烂。

用纱布将煮烂的胡萝卜过滤，去掉渣之后加入适量的水和白糖煮沸即可。

每天 2 ~ 3 次，每次 100 ~ 150 毫升，腹泻好转后停用。

萝卜中含有丰富的果胶，有着促进大

便成形，吸附肠道毒素和致病菌的作用，是止泻的佳品。

牛奶喂养的科学指导

牛奶加糖要科学

妈妈为了让宝宝更爱喝牛奶，会在牛奶中加糖，既可以改善口感，又可以补救牛奶含糖量低的缺陷。但是，加糖要适量，不能加得过多。含糖量过高会减少牛奶的营养价值，降低宝宝对钙质的吸收。100 毫升牛奶添加 5 ～ 8 克糖就足够了。

值得一提的是，牛奶中要加白糖不要红糖。因为牛奶中含有的蛋白质跟酸碱结合会产生凝胶或沉淀。而红糖的非糖物质含量比较高，质地也比较粗，还有一定量的苹果酸和草酸，一旦红糖中的有机酸与牛奶中的蛋白质结合，就会使牛奶变性沉淀而无法食用。

还要说明的是，不要将糖放进牛奶再加热。因为在高温之下，牛奶中的果糖和赖氨酸容易产生一种叫做果糖基赖氨酸的有毒物质。这种有毒物质会对人体产生危害，难以被人体吸收消化。如果一定要放糖，也要等牛奶煮开之后再放。

牛奶喂量要适度

妈妈给宝宝喂养牛奶要掌握好喂量。一般情况按照宝宝的体重来计算，每公斤 100 毫升，一天的喂养量控制在 600 毫升左右，超过这个数量的部分可以代以水果或蔬菜等辅食。牛奶中的钙磷两种营养素的比例不合理，钙元素会被过多的磷元素排挤而导致低血钙症或惊厥（参见第 1 篇第 3 章“小儿惊厥”）的发作。所以牛奶饮用量过多，有可能会产生一些不良反应，如抽搐等状况。宝宝肠内的乳糖酶活性比较低，如果牛奶中乳糖含量过多，还有可能让宝宝因为无法消化而产生腹泻。

牛奶不要加米汤

淀粉是米汤的主要成分，含有会破坏牛奶中维生素 A 的脂肪氧化镁。有一些妈妈喜欢将米汤添加到牛奶中喂养宝宝，其实这种做法是不科学的。维生素 A 的主要摄取渠道是乳制品，如果将米汤加入牛奶，而导致维生素 A 被破坏，长久以后宝宝就会出现维生素 A 的缺乏症状，延缓宝宝的正常发育，导致宝宝体弱多病。因此，妈妈在喂养牛奶的时候，要将米汤和牛奶分开。

含铁辅食要添加

牛奶中的铁含量只有母乳的 1/3，并且人体对牛奶中的铁质只能吸收 10%。虽然提高铁的吸收率可以依靠维生素，但是牛奶中的维生素 C 的含量本身就比较少，再加上现在很多家庭煮牛奶都是使用金属器皿，容易氧化牛奶中的维生素 C。宝宝胃里的胃酸不足，更降低了对维生素 C 的吸收。因此，牛奶喂养的宝宝，要恰当及时地给宝宝添加辅食，以补充钙质。还要通过果汁等方式补充维生素 C，以促进铁质的吸收。

睡前喝牛奶

宝宝睡前喝牛奶，不仅帮助改善睡眠，还能对宝宝的生长发育起到很好的促进作用。宝宝睡着了之后，内分泌系统比较活跃，大量的生长激素开始释放。牛奶中所含的丰富钙质被宝宝吸收，能加快宝宝的骨骼生长，让宝宝更健康更强壮。

宝宝厌奶要改善

宝宝从 4 ～ 5 个月时喝奶量开始减少，胃口不佳，这是宝宝常有的厌奶现象，通常是“生理性厌奶”，这是宝宝生理发育所产生的过渡阶段，爸爸妈妈要找出宝宝厌奶的原因，然后采取适当的对策。经过一段时间及相关的改善措施，宝宝厌奶的情形就能得到改善了。（参见第2篇第3章“宝宝厌奶来支招”）

生理性厌奶

原因

宝宝大约6个月左右开始长牙，特别爱咬东西，不喜欢吸吮，也就不喜欢喝奶，造成厌奶。

这个阶段的宝宝好奇心很强，容易被外界事物干扰，导致喝奶不专心。

宝宝味觉开始发育，对口味一成不变的奶水感到厌倦，想尝试新口味，或者是添加辅食之后“喜新厌旧”。

宝宝胃口不好，不想吃东西，所以会厌奶。

宝宝身体不舒服，可能刚打完预防针或是生病等造成厌奶。

宝宝对牛奶蛋白不耐受或过敏，也会出现因为进食婴儿配方奶粉后腹部不适而不想喝奶。

宝宝4～6个月内比较容易出现婴儿肠绞痛。这种现象是由于宝宝胃肠蠕动等功能尚未发育成熟而出现的生理性腹痛，导致宝宝哭闹频繁，不想喝奶。

宝宝的成长速度相对新生儿时期变慢，对营养与热量的需求不像之前那么大，因此不如新生儿时期爱吃。

解决措施

如果是因为长牙导致，可用较大孔洞的奶嘴喝奶，以减少吸吮时造成的疼痛。或把奶粉与麦片、米粉等其他食物调成奶糊，用汤匙喂食。

注意在喂奶时，周围要保持安静，最好不要有让宝宝容易分心的嘈杂声音、事物等，以便宝宝能专心进食。

不要强行给宝宝喂奶，在这个阶段，出现宝宝厌奶厌食都是正常现象，不要着急，如果不等宝宝恢复食欲强行进食，会让宝宝产生抗拒心理，加剧厌食状况的发生。

配方奶粉不要随意更换，如果宝宝已经习惯了原来的口味，换了新口味可能会反感而厌食。

如果宝宝刚打完预防针，或是生病期间，厌奶情形通常持续几天后就会恢复正常。

给宝宝添加辅食，可以用多样化的食物变换不同口味来满足宝宝的需求，但不要添加调味料。一些蛋白质高同时富含钙的食物，如豆腐、芝麻、小鱼干、骨头汤等营养足够，可以补充宝宝厌奶所缺失的营养。

针对宝宝胃口不好的情况，可补充宝宝专用维生素，严重时请教医生，开一些药调整肠胃功能，以增强宝宝的食欲。

如果宝宝厌奶期间的成长曲线正常，活动力没有下降，无其他异常现象发生，则是生理性厌奶。但是如果宝宝食欲不振，且出现活动力变差的情形，厌奶期持续太久，就不能单纯等待自然恢复。这已经算是病理性厌奶了。

病理性厌奶

病理性厌奶的宝宝会烦躁不安或昏昏欲睡、不爱活动、呼吸急促或喘息，体温可能过高也可能低于正常、奶量锐减，出现呕吐、腹胀的症状。

患有慢性疾病的宝宝，比如先天性心脏病、代谢性疾病及肿瘤，长期消耗较多热量，表现为脸色不好、活力减低、食欲不振。这种情况要提升营养，及时治疗。

宝宝患有急性咽喉炎、鹅口疮，造成口腔疼痛，食量会突然变少。（参见第1篇第2章“新生儿鹅口疮”）

宝宝患有急性呼吸道感染会导致鼻塞，使宝宝吸奶时无法换气，也会厌奶。

宝宝患有急性肠胃炎，尿路感染造成腹痛、发烧，使宝宝哭闹不安，难以进食。

患有败血症的宝宝，厌奶状况最严重，这个阶段宝宝免疫系统尚未成熟，任何一个部位的感染，例如肺部、中耳或肾脏，由于此时白细胞无法将细菌局限在原发部位，细菌可能通过血液循环扩散出去，并发全身性的感染，称为败血症。（参见第2篇第2章“新生儿败血症”）

5个月宝宝的营养方案

宝宝5个月大了，生长发育越来越迅速。为了保证营养的需求，应该给宝宝添加辅食了。要按照由细到粗、由一种到多种、由稀到稠、由少到多的原则，同时结合宝宝的消化情况来添加。

在新食品添加之后，要密切注意宝宝的排便和消化吸收情形，如果出现不良反应，应该立即停止该食物的喂养。

注意事项

有些宝宝比较喜欢吃水果泥，而不喜欢蔬菜的味道。其实蔬菜和水果都有各自特别的营养成分，如果认真衡量的话，蔬菜的营养价值还比较全面，而这些营养可以促进其他辅食蛋白质的吸收。因此，妈妈要注意不要让孩子偏食，水果蔬菜都要吃。

小贴士

宝宝吃的面条在烹调之前要折断或者切断，否则如果面条过长，宝宝就不好咀嚼或者咬断，容易让宝宝噎着。还要注意，在宝宝吞食能力没有完全发育完全之前，面条要煮到熟透了才行。

食谱推荐

水果汤面

原料：自制面片10克，水半杯，果泥少许。

做法：将面片切成小段，倒入沸水中煮熟。

将煮熟的面跟适量的水一起倒入小锅内煮开。

煮开后加入少许果泥即可。

乌龙面糊

原料：乌龙面10克、水半杯、蔬菜泥少许。

做法：将乌龙面倒入沸水中煮熟。

将煮熟的乌龙面和水一起倒入小锅内捣烂、煮开。

煮开后加入蔬菜泥少许即可。

蔬菜米汤

原料：包心菜30克、红萝卜30克、米汤适量。

做法：将包心菜、红萝卜洗干净，切成丝状。

将包心菜丝与红萝卜丝加水一起煮。

煮沸后取半碗蔬菜汁与半碗米汤，与面搅拌一下即可。

让宝宝越吃越聪明的营养素

宝宝一天天地成长，越来越健壮，妈妈是看在眼里喜在心里。爸爸妈妈想要养出聪明宝宝，可是大脑发育的情况，怎么也看不出来啊。别着急，只要注意在黄金时间给宝宝补充一些有利于大脑发育的元素，宝宝以后自然就能聪明又健康了（见下页表）。

元素	作用	食补
DHA	DHA 俗称脑黄金，是大脑发育的必需营养成分。它是中枢神经系统的重要组成部分，在促进宝宝视觉和智力发育方面发挥着不可替代的作用。在婴儿期补充科学验证水平的 DHA，有利于宝宝在婴儿期至长大后智力持续领先。（参见第 3 篇第 1 章“教你培养聪明的宝宝”）	深海鱼类：如鲔鱼、金枪鱼、三文鱼、鳕鱼、刀鱼、青鱼、金枪鱼、沙丁鱼、鳗鱼等。此外，还可以通过瘦肉、鸡蛋、牛奶、豆腐、豆浆等来补充
蛋白质	蛋白质是脑细胞形成的物质基础，是构成生命的物质基础，对智力的发育起着十分重要的作用。（参见第 2 篇第 15 章“摄取多少蛋白质才合适”）	奶类：如牛奶、羊奶、马奶等；肉类：如牛、羊、猪、狗肉等；蛋类：如鸡蛋、鸭蛋、鹌鹑蛋；此外，还有鱼虾类、大豆类、坚果类等
胆碱	胆碱是母乳中的重要营养成分，被称为记忆因子，对大脑的记忆起着非常重要的作用。在宝宝大脑内的乙酰胆碱增加后，传递信息的速度明显加快，思维也更加活跃了，记忆力也明显提升了	乙酰胆碱多以胆碱的状态存在于蛋、鱼、肉、大豆等之中，这些胆碱必须在人体内起生化反应后，才能合成具有生理活性的乙酰胆碱。还可以通过服用蜂王浆来补充胆碱
牛磺酸	牛磺酸是形成轴突和树突的特殊成分，与中枢神经和视网膜的发育关系密切，在宝宝的大脑中分布广泛，含量丰富。补充不足，会延缓宝宝的智力发育	青花鱼、沙丁鱼、墨鱼、章鱼、牡蛎、海螺、蛤蜊、牛肉等食物中都含有丰富的牛磺酸。鱼类背上的深色部位含量较多，是白色部分的 5 ~ 10 倍；牡蛎中的牛磺酸含量最多
微量元素	包括碘、锌、铁、维生素 B6 等。碘，有着保持大脑兴奋性的作用；铁，是髓鞘、神经递质形成以及能量代谢的重要元素。锌，能促进宝宝运动能力和神经及心理功能的发育。维生素 B6，是宝宝围产期中枢神经系统发育所需的元素	碘：食盐、海带、紫菜、鱼虾、海参；铁：肝脏、牛肉、鳝鱼、猪血；锌：牡蛎、鲱鱼、瘦肉、鱼类；维生素 B6：蛋黄、麦胚、酵母、动物肝、肾、肉、奶、大豆、谷类、香蕉、花生、核桃等

怎么添加果汁菜汁

果汁和菜汁的作用

果汁　果汁含有丰富的维生素和水分，宝宝在吃正餐的中间，适当地添加一些果汁，可以有效防止腹泻和便秘的发生，同时也能补充水分和维生素 C。

菜汁　菜汁含有丰富的矿物质和维生素 C，宝宝经常饮用，可以防止便秘（参见第 2 篇第 11 章“宝宝便秘吃什么好”）的发生。

小贴士

果汁　纯母乳喂养的宝宝很少便秘，所以不需要喂养太多的果汁。混合喂养或人工喂养的宝宝比较容易上火，所以可以在两餐的中间适当地添加果汁，以缓解便秘的症状。

菜汁　要选择新鲜的可榨汁的蔬菜，将蔬菜洗干净，喝多少榨多少，不要留存。还要注意，蔬菜汁不能等同于蔬菜，只可以作为特殊群体的补充选择。

果汁菜汁的制作

果汁

选择新鲜的时令水果，比如春天的橘子、草莓，夏天的蜜桃、西瓜，秋天的苹果、梨，冬天也可选橘子、苹果等。

将碗、小勺、纱布、榨汁机等做果汁需要的用具准备好。

将用具和水果清洗干净，在开水中煮过消毒。

用双层纱布（参见第1篇第1章“宝宝用品清单”）将容易出汁的水果包好，用手将果汁挤出来，倒入开水和适量白糖即成。

菜汁

选择新鲜的绿叶蔬菜，如青菜、菠菜等。不要选择大蒜、洋葱等有刺激性味道的蔬菜，也不能将它们作为配料，否则会刺激宝宝的胃肠道。

将制作的用具和蔬菜清洗干净。

去掉青菜的根部，切小段，放进开水中煮沸。将菜渣用筛子滤出，得到菜汁。

倒入等量的温开水，即成。

给宝宝补充维生素

维生素的作用

宝宝的生长发育，离不开各种营养物质，维生素是维持宝宝生长及调节正常生理功能所必需的。维生素A可以促进宝宝的视觉发育，减少呼吸道感染和腹泻的发病率，缺乏维生素A会出现眼睛角膜病变，严重的会导致失明；B族维生素可以维持体内代谢及促进宝宝的生长，缺乏维生素B会出现神经、心脏方面的病变；缺乏维生素C会出现身体各处出血，易患感冒；缺乏维生素D会影响钙、磷的吸收，影响宝宝骨骼的生成，有可能会出现佝偻病；维生素E与体内代谢有关，并可促进红细胞的生成，缺乏时可出现轻度贫血、水肿及皮疹等症状。（参见第2篇第18章“维生素缺乏的食补高招”）

保证宝宝摄入足够的维生素

宝宝对维生素的摄取有两个途径：一是来自母乳。母乳喂养的宝宝，此时不需要添加任何辅食，所以妈妈一定要注意营养，为自己也为宝宝摄取足够的维生素。首先，妈妈吃的主食要注意粗细粮的合理搭配，以增加乳汁中的维生素B。其次，妈妈每天喝一定量的牛奶，可以促进乳汁分泌，提高奶的质量。另外，妈妈应多吃蛋白质、钙、磷、铁含量多的食品，比如：鸡蛋、瘦肉、鱼、豆制品等，多吃含维生素丰富的各种蔬菜，比如：青菜、菠菜、胡萝卜等。还有，妈妈应多喝些菜汤，如：鸡汤、鱼汤、排骨汤等，以促使乳汁量分泌的增多和营养的加强。需要注意的是，妈妈要杜绝烟、酒、麻辣烫等辛辣刺激性的食物。除了饮食要营养，妈妈还要有规律的生活，保证充足的睡眠，愉快的心情，这样才能给宝宝好的饮食质量。

二是为宝宝添加富含维生素的食物。妈妈们如果用牛奶或配方奶喂养宝宝，也要及时给宝宝添加维生素制剂鱼肝油以及含维生素的食物，像果汁、菜汁等。用菜汁喂宝宝时，妈妈要选用鲜嫩绿色的菜叶来煮水喂宝宝。果汁也是吃配方奶的宝宝不可缺少的。在为宝宝做果汁的时候，妈妈一定要选新鲜的水果，比如苹果、桃、草莓等。果汁挤出来以后一定要过滤，然后稍加温开水就可以喂宝宝了。

宝宝补充维生素的原则

要对症下药，不能滥补，这是补充维生素的第一条原则。各类复合维生素口服片最好不要服用，因为它虽然涵盖很多种维生素，但是没有明确的目的，而宝宝并不是哪一种维生素都缺乏的，全面补充，很容易产生维生素之间的失衡，该补的量不足，不需补的量偏多。

补充维生素要有间断性。如果要补充维生素，应间断地补充，不能一直服用。长期补充复合维生素片或各类维生素容易使宝宝产生依赖性，尤其是水溶性维生素。长期补充不仅会降低机体对食物中维生素的吸收率，而且一旦停服，就可能出现维生素缺乏的症状。所以，无论给宝宝补充哪类维生素，最好补一段时间停一段时间，以保证服用的安全，例如隔天服用一次，或服5天停2天。

维生素不是多多益善。虽然维生素是人体所必需的，对宝宝的成长也非常重要，但是在人体中，维生素既不构成组织也不提供能量，每天的需要量并不多，过多补充反而不利。脂溶性维生素因可储存在肝脏和脂肪组织中，排泄慢，吃得过多便会在体内积聚，从而产生各种中毒症状。维生素A，正常小儿每天只需要1500单位左右，但如果每天补充量超过6670单位，就可引起中毒症状。尽管维生素C是一种水溶性维生素，吃多了大多数都会从小便中排泄掉，但它在体内会转变成草酸，然后再从尿中排泄，长期吃大剂量维生素C很容易引起肾结石，因此，也不宜吃得太多。

正常人每天维生素D的需要量是400单位，如果每天不超过800单位就不会过量。维生素D中毒可表现为低热、四肢无力、恶心、呕吐、头痛等。

给宝宝添加辅食须知

一般从4个月开始，是宝宝味觉发育的敏感期，宝宝也开始学习咀嚼，5～6个月的宝宝开始对食物表现出很大的兴趣。在这个时候添加辅食，宝宝乐意接受，也利于宝宝咀嚼吞咽的练习。

4个月以前添加辅食过早，因为宝宝消化器官尚未发育成熟，容易导致腹胀、腹泻，影响营养的消化和吸收，进而影响宝宝的健康；而过晚添加辅食，单纯从母乳或配方奶粉中获得的营养成分已经不能满足宝宝生长发育所需要的能量和营养素，不能保证宝宝及时摄取均衡、充足的营养，将导致宝宝生长缓慢、营养不良和微量元素缺乏，宝宝会出现体重下降、贫血等状况。

给宝宝添加辅食要培养其咀嚼能力，随着宝宝的不断长大，其牙黏膜也逐渐变得坚硬起来，尤其是长出门牙后，如果及时给宝宝吃软化的半固体食物，宝宝会学着用牙龈或牙齿去咀嚼食物。咀嚼功能的发育有利于颌骨发育和乳牙萌出。

给宝宝添加辅食要训练其吞咽能力，从习惯吸食乳汁到吃接近成人的固体食物，宝宝需要有一个逐渐适应的过程。从吮吸到咀嚼、吞咽，宝宝需要学习另外一种进食方式，这一般需要半年或者更长的时间。

添加辅食的信号

母乳喂养的宝宝每天喂8～10次，或者配方奶喂养的宝宝奶量足够但是宝宝仍显饥饿或者体重不达标。

当爸爸妈妈吃东西的时候，宝宝开始对饭菜感兴趣，想要伸手去抓，而且会舔自己的嘴唇。

宝宝的头颈部肌肉发育完善，可以直起脖子，并且能够自由转动，宝宝也能靠着坐起，这时就已经方便进食固体食物了。

宝宝的吞咽功能逐渐协调成熟，当用汤匙触及口唇时，宝宝出现张口或其他的吸吮动作，并可以把食物向后送并吞咽下去，而不是把舌头上的食物吐出来。

爸爸妈妈应视宝宝的健康及生长状况决定开始给宝宝添加辅食的时机。

添加辅食的原则

添加的品种和数量——由一种开始，由少到多。添加辅食应该从一种开始，如果宝宝适应这种食品，没什么不良反应再逐步增加第二种、第三种直到多种。因为同时添加两种的话，如果宝宝有消化不良或食物过敏反应，就不能正确判断是哪种引起，不利于对症下药。每添加一种也要从少量喂起，由少到多。第一次喂新的食品或固体食物时，宝宝可能会将食物吐出来，这可能是因为宝宝还不熟悉新食物的味道，需要连续喂食数天，让宝宝习惯就好。

添加的浓度——由稀到稠，由软到硬。宝宝的辅食有三类：流食，指一些容易消化的、水分较多的食物，比如各种乳类、果汁、菜汁等；半流食，即粥、藕粉、蛋羹等；固体食物，包括面包、饼干、馒头等。添加初期从流食开始，适应后过渡到半流食，然后从半流食慢慢过渡到各种固体食物。添加辅食要遵循从软到硬的原则，爸爸妈妈可先将食物捣烂，做成稀泥状，待宝宝长大一些，习惯一些，可做成碎末状，以后逐渐做成块状的食物。

小贴士

添加辅食时要密切注意宝宝对辅食的反应，如果宝宝不喜欢吃，要在母乳之前喂，喜欢吃，要在哺乳后喂。添加辅食要在宝宝身体健康的时候进行，宝宝生病或对某种食品不消化，要暂停添加。添加辅食还要观察大便的次数和性质，如果大便次数增加，也要暂停喂养，待大便正常后再继续添加。

最好在宝宝心情舒畅、轻松的时候，再给宝宝添加新的食物，要创造愉悦的进餐氛围，以免影响宝宝对辅食的兴趣。

有的父母喂宝宝时用自己的嘴来咀嚼，这是不正确的。为了避免向宝宝传染口腔疾病，可用做蒜泥的蒜臼将食物做成泥状，或用食物搅拌机等。

辅食选择

营养米粉是宝宝理想的第一种辅食 米粉属于中性谷类，容易被宝宝消化吸收，不易造成腹泻性或便秘；而且其所含的矿物质和维生素可以补充宝宝所需的营养；另外，具有温和自然的特点，不易过敏；脂肪含量适中，容易保存。米粉中的烟碱酸，具有使宝宝皮肤健康、食欲正常的功能。可以单独食用，亦可添加在奶粉中混合冲调。注意：冲调米粉的合适水温是70°，若水温太高，会导致米粉中的营养流失；若水温太低，米粉不容易溶解，混杂在一起会结块，小宝宝吃了会消化不良。另外，妈妈不能把冲调好的米粉进行烧煮，这样会破坏米粉里面的水溶性营养物质。（参见第2篇第5章“适合宝宝吃的代乳食品”）

4个月以后添加淀粉酶 淀粉酶可以帮助宝宝消化淀粉类食物。宝宝的肠道在这个阶段尚未充分发育，早期体内淀粉酶的活性较低，而且，小宝宝在出生后前3个月里唾液腺分泌非常少，唾液腺中所含的淀粉酶和消化道里的淀粉酶也是相当少的，淀粉酶在宝宝4个月左右才达到成人水平。所以，淀粉类食品4个月后的宝宝才有能力消化。如果4个月前吃淀粉类食品，基本上不能消化、吸收，而是全部排泄掉了。

添加果汁 水果中含有一定量的维生素C和胡萝卜素，而且水果中的有机酸可以起到促进食欲、帮助消化的作用。要给4个月的宝宝选用新鲜、成熟、多汁的水果（如苹果、西瓜、梨、草莓等）制作果汁。

其中，橘子易导致过敏，最好在 6 个月后添加。制作果汁前要洗手，然后把水果洗干净，削皮，把果肉切成小块挤压成果汁。完成后，在果汁中加少量温开水即可喂哺，注意不要加热，否则会破坏果汁中的维生素。喂果汁后最好不要马上喂奶，因为水果的果酸会与牛奶中的蛋白质发生凝固，影响钙的吸收和果汁中营养的吸收。因此最好在喂奶后 1 小时喂，或在两次喂奶之间，这样更有利于奶汁及维生素的吸收。

添加蔬菜　蔬菜含水量多，是某些维生素和矿物质的重要来源，含有的较多纤维素可促进消化液的分泌和肠蠕动，软化大便。深绿色叶状蔬菜及橙黄色蔬菜含有较高的维生素 C、B2 和胡萝卜素及矿物质(如钙、磷、铁、铜等)，比较适合宝宝食用，如油菜、小白菜、菠菜、苋菜、莴笋叶、胡萝卜、西红柿等。可以给宝宝制作菜泥，将青菜或菠菜嫩叶洗净切碎，加少量盐，放在锅中蒸熟，取出捣碎，去掉菜筋，用勺搅拌成菜泥。也可以选用胡萝卜制作菜泥。喂时，可加数滴烧熟后的植物油搅拌。

辅食添加不要走入误区

添加辅食的误区

宝宝 5 个月大了，已经可以开始添加辅食了。但是，妈妈在辅食添加的问题上要注意以下事项，否则就有可能因为走入误区而导致宝宝营养不良。

太早添加辅食　在 5 个月之前，宝宝的消化器官处于发育时期，分泌功能还不是很好，消化腺也不太发达。因此，妈妈如果过早地给宝宝添加辅食，不仅不能如愿给宝宝增加营养成分，反而会使消化不了的辅食积存在宝宝的腹中，给宝宝的消化造成负担。

太晚添加辅食　有些宝宝 5 个月了，却还是只吃母乳或者配方奶。这是父母基于添加辅食的谨慎态度，怕宝宝太小了消化不了。其实这种担心是不必要的。宝宝长到 5 个月，自身的消化系统已经趋于健全，也能感受到味道，基本上有了食用辅食的条件。再加上生长发育要求更多的营养素，而光靠母乳是跟不上的，所以要适当地开始添加辅食了。

辅食添加太滥　这个时候，宝宝虽然可以添加辅食了，但是还是要根据宝宝消化功能的发育情况酌量添加。如果让宝宝随着性子，吃多少给多少，很容易养成偏食、厌食挑食等不良的习惯，使宝宝消化不良。因此，给宝宝添加辅食一定要科学安排。

辅食添加太精细　很多爸爸妈妈在面对宝宝吃什么的问题时过于谨慎，不管是自己做的辅食还是在市面上购买的营养食品都很讲究精细。这样就不能对宝宝的咀嚼能力进行有效地训练，会对宝宝味觉的发育产生不良的影响。宝宝的牙齿萌出就会滞缓，最后只能一直喝粥，没办法咀嚼吃菜。长此以往，不仅宝宝的成长达不到理想的状态，还有可能影响宝宝的脑部发育。

辅食添加注意事项

辅食应该按照从稀到稠、从淡到浓、从少到多的顺序来添加。

宝宝辅食食材的选择要特别注意，要选择新鲜、卫生的原料来做给宝宝吃。吃多少做多少，不要将剩余的食物留到下一餐给宝宝吃。宝宝要有固定专用的器具，仔细消毒，保持卫生。

在宝宝身体不舒服的情况下，要酌量地增减或停止正在添加的辅食，防止宝宝消化不良。

根据宝宝的实际发育情况，结合当时的营养需求和消化能力来添加辅食，不要操之过急。可以先尝试一种，等宝宝适应了之后，再添加另外一种辅食。

添加了一类新品种，妈妈要随时观察宝宝的排便情况。如果发现宝宝便秘或者腹泻（参见第1篇第2章“新生儿腹泻”），甚至出现呕吐现象，要及时停止辅食的添加。

不同阶段的辅食添加

妈妈对添加辅食的疑惑不少，什么时候开始添加、添加什么、添加多少量等，回答这些都得具体问题具体分析。

不同阶段	详细说明
3个月之内	一般来讲，3个月之内的宝宝是不需要添加辅食的，宝宝的热量和营养完全可以从母乳或者配方奶中获得。维生素D要从第三周起添加，母乳喂养的宝宝，每日还要添加鱼肝油。两个月起，宝宝可以食用一些果汁和菜汁。可以先少量喂养，和菜汁。可以先少量喂养，
4～5个月	如果没有特殊反应再增加喂量，上下午各喂一次菜汁、果汁每天两次喂，一次5汤匙左右。 蛋黄，从1/4的量开始，将蛋黄压碎放进奶中或者米汤中调匀。妈妈要观察宝宝的反应，如果没有消化不良的情况出现，可以慢慢加至1/2。米粥，4个月开始喂，要煮得很烂，先尝试一汤匙，如果情况良好的话，
6个月	5个月就可以增加到2汤匙了，可在粥里添加半匙菜泥或果泥，每天喂2次菜汁、果汁，每天喂两次，每天6汤匙。蛋黄，每天1个，也可每天喂食半个蒸鸡蛋羹。稀粥，每天喂两次，可以浓一些，从3汤匙开始喂，若无消化不良，逐步增加至5～6汤匙。可在粥中加上1匙菜泥，放一点点盐。鱼肝油，每天喂两次，每次6滴
7～8个月	蛋羹，每天1个。 稠粥，每天喂两次，每次一小碗。添加菜泥，从2～3汤匙开始，逐渐增至3～4汤匙。也可添加肉末、肉松等。零食，为了促进宝宝牙齿的发育，可以让宝宝吃馒头片或者饼干。
9～10个月	母乳，先喂食品再喂母乳，每天喂两次 上午6：00母乳，10：00稠粥一碗，菜泥或碎菜2～3汤匙，蛋羹半个； 下午2：00母乳或牛奶，6：00稠粥或烂面条1碗，蛋羹半个； 晚上10：00母乳或牛奶。若辅食情况良好，妈妈可以考虑断奶
11～12个月	可以给宝宝喂食软饭、熟菜、水果、碎肉、面条、软饭、馄饨、饺子、小蛋糕、燕麦片粥等，一般性的食品差不多都可以给宝宝喂。但要注意营养的多样化，不要将非乳类食品变成宝宝的正餐

5个月宝宝辅食食谱

米汤

原料：大米100克

做法：将水烧开之后，放入淘干净的大米。

大米煮沸之后用小火炖成烂粥，将上层的米汤舀起来即可。

功效：米汤香甜可口，含有丰富的脂肪、蛋白质和多种维生素等，能给宝宝补充多种营养物质。

什锦果泥

原料：香蕉 1 根，西红柿、哈密瓜各适量

做法：将水果洗净去皮。

将果肉用汤匙刮下来压成泥状，搅拌均匀即可。

功效：什锦果泥含有丰富的果胶、维生素 C 和有机酸等营养素，有着促进消化、提高食欲、防便秘的功效。

蛋蒸肝泥

原料：鸡蛋黄 1 个，猪肝 40 克，油、盐、葱花少许。

做法：将去筋膜以后的肝切成小片，放入葱花炒熟。

将炒熟以后的肝片剁成泥状。

将所有材料混合搅匀，上锅蒸熟即可。

功效：肝含有丰富的铁质，是体弱宝宝的补血佳品。

蛋黄泥

原料：鸡蛋 1 个

做法：将鸡蛋煮熟。

用勺子将煮熟的鸡蛋压成泥，加入适量的开水调匀即可。

功效：蛋黄中含有丰富的铁质、维生素 A、维生素 D 和脂肪，有利于宝宝消化吸收。

玉米奶粥

原料：甜玉米粒 1 小匙，粥 3 大匙，配方奶粉 1 大匙

做法：将三种材料搅拌均匀。

将搅匀的鱼泥奶粥放进锅内用大火煮开。

将玉米粒压碎之后即可给宝宝喂食。

功效：玉米奶粥中含有丰富的蛋白质、脂肪、钙质、胡萝卜素和碳水化合物，可以给宝宝补充多种营养素。

鳕鱼豆腐粥

原料：豆腐 25 克，米粥 50 克，鳕鱼 50 克

做法：将洗干净的鱼去皮去刺，放在盐水里腌制半小时。

将腌制后的鱼放在锅上蒸。将切成小块的豆腐用开水烫过，捣成泥状。将蒸烂的鱼捣成泥状，与豆腐泥一起放入米粥中搅拌均匀即可。

功效：鳕鱼含有丰富的 DHA 和蛋白质，有利于宝宝的脑部发育。

鸡汤南瓜泥

原料：南瓜 1 小块，鸡胸肉 1 块

做法：将鸡胸肉泡在盐水中半小时。

鸡胸肉剁成泥状加入一大碗水炖煮。将去皮后的南瓜蒸熟压成泥状。

将熬成小碗的鸡汤用纱布将鸡肉过滤出来。

将鸡肉汤和南瓜泥搅拌，煮开即可。

功效：鸡肉中含有丰富的蛋白质，南瓜中含有丰富的胡萝卜素、钙、磷、铁、碳水化合物和多种维生素，可以给宝宝补充丰富的营养素。

第 6 章
6 个月宝宝的饮食营养

6 个月宝宝的喂养须知

6 个月的宝宝身体机能逐渐发育完善，不愿意乖乖躺着，活动欲望大大增加，所以也就需要更多的能量和营养成分。

宝宝越来越大了，应该将喂奶间隔延长，同时喂奶时间也要减少，慢慢增加宝宝吃辅食的次数，给宝宝断奶打下基础。

吃母乳的宝宝需要添加辅食了。采用配方奶喂养的宝宝，为了满足宝宝发育的需要，也要开始添加辅食了。

如果这个时候宝宝还不喜欢吃辅食，可以等到宝宝饿的时候，先将辅食喂给宝宝吃，再喂奶。

一般说来，这个阶段的宝宝每天要吃两次粥，每次一小碗，每天一个鸡蛋黄。在宝宝出牙黄金期的第 6 个月，还可以将鱼末、肉末、蛋黄等添加在粥中。

要继续喂鱼肝油，每天一次，一次一滴。

6 个月宝宝的发育指标

发育指标	男孩	女孩
体重（千克）	65.1 ～ 70.5	63.3 ～ 68.6
头围（厘米）	6.9 ～ 8.8	6.3 ～ 8.1
身高（厘米）	43.9（平均值）	42.8（平均值）
牙齿	长乳牙	长乳牙

6 个月宝宝的每日食谱

主餐	母乳、配方奶
时间	上午：6:00，12:00 下午：15:00 晚间：21:00，24:00
辅餐	一次喂 150 ～ 200 毫升 菜泥，果泥，汤面，奶糊，肉泥，蛋黄 上午 9:00 菜泥或果泥 下午 18:00, 汤面或奶糊，一次 50 克左右
用法	适当给宝宝饮用白开水或果水、菜水

怎样喂养 6 个月宝宝

宝宝已经 6 个月大了，吃母乳已经不能满足宝宝的味蕾发育需求，就算是完全母乳喂养的宝宝，也会开始对母乳之外的食物产生兴趣。宝宝看到大人在吃饭会流口水，吧唧嘴巴，甚至直接用手去抓。这个时候，妈妈就得持续地添加辅食，为断奶做好准备。

母乳喂养

6 个月之前完全母乳喂养的宝宝，如果每天的体重平均只增加 15 克左右，或者在 10 天之内只增加了 100 克，那么每天就应该给宝宝添加 200 毫升的牛奶了。

人工喂养

在 6 个月之前用牛奶喂养的宝宝，妈妈要注意将宝宝的用奶量控制在一定的范围之内，不能让宝宝肆意地吃奶，否则很容易长成小胖墩。（参见第 2 篇第 9 章“防止养出‘小胖墩’”）肥胖孩子一般都是在这个时候奠定基础的，因此要谨慎地控制宝宝的牛奶量。

要以宝宝的体重增长作为奶量控制的依据，若宝宝十天之内的体重增长在 180 左右，就是比较正常的状态，若超过了 200 克，妈妈就一定要注意控制奶量了。宝宝每天的牛奶总量要控制在 1000 毫升之内，吃不饱的部分就可以用辅食来代替。

辅食喂养

6 个月的宝宝准备长牙了，有些发育比较快的宝宝已经长出了一两颗小乳牙（参见第 2 篇第 13 章“出牙期的饮食规律”），为了锻炼宝宝的咀嚼能力，可以给宝宝添加一些颗粒辅食。这个阶段也是宝宝断奶的初期，为补充能量、铁质和蛋白质，可以给宝宝喂食一些肉泥、蛋黄、鱼泥、猪肝泥等食物。如果宝宝对辅食没有产生排斥现象，就可以适当地减少奶量。

母乳不足，奶粉代喂

母乳喂养固然好，但如果确实奶水不足，而决定用奶粉喂养，那就一定要坚持下去。在给宝宝喂奶的时候，妈妈要把自己的爱传达给宝宝，不要有什么心理负担。

奶瓶消毒

准备好几个奶瓶，在使用前后，一定要用温水冲洗，保证消毒。一般情况下，每天可用蒸汽消毒锅早晚各进行一次消毒。

奶粉配置

在冲调奶粉之前，一定将手洗干净，将所有会使用到的物品全部消毒。严格按照奶粉说明来冲调奶粉，浓度不能过高也不能过低，已经打开的奶粉或者暂时不用的奶粉要放进冰箱保存。不能将温热的牛奶放进保温瓶内，这种做法很容易让细菌在牛奶里繁殖。

已经热好的牛奶一定要马上给宝宝食用，喂不完的奶要扔掉。

牛奶加热

有部分妈妈觉得，宝宝吃不到母乳，就要尽量将牛奶保持与母乳一样的口感。若急着给宝宝喂养，可以用热水将奶瓶冲热，或者将奶瓶放在热奶器中加热半分钟。冲奶前要提前半小时将奶瓶从冰箱中取出来。不要打开瓶盖，让它自己恢复至室内温度。在给宝宝喂奶之前，要用手腕试一下牛奶的温度，不能过烫或过冷。

喂时注意

奶粉喂养的宝宝，因为消化的时间比较长，奶粉中的蛋白质含量也比较高，所提供的能量可以维持较长的时间，因此吃奶的次数也比母乳喂养的宝宝少。白天，宝宝大概是隔 4 小时喂一次，随着宝宝的成长，吃奶次数减少，吃奶量逐渐增加。

要按需哺喂，让宝宝自己决定吃奶的时间和吃奶量，但也不能让宝宝随心所欲，要在妈妈的科学用量控制下给宝宝喂奶。

喂奶常识

若宝宝吃奶吃了一会儿就不吃了，不要强迫宝宝把奶吃完，宝宝产生饥饱感后再进食。

若宝宝不吃牛奶，有可能是与牛奶过敏（参见第 2 篇第 2 章“宝宝过敏的应对措施”）有关。可以先改用豆粉喂养宝宝，再及时去咨询医生。

若宝宝因为感冒（参见第 1 篇第 5 章“婴儿感冒”）或者受凉而鼻子塞住了，要向医生要一些通鼻子的药，在喂奶前给宝宝通鼻子，以防宝宝在吃奶的时候不能呼吸。

别让宝宝躺着喝奶，这样不仅吃奶比较费力，而且还容易呛着宝宝，或者引起宝宝呕吐。

别将奶瓶靠在枕头上喂宝宝，因为这样有可能会使宝宝吸入大量的空气而导致呛奶，也会让宝宝在吃奶的时候失去跟妈妈的互动。

纠正宝宝偏食行为的妙招

宝宝吃辅食之后，很容易有偏食的状况出现，导致妈妈一到饭点就开始头疼。其实，只要掌握了“对付”宝宝偏食的妙招，就能很轻松地解决宝宝的偏食问题。

妈妈宝宝分工做

妈妈要为宝宝提供营养丰富的食物，还要安排宝宝什么时候吃。让宝宝形成固定的吃饭时间，除了三顿正餐之外，可以在中间适当地加一餐小点心。

妈妈不要因为担心宝宝饿着而过多地干涉宝宝的食用量，要让宝宝自己决定吃多少，以及在两餐之间的小点心吃或不吃。这样有利于缓解宝宝偏食问题。

饮食原则要遵守

食物搭配　给宝宝吃的食物要搭配合理，除了主食，还要有蔬菜和水果补充维生素，以及各种奶制品补充蛋白质，要均衡营养，健康饮食。

食物选择　给宝宝烹调的饭菜要多样化，一天之内的食物要多样化，一周内的食物也要多样化，以便均衡补充营养素，同时增加宝宝的新鲜感。

特殊情况　宝宝还没长牙，消化和咀嚼能力受到限制，因此给宝宝做的食物要注意好咬、精细。同时也要讲究造型和色彩搭配，以此引起宝宝的食欲。

就餐时候要注意

榜样作用　爸爸妈妈在宝宝面前吃饭的时候，要注意不能挑挑拣拣，以免给宝宝带来不好的影响。要不时地称赞好吃、营养，宝宝就有可能有样学样，积极吃饭。

自由进食　不要因为害怕宝宝营养不良而强迫宝宝吃不愿意吃的东西。如果宝宝因此而产生逆反心理，会把事情弄得更糟，要巧诱惑，让宝宝喜欢吃、期待吃。

鼓励作用　夸奖的作用不可小觑，要对宝宝的小进步加以称赞。但是不能用宝宝喜欢的食物做奖励，否则相当于变相地鼓励偏食。

小贴士

多活动吃得香　父母要多带宝宝出门，或者在宝宝能动能爬的时候不要阻止宝宝的活动，这样可以加快宝宝的食物消化，也能促进宝宝的食欲，饿的时候就吃得更香了。

摸清宝宝的心理　吃饭前 10 分钟要提醒宝宝开饭啦，让宝宝做好吃饭的心理准备。如果突然把正在玩闹的宝宝强制地拉过来吃饭，就有可能引起宝宝的拒绝。因此，要特别注意在宝宝的吃与玩之间的过渡。

跟宝宝比赛 宝宝虽小，争先的意识却不弱。因此，爸爸妈妈可以在吃饭的时候和宝宝比赛，或者创造和其他宝宝一同进食的机会，以激发宝宝吃饭的欲望。但是要注意，吃饭的速度不能太快，以防噎着或者引起消化不良。

宝宝上火怎么办

宝宝为什么会上火

情绪 如果宝宝在一段时间内生气的次数比较多，急躁冲动，烦躁不安，那就会因为情绪波动引起生理机能的偏差而出现上火。

饮食 宝宝吃了太多辛辣的食物或者活血性的食物也有可能引起上火。

天气 宝宝在寒冷干燥的天气比较容易出现上火。

睡眠 睡眠质量差，睡眠不足，玩耍过度也会引起上火。

宝宝上火会有哪些症状

脾内有火 主要表现为口干口苦，唇舌生疮，总想喝水等。

胃内有火 主要表现为牙龈肿痛，牙根发炎，口臭便秘等。

心内有火 主要表现为烦躁不安，多梦易惊，舌头发红，小便偏黄，经常口渴等。

肝内有火 主要表现为眼睛干痒，眼屎多，脾气急躁，还可能伴有结膜炎。

哪些食物容易引起宝宝上火

某些肉类 如羊肉、狗肉等。

冷饮冰品 如冰棒、冰激凌、刨冰等。

辛辣食物 如胡椒、芥末、大葱、辣椒、咖喱等。

油炸食物 如炸丸子、炸薯条、炸鸡腿等。

热性水果 如荔枝、芒果等。

中药补品 如人参、甲鱼等。

宝宝上火怎么办

多吃水果 多给宝宝吃一些寒性的水果，如梨子、柚子、荸荠、杨桃等，能够起到清热生津、降火去热的功效。

多吃蔬菜 多给宝宝吃一些苦寒清热的蔬菜，如白菜、莴笋、莲藕、茭白等，对口舌生疮、脾气焦躁的宝宝会起到很好的食疗作用。

多吃绿豆 多给宝宝做一些绿豆汤或绿豆粥，能够起到清热解毒、消火去燥的功效。

化食丸 适当地给宝宝服用一些消食丸，对有便秘口渴、手心发热、睡眠质量差的宝宝有很好的治疗作用。

小贴士

为了预防上火，可以适时地给宝宝冲调一些中成药，如紫苏、荷叶、夏桑菊等。还要注意饮食均衡，不要让宝宝养成偏食的习惯，多让宝宝吃一些含有丰富纤维素的谷类食物和蔬果，每天要定量地给宝宝喝水。另外，多带宝宝出去晒晒太阳，以增加免疫力。若上火引起了发烧感冒，要及时带宝宝去医院就医。

咀嚼吞咽训练

咀嚼吞咽训练的好处

锻炼咀嚼能力，有利于牙齿的发育和成长，如果咀嚼能力不强，会导致宝宝颌骨发育不好，导致牙齿排列不齐。

食物被咀嚼之后会变得细碎，可以提高消化酶的活性，有利于吸收营养，促进消化。

宝宝充分的咀嚼可以训练口腔、舌头、嘴唇等相应器官肌肉的协调性及灵活性，使宝宝发音更加清晰准确，为语言的形成打下良好的基础。

吞咽咀嚼训练有利于分泌唾液腺，让唾液与食物充分混合，促进食欲。

吞咽咀嚼还有利于头面部骨骼、肌肉的发育，可以加快头部血液循环，增加大脑的血流量，使脑细胞获得更多的氧气和养分。

充分地咀嚼还有利于肠胃功能的发育。

学会咀嚼吞咽是日后摄取固体食物的重要前提。

咀嚼训练的几个阶段

从宝宝4个月开始，就可通过添加辅食来训练其咀嚼吞咽的动作，让宝宝接受吸吮之外的进食方式，以刺激宝宝的口腔触觉，训练宝宝咀嚼的能力并培养其对不同食物、不同味道的兴趣，为以后的断奶和进食做好准备。因此，妈妈一定要根据宝宝月龄逐步更换食物，为口腔肌肉提供各种不同的刺激，耐心反复地训练宝宝的咀嚼和吞咽能力。

整吞整咽阶段：4 ~ 6个月

4 ~ 6个月是宝宝学习咀嚼和吞咽的起步阶段，这一阶段宝宝还没有出牙，添加的辅食为半流质，适合添加泥糊状的食物，如米糊、蛋黄泥、果泥、蔬菜泥等。刚开始，宝宝或多或少地会将食物顶出或吐出，即使是吃进的食物也不能将其从舌面运动到舌后，然后吞咽下去。因此会整吞整咽，还可能出现干呕现象。如果宝宝习惯了吸吮，尚未形成与吞咽动作有关的条件反射，只要多喂几次即可。喂食时，可将食物放到舌头后方，宝宝会通过舌头的前后蠕动配合做出吸吮和吞咽的动作，逐步适应吞咽过程。

舌碾期：6 ~ 8个月

这个阶段宝宝的牙齿开始萌出，一般用舌头碾烂食物，所以妈妈可给宝宝提供一些需要咀嚼的食物，以培养宝宝的咬、嚼能力，促进牙齿的萌发。食物的选择应由稀到稠，颗粒由细到粗，从泥糊状食物里添加少量小块固体食物开始，等宝宝适应后再慢慢添加固体食物的量。随着月龄的增长，等到宝宝可以用牙床进行较为完整的咀嚼动作，而且愿意主动进食之后，妈妈可以把切碎的固体食物给宝宝自己吃，让宝宝学习在嘴里移动食物，培养宝宝对食物和进食的兴趣。妈妈可以先给宝宝示范具体的咀嚼动作，教宝宝咀嚼，还可以用语言提醒宝宝用牙齿咬。此外，还可给宝宝吃一些专门用来磨牙的小零食来训练咀嚼能力。

咀嚼期：8 ~ 24个月

这个阶段宝宝的牙齿逐渐萌出和完善，口腔动作也来越丰富，宝宝需要经历门牙切碎、牙床咀嚼以及使用磨牙研碎几个阶段，咀嚼吞咽动作逐步协调，食物的选择由糊状进一步转换到半固体的食物。进而到较粗的固体食物，可选择水饺、馄饨、米饭、其他纤维不太多的成人食物，多给宝宝吃粗粮。爸爸妈妈可以经常给宝宝示范咀嚼动作，每口食物应慢慢咀嚼，最好每口咀嚼10次以上。

6个月宝宝的营养方案

宝宝已经6个月了，活动量加大，需要更多的营养素和微量元素来保证发育的需要。单纯的母乳已经难以满足宝宝继续生长的需要，因此，辅食的添加也就越来越重要，除5个月介绍的辅食之外，宝宝还可以吃些补充铁质、蛋白质的鱼泥、肉泥、肝泥。

注意事项

宝宝补钙要少吃菠菜。因为菠菜会阻

碍宝宝身体对钙的吸收。钙与油脂分解之后产生的脂肪酸结合后会形成奶块，不利于钙质的吸收。因此，补钙剂不能和菠菜一起食用。

小贴士

若宝宝患有乳糖不耐症，那么配方奶可以用豆制品来代替，吃的量要比配方奶多一点，以补充同量配方奶所含的钙量。

食谱推荐

鱼菜米糊

原料：鱼肉 25 克，米粉 15 克，青菜适量，盐适量。

做法：往米粉中加入适量的清水浸软搅拌成泥状。

将搅拌成泥状的米粉放入锅中用大火烧沸 8 分钟。

将蔬菜和鱼肉剁成泥状，放进锅中煮到鱼肉烂透，加入少许盐即可。

蛋花豆腐羹

原料：豆腐半块、骨汤适量，鸡蛋 1 只、小葱末等。

做法：将豆腐捣烂，鸡蛋打散。

将豆腐加入煮沸之后的骨汤，煮至水沸，加入蛋花煮沸。

放入葱花，适当调味即可。

三色肝末

原料：胡萝卜、西红柿、菠菜各 10 克，猪肝 25 克，葱头、精盐少许。

做法：将猪肝、胡萝卜、葱头洗净切碎。菠菜、西红柿烫水切碎。

将切碎的猪肝、葱头、胡萝卜倒入加了适量水的锅内煮熟。

加入切碎的西红柿、菠菜、精盐，烧煮片刻即可。

如何选择补钙剂

有些家长总认为，既然宝宝的成长都是依赖骨骼的发育，而钙质又是骨骼发育（参见第 2 篇第 14 章“好骨骼吃出来”）的催化剂，就一股脑地给宝宝滥补钙剂，其实这种盲目的做法是不对的。因为钙作为一种具有较强生理功能的活性物质，不管是缺少还是过多，都会引起生理的不良反应。因此，补钙要科学，不能滥补，更不能长期大剂量地服用。

食补

牛奶是宝宝补钙的最好来源，100 克牛奶中含有 120 毫克的钙质，是母乳的 3 倍多。其次，各种豆类、瘦肉、水果、蔬菜、海产品也是补钙的重要来源。

补钙剂

目前，市面上的补钙剂大约有 400 多种，历经了 3 代。

无机钙　第一代的补钙产品，像氧化钙、碳酸钙、磷酸钙，或者是动物贝壳骨骼。

有机酸钙　第二代钙剂，像葡萄酸钙、乳酸钙、柠檬酸钙、醋酸钙。

有机钙　第三代钙剂，像氨基酸螯合钙、L－苏糖酸钙。

小贴士

无机钙有着含钙量低、难以吸收的缺点，甚至有可能因为制造工艺的缺陷，而导致重金属含量超标。有机酸钙也有着含钙量低的缺点，同时生物的利用度也不高。有机钙是目前比较理想的补钙剂，是未来补钙剂的发展方向。

选择补钙剂要参照的标准

含钙量高。

溶解度大。

肠道吸收度高。

生物利用度好。

重金属含量低。

研究证明，不管是哪一种钙剂，在正常的情况下，吸收率一般在40%左右，不存在吸收率特别高的钙剂。

特别要注意的两种钙制剂

一种是牡蛎、贝壳等经过高温活化磨细后的活性钙，这类钙剂的铅、汞等重金属含量比较高，偏碱性，服用之后胃肠可能会有不良反应。

另外一种就是用家畜动物的骨骼磨制成的钙制剂，这类钙剂的重金属会发生沉积现象，服用后也容易受重金属污染。这两种钙剂都是应该被淘汰的，妈妈购买的时候要注意区分。

牛奶好还是羊奶好

牛奶和羊奶的营养成分表

营养素	牛奶	羊奶
维生素	牛奶叶酸较羊奶高4倍，维生素C含量为0.94毫克/100克，大大低于母乳	羊奶缺乏叶酸，含量为牛奶的1/5，维生素C含量为1.29毫克/100克
酸碱度	偏酸性	偏碱性
矿物质	牛奶钙磷比例与羊奶相似，含铁量与羊奶相仿，但牛奶中的钙铁会相互作用，从而影响二价铁的吸收	羊奶中矿物质较多，总含量为0.85%，钙、磷含量较牛奶多20%，钙铁之间没有拮抗作用，钙铁吸收率高。羊奶中矿物质含量为0.72%，钙占了全部矿物质的45%
上皮生长因子	牛奶无上皮生长因子	羊奶含有和人乳一样的活性因子——上皮细胞生长因子，有益上皮细胞的生长和修复
蛋白质组成	牛奶的蛋白质含量为2.7%~3.7%，其中酪蛋白含量占85%，α—S1酪 蛋白的含量占总蛋白的43%，β—乳球蛋白的含量是羊奶的2倍多	羊奶蛋白质较牛奶稍高，其中酪蛋白占75%，α—S1酪蛋白占总蛋白的1%~3%，β—乳球蛋白的含量比牛奶低

牛奶和羊奶的优缺点

	优点	缺点
牛奶	牛奶的营养素很容易被人体消化吸收，能够满足人们生长发育以及新陈代谢所需要的营养成分。每日饮用两杯牛奶，能够给宝宝提供脂肪、糖、优质蛋白、维生素A、维生素D、维生素B、钙等每日必需的营养素	牛奶中的某些蛋白质如α—S1酪蛋白和乳球蛋白在人体消化能力不足的情况下，容易进入人体引起过敏反应。通常说来，宝宝在6个月之前是最敏感的时期，两岁之后，由于免疫功能和消化能力的提高，过敏反应就几乎没有了

	优点	缺点
羊奶	羊奶含有丰富的 α－乳清蛋白，较少的酪蛋白，脂肪球只有牛奶的 1/3，又含有较多的不饱和脂肪酸，更易消化吸收。羊奶中含有和人乳一样的活性因子——上皮细胞生长因子，有益于上皮细胞的生长，增强人体的抗病能力	羊奶中的矿物质如磷、钙、氯、钠、钾等，不适宜给一岁以下的宝宝食用，容易给肾脏造成负担。再者，由于羊奶中所含的人体骨骼制造红细胞所必需的铁质和叶酸的含量较低，若把羊奶当主食，容易引起恶性贫血，因此，食用羊奶的宝宝的辅助食品必须供给充分

辅食添加的方法和顺序

辅食添加的标志

宝宝长乳牙了。

稍微扶着宝宝就能坐直了。

宝宝会用舌头将嘴边的食物卷进嘴里。

宝宝看到别人在吃东西会用手去抓，食欲旺盛。（参见第 3 篇第 2 章“宝宝能爬行了”）

添加辅食的方法

坐着吃　给宝宝喂东西时，要让宝宝保持坐的姿势，拿枕头或其他东西撑着宝宝。

快乐吃　在宝宝吃饭的过程中要让宝宝保持愉快的心情，使宝宝比较乐于接受辅食。

吃一勺　新一种辅食的添加要从喂一勺开始。先用小勺子舀一点，慢慢放进宝宝的嘴里，等宝宝吞下去之后再舀另外一勺。

辅食添加的顺序

配合月龄 要根据宝宝的月龄添加。

由少到多　比如蛋黄的添加，一开始时是蚕豆大小，喂三四天过后，如果宝宝没有出现消化不良的情况，再添加至 1/4 个，此后一周增加 1/4 个，直到能够完全吃一个。

注意观察　辅食添加之后要密切观察宝宝的皮肤和大便（参见第 2 篇第 12 章“观察粪便，调整辅食”）状况。若没有出现红肿、湿疹等过敏反应和消化不良的症状，就能继续逐步增加。

卫生状况　给宝宝喂的辅食最好是吃多少做多少，辅食添加的用具要保持干净，经常消毒，以免宝宝被病毒侵入而引起疾病。

小贴士

最开始添加辅食的时候，要注意控制用量。先少量地试喂，观察宝宝有没有不良反应，如果情况良好，再逐渐增加用量。不要强迫宝宝吃不爱吃的食物，可以暂停一段时间再喂给宝宝。

要定时定量地在饭前或饭后喂养宝宝。

夏天宝宝食欲不好或者生病的时候，可以适当减少辅食，增加喂奶的次数。

增添一种新的辅食时，要观察宝宝的排便状况，若有消化不良的情况出现，要及时找原因，必要时可以暂停喂养此类辅食。

6 个月宝宝辅食喂养

这个阶段已经普遍给宝宝添加辅食，但是宝宝还不具备自己吃饭的能力，爸爸妈妈就要喂给宝宝吃。

用汤匙喂养，在开始阶段，可先用汤匙喂些母乳，或者宝宝爱吃的乳制品，让宝宝逐渐接受用汤匙喂养。

然后可以用汤匙放上少量米糊轻轻放入宝宝舌中部，等宝宝吞咽完再慢慢取出小勺，根据宝宝的适应能力逐渐增加米糊的量。记住不要将泥糊状食物装入奶瓶中喂养，因为这样可能会增加宝宝的摄入量，造成肥胖现象，而且会造成宝宝对奶瓶的过度依赖，影响从泥糊状食物过渡到进食固体食物，不利于以后的进食，并且可能影响口腔的发育。

在刚开始喂时，宝宝可能会拒绝，但并不表示宝宝不接受或者过敏，宝宝接受新的食物需要经过将经过舔、勉强接受、食物在口中打转、吐出、再喂、吞咽等过程，反复几次到十几次，并经过数天才能接受。

如果宝宝拒绝用小勺，爸爸妈妈要想办法让宝宝接受，如果放弃是不行的。因为用小勺不仅可以让宝宝能够吃到更多的营养物质，还可以让宝宝学会吃东西的另一种方法，促进宝宝咀嚼功能的发育，要知道，宝宝迟早是要戒掉奶瓶的。

怎样给宝宝选择辅食食材

辅食的添加很重要，宝宝需要靠辅食来补充从奶水中摄取不足的能量，并且逐渐训练自己的咀嚼和吞咽能力，养成良好的饮食习惯。有以下几项是妈妈比较需要注意的。

食材选择

蔬菜类应选择农药污染机会少的，如菠菜、空心菜、豌豆等。水果类应选择比较容易处理的，如番茄、苹果、木瓜、香蕉等。蛋、鱼、肉、肝等要煮到熟透，以避免发生感染及引起宝宝的过敏反应。

制作准备

将食材和用具清洗干净，注意消毒，保持卫生。

在烹调的时候要考虑到宝宝的牙齿发育情况和吞咽消化能力，将食物做成糊状、汤汁或者搅碎，让宝宝比较好消化。

一开始不要给宝宝喂浓度太高的食物，要将打好的蔬菜汁或者果汁加水稀释以后才能喂给宝宝吃。

尽量采用自然的食物，少放口味重的调味料，避免油腻。吃多少煮多少，吃不完的食物，不要搁置太久，以免产生细菌。

喂养宝宝的时候还要注意食物的温度，尽量少用微波炉加热食物。

喂食宝宝

份量　因为宝宝的胃容量有限，因此不需要喂养太多，八分饱就可以了。

方式　将食物用碗或者杯子盛装，用汤匙将食物喂给宝宝，要逐渐让宝宝习惯饮食方式，尽量避免用奶瓶喂养。

新食　在辅食添加的初期，一次只需要给予一种，少量喂食之后，观察宝宝的消化情况，再酌量增减。

不同月龄宝宝的不同辅食选择

月龄	食物质地
5～6个月	糊状类，如强化米粉
6～7个月	泥状类，如煮熟或罐装食物、菜泥、肉泥等
7～9个月	菜末、肉末、强化面包、烤面包片等剁碎的食物
9～12个月	面包棒、谷类、饼干，片或块状蔬菜水果，碎菜、肉等切碎的食物

小贴士

在 1 岁之前尽量不要给宝宝喝鲜牛奶，也不要给宝宝喂食鸡蛋清，因为容易引起宝宝过敏。蜂蜜里面含有肉毒杆菌，因为无法消毒又看不见，因此也要少给宝宝喂养。各种容易卡在宝宝喉咙的东西，如坚果，口香糖，或者容易食用后易致过敏的贝壳类食物，也尽量少给宝宝吃。

6 个月宝宝辅食食谱

梨酱

原料：梨 1 个，冰糖适量

做法：将洗干净的梨去皮去核切碎。

将切碎的梨与冰糖一起放入锅中煮。

等梨煮烂以后压成糊状即可。

功效：梨子中含有丰富的维生素和矿物质，对宝宝咳嗽有辅助治疗的作用。

鲜玉米糊

原料：新鲜玉米半个

做法：将玉米粒用小刀刮下来搅拌成浆。

将玉米汁用纱布过滤出来，倒入锅中煮至黏稠状即可。

功效：玉米糊中含有丰富的维生素、卵磷脂和多种氨基酸等活性物质，具有提高宝宝免疫力、增强宝宝脑细胞活动的功效。

香蕉粥

原料：香蕉 1 小段、奶粉 2 勺

做法：将香蕉压成泥状放入加了适量水的锅中煮。

边煮边搅拌，直至煮成香蕉粥。

等香蕉粥放凉后，倒入冲调好的奶粉搅匀即可。

功效：香蕉粥中含有丰富的维生素、糖分、蛋白质和矿物质，有着强身健脑和预防便秘的功效。

莲子百合银耳羹

原料：新鲜百合，莲子，银耳，冰糖

做法：将材料洗干净放进锅里。

慢火炖两个小时，等材料都炖烂了即可。

功效：具有清热解火的作用，非常适合咳嗽的宝宝。

小米山药粥

原料：小米，鲜山药，白糖

做法：将山药洗干净捣碎。

将捣碎后的山药跟小米一起煮成粥。

加入适量白糖搅拌即可。

功效：对消化不良、脾胃虚弱有着很好的食疗作用，适合肠胃状况欠佳的宝宝食用。

牛奶蛋黄米汤粥

原料：米汤半小碗，奶粉 2 勺，鸡蛋黄半个

做法：将大米粥上的米汤盛出半碗。

将鸡蛋煮熟之后取出一半的蛋黄。

将冲调好的奶粉倒入米汤和蛋黄中搅匀即可。

功效：含有丰富的钙质、蛋白质和丰富的卵磷脂，对宝宝生长和大脑发育有好处。

鱼肉松粥

原料：鱼肉松，大米，菠菜

做法：将大米淘洗干净后放在水中浸泡一个小时。

将加了适量水的大米放入锅内煮开至黏稠状。

将洗干净的菠菜用水开水烫过切成碎块状。

将切成碎块状的菠菜放入粥内，加入鱼肉松和精盐拌匀即可。

功效：鱼肉松粥中含有丰富的蛋白质和钙质，对宝宝的发育很有帮助。

第 7 章
7 个月宝宝的饮食营养

7 个月宝宝的喂养须知

7个月的宝宝已经开始长小乳牙了，舌头的搅拌功能也开始具备，咀嚼能力逐渐增强，有自己的饮食爱好了，因此喂养的时候也就更讲究了。

如果母亲乳汁充足，宝宝可继续吃母乳，但是光靠母乳无法满足宝宝日益增长的运动量，容易造成营养素缺乏，所以添加辅食尤为重要。

但是，不管是人工喂养还是母乳喂养的宝宝，在这个时候应该要做好断奶的准备了。辅食的添加要营养均衡，丰富多样。为了满足宝宝的味蕾需要，可以在食物中添加一点食盐。

宝宝牙齿萌出了，消化能力和咀嚼能力不断增强，可以将肉末、碎菜叶等少量逐步添加到食物中。为了练习宝宝的咀嚼能力，还可以不时地给宝宝吃点烤馒头片、小饼干等。

7 个月宝宝的发育指标

发育指标	男孩	女孩
体重（千克）	66.7 ～ 72.1	64.8 ～ 70.2
头围（厘米）	7.4 ～ 9.3	6.8 ～ 8.6
身高（厘米）	44.9（平均值）	43.7（平均值）
牙齿	两颗乳牙	两颗乳牙

7 个月宝宝的每日食谱

餐次	用法
上午	6:00 奶类 200 毫升、面包片 15 克 10:00 奶类 100 毫升、饼干 15 克 12:00 肝泥粥 50 克
下午	15:00 奶类 150 毫升、面包 15 克 19:00 番茄鸡蛋面 70 克、水果泥 20 克
晚上	21:00 奶类 200 毫升 适当给宝宝饮用白开水或果水、菜水

怎么喂养 7 个月宝宝

宝宝长到 7 个月大了，已经不满足于母乳或配方奶，开始对其他的食物产生了吃的欲望。由于味蕾的发育，因此口味也有所不同，经常会想吃一些咸的东西。

乳类喂养

不管是母乳喂养还是牛奶喂养的宝宝，这个时候还是要以乳类为主，代乳食品虽然只能作为补充营养的辅助食物，但还是重中之重，要仔细地给宝宝进行试喂。

辅食添加

面条或米粥等半固体的食物可以开始喂食了，一天一喂。但是跟牛奶或母乳比起来，粥的营养价值要低得多。每百克的母乳含有的热量约有 300 千焦耳，而每百克的米粥里含的热量只有 200 千焦耳。而且，宝宝生长所必需的动物蛋白在米粥中的含量也很少。因此，每日一次的米粥，要加入鱼肉、肉末、鸡蛋，或者肝末等来给宝宝食用。

水果喂养

7 个月大的宝宝需要靠水果来补充维生素等，但是由于牙齿才刚刚开始发育，因此，在喂食草莓、水蜜桃、香蕉等的时候要将其压碎。在喂食苹果、梨等水果的时候要用汤匙刮碎给宝宝吃，在喂食葡萄、橘子等有皮的水果时，要将水果洗干净去皮之后再吃。

注意体重

在宝宝的生长发育过程中，妈妈要密切观察宝宝的体重，隔半个月给宝宝称一次。若体重的增加在正常范围之内，就可以恰当地添加辅食而减少奶量的喂养；若体重的增加明显低于正常水平，那么奶量就不能减少。

如何正确给宝宝断奶

7 个月大的宝宝，正是对辅食兴趣浓厚的阶段。母乳减少的妈妈可以抓紧机会给宝宝断奶了。

不仅是妈妈，爸爸也要认真学习宝宝断奶期间的注意事项，配合妈妈正确地给宝宝断奶。

断奶的最佳年龄

宝宝在 7 ~ 12 个月的时候，母乳的营养成分和量已经满足不了宝宝生长发育的需要，而且其消化功能和咀嚼功能已经提高，这个阶段辅食提供的热量已经达到全部食物热量的 60% 以上，宝宝的饮食品种和数量增多并形成一定规律，营养供应已经能满足生长发育需要，这时可以考虑给宝宝断奶。

断奶的最佳时机

要选择宝宝身体状况良好时断奶。因为要断母乳，改吃牛奶和辅食，这时宝宝的消化功能需要一个适应过程，抵抗力有可能略有下降，因此断奶要考虑宝宝的身体状况，生病期间不宜断奶，这样会影响宝宝的健康，所以应适当延后。

尽可能采用自然断奶法　给宝宝断奶可以逐步减少喂母乳的时间和量，代之以牛奶和辅食，直到完全停止母乳喂养。不要用药物或辛辣食物涂在乳头上迫使宝宝放弃母乳，以免给宝宝的心理造成不良影响。

避免在盛夏给宝宝断奶　由于夏季天气炎热，宝宝的抵抗力低下，中暑、脱水、腹泻、感冒、发烧等疾病高发，母乳中大量的抗体能够增加宝宝的抗病能力，可以抵抗疾病。如果在盛夏给宝宝断奶，宝宝吸收不到大量抗体，再加上处于断奶期不适应，宝宝在夏天食欲和消化能力也比较差，对辅食营养的吸收也比较差，很容易出现腹泻、发烧的症状。

宝宝断奶应在春秋为宜　断奶的最佳时间应选择在凉爽的春秋季节，以免宝宝因断奶原因导致抗体和营养缺乏，出现腹泻、中暑等疾病。如果宝宝的断奶时间正好赶在夏季的话，可以适当往后推一两个月。

减奶不要在晚上进行　刚减奶的时候，宝宝会非常依赖妈妈的乳汁，减奶时最好从白天喂的那顿奶开始，因为白天有很多吸引宝宝的事情，他的注意力会分散，但到了晚上，宝宝会特别依恋妈妈，需要靠喝奶来帮助睡眠，得到慰藉。因此晚上断奶难度会相对比较大。在宝宝白天断掉奶后，可以慢慢断掉夜间喂奶，直至过渡到完全断奶。

断奶注意事项

在断奶的过程中，妈妈既要让宝宝逐步适应饮食的改变，又要果断坚决，不可因宝宝哭闹而一时心软拖延断奶时间。也不可以三天打渔，两天晒网，断一次，吃几天，再断，再吃，反反复复刺激宝宝的情绪，这会给宝宝的心理健康带来危害，还容易造成宝宝夜惊、拒食。

在断奶期间，要给宝宝更多的关心和照料，多花一些时间来陪伴宝宝，给他们安慰和安全感，妈妈不要为了断奶一味躲着宝宝。

宝宝刚刚断奶时，可能出现食欲下降的现象。这时不要强迫宝宝吃过多，让宝宝每天吃一点点，慢慢地适应并接受这种食品。

宝宝断奶，可能会引起妈妈体内的激素发生变化，出现一些负面情绪，如沮丧、易怒等，同时伴有乳房胀痛、滴奶等烦恼。建议热敷并将奶水挤出，以防引起乳腺炎。

少吃母乳多喝牛奶

在断奶的初期，可以将母乳换成配方奶或者牛奶来喂养。但是不要刻意地强迫宝宝喝，在宝宝渴望母乳的时候，妈妈还是不要拒绝宝宝。

睡前奶和夜奶先断

宝宝白天专注于玩闹，可以不喝奶，但是睡前奶和夜奶，却往往很难断掉。在这种情况下，就需要爸爸的配合了。宝宝哭闹的时候，妈妈要先避开，由爸爸哄着睡觉。在睡前见不到妈妈，肯定是要哭闹一阵子的，但是哭着哭着没有了想头，哄哄也就睡了。前几天宝宝会比较折腾，但是时间久了，宝宝就习惯了，不闹不哭就能睡了。

减少对妈妈的依赖

在断奶之前就要做好准备，减少宝宝跟妈妈相处的时间，降低宝宝对妈妈的依赖度。这个时候爸爸就要照顾宝宝了，为宝宝断奶做好心理准备。断奶的初期，宝宝会比较黏着妈妈，爸爸就要转移宝宝的注意力，陪着宝宝玩耍。开始的时候可能会不肯要爸爸，但是只要跟爸爸建立了信任感，让宝宝明白，爸爸也可以好好照顾宝宝，等习惯了之后，宝宝就会不那么依赖妈妈了。

不要纵容宝宝

断奶前后，宝宝会哭闹。妈妈觉得没给宝宝吃奶了，心里怀着愧疚感，便对宝宝予取予求，要什么，给什么，也不管宝宝的要求是否合理。这样持续下去，只会养成宝宝的坏脾气。其实，在宝宝断奶时期，虽然给宝宝多一些爱抚和迁就是必要的，但是不能太过。如果一味地惯着宝宝，因为断奶而养成宝宝的坏习惯，以后要纠正就麻烦了。所以，爸爸妈妈在对待宝宝哭闹的问题上要理智对待，不能无限制地纵容宝宝。

断奶要慢慢来

给宝宝断奶要有计划，循序渐进，按月添加辅助食品，遵循从少到多的原则，逐步减少吃奶次数，增加辅食次数和量，使宝宝的胃肠消化功能逐渐适应，保证正常的生长发育，还能满足宝宝的心理需要。

宝宝和宝宝之间，妈妈和妈妈之间的情况不一样，因此断奶的时间和方法也因人而异。

如果妈妈的奶水分泌已经十分有限，或者因为工作的原因不能继续喂养，并且已经做好了断奶的充分准备，在宝宝也适应的情况下，断奶其实是很快的。

但是如果妈妈整天跟宝宝在一起，又十分重视母乳的喂养，突然断奶心里空落落的，而宝宝又十分依赖母乳，没有做好断奶的心理准备。在这种情况下，妈妈就得一步一步来。先从一天五喂，减少到一天四喂，再减少到一天三喂。等妈妈宝宝都适应了之后，再完全断奶。

宝宝断奶后的饮食调理

在宝宝的断奶阶段是生长发育速度比较快的时候，宝宝断奶的过程就是饮食结构从奶类向辅食类过渡的过程。因此，为了宝宝以后的健康着想，防止宝宝出现消化不良或者营养缺乏的情况出现，断奶后的饮食要特别注意。

均衡饮食

主食 软饭或谷粥类

辅食 热量供应：油脂类、糖类

含蛋白质：豆类、肉类、蛋类

含矿物质和维生素：蔬菜、水果

注意事项

宝宝刚长乳牙，咀嚼能力还不完善，因此，给宝宝喂食的肉类一定要剁碎切烂。

细粮和粗粮要搭配着食用，避免主食全是细粮。

给宝宝喂食的食物要由稀到稠，由液体到固体，由少到多逐步过渡。

饮食误区勿踏入

重主食而轻辅食　有些妈妈总是觉得宝宝的热量来源多在主食，因此，在给宝宝制作食物的时候总是以米饭、面条为主，而忽视了蔬菜、鸡蛋、鱼肉的添加。其实这种做法不利于宝宝的健康，虽然热量有了，可是各方面的营养素却摄取不足了，因此，妈妈要注意，主食、辅食同样重要。

以水果代替蔬菜　大部分宝宝喜欢水果多过蔬菜。而一旦宝宝出现便秘又不爱吃蔬菜的情况，妈妈就会以水果代替蔬菜，认为都是含纤维的食物，一样能够补充维生素，缓解便秘。其实这种观念是不科学的。因为蔬菜中含有的矿物质和维生素的含量十分丰富，是光吃水果不能代替的。而且，有部分水果糖分或者酸度过高，又分为寒性和热性，吃多了对宝宝的身体和肠胃都没有多大益处。因此，就算宝宝不爱吃蔬菜，妈妈也要想方设法让宝宝多吃蔬菜。改变烹调方式或者制成菜泥都是有效的方法。

哪些食物宝宝不宜吃

会引起过敏的食物　鱼虾蟹，或者含鸡蛋白的食物。（参见第 2 篇第 14 章“食物过敏，谁是元凶”）

含人工添加剂的食物 方便面、膨化食品、烧烤类食品等。

会引起肠胃不适的食物　蜂蜜、或者腌制过的食物，如咸菜、罐头、话梅等。

纤维太粗糙的食物以及胆固醇过高的食物和口味过重的食物等，也不适宜让宝宝进食。

宝宝没吃饱的原因有哪些

怎么判断宝宝有没有吃饱

尿量一天 6 次以上，大便柔软，每天 2 ~ 3 次。体重的增加正常，头围和身高的增长（参见第 2 篇第 7 章“7 个月宝宝的发育指标”）也正常，夜奶次数为 2 次左右，皮肤健康有弹性。

宝宝没吃饱，原因有哪些

过早添加辅食。

前奶喝太多，后奶没喝饱，没有饱足感。

妈妈哺乳姿势有误或者宝宝的喝奶姿势有误。

妈妈没有按需喂奶，或者喂奶的时间过短。

妈妈的情绪不佳，影响奶水分泌。

躺着喂奶，也要让宝宝打嗝吗

对妈妈来说，躺着喂奶不用费力去负担宝宝的重量，自己也能得到很好的休息，无疑是最舒服的姿势了。但是躺着喂奶之后，为了避免宝宝出现吐奶或溢奶的状况，同样要帮宝宝拍拍打嗝。

上班妈妈可以让宝宝喝解冻母乳吗

上班的妈妈，不能跟宝宝呆在一起，只能将母乳挤出来，等宝宝饿了再让家人喂。可是有些宝宝在妈妈上班之后不愿意喝解冻的母乳，出现这种情况不要强迫宝宝，等宝宝很饿的时候再去喂，他就自然会接受了。

宝宝一哭，就要喂奶吗

宝宝的月龄在逐渐增加，有时候宝宝哭并不是肚子饿了，只是想要更多的安抚，是一种撒娇性的假哭泣。有些家长会发现，宝宝经常是抱着乖，一放下就哭闹，这只是宝宝的本能表现，而不是饥饱的问题。

7 个月宝宝的营养方案

7 个月宝宝已经出牙了，活动量加大对营养素的需求也就随之增加。

在喂养方面已经可以将谷物类作为主食了，为了保证营养均衡，还应该加上鱼泥、肉泥、蛋黄或者蔬菜等辅食。为了让宝宝更有食欲，保持新鲜感，要不时地变换菜色，水果也要适当地给宝宝吃。

注意事项

禽类的臀部经常会附带有毒物质，在给宝宝炖汤的时候要去掉那部分。给宝宝做鱼的时候要仔细将鱼鳞刮干净，因为鱼鳞经常会附着一些致病源和寄生虫。鱼腹腔内经常会囤积有毒物质，也要去掉。厨房的卫生要时刻保持卫生，宝宝的餐具要用清洗剂或者开水煮烫，干净消毒。

小贴士

蔬菜和水果一定要选择新鲜的，来保证维生素和矿物质的摄入。鼓励多多食用苹果、香蕉、橘子、木瓜等带皮的水果。因为带着果皮水果的果肉不分不容易受到病原和农药的污染。

食谱推荐

奶酪芝麻粥

原料：奶酪 20 克，大米 30 克，黑芝麻 15 克。

做法：将黑芝麻炒香之后碾碎。

将淘洗干净的大米加入适量开水熬至粥状。

将黑芝麻粉倒入煮好的米粥中煮开。

往黑芝麻米粥中加入适量的奶酪，煮一会即可。

蔬菜豆腐泥

原料：豌豆 50 克，胡萝卜 10 克，豆腐 200 克，鸡蛋黄 20 克，酱油少许。

做法：将胡萝卜洗干净去皮。

将去皮之后的胡萝卜切成块状烫熟，与水和豌豆一起放入锅中煮。

将捣碎了的豆腐加入小锅内。

加入适量的酱油，煮到汤汁变少为止。最后将打散的蛋黄加入锅中即可。

肝泥粥

原料：猪肝 50 克，白菜叶 50 克，大米、小米各 30 克，酱油、精盐、葱、姜各少许。

做法：将切成片的猪肝用开水焯过，捞出来以后剁成泥状。

将猪肝切成片，用开水焯一下，捞出后剁成泥。

将洗干净的白菜切成细丝状。

将猪肝放入加了少许油的锅里翻炒，加入适量的葱、姜、酱油和水烧开。

烧开之后放入洗干净的大米和小米，再放入切好的白菜丝和适量精盐即可。

补铁宜忌要留意

缺铁很容易引发贫血（参见第 1 篇第 4 章“缺铁性贫血”）等症状。有些家长急于给宝宝补铁，但是又没有掌握科学的补铁方法，很容易就走入误区。

补铁用量

补铁剂要适量服用，如果超过了宝宝身体吸收的能力，容易引起腹痛、腹泻等症状，甚至可能发生昏迷或者死亡。要小心保管铁剂，以免宝宝将包有糖衣外表的硫酸亚铁糖衣片当做糖果吞食。

服用方法

铁剂要在两餐之间或者饭后服用，在饭前服用常常会让宝宝不舒服，引起消化道的不良反应，如呕吐、腹泻等。针对那些消化道反应比较强烈的宝宝，应该选择刺激性小的葡萄糖酸亚铁小剂量地服用。在服用铁剂的过程中，要避开那些影响铁的吸收的食物（如牛奶、茶和咖啡）。也要尽量少饮用碳酸饮料，因为碳酸饮料会将胃酸中和，降低胃酸度，阻碍铁质的吸收。

服用宜忌

宜服维生素 B6，提高骨髓对铁的利用。

宜服维生素 B2，可促进铁从肠道的吸收。

宜服维生素 A，改善机体对铁的吸收和转运。

宜服维生素 C，能促进造血，有利于人体对铁的吸收。

忌酸碱食物中和胃酸，降低胃酸度，影响铁的吸收。

忌高脂肪食物，会抑制胃酸的分泌，不利于铁质的吸收。

忌有鞣酸的食物，会与铁形成难溶的铁盐，妨碍铁质的吸收。如，菠菜、柿子。

忌碳酸氢钠、氢氧化铝等碱性药物，会中和胃酸，降低胃内酸度，不利于铁的吸收。

此外，乳制品、豆制品、芝麻酱、动物肝脏、海带蛋、花生仁、核桃仁等食物中含有的钙、磷容易跟铁结合形成不溶性复合物，也会阻碍铁质的吸收。因此，服用铁剂的时间要与食用以上食物的时间隔开。

缺铁的临床治疗

缺铁最常导致的症状就是贫血，但是并非所有类型的贫血补铁之后都能产生效果。

一般情况，铁剂治疗的有效指标是，口服铁剂 2 ~ 3 天后，血液中网织红细胞数即开始上升，5 ~ 7 天达到最高峰。在红细胞和血红蛋白达到正常水平之后，为了保证体内贮存足量的铁来防止贫血的复发，还需要继续服用 6 ~ 8 周的铁剂。对于那些有着严重细菌感染和消化不良症状而不宜补铁的宝宝，应该在控制了感染情况后再补充铁剂。

科学饮奶十问十答

很多人都知道牛奶营养丰富，含有丰富的蛋白质和钙质，每天一杯牛奶已经成为健康的口号了。但是，有一部分人在喝牛奶的时候不注意一些小细节，就会导致营养成分的流失。甚至有可能对身体产生副作用，影响身体健康。

牛奶浓度高就是营养高吗

有一些人喜欢喝浓牛奶，觉得牛奶的浓度越高，得到的营养液就越高，其实这是不科学的。

给宝宝喝的牛奶中如果加入超过了正常比例的奶粉，那就有可能会导致宝宝不想吃别的东西，大便干燥，便秘，或者腹泻，甚至会拒绝进食，更严重的还有可能引起急性出血性小肠炎。宝宝的各器官还发育不完全，承受不起这种营养过剩的负担。

糖加多了更健康

很多人都认为，牛奶中没有加糖就不好消化。实际上，为了增加热量，是需要加一点糖的，但是糖量要控制在每一百毫升5克左右，不能过量。牛奶中加的糖最好是蔗糖。因为蔗糖容易被消化液分解成为甜度比较低的葡萄糖被宝宝吸收。

牛奶中可以加酸性果汁吗

有些水果富含维生素（如橘子和柠檬），所以家长时常会在牛奶中添加果汁来给宝宝补充营养。实际上，果汁，尤其是酸性果汁含有高果酸，容易跟牛奶中的蛋白质发生反应而导致蛋白质的变性，让牛奶中的营养成分流失掉。

米汤和稀饭可以添加到牛奶中吗

有些家长在给宝宝喂牛奶的时候，会将稀饭和米汤加到牛奶中，认为这样营养就可以互补。其实这是很不科学的。米汤稀饭中含有的脂肪氧化镁会破坏牛奶中的维生素A，而导致维生素A的缺乏，让宝宝发育缓慢，身体虚弱。因此，如果要补充营养，要把两者分开食用。

牛奶要煮沸才能喝吗

煮沸的牛奶温度达到100℃，其中含有的乳糖会出现焦化的情况，而增加癌症的发病率。另外，牛奶煮沸之后其中含有的钙质还有可能出现磷酸沉淀，让牛奶的营养价值流失。实际上，想要消毒牛奶，只要在70℃下煮3分钟就可以了。

什么时候加糖比较合适

牛奶跟糖放在一起加热，容易在高温下让牛奶中的赖氨酸产生反应，生成不利于健康的糖基赖氨酸。这种物质被宝宝吸收之后会影响宝宝的生长和发育。因此，最好是先把牛奶煮开，等温度降到四五十度的时候再放糖搅拌。

巧克力加牛奶更营养吗

有一部分的家长觉得，牛奶的蛋白质含量那么高，巧克力又具有高能量，在宝宝的生长发育中喝巧克力牛奶会促进宝宝越来越强壮。实际上并不是这样的。牛奶加巧克力会让牛奶中含有的钙质跟巧克力中含有的草酸接触发生反应，形成影响宝宝健康的草酸钙。既损害了牛奶中本来的营养，又容易导致宝宝拉肚子、毛发干枯和发育迟缓等。

婴儿喝酸奶好吗

酸奶对于成年人来说，是一种帮助消化吸收的健康饮品，因此，有些家长就觉得对婴儿也应该起到同样的作用。其实这是不对的。用酸奶来喂养宝宝，酸奶中的乳酸菌容易生成抗生素，尽管可以阻碍病菌的生长，但也会破坏正常菌群的生长，而影响到宝宝的消化吸收。一些有胃肠炎的宝宝或者早产儿，长期服用酸奶，甚至可能会导致坏疽性肠炎的发生。

炼乳能够代替牛奶吗

炼乳是一种奶制品，是将鲜牛奶蒸发之后再加蔗糖来制成的。有些家长认为，浓缩就是精华，索性不让宝宝喝牛奶，而以炼乳来代替。其实，这样做是不对的。炼乳中的糖分很高，如果要吃炼乳，要加五六倍的水来稀释之后才能让宝宝喝。即便甜度可以让宝宝食用，其蛋白质和脂肪的含量也比牛奶少得多。因此，最好还是让宝宝喝配方奶比较好。

牛奶跟药物可以同时服用吗

有一些家长觉得牛奶营养高，用牛奶来给宝宝送服药物肯定好处多多，其实这是不科学的。用牛奶送服药物容易在药物的表层形成覆盖膜，牛奶中的钙镁等矿物质也会跟药物起反应，产生不溶于水的物质。此外，牛奶还会影响宝宝对药物的吸收，降低药效而影响身体健康。因此，牛奶跟药物不要一起服用。

宝宝吃辅食的不良反应

辅食添加的初期（尤其是在一岁之内），宝宝的肠道发育还未成熟，有部分的蛋白质通过血液进入循环当中，再加上对所添加的食物产生过敏，就有可能出现不适应辅食的种种反应。随着宝宝的成长发育，这种过敏反应会渐渐消除。

若爸爸妈妈比较马虎，不重视宝宝的饮食调理，持续地给宝宝吃过敏食物，就会加重宝宝的症状，导致以后一吃那种食物就会过敏，甚至还会出现危险，因此，当父母的一定要特别留心宝宝的过敏食物。

不良反应

牛奶引起的反应主要是腹泻，其他食物引起的变态反应还包括腹胀、腹痛、流鼻涕、流眼泪、耳朵发炎、鼻窦炎、咳嗽、气喘及湿疹等。

容易引起不良反应的食物：土豆、玉米、牛奶、奶酪、虾、小麦、黄豆及豆制品等，或者包含亚硝酸盐和硝酸盐的食物添加剂，如调色剂、人工调味剂和防腐剂等。

较少引起不良反应的食物：红薯、圆白菜、鸡肉、大麦、大米、荞麦、胡萝卜、羊肉和各种水果等。

注意事项

发现宝宝对某种食物有反应就要立即停止喂养该食物。

有过敏家族遗传的宝宝添加辅食的时间可以适当延长。

固体食物的添加，要从单一少量开始，添加中密切观察宝宝的反应，若无出现排斥状况，再添加新的食物。

在食物添加的时候，要先选择那些不容易引起反应的食物，如果宝宝对所吃的食物产生排斥现象，那么可以缓一缓，等宝宝大一点再试吃。

小贴士

在逐步增加的过程中不可操之过急，免得引起病症复发。

宝宝对食物出现不良反应最好的治疗方法，就是找出食物过敏的种类，再避免摄取过敏食物。

7 个月宝宝辅食食谱

香蕉西米羹

原料：西米 75 克，香蕉 2 个，奶粉、糖适量

做法：将去了皮的香蕉切成丁状。

将淘洗过的米放在清水中浸泡待用。

将泡过的米放入烧沸的水中煮。

将奶粉和香蕉倒入煮好的西米中搅匀即可。

功效：香蕉含有丰富的维生素和矿物质，有着提高宝宝免疫力的作用。西米有着健脾补肺、去湿化痰的功效。

西红柿苹果汁

原料：苹果半个，西红柿半个

做法：将洗干净的西红柿用开水烫过之后去皮。

将去皮后的西红柿用纱布挤出汁。

将削过皮的苹果直接榨汁。

将番茄汁倒入苹果汁中搅匀即可。

功效：西红柿中含有丰富的维生素B1、维生素B2、维生素C和尼克酸，是宝宝补充维生素的佳品。

胡萝卜山楂汁

原料：胡萝卜半根，新鲜山楂12颗

做法：将山楂洗干净切成四瓣，胡萝卜洗干净切成碎块状。

将切碎的山楂和胡萝卜放进加了水的锅内炖煮。

小火煮15分钟后用纱布过滤取汁即可。

功效：山楂中含有丰富的维生素C、有机酸、果胶质和矿物质等。有健胃消食，提高宝宝食欲的功效。

苹果胡萝卜汁

原料：苹果半个，胡萝卜1个

做法：将洗干净的苹果和胡萝卜切成丁状，放进加了适量水的锅内煮。

煮烂之后将汁液用纱布过滤出来即可。

功效：胡萝卜中含有丰富的β－胡萝卜素，有着促进上皮组织生长，增强视网膜的感光力的作用。

杂锦蛋丝

原料：干香菇5克，胡萝卜50克，鸡蛋2个，青椒50克，味精、水淀粉、油、盐、麻油适量。

做法：将加了淀粉的蛋清和蛋黄分别在两个碗内打散打匀。

将打匀后的蛋清蛋黄分别放入涂了油的盘中上锅蒸熟。

将冷却后的蛋白和蛋黄切成丝状。

将香菇泡软，青椒去籽，胡萝卜洗净切丝。

将各种材料一起放进油锅中翻炒，加入盐和麻油即可。

功效：鸡蛋中含有丰富的蛋白质和矿物质，胡萝卜、香菇中含有丰富的微量元素，青椒中含有丰富的维生素C，有着促进钙质和铁质吸收的作用。

第 8 章
8 个月宝宝的饮食营养

8 个月宝宝的喂养须知

宝宝 8 个月大了，差不多处在断奶的中期。妈妈的奶水越来越少，即便奶水量足，奶水的质量也越来越低。因此，母乳喂养的次数要适当减少，对母乳依赖较深的宝宝，可以将喂养时间安排在起床、中午和临睡前。

辅食添加的次数可以增加到一日三次，将吃辅食的时间安排在上午 10 点，下午 2 点和晚上 6 点。对于人工喂养的宝宝，每天奶的摄入量适当减少，辅食的添加要继续。

8 个月宝宝已经能够通过消化道里的消化酶来消化蛋白质，所以对于一些豆制品、鱼肉和蛋白质丰富的奶制品，要适当地给宝宝多吃。

8 个月宝宝的发育指标

发育指标	男孩	女孩
体重（千克）	68.3 ~ 73.6	66.4 ~ 71.8
头围（厘米）	7.8 ~ 9.8	6.8 ~ 8.6
身高（厘米）	45.0（平均值）	43.8（平均值）
牙齿	2 ~ 4 颗乳牙	2 ~ 4 颗乳牙

8 个月宝宝的每日食谱

餐次	用法
上午	6:00 奶类 200 毫升 面包片 20 克 9:30 奶类 100 毫升 鸡蛋羹 20 克 12:00 小馄饨 50 克
下午	15:00 奶类 150 毫升 蛋糕 20 克 19:00 肉末胡萝卜汤 水果泥 20 克
晚上	21:00 奶类 200 毫升 适当给宝宝饮用白开水或果水、菜水

怎样喂养8个月宝宝

宝宝8个月大了，乳牙继续发育，消化能力和咀嚼能力也持续增强。舌头已经具备了搅拌功能，已经有自己的食物偏好了，在喂养上要注意不要让宝宝随意想吃什么就吃什么，以免养成挑食的毛病。

奶类喂养

这个阶段是宝宝断奶的中期，可以减少奶量，但应继续母乳和牛奶喂养。但是由于宝宝生长发育需要更多诸如维生素、钙质和铁质等营养素，再加上宝宝日益增加的运动量所消耗的热量跟乳类食品所提供的热量无法等同，因此，光靠奶类已经无法满足宝宝的需要。

代乳食品

这个时期的宝宝已经可以添加半固体性的代乳食品了，可以选择馒头、肝末和豆腐、饼干、动物肉类等。每日，可以适当减少喂奶量，不够的部分用米饭或者面食来代替。

保证宝宝健康的喂养方式

宝宝是妈妈身上掉下来的一块肉，妈妈都希望宝宝健康又聪明。但是，在给宝宝喂养的过程中，要讲究合适和适量的原则，不能盲目地补充营养而导致宝宝的营养性疾患。

生硬食物要少吃

在宝宝消化和咀嚼能力都还未发育完善的情况下，选择食物要考虑到宝宝的年龄特点和消化程度，要尽量将食物做得细、软、熟。值得一提的是，有些妈妈有个很不好的习惯，就是担心宝宝咬不动食物，在喂宝宝之前会将食物放在自己的嘴里，嚼碎了再给宝宝吃。其实这样做是很不卫生的。大人嘴里的细菌、病毒等致病微生物很容易通过咀嚼喂养传染给宝宝。宝宝虽然还没长牙或者刚长了几颗乳牙，没有办法完全咀嚼，但是比较熟和软的食物还是能够消化的。咀嚼喂养的方式使抵抗能力差的宝宝易患疾病。

食物搭配要丰富

为了增加宝宝的食欲，以摄取充分的营养，防止偏食和对单一食品厌倦的状况出现，妈妈要尽量将食物做得丰富多样、色彩鲜艳。不能偏主食而轻辅食。要合理搭配荤素，在两餐之间加点心。如果宝宝不喜欢某种食物，妈妈可以采用掺杂的方式来喂养。比如将青椒剁碎掺在肉末内，或者做成小饺子和小丸子，让宝宝吃不出来。这种方式，不仅能够避免宝宝挑导致的营养失衡状况，又能引起宝宝吃东西的欲望。

不要强迫宝宝吃东西

宝宝东西吃了几口就不想吃了，家长怕宝宝饿着了，有时候就会强迫宝宝把饭吃完。其实，这种做法是不健康的。宝宝有自己的饥饱感，在宝宝不想吃的情况下，家长要尊重宝宝的意愿，不要盲目地硬塞。如果因为吃饭的问题而影响到宝宝的情绪，宝宝一旦产生逆反的心理，以后喂饭的时候就更困难了，还有可能导致消化不良的情况出现。

养成好的进食习惯

在宝宝吃饭的时候不要跟宝宝玩闹，以免因为食物呛到或者堵塞气管而发生危险。宝宝看见喜欢吃的饭菜就会不自觉地多吃，要控制宝宝的饭量，不能让宝宝暴饮暴食。如果超过了宝宝的消化能力，就有可能导致食物的囤积，影响宝宝对营养的吸收，有害健康。

这些食物要少吃

茶类　茶叶中的鞣酸成分会影响宝宝对铁质的吸收，产生贫血。

饮料类 咖啡、汽水、可乐等饮料中含有的糖精和色素容易沉积在体内，影响健康。

动物脂肪类　动物脂肪内含有的饱和脂肪酸容易在血管壁上沉积，而使宝宝的血脂和胆固醇升高，引发宝宝的动脉硬化病。

过咸食物　宝宝的肾脏功能还没有发育完全，因此，如果吃的食物里面所含的盐分过高，那就容易让钠离子滞留在宝宝的体内，发生高血压的情况。

宝宝和糖“有个约会”

糖分普遍存在于各种食物之中，宝宝爱吃糖，所以妈妈经常将糖作为奖励给宝宝吃。但是，糖量要怎么控制，吃糖过多又会有哪些不好的危害，妈妈却不一定都清楚。

糖的作用

能量来源　对人类来说，糖是身体的能量来源，是必不可少的营养成分。吃进去的食物里面包含的糖分，经过消化，分解成葡萄糖进入血液，形成血糖，给身体的各个组织器官供应能量，来保证身体各组织的正常运作。因此，如果每天的糖分摄入量不够，就有可能引起头晕、精神不集中等低血糖的症状出现。

新陈代谢 糖分跟食物中的蛋白质与脂类结合，形成蛋白多糖和糖脂，一起构成激素，免疫因子和组织细胞的构成。健康糖里包含的膳食纤维能够调节肠道，减少便秘的发生，有效地促进新陈代谢。

食糖过量的反作用

蛀牙　宝宝吃糖吃多了，妈妈又不注意清洁宝宝的口腔（参见第1篇第7章“训练宝宝刷牙”），残留在宝宝口中的糖分就容易被细菌分解发酵，引起蛀牙的发生。

影响精神状态　糖分摄入过多，糖分中的单糖、双糖、糖醇被淀粉吸收的速度就会加快，使血糖上升下降的速度过快，引起肾上腺素和胰岛素的升降起伏。这样就容易造成晕眩、注意力无法集中、精神状态差的情况出现。

肥胖症和营养失调 宝宝对甜的食物过于偏爱，大量吃的时候妈妈又没有加以阻止，就会让宝宝吃成一个小胖墩。糖吃多了，还会抑制宝宝的食欲，降低宝宝对味道的感觉，使得营养摄入不均衡，引起营养不良的情况出现。

维生素摄入受限　糖含量高的食物一般维生素含量都不会很高，而且，糖分的代谢需要消耗大量的维生素和微量元素，这就间接限制了维生素的摄入和吸收。

不同阶段的糖摄入建议

阶段	摄入建议
4个月以内	由于这个月龄的宝宝吃的是配方奶或母乳，可以代谢的糖类也仅限于乳糖和蔗糖，因此无需另外加糖
1岁以内	1岁以内的宝宝逐渐具备多糖淀粉的消化能力，因此，辅食添加很必要。尽量给宝宝多吃天然食物，少吃成品食物。选择市面上过渡食品的时候，最好挑低糖或者无糖成分的
1～3岁	1～3岁的宝宝消化和吸收能力已经越来越完善了，能吃的东西也接近成人。人为添加糖的分量控制在每天10克左右，少吃奶油蛋糕、糖果等高糖食品，主要通过均衡摄入主食和辅食来保证宝宝对糖分的需要

8个月宝宝的营养方案

宝宝8个月后，就开始学习爬行，运动量加大后，体力消耗的速度也变快。再加上妈妈的奶水质量也不如之前的几个月，没有办法满足宝宝成长发育所需要的全部营养，因此，辅食的添加尤为重要。在这个阶段，可以让宝宝尝试更多种类的食物，多补充一些含脂肪和蛋白质的食物，但是要注意控制食物的用量，不能服用过多。

注意事项

正餐的中间可以给宝宝冲配方奶喝。要严格按照调配比例，控制奶水的浓度。即使宝宝爱吃甜的，也不要额外地往牛奶中加糖。如果糖分过多，会阻碍宝宝对锌元素的吸收，导致消化不良的情况出现。宝宝的抵抗力一下降，就会不想吃东西，容易受疾病的侵袭。

小贴士

为了防止因为叶酸不足而引发的营养不良性贫血，妈妈要多让宝宝吃蔬菜和水果。

食谱推荐

水果酸奶糊

原料：香蕉1个，番茄1个，酸奶1大勺。

做法：将洗干净的番茄用开水焯过，去皮去瓤之后捣碎过滤。

将香蕉去皮捣碎。

将捣碎的番茄与香蕉搅在一起。

酸奶倒在和好的番茄、香蕉上即可。

大骨汤面

原料：西兰花50克、面条100克、大骨头汤适量。

做法：将洗干净的大骨头放入开水中焯一遍，再放入加了清水的锅中熬制。

将熬好的大骨头肉剔出切碎。

将切成小段的面条放入清水中煮烂。

将西兰花和碎肉放入面条中，加入高汤调味即可。

胡萝卜肉末汤

原料：猪肉末50克，胡萝卜150克，葱、姜、白糖各少许。

做法：将洗干净的猪肉末加调味料腌制。

将腌制好的猪肉末蒸熟或炒熟。

将洗干净的胡萝卜切成块状放入锅中煮烂。

将煮烂的胡萝卜块捞出压成糊状，加入肉末、胡萝卜汤和白糖搅匀即可。

宝宝适吃食物排行榜

水果

推荐水果依次有：猕猴桃、芒果、杏、柿子与西瓜、番木瓜、草莓、橘子、柑子。

各自含有的纤维素、矿物质、和维生素的量都不同。

蔬菜

首推的蔬菜是红薯，它虽然很不起眼，但含有的营养素却是蔬菜之首。不仅有丰富的维生素，多吃还能抗癌。除此之外，可以多吃的蔬菜还有荠菜、苤兰菜、金针菇、雪里蕻、大白菜、芦笋、卷心菜、花菜、芹菜、茄子、甜菜、胡萝卜。

肉食

禽类动物，尤其是鸭肉和鹅肉，虽然脂肪量并没有比畜肉少，但跟橄榄油的化学结构比较接近，对心脏也比较有好处。而鸡肉则是蛋白质的最佳来源之一，脂肪量相对于牛肉来说要少得多，营养含量却毫不逊色。

汤食

汤类之中，首要推荐的就是鸡汤。因为鸡汤中含有一些特殊物质，如果在冬春季节能够多煲点鸡汤给宝宝喝，能够有效地预防感冒，避免支气管炎的发生。

食油

食用油可以分成植物油和动物油。食用植物油比食用动物油更健康，尤其是芝麻油，玉米油和米糠油。植物油和动物油的最佳调配比例为2∶1。

小贴士

要促进宝宝的脑部发育（参见第3篇第2章“如何开发宝宝的左右脑”），保护脑子，可以多吃的食物有：花生、开心果、腰果、松子、杏仁等坚果，以及椰菜、菜椒、豌豆、番茄、胡萝卜、小青菜、蒜苗、芹菜、菠菜、葱等蔬菜。

此外，猪肝和粗粮也是护脑的佳品。

宝宝不宜多吃的食物

宝宝正处于发育的黄金时期，营养素补充要全面，但是要遵循科学的方法，否则不仅不利于宝宝成长，还有可能对发育造成反作用。

补钙要适量

钙是宝宝发育的关键因素，但是补钙不能盲目。补钙过量容易造成低血压，甚至有可能给宝宝种下心脏病的隐患。缺钙的宝宝，妈妈应该在医生的指导之下科学地补钙，控制钙量摄入。

补锌要科学

宝宝缺锌常常表现为营养不良或没有食欲。补锌跟补钙一样，不能过量。若是体内的锌含量超过了宝宝的身体吸收能力，就容易造成腹部疼痛、精神不振、食欲减退的症状，严重点甚至可能导致急性肾功能衰竭。补锌也要在医生的指导下，科学确定服用的剂量，来防止锌中毒。

鸡蛋不要吃太多

鸡蛋含有较多人体必需的营养，因此，有些妈妈可能为了多给宝宝补身体，顿顿煮鸡蛋给宝宝吃。这种做法很不科学。宝宝每日的鸡蛋摄入量保持1～2个就可以。如果吃多了，容易引起消化不良，还有可能增加宝宝的肠胃负担，引发维生素K的缺乏症。因此，鸡蛋的摄入也要科学适量。

人参补身要谨慎

人参里面含有刺激人体性腺激素分泌的成分，让宝宝长期服用人参来补身体，容易让宝宝性早熟。其次，服用人参的时间长了，宝宝的免疫力和抗病能力就减弱了，容易受到病菌的侵袭。再者，人参服用过量会让宝宝神经兴奋，出现失眠、烦躁、易怒的情况，对心脏也有不利的影响。因此，父母在给虚弱的宝宝补身体的时候，要特别谨慎地选择进补食品和进补量。

鱼油的食用要恰当

鱼油含有丰富的维生素A和维生素D，有助于宝宝的成长发育，但是也不能服用太多。服用过量会增加宝宝机体钙的吸收，容易导致高钙血症的发生。口渴，尿多，面无表情，皮肤干燥等都是高钙血症的表现。

兴奋神经类食品要少吃

可乐　可乐里面含有兴奋神经的咖啡因，会引起宝宝中枢神经的兴奋，长期让宝宝喝的话，容易导致多动症（参见第1篇第8章“幼儿多动症”）的发生。

酸梅粉　酸梅粉跟可乐一样能够引起多动症，并且如果长期服用，宝宝胃内的胃酸含量会增高，容易侵蚀到胃黏膜导致十二指肠溃疡的发生。

如何给宝宝添加鸡蛋

鸡蛋含有优质的蛋白质、卵磷脂、维生素和铁、钙、磷等矿物质，是优质蛋白和铁的良好食物来源。鸡蛋易引起过敏，不宜过早添加。当宝宝已经添加了强化铁的米粉及蔬菜、水果后，可酌情添加鸡蛋。（参见第 2 篇第 11 章“鸡蛋要怎么吃才健康”）

蛋清比蛋黄更易引起过敏，所以添加时应先从蛋黄加起。蛋黄是为宝宝补铁的不错选择。蛋黄的添加量要逐步增加，先从 1/4 个蛋黄加起，如果宝宝吃后无腹泻、呕吐、皮疹等不良反应，3 ~ 7 天后可每次喂 1 / 2 个蛋黄，逐渐增至 1 个蛋黄。添加蛋黄 1 个月后宝宝就可以吃整个鸡蛋了。鹌鹑蛋和鸽子蛋与鸡蛋和鸭蛋的成分接近，含有丰富的营养素，均可给宝宝食用。

蛋黄的制作方法：将鸡蛋洗净，放在冷水锅中煮，煮熟一些，剥去蛋白，将蛋黄压成泥状，用开水或调于米粉中，成糊状即可喂宝宝。

约有 3% 的宝宝吃鸡蛋后出现腹泻、皮疹、呕吐等过敏反应。当出现过敏反应时，首先应明确造成过敏的原因，如确定是对鸡蛋过敏，则应立刻停止喂鸡蛋。当宝宝肠道发育进一步完善，对异种蛋白的屏障作用增强后，再重新试着喂鸡蛋。重新开始喂鸡蛋时每次应只喂少量蛋黄，并仔细观察宝宝的反应，缓慢增加每次的摄入量，每 1 ~ 2 周加量 1 次，直到宝宝适应为止。

注意事项

不宜将鸡蛋当主食，因为宝宝胃肠道消化功能不成熟，各种消化酶分泌较少，过多地吃鸡蛋会增加宝宝的胃肠负担，导致消化不良，引起腹泻。

半岁以前的宝宝不宜吃鸡蛋清。6 个月内的婴儿消化道黏膜屏障发育尚不完全，消化系统的发育不完善而蛋清中的蛋白质分子较小，容易透过肠壁黏膜进入血液循环，使机体对它产生过敏，发生湿疹、荨麻疹等疾病。

不宜给宝宝吃没煮熟的鸡蛋，煎蛋要煎 3 分钟，煮蛋要煮 7 分钟，否则容易导致细菌感染。

不宜给发烧的宝宝吃鸡蛋。人吃了蛋白后可产生额外的热量，不利于发烧小儿的康复。

注意不应将蛋黄泥加在奶瓶中给宝宝喂食，这容易引起宝宝食欲减退。

“对症下药” 让宝宝爱上辅食

宝宝 8 个月大了，也有点自己的小脾气。碰到不想吃的东西就闭着嘴巴做沉默的抗议，或者索性哭闹起来，这个时候爸爸妈妈很头痛，不知道怎么让宝宝愿意吃辅食。其实只要对症下药，让宝宝乖乖吃也不是那么难的事儿。

症状一

宝宝对鸡蛋过敏，吃完鸡蛋之后浑身就开始起小疹子，小脸和耳朵通红通红的，伴有分泌物。

怎么做　将鸡蛋放在锅里煮 20 分钟，熟透之后不要蛋白，留下蛋黄用小汤匙碾碎加在宝宝的主食中喂养。如果有过敏的遗传体质，可以延缓几个月喂养蛋黄，用肉末、肝脏代以补充。

症状二

宝宝吃土豆产生不良反应，出现腹泻和呕吐的现象。

怎么做　将土豆煮到熟透，用小汤匙压成泥状，加在宝宝的主食里喂养。先少量添加，如无出现不良现象，再酌量增加。

在喂养辅食的时候要考虑宝宝不完善的消化能力，根据当时的实际情况来添加，以免因为马虎，而让宝宝受苦。

症状三

细心的妈妈会经常观察宝宝的排便情况。有些宝宝初次吃蔬菜，可是过了几天都不见有未消化的蔬菜排出。这是一种正常的现象，只要不是腹泻，妈妈可以不要过多担心。

怎么做 给宝宝喂食的蔬菜要切细一点，由少到多，逐渐添加，不要太急躁。

症状四

宝宝对那些有特殊味道的东西（比如萝卜、洋葱或者卷心菜）产生排斥的心理，总是不想碰。

怎么做 在烹调这些食物的时候，加水稀释，将味道冲淡。如果不是非吃不可的食物，宝宝又排斥到底，家长也不要强迫宝宝吃。

小贴士

辅食的添加是一个考验妈妈耐心的过程。在宝宝吃辅食的时候，要给宝宝创造一个和谐的氛围，才能让宝宝产生好的食欲，吃进去辅食并且习惯辅食，防止养成挑食、偏食的习惯。

辅食添加阶段的作息表

时间	无母乳	有母乳
6:00	配方奶 200 毫升	母乳
7:00	洗脸，做简单体操，睡觉一小时	洗脸，做简单体操，跟宝宝玩亲子游戏
9:00	水果，点心，户外活动	母乳或配方奶 200 毫升
11:00	面条 100 克，猪肉丸子汤 50 克，室内活动	鸡蛋粥 100 克，碎菜肉末汤 30 克。室内活动
12:00	午睡	午睡。起来喂水果点心
14:30	配方奶 200 毫升	户外活动
15:00	户外活动。母乳或配方奶 150 毫升	室内活动
17:00	点心，水果	水果，点心
18:00	粥 80 克，小馄饨汤 50 克，开水烫 碎青菜 2 勺。室内活动	面条 100 克，鸡蛋羹一勺，豆腐鱼汤 50 克，开水烫青菜 2 勺。室内活动
21:00	配方奶 200 毫升左右	母乳，睡觉

8 个月宝宝辅食食谱

辅食食谱

清蒸鳕鱼

原料：鳕鱼肉 100 克，葱、姜、酱油、料酒各适量做法：将鳕鱼处理好洗干净备用。

将葱姜切成丝状洒在鳕鱼上。

在鳕鱼上淋一勺料酒和半勺酱油，放在锅中蒸熟即可。

功效：鳕鱼中含有丰富的钙质和 DHA，有着促进宝宝脑部发育，提高免疫力的作用。

双蛋黄豆腐

原料：鸡蛋一个，熟咸鸭蛋半个，豆腐 50 克，葱丝适量，麻油少许

做法：将豆腐切成片状，撒上葱丝放在锅里蒸。

将鸡蛋煮熟，取蛋黄和咸鸭蛋蛋黄一起压成泥状。

将蛋黄泥洒在蒸熟的豆腐上，淋点麻油即可。

功效：蛋黄中含有丰富的矿物质和胡萝卜素，有着补虚益气的功效。

第9章
9个月宝宝的饮食营养

9个月宝宝的喂养须知

宝宝9个月大了，牙齿已经长到三四颗了，具备了一定的咀嚼能力，加上活动量越来越大，其营养需要通过一日三餐的辅食来补充。一些固体食物，像面条、菜叶和肉末已经可以给宝宝多吃了。但是要注意在烹调的时候将比较粗的根茎除掉，做鱼的时候也要把鱼刺挑干净，以免噎着宝宝。

奶汁充足的妈妈母乳喂养可以减少成一天两次，早上晚上各一次。辅食的添加要讲究营养的均衡，淀粉、蛋白质、维生素和油脂都要适当地摄入。补充蛋白质，这时候宝宝可以吃整个鸡蛋了。要尽量将蔬菜做得有色有香，纤维类的食物如洋葱、卷心菜、萝卜、菠菜可以多吃，对宝宝的便秘有很好的缓解作用。宝宝如果不想被喂，要自己拿着水果吃，要注意将水果洗干净，削皮，去籽之后再给宝宝吃。

9个月宝宝的发育指标

发育指标	男孩	女孩
体重（千克）	69.7 ~ 75.0	67.7 ~ 73.2
头围（厘米）	8.2 ~ 10.2	7.6 ~ 9.5
身高（厘米）	45.2（平均值）	44.0（平均值）
牙齿	2 ~ 4颗乳牙	2 ~ 4颗乳牙

9个月宝宝的每日食谱

餐次	用法
上午	6:00 奶类200毫升、面包片30克 8:30 菜泥或果泥 10:30 鸡蛋青菜面100克 12:30 奶类150毫升
下午	15:00 小馄饨90克 19:00 肉末豆腐50克，米粥25克
晚上	21:00 奶类200毫升 适当给宝宝饮用白开水或果水、菜水

怎样喂养 9 个月宝宝

母乳喂养

完全用母乳喂养的宝宝，到 9 个月大了之后，即便妈妈的奶水还很充足，但是乳汁中所含的营养成分已经不够了，远远满足不了宝宝成长所需要的营养。所以，即便宝宝可以不用断奶，但是一定要将主食从母乳改为代乳食品，通过代乳食品来补充能量。

人工喂养

配方奶粉喂养的宝宝也要将主食从配方奶粉改为代乳食品。

辅食喂养

辅食的添加要持续，有一些宝宝对于带汤的粥类没有什么兴趣，反而想要吃大人的米饭，可以小量地给宝宝吃一点。如果吃后没有消化不良的情况出现，那么以后在宝宝不愿意喝粥的时候也可以喂一些煮得软软的米饭。这个阶段的辅食还是应该以半固体的软烂食物为主。

小贴士

宝宝 9 个月已经可以用手来拿东西吃了，吃水果的时候，可以将水果切成一小片一小片的，让宝宝拿着吃，像香蕉、葡萄这样的，可以让宝宝托着吃，增加宝宝吃东西的新鲜感。

不要错过味觉敏 2 感期

宝宝味觉最敏感是什么时候

在宝宝 6 ~ 11 个月的中间阶段，味觉和嗅觉都是最敏感的，是辅食添加的最佳时期。宝宝吃的东西慢慢从流食到固体食物，味觉和嗅觉也随着食物的变化而更加完善。因此妈妈要及时地给宝宝添加辅食，不能因为宝宝出现不适现象，就立即心疼地停止喂养。这样错过了口感、味觉、嗅觉的最佳发育期。有可能让宝宝日后患上厌食症，而导致断奶困难的情况出现。

宝宝偏食要怎么处理得当 9 个月的时候，宝宝已经对食物有各种喜好了，但是，这只是一种短暂性的偏食。在这个月龄不爱吃的东西，下个月又可能变得爱吃了。妈妈不要因为担心宝宝缺乏营养，而强迫宝宝吃东西。这样有可能在宝宝的脑海中留下不愉快的记忆，让宝宝以后不想再吃这种食物，形成真正意义上的偏食。

妈妈限制宝宝的饮食就是对他好吗

妈妈为了给宝宝补充全面的营养，一般都根据自己的营养知识来给宝宝做饮食安排，而忽略宝宝的真实意愿。其实，只要宝宝的味觉、嗅觉正常发育，完全是可以选择自己爱吃的食物的，妈妈只要在宝宝的食物中挑选有益健康的食物进行组合。从长远来看，他们是能够达到均衡营养的。妈妈对宝宝的饮食过分限制，反而会造成宝宝的不良饮食体验，最终导致挑食、厌食的出现，而影响宝宝的健康。

脂肪类食物应该怎么添加

妈妈因为怕宝宝患上动脉硬化等心血管疾病，在烹调宝宝食物的时候，会有意地控制宝宝脂肪类的摄入量，甚至都不加油。其实，这是不科学的想法。脂肪保证身体的正常发育，是宝宝生长发育不能缺少的营养素，缺乏脂肪容易引起脂溶性维生素的缺乏，引发皮肤干燥、湿疹，或细菌感染的症状出现。

脂肪过量同样会引起宝宝食欲减退和消化不良的症状。因此，妈妈在给宝宝添加辅食的时候，要适当地补充脂肪成分。科学地控制脂肪的摄入量，不能不加，也不能加多。一般来说，植物油比动物油更适合宝宝食用，但是由于动物油中含有植物油所缺乏的维生素 A、维生素 D。因此，在食用植物油的基础上也要适量地添加一些动物油。

补品要怎么补才科学

妈妈为了让宝宝的身体更强壮，喜欢给宝宝吃一些桂圆、蜂王浆等补品。其实，这些补品中所含有的营养并没有妈妈想象得那么多。补品的主要成分是碳水化合物，其中矿物质和维生素的含量都很低。甚至有些补品中还带有不适合低龄宝宝服用的性激素，吃多了容易导致宝宝不长高和性早熟。因此，若宝宝发育正常，又不是虚弱儿，不要刻意地给宝宝吃补品。

宝宝空着肚子能吃甜食吗

宝宝爱吃甜食，都快要吃饭了，还闹着要吃蛋糕或其他甜食。妈妈怕宝宝缠人，想着吃一点应该没什么关系，就顺着宝宝意给宝宝吃了。实际上，长期空着肚子吃甜食，容易减少宝宝吃正餐的欲望，使肠道内正常的菌群被叶酸和B族维生素破坏掉，引发营养不良和维生素缺乏的情况出现。此外，血液中的胰岛素增加让血糖量在大脑血管中急速地减少，引起低血糖。为了使血糖回到正常状况，肾上腺素会在体内反射性地分泌出来。加快宝宝的心率，出现肾上腺素浪涌的现象。因此，在饭前偶尔吃一些甜食可以充饥，但是不能长期为之。

高蛋白的摄入越多越好吗

妈妈常常会觉得，想要宝宝长得又高又壮，就要多吃高蛋白的食品。因此，在饭桌上就会不断地把鱼虾肉往宝宝的碗里夹。而这样做却往往收不到预期的效果。不仅没有更健康，反而时不时就生个小病。其实出现这种情况很大原因就是因为高蛋白食品摄入过多的缘故。

因为高蛋白食品多是肉类食品，其脂肪酸和胆固醇的含量也比较高，食用过量容易加重宝宝的肾脏负担，伤害宝宝的肾脏功能。使宝宝的新陈代谢发生紊乱，从而导致宝宝正常发育受到影响。因此，食物的摄入要均衡，不能重此轻彼。

宝宝没吃饱要强迫他吃吗

都说“饱食众疾”，妈妈一碰到宝宝饭量少的状况就犯愁，担心宝宝吃得不够饿着了。其实这是没必要的。活动量少或者饭前已经吃零食了，都有可能是宝宝饭量少的原因。如果前一餐吃的东西还没消化，就吃另外一餐，并且被妈妈强迫着吃很多，就有可能导致积食和营养过剩，囤积脂肪，养出小胖墩。肥胖会让宝宝患糖尿病和高血压的几率升高，也可能使性发育过早，影响脑部的发育。所以，在宝宝发育正常的情况下，偶尔一两餐宝宝吃得少或者不愿意吃，不要去强迫宝宝进食。但是，为了让宝宝更加健康，要适当地控制甜食、洋快餐和油腻食品的摄入，多做运动来帮助消化吸收。

科学饮食长好牙

宝宝长牙之后，妈妈为了给宝宝养出一口好牙没少费心思。但是很多宝宝犯懒，吃了甜品和零食之后都不爱刷牙。出现这种情况，妈妈不用太担心，对付馋嘴宝宝，也有科学的护牙方法。在宝宝护理的篇章里，我们也讲到对宝宝乳牙的护理。但是，那仅仅是在乳牙清洁方面，要保证宝宝牙齿的健康，营养也是很重要的。在宝宝长牙时，需要补充必要的“固齿食物”，帮助宝宝拥有一口漂亮坚固的小牙齿。

在妈妈怀孕的最后3个月，小宝宝的乳牙胚就已开始逐渐形成。所以这个时候孕妈妈最好每天能补充额外的钙制剂，为将来宝宝出牙做准备。

宝宝出生后，最初4个月内以母乳或配方奶喂养为主，4个月后，逐渐添加辅食以提供宝宝生长发育所必需营养素，同时促使宝宝乳牙萌出。

牙齿健康所需营养素

钙对于牙齿来说必不可少，是组成牙齿的主要成分，如果钙补充不足，小乳牙就会长不大。

富含钙的食物：虾仁、海带、紫菜、鱼松、蛋黄粉、牛奶和奶制品。

磷能让小乳牙坚不可摧。缺乏磷的牙齿坚硬度差，容易折断。

富含磷的食物：蔬菜、肉、鱼、奶、豆类、谷类等。

适量的氟可以增加乳牙的坚硬度，可以预防龋齿。含氟丰富的食物就能防止细菌所产生的酸对牙齿的侵蚀，抑制细菌中的酶从而阻碍细菌的生长，功效和用含氟牙膏刷牙一样。

富含氟的食物：海鱼、茶叶、蜂蜜等。

蛋白质是细胞的主要结构成分，对牙齿的形成、发育、钙化、萌出也起着重要的作用，如果蛋白质摄入不足，会造成牙齿排列不齐、牙齿萌出时间延迟及牙周组织病变等现象，而且容易导致龋齿的形成。

富含蛋白质的食物：各种动物性食物（如肉类、鱼类、蛋类等），牛奶及奶制品中所含的蛋白质属优质蛋白质，植物性食物中以豆类（尤其黄豆）所含的蛋白质量较多。

维生素 A 可以维护牙龈组织的健康，可以维持全身上皮细胞的完整性，缺乏会导致上皮细胞过度角化，导致小宝宝出牙延迟，当维生素 A 缺乏时会影响牙釉质细胞发育，导致牙齿的颜色变成白垩色。

富含维生素 A 的食物：鱼肝油制剂、新鲜蔬菜等。

维生素 C 有助于牙釉质的形成，缺乏维生素 C 可造成牙齿发育不良，牙骨萎缩，牙龈容易水肿“出血”。

富含维生素 C 的食物：新鲜的水果如橘子、柚子、猕猴桃、新鲜大枣等。

维生素 D 可以增加肠道内钙、磷的吸收并促使钙、磷在牙胚上沉积钙化，一旦缺乏时就会出牙延迟，牙齿小且牙距间隙稀，造成宝宝牙齿发育不全和钙化不良。

富含维生素 D 的食物有鱼肝油制剂等。此外，应进行日光浴，日光照射皮肤可使体内自己合成维生素 D。

要控制含糖食物的摄入。多吃糖会生蛀牙已成为人们的共识。实践也证明，吃糖量和蛀牙的发生率成正比。因此，爸爸妈妈要让宝宝做到：餐前不吃糖，以免降低食欲，影响正餐时营养物质的摄入；睡前不吃糖，以免残留糖液侵蚀牙齿；减少吃糖次数，少喝或不喝含糖较高的饮料；少吃饼干、蛋糕、面包之类的黏性甜食；吃糖或食用含糖食品后要及时刷牙漱口。（参见第 2 篇第 8 章“宝宝和糖‘有个约会’”）

宝宝稍大一些适当吃一些脆硬食物。锻炼宝宝牙齿的咀嚼能力，可以使宝宝牙齿长得更结实、更整齐，为恒齿的萌出做好准备。

酸碱中和口腔

如果宝宝吃多了含糖量高的食物，可以给宝宝相应地吃一些如面包、土豆等淀粉类食物，这些食物所包含的丰富的维生素 D 和双磷酸盐能够避免糖分残留在宝宝的口中成为细菌的繁殖地，降低酸性，改变酸碱度，避免蛀牙的产生。（参见第 1 篇第 7 章“乳牙龋齿”）

腔除菌的蔬果

宝宝长牙之后，吃东西又不刷牙，口腔中就有可能养出一帮“细菌军队”，引起宝宝牙龈发炎。预防这种情况的出现，可以多给宝宝吃一些蔬果。水果如哈密瓜、猕猴桃、木瓜、草莓等。蔬菜如西红柿、胡萝卜、生菜、豌豆、芹菜、花椰菜等。

这些蔬果中含有可以消灭细菌的维生素C，可以促进胶原蛋白的生成，对牙齿和牙龈有很好的清洁作用，随着宝宝的咀嚼，慢慢地将牙缝中残留的食物去掉，让牙龈随时保持健康状态。

牙釉质的强健食物

牙釉质是人体最坚硬的物质。多吃一些含有天然脂肪的植物种子，如南瓜子、芝麻、瓜子、坚果等，对牙釉质能起到很好的强健作用，不仅能预防蛀牙的产生，对保护牙齿和抵抗细菌都有很好的效果。

小贴士

过酸的食物如橘子等不要在刷牙前半小时吃，因为酸性物质会削弱牙齿的保护膜，降低牙齿的抵抗力，若吃后不久就马上刷牙，对牙齿的发育有不利影响。（参见第1篇第7章“训练宝宝刷牙”）

防止养出“小胖墩”

父母都希望自己的宝宝吃得饱长得壮，但是如果不控制食量和脂肪的摄入，宝宝一不小心就会长成小胖墩，这个时候就要进行饮食调节，以免因为肥胖给健康埋下隐患。

定时定量

每日三餐的时间要固定，进食量也最好要固定。早餐是必不可少的，一定要吃好，最好增加一些蔬菜水果。晚餐要适量地减少，以免给宝宝造成肠胃负担。若宝宝在睡觉之前喊饿，可以给宝宝喝一杯牛奶，这样既起到充饥的作用，又有助于宝宝的睡眠。

减少脂肪

有些妈妈有一种减肥就要从减少主食开始的错误观念，其实主食中含有的碳水化合物是提供糖分、给大脑供给能量的主力，所以只要不过量，是不用减少主食的。宝宝肥胖的时候最重要的是减少脂肪的摄入，让宝宝少吃肥肉，少吃油炸食品，多吃蔬菜水果，这才是改善宝宝体型的正确方法。

自己做饭

很多上班的妈妈比较忙，所以有时候会给宝宝买一些成品或半成品的食物给宝宝做着吃。如果不留心挑选这些食物，就有可能让宝宝摄入过多的脂肪而造成营养过剩或营养失衡。因此，给宝宝吃的食物最好是在家里自己做，这样既能增加跟宝宝的感情交流，也能改善宝宝的健康状况。

配汤配粥

在吃饭之前先喝点汤，吃点蔬菜，然后再吃主食，养成宝宝配汤配粥吃饭的好习惯。这样不但能够促进肠胃的消化吸收，还可以先垫垫宝宝的胃以免一下吃得太多，影响消化，造成食物囤积。

替换零食

对于依赖零食的宝宝，可以将含糖量比较高的食品（如汽水、蜜饯、巧克力、糖果等）换成其他低脂高纤维类的食品（如酸奶、水果、牛奶等）。在宝宝口渴的时候尽量用白开水来代替高热量饮料，以免引起热量过剩。

口味清淡

在做宝宝食物的时候，要尽量减少辛辣或刺激性调味品的用量。食物最好是用蒸煮或者凉拌的方式来做，不要让宝宝摄入过多的油炸食品。

慢慢进食

吃东西的时候要让宝宝慢慢进食，这样可以增加宝宝的食欲敏感性，还能提高宝宝对饥饿的忍耐性。可以用点巧心思，比如用宝宝跟爸爸比咀嚼时间的方式，来培养宝宝细嚼慢咽的习惯。

9 个月宝宝的营养方案

宝宝 9 个月大了，差不多处在断奶的中后期了。这个阶段宝宝的牙齿与咀嚼能力正在一步一步地完善，因此，可以开始添加一些含有纤维质的根茎类蔬菜了，还可以适当地喂养一些锻炼宝宝牙齿和咀嚼的稍硬食物，帮助乳牙的成长。

注意事项

这个阶段宝宝身体组织还未具备对有毒化学物质的排毒功能，对于那些加工时会添加防腐剂的罐头类食品，如果摄入了过多在加工的时候添加了防腐剂的罐头类食品，有可能使宝宝肾脏的负担加重，严重点的可能因为化学物质的长期囤积造成中毒。因此，这类食品妈妈要尽量少给宝宝食用。

小贴士

为了补充蛋白质，促进宝宝自体组织的发育，这时可以给宝宝添加一些含有碳水化合物，能够为宝宝提供充足能量的面粉类食物。

食谱推荐

火腿土豆泥

原料：土豆 100 克，瘦火腿 10 克，黄油 2 克。

做法：将去皮后的土豆切成小块，放进锅里加入适量的水煮烂。

将煮烂的土豆用汤匙捣烂盛入盘中。

加入黄油和火腿末，搅拌均匀即可。

肉松软米饭

原料：软米饭 100 克，胡萝卜 1 片，鸡肉 20 克，酱油、白糖、料酒各少许。

做法：将洗干净的鸡肉剁成末放入锅内，加入白糖、料酒、酱油。

边煮边搅鸡肉，煮好后倒在米饭上焖煮。

焖熟后倒入小碗内，加入花型胡萝卜点缀即可。

冬瓜蛋花汤

原料：冬瓜 500 克，鸡蛋 3 个，鸡汤 1 碗，植物油 30 克，精盐适量。

做法：将去皮之后的冬瓜切成小片，把鸡蛋打入碗内搅匀。

将冬瓜放进倒了少许植物油的锅内翻炒。

加入鸡汤烧开之后淋入鸡蛋，再加入适量精盐即可。

DHA 对宝宝成长的重要作用

什么是 DHA

DHA 又称脑黄金，成分是二十二碳六烯酸，是一种多不饱和脂肪酸。由于 Ω－3 脂肪酸是人体无法自己合成但又对人体机能具有重要作用的脂肪酸，因此要想获取只能通过膳食补充才能获得。

哪里需要 DHA

母乳 天然存在

心脏 DHA 是心脏的重要组成部分

大脑 约占 Ω－3 脂肪酸的 97%

视网膜 约占 Ω－3 脂肪酸的 93%

DHA 对宝宝有什么作用

宝宝大脑发育的黄金期在 3 个月到 2 岁之间。DHA 对脑部发育起着举足轻重的作用。但是由于宝宝的发育中无法自身进行 DHA 的转化，因此，若没有补充足够的 DHA，就会使血液中的 DHA 含量过低，影响宝宝的智力发育。

具体说来，DHA 有以下几个重要作用：

促进宝宝的视力和大脑发育。

促使宝宝注意力的集中，规范宝宝的行为。

维持宝宝心脏的健康，降低宝宝患心血管疾病的几率。

增加宝宝的抵抗力，使宝宝不容易感冒发烧，预防炎症的发生。

增加脂肪蛋白的密度，降低甘油三酯。

帮助高胆固醇的宝宝血管功能的恢复。

让双胞胎或比较虚弱的早产儿的身高、体重、头围达到正常水平。

科学补充 DHA，为宝宝的智力发育打下良好的基础，能够让宝宝一生受益。（参见第 2 篇第 13 章“多吃坚果可提高宝宝智力”）

如何给宝宝添加调味品

宝宝的味蕾越来越完善，能够尝出各种味道，为了让宝宝更有食欲，妈妈在烹调的时候都会在食物里添加调味品来改善食物的风味。即便可能用的量不多，但毕竟是入口的东西，还是要注意使用的盲区，不要添加过量。

调味品的种类

蜂蜜　因为蜜源不同，其成分也存在着差异。

食糖　可分成精制糖和粗制糖，前者为白糖，后者为红糖。

味精　主要成分是谷氨酸和谷氨酸钠，现在市面上增加了味道鲜美的鸡精。

食盐　食盐的主要成分是氯化钠，可以根据来源分成为矿盐、湖盐、海盐、井盐等。

酱油　酱油可以分成烹调酱油和餐桌酱油。烹调酱油只能在烹调时使用的酱油，而餐桌酱油却既能直接食用，又能用于烹调。

食醋　包括酿造食醋和配制食醋。米醋、熏醋、陈醋等都是酿造食醋，它是通过微生物将淀粉类原料发酵而酿成的。配制食醋则是通过发酵法工艺制成食用乙酸，再经过兑制生成的产品。

不同阶段的调味品选择

阶段	说明	小贴士	调味品
4 ~ 6 个月	这个阶段仅靠母乳已无法满足宝宝的营养需求，因此需要在母乳喂养之下进行辅食喂养，可以陆续开始使用调味品了	由于宝宝月龄的差异，调味品的选择也不同。但这个阶段宝宝味蕾尚未发育完全，因此，如果宝宝不排斥吃无味食品，还是不要添加调味品为好	少许食盐，食糖
6 ~ 12 个月	这个阶段可以开始使用食盐了。但是在利用食盐维持体内的酸碱平衡的同时，还是注意要少糖为主，也不能过量	蜂蜜中有可能含有肉毒杆菌芽孢，容易引起宝宝中毒，因此，在宝宝味觉没有需求的这个阶段，量食用，不能过量。食糖以白不要让宝宝吃蜂蜜	少许食盐，食糖
1 ~ 3 岁	宝宝 1 岁之后，调味品已经基本上可以少量地吃了。但是像辣椒、洋葱、大蒜等有刺激气味或辛辣的调味品还是不要让宝宝吃多了，以免引起胃烧灼和消化不良的情况出现	味精不要给宝宝多吃，若吃惯了加味精的食物，一旦不加，即便宝宝说不出有什么不同，还是有可能拒食。味精吃多了容易降低宝宝的味觉敏感度，影响身体健康	基本上都能吃

在烹调的时候不要放太多的调味品，口味清淡保持身体健康，不要让过多的调味品降低了宝宝的食欲，而影响到身体的正常发育。

如何自制磨牙棒

4～7个月，宝宝开始长牙，牙床开始痒痒。可能一向安静的宝宝开始流口水、烦躁不安，于是他们变得喜欢咬这咬那，任何能接触到的坚硬物总是逃不出宝宝的手心，如果找不到可以咬的东西，宝宝就会选择“啃手”来代替。专门为宝宝设计的磨牙玩具很多，比如牙胶、练齿器、固齿器等，有些中间注了水的可放入冰箱冷却一下再用，冰镇宝宝的牙床，能减轻疼痛。不过宝宝只是在偶尔感兴趣时咬一咬，然后就随手扔到一边，容易沾上口水、灰尘、细菌，如果宝宝再用的时候就容易引发疾病，所以爸爸妈妈可以自己给宝宝做些硬度适当的食物，不仅能缓解宝宝牙床的不适，还有助于营养的摄入。

地瓜干 将地瓜蒸熟，去皮，切成手指大小的条形，放在暖气上晾干，干透后放入保鲜袋中，存在干燥的地方，也可以选择在超市里购买，让宝宝随吃随拿。如果地瓜干太硬，可能会伤害宝宝的牙床，妈妈可以在米饭煮熟后，把地瓜干放在米饭上焖一焖，使它变得又香又软，宝宝就可以放心地食用了。但因为地瓜有滑肠的作用，不要吃太多，以免造成腹泻。

蔬菜条 把胡萝卜切成手指粗细和长度的条，放到开水中煮熟，注意不要加盖闷煮，熟后放进凉开水中，可以把胡萝卜条放到冰箱稍冻一下，更适合宝宝磨牙；另外，黄瓜、西芹或者新鲜的水果也可以切成手指粗细的小长条，清凉又脆甜，还能补充维生素，是宝宝磨牙很好的选择。

磨牙饼干、手指饼干或其他长条形饼干 饼干既可以满足宝宝咬的欲望，又可以让他练习自己拿着东西吃，练习咀嚼和吞咽能力。要注意的是，不要选择口味太重的饼干，以免破坏宝宝的味觉。

妈妈的手 妈妈洗净自己的双手，用一根手指轻轻来回按摩宝宝的牙床，对减轻宝宝的疼痛也会非常有效。

辅食选得巧，牙齿长得好

辅食的添加，不仅跟宝宝的成长发育和营养需求密切相关，同时对牙齿的保护和口腔的健康起着重要的作用，因此，辅食的食物选择很关键。

糖分的摄入

大家都知道，吃糖吃多了会长蛀牙。事实上也是这样。蛀牙的发生率往往和糖的摄入量成正比。因此，为了宝宝的一口牙，妈妈要严格控制宝宝的吃糖量，不要让宝宝在餐前吃糖，免得降低宝宝吃饭的欲望；也不要让宝宝在睡觉之前吃糖，免得在口腔内残余的糖液侵蚀宝宝的牙齿，造成蛀牙。还要注意不要让宝宝多吃高糖饮料，饼干、面包、蛋糕类的甜食也要严格把关，还要让宝宝养成吃后刷牙漱口的习惯。

维生素的摄入

牙齿的发育需要充足的维生素。维生素A，维生素C保护牙龈组织的健康，维生素B、维生素C促进牙釉质和骨胶的形成，维生素D促进钙的沉淀和吸收。维生素A、维生素D可以从乳类、鱼肝油和动物肝脏中摄取，维生素C中的纤维质能够按摩牙齿，保持牙龈的清洁，可以从各类蔬果中摄取。若矿物质和维生素的比例不均衡，容易影响宝宝的牙齿发育和牙齿的钙化。

蛋白质的摄入

蛋白质分为动物性蛋白质和植物性蛋白质。前者包括鱼类、肉类、蛋类和乳类，后者包括豆类、干果类和谷类。在牙齿的形成发育过程中蛋白质起着重要的作用。宝宝如果缺乏蛋白质，就有可能会出现长牙晚、长牙慢、牙齿不齐和牙周组织病变等情况，容易产生蛀牙。

矿物质的摄入

钙和磷是构成牙齿的基本成分。因此，要让牙齿长得好，就要补充钙磷等矿物质。乳制品的含钙量高，是补钙的佳品。为促进宝宝牙齿的钙化，还可以多吃海带、黑木耳、粗粮、黄豆等食物，牛奶也可以多喝。

小贴士

为了让宝宝的牙齿长得整齐又结实，加强宝宝咀嚼能力的锻炼，可以让宝宝适当地多吃一些脆硬的食物，如坚果、花生仁、核桃等。

湿疹宝宝的辅食添加

宝宝对食物过敏，小脸和身上出现的一个个小红点，就是湿疹。湿疹是一种变态性的皮肤病，在宝宝皮肤娇嫩的时候，一点小小的刺激就会让宝宝起反应。因此，在宝宝添加辅食之后就更要注意宝宝的饮食，科学地喂养湿疹宝宝。

辅食添加原则

在给湿疹宝宝添加辅食的时候要特别小心谨慎。

若宝宝的食物过敏情况比较严重的话，可以将辅食添加的时间推迟到 6 个月之后。

湿疹一般都是食物过敏引发的，并且大多是由于蛋白质分解不好而导致的。所以，在给湿疹宝宝添加辅食的时候要特别注意，要避免摄入过敏食物。

辅食添加方法

湿疹宝宝的辅食添加要特别小心，由少到多，一种一种慢慢来。每添加一种就要仔细观察宝宝的反应，如果没有出现更严重的情况，才能继续添加第二种食物。

湿疹宝宝辅食添加的顺序要从米粉到麦粉，因为米粉和麦粉比较符合宝宝生长发育的需要，并且较少引起过敏反应，是宝宝断奶期的好食品。

在同一天内添加的辅食品种不能太多，即便不过敏的食物，这样掺杂在一起，也可能引起宝宝的过敏反应。

喂养要谨慎

若经过观察，确定宝宝的食物过敏跟宝宝的饮食没有多大关联，那么就是纯粹对母乳过敏了。这个时候就应该从母乳喂养改成低敏的配方奶喂养。人工喂养的宝宝出现湿疹的症状，可以选择脱敏或低敏奶粉来进行喂养。

宝宝一开始的时候吃的是母乳，若妈妈吃了含有过敏物质的东西，如海鲜、芒果、菠萝等食物，就有可能通过奶水将这些过敏源传染给宝宝而导致宝宝过敏。所以，妈妈在吃东西之前，要确定宝宝湿疹的发作是不是和妈妈的饮食有关，如果在宝宝患湿疹之后妈妈还继续吃这些含过敏源的食物的话，就很容易加重宝宝的病情。

小贴士

有部分宝宝对蛋清蛋黄过敏，尤其是蛋清和蛋黄之间的薄膜，是宝宝过敏的多发源。所以，在给宝宝添加鸡蛋的时候，将薄膜撕掉，从少量开始添加。先给宝宝尝试 1/4 个，观察宝宝无不良反应和消化不良情况出现之后，再酌量增加。

鱼虾类也时常导致宝宝过敏的食物，所以，鱼虾类的添加，也要从少量单品种开始。先尝试河鱼、河虾，添加的一段时间内注意观察宝宝消化情况和过敏反应，如无湿疹症状，再逐月逐量增加。

9 个月宝宝辅食食谱

辅食食谱

蒸肉豆腐

原料：豆腐 20 克，鸡脯肉 15 克，葱头、香油、酱油、淀粉各少许。

做法：将洗干净的豆腐放在锅中煮一会儿。

将煮过的豆腐沥去水分，压成泥状，再拌上香油。

将鸡肉洗干净剁成泥状放入盘内。将葱头、酱油、淀粉和鸡蛋加入鸡肉中调匀。

将调好的鸡肉摊在豆腐上面，放在锅中蒸 10 分钟即可。

功效：豆腐中含有丰富的植物蛋白质，有着杀菌健胃，提高宝宝免疫力，促进宝宝生长发育的作用。

蛋黄豌豆糊

原料：蛋黄 1 个，豌豆 100 克，米 50 克，盐少许。

做法：将去掉豆荚的荷兰豆放进搅拌机中打成汁状。

将鸡蛋放入水中煮熟。将煮熟的鸡蛋捞起来放进冷水中浸一下，去壳取蛋黄压成泥状。

将淘洗干净的米放在水中浸泡 2 小时。

将泡好的米跟豆汁一起放入加了水的锅中煮至半糊状。

将蛋黄泥加入豌豆糊中搅拌均匀，再焖 5 分钟即可。

功效：蛋黄豌豆糊中含有丰富钙质和维生素 A，碳水化合物和卵磷脂等营养素。能够给宝宝补充足够的钙质，促进宝宝骨骼和牙齿的发育，同时还有着很好的健脑功效，非常适合宝宝食用。

五彩冬瓜盅

原料：冬瓜 50 克，火腿 20 克，鲜蘑菇、冬笋各 30 克，小葱、姜、鸡汤、鸡油少许。

做法：将冬瓜切成丁状，把冬笋、蘑菇，火腿片和姜切成碎末。

将除了葱末以外的材料放进炖锅中炖煮。炖到冬瓜熟烂之后，撒上葱末即可。

功效：冬瓜中含有丰富的维生素 C 和钾元素，不含脂肪，比较适合体重超标的宝宝食用。

第10章 10个月宝宝的饮食营养

10个月宝宝的喂养须知

宝宝10个月大了，普遍都已经进入断奶的中后期。这个阶段是宝宝模仿能力强的时期，因此，在吃饭的时候，可以让宝宝坐在餐桌旁一起吃，使宝宝养成良好的饮食习惯。

在母乳方面，这个时候已经可以将喂奶次数减少到每天一次了，妈妈不能心软，宝宝一哭闹就给宝宝吃母乳。

为保证宝宝正常发育的营养需求，要保持一日三顿的就餐习惯。

在辅食方面，用量要相较于上个月增加。在煮稀饭和面条的时候可以适当地加入鱼肉、肉末、胡萝卜、小碎菜或土豆等，以清淡和软烂为主。

10个月宝宝的发育指标

发育指标	男孩	女孩
体重（千克）	71.0 ~ 76.3	69.0 ~ 74.5
头围（厘米）	8.6 ~ 10.6	7.9 ~ 9.9
身高（厘米）	45.7（平均值）	44.5（平均值）
牙齿	4 ~ 6颗乳牙	4 ~ 6颗乳牙

10个月宝宝的每日食谱

餐次	用法
上午	6:00 奶类200毫升 面包片30克 8:30 菜泥或果泥 10:30 鸡蛋青菜面100克 12:30 奶类150毫升
下午	15:00 小馄饨90克 19:00 肉末豆腐50克 米粥25克
晚上	21:00 奶类200毫升 适当给宝宝饮用白开水或果水、菜水

怎样喂养 10 个月宝宝

母乳喂养

在这个阶段，就算妈妈的乳汁很充足，也要减少母乳的喂养次数。除了睡觉前喂一次奶之外，其他的时间要尽量不要喂养母乳。如果白天宝宝不肯吃辅食，硬要吃母乳的话，就要完全断奶了。

人工喂养

这个时候宝宝已经进入断奶的后期，因此，牛奶喂养的宝宝，每天牛奶的摄入量可适量再减少，不足的部分用辅食来代替。

辅食喂养

宝宝 9 个月大，消化能力和咀嚼能力都相较之前增强，乳牙也长到四五颗了。因此，辅食可以瘦肉软饭为主，为了营养均衡，也可以将肉末、胡萝卜加到粥和面条中给宝宝吃。在两餐的中间，也可以适当地给宝宝吃一点饼干和烤馒头等小点心。另外，这个阶段的宝宝好动，可以将水果和宝宝的手洗干净，去皮后让宝宝拿在手里吃。

影响宝宝健康的错误饮食观念

总是有妈妈犯愁，觉得自己的宝宝明明就吃得很好，怎么还是又瘦又小，还老爱生病。其实，出现这种情况很多时候都是因为父母的错误饮食观导致的。

牛奶浓度过高

很多父母觉得牛奶越浓，营养成分就越高。其实这是一种饮食误区。浓度过高的牛奶容易升高宝宝的血钠含量，导致血压升高，让宝宝便秘，严重时甚至可能出现抽筋的情况。

牛奶糖分过高

为了提高宝宝喝奶的积极性，父母经常会在牛奶里多加一点糖。实际上，牛奶里面放太多糖，会导致宝宝不想吃东西，对营养的吸收能力也会降低，让宝宝容易生病。糖放多了，还会影响宝宝对锌的吸收，使消化系统发生紊乱，导致吸收的营养无法满足成长需要。

酸奶饮用不科学

有些父母听说酸奶对宝宝有很好的保健作用，所以在宝宝起床后就直接给宝宝喝酸奶，或者将酸奶加热后给宝宝喝。实际上，这样做，容易在宝宝胃酸过高的时候杀掉酸奶中的乳酸菌，而导致营养成分的流失。并且，长期服用脱脂后的酸奶，对宝宝的神经发育有不良影响。

小贴士

不要在宝宝空腹的状况下给宝宝喝酸奶，还有，为了避免酸奶中的乳酸杆菌被抗菌药物消灭，在喝酸奶之后要避免服用抗菌药物。

不吃蔬菜，只吃维生素补剂

宝宝不爱吃蔬菜，导致营养不均衡，经常会便秘。父母为了缓解这种情况，就会买各式的维生素给宝宝吃。实际上，蔬菜中所包含的不只是维生素，还含有宝宝不可缺乏的铁、锌、铜、钙等矿物质和微量元素。其中所含的食物纤维，还能帮助宝宝的胃肠蠕动，防止便秘的出现，还能保护牙齿，帮助牙齿的发育。

小贴士

胡萝卜、玉米和芹菜等蔬菜是防止宝宝便秘和蛀牙的佳品，因此，不要因为宝宝不爱吃，就用维生素补剂取代蔬菜。

补铁只靠吃菠菜

众所周知，缺铁很容易造成贫血。因此，为了给宝宝补铁，父母就会常常给宝宝吃菠菜。实际上，菠菜中草酸的含量比较高，容易跟其他食物中的钙质结合产生难溶于水的、无法被人体吸收的草酸钙，导致宝宝缺钙。

小贴士

为了给宝宝补铁，在给宝宝吃菠菜之前，要将菠菜放在沸水中焯一遍，将部分的草酸去除掉，防止钙量的损失。另外，补铁还可以吃猪肝、鱼肉、猪肉等食品。

“厨艺小笨蛋”妈妈的料理妙招

做饭并不是妈妈的专利，有些妈妈是“厨艺小笨蛋”，家里都会请保姆或者让孩子他爸来给宝宝做饭。一旦他们不在家的时候，就不知道怎么做饭。不会做饭的妈妈很多时候也不爱买菜，因此都不知道现在超市里都有哪些已经搭配好、买回来直接煮就能吃的半成品了。以下是几个简单的烹饪方案，让妈妈也能做出营养丰富的菜肴给宝宝吃。

简单料理

好吃白米饭　要让白米饭更好吃，只要掌握一些小诀窍就行了。在米饭上撒点芝麻、肉松或者海苔，会让宝宝更爱吃。这些小配料会为米饭添色添香，增加宝宝食欲。

巧做速冻食品　现在市场有卖很多种类的速冻馄饨，在煮馄饨的时候多放一些水，将混沌沿着锅边放进锅里，轻轻地搅动馄饨。做好之后还可以做个紫菜汤来给宝宝搭配着吃。

蛋羹浇米饭　速冻的盖浇饭买回来之后，要先仔细看看包装上的说明，弄清楚微波时间。将放了些微盐粒的蛋打开，加入蔬菜、肉末、虾泥，放进冷水稀释一下。水开了之后再煮 5 分钟就差不多了。

蔬菜沙拉　有些妈妈害怕油烟，这时候就可以给宝宝做好吃又好做的沙拉吃。肠胃未发育完全的宝宝，可以将蔬菜烫熟了之后再做。其实不只蔬菜可以做成沙拉，水果，禽蛋，肉类，都可以加进沙拉里面。

小贴士

沙拉酱有保质期短的缺点，因此在购买的时候，最好选择小包的沙拉酱。在给宝宝添加新品种的沙拉酱之前，妈妈要先尝过再喂给宝宝吃。

料理妙招

巧用半成品　对于厨艺不佳的妈妈来说，不管是买菜洗菜还是煮菜都是很头痛的事情。现在超市里有很多琳琅满目的半成品，买回家之后直接下锅煮熟就可以了。妈妈需要做的就是将这些搭配好的半成品恰当地利用起来。

小贴士

半成品中附加的调料有可能味道太重了，但是妈妈又没有信心再重新调一份。那就可以采用多加菜的方法，即两份菜一份料，来降低调料的味道。

宝宝餐具的选择

从给宝宝添加辅食开始，爸爸妈妈就要考虑给宝宝选择和购买专用餐具了，宝宝的餐具要与大人的餐具分开放置，要及时彻底地清洁宝宝的餐具，以免细菌滋生。

选择专用餐具的好处

提高宝宝用餐的兴趣　鲜艳的色彩，精致的造型，可以刺激宝宝的视觉，在加上这个阶段宝宝的好奇心很强，所以宝宝会主动想去接触这些东西，有助于自己动手吃饭。

培养宝宝的动手能力　在宝宝 1 岁左右，就要开始学着自己使用餐具了。这有利于培养宝宝的动手能力，促进手指的灵活运动，锻炼手、眼、口的协调，而且不会让宝宝过度依赖奶瓶。

选购原则

给宝宝选购餐具要注重品牌，确保材料和色料纯净，耐高温，能进行高温消毒，确保安全卫生。

餐具要根据宝宝的特点而设计，小巧别致，实用方便，有助于宝宝把饭送进嘴里；形状的设计以浑圆形为主，预防刮伤；可以选择有底座带吸盘的碗，吸附在桌面上不会移动，不容易被宝宝打翻；选择防渗漏设计，保持卫生，便于外出携带；选择有感温的碗和勺子，便于妈妈掌握温度，不至于让宝宝烫伤。

要选择不易脆化、老化的餐具，要经得起磕碰，在磨擦过程中不要起毛边，伤害到宝宝。

要挑选内侧没有彩绘图案的餐具和涂漆的餐具，因为颜色中铅的含量比较高，容易引起铅中毒。

尽量不要用塑料餐具，因为塑料餐具由高分子化合物聚合制成，在加工过程中会添加一些溶剂、可塑剂与着色剂等，尤其是和热的食物反应有一定毒性，而且容易附着油垢，比较难清洗。

妈妈工作日的宝宝饮食

鱿鱼双冬汤

原料：冬瓜 500 克，鱿鱼片若干，冬菇 25 克，姜 2 片，精盐少许。

做法：将鱿鱼解冻，冬菇浸软去蒂，冬瓜洗净去皮切片。

往水中放入姜片煮开。

煮开之后放入冬菇、鱿鱼片和冬瓜炖半小时后调味即可。

可以用姜粉代替姜片，也可以将鱿鱼换成肉片，墨鱼等。

肉松蛋炒饭

原料：肉松若干，速冻杂菜半碗，鸡蛋 1 只，食盐、油少许。

做法：将杂菜放进微波炉中微波 3 分钟。

把鸡蛋打散备用。

将米饭倒进油锅中翻炒，加入鸡蛋 / 杂菜炒匀后调味。将肉松撒在炒饭上即可。

先烘干水分再往炒锅中放油。

往热油内加些盐可以防止油溅出来。

可以在炒饭上加些葱花，更添色香。

罗宋汤

原料：罗宋汤汤料 1 包，土豆片 1 盒，牛肉卷 8 片。

做法：将土豆放进微波炉专用的盒子中，高火微波 5 分钟。

将罗宋汤的汤料倒进锅中，加入冷水点火煮开。

将牛肉和土豆加进罗宋汤煮开，略焖几分钟即可。

牛肉可以选择火锅用的肥牛肉卷，这样就不用再费事去切片，易熟方便。

牛肉从红色转成深红色，就表示肉熟了。

可以适当地加点胡萝卜块或洋葱丁，让罗宋汤更美味营养。

蔬菜色拉

原料：沙拉酱 1 包，西芹 2 瓣。

做法：将洗干净的西芹切成小段。

将西芹放入开水中焯过沥干。

将沙拉酱加入沥干后的西芹中拌匀即可。

其他蔬菜，如黄瓜、甘蓝等都可以做成蔬菜沙拉，还可以加入鹌鹑蛋。

只要宝宝喜欢的，荤素禽蛋、水果都可以做成沙拉。腹泻宝宝不宜吃沙拉。

10个月宝宝的营养方案

宝宝10个月大了，这个时期跟9个月的喂养差不多，为了各种营养成分的均衡摄取，要让宝宝进食不同种类的食物。

这个阶段，可以吃整个蛋了。此外，蔬菜和米饭也可以喂养了。在补充营养的时候要注意咀嚼能力的锻炼，微量元素也要适当地补充。母乳方面，可以尽量减少喂养次数了。

注意事项

宝宝不能长期饮用纯净水，因为市面上的纯净水很多都是缺乏矿物质和微量元素的，喝久了容易导致营养不良，影响健康。

小贴士

为了给宝宝保持食物的营养，增加宝宝的食欲，在做饭的时候要少用炸，炒的方式，而多用蒸煮的方式，这样煮出来的东西口感比较好，原汁原味。

食谱推荐

牛奶蛋

原料：鸡蛋一个，牛奶一杯。

做法：将蛋清和蛋黄分开，将蛋白打至起泡备用。

将牛奶、白糖和蛋黄搅匀，用小火煮一会儿。

将调好的蛋白用勺子一勺一勺地放进牛奶蛋黄锅内，煮一会儿即可。

蒸嫩丸子

原料：肉末60克，青豆仁10颗，水1匙、太白粉半匙、酱油少许。

做法：将青豆煮烂。

加入太白粉和肉末拌匀，搓成弹珠大小的丸子。

将丸子放进蒸锅中蒸一个小时即可。

番茄鸡蛋饼

原料：西红柿50克，蘑菇20克，鸡蛋一个，面粉少许。

做法：将去皮后的西红柿与蘑菇切成小块状。

将面粉和鸡蛋加水搅拌，倒入西红柿与蘑菇。

将搅拌后的面粉浆倒进油锅中煎，两面都煎成金黄色后即可。

排铅食物大集合

宝宝的发育还不完善，比较容易受到铅的危害。其实，宝宝铅过量除了跟环境有关，跟饮食也有关系。宝宝营养不良，体内缺乏降低铅易感性和吸收率的钙、铁、锌等元素，就比较容易摄入过多的铅质。因此，要让宝宝多吃一些含钙量丰富的食物，含铁含锌丰富的食物如海产品、动物肝脏、肉类和含维生素的蔬果也要多吃。

排铅食物	详细说明
大蒜	大蒜有着化解铅毒的作用，能减低人体因为铅毒产生的危害
牛肉	牛肉中含有的钙质和蛋白质，能有效地阻止人体吸收铅质
牛奶	牛奶中含有能够与体内的铅质结合的蛋白质，可以生成一种可溶性的化合物，防止人体对铅质的吸收
茶叶	茶叶含有鞣酸等物质，能跟体内的铅结合，生成可溶性物质排出体外
木耳	木耳不仅有很好的抗癌，还有很好的排铅功效。多吃一些木耳，有助于体内铅毒的清除，促进有毒物质的排出
虾皮	对排铅有很好的作用
豆制品	豆制品和牛奶一样含有丰富高质的蛋白质成分，也有很好的排铅作用
胡萝卜	胡萝卜含有大量的果胶，可以降低人体对铅的吸收，降低铅的毒性

排铅食物	详细说明
维生素 C	维生素 C 能够跟铅结合，产生难溶于水但又无毒的盐类，随之排出体外因此，要多吃一些富含维生素 C 的蔬果，来阻止人体对铅的吸收
动物肝脏	动物肝脏能够有效地防止铅中毒，含有丰富的蛋白质和钙质

小贴士

要让宝宝营养均衡，尽量选择无污染或者污染少的食物。

少吃铅含量高的食物。如：爆米花、松花蛋、烤肉串或者油炸食品。

巧吃蔬菜，提高宝宝智力

很多爸爸妈妈认为宝宝的智力只和蛋白质、脂肪有关，就一股脑地给宝宝补充这类营养，而忽略维生素跟宝宝智力发育的关系。其实，蔬果中含有的 B 族维生素、维生素 C、维生素 E 质量高、好吸收，都是宝宝大脑正常发育所需要的营养素。若想要宝宝更聪明，父母应该让宝宝多吃蔬菜。但是，很多宝宝不喜欢吃蔬菜，不管妈妈怎么哄，就是不碰蔬菜，这个时候，就要对宝宝使点小招数了。

夸奖蔬菜好吃

3 岁之前的宝宝易认同别人的观点，如果爸爸妈妈时常在餐桌上夸赞蔬菜好吃，那宝宝就会在潜移默化中受到影响，愿意尝试吃蔬菜。

蔬菜要多种多样

一天中两顿给宝宝吃他爱吃的蔬菜，另外一顿可以加肉食，做一些宝宝之前不爱吃的蔬菜或者没有接触过的蔬菜，慢慢地，让宝宝接受蔬菜。

用代替蔬菜给宝宝吃

在宝宝怎么哄都不吃的情况下，妈妈可以换着给宝宝吃一些营养含量差不多的蔬菜，来保证宝宝饮食的均衡。

换个烹调方式

按宝宝爱吃的形式来烹调。比如，有些菜在炒过之后，味道会变得不一样，那妈妈就可以将这种蔬菜做成凉拌菜。对待“肉食型”宝宝，可以在煮肉食的时候添加胡萝卜、土豆等蔬菜，让宝宝吃不出来又补充了维生素。

将蔬菜做得有色有香

宝宝都喜欢可爱的食物，妈妈可以将蔬菜做得好看一些，颜色的搭配要鲜明，还可以用蔬菜在米饭上做成笑脸形状等等，这样宝宝就比较爱吃了。

蔬菜藏着吃

有些宝宝喜欢吃水饺、馄饨这样带着皮的食品。那就可以将蔬菜跟肉混合，做成饺子给宝宝吃。加了肉后蔬菜的味道也没有那么明显了，自然也就吃下去了。

让别的宝宝跟孩子一起吃

请别的宝宝，最好是和孩子关系好的宝宝来家里一起吃饭。在做饭的时候加一些蔬菜，这样，有了小伙伴，就算宝宝不爱吃，也会在别人的影响之下，试着吃一些。

不同月龄辅食添加的常见问题

2 个月宝宝，可以喂食菜汁或果汁了吗

为了促进宝宝味觉的发育，宝宝两个月的时候已经可以添加一些果汁或菜汁了，以免日后接受事物的时候比较困难。汁类辅食的制作可以选择新鲜的西瓜、橘子等自已制作。

3 个月宝宝，这个时候能添加辅食了吗？

辅食添加是越早越好吗

辅食添加要跟宝宝的发育情况相结合，并不是越早越好。一般说来，宝宝 4 个月之后，光靠母乳已经无法满足生长发育的需要，就有必要开始适当地添加辅食了。特别是早产儿，要注意通过保质保量的辅食来满足营养需要，以避免贫血和缺钙症状的发生。

4 个月宝宝，如何通过大便来判断宝宝对辅食的反应

辅食的添加要慢慢来，不能太急躁。宝宝尝试了一种新辅食之后，大便的颜色会出现一些变化，像暗褐色，或者颜色更深。这些情况不一定就说明宝宝消化不良，只要大便不是稀的，也没有排出黏液或者出现腹泻，就没有必要立刻停止辅食的添加。反之，则需要暂停辅食添加，等宝宝适应之后再微量地重新添加。

5 个月宝宝，出现消化不良的情况怎么办

给宝宝添加辅食不能一下子就来好几种，要根据宝宝的身体状况和消化能力，从少到多慢慢调整。若宝宝出现大便干硬或者腹泻等消化不良的情况，那就有可能是喂养太急，喂得太多了，使宝宝胃肠来不及消化的缘故。新辅食的添加要参考宝宝的发育情况，尝试几天之后，确定宝宝没有不良反应，再继续添加。

6 个月宝宝，多吃辅食少喝奶，营养更多吗

6 个月宝宝的乳牙还没有长出来，咀嚼能力受到限制，能吃的东西也很有限，再加上肠胃的功能还没有发育完全，因此，尽管辅食营养丰富，还是只能作为一种补充的食品。应该以奶类为主，以避免消化不良的情况出现。

9 个月宝宝，要不要添加固体食物来锻炼宝宝的咀嚼能力

在辅食添加的初期，宝宝的小乳牙还没有长出来，需要比较好吸收的泥状或流质食物。但是，在宝宝长乳牙之后，咀嚼能力需要锻炼的情况下，给宝宝喂食流质食物，就会错过宝宝咀嚼发育的黄金期。因此，这个阶段的宝宝应该适当地添加固体或半固体的食物来锻炼宝宝的咀嚼能力了。

10 个月宝宝，哪种肉类最有助于宝宝发育

一般来讲，各种肉类的蛋白质含量相差无几。但是，仔细说来，鱼肉和鸡肉的肉质相对于猪羊牛肉要细嫩一些，比较容易被肠胃吸收，也比较适合给牙齿未长齐的宝宝来锻炼咀嚼能力。

让宝宝爱上辅食

不爱吃辅食的宝宝，妈妈总是很头痛。这个时候，要让宝宝爱上吃饭，最重要的是对症下药。

只吃奶不吃饭

宝宝只愿意喝奶而不肯吃辅食，这也是一种偏食的现象，通常在 1 岁之前比较常见。让奶和辅食水火不容，完全是人为造成的。多数情况都是由于断奶太晚。宝宝不爱吃饭，妈妈就给宝宝一些小点心吃，久而久之，宝宝就依赖上零食而更不愿意吃饭了。

怎么做　饿了再给宝宝喂东西，让宝宝也体验一下饥饿。不要随着宝宝的意思，一哭闹就给奶吃。对于不吃饭就吃零食的宝宝，不要随便在饭点给宝宝零食吃。此外，还应该将辅食做得多样化一点，来促进宝宝的食欲。

不喜欢吃咀嚼食物

宝宝都长乳牙了，还是犯懒，不爱吃需要咀嚼的食物。这就是宝宝错过咀嚼锻炼黄金期的结果。那些菜泥、果泥，仅仅适合还未长牙的宝宝，从消化的角度来讲是比较好吸收，但是从长远来看却不利于宝宝的牙齿发育。

怎么做

宝宝越来越大，理解能力也在逐渐增强。所以，在宝宝不愿意咀嚼的时候，爸爸妈妈要跟宝宝多讲讲道理，要从情感上让宝宝认同，不要因为担心宝宝的营养不足而顺着宝宝，让宝宝吃泥状餐。

心理性厌食

宝宝一到了吃饭时间，脸色就变。这种情况多数是心理性的厌食，一般都是因为宝宝分心玩耍或看电视造成的。磨磨蹭蹭地惹恼了家长，大声训斥宝宝，导致宝宝出现了心理排斥。解铃还须系铃人，要解决这个问题，还是需要家长的合作。

怎么做

面对问题　父母要敢于承认错误，改掉不正确的喂食方法。

养成进餐规律　要坚持一日三餐加餐间的点心的喂养方法。固定进餐的时间和进餐量，正餐要吃饱，点心要吃巧，不能吃太多影响下一餐。

专心进食　在宝宝进食的时候要杜绝会让宝宝分心的食物，不要让宝宝玩耍或看电视。

多赞美少训斥　宝宝不吃饭，不要大声地训斥他。但是宝宝取得一点小进步，要及时地赞美。因为赞美对宝宝来说是最好的奖品，而动不动就训斥则会造成宝宝的逆反心理。

小贴士

宝宝长期缺乏食欲，在爸爸妈妈有空的条件下，可以带宝宝去空气清新的地方野餐。不想去远的地方，就在小区里铺个野餐垫就可以。好环境产生好胃口，这样宝宝的食欲自然就好了。或者适当地转换就餐环境，来让宝宝胃口大开。还可以找一些胃口好的宝宝跟孩子一起进餐，来促进宝宝的食欲。

10个月宝宝辅食食谱

鱼蛋饼

原料：鱼肉20克，鸡蛋半个，净葱头10克，黄油6克，番茄沙司10克。

做法：将葱头切成碎末，鱼肉煮熟压碎。

将鱼泥和葱头加入鸡蛋中拌匀，捏成圆饼。

将圆饼放进融化后的黄油锅中煎炸。

将番茄酱浇在煎好的鱼蛋饼上即可。

功效：鱼蛋饼中含有丰富的蛋白质、脂肪和维生素，对宝宝强壮身体很有益处。

茄汁虾仁

原料：虾仁50克，番茄酱、熟青豆50克，鸡蛋一个，植物油适量，水淀粉、盐、白糖少许，黄酒适量。

做法：往虾仁中加入盐，水淀粉和鸡蛋清拌匀。

将拌好的虾仁放入油锅中翻炒。

将番茄酱放入锅中煸炒，倒入虾仁和青豆翻炒。

加入白糖、精盐、黄酒，淋上水淀粉和麻油，翻炒几即可。

功效：虾仁中含有丰富的钙质、蛋白质和矿物质，可以给宝宝的骨骼发育提供更多的营养支持。

凉拌藕片

原料：藕 100 克，白砂糖，香醋少许

做法 : 将莲藕切成薄片，放入开水中焯过。

将焯过的莲藕捞出来拌上白糖和香醋即可。

功效：莲藕是一种开胃解腻的食物，能够提高宝宝食欲，非常适合长牙宝宝磨牙。

香椿芽炒蛋

原料：香椿 50 克，鸡蛋一个，小葱、盐、油适量将香椿放入开水中焯过切成碎末，将小葱洗净切碎。

做法：将鸡蛋打散，放入香椿，香葱末和适量的盐打匀。

将打好的蛋液放入热油锅中煎熟即可。

功效：香椿会散发出一种特殊的气味，使蛔虫无法再肠壁上附着而排除体外。

白扁豆瘦肉汤

原料：白扁豆 50 克，猪瘦肉 100 克，盐适量。

做法：将洗干净的猪瘦肉用开水焯过，切成细末。将肉末放进锅内，加入白扁豆炖一个小时。将炖好的白扁豆瘦肉汤调味即可。

功效：此汤有着缓解消化不良、降暑火、健脾养胃的功效。

第 11 章
11 个月宝宝的饮食营养

11 个月宝宝的喂养须知

宝宝 11 个月大，马上就满周岁了。这个阶段也是断奶的末期了。有些还没有给宝宝断奶的妈妈，也不要过于急躁。值得注意的是，断奶并非不让宝宝吃任何的乳品，只是要让辅食代替乳品成为宝宝的主食。像牛奶这种可以补充钙质和多种营养素的乳品还是可以给宝宝喝的，只不过每天的摄入量要逐渐减少。

这个时候的辅食可以往固体方向发展了，断奶之后也可以以谷类食品为主食。

另外，还应该适当地用蔬菜、豆制品来搭配主食。在食物的烹调上可以换一些小花样来增加宝宝对食物的兴趣。

11 个月宝宝的发育指标

发育指标	男孩	女孩
体重（千克）	72.2 ～ 77.6	70.3 ～ 75.8
头围（厘米）	8.9 ～ 11.0	8.2 ～ 10.3
身高（厘米）	46.1（平均值）	45.6（平均值）
牙齿	4 ～ 6 颗乳牙	4 ～ 6 颗乳牙

11 个月宝宝的每日食谱

餐次	用法
上午	6:00 奶类 200 毫升，面包片 30 克 8:30 豆浆 150 毫升，包子或馒头 30 克 10:30 小点心 50 克 12:30 米饭 30 克，清蒸鱼 100 克，蔬菜汤 50 克
下午	15:00 水果 100 克 19:00 鸡蛋面 150 克
晚上	21:00 奶类 200 毫升 适当给宝宝饮用白开水或果水、菜水

怎么喂养 11 个月宝宝

宝宝 11 个月大了，小乳牙也长到五六颗了，咀嚼能力明显增强，消化系统也更加完善。这个时候可以完全断奶，用代乳食品或牛奶来代替母乳喂养。

母乳喂养

母乳喂养的宝宝就算乳汁充足，在这个阶段也要完全断奶了。母乳用主食来代替，为了避免蛋白质和无机盐的摄取不足，在一日三餐的代乳食品喂养中间，还可以适当地安排一顿小点心。

人工喂养

牛奶喂养的宝宝在这个阶段也要减少奶量的摄入，每天的奶量要控制在 500 毫升左右。可以的话，最好将吃奶的时间安排在早晨和晚上。

辅食喂养

这个阶段宝宝的咀嚼和消化能力都越来越好，因此，可以给宝宝适当地添加米饭了，饭量也要相对于上一个月有所增加。为了锻炼宝宝的肠胃能力，不要光给宝宝喝粥，在饭前可以先喂几匙米饭。若宝宝接受了，并且没有出现消化不良的症状，就可以慢慢增加喂食量了。

蔬菜　大白菜、菠菜、胡萝卜等，如果宝宝不爱吃蔬菜，妈妈可以将蔬菜切碎，加鸡蛋做成蛋卷。

水果　香蕉、西红柿、草莓、葡萄、橘子等。可打成果汁，也可让宝宝用手拿着吃。

鸡蛋要怎么吃才健康

鸡蛋是营养丰富的食物，含有人体所需要的各种矿物质、卵磷脂、卵黄素、脂肪、蛋白质、钙、铁、钾等。宝宝身体发育尤其需要卵磷脂和卵黄素。但是，鸡蛋并不是吃得越多越好，科学食蛋，科学摄入可是门大学问呢。

估计宝宝的食量

1 岁之前的宝宝，每天蛋白质的需求量在 30 克左右。不包括辅食的话，每天添加半个或者 1 个鸡蛋就够了。蛋黄可以帮助宝宝补铁，可以从 1/4 个开始，在观察宝宝消化情况的基础上逐渐增加到 1/2 个。鸡蛋不能吃太多，如果超过了宝宝胃肠的消化能力，就容易影响宝宝的消化吸收。

确定好煮蛋的时间

煮蛋的时间有讲究，如果煮得太生，就没办法破坏蛋中的抗生物素，使得生物素没有活性，阻碍身体对生物素的吸收，而导致生物缺乏症的发生。生物缺乏症容易造成食欲减退，疲倦异常，肌体酸痛，严重些的话，还有可能出现皮炎湿疹和毛发脱落的情况。此外，煮得太生，还不能杀死蛋中的病菌和寄生虫，容易引发疾病。

煮得太老的话，会紧实蛋白质的结构，使蛋白质无法被胃液融合，影响宝宝的消化。

吃蛋不宜

鸡蛋不宜煎炸吃　鸡蛋经过煎炸，油把蛋包住了，使蛋中的赖氨酸和其他氨基酸被破坏，没有了蛋的原本的营养价值，吃了之后还可能停留在口腔和胃里面，无法跟胃液融合，影响宝宝的消化。

发烧不宜吃鸡蛋　发烧的宝宝吃了蛋白之后，会产生额外的热量，不仅不会帮助退热和补充营养，还有可能增加身体的热度，影响宝宝退烧。

6 个月前不宜食蛋清　6 个月之前的宝宝消化系统还没有发育完全，有较高的肠壁通透性。而蛋清中的蛋白分子比较小，容易穿过肠壁渗透到宝宝的血液里，让宝宝产生过敏反应，引发荨麻疹和湿疹等症状，因此，半岁前的宝宝不适合吃鸡蛋清。

挑对零食，协助营养均衡

在宝宝的心目中，零食是不可替代的。现在很多父母普遍认为，零食就是垃圾食品，能不给宝宝吃就尽量不给。其实这主要是因为现在的零食的成分除了脂肪就是糖类，没有办法帮宝宝摄取更多的营养素。其实，只要细心一点，吃对了零食，照样能够既满足了宝宝，又能帮助宝宝营养均衡。

坚果

坚果是健康食物之一，它有着低脂肪、低胆固醇、高纤维、预防心脏疾病的优点。尽管坚果的热量挺高的，但是热量的大部分来源是健康脂肪。因此，可以放心让宝宝食用。

烤土豆片

烤土豆片不含转脂肪，比炸薯条的营养丰富。

脱脂薯片

脱脂薯片有着低脂、高钙和高蛋白的优点，热量低，含有丰富的维生素 A 和胡萝卜素，辛辣口味有助于促进宝宝的食欲。

全麦脆饼

全麦脆饼跟饼干不一样，含有的钠成分和脂肪量比较低，纤维质又比较多，多吃也不用担心胆固醇的增加，因此，可以代替普通饼干让宝宝食用。

苹果加蜜糖

如果宝宝不喜欢直接吃苹果，这个时候就可以把苹果切开，然后在苹果上浇一些蜜糖，来吸引宝宝吃。

橙水或榨橙汁

橙水能够给宝宝提供一半的日需维生素 C，并且含有丰富的叶酸。而榨橙汁的糖分比较少，能够给宝宝补充丰富的钙质和维生素 D。

全麦巧克力棒

全麦巧克力棒是独立包装的，比较好掌握宝宝的食用量。饼干桶中的饼干可以不间断地拿出来吃，但是，需要拆开的一只只巧克力棒却没那么简单就吃到。另外，全麦巧克力棒跟饼干的味道差不多，但是其包含的热量和脂肪却要少得多。

全麦皮塔饼面包

全麦皮塔饼面包撕块的动作可以让宝宝嘴部的无意识咀嚼情况减轻，并且纤维质含量丰富，脂肪的成分少。

优酪乳或低脂牛奶

优酪乳和低脂牛奶中含有丰富的钙质，尤其是优酪乳，还包含很多蛋白质和纤维。具有低糖、高纤维和抗病的功能，能量高，营养丰富。

宝宝便秘吃什么好

宝宝为什么会便秘

便秘指的是大便呈现干硬的状态，出现排便困难的症状。一般来讲，每星期的排便量少于 3 次就是便秘了。所以，在宝宝出现大便变硬或者排便困难的时候就要多加注意了。便秘的发生跟不良饮食习惯脱不开关系，所以想要缓解便秘，首先就是要纠正不健康的饮食习惯。

体内缺乏纤维质也是便秘的主要原因之一。饮食中摄取的膳食纤维含量太少，又没有及时补充水分，就会使食物残渣堆积在结肠中。没有及时排除，时间长了之后大便就会变得又干又硬，造成排便的困难。

如何改善便秘

改变不良的饮食习惯，多给宝宝吃一

些含有丰富的膳食纤维的食物。如谷类、蔬菜类、水果类、坚果类及荚豆类等。还要给宝宝补充足够的水分，多给宝宝喝一些汤品、菜汁、果汁等。早上起床和睡觉前让宝宝喝一杯水，以促进肠胃的蠕动。

含有膳食纤维的食物

豆类　黑豆、黄豆、毛豆、豆浆等。

蔬菜类　黄豆芽、芹菜、空心菜、花椰菜等。

水果类　梨、黑枣、猕猴桃、水蜜桃等。

五谷根茎类　红豆、绿豆、薏仁、豌豆仁、地瓜、全麦馒头、全麦面包、马铃薯、胚芽米、玉米、燕麦片、糙米、早餐谷片、莲藕等。

便秘食谱

胡萝卜汁

原料：胡萝卜 1 根，白糖适量。

做法：将胡萝卜切段榨成汁。

往榨好的汁中加入适量的白糖或牛奶即可。

功效：胡萝卜中含有丰富的维生素 C 和胡萝卜素，有着预防和治疗便秘的作用。

香蕉奶味粥

原料：香蕉 1 根，葡萄干 10 克，配方奶粉 4 勺，大米烂粥 1 碗。

做法：将葡萄干切碎，大米粥煮烂。

将配方奶和捣成泥状的香蕉加入大米粥中。

将葡萄干碎末洒在粥上即可。

做法：香蕉中含有丰富的维生素 C 和钾，能够加快肠道蠕动，有效缓解便秘。

香蕉苹果泥

原料：香蕉半根，苹果半个，蜂蜜适量。

做法：将香蕉和苹果分别刮成泥搅匀。

在搅匀的果泥中加入少许蜂蜜。

将加了蜂蜜的果泥放在锅上蒸 3 分钟即可。

做法：苹果和香蕉有着加快肠道蠕动的作用，是治疗便秘的佳品。

训练宝宝自己吃饭

宝宝到了 1 岁左右，宝宝的手部肌肉和手眼协调能力已经发育很好，具备了自己吃饭的能力，爸爸妈妈就可以训练他自己吃饭了，当然，宝宝的个体情况各不相同，爸爸妈妈也可以根据宝宝平时的一些表现，来断定是不是可以让他自己吃饭了。（参见第 3 篇第 5 章“宝宝的自理能力”）

宝宝吃饭的时候喜欢用手抓饭。

宝宝会自己用杯子喝水了。

当勺子里的饭快掉下来的时候，宝宝会主动去舔勺子。

当宝宝平时有了这几个方面的表现，就表示爸爸妈妈训练他自己吃饭的时机已经成熟了。

父母准备

心理准备　宝宝学习吃饭是一个循序渐进的过程，爸爸妈妈一定要有耐心。当宝宝自己吃饭时，要及时给予表扬；宝宝刚刚学习，肯定会经常把食物洒出，把饭吃得乱七八糟，这时候不要责备他，应当鼓励他。宝宝会从一次次的失败中吸取教训，面对挫折的适应力会不断增强。经过一段时间的锻炼，宝宝手部肌肉的控制力和抓握能力较好之后，肯定就会越做越好。爸爸妈妈千万不要怕宝宝吃不饱，而将其双手紧束，一勺一勺地喂他，这样会引起宝宝的拒食或者抗食，而且不利于他自己动手吃饭。

环境准备　选择一组适合宝宝尺寸的小桌子、小椅子，餐桌和餐椅的距离不宜过远，以免宝宝够不到。给宝宝围上围兜，以免弄脏衣服。餐桌不宜铺设桌布，以免导致宝宝分心或是不小心拉掉而烫伤宝宝。如果妈妈担心宝宝把饭吃得满地都是，可以在宝宝坐的椅下铺几张报纸。给宝宝选择一个固定的就餐座位，最好让他坐在安静不受干扰的地方，不要对着电视，以免吃饭时分散注意力。爸爸妈妈要创造一个气氛舒适、柔和的用餐环境。切忌吃饭时责骂宝宝，唠叨不停，引起宝宝反感而不肯吃饭。

餐具准备（参见第2篇第10章“宝宝餐具选择”）

食物准备 这个阶段的宝宝可以和成人吃一样的饭菜了，但是宝宝的口味没有成人重，妈妈做饭时，在准备放盐和其他调料之前，应该把宝宝的那份饭菜留出来。不要给宝宝吃圆形、光滑的食物或硬的食物，如爆米花、花生粒、糖块、葡萄或葡萄干等，这些食物可能会呛着他。

宝宝准备

宝宝要有耐心 刚开始时，宝宝很可能会因为无法灵活运用餐具而焦躁不安，性格焦躁的宝宝可能会干脆放弃，一旦宝宝产生这种情绪，爸爸妈妈要给宝宝安慰，培养他的耐心和坚强的品格。

培养宝宝的手眼协调力 宝宝吃饭时还存在手眼协调的配合的问题，宝宝要把饭吃到嘴里，必须先用眼睛去观察勺、碗和嘴巴的距离和位置，手必须能掌握舀、送的动作，嘴巴必须适时开合，宝宝不但手眼协调要正确，肌肉同时收缩控制也得顺畅，才能做好这一连串的动作。

锻炼宝宝手部肌肉 抓握汤匙需要大、小肌肉的配合，用筷子夹食物，牵涉到肩部、胳膊、手掌、手指等30多个大小关节和50多条肌肉的运动。所以要锻炼宝宝发展手部肌肉。

宝宝餐具练习

汤匙 最佳使用时间是在宝宝9个月时，这时候宝宝开始对汤匙产生兴趣，妈妈可以试着让宝宝自己使用，一开始可以从旁协助，如果宝宝不小心将汤匙摔在地上，不要指责宝宝，要耐心指导，避免宝宝产生排斥心理，拒绝使用。

碗 宝宝10个月以后，妈妈就要准备底部宽广的轻质碗让宝宝练习使用，注意碗里不要装太多东西，避免宝宝拿不动而发生意外，妈妈要从旁协助，调整每一次的进食量，让宝宝一口一口慢慢地吃。在宝宝2岁以后，宝宝就可以一手托住碗，一手拿汤匙吃饭了。这时，妈妈可以给宝宝一个轻而坚固、不易滑动且适合手形的碗，让宝宝将拇指腹压在碗的表缘，小指以外的三根手指放在碗底边缘，爸爸妈妈可以示范一次拿碗的姿势给宝宝看，让宝宝模仿。

杯子 宝宝1岁左右，就可以学习使用杯子了。注意不要倒太多太热的水，让宝宝两手扶在杯子1/3处，小心端起，以避免内容物洒出来。等到宝宝3岁左右，就可以非常自然地使用杯子了。

筷子 筷子的使用较为困难，属于精细动作，妈妈不要操之过急。小儿专用的筷子，比较短而轻，宝宝容易掌握，对于刚刚学习使用筷子的宝宝，是一个很好的选择。爸爸妈妈要手把手地告诉宝宝拿筷子的姿势，都要用拇指、食指和无名指夹住筷子，并以虎口开合练习夹的动作。宝宝学习使用筷子的过程一直会持续到6岁，所以妈妈完全没必要太过苛责。

11个月宝宝的营养方案

宝宝快要满周岁了，喂养方式也要向幼儿方向发展。11月和12月是宝宝生长较为快速的阶段，因此，需要补充更多的蛋白质，脂肪和碳水化合物。每天的餐次适当减少，每餐的用量适当增加。另外，这个时候宝宝一般都已经长出上下的中切牙了，咀嚼能力继续增强，所以，可以喂食较硬的食物了。

注意事项

宝宝的味觉日益敏感，在这个阶段也会有自己爱吃的和不爱吃的了。对于宝宝爱吃的东西，不能随着宝宝的意思一整天都吃，要科学地安排宝宝的饮食，来保证宝宝的营养均衡。对于宝宝不爱吃的东西，可以再烹调的时候换一种方式，来吸引宝宝的注意，提高宝宝的食欲。

小贴士

为了增加宝宝的食欲，可以在餐前的30分钟给宝宝喝一点开水。

食谱推荐

萝卜鸡

原料：白萝卜50克，鸡肉末1勺，海米汤适量，白糖少许。

做法：将洗干净的白萝卜切成片状，放进开水中焯过，沥去水分。

将海米汤煮开，把白萝卜和鸡肉末放进锅里煮。

用筷子将汤搅拌至熟，加入适量盐调味即可。

小米蛋奶粥

原料：小米100克，牛奶300克，鸡蛋1个，白砂糖少许。

做法：将淘洗干净的小米放在冷水中浸泡半小时，沥干备用。

将小米放入锅中煮开，加入牛奶煮至米粒烂熟松软。

将打散后的鸡蛋淋到奶粥中，加入白糖搅匀即可。

番茄烩肉饭

原料：大米100克，鸡肉、番茄20克，胡萝卜、洋葱各10克，色拉油、盐适量。

做法：将番茄去籽去皮切碎，洋葱切碎，胡萝卜剁成泥状。

将各材料陆续放进油锅内翻炒。

在炒好的白饭上加入高汤炖煮。

用盐调味，点缀上小番茄即可。

冬季如何选择维生素食物

冬天气温低，妈妈不仅要在衣物方面给宝宝保暖，还要在喂养上多给宝宝吃一些含有丰富维生素、能够御寒（参见第1篇第5章“宝宝四季服装的区别”）的食品，帮助宝宝补好身体，健康过冬。

一到冬天，爸爸妈妈因为怕宝宝着凉了感冒发烧，就老是让宝宝呆在有暖气的屋子里，不愿意让宝宝出去吹风。由于很少机会晒太阳，空气中的湿度（尤其是北方）很低，宝宝嘴唇干裂，就老是用舌头去舔，可往往会越舔越干。

都说热胀冷缩，天气一冷，宝宝的消化吸收和新陈代谢也变慢了，氧化功能却加强了。维生素和矿物质消耗更快，需求量也更多了。如果补充不及时的话，就很容易在冬天形成维生素缺乏症。这个季节又是皮肤干燥、呼吸道感染、口角炎和佝偻病的多发期，所以，妈妈在给宝宝做饭的时候，要特别注意补充各方面的营养，尤其是维生素，要让宝宝多吃一些含有丰富维生素A、维生素B、维生素C的食物，来防止维生素缺乏症的发生。

维生素A

说明：维生素A缺乏容易导致腹泻、免疫力下降，还有可能使呼吸道感染的患病几率增大。

食物：胡萝卜、红薯、菠菜、鱼肝油、奶制品、蛋类、动物肝脏、柿子、杏子。

维生素 B_2

说明：宝宝缺乏维 B2，容易出现口角炎，舌炎，唇炎，或皮肤干燥的症状。这个时候，

就要认真安排宝宝的饮食，及时补充维 B2。

食物：鸡蛋、牛奶、豆制品、动物肝脏、菠菜、油菜、青蒜。

维生素 C

说明：春冬季节是流行病的高发期，多补充一些维生素能够提高宝宝的免疫能力。

食物：芒果、猕猴桃、柠檬、柚子、橘子、菠菜、卷心菜、茴香、花椰菜等。

维生素 D

说明：维生素 D 缺乏容易对钙磷的代谢造成障碍，补充维生素 D 时需要经常晒太阳。

食物：含有维生素 D 的食物比较少，主要是通过鱼肝油来补充。

小贴士

碰到有味道的蔬菜，可以在烹调的时候加一点香料，来去除异味。

冬天蔬菜的种类相对会减少，可以用富含维生素的薯类（如马铃薯、红薯）来代替。

在补充维生素的过程中，碰到宝宝不爱吃的蔬菜，可以换一种烹调方式，将蔬菜加在肉馅里面，做成包子、饺子给宝宝吃。

多吃一些含有丰富钙、铁、钠、钾的食物（如芝麻、香蕉、虾米等），可以防止因为宝宝尿量增多而导致的矿物质缺乏。

助宝宝长高的食物有哪些

营养要均衡

宝宝的生长发育，靠吃进肚子里的东西来提供营养和能量。所以，要想让宝宝“拔高”，首先要保证食物的质量，保持食物的平均摄入，保证营养的均衡摄入。

适合宝宝的营养餐

杂粮粥　将黑米、红豆、枣、大米、葡萄干等洗干净，加水煮 1 个小时即可。

什锦饭　往锅里放少许油，等油热之后放入豌豆、玉米、鸡蛋、火腿，炒熟之后放入米饭、黄瓜、香葱，翻炒几下即可。

蔬果沙拉　将蔬果切成小块放入碗中，将沙拉酱倒进去拌匀即可。

钙量要充足

宝宝长高就是骨骼的成长，而钙质又是骨骼发育的前提。若宝宝在饮食中不能摄取到足够的钙量，那么就有可能造成血钙和软组织钙量的缺乏，而转为吸收骨骼中的钙。骨骼中的钙量不足，没有足够的营养来支持宝宝的发育，就有可能导致骨质疏松等状况出现，无法长高。

富含钙质的食物有：芝麻酱、奶制品、鸡蛋、鱼类、贝类、豆腐及豆类、南瓜子等。另外，多补充一些维生素 C、维生素 D 有利于钙质的吸收。

蛋白质要吃够

宝宝处在发育的黄金时期，活动量大，对蛋白质的需求量也高。若无法从饮食中摄取足够的量，就有可能会影响宝宝的成长速度。

富含蛋白质的食物有：鸡蛋、牛奶、鱼虾肉、豆腐、鸡肉、牛肉等。

微量元素不可少

宝宝对锌、铁、铜等微量元素的需要量虽然不是很多，但是缺少也是不行的。

微量元素缺乏，容易影响到宝宝的食欲，吃得少了，长得自然就慢。铜起着合成血红蛋白催化剂的作用，铁又是合成血红蛋白不可缺少的物质。若缺乏了这两种，就有可能影响血红蛋白的合成，而使宝宝的免疫力降低 (参见第 2 篇第 13 章“巧选食品提高宝宝免疫力”)，智力和身体发育延缓。

富含锌质的食物：牡蛎、动物肝脏。

富含铜质的食物：猪肝、猪血、虾、蟹、贝类。

富含铁质的食物：蛋黄、鱼、红小豆、牛肉、羊肉、菠菜、动物肝脏和其他内脏。

蔬果的辅助

蔬果对宝宝的发育起着重要的辅助作用，新鲜蔬果中含有丰富的维生素，能够增强宝宝的抵抗力，促进宝宝的健康成长。

蔬菜类：黄瓜、青椒、番茄、嫩笋、白菜、胡萝卜、葱。

水果类：葡萄、桃、香蕉、梨、苹果、杏、橘子、西瓜。

多吃粗粮身体好

粗粮，是指除精白米、富强粉或标准粉以外的谷类食物，如小米、玉米、高粱米等。宝宝从 4 ~ 6 个月加辅食后，就可以考虑吃点粗粮了。一般大家都认为粗粮指的是除稻米和小麦之外的粮食。事实上，其他的豆类和谷类都应该包括在粗粮之内，像玉米、荞麦、燕麦、甘薯、小米等。旧时代的时候都觉得粗粮口感不好，只能拿来充饥。可是时至今日，粗粮已经变成了倍受追捧的健康食品了。

粗粮中含有丰富的维生素 B1。它有着增强食欲、加快消化、保护神经系统的功能，还能作为辅酶促进碳水化合物的代谢。多吃粗粮能够中和人体酸碱度，缓解疲劳状态，增加体力。此外，粗粮的膳食纤维含量高，还具有降脂、减肥、通便、排毒、增强抵抗力的作用。

粗粮的种类

玉米：含有丰富的钙质和脂肪。

燕麦：燕麦含有丰富的氨基酸。

小米：小米含有丰富的色氨酸、胡萝卜素。

红薯：含有丰富的胡萝卜素、维生素 C 和镁元素。

黑芝麻：黑芝麻中含有的维生素 E 能够促进新陈代谢，消除自由基，延缓衰老。

高粱：高粱有着养胃、止泻、补气的功能，宝宝消化不良或者脾胃气虚可以多吃高粱。

小麦：小麦含有极其丰富的淀粉酶、蛋白酶、脂肪、维生素 E、钙、磷、铁和类固醇。

黑米：黑米中含有丰富的维生素和铁、锌、硒等微量元素。外表纯黑，营养价值高于白米。

荞麦：荞麦中含有丰富的矿物质，对人体造血功能的正常运作起着重要的作用，是五谷中营养最丰富的粮食。

粗粮的好处

粗粮中含碳水化合物比细粮要低，膳食纤维较多，并且富含 B 族维生素，对宝宝的身体健康有很大好处。

粗粮含有丰富的不可溶性纤维素，有利于保障消化系统的正常运转。

粗粮中的不可溶性纤维素与可溶性纤维协同工作，可降低血液中低密度胆固醇和甘油三酯的浓度。

膳食纤维可减慢肠道吸收糖的速度，避免餐后出现高血糖现象，提高人体耐糖的程度，利于血糖稳定。膳食纤维还可抑制增血糖素的分泌，促使胰岛素充分发挥作用，预防糖尿病的发生。

如果经常让宝宝吃些粗粮，植物纤维可与肠道内的胆汁酸结合，降低血中胆固醇的浓度，可以预防动脉粥样硬化，保护心血管。

粗粮中含有大量膳食纤维，这些植物纤维具有平衡膳食、改善消化吸收和排泄等重要生理功能，可以加快体内废物排泄，降低消化后的食物残渣及毒素在体内停留的时间，具有排毒作用。

膳食纤维能够促进胃肠蠕动，及时排泄食物残渣，加速排便，可以有效缓解宝宝的便秘症状。

粗粮中的膳食纤维在体内吸收大量水分，体积胀大，产生饱食感，从而会使得宝宝进食减少，有效控制宝宝的体重，防止过度肥胖。

对宝宝的牙齿健康有好处，在宝宝开始长牙的时候，适当吃些粗粮能够促进宝宝咀嚼肌和牙床的发育，可以清洁口腔，预防龋齿。粗粮制成的小馒头、窝窝头，还是宝宝磨牙的好食物。

宝宝吃肉类及甜食过多，可使体液由弱碱性变成弱酸性，消耗大量钙质来维持人体内环境的酸碱平衡，导致骨骼因脱钙而出现骨质疏松。因此，常吃些粗粮、瓜果蔬菜，可使骨骼变的更加结实。

对宝宝的皮肤有好处，宝宝如吃肉类及甜食过多，在胃肠道消化分解的过程中产生不少毒素，侵蚀皮肤。若常吃些粗粮蔬菜，能促使毒素排出，有益于皮肤的健美。

粗细搭配

粗粮的粗糙、不易消化、口感差，使它在对人体有益的同时也具有一定的负面影响，也使其无法完全取代细粮精食。粗粮不能作为主食，因为如果每天摄入纤维素超过 50 克，会使人的蛋白质补充受阻，脂肪利用率降低，造成骨骼、心脏、血液等的损害，降低人体的免疫能力，而且粗粮中含的植酸较多，会阻碍钙、铁、锌、磷的吸收，而这些矿物质，对宝宝的生长发育影响巨大，缺乏时会造成严重不良后果。所以宝宝还是不宜过多地食用，特别是不能取代主食。

粗细搭配要合理，联合国粮农组织给出了健康人常规饮食中应该含有 30 ~ 50 克纤维的建议标准。研究发现，饮食中以 6 分粗粮、4 分细粮最为适宜。粗粮、细粮都富含不同营养，将它们一起搭配混吃时能够最大化吸收营养，八宝粥、腊八粥等都是比较好的选择，还可以通过磨粉、煮粥、压泥、榨汁等，使食物的营养价值更容易被消化吸收。

粗粮点心

玉米糕

原料：面粉 150 克，玉米粉 250 克，枣泥，红豆沙适量。

将面粉和玉米粉混合搅匀，做成糕样。

夹上枣泥或红豆沙，上蒸锅蒸 20 分钟即可。

玉米面粥

原料：玉米面 100 克，枣泥适量。

将玉米面加水调成糊状。

将玉米糊倒入煮沸的水中，边倒边搅拌。

待粥开后加入一些枣泥，再煮一会儿即可。

小米粉窝头

原料：小米粉 100 克、大豆粉 100 克，一个鸡蛋

将小米粉和大豆粉混合，加入打好的鸡蛋。

和水搅拌均匀，做成窝头，上锅蒸 20 分钟即成。

11 个月宝宝辅食食谱

辅食食谱

清蒸鲜鱼

原料：鲜鱼 1 条，大葱、姜、火腿、香菇、酱油、盐、料酒各少许，藕粉、葵花籽油适量。

做法：将洗干净的鲜鱼用开水焯过，葱、姜、火腿、香菇切成丝状。

将葱、姜、火腿、香菇丝塞入鱼腹中，淋上少许料酒、酱油、盐和葵花籽油，上锅蒸熟即可。

功效：含有丰富的钙质和 DHA，能够促进宝宝的脑部发育。

鸡肉白菜饺

原料：饺子皮 100 克，鸡肉 50 克、洋白菜、芹菜各 50 克鸡蛋液、高汤、熬植物油适量。

做法：将鸡肉末用酱油腌制一会儿。

将芹菜、洋白菜洗干净切碎。

将鸡蛋炒熟，切成碎末。

把所有的原料拌在一起做成馅，用饺子皮包成饺子。

将包好的饺子放到高汤中煮，撒入些许芹菜末，加入适量香油即可。

功效：含有丰富的维生素和蛋白质，适合不喜欢吃米饭的宝宝。

香菇冬瓜汤

原料：冬瓜 400 克，香菇 100 克，猪油 50 克，盐、味精、鸡油、大葱各少许。

做法：将冬瓜去瓤去皮洗干净，切成薄片。将香菇放在温水中泡好，洗净备用。

将葱末放进油锅中炒出香味，倒入清水，放入香菇和冬瓜块。

等冬瓜熟烂之后加入细盐、味精，淋上鸡油即可。

功效：营养丰富，有着健脾养胃，提高食欲的功效。

豆腐鲫鱼汤

原料：豆腐 100 克，鲫鱼一条，火腿，葱、姜末少许，料酒、醋、盐、食用油各少许。

做法：将鲫鱼洗干净，抹上少许盐巴。

将鱼放入油锅中煎一下，加入清水煮沸。

煮沸后放入豆腐再煮 10 分钟，撒上葱末，调好味即可。

虾仁鸡蛋刀切面

原料：面粉 100 克，虾仁 30 克，菠菜 50 克，鸡蛋 1 个，高汤、植物油适量。

做法：将蛋清和面粉混合，揉成条状，切成薄片。

将菠菜焯过捞出备用，虾仁切成丁状。

将虾仁放入高汤中煮，烧开后放入刀切面。

面煮烂后加入菠菜末和蛋黄，淋上些许香油即可。

功效：含有丰富的蛋白质和碳水化合物，能给宝宝补充多种营养素。

第 12 章
12 个月宝宝的饮食营养

12 个月宝宝的喂养须知

宝宝终于周岁了，差不多可以完全断奶了。对于一部分因为特殊原因（虚弱儿或早产儿）不能完全断奶的宝宝，也不要太过于急躁，在妈妈奶水充足的情况下可以适当地延长哺乳时间。

这个时候宝宝差不多养成了一日三餐的进食习惯，但是要独立进食还需要父母的耐心教导，等到 2 岁之后就差不多可以独立进食了。宝宝能够完全消化吸收食物更要等到 5 岁之后，因此，妈妈在给宝宝准备食物的时候，还是要以易吸收类食物为主。

要及时抓住宝宝成长的黄金期，给宝宝补充充足的蛋白质和热量，同时要注意营养的均衡性，各种食物的搭配要科学合理，以免让宝宝养成挑食的习惯导致营养不良。（参见第 2 篇第 13 章“宝宝营养不良怎么办”）

12 个月宝宝的发育指标

发育指标	男孩	女孩
体重（千克）	73.4 ～ 78.8	71.5 ～ 77.1
头围（厘米）	9.1 ～ 11.3	8.5 ～ 10.6
身高（厘米）	46.3（平均值）	45.8（平均值）
牙齿	6 ～ 8 颗乳牙	6 ～ 8 颗乳牙

12 个月宝宝的每日食谱

餐次	用法
上午	6:00 奶类 200 毫升，面包片 30 克 8:30 豆浆 150 毫升，包子或馒头 30 克 10:30 小点心 50 克
下午	12:30 米饭 30 克，清蒸鱼 100 克，蔬菜汤 50 克 15:00 水果 100 克
晚上	21:00 奶类 200 毫升 适当给宝宝饮用白开水或果水、菜水

怎么喂养12个月宝宝

1周岁的宝宝，已经基本上结束了断奶，而以代乳食品来代替母乳和牛奶了。

但是，断奶是不是就意味着完全不喝奶了呢?

人工喂养

实际上，断奶就是断奶类的观点是错误的。在宝宝的发育过程中，需要补充充分的蛋白质，尽管在宝宝的正餐中也有动物性的食品来补充蛋白质，但数量远远不够。而牛奶又是蛋白质的最优食品，因此，断奶应该断的是母乳，而不应该将牛奶也断掉，只是要控制每天的摄入量，根据宝宝吃鱼、肉、蛋的量来决定一天的奶量。

主食

宝宝断奶之后，谷类食品代替乳类成为提供热量的主食，所以，宝宝的一日三餐要以米饭和面食为主，还要讲究跟肉类和蔬菜的搭配，均衡饮食。同时还要培养宝宝自已用小勺子进食的习惯。

小贴士

宝宝消化吸收能力越来越好，因此，在食物的烹调上也要多花点小心思，多变换一些精致的小花样，把蔬菜和肉类做成小饺子、小馄饨、小包子、花卷等，来吸引宝宝进食。

宝宝喝水的策略

别看宝宝身体小，但是对水分的需求比大人更多。喝奶不能完全提供宝宝的补水要求，不仅要多喝水，还要喝得巧，才能让宝宝在干燥的季节里过得更舒服。

宝宝为什么需要多补水

宝宝消耗水分的速度比大人快，不仅会通过尿液也汗液来排出水分，连呼吸和皮肤都会消耗身体里的水分，因此，也就需要补充更多。

肾脏功能不完善

人体的肾脏是废物和水排出的工具，而宝宝的肾脏功能还未发育完善，若体内没有足够的水分来使毒素通过尿液排出，就有可能影响宝宝的健康，所以，水分的摄入要足量。

不同时期宝宝的补水

时期	具体说明
0～2个月	在这个时期，可以开始给宝宝补充白开水了。要将水烧开，等到水温降到跟体温差不多的时候就可以喂了。通常来讲，一周内宝宝每天的补水量在20毫升左右，两周宝宝的补水量在每天40毫升左右，1个月之后就可以每天补充60毫升左右了
3个月	3个月的宝宝已经开始吃离乳食品了。这个阶段可以适当地给宝宝喂一些稀释之后的果汁或菜汁。最好是新鲜蔬果现榨的，按照2：1的比例来稀释。值得一提的是，要注意果汁和菜汁的喂养量，以免影响宝宝吃奶
4个月	4个月的宝宝补充水分，可以开始喝少量的肉汤和菜汤了。在喝肉汤的时候，要把汤上的油脂去掉，以免影响宝宝的消化吸收
断奶后	在宝宝断奶前，母乳是宝宝最重要的水分来源，断奶之后，为了补充水分，菜汁和果汁要继续喂养，此外，牛奶的喂养不能中止，每天要保证500毫升的喂养量

补水宜忌

不宜喂过甜的水　爸爸妈妈在给宝宝喂开水的时候，为了让宝宝爱喝一点，就会加糖。并且糖度都是以自己的味觉为准，其实这和宝宝的味觉有一定的出入。宝宝有着比大人还敏感的味觉，大人觉得不甜的，宝宝就会觉得甜。如果宝宝摄入的糖分过多，就会使胃肠蠕动的速度加快，对宝宝产生副作用，让宝宝胀肚子。因此，给宝宝喝的开水要掌握好甜度。

宜饮用白开水　爸爸妈妈不要用市面上的果汁、汽水或者其他加工饮料来给宝宝补充水分。因为这些饮料包含的糖分和电解质的量比较多，喝下去之后无法立刻随着尿液排出，而是有可能在胃里贮存，影响胃部的功能。宝宝补充水分，最好的饮品就是白开水。

不宜在饭前喂水　饭前给宝宝喂水，会影响宝宝的食欲。胃液被稀释，还会影响食物的消化吸收。最好的方法是，让宝宝在饭前半小时喝一点水，使口腔内的唾液分泌增加，帮助胃肠的消化吸收。

不宜在睡前喂水　宝宝年纪还小，自控能力不足。因此，如果在睡前喝了太多的水，就容易在睡梦中遗尿。即便宝宝知道用哭闹来表示尿急，一夜起床好几次，也会影响到睡眠质量。

不宜给宝宝喂冰水　宝宝越来越大，就越不愿意老实呆着。尤其是夏天，随便活动就满身大汗，口渴难耐。这个时候，爸爸妈妈为了给宝宝解暑，会给宝宝喝冰水。实际上，冰水的大量摄入容易使胃黏膜的血管收缩，而阻碍消化，严重的甚至会导致肠痉挛。

补水原则

白开水是最佳补水剂　对于刚出生的宝宝来讲，白开水是最好的补水剂。水是生命之源，白开水是最安全的，不会给宝宝造成肠胃沉淀等副作用。多喝白开水不仅能够补充宝宝的水分流失，还有着降温散热和平衡水与电解质的作用。

宝宝每天开水的饮用量要根据具体的情况来调整，一般来说，宝宝们每天需要补充水分的量要保持在自身体重的 1/10 左右。

饮水要清淡　不管给宝宝喝什么补水，在宝宝月龄还小的时候，要特别注意将水进行稀释。给宝宝喝的饮料或者菜汁果汁也要保持清淡，不能放太多糖。糖分过多容易影响宝宝肠胃的发育，还会对宝宝食欲和牙齿产生不好的影响。

补水工具

奶瓶　宝宝补水的时候使用的奶瓶，要尽可能地与妈妈的胸部等高。往宝宝的嘴里放入整个奶嘴，以便水充满奶嘴。

勺子　勺子不能跟宝宝的小嘴差太多，喂的时候，不要把勺子伸得太深，先用勺子抵在宝宝的下嘴唇，让宝宝含住之后稍微倾斜，就可以喝下去了。

杯子　宝宝 9 个月之后，就可以在妈妈的帮助之下，用杯子来自己喝东西了。等逐渐适应之后，妈妈就可以放手让宝宝自己来了。

吸管　宝宝 10 个月大，妈妈可以试着让宝宝学习用吸管来吸饮料。最初可以先用吸管杯，将杯子倾斜后往宝宝的小嘴里放进吸管，慢慢练习。

不同情境下的饮水策略

玩闹之后　宝宝的精力越来越充沛，玩闹的幅度也越来越大。在长时间的嬉闹之后，常常会觉得口渴。这个时候妈妈也要适当地给宝宝补充水分，但是要注意不要喝冰水。

洗澡之后　宝宝在洗澡的时候不一定

会乖乖的，尤其是夏天，洗完澡之后往往会出很多汗，这种情况也应该给宝宝补水。

大哭之后　对宝宝来说，哭是一种调动全身力量的运动。如果宝宝哭的时间长，不仅水分会通过眼泪排出，还有可能会满身大汗。因此，这个时候也需要给宝宝补水。

吃辅食的时候　在给宝宝吃辅食的时候要适当地给宝宝补充水分，但是要注意不要在吃的前半个小时之内喝太多，否则容易造成宝宝肚子胀，影响到宝宝的食欲而不愿意吃正餐。

带宝宝出去时　秋天干燥，夏天炎热，出去的时候经常会流汗，水分流失也比较快。妈妈就需要随身备水，随时给宝宝补充水分。

宝宝每天的喂水量

刚出生的宝宝，每天补充 20 毫升的水就足够了。若乳汁充足的话，也可以不用喂水。1 ~ 3 个月的宝宝，每天喂 4 次，每次 40 毫升左右。4 个月以上的宝宝，每天喂 4 次，每次 80 毫升左右。

除此之外，宝宝水分的摄入量还要根据膳食和天气来安排。夏天出汗多，要增加饮水量。若主食是牛奶或粥等流质食物，就可以减少水分喂养。在冬天运动量低的情况下，也可以减少饮水。

宝宝生病的饮水策略

呕吐腹泻　宝宝在拉肚子的情况下，体内的水分和电解质容易流失。若水分的补充不及时，就有可能导致休克脱水。在脱水的情况下，妈妈要特别注意给宝宝补水。为了加快宝宝对水分的吸收，妈妈可以给宝宝喂一些盐糖水或电解质水。

感冒发烧　发烧的宝宝，体温明显增加。身上的水分流失也更快速。宝宝比大人的脱水几率更高，因此，在宝宝感冒发烧的时候要注意补水。牛奶和母乳中含有宝宝需要的水分，可以继续喂养。此外，为了帮助退烧，让宝宝早日康复，还要多给宝宝喂一些白开水。稀释后的果汁也可以适当地喂一些。（参见第 1 篇第 7 章“宝宝发烧”及第 2 篇第 13 章“感冒食谱”）

水在宝宝的生长发育中起着不可替代的作用，参与了宝宝身体内部各器官的新陈代谢，并影响着宝宝摄取营养、消化吸收和排泄运输。

饮食不当，宝宝多汗

宝宝出汗多，尽管发育正常，也让爸爸妈妈担忧不已。实际上，宝宝出汗多跟穿衣过多和盖被过多有关系，跟日常的膳食也是分不开的。爸爸妈妈担心的不应该是宝宝是否营养不良，而是要转过来担心宝宝是否营养过剩。

有些父母为了让宝宝长高长壮，经常给宝宝食用一些高热量的鱼虾。觉得多吃鱼聪明，又有蛋白质。因为鱼虾新鲜，宝宝也爱吃，就越吃越多。

俗话说：鱼生火，肉生痰，青菜豆腐保平安。鱼虾吃多了，容易造成宝宝的内火旺盛，而导致汗多的出现。

多汗症状

容易流鼻血。

出汗过多，水分流失，皮肤偏黑。

注意力分散，自控能力不足，脾气焦躁。

内火旺盛，容易感冒发烧，还伴有扁桃体发炎的症状。（参见第 1 篇第 6 章“小儿扁桃体发炎”）

精力充沛，内火旺盛，全身好像有使不完的劲儿，不停玩闹也不知疲倦。

容易出汗，白天随便一动就满身大汗，晚间还会有夜汗把衣服被子都弄湿了。

长期出汗导致水分流失严重，出现面

色发红，嘴唇干裂，手脚心发热，便秘或者大便干燥，严重的甚至会出现肛裂。

宝宝出现这些症状怎么办

膳食搭配　家长在为多汗宝宝做饭菜的时候要注意营养的合理搭配，不能让宝宝养成偏食的习惯，水果蔬菜要多，来防止便秘的发生。

揉搓脚心　对于内火旺盛的宝宝，爸爸妈妈可以在每天临睡前，用手给宝宝两边的脚心上下来回地各揉搓 50 次左右，这样做可以起到降火滋阴的效果。

暂停鱼虾的摄入　在半个月之内，尽量少吃鱼虾，而以其他的肉类（如鸡肉、鸭肉、猪肉、牛肉）来代替。另外还要注意蔬菜的摄入，多吃一些包菜、青菜、胡萝卜、白菜、土豆等。在改变膳食的时候注意观察宝宝的出汗量是否有所减少。

若通过饮食的控制，而让宝宝的汗量减少，内火也不那么旺盛了，其他的症状也相对地减轻了，那么爸爸妈妈就要注意改变宝宝的膳食，以后要以蔬菜和肉类为主，鱼虾隔一段时间吃一次。尤其是在夏天，出汗多的宝宝要严格控制鱼虾的摄入。

小贴士

脾胃虚弱的宝宝　少吃水果和冷饮，或者不吃。

虚汗多的宝宝　给宝宝多做一些山药粥、山药汤，可给宝宝健脾补虚。

食欲不好的宝宝　可以去中药店买一些鸡内金，用搅拌机打成粉末状之后加点红糖冲水，饭前半小时给宝宝喂食，一日两喂。

脾胃虚弱的宝宝　将三四条泥鳅洗干净后放进油锅炸成微黄色，加入水和葱、盐一起煮汤。每周让宝宝喝两三次泥鳅汤，可补气，暖胃。

常见疾病的食疗偏方

感冒：取生姜 25 克，用半碗水煎开，加入适量红糖即可。一日 2 次服用。

肺炎：取鲜藕汁 25 克，芝麻油 3 滴，蜂蜜半汤匙搅匀即可。一日 2 次服用。

干咳：取土柚子 25 克，土冰糖适量，加水炖煮开即可。

厌食：取山楂 15 克、鸡内金 1 只，加水煎汤即可。一日 2 次，饭前服用。

误食：韭菜 25 克，炒熟后加入适量猪油即可。

流口水：泥鳅 250 克，去内脏晒干，炒黄以后磨成粉状，一次 10 克、一日 2 次服用。

缺钙：取虾皮 10 克、海带 20 克，加水煮汤，用油盐调味后即可。一日 1 次服用。

遗尿：猪尿泡一个，白胡椒 20 粒，加水煮烂即可。一日 1 个，连用 5 个。

疝气：取生姜汁 25 克，在宝宝洗澡后用姜汁涂抹患部，一日 2 次，连用 3 天。

腹泻：取大蒜头 1 只，放入半碗汤中煮沸，加入适量红糖即可。一日 3 次服用。

盗汗：取浮小麦 15 克，红枣 10 粒，加水煎汤即可。早晚各 1 次服用。

消化不良：取山楂 25 克，白萝卜 50 克，加水煎汤即可。一日 2 次服用。

腮腺炎：取仙人掌去皮去刺，捣烂之后加入鸡蛋清调匀敷于患处，每日 1 次，连用 3 天。

怎样让宝宝多吃蔬菜

蔬菜对宝宝的生长发育有很大的作用，爸爸妈妈一定要注意给宝宝多吃蔬菜。（参见第 2 篇第 10 章“巧吃蔬菜，提高宝宝智力”）

吃蔬菜的好处

蔬菜中含有人体必需的维生素和矿物

质，绿色蔬菜中含有能防治坏血病的维生素 C，还含有保护视力的维生素 A，可防止干眼病及夜盲症。另外，还含有维生素 B1、维生素 B2 及尼克酸、维生素 P 等。

蔬菜中含有钙，是宝宝骨骼和牙齿发育的主要物质，对防治佝偻病也有一定效果。

蔬菜中含有的铁和铜能促进血色素的合成，刺激红细胞发育，防止宝宝食欲不振、贫血，促进宝宝的生长发育。

含有矿物质的蔬菜为碱性食物，可以与五谷和肉类等酸性食物中和，具有调整体液酸碱平衡的作用。

蔬菜中含有丰富的纤维素，能刺激胃液分泌和肠道蠕动，促进宝宝的消化吸收，加速体内废物的排出，有效防止便秘。

让宝宝多吃蔬菜的措施

妈妈要经常更新蔬菜花样，以在蔬菜中拌入生姜、酱油、米醋、料酒和芝麻油等调料，将蔬菜做成健康沙拉是一个不错的选择；还可以做成馅，包饺子、煮馄饨给宝宝吃；还可以把蔬菜切碎和虾仁或各种肉末、海鲜混在鸡蛋液或面粉里烙成饼，或者煮成各种蔬菜粥。

利用不同蔬菜的不同色彩和形状进行搭配，五颜六色的蔬菜、香喷喷的味道、多样化的食物，不仅可以让宝宝获得丰富的味觉、嗅觉、视觉、触觉等感官刺激，促进宝宝的食欲，还能保证营养摄入的最大化，促进宝宝的健康成长。注意口味不宜太浓，避免刺激性食品，也不要经常给宝宝食用太咸或者太甜的食物，这样会进一步造成宝宝拒绝尝试蔬菜。

关注宝宝的爱好和食欲，尝试不同的做法减少蔬菜的特殊味道以适应宝宝的口味。有些蔬菜会有一股异味，宝宝可能会不喜欢，对于宝宝不喜欢的蔬菜要改变烹调方法，逐渐根据宝宝的特点进行摸索和改进，让他慢慢接受。可以剁烂、滤干，然后再喂给宝宝吃，还可以加入一点苹果汁或其他食物，以中和一下菜的异味。还有的宝宝时间长了可能会厌倦经常吃的蔬菜的味道，妈妈要及时变换花样。

要选择新鲜的时令蔬菜，味道鲜美而且营养价值高，增加宝宝的食欲，而且利于健康。

创造良好的进餐环境，不要在宝宝面前评价蔬菜的好坏。如果宝宝实在不愿吃某一种菜，不要强迫他，避免宝宝边吃边哭，一旦养成一吃饭就哭的坏习惯，必将影响宝宝的身心健康。

稍大些的宝宝可让他参与到买菜、摘菜、洗菜的过程，父母炒菜时让他在一旁当助手。不要担心他们会弄脏或弄坏东西，可以让他做些简单的事情，例如倒水、剥菜、清洗蔬菜水果等。由于宝宝亲自参与容易产生自豪感，吃起菜来也就感到格外香。

12 个月宝宝营养方案

宝宝一周岁了，饮食结构也跟着发生了大的变化。这个阶段母乳几乎都已经断了，宝宝逐渐养成了一日三餐的习惯，间或可以在两餐的中间加两顿点心。但仍然要注意饮食的营养均衡，肉类、蛋类、鱼类、豆制品和蔬果类要平均摄入。

注意事项

这个时期的宝宝已经开始咿咿呀呀，想要学着大人说话了。爸爸妈妈要记得，在喂饭的时候不要教宝宝说话，不然，容易让宝宝被食物的颗粒呛到而引起危险，也有碍于宝宝良好进食习惯的培养。

小贴士

为了改掉宝宝不爱吃菜的坏毛病，可以将菜包进饺子、馄饨、包子中，让宝宝吃不出来的同时又补充了营养。

食谱推荐

黄鱼小馅饼

原料：黄鱼肉100克，牛奶50克，鸡蛋1个，葱头、植物油、淀粉、精盐各适量。

做法：将黄鱼肉剁成泥状，葱头切成碎末。

把葱头末加入鱼泥中，再放入淀粉。鸡蛋和精盐，搅拌成鱼馅。

把鱼馅做成小圆饼，放进油锅中煎炸至金黄色即可。

百合柿饼鸽蛋

原料：鸽蛋200克，百合100克，柿饼150克，冰糖适量。

做法：将百合洗干净，鸽蛋煮熟去壳。

将百合、鸽蛋和柿饼放入沸水中烹煮。

煮至百合熟烂，加入适量冰糖即可。

炖黄豆猪脚汤

原料：猪蹄500克，大豆150克，盐、酱油、胡椒粉各少许。

做法：将洗干净的黄豆泡在清水汇总备用。

将猪脚放进锅内，加入两大碗水，白糖、米酒、白醋各一匙，上火烹煮。

煮半小时之后加入黄豆。

黄豆煮烂之后调味即可。

宝宝智力低下的饮食表现

做父母的都希望宝宝聪明又健康，但是，由于疾病或遗传的原因，智力低下的现象在宝宝中也有一定的比例。若能早早发现宝宝的异状，并根据具体情况采取相应的措施，让宝宝的智力往正常发展还是很有希望的。

宝宝为什么会智力低下

一般说来，宝宝智力低下的原因分为真性智力低下和假性智力低下。真性智力低下多数是由于遗传的缘故，如果发现得早又采取了科学的治疗，还是有恢复的可能的。假性智力低下表现为智力发育比较缓慢，但是神经系统并没有被损害，在致病原因消除之后还是可以提升到正常水平的。（参见第3篇第3章“智能低下的宝宝有哪些表现”）

营养不良

据统计，有很大一部分智力发育迟缓的宝宝，妈妈在妊娠期的时候都有或多或少的营养不良情况。这种情况产下的宝宝，生长发育明显慢于其他的宝宝，并时常还有智力低下、肢体障碍等症状。

病菌感染

妈妈在怀孕期间，如果感染一些比较严重的病毒性疾病或者风疹病毒，就有很大的可能影响到肚子里的宝宝，严重的会造成宝宝的智力障碍和先天畸形。

疾病影响

猫叫综合征　由于体内的染色体异常，而影响智力发育。

唐氏综合征　又称先天性愚型，染色体异常造成的智力不足。

苯丙酮尿症　由于酶的问题，影响苯丙氨酸的代谢，导致脑细胞的功能障碍。

先天性甲状腺功能不全　又被称之为呆小病，是因为甲状腺的发育异常无法合成甲状腺素，而导致的大脑发育不全。

智力低下的饮食表现

宝宝的智力低下首先表现在进食困难上面。宝宝前5个月，表现出不会吸乳头，吃奶困难，吐奶频发。5个月添加辅食之后，咀嚼能力低下，喂养困难，不容易消化固体食物等，就代表宝宝的神经系统有可能存在着损伤，要早发现早治疗，以免情况恶化，耽误了宝宝的智力发育。此外，宝宝发育速度缓慢，智力不足，还要检查身体内的重金属含量，尤其是铅含量。

智力低下的治疗

宝宝智力低下，要早发现早治疗。以使宝宝以后能够生活自理，或者逐步实现独立。

宝宝智力低下的病因有很多，营养不良，视听障碍，慢性疾病等都可能导致宝宝智力低下。首先要查明宝宝的病因，再对症下药。苯丙酮尿症和甲状腺功能低下等内分泌异常的宝宝要早早诊断，及早使用将苯丙酮尿症用甲状腺激素来代替的膳食疗法，改善宝宝的智力发育。

提高宝宝抵抗力的食物

妈妈为了给宝宝补充更多的营养，增强免疫力，总是给宝宝吃一些很贵的滋补品。实际上，这是完全没必要的。在日常吃的食物里面，如果注意膳食的搭配，就可以很好地为宝宝补身体，既天然又经济。

苹果　苹果中含有的果酸能够帮助宝宝的消化吸收，果胶能够缓解腹泻，锌元素能够增加宝宝的抗病能力，纤维素可以预防便秘的发生，促进宝宝排便。

蘑菇　蘑菇中含有丰富的香菇多糖，能够有效地防止恶性肿瘤的发生。因此，要多吃一些含有丰富氨基酸和酶的菌类食品。此外，在日常的饮食中，多喝一些蘑菇汤还可以增强宝宝的免疫力，远离呼吸道感染，排出毒素，预防白血病的发生。

薯类 经常吃一些薯类，如土豆、红薯、山药等，能够帮助宝宝清肠，排出多余的脂肪和毒素，以防便秘，降低直肠癌和结肠癌的发病率，还可以避免干眼病的发生。

苦瓜　苦瓜适合在夏天的时候食用，可以帮助宝宝去火，降暑气，防止胃肠炎、咽喉炎等疾病的发生。苦瓜中含有的活性蛋白质，还能增强宝宝免疫细胞的活力，使宝宝不容易患病。

小米　小米的维生素B含量丰富，还含有一定数量的不饱和脂肪酸，能够有效地促进宝宝的生长发育，并且对宝宝的智力发育也很有帮助。

酸奶　酸奶中的各种微量元素能够促进宝宝的食欲，加快宝宝的消化吸收，抑制肠道病菌的生成。并且酸奶中的脂肪和蛋白质还比牛奶更容易吸收，每天喝一点酸奶，可以增强宝宝的免疫力，防止便秘和营养不良的发生。

豆浆　豆浆含有丰富的蛋白质和抗菌物质，是适合宝宝食用的佳品，有其独特的营养价值。多喝豆浆能够有效地给宝宝去火化痰，简单易做，物美价廉。

西红柿　西红柿中的维生素C含量丰富，可以让宝宝摄取到大量的维生素C，让宝宝的免疫能力增加，降低呼吸道感染的几率。夏天，带宝宝出去被晒伤了，可以多给宝宝吃一些西红柿，来促进皮肤组织的早日恢复。另外，西红柿中还含有能够帮助大脑发育的维生素B1，多吃西红柿能够让宝宝更聪明。

胡萝卜 胡萝卜含有丰富的维生素A，即胡萝卜素，它能够防止宝宝的呼吸道被感染，有助于宝宝的视力发育。经常吃胡萝卜对宝宝的健康很有帮助。

黑木耳 黑木耳的口感佳，柔软好嚼。经常食用可以帮助宝宝体内毒素的排出，让宝宝一身轻松。黑木耳还有着降低血黏度的作用，多吃的话能够有效地防止心脏病的发生。对于一些体重超标的小胖墩，也可以多吃一些黑木耳来降低血脂，维持健康。

给宝宝的辅食加调味料

在给宝宝添加辅食的初期，辅食口味宜清淡，大部分食物不用加任何调味料，以食物天然味道为好。但等宝宝长到这个阶段，身体各方面都有了变化，不再用以前的标准来喂养和护理，调味料也应该适时添加，以满足宝宝不同时期的不同需求。所以，爸爸妈妈需要掌握添加调味剂的适宜时间以及添加方法，还应了解到底哪些应该添加，哪些是还不适宜添加的。

8 个月之前不要添加调味剂，因为母乳或者配方奶中都含有一定的盐，而 8 个月内的宝宝肾脏功能还不完善，浓缩功能较差，不能排出血中过量的钠盐。所以这段时间不要给宝宝加调味剂。（参见第 2 篇第 9 章“如何给宝宝添加调味品”）

8 ～ 12 个月后，宝宝肾脏排泄功能不断增强，这时可在食品中加少量盐 (2 克 / 日)。但总体来说，宝宝的饮食仍应以清淡为宜，吃盐过多将增加宝宝肾脏的负担，使宝宝养成胃口过重的习惯，长期下去可能增加成年后患高血压的危险。

婴儿期宝宝食品不要添加香辛料及味精等调味品，更不应选择含香精、色素的食物。因为这些添加剂会妨碍宝宝体验食物本身的味道，影响味觉的发育，损害宝宝的健康。

植物油主要供给热量，在烹调蔬菜时加油有利于蔬菜中脂溶性维生素的溶解和吸收，可酌情、适量添加。一般 1 岁内每日少于 10 克为宜。

观察粪便，调整辅食

在宝宝发育的不同阶段，如想要随时了解宝宝对食物的接受程度和消化吸收的情况，可以细心地观察宝宝的排便状况。

大便分类

正常大便　母乳喂养的宝宝，大便呈软状的金黄色。

牛奶喂养的宝宝，大便呈发干的浅黄色。

大便很臭　蛋白质消化不良。

大便松散　辅食添加过量或者辅食过于生硬，阻碍消化吸收。

大便干燥　加喂菜泥和果泥，菜汁和果汁也要多喝。

大便脓血　大便出现黏液，大便的次数增多，大便跟尿液一样稀，表明宝宝有可能患上某些肠道疾病，如肠炎痢疾等。或者是给宝宝喂了一些不卫生、变质的食物。一旦发现这种情况，妈妈不能马虎对待，要将大便收集起来留给医生看，带着宝宝去医院就医。

大便灰硬发臭　牛奶摄入过多，糖分过少，要转变糖和奶的比例。

大便呈现黏液状的深绿色　表示奶量摄取不够，宝宝正处在半饱的状况。妈妈要给宝宝多喂一些牛奶、米汤等。

观察大便了解宝宝的营养状况

宝宝开始吃辅食之后，要观察宝宝的营养状况，就要细心地留意宝宝的皮肤颜色和光泽。宝宝的脸颊、腹部、背部、小胳膊、小腿儿都含有一定的皮下脂肪。宝宝如果营养缺乏，皮下脂肪的厚度就会随之缩减，先从腹部开始，然后是四肢，最后是小脸儿。若宝宝缺铁而导致贫血，那脸色就会不好，不管是小脸儿还是指甲都会比较苍白。宝宝消化不良或者食物过敏，会在皮肤上表现出湿疹或小疙瘩。

小贴士

要随时观察宝宝大便颜色。绿叶蔬菜吃多了，大便会发绿，西红柿吃多了，大便会发红。这些都是正常的现象，父母不用过于担心。

12个月宝宝辅食食谱

辅食食谱

白果肉粥

原料：大米15克，白果5粒，瘦肉15克，盐、油各适量。

做法：将大米洗净，白果去壳去芯切碎。

将瘦肉末用油、盐腌制备用。

将材料加入煮沸的水中，煮成粥即可。

功效：这道菜有着预防哮喘、止咳化痰的功效。

虾皮炒菠菜

原料：菠菜150克，虾皮10克，植物油25克，小葱、盐各适量。

做法：将洗干净的菠菜切成小段；

将虾皮用温水泡过，洗净。

将虾皮和葱花放入油锅中翻炒。

加入菠菜，煸炒数下，调味即可。

功效：虾皮和菠菜中都含有丰富的钙质，有着预防疾病、提高免疫力的功效。

蘑菇炖豆腐

原料：嫩豆腐50克，熟笋片、鲜蘑菇各30克，大葱、蒜、姜、酱油、盐、料酒、麻油各适量。

做法：将加了料酒的豆腐放入锅中蒸40分钟。

将鲜蘑菇用沸水焯过，捞出放凉之后切成片状。

将笋、葱、姜、蒜切片之后加鸡汤倒入砂锅中煮沸。

将蘑菇片放进汤中，加入蒸好的豆腐，调味即可。

功效：这道菜含有丰富的钙质，是宝宝的补钙佳品。

牛奶西米露

原料：牛奶80克，西米50克，香蕉半根，白砂糖适量。

做法：将洗干净的洗米用冷水浸泡一小时，香蕉打成泥状。

将西米和浸泡水一起煮沸至透明状。

加入香蕉糊和牛奶，稍煮即可。

功效：补充钙质和多种维生素，是营养丰富的甜品。

木瓜炖银耳

原料：青木瓜100克，银耳、冰糖各适量。

做法：将木瓜洗净去籽，银耳摘碎。

将银耳和木瓜一起放入锅中，撒上冰糖，用大火蒸熟即可。

功效：这道菜有着提高宝宝食欲、开胃健脾的功效。

第13章
1岁2个月宝宝的饮食营养

1岁2个月宝宝的喂养须知

宝宝过了周岁，体重在继续地增加。这个阶段还是要注意给宝宝喂食能够提供足够能量的食物，同时要保持营养的均衡。

每餐的间隔时间要保持一致，否则容易让宝宝的肠胃出现紊乱，不利于肠胃的健康。在宝宝饮食搭配上，要讲究科学化。多给宝宝吃一些水果、蔬菜，少喝冰镇的饮料或冰水。

每日牛奶的摄入量要控制在150毫升左右。

1岁2个月宝宝的发育指标

发育指标	男孩	女孩
体重（千克）	72.6 ~ 83.2	70.2 ~ 82.2
头围（厘米）	9.4 ~ 11.6	8.9 ~ 10.7
身高（厘米）	46.9（平均值）	46.0（平均值）
牙齿	8 ~ 10颗乳牙	8 ~ 10颗乳牙

1岁2个月宝宝的每日食谱

餐次	用法
上午	6:00 奶类200毫升，面包片30克 8:30 豆浆150毫升，蛋糕30克 10:30 饼干50克
下午	12:30 菜肉粥一小碗，清蒸鱼100克，蔬菜汤50克 15:00 水果100克
晚上	19:00 小馄饨150克 21:00 奶类200毫升 适当给宝宝饮用白开水或果水、菜水

如何给宝宝挑选蔬菜

怎么挑选蔬菜

蔬菜摄入要均衡　蔬菜大体可以分成绿色蔬菜、红色蔬菜和黄色蔬菜。通常来说，绿色蔬菜最优，其次是黄色蔬菜。叶绿素含量较高的蔬菜称为绿色蔬菜，黄酮类色素含量比较高的称为黄色蔬菜，胡萝卜素含量较高的称为红色蔬菜。再次就是红色蔬菜了，但是总的来讲，不同颜色的蔬菜的营养成分不一样，不能厚此薄彼。宝宝吃菜也会挑着来，妈妈不能随着宝宝的意思，吃这种而忽略那种。

时令蔬菜要多吃　蔬菜中的维生素含量跟蔬菜的新鲜度成正比例关系，蔬菜存放久了，营养的流失也就更多。因此，不管是在哪个季节吃蔬菜，都要以新鲜为准则。那些在温室里栽培的反季节蔬菜，不仅价格贵体积大，而且营养价值还比不上新鲜时令蔬菜。所以，蔬菜最好是现季现买，现买现做。

要挑选无污染的蔬菜　蔬菜要尽量选择无污染或者污染少的。块根类蔬菜，如胡萝卜、土豆、芋头等，因为果实长在泥土里，所以比较少污染。野外生长的菌类或者人工培育的蔬菜，因为比较少施用农药，也是比较安全的。还有那些抗虫害能力强的蔬菜，像番茄、菜花、菠菜、生菜等，因为农药含量低，也比较适合食用。

蔬菜料理的注意事项

烫蔬菜要等水开再放。

烹饪用具最好选择铁制或者铝制的，尽量少用铜制的。

选择新鲜蔬菜，根茎类的蔬菜要先洗干净，烹调之前再切。

蔬菜要快炒，不要先煮过之后再炒，容易导致营养成分的流失。

烹调蔬菜的时候要加少量淀粉来煮，可以使口感更好，还能防止抗坏血酸的破坏。

尽量选择维生素和无机盐含量比较高的叶类蔬菜，比如番茄、苦瓜、胡萝卜、柿子椒等。

宝宝 7 个月之后可以选择蛋白质含量比较高的鲜豆类蔬菜，如扁豆、刀豆、蚕豆，或毛豆。

这些豆类蔬菜中的铁质比较容易被有机体消化吸收，能够有效地防止贫血现象的发生。

妈妈不要将含有草酸的蔬菜（如菠菜、葱头）做成汤类，这样容易影响宝宝吸收钙质。可以用钙量比较高，比较容易吸收的蔬菜（如油菜、芥蓝菜等）来代替。

让宝宝爱吃蔬菜的小妙招

混着喂　在菜泥中放一些粥或者米糊给宝宝吃，或者将菜跟肉剁成馅，做成小饺子、小包子，还可以做成小丸子，加鸡汤煮着吃。

要新鲜　选择新鲜、细嫩的蔬菜，来方便宝宝的咀嚼。

切细剁碎　在食用一些纤维质太长的蔬菜时（如蒜薹、金针菇等），要先切细或者剁碎了再喂，以免造成宝宝的吞咽困难。

由少到多 有一些含有特别味道的蔬菜（如芥菜、洋葱或苦瓜），宝宝比较难以接受，妈妈要采取由少到多、循序渐进的方法来喂养，先喂一点点，等宝宝适应了之后，再酌量增加。

有色有香　有一些颜色比较鲜艳的蔬菜（如胡萝卜、紫甘蓝、彩椒），妈妈可以巧妙地搭配食物的颜色，来吸引宝宝食用。

形状各异　可以将宝宝不喜欢吃的蔬菜，在米饭上摆成各种形状来吸引宝宝，还可以将蔬菜混在其他蔬菜中打成菜汁，或者做成凉菜让宝宝吃。

宝宝营养不良怎么办

营养不良的分类

轻度营养不良　这种情况的宝宝消化功能跟正常的宝宝差不多，在治疗的时候不要太急躁，要先维持原本的喂养方式，防止一下补充太多造成消化不良。在情况稳定后再酌量补充蛋白质和热量。

中度营养不良这种情况的宝宝消化能力比较弱，要在宝宝消化吸收能力恢复之后，及时地给宝宝补充蛋白质类食物。为了防止水肿的出现，盐的摄入要控制。

重度营养不良　这种情况的宝宝消化能力非常弱，还有其他的并发症。首先要对原发病进行诊断，等病情控制了之后，少量多餐地维持宝宝胃内的酸碱平衡。然后再一步一步地调整膳食结构，补充营养。

如何对营养不良的宝宝进行饮食调整

对营养不良宝宝的治疗，不能过于急躁。应该耐心谨慎，循序渐进，一步一步慢慢来。

症状	营养	食物
轻度	初期：按每天每公斤120千卡热能量来摄入，其中脂肪1.8克，碳水化合物23克，蛋白质3克。三者比重为0.6∶7.6∶1 巩固期：按每天每公斤140千卡热能量来摄入，碳水化物25克，蛋白质3.5克，脂肪2.8克。三者比重为0.8∶7.2∶1	初期：豆浆、米汤、代藕粉、鱼泥汤、稀米粥、半脱脂乳、蒸发乳、配方乳等巩固期：代乳品、牛乳、粥、糕、饼、豆浆、鱼泥等
中度	初期：豆浆、米汤、代藕粉、鱼泥汤、稀米粥、半脱脂乳、蒸发乳、配方乳等 巩固期：代乳品、牛乳、粥、糕、饼、豆浆、鱼泥等	米汤、稀藕粉、蒸发乳、配方乳、脱脂乳等
重度	按每天每公斤35千卡热能量来摄入，脂肪0.4克、蛋白质1.3克、碳水化物6.5克。三者比重为0.3∶1∶5每日每公斤体重需热能35千卡，脂肪0.4克、蛋白质1.3克、碳水化物6.5克。三者比重为0.3∶1∶5	米汤、稀藕粉、蒸发乳、配方乳、脱脂乳等

适宜食用的食物

脂肪类：植物油、人造黄油、奶油等，少量添加。

蛋白质类：脱脂乳、豆浆、鸡蛋黄粉、蒸发乳、配方乳、鱼粉、肉泥、肝泥等。

碳水化合物：米汤、小米汤、面糊、藕粉、代藕粉、粥、烂饭、蛋糕、饼干等。

维生素无机盐：鲜果汁、蔬菜汁。

小贴士

要根据宝宝的食欲和消化情况来制定宝宝营养方案，不要太机械地按照一种方式补充。另外，对于腹泻的宝宝，可以通过维生素制剂来补充。还要注意对有严重消化紊乱的宝宝，不要使用饥饿疗法。营养不良宝宝的饮食供给要从少到多，从简单到复杂，要耐心不要急。

出牙期的饮食规律

宝宝开始长牙的时候，父母要根据宝宝的发育情况，来给宝宝安排膳食。先从一种食物开始，少量地喂食一些半固体的食物，在宝宝的咀嚼能力逐渐加强的时候，就可以改变食物的性状，喂养一些固体食物了。

牙齿成长不同阶段的饮食

牙况	表现	饮食种类	饮食举例
无牙	宝宝5个月大就要开始萌牙了，口水的分泌增多，牙龈痒，很想要咬东西。会想要吃牛奶以外的东西了，还可以自己控制吸吮的动作	牛奶之外的液体食物或者糊状食物	麦粉加母乳，米、麦糊，磨碎的香蕉，苹果汁或梨子汁
乳牙	宝宝6～10个月之间，会长出下面的一对乳中切齿，这个阶段宝宝很爱抓东西放进嘴里，还会试着抓汤匙，模仿大人的咀嚼动作	泥状食物、半固体食物	蛋黄泥、马铃薯泥、胡萝卜泥等，稀饭、麦片粥等
4颗牙	宝宝在8～12个月之间，会有4颗牙了。基本上已经能够用门牙来咬 断软质食物，靠牙床来熟练地咀嚼了	半固体食物、可加调料食物	肉泥、肉末、蛋黄泥，香蕉、冬瓜、西红柿、嫩豆腐
侧门牙	宝宝会在9～16个月之间萌出侧门牙，这个时候已经逐渐适应了固体食物，胃肠的消化吸收能力也越来越好，可以任意地移动自己的唇和舌，咀嚼能力越发增强	半固体食物，固体食物	蒸全蛋，剁碎的蔬菜
磨牙	阶段的磨牙。这个时候宝宝已经能宝宝在13～19个月之间会长出第一够自主进食，将食物用勺子送进自己嘴里，咀嚼能力也大大增强了	降低液体食物的摄取量，增加固体食物	软饭、烂面、面片，较粗的碎菜、小肉丸子
全牙	宝宝在16～23个月之间会长出第二阶段的磨牙，在4颗磨牙长完之后宝宝的乳牙就长全了。这个时候宝宝可以吃的东西就和成人无异了	固体食物	饮食同成人差不多

牙齿发育所需要的营养

镁：保护牙齿健康。

氟：防止蛀牙的产生，维护骨骼健康。

磷：帮助保持牙龈和牙齿的健康，促进牙齿的生长发育。

钙：长牙期的宝宝每天需要的钙量要保持在600毫克左右。

维生素A：维持牙龈和牙齿的健康，促进牙齿发育。

维生素B1：促进消化吸收，提高食欲。

维生素D：促进钙和磷的吸收，维持骨骼和牙齿的健康。

巧选食品提高宝宝免疫力

生活水平越来越高，爸爸妈妈花在宝宝饮食上的精力也就越来越多。做父母的都想给孩子最好的。虽然父母的出发点是好的，但是，究竟营养有没有补到点上呢，那就说不准了。补充营养不能盲目，尤其是在吃的方面，更要特别注意了。想要让宝宝健康快乐地成长，除了必要的运动之外，还应该给宝宝多吃一些能够提高免疫力的食物。这样才能让宝宝远离疾病，增加宝宝的抵抗力，健全宝宝的免疫系统，用以抵抗病毒和细菌的侵扰。

谷类

谷类是餐桌上的主食，宝宝添加辅食的初期，米粉、麦粉是尝试的必备品。断奶之后，代乳食品也是谷类。谷类的维生素含量比较丰富，还含有胚芽和多糖等抗氧化剂，能够增强免疫细胞的功能，提高宝宝的免疫力。

乳类

宝宝正处在身体发育的高峰期，脑神经的发育也需要更多的钙质和蛋白质。乳类是摄取这些营养素的最佳来源。尤其是优酪乳，它既可以补充营养，又具备着改善肠道环境的功能，很适合 1 岁之后的宝宝喝。

番茄

番茄含有胡萝卜素、番茄红素、维生素等多种营养成分，同时又有多种抗氧化的强效因子，被称为活力食品。食用番茄能够让眼睛更清亮，避免细胞受到伤害，同时还能将已经受损的细胞进行修补。番茄不管是生吃是煮熟都可以。烹调的时候加点橄榄油，效果更好。

蔬果

蔬果含有丰富的纤维质，对胃肠起着很好的润滑作用。宝宝常食用蔬果类，能够有效地预防便秘，给肠道提供良好的吸收环境。水果能帮助益生菌在肠道内的生长，加强宝宝身体的免疫能力，使宝宝少生病。如果宝宝不喜欢吃蔬菜，也可以将蔬菜剁碎之后加点肉末，做成小饺子或者小馄饨喂给宝宝吃。

水

水是身体的第一成分，宝宝的体表面积和体重的比例比成人还高，水分的流失也就更快，更需要随时补充水分。身体的水分充足，新陈代谢也就更旺盛了，免疫力自然就提高了。

菌类

菌菇类食品能够有效地促进体内新陈代谢，增强机体的生活活性，有利于食物中各种营养素的吸收和利用，对生长发育也大有益处。还能预防及对抗癌症，增强免疫力，含有的丰富维生素 B 群能有效地缓解压力，多吃能给宝宝带来好心情。

小贴士

要多给宝宝吃含维生素和矿物质的天然食品，少吃那些经过加工的高油、高糖食品。要保证宝宝的营养均衡，才能有效地提高宝宝的免疫力，避开病菌的侵袭。

夏季合理饮食，维护肠道健康

夏天气温高，很多宝宝的食欲都普遍地下降，胃口不好，没病也虚弱。消化和吸收能力也降低，还容易感觉到嘴里苦苦的。食物不容易保存，就算放在冰箱里，也容易变质，若不小心让宝宝食用，还有可能导致食物中毒，损伤宝宝的胃肠功能。

此外，宝宝在夏天还容易出现消化不良的症状。宝宝消化不良的原因有很多，不仅仅包括饮食和卫生。在很多的消化道功能疾病中，由于精神的异常而导致消化不良的症状占了很大的比例。宝宝的消化不良主要表现为呕吐、腹胀、厌食、大便干燥等。要预防宝宝夏天出现营养不良或消化不良的情况，家长要科学地安排好宝宝的饮食，做到饮食的营养均衡。

多喝水

夏天汗多，水分的流失也比较快。如果水分的补充赶不上水分流失的速度，饮水中枢就会被刺激产生口渴的感觉。但是，不要等到口渴才给宝宝喂水，要及时做一些绿豆汤或者金银花水来给宝宝消暑补水，满足宝宝新陈代谢的需求。

少吃冷饮

夏季炎热，要搭配好膳食，细粮和粗粮都要吃。冷饮和雪糕虽然对降温祛暑有一定的作用，但是也不能吃多了，吃多容易削弱宝宝的肠胃功能。

补充维生素

在高温炎热的夏季，要多给宝宝补充一些维生素和矿物质，多吃番茄、黄瓜、豆制品等，多喝果汁和菜汁。

适当地补钾

夏天很容易出汗，身体内的钾离子也容易随着汗水排出去，缺钾容易导致食欲低下，疲倦难耐的症状，出汗之后要多吃一些新鲜的水果和蔬菜来补充钾质。

饮食要清淡

夏季要讲究饮食清淡，选择容易消化、新鲜可口、性质温和的食物。对待虚弱的宝宝，更要遵循健脾养胃、清热解火、补气滋阴的原则。

饮食要卫生

食物在夏季的高温中容易腐坏变质，所以要特别注意食物的新鲜卫生。没吃完的食物要及时放进冰箱中，在下一顿吃的时候，要将食物加热到75℃以上才能食用。

多多摄取蛋白质

夏天蛋白质的摄取要足够，可以让宝宝多吃一些牛奶、豆制品、肉类、鸡蛋，还要保证每天摄入一定量的牛奶。

宝宝营养不良的征兆

家长判断宝宝营养不良，通常是通过一些症状。比如发育缓慢、贫血、缺钙或者长不高等。这种方法虽然有一定的道理，但是这已经是营养不良的后期表现了，就算发现了，宝宝的身体也已经受到了一定的伤害。在这种情况下再亡羊补牢，毕竟是晚了点。

实际上，在宝宝出现以上症状之前，就有一些蛛丝马迹显示宝宝的营养不良了。如果父母能及时观察宝宝的状态，就能够早发现早治疗，采取相应的措施，将宝宝的营养不良的苗头"扼杀"在摇篮里。

情绪起伏大

宝宝情绪低落，表情冷漠，反应迟钝，有可能是缺乏铁质和蛋白质，可以给宝宝多吃一些奶制品、肉类、水产品、蛋黄等高蛋白食物。

宝宝焦躁不安，惊恐失眠，有可能是缺乏 B 族维生素，应多给宝宝吃一些动物肝脏、核桃仁、土豆或豆制品。

宝宝脾气大，情绪起伏明显，可能是因为吃的甜食太多了。要适当地减少甜食的摄入量，还要多吃一些富含 B 族维生素的食物。

宝宝怯懦胆小，固执不听劝，有可能是缺乏维生素 A、维生素 B、维生素 C 和钙质，应多吃一些鱼虾、奶制品、蔬果和动物肝脏。

举止异常

不爱说话，动作迟缓，性格孤僻，有可能是因为缺乏维生素 C，要多给宝宝吃一些含有丰富维生素和酸类，能够增强神经的信息传递，改善以上症状的食物。如苹果、番茄、白菜、橘子或莴苣等。

心理年龄小于实际年龄，行为比较幼稚，有可能是缺乏氨基酸，要多吃一些含高蛋白的食物，如豆制品、奶类、蛋类或瘦肉。

手脚经常会无故抽动，夜间会磨牙，容易惊醒，有可能是缺乏钙质，要多吃一些奶制品、虾皮、鱼肉、蔬菜等。

喜欢吃一些异物（如泥土或纸屑），有可能是体内缺乏锌、铁、铜等微量元素。

要多吃一些含锌量多的木耳、海带、蘑菇和含锰量高的禽肉和海产品。

小脸长虫斑

宝宝的脸上如果出现一片或者几片比周围皮肤色素低的圆形或椭圆形斑块，就是虫斑。虫斑长的初期是淡红色的，时间长了就会转成淡白色，边缘比较明显，覆盖着一些细小的鳞屑，还会有瘙痒的感觉。不仅是脸部，身体的其他的部位也会长。出现这种症状的源头就是缺乏维生素，也是营养不良的信号之一。因此，一旦发现宝宝长了这种虫斑，不要急着给宝宝服用打虫的药物，要先从宝宝的膳食入手，多补充一些富含维生素的食物，最好是在医生的指导下科学地服用维生素片。

变成小胖墩

很长一段时间内，大伙儿都觉得胖墩就是营养过剩。实际上，营养过剩仅仅是胖墩的原因之一，其根源就是因为营养不良。认真说来，就是因为宝宝的偏食，厌食而造成微量元素的缺乏，引发体内脂肪的正常代谢受阻，储存于臀部或腹部，造成宝宝的体重超标（参见第2篇第13章“宝宝发育指标”）。所以，对于小胖墩，不要盲目地给宝宝减肥，而是要在减少高脂肪食物的前提上做到饮食的均衡，合理搭配膳食。

宝宝卡住的应急措施

噎塞对于宝宝来说非常危险，严重时可以致命。当某些东西进入气管而不是通向胃的食管时，噎塞就发生了。

这个阶段的宝宝，好动，好奇心强，并且已经能够自己往嘴里塞一些东西了，当他自己玩的时候，喜欢把一些小东西不声不响地填进嘴里，如果爸爸妈妈没有及时发现，就可能造成宝宝呼吸困难、面色发紫，产生意想不到的影响。

在宝宝3岁前，注意别让宝宝单独进食，也别给他果仁、颗粒状食品吃。教他们不要把小玩具放进嘴里，玩具最好不要附带小东西。

如果宝宝不慎被卡住，爸爸妈妈一定要先自救，再去医院急诊。当然，也要根据宝宝被卡的异物不同而分别对待。

小而硬的东西

如果是小而硬的东西，比如玩具零件、糖果、纽扣、果核或坚果类的食物，爸爸妈妈应该这样做：

爸爸或者妈妈曲起自己的一条腿，用膝盖抵住宝宝的心窝，

让宝宝的面部朝下，然后父母用力拍打宝宝的背部。

如果宝宝没有吐出，从后面抱起他，头朝下，父母用拳头抵住宝宝的心窝，用力进行挤压。

发现宝宝呼吸还是困难、脸色及身体开始转成紫色时，要停止，马上叫救护车。并在救护车到达之前，对宝宝进行人工呼吸。

软而黏的东西

如果是软而黏的东西，比如年糕、口香糖、软糖，甚至面包，不要觉得这些东西软，没什么大碍，其实这些对宝宝来说也很危险，宝宝噎着需采取的催吐方式是：

让宝宝侧躺在床上。

让宝宝张开嘴，如果他不配合，可强行掰开来看，如果可以看到噎在喉咙里的东西，可以用手指将东西抠出来，注意手指一定要干净。

如果看不到，用食指用力压在宝宝的后舌根，这样可以使宝宝因为恶心而呕吐，从而把异物吐出。

微量元素缺乏的症状及食补

据研究数据显示，国内有三成到四成的宝宝有营养不良的情况。其中，维生素 A、维生素 B、维生素 C 和钙、铁、锌都是容易缺乏的营养素。

维生素 A

分布　主要分布于肾脏、肝脏、眼睛，和肾上腺里，它们参与合成性激素，促进宝宝的生长，保护宝宝不受病菌的侵害。

缺乏　缺乏维生素 A 会导致视力下降，皮肤容易出问题，还会引发头皮脱落。尤其是缺乏维 A 的糖尿病人更容易患上不孕不育症。

来源　动物肝脏、有机食物。

维生素 A 可以直接补充，但是儿童和孕妇要特别注意摄入的量，否则可能会引起维生素 A 中毒或者宝宝的先天缺陷。可以通过补充 β －胡萝卜素来转化成维生素 A，这样比较安全。这种营养素有着比较强的抗氧化作用，妈妈可以让宝宝多吃一些 β －胡萝卜素含量丰富的橘红色蔬果。

小贴士

β －胡萝卜素只能溶解于油而无法溶解于水中，因此，在补充 β 胡萝卜素时，要适量地吃一些油脂性的食物。

维生素 B

来源　动物食品和部分海洋食品。

组合　维生素 B 族包括维生素 B1(硫胺素)、B2(核黄素)、B3(烟酸)、B5(泛酸)、B6、B12，生物素(维生素 H) 和叶酸等。

缺乏　孕妇、哺乳母亲，以及常常吃精加工食品的人比较容易缺乏维生素 B1。缺乏维生素 B1 会出现肌肉松弛，记忆力差和脚气病等症状。缺乏 B2 会出现红眼病、口腔溃疡和畏光等症状。缺乏维生素 B3 会出现抑郁症、失眠、皮肤粗糙等症状。缺乏维生素 B5 会出现易怒，心跳过速和抽筋等症状。缺乏维生素 B6 会出现水肿、多梦、痛经等症状。缺乏维生素 B12 会出现磨牙、神经衰弱、脚痛和贫血等症状。

小贴士

精加工技术和加热烹调时维生素 B1 流失的两大杀手。

维生素 C

分布　主要分布在肾上腺和脑垂体，参与合成多巴胺，形成保持大脑兴奋的肾上腺素。

来源　新鲜蔬果，生肉，有机食品。

作用　维生素 C 抗氧化能力很强，能够保护维生素 E，促进铁质的吸收。此外，维生素 C 还参与着肉碱和胶原蛋白的合成，对美容和减肥有很大的功效。

缺乏　缺乏维生素 C 会出现抑郁的症状，还比较容易感染、流血和患上感冒，甚至会使坏胆固醇升高，导致坏血症的发生。

小贴士

加热烹调也是维生素 C 的杀手，因此也要避免。维生素 C 容易被水溶解而随着尿液排出，所以，妈妈要给宝宝多吃一些有机水果，最少一天吃 4 次。此外，维生素 P（即生物类黄酮）能够促进维生素 C 的消化吸收，防止维 C 的氧化，因此，在补充维生素 C 的时候，也可以适当地补充一些生物类黄酮。

铁

分布　主要分布在在红细胞中，是组成血红蛋白不可缺少的成分，能够运载和携带氧气。缺铁容易导致贫血、记忆力低下和食欲减退，增加分娩死亡的风险。

来源　大豆、红肉、菠菜、动物肝脏等。

小贴士

少吃铁补充剂和铁质强化食品，因为这类的人工合成铁质属于无机铁，容易在体内无限制地累积，而使氧化和患癌症的几率增加。

锌

分布　主要分布在皮肤和前列腺内，是百种酶合成的重要成分。

缺乏　缺锌会导致身材瘦小、耳鸣、多动症、食欲不振、生长缓慢、性发育不全、不孕不育症、前列腺肥大、容易染病、指甲出现白斑等等。

来源　动物肝脏。肉类，海鲜，蛋类，坚果等。

小贴士

精加工粮食中的锌大量流失，加热烹调的食物会破坏体内的消化酶而动用储备锌来合成酶。因此，要注意不要食用精加工粮食，

还要尽量减少含锌食物的烹调次数。

钙

分布　钙几乎都分布在骨骼当中，少量分布在血液中，是人体内量最多的矿物质，也是神经传导、心脏跳动、骨骼构成、分泌激素、肌肉收缩的重要成分和催化剂。

缺乏　缺钙容易造成神经过敏，早产流产，高血脂高血压，骨质疏松，抽筋抽搐等症状。

来源　牛奶、大豆等新鲜、有机、未加工的食品。

小贴士

维生素 D 能够促进钙质的吸收，因此，在补钙的时候可以适当地补充一些维生素 D。而草酸、植酸和磷酸会阻碍钙质的吸收，所以，补钙的时候要避免摄入含有这几类成分的食物，如菠菜、葱、韭菜、全麦等。

特殊宝宝的营养方案

小胖墩

钙量要充足　由于小胖墩的体重超标，体液也就相对增多了，就需要更多的钙质来满足生长发育的需要。如果钙质不足，容易让胖宝宝患上佝偻病，因此，要给宝宝多吃一些富含钙质的海产品，豆制品和动物骨骼等食物。

饮水要保证　水分是维持生命的前提，也是保证体重在正常范围内的条件。足够的水分能够帮助宝宝的新陈代谢，参与脂肪的分解，使宝宝不易囤食。

多吃维生素食品　据调查，很多小胖墩之所以发胖，是由于缺乏某些维生素造成的。如果体内的维生素含量不足，就有可能影响到机体的正常代谢，使脂肪无法被分解而囤积起来。因此，要多吃一些富含维生素 A、维生素 B6、维生素 B12、尼克酸等的食物。

瘦宝宝

瘦宝宝一般体质也比较虚弱，常常有食欲不振、腹泻呕吐的症状出现。在日常的饮食中，可以多给宝宝做一些能够补脾养胃、帮助消化的食物，像扁豆、莲子、山药、茯苓等。尽量少用油炸多用蒸煮的方式来烹调食物。同时要注意不要因为宝宝瘦弱就大肆地给宝宝喂食，要注意控制每餐的喂量，不要因为过饱而影响到宝宝的食欲，伤到宝宝的肠胃。

多病的宝宝

香菇　香菇孢子上的小颗粒能够抵抗病菌病毒，在病毒外面形成一层厚壁，使病毒无法“作怪”。

鸡汤　专家指出，多喝鸡汤，尤其是母鸡汤，能够加快咽部的血液循环，能够防止呼吸道病毒的侵入，有效地预防感冒

发烧。

多吃含维生素和铜元素食物

缺乏维生素A，容易让病毒细菌侵入到宝宝体内，引发宝宝呼吸道黏膜抗病能力的降低，（参见第1篇第4章“反复呼吸道感染”）要多吃一些富含维生素A的食物，如动物肝脏、胡萝卜等。铜元素能够跟维生素C合作，在阻止体内病毒聚集的同时消灭病毒。因此，也要多吃一些含有丰富铜质的食物，如蘑菇、牛肝、苹果、杏子等。

磨牙的宝宝

宝宝体内缺钙，就有可能在夜间磨牙、容易惊醒，这个时候就要及时添加奶制品、鱼松、绿色蔬菜、虾皮等高钙食物。

哮喘宝宝

鱼类的脂肪中含有一种具有抗炎作用的特殊脂肪酸，能够减少呼吸道的发炎次数，降低哮喘症的发生几率。因此，可以适当地给宝宝吃一些多脂的鲜鱼。如金枪鱼、大马哈鱼和鲭鱼等。

噪声污染中的宝宝

长期生活在噪音环境中的宝宝体内的蛋白质和维生素消耗较一般的宝宝快，因此，要多给宝宝补充一些蛋类、奶类、豆类和新鲜蔬果，以防止宝宝的体格和智力受到影响。

为了保证宝宝听觉的正常发育，还可以给宝宝多吃一些富含镁元素的食物，如海藻、谷物类和绿叶蔬菜等。

多吃坚果可提高宝宝智力

0～1岁时宝宝脑部发育的跨越时期，脑细胞的数目和重量在不断地增加，脑神经细胞的增生和髓鞘也在不断地进行着。1～3岁之间，是宝宝脑部和视力发育的黄金时期，这个时候宝宝的脑重量已经达到了成人的八成左右，脑神经细胞的增生和髓鞘也在不断地进行着。

坚果是一种油脂含量多的食物，这些油脂以亚油酸和亚麻酸等不饱和脂肪酸为主。而合成DHA、AA的前提正是亚油酸和亚麻酸。

DHA在视网膜和大脑皮质细胞中大量存在，是神经和视网膜正常发育的保证。所以，DHA又被称为是脑黄金，具有着不可取代的生理功能。AA普遍存在于体内的细胞中，是组成细胞膜的重要物质。DHA和AA是大脑皮质区中磷脂质的组成部分，而视网膜和神经的发展跟大脑皮质区又有着不可分割的关系。

所以，多给宝宝吃一些富含亚油酸和亚麻酸的坚果，不管是对视力还是对脑力，都有着很大的好处。

坚果帮助大脑发育

坚果含有丰富的脂肪，而脂肪又在发挥创造力方面具有重要的作用，多吃一些能够促进脑细胞发育和神经纤维髓鞘形成的坚果，可以给宝宝提供更多更优质的脂肪。如核桃仁、芝麻，或者其他坚果类产品。尤其是核桃仁，它含有丰富的脂肪、蛋白质和钙、磷、锌等微量元素，其中含有的不饱和脂肪酸能让宝宝越吃越聪明。

坚果帮助视力发育

坚果内的亚油酸和亚麻酸能够合成DHA和AA，促进视网膜的完善。其维生素和其他矿物质也是对宝宝视力的正常发育有着重要的帮助作用。

小贴士

由于眼睛的脉络膜有着调节眼球晶状体的作用，而面部的肌力又影响着脉络膜的调节功能，咀嚼力道又强化着面部肌力，因此，适当的咀嚼能够帮助视力的提高。

可以给 1 ～ 3 岁的宝宝多吃一些需要咀嚼的坚果，为宝宝日后视力的健康打下基石。

食用坚果的方法

1 岁以下的宝宝食用坚果，要先用磨碎机将坚果磨成粉状，然后再拌进饭里或做成沙拉喂给宝宝吃。这样既能够增加米饭的香味，还可以保证坚果营养的充分吸收。

坚果是一种油性比较大的食物，消化功能比较弱的宝宝如果食用得太多，就有可能引起消化不良或者脂肪泻等症状，因此，每天坚果的摄入量要控制在 20 ～ 30 克之间。

坚果推荐

松籽：含有丰富的维生素 A 和维生素 E，以及人体必需的亚油酸、亚麻酸、脂肪酸和油酸。

榛子：含有丰富的维生素 A、B1、B2、烟酸和不饱和脂肪酸，有促进视力发育的作用。

核桃：核桃含有丰富的磷脂，它有着促进大脑皮质发育和补脑健脑的作用。

杏仁：杏仁含有丰富的维生素 E 和磷脂，但是中医认为杏仁有小毒，不能吃多了。

瓜籽：常见的有西瓜籽、南瓜籽和葵花籽。西瓜籽含有丰富的锌，还有着健脾的功能。葵花籽含有丰富的不饱和脂肪酸及胡萝卜素。由于香料会造成嘴唇发干口渴，增加热量的摄入，所以吃瓜籽要尽量选择原味的瓜籽。

巧妙烹调，锁住营养

妈妈使出浑身解数给宝宝挑选营养食物，但是往往会忽略烹调环节。很多本来含有丰富营养素的食物，经过错误的烹调方式，营养素就流失了。因此，妈妈要好好学习烹调中的营养学，防止营养流失的情况出现。

防止钙质的流失

炒之前先焯一下　为了避免蔬菜中的草酸跟钙质结合，生成不能被人体消化吸收的草酸钙，在炒菜之前要先将蔬菜焯一下。

合理搭配　维生素 D 能够促进钙质的吸收，因此，在煮含钙食物的时候可以适当地添加一些富含维生素 D 的食物。如豆腐含钙，鱼含维生素 D，就可以做成鱼头炖豆腐来给宝宝吃。

醋的妙用　醋能够帮助钙质的吸收，因此，在炒菜的时候可以适当地加点醋。（参见第 2 篇第 15 章“宝宝食用米醋好处多”）

防止维生素 C 的流失

先洗菜后切菜　先将蔬菜洗干净之后再切，最好是在烹调之前再切。不要用水泡着蔬菜，炒多少切多少，不要久放。

醋的妙用　醋能够促维生素 C 的吸收，所以，在做含有维 C 的蔬菜时可以适当地加点醋。

大火快炒　蔬菜要用急火快炒，才能防止长时间的烹煮导致维生素 C 的流失。

防止维生素 B1 的流失

维生素 B1 能够将五谷杂粮分解成葡萄糖，而葡萄糖又是大脑唯一能够利用的能源，因此，维生素 B1 也被称为健脑维生素。

不要捞米饭　据调查结果显示，用捞饭的方法，维生素 B1 只能保存三成，而用碗蒸的方法，则能保存六成的维生素 B1。因此，要尽量避免捞饭，要连米汤一起蒸。

不要炸面食　面粉炸成油条的维生素保存量为零，但是做成烙饼，却能保存八成的维生素 B1。

巧做粗粮 尽管粗粮中含有的维生素 B1 很丰富，但是由于宝宝的消化能力有限，没办法吸收质地比较粗糙的食物。因此，可以将粗粮碾成粉末状，做成饼给宝宝吃。（参见第 2 篇第 20 章“五谷杂粮，健脾养胃”）

防止胡萝卜素和番茄素的流失

胡萝卜素和番茄素只有溶解在脂肪里才能被人吸收利用。这两种物质都含有抗氧化剂，不管是生吃还是榨汁，都只会浪费了。因此，最好是做成西红柿炒鸡蛋或者胡萝卜炖牛肉，来帮助氧化剂的吸收，增加宝宝的免疫力和抗病能力。

总之，妈妈在给宝宝烹调食物之前，要先摸清楚各种食物的脾性，再科学烹调，这样就能很好地防止各种营养素的流失，给宝宝提供最好的饮食保证。

哪些食物是脑细胞的“杀手”

社会越来越进步，爸爸妈妈在宝宝吃东西方面也越来越讲究。宝宝的营养是够了，但还是会时不时地摄入一些对宝宝身体和脑子发育有害的食物。

含铅食物

铅质容易杀死脑细胞，宝宝体内的铅含量过多会阻碍宝宝的智力发育。

皮蛋 皮蛋是用含有氧化铅和铅盐的原料制成的，吃进肚里之后通过铅强大的穿透能力，容易影响到宝宝的智力发育。

啤酒 准妈妈不能喝太多的啤酒，因为啤酒中的铅质又可能通过母乳传给宝宝，阻碍宝宝的智力发育。

爆米花 宝宝普遍都喜欢吃爆米花，但是爆米花是通过加热机罐在高压的过程中产生的，因而机罐内层的铅垫表面会有一部分产生铅气体，被宝宝吃了之后就会转化为铅元素。

含铝食物

油条 每人每天铝的摄入量要控制在 60 毫克之内，油条的铝含量比其他食物要高，因此每天也要控制在 50 克之内，最好是不要把油条当早餐。因为铝元素摄入过多，容易降低人的记忆力，阻碍人的思考。

铝锅 炒菜或者烧水用铝锅，也会增加铝制的摄入。

含过氧脂质的食物

过氧脂质对宝宝的健康有着不良影响，如果摄入了过多的过氧脂质，就会在体内造成囤积，阻碍宝宝正常的新陈代谢，让宝宝智力发育迟缓甚至形成痴呆。

油炸食品 在 200℃以上的油温中炸过的鱼虾或者其他食物，容易产生过氧脂质，危害健康。

腌制食品 经过腌制并且在阳光下长时间曝晒过的食物，如熏鱼、腌菜等，也容易产生过氧脂质。

调味品含量过高的食品

糖精 糖精食用过多，容易对脑细胞和肝组织造成损害，严重的甚至可能引发膀胱癌。

味精 每人每天味精的食用量要控制在 4 克以内，宝宝食用过多容易加大脑细胞坏死的几率，还有可能影响宝宝的智力和体格发育。

食盐 宝宝对食盐的需要量不大，每天控制在 3 克左右就够了。吃盐过多，容易引发高血压、动脉硬化等疾病的发生，还会使脑组织的血液供应不足，导致脑细胞的长时间缺氧而损伤宝宝的智力，甚至导致痴呆症的发生。

补钙食谱

虾皮紫菜蛋汤

原料：紫菜10克，虾皮10克，鸡蛋1个，香菜、姜末、葱花、香油各适量。

做法：将虾皮洗干净，香菜洗干净切断，鸡蛋打散备用。

将姜末放进油锅中爆出香味，将虾皮放进锅中翻炒。

加适量的水，煮之后撒入打好的鸡蛋。

放入香菜、紫菜，适当调味即可。

功效：这道菜口感鲜香，含有丰富的钙质、蛋白质和微量元素，可以给宝宝补充碘质和钙质。

香椿芽拌豆腐

原料：香椿芽100克，豆腐300克，香油、精盐各适量。

做法：将洗干净的香椿芽用开水焯过，沥去水分，切成碎末。

将豆腐切成丁状，用开水焯过，捞出备用。

将香椿芽末、香油、盐倒进豆腐中，拌匀即可。

功效：这道菜含有丰富的钙质、蛋白质、矿物质、胡萝卜素、维生素和脂肪酸，对宝宝的健康成长很有益处。

感冒食谱

山药猪肉粥

原料：山药20克、大米和肉末适量。

做法：将大米洗净，上锅煮成粥。

放入山药、肉末一起煮至熟为止。

功效：这道粥适合气虚偏胖、舌苔过薄、容易感冒的宝宝食用。

薄荷牛蒡子粥

原料：牛蒡子10克、薄荷6克、粳米适量。

做法：将牛蒡子煮20分钟，取出牛蒡子，留汁备用。

将粳米煮成粥，放入薄荷。

粥快烂的时候，放入牛蒡子汁水，再煮一会儿即可。

功效：这道粥对宝宝热性感冒有着很好的食疗作用。对于缓解宝宝咽喉肿痛、鼻涕黏稠、咳痰困难有一定的功效。

百合枸杞猪肉粥

原料：百合20克、枸杞10克、大米和肉末适量。

做法：将米洗净，上锅煮成粥。

放入百合、枸杞、肉末一起煮至熟为止。

功效：这道粥适合阴虚偏瘦、睡觉多汗、舌红口渴的宝宝食用。

第 14 章
1 岁 4 个月宝宝的饮食营养

1 岁 4 个月宝宝的喂养须知

这个阶段的宝宝已经会走路了，因为好动，喂养的难度也就更大。宝宝有了自我意识，宁可自己动手吃，有时候也不愿意吃妈妈喂的食物，父母不要因为怕宝宝吃得到处都是就阻止宝宝自己进食。

另外，要注意饭菜上的精心搭配，以增加宝宝对食物的兴趣，提高宝宝的食欲。给宝宝自己吃的东西，要尽量选择容易拿在手上、方便咀嚼的食物。不要让宝宝等待食物的时间过长，那样有可能会让宝宝因为饿过头了而丧失食欲。宝宝吃不下就不要强逼着吃，以免对食物造成抵触的情绪。

对于不爱吃蔬菜的宝宝，父母要多在餐桌上夸奖那道菜，来引导宝宝尝试吃。尽量减少固体食物的体积，让宝宝容易下咽，以便在最短的时间内摄取到足够的能量。

1 岁 4 个月宝宝的发育指标

发育指标	男孩	女孩
体重（千克）	74.1 ~ 84.8	72.2 ~ 83.3
头围（厘米）	9.8 ~ 12.0	9.1 ~ 11.3
身高（厘米）	47.0（平均值）	46.1（平均值）
牙齿	10 ~ 12 颗乳牙	10 ~ 12 颗乳牙

1 岁 4 个月宝宝的每日食谱

餐次	用法
上午	6:00 蛋花粥 50 克，碎菜 50 克 8:30 牛奶或配方奶 150 毫升，蛋糕 30 克 10:30 饼干 50 克
下午	12:00 肉末碎菜汤面条（瘦肉 25 克，蔬菜 50 克，面条 50 克） 15:00 果泥、饼干或面包
晚上	18:00 菜粥或米饭 100 克，肉末炒鸡蛋 150 克 21:00 奶类 200 毫升，水果适量

春季宝宝的饮食调养

春天万物复苏，也是宝宝生长发育比较快的季节。这个时候天气回暖，宝宝的运动量加大，就需要更多的营养来补充身体消耗的能量，进食的量也会增加。在这个时候不能盲目地给宝宝补身体，而是要循序渐进，科学地调养。

钙质

冬天妈妈都爱让宝宝呆在屋里里，不让出门。宝宝活动量少，就比较容易缺钙。再加上春天生长发育的速度明显加快，对钙质的需求量也就更多了。因此妈妈要多给宝宝选择一些钙量丰富的食品，如鱼虾、芝麻、豆制品、牛奶和骨头汤等。此外，新鲜的豆腐的含钙量也很高，小虾皮也是公认的钙质储藏室，也可以适量地多吃一些。

脂肪

亚麻酸和亚油酸是大脑组织的主要成分，如果缺乏的话会影响到宝宝的智力和体格的发育。在春天不仅身体发育速度加快，脑部的发育也在迅速地进行。所以，要给宝宝多吃一些含有促进宝宝脑部发育的亚油酸和亚麻酸的食物。如兔肉、芝麻、橄榄油、鲜贝、核桃等。需要烹调的食物最好是采用清蒸或清炖的方式。

蛋白质

宝宝在春天的生长速度加快，对蛋白质的需求也就随之增多了，妈妈可以多给宝宝选择一些高蛋白的食物，如鱼虾、牛肉、小米、鸡蛋、红豆、鸡肉等。

少吃辛辣食物

冬天往春天转化的过程也就是气温逐渐升高的过程。在这种阳气上升的情况下，如果吃得过补或者过辣的话，宝宝就很容易上火。因此，要少给宝宝安排狗肉、羊肉等燥热的食物，少吃油炸食物，还要注意避免辣椒、姜、葱、蒜等辛辣的食物摄入过多。此外，宝宝爱吃的零食，像果脯和巧克力话梅等也容易让宝宝产生内火，要尽量少吃。（参见第 2 篇第 6 章“宝宝上火怎么办”）

少吃过敏食物

春天是过敏性疾病（如哮喘、湿疹、过敏性鼻炎）的高发区，所以，妈妈要谨慎地挑选食物，要尽量避免选择那些容易引起宝宝过敏的食物，如螃蟹、海鱼、海鲜、虾等含有组氨酸的食物。（参见第 1 篇第 6 章“小儿哮喘”）

春天是宝宝快速生长的季节，也是病菌繁殖比较快的时候。为了让宝宝远离疾病，健康地成长，妈妈要给宝宝做好充分的抗病准备。最直接的方法就是通过食补来增加宝宝的免疫能力增强体质。但是在补身体的时候还注意科学进补，不要过于急躁，要保持饮食的营养均衡。

那么究竟健康宝宝要怎么吃呢？这就要细分了。以下推荐几类需要补充的营养食物，妈妈要根据宝宝生长特点来制订宝宝的春季饮食，以增强宝宝的免疫力，让宝宝茁壮成长。

补钙食物

宝宝在春天个子长得很快，体格也发育得很迅速，对钙质的需求也就随之增加了。为了避免因为缺钙引起的发育障碍，妈妈要及时给宝宝补充一些含钙食物了。不同年龄的宝宝对钙质的需求量也存在着明显的差异，补钙要按照宝宝的发育特点，补充得当，才能对宝宝骨骼的生长起到正面的作用。一般来讲，1 岁以下的宝宝每天的补钙量要控制在 300 毫克左右，1 ~ 3 岁的宝宝每天的补钙量控制在 600 毫克左右。

乳制品 牛奶、奶粉、乳酪、酸奶、炼乳等。

豆制品 黄豆、蚕豆、豆腐、豆腐干等。

海产品 鲫鱼、鲤鱼、泥鳅、虾、虾米、螃蟹、海带、紫菜、蛤蜊、田螺等。

肉类与禽蛋类 羊肉、鸡肉、鸡蛋、鸭蛋等。

蔬菜类 芹菜、油菜、胡萝卜、芝麻、香菜、黑木耳、蘑菇等。

水果与干果类 柠檬、枇杷、苹果、杏仁、山楂、葡萄干、花生、莲子等。

小贴士

宝宝对各类含钙食物的摄取要均衡，一些容易引起宝宝上火的食物不要让宝宝多吃。像羊肉、狗肉等。同时要严格控制宝宝对高脂肪、高糖、高盐分、高蛋白食物的摄入，避免钙质的流失，影响钙质的吸收。

维生素食物

宝宝缺乏维生素，容易引起牙龈出血、皮肤粗糙、嘴角溃烂各种胃肠道疾病和呼吸道疾病。维生素是帮助宝宝新陈代谢不可缺少的有机化合物。缺乏维生素A会引起皮肤干燥和干眼病，缺乏维生素B会引起口角炎、舌炎和唇炎，缺乏维生素D容易引起缺钙。

很多食物中都含有维生素，妈妈在给宝宝做膳食的时候要让宝宝均衡地摄入各种维生素。维生素A可以通过动物肝脏、深色蔬菜和鱼肝油来摄入；维生素B可以通过瘦肉、禽蛋、谷物、胡萝卜、鱼、蔬菜、豆制品和动物肝脏来摄取。维生素C可以通过绿色蔬菜和各类水果来摄取；维生素D可以通过动物肝脏、牛奶、蛋黄和鱼肝油来摄取；维生素E可以通过动物肝脏、蛋类、肉类来摄取。

小贴士

在给宝宝补充维生素之前家长最好要先确定宝宝缺的是哪种维生素，不要盲目地一股脑补充。在日常的膳食中要注意荤素搭配，粗细结合。淘米不要过度，煮菜的时间不要过长，来防止维生素的流失。

半中药食物

天气回暖，病菌和病毒也就更加猖獗了，体质比较弱的宝宝容易遭受病毒的侵袭。这个时候，家长就可以给宝宝选择一些补身补气为一体的食物，来增加宝宝的抗病能力和免疫力。有一些食物既能够当成中药来治病，又能够直接食用，含有丰富的营养素，味甘性平，虽然没有中药那样的直接补身作用，但是多吃一些对宝宝强身健体有很大的帮助。

这些食物主要有：杏仁、橘子、粳米、赤小豆、桂皮、山药、米仁、核桃肉、龙眼肉、红枣、桂圆肉、蘑菇、香菇、黑木耳、枸杞子、山楂、乌梅、砂仁、南瓜子、蜂蜜等。

小贴士

宝宝的体质有虚有实有寒有热，存在着差异。在给宝宝补充这些半中药食物之前，最好先请教医生，确定宝宝的体质，再按需进补。

含不饱和脂肪酸的食物

大脑和脑神经发育的重要营养素是不饱和脂肪酸，如果体内缺乏不饱和脂肪酸，就有可能影响宝宝的智力发育。春天又是宝宝脑发育的高峰时期，因此，妈妈要抓紧时机给宝宝补充一些含有不饱和脂肪酸的食物。

一般来讲，动物油主要的成分是饱和脂肪酸，植物油的成分是不饱和脂肪酸，所以，妈妈要尽量用植物油来给宝宝做饭。

此外，还可以给宝宝多吃一些植物性脂肪酸含量比较高的食物，如黑芝麻、核桃或者花生等。（参见第2篇本章“补脑食谱”）

小贴士

在摄入植物性脂肪的同时也要适当地摄入一些动物性的脂肪，保持营养的均衡。另外，植物油的摄入不能通过吃油炸食物来获取。

夏季生病宝宝的饮食安排

三伏天一到，宝宝就食欲不振。若是再生个什么小病，那就更不容易吃进去东西了。这个时候爸爸妈妈要冷静下来，不能太急躁。要耐心点，根据宝宝的身体状况和病情特点来给宝宝安排病中的饮食，保证宝宝在生病期间营养跟得上，才有能量抵抗病菌。

中暑

给宝宝准备盐水，让宝宝时不时喝一些，及时补充流失的体液。还可以给宝宝泡一点消暑止渴和清热解毒的菊花茶、金银花茶等。

发烧

少油少盐　夏季发烧，要特别保证饮食的清淡，不能给宝宝吃太油腻的食物，肉类的食谱要尽量避免。要给宝宝做一些比较好消化的食物，如米汤、碎菜等。

多喝汤汁　大人知道补水的重要性，可有些宝宝却不爱喝水。除非口渴，否则大人一让喝水就不耐烦。这个时候家长就要变着法儿给宝宝补水了。可以给宝宝喝一些汤汁类，比如菜汤、黄瓜汁、西瓜汁、猕猴桃汁等，既补充了水分又补充了维生素和矿物质，体温自然也就降低了。（参见第1篇第7章“宝宝发烧”）

长痱子

让宝宝吃苦　苦味的食物有着补气养血、明目滋肝、消暑解热、补脾养胃的功效，因此，在夏天要适当地多吃一些苦味的食物。可以将苦瓜放在饭菜里给宝宝吃，对宝宝身上的痱子和肿疮都起到一定的消退作用。

多吃解热食物　宝宝长了痱子，在饮食上要特别留心。不能吃辛辣刺激性的食物。多吃一些可以解热去火的东西。如海带和绿豆。可以将海带和绿豆做成汤，加点糖给宝宝当甜品吃。但是要注意绿豆不能煮太烂了，否则无法发挥去火解热的功效。

热伤风

补水很重要 在热伤风的初期不要急着给宝宝喂药，可以先给宝宝多喝一些开水，多吃一些降火的水果蔬菜，保证休息的充足，几天后，伤风的症状自然就减轻了。

给宝宝做菜粥吃 宝宝患了热伤风，要少吃油腻的东西。可以给宝宝做一些菜粥，如果宝宝不爱吃菜，就跟宝宝说吃了这个不用吃药，宝宝不喜欢药的苦味，自然就吃粥了。这样既补充了能量又补充了维生素，能够有效地缓解宝宝的病情。

根据体质选择水果

水果中含有丰富的维生素和矿物质，口感也好，宝宝比较爱吃。有些家长觉得水果营养充足又招宝宝的喜欢，就会鼓励宝宝多吃。实际上，水果也要讲究科学食用，不是吃得越多就越好。

吃水果的时间

餐前不要吃水果，因为水果含糖多，而宝宝的胃容量还比较小，如果在餐前食用，就会占据胃的空间，影响正餐的进食量。

饱餐之后不要马上给宝宝食用水果。虽然对于喜欢吃动物性荤腥和油腻食品的人来说，餐后吃水果可以促进食物的消化。但是并不适用于正在生长发育中的宝宝。因为一些水果中有不少单糖物质，虽然说它们极易被小肠吸收，但若是堵在胃中，就很容易形成胃胀气，还可能引起便秘。所以在饱餐之后不要马上给宝宝吃水果。

把食用水果的时间安排在两餐之间，或是午睡醒来后，这样，可让宝宝把水果当做点心吃。

如何选择水果

要为宝宝选择成熟的水果，一般水果未成熟时比较坚硬，成熟后果实比较柔软。而且如果果实没有成熟，含酸及粗纤维较多，缺乏水果应有的香味，还会刺激胃黏膜，不易消化，对宝宝是有害的。还有一些水果，比如柿子在未脱涩前含有大量丹宁，吃了不利于蛋白质的消化吸收，还会引起胃肠不适。

选择水果还应注意宝宝的年龄特征、消化能力，并要选择适宜的食用方法，小宝宝可吃水果制成的果汁、果水，应选择含维生素C较多的红果、柑橘等。5个月后的宝宝可以吃果泥，洗净水果用小勺刮着吃，可以选择苹果、香蕉，要随吃随刮，以免氧化变色，同时也避免污染。1岁以后可选吃各种水果，但要注意洗净、去皮，过硬的水果切成小块后加糖煮食。

给宝宝挑选的水果最好是新鲜的时令水果。现在的保鲜技术越来越好，所以在超市里经常能看见一些反季节的水果，冬天也能吃到夏天的西瓜了。但是，这些水果是经过保存的，即便营养丰富，但是储存了太长的时间，营养成分也会流失得很严重。

小贴士

要选择那些有光泽、新鲜、无霉点的水果。吃多少买多少，一次不要买太多。避免水果储存时间太长而导致营养成分的流失。

根据体质吃水果

妈妈要根据宝宝的体质来给宝宝挑选水果，不要一股脑地什么都吃。

热体质　热体质的宝宝比较容易便秘，可以多给宝宝吃一些能够去火的寒凉性水果，如香蕉、猕猴桃、西瓜、梨等。

感冒咳嗽　梨属于寒性的水果，有着生津止渴、清热润肺的作用。因此在宝宝感冒咳嗽的时候可以给宝宝炖冰糖梨水。要注意的是，腹泻宝宝不宜吃梨。

缺乏维生素A、维生素C　对于缺乏维生素A、维生素C的宝宝，妈妈可以选择一些维生素A、维生素C含量丰富的水果，如甜瓜、柑橘和杏子等。

小贴士

对于小胖墩，妈妈要选择糖分比较低的水果，控制水果的摄入量。在给宝宝吃水果吃前要摸清楚宝宝的体质和水果的营养成分，按照宝宝的体质来挑选水果。

水果能代替蔬菜吗

因为水果口感比较好，宝宝爱吃，又有丰富的营养素，所以对有些不爱吃蔬菜的宝宝，妈妈索性就用水果来代替蔬菜了，觉得这样也补充了维生素和矿物质。其实这是一种不科学的做法。蔬菜中的无机盐和粗纤维比水果多，如果光吃水果，就没办法给肠胃提供足够的动力，还容易导致食欲不振、腹部肿胀和营养失衡的情况出现，影响宝宝的健康。

小贴士

蔬果、蔬菜均衡摄入，不能顾此失彼。

水果不要乱吃

每天水果的摄入量要控制在一定的范围之内，不能无节制地吃。因为水果中的糖分很高，摄入过量容易导致食欲不振、消化不良的情况出现，也会影响到其他营养素的摄取。还要注意饮食的搭配，比如吃柿子的时候不要吃红薯和螃蟹，否则容易在胃内形成硬块而导致消化不良、呕吐、便秘或者腹部肿胀的情况出现。

小贴士

摸清楚各种水果的特性，控制水果的摄入量，每天吃的品种不要超过三种。

洗水果时将水果放在盐水中浸泡 30 分钟再用流动的水清洗干净，能削皮的尽量削皮，像桃子这种有毛的水果要用毛刷刷干净。（参见第 2 篇第 14 章“根据体质选择水果”）

进食习惯养成计划

宝宝越来越大，逐渐有了自己的饮食喜好，之后就可能会出现偏食厌食的情况。父母一看见宝宝不愿意吃东西，就猜想宝宝是不是生病了，是不是哪儿不舒服了。实际上，只有很少一部分的挑食是疾病引起的，更大原因都是因为喂养方式不当或者放任宝宝挑食的结果。以下给妈妈支几个小妙招，妈妈在改正自己教养方式的基础上给宝宝养成良好的饮食习惯，改掉宝宝挑食、厌食、偏食的坏毛病。

进食环境很重要

宝宝挑食的时候需要劝导，但是也不要不知变通。在宝宝说自己已经饱了的时候不要强迫宝宝继续吃，也不要用恐吓的方式来威胁宝宝，更不要当着其他孩子的面责骂宝宝。有一些家长会趁着吃饭的时候，将宝宝日常一些不乖的行为拿出来说教，这样很容易影响到宝宝进食情绪，导致宝宝对进餐的厌烦和恐惧，反而得不偿失。

别在饭前剧烈活动

饭前做剧烈运动容易兴奋交感神经，让副交感神经受到抑制，影响宝宝的食欲。在快吃饭的时候要先提醒宝宝，让宝宝做好饭前准备，让宝宝在充足的时间内停止活动，准备吃饭。

科学烹调

在做宝宝饭菜的时候，要注意不要依照大人的口味来调味。尽量少放味精、食盐。饮食要咸甜结合，荤素搭配，粗细粮兼备。不仅要吃鱼肉、鸡蛋和牛奶，还要摄入蔬果。要科学地烹调和搭配，不能顾此失彼。吃了这种，漏了那种。

细心地引导宝宝吃饭

对待宝宝不喜欢吃的食物，可以在宝宝食欲好的时候，有意无意地通过父母对话的形式夸奖食物好吃，营养丰富，让宝宝明白“讨厌的食物”有利于自己的健康，并且对食物产生尝试的兴趣。在宝宝表示出尝试的意愿的时候，家长要做出食物好吃的姿态，吃得津津有味。父母要成为宝宝学习的榜样，慢慢引导宝宝改正偏食厌食的习惯。

让宝宝自己进食

妈妈要抓住合适的时机，训练宝宝用餐具进餐，早点养成独立进餐的习惯。不要因为怕宝宝搅得到处都是饭菜而一直给宝宝喂食。要给宝宝准备一套固定的餐具，让宝宝也能享受自己进食的乐趣，增加宝宝进餐的欲望。若只是因为图方便而让宝宝呆呆地坐着，吃妈妈一勺一勺喂过来的食物，只会降低宝宝的食欲，导致宝宝厌食的发生。

吃饭不要吃太久

有些家长会在宝宝吃饭的时候开着电视，也有哄着宝宝吃饭，追着赶着宝宝吃饭的。这样容易养成宝宝的不良饮食习惯，以后如果没有这样做就不肯吃。实际上，不管是让宝宝边看电视边吃饭，还是讲故事哄着宝宝吃饭，都会影响宝宝进食的专注力。这样不仅对宝宝食欲的培养没有任何好处，还有可能让宝宝的注意力转移到其他地方而不愿意吃饭了。

别给宝宝侥幸的机会

家长发现宝宝将膳食中的某种食物挑出来，就要特别注意了。不要给宝宝侥幸的机会，对待挑食行为不能顺着宝宝的意思，迁就姑息。不要让宝宝觉得这种行为是被允许的。

宝宝喜欢被表扬，这个时候不要严厉地斥责宝宝，要鼓励宝宝少量进食。在下一餐吃这种食物的时候赞扬宝宝的行为，让这种偏食习惯慢慢消失不见。

其实，宝宝对任何一种食物都有一个适应期，以前不喜欢吃的东西经过父母的劝说，从少量开始尝试，慢慢宝宝就接受了。对于宝宝实在不爱吃的东西，可以将它们掺到别的食物中去，让宝宝吃不出来又补充了营养。

饮食要规律，零食要少吃

要让宝宝养成每日三餐定时进食的习惯，不要让宝宝觉得饿的时候才吃。宝宝养成了饥饱的时间表，这样在进食的时候才会有食欲。如果在正餐之前宝宝喊饿，不要随便给宝宝吃零食。可以适量地在餐前一个小时给宝宝吃些水果，暂时充饥。水果中含有能够刺激消化液分泌的胃酸，能够增加宝宝的进食欲望。

当然，零食是宝宝的精神食粮，完全不吃也是不可能的，但是最好是在吃完正餐之后再给一些奖励性的零食，充当饭后的甜点。

小贴士

对于那些由于疾病而引起的偏食、厌食，如缺乏微量元素、维生素 D 中毒或者消化系统疾病，妈妈要先带宝宝去看医生，查明病因治疗之后再给宝宝纠正不良饮食习惯。

食物过敏，谁是元凶

含有过敏源的食物进入宝宝的身体，会被机体当成一种“外来者”。这些“外来者”一旦被身体的免疫系统察觉，就会发动全身的抗体和这些外来者展开搏斗。在过敏物质和抗体厮杀的时候，会对身体的某些部位产生影响（一般是肠道、皮肤和呼吸道）而产生过敏的症状。婴儿期是食物过敏的高发期，应当引起家长的足够重视。

食物过敏的原因

在婴儿期给宝宝添加的食物通常为牛奶、蛋花、豆花和麦片粥等。这些食物的成分多为蛋白质，其中的一些大分子蛋白质很可能构成过敏原。尤其是牛奶中约有 40 余种不同蛋白质，有致敏作用的可能性更大，鸡蛋中的卵蛋白、卵粘蛋白等也有致敏作用。

婴儿期宝宝肠道发育不完全，消化大分子蛋白质的能力和免疫机制不成熟，而且肠道通透性高，大分子蛋白质易透过肠壁而被吸收。这种生理特点使得婴儿期较其他生长发育时期更易引起食物过敏。

食物过敏的预防

给宝宝喂母乳，预防及减少婴儿期食物过敏的关键措施是母乳喂养。母乳喂养可以使宝宝在肠道不成熟期减少接触异体蛋白的机会，同时母乳可增强宝宝的免疫力，并且诱导黏膜耐受而不发生过敏。

有家庭过敏史的宝宝添加辅食的时间可以稍延迟些，添加时，先给宝宝易于消化而且不易引起过敏的食物，例如小米或大米粥、蔬菜及水果等。等到 6 个月后宝宝的肠道屏障发育已较完全，再逐步添加肉鱼蛋奶等蛋白质食物，这样可以降低食物过敏的危险性。

给宝宝添加食物时，要坚持单一少量的原则，以便观察宝宝的耐受性和接受能力，及时发现宝宝是否对食物有过敏症状，如果没有持续腹泻、呕吐、腹痛、大便带血等症状，也没有湿疹、红斑、荨麻疹等疾病，就可以添加。如果有就可以早期防治，促进宝宝的健康成长。

食物过敏的预兆

食物过敏会最先出现在三个地方，分别是肠道、呼吸道和皮肤。过敏症状出现的程度和速度都不一样。主要的可疑症状主要有：

肠道：便秘、黏液状腹泻、肠道出血、肛门附近出现灼热红疹、腹胀、胀气、吐过多的唾液、呕吐、腹部不适。

呼吸道：鼻塞、泪眼汪汪、支气管炎的症状、流鼻涕、打喷嚏、气喘、耳朵感染不断复发、久咳不愈。

皮肤：黑眼圈、眼皮肿胀、嘴唇肿胀、脸部发红、长荨麻疹、手脚肿大、皮肤干燥发痒、舌头酸痛。

宝宝的过敏现象会发生变化。有些之前过敏的，现在不过敏。但是又有些本来不过敏的，又开始过敏了。随着宝宝的成长，过敏现象也会逐渐好转的。

怎么找出让宝宝过敏的元凶

排除法　从宝宝的日常饮食中，将可疑的过敏食物挑出来。如玉米、大豆、花生酱、乳制品等。然后开始逐项地排查。最通常过敏原都在乳制品中，尤其是牛奶里的蛋白质。可以试着停止喂养乳制品，然后观察宝宝的过敏情况。如果过敏明显好转，那就是这种过敏食物，如果没有任何好转迹象，那就要继续排查下一种食物了。

易过敏食物：玉米、豌豆、糖、巧克力、花生酱、乳制品、大豆、荞麦、番茄、肉桂、蛋白、猪肉、小麦、柑橘类、芥末等。

不易过敏食物：杏、桃、鸡肉、芦笋、木瓜、鲑鱼、枣子、苹果、芒果、水蜜桃、南瓜、葡萄、梨、蜂蜜、芋泥等。

调查法　在找到了让宝宝过敏的元凶之后，为了确定是哪种食物引起的，可以继续用循序渐进的方式，少量多餐地给宝宝试吃，观察过敏症状是不是还发生。

迅速除过敏

若宝宝是容易过敏的体质，就要将可疑的过敏食物从宝宝的饮食中剔除，连续坚持 7 天。直到宝宝症状缓解了之后，再慢慢一种一种地边观察边恢复。若没有再过敏，就可以食用了。若还是有过敏现象，就要这种食物剔除 4 个月以上再逐步恢复。

记录宝宝的过敏症状

宝宝过敏了之后，妈妈要对宝宝的过敏症状、过敏反应和过敏食物都做一份详细的记录，这样既能帮助妈妈观察宝宝，也可以在看医生的时候提供详细的资料。

小贴士

如果宝宝没有特别剧烈的过敏反应，行动上也没有受到什么影响，就可以通过以上的方法来逐渐改善过敏症状。但是如果症状比较严重，发生呕吐或者腹泻的情况，就要带宝宝去看医生了，找出过敏原，对症解敏。（参见第 2 篇第 2 章“宝宝过敏的应对措施”）

好骨骼“吃”出来

钙质是骨骼发育的基础，做父母的都希望宝宝快长高，所以就会经常买一些补钙剂给宝宝服用。实际上这是没必要的。只要在日常的饮食中多给宝宝提供一些含钙丰富的食物，就能够给宝宝的骨骼发育补充足够的钙量，让宝宝“骨气”十足。

幼儿时期要多补充钙质

骨骼和牙齿中包含着人体99%的钙质，如果宝宝缺钙，就容易发生骨质疏松和骨折的现象。尽管骨质疏松是成人病，但是究其根源就是因为幼时的钙质补充不足。因此，在宝宝幼儿时期，要注意给宝宝补充充足的钙质，多方摄取，才能为日后的发育储存骨本。

钙对牙齿的重要作用

充足的钙质能够保证牙龈和牙齿的健康，减少蛀牙的产生，对牙齿的发育具有重要的作用，此外，除了牙齿和骨骼之后，还有一部分的钙质散落于各组织之中，尽管分量不多，但对人体的正常生理功能的运作也起着不可替代的作用，与肌肉兴奋、血液凝固和神经传导有着密切联系。

食物来源　鲜奶、豆腐、海带、紫菜、发菜、黑木耳、黑芝麻、虾皮、芝麻酱、大豆及其制品，深绿色蔬菜如小萝卜缨、芹菜叶、雪里蕻等含钙量也较多。

什么情况下会增加钙质的吸收

在补钙的时候摄入了含有维生素D的食物，就会促进钙质的吸收。

在生长发育中的宝宝对钙质的需求增加或者缺钙的情况下，会使钙质的吸收量增加。

胃酸产生的酸性环境能够帮助钙质的吸收，摄入含有乳酸的食物也能够促进钙质的吸收。

什么情况会减少钙质的吸收

体内缺乏维生素D，会降低钙质的吸收率。

在补钙的时候摄入了含有草酸的食物（如菠菜），形成了不能被消化吸收的草酸钙，降低钙质的吸收。

在补钙的同时让宝宝食用了含有植酸的食物（全谷类），两者结合会产生无法溶解、无法消化吸收的质酸钙，影响钙质的吸收。

要将喝茶和喝咖啡的时间安排在两餐的中间，因为茶叶和咖啡中的单宁酸会降低钙质的吸收率。

怎么让宝宝吃出好骨骼

鱼松的钙质含量比较高，可以米饭上撒些鱼松喂给宝宝吃。

妈妈可以用大骨头来熬一些汤给宝宝喝，喝的时候加点醋来帮助钙质的吸收。

黑芝麻的植物性钙质含量高，父母可以多给宝宝做一些黑芝麻食品，如黑芝麻糊、芝麻汤圆等。

添加了石膏的豆干类制品也是钙质的良好来源，可以作为零食给宝宝吃，既补充了蛋白质，也补充了钙质。

每天最少选择两种含钙量高的蔬菜做给宝宝吃，在吃蔬菜的时候最好让宝宝把菜汁一起喝掉。

饮料是宝宝吸收钙质最快的渠道，因此父母要多鼓励宝宝喝一些鲜奶、酸奶或钙质添加饮料来帮助宝宝补钙。

培养宝宝细嚼慢咽

有些父母担心自己的身高不高，会遗传给宝宝，一直在找寻能够帮助宝宝长高的秘诀。实际上，想要让宝宝长得又高又壮，除了跟遗传因素有关之外，营养也是影响身高的重要因素。父母最需要做的就是给宝宝提供均衡的营养饮食，纠正宝宝挑食、厌食的不良习惯，保证蔬果、肉类、谷类和其他食物的平均摄入。

慢嚼慢吞

吃饭吃得太快会增加肠胃的负担，引起消化不良，甚至引发肠胃病的发生。

少吃高盐食物

高盐的腌制食物（如熏肉、香肠等）会刺激到胃肠道黏膜，使维生素含量不足，对宝宝的发育没有好处。

糖食物要控制

糖分摄取过多会延缓身体对脂肪的消耗，阻碍新陈代谢的进行，还会扰乱消化系统的正常运作，形成脂肪堆积，让孩子变成了小胖墩。

少吃垃圾食品

垃圾食品（膨化类、油炸类、罐头类）在制作的过程中损失了大部分的营养，又使用防腐剂、色素和香精等添加剂，即便能够提供足够的热量，但是其他营养素（如蛋白质、维生素）的含量却少得可怜，若长期食用，此类食品容易让宝宝消化吸收受阻或者出现营养不良。

碳酸饮料要少喝

碳酸饮料含有大量的磷，喝太多容易导致体内磷钙比例的失调，阻碍宝宝的正常发育。

不要让宝宝边吃饭边喝水

边吃饭边喝水容易稀释胃里的消化液，对食物的吸收和消化造成阻碍。此外，在饭前半小时内也要尽量避免让宝宝喝水。想要让宝宝长高，最好是在饭后适量地喝一些菜汤或肉汤。

制造愉快的用餐环境

在愉快的用餐环境中吃饭，能够兴奋大脑的中枢神经，让全身的循环系统跟随者消化系统运转，帮助食物的消化吸收。

越吃越聪明的几种食物

宝宝的大脑发育受到很多方面的影响，尤其是饮食。那么，要怎么科学地摄入各类补脑食物来让宝宝越吃越聪明呢，可以优先考虑以下几类。

大豆

豆中含有丰富的赖氨酸和铁质，其赖氨酸的组合也比较理想，是蛋白质含量和维生素 B 族含量较高的植物性食物。多吃大豆能够增加宝宝的记忆能力，其中含有的磷脂有利于促进宝宝的大脑发育，完善大脑皮层的兴奋和抑制功能。

鸡蛋

鸡蛋中除含有丰富的磷、铁等微量元素和维生素 A、维生素 B、维生素 D、维生素 E 外，还含有丰富的卵磷脂。鸡蛋中蛋白质的氨基酸组成跟人体很接近，比较容易被宝宝消化吸收。此外，不饱和脂肪酸是蛋黄中脂肪的主要组成部分，也比较容易被宝宝吸收。

小贴士

不同种类的蛋营养成分并无二致，只是在微量元素上有轻微的差别。在宝宝满月之后，就要给宝宝添加蛋黄来促进宝宝的身体和大脑发育。

小米

小米中含有丰富的维生素 B1、B2，胡萝卜素、氨基酸、蛋白质、脂肪和钙、铁、磷等微量元素，是一种营养齐全丰富的食品。此外，对于消化能力还未发育完全的宝宝来说，粗纤维含量低的小米无疑是一种很好的选择。

小贴士

由于小米中氨基酸的组成并没有像大米那么理想，并且赖氨酸分量不足，亮氨酸分量又过重，因此不能让小米代替大米作为宝宝的主食。小米蛋白质中赖氨酸过低而亮氨酸又过高，氨基酸组成不如大米理想，所以小米不能取代大米成为宝宝的主食。

核桃

核桃又被称为“益智果”，是一种补脑健脑的佳品。核桃中含有丰富的蛋白质和脂肪，其中的亚油酸和亚麻酸是合成DHA的前提，也是帮助血管内壁垃圾代谢的催化剂，能够有效地进行血液的净化，供给大脑新鲜血液，完善脑细胞的生理功能。蛋白质中含有能够促进宝宝脑部发育的赖氨酸，让宝宝在不知不觉中越吃越聪明。此外，核桃中的丰富维生素B和维生素E还含有能够提高宝宝记忆力的卵磷脂，对宝宝的感知能力发育也有促进作用。

小贴士

早晚各两个核桃就能满足宝宝一整天对不饱和脂肪酸的需求。

深海鱼

深海鱼中含有丰富的DHA，但是DHA却不一定是在鱼肉中，也有可能是在鱼油中。（参见第2篇第9章“DHA对宝宝成长的重要作用”）

小贴士

一般来讲，鱼的体积越大，就越容易积攒毒素，深海鱼中汞元素和其他毒素的含量比淡水鱼要多，因此要注意在做鱼的时候，把鱼的内脏去掉。

金针菇

金针菇是一种保护大脑和开发智力的食物。它含有丰富的钙、铁、磷等微量元素和其他维生素，其中含有的赖氨酸有着提高记忆力和促进脑部发育的功效。此外，金针菇还有着帮助体内新陈代谢的正常进行、加快营养物质的吸收消化等作用。

小贴士

体质弱、脾胃虚寒的宝宝不能吃太多金针菇。

动物肝脏

肝脏是动物的储存器，很多养料和营养物质都会“存放”在肝脏中。肝脏含有丰富的维生素B2和铁质，维生素A的含量比鱼肉蛋奶还高。微量元素也在肝脏中占了一定比例，多给宝宝补充一些动物肝脏能够提高宝宝的免疫力。此外，肝脏中的胆碱还有着提高宝宝记忆力的功效。（参见第3篇第4章“智能发展水平测试”）

小贴士

既然肝脏是储存器，在储存营养物质的时候也可能留下了毒素。因此，一定要煮透了才能吃。

鲜奶、酸奶、豆奶怎么喝

妈妈经常给宝宝喝各种各样的奶制品，希望宝宝长得更健康更聪明。通常来讲，是以鲜奶、酸奶和豆奶这三种奶为主。但是，这三大奶品，究竟哪种最好，各自的营养成分又是怎样的，一起来做个比较就知道了。

营养价值

鲜奶　鲜奶中含有钙、磷、钾等丰富的矿物质，能够有效地促进宝宝的生长发育和新陈代谢。其中含有的乳糖又是具有特殊营养功效的物质，在降解之后能够获得半乳糖帮助宝宝的脑部发育。此外，乳糖还有着刺激乳酸菌在肠道内生长繁殖的作用，增加钙质和其他矿物质的吸收率。

酸奶　酸奶的营养价值相较于鲜奶略微逊色，因为酸奶虽然在营养成分上和鲜奶相差无几，但还是由鲜奶经过乳酸菌发酵得来的。酸奶饮料跟酸奶的营养价值还有差别。酸奶饮料属于饮料的范畴，营养价值只有酸奶的1/3。因此，不要将酸奶饮料和酸奶搞混了。

豆奶　豆奶的蛋白质含量跟鲜奶相

差无几，但是维生素 B2 却只有鲜牛奶的 1/3，钙质也只有鲜牛奶的一半，维生素 A 和维生素 C 几乎不存在。

保健功能

鲜牛奶 鲜牛奶能给人体提供丰富的钙质、维生素、矿物质和其他营养成分。此外，牛奶中含有的活性物质能够修复体内损伤的组织，消灭病菌病毒，对肌体的正常运作起着举足轻重的作用。

酸奶 酸奶能够帮助肠道对食物进行消化吸收，增强免疫力和抗病能力。酸奶由活性乳酸经过发酵制成的，其中的发酵乳糖能够在人体内生成丰富的乳酸质，能够有效地防止有害细菌在体内的繁殖和成长。

豆奶 豆奶有着保护肝脏、血脂调节、增加大脑活力、和预防心血管硬化的功效。豆奶中含有丰富的维生素、脂肪、植物蛋白、维生素 E 和卵磷脂，其中所含的生物类黄酮，能够有效地防止骨质疏松症的发生，还有着一定的抗癌功能。

饮用时间

鲜牛奶 很多人都习惯在早上喝牛奶，觉得这样比较好吸收。其实这是不科学的。因为牛奶中含有两种催眠物质，如果在早上喝了，就有可能延缓大脑皮层的脑部活动，从而影响一整天的学习和工作。最好是在睡觉之前喝杯牛奶，这样可以比较快入睡。

酸奶 酸奶喝的时间没有很大的限制，如果在早上喝的话，可以先喝一点白开水再喝酸奶。

豆奶 豆奶喝的时间也不用特别讲究，可以在早晚各喝一杯。

饮奶方法

鲜牛奶

不要将茶、糖、咖啡、巧克力和果汁混在牛奶中喝。

鲜奶不需要煮沸，否则会破坏原有的营养物质。

不要在服药前后饮用鲜奶。因为药物容易被鲜奶包裹，跟鲜奶中的钙、镁等矿物质起反应，既阻碍了药效的释放，又影响了鲜奶的吸收。

酸奶

宝宝喝完酸奶之后，不要忘记提醒宝宝漱口，否则容易长蛀牙。

不要把酸奶加热，因为在加热的过程中，酸奶含有的活性乳酸菌会被破坏掉，导致口感的变化和营养价值的丧失。

不要在空腹的时候喝酸奶。因为空腹的时候胃酸分泌比较多，酸奶中的乳酸菌容易被胃酸杀死而导致营养价值的丧失。

豆奶

不要将豆奶加热后放在保温瓶里保温。因为豆奶中含有可溶性皂甙，能够将保温瓶中的水垢溶解掉。若豆奶放在保温瓶里的时间过长，就有可能产生豆奶水垢溶液，对宝宝的健康造成不利影响。

喝奶宜忌

即使是容易吸收的奶制品，也不能盲目地给宝宝喝。要根据宝宝的体质来选择奶种，以免发生过敏的现象。

鲜牛奶 鲜奶中的营养价值和口感都居三奶之首，但也是最容易引起宝宝过敏反应的奶种。这是由于鲜奶中耐受性差的乳糖比较多，又含有过敏原蛋白质，容易让有过敏体质的宝宝产生腹泻、呕吐或贫血、湿疹等反应。

酸奶 虽然酸奶被认为是老少皆宜的

饮品，但对饮用人群哟一定的限制。由于酸奶是经过脱脂发酵制成的，喝多了会影响到宝宝神经系统的发育。因此，3岁以下的宝宝不适合喝酸奶。

豆奶　尽管豆奶的钙、铁含量不多，但是也没有引起过敏反应的物质。因此在禁忌方面没有多大的限制。肥胖的人可以多喝一些。

宝宝要慎吃的几种食物

宝宝都爱吃那些颜色鲜艳、味道特别的东西，有些不适合宝宝的消化吸收能力的成人食物宝宝也会感兴趣。对宝宝喜欢吃的东西，如果有营养的话，父母就会让宝宝多吃一些。殊不知，营养物吃多了也不一定是好事。一定要科学地控制摄入量，才能既补充了营养又能促进宝宝的健康成长。

豆类

豆类中含有一种能够加快甲状腺素排出体外的物质，容易导致宝宝缺乏甲状腺素。而机体为了满足对甲状腺素的需要，会增大甲状腺的体积，会对正在生长发育中的宝宝造成不同程度的危害。因此，就算豆制品的营养丰富，也不能吃多了。

橘子

橘子含有丰富的维生素C和其他矿物质，即使营养丰富，但是由于橘子中含有叶红素，如果摄入过量的话，容易让宝宝生叶红素皮肤病，拉肚子，严重的甚至会引起骨病。因此，宝宝每天的橘子摄入量要控制在4个以内。

菠菜

菠菜中的草酸含量很高，容易在宝宝的体内与钙、锌结合生成无法被吸收的草酸钙和草酸锌。这样不仅会导致消化不良，还会增加钙锌的消耗量。如果钙、锌补充不及时，就会影响宝宝的正常生长发育，还有可能延缓骨骼和牙齿的发育，阻碍智力的发展。

鸡蛋

鸡蛋是一种营养比较全面的食物，但是也不能无节制地吃。如果摄入的鸡蛋量过多，就有可能使胆固醇升高，易出现消化不良和营养过剩的情况，而养出小胖墩。还有可能使胃肠和肾脏的负担加重，引起体内消化系统的紊乱。因此，宝宝每天的鸡蛋摄入量要控制在2个以内。

浓茶

浓茶中的鞣酸含量很高，被宝宝摄入之后，容易在体内跟铁结合生成鞣酸铁。而鞣酸铁是一种很难被人体吸收的物质，不仅影响消化，还会加快铁质的消耗速度。若补充不及时，会造成宝宝贫血，甚至影响宝宝的智力发育。

果冻

很多人以为果冻就是果汁加糖做的，其实不是。果冻是由香精、酸味剂、着色剂、甜味剂和增稠剂制成的，吃多了对宝宝有害而无益。

咸鱼

咸鱼中的二甲基亚硝酸盐含量很高，被宝宝摄入之后，容易转化成致癌性很高的二甲基亚硝胺。因此，在宝宝10岁之前，最好不要给宝宝喂食咸鱼。

糖精

现在宝宝吃的很多零食里面都多多少少地含有糖精。而糖精摄入过量容易引发心脏、肺、血液和末梢神经方面的疾病，损害宝宝的胃、肾脏、膀胱等器官。因此，要尽量少给宝宝吃含有糖精的零食。

泡泡糖

很多宝宝都很爱嚼泡泡糖，父母偶尔

也会买给宝宝吃。殊不知，泡泡糖中含有微毒的增塑剂，其中的代谢物苯酚更是对宝宝的生长发育有不利影响。此外，泡泡糖容易被宝宝吞进肚子，影响肠道消化，引发肠道疾病。

芝士，浓缩的营养精华

很多妈妈总是犯愁，觉得也没少给宝宝补钙，怎么还是缺钙呢。其实，一大部分的原因是因为国内的餐桌上没有那种直接包含钙质的食物，如芝士、忌廉等。两片芝士，就能补充到相当于一整杯全脂牛奶的营养。所以，妈妈可以适当地给宝宝买一些芝士来吃，对宝宝的骨骼发育很有好处。

芝士是什么

芝士可以分成天然芝士和加工芝士两种。用牛奶或羊奶作为原料就是天然芝士。制作过程是先将乳酸菌和凝乳酵素加入牛奶或羊奶，等凝固之后挤出水分，再泡入盐水中。放置 4 ~ 6 个月，等完全发酵之后就做成了。而加工的芝士则是打碎几种天然芝士之后再加热溶解，冷却凝固。

这两种芝士的差别在于，天然芝士中含有的乳酸菌是活性的，而加工芝士中含有的乳酸菌却是死的。天然芝士中含有促进肠道吸收的乳酸菌，因为芝士中的乳酸菌已经将蛋白质分解了，所以也就更好吸收。加工芝士中的水分含量比较高，营养比较少，但是含有比较多的磷。容易储存，性质也比较稳定，口感好，没有在加工过程中会产生的怪味。

其实，不管是天然芝士还是加工芝士，营养都是很丰富的。它们是浓缩之后的牛奶，因此牛奶中含有的蛋白质、钙质、脂肪、热量和维生素，芝士一样也不缺。

营养成分

钙　芝士中含有大量的钙质。骨骼和牙齿中含有绝大部分的钙质，很少一部分包含在细胞和血液中，钙质摄取充足，可以让皮肤和血液保持常年的健康，防止衰老。而钙质又是宝宝骨骼发育不可或缺的营养素，还有着加快脑细胞的运转的作用。最重要的是，芝士的营养成分十分集中，只要吃一点点的芝士，就能摄取到足够的钙质。所以，芝士是绝妙的补钙上品。

脂肪　不同种类的芝士含有不同的脂肪量。一般来讲，脂肪含量都在 20% 以上。有一些低脂芝士，脂肪含量有可能降到 10%。

维生素　脂肪、胆固醇和热量在低脂肪芝士中的含量比较少，但是维生素 A、D、E 等脂溶性维生素的含量也就相对少了。

芝士要怎么吃

最好是买那种单片包装的芝士片，买回去拆封之后要放在冰箱中。单片打开的芝士片，尽量在一次就吃完。因为如果存放时间过长，有可能导致芝士的变质，消化系统不完善的宝宝吃了容易拉肚子。

宝宝吃早餐的时候，可以往面包中加一片芝士，既方便又补充了营养，但是要注意的是，芝士是浓缩之后的营养品，不要让宝宝吃太多了。因为芝士的热量和脂肪的含量都比较高，吃多了容易让宝宝发胖，增加身体负担。最好是选择脱脂的芝士，既补充了营养又不会养出小胖墩。

芝士家常菜

亚洲人吃西方人的食物，总觉得味道很奇怪。吃惯了淡口味的宝宝容易对有着特殊味道的芝士产生排斥反应。这个时候就要考验妈妈的厨艺了，想方设法将西方食品中国化，将它隐藏在食材中做成家常菜给宝宝吃，让宝宝在不知不觉中将营养吃进肚子。

芝士炒饭

原料：芝士 2 片，红烧肉和榨菜各 50 克，米饭 3 碗，洋葱、青椒各 1 个，盐、胡椒各少许。

做法：将洋葱粒放进油锅中爆出香味，红烧肉、青椒丝和榨菜丝翻炒。

差不多快熟的时候倒入米饭。

米饭快炒好时，加入芝士丝，炒匀调味即可。

芝士拌茄子

原料：茄子 250 克，芝士 1 片，黑胡椒、味精、酱油各少许。

做法：将茄子洗干净切成细条，泡在水中备用。

将芝士切成细丝。

将泡好的茄子用微波炉加热 3 分钟，加调料拌均。

将熟茄子条与芝士丝拌均即可。

芝士萝卜糕

原料：萝卜糕 6 块，芝士 3 片，火腿末少许。

做法：将萝卜糕煎熟备用。

将芝士加在每块萝卜糕上面，直到芝士融化。

在融化后的芝士上撒上火腿末即可。

芝士牛奶豆腐

原料：油菜 250 克，芝士 2 片，牛奶 1 杯，南豆腐 1 块，葱和香菜各少许，盐、糖、白胡椒、淀粉各适量。

做法：将油菜用水焯过，调味后备用。

将豆腐切成片状，上煎锅煎成微黄色，再加入牛奶和芝士煮沸。

煮到汤汁剩下一半之后加入调味料和水淀粉勾芡。

放入油菜，撒上香菜和葱末即可。

补血食谱

菠菜猪肝汤

原料：菠菜 100 克，猪肝 100 克，猪油、姜、大葱、盐、淀粉、味精各适量。

做法：将洗干净的菠菜在开水中焯过。

将猪肝洗干净切成薄片，放入味精、食盐和淀粉拌匀。

将清汤烧沸，放入洗净拍碎的生姜、葱段等一起煮。

煮几分钟后，加入拌好的猪肝片和菠菜，煮熟即可。

功效：菠菜和猪肝中都含有丰富的铁质，是宝宝补血的最佳搭档。

薏米红豆粥

原料：薏米 30 克，红豆 15 克

做法：将洗干净的薏米浸泡 20 分钟。

将红豆和浸泡好的薏米一起放入锅中用大火煮开。

煮开之后改小火煮至薏米烂熟即可。

功效：红豆有着益气补血，利水消肿的功效，薏米能够帮助宝宝去火降燥，常喝此汤不仅补血、还有助于宝宝的肠胃健康。

补脑食谱

番茄鱼泥

原料：新鲜鱼肉 100 克，鱼汤 2 勺，淀粉、番茄酱、精盐各少许。

做法：将洗干净的鱼放进热水中煮熟，适当调味。

将煮熟的鱼捞出来，去掉皮刺，放进小碗压碎鱼肉。

将碎鱼肉和鱼汤一起放进锅内煮，加入调好的淀粉和番茄酱，搅拌均匀。

煮至黏稠状，调味即可。

这道菜含有丰富的蛋白质和氨基酸，

有着益智宁神、增强大脑功能的作用。番茄还可以给宝宝补充大量的维生素 C，对宝宝的健康很有益处。

奶油炖鳕鱼

原料：鳕鱼 4 块，洋葱、土豆、胡萝卜各一个，白葡萄酒、黄油各 2 匙，面粉、牛奶各适量。

做法：将处理好的鳕鱼切成块状，撒上胡椒和盐腌制。洋葱用开水焯过，和胡萝卜、土豆切成块状。鳕鱼放入煮沸的水中，淋一些白葡萄酒炖煮。面粉用黄油炒过，加入牛奶搅拌至黏稠状。搅拌好的面粉糊倒进鱼锅中，搅拌煮开，适当调味即可。

功效：鱼肉中含有丰富的蛋白质和不饱和脂肪酸，是宝宝补脑的佳品，有着提高宝宝智力、促进宝宝脑部发育的功效。

第 15 章
1 岁半宝宝的饮食营养

1 岁半宝宝的喂养须知

16 ~ 18 个月的宝宝的肢体运动能力发育迅速，活动量也在继续加大。因此每天的膳食摄入量要跟得上宝宝的能量消耗速度。

饮食要多样化，保持营养的均衡性，鱼类、肉类、蛋类，蔬果类和奶类都要平均地摄取，养成不挑食的好习惯。在给宝宝补充营养的同时，又能防止由于饮食的单调而让宝宝对吃饭兴致缺乏，增加宝宝的就餐欲望。

在宝宝长个儿的黄金期，要让宝宝多吃一些含钙量丰富的食物，如海产品、豆制品、蛋黄和乳制品等等。在宝宝饱了之后，不要强迫宝宝把饭吃完，这样容易让宝宝对吃饭产生逆反心理。另外，要保证每天 200 毫升的牛奶摄入。

1 岁半宝宝的发育指标

发育指标	男孩	女孩
体重（千克）	76.7 ~ 88.1	75.1 ~ 86.7
头围（厘米）	10.3 ~ 12.7	9.7 ~ 12.0
身高（厘米）	47.3（平均值）	46.2（平均值）
牙齿	12 ~ 14 颗乳牙	12 ~ 14 颗乳牙

1 岁半宝宝的每日食谱

餐次	用法
上午	6:00 杂粮豆粥 50 克，碎菜 50 克 8:30 牛奶 150 毫升，蛋糕 30 克 10:30 饼干 50 克
下午	12:00 馄饨或面条 150 克 15:00 果泥、饼干或面包
晚上	18:00 菜粥或米饭 100 克，西红柿炒鸡蛋 150 克 21:00 奶类 200 毫升，水果适量

几大妙招让宝宝爱上吃饭

让宝宝好好吃饭是父母的头等大事。但是宝宝越长越大，活动量也增加了，不肯好好呆着让父母喂食，也不愿意自己吃，那要怎么办呢？以下给爸爸妈妈支几招，让宝宝养成健康的就餐习惯。

饮食清淡

给宝宝做的食物要以清淡为主，尽量少盐，少糖，少油。

不能太烫

不要给宝宝吃太烫的食物，因为高温对宝宝的食道会造成伤害。

适吃生食

可以生吃，或者生吃更有营养的食物尽量让宝宝生吃。

定时定量

在宝宝的黄金生长发育时期，要培养宝宝定时定量进食的习惯。

新鲜食物

宝宝做菜的食材要尽量用新鲜的，这样才能保证营养素不会再储存的过程中流失，最好是现买现吃现做。

干净卫生

要保证宝宝在进食之前和进食之中没有细菌病毒和尘埃的污染。教导宝宝在吃饭之前洗手，保持饮食环境和进餐用具的洁净卫生。

保证早餐

早餐是一整天的能量开关，因此，宝宝的早餐一定要吃。不管是对大人还是孩子，都要养成吃早餐的习惯。（参见第 2 篇第 19 章“早餐食谱”）

多吃素

多吃素不代表不吃荤。由于荤菜里面含有的脂肪和胆固醇比较多，食用过多容易造成囤积，而影响宝宝的健康。在宝宝消化系统尚未发育完全的情况下，素食能够有效地防止消化不良或肥胖的出现，既补充营养又不用担心营养过剩。

讲道理

宝宝如果在餐桌有一些任性或者幼稚的行为，父母要容忍一点。宝宝毕竟是宝宝，这个时候首先要跟宝宝讲讲道理，就算宝宝的理解能力有限，久了之后也会在潜移默化中改变这些被视为“不对”的行为。因此，在面对宝宝无理取闹的时候，最好是以言传身教的方式来引导宝宝，不要一味地责骂和训斥。

食物替换

对待宝宝不喜欢吃的食物，可以用替换的方法来给宝宝做饭。因为虽然食物的种类有分别，但是营养成分却是可以替换的。但是要注意，不是所有宝宝不爱吃的食物都替换，而是对待那些长期诱导也无效的食物才可以用其他的食物替换。

愉快进餐

在宝宝在进餐的时候保持愉快的心情，能够增加宝宝的进食欲望。父母要注意不要再餐桌上大声地斥责宝宝，也不要强迫宝宝吃不爱吃的食物，要一步一步地慢慢诱导，否则容易造成宝宝对餐桌的恐惧和排斥而得不偿失。

煮得好吃

妈妈要多锻炼自己的厨艺，时间和条件允许的话，多买些食谱回来研究。多多变换烹调的形式，让宝宝对食物保持好奇，增加宝宝吃饭的欲望。

宝宝参与

让宝宝参与到食物的制作过程中，可

以让宝宝保持高度的吃饭兴致。比如让宝宝自己涂果酱，蘸沙拉，或者让宝宝在就餐之前帮妈妈擦桌子、拿小勺、拌佐料，让宝宝介绍即将端上桌的菜品，都能让宝宝爱上吃饭。

细嚼慢咽

父母要言传身教，将宝宝一顿饭的时间控制在半小时之内，还要教导宝宝一口饭嚼30下再咽。细嚼慢咽对宝宝的脑部发育有积极的促进作用。

杂粮杂食

饮食均衡，也就是说要“杂”着食。想要让宝宝获得各方面的营养素，不可能光靠一种食物来补充。因此，要吃杂食，每天最少吃10种。（参见第2篇第20章“五谷杂粮，健脾养胃”）

少吃零食

零食最好是在两餐的中间吃，如果宝宝时刻嘴里都嚼着零食，就算到了饭点，也会没有食欲而不想吃饭。父母要做好榜样的工作，尽量少吃零食，那些没有任何营养又会加重宝宝肾脏负担的零食尤其要严格控制。

少食多餐

宝宝的胃容量和消化能力都有限，因此，如果想要给宝宝补充营养又怕宝宝撑着了，最好采用少食多餐的方法。每天可以分成五六餐，在正餐的中间加一些小餐，即小蛋糕、小饼干，或者坚果。这样既能保证宝宝及时消化，又能保证足够的营养和卡路里的摄取，加快宝宝的新陈代谢，有利于宝宝的健康发育。

偶尔饿一顿

宝宝到了吃饭时间，不觉得饿就不愿意吃饭。这个时候不要勉强宝宝，因为就算是大人也会有因为情绪和气候而没胃口的时候，更何况是宝宝呢。若宝宝实在不愿意吃，让宝宝偶尔饿一顿也没关系。等到下一顿肚子空了，食欲来了，自然就吃了。

留心宝宝用餐

在宝宝用餐的时候家长最好要在旁边看着。因为让宝宝单独进食，就可能在大人不在的时候将自己不喜欢的东西挑出来，或者就挑爱吃的来吃，其他不喜欢的菜肴，管它有多少营养也不会去碰一下。或者干脆把饭菜倒了骗家长说自己已经吃了。所以，最好在宝宝进食的时候留心一些，防止以上情况的出现。

全家一起吃

在吃饭时间，最好是全家人都聚到餐桌边一起吃，并且给宝宝盛好当顿的饭量，规定宝宝要将自己的那份吃完。若宝宝腹胀或者情绪不好，可以先缓一缓，等饿了之后再给他吃。在这中间不要给宝宝零食吃，以免养成予取予求的坏毛病。这样久而久之，宝宝自然就能在饭点就产生吃饭欲望了。

不要纵容宝宝的不良习惯

有些偏食厌食的宝宝一到吃饭时间，妈妈就头痛不已。一发生这种情况，爸妈不是带宝宝去看医生，就是老犯愁自己做的饭菜怎么就是引不起宝宝的喜欢呢。实际上，宝宝的偏食厌食不仅仅和食物本身有关，有一大部分的原因还是源于错误的喂养方法。以下列出几种妈妈最容易忽略的错误喂养方式，要特别留心噢。

错失了添加辅食的时机

宝宝4个月之后，在发育正常的情况下，就要开始添加辅食了。辅食的添加不仅仅能够给宝宝补充更多需要的营养素，还能够锻炼宝宝的味觉和咀嚼能力。但是一些妈妈比较粗心，在宝宝添加辅食黄金时期，仍然给宝宝喝配方奶或母乳，这样就可能延缓宝宝咀嚼功能的发育，只想要喝流质的东西，不愿意咀嚼。因此，妈妈要注意根据宝宝的身体发育情况及时地添加辅食。

对策

在宝宝满4个月之后，妈妈要根据宝宝的消化情况，按照从少到多、从软到硬、从细到粗、从稀到稠的原则慢慢给宝宝进行辅食添加。在宝宝咀嚼和吞咽能力发展的黄金期（6～8月份），要适时地给宝宝添加一些需要咀嚼的半固体食物，像面包干和馒头等。

零食爱吃多少吃多少

宝宝味觉初发育的阶段，那些甜食对宝宝来讲有着无限的诱惑力。在吃正餐之前，要控制宝宝对蛋糕、巧克力等零食的摄入量，以免宝宝的肚子被零食填饱而吃不下正餐。

对策

让宝宝少吃零食，并不是什么零食都不能吃。零食要吃得巧吃得科学，才能有益宝宝成长。

要根据宝宝的年龄和营养价值来选择对宝宝发育有帮助的零食，如豆腐干，坚果等。不要让宝宝随时吃零食，不要在睡前喝饭前吃零食，要合理地安排吃零食的时间。

依赖零食不好好吃饭的宝宝，妈妈要严格控制零食的摄入量，将零食藏起来不给宝宝知道。

营养足运动少

宝宝营养是跟得上了，但是运动量少的话，吃进去的食物转化的能量没有消耗，囤积起来，就算到了饭点儿也不饿，没有食欲。所以家长要注意多让宝宝运动，来增加消化速度。

对策

多带宝宝去户外活动，别让宝宝整天呆在屋里看电视，玩游戏。

吃饭不定时

有些妈妈随着宝宝的意思，想吃的时候吃，不想吃就等宝宝饿了再吃。这样久而久之，就会打乱宝宝的饮食生物钟。还有些妈妈因为工作的原因，自己都没有办法保证定时进餐，也就让宝宝也跟着有一顿没一顿地进食，或者进餐时间无法固定，也容易影响到宝宝的正常发育。

对策

妈妈要做好进食的榜样，不管有多忙都要保证三餐定时进食。在吃饭前的10分钟要提醒宝宝做好吃饭准备，若宝宝的行动能力够的话，还可以让宝宝帮助妈妈分碗筷或盛饭，来提高宝宝吃饭的欲望。到了饭点要给宝宝制造一个愉快的进餐环境，若宝宝不愿意吃，就要劝导宝宝，现在不吃，就得等到下一顿才能吃了。宝宝如果有点饿的话，就会吃一点。实在不饿，也不要勉强宝宝进食。

纵容宝宝的不良习惯

有些宝宝比较好动，在吃饭的时候也嘻嘻哈哈没个正形儿，妈妈也就在后边儿追着喂，容忍宝宝的这种不良饮食习惯。其实不管是宝宝边吃边玩儿还是边吃边看电视，都会让宝宝分散进食的专注力，而影响到宝宝的食欲。

对策

在宝宝吃饭的时候要将电视关掉，收起所有能够让宝宝分心的东西，让宝宝坐在餐桌上吃饭。如果宝宝偶尔跑下餐桌绕一圈再回来，只要时间不是很长，是可以的。但是要避免“追喂”的情况出现，不能纵容出宝宝的坏习惯。

家长也挑食

挑食不仅是宝宝的专利，大人也会。对于自己不爱吃的东西，就不做，或者觉得自己不爱吃的，宝宝肯定也不爱吃。这是错误的想法。想要纠正宝宝挑食的习惯，首先要从自己做起，做好宝宝的榜样，不能让自己的好恶成为宝宝模仿的对象。

对策

不要将自己对食物的喜好表现在宝宝面前，要让宝宝明白，给他准备的食物都是有利宝宝健康成长的，并且都很好吃。

让宝宝独自吃饭

妈妈想要专心盯着宝宝吃饭，所以有时候会在大人吃饭前或吃饭后安排宝宝单独进食。殊不知，宝宝也需要群体性热闹的进食环境，人多吃得也香。如果让宝宝一个人吃，就算食物多好吃，也会失去进食的欲望。

对策

让宝宝坐在一个固定的桌位上，跟家里人一起进食。如果宝宝还无法自己动手吃，也可以让宝宝坐在餐桌前，妈妈可以边吃边喂宝宝。等宝宝会用餐具自己进食之后，就可以让宝宝自己吃了。

忽视营造用餐气氛

愉快的用餐气氛能够提高宝宝的食欲，但是很多家长却往往忽略了这一点。在宝宝不想吃饭的时候，家长会表现出不满。如果宝宝仍然讲不听的话，就会大声训斥，责骂宝宝，强迫宝宝吃饭。试问，如果是大人情绪不好，能有好胃口吗?

对策

宝宝在不愿意吃饭的时候，不要用逼迫的方式来解决问题。先缓一缓，等半个小时或一个小时后再让宝宝吃。在宝宝的吃饭问题上，爸爸要跟妈妈站在同一战线上，千万不要让宝宝有“钻空子”的侥幸心理。同时还要控制宝宝对各种食物的摄入量，不要让宝宝尽挑自己喜欢吃的，一次吃很多。妈妈还要多多转换烹调方式，提高自己的烹调水平，将饭菜做得色香味俱全，来勾起宝宝的食欲。

宝宝胃口差怎么办

看见别人家的宝宝吃得又多又快，家长总是很羡慕。自家的宝宝食欲不好，到了饭点也不想吃，就算吃也是吃一点点就不愿意张口了。狠下心来让宝宝饿一顿，可是等到下一顿，除了开始的时候能够狼吞虎咽几口，等胃里攒了食之后又变得慢吞吞了。有的宝宝还喜欢“含食”，等半天才咽下去。妈妈一到宝宝的吃饭时间就头疼。这个时候就需要妈妈多多观察，对症下药了。

舌苔发白

舌苔发白说明宝宝体内虚寒，妈妈可以将三片生姜，半勺红糖，半碗水放在锅里煮，等烧开之后，浇入搅拌均匀的鸡蛋里。每天早晚各让宝宝喝一小碗，可以达到驱寒暖胃的功效。这样还能有效地修复药物对胃黏膜造成的伤害，恢复肠道的正常功能。

舌苔发黄

舌苔发黄说明宝宝内火比较重，还伴有消化不良和积食的症状。妈妈可以去药店买一些鸡内金碾成粉末状，让宝宝在餐前半小时吃一小勺，有着消食，开胃的功效。

瘦弱多病

身板儿瘦小、容易生病的宝宝，妈妈可以将山药加点水放进粉碎机中搅碎，然后再倒进锅里煮，边搅边煮，直到烧开为止。让宝宝每天下午喝一小碗，有着健脾养胃、滋补身体的作用。

先天不足

症状　宝宝已经一周岁大了，却还在吃母乳。如果正餐吃得比较少，并且喂饭的时候比较困难，身高体重不达标，头发稀少，容易生病，睡眠质量差，有很大可能是因为气血两亏，先天不足。

原因　宝宝先天不足跟妈妈的体质有很大关系。如果妈妈体质不好，在怀孕的时候妊娠反应时间持续特别长，还有着明显的挑食习惯，就可能影响到肚子里的胎儿。因为母血是宝宝营养来源，如果连妈妈都营养不良，那宝宝怎么可能健康呢。

饮食　先天不足的宝宝胃容量感受性比较差，常常出现胃排空的延迟，肠胃的蠕动也比较缓慢。所以，要给宝宝吃一些既能够提供足够的营养素，又比较容易被宝宝消化吸收的食物。

怎么做

多运动　宝宝身体发育正常，但就是不爱吃饭。家长可以多带宝宝对户外活动，增加宝宝的运动量。宝宝能量消耗多了，自然就饿了。不会杵着筷子挑挑拣拣，吃饭也会特别香。但是要注意的是，在宝宝进餐之前不要给宝宝零食吃，否则零食填饱肚子，照样吃不下饭。

食疗法　有一些宝宝胃口不好是因为生病了，这个时候妈妈可以通过食疗的方式来缓解宝宝的食欲不振。

要保证每种维生素的均衡摄入。

要给宝宝提供足够的能量来源。

要给宝宝补充水分。

要给宝宝补充含有高蛋白的食物，如奶类、蛋类、鱼虾类、坚果类等。

要给宝宝补充含糖类的食物，如葡萄、西瓜、苹果、梨、柑橘、桃、李、杏等。

体弱宝宝的喂养诀窍

以前在宝宝的喂养上没有这么多讲究，父母不知道怎么给宝宝补充均衡的营养，宝宝经常会营养不良而导致免疫力低下，常常发烧感冒。宝宝病了，只能带去看医生。

而现在刚好反过来了，爸爸妈妈生怕宝宝的营养跟不上，老是用填鸭式的方式给宝宝喂食。这样容易造成宝宝积食而引起消化不良，损害脾胃。时间长了还容易生内火，导致一连串的并发症。宝宝喂养有三大原则，就是均衡饮食，多喝开水，少吃补药。

所以，不管是营养不良还是营养过剩，都要及时给宝宝调理，给宝宝一个健康肠胃，让宝宝正常茁壮地成长。

捏脊柱

妈妈可以时不时地给宝宝捏捏脊柱，有着解表散寒和疏经通络的功效。能够预防感冒。具体做法是，先沿着脊柱的正中央边提边捏（从下往上），再推揉脊柱两旁的肌肉，最后用手部的食指、中指、无名指和小指分别按掐四缝穴。这样时常给宝宝捏捏脊柱，能够有效地预防感冒的发生。

清火消食

有些体质弱的宝宝是医院的常客，时不时就感冒发烧去看医生。对于这种感冒发烧反复发作的宝宝，可以用清火消食的方法来治疗。如果大便干燥，咽喉肿痛，就可以给宝宝服用银翘散或双黄连口服液，来去内火降燥热。另外，还可以用王氏保赤丸或者保和丸来给宝宝消食积通大便。

喝小中药

反复感冒的宝宝，还可以间断性地喝一些小中药，来调理体内的热火。3岁之内的宝宝，妈妈可以用菊花10克，芦根15克，二花10克，竹叶10克，山楂10克来煎煮或泡茶给宝宝喝。每周两三天即可。

多喝开水

体质弱的宝宝要多喝开水，少喝饮料。因为饮料中的糖分比较高，不仅会使热量增加，喝多了还会导致宝宝蛀牙的产生。让宝宝多喝一些开水，能够帮助体内垃圾的新陈代谢。在容易出汗缺水的夏天，宝宝每天要保证1500毫升的饮水量。食物中一般能够提供1000毫升的水量，所以，还需要摄入500毫升的开水才能满足身体代谢的需要。

饮食均衡

很多体质弱的宝宝都有偏食的习惯，不吃绿色蔬菜或水果就容易出现大便干燥，手脚心出汗的症状。有些"肉食性"的宝宝，容易发生食积而导致内火积聚，稍微着点凉就发烧，因此，保证宝宝的饮食均衡尤为重要。家长在给宝宝烹调食物的时候就要特别注意，不要因为宝宝不肯吃就由着他，这样长期营养失衡，最后累的还是父母。对宝宝不爱吃的食物，要尽量做得色香味俱全，或者改变烹调方式来勾引宝宝的食欲。

小贴士

宝宝吃的食物不要做得太精细，最好是粗糙一些。食物过于精细就无法很好地锻炼宝宝的咀嚼能力，还容易发生内火旺盛，大便干燥的症状。在宝宝长了臼齿（参见第1篇第7章"宝宝磨牙问题"）之后就可以开始以炒菜代替菜泥了。

宝宝呕吐，原因为何

一看见宝宝呕吐，爸爸妈妈就心疼。看见宝宝那么难受，做父母的都想早些找到呕吐的原因，快点治好让宝宝舒服一些。实际上，呕吐的诱发原因有很多，有疾病导致的，也有非疾病导致的，这就要考验妈妈的耐心和观察力了。

非疾病性

大多时候，宝宝呕吐的原因并不是生病了。气味不适或者饮食混乱都有可能是宝宝呕吐的原因。这种情况下妈妈只要多留心照顾宝宝，去除宝宝呕吐的根源，就能让宝宝很快止吐了。

晕车　大人坐车都会晕车，更何况是宝宝。这种呕吐也是跟疾病没有关系的。宝宝在呕吐之后，妈妈要尽量将宝宝的头固定住，不要让宝宝头随着车的颠簸而左右摇晃。在坐车之前不要让宝宝空着肚子或者吃得太饱，适时观察宝宝的反应，给宝宝准备好塑料袋等。

气味不适　宝宝闻到一些特殊的气味，也可能有恶心反应而导致呕吐。如汽油的味道或者精油的味道。如果宝宝对精油有过敏反应，那妈妈就尽量不要使用。有些有害的气味会诱发疾病的发生，影响宝宝的正常发育，增加了宝宝生病的几率，妈妈要让宝宝远离这些会引起呕吐反应的气味。

还有一种情况是宝宝在碰到自己不想吃的东西，或者对某些食物的气味很敏感，只要闻到就会觉得恶心反胃，而导致呕吐的出现。妈妈就要注意重新安排宝宝的食谱，尽量先将这些能够引起宝宝呕吐反应的食物剔除。等宝宝再大一些之后，再少量地给宝宝尝试。

喂奶不当　断奶之前的宝宝，喝奶的方式不当也有可能引起呕吐。妈妈的乳头没有完全塞进宝宝嘴里，或者奶瓶的奶嘴过大，让宝宝吸入了大量的空气，宝宝喝得太快，太急，宝宝刚喝完奶就翻动宝宝，都有可能导致宝宝呕吐。如果宝宝吐完了奶，精神就恢复，还能接着喝奶，那就不要太过担心了。妈妈要注意，碰到宝宝吐奶的情况不要手忙脚乱，不要马上就把宝宝抱起来。要将宝宝平放在床上，将宝宝的头歪向一边，来避免宝宝呛奶。

饮食不当　宝宝在吃饭的时候一切都很正常，但是吃完饭就呕吐，吐完之后又恢复得很快。这种情况就很明显跟疾病没有什么关系。一般情况下都是因为吃得太急或者太饱而导致食物堆积在食道中，稍微一动就呕吐了。这个时候妈妈不用太担心，只要宝宝没有别的并发症就就可以放心了。

不习惯刷牙　宝宝刚刚学会刷牙，咽部容易被牙膏和牙刷刺激而产生恶心的反应，导致呕吐。有些宝宝在刷牙时候还会无意地屏住呼吸，就会提高咽喉的敏感性，使呕吐的症状更加严重。还有一种情况是宝宝不适应所使用的牙膏，也可能引发宝宝呕吐。所以，在宝宝学刷牙的初期，妈妈要谨慎地选择宝宝的刷牙工具，并且要教导宝宝在刷牙的时候不要屏住呼吸。

疾病性

由疾病引起的呕吐一般都有并发症，如腹泻，发烧等。以下列出几种宝宝呕吐的病理性因素，给妈妈提供一些参考。

咳嗽　宝宝在感冒的时候会有咳嗽的现象，如果咳痰困难，就有可能在使劲咳痰的时候将吃下去的食物吐出来。由咳嗽引起的呕吐，当然是要先将咳嗽治好。宝宝不咳自然也就不吐了。

肠病　肠部的疾病容易引起宝宝腹部疼痛，还可能伴有呕吐的症状。这种情况要特别留心宝宝的哭闹是否是阵发性的，大便有没有出血。如果宝宝不仅呕吐，哭闹还是阵发性的，就要及时把宝宝带去医院看医生，早治疗早好。

外伤　宝宝的头部受到撞击，或者有些意外伤害，就会产生头晕的现象而导致呕吐的出现。在宝宝呕吐之后妈妈要询问宝宝是不是撞到什么了。如果确定是因为头部伤害而引起的呕吐，就要及时带宝宝去医院检查治疗。要留心宝宝的睡眠和情绪，以便向医生提供相关的信息。

发烧　宝宝在发烧的时候，会出现头痛、晕眩或者消化系统紊乱的症状。同时出现消化紊乱和头晕就会导致呕吐的发生。这种情况下，要先量宝宝的体温，确定宝宝是不是在发烧。如果确实是发烧了，就要及时带宝宝去看医生，最好是将宝宝的呕吐物一起带过去。还要细心地留意宝宝，以便给医生提供宝宝呕吐后的精神状况和睡眠质量等资料。

胃病　宝宝的胃容量有限，消化系统尚未发育完全。如果有些食物让宝宝的胃部产生不适的反应，营养不良或者病菌侵入宝宝的胃内都有可能让宝宝因为消化不良而出现恶心、呕吐的症状。在这种情况下，不要随便给宝宝吃一些治肠胃病的药，一定要带宝宝去看医生，在医生的指导下科学用药。

要预防这种因为胃肠引起的不适，妈妈要注意保持宝宝日常饮食的干净卫生。如果家长患有胃肠道疾病，要尽量跟宝宝保持距离，防止病菌传染。要注意饮食的均衡，不要让宝宝吃一些不干净的东西或垃圾食品。不要带宝宝到传染的高发区，还要注意根据天气调整宝宝的穿衣量。

先天性的消化道畸形　如果宝宝一天

内呕吐的次数特别多，呕吐物中还含有黄绿色的胆汁，还有明显的腹胀现象，就有可能是直肠闭锁症或者肛门闭锁症。如果宝宝刚喝完奶就吐出来，吐出来的奶还伴有黏液，这就表示宝宝有可能患上胃幽门闭锁症或者食管闭锁症。此外，宝宝患上咽炎、扁桃体炎等容易使舌头遭到刺激的疾病，也有可能引起呕吐。最好的方式就是对症下药，病治好了，自然就不呕吐了。

小贴士

出现呕吐症状，不能随便服用抗生素。因为抗生素会降低宝宝的免疫力，将好的细菌群杀死。抗生素要经过肠道才能够排泄和吸收，若没有细菌群的帮助，不仅会影响到宝宝的消化吸收，还会使宝宝呕吐的症状加重。

“汤泡饭”不利于宝宝消化

很多父母都用“汤泡饭”来喂宝宝，一是因为觉得营养在汤里，二是觉得有利于宝宝下咽，不会噎着，又能吃饱。但是，这样做对正在生长发育期的宝宝来说，是不健康的。

汤泡饭的弊端

汤泡饭会使其容量增加，宝宝吃了以后就很容易感到胀饱感，每餐相应的摄入量就会减少，即使宝宝吃得饱，食物中的养分也不容易被彻底吸收，从而影响生长发育。

食物一定要先经过牙齿的咀嚼，让唾液均匀地搀和到食物中去，才能使淀粉酶充分发挥作用，把淀粉变为麦芽糖，进行初步消化，再进入胃肠。吃泡饭虽然便于吞咽，但省略了咀嚼这个环节，会减少唾液的分泌，而唾液分泌过程可清除和冲洗附着于牙齿及口腔的食物残渣，唾液中还有些溶菌酶，有一定的杀菌、抑菌作用，这些对于预防龋齿和牙周疾病有重要作用。

咀嚼运动可以促进牙、颌、面的正常发育，促进局部血液循环及淋巴回流，增强代谢。常吃“汤泡饭”会使咀嚼功能减退，让咀嚼肌萎缩，严重的就会影响面部肌肉的对称和美观。

吞食泡饭减少了咀嚼动作，也会相应地减少咀嚼的反射作用，引起胃、胰、肝、胆囊等分泌消化液的量减少。而没有经过细致磨碎的食物大颗粒直接进入消化道，需要消化器官分泌更多的消化液，并获得更多的能量来进行消化，从而影响食物的消化吸收，使宝宝食欲逐渐减退。

汤泡饭由于不经咀嚼就吞咽食物，破坏了正常消化的完整工作程序。饭和汤混在一起，往往不等嚼烂，就滑到胃里去了，势必增加胃肠的负担，食物中的养分也不容易被彻底吸收。食物没有经过充分咀嚼，唾液分泌得少，与食物混合搅拌不均匀，淀粉酶也被水冲淡了；再加上味觉神经没有受到充分刺激，胃没有收到信号，分泌的胃液也少，即使分泌出来的一点胃液也被水冲淡了。这样一来，消化系统的各道工序都乱了套，天长日久，就会引起胃病。

宝宝的吞咽功能差，吃汤泡饭，容易使汤液米粒呛入气管，造成危险。吃饭本就是要细嚼慢咽才能食出滋味和营养，长期的汤泡饭会使宝宝养成囫囵吞枣的坏习惯，不但影响营养摄入，也会养成不好的生活习惯。

长期吃汤泡饭还容易使宝宝养成惰性，对待什么事情都敷衍塞责、马马虎虎。

正确的吃法

如果想让宝宝吸收汤里的营养，可以养成饭后再喝汤的良好习惯。

饭前可以让宝宝少量的喝上几口汤，以湿润口腔和食道，便于咀嚼和吞咽食物，还能刺激嘴和胃提前产生唾液和胃液，有助于消化。但要注意不能喝得太多，太多了也会冲淡消化液，降低消化能力，引起消化不良。

稀饭的质地较细，经水煮后，淀粉已分解成容易被胃肠所吸收的糊精，不会影响消化功能，不会伤害肠胃，所以可以给宝宝吃稀饭。

八类食物有助安眠

宝宝的睡眠质量跟晚上吃的东西有很大关系。如果晚餐中吃了一些“不合适”的食物，就会影响到当晚的睡眠质量。有些食物中的营养成分能够起着很好的安眠作用。那么，想要让宝宝睡得好，究竟要吃些什么呢？

有助睡眠的食物

醋

醋中含有丰富的有机酸和氨基酸，有着明显的消除疲劳的作用，宝宝喝点醋也能帮助睡眠。

牛奶

牛奶中含有色氨酸和钛类。这是两种具有催眠作用的物质。色氨酸对大脑神经细胞分泌催眠性的神经递质五羟色胺有着很好的促进作用。钛类中的类鸦片肽能够跟中枢神经结合，产生跟鸦片一样的阵痛和麻醉效果，调节人体的生理功能，让人放松身体，解除疲劳。牛奶尤其适合体质虚弱的宝宝和神经衰弱的大人饮用。

小米

小米中含有丰富的色氨酸。另外，小米中的淀粉含量也很高，容易让人产生饱腹感，对胰岛素的分泌有着明显的促进作用，可以提高脑内色氨酸数量。

核桃

核桃对改善睡眠质量有很好的功效，多吃核桃能够缓解健忘、失眠、多梦和神经衰弱的症状。最好是将核桃跟黑芝麻碾成粉末，掺合在一起加水，捣成糊状，在睡觉之前让宝宝吃几口，能够有效地帮助宝宝安眠。

大枣

大枣中的维生素C和钙、铁、磷等微量元素的含量丰富，有着安心宁神、补脾胃的功效。在晚饭之后给宝宝喝一些大枣汤，也能够帮助宝宝安眠。

蜂蜜

蜂蜜有着安五脏、和百药、补气宁神的作用，在睡觉之前让宝宝喝杯蜂蜜水，对睡眠也很有帮助。

葵花籽

葵花籽中含有丰富的维生素和氨基酸，有着宁神安心、促进脑细胞抑制机能的改善、加快体内新陈代谢的速度等功效。在晚饭之后让宝宝吃一些葵花籽，能够促进消化液的分泌，防止出现积食的现象，帮助宝宝一夜好眠。

全麦面包

全麦面包中的B族维生素有着消除烦躁、帮助睡眠的功效。

不利于宝宝睡眠的食物

油腻食物 难以消化，加重肠胃负担，使神经中枢超负荷工作得不到休息，不利于宝宝入睡。

产气食物 如红薯、豆类、洋葱、芋头、玉米等，在消化过程中会产生较多的气体，可能一直持续到睡觉时，会使宝宝产生腹胀感而妨碍正常睡眠。

辛辣、过咸的食物 会造成胃部灼热，

引起消化不良，干扰宝宝的睡眠。

含咖啡因饮料　会引起中枢神经兴奋，还会减少具有催眠作用的褪黑激素的分泌。

晚餐好习惯可助眠

晚餐要吃少，不宜过饱，睡前不要吃零食，否则睡觉时食物还没有消化，会加剧胃肠负担，导致难以成眠。

吃少不是说让宝宝吃不饱，如果宝宝饥饿，也会难以入睡。

晚餐宝宝宜吃清淡、富含 B 族维生素、维生素 E、维生素 C 和钙的食物，否则消化不良影响睡眠。

晚餐不宜吃得过晚，时间安排要遵循一定规律，晚上 8 点钟前一定要保证吃完晚餐。

食补妙招，提高宝宝抗病力

若把人体比作一部正在运转的机器，那组成各个部件的原材料就是营养素了。不同的营养素之间分工合作，散落到各个器官和各个系统之中，维持人体的正常生理功能和新陈代谢的进行。在病菌或病毒侵入到人体的时候，人体的营养素就会奋起合作，形成抗体，提高代谢速度，将这些对人体有害的病毒和细菌杀死，随着粪便或尿液排出体外。这样就一步一步地提高了人体的免疫能力，各项机能也在这种高效的运转中完善。

宝宝一生病，妈妈就头疼。而预防疾病，最重要的是提高宝宝的抗病能力和免疫力，首先就要注意宝宝的饮食。想让宝宝少生病，就要科学安排宝宝的一日三餐。只有对营养保质保量，才能提高宝宝免疫力，为宝宝的生长发育提供保障。饮食均衡才能帮助宝宝提高免疫能力。那么，能够提高免疫力的营养素究竟有哪些，宝宝又该从哪些食物中摄取呢，以下内容妈妈就要注意看了。

蛋白质

蛋白质是提高免疫力的主要动力。人体细胞的基本构成元素就是蛋白质。宝宝如果缺乏蛋白质，就会降低淋巴球的数量，造成免疫力的下降。所以，想要提高宝宝抗病能力，就要多补充一些含有高蛋白的食物，尤其是动物蛋白质。

食物来源　鱼类、肉类、蛋类、乳制品等。

矿物质

微量元素是组成酵素的重要物质，而酵素又与免疫机能有着不可分割的联系。宝宝如果缺乏矿物质和微量元素，就可能使免疫力降低，形成免疫系统的漏洞。所以，要让宝宝少生病，还要保证宝宝微量元素和矿物质的充足摄入。

食物来源　小麦、蔬果、全谷类、海藻、水生贝壳等。

维生素 A

维生素 A 有着保护细胞、防止细胞氧化的功能。如果宝宝体内缺乏维生素 A，就会导致脾脏和胸腺体积的缩小，还会降低体内免疫细胞的活力。所以，为了提高免疫细胞的活力和数量，要给宝宝补充足够的维生素 A。

食物来源　甜菜、甘蓝、芥菜、胡萝卜、南瓜、菠菜、肝、蛋、奶等。

维生素 C

维生素 C 有着提高人体抵抗力和增加血液中抗干扰素含量的功能。它还有着增强淋巴球和胸腺的能力，提高和增加白细胞吞食细菌能力的作用。此外，维生素 C 还是破坏性分子的克星，是一种很有效的抗氧化物。

食物来源　草莓、卷心菜、柑橘、西红柿、青椒、土豆等

维生素 E

维生素 E 跟维生素 C 一样也具有抗氧化的作用，能够有效地对抗病毒，促进抗体的产生，还能够提高免疫细胞的功能，是自由基的克星。

食物来源 生菜、辣椒、蛋黄、小麦面包、牛奶、橄榄油、亚麻油、白菜、花生等食物。

B 族维生素

B 族维生素能够增加体内抗体的数量和白细胞的数量，有提高免疫力的功能。缺乏 B 族维生素容易阻碍抗体的产生，使淋巴球的数量降低，还会造成胸腺的萎缩化。所以，妈妈要给宝宝多补充一些含有 B 族维生素的食物来增加宝宝抗病能力。

食物来源 绿叶蔬菜、肉类、全谷类食物等。

摄取多少蛋白质才合适

爸爸妈妈都知道，蛋白质对宝宝的身体和智力发育都有着不可替代的作用。但是，究竟要怎么补充蛋白质，哪些食物中的蛋白质比较容易被宝宝吸收呢？

1～2岁时宝宝成长发育的黄金时期，这个时期的饮食营养关系到宝宝日后的健康状况，所以要特别谨慎地对待。科学的饮食能够促进宝宝的体格发育和脑部发育，使宝宝健康又聪明。反之，就可能阻碍宝宝的发育，甚至给宝宝的健康埋下隐患。因此，各种营养素的摄入要科学适量地从食物中摄取。其中，蛋白质的摄入要尤为重视。

蛋白质的作用

人体不可缺少的激素和酶的主要原料就是蛋白质，而抗体又是由蛋白质构成的。蛋白质有着提高宝宝的免疫力、维持免疫系统的正常运转的作用。作为生命物质基础的蛋白质，在宝宝的生长发育中有着非常重要的作用。

摄取多少蛋白质才合适

很多父母在给宝宝补充高蛋白食物的时候，不懂得要控制蛋白质的摄入量。不是吃多了，就是吃少了。有些宝宝因为偏食、厌食等不良习惯，经常会导致蛋白质的缺乏，影响到宝宝的正常发育。明明吃得不错，却越吃越瘦。动不动就生病，免疫力特别低。还有些宝宝因为胃口好，妈妈又没有加以阻止，越吃越多，造成蛋白质过剩的现象。这些多余的蛋白质在机体的调解下就会转化成脂肪储存在体内，使肾脏的负担加重，影响到宝宝的健康。

正常来说，1～3 岁宝宝每天蛋白质的需要量在 35～55 克之间。妈妈可以按照蛋 50 克，豆制品 20～50 克，牛奶（豆浆）250 克，家禽、家畜或鱼 75～125 克，粮食 125～250 克的比例来给宝宝补充蛋白质。

哪些食物中的蛋白质比较优质

从质量上来看，植物性蛋白质不如动物性蛋白质。但是从脂肪和胆固醇含量来看，动物性蛋白质的含量又过多。所以，不管是光吃植物性食物，还是光吃动物性食物，都没办法补充到全面的蛋白质，或多或少都会缺乏一种或几种必需的氨基酸。

既然这样，最好的方法就是取长补短，将几种不同的食物混在一起给宝宝吃，既能够提高蛋白质的质量，又能够保证氨基酸的摄入。在平常的生活中，妈妈可以给宝宝吃一些用小麦和玉米混合制成的馒头，也可以适当地吃一些黄豆排骨汤、土豆炖牛肉等。这样就能补充到充足又高质量的蛋白质了。

讲究每餐的蛋白质比例

对宝宝来讲，在保证一日三餐的基础上要正确地补充蛋白质，还要讲究每餐的蛋白质用量。

每天的蛋白质用量可以按照早上25%、中午35%、下午（点心）15%、晚上30%来分配。

一般来讲，可以在早上让宝宝喝一杯牛奶，吃一只鸡蛋。中午的时候可以吃一些动物性的食物，像鸡肉、猪肉等。晚上可以吃一些比较容易消化、清淡爽口的食物，像豆制品或鱼类等。

科学烹调

为了避免在烹调过程中造成蛋白质的破坏或者流失，妈妈要注意采用科学的烹调方法来提高食物的营养价值，让宝宝更容易消化吸收。通常来讲，要想保留较多的营养素，最好是炖、蒸、炒的方式来烹调。蛋白质经过油炸，很容易变质而引起病变，所以要尽量避免用油炸的方式来烹调食物。

宝宝食用米醋好处多

家长们都很关心宝宝营养素的摄取，总会将注意力放在那些能够给宝宝补身体的高蛋白食物上，但很少把目光转向身边一些比较“沉默”的米醋身上。米醋在众多让人眼花缭乱的营养物中的确是很不起眼，但千万别小看它。米醋的营养含量一点也不比其他的食物差，适当地食用对宝宝健康是很有帮助的。

营养成分

米醋味道甜香醇厚，在做菜的时候放些米醋下去，不但可以增加食物本身的味道，还能够添加进多种的营养素。既然是“米”醋，就肯定跟米有关系。实际上，米醋就是用酒糟、红枣、苹果、谷子、高粱、糯米、玉米、红薯、葡萄、大麦、柿子等粮食和水果，通过发酵制成的。米醋中的营养成分十分丰富，它包含着葡萄糖、甘油、氨基酸、乳酸、柠檬酸、琥珀酸、维生素B1、维生素B2以及钙、磷、铁等多种营养素，是一种多功能的调味品。

因为米醋中的营养素十分齐全，所以现在市场上已经出现了以米醋为原料做成的保健饮料。

这种保健饮料既保留了米醋的营养价值，又添加了其他的材料（如蜂蜜、多种维生素等），显得独特而诱人。

宝宝食用米醋好处多

防止缺铁　醋是酸性的，而铁质在酸性的环境中更容易被吸收。因为酸性环境能够将食物内的三价铁还原成二价铁，更容易被肠道吸收。所以妈妈在给宝宝做饭的时候，适当地加一些醋来调味，这样就能增加宝宝的胃酸度，使铁质被充分地吸收到血液中，从而避免缺铁性贫血的发生。（参见第1篇第4章“缺铁性贫血”）

保护维生素C　很多维生素C含量很高的食物经过错误的烹调方式很容易造成营养的流失。最好的方法是用急火快炒的方式，适量地加一些醋，这样既能防止维生素C的流失，也能促进宝宝肠胃对维生素C的消化吸收。

提高宝宝的食欲　妈妈给宝宝做菜的时候加入适量的米醋，能够增加菜本身的味道，而提高宝宝的食欲。此外，还能促进宝宝胃液的分泌，提高宝宝的消化吸收能力，防止积食和消化不良的情况出现。（参见第2篇第15章“宝宝胃口差怎么办”）

能够预防肠道传染病　胃酸被称为肠道内的抗拒素，因为它有着杀死胃肠道治病菌的作用。宝宝在胃肠道还未发育完全的情况下，无法分泌太多的胃酸，浓度也比较低，用来防止病菌侵入的免疫球蛋白

A 的含量也比较少，所以容易让病菌在体内生长繁殖，导致肠道传染病的发生。

妈妈在给宝宝做饭的时候可以加一些米醋，宝宝摄入之后能够提高宝宝胃液中的酸度，来杀死肠胃中的致病菌，避免患上肠道疾病。特别是在气温高的夏天，宝宝比较喜欢吃一些清爽解暑的凉拌菜，妈妈就可以在凉拌菜中加一些米醋，来杀死菜中的带芽孢病菌，降低宝宝患肠胃病的几率。

避免传染病的发生　冬春季节传染病比较流行，为了避免宝宝也染病，可以关闭室内的门窗之后，将米醋放在火上煮，等它形成醋蒸汽之后，飘散在空气里，能够对空气起到消毒的作用，从而降低宝宝患上呼吸道传染病的几率。如果宝宝因为吃得太油腻而导致消化不良，就可以用一勺米醋泡开水给宝宝喝，帮助肠胃的消化吸收。此外，米醋还有着消食化积、解毒消肿、活血化瘀的作用。

促进钙质的吸收　处在生长发育高峰期的宝宝，需要丰富的钙质来满足肌肉和骨骼的发育。而补钙剂并非最好的选择，食疗才是最可靠的途径。妈妈将很多富含钙质的食物安排在宝宝的饮食当中，是不是真就能补充到足量的钙质呢？这可不一定。就算高钙量的食物，因为烹调方式或者处理方法的因素也有可能影响到钙质的吸收。比如将含钙量丰富的骨头跟蔬菜一起煮，就会降低骨头中钙质的吸收量。

针对这些情况，妈妈可以在煮菜的时候加一些米醋，来增加钙质的溶解。比如在做鱼的时候加点醋，可以促进鱼骨上的钙质在汤中的溶解，降低鱼腥味，将鱼刺软化而避免刺伤宝宝。煮骨头汤的时候，加点醋能够帮助钙质从骨头上脱落而融入骨头汤内，被宝宝喝下肚之后还能促进宝宝的肠胃对钙质的吸收。

宝宝慢性胃炎的饮食调养

一讲到慢性胃炎，大家都会觉得这是“成人病”。可是这种病却在一段时间之内经常出现在儿科的门诊病房里，还有越来越多的趋势。

宝宝为什么会患上慢性胃炎

胃窦部产生病变的胃窦炎在宝宝的慢性胃炎中是比较常见的，而萎缩性的胃炎则比较少。

宝宝会患上慢性胃炎，跟平常的饮食习惯有很大关系。若宝宝长期保持着没有规律的饮食习惯，挑食，厌食，或者爱吃甜食、冷饮、油炸食品等不健康食物，患慢性胃炎的几率就会增加很多。这样没有节制的“任性”饮食容易增加宝宝的胃酸和胃蛋白酶分泌，导致胃黏膜的糜烂和水肿。尤其是吃多了冷饮，容易导致胃黏膜下血管的收缩，使胃黏膜层的厚度变薄。更重要的是宝宝的器官尚未发育完全，仍然很娇嫩，经不起胃部的伤害，就一步步地发展成慢性胃炎了。（参见第 2 篇第 19 章“时令蔬菜，吃出健康肠胃”）

宝宝慢性胃炎有哪些症状

宝宝慢性胃炎最容易出现的就是腹痛的症状。这种腹痛一般都是持续性的或者阵发性的痉挛。有在餐前餐后腹痛，也有在夜里腹痛，更多则是没有什么规律可言的腹痛。因为宝宝没有办法完全描述自己腹痛的位置和具体是怎么个痛法，就只会指着肚脐附近。有一些父母就认为宝宝是吃坏肚子，得了肠痉挛或者肠虫症。在没有带宝宝去看医生的状况下，给宝宝吃一些打虫药或者肠胃药，可因为判断错了腹痛的原因，就算吃了药也不会有什么效果。

宝宝的腹痛还可能伴有其他的并发症，如贫血、呕吐，或者消化道出血。因为宝宝慢性胃炎并没有很明显的典型可以参照，所以爸爸妈妈要特别注意，宝宝一旦出现原因不明的腹痛，要考虑到有可能是慢性胃炎，及时带宝宝去医院检查治疗。

要怎么预防宝宝的慢性胃炎

在人体的胃部有一种螺旋状的杆菌，叫做幽门螺杆菌。预防宝宝慢性胃炎首先要做的就是把好卫生这一关。为了避免大人口中某些隐藏的病菌传给宝宝或者互相传染，在进食的时候最好是实行分餐制。每个人的餐具最好也是固定的，每日定时消毒。

上面说到，慢性胃炎有很大一部分是由宝宝的不良饮食习惯引起的。因此，培养宝宝的健康良好饮食习惯也是很关键的。要注意让宝宝养成少量多餐、定时定量吃饭的习惯，注意营养均衡搭配，少给宝宝吃有刺激性味道的食物。要杜绝宝宝偏食、挑食的毛病，不要让宝宝饿着也不要让宝宝撑着了，不能让宝宝养成依赖零食的习惯。因为这些不健康的饮食习惯会扰乱宝宝肠胃系统的正常运作，导致胃黏膜抵抗力的下降，而让宝宝患上慢性胃炎。

另外，还要让宝宝保持愉快的心情，避免因为吃饭问题给宝宝带来情绪伤害，别给宝宝太多的压力，要保证睡眠的充足，多带宝宝去户外锻炼，强壮体格。

怎么治疗慢性胃炎

最近几年，治疗胃窦炎一般都是通过服用甲硝唑、克拉霉素或者阿莫西林来消灭幽门螺旋杆菌，通过服用西咪替丁或者洛赛克来减少胃酸。服用硫糖铝或胶体次枸橼酸铋来强化黏膜的防御能力。服用吗丁啉来减少呕吐和恶心的症状。

因为胃窦炎属于慢性疾病，所以可以通过中药来调理。通常都会用延胡索、枳壳、黄芩、白芍、陈皮、乌药、山药、木香、蒲公英、香附、北沙参等来进行脾胃的调理和内气的清热。还可以在医生的指导下使用香砂六君子丸、胃复春、猴菇菌片等中成药来进行调理。

小贴士

目前已经能够通过可靠准确的方法来检测出宝宝是否患上了慢性胃炎，发病原因又是什么，还可以根据发病原因和宝宝的体质来进行对症的治疗。所以，就算觉得宝宝慢性胃炎的症状比较轻，也不要随便在家自己用药治疗，要及时带宝宝去医院检查治疗，避免因为用药不当而让病情加重。

慢性胃炎的食疗法

慢性胃炎除了医学治疗，最重要的就是进行饮食调理了。给胃炎宝宝的食物要遵照“软、嫩、细、烂”的原则来选择和烹调。处在成长发育阶段的宝宝要摄入包含足够营养的食物，要适量均衡地给宝宝添加一些豆制品、炖鱼、蛋、新鲜蔬菜、水果、面条、粥、牛奶等。此外，还要给宝宝添加一些鸡肫、猪肚、米仁、山药、扁豆、莲子等能够帮助肠胃功能恢复的食物，少吃竹笋、肥肉、芹菜和油炸食品。

观察双唇，调整饮食

宝宝处在健康的状态，双唇的颜色是淡红色，看起来饱满润泽，没有干裂的情况。当宝宝双唇的颜色发生变化的时候，妈妈就要特别留心了，这可能是宝宝的身体某些地方出现问题而发出的信号。

蜕皮、干裂、鲜红

这有可能是宝宝缺乏维生素 B2 或者内火旺盛的信号，一般还伴有头痛、头晕、便秘、牙疼、尿黄或者便秘的症状。

对策

少给宝宝吃一些辛辣的食物和热性食

物（如羊肉），也不要让宝宝吃那些大补的食品，（如人参、大枣等）。

瘦肉二地煲

原料：瘦肉 30 克，生地黄、熟地黄各 15 克。

做法：将材料洗干净放入清水锅中炖煮，煮烂后调味即可。

嘴唇发白

这表示宝宝气血不足，脾胃状态比较差，一般在贫血宝宝身上比较常见，并伴有失眠、头晕、四肢发麻、乏力等症状。

对策

多给宝宝吃一些猪血、鸡血、鸭血、羊肉、猪肝等能够增加红细胞数量的肉类补血食物。还可以适当给宝宝补充一些黑芝麻、胡桃肉、龙眼肉等补血食物。

当归黄芪羊肉汤

原料：瘦肉 200 克，当归、黄芪各 25 克，姜、料酒、葱、味精各适量。

做法：将洗干净的羊肉放进锅内，用纱布将当归、黄芪裹好，与葱、姜、料酒、盐等一起放入清水锅中炖煮，煮烂后调味即可。

嘴唇泛黑

宝宝体内有湿气堆积，肾脏和脾胃也比较虚弱。并伴有下肢沉重、消化不良、食欲下降和尿频等症状。

陈皮莲肉煲鸭汤

原料：鸭肉 250 克，莲子肉、炒薏米各 30 克，淮山 12 克，生姜 10 克，陈皮 6 克。

做法：将洗干净的鸭肉切块，将全部用料都放进清水锅内煮沸。煮沸之后转小火炖煮，到鸭肉煮烂之后调味即可。

嘴唇发青或发紫

说明宝宝身体里面血瘀气滞的情况比较严重，还伴有胸部疼痛、胸闷、易惊醒、睡眠质量差等症状。

益母草粥

原料：益母草 100 克，粳米 50 克，红糖适量。

做法：将益母草与粳米一起放入清水锅中煮烂，等粥煮到黏稠状后加入红糖即可。

去痱食谱

龟苓汤

原料：龟肉 350 克，鲜土茯苓 100 克，云苓 50 克。

做法：将龟肉用开水焯过，土茯苓洗净去皮，切片打碎。

将土茯苓和龟肉同时放入清水锅中大火煮沸。

煮沸之后转小火熬 4 小时，去渣调味即可。

功效：清热去火，滋阴去湿，可以预防和缓解痱子的发生。

绿豆荷叶饮

原料：生苡仁 25 克，绿豆 50 克，鲜荷叶半片，红糖适量。

做法：将荷叶撕成片状，苡仁绿豆洗净浸泡。将材料一起放入清水锅内大火煮沸。煮沸之后转小火炖一个小时，拿掉荷叶，适当调味即可。

功效：利水消炎，清热止痒，是去痱的佳品。

蜜糖银菊露

原料：菊花 10 克，金银花 10 克，蜜糖约 15 毫升。

做法：将菊花、金银花放入 2 碗半的清水中煎煮。煎成 1 碗左右，放凉调味即可。

功效：解毒去湿，利水止痒，有着很

好的去痱疗效。

冬瓜扁豆苡米汤

原料：扁豆20克，生苡米20克，冬瓜500克，青小豆20克。

做法：将冬瓜、白扁豆、生苡米一起放入清水锅内大火煮沸。

煮沸之后转小火炖两个小时即可。

功效：去湿解暑，健脾降火，有预防痱子发生的功效。

暖胃食谱

饴糖豆浆

原料：饴糖20克、豆浆200毫升。

做法：将饴糖放入豆浆中冲泡。煮沸后即可。

功效：适合反酸胃胀的宝宝食用。

莲子糯米粥

原料：莲子、糯米、米仁各50克，红糖15克。

做法：将莲子用开水泡过，去心去皮。

将莲子放入清水锅中煮半小时。

加入粳米和米仁煮沸，转小火炖烂即可。

功效：适合中消瘦胃虚、食欲不振的宝宝食用。

牛奶蜂蜜鹌鹑蛋

原料：牛奶200毫升、蜂蜜30克、鹌鹑蛋1只。

做法：将牛奶煮沸。

倒入打散的鹌鹑蛋，煮数分钟之后加入蜂蜜即可。

功效：适合口渴便秘、胃部冷寒的宝宝食用。

第 16 章
1 岁 8 个月宝宝的饮食营养

1 岁 8 个月宝宝的喂养须知

对于这个阶段的宝宝来说，饮食多样化是最重要的。要科学地给宝宝进行荤素搭配，粗细粮结合和动植物蛋白的搭配。不要摄入过多的脂肪和糖类，保持膳食的均衡。

做好每日三餐的菜肴要不同，如条件有限，对于同种食物也可以采取不同的烹调方法来保持宝宝对菜色的兴趣。

要根据季节变化和时令的变更，以及宝宝口味的转变来调整食物的种类，保证宝宝的健康成长。

1 岁 8 个月宝宝的发育指标

发育指标	男孩	女孩
体重（千克）	76.8 ~ 88.2	75.2 ~ 86.8
头围（厘米）	10.4 ~ 13.1	9.9 ~ 12.2
身高（厘米）	47.4（平均值）	46.3（平均值）
牙齿	12 ~ 14 颗乳牙	12 ~ 14 颗乳牙

1 岁 8 个月宝宝的每日食谱

餐次	用法
上午	7:00 鸡蛋羹 50 克，碎菜 50 克 8:30 牛奶 150 毫升，苏打饼干 30 克 10:30 坚果 50 克
下午	12:00 肉末白菜豆腐汤 150 克，米饭一小碗 15:00 新鲜果汁一杯，面包一片
晚上	18:00 鸡蛋菠菜粥 100 克 21:00 奶类 200 毫升，水果适量

辨别有害食物

很多食品本身就含有天然的颜色，这些鲜明的颜色能够让宝宝的食欲增加，从而促进消化液分泌的增加，帮助宝宝对食物的消化吸收。但是，还有一些经过精加工或者在保存的过程中，经常会添加一些食用色素来改变食物原来的颜色，来使色泽更鲜艳或看起来更吸引人。但是这种色素吃多了会给身体造成不良影响。

所以，在这些有诱惑力但又会损害宝宝健康的食物当中，妈妈应该怎么样用自己的“火眼金睛”来辨别美食，让宝宝远离这些有害食品呢？

市面上的鲜艳食物

在市面上经常会看到一些颜色特别漂亮，看起来特别新鲜的食物，比如紫得发亮的花生米，黄红色的虾片，绿豆色的粉丝等。看着这些外表诱人的东西，就算原本没打算买，也可能会忍不住多买一些。

这些加工过的食物中一般都含有食用色素。而食用色素又可以分为人工合成色素和天然色素。如果食用了含有人工合成色素的食物，就有可能引起宝宝的过敏反应，如鼻炎、皮肤瘙痒，或者哮喘等。一些人工合成色素甚至会刺激到宝宝的神经，让宝宝时刻保持兴奋，患上多动症。所以，那些有着美丽色彩的食物不一定就是营养丰富的食物，要知道，就算是新鲜的蔬果也不是越鲜艳就越营养，所以，妈妈要避免踏入这个颜色误区。

怎么做

不买过艳蔬菜　自然的才是健康的。以自然状态呈现的才能给宝宝提供充足健康的营养。因此，在碰到那些颜色过于鲜艳的蔬菜的时候，最好用手搓一下检查看看是不是掉色。如果买回去的菜，在洗的时候洗出了满手的颜料，那就要注意下次不要买了。

不买怪味蔬菜　很多商贩会将蔬菜放在化学剂里面浸泡来让蔬菜的卖相更好。浸泡过的蔬菜，尽管看起来很新鲜，但是味道已经变了。就算用力洗也不一定洗得掉。所以买蔬菜之前还要先闻一些，如果蔬菜有异味就不要买了。

艳鱼用水浸泡　有些本身就有颜色的鱼，但看起来尤其鲜艳，就要先将鱼放在水里浸泡一段时间。比如黄花鱼，因为颜色有浅黄到深黄的区别，所以比较难以区分是不是天然无色素添加。那就要放在水里浸泡，如果掉色的话，就肯定不能买了。

挑选大米白面不能光看白不白　谷粒是由含有不同营养的谷胚、糊粉层、谷皮、胚乳组成的，谷胚中含有丰富的维生素 E、脂肪、蛋白质、矿物质、B 族维生素和碳水化合物，是长芽的地方。糊粉层中包含了丰富的 B 族维生素和蛋白质。谷皮中含有丰富的矿物质，由半纤维素和纤维素组成。胚乳含有丰富的淀粉和少量的蛋白质，是谷粒的关键部分。若在加工的过程中能够很好地保留营养，就是质量优的大米。但若是加工过程太精细，就有可能损失比较多的谷皮和糊粉层。即便看起来又白又透亮，吃起来也香，但是 B 族维生素和矿物质等营养素已经大大地流失了。

餐馆里的养眼菜色

都说做饭要讲究“色香味”俱全。既然“色”排在了第一位，就说明诱人的卖相能够吸引食客，享受吃的乐趣。所以，很多饭店就会在“色”上尤其讲究，炒的菜都是油亮油亮的，炒的肉也是红嫩红嫩的，让人还没吃就流口水。

厨师为了做出卖相好看的菜式，常常会在菜出锅之前往上面淋明油，以使菜品看起来更鲜艳更光泽。这就使油脂的摄入量在无意中增加了。尤其是肉类。有些肉类在还没做之前是褐色的，可做了之后却变成粉色的。这就很可能是在做之前将肉泡在亚硝酸盐中发色。肉类中含有的氨基酸和其他胺类物质容易跟亚硝酸盐结合，生成致癌物质亚硝胺类。

怎么做

在家做饭 有些妈妈比较忙，所以保证每天在家做饭是一件比较困难的事情。如果实在没空，就可以请一个专门管做饭的小时工，或者让宝宝的爷爷奶奶来给宝宝做饭。

少去餐馆 不仅是宝宝、大人也要控制自己少去餐馆吃饭。若家里有宝宝，回去跟宝宝吃饭还能增进感情交流。

宝宝爱吃的美味零食

那些让宝宝爱不释手的零食，通常都含有食品添加剂。比如看起来有质感又膨松的面包，五颜六色即便放了长时间也不会变化的果汁，鲜艳欲滴的水果干，都让宝宝欲罢不能。

这些零食大多都含有食品添加剂。其实食品添加剂在我们的生活中是很常见的，一般在国家许可范围之内的添加剂都是安全的。但是，如果吃的所有零食中都含有少量的添加剂，积少成多，也会造成摄入过量。那摄入的这些添加剂的成分会不会在体内互相结合，生成什么不利于健康的物质呢，现在还没有确切的答案。但宝宝吃多了零食不仅会摄入过多糖分还会影响正餐，所以，还是要尽量让宝宝少吃零食，避免造成零食依赖。

怎么做

自然食材 妈妈可以在时间允许的情况下买一些自然新鲜的食材，尽量少油少盐少味精地烹调，这样就能减少食品添加剂的摄入，还能给宝宝提供均衡的营养，增强宝宝的免疫力。

少买速食熟食 妈妈工作忙，就会给宝宝买一些速食和熟食，拿回家简单处理一下就能吃了。虽然这比较能节省时间，但也只能偶尔为之。因为速食和熟食中也会添加不同种类的食品添加剂来保持卖相？长时间这么吃也会增加宝宝的添加剂摄入量。

形态各异的点心

蛋糕房卖的很多点心都有着漂亮的造型，丝绸般柔软的酥皮一层一层地包围着馅料，奶油被做成各种各样的性状，饼干又看起来香酥甜脆，看着胃口大开，不买都不行。

这些看起来形状各异、甜香诱人的点心一般都用了起酥油（也就是氢化植物油）来制作。妈妈一旦在点心的原料标签中看到起酥油，就说明点心中含有反式脂肪酸。反式脂肪酸是一种对宝宝的健康有不良影响的物质。它虽然有着脂肪酸的名号，但却没有脂肪酸的营养价值。摄入过多的反式脂肪酸容易干扰宝宝脑膜上的脂肪酸代谢，影响宝宝的脑部发育和智力的发展。所以，妈妈要特别谨慎地给宝宝挑选点心。

怎么做

在买点心之前要先仔细看看食物标签，如果含有起酥油或者氢化植物油就尽量不要买。现在蛋糕房的点心都标榜现做现卖，有一些点心并没有食物标签，所以妈妈也无法确定里面是不是有添加起酥油。但是对那种容易出现反式脂肪酸的点心种类（如含有酥皮的中式点心，含有奶油巧克力的西式点心），还是少买为妙。

如何给宝宝选择健牙食物

1～2 岁间的牙齿发育

宝宝在 1～2 岁间，是牙齿成长的黄金期。这个时候宝宝还是吃一些幼儿类的固体食物，前面的切牙跟后面的臼齿也逐渐的成长起来，但是咀嚼能力还未发育完全，所以给宝宝做的食物要尽量选择软、烂、碎的。在宝宝长臼齿的时候可以适当添加一些可以锻炼咀嚼的食物，如饼干，面包片等。（参见第 2 篇第 13 章“出牙期的饮食规律”）

这个阶段还是宝宝学习说话的关键时期。在辅食添加的过程中，宝宝能够很好的锻炼自己的口腔，慢慢地适应那些形状、大小、硬度都不同的食物，还可以让宝宝通过口腔、牙齿和舌头的配合，给语言发育打下基础。

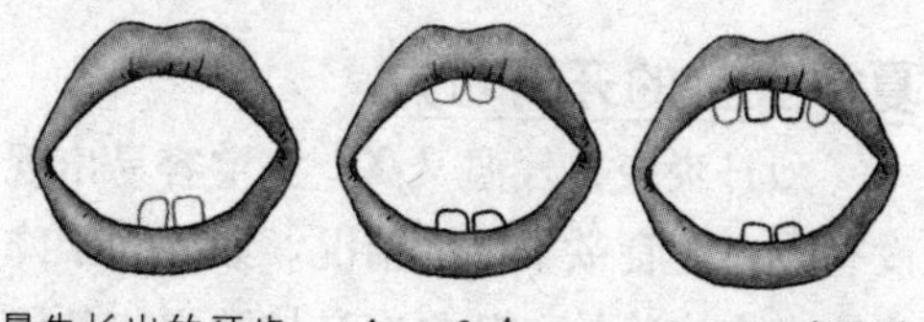

最先长出的牙齿一般是下门牙，不同的孩子长牙的年龄有差别，一般为 4 ~ 5 个月大。

4 ~ 6 个月大，开始长出上门牙。

6 ~ 12 个月的时候（一般来说），开始长出上门牙两侧的 2 颗牙。

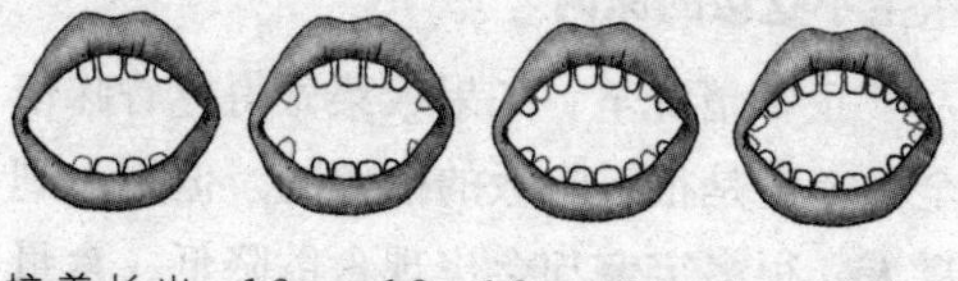

接着长出两侧的下门牙，总共8颗牙。

12 ~ 18 个月时，长出 4 颗小臼齿。

12 ~ 24 个月时，长出 4 颗犬齿。

4 ~ 30 个月时，长出另外 4 颗小臼齿。

2 ~ 3 岁间的牙齿发育

宝宝在 2 ~ 3 岁间已经进入了吃固体食物的阶段，牙齿基本上已经长齐了，差不多可以吃成人食物了。但是由于宝宝牙齿的钙化程度比成人低得多，容易长蛀牙，所以在吃方面还是要特别留心一下。为了防止宝宝长蛀牙，要注意两方面，一是要保证宝宝营养的均衡摄入，促进宝宝的健康发育，另外就是要让宝宝保持牙齿的清洁，注意保护口腔。这样才能让宝宝不长蛀牙，吃出一口好牙。

怎么护理宝宝的牙齿

刷牙用具　给宝宝挑选的牙刷要柔软，最好是立毛的牙刷。这样能够比较全面地清洗宝宝的牙龈和牙齿。一旦发现宝宝长蛀牙或者有长蛀牙的趋势，就得使用特制的柔软牙刷给宝宝刷牙。牙膏最好选择氟化牙膏，要将宝宝的刷牙用具单独放置，牙刷头部用牙刷套盖好，以免染上细菌。每 3 个月要给宝宝换一次牙刷，生病之后也要换牙刷，以免重复感染。

睡前刷牙　睡前刷牙很重要，若宝宝在吃了甜食或含有糖分的零食之后不刷牙漱口，就会让食物的渣滓在口腔内部“建造出”有利于病毒或细菌成长的酸性环境，从而使宝宝长蛀牙的几率增大。提醒宝宝在两餐之间多喝点水，尤其是在吃完零食点心之后，喝些果汁、牛奶或白开水。尽量避免让宝宝用有豁口的杯子喝水，还要避免宝宝满嘴食物，影响消化。

牙齿环境　为了不让宝宝牙齿受到伤害，要尽量给宝宝制造一个免伤害的牙齿环境。比如，汽车座位要正确选择和安装，给宝宝玩的玩具或者家里的家具，不要选择硬质的或者有棱角的。若宝宝不小心磕到了牙齿，要先用冷纱布敷在宝宝的牙齿损坏处，然后将牙齿的碎片收集起来，尽快带宝宝去看医生。

练习刷牙　宝宝两岁大了之后，就要让宝宝练习刷牙。每天早晚两遍，爸爸妈妈要给宝宝做好榜样。要教导宝宝，首先将牙刷触向牙龈处，让牙龈贴紧牙刷毛，然后稍微用力，让刷毛绕着牙缝上下旋转。刷上面的牙要上下旋转，刷下面的牙就要下上旋转。刷上牙的内侧要上下拉动，刷下压的内侧要下上拉动。刷牙时间要保持在两分钟左右。这样才能达到全面的清洁效果，防止蛀牙的产生。（参见第 1 篇第

7章“训练宝宝刷牙”）

辅食添加和牙齿的关系

宝宝4～6个月是乳牙的成长期，1岁时候已经长出6～8颗牙，2岁～2岁半20颗牙就能长齐了。在宝宝的牙齿成长阶段，辅食添加和均衡营养对宝宝的牙齿发育极为重要。为了给宝宝的牙齿发育提供充分的营养素，要及时地添加辅食。辅食中的钙、铁、磷等矿物质和维生素对宝宝牙齿的成长起着重要的促进作用，可以让宝宝在咀嚼食物的时候锻炼消化和咀嚼能力，还能为宝宝开口说话打下基础。

如何给宝宝选择健牙食物

多吃高蛋白的食物　蛋白质有着促进牙齿形成、萌出、发育和钙化的作用。所以，为了宝宝的牙齿健康，要多吃一些高蛋白的食物。蛋白质的食物来源比较丰富，可以从鱼类、肉类、蛋类、乳类等动物性蛋白质中补充，也可以从豆类、豆类、干果类等植物性蛋白质中补充。这两大类蛋白质均衡地摄入，能够促进牙齿的健康发育。缺乏蛋白质则可能延迟宝宝牙齿的萌出时间，导致牙齿排列不齐或牙周组织病变的现象发生，还会增加宝宝长蛀牙的几率。

多吃富含维生素的食物　维生素B和维生素C是形成骨胶和牙釉质的重要催化剂，维生素D能够帮助钙质的沉淀和吸收，维生素A能够帮助维持牙龈组织的健康，维生素是一种能够调节人体正常生理功能的有机化合物，所以，为了宝宝的牙齿健康，也要多补充一些含有丰富维生素的食物。维生素A、维生素D可以从动物肝脏、乳类或者鱼肝油中摄取。维生素B可以从橘子、梨、核桃、栗子、香蕉、葡萄、猕猴桃等食物中摄取。维生素C可以从含有丰富纤维质，有着清洁牙齿和按摩牙龈作用的各类蔬果中摄取。

多吃富含矿物质的食物　磷和钙是组成牙齿和颌骨跟牙槽骨的重要物质，补充足量的磷和钙能给牙齿发育打下基础。乳制品和乳类是钙质的优质来源，因为乳类和乳制品中的含钙量很高，还容易被宝宝吸收，被称为宝宝的最佳补钙食品。此外，富含钙、磷、铁、氟等微量元素和矿物质的食物还有海带、黑木耳、粗粮、黄豆等，多吃这些食物也能够帮助宝宝牙齿的钙化。

总之，缺少了任何一种维生素，或者宝宝体内的维生素比例失调，都有可能导致钙化不全，从而影响宝宝的牙齿发育。

夏季宝宝的开胃巧方

烈日炎炎，气温又高。宝宝容易出现没有胃口、食欲下降的情况。如果为了降暑让宝宝吃冷饮，就更容易导致宝宝的肠胃不适。所以，为了让宝宝能在夏天也有一个好胃口，保持肠胃的健康，妈妈一定特别注意以下几点。

宝宝不吃饭的原因

正常情况下，如果饭菜做得色香味俱全，宝宝是很有吃饭的欲望的。但是一到夏天，很多宝宝却会出现食欲降低、食量减少的情况。有些宝宝甚至一口都不愿意吃，不是闭着嘴就是用手把饭碗推开。一般出现这种情况有两种原因，一种是非疾病的原因，即因为气温高、潮湿闷热，而影响到宝宝的胃口。另外一种是疾病原因，即宝宝可能患上了某种消化道疾病或者有肝炎、肠炎而导致食欲不振。还有可能是因为患上了咽炎和口腔炎等局部性炎症，因为吃东西会引发疼痛而拒食。（参见第1篇第7章“急性溃疡性口腔炎”）

所以，若宝宝不愿意吃饭，妈妈一定要先摸清楚拒食的原因，再对症解决。若是第一种原因，那就比较好解决，只要给宝宝做一些消暑或者开胃的食物就可以。但若是第二种原因，就要及时带宝宝去医院看医生了。

小贴士

对于消化吸收能力比较弱的宝宝，妈妈可以经常给宝宝的腹部做按摩，帮助宝宝的消化吸收。

吃什么开胃

在宝宝食欲不振的夏季，可以给宝宝做一些蔬菜泥、果汁、果泥等来给宝宝解暑去火。或者做一些营养丰富的水果餐，来给宝宝补充营养。在夏季给宝宝做吃的，一定要遵循好看、清爽、口感好这三个原则。只要抓住了窍门，就能很快给宝宝开胃，提高宝宝的食欲。

水分要充足　天气那么热，宝宝又不安分，老是爱左动右动，不一会儿就满身大汗了。这个时候妈妈就要及时给宝宝补充水分了。体内缺水，宝宝容易中暑，对身体健康产生不利的影响。在宝宝出了很多汗之后，可以给宝宝补充一些盐开水。另外，白开水是最好的饮品，尽量少用果汁和饮料来代替白开水。

适当地进补　爸爸妈妈都知道冬天比较适合进补，但是用对了食材，就算是炎热的夏天，也能给宝宝补身。夏天给宝宝补身体能够打开宝宝的胃口，提高宝宝的食欲，但是要注意的是，进补要以清凉为主，而不能跟冬天一样选用温性食材，避免宝宝内火的加重。

吃得巧保营养　即便夏季宝宝的饮食多以清淡的素食为主，但是也不能忽视了其他营养的摄入。若宝宝不愿意吃含有蛋白质的肉食，妈妈可以用有同等营养素的蔬菜、牛奶或豆腐来代替。若宝宝不愿意吃米饭，妈妈可以用比较容易入口的凉拌面或粥来代替。要尽量少给宝宝吃过于油腻和有刺激性味道的食物。为了让宝宝多吃一些，可以采取少吃多餐的方式，或者让宝宝自己拿着食物吃，这样既能提高了宝宝吃东西的欲望，又能锻炼了宝宝的咀嚼能力。

冷饮不能吃太多　炎炎烈日，能够喝个冷饮，啃个冰棍真是透心凉。但是，宝宝的细化系统尚未发育完全，还是很娇嫩，随便给宝宝吃冷饮容易使宝宝胃黏膜血管和口腔产生急速收缩，阻碍胃液的分泌和局部性的血液供应，容易在吃了之后发生腹痛、腹泻和食欲减退的症状，所以，妈妈一定要严格控制宝宝的冷饮摄入量，尤其是要避免宝宝在饭前吃冷饮。

当然，少吃并不是说不能吃。适量地吃一点点还是可以的。在宝宝吃冰棒的时候，妈妈要教导宝宝小口小口地吃，不要狼吞虎咽，以免牙齿被刺激而引发牙病。

此外，还要注意一日三餐要定时进食，不能随着宝宝的意，饿就吃，不饿就不吃。这样容易引发宝宝消化系统的紊乱，不利于宝宝的健康成长。

多吃苦味食物多补维生素 E　苦味食物一般都有去火解热的功效，所以妈妈可以多给宝宝做一些苦味食物，如莲子芯、芹菜、苦瓜、香菜、蒲公英等。这些苦味食物可以让宝宝保持清爽，防止中暑。此外，还可以多吃一些含有维生素 E 的食物，如核桃泥、奶制品、蔬果类、麦芽、麸皮面包等。

食物要保持新鲜卫生　气温高，细菌的生长速度也就加快了，东西买回来没多久就会变质。而宝宝的消化系统又尚未发育完全，发生感染的几率就比较高，所以，给宝宝吃的东西一定要保持新鲜卫生。最好是吃多少买多少，现做现吃。从冰箱里拿出来的食材要煮透，不能光通过微波炉来消毒。此外，还要让宝宝养成饭前便后洗手的好习惯。

小贴士

宝宝发生腹痛腹泻的状况，一定要及时带宝宝去看医生。拉肚子的宝宝，妈妈可以做一些胡萝卜泥或者胡萝卜粥给宝宝吃。

如何改造“肉食宝宝”

食物可以分为六大类，五谷根茎类、肉鱼豆蛋类、蔬菜类、水果类、油脂类和奶类。肉类就属于六大类食物中的肉鱼豆蛋类。不管是鸡鸭鹅等家禽类，猪牛羊等家畜类或者鱼虾蟹等水产类，都包含在肉类之中。肉鱼豆蛋类能够给人体提供丰富的脂肪、维生素和多种矿物质。

很多人都认为，补充营养就是补充肉类。肉类在烹调之后会散发一种特殊的诱人香味，所以很多宝宝都喜欢吃肉。但是，爱吃肉是不是就能让宝宝多吃肉呢?

实际上，肉类是蛋白质的主要来源，为宝宝的成长发育和身体组织的修复提供不可或缺的营养素。肉类中还含有跟人体的氨基酸组成比例类似的氨基酸，比较容易被人体消化吸收。不同种类的肉，也有着不同的蛋白质含量。一般来讲，鱼虾类的蛋白质含量要比家禽家畜类的蛋白质含量高。

肉类是六大类食物中脂肪含量最高的。通常来讲，白肉的脂肪含量比红肉的脂肪含量要少得多。肉类还能给人体提供维生素和矿物质。在吃小鱼干的时候连同骨头一起吃，能给身体补充丰富的蛋白质。羊肉、牛肉或鱼肉边缘比较深色的血和肉含有丰富的磷、铁、钾等微量元素。镁、硫、铜等矿物质在肉类中也占有一定的比例。此外，肉类中还含有丰富的维生素 B1、B2、B6、B12。

肉食宝宝要注意营养均衡

肉类有很高的营养价值，是宝宝成长发育不可缺少的食品。但是宝宝太爱吃肉而不吃其他的食物，就有可能造成营养的失衡，而引发一些健康问题。

那么宝宝到底可以吃多少肉呢？实际上，有一些肉类中的营养成分可以通过豆类和蛋类来摄取，如果宝宝太爱吃肉而造成营养不良，可以用豆类或蛋类来代替肉类。要记住，每天至少要摄取十种食物才能保证营养的均衡。光吃一种食物是无法保证一整天的营养需求的。

如何改造肉食宝宝

想要纠正宝宝只吃肉不吃菜的坏习惯，妈妈可以试试以下几招：

想方设法转变蔬菜的烹调方式，来让宝宝对食物保持高度的新鲜感，增加食欲。

尽量将肉块搅成肉末，加一些胡萝卜或洋葱做成肉饼或肉粥给宝宝吃，少给宝宝吃大块肉。

对待宝宝不爱吃的蔬菜，可以将肉末加进菜里面，来提高宝宝对蔬菜的兴趣。如将洋葱、高丽菜或者胡萝卜跟牛肉放在一起煮汤，等肉味渗进蔬菜中后，宝宝就会比较爱吃了。

改造宝宝的饮食习惯是一个耐力战，所以在短期之内，若宝宝对肉类的兴致还是不减的话，妈妈就要尽量选择那些低脂的肉类。少买脂肪含量高的肉类，如香肠、五花肉等，多买饱和脂肪酸比较少的肉类，如鸡肉、鱼肉等。还要注意尽量采用烤、蒸、卤或水煮的烹调方式来做肉菜，这样可以降低热量的摄入，避免养出小胖墩。

如果宝宝实在爱吃肉爱得不行，又已经是个需要减肥的小胖墩了，那就需要给宝宝分配固定的肉类份额，严格盯紧宝宝，不能让宝宝再无所顾忌地吃下去。但是要注意让家人也要保持这种分配行为，给宝宝树立榜样。

总之，宝宝饮食最重要的就是营养均衡，挑食、偏食都会影响宝宝健康成长，只有保持健康的饮食习惯才能让宝宝吃出好身体。

控制宝宝饮食摄入

都说零食会影响宝宝吃正餐，还会让宝宝摄入太多糖分，变成个小胖墩，所以妈妈有时候都不敢让宝宝吃零食了。有些宝宝一拿到零食就不肯撒手了，吃个没完，抢过来不给吃还会哭闹不止。其实有时候宝宝不好好吃饭，不一定就是零食惹的祸。零食不是不让吃，而是要吃对时机，吃得巧。以下列出几种对付零食宝宝的小妙招，妈妈要注意看了。

大人要先反省自己

一味地把宝宝不吃饭的责任推给零食，还不如从自己身上找找原因。看看自己是不是有强迫宝宝吃他不爱吃的东西，或者因为赶时间老催着宝宝吃饭，还是忽略了愉快安静用餐环境的配方。大人要先反省一下自己，是不是这些错误的喂养方式造成了宝宝吃不好正餐，而依赖上零食的。

不要吊宝宝的胃口

不要将零食作为宝宝做某些事的诱饵，这样只会让宝宝养成被动和消极的行事方式。

为什么宝宝那么爱吃零食，那是因为零食不仅有好口味，而且卖相也好，看着就有食欲。如果妈妈做的饭菜既不好吃，也不好看，宝宝当然就不爱吃了。所以，在妈妈给宝宝做菜的时候要多下些苦功，努力做出色香味俱全的饭菜来引起宝宝的食欲。正餐吃得多了，自然就没有空余的肚子来装零食了。

不要对宝宝予取予求

现在普遍都只生一个宝宝，所以有些妈妈就会对宝宝宠到心坎里，宝宝想要什么就给什么。宝宝愿意吃零食，就让宝宝没完没了地吃。造成宝宝不吃正餐的元凶，往往就是最疼宝宝的妈妈。其实，妈妈只要动点小心思，就可以抑制宝宝对零食的需索了。比如，把零食藏在宝宝看不见的地方，宝宝找不到哭闹一阵子之后也就罢了。如果让宝宝无节制地吃零食，吃完还会想要，而这么大的宝宝根本就没有足够的自制能力，只会越吃越多。

零食的选择

鲜奶、奶酪或酸奶等奶制品中含有丰富的脂肪、蛋白质、钙质和糖分，可以用来作为宝宝的零食。酸奶和奶酪可以让宝宝在两餐之间食用，而鲜奶有催眠作用，最好是让宝宝在临睡之前喝。

水果中的维生素、矿物质和糖分的含量丰富，作为宝宝的零食可以提高宝宝的食欲，帮助宝宝消化吸收。可以挑选新鲜成熟的水果，加在午餐和晚餐之间让宝宝吃。尚未成熟的水果容易对宝宝的胃肠道造成刺激，引起宝宝腹胀、腹泻。所以不要给宝宝吃不成熟的水果。

在宝宝饿的时候可以给宝宝吃一些用谷类制成的小点心，但是不能吃太多，也不能在快要吃正餐的时候给宝宝吃，免得降低宝宝吃正餐的欲望。可以在早午餐和午晚餐的中间给宝宝吃。正餐之后，可以给宝宝吃一些果丹皮、杏肉，或山楂糕等小食品来促进宝宝的消化吸收。

小贴士

在宝宝 3 岁之前，尽量少给宝宝吃果仁、果冻之类的食物。好动的宝宝在吃果仁的时候也容易让果仁滑入气管造成窒息。果冻又是需要吸食的，稍不注意就会将未经咀嚼的果冻直接吸入喉道，堵住喉管而造成危险。若宝宝一直不愿意吃正餐而光吃零食，就要考虑给宝宝断零食了。

宝宝腹泻的饮食禁忌

不要吃糖

宝宝在腹泻的时候，要控制糖分的摄入，尤其是果糖和零食。因为糖被宝宝摄入之后会在肠内引起发酵，造成胀气而导致腹泻的加重。宝宝喝药之后也应该用别的东西来代替糖去苦味。

不要吃高脂肪食物

动物类食油（如猪油、牛油、羊油）中含有比较多的脂肪，在宝宝腹泻的时候摄入会加重宝宝腹泻而导致久泻和滑肠。植物类食油中也包含脂肪，在做菜的时候要注意用油量不能太多。

不要吃难消化的食物

宝宝腹泻跟饮食脱不开关系，在腹泻的时候还吃不容易消化的食物就更容易伤肠胃了。有些食物虽然吃得了，但不一定消化得了，所以要尽量避免这类食物的摄入。这类食物种类比较多，除了以上提到的那些之外，还有杏仁、葵花子、松子、西瓜子、蜜饯等也不能吃。

不要吃会胀气的食物　宝宝在腹泻的时候肠胃蠕动比较快，如果再摄入会导致胀气的食物，就会使腹泻的症状加重。酸奶中的乳酸菌有着抑制胃肠有害细菌滋生的作用，所以可以饮用。而牛奶由于饮用之后会在肠道内造成胀气，所以不要饮用。

不要吃含有高蛋白和粗纤维的食物　食用之后会加快肠胃蠕动，加重腹泻的食物有：黄豆、赤豆、豆腐、百叶、粉丝、豆浆、绿豆、蚕豆、青豆、黑豆、豆芽等。

不要吃长纤维质蔬果　半纤维质、纤维质有着加快肠道蠕动的功效，在腹泻的时候食用含有长纤维质的蔬果，只会加重宝宝的腹泻。蔬菜中，如毛笋、竹笋、菠菜、白菜、茭白、辣椒、洋葱、青菜等即属长纤维质，水果中，如西瓜、橘子、菠萝、广柑、梨、柚子、柠檬等属长纤维质食物。

宝宝食积的饮食调养

一到冬天，宝宝就不愿意动，电视和零食就成了宝宝的精神支柱。尤其是过年的时候，家里的零食更多了，爸爸妈妈忙没空盯着宝宝，宝宝就没有节制地吃零食，作息也不规律。长期下来容易伤害到宝宝的脾胃，而引发食欲下降、腹胀胸闷和疲倦无力等食积的症状。以下介绍几种巧用食材的方法，来消除宝宝的食积，让宝宝一身轻松。（参见第 2 篇第 20 章“宝宝食积问题”）

山楂片

山楂片酸甜可口，有着促消化和开胃的功效。与其让宝宝吃那些薯片、牛肉干等零食，不如换成山楂片更有益于宝宝的身体健康。在饭后适当地吃一些山楂片，能够帮助胃液的分泌，能够起到改善宝宝食欲不振起到消食健胃、去油化积的作用。但是山楂片中的糖分含量比较高，也要注意不能食用过量。

陈皮

陈皮有着促进消化、缓解腹胀的功效，对脾胃气滞有着很好的治疗作用。妈妈在做菜的时候适当地加一些陈皮，可以起到理气提味、健脾导滞的作用。用陈皮作为原料的菜品有陈皮蒸鱼、陈皮香鸡、陈皮焖鸭、九制陈皮骨等。

谷芽麦芽水

谷芽麦芽有着消食导滞、促进消化的

功效，用谷芽麦芽煮出来的水，气味清香，适合作为宝宝的日常饮品。具体做法是，用谷芽、麦芽各 15 克，放进加了水的锅中煮，15 分钟后即可关火。等放凉了就能让宝宝喝了。

山药莲子粥

山药有着健脾养胃的功效，莲子甘甜，有着宁神安心、补肺益胃的功效，二者放在一起熬的山药莲子粥有着防止脂肪沉积、保持血管弹性、促进消化吸收的作用。具体做法是，取莲子、山药各 10 克放在水里浸泡，然后将 100 克粳米洗干净之后用油、盐腌上，最后将三种材料放在一起用慢火熬成粥后调味即可给宝宝食用。

去食积食谱

陈皮香鸡

原料：母鸡 1 只，陈皮 15 克，葱、姜、绍酒、醋、酱油、白糖、精盐、麻油、花椒、干红辣椒、花生油各少许。

做法：将处理过的鸡肉加料酒和精盐腌制半小时。

陈皮洗净切块，调味椒切断拍碎。

将鸡肉放入油锅中翻炒至金黄色，放入各种材料，加入适量开水大火煮沸。

煮沸之后换小火炖煮半小时，适当调味，淋上麻油即可。

陈皮蒸鱼

原料：鱼肉 500 克，蒸鱼豉油、蒜头、陈皮各适量。

做法：将切碎的陈皮和蒜头洒在鱼上，放入锅中大火蒸熟。

将鱼取出锅中，倒去腥水。

往鱼上倒入蒸鱼鼓油。

将一勺油烧成七成熟，倒在鱼上即可。

九制陈皮骨

原料：排骨 500 克，九制陈皮 5 片，花椒、八角、茴香、桂皮各适量，生抽、红糖各少许。

做法：将洗净的排骨用生抽、盐、糖腌制一会儿。

将葱头和蒜末放入油锅中炒香，倒入排骨。

翻炒数下后加入清水、陈皮和香料炖煮 15 分钟。

将去掉香料的排骨倒入煲锅里炖煮一小时，去掉陈皮，适当调味即可。

陈皮焖鸭心

原料：鸭心 500 克，陈皮 5 片，植物油、香油、辣椒、米酒、酱、醋、盐、白糖、花椒、大葱、姜各适量。

做法：将洗干净的牙心去血管切片，加入料酒、精盐腌制一会儿。

将鸭心倒入油锅中翻炒，炸硬后捞出控油。

将葱、姜、花椒等放入油锅中炒出香味。

放入鸭心，加入米酒、料酒和其他调料，烧开后即可。

长在“蜜罐”里的宝宝

蜂蜜爽甜可口，含有丰富的果糖、维生素、葡萄糖、微量元素和多种有机酸盐，是一种很好的滋补品，对很多疾病也有着辅助治疗的作用，受到很多人的喜欢。因为蜂蜜的营养价值高，所以爸爸妈妈就喜欢将蜂蜜加到牛奶或温水中给宝宝饮用，既补充了营养素，又能够有效地缓解便秘，让宝宝排便更顺畅。

但是，蜂蜜虽然有这么多优点，也不是谁都适合食用的，尤其是肠胃发育不完全的宝宝。如果食用不当，不仅不能够给宝宝补充到足够的营养素，发挥蜂蜜的作用，还有可能对宝宝的健康产生不良影响。

那么，到底应该怎样给宝宝吃蜂蜜呢？

肠胃病宝宝不宜吃蜜

蜂蜜性质温和，性状清凉，但有着加快肠胃蠕动、缓解便秘的作用。所以，对那些有着腹胀腹泻，或者患有肠胃病的宝宝，为了避免病情的加重，最好还是不要吃蜂蜜。

一周岁的宝宝不适合食用蜂蜜

据研究发现，全球各地的灰尘与土壤当中，通常都含有一种细菌，叫做肉毒杆菌。而带着这种细菌的花粉和花蜜却经常在蜜蜂采蜜的过程中被带回蜂箱，让肉毒杆菌污染到蜂蜜。宝宝由于肠胃发育不完全，体内还不具备足够平衡生态的微生物，抗病能力比较弱，肉毒杆菌进入宝宝肠道之后容易生长繁殖，产生毒素。在毒素的肝脏解毒速度赶不上毒素产生速度的情况下，会引起宝宝食物中毒。摄入蜂蜜而导致肉毒杆菌中毒的宝宝会出现吸奶无力、呼吸困难、迟缓瘫痪或哭声微弱等症状。所以，为了避免宝宝出现中毒而影响健康，在一周岁之内的宝宝，最好是不喂食蜂蜜。

科学食用蜂蜜

可以让宝宝直接食用已经成熟的新鲜蜂蜜，也可以用水稀释蜂蜜成为蜂蜜水。这样比纯蜂蜜更容易被肠胃吸收。但是要注意不要用开水来冲蜂蜜或者将蜂蜜放置在高温的环境中进行烹煮。因为不适当地加热，容易使蜂蜜中的活性酶和营养物质被破坏掉，加深蜂蜜的颜色，香味被挥发产生酸味而使味道改变。所以，最好是用40℃以下的凉开水或温开水将蜂蜜稀释。尤其是在夏季，喝一些冷开水冲泡的蜂蜜水，可以有效地去火解热，让宝宝保持清凉，安然度夏。

蜂蜜的用量　宝宝食用蜂蜜的量，要根据宝宝食用蜂蜜的目的和需要来安排。通常来讲，每天用温开水冲服30克左右就可以了。但是如果是出于治疗的目的，就可以适当地增加一些用量了。出于保健的目的，要适当地减少一些用量。还要根据不同宝宝的身体情况和发育情况来灵活地掌握用量。不能过多也不能过少，要科学控制食用量。

食用蜂蜜的时间　蜂蜜最好是在饭前一个小时或者饭后两三个小时之内食用比较好。因为这个时间段内食用蜂蜜容易被宝宝消化吸收，不仅不会影响到宝宝的正餐，还有着提高宝宝食欲的作用。蜂蜜还有着宁神益智和促进睡眠的作用，有些睡眠质量比较差（参见第3篇第4章“宝宝睡眠少怎么办”）的宝宝，妈妈可以在睡觉前给宝宝喝一些蜂蜜水，来帮助宝宝尽快入睡。

小贴士

宝宝在吃蜂蜜的时候不要吃豆腐或韭菜等食物。因为这些食物跟蜂蜜一起吃，会阻碍人体的生化反应，还会引起宝宝腹泻，所以不宜搭配在一起吃。

宝宝多吃苦味食物好处多

酸甜苦辣咸五味都要通过食物来获取，也应该遵循平衡的原则。但是大多数的宝宝肯定偏爱甜食和咸食，导致摄取不均衡，由此引发的许多疾病使宝宝体质变弱，抵抗力低下。所以，爸爸妈妈应该给宝宝多吃一些苦味的食物。

苦味食物的作用

苦味食品可以增加宝宝的食欲。苦味食品通过刺激舌头的味觉，激活味觉神经，还能刺激唾液腺，增进唾液分泌，苦味食品还可促进胃酸的分泌，增加胃酸浓度。所有的这些都对增进食欲、促进消化，从而增强体质、提高免疫力有很大的益处。

苦味可清心健脑，醒脑提神。带苦味的食品中均有一定的可可碱和咖啡因，尤其在炎热的夏日食用后可消去去心中烦热，具有清心作用，使头脑清醒，可恢复精力，更好地发挥功能，有舒适轻松的感觉。

苦味食物能够调节体内酸碱平衡。酸性食物包括谷类、米面、糖类、肉类、蛋类等，食用过多使人体血液酸性化，导致手脚发凉、易感冒、伤口不易愈合，严重时可直接影响大脑和神经的功能。而这时食用一些苦味食物，可以预防体内酸性过高并中和酸性，达到机体的酸碱平衡。

苦味可促进造血功能，防止宝宝贫血。苦味食品可使肠道内的细菌保持正常的平衡状态，具有抑制有害菌、帮助有益菌的功能，有助于肠道和骨髓的造血功能，预防或者改善宝宝的贫血状态。

苦味食物有排毒的作用。苦味食物的摄入可以使体内毒素随大、小便排出体外，使宝宝不生疮疖少生病。

苦味食品能够防癌抗癌。科学研究发现，苦味食品中含有丰富的维生素 B17，它具有强大的杀伤癌细胞的能力。

苦味食品就在日常饮食生活中，以蔬菜和野菜居多，如莴苣叶、莴笋、生菜、芹菜、茴香、香菜、苦瓜、萝卜叶、蔓菁、苜蓿、曲菜、苔菜等。在干鲜果品中，有苹果、杏、杏仁、黑枣、薄荷叶等。此外还有荞麦、莜麦等。更有食药兼用的五味子、莲子芯等，用沸水浸泡后饮用更好。五味子适用于冬春季，莲子芯适用于夏季饮用。

典型的苦味食物

苦瓜：营养丰富，富含蛋白质、脂肪、糖、钙、钠、铁、胡萝卜素、硫胺素、核黄素、苦瓜甙等。嫩瓜可作蔬菜食用，成熟后，瓤可生食，瓜可作汤，又可凉拌，还可清炒，也可与肉、鱼一起做菜，清脆爽口，可以增强食欲、助长消化、除热邪、解劳乏、清心明目、益气壮阳。另外，苦瓜中含有丰富的维生素 C、多种氨基酸、苦瓜甙、丰乳糖醛酸、果胶、矿物质和多种维生素，常吃苦瓜能有效增强皮层活力，使皮肤变得细嫩健美，具有美容作用。

苦菜：苦菜含有蛋白质、脂肪、胡萝卜素、维生素、甘露醇、生物碱等十几种营养物质，性味苦寒，可以安心益气、清热解毒。

杏仁：具有止咳定喘、润肠通便的功效，对伤风感冒引起的咳嗽、痰多都有很好的效果。

茶叶：茶叶味甘苦、性微寒，能缓解多种毒素。茶叶中含有的茶多酚能将重金属离子沉淀或还原，并通过与蛋白质的结合抑制细菌和病毒，还对多种致癌物有相应的抑制作用。此外，茶多酚还能提高机体的抗氧化能力，降低血脂，增强红细胞弹性，防止血栓形成，缓解或延缓动脉粥样硬化和高血压，有保护心脑血管正常的功能。

“吃”出一双好眼睛

眼睛是人体的重要器官，是心灵的窗户，这个阶段宝宝的视力处于发育阶段，保护眼睛就尤为重要。保护眼睛要注意劳逸结合，不要长时间地看书、看电视，以免用眼过度，还要坚持做眼保健操，另外，经常吃些有益于眼睛的食物，也会对眼睛的发育和保护起到有益的作用。

宝宝的视力跟日常的饮食有很大的关系。如果选对了食材，能够让宝宝的眼睛越吃越清明，有效地降低宝宝日后近视的几率。定期地摄入一些有明目作用的食物，还能够降低宝宝患眼病的几率，所以，爸爸妈妈在给宝宝料理食物的时候，要多挑选一些有助宝宝视力的食材。

有助宝宝视力的营养素

DHA：DHA 不仅能够促进大脑发育，提高宝宝的记忆力，还有着提升视力的作用。但是人体无法自行对 DHA 进行合成，需要从各种食物中摄取。

食物来源：大豆、肥肉、深海鱼、牛奶、杏仁、核桃、木耳等。

维生素 A：视网膜感光的发育跟维生素 A 有着密切的关系。若宝宝体内缺乏维生素 A，就容易患上夜盲症，在晚上没有办法看清东西，严重的甚至可能导致失明。所以想要通过饮食营养来保证宝宝的视力健康，摄入维生素 A 是最直接有效的方法了。维生素 A 有着保护细胞、维持人体完整上体细胞的功能。

食物来源：鸡肝、猪肝、胡萝卜、西兰花、菠菜、芒果等。

牛磺酸：视网膜中牛磺酸的含量很高，它有着促进视网膜发育，提高视觉机能的作用。视网膜中牛磺酸含量不足，就有可能导致视网膜功能和结构的紊乱，对宝宝的视力发育造成不良影响。因此，适时的牛磺酸补充对视力发育来说是非常重要的。

食物来源：墨鱼、章鱼、虾、青花鱼、竹荚鱼、沙丁鱼等。

抗氧化物：如果宝宝的眼睛对光线和敏感，容易出现氧化的问题，就需要及时地补充一些抗氧化剂了。维生素 E、维生素 C 和叶黄素都是很好的氧化剂。

食物来源：叶黄素跟 DHA 一样，无法经由人体自行合成，所以，也需要通过膳食摄取。叶黄素普遍存在于各种蔬果类食物当中，比如菠菜、甘蓝等，都是富含叶黄素的食物。

怎么判断宝宝是否有视力障碍

刚刚出生的宝宝，通常眼球的前后径比较短，还没有健全的视力。1 个月的宝宝视力为 4.3 左右，只能感觉到光线或者移动的物体。2 岁的宝宝视力大概为 4.6 ~ 4.8；3 岁的宝宝视力在 4.9 左右；4 岁宝宝的视力就可以达到 5.0 了，最低也有 4.8。如果宝宝的视力在 4.8 以下，就说明宝宝有一定程度的视觉障碍，要及时将宝宝带到医院进行检查治疗。

有些宝宝太小了，没有办法通过以上的方法检查宝宝的视力，那就可以根据以下的症状来进行判断：

如果在看电视或者看远物的时候常常歪着头，眯着眼睛，就有可能是近视或者不等视。

如果宝宝在看东西的时候眼睛眨个不停，还时常皱眉头，时不时就拿手去揉自己的眼睛，就有可能是近视或者散光。

如果宝宝患有夜盲症，就有可能是缺乏维生素 A 或者患有视网膜色素变性。

如果宝宝视力比较差，瞳孔内还有白翳，就有可能是患上了白内障。如果在宝宝瞳孔区暗处的反光是猫眼状的，就有可能是患上了视网膜母细胞瘤。

如果宝宝对身边的玩具视若无睹一点都不感兴趣，除了宝宝确实不喜欢玩，也有可能是宝宝的视力太弱，没有发现身边的玩具。

提高宝宝智力的菌类食物

菌类中含有丰富的蛋白质，维生素和多种矿物质，但又具有低脂肪，低热量的优点，所以一直受到大家的喜爱。在宝宝 1 岁之后，可以给宝宝适量地做一些菌类食物，如金针菇、香菇、木耳等，对宝宝的体格发育和脑部发育很有帮助。

宝宝食用菌类有什么好处

酶　菌类中含有 30 多种的酶元素，有着打开宝宝胃口、增加宝宝食欲、参与碳水化合物代谢和维持宝宝标准体型的作用。

高蛋白　菌类食物中含有与蛋类、肉类等量的丰富优质的蛋白质，其鲜品也比蔬菜瓜果类食物高。菌类中蛋白质含有丰富的氨基酸，能够给宝宝补充人体所必须的 8 种氨基酸。菌类还是一种生理活性比较高的食物，比较容易被宝宝消化吸收，避免食积。

特殊物质　菌类中含有干扰素诱导剂，核苷酸、腺嘌呤和菌多糖等特殊物质。这些特殊物质在宝宝的保健方面起着奇异的作用。腺嘌呤是一种能够抵抗结核和感冒病毒的物质，而作为一种低分子糖蛋白的干扰素诱导剂，则有着抑制流感、带状庖疹或肝炎中病毒颗粒的繁殖，增加宝宝的抵抗能力的功能。

矿物质和维生素　菌类中矿物质和维生素的含量十分丰富，含有钙、铁、磷、酶等多种矿物质和维生素 A、维生素 B1、维生素 B2、维生素 B12、维生素 D 等多种维生素，是宝宝生长不可或缺的营养素，能够有效地提高宝宝的抗病能力，维护宝宝的健康发育。

宝宝适合吃哪些菌类

菌类的品种很多，各自的营养素也有所偏重，对 3 岁以内的宝宝来说，金针菇、香菇、和木耳无疑是最大众化、最有益于健康的选择。

香菇　香菇有着高蛋白、高维生素和低热量的的特点，能够给宝宝提供身体所需的多种矿物质，对促进宝宝的身体发育有很大的益处。香菇中含有一种叫做麦甾醇的物质，能够在宝宝的体内转化为维生素 D，增加宝宝对钙质的吸收，补充蔬菜所不能补充的营养素。经常给宝宝吃一些香菇，能够增加宝宝的抗病能力，有效地预防感冒和其他流行性疾病。另外，吃香菇还能够有效地预防蛀牙的产生。值得一提的是，宝宝的消化系统尚未发育完全，为了提高香菇的消化吸收率，最好是选择干香菇，还要把香菇洗干净，煮烂煮透，以免宝宝噎着影响消化。

木耳　木耳中的铁质含量丰富，对宝宝的缺铁性贫血有着很好的辅助治疗作用。经常给宝宝吃木耳能够有效地防止宝宝出现缺铁性贫血的症状。但是要注意的是，为了让消化系统不完善的宝宝也能很好地吸收木耳中的营养素，最好是将泡过的木耳洗干净切碎之后跟其他的食物一起搭配烹调。

金针菇　金针菇中含有宝宝成长发育所必需的赖氨酸和精氨酸，能够有效地提高宝宝的记忆能力，促进宝宝的脑部发育，被称为益智菇。金针菇菌柄中含有能够抑制过敏性疾病（如鼻炎、湿疹、哮喘）的蛋白，能够增强宝宝的免疫力，非常适合过敏体质的宝宝食用。此外，金针菇中还包含着丰富的维生素 D，有着促进钙磷的消化吸收，促进骨骼和牙齿发育，预防佝偻病的作用。但是要注意的是，脾胃虚寒的宝宝不要食用过量。

小贴士

菌类的营养含量虽然很高，但是也不能让宝宝一次摄入太多。最好是在烹调的时候搭配其他的食材，以使菌类的营养价值发挥到最大。

菌类食谱

蛋酥蘑菇

原料：鲜蘑菇 200 克，面粉 150 克，鸡蛋 1 只，油、发酵粉、盐少许。

做法：将蘑菇切半，用盐腌制一会儿。

把鸡蛋、面粉、香油、发酵粉和水一起放入盆内搅拌成蛋酥糊。

将蘑菇放入调好的糊中，双面沾糊。

将沾好糊的蘑菇放入油锅中炸到脆香即可。

七彩香菇

原料：木耳 100 克，香菇 100 克，青椒、红椒 50 克、熟冬笋、绿豆芽各 50 克，干粉丝、盐适量。

做法：将材料切成丝状，放入锅内油炒一下。

往炒过的材料中加入汤水和食盐勾芡。

将粉丝放进油锅中炸至酥脆，捞出冷却。

将调好的卤汁浇到粉丝上即可。

双菇肉丝

原料：金针菇、肉丝各 150 克，干香菇 50 克。

做法：将干香菇放入水中煮沸，捞出切丝。

将洗净后的金针菇切段，放入开水中焯过。

将肉丝放入开水中焯熟。

将以上材料倒入锅内翻炒，适当调味即可。

木耳炒虾仁

原料：虾仁 150 克，木耳 50 克，鸡蛋 2 个，葱、姜、麻油、黄酒、青豆、盐各适量。

做法：用豆粉、蛋清将虾仁调匀。

将沾粉的虾仁放入油锅中炸熟。

沥去油脂，加入青豆，木耳翻炒几下即可。

木耳炒肉片

原料：瘦肉、油菜各 100 克，木耳 25 克，酱油、茶油、葱、姜、黄酒、盐各少许。

做法：将洗净的肉丝切成薄片，油菜切段，葱、姜切丝；

将葱姜丝放入油锅中炒出香味，放入肉片翻炒。

肉片变白之后加入黄酒、油菜和调味料。

油菜快熟的时候放入木耳，炒透调味即可。

金针菇烧豆腐

原料：金针菇 200 克，豆腐 1 块，肉末少许。

做法：将洗净后的金针菇切段，放入开水中焯过。

将肉末放入油锅中翻炒，加入生抽和料酒。

等肉末炒到八分熟后倒入豆腐块和金针菇，炒透即可。

选择助脑食物

婴儿时期、幼儿时期和少儿时期是宝宝脑部发育的黄金时期。这个阶段宝宝的脑细胞数量基本上是固定的。所以，为了让宝宝以后更聪明，在这个黄金时期，妈妈要及时给宝宝补充一些补脑、健脑、益智的食物来促进宝宝的脑部发育，提高宝宝的智力，让宝宝越吃越聪明。

鱼肉　吃鱼最好是吃鱼头或者鱼眼。因为鱼头和鱼眼中含有被称为补脑的神品、又是大脑发育所不可或缺的不饱和脂肪酸 DHA。不饱和脂肪酸在脑脂肪占有 1/10 的比例，有着促进脑细胞生长发育、维持脑神经传导功能的作用，是宝宝智力发育特别需要的物质。此外，鱼肉和鱼头中的卵磷脂含量也很丰富。

肉类 肉类中的蛋白质含量比较高，是脑细胞生长发育不可或缺的营养素。尤其是肥肉中的脑磷脂含量丰富，是构成脑神经细胞不能缺少的物质。

蛋黄 乙酰胆碱是人脑信号系统中提高记忆能力不可或缺的物质，蛋黄中就含有丰富的乙酰胆碱。此外，蛋黄中的三甘油酯和卵磷脂能够跟消化酶结合，产生胆碱进入大脑。大脑中的胆碱含量越高，传递信息的速度也就越快，就有越强的记忆和信息储存能力，宝宝也就越聪明了。

猪脑 猪脑中含有丰富的钙、铁、磷等微量元素，以脑补脑的疗效很显著。

苹果 苹果中含有大脑不可或缺的脂质、维生素、矿物质和糖类，还含有被称为“生命之花”的锌元素，对提高宝宝的记忆能力有着显著作用，多吃一些苹果能够促进宝宝的脑部发育，避免智力发育迟缓的情况出现。

花生 花生中含有能够促进脑细胞发育，提高宝宝记忆力的谷氨酸、天门冬氨酸和赖氨酸等物质，还含有丰富的卵磷脂和锌元素，对宝宝的智力发展很有益处。

芝麻 芝麻中的卵磷脂与不饱和脂肪酸的含量比较高，还含有丰富维生素A，维生素B和维生素D。对宝宝补脑健脑，促进神经系统的运作有着积极的作用。此外，芝麻中丰富的维生素E还有着促进脑部发育，延缓脑细胞衰老的作用。

海带 海带中含有被称为“智慧元素”的碘元素，还含有丰富的牛磺酸，对促进宝宝的大脑发育起着重要的作用。

香蕉 香蕉中含有一种叫做5－羟色胺的神经递质，起着传递信号的作用。宝宝多吃一些香蕉，能够增加脑部的5－羟色胺含量，增加信号传递的速度，提高宝宝的记忆力。

核桃 核桃的油脂中含有丰富的磷脂，起着提高细胞活力、维持神经系统运转的作用。适当地吃一些核桃，对宝宝的脑部发育大有益处。此外，核桃中还含有具有健齿功能的叶红素，对保护牙齿健康也有一定的作用。

胡萝卜 胡萝卜中含有丰富的维生素A和无机盐，被称为“小人参”，也是一种补脑佳品。

金针菇 金针菇中含有丰富的蛋白质和脑部发育不可或缺的赖氨酸、精氨酸，对提高宝宝的记忆力、开发宝宝的智力有着特殊功效。

豆制品 豆制品中含有丰富的维生素和矿物质，蛋白质的含量也很高，有着增强大脑营养素的作用。

奶制品 牛奶中含有丰富的蛋白质和多种微量元素，能够参与新陈代谢，有着补充大脑细胞能量消耗的作用。

黄花菜 黄花菜被称为“健脑菜”，因为它含有丰富的赖氨酸、谷氨酸和天门冬酸，有着很好的健脑功效。多吃一些黄花菜，有着促进宝宝脑细胞活动、提高宝宝的记忆能力的作用。

祛暑食谱

木瓜菠萝奶

原料：木瓜、菠萝各100克，牛奶150毫升，白糖少许。

做法：将木瓜、菠萝切成块状。

将木瓜、菠萝和牛奶、白糖一起放入搅拌机中搅匀，用纱布过滤取汁即可。

功效：木瓜中含有丰富的蛋白酶和番木瓜碱，菠萝中含有丰富的维生素C、胡萝卜素和尼克酸，有着利尿去火、消炎止渴的功效。

鱼肉酸奶沙拉

原料：鱼肉100克、黄瓜半根、圣女

果 2 颗、生菜叶 1 片、沙拉酱 1 勺。

做法：将洗干净的黄瓜去皮切块，圣女果切碎。

将生菜叶铺在盘子上，把鱼肉、黄瓜、圣女果倒在上面，淋上沙拉酱即可。

功效：鱼肉中含有丰富的蛋白质，比较容易被宝宝吸收。黄瓜、圣女果中含有丰富的维生素，能够帮助宝宝祛暑降燥，帮助宝宝安然度夏。

富含维生素食谱

西式炖菜

原料：西兰花、胡萝卜各 50 克，鲜香菇、虾仁各 20 克，盐、酱油、料酒、淀粉、姜汁各适量。

做法：将西兰花、胡萝卜和鲜蘑菇洗净切块，用开水焯过。

将高汤和调味料倒入锅中搅匀煮开，放入焯过的蔬菜。

煮沸之后，倒入虾仁，加入水淀粉勾芡即可。

功效：这是一道维生素大集合的菜肴，含有丰富的纤维素和矿物质，有着提高宝宝食欲、缓解便秘的功效。

玉米面青菜粥

原料：玉米面、青菜各 100 克、红肠 30 克，盐适量。

做法：将玉米面加水搅成糊状。

将面糊倒入烧开的水中，边煮边搅。

煮沸后转小火，放入青菜碎和红肠，继续搅动至沸即可。

玉米和青菜中的活性营养素含量很高，是补充维生素的佳品。

酸奶杂果沙拉

原料：酸奶、西瓜各 100 克，猕猴桃一个。

做法：将西瓜去籽去皮，猕猴桃去皮，切成丁状。

将酸奶淋到切好的水果上，拌匀即可。

功效：猕猴桃和黄桃中含有丰富的维生素 C，酸奶又有着促进肠胃蠕动的作用，既补充了维生素，又维护了肠道健康。

第17章
1岁10个月宝宝的饮食营养

1岁10个月宝宝的喂养须知

这个阶段的宝宝，饮食主要以粮食、蔬菜、肉类为主。宝宝的食物种类和烹调方式已经接近成人了。每日三餐，中间加一两顿点心。

每天的食物种类应该尽可能得多，每日的蔬菜量应该占到一半以上，要尽量多换一些花样。

肉和菜要切细，饭要煮烂，可以用豆浆来代替一部分的牛奶，营养均衡，粗细搭配要合理，保证宝宝健康成长。

1岁10个月宝宝的成长指标

发育指标	男孩	女孩
体重（千克）	77.9 ~ 88.7	78.3 ~ 88.0
头围（厘米）	10.8 ~ 13.3	10.2 ~ 12.6
身高（厘米）	47.6（平均值）	46.5（平均值）
牙齿	14 ~ 16颗乳牙	14 ~ 16颗乳牙

1岁10个月宝宝的每日食谱

餐次	用法
上午	7:00 蛋奶摊饼70克，豆浆50克 8:30 牛奶150毫升，蛋糕50克 10:30 苏打饼干50克
下午	12:00 馄饨或饺子，150克 15:00 新鲜菜汁一杯，煎面包一片
晚上	18:00 蘑菇豆腐粥100克 21:00 奶类200毫升，水果适量

观察舌苔，调整饮食

中医认为，舌头的颜色能直接地反映出体内脏器的健康状况。因而，体内脏器是否健康，从舌头就可以看出端倪。若妈妈学会观察宝宝舌苔变化，就可以及时知道宝宝目前的健康状况，以此作为根据来调整宝宝的饮食。

宝宝在正常情况下舌头应该是淡红柔软而活动自如的，舌头表面有一些薄薄的舌苔。如果体内出现病变，舌苔就会相应地发生变化。要仔细观察以下的几种舌苔变化，据以调整饮食。并根据舌苔变化的强度判断要不要带宝宝去医院检查治疗。

舌苔又薄又白

舌苔又薄又白，通常是感冒的前状，或者是着凉了。这个时候就要选择温性的食材来给宝宝补身体。最好是给宝宝做一些比较软的羹类粥类食物。如牛肉汤、羊肉汤或蛋花汤等。在烹调的时候可以适当地加一些姜和醋来调味。水果方面可以吃一些蜜橘或苹果，少吃黄瓜、冬瓜、绿豆和鸭蛋等凉性食物。

舌苔白腻且厚

舌苔白腻并且比较厚，一般都是体内比较寒，要选择能够暖胃健脾、去湿去寒的食物来给宝宝吃。尽量少吃甜食，否则容易让宝宝出现食欲不振和腹泻的症状。

舌苔又黄又腻

舌苔又黄又腻，表示宝宝脾胃湿热，有积食的现象，通常会有发烧，或消化不良的情况出现。宝宝容易出现烦躁、便秘和口干舌燥等症状。这种情况下要给宝宝选择一些清热去火去湿的食物，如西红柿、丝瓜、绿豆、白萝卜、山楂、薏仁等。

舌苔稀少脱落

舌苔稀少甚至出现脱落的现象，说明宝宝内火旺盛，肠胃湿热。通常会伴有慢性消耗性疾病或寄生虫病。这个时候可以给宝宝选择一些去火滋阴、生津止痰的食物、如雪梨、西瓜等。尽量少吃羊肉、洋葱等辛辣温性的食物。

宝宝偏食案例大解析

宝宝偏食得严重，一吃饭就左挑右挑。妈妈用强迫的方式逼宝宝“就范”，宝宝产生抵触的情绪，就更难喂了。面对这种情况，父母又着急又担心。以下给妈妈提供几个案例，希望能够对妈妈应付挑食宝宝有所帮助。

不吃炒肉

问：宝宝已经1岁半了，不肯吃炒肉，但是将肉做成馅包在饺子里或放在粥里，他又愿意吃了。这个时候是宝宝的牙齿成长期，想要通过嚼肉来锻炼宝宝咀嚼能力很困难。这种情况要怎么改善呢？

答：这个阶段的确需要锻炼宝宝的咀嚼能力，但并不是说咀嚼物越硬就越好。宝宝不愿意吃炒肉，有可能是妈妈做的肉太硬了，宝宝咀嚼不了。宝宝吃了一两次之后，就索性放弃了。此外，宝宝愿意吃肉饺或其他肉制品，可能是由于味道比单纯的炒肉要好，所以，妈妈可以再烹调上面多花些功夫。如在炒肉之前，先将肉切成肉丝或薄肉片，用湿的淀粉浸泡一段时间，下锅之前油温不要太高，在烹调的中间加一些醋来调味。这些小窍门都能让肉质更加鲜美，而让宝宝接受炒肉。

不吃青菜

问：宝宝不喜欢吃蔬菜，就算用讲故事哄的方式也不吃。我又气又急，这样下去肯定会营养不良的，所以常常生气了就大声责骂宝宝，我该怎么办呢？

答：单纯的吃饭问题，演变成了宝宝

和妈妈之间的较量。宝宝挑食，不仅影响健康，还会影响妈妈的情绪。有些妈妈在对待宝宝挑食方面过于焦虑，没办法等闲视之。这种焦躁情绪传达到宝宝那里，就会同化到宝宝，使宝宝的排斥情绪越来越高涨。

宝宝挑食，妈妈首先是要让自己放松下来。宝宝有了自己的饮食爱好，是很正常的。就算是大人也偶尔会有挑食的行为。妈妈要纠正宝宝挑食，首先就是要理解宝宝的心理。让宝宝饮食均衡不代表什么东西都要强迫宝宝吃下去。对待宝宝实在不愿意吃的蔬菜，千万不要大声地责骂宝宝，这样更容易让宝宝产生逆反心理而彻底杜绝食材。在这种情况下可以用其他具有同等营养素的食物来先代替，再有耐心地慢慢诱导宝宝吃蔬菜。

在妈妈调整好自己的心态之后，可以在烹调方面对宝宝所吃的蔬菜做一些小变化。例如，宝宝不喜欢吃胡萝卜，就可以把胡萝卜碾碎之后掺在宝宝喜欢吃的肉末里面。或者将胡萝卜泥跟肉末搅在一起做成饺子或肉丸子来给宝宝吃。千万要保持耐性，等宝宝发现餐桌上的气氛变得轻松愉快，就会在妈妈的引导之下愿意尝试之前不愿意吃的食物了。

不吃米饭

问：我的宝宝每次吃饭的时候，盘子里的菜总是很快吃完，然后就把装着米饭的碗往旁边一推，表示自己饱了不想吃了。想要给宝宝再喂一点饭，宝宝却怎么也不愿意张口了，这是怎么回事啊？

答：出现这种情况的原因有很多，可能是因为宝宝碗里的饭菜太多了，宝宝在吃米饭之前光吃菜就已经吃饱了。也有可能是因为宝宝在饭前吃了零食，在肚子不饿的情况下，就愿意挑一些自己想吃的菜来吃。也有可能是妈妈正在减肥，宝宝有样学样，自然就吃得少了。

在这种情况下，要在宝宝吃饭前就将饭菜搅拌在一起，不要实行菜饭分开，这样能给宝宝挑食增加难度，也要尽量避免在吃饭前让宝宝吃零食。同时给米饭做一些小花样，如将米饭做成小饭团或者做成炒饭等等。

爸爸妈妈在吃饭的时候，也要表现出米饭很好吃的样子，让宝宝产生吃米饭的欲望。如果宝宝在吃米饭方面有了一定的进步，千万不要吝啬对宝宝的夸奖，让宝宝保持吃饭的兴致。还可以在宝宝的理解范围之内，向宝宝解释米饭的作用，说吃了米饭，能让宝宝更聪明更强壮等等。

不吃特定食物

问：我给宝宝添加辅食都是按照书上说的，逐渐少量添加。其他的都还好，但是一遇到胡萝卜，宝宝就不吃了。就算勉强吃下去，也会立刻吐出来，这是怎么回事啊？

答：实际上，这并不是严格意义上的挑食，而是宝宝尝试一种新食物的适应过程。因为宝宝在尝试新食物的时候，并不是一下子就接受了。比较敏感的宝宝如果对待某种食物没有十足的安全感，一般都会采取拒食的态度。对待这种情况，只要妈妈多拿这种食物在宝宝面前面带笑容地喂他，在长期培养出来的信任感下，宝宝会对自己拒绝的食物感到好奇，产生动摇，觉得这种食物可能也是好吃的吧，不然妈妈干嘛要给我吃呢。慢慢就会开始接受这种食物，而不会出现拒绝或呕吐的情况了。

辨清宝宝体质，科学选择食物

食物能够给人体提供必不可少的营养素，但如果摄入不当，也会对身体造成伤害。食物的均衡化，适量化要建立在与不同体质相适应的基础之上，这样才能巧妙地利用食物为我们的身体健康服务。

不同体质不同食物

人的体质有明显的区分，有的人体质偏寒，有的人体质偏热。同样，食物也有着自己的“体质”。有的食物属于凉性的，有的食物属于温热性的。在我们日常的膳食中，要根据不同的体质选择各自适宜的食物。脾胃虚寒的人要多吃一些温热性的食物，内火旺盛的人要多吃寒凉性的食物或平性食物，平性食物的适应面比较广，任何体质都可以食用。每日三餐不要全热性或全凉性，要合理搭配，以保证营养的均衡。

不同食物不同烹调

撇开食物的本性不谈，其实通过不同的烹调方式或加入一些佐料，都能够在不同程度上改变食物的原本属性。比如，想要使凉性的食物变得温热，可以用烤、烩、炸、炖、烧、煨等烹调方式，在烹调的过程中加一些葱、大蒜、肉桂、花椒、姜、料酒等调料，都对凉转温起着一定的改变作用。妈妈要根据宝宝的实际体质，灵活地选择烹调方式，搭配各种不同属性的食材。比如为了避免菜性过凉，可以在红焖茄子中加大蒜；或者为了避免菜性过热，可以在红料火锅中加芹菜、菠菜、河鱼片等凉性食物，来保持食物的性状平衡，避免在无意中造成食物营养的损害。

怎么判断宝宝的体质

热性体质　热性体质的宝宝不喜欢喝水，舌苔厚白，小便清长，怕冷少动，大便偏稀。

寒性体质　寒性体质的宝宝喜欢喝水，容易出汗，怕热多动，时有口臭。大便干燥，舌苔发红，小便偏黄。

怎么判断蔬果属性

夏天长出的蔬菜一般都属于凉性的，水果也是。冬天长出的蔬果一般都属于热性的，水果也是。对于在大棚里生长的蔬菜，虽然没有明显的季节性，但是还是保留了食物的基本属性。

总的来说，虽然冬天需要进补，但是连着好几天都吃热性食物也是不行的。要根据食谱安排，来调整每日的凉热性食物搭配，保证食物的多样化和营养均衡。

多活动，促消化

食物给宝宝提供能量，但是如果不及时消耗掉的话，这些多余的能量就又能通过脂肪的形式储存在体内，使宝宝的体重增加。在进食总量相等，而进食种类不同的情况下，如果摄入的食物含有较多的脂肪，而运动量不足，不能将能量很好地消耗掉，也有可能导致积食的出现。所以，妈妈要督促宝宝多做运动，最好是在两餐之间多带宝宝出门活动。在宝宝学走路的时期，也要放手让宝宝自己活动，不要因为怕摔而阻止宝宝活动。（参见第 3 篇第 5 章“生活与社交能力培养”）

胖瘦不同比例有差

通常来讲，每日摄取的营养素中三大物质供能的比例为，蛋白质占总热能的 15% 左右，脂肪占 30% 左右，碳水化合物占 55% 左右。现在宝宝的体重普遍都有着两极分化的现象，不是太胖，就是太瘦。所以，对待这些体重不达标的宝宝要根据体重偏离的程度来调整食物结构，调整每日的食物摄入量。太胖的宝宝要通过减少食量，少油少糖多运动来控制体重。太瘦的宝宝则要通过适当地增加油脂的摄入量，提高每日的食物摄入总量来维持正常成长发育所需的营养。

食物属性总结

粮食组

温热性　高粱、糯米、面粉及其制品。

寒凉性　大麦、青稞、绿豆、荞麦、小米及其制品。

平性　大米、红薯、赤豆、籼米、玉米及其制品。

蔬菜组

温热性　香菜、辣椒、芥菜、蒜苗、大蒜、大葱、韭菜、南瓜、扁豆、青菜、生姜、熟藕、熟白萝卜。

寒凉性　生白萝卜、生藕、苦瓜、茄子、丝瓜、茭白、苋菜、黄瓜、芹菜、冬瓜、紫菜、金针菜、海带、马兰头、土豆、绿豆芽、竹笋、冬笋、菊花菜、菠菜、油菜、蕹菜、莴笋。

平性　番茄、豇豆、花椰菜、黑木耳、刀豆、银耳、山药、四季豆、芋艿、鸡毛菜、卷心菜、花菜、松子仁、芝麻、豌豆、胡萝卜、花生、毛豆、黄豆、黄豆芽、洋葱头、蘑菇、香菇、蚕豆、白扁豆。

动物性食品组

温热性　黄鳝、河虾、狗肉、鹅蛋、海虾、雀肉、羊肉、猪肝。

寒凉性　田螺肉、马肉、河蟹、螺蛳肉、鸭蛋、蛤蚌、牡蛎肉、鸭肉、兔肉。

平性　鲤鱼、青鱼、鳗鱼、鲥鱼、黄花鱼、带鱼、鲍鱼、甲鱼、猪肉、鹅肉、鹌鹑肉、泥鳅、海蜇、乌贼鱼、鸡血、鸡蛋、海参、燕窝、鸽蛋、鲫鱼、鲢鱼、鹌鹑蛋。

干果组

温热性　核桃、栗子、荔枝干、桂圆、葵花子。

平性　榛子、银杏、大枣、花生、南瓜子、西瓜子、芝麻、莲子、芡实、橄榄、松子、百合。

调味品组

温热性　酒酿、红糖、饴糖、芥末、花椒、胡椒、桂花、红茶、咖啡、茴香、酒、醋。

寒凉性　绿茶、豆豉、食盐、酱、玫瑰花。

平性蜂蜜、可可、白糖。

水果组

温热性　桃子、大枣、龙眼、杏子、橘子、樱桃、杨梅、核桃、荔枝。

寒凉性　柑子、橙子、西瓜、梨、甘蔗、柚子、山楂、芒果、猕猴桃、生菱角、生荸荠、金橘、罗汉果、桑葚、杨桃、香瓜、柿子、鲜百合、香蕉。

平性　海棠、菠萝、酸梅、无花果、熟菱角、葡萄、柠檬、乌梅、枇杷、熟荸荠、无花果、石榴、苹果、橄榄、李子。

奶制品及豆制品组

温热性　奶酪。

寒凉性　牛奶。

平性　豆奶、豆制品。

搞定挑食宝宝的几大妙招

宝宝挑食，已经成为通病了。要么就只吃素不吃肉，要么就只吃肉不吃菜。家长对此也习惯了，实在没办法就随着宝宝的意思，想吃就吃，不想吃也不勉强。殊不知，长此以往会造成宝宝营养不良，给宝宝埋下健康的隐患，甚至可能影响到宝宝的脑部发育。

挑食对宝宝的健康有哪些危害

有些爸爸妈妈不在乎宝宝的早餐，随便给宝宝吃点饼干面包就算了。还有些爸爸妈妈在吃正餐之前给宝宝吃零食，让宝宝对正餐失去进食欲望。这样长期下来，营养的摄入量就没有办法跟上宝宝的活动消耗量和身体成长速度。如果宝宝不喜欢吃肉类，就有可能导致蛋白质和脂肪的缺乏，如果宝宝不喜欢吃蔬菜，就有可能导致维生素的缺乏。

这种不良的饮食习惯造成的营养失衡或营养过剩，对宝宝的身体健康和成长发育都有着不利影响。容易导致宝宝免疫力降低，增加感染疾病的几率，还有可能使宝宝情绪起伏过大，时常烦躁不安或者起夜哭闹等等。因此，营养均衡对发育中的宝宝来说是极为重要的，爸爸妈妈不能纵容这种不良饮食习惯。

宝宝挑食的原因有哪些

父母因素　宝宝正处在模仿能力强的时期，作为宝宝榜样的父母，做什么怎么做可能都会让宝宝学了去。比如父母在餐桌上评价某一种菜不好吃，或者也将自己不爱吃的东西挑出来，都会潜移默化地影响到宝宝的饮食观，觉得不爱吃的也可以不吃。所以，要想使宝宝养成良好的饮食习惯，首先爸爸妈妈要做好榜样，改变自己的不良饮食习惯。最起码也不要将这些不良习惯显露在宝宝的面前。

各人偏好　宝宝越来越大，味觉的发育也越来越完善，随着尝试的食物越来越多，也渐渐有了自己的饮食喜好，挑食就是在这个时候产生了。食物的口感、味道或者颜色，都有可能影响到宝宝对食物的取舍。

逆反心理　经常会看见宝宝在前面跑，妈妈在后面追着喂的情况。有时候妈妈招数都用光了，可宝宝就是不愿意老实呆着让妈妈喂。妈妈又气又急，两个巴掌就过去了。宝宝受到了惊吓，在恐惧之下也只能眼泪汪汪地将食物吞下去。但是这种暴力恐吓式的方法只会造成宝宝的逆反心理，不仅不能扭转宝宝的进食习惯，还有让宝宝出现食欲减退、消化不良的情况，加剧挑食，得不偿失。

帮妈妈搞定挑食宝宝的几大妙招

用恐吓或比较激烈的方式来强迫宝宝吃东西，一般都会让宝宝产生逆反心理，所以妈妈要尽量控制情绪，多采用循循善诱和循序渐进的方法来鼓励宝宝进食。对待宝宝不喜欢吃的食物，从少量开始进行诱导，在宝宝取得进食方面的进步的时候，要多多夸奖宝宝。

在宝宝进餐的时候，要将电视关掉，玩具收起来，避免宝宝在吃饭的时候分散注意力。

零食是宝宝养成挑食习惯的“主犯”之一，所以，在吃饭之前最好不要让宝宝吃零食。

要创造进食环境，最好让宝宝坐在高脚椅上吃饭，别让宝宝坐在小凳子上玩玩具。

创造愉快的进餐氛围，让宝宝跟家人一起进餐。宝宝看见大家都吃得津津有味，也会产生吃的欲望。在最开始的时候餐桌上要摆几道宝宝爱吃的菜，等宝宝适应了以后，就可以逐渐添加一些宝宝不爱吃的菜，利用群体的诱导力量，来让宝宝尝试吃菜，以便使宝宝养成良好的饮食习惯。

妈妈要在烹调上面多花一些功夫，使煮出来的东西能够吸引宝宝的眼球。在给宝宝尝试一种新食物的时候，不要一次给太多。要从少量开始，跟其他的菜品搭配着让宝宝试吃。这样“浑水摸鱼”，就能让宝宝在不知不觉中将食物吃下肚。等观察到宝宝没有排斥食物的现象，再酌量地增加菜量。

父母要对宝宝进食行为多加鼓励，在宝宝的理解范围之内，跟宝宝解释菜品中所含的营养，让宝宝明白多吃饭、多吃菜可以长得快，长得高，变聪明或变漂亮等。

宝宝在断奶之后，味觉已经基本上发育完全了。这个阶段父母就要及时给宝宝进行多种辅食的添加，让宝宝逐渐适应各种食物味道，避免宝宝养成挑食的坏毛病。

宝宝的行为能力加强之后，可以让宝宝拿着小勺子自己进食，这样既能提高宝宝的进食兴致，又能锻炼宝宝独立进食的能力。

宝宝愿意吃某些原本不爱吃的食物之后，妈妈在做菜的时候要注意时时变换烹调的方式，防止宝宝又因为固定的菜式而产生厌烦的心理。

厨房对于宝宝来说是很新奇的，各种颜色和形态各异的食物，都会让宝宝产生很大的兴趣。所以，妈妈在做饭的时候，在保证安全的前提下，可以让宝宝做妈妈的小助手，以提高宝宝进食的欲望。

小贴士

妈妈要采用营养素流失最少的方式来烹调食物，科学地给宝宝搭配饮食。若宝宝挑食的情况比较严重，就要给宝宝适当地补充营养素制剂，以保证宝宝的体格和智力发育有着充足的营养支撑。

夏季“热病”的饮食调理

炎炎夏日，虚弱宝宝常常受不了酷暑气温的折磨，易患上一系列的疾病。这个时候除了医学治疗之外，也要讲究饮食治疗，让宝宝的热病在吃的过程中就逐渐消失，还宝宝一个健康身体。

痱子

夏季宝宝最容易长痱子，如果不及时治疗放之任之的话，就有可能导致感染脓疮，使病情加重。这种情况饮食要以清凉为主，不要吃热性的食物，酌量地吃些冷饮时可以的。

要多喝白开水、银耳汤、绿豆汤等清热降火的饮品，多吃新鲜蔬果，如黄瓜、哈密瓜或西瓜。在进食的时候还可以给宝宝准备一些海带汤或冬瓜汤等，搭配着米饭吃。（参见第 2 篇第 15 章“去痱食谱”）

发烧

宝宝夏季发烧一般都伴有怕冷、咳嗽、头痛、或打喷嚏等症状。这种情况下的饮食要以清淡好消化的为主，不要吃得太油腻，多给宝宝喝水。

多给宝宝吃一些能够补充热量的流质食物，如鸡蛋羹、果汁、稀粥或菜汤。还要喝一些既能够给宝宝降温，还能够给宝宝补充流失的水分和电解质的盐糖水。

中暑

烈日炎炎，气温又高，如果把宝宝带出门的时间过长，就可能使宝宝在高温高湿的环境中中暑。这种情况下的饮食要以清凉解暑为主，让宝宝多喝一些去火清凉的含盐饮品，还可以适当地给宝宝吃一些冰镇绿豆汤或者西瓜。此外，菊花茶和金银花茶等也有着清热解暑、解毒止渴的功效。

铅中毒

夏天在儿童医院里时常会看见一些食欲减退、面色蜡黄的铅中毒宝宝。这种症状多是由于爽身粉引起的。在这种情况下，要多喝一些能够阻碍铅质吸收的牛奶，多吃一些能够补充维生素 C 的蔬菜和水果。此外，为了预防铅中毒，减少铅质的吸收，还可以多吃一些富含维生素和矿物质的食物，如瘦肉、肝、乳制品、豆制品、新鲜蔬菜海带、豆制品、虾皮、骨头汤、蛋黄、芥菜、豌豆、核桃、花生和柑橘等。

热伤风

夏天感冒被称为热伤风，一般都是因为宝宝内火旺盛又受到了风邪的缘故。这种情况下的饮食要以少脂肪少油的温食为主，食物要保持洁净卫生，还要保证摄入足够的水分以帮助有毒物质的排出。另外，还要多给宝宝吃一些青菜和水果，适量地吃一些去火解暑的豆浆、蒸鱼、绿豆、苦瓜、黄瓜或豆腐等。

损伤宝宝智力的疾病

低血糖　早产儿比较容易低血糖。出现这种症状主要是由于糖被用做神经组织的代谢能源。若低血糖持续的时间过长，就有可能阻碍脑功能的发育，对宝宝日后的智力发育造成不良影响。

脑膜炎　脑膜炎是一种死亡率比较高的疾病。这种疾病是由于脑组织被细菌和毒素直接侵犯到，脑组织被严重破坏而引起的。

营养不良　宝宝营养不良会影响脑细胞的生长，因此，要在3～6个月补脑的黄金时间内保持营养的均衡。

黄疸脑病　黄疸脑病也叫新生儿核黄疸。这种疾病是由于宝宝体内含有过多的胆红素，在跟脑细胞结合之后会让脑细胞的运作受阻碍，影响宝宝的脑部发育。

颅内出血　这种情况由于颅内遭受到压力而导致血管破裂出血，阻碍了出血部位脑细胞的血液循环，使细胞坏死变异，从而影响孩子的脑部发育。

轻度窒息　刚出生的宝宝没有心跳或者呼吸缓慢，经过及时的抢救，对以后的脑部发育不会有什么影响。但是若抢救不及，就有可能因为脑部缺氧而导致脑细胞的损伤，会对以后的脑部发育造成或轻或重的不良影响。（参见第3篇第3章“为什么会生出智能低下的宝宝”）

秋季多喝汤去火降燥

秋天都来了，气温还是那么高。夏季的炎热一点也没有散去的迹象。在秋老虎“肆虐”的时节，宝宝经常会出现上火、干燥的症状。这个时候，就要让宝宝多喝一些流质食物，如粥品、蔬菜汤等。这样一方面补充了营养，另一方面又增强了宝宝的抵抗能力，让宝宝舒服度秋。

益脾养胃的米粥

米粥有着容易消化吸收、营养丰富和益脾养胃等优点。多让宝宝喝一些粥品，能够起到宁神安心、补血滋阴的功效。最好是将粥用小火熬得久一点，这样才能获得比较好的食疗作用。米粥除了营养丰富之外，还含有大量有助于治疗便秘的膳食纤维，多让宝宝喝米粥能够帮助宝宝清肠，缓解大便干燥。

小米粥　有着清热解毒、去湿养胃、益脾助眠的功效。

大米粥 补气养胃，具有健脾宁神、清肠通便等功效。

薏米粥　薏米粥有着防过敏、去火去湿的功效、比较适合在初秋食用。

紫米粥 紫米粥中含有丰富的钙、铁、锌、锰等多种微量元素和各类维生素矿物质，还含有人体所需的多种氨基酸，很适合宝宝食用。

小贴士

在做这些粥的时候可以适当地加一些容易被吸收又营养丰富的豆类或坚果类食物，如芸豆、莲子、绿豆、桂圆、花生等。

清肠排毒的菜汤

蔬菜汤中含有丰富的纤维素和维生素，让宝宝多喝一些菜汤，不仅能给宝宝提供足够的营养素，而且这些味道鲜美的菜汤还有着清肠排毒，增加宝宝的抵抗力和维持宝宝体内元素平衡的功效。

各类蔬菜有着各自不同的营养作用，在做菜汤的时候要按照宝宝的体质和蔬菜的属性来选择蔬菜。容易上火和便秘的宝宝可以选择含有大量纤维素的蔬菜，如菠菜、芹菜等绿叶蔬菜。容易生病的宝宝可以选择含有丰富胡萝卜素的蔬菜。比如将胡萝卜做成汤。萝卜汤中的胡萝卜素含量很高，能够在宝宝的体内转换成维生素A，同时还能给宝宝补充钙、铁、磷、钾等多种微量元素和维生素B，对预防感冒、提高抗病能力和预防胃肠道疾病有明显功效。

小贴士

在做蔬菜汤的时候，可以适当地加入一些莲藕或生姜，来提高益脾养胃的效果。莲藕有着促进消化、生津止渴、止血补气的功效。生姜有着暖胃杀菌、促进新陈代谢的功效。

高蛋白的肉汤

一说肉汤，大家都会生起油腻之感。实际上，在初秋时分，适当地让宝宝喝一些高蛋白类的肉汤，能够起到很好的补身作用。在这个时候，根据宝宝的体质，再配合食疗药材，通过科学的做法让宝宝摄入肉汤，就能够帮助宝宝养好身子，安然过秋。

鸡汤　鸡汤有着提高宝宝免疫能力、预防感冒和其他疾病的功效。给宝宝炖一些乌鸡枸杞汤，可以起到宁神安心、促进睡眠的作用。

鱼汤　鱼汤的营养价值很高，又鲜美质嫩。多喝一些鱼汤有着补气养血、疏经通络的功效。

鸭汤　鸭肉中含有丰富的蛋白质，还有着健脾养胃、滋阴补虚、去湿去火的功效，尤其适合在内火旺盛的宝宝食用。

小贴士

在做肉汤的时候可以适当地加入一些冬瓜、莲藕等蔬菜来提高肉汤的食疗效果。

宝宝咳嗽的饮食要点

深冬了，外面的气温越来越低，室内的温度由于暖气的缘故却越来越高。很多宝宝在这样的温差之下，很容易就感冒，不停地咳嗽。有时候都病了很长时间，却还是没办法止咳。这个时候妈妈在饮食上就要多注意了。

蔬果水

宝宝咳嗽分成热性和寒性的。热性的咳嗽一般都伴有吐黄痰、流鼻涕的症状。寒性的咳嗽一般都伴有吐白痰、流清鼻涕的症状。热性的咳嗽可以给宝宝熬一些川贝水或红梨水，寒性的咳嗽可以给宝宝熬一些葱姜水或白萝卜水。如果宝宝不仅咳，还伴有痰和喘的症状，也可以用银杏给宝宝熬一些粥来喝，有平喘化痰的作用。

咳嗽宝宝的饮食要以清热润燥为主，多给宝宝冲一些百合水或蜂蜜水，多给宝宝做一些银耳粥或冬瓜汤，能够起到清肺驱寒、生津止渴的作用。

吃饭八分饱

很多爸爸妈妈都生怕宝宝饿着了，拿着碗就拼命给宝宝喂饭。宝宝的胃部长期这样撑下去，很容易发生胃肠道疾病，并导致一系列的并发症。实际上，宝宝有自己的饥饱意识，不要过多地强迫宝宝吃饭，要让宝宝觉得他需要吃饭，而不是饭需要他吃，每次吃饭八分饱就够了。

少吃肉多吃菜

很多妈妈都反映现在宝宝体质很弱，动不动就生病。其实这跟宝宝的偏食习惯有很大关系。如果宝宝是肉食主义的“代言人”，每天只吃肉不吃菜，维生素摄入不足，抗病能力自然就低了。所以，妈妈要让宝宝少吃肉，多吃菜，保证纤维素和多种维生素的充足摄取。蔬菜中含有的纤维素有着润肠通便、去火降燥的作用，为了让宝宝不因为积食而影响到健康，也要让宝宝多吃蔬果。

谨慎用药

有些妈妈很苦恼，宝宝都吃药很长时间了，病却还不见好，还是一直咳。其实，宝宝反复咳嗽不见好的原因跟家长有很大关系。有些妈妈图方便，宝宝咳嗽了就直接去药房买药，宝宝咳嗽就只说咳嗽，有痰就只说有痰，这样就没有办法给宝宝根治，因为治疗不彻底而导致复发。所以，宝宝生病了要及时带去看医生，不要自己随便用药，以免延误病情。

喝水时间要固定

宝宝咳嗽，有很大一部分原因是因为不爱喝水。为了缓解宝宝咳嗽的症状，妈妈要将宝宝喝水的时间固定下来，到时间了就把自己手头上的事情放下来，给宝宝喂水。这样久而久之就会养成宝宝定时喝水的好习惯。除了给宝宝喝白开水之外，还可以给宝宝做点菜汤或者蜂蜜水，来帮助宝宝排毒通便。

除了让宝宝喝水之外，妈妈也要留心观察宝宝的尿液情况和小便次数。如果宝宝的尿液发黄，小便次数减少，就说明宝宝水分摄入不足，要及时让宝宝补充水分。

适合秋季食用的蔬菜

夏天到秋天，天气慢慢变冷。父母这个时候都会喜欢给宝宝安排一些肉类的食谱，想着这样能给宝宝多补充一些能量，有个好体质来过冬御寒。其实在这个季节多给宝宝吃一些增加抵抗力和免疫力的食物是有好处的，但是对于那些习惯了夏天清淡饮食的宝宝来说，这样突然地大鱼大肉能不能适应得了呢，那可就得听宝宝的脾胃“说话”了。

所以建议父母在给宝宝补充肉类食物之前，先以素食来给宝宝养养胃，做个铺垫。再者，素食物美价廉，营养价值不比肉类食物差。

芋头

芋头中含有种类齐全的蛋白质、脂肪、碳水化合物、钙、磷、铁等微量元素和维生素 B1、维生素 B2 和维生素 C。芋头是一种健脾养胃、口感爽滑、容易消化、富含乳聚糖的食物，非常适合患有肠道疾病、身体虚弱、结核病的宝宝食用。

红薯

红薯含有丰富的糖分、黏液蛋白和维生素 A、维生素 C，是一种营养极为丰富的食物。常常吃红薯能够帮助宝宝防止肝脏肾脏结缔组织的萎缩，预防胶原病。此外，红薯还具有补气养血、健脾养胃的功效。

包心菜

包心菜含有人体制造酶、激素等活性物质所不可缺乏的钼元素和锰元素，其中含有的丰富的钙量和维生素 C 能够加快人体新陈代谢的速度，促进宝宝的生长发育，还能防止机体的癌病变。

萝卜

萝卜中含有丰富的水分和维生素 C，一定比例的钙、磷等微量元素和碳水化合物。此外，还含有少量的铁质、蛋白质、胆碱、氧化酶素、甘酶、淀粉酶、木质素、芥子油和其他维生素。中医认为，萝卜属于凉性食物，常常吃萝卜可以消除积食，有着化痰补气和解毒的作用。

科学搭配膳食，促进钙质吸收

很多妈妈都觉得，鱼肝油制剂是宝宝补钙的最佳选择，但是往往忽略了一点，通过鱼肝油的补充钙质和维生素 D 一般都在两岁之前。两岁之后宝宝的饮食慢慢地成人化，通过其他的食物就可以获取丰富的钙质。妈妈有时候很疑惑，明明就吃了补钙食品，宝宝为什么还是缺钙呢？这就跟宝宝饮食搭配和烹调方式有很大关系了。所以妈妈要特别留心在宝宝的补钙过程中不要出现以下的错误。

光补钙不补镁

大家都知道维生素 D 能够促进钙质的吸收，所以在补钙的时候就特别注意维生素 D 的摄入，却常常忘了补充镁质。其实，钙质跟镁质就像一对双生儿，总是一起出现。最能帮助钙质吸收利用的钙镁比例是 2 ∶ 1。所以在补钙的时候，千万不要忽略了镁质的摄入。镁质含量丰富的食物有：谷物类中的小米、大麦和黑麦；海产品中的小虾、龙虾、鲭鱼和金枪鱼；坚果类中的花生、腰果和杏仁等。

钙磷摄入不均衡

宝宝缺钙的主要原因就是钙磷摄入的不均衡。一般情况下，人体内钙和磷的比例是 2 ∶ 1。但是在日常的生活中，会不知不觉地摄入过多含有磷质的食物，如小麦胚芽、动物肝脏、碳酸饮料、炸薯条等，就很容易发生钙磷比例失衡的情况，而导致钙质被磷质挤出体外，影响钙质的吸收。

大吃鱼肉导致失钙

虽然钙质很重要，但是也不能一股脑地通过大鱼大肉来补充。这样不注意酸碱平衡的做法，不仅不能很好地吸收食物中的钙质，还有可能导致体内钙质的大量流失，得不偿失。

科学搭配膳食，促进钙质吸收

酸碱平衡　在补钙的时候要特别注意酸碱的平衡性，比如在做含钙量高的豆腐的时候，可以做成鱼肉炖豆腐，这样就能够很好地将鱼肉中的维生素 D 来增加宝宝对钙质的吸收，增加钙质的利用率。此外，还要讲究谷类和豆类的搭配，这样既能促进钙质吸收，又能使氨基酸的互补达到最优状态。

多补充维生素 C　维生素 C 有着促进钙质吸收的作用，所以可以将高钙的食物跟含有维生素 C 的食物放在一起食用。或者每天给宝宝榨一些芦柑汁、橘子汁或柚子汁。这样可以让维生素 C 参与到钙质的消化吸收中，提高钙质在小肠中的吸收率。（参见第 2 篇第 13 章“补钙食谱”）

几种有益健康的零食

葵花籽

葵花籽中含有丰富的脂肪、蛋白质、矿物质和多种维生素，尤其是亚油酸。亚油酸有着滋润皮肤、防止色斑形成的作用。

水果

水果中的各种维生素和矿物质的含量丰富，有着保持血液酸碱度、促进宝宝发育的功效。

花生

花生中的维生素 B2 含量丰富，多吃一些能够补充日常膳食中所缺乏的维生素，还能够有效地缓解眼睛红肿、脂溢性皮炎和唇部干裂等症状。

核桃

核桃中的植物蛋白和生长素的含量丰富，多吃一些核桃能够促进指甲生长，避免指甲的开裂。最重要的是核桃有着健脑和补脑的功效，在宝宝脑部发育的黄金时期可以让宝宝多吃一些核桃来促进智力增长。

大枣

大枣被称为活的维生素 C 丸。因为大枣中的维生素含量尤其丰富，多给宝宝吃一些大枣能够给宝宝补充足量的维生素 C，防止坏血病的发生。

奶酪

奶酪是一种高蛋白的食物，也是富含钙质的食物。多吃一些奶酪能够保护牙齿健康，促进宝宝的牙齿发育。

奶糖

奶糖中含有丰富的糖分和钙质，适量地让宝宝吃一些奶糖能够补充宝宝的大脑能量，让宝宝时刻保持活力。

巧克力

巧克力含有能够保持心情愉快的物质，适当地让宝宝吃一些巧克力，能够让宝宝保持良好情绪，增加食欲。

芝麻糊

芝麻糊有着益脾养血的功效，适当地让宝宝吃一些芝麻糊，还能够让宝宝长出一头又黑又亮的头发。

葡萄干

葡萄干有着补气养血的功效，在给宝宝吃的时候注意要葡萄干的卫生，最好是洗净晒干了之后再吃。

薄荷糖

薄荷糖有着除臭、去火、润喉的作用，在宝宝感冒的时候可以适当地吃一些薄荷糖。

牛肉干

牛肉干中含有丰富的铁、锌和蛋白质，适当地给宝宝吃一些绞碎的牛肉干能够保持宝宝的皮肤细嫩，白里透红。

乳饮料

乳饮料中含有丰富的微量元素和维生素，还含有相当于牛奶中1/3的钙质，是营养丰富的饮料之一。

无花果

无花果中含有一种化学物质，功效跟阿司匹林差不多。多吃一些无花果能够增加宝宝的血液流动，让宝宝的大脑时刻保持充足的供血量，促进宝宝的脑部发育。

开心果

开心果中含有丰富的胡萝卜素，过氧化物，酶元素和不饱和脂肪酸。适当地让宝宝吃一些开心果能够保证宝宝的大脑血流量，为脑部发育提供保障。

酸奶PK乳酸饮料

酸奶是以鲜牛奶为原料，经过消毒发酵的冷却灌装牛奶产品。酸奶口感好，营养丰富，受到很多宝宝的喜欢。现在市面上的很多乳酸饮料都打着酸奶的旗号进行销售，不仅品种各异，口味也越来越丰富。所以妈妈在买酸奶的时候要注意区分酸奶和乳酸饮料，不要买错了。

酸奶和乳酸饮料有什么区别

口感　乳酸饮料是添加了水和果汁的乳酸饮料，奶味没有酸奶那么厚重，味道也不纯。

生产过程　酸奶是利用纯牛奶经过发酵制成的。乳酸饮料则是以牛奶为原料，经过添加乳糖来进行乳酸菌的发酵制成的，是稀释之后的酸奶。

营养成分　酸奶和乳酸饮料的价格不同，经过发酵乳酸菌发酵的高质量酸奶基本上还是属于牛奶，因为它保留了牛奶的营养成分，含有丰富的脂肪、蛋白质和矿物质，有着降低胆固醇的功效。乳酸饮料只是饮料的一种，不属于牛奶制品，营养相对于酸奶就大打折扣了。

乳酸菌含量　酸奶被人体吸收之后，含有的乳酸菌能够促进肠胃的蠕动，加快食物的消化和吸收，有着保健润肠的功效。乳酸饮料中只有乳酸的成分，没有酸奶的清肠作用。

储存条件　为了保持乳酸菌的活性，需要将酸奶放置2～8℃的条件下保存。通常最多能保存一个月。而乳酸饮料中没有乳酸菌，就不需要这么严格的保存条件，在室温下就可以了。

适宜人群　酸奶是一种营养保健、口

感清爽的奶制品，一般的人群都可以饮用。但是对于肠胃发育不完全的宝宝来说，却是不太适宜的。虽然酸奶的营养成分跟牛奶差不多，但是酸奶中的乳酸菌有可能过多地刺激到宝宝的肠胃，而导致腹泻等情况的出现。乳酸饮料具有一定的营养价值，可以给宝宝作为降暑解渴的饮料来饮用。但是要注意不能用乳酸饮料来代替牛奶或酸奶，因为有些乳酸饮料虽然加了乳酸菌，但营养价值还是不如牛奶或酸奶。尤其是那些用酸味剂和少量牛奶加水调和的乳酸饮料，营养成分就更低了。所以，乳酸饮料只能作为辅助的饮品，不能常喝。

在选购酸奶的时候要注意些什么

要看清楚包装上的酸奶字样，不要买成了乳酸饮料。要留心盒子上是不是有不起眼的小字，如果“饮品”或“饮料”的字样，就不是酸奶。

要留心生产日期和保存期限，以免买到即将过期的产品。

最好是选择知名品牌的酸奶产品。因为乳制品要求很严格的卫生环境和气温环境，并且容易变质，名牌产家的产品比较有保障。

酸奶买回来之后要放在0～4℃的冰箱中保存。夏天在买酸奶的时候还要注意原本的保存环境，不要买放置在冷藏柜之外的酸奶。

酸奶的保质期一般只有半个月，所以如果一次性购买了好几天的酸奶，要切记放在冰箱里保存。最好是喝多少买多少，以免变质吃坏肚子。

喝酸奶的时候要注意些什么

酸奶不能加热　有些妈妈担心从冰箱中拿出来的酸奶太冰，会伤害到宝宝的肠胃，就会将酸奶加热之后再给宝宝喝。这是一种错误的做法。因为酸奶经过加热，酸奶中的有益菌体就有可能被破坏而导致营养价值的丧失。所以，如果怕酸奶太凉，可以在喝之前的半小时拿出来，等恢复到常温后就可以给宝宝饮用了。

饭后两小时再喝酸奶　这个时候胃酸会被稀释，导致胃内酸碱值的上升，乳酸菌容易在这种环境下生长，这样才能让酸奶的营养价值得到最充分的发挥。

不要空着肚子喝酸奶　一般情况下人体胃液的酸碱度都保持在1～3之间，空腹的时候就会降低到2以下，而酸奶中的活性乳酸菌只能在pH4的环境中生长。所以如果空着肚子喝酸奶，就有可能让胃酸杀死乳酸菌，营养价值就大大流失了。

小贴士

酸奶是一种发酵之后的乳制品，有着特别的清肠保健功效，但也不是喝得越多就越好，每天一两杯就可以了。任何一种营养品都要保持一定的摄入量，才能最大程度地发挥其作用。

春季食谱

鸭蓉米粉粥

原料：鸭胸肉50克，米粉50克，植物油少许。

做法：将洗干净的鸭胸肉剁碎，放入油锅中炒成鸭蓉。将米粉用冷水调好，倒入清水锅用大火煮开。

米粉煮开之后加入鸭蓉转小火焖几分钟，调味即可。

功效：鸭肉中含有丰富的铁、铜、锌、钾和B族维生素，对米粉煮在一起，有着养胃补气、缓解腹胀的作用，非常适合春季食用。

虾仁豆花羹

原料：豆花100克，虾仁5只，鸡蛋1个，水淀粉、香菜末、盐各少许。

做法：将鸡蛋打散备用。将洗干净的虾仁背部划一刀，双面沾上蛋液。

将虾仁放入煮沸的高汤中，加入水淀粉勾芡。勾芡后加入豆花，煮熟调味，撒入香菜即可。

功效：虾仁中含有丰富的钙质、蛋白质、脂肪、胡萝卜素和多种维生素，是补钙的佳品。与豆花一起煮，有着清新养肺、去燥益脾的功效。

止咳食谱

蒸梨

原料：川贝母 3 克，陈皮 6 克，百部 6 克、梨一个。

做法：将洗净的梨去皮去核，陈皮、百部和川贝母放入梨中。上锅蒸熟即可。

功效：梨有着止咳化痰、生津润燥的功效；百部有着调气益脾、去湿化痰的功效；川贝母有着润肺止咳、清热去火的功效。

芦根粥

原料：鲜芦根 150 克，粳米 50 克，杏仁 10 克。

做法：将鲜芦根洗净切断。与杏仁一起放入锅中煎煮取汁。

加入粳米，煮成粥状即可。

功效：芦根生津去火，杏仁止咳润肺，粳米养胃健脾，这道粥非常适合咳嗽的宝宝食用。

银耳百合饮

原料：白木耳 10 克，百合 10 克，冰糖 20 克，蜂蜜适量。

做法：将白木耳放入清水中泡发备用。

将百合和冰糖一起放入锅中炖煮一小时。拌入蜂蜜搅拌即可。

功效：银耳、百合都有止咳润肺的功效，非常适合口干气喘、少痰干咳的宝宝食用。

第18章
2岁宝宝的饮食营养

2岁宝宝的喂养须知

这个阶段的宝宝，营养性贫血是比较常见的。所以要多给宝宝补充一些含铁量比较丰富的食物。

培养宝宝良好进食习惯是非常重要的，妈妈不要追着给宝宝喂食，要让宝宝自己独立进食了。

在给宝宝添加食物的时候，要多选择一些蔬菜和水果类的食物，来增加宝宝对铁质的吸收率。不要让宝宝吃太多的高糖和高油食物，否则容易造成宝宝食欲下降，影响宝宝的健康成长。

2岁宝宝的发育指标

发育指标	男孩	女孩
体重（千克）	80.3~92.0	78.3~90.1
头围（厘米）	11.2~14.3	10.3~13.2
身高（厘米）	48.2（平均值）	47.3（平均值）
牙齿	16 ~ 18颗乳牙	16 ~ 18颗乳牙

2岁宝宝的每日食谱

餐次	用法
上午	7:00 生菜肉末粥80克，豆浆50克 8:30 牛奶150毫升，蛋糕50克 10:30 苏打饼干50克
下午	12:00 菠菜肝末150克，米饭一小碗 15:00 新鲜菜汁一杯，煎面包一片
晚上	18:00 虾仁青菜面100克 21:00 奶类200毫升，水果适量

饥饿疗法，让宝宝爱上吃饭

家长都知道，想要宝宝长得又聪明又强壮，首先就是要吃得好。所以为了让宝宝多吃一些，要在饮食上花心思，可往往就是努力得不到回报，越想让宝宝吃，宝宝就越闭紧牙关。这样长期下去宝宝的营养跟不上，自然就不长高也不长肉了。

宝宝为什么对吃饭缺乏兴趣

心不在焉　宝宝有时候虽然愿意被家长喂，却在吃饭的过程中表现得心不在焉。吃也行不吃也行。对于心不在焉的宝宝，有些家长会采取少吃多餐的方式喂养，以为这样就是尊重了宝宝。其实不适合自己宝宝的少吃多餐喂养法会错过训练宝宝进食专注力的机会，反而会造成宝宝饥饿感的丧失，减少胃酸的分泌，还有可能影响到肠胃对食物的消化吸收，让宝宝更提不起兴致来吃饭了。

积极抵触　有些宝宝对吃饭一点兴趣都没有，并且将吃饭跟玩乐视为一体。在他的认知里面，吃饭的同时还可以唱歌、玩耍，并没有吃饭的具体概念。家长为了让宝宝多吃一点，费劲脑汁，想方设法，但宝宝就是不合作，甚至拒食的现象更严重了。如果在宝宝玩得正欢的时候打断宝宝，强迫性地给宝宝喂饭，就会让宝宝产生抵触情绪，这样一步步地形成恶性循环，想要纠正就更难了。

消极反抗　为了让宝宝长得快长得好，家长实在是绞尽了脑汁。不管多贵的营养品都舍得买，不管多耗时间都陪着宝宝吃。其实有时候宝宝不吃饭跟饭菜本身没有关系，可能是宝宝的某些需求在无意中被家长忽略了，而只是一味地按照自己的方式给宝宝决定吃什么，怎么吃，在哪里吃。长期下来，宝宝就对吃饭厌倦了，觉得吃不吃都无所谓，这就是所谓的消极反抗。

怎么让宝宝爱上吃饭

想要让宝宝乖乖吃饭，最无奈但最有效的方法就是狠下心饿宝宝一顿。等到宝宝肚子空了，自然就会四处找食，想要吃饭了。

饥饿疗法是在宝宝完全对吃饭失去兴趣的情况下实施的，所以在最开始的时候，即便宝宝饿了，他也不会一心一意地将碗里的食物吃完，通常吃了几口有饱腹感之后就不吃了。这个时候妈妈就要控制好宝宝的吃饭时间了，在吃饭的半个小时之内就要停止喂养，等下一餐再给宝宝喂。宝宝没有吃饱，在下一餐来之前就有可能喊饿，这个时候妈妈绝对不能心软，要想方设法将宝宝注意力分散。等下次吃饭的时间到了，再给宝宝喂饭，这样就能在无形中告诉宝宝，一餐不吃饱就会饿着。

值得一提的是，妈妈不要用幸灾乐祸的态度让宝宝对这种饥饿疗法产生抵触的情绪，最好是用软性的举动来表示无奈，“哎呀，没有饭了怎么办呢？”这样既能让宝宝明白及时吃饱是很重要的，还有利于培养宝宝对吃饭的兴趣，养成宝宝集中注意力吃饭的好习惯。

妈妈要记住

宝宝养成了健康的进食习惯，才能保证营养的均衡摄入，给宝宝的生长发育提供足够的能量支撑。想要培养出健壮聪明的宝宝，均衡营养和良好进食，一样都不可少。

“对付”宝宝厌食目前最有效的就是饥饿疗法了。通过这种方法要让宝宝意识到集中注意力吃饭的重要性，让宝宝明白不及时吃饭就有可能挨饿的事实，这样才能达到改善宝宝不良饮食习惯的目的。

宝宝过年怎么吃

宝宝一岁之后，就可以将离乳食品当做主食了。所以在春节年夜大餐的诱惑下，宝宝也有控制不住的时候，一不小心就会导致消化不良或腹泻。在这种情况下，妈妈不要心慌，掌握了以下几个窍门，就可轻松应付宝宝腹泻。（参见第 2 篇第 20 章“宝宝腹泻的饮食调理”）

出外就餐要注意

过年难免会将宝宝带出去走亲访友，有时候就索性在外面用餐了。在外用餐的时候妈妈要注意了，别给宝宝食用那些添加了味精、鸡精的食物。高油、高盐的食物最好也不要让宝宝吃。在宝宝肾脏尚未发育完全的情况下，摄入太多的调味品有可能对宝宝的身体造成不利影响，对宝宝的肾脏造成损害。如果有时间的话，最好在带宝宝出门之前，将宝宝的食物做好带出去。或者给宝宝喂一些平常吃惯了的东西，避免因为场所的不便而让宝宝凑合吃。（参见第 2 篇第 19 章第 2 节“出游要准备哪些食物”）

避免宝宝暴饮暴食

看见那么多好吃的东西，宝宝也食欲大开。如果家长不加制止而让宝宝肆意地吃下去，就很容易造成宝宝暴饮暴食。宝宝胃肠功能还未发育完全，如果摄入的总食量超过了宝宝的消化吸收能力，就有可能导致消化系统的紊乱而发生腹泻呕吐的情况。

多让宝宝喝白开水，少喝饮料

多让宝宝吃蔬菜，少吃肉。多注意宝宝的饮食卫生，少吃零食。适量让宝宝吃些海产品，不能用其他食物代替主食。

过渡阶段的注意事项

1 ~ 2 岁是宝宝饮食的过渡阶段，在这段时间内，要注意不要过分强迫宝宝吃饭，在给宝宝添加一种新食物的时候，要仔细观察宝宝对食物的反应。在吃饭的时候要让宝宝保持坐立的姿势，以防在咀嚼的过程中噎着而引起危险。

饮食卫生

给宝宝购买的食物要选择新鲜的，做时也要清洗干净，保证食物的清洁卫生，另外不要让宝宝吃隔夜菜，以防病从口入。

少吃冷饮

1 ~ 2岁的宝宝的肠胃发育还不完善，所以要尽量少给宝宝吃冷饮。冷饮摄入过多有可能引发宝宝的肠胃疾病，对宝宝的牙齿发育也有不良影响。

酸碱平衡

食物有酸性、碱性和中性之分。酸性食物主要有蛋类、米类、面粉类和鱼肉类。碱性食物主要有奶制品、食用菌、豆制品、蔬菜类和瓜果类。宝宝体内有着自动调节酸碱平衡的运转系统。所以，为了保持酸碱平衡，各种食物要均衡地摄入，避免让宝宝养成挑食、偏食的习惯。

膳食纤维

蔬菜和瓜果中含有的膳食纤维可以分为水溶性纤维和非水溶性纤维。含有水溶性纤维的食物主要有瓜类、水果类、干豆、燕麦和萝卜等。尤其是所有食物中水溶性纤维含量最高的燕麦，有着促进宝宝的肠胃消化的功效，适合便秘宝宝食用。含有非水溶性纤维的食物主要有蔬菜类、豆类和五谷类。让宝宝多吃一些含有非水溶性纤维的食物，有助于加速宝宝的肠胃蠕动，保护宝宝的肠道健康。

B 族维生素

洗蔬菜或淘米的次数不要过多，因为 B 族维生素是一种水溶性的维生素，在反复淘洗的过程中容易导致 B 族维生素的流失，因此不要反复地淘洗和蒸煮食物。

牙齿清洁和保护

宝宝在喝完牛奶之后要刷牙漱口，避免牛奶中的糖分残留在宝宝的口腔内引起蛀牙。不要让宝宝含着东西入睡，这样不仅不利于宝宝的口腔清洁，还有可能让宝宝在睡梦中呛到而发生危险。（参见第 1 篇第 7 章“训练宝宝刷牙”）

微量元素的补充

微量元素的补充需要保持平衡性，不能盲目地进补。如果补充的某一种微量元素过多的话就有可能影响另外一种微量元素的消化吸收。最好是在医生确诊某种微量元素缺乏之后再对症进补。

多去户外活动

多带宝宝去户外活动有利于宝宝的身体健康。一方面能够加快能量消耗提高宝宝的食欲，另一方面对宝宝的体格发育也很有帮助。

宝宝出远门要注意

在病中的宝宝尽量不要出门。

尽量在行程中安排足够的休息时间，以免影响到宝宝的作息。

别轻易在旅程中给宝宝尝试新食物，要保证食物的干净卫生。

要给宝宝准备替换用的毛巾和衣服，还要准备充足的纸尿片。

不要忘了带常规药品，以便不时之需。

宝宝“饮食病”从何而来

做父母的，一遇到宝宝不愿意吃东西就头疼。有些比较“狡猾”的宝宝还会察言观色，将吃饭做为妈妈答应自己某种事的条件，觉得自己有了筹码，就可以肆意地对妈妈予取予求了。这样一来，就让宝宝的饮食问题越发严重，越难解决了。其实，有时候宝宝的饮食毛病，不完全是食物本身的问题，有很大一部分是父母惯出来的。那宝宝的这些饮食病到底是怎么来的呢？

边吃边玩

有些妈妈看到宝宝不想吃饭，就采取讲故事等诱惑的方式，让宝宝边玩边吃。其实这是一种错误的做法，因为这样一来不仅影响了宝宝吃饭的专注力，还容易让宝宝在吃的过程中呛到而发生危险。最好的做法是在宝宝不吃饭的时候不搭理宝宝，在宝宝转回头吃饭后又鼓励宝宝，说妈妈很喜欢宝宝吃饭的样子，这样就会在无意中增加宝宝吃饭的兴致。

父母做了坏榜样

1～2岁的宝宝有着很强的模仿能力，已经会学习大人的各种行为举止了。家长的各种不良饮食习惯和用餐方式也会在不知不觉中被宝宝学了去。所以要特别注意不要在宝宝的面前将食物挑出来或者批评食物难吃。不要觉得自己不喜欢吃的食物宝宝也肯定不喜欢，就将食物剔除在餐桌之外。即便是自己讨厌的东西，也要做给宝宝尝试，以免宝宝营养失衡。

吃的东西太单一

有些妈妈担心给宝宝添加新食物会造成宝宝的不良反应，影响消化吸收，就经常给宝宝吃那几种食物，让宝宝越吃越没劲，产生厌食的情绪。其实，就算是做同一种食物也要讲究烹调方式的变化，常常给食物换个花样。比如鸡蛋就可以做成鸡蛋汤、鸡蛋羹或鸡蛋饼，这样就能避免宝宝吃同一种食物而产生厌恶情绪。

不喜欢食物的颜色

很多宝宝对那些跟平常食物味道不一样的食物或者没见过的食物不愿意张口吃。对黑色的食物也会产生排斥的心理，觉得那是不可以吃的，如紫菜、芝麻糊等。这个时候妈妈就要花点心思，将这些食物做得色香味俱全来吸引宝宝的注意，还可以将食物在米饭上摆成各种可爱的造型来增加宝宝的食欲。

错过了添加辅食的时机

宝宝 4 个月大之后，就可以慢慢地开始添加辅食了。要根据宝宝的月龄和身体发育状况，（参见第 2 篇第 10 章“不同月龄辅食添加的常见问题”）从少到多，从软到硬，从细到粗，逐步添加。如果错过了宝宝添加辅食的黄金时期，就不能及时地锻炼宝宝的咀嚼能力，延误了宝宝的味觉发育和接触事物的时间。（参见第 2 篇第 9 章“不要错过味觉敏感期”）

冬季宝宝补水须知

到了冬天，活动量减少，家长都觉得不用像夏天那样给宝宝喝水了。其实这是一种错误的观念。冬天气候寒冷干燥，宝宝的体质比较弱，再加上旺盛的新陈代谢，对水分的需求量也就更高了，每千克体重需要的水量保持在 60 ~ 100 毫升左右。所以及时给宝宝补水是很重要的，不能因为活动量的减少而减少宝宝的喝水量。对于处在成长发育期的宝宝来说，牛奶、果汁、菜汁都是很好的补水选择。

自来水

将自来水烧开，凉置后的凉白开是宝宝最好的饮品。因为烧开后的自来水增加了活性，能够很好地补充人体的细胞，有着明显的解渴作用。但是煮开后的自来水的钙、镁含量会降低，铝离子反而升高了，如果长时间都喝烧开的水就有可能导致铝离子过剩而影响到宝宝的体格和智力发育。

矿泉水

矿泉水中的微量元素比较丰富，对宝宝的成长发育有好处。但是在宝宝肾脏器官发育不完全，无法完全过滤有害金属的情况下饮用太多的矿泉水，就有可能摄入过多的重金属给宝宝的肾脏造成负担，影响宝宝的健康发育。

净化水

净化水在去除有害物质的时候也将水中的矿物质去除了，宝宝如果长时间饮用净化水就有可能缺乏微量元素而影响到其他营养素的吸收。

牛奶

牛奶在宝宝的成长发育过程中扮演着不可替代的角色，是一路伴随宝宝成长的营养饮品。但是，在饮食高度发展的今天，一般的鲜牛奶已经无法满足宝宝对各类营养素的全部需求了。所以有些已经断奶的宝宝还在喝添加了各种营养素的配方奶，这样既满足了宝宝的口腹之欲，又给宝宝补充了营养。

酸奶

酸奶的营养价值高于鲜牛奶，口感又好，很多宝宝都喜欢喝。酸奶中的各种有益菌体有着促进宝宝脑部发育、润肠通便的功效。但是在宝宝肠胃发育不完全的情况下，妈妈要特别控制宝宝的酸奶摄入量，以免因为摄入过多而引起腹泻或肠胃病。（参见第 2 篇第 14 章“鲜奶、酸奶、豆奶怎么喝”）

碳酸饮料

碳酸饮料喝多了会造成宝宝体内钙、磷比例失衡，阻碍宝宝的骨骼发育。可乐饮料中含有的咖啡因会让宝宝出现食欲不振、情绪不稳等现象。尤其是泡腾饮料和汽水，这两种饮品会释放出二氧化碳造成宝宝肠胃功能的紊乱，还有可能导致宝宝腹胀，影响到身体对钙质的消化吸收。

自制果汁

果汁中的维生素含量很高，常常喝一些果汁对宝宝成长发育很有帮助。超市货架上颜色鲜艳的果汁对宝宝很有诱惑力。其实，这些看起来精致的果汁，妈妈也可以自己做的。这样通过精心榨制的果汁不仅能满足宝宝对色彩的追求，还能给宝宝补充足够的自然营养素。尽量少给宝宝选择含有添加剂的果汁，因为这类果汁中的糖分含量比较高，喝多了容易让宝宝长蛀牙。如果是购买回来的果汁，每天的摄入量要控制在 150 毫升之内。

小贴士

宝宝补充水分时要换换花样，不要长期就喝一种水，这样容易造成微量元素的缺乏。

鸡汤可以提高宝宝免疫力

冬天气温低，人体的新陈代谢比较慢，对营养跟能量的需求却没有降低。在这个时节给宝宝进补可以帮助宝宝御寒，还可以为宝宝日后的强壮体格打下基础。（参见第 2 篇第 13 章“巧选食品提高宝宝免疫力”）

鸡的营养价值

鸡汤是很好的进补佳品，可以多给宝宝煲一些鸡汤来喝。

鸡肉的营养价值很高，但是在用鸡肉给宝宝进补的时候要注意，鸡肉分为雄性和雌性，雄性的鸡肉是温性的，比较适合气虚体弱的宝宝食用，而雌性鸡肉是阴性的，比较适合体弱多病的宝宝食用。

草鸡是鸡中营养价值最高的，乌鸡次之。鸡肉除了可以煲汤来吃肉喝汤，鸡的内脏也有和好的保健疗效。如鸡肾、鸡胆、鸡心、鸡肝和鸡内金等。

鸡胆具有去火、解毒的功效，百日咳或者胆囊炎的宝宝可以适当吃一些。

鸡心具有凝神静气的功效，虚烦或者夜惊的宝宝可以适当吃一些。

鸡肝具有补气、明目、养血的功效，贫血宝宝和有夜盲的宝宝可以适当吃一些。

鸡内金具有清肠养胃的作用，消化不良或腹胀的宝宝适当吃一些。

多喝鸡汤预防流感

鸡汤有着补气养胃、缓解头晕、填精补髓、养肝健脏、排除病毒、驱除流感的功效。冬季是感冒病毒肆虐的季节，在这个时候让宝宝多喝一些鸡汤能够提高宝宝的免疫能力，避免宝宝被感冒病毒侵害。对于已经患上了感冒的宝宝，多喝一些鸡汤也能够缓解咳嗽、咽痛和鼻塞等症状。

有哪些人不适合吃鸡

发烧宝宝　鸡肉是温性的食物，为了防止越吃越烧，高烧的宝宝和内火重的宝宝不要吃鸡肉。

尿毒症宝宝　鸡肉中的蛋白质含量比较高，为了防止对肾脏造成负担，尿毒症的宝宝不要吃鸡肉。

补服铁剂的宝宝 鸡肉中含有大量的磷质，为了避免在补铁的时候影响到铁质的吸收，服铁剂的宝宝也不要吃鸡肉。

小贴士

鸡的臀尖是病毒、细菌和致癌物质的聚集地，所以在做鸡肉的时候最好将臀尖去掉。

维生素缺乏的食补高招

很多妈妈都知道维生素重要，却不一定知道维生素缺乏会引起什么症状，从那些食物中可以补充相应的维生素，只是一股脑地让宝宝吃蔬菜，水果，以为这样就能给宝宝提供足够的维生素。其实不然，维生素的补充可是一门学问，妈妈要注意看了。

维生素 A

缺乏维生素 A 的表现

皮肤　皮肤粗糙，干燥，脱皮，还有可能在宝宝的臀部，背部和颈部出现丘疹。

呼吸道　缺乏维生素 A 会使呼吸道上角产生变化，使支气管和器官受到感染，甚至引起支气管肺炎。

眼睛　常表现为视力下降，从光亮地方进到黑暗环境常常有很长一段时间的盲期，如不及时治疗可能演变成夜盲症。还有可能引发干眼病，使泪液的分泌减少，或者根本就没有泪液，比较严重的甚至会出现角膜穿孔和溃疡的情况，直到完全失明。

预防维生素 A 缺乏症

要给宝宝多补充一些含有丰富维生素 A 的食物。胡萝卜素在体内能够转化成维生素 A，也可以适当地多吃一些含有胡萝卜素的蔬菜水果。还可以适量地吃一些维生素 A 的强化食品。

食物来源　食物中的维生素 A 主要分成两大部分，一部分是从蛋黄、奶油、肝脏等由动物提供的视黄醇中摄取，另一部分是从油菜、番茄、胡萝卜等由植物提供的胡萝卜素中摄取。含有胡萝卜素或维生素 A 的食物主要有：猪肝、胡萝卜、鸡肝、菠菜、奶油、油菜、鸡蛋、西兰花、瘦猪肉、橘子等。

维生素 B_1

缺乏维生素 B_1 的表现

维生素 B_1 又叫做硫胺素，长期缺乏维生素 B_1 引起脚气病。主要表现为食欲下降，烦躁不安，下肢沉重，手足下垂，面色苍白，肌肉酸痛，四肢麻木。严重的甚至会出现呼吸急促，下肢水肿，心室扩大和心力衰竭等症状。

预防维生素 B_1 缺乏症

科学合理地安排膳食，不要将食物做得过于精细，要注意其他辅食的摄入。在炒菜的时候不要加碱，也不要用高压锅来烹调，将维生素 B_1 的流失降到最低。

食物来源 维生素 B1 可以从谷类、豆类、坚果类、瘦猪肉、动物内脏等食物中摄取。如猪肉、花生仁、猪肝、黄豆、猪心、小米、羊肉、小麦粉、牛肾、大白菜等。

维生素 B_2

缺乏维生素 B_2 的表现

维生素 B_2 又叫做核黄素，是最容易被国民忽略的一种营养素，也是最容易缺乏的一种维生素。缺乏维生素 B2 会引起口角炎，舌炎，唇炎，眼炎，皮肤问题和贫血等。主要表现为口角开裂，嘴唇出血，舌苔肥厚，视力模糊，角膜充血，还有可能引发脂溢性皮炎。

预防维生素 B_2 缺乏症

科学合理地安排宝宝的膳食，要多给宝宝做一些含有核黄素的食物。

食物来源　维生素 B_2 可以从肝、肾、心等动物性食物中摄取，也可以从豆类，绿叶蔬菜等植物性食物中摄取。含有维生素 B_2 的食物主要有猪肝、牛奶、猪肉、小麦粉、羊肾、油菜、鸡、大米、鸡蛋、黄瓜等。

维生素 B_6

缺乏维生素 B_6 的表现

维生素 B_6 又叫做吡哆醇，是一种水溶性的维生素。宝宝缺乏维生素 B6 主要表现为烦躁不安，腹泻呕吐，体重下降，肌肉抽搐和低血色素性贫血等。

预防维生素 B_6 缺乏症

科学合理地安排宝宝的膳食，做到营养均衡，多摄入一些含有维生素B6的食物。

食物来源 维生素B6有着广泛的食物来源，白色肉类的维生素B6含有尤其高。动物肝脏、蛋黄和豆类中也含有丰富的维生素B6，蔬果中的维生素B6含量也不少。含有维生素B6的食物主要有：金枪鱼、牛肝、鸡内脏、牛肾、鸡肉、油炸花生等。

维生素 B_{12}

缺乏维生素 B_{12} 的表现

维生素 B_{12} 又叫钴胺素，患有肠胃疾病的宝宝比较容易缺乏维生素 B_{12}。缺乏维生素 B_{12} 会引起恶性贫血，损害到神经系统，还有可能引发高同型半胱氨酸血症。主要表现为记忆力下降，精神抑郁，四肢震颤等。

预防维生素 B_{12} 缺乏症

要注意膳食的均衡，合理安排宝宝的饮食，要多给宝宝吃一些含有丰富维生素B12的食物。食物来源 维生素B12主要可以从肝脏、禽类、贝类、蛋类等动物性食物中摄取，乳制品和植物性食物中的维生素B12含量很少或几乎不含。含有维生素B12的食物主要有：牛肉、鸡蛋、羊肉、鸡蛋黄、猪肉、鸭蛋、猪肝、生蛤肉、焖鸡肝、墨鱼干等。

维生素C

缺乏维生素C的表现

维生素C又叫做抗坏血酸，宝宝体内缺乏维生素C会引起坏血病。具体表现为食欲下降，烦躁不安、牙齿松动、皮肤干燥、牙床溃烂、牙龈出血、皮肤瘀斑等、甚至会出现呼吸急促、下肢骨膜出血和肌肉萎缩等症状，免疫力低下，容易感染疾病。

预防维生素C缺乏症

科学合理地安排宝宝的膳食，多给宝宝吃一些新鲜的水果蔬菜，在烹调的时候要注意不要加碱，多采用爆炒，少采用熬煮的方式来做菜，使维生素C的损失降到最低。

食物来源 维生素C主要可以从新鲜的蔬菜水果中摄取，动物性食物中的维生素C含量比较少。含有维生素C的食物主要有：大白菜、橙、柿子椒、苹果、菠菜、橘、油菜、香蕉、红果、牛奶等。

维生素D

缺乏维生素D的表现

宝宝缺乏维生素D容易引起小儿佝偻病。主要表现为：出牙迟缓、易惊多汗、鸡胸、O型腿或X型腿、腹胀腹泻、四肢无力、免疫力低、骨质疏松、容易患病、生长缓慢等。

预防维生素D缺乏症

多带宝宝出去少太阳，就能够合成足够的维生素D。科学合理地安排宝宝的膳食，多给宝宝补充一些含有维生素D的食物，或者适量地给宝宝吃一些维生素D的强化食品。如果缺乏得比较严重，就要在医生的指导下补充维生素制剂。

食物来源 天然食物中的维生素D含量比较低，肝脏、蛋黄、鱼卵、海鱼等动物性食物中的维生素D含量比较高。坚果类、蔬菜类、谷类和水果类食物中的维生素D含量很低或者根本没有。含有维生素D的食物主要有：大马哈鱼、红鳟鱼罐头、奶油、金枪鱼罐头、鸡蛋、炖鸡、烤羊肝等。

维生素E

缺乏维生素E的表现

维生素E在食物中广泛存在，能够长时间地储存在器官组织中，比较不容易缺乏。但是脂肪吸收不良或者摄入了过多不饱和脂肪酸的宝宝还是会患上维生素E缺乏症。具体表现为：

免疫力低下，神经系统功能低下，引发外周神经系统和中枢神经系统疾病，还可能出现溶血性贫血的症状。

预防维生素E缺乏症

在平时要注意多给宝宝吃一些含有丰富维生素E的食物，做到膳食合理，营养均衡。

食物来源 维生素E可以从各类的油料种子或者植物油中摄取。在绿叶蔬菜、坚果和谷类中也有一定的维生素E含量，动物性食物中的维生素E含量比较少。

含有维生素D的食物主要有：豆油、芝麻油、花生油、小米、葵花籽油、玉米面、棉籽油、菠菜、色拉油、猪肉等。

烟酸

缺乏烟酸的表现

烟酸又叫做尼克酸或抗癞皮病因子，缺乏烟酸容易引起癞皮病、胃肠道疾病和神经系统疾病。具体表现为：食欲下降，失眠头痛，记忆力减退，皮肤粗糙，色素沉着，红肿溃疡，消化能力降低，恶心呕吐，腹泻腹胀，甚至会引发神志不清，精神错乱等症状。

预防烟酸缺乏症

科学合理地给宝宝调配膳食，多给宝宝补充一些含有丰富烟酸或者色氨酸的食物。

食物来源 动物性食物中的烟酸含量比较丰富，蔬菜和谷类食物中的烟酸含量也不少。

含有烟酸的食物主要有：猪肝、黄豆、猪肉、大白菜、大米、菠菜、小麦粉、鸡蛋、玉米、牛奶等。

叶酸

缺乏叶酸的表现

叶酸是B族维生素的一种，一般食物中都可以摄取到，缺乏症的发生率病不是很高。但还是有一些肠胃吸收能力不好的宝宝会患上叶酸缺乏症。主要表现为细胞性贫血，发育迟缓，体重下降，神经管畸形，还有可能引发高同型半胱氨酸血症。

预防叶酸缺乏症

要保证宝宝的膳食均衡，多给宝宝补充一些含有丰富叶酸的食物。

食物来源 叶酸在各种动植物性食物中广泛存在，不管是动物肝脏、豆类、蛋类、蔬菜类，水果类或坚果类，都含有丰富的叶酸。

含有叶酸的食物主要有：猪肝、黄豆、猪肾、菠菜、瘦猪肉、油菜、鸡肝、西红柿、鸡蛋、花生。

祛暑降热的食物选择

对妈妈来讲，夏天是宝宝最不好喂食的季节。气温一高，宝宝新陈代谢的速度就加快，身体内水分和营养的流失也就更快了。但是高温又影响到宝宝的食欲，宝宝不愿意吃饭，营养补充的速度跟不上消耗的速度，宝宝越来越瘦，抵抗力下降，患病几率就增加了。所以，妈妈要做一些既是宝宝愿意吃的，又有防暑作用的汤饮类来给宝宝喝，以增强宝宝的食欲，保证宝宝的安然度夏。

水果

水果中含有丰富的矿物质和维生素，多让宝宝吃水果，有着去火解暑、降燥安神的功效。妈妈还可以将各种新鲜的时令水果榨成果汁或做成果泥来给宝宝吃。果汁中的营养成分远远高于市面上的那些功能性饮料，最重要的是，自制的果汁没有包含添加剂，既经济又安全。

豆汤

豆类食物中含有丰富的矿物质和维生素，在夏季多给宝宝做一些豆汤喝，能够起到很好的去火解暑和抗氧化作用。此外，还可以将各类豆做成豆粥来给宝宝补充矿物质和维生素。很多妈妈都知道在夏天适合喝绿豆汤，其实红豆汤、扁豆汤和豌豆汤也有着很不错的解暑降燥、增加食欲的功效。值得一提的是，在做豆粥或豆汤的时候最好盖着锅盖煮，不要将豆皮去掉，避免营养成分的流失。

酸奶

酸奶含有丰富的蛋白质、钙质、B 族维生素和大量的活性乳酸菌，适合在夏天的时候饮用。适当地让宝宝喝一些酸奶，能够促进宝宝的肠胃蠕动，改善宝宝的消化吸收情况。还可以增加宝宝抵抗能力，降低宝宝感染流行性病毒的几率。但是要注意不能多喝，如果摄入过可能导致腹胀腹泻，甚至引发肠胃疾病。

蛋类

夏季在做蛋类食物的时候，要注意保持口味的清淡。可以把煎鸡蛋换成鸡蛋羹，这样既容易被宝宝消化吸收，又能够防止营养成分的流失。

蔬菜

夏天要选择新鲜的深绿叶蔬菜。因为绿叶蔬菜无论是从矿物质含量、维生素含量还是抗氧化物的含量来看，都远远高于其他的浅色蔬菜。一些妈妈一到夏天就喜欢做一些黄瓜冬瓜类的浅色蔬菜给宝宝吃，以为这样就能达到很好的祛暑作用。殊不知这些浅色蔬菜虽然有着去火利尿的作用，所提供的营养素却没有绿叶蔬菜那么丰富。最好是一般绿叶蔬菜加上一般浅色蔬菜，这样才能既去火，又补充了营养。

冷饮

冷饮虽然在吃的时候很舒服，却并非解暑的佳品。因为冷饮不仅没有降低体温的作用，反而会导致血管的收缩，从而使身体散热的速度更加缓慢。此外，冷饮中还含有大量的糖分，在吃的当下会觉得很过瘾，可吃完了反而会觉得更渴。宝宝吃多了冷饮还可能引发宝宝的呼吸道感染，降低宝宝吃正餐的食欲，影响宝宝的成长发育。

让零食成为第二营养餐

宝宝正处在长身体的关键阶段，此时营养的补充尤为重要，因为宝宝胃容量相对成人较小，肝储备的糖原不多，而这个阶段的宝宝又经常活动易导致饥饿，这就要求宝宝每天进餐的次数相应增加。遵循三餐两点制，除一日三餐外再加两点，这两点就是我们日常所说的零食。

有的人认为零食会破坏宝宝正常的饮食规律，使宝宝不爱吃饭、挑食，所以拒绝给宝宝吃零食，其实零食并不是一无是处，在儿童的饮食结构中，零食扮演着不可代替的角色，如果把握好尺度，吃得正确，零食就不只是填饱肚子的食物，而会成为宝宝获得营养的重要途径，更好的满足宝宝的身体对多种维生素和矿物质的需要。

添加原则

吃零食的量要适当　热量较高的食物，如蛋糕、饼干要在上午添加，但数量一定要少，因为宝宝胃口很小，到了正餐会没有胃口，影响食欲，甚至会因为胃长期处于疲劳状态而引起消化系统疾病。

吃零食的时间要适当　零食要在两餐之间吃，不要在餐前 1 小时之内吃，不然的话不仅影响进正餐的食欲，对宝宝的牙齿也很不利。睡前也不要给宝宝吃零食，否则会影响睡眠质量。

让宝宝养成良好的卫生习惯　宝宝吃零食前一定要洗手，每次吃完后，最好喝一点温开水，并要漱漱口、刷刷牙，保护牙齿的健康。

适合宝宝吃的零食

水果　水果对宝宝的生长发育极为有益，最好是每天饭后吃适量的水果。

糕点　含碳水化合物较多的谷类食物经膨化制成的食品，酥脆且易于消化，可适量摄入作为宝宝的午后点心以补充热量。如松软的面包、蛋糕、脆饼干等。注意不能把糕点作为主食，尤其是不能饭前吃。

奶制品　如酸奶、纯牛奶、奶酪等含有优质的蛋白质、脂肪、糖、钙等营养素，而且易于消化，是宝宝最好的营养品。

山楂制品　比如山楂糕、山楂片、果丹皮等，这些食品含维生素 C，可以帮助宝宝消化，增强他的食欲。

不宜宝宝吃的零食

油炸食品不要吃，如快餐食品、油炸点心、油炸排骨等，会增加患超重、肥胖、高血压以及其他慢性病的风险。

含糖饮料会抑制食欲，尽量不要喝。

果冻不宜给宝宝吃，因为容易造成呛咳甚至窒息，如果宝宝一定要吃，就要在父母看着的时候吃，吃的时候宝宝不能跑、跳或笑，以免呛入呼吸道发生危险。

硬果类的零食，如花生、瓜子、坚果、开心果、榛子、核桃等含油脂较高，经加工制作后吃起来不但味道很香，还含有人体需要的一些必需脂肪酸、B 族维生素、微量元素锌等，但是此类零食安全性小，咀嚼困难，不小心容易吸入气管导致呼吸困难甚至窒息危及生命。所以宝宝不宜多吃。

巧克力属于高热量的零食，让宝宝吃一两块可以，吃多了就会影响宝宝吃正餐的食欲。

总之，要合理地安排宝宝吃零食，既能满足营养素的摄入量，又适合宝宝的口味，同时不影响主食的进餐量，不会让零食喧宾夺主。

治水痘食谱

香菜汤

原料：香菜 100 克，香油、植物油、酱油各适量。

做法：将洗干净的香菜切成碎状。将香菜末放入油锅中翻炒。加入清水、酱油，煮沸调味即可。

功效：香菜含有特殊的成分，有着刺激汗腺分泌，加快水痘康复的功效。

竹笋苡仁粥

原料：竹笋 50 克，粳米 60 克，薏苡仁 30 克。

做法：将竹笋洗净切片，粳米、薏苡仁淘洗干净。

将以上材料放入清水锅中大火煮沸。煮沸之后转小火煮成粥熟即可。

功效：苡仁、粳米和竹笋都有着解毒清热、透痘去湿的功效，是宝宝水痘时候的食疗佳品。

海带绿豆甜汤

原料：绿豆 100 克，海带 60 克，白砂糖适量。

做法：将洗净的绿豆放入清水中浸泡半小时。

将海带浸透，洗净切丝。

将以上材料一起放入清水锅中煮沸。

煮沸之后转小火煮一个小时，放入白糖调味即可。

功效：海带和绿豆都具有解毒的功效，对宝宝的水痘有着很好的辅助治疗作用。

护眼食谱

泥鳅豆腐煲

原料：泥鳅 250 克，豆腐 200 克，姜、盐、小葱各适量。

做法：将豆腐切成 4 块，葱姜切丝备用。将处理后的泥鳅洗干净备用。

将泥鳅放入油锅中略煎一下，放入砂锅。

将豆腐和姜丝放入泥鳅锅中，炖煮半小时，撒入葱花，适当调味即可。

功效：泥鳅有着护肝明目的功效，结合豆腐，对眼睛有着很好的保护作用。

猪肝炒胡萝卜

原料：猪肝 250 克，胡萝卜 100 克，黄酒、姜、菱角粉、盐各适量。

做法：将洗干净的猪肝切片，用盐、酒、姜、菱粉拌匀备用。将洗干净的胡萝卜切片备用。将胡萝卜放入油锅中翻炒，加入猪肝炒熟，适当调味即可。

功效：猪肝含有丰富的铁质和维生素，胡萝卜含有丰富的胡萝卜素，二者结合能明目养血，对夜盲症、眼睛干涩的宝宝有很好的食疗作用。

第 19 章
2 岁 ~ 2 岁半宝宝的饮食营养

2 岁 ~ 2 岁半宝宝的喂养须知

这个阶段的宝宝，培养良好的进食习惯是非常重要的。要定时定量地规律进餐，不要让宝宝养成偏食、挑食、依赖零食的坏习惯，以免营养失衡影响宝宝健康。

在宝宝进餐的过程中，妈妈要教会宝宝正确的咀嚼方式，不要给宝宝吃太硬的食物，要让宝宝经过足够的咀嚼再下咽。

这个阶段还要培养宝宝独立进食的习惯，教导宝宝怎么用勺子吃饭，帮助宝宝锻炼动手能力，减少对别人的依赖。

2 岁 ~ 2 岁半宝宝的发育指标

发育指标	男孩	女孩
体重（千克）	85.8 ~ 98.7	84.9 ~ 97.7
头围（厘米）	12.1 ~ 15.3	11.7 ~ 14.7
身高（厘米）	48.6（平均值）	47.7（平均值）
牙齿	20 颗乳牙长全	20 颗乳牙长全

2 岁 ~ 2 岁半宝宝的每日食谱

餐次	用法
上午	7:00 菠菜肉末粥 100 克，豆浆 50 克 8:30 牛奶 150 毫升，蛋糕 50 克 10:30 苏打饼干 50 克
下午	12:00 木耳肉末 100 克，米饭一小碗 15:00 新鲜菜汁一杯，煎面包一片
晚上	18:00 玉米青菜粥 100 克 21:00 奶类 200 毫升，水果适量

如何让宝宝爱上蔬果

宝宝不爱吃蔬菜水果一直是爸爸妈妈头痛的问题。蔬菜水果虽然不能给宝宝的身体提供很多的能量，却可以给宝宝提供丰富的矿物质、维生素和纤维素，对宝宝的正常发育起着举足轻重的作用。这些营养素参与着宝宝体内的新陈代谢，是宝宝能够健康成长不可或缺的辅助因子。

宝宝不吃蔬果会出现什么问题

便秘问题　蔬果中含有的纤维素有着促进肠道中有益菌生长，阻碍有害菌增生的作用。如果宝宝的体内缺乏纤维素，就会减少消化吸收后的剩余实体，使肠道的蠕动边缓慢，出现大便困难的症状。如果宝宝没有及时排便，就有可能使这些在肠道中堆积的粪便产生有毒物质，影响到宝宝的肠道健康。

肥胖问题　蔬果中含有的纤维素有着解脂去腻的作用，如果宝宝体内缺乏纤维素，就有可能导致宝宝缺乏饱足感而在不知不觉中越吃越多，造成热量过剩而产生肥胖。

免疫力问题　蔬果中含有的抗氧化物成分有着抵抗体内有害自由基的作用。如果缺乏这些抗氧化物，就有可能导致营养的失衡而使免疫力下降，使宝宝患病的几率增加。

维生素缺乏问题　蔬果中含有的维生素是其他食物不可比拟的。尤其是维生素C。维生素C有着紧密细胞结合、促进结缔组织形成的作用。如果宝宝体内缺乏维生素C，就有可能延缓牙齿发育，使免疫力低下而容易感染疾病。此外，缺乏其他维生素也可能影响到骨骼和智力的发育，阻碍宝宝的心智发展。

怎样才能让宝宝爱上蔬果

混合喂食　对宝宝不喜欢吃的蔬菜，妈妈不要用强迫的方式让宝宝吃。可以将那些宝宝排斥的蔬菜混在米饭或者汤粥里让宝宝看不出来，这样就比较容易喂了。

新鲜煮烂　给宝宝煮菜的食材要选择新鲜的时令蔬菜。因为蔬菜中含有纤维素，比较难以咀嚼。所以妈妈最好将蔬菜煮得烂一点，以免宝宝因为咀嚼问题放弃蔬菜。

切细剁碎　有一些纤维质太长的蔬菜（如金针菇、蒜薹等），在烹调之前最好先切细或者剁碎，以免因为吞咽困难引起宝宝呕吐。

少量逐量　有些有特殊气味的蔬果（如芥蓝、荔枝、苦瓜等）宝宝不愿意吃，那妈妈就要从少量开始，运用循序渐进的方法，从少量开始添加，再根据宝宝的接受情况逐量增加。

善用颜色　对于那些有特殊颜色的蔬果（如胡萝卜、彩椒、樱桃、紫甘蓝等），宝宝的接受度也比较低。这个时候就可以用讲道理的方式告诉宝宝，吃了这些会让宝宝越长越高越来越聪明。或者将这些有异味的蔬果摆成各种可爱的形状，来引起宝宝的兴趣。也可以打成果汁或果泥让宝宝吃。

“马大哈”妈妈的糊涂举止

做父母的都想把自己的宝宝喂得强壮又聪明，有时想方设法让宝宝吃进了东西，却并不一定是恰当的行为。比较“马大哈”的妈妈要留心以下几种喂食之举，看看自己是不是也在无意中做了这些糊涂的行为。

觉得鸡蛋营养丰富，就拼命给宝宝吃鸡蛋

鸡蛋中含有丰富的蛋白质，对处在成长发育期的宝宝很有帮助。但是，不管食物多有营养，也不是吃得越多越好。在宝宝的肠胃功能还未发育完全的情况下，摄入太多的鸡蛋有可能使鸡蛋中的白蛋白穿

过肠壁进入血液，引起肠炎、湿疹等过敏性反应。再者，宝宝的消化能力有限，给宝宝吃太多的鸡蛋只会增加肠胃的负担。体内的蛋白质过量会造成分解的困难而导致血氨的升高，让宝宝出现腹胀腹泻、四肢无力等症状。

怎么做

1岁到1岁半的宝宝每天鸡蛋的摄入量不能超过一个，最好是只吃蛋黄。1岁半～2岁的宝宝最好是每天只吃一个鸡蛋。（参见第2篇第11章“鸡蛋要怎么吃才健康。”

觉得鱼松营养丰富，口感又好，就让宝宝多吃

很多宝宝都很喜欢吃鱼松。鱼松是一种营养丰富、对宝宝的成长发育有促进作用的食物。但是鱼松中的氟化物含量很高，宝宝如果摄入过多的鱼松，就会导致体内氟化物的数量超标。如果没有及时排除，就有可能在体内造成氟化物的堆积，长此以往会导致宝宝出现氟中毒的症状，对宝宝的骨骼和牙齿发育都有不利的影响。

怎么做

妈妈不要把鱼松当成一种营养品让宝宝长期大量地食用，可以适当地将鱼松当成一种调味品加在宝宝的食物中让宝宝吃。

为了帮助宝宝消化，喜欢在饭前饭后给宝宝喝水

饭前饭后喝水帮助消化是一种错误的饮食观。因为在吃饭的时候胃肠道会反射性地分泌出消化液，这些消化液能够跟食物碎末混合，将食物中的营养素提取出来，被血液吸收之后为身体的各大组织器官提供营养支持。若在饭前或饭后喝水，就有可能将消化液稀释。

怎么做

尽量避免在饭前饭后喝水，如果宝宝实在口渴，可以先给宝宝喝一些热汤。歇一会儿后再放宝宝吃饭，以免影响到胃液的分泌和食物的消化吸收。

觉得动物肝脏含有丰富的维生素A，就让宝宝多吃

动物肝脏中含有宝宝成长发育不可或缺又容易缺乏的维生素A。既然这么有营养，妈妈就觉得让宝宝吃得越多越好。实际上，不管是多有营养的食物，摄入过多也是会对身体造成伤害的。动物肝脏是一种通透性比较高的食物，很多有毒物质都会在肝脏里面聚集，所以肝脏中的有毒物质含量也就比其他食物要高得多。除此之外，动物肝脏中的结合蛋白质还会将血液中的有毒物质抢过来，储存在肝脏中，吃多了会给宝宝的健康埋下隐患。

怎么做

动物肝脏中虽然含有丰富的营养素，但是食用也不能过量。肝脏是一种营养密度比较高的食物，只要吃一点就能够补充到丰富的维生素A。每天肝脏的摄入量要控制在10克之内，以免摄入过多给宝宝的身体造成伤害。

宝宝自己吃饭不放心，非得给宝宝喂饭

宝宝一岁以后，行为能力迅速发育，对周围的食物也有了浓浓的兴趣。有些好动的宝宝开始不愿意让妈妈喂着吃，非要自己抢过小勺子吃。可是看着宝宝左舀右舀就是没办法将食物送进嘴里，妈妈急了，索性还是拿过勺子给宝宝喂饭。这样做就限制了宝宝独立进食能力的培养，不能及时地锻炼宝宝的手部肌肉，还会错过手眼协调能力发育的好时机。

怎么做

要对宝宝独立吃饭的行为加以鼓励，给宝宝的手部肌肉提供锻炼的机会。当然，在鼓励宝宝吃饭的同时也要保证宝宝营养的摄入，以免进食时间过长而导致营养成分的流失。在必要的时候可以拿个小碗让宝宝练习进食，妈妈在一旁时不时地喂几口，避免因为宝宝不熟练的独立进食造成营养不良。

为了保持宝宝的愉快情绪，就让宝宝边吃边玩

宝宝边吃边玩会分散宝宝吃饭的注意力，是一种很不好的饮食习惯。因为宝宝在吃饭的时候胃部会聚集大量的血液，如果分散了注意力，就会将血液也分散而影响到宝宝的消化吸收。另一方面，让宝宝边吃边玩还会增加宝宝进食的时间，降低宝宝大脑皮层摄食中枢的兴奋性，使胃内的消化酶数量较少，延缓了肠胃的蠕动，使宝宝食欲降低，影响宝宝消化功能的发育。

怎么做

妈妈在给宝宝喂饭的时候，可以采用对比的方法来纠正宝宝边吃边玩的坏习惯。让宝宝跟爸爸一起吃，爸爸一口，宝宝一口，如果宝宝很合作的话就要及时地夸奖宝宝。不要因为赶时间就一股脑地给宝宝喂饭，以免影响宝宝肠道的消化吸收。

觉得鸡汤的营养价值高于鸡肉，所以在吃鸡的时候只喝汤不吃肉

鸡汤营养高于鸡肉是一种没有根据的说法。虽然鸡汤味道鲜美，口感浓郁，比较受宝宝的喜欢，但是鸡肉中的蛋白质含量却远远高于鸡汤，脂肪和矿物质含量也比鸡汤多。

怎么做鸡汤的营养价值虽然没有鸡肉高，但是鸡汤中含有一种可以刺激胃液分泌的物质。让宝宝喝鸡汤能够提高宝宝的食欲，帮助宝宝肠道的消化吸收。所以在吃鸡的时候最好是鸡肉鸡汤一起吃。（参见第 2 篇第 18 章“鸡汤可以提高宝宝免疫力”）

如何防止营养素的流失

人是铁，饭是钢，一顿不吃饿得慌。但是饭吃进去就表示补充了营养吗，那可未必。有些食物在烹调或选购的过程中已经流失了一部分的营养成分，如果又不讲究科学健康的饮食方式，就可能使营养素的流失更加严重了。

宝宝的胃容量有限，食量也比较小，但是所需要的营养素却并不低于成年人。所以，在烹调食物的时候讲究科学的烹调方式，使营养素的流失降到最低，已经成为至关重要的饮食原则。

以下几个要素是妈妈要特别注意的。

怎么防止食物营养素的流失

蔬菜在烹调之前再切洗，先洗后切，以免水溶性维生素被水溶解而导致营养的流失。带皮的水果最好是在吃之前再削皮，以免维生素在空气中发生氧化。

不要捞饭，最好是用容器来蒸米饭，或者采取焖米饭的方式，这样可以避免维生素 B_1 和维生素 B_2 的大量流失。

为了避免维生素 C 的大量流失，在烹调蔬菜的时候最好是采用急火快炒的方式。

科学地食用调味料，少油少盐少味精。可以在烹调蔬菜的过程中适当地加一些醋来避免维生素 B 族和维生素 C 的流失。还可以在炖骨和做鱼的时候加一些醋来帮助钙质的吸收。

少用油炸的方式来烹调食物，以免食物中的维生素在高温中被破坏掉。

在做饺子或包子的时候，如果是白菜馅的，可以将白菜汁加水煮开，放入少许的香油和盐让宝宝喝，这样可以避免白菜中矿物质和维生素的浪费。

不要将嚼碎的食物喂给宝宝吃

有些妈妈喜欢将放在自己的嘴里嚼碎之后再喂给宝宝吃，觉得这样宝宝就比较好消化了。实际上这是一种很不卫生的做法。这样一来，大人嘴里的一些病菌就有可能传染给宝宝。有些病菌在抵抗力比较强的大人嘴里不会引起什么不良反应，但是如果传染到了抵抗能力差的宝宝那里，就有可能引发疾病。相反，让宝宝自己咀嚼食物不仅能锻炼宝宝口腔附近的肌肉，还能够在咀嚼的过程中促进胃部消化液的分泌，有利于提高宝宝的食欲，帮助消化吸收。

不要给宝宝吃太多糖

通常来讲，宝宝肝脏中的糖分含量比较低，碳水化合物的含量也不高。随着宝宝行为能力的增强，活动量也增加了。能量的消耗速度加快，让宝宝适量地吃一些糖果，能够及时地给宝宝补充糖分和热量，从某种意义上说是有好处的。但是要严格控制糖分的摄入量，因为糖分摄入过多会对宝宝的身体造成伤害，埋下种种疾病隐患。（参见第2篇第8章“宝宝和糖有个约会”）

产生蛀牙　口腔内残留的糖分会给乳酸杆菌创造生长的温床，让他们随着糖分的发酵而产生酸质，引发蛀牙。

影响食欲　宝宝吃太多糖会让宝宝的食欲降低，到了饭点还没有吃饭的欲望。等过了饭点肚子却饿了，又得靠糖来补充能量。长此以往只会造成恶性循环，影响宝宝健康发育。

免疫力降低　糖分摄取过多会增加体内钙质和硫胺素的消耗，降低宝宝的免疫能力，增加宝宝的患病几率。

小贴士

宝宝每天10克糖就可以满足身体的需要，不要过分摄取。

出游要准备哪些食物

酸奶

酸奶是一种需要冷藏储存的食物，如果是短途的旅行，可以适当地带一些，在路上给宝宝喝。但如果是长途旅行又没有迷你冰箱，最好还是不要带酸奶，到目的地再买也可以。

正餐

在旅途中最好是带宝宝到正规的餐厅用餐。给宝宝点一些比较好消化又安全的食物，如西红柿炒鸡蛋或者蛋炒饭等。另外，餐厅的饭菜普遍有着高盐、高油的特点，一定要叮嘱厨师少放一些调料，尽量使用植物油来给宝宝吃。可以的话，还要叮嘱厨师将宝宝的饭菜做得松软一些，以免因为食物过硬而让宝宝难以下咽或引发消化不良。

配方奶粉

带宝宝出游要给宝宝准备好小包装的配方奶粉，以防出现宝宝拒绝外食而手足无措的状况。同时还要准备好一个保温桶和密封的热水瓶，这样就可以随冲随泡，满足宝宝喝奶的需求。

即食食品

即食食品比较方便打开，在宝宝肚子饿的时候不会让宝宝等太久而哭闹不止。现在市面上有不少适合宝宝食用的即食食品，在带宝宝出游之前，可以给宝宝买上一些即食食品，这样即便是行驶在路上也不会让宝宝挨饿。

其他食品

要给宝宝带一些比较适合幼儿食用的零食，不要选择那种容易让宝宝产生饱腹感的膨化食品，也尽量别买宝宝没有吃过的食品，以免宝宝对新食物产生过敏反应。最好是带一些含有维生素和矿物质的水果，既方便又安全。

解决宝宝吃饭难的问题

2 ~ 3 岁这个阶段是培养宝宝自己吃饭和良好的饮食习惯的巩固期。

在宝宝 1 周岁的时候，已经开始让他练习自己吃饭的能力了，但是学习自己吃饭不是一蹴而就的，需要一个循序渐进的过程。宝宝到了 2 ~ 3 岁，吃饭时变得更爱折腾了，虽然能自己进餐，但是绝对不会老老实实坐着吃饭，东张西望，甚至折腾来折腾去就是不吃，有时还会撒娇似的让妈妈喂。（参见第 2 篇第 14 章“进食习惯养成计划”）

吃饭难的表现

只对煮得很烂很软的食物感兴趣，不吃干饭和青菜。

吃饭慢、饭量少，嘴里经常含饭。

一边吃饭一边玩，心不在焉，有时还得爸爸妈妈喂着才吃。（参见第 2 篇第 20 章“对付‘吃饭多动症’的妙招”）

吃饭难的原因

进餐缺乏主动性，总是依赖爸爸妈妈喂。

这个阶段的宝宝比较贪玩，再加上爸爸妈妈溺爱、迁就，没有养成良好的进餐习惯。

宝宝的口腔功能尚未发育完善，口腔肌肉无力，咀嚼功能和吞咽功能配合不协调，这是宝宝吃饭难的根本原因。

解决方案

要保持宝宝进餐环境的清洁、整齐、安静，尽量保持进餐时轻松愉快的气氛。

要培养宝宝对食物的兴趣和好感，尽量能引起他旺盛的食欲。不要在宝宝面前议论某种食物不好吃，某种食物好吃，以免造成宝宝对食物的偏见。

给宝宝一个固定的就餐地位，让他坐在安静不易受到干扰的地方，比如不要让他朝着电视，这会分散宝宝的注意力。（参见第 3 篇第 3 章“宝宝喜欢看电视怎么办”）

培养宝宝良好的进餐习惯。饭前先洗手，吃饭时保持安静不说话，不大笑，不看电视，以免食物呛入气管内。

爸爸妈妈要给予宝宝帮助和指导，但不要过多地干预宝宝，过多的说教、提醒和催促，帮着宝宝夹菜甚至喂饭给宝宝，都会养成宝宝任性的性格，不好好吃饭，甚至厌食。

吃饭时不要责骂宝宝，唠叨不停，如果宝宝犯了错误，也不要在吃饭的时候训斥他，会引起宝宝的反感或者让他感到害怕而不肯吃饭。

宝宝进餐时间不宜过长，允许宝宝吃完饭后先离开饭桌，但不能拿着食物离开，不要让他边吃边玩。

饭前不要让宝宝吃零食，尤其不要吃糖果、巧克力等甜食，以免影响食欲。

宝宝糖尿病的饮食疗法

科学合理地安排膳食，保持营养的均衡，定时定量进餐。

可以用动物性蛋白质来代替植物性的蛋白质。

尽量少吃或者不吃胆固醇含量高的食物，如动物肝脏、蛋黄等。在控制血糖期间如果宝宝喊饿，可以给宝宝吃一些含糖量比较少的食物，如青椒、茄子、韭菜、冬瓜、南瓜等。

糖分含量高的食物要禁食，如蜜饯、冰激凌、糖果、糕点、果酱、甜饮料等。另外，像山药、芋艿、藕、胡萝卜、土豆、蒜苗等碳水化合物含量比较高的食物也要减少摄入量。

吃水果要以含糖量低为选择的标准。尽量不吃或少吃含有糖分的水果，可以适量地吃一些西红柿来补充维生素 C。

以米食和面食为主，可以适当地摄入一些含有丰富维生素和无机盐的食物，如燕麦、麦片、玉米面等，这样既能给宝宝补充膳食纤维，又能有效地控制血糖。

含有饱和脂肪酸的油脂类最好不要食用，如洋油、奶油、黄油、猪油、牛油等。可以用植物油来代替部分的动物油。另外，像核桃、芝麻、瓜子等脂肪量比较多的食物也要减少摄入量。

宝宝支气管炎的饮食疗法

宝宝支气管炎是一种常见病，一般都是由各类病菌或病毒引发的呼吸道感染。发病有急性和慢性之分，一般表现为咳嗽，吐黄痰。严重的会出现发热呕吐和腹痛腹泻等消化道症状。除了医学治疗之外，还可以给宝宝做一些清热去火的食物来达到食疗的效果。

粥类

杏仁粥：杏仁 20 个，粳米 50 克，煮粥即可。

芥菜粥：芥菜头 50 克切碎，粳米 50 克，煮粥即可。

梨粥：鸭梨 3 个切片，粳米 50 克，煮粥后兑入梨汁即可。

百合粥：鲜百合 20 克，糯米 50 克，煮粥后加适量冰糖即可。

汤类

百合汤

原料：鲜百合 100 克，糖适量。

做法：将百合煎成汤即可。

功效：适合久咳肺虚的宝宝食用。

三仙饮

原料：生萝卜 250 克，鲜藕 250 克，梨 2 个。

做法：将三种材料切碎榨汁。

加入适量蜂蜜即可。

功效：适合燥热多痰的宝宝。

川贝梨

原料：川贝 5 克，生梨 1 个，冰糖适量。

做法：将梨洗净去头，掏空梨心。

将川贝和糖放入梨中，盖上梨头。

放入碗内，上锅蒸熟即可。

功效：适用初咳痰多的宝宝。

川贝百合汤

原料：川贝母 50 克，百合 10 克，大鸭梨 50 克，荸荠 25 克，冰糖适量。

做法：将荸荠洗净去皮切碎。

将大鸭梨洗净去皮去核。

将鸭梨、川贝、百合、冰糖一起放入清水锅中，煮 20 分钟即可。

功效：适合患有支气管炎、干咳痰少的宝宝。

金菊红糖水

原料：金菊花 15 克，红糖 50 ~ 100 克。

做法：将金菊洗净。

将金菊放入两碗水的清水锅中蒸煮至一碗。加入适量红糖即可。

功效：适合患有支气管炎和咳嗽感冒的宝宝。

维生素 D 的科学服用方法

维生素 D 有什么作用

宝宝出生以后，医生就会提醒妈妈每天定时定量地给宝宝吃一两滴鱼肝油，补充维生素 A 和维生素 D。在鱼肝油里维 A 和维 D 的比例是 1 ∶ 3。鱼肝油是补充维生素 D 的主要来源，及时地补充维生素 D 能够帮助宝宝对钙质的吸收和利用，还能促进各种微量元素在肠道内的吸收，让宝宝摄入的钙质真正地被牙齿骨骼利用。

过量服用维生素 D 有什么危害

既然维生素 D 有促进营养素吸收的作用，妈妈就想给宝宝多服用一些鱼肝油，来增加钙质的吸收，让宝宝越长越高。其实这是一种错误的想法。维生素 D 不能服用过量，如果体内维生素 D 的含量过高，不仅不会促进宝宝的健康成长，还有可能造成原有功效的流失，如果引发维生素 D 中毒那就更麻烦了。

体内的维生素过量会降低胃内的消化液分泌，让宝宝的食欲下降，失去胃口，甚至出现呕吐恶心的症状。维生素 D 过量会降低神经肌肉的兴奋性，造成肌肉的松弛，延迟宝宝发育，让宝宝越来越瘦。但同时又会增加中枢神经的兴奋性，让宝宝烦躁不安，夜惊哭闹，脾气大。过量服用维生素 D 还有可能造成呼吸急促、引发咳嗽或气喘等疾病。

服用多少维生素 D 才安全又营养呢

有些妈妈看到以上维生素过量的反作用，就害怕了，索性不给宝宝吃鱼肝油了。其实，维生素缺乏症同样会引发一系列的并发症，所以妈妈在对待维生素 D 的补充方面，要采取科学的态度来对待。既不能补充过量也不能补充不足。每天维生素 D 的摄入量大概控制在 400U 左右就可以了。

有没有不服药也能补充维生素 D 的办法

有些妈妈觉得自己的宝宝没有补充维生素 D 制剂，但照样长高长壮，钙质吸收也很好，这是因为妈妈在无意间已经给让宝宝摄取到足够的维生素 D 了。

食补　食补既安全又经济，多给宝宝吃一些含有丰富维生素 D 的食物，同样能够达到很好的补充效果。维 D 含量丰富的食物主要有鸡肝、羊肝、牛奶、牛肝、沙丁鱼、小虾、鳕鱼、蛋黄等。

晒太阳　经常带宝宝去户外活动，晒晒太阳，就能促进宝宝体内维生素 D 的自行合成。这是因为宝宝皮肤中含有一种叫做 7－脱氢胆固醇的物质，它在紫外线的照射下可以转变成维生素 D。这样不用刻意地服用维生素 D 制剂也能达到很好的补充效果。

有时候忘了按时补充维生素 D 会有影响吗

有些妈妈在给宝宝补充维 D 的时候，经常会因为一些别的事情而忘了按时给宝宝吃鱼肝油或者摄入其他含有维D的食物。偶尔忘个一两次其实是没关系的。但是在出门比较少、晒太阳机会也比较少的冬天就要及时给宝宝补充鱼肝油制剂或其他富含维 D 的食物了。要定时定量，不能长时间不吃，突然一次吃太多，这样很容易造成鱼肝油中毒。只有合理科学地补充维生素D才能最大程度地发挥维生素D的作用，以达到促进钙质消化吸收的目的。

巧妙吃鱼，让宝宝更聪明

吃鱼会聪明，这是大家都知道的。在宝宝体格和智力发育的黄金时期，多给宝宝吃一些鱼，不仅对宝宝的脑部发育有积极的促进作用，还能保持宝宝的愉快情绪，对宝宝的心脏血管有很好的保护作用。

鱼的营养成分与作用

鱼类中含有丰富的蛋白质和 DHA。

DHA 是一种不饱和脂肪酸，有着降低血脂，增加脑细胞活力的作用，是大脑发育不可或缺的营养素。鱼肉中的蛋白质含有人体必需的九种氨基酸，有着促进宝宝成长发育，加快伤口愈合的功效，是一种吸收利用率很高的营养素。此外，鱼油中的维生素 A 和维生素 D 的含量也很高，还含有丰富的矿物质、维生素 B6 和 B12。

不同鱼种不同营养

鳕鱼和乌鱼中含有丰富的维生素 A、维生素 D 和油脂，但是 Ω－3 脂肪酸含量并不高。秋刀鱼、鲑鱼、沙丁鱼中含有丰富的 DHA，特别是鱼眼附近。海水鱼中的碘含量比较高。鲈鱼、白带鱼和黄鱼的 Ω－3 脂肪酸含量同样比较低。沙丁鱼、丁香鱼可以连肉带骨一起吃，能够补充更多的钙质。

怎么买鱼

选择外表比较完整、没有鱼鳞脱落的鱼。

选择有暗红色或淡红色鱼鳃的鱼。

选择眼球黑白分明、略微突出的鱼。

选择带一点腥味的鱼。

选择肉质有弹性的鱼。

怎么吃鱼

妈妈可以将鱼做成鱼丸来给宝宝吃。鱼头中含有丰富的 DHA，妈妈还可以用鱼头做成味道鲜美的鱼头汤来给宝宝吃。如砂锅鱼头汤、鱼头豆腐汤、酸菜鱼头汤。

给宝宝做的鱼尽量选择一些鱼刺比较少的鱼，如银鱼、鳕鱼、黄花鱼、比目鱼、青鱼、鲶鱼等。给宝宝吃鱼吃前要将两侧的鱼刺去掉，在吃鲢鱼、胖头鱼、武昌鱼或鲫鱼的时候可以将没有小刺的鱼腹肉夹给宝宝吃。此外，没有鱼刺的鱼眼、鱼皮、鱼头和鱼鳔也可以放心地夹给宝宝吃。

食谱推荐

鱼丸

原料：花鲢鱼一条，鸡蛋一只，葱、姜、盐各少许。

做法：将葱姜切成末状。

将鱼背上的肉用刀剔下来，剁碎。

将鱼肉和葱姜盐搅拌均匀，加入适量淀粉搅拌。

将鸡蛋中的蛋清加入鱼肉中搅拌均匀。

等水烧开到 80℃左右，将鱼肉放入手掌中，握紧拳头，从虎口挤出鱼丸入锅，煮沸后调味即可。

清蒸鲈鱼

原料：鲈鱼 500 克、姜、葱、色拉油、黄酒、鱼豉油、香菜各适量。

做法：将鲈鱼处理好，洗干净备用。

将姜丝洒在盘子上，放上鱼。

将色拉油、鱼豉油、黄酒和盐、醋等拌入小碗内调匀，抹遍鱼身。

将鱼放入蒸锅，大火蒸 6 分钟后撒上香菜，适当调味即可。

小贴士

鱼肉的营养丰富，但也不能想着光吃鱼就能补充所有的营养素。在吃鱼的同时还要给宝宝做一些其他的食物，以免营养失衡。若宝宝在吃鱼的过程中被鱼刺卡到，不要用喝醋或吞咽米饭的方式来解决，要及时带宝宝去医院治疗。

缺碘会有什么影响

碘是一种人体必需的微量元素，有着参与甲状腺素合成的功能。碘元素一般都是以无机碘化合物的形式存在于水和各类食物中，能够直接被肠胃吸收，合成甲状腺素。甲状腺素起着调节蛋白质、脂肪和糖这三大营养素的代谢和热能代谢的作用，是人体新陈代谢不可缺少的物质之一。

如果体内缺碘，就会阻碍甲状腺素的合成，引发生理系统的紊乱，导致地方性的甲状腺肿大。严重的缺碘症甚至可能造成智力低下、毛发脱落、骨骼发育迟缓、痴呆聋哑和呆小病等。所以要特别注意通过各种含碘食物给宝宝补碘。

食物来源：海带、紫菜、凤尾鱼、石首鱼、鲫鱼、海蜇、带鱼等。

时令蔬菜，吃出健康肠胃

时令蔬菜有着维持宝宝肠胃健康、促进宝宝健康成长的作用，应该给宝宝多吃一些时令蔬菜。

洋葱

洋葱有着提高食欲、加快消化、杀菌去毒、抵御流感、扩张血管、抗癌防癌、清除自由基、预防骨质疏松等作用，适当地给宝宝吃一些洋葱能够促进宝宝的肠胃蠕动，改善消化不良，提高宝宝食欲，避免出现食积。

青椒

青椒含有丰富的维生素C和辣椒素，有着促进消化、提高食欲的作用。青椒中维生素K、抗氧化维生素和微量元素的含量也很高，可以有效地防止牙龈出血和贫血。青椒独有的特别味道和辣椒素还有着促进唾液和胃液分泌、加快肠胃蠕动、防止便秘的功效。

茄子

茄子是一种紫色蔬菜，茄皮中含有其他蔬菜所不能比拟的维生素E和维生素P。维生素P有着避免血管出血、软化微细血管的作用。除此之外，茄子还含有丰富的维生素C和皂草甙，能够对人体的生理功能起到很好的活化作用。

黄瓜

黄瓜是一种味道鲜美、清脆香嫩的食物，含有丰富的维生素和纤维素。多让宝宝吃一些黄瓜，能够有效地防止舌炎、唇炎和口角炎的发生。黄瓜中的微量元素还有着降血糖的功能。吃黄瓜的时候最好不要将尾部切去扔掉，因为尾部中含有的苦味素有着清热解毒、消肿利尿和抗癌的功效。

西红柿

西红柿中含有丰富的维生素B族、维生素C和胡萝卜素，还含有其他蔬菜所不能比拟的维生素P，有着保护心血管、防止心脏病发作的功效。西红柿中含有的番茄红素有着促进胃液分泌、清除自由基、增进红细胞形成和保护皮肤的作用。多让宝宝喝一些番茄汁还能够促进宝宝的肠胃活动，有着利尿排毒的功效。

秋天宝宝最需要吃的食物

秋季有很多的时令蔬菜瓜果上市，多让宝宝吃一些蔬果不仅能够给宝宝补充足够的维生素和纤维素，还能够避免由于天气的变化给宝宝造成的不良影响。这个季节还是宝宝进补的好时机，如果让宝宝吃得巧吃得好，就能够给宝宝提高御寒能力，帮助宝宝安然过冬。

菜花

菜花中含有丰富的脂肪、蛋白质、食物纤维、维生素、矿物质和碳水化合物，是一种细嫩好嚼，容易消化吸收的食物。尤其适合脾胃虚弱的宝宝食用。菜花中的维生素C含量很高，多让宝宝吃一些菜花可以增强宝宝的免疫能力，强壮宝宝的体质，促进宝宝的健康成长。

怎么吃

番茄炒菜花，既可口又营养，还能够

提高宝宝的食欲。

芋头

芋头中含有丰富的蛋白质、钙、磷、铁等微量元素和碳水化合物，是一种爽滑可口、容易消化的食物。多让宝宝吃一些芋头有着健脾养胃、改善虚弱脾胃的作用。

怎么吃

给宝宝吃的芋头要煮烂，可以将芋头切成丁状跟玉米一起煮成芋头玉米粥。

鸭肉

鸭肉中含有丰富的不饱和脂肪酸、氨基酸和其他的营养素，是一种营养丰富又不会上火的补品。鸭肉是凉性食物，有着消肿利尿、养胃滋阴的作用。在秋季适量地让宝宝吃一些鸭肉，能够起到去除火气，预防秋燥、强壮体质的功效，是秋季补品的首选。

怎么吃

鸭肉是一种凉性食物，所以有腹泻和肠胃病的宝宝不能多吃。可以将板栗加在鸭肉里，做成板栗焖鸭，二者相得益彰，有着强身健骨、养胃补肾、滋阴平肝的功效。

木耳

木耳中含有丰富的维生素 C 和钙、磷、铁等多种营养素，有着生津润肺、除脂滋阴的功效。在秋季让宝宝吃一些木耳，还能起到清肠排毒、维持肠道健康的作用。木耳有白木耳和黑木耳之分，白木耳就常常说的银耳，质地爽滑，容易消化，是调理秋燥的佳品。黑木耳的营养成分跟白木耳差不多，含有丰富的铁质，是补铁补血的佳品。

怎么吃

木耳有着润肠通便的功效，所以腹泻宝宝不宜使用。可以将白木耳加冰糖炖成甜品，将黑木耳煮汤或者跟禽肉一起烹调，增加营养价值。

莲藕

莲藕中含有丰富的蛋白质、维生素和淀粉，是一种鲜甜可口、清脆多汁、容易消化的食物。其中含有的多种微量元素有着提高免疫力、补气养血的功效。莲藕还含有丰富的维生素 C 和纤维素，尤其适合容易上火的宝宝生吃。煮熟后的莲藕变成温性，是益脾养胃的佳品，适合脾胃虚弱的宝宝食用。

怎么吃

莲藕可以炒着吃也可以煲汤，在煲汤的时候往汤里加一些绿豆可以防止上火。

百合

百合中含有丰富的天冬氨酸、亮氨酸等多种氨基酸，是一种营养价值很高的食物。有着提高食欲、促进消化的功效。百合中含有的钾元素和无机盐，还能够加快人体的新陈代谢，强壮体质，对去除秋燥也有一定的功效。新鲜的百合有着宁神静气、止咳润肺的作用、比较适合脾胃虚弱的宝宝食用。

怎么吃

最好是挑选那种干燥肉厚无杂质的百合，可以煮粥也可以蒸炒，百合加银耳做成银耳百合粥有着生津润肺，滋阴益脾的功效。

萝卜

萝卜中的水分含量比较高，还含有丰富的维生素 C、碳水化合物和钙、磷、铁等营养元素，有着清火去热、止咳化痰的功效。萝卜可以生吃也可以熟吃。生吃能够清热止渴，熟吃能够健脾养胃，对秋季的一些常见病（如感冒、发烧、消化不良等）

有着很好的辅助治疗作用。

怎么吃

萝卜最好是炖着吃，也可以炒着吃。

梨子

梨子中的水分含量也很高，还含有丰富的矿物质和维生素，有着清热润肺、降火去燥、生津解渴的功效，尤其适合在秋天食用。煮的梨能够滋喉润津，蒸的梨能够化痰止咳。多让宝宝吃一些梨子，能够缓解秋病带来的咽喉肿痛、便秘尿赤等症状，有着很好的食疗效果。

怎么吃

化痰止咳的梨最好选择糖分比较低的，可以做成川贝蜜糖炖雪梨来给宝宝去燥止咳。

粥

宝宝在秋季多喝一些粥，能够起到预防秋燥、健脾养胃、提高免疫力的作用。可以在煮粥的时候加入以上提到的一些滋阴润肺的食材，如银耳、百合等，这样润燥益肺的效果就更好了。

怎么吃

在煮粥之前先将米泡半个小时，泡开之后煮粥比较爽滑可口，还能节省煮粥时间。

蜂蜜

蜂蜜有着改善心肌、促进血红蛋白合成、提高智力的功效。秋天多让宝宝吃一些蜂蜜，能够起到润肺养脾、去除秋燥的作用。

怎么吃

每天早晚空腹的时候，用不高于 60℃的温开水冲服 20 克左右即可。

小贴士

秋季维生素的补充要以时令蔬果为主，尽量少吃瓜类，尤其是西瓜。

尽量少吃羊肉、牛肉等滋补类的食物，容易让宝宝产生过敏反应的食物，如虾蟹或海产品也要尽量少吃。

秋天气候干燥，水分的流失又比较快，要让宝宝多吃一些既能补充维生素，又能补充水分的水果和绿叶蔬菜，还要定时定量给宝宝喝水，以免出现皮肤干燥和大便困难等情况。

早餐食谱

汤面早餐

原料：将葱花放进油锅中炒香，加入高汤煮沸。

做法：放入绿豆杂面，煮沸后加入青菜，打蛋调味即可。

窝头早餐

原料：将玉米粉、黄豆粉、鸡蛋和奶粉加水搅匀，捏成窝头状。

做法：上锅蒸 15 分钟即可。

煎饼早餐

原料：将玉米粉、大豆粉、白面粉和鸡蛋加水搅成面糊。

做法：将面糊放入油锅中煎成小饼即可。

八宝粥早餐

原料：将大麦米、芸豆、黑糯米、红豆、粳米、花生和黑芝麻一起放入清水中浸泡过夜。

做法：用高压锅煮 20 分钟即可。

午晚餐食谱

锦绣鸡丝

原料：鸡肉 50 克，莴笋 200 克，香菇25克，蛋清、生粉、盐、葵花子油、葱姜汁各适量。

做法：将洗净的原料切成丝状，鸡肉用蛋清、葱姜汁和生粉拌匀备用。

将鸡丝放入油锅中翻炒，沥出油分备用。

将笋丝、香菇丝放入锅中翻炒，加入鸡丝，炒熟调味即可。

功效：鸡肉中含有丰富的蛋白质，莴笋中含有丰富的氟元素和钾元素，是一道强身健体、增进食欲的菜肴。

日本豆腐虾粒

原料：虾80克，日本豆腐50克，盐适量。

做法：将洗干净的虾去壳去沙线，切成粒状加盐拌匀。

将日本豆腐切成圆柱状。

将切好的豆腐摆放在盘中，将虾粒放在豆腐上。

上锅蒸15分钟即可。

功效：豆腐中含有丰富的蛋白质和钙质，虾粒也是高钙高蛋白的食物，二者结合，营养丰富，容易消化，是宝宝午餐的好选择。

蛤蜊粟米西兰花

原料：蛤蜊250克，西兰花200克，粟米25克，葱姜汁、葵花子、油、盐各适量。

做法：将洗净的蛤蜊用开水焯过，去掉泥衣备用。

将西兰花切成朵状，用开水焯过，粟米也用开水焯过备用。

将西兰花和粟米放入油锅中翻炒至熟。

加入蛤蜊肉，适当调味，炒熟即可。

功效：西兰花中含有丰富的胡萝卜素和维生素，粟米中含有大量的膳食纤维，蛤蜊又是一种高钙、高铁、低脂肪的食物，三者结合，对宝宝的身体很有益处。

第 20 章 2 岁半～3 岁宝宝的饮食营养

2 岁半～3 岁宝宝的喂养须知

这个阶段宝宝的乳牙已经长齐了，咀嚼能力大大增强。但是消化能力仍然不是很完善，所以在安排宝宝膳食的时候，要注意品种的多样化，精心地搭配荤素、粗细和主副食。

要选择营养价值比较高的食物，做成宝宝比较容易接受的形式。

一日三餐，定时定量让宝宝吃饭。

不要让宝宝过多地吃零食，以免养成对零食的依赖，对宝宝的健康造成不良影响。

2 岁半～3 岁宝宝的发育指标

发育指标	男孩	女孩
体重（千克）	89.9 ～ 103.2	88.4 ～ 102.3
头围（厘米）	13.1 ～ 16.5	12.7 ～ 16.2
身高（厘米）	49.1（平均值）	48.1（平均值）
牙齿	20 颗乳牙长全	20 颗乳牙长全

2 岁半～3 岁宝宝的每日食谱

餐次	用法
上午	7:00 小米香菇粥 100 克，豆浆 50 克 8:30 牛奶 150 毫升，蛋糕 50 克 10:30 苏打饼干 50 克
下午	12:00 土豆炖牛肉 100 克，米饭一小碗 15:00 新鲜菜汁一杯，煎面包一片
晚上	18:00 胡萝卜肉末粥 100 克 21:00 奶类 200 毫升，水果适量

帮助宝宝逃离零食“魔爪”

如果在妈妈意识到零食对宝宝的健康造成伤害之前，宝宝已经依赖上零食了，该怎么办呢?

其实妈妈也不用太犯愁，只要抓对了宝宝的心思，什么时候戒零食都不算晚。成长环境的不同造成了宝宝的性格差异，所以在戒零食的时候要摸清楚宝宝的想法，再对症下药，相信很快就能帮助宝宝逃离零食的“魔爪”。

逐步减少零食量

妈妈要跟宝宝约定好，每天可以吃多少零食，制定一个妈妈宝宝都觉得可行的标准。如果妈妈够聪明的话，可以在实施的过程中偷偷地减少零食的用量，长此以往，宝宝自然也就不依赖零食了。

正餐要定时定量

要让宝宝养成良好的饮食习惯，就得要求宝宝在吃饭之前不准吃零食。不能让宝宝边吃边玩，或者边吃边做别的事，要教导宝宝养成在餐桌旁就餐的良好习惯。但是在实施的过程中不能过多地强迫宝宝，要用商量的语气来让宝宝接受妈妈的“提议”。

妈妈态度要坚定

在改正宝宝不良习惯的时候还要根据宝宝的性格特质来制定计划，妈妈的态度要保持温和坚定。说到就要做到，不要用强迫或者威逼利诱的方式来扭转宝宝的零食观。不能因为宝宝哭闹就举手投降，让宝宝吃零食。这样只会让宝宝对零食的依赖更为严重，以后要戒就更难了。在妈妈不妥协的态度下，久而久之宝宝就会知道哭闹是无用功，自然就顺从了。

要理解宝宝

宝宝在戒零食的初期，肯定会因为不满而哭闹。这个时候妈妈就要理解宝宝，不要因为不耐烦就斥责宝宝，或者因为心软就投降了，不然只能得不偿失。实际上，妈妈要改正的不是宝宝，而是宝宝依赖零食这种习惯，所以也不能因为宝宝有了一点进步就以给宝宝吃零食作为奖励，这样只会导致功亏一篑。

要跟宝宝一起戒零食

想要改变宝宝不良的饮食习惯，就不要让宝宝觉得自己是在“孤军作战”。在给宝宝戒零食的时候不要让宝宝觉得自己很可怜。妈妈要积极地鼓励宝宝拒绝零食的诱惑，在宝宝的理解能力之内跟宝宝解释零食对宝宝造成的伤害。爸爸妈妈要用引导的方法来取代强迫性的方式，跟宝宝一起走完这条戒零食之路。

安排正餐零食的顺序

要跟宝宝讲好，先吃正餐，吃完以后如果肚子还没饱，才可以吃一点零食。不能先吃零食再吃正餐，以免影响正餐的进食欲望。（参见第 2 篇第 11 章“挑对零食，协助营养均衡”）

选择有益或者低热量的零食

在宝宝的理解范围内让宝宝了解各种食物的营养成分，并给宝宝分析食物对身体健康的利弊。例如在宝宝想喝碳酸饮料的时候，跟宝宝说果汁比饮料更能帮助宝宝成长。在宝宝想吃甜食的时候，跟宝宝说梳打饼干或者水果更能促进宝宝发育，让宝宝越长越高。这样就会让宝宝比较容易接受。

宝宝饮食“六不要”

不要让宝宝偏食

偏食会导致营养失衡和营养不良，从而影响到宝宝体格和脑部发育。（参见第 2 篇第 17 章“宝宝偏食案例大解析”）

不要让宝宝吃太多冷饮

在气温高的夏天，不要让宝宝吃太多

的冷饮。冷食摄入过多容易引发冰箱症，造成宝宝畏寒，以至于以后一吃凉的就会胃疼，给宝宝肠胃埋下健康隐患。

不要让宝宝吃太烫的食物

冬天寒冷，妈妈为了给宝宝驱寒，就会趁着饭菜还热烫的时候让宝宝吃。这是一种错误的观念，这样不仅不能帮宝宝驱寒，还有可能因为食物过烫而伤害到宝宝的食道和口腔黏膜，得不偿失。

不要在吃饭的时候责骂宝宝

在吃饭的时候责骂宝宝会影响到宝宝进餐的欲望，还有可能因为气愤和恐惧引起宝宝消化系统的紊乱。长此以往，会让宝宝越来越瘦，导致发育不均衡，甚至出现厌食和拒食的情况，影响到宝宝体格和智力的正常发育。

不要让宝宝吃太饱

宝宝吃得太多，体内的热量又不能及时地消耗，就会转化成脂肪囤积起来，容易养出小胖墩。肥胖会增加扁平足和弓形腿的发生几率，甚至会影响到宝宝的正常发育。

宝宝全身上下的器官都是处在发育不完全的稚嫩阶段，消化系统分泌出的用来消化食物的消化酶数量十分有限，再加上活动能力受到限制，如果吃太多就有可能使消化器官的负担加重，引起消化不良和食积，阻碍宝宝消化系统的正常运转，甚至可能会影响到宝宝的脑部发育。

不要让宝宝一股脑地猛吃

猛吃会让宝宝的大脑出现早衰。

猛吃会对大脑智能区的生理功能产生抑制作用，从而抑制到宝宝想象力、记忆力、思维能力和语言能力的发育，导致智力发育不足。

猛吃还会造成宝宝的脑疲劳。因为吃得越多，肠胃消化食物所需要的血液就越多。本来就有限的血液被转移到胃部，就会使宝宝因为大脑缺氧缺血而产生疲劳的感觉。长此以往就会影响到宝宝的脑部发育，阻碍宝宝的智力发展。

对付“吃饭多动症”的妙招

宝宝长到两岁半，手脚越发灵活，一到吃饭时间就不愿意好好坐着，非得到处爬到处晃。一到吃饭时间妈妈就头疼不已。这可怎么办才好，总不能老是追在宝宝屁股后面喂饭吧？妈妈不要急，下面给妈妈支几个妙招，妈妈可要注意看了。

多多夸奖宝宝

如果宝宝愿意安稳地坐在餐桌旁边吃饭，妈妈千万不要吝啬表扬宝宝。在宝宝饭后，作为对宝宝的嘉奖，妈妈还可以陪宝宝玩儿一会儿，让宝宝对吃饭产生正面积极的印象，就不会发生宝宝前面跑、妈妈后面追的情况了。

请宝宝帮忙

为了提高宝宝的食欲，在准备饭菜的时候妈妈可以请宝宝帮忙做一些在宝宝行为能力之内的事。比如摆碗筷，整理餐桌等，这样就能让宝宝对进食充满期待，增加吃饭的积极性。

变换烹调方式

宝宝不愿意安静地坐着吃饭，不一定是因为菜不好吃，有可能是因为千篇一律的烹调方式造成了宝宝厌烦情绪，而不愿意进食。这个时候就需要变换一些烹调方式了，比如原本清蒸的食物做成红烧的，或者原本清炒的食物炖成汤品，保持宝宝对食物的兴致。

吃饭前不要吃零食

在宝宝吃饭前不要给宝宝吃零食。如果吃了零食就有可能造成饱腹感而降低宝宝吃正餐的欲望。在两餐之间可以适当地吃一些零食，但是要注意选择那些营养价值比较高的零食，不要让宝宝吃垃圾食品。

教导宝宝使用餐具

有些宝宝的行为能力提高之后，就不愿意安静地坐着让妈妈喂饭，非得抢过餐具自己吃。在这个时候妈妈就要好好地教导宝宝怎么使用餐具，这样既能让宝宝坐得住，又锻炼了宝宝独立进食的能力。如果宝宝熟练之后能自己将食物吃光，就能增加宝宝的自豪感。不要因为怕麻烦，怕宝宝吃不饱就硬要给宝宝喂食，错过了培养独立进食的时机。

有饥饿感更容易进食

有些宝宝不愿意安静吃饭的原因是宝宝根本就不饿。所以，为了让宝宝乖乖进食，妈妈要想办法让宝宝产生饥饿感。如多带宝宝去户外活动，或者让宝宝做一些小运动等，增加热量的消耗，等宝宝饿了，自然就愿意安静吃饭了。

准备宝宝的专用餐具

大人的餐具又大又重，不适合宝宝使用。盛饭或盛汤的碗太大会让宝宝产生压迫感而影响到宝宝的吃饭欲望。那些比较容易摔碎和尖锐的餐具也不要给宝宝使用，避免意外的发生。最好是带宝宝去超市买一套宝宝自己喜欢的儿童餐具，这样可以增加宝宝的进食欲望。

吃饭前要提前通知宝宝

如果没有提前通知宝宝说要吃饭，在宝宝玩得正欢的时候强迫宝宝放下玩具吃饭，就有可能造成宝宝的逆反心理。最好是在吃饭前的 10 分钟先通知宝宝，给宝宝一个缓冲的时间，这样就能避免宝宝出现拒食的情况。

巧妙添加宝宝不喜欢的食物

对于宝宝不喜欢吃的食物，可以从少量开始，慢慢地添加到其他宝宝喜欢吃的食物中让宝宝吃。比如宝宝喜欢吃肉，就将宝宝不爱吃的蔬菜添加到肉末中做成小饺子、小丸子给宝宝吃，这样宝宝比较容易接受。等宝宝习惯那种蔬菜的味道之后，再逐步地增加分量或者将蔬菜单炒给宝宝吃。

宝宝食积问题

一到吃饭时间，宝宝就愁眉苦脸。妈妈想方设法，宝宝还是将饭含在嘴里怎么也不肯下咽。看着宝宝越吃越瘦，妈妈只能手足无措，心疼得不得了。出现这种情况很可能是宝宝胃里积了食却没办法消化，既影响到食欲又危害肠胃健康。积食又称“食积”、“积滞”，以婴幼儿最为常见，它是因饮食不当，影响到宝宝的消化功能使食物停滞胃肠所形成的一种胃肠道疾患。积食不是小问题，它会增加宝宝肠、胃、肾脏的负担，还可能给这些脏器带来疾病。

宝宝为什么会出现食积

导致宝宝食积的原因有很多，家长的错误喂养方式，滥用抗生素都有可能引起宝宝食积。再加上宝宝的肠胃功能尚未发育完全，一旦发生食积就容易出现偏食厌食、抵抗力下降的情况。

妈妈总是担心宝宝没吃饱，营养跟不上，所以每次喂饭的时候都会像填鸭子一样拼命往宝宝嘴里塞东西。在宝宝肠胃功能不健全的情况下，很容易加重宝宝的肠胃负担，导致宝宝消化不良。这些没有被消化的食物就会囤积在宝宝的胃里面无法排出，久而久之就造成了食积。

宝宝出现食积就会丧失胃口，妈妈急了带宝宝去看医生。可这样只能治标不能治本。想要改善食积最重要的就是要改掉填鸭式的喂养方法，不然吃多少消食药都无济于事。

宝宝食积会出现哪些症状

便秘 大便干燥，排便困难，消化系统紊乱。

厌食 宝宝含着饭就是不愿意吞，吃

一顿饭要花很长的时间。

情绪不稳 烦躁不安，入睡困难，夜梦易惊，睡中汗多。

营养不良 面黄肌瘦，有口臭，尿液偏黄，大便酸臭。

免疫力低 容易感染传染性疾病，经常感冒发烧，时有肺炎。

预防和护理

给宝宝选择清淡的、易消化的食物，比如，蔬菜、水果、米粥、面食等，减少高热量高脂肪食物的摄入，不吃油炸、膨化食品，少吃或者不吃肉，适当吃些鱼虾，一定不要增加肠胃的负担。

注意饮食要适量，无论什么食物，营养再高，再好吃，也不能让宝宝一次吃太多，否则会造成积食、腹泻，影响健康。

注意要遵循饮食规律，一日三餐要合理安排，定时定量，不能吃得太早或太晚，也不能一顿吃一顿不吃，这样会打乱胃肠的正常工作，影响消化功能的正常运作。

晚餐不要吃得太饱。因为白天宝宝活动量大，可以消化食物，但是晚上宝宝到了休息的时间，胃蠕动变慢，容易引起积食。

睡觉起来不要立即进食，要等到一小时之后再吃东西，因为胃肠从低运转恢复正常需要一点时间，这时候吃东西，也会影响消化和吸收。

坚持户外运动，每天要让宝宝出去活动一定时间，饭后可散步一小时，但一定注意不要剧烈运动。

怎么给宝宝消食积

宝宝食积不及时消除，很容易出现营养不良和贫血的症状，影响宝宝体格和智力的正常发育。

食疗的辅助 妈妈可以选择太子参、元肉、红枣、虫草花、五指毛桃、白术、土茯苓、云苓、茨实、淮山等有着助脾健胃作用的药材来给宝宝炖汤喝。每次选用一两种，放在排骨、鱼肉或鸡肉中炖着吃。

改正喂养方式 治疗宝宝食积最重要的一环就要妈妈要改掉不良的喂养方式。在宝宝胃口不好不想吃东西的时候，不要给宝宝硬塞。即便是通过强迫性的方式让宝宝吃下去了，也容易引起消化不良，甚至出现呕吐和腹痛腹泻等症状。这样恶性循环下去只会让宝宝对吃饭产生厌烦的情绪，伤害到宝宝的肠胃，影响宝宝的健康成长。出现食积最重要的就是让宝宝的肠胃有一个消化调整的时间，要少吃多餐，在宝宝没有反抗情绪的情况下适量喂养。

谷芽麦芽水 每星期用 5 克山楂，10 克谷芽和 10 克麦芽煲水给宝宝喝。尽量不要让宝宝在喝山楂水的时候吃荤菜，以免影响消食的功效。

小贴士

不要给积食的宝宝喝冷饮，因为在胃部饱满的情况下吃太多冷饮，只会加重积食，引起宝宝消化不良，食欲下降，造成脾胃失和，延缓宝宝的体格和智力发育。

宝宝挑食问题

挑食的原因

宝宝可能一开始对某种食物感兴趣，于是吃得过多，但由于宝宝的消化器官没有发育成熟，导致伤了脾胃，造成疳积，使宝宝在看到这种食物就拒绝。（参见第 2 篇第 17 章“搞定挑食宝宝的几大妙招”）

爸爸妈妈给宝宝准备的饮食单调重复，而且每次做的种类少，宝宝天天吃一种菜，时间长了，肯定会感到厌烦，于是再也不吃了。（参见第 2 篇第 10 章“‘厨艺小笨蛋’妈妈的料理妙招”）

爸爸妈妈对宝宝挑食反应过于强烈，硬逼着宝宝吃他不喜欢的东西，使宝宝产生反感甚至畏惧，时间久了，使宝宝形成条件反射，见到这种食物，不仅不爱吃，还会感到恐惧，怕爸爸妈妈又强迫他吃。

爸爸妈妈过于娇纵宝宝，随着他的性子来，只让宝宝吃自己喜欢吃的，对挑食不加以纠正，纵容宝宝挑食，会使宝宝更加为所欲为。

爸爸妈妈在宝宝面前谈论什么东西好吃，什么东西不好吃，耳濡目染，使宝宝形成偏见。

可能爸爸妈妈没有及时给宝宝添加辅食，使宝宝错过了味觉的最佳发育机会。

疾病及药物的影响。各种急慢性传染疾病，寄生虫病，消化道疾病，某些元素缺乏，特别是微量元素如锌和铁的缺乏是常见的引起食欲不振的主要原因。

挑食的危害

挑食会导致营养元素摄入不足，造成营养不良，影响宝宝的生长发育。宝宝需要的营养素有六大类：维生素、蛋白质、脂肪、糖类、矿物质、水。不同的食物，会提供给宝宝不同的营养素。如果宝宝不喜欢吃荤菜，他的维生素、蛋白质、脂肪摄入会不足；如果宝宝不喜欢吃蔬菜、水果，他的维生素摄入会不足。（参见第 2 篇第 13 章“宝宝营养不良怎么办”）

宝宝挑食的对策

妈妈要变着花样做饭，争取色香味俱全，刺激宝宝的眼球，也可以用趣味名称称呼食品，或者是做成各种形状，激发他们对食品的兴趣，增加宝宝的食欲。

让宝宝适度的体验饥饿，两餐间隔时间为 2.5 ~ 3 个小时，在这期间，不要让宝宝吃零食或高热量的东西。这样他吃饭的时候就不会挑三拣四了。

让宝宝养成良好的饮食习惯，定时进食，按顿吃饱。

吃饭时间不宜过长，一般要限定在 25 分钟以下。不要让宝宝在吃饭时看电视、玩游戏，要让他把注意力集中在吃饭上。

克服宝宝对新食物的恐惧，从 4 ~ 6 个月添加辅食开始，就要循序渐进，并保证一定的喂食次数，新食物的添加通常要 15 次以上。

可以把宝宝喜欢的和不喜欢的食物掺在一起喂。开始时，以宝宝喜欢的东西为主，不让他感觉到吃的食物当中，有他不喜欢的，慢慢再把他不喜欢的食物加量，使他逐渐接受。

让宝宝参与到采购食品的过程中，让他对食品产生兴趣，促使宝宝对新食物进行尝试。

对于宝宝吃得过多的东西，不要准备太多，要买一些你希望宝宝吃的东西，不要让宝宝随手就能拿到那些垃圾食品。

让宝宝多做口腔训练。吃太细的东西，口腔缺乏运动，会使宝宝对很多食物产生触觉防御，造成挑食。通过口腔的运动则可以缓解这种现象。

不要在宝宝面前讨论饭菜好吃难吃，避免父母的挑食习惯影响宝宝。

宝宝厌食问题

厌食原因

病理因素

体弱宝宝的肠蠕动速度缓慢，胃内排空时间较长，从而导致食欲减退。

宝宝患有营养性贫血、佝偻症、慢性消化道疾病、肝炎等都可引起厌食。

如果宝宝肠胃不适，反复发烧，或是患上上呼吸道感染、肺炎，都会引起食欲不振。

宝宝挑食造成 B 族维生素和微量元素锌的缺乏，引起宝宝味觉功能和胃黏膜消化功能的降低，使宝宝没有食欲，而且消化能力减弱。（参见本篇第 15 章“宝宝胃口差怎么办”）

非病理因素

添加辅食过晚。在应该给宝宝添加辅食的关键时期，没有对宝宝的咀嚼能力进行适宜的锻炼，使宝宝无法适应添加辅食之后的饮食。

宝宝不加节制的摄入甜食。宝宝大部分喜欢吃甜食，过多食用含糖量高的食物，会导致血液里的血糖增高，刺激大脑，使大脑摄食中枢感觉饱和，产生厌食情绪。

宝宝养成了挑食、偏食、吃零食的坏习惯，也会引起厌食。

爸爸妈妈过于宠爱宝宝，把过多的自己觉得营养丰富的食物塞给宝宝吃，或者纵容他的挑食行为，久而久之，使宝宝产生反感而厌食。

爸爸妈妈因为宝宝吃饭不专心、挑食等行为过分呵斥宝宝，或是强迫进食，使宝宝产生恐惧和紧张，对吃饭感到厌烦。

宝宝的生活包括饮食规律不正常，不按时定量吃饭，或是饥一顿饱一顿，暴饮暴食，也会引起厌食。

宝宝长时间呆在房间，不出去活动，从而影响其消化吸收功能，导致没有食欲引起厌食。

宝宝活动量过大，活动时间过长，由于过度疲劳也会影响进食量和食欲。

夏季气候炎热，使宝宝没有食欲，导致厌食。

精神因素导致，不良的饮食习惯逐渐降低宝宝食物中枢的兴奋性，引起宝宝神经性厌食。

解决对策

如果宝宝生病了，一定要带宝宝看医生，解决病理因素引起的宝宝厌食。

让宝宝按顿吃饭，一日三餐要遵循一定规律。

零食不能吃得过多，可以安排在两餐之间，餐前不要吃零食，这会影响宝宝吃正餐的欲望。尤其注意少吃冷饮和甜食。

注意饮食的合理搭配，每天不仅吃肉、乳、蛋、豆，还要吃五谷杂粮、蔬菜、水果。每餐要求荤素、粗细、干稀搭配合理，以促进宝宝的食欲。

妈妈要讲究烹调方法，为了促进食欲，烹饪时要注意食物的色、香、味、形俱全，这样才能提高宝宝的就餐兴趣。

防止并纠正宝宝的挑食和偏食现象。

保证宝宝充分的睡眠时间，使宝宝精力旺盛，增强食欲感，如果睡眠不足，宝宝提不起精神，更不会有食欲了。

保证宝宝每天有适当的活动，这样可以促进新陈代谢，加速能量消耗，促进食欲。

解决宝宝的便秘现象，如果宿便排不出去，宝宝的食欲肯定会受到影响。

爸爸妈妈要给宝宝创造一个良好的进餐环境，排除各种干扰，让宝宝专心吃饭。不要随着宝宝的性子来，过分宠爱，也不要过多干涉，强迫宝宝进食。

宝宝腹泻的饮食调理

夏秋时节早晚温差大，湿度的差异也比较大，新鲜的食物很容易就腐烂变质。在这个时候如果不注意检查食物，就有可能让宝宝误食变质食物而引起急性肠胃炎，出现腹痛腹泻，恶心呕吐的症状。

宝宝腹泻的时候要忌食

豆制品　豆类或豆制品会造成宝宝胃胀气，从而加重腹泻。

豆浆、绿豆、赤豆、黄豆、豆腐等豆类或豆制品要忌食。

奶制品　牛奶也会造成宝宝的胃胀气，也不能多吃。酸奶中有能够抑制肠胃有害病菌的乳酸菌，可以适当地引用。

高脂食物　脂肪会导致腹泻宝宝滑肠而久泻不止。含有高脂肪的肉类、奶油和动物内脏要忌食。

多糖食物　糖分会在宝宝的肠胃内引

起发酵，从而加重腹泻。巧克力、甜点等高糖食物要忌食。

长纤维食物　纤维素能够加快宝宝的肠胃蠕动，加重腹泻。含有纤维素的芹菜、菠菜、柚子、广柑、西瓜、生梨、青菜等食物要忌食。

高蛋白食物　在肠胃功能紊乱的腹泻时期摄入蛋白质，会使肠胃内的食物腐败变坏。　鸡蛋、鸭蛋、肉末等含有高蛋白的食物也要忌食。

给腹泻宝宝进行饮食调理

粥汤　因为宝宝在腹泻的时候会流失大量的水分，所以要及时地给宝宝吃一些比较好消化的流质食物来补充水分。如菜汁、果汁、稀粥、软面和鸡蛋汤等。

蔬果　维生素 B 和维生素 C 有很好的止泻收敛作用，所以宝宝腹泻的时候还可以给宝宝适当地添加一些蔬菜水果，如黄瓜、柑橘、红果、茄子和土豆等。

鸡蛋羹　鸡蛋羹有着保护胃肠黏膜的作用，所以也可以给腹泻宝宝做一些鸡蛋羹来吃。

少量多餐　在宝宝的腹泻情况好转之后，可以从流质食物转化到半流质食物了。采取少量多餐的方式，避免造成肠胃负担。最好是从容易消化的食物开始，不要着急给宝宝补充蛋类和肉类，以免引起消化不良。

慎用抗生素　宝宝腹泻一般都是由肠道感染引起的，服用抗生素起不了什么作用，所以要谨慎使用抗生素，以免引起抗生素中毒。可以给宝宝口服一些调理脾胃、除毒抗炎的药剂，如正气胶囊、藿香正气水或黄连素等，来加快宝宝病情的好转。

酷暑时节“水”当道

宝宝刚刚学会走路，活动量增加了很多。如果碰到炎热的夏季，水分的流失就更加严重了。那么在宝宝容易缺水的时候，要怎么给宝宝补水呢？

怎么知道宝宝是不是缺水了

看眼泪　宝宝烦躁不安，哭也没有眼泪，又常常口渴，就表示宝宝严重缺水了，要及时补水。

看体重　宝宝体重有一半以上是水分，一旦缺水体重就会降低。流失的水分越多体重就降得越快。宝宝缺水达到 5% 的时候就是轻度脱水了，要及时给宝宝补水。

看尿量　宝宝脱水的程度跟尿量的多少有很大关系。宝宝脱水严重的话就会出现尿液偏黄、心跳加快、口渴或者血压下降的症状、尿量也就减少了。所以发现宝宝尿量减少要及时给宝宝补水。

怎么给宝宝补水

白开水是补水佳品　经过自然冷却后的凉白开有着增加血液中血红蛋白含量、促进新陈代谢的作用，是补水的最好选择。为了避免给宝宝的肠胃造成刺激，最好是给宝宝喝 30℃以下的温开水，这样能防止血管的收缩，而不会影响到宝宝的肠道健康。含有高糖的人造果汁或者碳酸饮料要尽量少给宝宝喝，以免因为糖分摄入过多而加重宝宝的肠胃负担。

科学控制补水量　很多宝宝都有缺水的状况，所以及时足量地补充水分是至关重要的。一般来讲，宝宝每天每公斤体重的补水量要保持在 30 ~ 40 毫升左右。冬天可以适量减少，夏天就要酌量增加了。

补水时机要选对　早上起床给宝宝喝一杯温开水，有着促进肠胃蠕动、调节生理功能的作用。不但能补充晚上流失的水分，也能让宝宝皮肤越来越好，白里透红。

在两餐之间，隔一两个小时让宝宝喝一杯水。不要等到宝宝口渴再让宝宝喝水，也不要太急躁地喂宝宝喝水。如果喝水太快，就容易因为吞咽空气而引起腹胀，影响宝宝肠胃健康。

饮水安全要保证 要给宝宝喝没有污染、比较能够满足宝宝生理需要、含有一定矿物质的水。

给宝宝喝的水一定要保证干净卫生，以免宝宝感染病菌而生病。一桶纯净水在一个月以内要喝完，一瓶矿泉水在两小时之内要喝完。

补水饮品

纯净水 纯净水是过滤水，在过滤的过程中不仅将杂质过滤了，还会将水中含有的矿物质过滤掉，宝宝长期饮用纯净水会导致矿物质的缺乏，所以尽量少用纯净水补充水分。

饮料 很多宝宝都喜欢喝饮料，但是宝宝要知道，有些饮料不但没有解渴的作用，喝了之后反而会加快身体水分的流失。喜欢喝饮料的宝宝一般都比较胖，饮料还会冲淡胃液，降低宝宝的食欲，让宝宝因为食量减少而营养不良。

红肉是预防贫血的佳品

红肉是预防贫血的佳品

很多宝宝都会出现缺铁的情况，这个时候就可以多吃一些红肉来补铁了。因为红肉中含有可以吸收铁质的物质，对于初学走路或者处在发育期的宝宝有着很好的补血功效。（参见第2篇第14章“补血食谱”）

白面包并非没有营养

全麦面包中含有丰富的纤维素，有着预防高血压、心脏病和便秘的作用。但是很多宝宝都不喜欢全麦面包，怎么办呢?可以用白面包来代替全麦面包。有些人认为白面包是一种没有营养的食物，其实不然。白面包中也含有丰富的维生素B1、维生素B2、叶酸、烟酸和铁质，是宝宝早餐的好选择。至于从白面包中无法获取的纤维素，可以用其他的蔬果来代替。

不爱蔬菜起码要吃水果

蔬菜的味道不如水果，所以很多宝宝都不喜欢吃蔬菜，但对水果却不反感。有些不吃蔬菜爱吃水果的宝宝照样健康成长，所以在宝宝拒食蔬菜的时候可以用水果来代替补充维生素和矿物质。比如可以用含有钾元素的香蕉来代替马铃薯，用含有维生素C的橘子来代替甘蓝，用含有维生素A的杏子和哈密瓜来代替胡萝卜，用含有叶酸的草莓或橙子来代替菠菜等。但这是在宝宝完全拒食之下的无奈之举，千万不要轻易使用代替法。因为蔬菜中不仅含有维生素和矿物质，含有大量维护宝宝健康成长的植物性化学物质。因此，要努力改正宝宝不吃蔬菜的坏习惯，以免宝宝营养失衡。

强壮骨骼不要光靠牛奶

牛奶是高质的钙源之一，但是不能作为强壮骨骼、补充钙质的唯一来源。有些宝宝不喜欢喝牛奶，那就可以从其他的食物中摄取钙质，满足宝宝骨骼发育的需要。1～3岁的宝宝每天钙质的摄入量要保持在600～800毫克左右。含钙量高的食物还包括：豆浆、甘蓝、酸奶、奶酪、豆腐、深色蔬菜等。

宝宝生病不要过于干涉饮食

不管是什么时候都不要强迫或限制宝宝吃东西。虽然宝宝生病的时候需要充足的营养来抵抗病菌的侵袭，但在宝宝不想吃的情况下，不要勉强宝宝吃东西。如果是宝宝想吃的东西，也不要过于限制宝宝吃。在生病的时候最重要的就是给宝宝补充足够的水分，多给宝宝喝一些果汁、牛奶、稀粥和汤类，以免宝宝因为水量过分流失造成脱水。

咖啡因会导致宝宝活动过度

吃了含有咖啡因的糖类，如巧克力或汽水等，会提高宝宝的兴奋度，变得异常活跃，让宝宝活动过度，影响到宝宝的脑部发育和身体健康。

控制宝宝脂肪摄入不是预防肥胖的好方法

肥胖会引起肥胖病，很多妈妈担心自己养出小胖墩，就严格控制宝宝的脂肪摄入量。其实这是一种错误的做法。对刚刚学走路的宝宝来讲，身体和大脑的成长速度都很快，每天需要从脂肪中摄取到几乎一半的热量，如果脂肪量摄入不足的话，就会影响到宝宝的正常发育。

妈妈不要怕宝宝发胖就让宝宝喝脱脂牛奶，脂肪酸也要保证一定的摄入量，这样才能促进宝宝的健康成长。

促进宝宝脑部发育的健康油

“油”排在第一位，重要性显而易见。妈妈在给宝宝做菜的时候选择什么油，不仅跟宝宝的体格发育有关系，对宝宝的脑部发育也有很大影响。那么，到底要给宝宝吃什么油才会让宝宝既健康又聪明呢？

橄榄油

橄榄油是由油橄榄果榨成的，含有丰富的矿物质、维生素和不饱和脂肪酸。不饱和脂肪酸有着降低胆固醇的功效，对宝宝身体很有益处。橄榄油中的抗氧化成分还有着预防慢性疾病的作用，是一种营养价值很高的油，非常适合宝宝食用。

茶籽油

茶籽油是由山茶籽榨成的，含有丰富的不饱和脂肪酸和茶多酚等物质，有着降低胆固醇、加快宝宝肠胃蠕动、提高宝宝免疫能力、促进钙质吸收的作用，对处在成长发育期的宝宝很有益处，是一种很适合宝宝食用的油。

核桃油

核桃油是由核桃炸成的，含有丰富的磷脂，有着健脑保健、促进宝宝智力发育、维持神经系统正常运转的功效。其中含有的多种微量元素和不饱和脂肪酸都是容易被人体吸收储存的营养素。用核桃油给宝宝烹调食物，能够提高宝宝的免疫能力，促进骨骼发育、让宝宝脸色红润，还能平衡宝宝的新陈代谢，起到健全改善消化系统的效果。

花生油

花生油是由花生榨成的，含有丰富的蛋白质、维生素、脂肪、卵磷脂和多种矿物质，是一种营养丰富的油。花生中所含的亚油酸、亚麻酸有着促进宝宝脑部发育，调节宝宝生理机能，预防各种传染疾病等作用。此外，花生油中的锌含量也是油类中最高的。花生中含有的卵磷脂、胆碱和脑磷脂还有着开发宝宝智力，提高宝宝记忆力的功效。

葵花籽油

葵花籽油是由葵花籽榨成的，含有丰富的亚油酸和维生素 E，是一种很好的保健油。用葵花籽油给宝宝烹调食物，有着增强宝宝记忆力、提高宝宝睡眠质量、益智健脑、润肠通便的功效，对宝宝的健康成长很有益处。

五谷杂粮，健脾养胃

2 ~ 3 岁时宝宝成长很迅速的时期。成长速度越快，需要的营养素也就越多。有些脾胃比较虚弱的宝宝就会出现难以承受的状况，这个时候妈妈要科学地给宝宝来调理脾胃了。

宝宝脾胃虚弱的表现

脾胃功能比较强的宝宝有着比较强的抵抗能力，不容易生病。而脾胃功能比较虚弱的宝宝则会出现身材瘦小、抵抗力低、眼带血丝、鼻梁青筋浮现、面色蜡黄、食欲不振、腹胀腹泻、寝食难安等症状。

如何进行饮食调理

饮食以清淡为主　多给宝宝吃一些含有丰富的维生素、微量元素和蛋白质的食物，不要吃太油腻或者不好消化的食物。在烹调的时候最好采用蒸、煮、煲等方式，以便于肠胃的消化吸收。不要用填鸭式的方式来喂宝宝，要注意食量的控制，以免因为过饱而伤害到脾胃。

多给宝宝吃五谷杂粮　黄豆有着益脾养胃的作用，很适合脾胃虚弱的宝宝食用。苡米的蛋白质含量很高，有着清热去湿、健脾养胃、容易消化等优点。红豆有着养胃补血的功效，比较适合脾胃虚弱、缺铁贫血的宝宝食用。多吃给宝宝吃一些玉米，对宝宝的智力开发很有益处，还有着益脾利湿、维护宝宝肠胃系统正常运转的作用。小米粥上有一层黏稠的米油，是一种对宝宝肠胃功能恢复很有帮助的营养物，有着健脾养胃的作用，比较适合脾胃虚弱的宝宝食用。

小贴士

妈妈在给脾胃虚弱的宝宝做杂粮的时候可以灵活掌握烹调方法，比如将黄豆粉或玉米粉加入面粉中做成米饼、豆饼，也可以将小米或豆类加入大米中熬成粥给宝宝喝。

推荐食谱

红枣小米粥

原料：红枣 10 个，小米 30 克。

做法：将小米洗净后，入锅炒成微黄色。将清水和红枣加入锅内熬成粥即可。

功效：适用于消化不良、厌食脾虚的宝宝。

莲子山药粥

原料：莲子 30 克，山药 80 克，粳米 50 克。

做法：将莲子洗净去皮去心，放入山药粳米和清水熬成粥即可。

功效：适用于食欲减退、体重下降、脾胃虚弱的宝宝食用。

沙参麦冬扁豆粥

原料：粳米 50 克，扁豆 15 克，沙参 10 克，麦冬 10 克。

做法：将沙参、麦冬放入清水锅中煮 20 分钟后取汁。粳米、扁豆与沙参汁熬粥即可。

功效：适用于手脚发热、大便干燥、脾虚胃弱的宝宝。

宝宝喝酸奶好处多

酸奶多指酸牛奶，是以新鲜牛奶为原料，加入活性乳酸菌发酵制作而成的，不仅保留了牛奶的所有优点，而且在发酵过程中，牛奶中的乳糖、蛋白质被分解成小分子（如半乳糖），更易于消化吸收；脂肪含量也比牛奶增加了 2 倍。

宝宝喝酸奶的好处

有助于宝宝断奶期的过渡，断奶期是宝宝从液态食物向固体食物转变的一个特殊时期，而酸奶是一种半固态的食品，饮用酸奶比牛奶有更强的饱腹感，适合于断奶期宝宝的饮食。

酸奶营养素和能量密度高，可以满足宝宝生长发育所需要的营养，酸奶含有 20 多种营养素，150 毫升的酸奶可以提供婴幼儿 30% 的能量和钙质以及 10% 左右的蛋白质，酸奶和母乳相似，容易消化，对消化系统发育不成熟的宝宝更加适合。

半乳糖是构成脑、神经系统中脑苷脂类的成分，可以促进宝宝出生后脑的成长。2 岁之前是宝宝脑发育的关键时期，而酸奶中含半乳糖，可以保证半乳糖的供应，促进宝宝的生长发育。

酸奶可以预防腹泻，缩短慢性腹泻持续的时间，减少急性腹泻的发病率。因为酸奶中含有充足的乳酸菌，并且酸度适宜，常饮酸奶可以有效抑制有害菌的产生，提高宝宝的免疫能力。

有的宝宝喝牛奶容易导致便秘。而酸奶中的乳酸及其他代谢物对肠道黏膜有一定的刺激作用，可促进消化道的蠕动，减少便秘的产生。

宝宝喝酸奶须知

要仔细鉴别品种　目前市场上，有很多种由牛奶或奶粉、糖、乳酸或柠檬酸、苹果酸、香料和防腐剂等加工配制而成的“乳酸奶”，其不具备酸牛奶的保健作用，购买时可从口味识别。酸奶口感醇厚，酸奶饮料由于加了水和果汁，口味上没有酸奶纯，尤其是奶味不够。

喝酸奶要在适宜的时间，饭后 2 小时、睡觉前都适宜喝酸奶　一般情况下人的胃液酸碱度在 pH 值 1 ~ 3 之间，空腹时的 pH 值在 2 以下，而乳酸菌奶中活性乳酸菌生长的酸碱度值在 pH 值 5.4 以上，如果在空腹时喝乳酸菌奶，乳酸菌就会很容易被胃酸杀死，降低酸奶的营养价值和保健作用。所以应该在饭后 2 小时饮用酸奶，这时胃液被稀释，pH 值上升到 3 ~ 5，很适合乳酸菌的生长。在睡觉之前饮用乳酸菌奶，不仅能让宝宝获得乳酸菌丰富的营养，还有助于消化和安神。

饮用酸奶的适宜温度应在 10 ~ 12℃，不要加热　10 ~ 12℃的温度能够保证酸奶的良好风味与口感，保证酸奶的营养物质不被破坏而得到充分的吸收。如果加温超过 70℃就可能杀灭乳酸菌奶中对有人体营养保健作用的成分乳酸菌，失去其应有的营养价值。

喝完酸奶要及时漱口　乳酸菌中的某些细菌对牙齿的腐蚀性很大，所以喝完后应该立即让宝宝漱口，预防龋齿的发生。

不能让酸奶代替配方奶粉　配方奶粉从成分上最接近母乳，是母乳之外最适合宝宝的代乳品，而酸奶只是更容易被人体消化吸收的纯牛奶，达不到配方奶粉的营养水平，也不符合婴幼儿的营养需求。

不要过早给宝宝喂酸奶　宝宝正处于生长发育期间，对钙的需求量很大，而酸奶含钙量很少，另外，酸奶中由乳酸菌生成抗生素，在抑制和消灭很多病原体微生物的同时也破坏了对人体有益菌的生长条件，同时也影响正常的消化功能，尤其对患有肠胃炎的婴儿和早产儿更不利。而且，过早地给宝宝喝酸奶也会养成他们对甜食的偏好。所以 1 岁以内的宝宝最好不要喝酸奶，2 岁以内的宝宝最好喝配方奶粉，要让宝宝喝酸奶，也不能喝太多。

如何让宝宝长出乌黑秀发

让宝宝长有一头乌黑秀丽的头发是很多妈妈的共同愿望。尤其是对小女孩来说，头发就更重要了。但是自家的宝宝头发又黄又软，一点光泽都没有，妈妈看着就发愁。怎么才能宝宝的头发长好一点呢？（参见第 1 篇第 7 章“宝宝头发问题大攻略”）

营养均衡

想要让宝宝的头发长好，首先就要要保证营养的均衡。要科学地搭配饮食，肉类、鱼类、蛋类、蔬果类都要吃，多给宝宝吃一些促进头发生长的海带和紫菜等，还要改掉宝宝挑食、偏食的毛病，以保证头发生长有足够的营养素支持。

头发清洁

想要让宝宝的头发长好，保持宝宝头发的清洁也很重要。一般两三天就要给宝宝洗一次头，这样可以使头皮受到刺激而加快头发的生长，还能防止各种有害细菌通过头皮引发感染。给宝宝洗头要选择多泡沫、无刺激的洗发液，洗头的时候用指腹轻轻地按摩宝宝的头皮，不能大力地揉洗，以免损害头皮导致头发脱落。洗完以后，还要用宝宝专用的柔软发梳给宝宝理顺头发，这样可以刺激头皮，加快头部的血液循环，促进宝宝头发的生长。

睡眠充足

想要让宝宝的头发长得好，睡眠也是至关重要的一环。因为宝宝睡眠不足会出现烦躁不安、食欲下降、感染疾病等症状，这样就会间接地影响到宝宝的头发生长。此外，紫外线有着加快宝宝头皮血液循环和改善发质的作用，所以也要经常带宝宝出去晒晒太阳，促进头发的生长。但是，在夏天阳光毒辣的情况下外出，要给宝宝戴上一顶遮阳帽，这样可以防止头皮晒伤。

增高食谱

牛奶虾泥

原料：大虾、鲜牛奶各 100 克，鸡蛋 1 个，精盐、味精、料酒、植物油、水淀粉各少许。

做法：将洗干净的大虾去皮，抽去虾线，剁泥之后将淀粉、蛋清和精盐搅匀。

将鲜牛奶和精盐、味精、水淀粉搅成牛奶液备用。

将牛奶液倒入油锅中轻轻搅动。等到奶汁结片后倒入虾仁，大火翻炒至熟，适当调味即可。

功效：牛奶和大虾都含有丰富的钙质，非常适合成长中的宝宝食用。

核桃鸡丁

原料：鸡脯肉 200 克，核桃仁 75 克，水淀粉、精盐、味精、料酒、葱、蒜、蛋清各适量。

做法：将鸡脯肉切成丁状，用料酒、蛋清和精盐搅匀。

将味精、水淀粉、清汤和精盐调成汁。

将鸡丁放入油锅中翻炒至熟，捞出控油。

将葱姜放入油锅中炒香，放入料酒、鸡丁、核桃仁，倒入调好的汁，迅速翻炒，适当调味即可。

功效：鸡肉、核桃仁都是益智健脑、强身壮骨的佳品，对宝宝的骨骼发育有很好的促进作用。

促消化食谱

山楂饼

原料：鲜山楂 300 克，白糖适量。

做法：将山楂洗净去皮去核。

将山楂用白糖调匀。

将调好的山楂上笼蒸至熟烂，压成小饼即可。

功效：山楂中含有大量的维生素 C 和酸性物质，有着助食导滞、促进胃液分泌、帮助消化的功能。

胡萝卜汤

原料：胡萝卜 100 克，红糖适量。

做法：将洗干净的胡萝卜切成块状。

将胡萝卜放入清水锅中煮至烂，加入适量红糖即可。

功效：胡萝卜含有丰富的胡萝卜素和维生素，有着健胃化滞、调理肠道的功效。

小米香菇粥

原料：小米 50 克，香菇 50 克，鸡内金 5 克。

做法：将小米淘洗干净，鸡内金洗净，香菇洗净切块。

将小米、鸡内金放入清水锅中，用小火炖成粥。

取粥液与香菇同煮至烂即可。

功效：小米、鸡内金和香菇都是健脾胃的食物，有着消食化积、益气健脾、预防消化不良的作用。

第3篇　智能提升

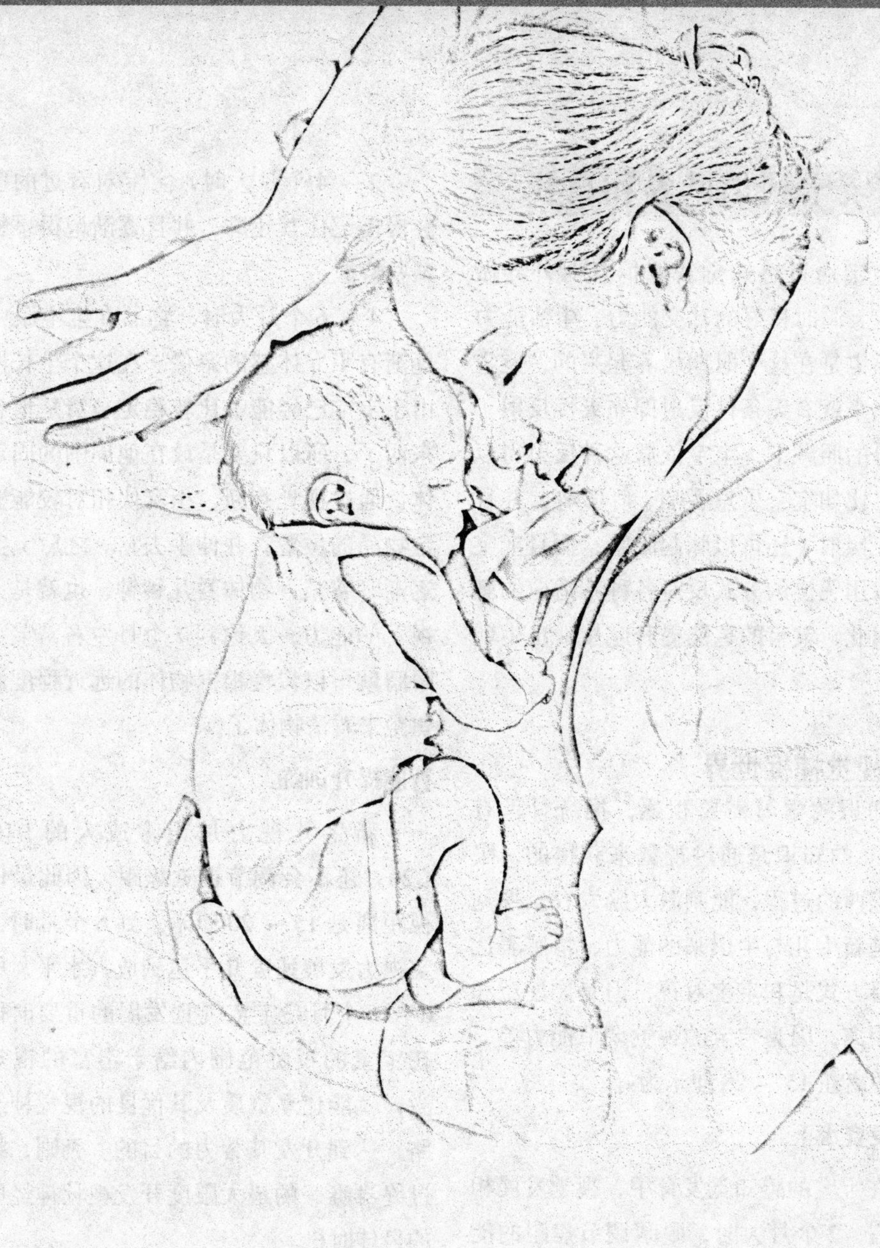

第 1 章
0 ~ 6 个月宝宝的智能提升

一、宝宝认识世界和自我

宝宝通过感知觉获取信息对外界做出反应。同时良好的社交能力、生活能力和习惯也是在这个时期培养起来的，宝宝与生俱来就有无条件反射即先天性反射。在父母的照顾下，宝宝依靠这种反射得以生存。比如宝宝乐意吞咽、呼吸等，并且在强光照射下还可以眯起眼睛，而且宝宝还可以用哭泣的方式反对各种不适应的刺激。因此，宝宝的智能提升应从一出生就开始。

通过视觉捕捉世界

知识的学习需要积累，据统计，有 85% 的知识是通过视觉来获得的，眼睛看东西的过程，能刺激大脑发育。视觉能力是新生儿与生俱来的能力，情感表达的重要方式是和宝宝对视，但是要注意和他的距离，因为宝宝的视觉调节能力差，所以距离在 15 ~ 20 厘米为好。

视觉发育水平

在宝宝的感知觉发育中，视觉发展相对较慢。2 个月大时，眼睛调节焦距的能力很差，因此刚开始看到的东西只是个轮廓。并且移动中的东西能够吸引宝宝的注意，感受到物品的移动。

2 ~ 4 个月大时，宝宝对看过的事物会慢慢记住其轮廓，并且逐渐记得事物的某些特征。

4 ~ 6 个月大时，物品在宝宝眼中已逐渐有了立体感的影像。在这个生长期，由于宝宝已经能够比较稳定、清楚地看见东西了，所以只要是放在他周围的固定物体，通过视觉判断，小家伙相对较能够确定物品的位置，并伸手去拿。之后宝宝能逐渐盯着某一物体看几秒钟，也就是“定视”的能力，大约到 7 个月左右，宝宝的眼睛就可以慢慢根据物体的远近程度调整焦距来看清物体了。

智能提升训练

新生儿视力是正常成人的 1/10 ~ 1/20，还不会调节视觉焦距，因此最佳注视距离是 15 ~ 20 厘米。到 6 个月时，宝宝视力发展速度几乎达到成人水平。所以 0 ~ 6 个月是宝宝视觉发展的重要时段，在宝宝的视觉范围内给予丰富的视觉刺激，就能建立资质及其优良的视觉神经回路，达到开发其智力的目的。否则，将错过终身唯一的最大限度开发视觉神经回路的最佳时机。

推荐方法

欣赏室外风景

在天气暖和时，把宝宝抱到室外，让他看看新鲜的人和物，并把所看到的一切说给宝宝听，反复 3 次即可。此时宝宝会表现出很开心，甚至到激动的程度，眼睛东张西望。每次训练 3 分钟左右，以后可以增加到 15 分钟左右。但父母必须要注意天气的变化和宝宝的身体状况。

通过声音认识妈妈

宝宝出生一周后，就能分辨出人声或物声。因为，宝宝从出生起，便有声音需要，从而很快通过声音辨别来寻找自己的妈妈。在日常的护理过程中，当父母和宝宝对话时，宝宝就会手舞足蹈、一副很满足的样子，这就是宝宝开心的与父母交流的具体表现。因此，千万别忽视与宝宝间的“对话”交流，常和宝宝“对话”可宝宝他很快牙牙学语，为他以后的语言发展奠定良好的基础。缺乏语言交流的宝宝，说话均迟于有语言交流的同龄宝宝，并且发音不清，表情僵硬。所以和宝宝的密切接触与交流非常重要。

听觉发育水平

宝宝的听觉在胎儿时就几乎发展成熟了，因此当宝宝一出生，就能运用听觉能力。刚刚出生的前两三天，宝宝的外耳道可能还有一些羊水，等到羊水清除干净后，可以发现声音会对宝宝有不同程度的吸引力。直到两个月左右，宝宝会对突然关门的声音、东西掉落的声音很敏感，这个时候如果宝宝正在吃奶，也会主动停下来注意声源处，另外，宝宝会从喂奶、换尿布、亲子互动等活动中，意识到妈妈是主要照顾者，并慢慢去辨认妈妈的声音。

在 3 ~ 6 个月期间，宝宝会慢慢知道这个声音是什么人或东西发出的，比如“叮铛、叮铛”是铃铛的声音，“砰”是关门的声音，也就是说宝宝已经可以把声音和声源联结在一起了。此时，宝宝也会跟着父母牙牙学语，开始熟悉很多语音或常常听到的声音。

智能提升训练

近年来，婴儿早期教育研究者认为，胎儿在子宫内已有听觉，胎教是早期刺激听觉的主要方法之一。宝宝在有了听觉之后，只要发生在他的听觉范围内的声音，就收到信息，传入大脑神经，留下声音痕迹，直到入睡为止。听觉不仅可以让宝宝辨别周围环境中的多种声音，而且以此掌握语言，婴儿期是宝宝语言发展最迅速的时期，因此，听觉的发展在这个时期具有更重要的意义。

推荐方法

辨别声音

你准备许多能够发出声音的玩具，一一让宝宝来辨听，提高宝宝的注意力和听力。比如可以摇动手摇铃、拍手等。在做这个活动的时候要时时观察宝宝对不同玩具发出声音的不同反应。

宝宝喜爱初乳芳香

嗅觉发育水平

宝宝的舌头和嘴唇发育较早，由于羊水的变化，在妈妈体内就已经体验了各种味道，因此出生后，宝宝不仅嗅觉敏感，而且非常喜欢妈妈初乳的芳香。还喜欢舒舒服服地躺在妈妈的怀里，妈妈的体味会给宝宝一种安全感，但是相比之下，对爸爸的怀抱就没那么感兴趣了。出生 5 天后左右，宝宝就能辨别出妈妈的体味。

在第 5 ～ 8 周，宝宝在嗅觉方面积累了很丰富的经验。这对宝宝认人和事物起着重要的作用，对记忆发育也不例外。父母会发现宝宝闻到难闻的气味时就会把头扭过去，或对有诱人气味的地方恋恋不舍。

在第 9 ～ 12 周，宝宝的舌头发育非常快。会把玩具等放到嘴里，然后用舌头、嘴等感官来判断玩具的质地和味道。此时，宝宝的消化系统没有发育成熟，不能消化固体食物，记住不要给宝宝吃冰淇淋或成人吃的食物。

4 ～ 6 个月的宝宝能比较稳定地区别有人的气味和难闻气味，能比较明确地区别酸、甜、苦、辣等各种味道，由于出生后 4 ～ 6 个月是宝宝舌头上味蕾（味觉作用的器官）发育和功能完善最迅速的时期，对食物味道的变化都会表现出非常敏感的反应并留下“味觉记忆”，比如，母乳喂养的宝宝在刚刚换吃牛奶的时候往往会持排斥态度。这段时期最适合给宝宝添加辅食，宝宝也最容易接受新的食物。因此不管是母乳喂养、混合喂养还是人工喂养的宝宝，满 4 个月后都要按计划给他添加适当的辅食，不一定要求他吃很多，甚至只让宝宝尝尝味道，以便让宝宝能适应新的食物。一般到出生 6 个月月末时，各种口味的食品都可以给宝宝添加或尝试了。

智能提升训练

刚出生几天的宝宝就有良好的味觉与嗅觉反应，比如对母乳的香味，会有强烈的条件反射，随即转头寻找乳头；一段时间之后他就能区分不同的气味，尤其喜欢甜味与香味。味觉和嗅觉是宝宝探索世界、认识事物的重要途径。因此，你一定不要忽视了对宝宝味觉与嗅觉的智能提升。

推荐方法

为宝宝指点迷津

开发宝宝的嗅觉能力，可将一些宝宝经常使用的爽身粉、香水、香皂等让他多闻一闻，并告诉他每种物品是什么味道，这对训练他的嗅觉能力能起到很好的作用。

闻花的气味

带宝宝到户外活动的时候，让他闻闻花草的气味，并且边闻边说，告诉他“这是什么花儿发出的香味，那是什么花儿的气味”。这可以训练他的味觉能力。

抚摸构建母子情

妈妈的拥抱、轻拍、摇动和爱抚，都可以使烦躁的宝宝逐渐安静下来，这也是妈妈向他传达爱的一种方式。在他可以理解妈妈说的话以前，他会通过妈妈的触摸方式感受妈妈的爱，并且会以相同的神态来回应妈妈。因此，妈妈充满爱抚的触觉交流，会让宝宝的智能及早得到开发和提升。

发育水平

宝宝从刚刚出生就有了触觉。习惯于被包裹在子宫内的他，出生后自然喜欢温暖的环境。当妈妈抱起他时，他非常喜欢紧贴着妈妈的身体，依偎着妈妈。当他哭泣时，妈妈抱起他，并且轻轻地拍拍他，这一过程充分满足了宝宝触觉安慰的需要。宝宝对不同的温度、湿度、疼痛和物体的质地都有触觉感受能力，即他有冷热和疼痛的感觉，喜欢接触质地柔软的物体，嘴唇和手是他触觉最灵敏的部位。触觉是他安慰自己、认识世界并与外界交流的重要方式。

4 ~ 6个月的宝宝开始用手探索世界，任何能拿到的东西，他都会摸摸看看，这期间应该给他更多玩具，用玩具来训练他手的动作。

智能提升训练

宝宝对触压觉最敏感的部位主要是脸颊、口唇、眉弓、手指头或脚趾头等。进行触觉练习可以使用手或者各种形状、各种质地的物体。比如光滑的丝绸围巾、粗糙的麻布、柔软的羽毛、棉花、头梳齿、粗细不同的毛巾或海绵、几何形状的玩具等都可让他产生不同的触觉感，有助于发展他的触觉识别能力。

推荐方法

抚摸、按摩

每天对宝宝进行抚摸，可以让他健康成长。宝宝渴望和妈妈的肌肤接触，妈妈的抚摩、拥抱和亲吻是宝宝健康的需要，因此人们将小宝宝称为“肌肤饥饿”的小精灵。

抚摸宝宝时，妈妈可以用手温柔地给他做全身按摩，同时别忘记和他不时地说话。一般每天进行 2 ~ 3 次按摩。对新生宝宝来说，每次按摩大约 10 分钟即可，对大一点儿的宝宝，每次按摩可以增加到 20 分钟左右。按摩时间最好安排在淋浴后或吃奶前进行。

通过按摩，可有效改善他的消化系统，增加吃奶量，减少哭闹，可以很好地培养他良好的睡眠规律。而且也可以促进他的呼吸，增强抵抗力。此外，如果妈妈经常抚摸他的小手，传递爱意的同时还能让他感受到肌肤接触的触觉，还能有利于他的抓握反射，提高他的智能。

二、宝宝和妈妈对话

宝宝一出生，就能够通过倾听别人的声音来学习语言。很多宝宝在 2 个月时，听到熟悉的声音就会停止哭泣。当父母很亲密地和宝宝说话时，宝宝还会伸胳膊踢腿，表现得非常高兴，这时候你就知道宝宝正在听你说话，并且很喜欢这样。听觉是宝宝与人交流的重要方式。他的听觉系统在妈妈怀孕 5 个月时就基本发育完成，所以出生 0 ~ 6 个月的宝宝对声音最敏感。很多父母在观察宝宝的听力时都忽略了一件事，就是视觉可以补偿听力的不足，因而在观察宝宝对声音的行为反应时，不要让他看到你制造声音的动作。

和妈妈交流的能力

1 个月大的新生宝宝，就能够区分不同的声音了。这个时期妈妈和宝宝说话，会注视着妈妈的脸并发出会心的微笑，甚至还能发出“咿呀”的声音和妈妈对话，这就是宝宝最初的语言发育水平。在这个阶段，不能忽视宝宝肢体语言的发育。

2 个月大时，宝宝的嘴里可以清晰地发出“咿咿呀呀”的声音来。这时候他最喜欢听父母说话的声音，尤其听到妈妈的声音就会安静地倾听，妈妈发出不同的声调会让他做出不同的反应，所以 2 个月是他语言能力提升的萌动期。

3 个多月大的宝宝听力有了明显的变化。能够主动去寻找声源。当他听到妈妈或者其他人的声音时，就会发出咿呀声或者用微笑并伴随着身体的动作来做出回应。更为可爱的是，他会用一系列容易辨别的声音，来表达自己的需求，如饿了、累了、孤独、发脾气、沮丧、生气、不耐烦等。

4~6个月的宝宝语言能力发育很快。高兴的时候，嘴里会发出咕咕、咯咯的声音，好像在跟你对话，又好像一个人玩得很悠闲。因此，父母一定要抓住这个特点，提升他的语言能力。

三、翻身挑战宝宝能力

对宝宝来说，所谓的“婴儿运动”实际上就是肢体动作的训练，简单的说就是怎样运用身体与肌肉，来提升宝宝的动作能力。如3个月大的宝宝，不再像刚出生时身体紧绷、拳头紧握；而且颈部与身体的肌肉开始变得较有弹性。出生时的反射动作逐渐消失；更值得关注的是，宝宝开始对自己的身体乃至周遭环境越来越有反应。

兴奋地挥舞双臂

0~6个月，正是新生宝宝头颈控制的萌芽阶段，仰面躺下，头部能慢慢左右转动；趴卧时，头部可以渐渐平稳抬起，并且可以随着物体的移动而移动视线，因此，爸爸妈妈多跟宝宝玩一些能增强粗动作发展的游戏，将有助于宝宝健康成长，提升宝宝的智能发展。

发育水平

头颈控制

仰躺时头部可以慢慢左右转动，宝宝还会试着抬头，主动寻找声源。

趴卧时头部基本上可以平稳抬起，并且随着物体（这个物体时故意移动的）的移动而移动视线。

手臂运用

躺着时兴奋地挥舞双臂，争取触碰眼前的物体。

趴着时双臂会自然地使劲，试图抬头起身。

腹部及背肌的力量

在这个动作下，翻身成为宝宝最大的挑战。开始只能向一侧微微翻身，熟练之后就能从仰卧翻成趴卧了，并且乐此不疲。宝宝在歪倒倾斜的过程中，小家伙体内的垂直平衡功能发挥了重要作用；同时由双腿的支撑，宝宝上下半身的动作得以衔接，进而构建出完整的自我形象，可爱宝宝欣喜地迈向崭新的旅程。

伸手抓握的宝宝

经过训练宝宝手的精细动作和手眼协调能力，能促进中枢神经系统的健康发育。对新生宝宝来说，大量训练宝宝的精细动作，对宝宝的大脑发育、动作协调有很大的帮助。但是宝宝的精细动作培养不是任意的，需要采取一定的方法，有效的育儿方法才会收到事半功倍的效果，对宝宝的智能提升起到绝对的作用。

发育水平

手的被动抓握

经常抚摸宝宝的双手，刺激宝宝抓握反射，将哗铃棒的小棒放入宝宝的手心，宝宝会马上抓住小棒，爸爸妈妈用手握住宝宝的小手，帮助宝宝练习坚持握紧的动作。

够物抓握

宝宝双手能在胸前互握玩耍，要给宝宝更多够物抓握的机会，可在宝宝看得见的地方悬吊能够发出声音的玩具，拿着宝宝的手去够取、抓握、拍打。悬吊玩具可以质地多种多样，有利于宝宝手部触觉训练。

伸手抓握

将宝宝抱成坐位，面前放几个视觉刺激的玩具，玩具可从大到小。训练时，玩具放置于宝宝一伸手即可抓到的地方，然后慢慢移动到远一点的地方，让宝宝伸手抓握，再给第二个玩具让他抓握，观察宝宝是否会把玩具传给另一只手。

可爱的击剑姿势

吸吮反射

奶头、手指或其他物体碰到嘴唇，新生儿立即做出吃奶的动作。这是一种食物性无条件反射，即吃奶的本能。

怀抱反射

当新生儿被抱起时，他会本能地紧紧靠贴成人。

抓握反射

物体触及掌心，新生儿立即把它紧紧握住。如果试图拿走，他会抓得更紧。

惊跳反射

突如其来的噪声刺激，或者被猛烈地放到床上，新生儿立即把双臂伸直，张开手指，弓起背，头向后仰，双腿挺直。

击剑反射

当新生儿仰卧时，把他的头转向一侧，他立即伸出该侧的手臂和腿，屈起对侧的手臂和腿，做出击剑的姿势。

宝宝动作智能提升

妈妈经过十个月的煎熬与痛苦，都在宝宝第一声哭声中得到补偿。对生活在信息爆炸时代的父母，养育宝宝不再是传统的喂食、哄着入睡或是将宝宝包裹得紧紧的了。

有人说这个阶段的抱宝宝的各种智能提升有点早，事实上，一点也不早。宝宝的动作是随着中枢神经系统的发育而发育的，比如宝宝的智能发育是从头到脚开始的，先学会抬头，然后将身体的上半身逐渐抬起，以至于双脚直立学会走路。

0～3个月宝宝的肢体动作：“活动”

这个阶段宝宝的生活就是“吃吃睡睡”。宝宝的个性也逐渐形成，但都需要父母去抚抱他、轻声对他说话、鼓励他，同时宝宝也需要“活动”。我们可以为宝宝做“活动”有以下几点：

松弛动作

在这个时期，松弛对宝宝很重要，宝宝的身体紧绷、手臂及腿弯曲、拳头紧握。松弛四肢对宝宝动作智能发育很重要，能让宝宝睡得比较香，减少哭闹的情况。但让宝宝做运动的时间不宜太长，5～10分钟足矣。

体操动作

这里所指的“动作”是肌肉对刺激的反射作用。这种反应开始是被动的，不过很快就会变成主动反应。这种“体操动作”能够帮助宝宝加深呼吸、促进消化、调节内脏功能，并加强腹肌锻炼。

全身动作

这种全身动作就是将宝宝翻过来，再翻回去。在此阶段为宝宝做活动时，但是需要注意方法，应为宝宝找一个最好的活动模式，避免用太猛、太快或拉扯式的动作。先利用布娃娃在镜子前面做练习，以便你能完全地控制自己的动作。尽可能地让宝宝放松，而且自己要尽量放松。

4 ~ 6个月宝宝的肢体动作：找出平衡点

到了这个阶段，宝宝的平衡感越来越好了。因此这个时候的运动，重点在于熟练宝宝变换身体姿势，让宝宝主动寻找平衡感，为“坐”做准备。以下几点可以帮助宝宝：

松弛动作

从一个阶段到另一个阶段，需要循序渐进。如果宝宝比较兴奋，活动强烈，对宝宝的肌肉松弛动作要持续做下去。

体操动作

借助体操调节宝宝肌肉的张力是个很不错的选择，交替做一些背部和腹部动作，为宝宝开始“坐”打好铺垫。

全身动作

不要把宝宝视为一个被动的个体，爸爸妈妈希望宝宝有自己主动的反应方式，宝宝应该主动找出自己的平衡点，同时利用必要扶持物，来探索不同位置的平衡感以及自己身体的反应。

四、天才宝宝需要后天培养

要想在社会交往中达到预期的效果，必须有良好的情绪和社交能力。同时良好的生活行为可以让生活更快乐，虽然人的智力是天生的，但也离不开后天的培养。即使是个天才，也只有通过良好的社交生活才能建立良好的人际关系，因此，聪明的宝宝也需要从小培养。要培养好宝宝的情绪和社交能力，就要先了解此时宝宝的发育状况，做到“对症下药”。

看到人宝宝会兴奋不已

宝宝平躺时，家长在宝宝的视线内走来走去，宝宝的眼睛会随着父母的移动而移动。宝宝清醒时，大部分时间都漫无目的地注视着周围，有时候宝宝有目的地注视着某个物体，但时间较短。

让宝宝仰面躺卧，妈妈微笑着逗引他玩并和他说话，宝宝能对着妈妈露出微笑、发出声音，甚至手脚乱动。宝宝仰卧时，在没有其他因素刺激的情况下，有时能自发地并有选择性地看着爸爸妈妈的脸，但时间不长。

当宝宝看到妈妈时，在无人逗引的情况下宝宝会表现得很开心。宝宝3个月大时当有人靠近宝宝就会笑脸相迎了，甚至逗引他时还能发出咯咯的笑声。

宝宝看到熟人或者听到他们的声音会变得兴奋起来。当逗引宝宝时，小家伙会大声发笑；如果宝宝不高兴，会大哭大叫地向爸爸妈妈发脾气。这个时候宝宝会表现得很懂事，喜欢让人抱，而且会把头转来转去地找人。

宝宝看到奶瓶、饼干、水会出现愉快

的神情，同时表现出特别想吃的样子。对于陌生人和熟人，小宝宝表现出不一样的神情，当看到熟人时，会手舞足蹈，表现出热烈欢迎的样子，而当碰到陌生人时，宝宝的表情很严肃，有种冷漠的表情。

随着宝宝年龄的增长，宝宝逐渐地开始与人交往。给宝宝擦鼻涕或洗脸时，如果宝宝不愿意，他会将爸爸或妈妈的手推开，而不只是将头转向一边。宝宝对语言的好坏也有了不同的表现，对鼓励的话语会表现出愉悦的神情，对呵斥的声音则表现出不安或哭泣。

教你培养聪明的宝宝

情感的联系与培养

宝宝出生大约 2 ~ 3 周左右，当你与他说话、对他微笑、触摸他的脸颊和肚皮时，宝宝经常会面露可爱的笑容。爸爸妈妈对宝宝的微笑越多，宝宝也就笑得越多。笑，不但增强了宝宝与爸爸妈妈之间的情感联系，而且还有助于宝宝身心健康发展。同时也为培养宝宝良好的性格和社会适应力打下坚实的基础。

特别提醒

10 ~ 20 天左右的宝宝几乎都会被逗笑，如果到 42 天左右还不会发笑，就应该引起爸爸妈妈的高度重视，到 2 个月还不会笑就有智力低下的可能性。

认妈妈

家长要经常和宝宝进行玩耍和交流，让宝宝学会认人。经过一段时间的锻炼，宝宝对爸爸妈妈的感觉就会有所不同。宝宝见到妈妈时表现得异常兴奋，或发出声音，或高兴地手舞足蹈。

特别提醒

避免长时间与宝宝的分离，以免增强宝宝的焦躁情绪；也不要突然改变宝宝的生活环境和生活方式。

逗引宝宝发笑

爸爸或妈妈要通过各种方式逗引宝宝发笑。经常抱着宝宝，亲吻、抚摸宝宝，和宝宝说话，给宝宝唱歌等，通过这些方式逗引宝宝发笑。

特别提醒

给宝宝选择玩具，特别要注意玩具的安全性、趣味性、色彩、形状和耐用性等。不宜选择尖而小，不宜选择颜色容易脱落的玩具。

抚摸你的脸

妈妈或爸爸要经常和宝宝平行相视，朝他微笑，和他说话，并朝宝宝做各种面部表情，与此同时，拿着宝宝的小手抚摸你的面部器官。摸到一个位置就告诉他这个器官的名称，让宝宝开心，并对你的脸感兴趣。接着，和宝宝一起照镜子，观察宝宝的反应。

培养亲子感情

和宝宝“说话”是爸爸或妈妈下班后首先要做的一件事，主动逗引宝宝或者播放一些优雅的音乐给宝宝听，让宝宝体验快乐的生活。时间一久，宝宝就能和爸爸或妈妈建立良好的情感，每当爸爸妈妈下班回家，看到爸爸或妈妈宝宝都会表现得十分开心，甚至手舞足蹈。

特别提醒

在做一些刺激宝宝的游戏时，一定要注意安全，既不能吓着宝宝，更不能做抛空动作。

伸双臂求抱

爸爸或妈妈要利用各种有利的方式刺激宝宝求抱的情感，比如抱宝宝上街找妈妈等。抱宝宝之前，首先要向宝宝伸出双手并和宝宝说抱抱之类的话，鼓励宝宝将胳膊伸向你，让小宝宝做求抱的动作练习。

五、宝宝的自我意识和观察能力

关于宝宝的自我意识和观察，0 ~ 6 个月的宝宝很少表现出来，尤其是前 4 个月更是几乎没有，虽然表现得很少，但也存在，只是很难观察到，所以针对这个方面，主要探讨一下 5 ~ 6 个月宝宝的自我意识与观察能力的发育，前 4 个月忽略不计。自我意识与观察不是宝宝必需的训练项目，只因为这个方面的训练可以增强宝宝对自己的了解，增加和爸爸妈妈的感情交流。按照宝宝的自然发展去培育，给宝宝一个健康成长的监护环境，让宝宝迅速成长，提高智力，所以从这个方面来说，自我意识与观察也很重要。

初步的认识和了解

5 个月大的宝宝，对自己已经有了初步的认识和了解，如果把宝宝放在镜子前面，宝宝会注意到镜子中自己的脸和小手，而且还会拍打自己的影像，还会时不时地发出“咿咿呀呀”等声音去“逗引”镜像影像。此时，宝宝的听力和语言能力也得到了很大提高，对别人叫自己名字的声音也有了较大的反应和回应，特别当爸爸或妈妈与他人谈及宝宝时，他会把头转向说话人的方向，并且静静地倾听父母的谈话。

宝宝知道了自己的名字

6 个月大的宝宝的各项感知能力都有了迅速的发育，语言能力不断增强，听觉也发育得很快，动作能力得到进一步发展，社交能力也日臻完善，基于这些能力的进步，宝宝的自我意识与观察能力也发展很快，本月的宝宝对自己有了很大的认识和了解，已经知道了自己的名字。而且宝宝还能够对周围的人和物进行区分。能够察觉爸爸或妈妈的情绪变化，能通过爸爸或妈妈的表情来分辨是高兴还是生气。

六、宝宝成长中的常见问题

怎样形成良好的生活规律

具体实施方案

早餐时间

高兴并温柔地和宝宝对话，在宝宝休息的上方悬挂玩具，或者可以在床边贴几何图形的图片。黑白对比鲜明的几何图形适宜 1 ~ 2 个月的宝宝使用。到了 3 ~ 4 个月大时，可换成色彩丰富鲜亮的图形。播放轻柔优雅的音乐。在宝宝手脚能触碰到的地方，放置碰到就会转动或发出声音的玩具，帮助宝宝提升智力发育，刺激手脚的自主能动力。（参见第 2 篇第 3 章“宝宝喂养的时间安排”）

闲静午后

边和宝宝说话，边带着宝宝在室内四

处看看。如果宝宝趴卧的时候能够抬起头部，可以让宝宝斜倚枕头等欣赏世界，这个时候的宝宝会很喜欢的。

快乐出游

在天气很好的时候，带着宝宝逛逛公园，欣赏一下大自然的风景，让他看看蓝天和白云。可以带一条柔软厚实的大毛巾，让宝宝直接仰躺在树下享受大自然的气息。

宝宝不停地哭闹怎么缓解

跟大人一样，宝宝在下午三四点的时候也会觉得疲劳，这个时候宝宝的体温会达到一天中的最高峰，也会莫名地觉得烦躁不安。这是因为宝宝还没有建立完整的睡眠循环模式，无法清楚地分辨什么时候是白天，什么时候是黑夜。因为睡眠没有规律性，因此会在午睡起来之后觉得疲劳。

在宝宝出生的前3个月之内，无法通过脑部来控制自己的情绪和行为。因此当宝宝觉得不舒服的时候，他们只能通过哭闹来告知别人。在宝宝哭闹的时候，家长要耐心一点，轻拍宝宝，让宝宝恢复平静。也可以让宝宝再睡一小觉，让宝宝恢复元气。如果宝宝是因为饥饿才醒的话，就要让宝宝喝奶了。

此外，还可以用襁褓将宝宝包起来，抱在怀里轻轻摇，同时可以放一些催眠音乐，让宝宝的情绪稳定下来。襁褓会给宝宝一种仍在妈妈子宫里的感觉，还可以避免宝宝踢蹬腿等等。天气好的话，妈妈还可以抱着宝宝出去呼吸一下新鲜空气，让外界的新鲜事物来转移宝宝的注意力，使宝宝安静下来。

构建爸爸和宝宝亲子关系

爸爸偶尔带一次宝宝，小家伙却不给面子，即使将宝宝抱在怀里，依然哭闹不止。爸爸真是如坐针毡啊。究竟该如何构建父子（女）深情?

抚慰宝宝幼小的心灵　宝宝的需要和爸爸的给予阴差阳错，比如宝宝饿了，爸爸却在给他换尿布;宝宝长牙感觉不舒服，爸爸却在给宝贝把尿……所有这些做法对于安抚哭闹的宝宝肯定无济于事。安抚哭闹最重要的就是要明白宝宝哭闹的原因是什么，然后“对症下药”采取相应的措施。了解宝宝的需求看似是一件十分简单的事，但对年龄较小且不会正确表达自己需求的宝宝来说，爸爸想要知道宝宝的真实需要真得下一番功夫。许多爸爸平时很少带宝宝，对宝宝的需要很难了解，不过只要爸爸通过各种方式来探索、发现宝宝的需求也并不是困难的事情。只要多方观察，从不同的角度尝试，爸爸的辛劳总会得到回报的。

和宝宝一起去兜风　白天只要宝宝不是因为疾病哭闹，带着宝宝去兜风是安抚宝宝哭闹的最好方法。随着眼前风景的不断变化，宝宝东张西望，早已把哭闹抛之脑后，同时会咿咿呀呀地表达自己内心的喜悦。

满足宝宝的吸吮欲　假如不知道宝宝哭闹的原因，让宝宝吸吮自己的手指不失为一个简单有效的方法，但是要保证你的手指必须清洗干净。几个月大的宝宝吸吮欲强烈，同时吸吮也是宝宝自我安慰的方法之一，一旦将手指放在宝宝嘴边，宝宝都将立即停止哭泣转而津津有味地吸吮着你的手指。在这个过程中不但要注意手指的清洁，还要保证指甲的安全性，以免伤害到宝宝。

美食诱惑　宝宝哭闹的原因可能是渴了或饿了。假使妈妈不在，“可怜”的爸爸可以在奶瓶里装入温开水或奶水喂给宝宝可解一时之忧。即使宝宝不是饿了或渴了，这样做也能安抚宝宝。不过实在没办法的时候还可以使用安抚奶嘴。

体验“空中”的快乐　宝宝天生就爱“被运动”，喜欢运动带来的刺激，所以当宝宝哭闹不休时，可以让宝宝在摇篮中享受“空中”运动带来的快乐。很快小家伙就会安静下来，这样做既安抚了哭闹的宝宝，又让宝宝在被摇晃的过程中得到锻炼。

宝宝口水太多怎么办

宝宝流口水属于正常的生理现象，流口水又称为流涎。宝宝流口水有个过程。新生宝宝是不流口水的，因为他们的唾液腺不发达，分泌的唾液很少，宝宝嘴里没有多余的唾液流出；再者宝宝此时吃的都是流质食物，唾液腺得不到很好的刺激。宝宝乳牙的成长期是口水流得最多的时候，而且此时因为长牙可能给宝宝的口腔造成不适应，但这并不是宝宝低智的表现。随着宝宝的成长，发育较快的宝宝一岁半时就会停止流口水，大部分宝宝在两岁之前，都会因为肌肉的成熟，逐渐有效地控制吞咽动作。

因为唾液偏酸性，口腔内有黏膜保护，所以才不致侵犯到深层。一旦口水流到嘴巴外面，很容易刺激皮肤最外层的角质层，导致皮炎、湿疹等小儿皮肤病。因此宝宝流口水时需要注意：

要时刻注意宝宝的口水并为他擦拭，擦时不能太用力，轻轻擦拭即可，避免损伤宝宝水嫩的皮肤。

注意保护宝宝口水流到的皮肤处，用温水洗净，然后涂上宝宝霜等对宝宝皮肤有益的油脂，以保护下巴和颈部的皮肤。还有个好的办法就是给宝宝围上围嘴，防止口水弄脏衣服。

给宝宝擦拭的手帕要质地柔软，棉质的最好，最重要的是经常给手帕消毒。

假如宝宝口水流得特别严重，就一定要去医院检查，看看是不是宝宝患了口腔疾病，口腔功能是否正常等。另外，宝宝趴着睡觉流口水属正常现象，只是枕头被褥要勤洗勤晒，防止产生细菌，危害宝宝健康。

如何培养良好的睡眠习惯

对于新手爸妈来说，宝宝目前最大的问题就是睡眠质量问题，接下来帮助新爸新妈解决宝宝睡眠问题，培养良好的睡眠习惯需要注意以下几点：（参见第2篇第15章“八种食物有助宝宝安眠”）

养成定时睡觉的好习惯

许多宝宝，一到晚上就精神十足，每天都要玩到很晚才能入睡，或者就不愿意睡觉，折腾大人，该怎么办呢？最好的方法就是，爸爸妈妈在宝宝睡觉之前的几个小时内别让宝宝睡觉，睡前给宝宝洗洗澡、按按摩或者给宝宝吃奶，接着把宝宝放在床上，告诉他要自己睡觉，这样反反复复多次之后，给宝宝养成了习惯，小家伙就会按时休息了。

培养宝宝独自睡眠的习惯

培养宝宝的独立性，让宝宝独立睡觉。6个月大的宝宝虽然产生了对父母的依恋，但是仍然要培养宝宝自己睡觉的习惯。培养宝宝自己睡觉的方法是：首先，待宝宝哭闹几分钟就去安抚一下，反复去做，直到宝宝入睡。其次，为了培养宝宝良好的独立能力，不要太溺爱宝宝，切忌宝宝一哭闹就去安抚，既然要锻炼宝宝的独立能力，就要下定决心。这样做是为了宝宝好，而不是“害”他。

宝宝睡得够不够

许多的爸爸妈妈经常担心宝宝睡眠不足，这是很没必要的，毕竟宝宝个体不同，身体有所差异，但是只要宝宝睡眠时间的差异不大，白天精神十足，就没有问题，有点出入还是很正常的。不过爸爸妈妈还得注意宝宝的睡眠时间，因为宝宝的生长发育还是在睡眠中进行的，所以睡眠时间的长短也很重要。不要轻易扰乱睡眠中的宝宝，以免对宝宝的生长发育带来负面影响。

宝宝出汗多是缺钙吗

通常情况下，宝宝入睡以后的前个把小时多汗属于正常，并不是缺钙的表现。据了解，宝宝比大人汗多是正常生理现象，汗是由皮肤汗腺分泌的，此时的宝宝由于新陈代谢旺盛，活动量大，出汗就会较多，尤其是宝宝皮肤水分含量很大，出汗就会更多。再者宝宝对体温的调控能力很差，晚上出汗属于正常。引起宝宝多汗的原因主要有两方面：生理性多汗和病理性多汗。

生理性多汗

一般情况下，宝宝多汗几乎都是正常的，医学上称为生理性多汗。比如夏天天气炎热导致宝宝多汗，宝宝刚一入睡时，头部就开始出汗，熟睡后汗就减少了；再比如冬天宝宝衣服穿得很多，晚上被子盖得太厚，室内空调温度过高，可能宝宝就会出汗很多。有的宝宝只是头部出汗，又称“蒸笼头”，这也是生理性出汗，爸爸妈妈不用担心。对生理性多汗切忌药物治疗，可能会产生副作用，主要采取相应的措施，排除生活中导致高温的因素即可。即使宝宝偶尔有一二次盗汗，也不必过分担忧，盗汗所丢失的主要是水分和盐分，通过每日的合理饮食是完全可以补充的。因为宝宝每天出汗很多，记得多给宝宝饮水，让宝宝的身体水分得到平衡。

病理性多汗

病理性多汗是指宝宝因为某些疾病引起多汗，安静时或晚上入睡时多汗，甚至可弄湿衣服枕头等生理现象。例如活动性结核病、低血糖等，再如过度兴奋、恐惧等导致的多汗现象。对于病理性多汗的宝宝，应针对病因进行治疗。假如是缺钙引起的盗汗，应适当补充钙、磷、维生素 D 等，而且要做到以下几点：

多晒晒太阳。经常在户外活动，让宝宝多接触大自然的气息，切忌隔着玻璃晒太阳。

全力支持母乳喂养。

早产的宝宝、双胞胎、经常拉肚子或有其他消化道疾病的宝宝应注意加用维生素 D。

较冷的地区要有计划地采取有效措施预防佝偻病。

护理多汗宝宝有妙招

如果发现宝宝多汗，找出原因如果宝宝是生理性多汗的话，大可不必担忧，只要排除导致宝宝多汗的因素就即可。夏天注意开窗通风，或者使用风扇或空调降温，但是必须注意的是不要对着宝宝吹，这样很容易让宝宝着凉，因为宝宝睡着的时候，毛孔是张开的。

注意给宝宝盖被子 不过多地给宝宝穿衣服，只要符合常规，比大人多一两件就行了。有的妈妈摸着宝宝的手冰凉就会给宝宝穿很多衣服，怕冻着宝宝，实际不然，给宝宝穿很多衣服或者盖很多被子，会让爱出汗的宝宝把衣服汗湿又自己捂干，不但没能起到正面作用，反而带来很大的负面影响。比如因捂干衣服而受凉会引起发烧、感冒等。更严重的是出汗较多的宝宝因为体内水分丧失过多，可能会导致脱水。

及时给宝宝补充水分 给宝宝补充淡盐水最好，因为宝宝出汗除了失去水分以外，还失去了一定量的钠、氯、钾等电解质。补淡盐水可以补充水分及钠、氯等盐分，维持宝宝体内的电解质平衡，避免宝宝出现脱水的情况出现。

给多汗的宝宝擦干身体 给宝宝擦澡是最好的做法，及时给宝宝换洗内衣裤。如果不给宝宝及时清理皮肤表面的污垢，过多的汗液或者有毛孔随着汗液排出体外的污垢会积聚在宝宝皮肤的褶皱处，可能会到导致皮炎或者溃烂等严重性皮肤病。

及时就医。一旦发现宝宝多汗，应仔细观察宝宝有无其他并发症状，如果有应当及时就医。比如活动性佝偻病而多汗等。

如何让宝宝少哭泣

与一个刚会咿咿呀呀学语的宝宝相处，仅仅了解宝宝的动作、表情含义是远远不够的。爸爸妈妈还需要听懂宝宝的哭声，找出原因，再学着安抚哭闹的宝宝。

哭泣源自傍晚时的疲惫和不安

许多宝宝都爱在傍晚的时候哭闹，月龄不同的宝宝需求就有所差异，读懂宝宝的需求，找出宝宝哭闹时候的需求，让宝宝不再哭泣。

0～3个月

据研究，宝宝一天中体温最高的时候就是傍晚，最容易让宝宝兴奋，难以入眠。这时候宝宝的神经系统并未发育成熟，把大脑从焦虑不安调整到安静放松的状态需要很长一段时间。因此，一旦宝宝哭闹就很难安静下来。另外宝宝还不能区别白天和黑夜的区别，中午睡觉一般睡得短，因此一到傍晚，他就会变得焦躁不安和难以入睡。

4～6个月

现在宝宝能区别昼夜了，逐渐形成了自己的睡眠规律。大脑发育也在日臻成熟，此时很容易转移注意力，傍晚的宝宝相对前一阶段有所好转。

6个月左右

6个月大的宝宝好奇心很强，由于白天一天的折腾，宝宝的体力和精力几乎被消耗殆尽，而且白天休息不够，傍晚时候，宝宝只能用哭泣来表达自己的疲惫和焦躁不安。

10个月以后

此时宝宝会爬了，身体素质较好的宝宝还可以摇摇晃晃地走几步，不断增大的运动量会消耗宝宝很多的体力和精力，以至于一整天下来会觉得疲惫不堪。身上虽然没有精力了，但大脑仍然处于兴奋状态，这种矛盾很容易让宝宝在傍晚哭闹起来。

6个让宝宝告别哭泣的方法

运动的魅力：通过模拟宝宝在子宫中熟悉的运动，让宝宝被运动的魅力吸引。比如把他放在摇篮里轻摇，或者抱着他跳舞，会让宝宝安静下来。

噪音转移注意力：宝宝在子宫里的时候就能听到不间断的白噪音，让小家伙温习一下就会很快安静下来。

享受按摩带来的快乐：按摩是帮宝宝排气的最好方法之一。挤一点橄榄油在手指上，用指尖在宝宝肚子上由肚脐开始顺时针划圈，逐渐把圈子划得更大。

改变环境吸引宝宝：实在没有办法的时候，换换环境，开车出去兜一圈，或者用婴儿车推他出去走走，新鲜空气和运动节律会宝宝变安静。

安抚奶嘴：吸吮安抚奶嘴或拇指会给宝宝带来安慰，但不要他一哭就给他安抚奶嘴，一定要找出宝宝哭闹的原因，满足宝宝的需求，因势利导。

襁褓安抚法：襁褓能模拟子宫里的温暖和安全感，对焦躁的宝宝极具安抚作用。但要注意别让宝宝体温过高。

给宝宝听古典音乐好吗

提升宝宝的音乐智能，发展宝宝的感受、辨别、记忆和表达音乐的能力，同时也促进了宝宝对声音的敏感性、记忆力、注意力等的发育，这些对宝宝语言智能、空间智能、数学智能等的发育都有直接或间接的作用。所以积极地开发宝宝的音乐智能非常重要。一个人可以拥有世界上独一无二的音乐天分，但是如果他无法接触音乐，他就不可能在音乐方面取得任何成就。所以从小就采用恰当的方法来培养宝宝的音乐智能，肯定会达到事半功倍的效果。

古典音乐对宝宝智能发育的八大好处

培养宝宝高尚的情操和博爱的情怀　古典音乐是美的艺术，是对自然、宇宙、生命美的赞叹，是人类心灵深处智慧和人格的流露，它蕴含着人性的柔美和天地的壮阔，喜欢古典音乐就是崇尚智慧的卓越和人格的高尚。所以给宝宝听古典音乐可以培养宝宝的生活情操。

促进宝宝心灵的健康　音乐是情感的艺术，古典音乐中所具有的优美的旋律、丰富的情感和缓急有序的节奏，能与宝宝的内心产生共鸣，并随着音乐的节奏舞之、蹈之，因此而身心愉悦、舒展、健康。

开启宝宝的想象力和创造力　古典音乐不仅是声音的艺术，而且也是灵性的艺术，丰富的音乐语言是人类理性和情感的最抽象表达。可以弥补语言文字教育和科学教育的不足，启迪和拓展宝宝时间和空间的观念，从而培养宝宝非凡的想象力和创造力。

培养宝宝的直觉能力 音乐是直觉的艺术。音乐之所以是直觉的艺术是因为音乐直接理解和抽象表达自然、宇宙、生命内在和谐的规律，科学所要求的素质正是表现在对这种和谐规律的敏感和把握，这就是科学的直觉，它与音乐是相通的。古典音乐是开启儿童直觉能力最好的方法之一。

生命的艺术 音乐来源于生活，是对生活的美化和净化。生活中有音乐就如同夏日的清风，宜人清爽，像冬日的阳光，温暖明亮。一旦宝宝养成听古典音乐的习惯就如同生活中多了一个知己和玩伴，生活中的一切情趣皆能融入其中，又能从中得到无限的灵感和快乐。

完美的听觉艺术 宝宝需要古典音乐，尤其是新生宝宝。人生之初，听觉神经的发育和成长，决定了宝宝智力的高低。这时候尤其需要大量音乐的刺激，风声、雨声等大自然之声以及人的声音，再辅之以音量适中的音乐之声，就是最自然、有效的教育方式。新生儿时期又是人类习惯、性情养成的关键时期，这个时期的音乐启蒙教育将成为宝宝一生的兴趣和爱好，让他终生受益。

理性的艺术，培养宝宝缜密的思维能力 表面看来，音乐是跳动的灵感，但乐章和乐章之间、乐句与乐句之间、声部与声部之间、乐器的搭配无不体现了缜密的逻辑。在完整的交响乐中，不同乐章的发展、递进、互动，乐器之间的相互辉映都表现出了音乐的理性。因此让宝宝听完整的交响乐无形之中就能把这种理性传导给他，有助于他的思维能力的提高。

中庸的艺术，易于养成宝宝中庸、谦雅的性情 古典音乐脱胎于宗教，虽然它融进了人类的情感元素，但它仍然饱含着宗教的情感。如果抛开宗教神秘的一面，我们可以感受到其中包含了人类对自然、宇宙的崇尚，表现在音乐上就是人与自然的和谐之音。难怪早期的古典音乐(比如巴赫、莫扎特等的音乐)中流淌着这种迷人的优美，虽然其间不乏世俗的情感，但都符合“中庸”之道——所谓“喜怒哀乐”，这些音乐如同中国的古琴音乐，都适合用来培养宝宝淳朴儒雅的性情。

如何给宝宝健脑

宝宝聪明与否，取决于大脑发育程度。科学研究证明，人脑细胞 70% ~ 80%是在 3 岁以前发育完成的。因此，在宝宝大脑发育的关键时期，爸爸妈妈应为其创造良好条件。（参见第 2 篇第 5 章“让宝宝越吃越聪明的营养素”）

想健脑就应先“营养脑” 除了蛋白质、脂肪为必需营养外，大脑还是消耗葡萄糖的“大肚汉”。宝宝除了多吃些富含蛋白质的食品。如鱼虾、瘦肉、蛋类、乳品、豆类制品外，尽可能让宝宝吃些五谷杂粮、蔬菜、水果。还应多补充甜食，如牛奶、豆浆等，可为大脑提供充足能源。

保证充足睡眠 充足睡眠对宝宝大脑发育至关重要。大脑有张有弛，才能健康成长。爸爸妈妈应当知道，新生宝宝每日需 18 ~ 20 小时的睡眠时间；6 个月大时需 15 ~ 18 小时；1 岁左右每天就需 12 ~ 15 小时。

宝宝巧用脑 人的大脑如同司令部，

有明确分工，加上宝宝脑部易兴奋、易疲劳的特性，爸爸妈妈要合理安排宝宝一天生活，达到巧用脑的目的。即根据不同年龄段，使宝宝听、看、画、跳等活动穿插进行，让大脑各部门轮流工作，有利于大脑健全发育。

注意大脑保健　家庭和睦、环境优雅，可为宝宝大脑保健提供优良环境。因大脑耗氧量大（约占全身耗氧量1/4），爸爸妈妈还应常带宝宝到户外活动，沐浴在阳光下，呼吸新鲜空气，对宝宝大脑及身心健康大有裨益。

怎么做婴儿操让宝宝更聪明

如果你的宝宝从来还没有做过婴儿操，那么要赶紧从现在开始了。事实证明，坚持做婴儿操可使你的宝宝初步的、无意识的、无秩序的动作逐步形成和发展分化为有目的的协调性动作，为思维能力打下基础。训练婴儿做操时不妨播放点轻柔的音乐，让你的宝宝接触多维空间，促进左右脑平衡发展，从而促进他的智力发育，让你的宝宝更聪明。

预备开始

做操时间　给宝宝做婴儿操要在他吃奶后一小时或吃奶前半小时进行，每日一次。

准备工作　首先要保持室内空气新鲜，温度不低于18℃。最好放点轻柔的音乐，胎教时的音乐宝宝会更熟悉一些。将宝宝放在稍硬的板床或桌子上，上面铺好垫子，撤去婴儿的包裹和尿布。

1～3个月的婴儿操

第一节准备活动：按摩全身

预备姿势：让宝宝自然放松仰卧。

动作：

“一、二、三、四”，爸爸或妈妈握住宝宝两手腕，从手腕向上按摩四下至肩部。

“五、六、七、八”，爸爸妈妈握住宝宝两足踝，从足踝向上按摩四下至大腿部。

“二、二、三、四”，自胸部至腹部进行按摩，手法呈环形。

“五、六、七、八”，动作同“二、二、三、四”。

第二节伸曲肘关节及两臂上举运动

预备姿势：爸爸或妈妈两手握住宝宝两手腕部。

动作：

“一”两臂侧平举。

“二”将两臂肘关节弯曲，双手置于胸前。

“三”将两臂上举直伸。

“四”还原。

“五、六、七、八”动作同“一、二、三、四”。（第二个八拍动作同第一个八拍。）

第三节两臂胸前交叉及肩关节运动

预备姿势：同上节。

动作：

“一、二”，两臂侧平举。

“三、四”，两臂胸前交叉。

“五、六”，将左臂弯曲贴近身体，由内向外做回旋动作。

“七、八”，将右臂弯曲贴近身体，由内向外做回旋动作。（第二个八拍同第一个八拍。）

第四节伸屈踝关节

预备姿势：第一个八拍，爸爸或妈妈左手握住宝宝左踝部，右手握住左足前掌。第二个八拍，爸爸或妈妈左手握住宝宝右踝部，右手握住足前掌。

动作：

“一、二、三、四”，以左足踝关节为轴。向外旋转四次。

“五、六、七、八”，以左足踝关节为轴，向内旋转四次。

“二、二、三、四”，以右足踝关节为轴，向外旋转四次。

“五、六、七、八”，以右足踝关节为轴，向内旋转四次。

第五节两腿轮流伸屈及回旋运动

预备姿势：爸爸或妈妈握住宝宝踝关节上部。

动作：

“一、二”，伸屈婴儿左腿关节。

“三、四”伸屈婴儿右腿关节。

“五、六”将婴儿左膝关节弯曲，左大腿靠近体侧由内向外回旋。

“七、八”，将婴儿右膝关节弯曲，右大腿靠近体侧由内向外回旋。（第二个八拍动作同第一个八拍。）

第六节屈体运动

预备姿势：将宝宝两下肢伸直平放，爸爸或妈妈握住宝宝两膝关节处。

动作：

“一、二”，将两腿上举与身体成直角。

“三、四”，还原。

“五、六、七、八”，动作同“一、二、三、四”。（第二个八拍动作同第一个八拍。）

第七节抬头运动

预备姿势：宝宝俯卧于床上，爸爸或妈妈在宝宝身后两手扶婴儿两肘。

动作：

“一、二”两手位于胸下。“三、四、五、六”使婴儿头逐渐抬起。

“七、八”还原。（第二个八拍动作同第一个八拍。）

第八节翻身运动

预备姿势：宝宝仰卧。

动作：

“一、二、三、四”，爸爸或妈妈握住宝宝左上臂轻轻翻向右侧。

“五、六、七、八”，还原。

“二、二、三、四”，爸爸或妈妈握宝宝右上臂轻轻翻向左侧。

“五、六、七、八”，还原。

4～6个月的婴儿操

4～6个月的宝宝要强化室外活动，每日应达到2小时以上。在被动操的基础上可以加主动操。主动操是在家长协助下视宝宝发育情况逐渐学习和完成的，当宝宝不愿做时千万不可勉强，能力达不到时不可“拔苗助长”，总之要有足够的爱心和耐心，还要有科学的方法。具体做法如下：

一般宝宝到6个月以上8节操才可做全，因此必须在做被动操的基础上，一节一节逐步增加，不可性急。宝宝喜欢肢体运动，能促进肢体发育。通过运动可增加食欲，帮助睡眠，还可使宝宝心情开朗。

让宝宝双手抓住爸爸或妈妈两手拇指，抓紧后提拉宝宝双臂帮助他坐起，躺下，重复 4 次。随着宝宝慢慢长大，可练习提单臂坐起。

桥形动作。宝宝仰卧时，爸爸或妈妈左手托宝宝腰部，右手按住双踝部使其不离床面。共 2 拍，重复 8 次。

扶肘跪立。抓住宝宝双侧肘部，使宝宝从俯卧位起至跪立位。然后再恢复俯卧位，重复 4 次。

后曲运动。宝宝俯卧位，爸爸或妈妈握住宝宝两小腿并提起，使宝宝手掌、面颊接触床面再放平恢复原状，重复 4 次。

扶肘站立。宝宝俯卧位，握住两肘使宝宝至跪立位，再至站立位，然后在跪立，仰卧躺下，重复 4 次。

自立前倾动作。宝宝背靠物体站直，爸爸或妈妈一手扶腰，一手扶膝，使其前倾捡玩具，然后再回到直立位，重复 4 次。

跳跃运动。扶住宝宝双侧腋下使其站立，然后将宝宝提离床面再放下，可重复 8 次。

7 ~ 12 个月的婴儿操

第一节活动：按准备摩全身

预备姿势：让宝宝自然放松仰卧。

动作：

“一、二、三、四”，爸爸或妈妈握住宝宝两手腕，从手腕向上按摩 4 下至肩。

“五、六、七、八”，爸爸或妈妈握住宝宝两足踝，从足踝向上按摩 4 下至大腿部。

“二、二、三、四”，自胸部至腹部进行按摩，手法呈环形。

“五、六、七、八”，动作同“二、二、三、四”。

第二节伸屈肘关节及两臂上举运动

预备姿势：爸爸或妈妈两手握住宝宝两手腕部。

动作：

“一”两臂侧平举。

“二”将两臂肘关节弯曲，双手置于胸前。

“三”将两臂上举直伸。

“四”还原。

“五、六、七、八”动作同“一、二、三、四”。

第三节两臂胸前交叉及肩关节运动

预备姿势：同上节。

动作：

“一、二”，两臂侧平举。

“三、四”，两臂胸前交叉。

“五、六”，将左臂弯曲贴近身体，由内向外做回旋动作。

“七、八”，将右臂弯曲贴近身体，由内向外做回旋动作。

第四节伸曲踝关节

预备姿势：第一个八拍，爸爸或妈妈左手握住宝宝左踝部，右手握住左足前掌。第二个八拍，爸爸或妈妈左手握住宝宝右踝部，右手握住足前掌。

动作：

“一、二、三、四”，以左足踝关节为轴。向外旋转四次。

“五、六、七、八”，以左足踝关节为轴，向内旋转四次。

“二、二、三、四”，以右足踝关节为轴，向外旋转四次。

“五、六、七、八”，以右足踝关节为轴，向内旋转四次。

第五节两腿轮流伸屈及回旋运动

预备姿势：爸爸或妈妈握住宝宝踝关节上部。

动作：

“一、二”，伸屈婴儿左腿关节。

“三、四”，伸屈婴儿右腿关节。

“五、六”，将婴儿左膝关节弯曲，左大腿靠近体侧由内向外回旋。

“七、八”，将婴儿右膝关节弯曲，右大腿靠近体侧由内向外回旋。

第六节屈体运动

预备姿势：将宝宝两下肢伸直平放，爸爸或妈妈握住宝宝两膝关节处。

动作：

“一、二”，将两腿上举与身体成直角。

“三、四”，还原。

“五、六、七、八”，动作同“一、二、三、四”。

第七节爬行运动

预备姿势：让宝宝仰卧，两臂向前伸，两腿弯曲，准备爬行，在宝宝头前方 50～60 厘米处放一宝宝喜欢的玩具。

动作：

诱导宝宝向前爬行拿玩具，宝宝爬不到时，爸爸或妈妈按节奏用双手托婴儿双脚，辅助爬行。

第八节站立和走的运动

预备姿势：平卧位时让宝宝两手握住爸爸或妈妈拇指，爸爸或妈妈两手握住宝宝手腕。

动作：

“一、二、三、四”，把宝宝拉成坐位。

“五、六、七、八”，把宝宝拉成站立。

“二、二、三、四、五、六、八”，拉手向前走。

第九节拾取运动

预备姿势：让宝宝靠爸爸或妈妈胸站立，爸爸或妈妈左手抱宝宝两膝，右手抱宝宝腰腹部，在宝宝脚前 30 厘米左右放一玩具。

动作：

“一、二”婴儿俯身准备去拾玩具。

“三、四、五、七、六”婴儿俯身拾起玩具。

“七、八”起立还原。

第十节跳跃运动

预备姿势：婴儿面对成人而立，成人两手扶婴儿两腋下。

动作：有节奏的“嘿嘿”。成人将婴儿轻轻举起跳动。

第十一节蹲的运动

预备姿势：让宝宝背对爸爸或妈妈，爸爸或妈妈左手托宝宝臀部，右手抱宝宝腰腹部。

动作：

“一、二”蹲下；“三、四”还原。

“五、六、七、八”动作同“一、二、三、四”。

如何建立良好的母婴依恋关系

从宝宝一出生，和宝宝交往最密切的就是爸爸妈妈了，不过爸爸相比妈妈则要次之。妈妈在宝宝的社会性发展过程中起着独特的作用。妈妈与宝宝交往，指导宝宝学会与人分享、谦让、合作、团结、友爱、关心别人、有礼貌等良好社会行为以及最初的社交能力。在宝宝和妈妈的交往中，母婴依恋的形成是宝宝情绪社会化的一个重要标志。

母婴依恋是指宝宝与母亲间的情感联结，主要表现为宝宝努力寻求并企图保持与妈妈的密切联系。比如宝宝注视、追撵妈妈、对着妈妈微笑、哭叫和要妈妈拥抱等行为；和妈妈在一起宝宝就会感到愉快、舒适，同妈妈分离就感到痛苦；遇到陌生人或到一个陌生环境就产生恐惧、焦虑，一旦妈妈出现就能使他得到安慰等等。这些行为表现就是母婴依恋的表现，当然还可能存在其他情况，因为太多，就不再一一列举。

建立良好的母婴关系需要正确的方法：

妈妈要对宝宝做出积极回应

许多的爸爸妈妈认为只要多花时间和宝宝在一起，充分满足宝宝的生理需要就能建立起良好的母婴依恋关系，事实是这样的吗？有关研究表明，母婴依恋不是建立在宝宝和妈妈交往时间以及宝宝生理需求满足的基础之上，而是建立在宝宝和妈妈的交往中妈妈对宝宝所发出信号的敏感性和对宝宝的关怀。有关研究人员从宝宝积极的情绪表达、社会性刺激、反应性三个方面考察了母婴交往时的行为，结果显示安全依恋性宝宝的妈妈在这三个方面得分最高，而回避性和反抗性宝宝的妈妈在这三个方面的得分都低。因此妈妈在抚养宝宝的过程中，对宝宝发出的信号要作出积极的反应。

那么，该怎样做出积极反应呢?

辨别宝宝发出信号的不同含义　比如：依据宝宝哭声的长短、高低就可以判断宝宝的需要；根据宝宝的表情和肢体语言也能知道他们的情绪状态。正确识别宝宝发出的需求信息是妈妈对宝宝积极反应的基础条件。如果妈妈经常对宝宝的信号反应判断错误，宝宝和妈妈之间就会缺乏正常的情感交往，不但不利于宝宝的健康成长，还不利于宝宝和妈妈之间母婴依恋关系的建立。

温和地与宝宝交流　母婴交往中，妈妈要用热情、温和的语言与宝宝交流，鼓励宝宝独自玩耍，比如通过捉迷藏等活动逐渐延长妈妈离开的时间和距离，使宝宝知道妈妈会回来的。妈妈要给宝宝做出与人友好交往的示范，比如微笑、点头、主动打招呼、亲切交谈等，这样宝宝会主动模仿妈妈。如果妈妈对宝宝的信号长期冷漠，对宝宝的态度变化无常，就会形成回避性依恋或者反抗性依恋。

多多关注宝宝　有心理学家研究表明，不是所有的宝宝都喜欢与成年人的身体接触。不喜欢让人抱的宝宝通过寻求与妈妈的目光接触，让自己内心得到宽慰。无论喜欢不喜欢让人抱的宝宝都能形成良好的母婴依恋关系。妈妈在与这样的宝宝交往中，目光是无声的语言。当宝宝注视妈妈时，妈妈要立即注视宝宝，给予宝宝积极回应，并用语言或玩具逗引宝宝。

针对宝宝的气质类型采取相应的养育方式

研究表明，宝宝的气质类型会影响妈妈对宝宝的抚养方式。专家们在追踪考查了大量宝宝气质的基础上，将宝宝的气质分为三种类型：容易型、困难型、迟缓型。

容易型　宝宝的生理机能活动有规律，很容易适应新环境，容易接受新事物和陌生人。宝宝情绪稳定、愉快，对成人的抚养活动反应适度。

困难型　宝宝生理机能活动没有规律，情绪波动大，好动怒、好哭闹，对新环境和新事物常常退缩，对环境适应比较缓慢，在没有压力或在适应的环境时，宝宝对新刺激慢慢发生兴趣，逐渐接受。宝宝气质类型的不同影响着妈妈对他们采取不同的态度和抚养行为方式的不同。由于容易型宝宝易于教养，妈妈就会给他们更多的关怀、抚爱，交往态度和方式也较积极、愉快，宝宝也会因此觉得自己被爸爸妈妈所关爱、重视，因而情绪、行为表现更加积极、愉快，从而形成良好的母婴依恋关系。对于困难型宝宝，很多妈妈通常都会束手无策，或因照顾不好宝宝感到内疚，或怨恨、责备宝宝，要不就是在宝宝的坏脾气面前让步，还有的妈妈甚至对宝宝动怒。对迟缓型宝宝，妈妈往往失去耐性转而责怪宝宝，给他们造成压力。这样的教养方式都不利于安全性母婴依恋关系的建立。所以宝宝出生后，妈妈要注意观察宝宝的行为特征，针对不同的气质采用不同的教养方式。

对于容易型的宝宝，妈妈可以制定一个周密的时间表进行喂养，但要注意逐渐训练宝宝自己玩耍。

对于困难型宝宝，妈妈特别要有耐心和爱心。妈妈应该事先做好这方面的心理准备：由于这种类型的宝宝生活没有规律，母婴之间要经历较长时间的“磨合期”才能相互适应。妈妈要放弃一些不必要的主观要求，不要强求宝宝的生活立即变得有规律。因为人的气质是天生的，很难予以纠正，有句话不是说“江山易改，本性难移”嘛，因此对年龄较小的宝宝，妈妈应该多迁就他。但当宝宝断奶后就要逐步训练他们生活的规律性。当宝宝发怒时妈妈要想方设法转移其注意力，而不能采取粗暴态度。总之，困难型宝宝需要妈妈付出更多的时间、精力和爱心。

对于迟缓型宝宝来说，因为他们对新环境和新事物表现为退缩、紧张等情绪，适应环境能力较差，因此妈妈对这种宝宝一定要多给予鼓励、帮助，不能认为这些宝宝“没出息”。要想方设法逐步让他们适应新环境，不能急功近利。如第一次到一个新环境，宝宝往往会躲在妈妈怀里或身后，有的甚至恐慌得哭起来。这时妈妈就应紧紧搂着宝宝，让宝宝觉得安全，并且不断地说：“别怕，别怕，宝宝真勇敢！”第一次在新环境中呆的时间短些，以后逐步延长时间。

总之，良好、积极的母婴依恋关系的建立没有统一的模式，就好像学习计划一样，只能借鉴别人的，个人有适合个人的方法，因此母婴依恋关系的建立也需要妈妈在宝宝的抚育过程中摸索建立。妈妈要有爱心、耐心，要充分了解宝宝的气质特征，选择恰当的方式抚养他们。不管宝宝属于哪种气质类型，妈妈都要对宝宝的信号作出敏感、积极的反应。

七、宝宝智能发展水平测试

1个月

分类	项目	测评方法	通过标准
大动作	俯卧抬头	让宝宝脸朝下趴在床上，双臂放在头部的两侧，在前面用铃铛来逗引宝宝抬头	可以自己抬头，下颌可以离开床面2秒左右
精细动作	握笔杆	让宝宝仰卧在床上，将笔杆放在宝宝的手中	可以握住笔杆2～3秒左右
认知能力	通过声音，用眼睛寻找声源	让宝宝俯卧在床上，距离宝宝一侧耳朵10厘米左右摇晃铃铛	眼睛会朝向声源的方向移动
言语	发出细小喉音	在宝宝仰卧清醒的时候，观察宝宝喉部的发音	宝宝可以发出除了哭之外的细小喉音
情绪与社会行为	逗引时会微笑	让宝宝仰卧在床上，用动作、表情和语言来逗宝宝，但是不要用肢体直接去触摸宝宝	在逗引的时候会出现微笑等反应与父母眼对眼注视；在宝宝清醒的时候，父母跟宝宝对视；对视超过3秒以上

2个月

分类	项目	测评方法	通过标准
大动作	注视自己的手	让宝宝仰卧在床上，让手臂自由活动	宝宝注视自己手臂的时间在5秒以上
	俯卧45度离床面抬头	让宝宝俯卧在床上，双手放在头部的两侧，在宝宝的眼睛前面用玩具来逗引宝宝	可以自己抬头离开床面，小脸与床呈45度角
精细动作	把小手放进嘴里	让宝宝仰卧在床上，手臂自由活动	宝宝会将手主动放进嘴里
认知能力	追视玩具 超过90度	让宝宝仰卧在床上，距离宝宝眼睛20厘米的地方摇动铃铛，等宝宝的注意力被吸引过来之后，再慢慢将铃铛移到另一面	宝宝的眼睛和头部会随着铃铛的移动而移动，角度超过90度
言语	会发a、o、e等单个韵母	家长可以用丰富的面部表情来跟宝宝亲切地对话	宝宝会模仿单音节，发出a、o、e等音
情绪与社会行为	“天真快乐”反应	让宝宝仰卧在床上，家长直接站在宝宝的面前，不要逗引宝宝，看看宝宝有什么反应	看见人就会主动微笑，发出咕咕的声音或者挥手蹬腿，表现出天真快乐的样子
	笑出声音	用玩具或表情来逗引宝宝，但不要直接接触宝宝的身体	可以发出“咯咯”的笑声

3个月

分类	项目	测评方法	通过标准
大动作	头部可以平稳地竖直	将宝宝抱直，观察宝宝头部竖直的情况	竖直的时间超过 10 秒
	俯卧抬头离床 90 度	让宝宝俯卧在床上，双臂放在头部的两侧	头部抬起，离床并与床面呈现 90 度
	从仰卧转为侧卧	在前面用玩具逗引宝宝让宝宝仰卧在床上，用玩具在一侧逗引宝宝	不用别人帮助，自己就可以从仰卧翻成侧卧
	俯卧前臂撑起	让宝宝俯卧在床上，双臂放头部两侧，用铃铛逗引宝宝	可以用张开的臂弯或者双手支撑身体，脸部正视铃铛
精细动作	握住拨浪鼓半分钟	让宝宝仰卧在床上，将木质的小勺子或者拨浪鼓放到宝宝的手中	握住木勺子或拨浪鼓半分钟
	手握着手	让宝宝仰卧在床上，让手臂自由活动，仔细观察宝宝双手在胸前的位置	两手握在胸前或者在胸前接触
认知能力	眼睛随着玩具移动 180 度	让宝宝仰卧在床上，在距离宝宝眼睛 20 厘米左右的地方摇晃铃铛。等宝宝的注意力被吸引过来之后，再慢慢地转移铃铛到宝宝脑袋的另一侧，如此反复	宝宝的眼睛或者头部可以随着铃铛的移动转动 180 度
言语	与人“交谈”	让宝宝仰卧在床上，妈妈跟宝宝面对面，用丰富的表情和悦耳的声音来逗引宝宝发声	能“一问一答”地发出简单的音节
情绪与社会行为	认得妈妈	宝宝看到妈妈的时候，观察宝宝是不是有特殊的表现，比如挥手蹬脚、发出不明的声音或者表现急切等等	表现出对妈妈的偏爱

4个月

分类	项目	测评方法	通过标准
大动作	扶髋能坐	将宝宝抱在大腿上，用两只手扶助宝宝腰下面的髋部	可以靠着大人的扶助，自己坐稳 5 秒钟以上
	会翻身	让宝宝俯卧在床上，用玩具逗引宝宝	可以从仰卧翻成侧卧再俯卧
精细动作	够取桌面上的玩具并握紧	抱着宝宝坐在椅子上，将宝宝感兴趣的玩具放在距离宝宝手部 2.5 厘米左右的地方	宝宝会主动去够取桌面上的玩具并且握紧玩具
认知能力	头转向声源	抱着宝宝坐在椅子上，在距离宝宝耳朵 15 厘米左右的地方摇晃铃铛	宝宝可以通过转头寻找声源
言语	独自一人咿呀作语	观察宝宝独自一人时候的发音情况	咿咿呀呀、自言自语地发出一些没有意义的音节
	大声笑	逗引宝宝，比如挠痒或者做鬼脸等，引起宝宝的愉快反应	会“咯咯咯”地笑，笑声响亮
情绪与社会行为	辨认生熟人	观察宝宝看见生人的反应	看见生人会躲避、哭闹或者盯着看等等
	看见食物有兴奋模样	观察宝宝看见妈妈的乳房或奶瓶时的反应	看见食物会两眼放光，显现出兴奋
	看见妈妈伸手要求抱	观察宝宝看见妈妈的反应	看见妈妈会伸手要求抱抱

5个月

分类	项目	测评方法	通过标准
大动作	扶着站立	扶着宝宝的双臂让宝宝站立	能独立着5秒以上
	独立片刻	让宝宝坐在床上，不用扶着宝宝，让宝宝拿着小玩具玩耍	能独自坐半分钟
精细动作	积木从一手换到另一手	将宝宝抱坐在腿上，先拿一块积木给宝宝，再拿一块积木给宝宝那已经握了一个积木的手	将第一块积木直接传至另一手后，再去拿递来的第二块积木
认知能力	会认物品	将宝宝抱坐在腿上，跟宝宝说出宝宝 熟悉的物品，观察宝宝有什么反应	听到物品的名称，眼睛注视着那样东西
	抓去蒙在脸上的手绢	让宝宝仰卧在床上，将一块干净的薄手绢蒙在宝宝的脸上	会用手抓下蒙在自己脸上的手绢
言语	听到“妈妈”朝妈妈看	爸爸或者其他的人抱起宝宝，妈妈可以站在一边，这个时候爸爸要问宝宝：“妈妈呢？”	听到问话，看向妈妈
情绪与社会行为	捕捉并拍打镜子中的人	抱着宝宝，让宝宝照镜子	对着镜子里的自己拍打、亲吻或者捕捉等等
	开始认生	观察宝宝对生人的反应	出现焦虑、哭闹和害怕的情绪
	可以区分严厉和亲切的语言表情	观察宝宝对严厉或亲切的语言的反应	对亲切的语言表现兴奋，对严厉的语言表现出沮丧或者不安的情绪
	被夺走玩具会发脾气	直接夺取宝宝手中的玩具，观察宝宝有什么反应	会“嚷嚷”，明显地表现出自己的不高兴，甚或哭闹

第2章 7～9个月宝宝的智能提升

一、感知觉

宝宝到了这个阶段，感知觉已经逐步发展成熟，最重要的就是视听觉能力的发育和训练，因此爸爸妈妈为了宝宝的健康成长，要给宝宝提供良好的环境，提升宝宝的感知觉能力。

观看自然景观

不断更新视觉刺激、扩大宝宝的视野。教宝宝认识、观看周围的生活用品、自然景观。这样做可激发宝宝的好奇心，发展宝宝的观察力，提升视觉能力。

通过图片、玩具等培养宝宝的观察力。教育宝宝认识、观看周围生活用品、自然景观，并与实物进行比较。

辨别不同声响

让宝宝学会辨别声响　把同样的物体放入不同材质的盒子中，让宝宝听听声响有何不同，以发展宝宝听觉的灵活性。

发展宝宝对音乐的感知能力　以轻柔、节奏感鲜明的轻音乐为主，节奏要有急有缓，有强有弱。让宝宝听到旋律、音色、音调、节奏各不相同的音乐，提高宝宝对音乐的感知能力。爸爸或妈妈可握着宝宝的两手教宝宝跟着音乐节拍学习拍手，也可边唱歌边教宝宝舞动手臂。这样做即可培养宝宝的音乐节奏感，发展宝宝的肢体动作，还可激发宝宝积极欢快的情绪，促进亲子交流，并提升宝宝的音乐智能和听觉能力。

敲敲打打　让宝宝敲打一些不易敲碎的物体，引导宝宝注意分辨不同物体敲打发出的不同声响以提高宝宝对声音的识别，发展对物体的认识能力。

二、一周后记得父母

记忆能力

7个月大的宝宝有了自己浅显的记忆能力，因为宝宝对经常照顾自己的人（比如妈妈、爸爸等）隔一周或者半个月不见之后仍能认识。

8个月的宝宝的记忆能力有了进一步的发育，记忆能力也跟着增强了，能记住爸爸或妈妈重复多次的讲话或动作。

9个月时，宝宝相对前两个月，记忆能力那是相当不错了，不但具备前两月的特点，还能记住自己的名字，听到爸爸叫自己的名字时会转头看向爸爸处。

社会行为

宝宝 7 个月大的时候，一见到熟人，脸上就会流露出愉快的表情，并且还会手舞足蹈、咿咿呀呀地说话，兴奋不已。

8 ~ 9 个月的宝宝只能听懂一两个词语，但是还不会说话，不过会用动作、眼神、表情、语音与爸爸或妈妈进行交流，表达自己的需求。当爸爸或妈妈说“欢迎”“再见”时，宝宝在爸爸或妈妈的鼓励下会做出拍手或挥手的动作。此时的宝宝能够清楚地记住爸爸或妈妈的容貌，一旦看到陌生的面孔就会哭得很厉害。同时宝宝会对陌生人表现出怕羞、转身、垂头、大哭、尖叫等行为，拒绝玩生人提供的玩具。

7 ~ 9 个月的宝宝对同龄的宝宝开始感兴趣了，一见到同龄宝宝就会表现出非常兴奋的样子。

三、宝宝能发音了

宝宝“咿呀”学语

时常可发出“ba-ba、ma-ma”等声音，当爸爸妈妈表现得非常高兴时，宝宝会因此受到鼓励，不久他就会利用“ba-ba、ma-ma”等声音呼唤爸爸妈妈的注意。尽管从宝宝一出生爸爸或妈妈就一直和他说话，但现在宝宝才能理解一些简单的语言，在宝宝不会说话之前，宝宝可以理解的词语可能超乎你的想象，只不过宝宝这个时候还不会用语言表达，智能通过简单的肢体语言来表达。当你提到一个宝宝熟悉的玩具或者人时，宝宝就会转头去看或者寻找，这就说明宝宝已经理解了你说的意思。

语言和动作的联系

这个时期宝宝的语言和记忆能力都得到了较大的发展，对一些简单的词汇和事物有了简单的记忆和认知。给宝宝讲解的时候，你所要告诉宝宝的事情或者动作必须就是眼前发生的事情或者正在做出的行为，让宝宝不但能听到还能直观地看到，这样就更能增加宝宝的理解能力，也容易让宝宝建立语言和事物之间的联系。

让宝宝参与交流

这个时期的宝宝还不会说话，只能简简单单地说出几个词语，大部分情况下都是通过情绪或者肢体动作来表达自己的需求，这就需要爸爸或妈妈和宝宝之间建立一种心灵沟通的方式，尽量做到心有灵犀，最大限度地理解宝宝的需求，满足宝宝的需求。要让宝宝体会交流是双向的，鼓励宝宝参与，尽可能识别宝宝发出词语的音节，可能宝宝会突然发出“爸爸”的声音，就要和宝宝说“爸爸”上班了，等爸爸回来时，再告诉宝宝这是“爸爸”。

让宝宝认知事物

这个时期宝宝的记忆能力有了很大的发展，在给宝宝讲解事物的名称时，要注意准确地告诉宝宝食物的名称，让宝宝的初始的记忆就是正确的，为宝宝以后的记忆发展和对事物的认知能力提升更快。比如说让宝宝认识电灯的时候，要说“电灯”，而不能说“电灯亮了，这样会让宝宝误认为电灯的名称就是“电灯亮了”，给宝宝的初始记忆就埋下潜在的错误意识。

四、宝宝能爬行了

在这一阶段爸爸妈妈可以就某些简单的运动技能和宝宝交流了，比如拨弄玩具、指向玩具等。宝宝在表现新的运动能力时，都会以集中方式来表达愉悦的感情，常见的方式有大笑、微笑、咿咿呀呀学语等，这将会启动或者触发对宝宝具有鼓励作用的因素。此时宝宝的运动技能、情感发育、情绪和社会交往能力、认知和语言能力等就能得到共同进步，让宝宝的健康发育得到和谐进展。因此，在这一阶段对宝宝的训练尤为重要，特别是宝宝有了学习爬行的能力，具体训练项目和训练方法以下将分别进行阐述，以资参考。

宝宝可以独坐了

当宝宝能稳定的独坐后可着重训练宝宝的平衡能力。让宝宝独坐在床上或铺上毯子的地板上，训练宝宝坐着转头转身寻找物体、人或者声源等。还可准备一张高矮适中的小板凳，宝宝坐上去时，双脚刚好可触及地面，而且脚掌与小腿、小腿与大腿、大腿与躯干的角度均成直角。爸爸或妈妈用手扶住宝宝大腿，不要扶宝宝的后背，让宝宝自己寻找平衡点，不过这个时候爸爸或妈妈需要具有保护意识，把手放在宝宝后背不远处，做搂抱姿势，防止发生意外性后仰摔倒或者侧摔。待宝宝坐直后，爸爸或妈妈可试着松开一只手，只用一手扶住宝宝的一侧大腿，另一只手用玩具吸引宝宝转头或转身寻找玩具。左右交替诱使宝宝左右侧转，在学习转侧中寻找平衡点，并且练习用脚来支撑身体。

爬行练习

爬行是宝宝学走的必然阶段，练习宝宝的爬行动作为宝宝以后的学步直到能独立行走都起到了重要的作用。爬行使宝宝能够主动地移动身体、去探索周围的世界，扩大宝宝的认知范围。爬行动作是依靠颈背部及四肢肌肉的力量和协调动作完成的。在宝宝 7 个月时，已具备翻身、坐等简单能力，不过这也说明宝宝颈背部及四肢肌肉已相对较有力量并具备一定的协调性，这时就可以训练宝宝爬行了。

预备动作

爸爸或妈妈用一只手抱着宝宝的膝部，另一只手环抱在宝宝胸前，让宝宝双手放在铺好毯子的地板上支撑住身体。然后爸爸或妈妈可慢慢放松放在宝宝胸前的手，用言语鼓励宝宝直立支撑自己的身体，每天练习 1 ~ 2 次，视宝宝耐受情况决定练习时间，一般每次 3 ~ 5 分钟即可。

爬行动作操作方法

让宝宝趴着，两腿伸直，手肘弯曲支撑上半身。爸爸或妈妈用右手抓住宝宝双脚掌。

爸爸或妈妈抓住宝宝双脚往前画个半弧，使膝盖尽量弯曲，脚跟碰到屁股，如此反复画弧，做屈伸运动 3 ~ 5 次即可。

最后一次伸腿运动做完后，爸爸或妈妈两手分别握住宝宝两大腿后侧，使双腿轮流弯向腋部，做屈伸动作 3 ~ 5 次。

在宝宝前方放个玩具，引诱宝宝爬过去取玩具，爸爸或妈妈扶住宝宝的小腿，或用手托住宝宝脚掌，左右交替地弯曲其膝关节，助宝宝向前爬行，重复 2 ~ 3 遍，每天 1 ~ 2 次。

扶着栏杆站立

训练宝宝站立时，可将其双腿略为分开，以降低重心，让宝宝站得更稳些。每次扶站时间不宜过久。

可扶着宝宝腋下让他练习站立。

让宝宝扶着小车、床、栏杆及椅背等练习站立。

能捏起小饼干

为了加强宝宝手指动作的灵活性和视觉—触觉的协调性（手眼协调能力），就要让宝宝练习拇指和食指准确捏取动作。在训练准备时，可以选择一些比较小的、可食用的杂粮如米粒、小饼干等，让宝宝学习捏取。教的时候爸爸或妈妈可给予示范，比如用拇食指捏取饼干放到嘴中，让宝宝模仿练习。

双手协调动作

双手相互转移玩具

在宝宝准确抓握的基础上可给宝宝多个玩具，训练宝宝抓住一个玩具后再抓另一个玩具或向宝宝同一只手上送玩具两次，教宝宝学会将玩具从一只手转移到另一只手上后再取第二个玩具的能力，这对宝宝的动作协调起到很大的作用。

双手对击运动

当宝宝两手均有玩具时，可教宝宝两手对击玩具。还可让宝宝两手持细柄玩具如摇铃或汤匙等，模仿敲鼓动作，双手轮流敲打面前的小桶或空奶粉罐。

教宝宝投掷小球

训练宝宝遵循指令有意识地拿起、放下玩具，能够帮助宝宝完成大脑意识和动作能力的协调。投掷游戏可增强宝宝上肢的运动能力与手的控制技巧，提高视觉定位能力，激发宝宝积极愉快的情绪。

准备一个纸盒和一些彩色塑料小球，先给宝宝做示范说：“我们来比赛扔球。”将小球一个个扔进纸盒里，然后让宝宝模仿。开始时，可将纸盒和球放在靠近宝宝身体的地方，随着宝宝能力的提高，可逐渐将纸盒前移。这个游戏不但增进了亲子关系，还可以让宝宝产生积极愉快的情绪。

五、良好的生活习惯

爸爸或妈妈要注意培养宝宝良好的生活习惯，生活要有规律，宝宝的饮食、睡眠、游戏等都应有固定的时间。生活有规律的宝宝，会更健康、快乐，不易生病，也不爱哭闹缠人。这样，爸爸或妈妈能够节省很多的精力和时间去做其他的工作和家务。

养成独自睡眠的习惯

7 ~ 9个月的宝宝不仅容易适应环境，而且还具有一定的活动能力，是培养宝宝独自睡眠习惯的最佳时期。宝宝半夜惊醒时，爸爸或妈妈可去看看，安抚一下宝宝，但不要将宝宝抱回自己床上睡，否则一旦养成习惯，宝宝会要求爸爸或妈妈陪伴睡觉的，这会给爸爸或妈妈带来不必要的麻烦，尤其对睡觉时间较晚或有夜间工作习惯的爸爸妈妈来说更是如此。此年龄宝宝白天睡眠次数一般仍为 2 ~ 3 次，每次 2

～2.5 小时。

宝宝使用杯子喝水了

这个阶段，每天给宝宝喂养的次数可减为5次，间隔4小时左右，夜间停喂一次。开始训练宝宝使用杯子喝水、用手拿东西吃，这不但发展了宝宝手眼动作的协调能力，还为宝宝以后的独立吃东西做了准备，让宝宝更健康，更聪明，更独立。（参见第2篇第3章“如何给宝宝补充水分”）

会坐便盆的小宝宝

7个月大的宝宝，在感知觉和动作能力方面都得到了较大的发展，比如宝宝能够比较稳当地独坐、扶着栏杆可以站立等等，并且因为辅食量的增加，大便的次数也在逐渐减少，每日1～2次，性状也逐渐向成人接近。为了更好地让宝宝学会独立，可根据宝宝的排便规律使宝宝养成习惯便盆的习惯。

一般在饭后10～15分钟或睡醒后就可立即坐便盆，不过最佳时间应该是早晨起床的时间。注意便盆的安放位置，要固定住，这样才能给宝宝形成反射，并且使用之后要刷净，不要留下气味，防止宝宝下次产生抵触情绪。宝宝坐盆要由爸爸或妈妈专门照顾，每次坐盆时间不要超过5分钟，每天次数也不要过多。切记坐盆时，不能给宝宝吃食物或让宝宝玩耍。假若宝宝不愿意坐盆，不要强迫他，避免宝宝对坐盆产生反感甚至严重的抵触情绪。

培养宝宝独自玩耍的习惯

爸爸或妈妈不必一直陪伴在宝宝身边，此时宝宝已经具备一定的活动能力了，比如能翻身、独坐，并且逐渐学会爬行。只要宝宝玩耍环境安全，就可以让宝宝独自玩耍。如果宝宝醒得很早，爸爸妈妈还想多睡一会儿，改变一下宝宝的生物钟即可，爸爸妈妈让闹钟在宝宝通常醒来的时间5分钟以后再响，两天以后再推迟5分钟，以此类推，等闹钟响后，爸爸妈妈再起床。宝宝醒来，可能又会重新入睡或自己独自玩耍一会儿，等爸爸妈妈起床。如果宝宝哭醒，爸爸妈妈也不必急于去安抚他，因为宝宝很可能会自己安静下来。爸爸妈妈应该抽出时间陪宝宝玩耍，切记不要在宝宝每次哭闹后才陪宝宝玩，以免宝宝养成用哭闹要求爸爸妈妈陪伴的坏习惯，这样不利于宝宝身心健康的发展，会让宝宝产生依赖心理，不利于宝宝的独立成长。

六、7～9个月宝宝的日常问题

怎样预防扁头

扁头原因

婴儿时期宝宝的颅骨质地柔软而富有弹性，很容易变形。并且宝宝生长发育迅速，尤其是大脑发育很快，头部相对较重。宝宝一天之中有12～15个小时是在睡眠中度过的，也就是说宝宝的头大部分时间离不开枕头。如果宝宝的睡眠姿势总朝一个方向，时间长了，就很容易变成扁形。所以说给给宝宝选择合适的枕头以及调整宝宝的睡姿很重要。对于已发生扁头的宝宝，如果能及时采取措施加以矫正，还是可以恢复的。年龄越小越易矫正，最好在

1周岁内进行。

预防措施

经常变换体　位当宝宝睡眠时，爸爸妈妈要有意识地经常变换宝宝的头部位置或者调整宝宝的睡姿。由于宝宝睡眠时喜欢面朝有人、有亮光和有声音的方向，因此宝宝要根据扁头的具体部位选择合适的睡眠姿势，如“左扁头”取右侧卧位；“右扁头”取左侧卧位；“枕后扁头”可左右交替侧卧，不要让宝宝一直仰卧。

沙袋固定法　对于不愿意使用变换体位的方式矫正的宝宝可以采取沙袋固定的方法矫正。具体操作方法是：用旧布做一个长20厘米、宽10厘米的口袋，内装黄沙，并用两层布包扎以防漏沙。如果宝宝是“左扁头”则让宝宝朝右侧睡，并用沙袋放在后枕部以作固定，以此类推，“右扁头”则反之。

为什么宝宝怕生

常在大杂院呆过的宝宝一般都不怕生，也可能会和陌生人交往。深居简出的宝宝常常面对的就只有爸爸妈妈或者爷爷奶奶，常常比较怕生，不过如果让宝宝经常跟着妈妈去串门或者有较多的机会接触陌生人，那么宝宝也会得到锻炼，变得不再怕生。两三岁以后，就需要培养宝宝的礼貌行为，让宝宝学会有礼貌地和他人打招呼。嘴甜的宝宝，人见人爱，而且宝宝也会越来越喜欢和他人交往，包括和陌生人交往。

出生三四个月的宝宝，任何人和宝宝玩耍，宝宝都不会排斥，主要是因为宝宝在这个时候的记忆能力和认知能力发展有限，而且和陌生人还会玩得非常开心。不过，宝宝对妈妈还是具有一定的依赖心理，当宝宝听见妈妈的声音或者看到妈妈的身影，小家伙就会努力地表现出对妈妈的需求，同时不再理会和他玩的陌生人。

怕生是6个月大的宝宝的年龄特征，具有一定的规律性。6个月之后的宝宝，有的表现得很怕生，有的就能很大方与陌生人交往，这不仅仅是宝宝自身的性格使然，更重要的是爸爸妈妈的教育和环境的影响。这一点很大程度上表现了不同宝宝之间的个性差异。这个年龄段的宝宝一般都不记得老朋友，而且还可能会发生分离焦虑。对于宝宝的“分离焦虑”，爸爸妈妈一定要更加关注宝宝第一次与陌生人的交往。千万不要用陌生人来吓唬宝宝，要让宝宝体会与陌生人之间交往的乐趣，培养宝宝与陌生人交往的习惯。

6个月左右，宝宝开始怕生了，即使以前和宝宝玩得很开心的同一个人和宝宝再次进行交流，宝宝也会表现得非常排斥，甚至用哭泣来表达对陌生人的恐惧。这个时期宝宝不但表现出对陌生人的“恐惧”，而且还有对妈妈极强的依恋心理，不管谁想要代替妈妈来照顾他，宝宝都会非常排斥。依恋的另一种表现，就是分离焦虑。在妈妈的怀中，宝宝就会很安静，甚至还会“仗势”挑衅外界，因为宝宝心理有了依靠，当然，爸爸妈妈为了宝宝的健康成长，需要遏制宝宝恃强凌弱性格的发展。在这里，我们最主要的还是要讨论和解决宝宝的分离焦虑和怕生问题，不管宝宝何时遇到陌生人，只要妈妈在身边，宝宝都不会表现出非常恐惧的样子，至少怕生的情绪不会减弱许多，这个时候，妈妈就需要发挥自己的功能，当看到妈妈与陌生人谈话非常融洽，表现得非常高兴后，在以后的多次交往中，宝宝对陌生人就不再有恐惧感了，因此，宝宝怕生和焦虑是必然的，不是偶然，当然不要担心宝宝的这种状况，因为这种情形是可以改变的。

1岁大的宝宝，只要在妈妈的庇护范围之内，宝宝都会很爽朗大方地与人交往，和他人玩一会儿，就会看看妈妈，只要能看见妈妈，宝宝就放心了。有时也会跑到妈妈身边，然后又回去和陌生人继续玩耍。这个年龄的宝宝，把妈妈当做“平安基地”。如果有妈妈或其他亲人陪同，就会减少怕生情绪。随着宝宝逐渐的长大，就会慢慢离开妈妈。因此，切忌突然地把宝宝交给陌生人照顾。教宝宝认识陌生人，要在妈妈的陪同下，让他有一个从亲人到陌生人的交往过渡期。一旦妈妈离开宝宝的视线，宝宝就会疯狂似的寻找，甚至用宝宝自以为最具震撼力的哭泣来呼唤妈妈。

综上所述，在面对宝宝的怕生和分离焦虑的问题上，爸爸妈妈心态要平和，要正确地引导宝宝和陌生人交往，这不仅能够大大促进宝宝的智能发育，还能给宝宝以后大方得体的社交能力和道德修养奠定基础。

宝宝黏人怎么办

妈妈忙乱地收拾好要去上班或者出门有事时，宝宝突然搂着妈妈的脖子，哭闹着不让离开，换做任何人都不能让宝宝安静下来，这样的情况很常见，为什么可以独自玩耍的宝宝非要“黏着”妈妈呢？究竟该如何来解决这个问题呢？下面给出回答：

宝宝黏人的原因

宝宝刚刚出生的前几个月，对别人伸展开的双臂，不但不表示排斥，反而会很愉悦地接受，更有意思的是也不在意妈妈是否在自己身边。当宝宝到8个月大的时候，就逐渐地明白，妈妈是可以离开自己的，并不是自己的附属品。同时，小宝宝这个时候还可能会表现出怕生的情绪。这个时候，宝宝已经可以通过爬行移动自己的身体了，当妈妈离开的时候，宝宝会移动身体妄图阻止妈妈的离开，在此之前，宝宝还不知道有其他的方法可以阻止妈妈离开，现在除了这个方法，宝宝还会通过哭泣来挽留妈妈，一旦成功，下次宝宝还会用同样的方法挽留妈妈，因此挽留妈妈是宝宝黏人的一个原因。

另一个黏人的原因就是宝宝生病了。当宝宝生病的时候，最需要爸爸或妈妈的慰藉，这样他才会感觉到安全。如果宝宝发现妈妈准备将自己交给保姆或者其他人照顾的时候，小家伙会表现得很焦虑，甚至哭得声嘶力竭，并紧紧地黏着妈妈。

宝宝黏人的对策

8个月是宝宝的黏人期，当宝宝进入这个时期，就要给宝宝创造更多与人交流的机会，让宝宝多多与家人、朋友或者保姆相处，当宝宝与家人、朋友或者保姆打成一片的时候，宝宝对于妈妈的离开与否就不会表现得太在意了。妈妈大可不必担心，这种漠不关心的表现并不是宝宝与妈妈感情疏远，而是因为他还有其他的人寄托情感，不会有纠结的情绪产生。

妈妈离开之前，可以让宝宝和家人、朋友或者保姆一起玩耍，让宝宝适应和他们在一起，给宝宝鼓励和信心，让宝宝觉得妈妈很快就能回到他身边，切忌为了赶时间而草率处理，甚至对宝宝暴力相向，这样会给宝宝心理造成逆反现象，对宝宝的健康成长不利。

在妈妈准备离开之前，给宝宝准备一个柔软的玩具或者枕头，这样的东西能让宝宝感觉很舒服。如果宝宝总是因为妈妈离开而哭闹，而妈妈又无计可施的时候，可以为向有经验的妈妈请教，寻求解决方法。

妈妈要记得，如果宝宝在场，不要在别人面前说暗示或鼓励宝宝黏人的话，比如说：没有宝宝我哪儿都不去。宝宝最喜欢黏着我。这些话不但不能解决宝宝黏人的问题，反而起到了副作用。

在带着宝宝和许多人进行交际的时候，妈妈要给宝宝做出榜样，对妈妈的要求就是和别人的交往时要表现得非常合群、健谈，这样可以为宝宝在生人面前树立良好的交际榜样，建立宝宝的自信心。在妈妈要离开宝宝之前，一定不要忘记了告别语，说出再见就是在告诉宝宝，妈妈要离开了，更重要的是要告诉宝宝你什么时候回来，让宝宝在等待妈妈回来的过程中有一个期盼。

吸吮手指会不会伤害牙齿

这个时期的宝宝，因为宝宝吸吮动作本能的反射、喂养不足或者某种心理因素等会自发地产生吸吮手指的动作，如果吸吮手指持续到 4 岁以后，就会影响到宝宝上下颌和牙齿的正常发育，容易造成上颌向前突出，下颌往后缩，咬合时形成开唇露齿的现象，使得面形、发音和吃东西均受到严重影响。

如果宝宝在 6 岁以后仍然不能改掉吸吮手指的坏习惯，就该及时就医，到医院采用矫正器来帮助宝宝矫正。

不管吸吮手指会给宝宝的牙齿带来多大影响，爸爸妈妈都希望宝宝改掉这个坏习惯。究竟该怎样纠正宝宝吸吮手指的不良习惯呢？这就需要找出宝宝吸吮手指的主要原因，并尽量采取心理疏导的方法，同时采取适合宝宝的护理方式，让宝宝及早改掉吸吮手指的恶习。假如宝宝在 6 岁之前就能改掉这个坏习惯，一般不会影响宝宝的牙齿发育。但最好不要采取强制手段，防止宝宝产生逆反心理。

母乳喂养多长时间最好

一般情况下，宝宝在 8 ~ 10 个月就可以断奶了，但断奶不能急于求成，要慢慢来，宝宝的健康成长需要各种营养物质的辅助，因此，给宝宝添加辅食到宝宝能正常吃普通食物有一个必然的过程。要把握好断奶的时机，不可操之过急，仓猝断奶，这样不但不能顺利达到目的，反而会造成宝宝食欲的锐减。宝宝的味觉非常敏锐，且对饮食很挑剔，尤其是母乳喂养的宝宝，常常拒绝辅食的诱惑。因此，给宝宝断奶，应尽可能逐步减少，即使是到了断奶的年龄，也应为宝宝提供一个慢慢适应的过程，一定不要强行断奶。

断奶的正确方法

适当延长断奶的时间，酌情减少喂奶的次数，逐步增加辅食的品种和数量，只要对宝宝的喂养调整得当，相信宝宝们都能顺利通过“断奶”这一难关的。（参见第 2 篇第 7 章“如何正确给宝宝断奶”）

什么时候断奶好

随着宝宝逐渐长大，母乳供给的各种营养成分已不能满足宝宝生长发育的需要，一般在 8 ～ 10 个月时可以断奶，在奶制品缺乏的地区，断奶期可适当延迟至一岁半左右。

断奶的时期没有硬性规定，要视宝宝的身体状况和父母的经济条件，如果妈妈奶水较多可适当多喂一段时间，一般到一岁左右断奶更好。母乳比较少且宝宝能接受辅食的情况下，也可以多吃一段时间，如果母乳少，而宝宝又不愿吃奶制品及其他食品的，应及早断奶，6 个月就可以断奶了。

错误的断奶方法

往奶头上涂墨汁、辣椒水、万金油之类的刺激物

对宝宝来说，这绝对是无情的伤害。爸爸妈妈认为宝宝会因此对母乳产生反感而放弃母乳，不但起不到断奶效果，反而可能惊吓到宝宝，造成拒食的心理状态，从而影响了宝宝的身体健康。

突然分离断奶，甚至好久都不见宝宝

断奶不需要母子分离，从情感角度考虑，给宝宝断奶不是让宝宝连母子亲情也断绝！长时间的母子分离，可能会让宝宝缺乏安全感，感觉不到母爱的存在，甚至可能会让宝宝变得焦虑难耐、不吃东西、不与人交往、烦躁等等，而且还会让宝宝睡眠质量得不到保障，影响宝宝的健康成长。结果不但没断掉奶，反而还会给宝宝情感上造成伤害。

“速效断奶”，让奶水缩回去

妈妈不喝汤，用毛巾勒紧胸部或者用胶布封住乳头，想将奶水憋回去。这些做法不但会伤害妈妈的身体，而且还会让宝宝在断奶过程中出现健康问题。

小窍门

如果妈妈的奶水过多，可口服一些回奶药。断奶后妈妈若有不同程度的胀奶，可用吸奶器或人工将奶水吸出，同时用生麦芽 60 克、生山楂 30 克，水煎当茶饮，3 ～ 4 天即可回奶，切忌热敷或按摩。

正确的断奶方法

循序渐进，自然过渡

断奶取决于很多因素，因为人和人性格迥异，感受各异，所以每个妈妈和宝宝对断奶的选择也各不相同，一定要因人而异。

快速断奶　给宝宝快速断奶要选择成熟的时机，如果妈妈已经作好了充分的准备，并且妈妈和宝宝都可以适应，断奶的时机就已经成熟了，就可以开始着手断奶了。同时还要考虑客观因素，如果妈妈需要出差或者有其他事情需要离开宝宝一段时间，那么很可能几天就完全断奶了。如果妈妈上班后不再吸奶，那么白天的奶也会很快就断掉。

逐渐断奶　如果宝宝对母乳喂养有很强的依赖性，采取快速断奶可能会给宝宝造成不适，影响断奶的质量。可以采取逐渐断奶的方式，逐渐断奶就是说每天给宝宝喂奶的次数依次减少。从每天喂母乳6次，先减少到每天5次，等妈妈和宝宝都适应后，再逐渐减少，直到完全断掉母乳。

减少母乳喂养，增加辅食，比如牛奶等

断奶时，可以每天都给宝宝喝一些配方奶粉或者液体牛奶等，也可以喝新鲜的全脂牛奶。不过需要注意的是，尽量鼓励宝宝多喝牛奶，但只要他想吃母乳，妈妈就不要拒绝他，因为宝宝对吃奶头具有一定的“瘾”，要满足宝宝的这种“奶瘾”之后宝宝才能更好地吃辅食。

睡觉前和夜里不要给宝宝吃奶头

许多宝宝在睡觉之前和夜里都有吃奶的习惯。白天宝宝不停活动，不喂奶宝宝可能想不起来吃，但是睡前和夜里的奶很难断掉。不过可以先断掉夜里的奶，再断临睡前的奶。这时需要爸爸或其他家人的积极配合，宝宝睡觉时，可以改由爸爸或家人哄宝宝睡觉，妈妈避开。宝宝见不到妈妈时，开始肯定要哭闹，但是没有了想头，稍微哄一哄也就睡觉了。断奶刚开始会折腾几天，直到宝宝一次比一次闹的程度轻，宝宝睡觉前没怎么闹就乖乖躺下睡了，那么断奶就逐渐成功了。

和宝宝和谐相处对断奶的作用也很关键

断奶时，要有意识地减少妈妈与宝宝相处的时间，增加爸爸照料宝宝的时间，给宝宝一个和爸爸相处的适应过程。刚开始断奶的一段时间里，宝宝会黏妈妈，这时候，爸爸可以多安抚一下宝宝。刚开始宝宝可能会不满，以后就习以为常了。让宝宝知道爸爸也能照顾他，而妈妈也要间断性地回到宝宝身边。对爸爸的信任，会使宝宝减少对妈妈的依赖。

培养宝宝良好的行为习惯

断奶前后，妈妈因为心理上的愧疚或者不舍得，容易对宝宝太过溺爱，不管宝宝的要求是否合理。如果越纵容，宝宝的脾气就会越大。在断奶前后，妈妈适当抱一抱宝宝，给他一些爱抚是必要的，但对于宝宝的无理要求，不要轻易迁就，不能因为断奶反而使宝宝养成坏习惯。这时，就需要爸爸的理智处理和宝宝的相处，当宝宝大哭大闹时，让爸爸来安抚，宝宝比较容易接受。

生活环境的安全隐患有多大

随着宝宝逐渐长大，身边的环境也在时刻发生着变化。宝宝刚刚出生的时候，视觉能力只能达到15～20厘米，随着宝宝慢慢长大，从眼睛会转动到回转头时的环顾四周，就能逐渐看到越来越多的世界，但这个世界是很狭小的世界。宝宝6个月以后，就能够自如地翻身；还会独自坐着，用手去抠挖有小洞的地方；更有意思的是能去抓东西了，而且会把玩一会，甚至塞到嘴巴里去啃一下。小宝宝总是想探索更多的范围，所以老是伸着手去够东西，够不着时他便翻着身想要去接近它。宝宝活动的环境开始发生了转变，随着宝宝活动范围的扩大，不安全因素也接踵而至，这时候爸爸妈妈该怎么办呢？下面

为你支招：

时刻检查环境中的安全隐患

爸爸妈妈时时刻刻都要注意宝宝生活环境的安全性。有时候爸爸妈妈一粗心，宝宝的生活环境中就有可能出现安全隐患，更有可能给宝宝造成危险。因为宝宝是趴在地板上、坐在地板上玩的，宝宝的视线经常“觉察”到那些不被爸爸妈妈注意的角落。

掉在墙角的小型干电池、纽扣等等小小的物体都会给宝宝造成巨大的伤害，小家伙这个时候很不安分，因为学会了抓握、啃食、爬行等动作，就有可能吞下这些危险品。电池里面含有大量的铅，吞食会引起铅中毒；纽扣有可能会卡住宝宝的喉咙，因此在这个淘气宝宝的生活圈子里，一定要时刻注意宝宝周边的安全隐患。

为了宝宝的安全，爸爸妈妈要检查一下几个方面的事项：

检查一下有没有不牢的家具饰品、松脱的旋钮等？如果有，要立即固定好，否则被宝宝捡到可能会吃了它。

不论是玩具，还是家具或者墙壁等，都不能带有油漆、涂料或者其他化学产品等，因为宝宝很淘气，会用嘴巴舔这些东西的表面，很容易造成中毒，给宝宝带来不必要的伤害。

室内不要放置有毒、有刺的花卉和植物以及易碎的花瓶等玻璃型器皿，一旦宝宝接触这些东西，就可能带来巨大的伤害。

电暖器和风扇要用罩子罩住，特别是在启动这些家电的时候，要远离宝宝能触手可及的地方。还要记得插座等不要放在地上，只要宝宝能接触到的地方都不要有电器、电线、电源等。

不要在桌上使用桌布。宝宝很可能会拽着桌布，拉掉桌面上的器皿，从而会伤害到自己，还有可能会把桌布撕烂然后吃到嘴里。

保证宝宝生活环境的安全性，不要让宝宝有机会拿到打火机、火柴、牙签、铅笔、钢笔、锐利的玩具之类的危险品。

不要让宝宝玩任何直径小于 3.5 厘米的东西，比如弹球、铜板、安全别针等。宝宝很可能会吞下这些东西。

宝宝活动范围内不可以有塑料袋、热水、药品等。

还有一点值得爸爸妈妈关注，就是宝宝的婴儿床栏杆的高度和栏杆间的距离一定要适当，以防宝宝从床上掉下来，或头被栏杆卡住等。

日常注意事项

给宝宝洗澡时，需要先放冷水，再加热水，避免宝宝突然伸出手、脚而被烫伤情况发生。（参见第 1 篇第 2 章“给宝宝洗澡须知”）

冲牛奶、准备副食品或喂食时，热水、刀、筷、汤匙、桌布等应远离宝宝，免得他乱摸却又控制不好自己的动作而被烫伤、割伤或被筷子戳到眼睛。

6 个月大的宝宝，很多已经开始使用学步车了。爸爸妈妈要注意一方面要选择符合安全规定的学步车，以免宝宝受伤。另一方面，使用学步车一定要注意安全，比如远离楼梯口（以防宝宝摔落楼下）、电线、电锅、有桌布垂下的桌子、玻璃窗、镜子以及尖锐的桌角、椅角等都是宝宝使用学步车的安全隐患。

别让宝宝进厨房。有的妈妈为了抽出时间忙家务，把宝宝背在身上，边做家务边安抚宝宝，殊不知，宝宝是手眼并用的，他可能去抓能够得着的东西来吃，比如调味料等，甚至也可能用手摸油垢或者拿餐具……各种情况难以预料。

如何培养宝宝的沟通能力

随着宝宝慢慢的长大，和他人沟通的能力匮乏是宝宝面临的重要问题，良好的沟通能力可以让宝宝在社会交往活动中游刃有余。对宝宝沟通能力的培养，不仅仅是要给宝宝提供身体生长需要的营养，还要给宝宝提供“精神上的营养”。在宝宝很小的时候，给宝宝提供身体发育所需要的充足营养，提供丰富的交际环境，让宝宝有充分的学习经历，发展宝宝的专注力、探索力、沟通力，就能塑造宝宝未来的学习潜能。

沟通能力是宝宝学习能力的表现

刚刚出生的宝宝自呱呱坠地起，就会用哭声来表达自己的需求，让爸爸妈妈给他换洗、安抚、喂食等；3 个月大的宝宝会主动地发出微笑来迎合爸爸妈妈的鼓励和夸赞；4 个月时对爸爸妈妈拥抱的需求更主动；5 个月大的宝宝因为各项智能都得到了一定发展，因此在玩具被别人“剥夺”后，会用声音来表达自己的愤怒；到了 6 个月时，对于突然见到的陌生人，宝宝会表现出怕生的情绪……为了平衡宝宝的内心发展使之健康成长，就需要对宝宝进行一定的智能培养和沟通力培养。所谓沟通能力，就是指宝宝可以通过别人的表情、手势、动作、语言等，来表达自己的情感和愿望，同时通过这些行为来表达对别人情感和愿望的理解，以期达到与他人进行社交的目的。

沟通能力对宝宝学习的作用

即使是天才，从一生下来也得需要后天的学习，学习的目的就沟通、分享和交流，沟通能力会使得宝宝的学习变得越来越有意义。

随着宝宝的慢慢成长，语言能力和社交能力都得到不同程度的发展，宝宝语言和社交能力有了一定的基础发育，再进行沟通能力培养，这两个方面的作用显得越来越重要。语言能力越强，与他人的沟通就越有效、有深度。语言能力越强的宝宝往往越喜欢参加团体性的社交活动，如小组聚会、故事会、找朋友等；一旦宝宝遇到解决不了的难题时，就会去找人咨询，寻求帮助，而不会跟自己“过不去”。

培养沟通能力的方法

让宝宝掌握游戏的主动权

在和宝宝进行的游戏中，让宝宝掌握主动权，让宝宝指导爸爸妈妈进行操作，给爸爸妈妈分配角色，给宝宝多一些自己动手、动脑的机会，这样可以培养宝宝主动与人沟通的能力，而且能让宝宝在与其他宝宝进行游戏的时候，有一种“王者风范”。

温和地与宝宝交流

当宝宝犯了错误的时候，父母切忌不可动粗，甚至拳脚相加，这样不但不能更好地帮助宝宝纠正错误，还会导致宝宝的逆反心理；和宝宝进行交流一定要心平气和，向宝宝分析做错事情的原因，并告诉宝宝怎么做是正确的，让宝宝从内心认可你的教导，并能知错必改。这才是正确的育儿之道。

语言能力培养

给宝宝进行语言能力培养，不仅仅是通过诗词、儿歌、故事、日常对话等方式，更重要的给宝宝进行语言实践的锻炼。培养宝宝的语言能力，能够增强宝宝理解别人言语的能力和自我表达的能力。

培养宝宝理解他人情绪的能力

通过艺术行为，比如绘画、识图、表演等让宝宝理解各种情绪和情感，理解言行和情感的搭配，同时能让宝宝在社交生活中还有点与众不同，这一点爸爸妈妈只需要进行简单的培养即可，不必刻意去做什么大的准备，只是宝宝日常生活中给宝宝进行一定量的艺术行为培养即可。

给宝宝尽可能多地提供社交机会

刻意经常带着宝宝和周围的宝宝进行玩耍，或者带着宝宝串门、走亲戚等，都能给宝宝提供诸多良好的社交机会，让宝宝学会主动交际，品味社交的乐趣。

培养宝宝沟通能力的小游戏

让宝宝学习打电话

7～12个月　在游戏的时候，要准备两个玩具电话，妈妈和宝宝各自拿一个，模拟打电话的模样，并对宝宝说："喂，××（宝宝的名字），你好吗？你在干吗呢？"然后帮助宝宝把电话放在耳边，鼓励他跟妈妈"打电话"。当宝贝咿咿呀呀跟妈妈"说话"时，妈妈一定要有所回应。

让宝宝学习妈妈的动作，宝宝会感受到沟通带来的快乐。

1～3岁　妈妈在和宝宝做这个游戏的时候，要注意观察宝宝的表情变化。妈妈做一个动作，比如把双手放在头上，并且说："宝宝，请像我这样做。"宝贝模仿妈妈的动作。妈妈再做一个跳跃的动作，让宝宝模仿。妈妈变换不同的动作，逐渐增加难度。熟练以后，请宝宝做动作，爸爸妈妈跟着模仿。还可以播放一段欢快的音乐，把动作和音乐结合起来，这样会更有乐趣。这个游戏可以帮助宝宝了解如何与人交流和沟通。

要不要让宝宝学会自己玩耍

宝宝天生就有自己玩耍的能力，如果从小就有意识、有计划地加以训练，他就能比同龄宝宝更快地消除对爸爸妈妈的依赖性，自理能力会发展得更迅速。

3个月大的宝宝就能自己安静地躺在摇篮里，把玩自己的手脚，有时持续几分钟，有时候能超过半小时。4～6个月的宝宝，手的动作有了一定的发展，会抓握玩具，并对有响声的玩具表现出兴趣。不过此时宝宝手的动作发展还很差，还不能独立地玩玩具，需要爸爸妈妈教他玩。宝宝在玩的过程中看看、摇摇、摸摸、听听，不仅可以发展视觉、听觉、触觉、注意力及手的动作，而且还会对客观事物产生初步的认识和感受，激发对玩具的兴趣，也为从小培养宝宝的独立性打下基础。7～9个月宝宝能够独立地移动自己的身体了

(表现为爬行动作)，表现出敢动的独立性。

让宝宝学会自己玩

充分发挥宝宝的手脚功能

很多宝宝对音乐特别敏感，经常听到熟悉的音乐就手舞足蹈，或者能从哭闹中安静下来。到了6个月左右开始喜欢“研究”自己的小手小脚。根据宝宝的这些特征，妈妈可以在音乐声中发展宝宝的这种兴趣，任其反反复复观察手心手背，小拳头攥起来又松开，摆弄手指脚趾，或者双手抱着小脚丫努力往自己的嘴里送，不要打断他。很多小宝宝都对自己的手脚“情有独钟”，但如果指望宝宝能因此独处较长时间、让妈妈专心做自己的事，绝对是对宝宝的过高要求。他们通常只能独立玩耍2～3分钟，一般不会超过5分钟。虽然时间很短，但这是宝宝独立性的萌芽，必须细心浇灌。要注意的是，宝宝在这个阶段喜欢把所有的东西往嘴里放，自己的小手小脚也不例外。所以，在宝宝拿手脚当“玩具”之前，切记要彻底给它们做一下清洁，保证宝宝的健康。

发挥镜子的神奇作用

7～9个月宝宝通常对镜子里的自己非常好奇，每天都喜欢到镜子前面去照一照。妈妈可以在宝宝的小床上挂一面外表圆滑且安全的镜子，这样宝宝睡醒后第一眼就看到了镜子里的“自己”，由于此时他还不明白这个人就是自己，所以他就会尝试和这个“自己”进行交流，就会减少睡醒后用哭声召唤妈妈的行为。可见照镜子可以培养宝宝的独立性、社交能力、观察能力和认知能力。

氢气球也很好玩

氢气球安全，而且随意触碰后就可以飘动。可以买一个宝宝熟知的卡通氢气球，把氢气球绑在（切忌不要绑得太紧，只要固定住就可以）宝宝的手上或者脚上，宝宝就像有了个玩伴一样，他会专注地看着手脚一动气球所出现的位置变化，不但锻炼了宝宝的手眼协调能力，还锻炼了宝宝的空间判断能力；宝宝还会尝试和气球进行交流，培养他的社交能力和语言能力。

为宝宝准备其他玩具

7～9个月的宝宝喜欢坐在地上摆弄玩具，或拾起玩具扔出去。喜欢拿着玩具不停地敲打出声响。颜色鲜艳的小球、沙包、不倒翁或木制的小动物、小人、可敲打的小鼓等，宝宝都会比较喜欢，各种有盖无盖的塑料瓶子、盒子、装食品的小筒、摩擦起动的小汽车、积木也都是宝宝十分喜爱的游戏工具。要注意每次给宝宝的玩具不能太多，以1～3种为宜，玩几天后再更换另外几种，保证玩具的新鲜感。

怎样给宝宝选择合适的鞋子

宝宝正处在生长发育时期，给宝宝选择合适的鞋子显得很重要，没有好鞋子，宝宝的脚就会受到不同程度的“伤害”，对宝宝的健康成长和智能发育都会造成不同程度的影响。究竟该怎样给宝宝选择合适的鞋子呢？现在给您支招：

尺码的选择很重要

宝宝的脚生长很快。平均每月大概要增长1毫米左右，所以在给宝宝买鞋子时尺寸应稍大一些，不过注意不要过大，适当大一点即可。因为宝宝的生长需要，鞋子应该给脚留出 9 ~ 15 毫米足够宝宝的脚生长的需要，同时每 2 ~ 3 个月就要给宝宝的小脚做一次检查，如果发现脚跟鞋子的尺码不相配，就要及时更换新鞋，因为宝宝这个时候不会说话，不能说出鞋子小或者大，有时候或许会通过哭泣来表达鞋子较小的情况出现。

要软硬适度、略软为宜

给宝宝选择鞋子的时候，鞋面要求软硬适中，不能一味追求软。因为宝宝的骨骼、韧带等正处在生长发育期，平衡能力还比较弱，如果鞋子太软，宝宝就会站不稳，引起踝关节及韧带损伤，还可能会让宝宝养成不良的走路姿势。因此，宝宝鞋子的后帮应硬挺、包脚，以减少脚在鞋内的活动空间，不超过15毫米为宜。鞋面（尤其是鞋头）过软，会很难防御硬物对宝宝脚的伤害。只不过，为了宝宝能够健康的成长，脚背的鞋面还是若活一点比较好，这样才利于脚部的弯折。

鞋底弯曲要合适

为了宝宝的健康成长，预防宝宝长成扁平足，就要给宝宝选择一双合脚的鞋。有些鞋子为了“预防扁平足”而在脚心处设计一块突起的软垫，实际上这个突起的软垫不但不能预防扁平足，还会导致宝宝长成扁平足，因为这样的一个软垫，占据了一定的空间，给宝宝足弓的生长发育带来了有限的空间，脚部活动不开，穿的时间长了，反而导致扁平足的长成。再者，鞋底的软硬度和厚度都要适中，厚度 5 ~ 10 毫米即可。

鞋底的厚度选择是关键

在走路的时候，鞋跟着脚步的迈进需要不时的弯曲，我们都知道，鞋底越厚，越不利于足弓的弯曲，尤其是不能“安分”的宝宝，整天东蹦西跳，鞋底越厚越容易导致脚的疲劳，并进而影响到膝关节及腰部的健康。另外，造鞋商为了丰厚的利润，抓住人们的审美观点，在厚底鞋的美观上就会“动点手脚”，因为厚底鞋为了表现曲线美，往往需要加大后跟的高度，这样看起来会美观，希望爸爸妈妈在给宝宝选择鞋子时要特别注意。当然这种鞋子会让整个脚步前冲，破坏脚的受力平衡，长此以往会影响宝宝脚步的关节结构发育，甚至可能会导致脊椎生理曲线变形，严重者还可能会影响大脑、心脏、腹腔的正常发育。究竟选择多厚的鞋底才合适呢？专家认为，宝宝鞋底厚度为 5 ~ 10 毫米比较合适，鞋跟厚度应在 6 ~ 15 毫米之间，这才是科学的厚度，有利于宝宝的健康成长，进而对宝宝的智能提升起到推动作用。

“发现功能”的价值

所谓的“发现功能”就是爸爸妈妈发现宝宝的情绪变化和需求，并及时满足宝宝的需求，让宝宝心理上得以健康成长的能力。由于这个时期宝宝的语言表达能力尚欠圆满，即使鞋子穿着夹脚、或者宽大等也不会直接地用语言表达，因此爸爸妈妈可以用“察言观色”来判断宝宝的鞋子是否合脚，如果试穿时，宝宝走了数步就露出痛苦的表情，那么这双鞋子就是不合脚的。一切为了宝宝健康，这就是爸爸妈妈“发现功能”的价值所在。

选鞋之前带上小袜子

很多的爸爸妈妈平时给宝宝穿鞋之前还要给宝宝穿上袜子，因为袜子有一定厚度，因此在买鞋子之前，先给宝宝穿上袜子再试穿鞋子，这样选择的鞋子就会很合脚，结合小袜子选择尺寸就是对宝宝小脚的“恩赐”。

防滑鞋底也是必备条件

宝宝刚刚学步的时候，总像是“醉汉”一样，东冲西撞，很不稳当，这就需要爸爸妈妈给宝宝选择防滑鞋，保证宝宝的安全。如果宝宝穿上鞋，走路跌跌撞撞，那么就表示鞋子防滑功能不佳，应避免选择。

使用学步车应该注意什么

宝宝经过爬的必然发育，需要向独立行走“前进”了，许多爸爸妈妈认为宝宝该学习走路了，要给宝宝买学步车，这样究竟是有利还是有弊呢？还有的爸爸妈妈追求宝宝的自然发育，对宝宝使用学步车持排斥态度，这样又是有利还有弊呢？鉴于以上问题，对于学步的宝宝来说，使用学步车有利有弊，并不是片面性的选择。

使用学步车之利

给宝宝学习走路提供了捷径。

让宝宝抛却胆怯心理，成功行走。

更安全、稳当，不易摔倒。

让爸爸妈妈更省心(不必亲力亲为扶着、拉着宝宝学习走路等)。

使用学步车之弊

限制了宝宝自由活动的空间。

宝宝锻炼的机会减少学步车固定化，就像机器人一样不灵活。在正常的学步过程中，宝宝是在摔跤和爬起中学会走路的，有利于提高宝宝身体各项智能的协调性，让宝宝在挫折中走向成功，宝宝会有一种成就感，对增强宝宝的自信心很有好处，而学步车没有这一功能，太呆板。

许许多多的爸爸妈妈认为买了学步车，宝宝就不用时刻看护了，可以一边做家务一边看宝宝，将宝宝放在学步车中，去忙其他的事情，这样很容易使宝宝发生意外，如撞伤及接触危险物品等，因此使用学步车还是弊端很大的。

不利于宝宝健康成长。宝宝自出生以来，身体都在迅速成长，骨骼中含胶质多、钙质少，骨骼柔软，而学步车的滑动速度可能会过快，让宝宝不得不两腿蹬地用力向前走，时间一久容易使腿部骨骼变形成罗圈腿。

大多数宝宝没有使用学步车的智能协调能力，容易对身体造成不同程度的伤害。在快速滑动的学步车中，会对宝宝的心理造成恐慌的感觉，这都不利于宝宝的智力发育和性格的形成。

综上所述，虽然宝宝使用学步车有利有弊，但是比较起来，弊还是更大一点，因此建议爸爸妈妈不要轻易给宝宝使用学步车，让宝宝自然成长，从成长中不但锻炼身体，还能锻炼心智。如果宝宝学步确实需要使用学步车，爸爸妈妈就需要谨慎对待。

使用学步车 5 点建议

在宝宝还未满 10 个月之前，最好不要让宝宝使用学步车。过早使用学步车，会让宝宝跳过爬行的自然生长规律，导致身体发育的不平衡，影响宝宝智力的提升，而且还容易出现感觉统合失调，表现为手脚笨拙、灵活性差、多动、注意力不集中、性格问题（冲动、任性、脾气暴躁）等问题。过早使用学步车，还有导致走路步态异常的危险，如脚尖走路、八字脚和弯曲畸形等。对于这样的问题，希望爸爸妈妈要高度重视。

学步车的质量很重要，其规格应当符合国家质检总局发布的《婴儿学步车安全要求》之规定：学步车不应有外露的开口管子、速度调节器和其他可能挤夹伤害婴儿的突出物；学步车必须安装胯带，宽度不得小于 35 毫米；除了脚轮，学步车的其他部分离地不得少于 25 毫米。购买时要详细参照这一规定。

根据宝宝的身高，按照使用说明书调节合适的部位，让宝宝安全地使用，并且要保证使用环境的安全性。定期检查学步车的零部件，发现问题，及时维修。

爸爸或妈妈陪护使用，否则会存在安全隐患，避免意外事件的发生。

宝宝对学步车的适应能力各有不同，要因人而异选择合适的学步车。

不适合使用学步车的宝宝有两种：第一种是有佝偻病或超低体重的宝宝；第二种就是怕生并且很难适应新环境的宝宝。主要表现为：看见生人就害怕；对新事物采取拒绝态度，适应慢；任性、好哭、脾气急躁，易发脾气、多动、不安、睡眠困难等。

学步车的使用环境不能存在安全隐患。给宝宝提供一个良好的学步空间，远离电器、杂物等。要把宝宝学步四周带棱的东西拿开，消除学步空间内的安全隐患。地面不要过滑，不要有坡度。宝宝的手能触碰的小东西都要拿走，防止宝宝将异物放入嘴里。

小贴士

注意购买的学步车的质量，劣质学步车（车轮、高度不当、部件不牢固或脱落等）可能会导致宝宝发生各种损伤或者致残，所以要购买有质量认证的学步车。

给宝宝使用学步车前，应当加强对宝宝的爬行训练，不但训练宝宝学步所必须的体质，还有益于宝宝的身心发育。

专家建议，能避免给宝宝使用学步车就尽量不要使用。

如何创造良好的益智环境

让宝宝更聪明，要从多方面努力，不过最重要的一点是离不开后天文化的影响。对爸爸妈妈来说，为宝宝积极创造益智环境尤为重要。那么，究竟该怎样为宝宝创造益智的环境呢？（参见第 2 篇第 9 章“DHA 对宝宝成长的重要作用”）

要经常给宝宝提供新颖的刺激，扩大宝宝的生活面，增强他们的接受能力 宝宝刚出生不久，爸爸妈妈可摇铃铛给他听，挂彩色气球给他看。因为宝宝正处在不断对外界环境信息的接受与作出反应的过程中，这些活动的刺激提高了宝宝大脑和各种器官的灵敏性，进而加速了智力发展的进程。宝宝的生活环境相对比较狭窄，但其智力发展速度也非常快，这就要求爸爸妈妈经常带宝宝去看一些没有见过的东西，逐步扩大宝宝的眼界和经验。比如可带宝宝去动物园看看各种动物或带宝宝去儿童游乐活动场所。走出了家门，能让宝宝感知到各种各样新颖的东西和声音，宝宝就会产生一种新鲜感，激起宝宝的兴奋情绪。很长时间地集中注意力，能够提高宝宝的观察力、想象力和记忆力，为宝宝将来的学习打下良好的基础。

要给宝宝尽可能多的自由，不能过分限制宝宝的自由　宝宝的智力主要是在活动中发展起来的，当然智力提升也离不开活动。活动能力的大小是宝宝智力水平高低的标志，限制宝宝的活动就意味着限制了他的智力发展。宝宝的天性是活泼好动，只要他能拿动或搬动的东西，都可能成为他的玩具，比如把地上捡拾到的小木棍插在沙土里，自称在"种树"；把漏勺放在水桶里搅，说是在"捞鱼"等等这类天真的童话。这在许多爸爸妈妈看来可能是"胡闹"，因为爸爸妈妈只要求宝宝干净、听话和守规矩，结果让宝宝丧失了很多童年应该有的天性。宝宝开始变得不敢说、不敢笑、不敢跑、不敢跳，这种过分限制宝宝活动的教育方法是极为有害的，爸爸妈妈应多带宝宝去户外活动玩耍，让宝宝在操场上、公园里自由自在地做游戏，发挥出宝宝这个时期应有的天性。

要精心为宝宝提供"精神营养"——图书和玩具　当然，并不是所有的玩具都能促进宝宝的智能提升，因此爸爸妈妈应根据宝宝的实际水平，选购最能促进宝宝智力发展的玩具，比如小积木、拼插车板和塑料的小炊具等等，这些玩具能够帮助宝宝辨别不同的形象与颜色，对宝宝的手眼协调一致与思维能力的发展都大有裨益。图书对激发宝宝智力有其重要的作用，书中的故事以图为主，为宝宝提供了生动直观的形象，让宝宝能够更直观地了解故事，不过由于宝宝理解能力有限，爸爸妈妈应帮助宝宝理解故事的内容，可先给宝宝讲一两遍，然后让宝宝复述故事的内容，有助于宝宝智力的提升。

如何培养宝宝的音乐节奏感

音乐节奏被称为音乐中的脉搏，音乐中的精髓，它是音乐生命力的源泉，失去了节奏就没有音乐的存在。然而节奏感更是音乐能力的灵魂，因此提高宝宝的音乐素质，进行必要的音乐节奏感培养是非常重要的，那么该如何培养宝宝的音乐节奏感呢？

刺激宝宝对音乐节奏感的兴趣

兴趣是学习最好的老师，如果宝宝对某一项活动毫无兴趣可言，那么宝宝很难掌握这方面的能力。我们把兴趣分为直接兴趣和间接兴趣，而培养宝宝的节奏感，必须抓住宝宝的直接兴趣，从而产生学习的倾向和动力。宝宝最感兴趣的活动就是游戏，因此，通过有音乐节奏和游戏的融合来刺激宝宝的兴趣，效果是相当明显的。当然也可以寻找日常生活中的节奏来激发宝宝的兴趣。宝宝很难理解节奏这个比较抽象的概念，不过宝宝对节奏却是极其敏感的。节奏来自生活，存在于我们周围的生活环境中。要提高宝宝的音乐节奏感，还要从生活入手，挖掘节奏，寻找节奏。比如动物的鸣叫声、自然界的声音、交通工具的声音等等。这些声音都是非常形象的节奏，宝宝能轻松地找到这些声音，在兴趣的驱使下模仿这些声音，并用语言、肢体动作或者借助乐器等形式表现出来。虽然宝宝本身对"节奏"并不理解，但是他们已经能在模仿中感受并理解节奏，对节奏产生了浓厚的兴趣。从而为进一步培养宝宝的音乐节奏感打下了良好的基础。

听觉能力的训练是基础

音乐就是通过听觉来欣赏的，音乐不

仅是听觉艺术，而且各种音乐活动都离不开听觉，所以，听觉能力的好坏是形成各种音乐能力的前提和基础。音乐能力除了来自先天性之外，几乎全都是来自听觉的，比如音乐感受能力、音乐记忆能力、音乐领悟能力、音乐审美能力、歌唱能力、欣赏能力、音乐表达能力以及节奏感等都与听觉有着密不可分的联系，因此要学会用耳朵听的方法探索节奏，宝宝有了这种能力就能主动地学习。我们生活的世界中到处都是声音，比如鸟叫声、汽车喇叭声、钟声等。让宝宝仔细聆听这些声音不仅能给宝宝一种美的享受和体验，更重要的是让宝宝学会倾听，然后用音乐来代替这些声音，让宝宝听着音乐自由自在地做各种动作，亲身感受各种各样的节奏，慢慢地宝宝就会发现这些声音在不停的变化，还具有一定的规律性，从而对节奏有更细致、全面、深刻的理解。

语言节奏的训练是桥梁

音乐的表达需要用言语作为桥梁。因此音乐离不开语言，语言本身就含有丰富、生动、微妙的节奏。宝宝能够从语言节奏出发来掌握音乐节奏，这个不难，毕竟宝宝从小便生活在语言环境之中。节奏基本上是从人类的生活中提炼出来的，音乐的节奏与语言的节奏有着密切的联系，为了把音乐节奏表现出来，可让宝宝进行有节奏的语言朗读，讲一些词、短语、简单句等等，并拍出节奏来。随即说一句有节奏的话，宝宝都有可能会说出最漂亮的词句，拍出最好的节奏，这样不但进行了节奏练习，而且也培养了宝宝的词语创作能力，同时也让宝宝体验了节奏感。

动作节奏训练更重要

培养宝宝的音乐节奏感要通过形体的动作来感受音乐的节奏。动作在宝宝感受音乐节奏活动中起着重要的作用，音乐主要靠声音的高低、快慢、强弱等表现手段来表达。但要让宝宝感受这些表现手段所表达的内容，单靠听觉是难以完成的，因此，在培养宝宝节奏感时，需要有动作的参与。让宝宝观察人体本身的许多动作中包含着的强烈节奏，感受形体动作能够表现节奏；也可选择符合宝宝日常生活的内容，配上简单优美的音乐表现节奏；还可以让宝宝听音乐模仿喜爱的动物的动作表现节奏。为了提高宝宝练习的兴趣父母和宝宝一起做动作，并注意培养宝宝合拍的能力，选择生动有趣、节奏强弱比较明显的乐曲，让宝宝随着音乐用形体动作来体验节奏的快慢和强弱变化，要求动作与音乐的快慢一致、和谐。当宝宝基本掌握了用手、脚等表现节奏后，要引导他用身体的各个部位来表现节奏。在用形体动作表现节奏时，一定要注重让宝宝自由发挥，切忌不要让宝宝一味模仿，如果宝宝出现动作不协调等现象应及时引导他进行自我调整，以达到形体与节奏的协调统一。可见，节奏能力提高了，宝宝表现美、感受美的能力也就随之加强了，更有助于促进宝宝身心的和谐发展。

加强宝宝音乐节拍感的训练

培养宝宝的节奏感应该从等速感着手加强节拍感的训练。良好的节拍感是宝宝学习音乐应具备的音乐基本技能，也是视唱、合唱等基本能力速成的基础，培养宝宝的节拍感能够帮助宝宝有意识地去体验不同节拍的不同律动。让宝宝充分利用电子琴的自动节奏反复打拍子，甚至增加形体动作的参与，从中用心领略各种节奏的音频；教宝宝弹奏乐曲时，也应选用与乐曲相符的节奏来，让宝宝听到音乐就有反应，通过节奏还能感受到音乐内在的情感美；在学习一首乐曲时应先做出节拍分析，增强宝宝对节拍律动的认识和理解，培养宝宝的节拍感，还能使宝宝养成完整的听辨乐曲的好习惯。这样节奏感就会随着音乐在宝宝的心里产生共鸣。

让宝宝在歌曲中练习节奏感

培养宝宝的节奏感，主要就是为了学习音乐服务，仅仅靠节奏是无法将音乐的美升华，所以培养宝宝音乐节奏感时让节奏和歌曲结合在一起，既能提高宝宝对歌曲速度的理解，也能加强宝宝对乐感的理解和体验。在乐曲伴奏下宝宝才能充分发挥想象力、创造力同时也才能感受到各种各样的节奏，对发展宝宝的智力、个性及各项智能起了极其重要的作用。

节奏教学不是单一的，要交叉进行

任何学科之间，或多或少都能找出一点联系，为了更好地培养宝宝的音乐节奏感，要结合其他学科的教学进行，使之相互渗透。节奏与其他学科的结合能帮助宝宝更好的理解、表现、记忆节奏，比如节奏与美术结合，用画苹果的形式帮助宝宝理解节奏，告诉宝宝一个四分音就是一个苹果，一个八分音就是半个苹果。宝宝会更好地理解每一拍的时值。另外节奏教学与语言能力也能有效结合，有节奏地朗诵技能帮助宝宝巩固节奏还能提高宝宝的记忆。比如：在语言活动中，教歌曲时我们不仅自己示范有节奏地朗诵歌词让宝宝感兴趣，并且让宝宝有节奏地学习朗诵歌词，有了节奏的加入，宝宝读时会朗朗上口，增强了内容记忆，让学习变得得心应手。

理论结合实践，乐器加以巩固

使用乐器等对宝宝进行节奏的实践训练，更能直观地能激起宝宝的学习兴趣和热情。为宝宝准备一些打击乐器，在听完乐曲后，让宝宝边听边敲打，边敲打边唱歌，让宝宝自己为自己伴奏，同时要引导宝宝感受节奏的美。三拍子的强弱弱规律能让宝宝充分的感受到三拍子起伏的特点，从而获得审美的体验，为宝宝的审美观发育也奠定了一定的基础。同时通过对小乐器的操作应用，了解各种乐器不同敲法所产生的音响效果。既培养了宝宝的节奏感也提高了宝宝的音乐素质和能力。

总之，有目的、有计划、有科学依据的进行音乐节奏感的培养与训练，坚持不懈的进行练习，时间长了宝宝的音乐素质和能力自然而然的就提高了，那么宝宝的培养目标也就达到了。

如何开发宝宝的左右脑

大脑的开发，对宝宝的各项智能起着关键性的作用，认得大脑分为左脑和右脑，左脑又称为“思维脑”、“学术脑”，引导着语言、逻辑、数学、顺序、符号、分析等等的运用，善于把复杂的事情条理化；右脑又称为“艺术脑”、“创造脑”，它引导着韵律、节奏、图画、想象、情感、创造等因素，它是想象力、创造力的原动力。

每个妈妈都希望自己的宝宝更加聪明，会刻意去开发宝宝的左脑功能，例如从小就不断地给宝宝讲一些故事、听一些音乐等，这样的做法当然有它的作用，但也存在着一些弊端。专家认为，不论是左脑还是右脑，应该均衡发展。把握宝宝大脑开发的关键期，对宝宝进行大脑开发，能够起到事半功倍的效果。究竟该怎样对宝宝的大脑进行开发呢？以下三个步骤是很好的建议：

在宝宝的营养方面，也就是益智配方，要多下点心思。（参见第2篇第5章“让宝宝越吃越聪明的营养素”）宝宝从呱呱坠地起大脑就开始不断地吸收各种营养元素，特别是ARA（又叫花生四烯酸，也是一种多不饱和脂肪酸，是宝宝体格发育的必需营养素，在成人体内可以由必需脂肪酸——亚油酸转化而成，不属于必需脂肪酸，但是在婴幼儿期，宝宝体内合成ARA的能力较低，因此对于正处于体格发育黄金期的宝宝来说，在食物中提供一定的ARA，会更有利于其体格的发育）和DHA（DHA是不饱和脂肪酸二十二碳六烯酸的缩写，属于多不饱和脂肪酸的一种，又名脑黄金，大量存在于人体大脑皮质及视网膜中，形成视网膜的感光体，是大脑皮质的组成成分，对脑部及视力的发育有重要作用，是宝宝脑部和视网膜发育不可缺少的营养素）。

益智游戏对大脑的“精神营养”发育起到极其重要的作用，它是以游戏和玩具为主，通过科学的训练和学习方法，最大限度地开发宝宝的脑部潜能。

妈妈参与宝宝的游戏，专家表示，在宝宝玩游戏的同时，妈妈的参与非常重要，因为妈妈的爱心和耐心能够很好地引导宝宝投入到游戏当中，将精神营养和物质营养有机地结合起来，给予宝宝最大的安全感和最好的心灵沟通。

婴儿对爬不感兴趣怎么办

爬，是宝宝这个时期最主要的动作特征，也是宝宝智能发育的表现。许多爸爸妈妈想让宝宝练习爬行的动作，可是“执拗”的宝宝就是不愿意“听话”，那怎么办呢？是宝宝自然生长发育所必须经过的过程，但爸爸妈妈又没办法让宝宝乖乖地去爬。这个时候不必着急，以下办法或许可以帮助您摆脱困境：

尽早让宝宝练习爬的动作，不少宝宝主要是因为不会爬所以才对爬不感兴趣。

给宝宝穿衣不要太厚、太紧，否则会影响宝宝爬的动作的进行。

和宝宝一起在地上练习爬，追逐滚动的球。爸爸或妈妈先做示范，爬过去拿到球后把球推到宝宝身边，并对他说：“宝宝，爬过来，拿球。”如果他不爬，装做摔倒了或者其他滑稽的怪相，让宝宝高兴，经过这一引逗，宝宝很可能就会爬起来。

7～9个月宝宝有哪些本领

随着宝宝逐渐的长大，宝宝的本领逐渐增多，许多的爸爸妈妈只能简单地观察到一些，宝宝都这么大了，会不会有什么“本领”是宝宝应该会而现在还不会的呢？下面就告诉你现阶段宝宝都会哪些“本领”和一些培养建议。

宝宝能够自己拿住奶瓶吃奶

原来处于被动进食的宝宝，现在掌握主动权了，依靠自己的能力拿住奶瓶，甚至还能主动调整奶瓶的倾斜角度。虽然宝宝已经具有自己拿奶瓶的能力，但是在宝宝喝奶时，爸爸或妈妈还是要陪在宝宝旁边，避免发生呛奶等意外。

培养建议

如果你的宝宝还不会自己拿奶瓶，建议采取以下措施：

在喂食时，爸爸或妈妈先帮忙扶着奶瓶，顺势拉着宝宝的手让宝宝自己扶住奶瓶，再慢慢移动手至奶瓶底部，甚至慢慢放开。

特别要注意宝宝的喝奶姿势，避免宝宝呛奶或把奶水弄到耳朵里导致感染中耳炎。可在宝宝头上或上背部放一个枕头或软垫，让宝宝头部保持直立。

使用分量比较轻、比较细一点的奶瓶，让宝宝更好地抓握。如果宝宝的手臂控制力不太好，则建议改用带有握把的奶瓶。

宝宝可以吞咽糊状辅食了

历经汤匙喂食之后，大多数的宝宝都能够用舌头移动食物，并可以吞下比较黏稠的辅食。这时可以给宝宝提供煮得烂一点的粥、捣碎的香蕉等黏稠度比较高的食物，鼓励宝宝主动进食，甚至可以从宝宝不同方向的嘴角喂食，让宝宝用舌头练习“舔食”的动作。

培养建议

如果你的宝宝吞咽动作不熟练，建议你采取以下措施：

假如宝宝一直吐着舌头将食物顶出，可用小而浅的汤匙向下轻压其舌头的中间部分，并用手指帮宝宝把下唇轻轻合上，让他吞下食物。

假如宝宝的舌头移动有困难，可用手指或压舌板在宝宝的口腔内朝各边轻推，帮助宝宝练习移动舌头，切忌用力过大，注意保护宝宝的口腔安全。

爸爸或妈妈使用舌头做出夸张的动作，故意让宝宝看到，引诱宝宝激发他跟着模仿的兴趣。

鼓励宝宝吃手与玩具，不过请放心，一岁之内吃手可以帮助宝宝的口腔动作得到更好的发展，不必担忧因此而养成不良习惯。

宝宝能自己拿食物吃了

随着宝宝慢慢长大，大小肌肉和手眼协调能力也发育得越来越好，宝宝自己能够拿着固体食物吃了，这表明宝宝开始学习用牙龈咬固体食物了。此时宝宝只是利用舌头把食物顶到嘴巴上方，再通过腭部做出上下咬合的动作，这一连串的成熟动作有助于宝宝日后发展出更好的咀嚼动作。

培养建议

如果你的宝宝还不会自己拿食物吃，建议您注意以下几点：

给宝宝尽可能地多提供一些柔软的固体食物，像小面包、煮得较烂的红萝卜条或切成条状的香蕉等，这些食物不需要真正的咀嚼即可溶化，能让宝宝轻松获得使用牙龈咬食物的锻炼机会和咀嚼乐趣。

切忌不能给宝宝提供坚硬、小碎块的食物，比如花生、糖果等等，以免呛到或卡到宝宝。另外，在宝宝躺着、哭闹或者移动时，不要让宝宝单独进食，如果需要进食，要在爸爸或妈妈的看护下进行。

宝宝这个时候需要各项智能的锻炼，为了让宝宝的能力有更好的发展，不要怕宝宝吃得一团糟。而且还要留出足够的时间让宝宝去咀嚼、吞食，千万不要催促或者阻碍宝宝做这些行为动作。

七、宝宝智能发展水平测试

7个月

分类	项目	测评方法	通过标准
大动作	扶双手站立	扶助宝宝的手腕，让宝宝学着站立	扶着宝宝的手腕可以站10秒以上
	独坐自如	让宝宝自己坐在床上，给宝宝一个玩具让其玩耍	可以自己坐10分钟以上，而不用手部支撑身体
精细动作	用一种东西敲打另一种东西	拿一只小木勺子让宝宝握在手里，大人也拿一只木勺给宝宝示范用木勺敲击地板或桌面	会用小木勺敲打桌面
	拇指和其他手指配合抓起玩具	让宝宝坐在床上，将一块小积木放在宝宝伸手能抓到的地方	会用自己的拇指和四指配合，抓起积木
	摆弄桌上 的小丸子	让宝宝坐好，将一些小丸子放在宝宝面前，鼓励宝宝够取小丸子	会有意识地弯曲手指摆弄桌子上的小丸子
认知能力	会认新物品	家长说出物品的名称，观察宝宝是用眼神示意，还是用手指指出来	会注视或者用手指指向物品
	找出藏起来的玩具	当着宝宝的面将玩具藏在枕头底下	可以找到藏着的玩具
	会模仿拍手	家长给宝宝示范“拍拍手”	会模仿家长拍手
言语	听到“爸爸”将头转向爸爸	爸爸站在宝宝的面前，妈妈问宝宝：“爸爸去哪里了？”观察宝宝有什么反应	听到“爸爸”会将头转向爸爸的方向
	发出“爸爸”、“妈妈”声音	在宝宝高兴的时候观察宝宝有没有发出一些音节	可以发出“爸爸”、“妈妈”的音节，但是没有实际的指向意义
情绪与社会行为	见父母或熟人要求抱抱	观察宝宝见到父母或者熟人时候的反应	主动要求抱抱

8个月

分类	项目	测评方法	通过标准
大动作	可以用一条腿支持体重	让宝宝靠着床的栏杆站立，在宝宝眼前用玩具逗引	宝宝可以抬起一只脚，用另外一只脚支持体重，有想走路的欲望
	会自己匍行	让宝宝俯卧在床上，用玩具逗引宝宝，引导宝宝匍行	可以用手腹支撑自己向前匍行
	会自己坐起、躺下	让宝宝仰卧在床上，鼓励宝宝其坐起再躺下	可以从仰卧变成俯卧，再变成坐位，还会自己躺下
精细动作	用拇指食指对捏东西	让宝宝坐在桌子旁边，在桌子上倒一些维生素片，鼓励宝宝用手指去捏取	可以用拇指和食指配合捏起维生素片
	用两块积木在手中对击	让宝宝一手拿着一块积木，由家长示范将积木对击，再让宝宝照着做	可以将双手合到中间，用一手的积木去击打另一手的积木，击打次数在两次以上
认知能力	会认新物品	家长对宝宝讲出宝宝熟悉的物品或者五官的名词，鼓励宝宝用手指指出来	能够按照指示指出物品或者某个身体部位
言语	懂得语意、模仿动作或声音	在跟宝宝做游戏的时候，鼓励宝宝模仿大人的动作，比如“点点头”、“拍拍手”和“碰碰头”等等	会模仿动作或声音

分类	项目	测评方法	通过标准
情绪与社会行为	注意观察大人的行动	家长在宝宝面前做家务的时候，观察宝宝是否在注意观看	会注视大人的行动
	会推掉自己不要的东西	将两样东西放在宝宝面前，看宝宝要哪个。故意将宝宝不喜欢的东西拿给宝宝，看宝宝有什么反应	会用手推掉自己不要的东西

9个月

分类	项目	测评方法	通过标准
大动作	双手扶栏站起	让宝宝坐在床上，将一个玩具放在床栏上，鼓励宝宝扶着栏杆站起来	可以自己扶着栏杆站立半分钟
	扶双手走步	让宝宝站在地面上，扶住家长的手，鼓励宝宝迈步	可以迈出3步以上
精细动作	开抽屉取玩具	当着宝宝的面将玩具放进抽屉里，先给宝宝示范如何开抽屉取东西，再让宝宝自己取	可以打开抽屉取到玩具
认知能力	会认新物品（用手指）	让宝宝听物品的名称，指出相应的物品或者指出自己身体的某个部位	可以按照指令正确地指出来
言语	拍手“欢迎”	家长说“欢迎”的时候拍拍手，让宝宝模仿家长的动作	会拍手表示“欢迎”
	招手“再见”	家长说“再见”的时候招招手，让宝宝模仿家长的动作	会招手表示“再见”
情绪与社会行为	听到家长表扬会重复动作	宝宝会模仿大人的动作，用表情和动作来喝彩	听到家长的表扬会重复刚才做过的动作

第 3 章
10 ~ 12 个月宝宝的智能提升

一、宝宝的记忆和思维能力

注意是认知的前提

这个阶段，宝宝探索世界的能力逐步增强，对任何新鲜事物都感觉到稀奇。大脑有一个奇妙的功能，那就是选择记忆的能力，也就是说大脑会在外界纷繁复杂的信息中选择自己注意到的信息，以便了解、记忆和学习。所以当宝宝注意到某人或某物时，爸爸或妈妈应尽快告诉宝宝这是谁或什么东西，有什么用途，帮助宝宝提升对事物的注意力。

宝宝具备初步记忆能力

10 ~ 12 个月的宝宝已经初步具备记忆的能力。可以在爸爸妈妈的帮助下调整自己的注意指向，当然你也可以引导他共同注意某人、某物或某活动，通过共同的注意，引导宝宝对不同的人，应该如何表达。对不同人说话的语言、表情信号，应怎样理解。

让宝宝开始了解世界

在这个阶段，爸爸妈妈要引导宝宝认识各种家具、自然现象、花草和动物等。只有通过看图书和认识书画上的名称和文字，让宝宝认识更多的人和事，才能帮助宝宝更有效与他人进行交流，学习有关的知识和经验，为宝宝具备更好的社交能力奠定坚实的基础。

宝宝注意时间很短暂

因为宝宝的记忆能力刚刚有了初步发展，所以宝宝能够注意事物的时间是很短暂的。让宝宝练习注意能力从而提升记忆能力时，最好在宝宝厌烦以前就转移目标。通过宝宝选择性主动注意和在爸爸妈妈引导下共同注意进行认知学习和记忆。

让宝宝认识自我

6 个月之前的宝宝还没有自我意识，经常啃自己的脚趾头，在宝宝看来，这也是一种玩物。随着宝宝慢慢长大，就将自己和其他物体区分开来了。从宝宝有认知能力起，就可以使用照镜子的方法，让宝宝获取更多的快乐。照镜子不仅可以给宝宝带来快乐，还能帮助宝宝提升认识自我的能力。这阶段的宝宝在照镜子时，会对着镜子里面的宝宝张着嘴，同时他看见镜子里的宝宝也在张着嘴，当宝宝再次做别的动作时，镜子中的宝宝也会出现相同的动作，经常性的照镜子训练就能让宝宝慢慢认识到镜像中的动作是自己发出的，有助于宝宝自我意识的形成。

二、能说出简单词语了

宝宝可以模仿声音了

10 个月大了，有的宝宝已经能够叫“爸爸、妈妈”了，能够主动地使用肢体语言。宝宝发出可识别的词汇的年龄有很大差异。有些宝宝周岁时已经学会 2 ~ 3 个词汇，但可能性更大的是，宝宝周岁时的语言是一些快而不清楚的言语，这些含糊不清的言语具有可识别音调的特性。只要宝宝的发出的声音有音调、强度和性质改变，他就在为以后的说话作准备。在宝宝说话时，爸爸妈妈的反应越强烈，就越能刺激宝宝进行语言交流。开始宝宝能模仿别人的声音，并要求爸爸或妈妈给出应答，这就是进入了说话的萌芽阶段。在爸爸或妈妈的语言和动作引导下，宝宝就能能模仿爸爸或妈妈拍手、挥手再见和摇头等动作，也就是说宝宝可以主动地运用肢体语言了。

宝宝会说“再见”了

语言是人们不可或缺的交流工具，人们要利用语言进行思维和交流。语言的发展更是宝宝智力发展的基础，语言能力发展得越早，智力就会越高。因此，宝宝语言能力的提升显得十分重要。

推荐方法

和宝宝说悄悄话

这个训练需要妈妈温柔地和宝宝交流，例如“宝宝睡得真香”“宝宝爱妈妈吗”“宝宝和妈妈永远不分离”“宝宝好快乐”等等。这一训练每次持续 3 分钟，每天数次即可。

注意：和宝宝进行语言交流时，语言要简洁，内容要多次重复。因为宝宝是通过听力获取信息并开始说的，所以家长需要用普通话和宝宝进行交流。

让宝宝学说告别的话

家里来了客人，或者父母出门，可以借此机会教宝宝学习告别语，比如再见、你好等。爸爸或者妈妈抱着宝宝，挥动宝宝的小手，嘴里说：“再见！”等到宝宝会说话时，宝宝会主动地摇手或者说再见。

宝宝可以理解简单词语了

宝宝的认知能力和大脑发育都比较成熟了，在这个时候，宝宝就能准确地理解简单词语的含义。在爸爸妈妈的提醒下会喊爸爸或妈妈，有的还会叫奶奶、姑姑等；还会一些表示词义的动作，比如伸出一个手指表示自己一岁；能模仿爸爸或妈妈的声音说话，说一些简单的词语。还可正确模仿音调的变化，并开始发出单字。有时宝宝还能很好地说出一些难懂的话，对简单的问题能用肢体语言（比如用手指、用眼看等等）做出回答，假如问他“小猫在哪里”，宝宝能用眼睛看着或用手指着猫。平时宝宝还喜欢发出咯咯、嘶嘶等有趣的声音，笑声也更加响亮，并反复重复会说的字。能听懂 3 ~ 4 个字组成的一句话。

宝宝能对语言做出反应了

宝宝对他人说话的注意力逐渐增强，宝宝还能够对简单的语言要求作出反应。利用简单肢体语言比如摇头等来代替“不”。使用惊叹词，例如“oh-oh”。偶尔还尝试模仿词汇。这时虽然宝宝说话较少，但能用词语表达自己的愿望和要求，并更多地用语言与人交流。已经能模仿和说出一些词语，宝宝发出的含混不清的“言语”开始有一定的具体意义，这是本阶段宝宝发音的特点。宝宝常常用一个字表达自己的意思，比如“外！外！”这种语言可能是要表达“我要出去”或“妈妈出去了”的意思；再比如“饭！饭！”可能是宝宝要表达“我要吃东西或吃饭”的意思。为了逐渐提升宝宝的语言能力，可结合具体事物训练宝宝的发音。在正确的教育的引导下，12 个月大的宝宝就能够说出“爸爸、妈妈、阿姨、帽帽、拿、抱”等 5 ~ 10 个简单的词语。

宝宝学说话的萌芽阶段

这个阶段是宝宝学习说话的萌芽阶段，也是宝宝听觉发展的阶段，更是培养宝宝说话的关键年龄段。爸爸妈妈与宝宝在一起的时候只要看到什么，就要教宝宝什么，让宝宝知道这个词语与这个事或物的稳固关系。例如，问宝宝帽帽呢，他就会用手摸摸头上或者寻找帽子；问他妈妈呢，他就会转头四处寻找妈妈。

10 ~ 11 个月宝宝开始用词语表达意愿，一个单词表示很多意义，这个时候宝宝能理解“不”，当爸爸妈妈说“再见”时，小宝宝还会摇手和爸爸妈妈“说”再见。12 月大的宝宝能叫出物品名称，比如灯、碗，指出自己的手、眼等。

语言训练过程中的要点

10 个月左右，宝宝开始用肢体语言向爸爸妈妈表达自己的请求。比如宝宝向父母靠近，可能是需要抱抱或者想和父母分享让人激动的事情。假如父母能够给予积极的回应，宝宝就能获得语言学习的良好机会。

到了 10 个月以后，有些宝宝开始会有意识地叫“妈妈”或“爸爸”了。此后使用自己的方式，进行自导自演的言语游戏。爸爸妈妈可以对宝宝的活动充当解说员，逐渐让宝宝说出真正的词来。

这个时期对宝宝的语言训练可以采取看图画的方法，比如给宝宝看印有各种动物、交通工具、人物画像的图片或画册等（最好是每张纸只画一个图，图画能够很大，而且解说起来比较方便）妈妈和宝宝一起看，边看边说边指，同时可以教宝宝发音，言语要清楚、正确，切忌不能使用儿语。

当宝宝看到画上他熟悉的人或物、车辆时，会表现得很高兴，有时还会喊叫几声，这时爸爸妈妈就更应该鼓励宝宝发音。同时，可以问宝宝像这样的问题：狗在哪里？车在哪里？等等。利用生活用具教宝宝，如反复教宝宝熟悉并喜欢的日常用品的名称，起床时可以教宝宝认识床单、枕头、衣服等；喂食时，可以教宝宝认识碗筷、小杯、吃的食品、水果名称等等，都可以提升宝宝的语言智能。

在宝宝玩耍的过程中，可以教宝宝认识自己的玩具，将宝宝喜欢的玩具藏起来，然后再问他："小汽车哪里去了，布娃娃在哪儿？"引导宝宝去寻找，也可以爸爸或妈妈先拿一个玩具做示范，表演玩法，然后交给宝宝，让宝宝跟着模仿，在玩模仿的期间，就可以教宝宝认识玩具，并记住玩具的名称。

三、能独自站立了

10 ~ 12 个月的宝宝开始从扶站向独站慢慢过渡，有的宝宝会迈几步。宝宝手的动作更加灵活，会使用拇指和食指捏小东西，都是这个时段宝宝的动作能力发育的真实写照，为了宝宝更加健康的成长，我们必须要先了解宝宝这个时期具体的动作能力，进而做出一份适合宝宝成长的动作智能提升方案。

可以扶床自己站立

10 ~ 12个月的宝宝已不满足于爬行，而是能扶着柜子或者墙壁站起来了，有栏杆的小床最适合宝宝扶住站立。如果在小床上放一个玩具，宝宝会蹲下去取，又会从蹲位再扶着站起来。如果你召唤宝宝或要宝宝拿一个玩具，宝宝就会扶着沙发从一头走向另一头。在小凳上坐着还能自己站立起来，然后又会自己坐下；站立、蹲起与走路对锻炼宝宝的下肢的肌肉很有作用。特别是新生儿期有脑损伤的宝宝，这样练习对学会站立和走路极为重要，可以预防运动落后或者脑瘫。

宝宝挑战独自站立

宝宝开始可以靠着墙站立，慢慢再离开墙面 2 ~ 3 厘米独立站立，这一连串的尝试，都是宝宝向外界探索的表现。当宝宝会独站时，要给予表扬。每个宝宝的个性不同，有的胆大，有的胆小，在练习走路的过程中摔跤是难免的，但一定要注意最好不要伤害到宝宝，使宝宝受惊，不然，以后宝宝就不敢再练习了。训练宝宝独站需要安全的环境，因此为宝宝排除安全隐患是爸爸妈妈需要做的事情。

宝宝会走路了

少数宝宝快到 1 岁时就会独立行走了，然而体质比较弱的宝宝或者没有采取正确的教育方式锻炼过的宝宝，还有可能不会走路，不过爸爸妈妈不必担心，也不要拿自家宝宝和别家宝宝作比较，只要宝宝 1 岁半以前能够学会独走，都不算晚。每个宝宝的个性、体质都有所差别，因此宝宝的健康成长要遵循自然规律，不要觉得别人家的同龄宝宝都会走了，咱家宝宝是不是太笨了，还不走路，切记不要有此想法。假如给宝宝创造一个宽松自由和安全的环境，不但可以促进宝宝的翻滚、坐、爬、站和走等大动作能力的发展，还可以促进宝宝认知能力的发展。特别是爬行，不但能使宝宝的空间认知能力提高，还能整合视觉、触觉和前庭平衡，让宝宝的活动更加灵活，有利于预防以后的感觉统合失调。因此，对宝宝不能太过溺爱，不要经常抱着，如果保护过度，就会让宝宝的运动发育延迟，有的甚至还被误认为脑瘫。

宝宝不再怕生了

随着宝宝的逐渐长大，现在见到生人不再害怕了，并能按照爸爸或者妈妈的吩咐熟练地拍手欢迎，说再见了等。有时候还会主动与人逗笑。这时也应注意不要使用“不行”一词扼杀宝宝的探索与好奇。关爱宝宝的不仅仅是外公外婆、爷爷奶奶和爸爸妈妈，有时还要加上 1 ~ 2 位保姆。如果七八双眼睛密切注视着宝宝的一举一动，休想“越雷池半步”。这也不行，那也不许，搞得宝宝一头雾水，不知道是为什么。这样对宝宝的情绪和社交能力会造成很大的伤害。这个年龄段，宝宝还比较懵懂无知，所以我们应了解宝宝成长的阶段，有针对性地教育不同阶段的宝宝。“不行”一词应在 4 岁以后使用才比较合适，过早应用只会造成宝宝的逆反心理，把妈妈的话当作耳旁风，不管多严厉地说“不行”，宝宝都会置之不理。

培养宝宝社交能力

母亲温柔的眼神、表情和密切的肌肤接触，都会让宝宝时刻感受爸爸妈妈的爱，爱的传递使宝宝和妈妈心心相印，建立依赖关系才是帮助宝宝健康成长的最好办法。

与宝宝建立高质量的依恋关系

最重要的是妈妈对宝宝发出的信号很敏感，并能及时、恰当地给予反应。表现为宝宝需要时给他帮助和安慰，鼓励宝宝独自玩耍，鼓励并示范对陌生人表示友好，让宝宝在妈妈离开时有心理准备，切记不要欺骗他。这样使宝宝对妈妈充满信任感，感到安全和自信。

妈妈对宝宝情感表示反应的不敏感会导致宝宝性格成长的不健康

妈妈表情呆板，让宝宝发出的微笑经常受到冷遇或对宝宝粗暴，有时“不辞而别”或欺骗宝宝，态度反复无常，会让宝宝以后的性格变得不开朗，不乐观，不喜欢与人交往、内向，形成不良的压抑性格特征。

宝宝的看护人要选择细心、热情有爱心的人。

爸爸妈妈在寻找保姆时，要注意找能细心领会宝宝的要求、热情有爱心的保姆。在依恋形成期，要避免频繁更换保姆，否则，使宝宝没有安全感，不利于高质量依恋情感的建立。

对宝宝的认生，爸爸妈妈不要心急，要积极创造条件让宝宝和他人交往。

怕生，这年龄段的宝宝对陌生人都有认生、产生焦虑和害怕的情绪，但不同天性的宝宝表现却不同。宝宝的先天气质影响着对陌生人和陌生环境容易接近或退缩不前的行为表现。有的宝宝对陌生人恐惧的情绪表现非常激烈，对陌生环境很难适应。如果家长心急，会让宝宝更加重焦虑情绪反应。所以妈妈要更加关心宝宝，建立良好的依恋关系，让宝宝有安全感。并要多给宝宝创造和他人交往的机会，积极和其他小朋友接触。使宝宝慢慢学会和更多人交往和玩耍。后天的环境会改变宝宝的先天特性，让宝宝成长为合群、交往能力强的孩子。

四、开始"不安分"了

从6个月起，宝宝就开始有一定的自主能力了。你可以轻松地发现，宝宝会偷偷地开始爬起来，模仿起爸爸妈妈的动作，虽然宝宝还不明白动作的含义，但他却模仿得乐此不疲。第10个月开始，宝宝的活动范围逐步扩大，你会很高兴地发觉，宝宝真的长大了。

宝宝自我意识高涨

宝宝的自我意识的建立，主要表现在以下几个方面：

在沟通上，宝宝已经能够听懂爸爸妈妈或他人说话的内容。如果你把宝宝抱在怀里，跟他一起看连环画册的时候，跟他说"滴滴"，他就会指着汽车；跟他说"汪汪"的时候，他就会指着小狗的画给你看。

在行为上，当宝宝想要的东西被剥夺时，他会奋力抵抗或是用哭声来表示他的强烈不满。

给宝宝换尿布的时候，他可能会显出不大高兴的表情或者流露出不愉快的眼神，甚至还可能用身体反抗来表示他的强烈不满。

宝宝在三个方面的进步表明，宝宝已经开始有自己的意识主张了，而且宝宝在认知、情感、社交、意识等智能方面的发育情形已具有相当的水平。

不要放纵自我意识

随着宝宝慢慢成长，宝宝已经会爬会站了，而且非常好动。当你忙着手头事情而又没有注意到他时，说不定宝宝已经悄悄地爬到房间的某个角落，寻找自己喜欢的东西，拿到手里，甚至塞进嘴里。这是非常危险的行为，爸爸或妈妈在这个阶段必须时刻警惕这种情况的发生。

爸爸妈妈为了宝宝生活环境的安全，应该把房间的安全隐患彻底消除。

另外，在给宝宝洗澡的时候，爸爸妈妈也应该提前做好准备。进到澡盆里的宝宝因为身上没有衣服的束缚，会变得更加活泼好动。在盆中的宝宝常会在你不注意的时候"放肆"的玩耍，甚至会抓着澡盆的边缘站着，把肥皂扔进水里，盆的边缘都是水，导致地板很滑，加上宝宝身体协调性不好，一不小心就会摔倒，一旦宝宝摔倒，下次洗澡时宝宝会变得不乐意，不愿洗澡。如果爸爸或妈妈放纵宝宝这种行为，小家伙更会肆无忌惮，因此为了宝宝的安全，需要爸爸妈妈加以制止，让宝宝安分地洗澡。

面对宝宝的沉默

自我意识的发展是宝宝正常发育的必然过程。如果宝宝不吵闹，默默不语，看上去很沉闷的话，这个时候就要注意了，宝宝是不是患上了自闭症等等。因此，作为妈妈的你，没必要为宝宝越来越不听话的脾气而感到烦恼。相反你应该感到快乐才对，因为宝宝的种种"狂放"的行为表现只能说明他长大了。你所应该做的，仅仅是给宝宝提供一定的空间，让他自由地发挥，当然这种空间是有条件的，你必须在一个宝宝看不见的环境里暗中保护他，让宝宝不致受到伤害。毕竟，尽力地培养宝宝的自信心与好奇心，对宝宝将来的成长是一个非常重要的因素。

当然，你也可以与宝宝一起玩耍，在宝宝自我意识为中心的环境里，尽力体会宝宝的感受，然后用一个较为温和的方式引导宝宝的行为。让他从小就能养成一个健康的心理调节机制。

五、1 岁宝宝发育中的常见问题

怎样保护宝宝的乳牙

乳牙对宝宝的咀嚼、发音、恒牙的正常替换和全身的生长发育有着重要的作用。因此，从宝宝乳牙萌出开始就应特别注意对乳牙的保护，究竟该怎样来保护呢？以下方法仅供参考（参见第 2 篇第 9 章“科学饮食长好牙”）：

宝宝刚刚长牙，要供给适量的营养物质，尤其要多补充蛋白质和钙质，满足乳牙生长所需要的营养。

可给宝宝吃些如苹果、梨、面包干、饼干等既较硬又比较容易消化的食物，既能增加身体发育所需要的营养，又能锻炼牙齿、促进乳牙的生长。同时还可以给宝宝吃点苹果、梨等水果，以有利于牙面的清洁。

尽量少给宝宝吃甜食、零食。即使需要吃，吃完以后也应当立即喂温开水漱口，以免食物残留牙齿上而导致龋齿（虫牙）。

纠正宝宝的不良习惯，比如吸吮手指、在口中含奶或含饭入睡等，尤其不要给宝宝含安抚奶嘴，避免造成宝宝牙齿错位。

宝宝喜欢吃手指，应注意清洗宝宝的手，防止引起口腔感染。

如何让宝宝好好吃饭

宝宝的吃饭问题成为目前爸爸妈妈的普遍难题，在城市中尤为突出。有的宝宝一顿饭要吃很久，甚至有的都要吃上一两个小时，爸爸妈妈在旁边不停地催促、劝饭、逼迫等等；有的宝宝边吃边玩，爸爸妈妈在后边追着喂；有的宝宝需要和爸爸妈妈讲条件，不满足条件就不吃饭；还有的宝宝挑食、偏食等等。这种种现象都是因为从一开始宝宝就没养成良好的饮食习惯所致，不仅严重危害了宝宝的身体健康，而且对宝宝养成快乐、认真的性格也有非常不利的影响。那么，究竟该怎样培养宝宝良好的饮食习惯呢？以下建议仅供参考：（参见第 2 篇第 15 章“几大妙招让宝宝爱上吃饭”）

给宝宝喂食母乳时，让宝宝主动地寻找乳头，妈妈不要主动地把乳头放进宝宝嘴里。

喂奶粉时，要亲切地鼓励宝宝自己用双手捧着奶瓶吸吮，并逐渐离开爸爸或妈妈的扶持。等宝宝再长大些后，喝水、吃饼干这样的事情也同样让宝宝自己拿着往嘴里送，培养宝宝的自主能力和对饮食习惯的正确理解。

1 岁左右的宝宝，即使宝宝还不会自己吃饭，也要让宝宝坐在椅子上和爸爸妈妈一起上桌吃饭。开始时，爸爸妈妈可以一边自己吃，一边喂宝宝，同时引导宝宝自己吃饭。当宝宝抓勺子想自己吃饭时，要积极地给予鼓励、帮助和表扬。

开饭之前，要先给宝宝洗手，大力营造吃饭时的欢快气氛。可亲切地教宝宝背含有吃饭程序、注意事项以及美味的儿歌，让宝宝产生进食的愿望，逐渐培养宝宝独立吃饭的能力。

如何培养宝宝的独立能力

这个阶段的宝宝的动作能力和自我意识的发展都日渐成熟，并且萌发了学习自我服务并为爸爸妈妈服务的愿望和兴趣。这正是培养宝宝独立生活能力的最佳时机。独立能力包括哪些内容呢？主要包括生活卫生习惯、动作能力、吃饭穿衣、吃喝拉撒等，像吃饭穿衣、吃喝拉撒可以在生活卫生习惯中涉及一点，此处不再赘述（参见第2篇第15章“不要纵容宝宝的不良习惯”）。在这里我们主要研究一下该怎样培养宝宝的生活习惯能力和动作能力。

生活卫生习惯能力的培养

训练方法

爸爸妈妈可利用一些日常活动或游戏对宝宝进行训练，比如宝宝的吃饭穿衣、吃喝拉撒能力的培养，爸爸妈妈可以参考，而穿衣及护理，则可以通过玩让宝宝配合爸爸妈妈穿衣的游戏或是让宝宝给布娃娃穿衣的游戏来进行最原始的穿衣能力训练，在这个过程中，爸爸妈妈只是起到示范作用，大多数时间还是要让宝宝掌握主动权，训练宝宝独立动手的能力。

训练目标

及时培养宝宝有规律生活卫生习惯和独立能力，不仅能促进宝宝动作技能的快速发育，还能增强宝宝的独立性、自信心，让宝宝保持愉快的心情。养成良好的生活习惯和独立能力，将会让宝宝受益终生。

大动作能力的训练

训练方法

宝宝一周岁了，动作能力发育的意见相对较好了，只不过还不是很完善，因此爸爸妈妈需要对宝宝的动作能力再进行训练，以下方法仅供参考：

走路训练　爸爸妈妈可以拉着宝宝的手，让宝宝试探着走路，不过，拉着手走路只能让宝宝学习迈步的能力，等到时机成熟，就要想办法给宝宝提供一个可以让他独立迈步的条件，比如让宝宝扶着婴儿床迈步或者在爸爸妈妈之间来回走，训练宝宝迈步的能力和独立走路的能力等。在训练的过程中，宝宝难免摔跤，不过爸爸妈妈不用担心，只要保证宝宝的头部安全即可，摔跤了说明宝宝已经可以向困难前进了，这样不但能培养宝宝走路的能力，还能训练宝宝坚忍不拔的毅力，经过反复练习，宝宝很快就能学会走路了。

切忌干涉宝宝的自由　让宝宝呆在一个安全、卫生的环境中，让宝宝任意折腾，不要限制他的自由，要利用一切可以利用的机会让宝宝去探索，去发掘。尽可能多地给宝宝自由，为宝宝创造能胜任某一件事情的机会，顺便体验成功的快乐和失败的教训，同时在探索中教育宝宝认识事物，掌握规律。不要害怕宝宝受到伤害而处处干涉宝宝对新事物的探索，这样做实际上是剥夺了宝宝学习的机会和获得经验的机会。这是早期教养中最大的失误。

教宝宝踢球　宝宝的肢体能力已经发展得很不错了，能扶着床栏、凳子、沙发等由蹲着慢慢到站稳，爸爸妈妈可在距离宝宝的脚大约 3 ～ 5 厘米处放一个足球，让宝宝学习踢球。宝宝在踢球的过程中，就会跑来跑去，这样既能锻炼宝宝大脑的平衡能力，还能促进宝宝的肢体协调能力，也为宝宝尽快学会走路奠定了良好的基础，同时还为宝宝的大脑空间建立了立体形象思维——“球形”。

蹦蹦跳跳训练平衡能力　爸爸妈妈可以喊着口令做双脚轻轻跳的示范动作让宝宝跟着模仿。宝宝借助双手的支撑力量，模仿着用两脚踮动，这时爸爸妈妈要鼓励并喊着口令。反复几次后，只要爸爸妈妈一喊口令，宝宝就会随声踮动双脚，其实这也是一种反射效应。这对宝宝控制身体的平衡能力，培养勇敢和坚强的品格很重要。

训练目标

以上方法主要是让宝宝锻炼大动作的常见方式，爸爸妈妈还可以采取其他方法帮助宝宝锻炼大动作能力，但必须是科学合理的游戏。训练宝宝做这些活动的目标就是让宝宝很快掌握这个年龄段应该掌握的基本动作，让宝宝的智能得到平衡发展。

精细动作同样重要

训练方法

训练这个时期宝宝的精细动作能力，主要是依靠玩游戏来让宝宝得到锻炼，在这里推荐以下游戏：

拿起、放下小玩具　宝宝的精细动作就是一些很细微却很重要的动作，比如放下、拿起来等，在训练这些动作的时候，可以准备一些布娃娃或者其他比较好玩又比较安全的玩具，放进纸箱子里面，然后再拿出来，做一个动作，就用言语把这个动作直接表述出来，让宝宝看到和听到，即边做边说“放进去”、“拿出来”，然后让宝宝跟着模仿。这样不仅促进了宝宝肢体的协调能力，而且还增强了宝宝的认知能力。每天练习 1 ～ 2 次即可。

塑料套环促进手的精细动作发育　使用塑料套杯或套碗，让宝宝模仿爸爸或妈妈一个一个套，以促进宝宝手的精细动作的发展和空间感知觉能力的发展。当然也可以拿一只带盖的塑料茶杯放在宝宝面前，向宝宝示范打开盖、合上盖的动作，然后让宝宝练习只用大拇指与食指将杯盖掀起、再盖上的动作。反复练习，对宝宝手的精细动作的发展很有益。

训练目标

训练宝宝手部的精细动作，促进宝宝的心智发展。

宝宝喜欢看电视怎么办

从辩证法来说，任何任何事物都有它利弊的两面性，只是我们需要做利大于弊的事情。看电视也不一定就是坏事，只不过违背了宝宝正常的自然认知能力发育的规律。所以说，宝宝每天看电视的时间不要超过 15 分钟，时间过长会带来不利的影响，这种不利的影响主要表现在以下三个方面：

对宝宝正处于发育期的眼部神经造成伤害。

对宝宝学习能力造成不良影响。

研究人员发现，如果不考虑智力能力和社会背景因素的影响，每周末看电视超过 2 小时的宝宝比其他的宝宝升入大学的几率要低。还有专家称，这与宝宝自己的辨别能力无关。不论宝宝是否聪明，只要他们在电视前面耗费太多的时间，对他们都是有害的，且害远远大于利的存在。因此，可以得出结论：如果宝宝长时间地观看电视节目，会导致宝宝智力下降，即使是天才宝宝也不例外。

看电视会让宝宝语言发展迟缓，进而导致宝宝的社交能力落后，甚至更严重的则可能导致自闭症。

日本儿童科学会调查显示，长时间观看电视的宝宝相对于很少看电视的宝宝来说，语言能力会受到很大影响——发育迟缓。因为宝宝长时间看电视，大部分时间呆在电视机旁，缺乏社交机会和社交经验，于是，宝宝就会形成内向的性格，甚至不会与人交流，从而导致宝宝出现自闭症。

此外，同一调查也发现，如果爸爸妈妈能陪伴宝宝收看电视节目，并且适时穿插对话，十分有助于宝宝的语言理解能力和运动发育潜能。因此，爸爸妈妈应当与宝宝一起观看电视，不要让电视成为宝宝的“电子保姆”。

和宝宝说话使用儿化语好吗

爸爸妈妈使用儿化语和宝宝说话的时候，一定要注意语速，既要缓慢又要清晰，词义要简单，这样才能帮助宝宝理解爸爸妈妈的语意。爸爸妈妈在跟宝宝说话时，会自动使用儿化语，任何爸爸妈妈不经过学习都会使用儿化语跟宝宝对话。而爸爸妈妈不自觉地跟随宝宝一起说儿化语，则是因为爸爸妈妈认为宝宝太小，不能理解自己的话，所以尽可能地使用儿化语来和宝宝交流。

说儿化语是宝宝语言发展过程中的必经过程，也是宝宝语言能力低下的表现。特别喜欢说重叠的字音或者用象声词代替事物的名称，主要是因为宝宝的大脑发育尚不成熟，发声器官还缺乏锻炼的缘故。假如重复前一个音节，属于同一音节的话比较容易发出。如果发出不同的两三个音节，发声器官的部位（舌、唇等）就要做相应的变化，这对于刚学说话的宝宝来说，还是相当有难度的。

儿化语的优缺点

优点

与宝宝平等相处，尊重宝宝，有利于培养宝宝的自信心。

更容易和宝宝交流。

重点突出名词和动词，有利于宝宝将词语和实物联系起来，对周围环境进行分化。同时也能增加宝宝的词汇量。

缺点

使用儿化语和宝宝进行语言交流，这就意味着宝宝需要学会类似“两种语言的语言符号系统”，肯定会给宝宝带来很大压力，消耗宝宝的精力。同时，宝宝对之前儿化语的掌握，将阻碍宝宝以后正规语言的学习。而且很可能会导致宝宝说话比较晚，当然这个话是指规范性语言。

常常使用儿化语，将会很大程度上影响宝宝的智力发育和性格发展。宝宝大脑发育较快，求知欲很强，假如宝宝总是使用他们习惯的儿化语说话，对规范性语言的学习潜力将被掩埋，这是非常严重的事情，请爸爸妈妈多多注意。

经常和宝宝使用儿化语交流，宝宝会发现爸爸妈妈之间说话和自己与爸爸妈妈之间说话使用的语言不一样，基于宝宝的感知能力，宝宝可能会觉得自卑，容易造成宝宝内向甚至自闭症等心理疾病。

规范化语言的优缺点

优点

使用规范化语言，不仅有利于宝宝的语言发展，而且还能帮助宝宝顺利完成语法结构的学习。

可以促进宝宝认知能力的发展，逻辑性结构的语言对宝宝的思维能力也有很大作用，比如说“因为……所以，虽然……但是”这样的句子中含有一定的逻辑意义，帮助宝宝以后认知事物或者问题，培养出很清晰的逻辑思维能力。

规范化语言更能促进宝宝的社交能力。说话清晰，语言表达能力较强的宝宝才能在社交活动中脱颖而出。

缺点

规范化语言比较正式，学习起来有一定困难，有可能会导致宝宝与人交流困难的情况出现。

跟宝宝说话应该使用儿化语言还是规范性语言

和宝宝说话，无论是使用规范性语言还是儿化语，都各有弊端。总的比较起来用儿化语言还是比较好的。

所谓儿化语（儿童导向语言）就是指专门说给宝宝听的语言。语言的内容和形式都需要适应宝宝的语言能力和认知能力，考虑到宝宝的理解和接受能力的差异，爸爸妈妈在了解宝宝当前的语言水平和认知能力的基础上，和宝宝进行交流时，应当以略高于宝宝水平的语法、语义和语言内容与之进行交谈。儿化语可以是对宝宝语言的重复、扩充和评价，还可以是宝宝能理解或经过解释能够理解的规范的语言形式。

随着宝宝逐渐长大和语言能力的提高，儿化语在内容和形式上都会逐渐改变。而且这和宝宝言语发展水平相比带有“提前性”。比如：当宝宝处于咿呀学语时，爸爸妈妈就可以用电报式语句和宝宝交谈，当宝宝会说话时，爸爸妈妈还可以使用较为复杂的语句，这种“提前性”推动了宝宝言语从低级向高级水平的发展，宝宝的语言表达能力从字到词到句子，循序渐进，让宝宝的语言理解、表达能力不断得到提升。

根据儿化语的“提前性”特征，关于跟宝宝进行语言交流究竟该使用何种语言更科学合理，特提供以下建议供爸爸妈妈参考：

尽可能地少用或者不用儿化语。

和宝宝说话时，要使用完整的句子，切忌不能拆分，否则会对宝宝以后语言能力的发育造成很大的障碍。如果爸爸妈妈觉得宝宝很小，可能对长句子的理解有困难，那么爸爸妈妈可以多重复几次，尽量保证使用的句式长度或难度略高于宝宝的理解能力。

规范化语言的使用很重要，不要模仿宝宝说话。此时宝宝的语言表达能力是极其有限的，例如宝宝口渴的时候，可能他会说一些儿化语，像“喝水水”等等，这些不规范的儿化语主要是宝宝语言能力尚未成熟造成的。如果妈妈在表达同样意思也是用同样语言的时候，就会让宝宝以为他的表达是正确的，进而强化宝宝的儿化语的发展，对以后规范变化语言的发展带来不利后果。

尽量减少肢体言语的使用，多使用口头语言表达意思。如果宝宝不能理解的时候，爸爸妈妈可以适当地辅以肢体动作给宝宝做一说明。

智力低下的宝宝有哪些表现

宝宝在出生初期，都会在不同方面遇到各种困难，有的困难是宝宝正常的生理反应，有的困难则是宝宝智力低下的具体体现，只不过对于没有经验的爸爸妈妈来说，想要区分清楚却是很难的，因此，为了宝宝的健康成长特做以下归纳，主要归纳宝宝在新生儿期智力低下的问题特征和具体体现，以供参考：

面容、体态异常

有些先天性智力低下的宝宝在面容体态上表现的很不正常。比如先天愚型宝宝就有眼距过宽、双眼斜吊、塌鼻梁、舌头常伸在嘴外边、流口水等表现特征，就是人们常说的“国际脸”。患脑积水的宝宝头围特别大，头畸形的宝宝头颅又特别小。甲状腺功能低下的宝宝身材特别矮小，苯丙酮尿症的皮肤异常白，毛发颜色特别浅等，都是宝宝体态异常的表现，当出现这些异常状况时，爸爸妈妈也不要惊慌失措，应当镇定下来，仔细检查或者及时就医。

吃奶困难

主要出现在新生宝宝时期。智力低下的宝宝最早表现出来的症状往往就是吃奶困难，不会吸吮。而且特别容易吐奶，表示神经系统有损伤，日后宝宝的智力会受到影响。

语言迟滞

正常宝宝在 7 ~ 8 个月时就能模仿声音；一岁左右差不多会叫爸爸妈妈；一岁半会说十来个字；能听懂简单的指令；2 岁左右会问简单问题；3 岁左右能基本表达自己的思想。凡是宝宝以上的表现落后 4 ~ 5 个月，更甚至落后 1 ~ 2 年才有这些表现的，都应看作是智力落后的信号，同时语言能力应相对迟滞。

动作能力不佳

智力低下的宝宝比正常宝宝运动发育明显迟缓。俯卧抬头、坐、站、走等动作的起始年龄都晚于正常同龄宝宝。尤其在走路上会表现得更明显，往往要 3 ~ 4 岁或 4 ~ 5 岁才会自己走，而且走不稳。

尿味异常

很多智力落后宝宝的尿有异常气味，如苯丙酮尿症患儿就有明显的尿味异常，应及时就医。

视听能力较差

视听能力较差主要表现有：深度近视、远视、散光、全聋、弱听等，这些看似并不严重的症状对宝宝的智能发育也会造成很大影响。因为视听能力是宝宝与外界交流的重要渠道，特别是眼睛更会影响智力，因为眼睛是心灵的窗口，对宝宝日后的智能发育会造成严重的后果和阻碍。

对周围的一切置若罔闻

正常宝宝出生后不久，对环境中的人、事就开始表现的很感兴趣，只要宝宝没睡觉，小家伙总要东张西望。可是智力迟滞的宝宝却对环境表现得十分冷淡。出生后1～2个月时还不会与爸爸妈妈用眼睛对视，逗笑时也不会笑。整天表现得非常安静，很少哭闹。这类宝宝往往因为其过分安静而受到表扬，一般很容易被忽视他的智力问题，所以在这些方面爸爸妈妈万不可大意。

可能是多动症

和过于安静的宝宝相反，多动也可能是智力落后宝宝的一个特点。很多智力低下的宝宝不能安静地呆住一会儿，时时刻刻都在活动，特别明显地表现在4～5岁的宝宝身上。这种多动与正常宝宝的活泼、淘气不同，仅仅是不具备目的且不可抑制的兴奋，碰到什么就踢什么，甚至碰倒椅子和凳子，也不会扶起来。

注意力很难集中

智力落后的宝宝目光散乱，很难集中。这类宝宝比正常宝宝注意力集中时间明显缩短。甚至到5～6岁左右，集中注意某样东西的时间也不超过5～6分钟。甚至很少关注外界，之生活在自己的世界里。

为什么会生出智能低下的宝宝

从妈妈辛苦的十月怀胎到宝宝呱呱坠地起，全家人无不沉浸在高兴地喜悦之中，但是在宝宝出生后不久，却发现宝宝在某些方面表现得很不正常，给人一种智能低下的感觉。经过及时就诊，宝宝确实是智力落后。全家人又从无比的喜悦变得万分沉痛，而且可能还会把矛头指向本来就已经很伤心的妈妈，为什么宝宝会智力落后呢？主要有以下原因：

缺陷的基因

假如是染色体显性遗传，那么爸爸妈妈一方有智力问题，则宝宝智力不良出现的机率是1/2；若是常染色体隐形遗传，爸爸妈妈外表看上去很正常，如果已生出一个智力落后的宝宝，那么，以后再生的宝宝出现智力落后的可能性是1/4。所以，这里有一个出生智障机率的问题，并不是爸爸妈妈智力落后，其宝宝就一定是智力落后的。

异常的染色体

因染色体异常而造成发育障碍的宝宝很多，多数宝宝的智力都有问题，最为典型是为唐氏综合征的宝宝。唐氏综合征的宝宝是第21对染色体不正常，这类宝宝发育迟缓、智力低下，并呈现眼距宽、塌鼻梁的特殊面容。

遗传酶代谢出现障碍

因为酶代谢障碍而影响智力的疾病有许多种，最常见的要说是苯丙酮尿症，它是一种氨基酸代谢异常的常见疾病。患这种症状的宝宝肝脏缺乏一种酶，不能起到有效的化学反应，阻碍苯丙氨酸氧化成酪氨酸，只能从尿液中排出，形成苯丙酮尿。大量苯丙酮酸和酮酸，对正在迅速发育的宝宝的神经系统有不同程度的损害，导致智力落后。

近亲结婚

众所周知近亲结婚就是某人和直系亲属或三代以内旁系亲属结婚，在一般情况下爸爸妈妈单独携带某一种异常基因，并不一定会对宝宝产生严重的影响。但是如果爸爸妈妈都带有同一种致病基因，对宝宝就会有明显不良的遗传基因。

药物导致

孕妇生病，自行服药时必须慎重，因为许多药物能够通过血液进入胎盘，影响宝宝的健康，甚至导致宝宝智力低下。所以孕妇如果生病必须去医院就医，遵医嘱服药，切不可自行滥用药物，否则会对宝宝造成严重影响，甚至会对孕妇身体造成更大影响，可能导致孕妇不能再生育的情况出现等不可挽回的严重后果。

病菌感染

这类病菌、病毒感染主要是指巨细胞病毒、单纯疱疹病毒、风疹病毒感染等，特别是风疹病毒，在妈妈怀孕期间感染得越早，对宝宝的致畸影响就越大。

准妈妈的情绪

准妈妈的情绪对宝宝的健康成长非常重要。研究发现，准妈妈长期精神压抑，体内会产生异常的生物化学反应，会致使宝宝的神经系统受到伤害，导致发育异常，出生后智力落后与正常宝宝，因此为了宝宝和妈妈的健康，家庭其他成员要做好充分准备，和谐家庭才会让刚出生的宝宝和妈妈更健康。

怀孕期间的不良习惯

准妈妈在怀孕期间酗酒、吸烟等对宝宝的危害非常大。准妈妈酗酒，酒精可通过胎盘进入宝宝体内，影响正在发育中宝宝的大脑神经细胞，导致宝宝慢性酒精中毒；准妈妈吸烟，可使在体内孕育的宝宝受到烟草中有害物质尼古丁等的影响，造成宫内宝宝发育迟缓、早产、低出生体重和窒息等情况，从而影响宝宝的智力发育。

缺氧

这是宝宝出生时影响大脑功能的最重要因素，造成宝宝在出生时发生缺氧的原因有很多种，比如说臀位产、横位产很容易使脐带在骨盆与宝宝的头部之间被挤压，从而断绝来自母体血流供氧量，导致宝宝缺氧，影响大脑功能。

早产和低体重也会影响宝宝的智能

早产宝宝的免疫系统不成熟、抵抗力差，新生宝宝很容易患病，最常见的有呼吸窘迫综合征、窒息、感染、营养不良等，这些都容易引起宝宝大脑缺氧，使大脑得不到充足的氧气，致使大脑发育受到影响，从而进一步导致智力低下。

新生宝宝的溶血病

溶血病就是一种溶血性贫血，主要因为妈妈和宝宝的血型不合，造成免疫性溶血性黄疸所致。如果不及时给宝宝换血，不但难以存活，就算存活下来智力发育也会受到相当大的损害，导致宝宝智力落后。

脑外伤

因为碰撞、跌坠、交通事故等造成的颅脑损伤，会对宝宝的智力造成明显影响。

各种影响脑细胞的疾病

比如脑炎、脑膜炎、脑肿瘤等，都会

影响脑细胞正常发育，导致宝宝的智力低下。呆小病对神经系统、骨骼等发育影响更大，未经治疗的宝宝常在婴幼儿时期就出现智力低下和体格生长发育落后的症状；高烧、抽风、癫痫是直接损伤脑细胞的疾病，因此在这些疾病预防方面，爸爸妈妈要格外注意。

宝宝使用学步车要注意什么

这个阶段的宝宝开始蹒跚学步。由此宝宝开始走向更大的空间，逐渐变得好动、活泼，甚至不知疲倦。宝宝不用他人的帮助，可以踏进自己喜欢的地域一探究竟，从而获取丰富经验。

宝宝刚刚学步，有的爸爸妈妈在不得已时为宝宝选择了学步车，学步车确实为宝宝和爸爸妈妈带来许多便捷，但是使用学步车也存在很多问题，需要爸爸妈妈格外注意，那么，宝宝使用学步车需要注意哪些问题呢？

学步车整体要安全

卫生：防止病从口入，凡是宝宝能够触摸到的地方，都要保证清洁卫生。

牢固：在使用之前，要检查车子的各部位零件是否牢固，避免在使用过程中因发生碰撞而导致车体损坏或者车轮脱落等事故出现。

此外，学步车的高度要与宝宝的身高适应。车轮要具有一定的防滑性。

保证宝宝学步的环境没有安全隐患

宝宝学步时无处不去，只要是力所能及，但如果是危险的地方应当用隔离板隔开，避免意外发生。

地面不能太滑，还要保证平坦。因为宝宝的腿部已经很有力量，一旦速度加快，宝宝控制不住的，碰到物体上会伤着宝宝。

宝宝学步的环境中不能存在带棱角的物体，也不能存在较小的物体，防止宝宝把小物体塞到嘴里或卡到喉咙里。

爸爸妈妈自身的注意事项

不要对学步车产生依赖，认为学步车就是“保姆”，自己可以抽出时间来做另外的事情，其实这样做完全是错误的。宝宝学步期间，对学步车还没有掌控能力，不能像汽车司机那样驾驭自如，随时都有可能出现意外，因此爸爸妈妈要时刻看护着宝宝。另外，宝宝学步的时间不宜过长，因为此时宝宝的骨骼中含钙量较少，胶质较多，骨骼较软，承受力很弱，容易变形。再者，由于宝宝足弓的小肌肉群发育尚未完善，练步时间长容易变成高平足。

学步期间不宜穿过多衣服。

最好在宝宝排尿、便之后再练习，可撤掉尿布，减轻下身负担。

最后强调一点，患有佝偻病的宝宝、过胖的宝宝、低体重的宝宝不要急于学步，如果需要使用学步车，时间宜适当缩短。

影响宝宝成长的因素有哪些

年轻的爸爸妈妈经常会提出这样的问题：我们的宝宝和邻居家的宝宝年龄一样大，但就是没有人家宝宝长得高，也没有人家宝宝长得胖，是不是缺少什么营养？

宝宝的生长发育虽然有一定规律，但是在一定范围内会受到各种各样因素的影响，宝宝因各自的体质等不同也会存在相当大的差异。许多杂志、报道、书刊中提及的所谓正常值也不是绝对的，要具体情况具体分析，才能正确判断是正常还是异常。同时，还要进行系统的观察和正确引导，才能了解宝宝生长发育的真实情况。

哪些原因会影响宝宝的健康成长呢？

遗传因素。宝宝生长发育的特征、潜力、趋向、限度等都受到爸爸妈妈双方遗传因素的影响。一般来说，高个子爸爸妈妈所生宝宝的身高要比矮个子爸爸妈妈所生的同龄宝宝的身高要高些，而且男宝宝的身高主要取决于爸爸的身高，而女宝宝的身高则主要取决于妈妈的身高。

营养也是影响宝宝生长发育的重要因素之一。充足合理的营养是宝宝生长发育的物质基础，如营养不足则首先会导致宝宝体重不增甚至下降，最终还会影响身高和身体其他各系统的功能，比如神经调节功能、免疫功能、内分泌功能等。而且宝宝年龄越小，受营养的影响也就越大。

疾病对宝宝生长发育的影响也十分明显。急性感染常让宝宝体重不增加反而减轻，慢性感染不仅影响体重还影响宝宝的身高。内分泌疾病（如甲状腺功能减退症）对生长发育的影响更为突出，常引起骨骼生长和神经系统发育迟缓。先天性疾病（如先天愚型）对宝宝体格发育和智力发育都会产生明显影响。

良好的居住环境和卫生条件，如阳光充足、空气新鲜、水源清洁等有利于宝宝生长发育；反之，则会带来不利影响。合理的生活作息、护理、教养、锻炼等对宝宝体格生长和智力发育也起着重要的促进作用。家庭的温暖、爸爸妈妈的关爱以及良好的榜样作用、学校教育和社会教育等，都对宝宝性格和品德的形成、情绪的稳定和社交能力的培养产生深远的影响。

为什么宝宝耳朵后有小疙瘩

有的宝宝的爸爸妈妈可能遇到这样的情况：宝宝的耳后、颈部、颌下、大腿根部等各处有时能摸到一些大小不等的疙瘩，大多为活动性的，很多年轻的爸爸妈妈对此可能忧心忡忡。其实，这些小疙瘩就是淋巴结。因为淋巴组织尤其是淋巴结在一岁以内发育很快，因此，健康的宝宝在身体的表皮组织部位如耳后、颈部、颌下、腋窝、大腿根部（即腹股沟部）等都很可能摸到淋巴结。但这些部位的淋巴结正常一般不超过黄豆粒大小，质地柔软，无痛感，与周围组织不粘在一起。但是爸爸妈妈在摸的时候，不要轻易触及宝宝颏下、锁骨上窝及肘部的淋巴结。

在非正常情况下，可能会发生淋巴结肿大。因为淋巴结能制造血液中的淋巴细胞，并且这些淋巴细胞有防御细菌的作用，所以对淋巴的保护就显得非常重要。身体各部位的淋巴结与附近的器官或组织之间通过通道淋巴管相连，就像身体的“哨所”一样，当临近的组织或器官遭受细菌攻击时，它就能消灭细菌、阻止细菌向外扩散。由此所导致的结果就是这些淋巴结本身就肿大起来，可以用手摸到，并有疼痛感或触痛。所以，可以从淋巴结肿大的部位来推测细菌引起的感染病灶所在的部位。比如颌下淋巴结肿大可能为口腔及咽部发炎所致，头部枕后淋巴结肿大可能为头部、后颈部皮肤发炎。

淋巴系统在一岁以内发育虽然很快，但在早期它的屏障防御功能仍然较差，所以遇有感染就很容易扩散，严重的甚至造成败血症。到一岁末时，淋巴系统发育已相对比较成熟，开始能把入侵的细菌包围于局部的淋巴结中并将其消灭，使感染不致扩散。比如1岁末的宝宝常见扁桃体炎或扁桃体化脓就是淋巴组织使感染局限化的表现(扁桃体也是类似于淋巴结的淋巴组织)。一般淋巴结肿大持续的时间比较长，常常细菌入侵处的感染已经控制，但附近的淋巴结仍可肿大。如果同一部位反复发生感染，可使同一淋巴结反复肿大，其结果可能是感染已经治愈的淋巴结却不会完全恢复正常，甚至会成为终身肿大的一个较硬的疙瘩，这种可触及的淋巴结疙瘩并不表示有感染，也不需要特殊处理。

为什么宝宝会形成八字脚

什么是八字脚呢？就是人体下肢的一种骨骼畸形，八字脚有分为外八字(即“X”形腿)和内八字(即“O”形腿)两种。一般外八字常见于刚刚学走路的宝宝，而内八字则多见于已经会走路的宝宝。

形成宝宝八字脚的主要原因还是宝宝缺钙所致(即维生素D缺乏性佝偻病)，此时宝宝骨骼因钙质沉着减少、软骨增生过度而变软，加之宝宝已开始站立学习走路，下肢骨无法承受身体的重力，于是逐渐弯曲变形，进而形成八字脚。另外，不科学合理的教养方式也很有可能会让宝宝形成八字脚，比如打“蜡烛包”或者过早、过长时间地强迫宝宝站立和行走等，都是导致宝宝形成八字脚的重要原因。

为防止宝宝形成八字脚，首先要避免宝宝缺钙，可以通过多晒太阳和适当服用浓缩鱼肝油等维生素D制剂来预防，假如宝宝已经缺钙，则要到正规的医疗保健机构接受检查和治疗。其次，不要过早或过长时间强迫宝宝完全依靠自己的力量学走路，不要给宝宝打“蜡烛包”。如果已经形成八字脚，则要去正规医院积极治疗，先要积极治疗宝宝缺钙等原发疾病，对外八字可采用按摩大腿内侧肌群进行锻炼；对内八字可采用按摩大腿外侧肌群进行锻炼等加以矫正，也能收到一定的效果。

如何用表情引导周岁的宝宝

爸爸妈妈要注意利用自己的表情正确地引导宝宝，让宝宝在成长的第一年既健康又聪明，而且能根据爸爸妈妈对其表达的感情和态度，改正自己的错误行为，不断提高自身的各项智能发育。

要积极赞扬宝宝正确的行为

比如从宝宝4～5个月开始，爸爸妈妈就要开始训练宝宝把尿。如果宝宝服从爸爸或妈妈把尿的动作，轻松地完成小便，爸爸或妈妈就应该高兴地对宝宝说：“宝宝真乖！”并亲亲宝宝的小脸蛋，宝宝看到爸爸妈妈愉快的表情并听到亲切的赞扬，同时还享受到一个甜甜的亲吻，就能明白爸爸妈妈喜欢他这样做，以后反复的把尿动作，就会让宝宝形成条件反射。以后每当爸爸或妈妈把宝宝抱到把尿动作时，宝宝就知道需要小便了。再比如宝宝把掉在地上的东西捡起来后，爸爸妈妈要以愉快的表情说声：“谢谢！”看到爸爸妈妈的笑脸，宝宝会明白爸爸妈妈喜欢自己这样做，以后再次出现这样的行为，爸爸妈妈仍旧是这样的态度，就会让宝宝的正确行为得到强化。

严厉制止宝宝的错误行为，但不可以暴力相向

有些爸爸妈妈总觉得宝宝太小，非常溺爱，不管宝宝做错了什么事情，爸爸妈妈都不生气，采取听之任之的态度，这样会让宝宝不分是非。时间久了，宝宝就会养成任性的性格，甚至不听话，想干什么就干什么。因此当宝宝无意识地做出某些错误甚至危险的行为时，爸爸妈妈要用严肃的表情和语言进行制止和耐心教导，切不可遇到这种情况就暴力相向，这样不但让宝宝觉得委屈，还会助长宝宝叛逆的心理。

比如宝宝看到发亮的电灯泡要去触摸时，爸爸妈妈要严肃地告诉宝宝："不能拿，这是电灯泡，很危险。"当然宝宝这个时候并知道危险是什么意思，但看到爸爸或妈妈严肃认真的表情，也会明白这个东西是不能摸的。

爸爸带大的宝宝智商就高吗

据美国某大学研究表明：由男性带大的宝宝智商更高，他们在学校里的成绩往往表现得会更好，将来走向社会也更容易成功。爸爸是高山，妈妈是大海，在家庭教育中，爸爸妈妈各有优势，爸爸趋向刚毅，妈妈趋向阴柔。在教育宝宝的问题上必须做到阴阳和合，防止出现"阴盛阳衰"的现象。

有些爸爸把教育的责任推给妈妈，让妈妈管宝宝，自己则图个清闲，其实这样做很不好。假若宝宝心里感到爸爸对他不负责任，有事时也不向爸爸征询意见，爸爸的威信在宝宝心里就会越来越低，直到荡然无存。爸爸妈妈在其他方面可以有分工，但在教育宝宝的问题上要相互配合，慈母严父，阴阳互补，不能把责任完全推给任何一方。爸爸妈妈双方都主动教育宝宝，宝宝才会感到爸爸妈妈对自己很关心，还能促进亲子感情。

有个很有意思的现象，大部分家庭教育咨询来访者基本上都是女性，这就说明，在教育宝宝这个问题上已经出现了"阴阳不协调"的现象。在家庭教育中，以女性为主的占 50%，以男性为主的占 20%，双方相互配合的占 30%。当问及一些男性淡出家庭教育的原因时，有的答：工作太忙，没时间管宝宝；有的说：脾气不好，没法跟宝宝沟通……"养不教，父之过"的古训都被他们忘却了。

作为男人，放弃教育宝宝的责任是一个极大的错误。

缺乏男性教育的宝宝，性格、情感、意志、思维方式的发展等都会受到相当大的影响。为了培养宝宝勇敢、刚毅的性格，爸爸要多与之交流沟通，在家里以爸爸的教育为主。因为宝宝从一出生就经常有妈妈陪伴，虽然爸爸也与之接触，但也总不及妈妈多。因此，在家庭教育中应该以爸爸为主。妈妈的温柔、细致、耐心、体贴和爸爸的豁达胸怀、豪爽性格在教育宝宝的问题上必须做到阴阳和合，相互统一。要改变男性教育的不足、女性教育过剩这种状况，就必须加强男性教育，让宝宝感受到父爱和母爱是均等的。

当然，以上所说并非否认妈妈在宝宝教育中的重要性，妈妈以女性特有的感情细腻、做事认真仔细、性格温柔去影响宝宝，通过讲故事、教唱歌、玩玩具等给予宝宝很多的关怀与呵护，这是非常值得赞美的。然而，缺乏男性教育往往会让宝宝表现出多愁善感、性格柔弱、胆小怕事以及性格孤僻，甚至自卑等特点。

男性教育恰恰弥补了这些不足，也具有不可替代的作用。从教育的方式上看，男性教育往往具有如下特点：

男人的性格倾向于自立、自强，因此会教育宝宝也要自立、自强。

爸爸往往不是对宝宝包办代替，而是鼓励宝宝独立处理问题，因此对宝宝溺爱的成分就比较少。有时宝宝摔倒，并没有哭，可是妈妈却赶紧跑过去把宝宝扶起来，又是拍土，又是揉，硬是把宝宝的眼泪揉出来了。而爸爸往往不是这样，而是让宝宝从哪摔倒就要从哪爬起来，培养宝宝刚毅、自强的性格，从而让宝宝充满自信。

男性喜欢冒险，因此爸爸对宝宝的冒险行为也会适当给予鼓励。

如果宝宝从高台阶往下跳，妈妈往往会严厉批评，担心宝宝的安全，可是爸爸则与之相反，会说："宝宝，真勇敢！"

男性爱运动，喜欢带宝宝去跑步、游泳、攀岩、打球，这无形中锻炼了宝宝坚强的意志力和身体素质。

男性的动手能力比较强，让宝宝劳动不只是扫地、擦桌子，而是和宝宝一起用锤子、刀子等工具去修理东西、制作玩具，培养宝宝多方面的动手能力。

男性的探索精神也比较强，和宝宝在一起往往会搞些探索性的活动。如果宝宝把玩具拆开，妈妈往往会骂他一顿，说宝宝具有破坏倾向。而爸爸却常常不以为然，甚至会和宝宝一起拆玩具，满足宝宝的好奇心，然后再教宝宝把玩具组装好。另外，爸爸对新生事物比较感兴趣，这也会激发宝宝对新事物的兴趣。

男性一般比较爱下棋，常常和宝宝在一起下跳棋、军棋、象棋、围棋等等，可以培养宝宝的逻辑思维能力。

男性的天性都爱玩，因此对宝宝玩泥土、挖沙子往往抱支持态度。英国科学家发现，宝宝太干净对身体并不好，他们的研究结论是"脏"宝宝更健康，当然，这里的"脏"是指具有男人的天性。如果身体太干净，很少接触细菌和病毒，宝宝对突如其来的细菌和病毒的抵抗能力就会很差，因此，男性对宝宝卫生问题的放纵反而有助于宝宝的成长。

男性比较喜欢烈性刺激，如困难、饥饿、劳累等等，男人认为这些是人生必有的经历，宝宝碰到这些困难没有什么了不起，应该让他自己去克服。古语有云："故天将降大任于斯人也，必先苦其心志，劳其筋骨，饿其体肤，空乏其身，行拂乱其所为，所以动心忍性，曾益其所不能。"

实践是检验真理的唯一标准。从实践中获悉，日常生活小事上宝宝往往依赖于妈妈，但是在生活的关键时期、重大问题上则仰仗爸爸。妈妈与宝宝的谈话往往是细致的，而爸爸与宝宝的谈话则具有哲理性。在宝宝的心目中妈妈是水，爸爸是山，山水相依，缺一不可。因此，教育宝宝时，爸爸妈妈都应该负起自己的责任，但在时间上又各有侧重：在宝宝很小时，妈妈应该多负些责任，因为这时候宝宝需要细心的照料；等宝宝长大以后，爸爸应该多教育，这是因为宝宝大了，心理特点有变化，照顾过细反而会让宝宝反感。

六、智能发育水平测试

10个月

分类	项目	测评方法	通过标准
大动作	可以扶着椅子或者推车	让宝宝扶着椅子或者小推车，鼓励宝宝往前迈步走几步	可以迈出3步以上
	可以独自站立片刻	扶着宝宝让其站立后，松开手	可以独自站立2秒以上
精细动作	食指拇指动作熟练	将宝宝抱坐在腿上，将爆米花或维生素放在桌上，鼓励宝宝用手指去捏取	可以熟练地用自己的拇指和食指捏起爆米花或维生素，动作迅速，协调性好
	把一件东西放进另一件东西中	让宝宝将较小的东西放进较大的东西里面。比如让宝宝将玩具放进箱子里	懂得物品的大小分类，可以将小物品放进大容器里面
认知能力	认识新物品（用手指）	让宝宝根据指令将物品指出来	可以根据听到的指示，准确地指出物品所在
言语	会叫“妈妈”、“爸爸”	观察宝宝在叫“爸爸”、“妈妈”的时候是否特意指向自己的爸爸妈妈	叫“妈妈”指的就是妈妈、叫“爸爸”指的就是爸爸
情绪与社会行为	理解“不”	宝宝在拿某样东西的时候，家长跟宝宝说：“不要拿”或者“不许动”，但是不要对着宝宝做手势	宝宝会立刻停止正在拿东西的动作
	懂得命令	吩咐宝宝做三件事，比如将什么东西拿来，坐下来，或者打开什么东西，不要带有手势指示	知道服从家长的指令，并且做出相应的事情

11个月

分类	项目	测评方法	通过标准
大动作	独自站稳	扶着宝宝站稳，将玩具放在宝宝的手里之后松开	可以独自站立10秒
	会扶家具行走	将宝宝领到床边，让宝宝扶着栏杆，用玩具来逗引宝宝	可以扶着家具走3步以上
精细动作	将笔帽套在笔杆上	给宝宝示范如何让笔帽套在笔 杆上，再鼓励宝宝学着做	可以准确地将笔帽套在笔杆上
	将包着积木的纸打开	在宝宝面前用一张纸将积木包起来，再鼓励宝宝寻找积木	主动打开包着积木的纸寻找积木，并将积木取出来
	将书本打开又合上	在宝宝面前，示范将书本打开再合上	会模仿大人的动作将书打开又合上

分类	项目	测评方法	通过标准
认知能力	懂得如何用棍子去够取东西	将玩具放到宝宝看得见、够不着的地方，在宝宝的旁边放上一根棍子，看宝宝是否会动脑筋，用棍子去够玩具	宝宝只要知道利用棍子够玩具就可以了，不一定非要取到玩具不可
	能按照指令指物	让宝宝按照名称的指令，指出物品或图片各三种	可以正确地将大人说出的物品或图片指出来
言语	能有意识地发出除了“爸爸”和“妈妈”以外的词	观察宝宝能否有意识地发出一个音节，并且有特定的意思	会发出一个字音，来表达特定的意思
	自己一个人的时候会嘟囔一些莫名其妙的话	在宝宝安静或者情绪愉快的时候，观察宝宝的自言自语	会讲出大人听不懂的、由两三个字组成的话
情绪与社会行为	会随着音乐做动作，还会跟着一起摇摆身体	放点儿儿歌或音乐给宝宝听，鼓励宝宝随着音乐做出拍手、点头、跺脚等动作	会随着音乐的节奏摇摆，或者做一些简单的动作

12 个月

分类	项目	测评方法	通过标准
大动作	独走几步	让宝宝独自站立，鼓励宝宝在爸爸和妈妈之间走 2 ～ 3 步	可以独自走 2 ～ 3 步
精细动作	会用蜡笔在纸上画	给宝宝示范如何用蜡笔在纸上画出点点和道道	可以用手握住蜡笔，在纸上画出点点和道道
	出点点和道道	询问宝宝：“你几岁了”，要求宝宝竖起手指来回答	知道自己几岁，并且会用手指表示出来了
认知能力	会竖起小食指表示自己已经“1”岁了	给宝宝示范如何将两块积木搭在一样的积木上	可以将 1 ～ 2 块积木搭住不倒
	搭积木 1 ～ 2 块	给宝宝示范如何将盖子盖住瓶口，再鼓励宝宝自己盖	懂得将瓶盖盖到瓶口上，不必拧紧也可以
	会盖瓶盖		
	懂得拉双绳取物	用一米左右的绳子穿过一个空塑料杯子的把手，绳子的两边放在宝宝够得着的地方，再鼓励宝宝把杯子拿过来	懂得同时抓住绳子的两头，将杯子拉到自己这边来
言语	本月无语言测试		
情绪与社会行为	会用点头后摇头来表示同意或反对	观察宝宝在同意和反对时候的不同动作	懂得用点头和摇头来表达自己的意愿了
	别人要东西，知道给了	向宝宝索要手中的玩具或者食物，看宝宝给不给	理解大人言语的意思，知道要将大人索要的东西给出

第 4 章
13 ~ 18 个月宝宝的智能提升

一、认知提升训练

视觉能力发育

眼睛是心灵的窗户，好的视力不但能够让宝宝看到更清晰的世界，还能让宝宝通过视觉学习到更多的东西，获取更多的信息，对宝宝的智能提升有着举足轻重的作用。好的视力能够让宝宝在以后的工作和生活中记得牢、分得清、判得明，让宝宝在科学研究、音乐艺术和经营管理等各个领域取得傲人的成就。但是好的视力并不是天生的，而是靠后天的培养和保护的。

宝宝的视力是需要开发的，可以通过一些视觉游戏锻炼宝宝的视力，让宝宝看得更清晰、更透彻，使宝宝通过眼睛获得的信息更为准确。生理科学研究表明，宝宝最为重要的感知载体就是视觉，视觉可以帮助宝宝获取 80% 以上的信息。因此，想要提升宝宝的视觉能力，促进宝宝的智力发展，就要先了解宝宝的视觉发育到哪个阶段了，然后再有针对性地对宝宝现阶段的视觉能力制定培养方案。

宝宝的视觉发育分为七个阶段（见下表），这七个阶段都是宝宝视觉发育必经的阶段。爸爸妈妈对每个阶段的视觉发育培养都要加以重视，仔细判断宝宝视觉发育的高低程度，再根据当前的具体情况，帮助宝宝制定合理的视觉培养计划，在视觉培养的黄金时期内帮助宝宝提升视觉能力，为日后的智力提升奠定基础。

阶段	年龄	视觉特征
第一阶段	0 ~ 2 个月	对光产生反应
第二阶段	2 ~ 3 个月	能够感应到黑白的差别
第三阶段	4	能够分辨平面物体的轮廓了
第四阶段	4 ~ 5 个月	宝宝有色彩和立体感了
第五阶段	6 ~ 8 个月	能够认识和记忆生活中常见的符号
第六阶段	9 ~ 23 个	能够认识并记忆文字
第七阶段	24 个月起	宝宝开始进入阅读，并能够理解阅读的内容

在视觉发育阶段提高宝宝视力的游戏训练

宝宝已经一周半了，在纷繁多样的世界里，宝宝就像一张白纸一样，等待着被描绘、被书写。爸爸妈妈都希望自己的宝宝能够被渲染出丰富多彩的图画，这也是一个可以实现的愿望。宝宝是否聪明，是否快乐地成长，取决于父母是否采取了科学合理的培养方式。如果适应了宝宝的成长，就可以让宝宝越发地伶俐，越发地“多姿多彩”起来，爸爸妈妈望子成龙、望女成凤的愿望也就可以实现了。但是，到底什么才是科学合理的培养方案呢？

每个宝宝的体质和智能发育不同，也就造成了同一月龄不同发育水平宝宝的差异。以下就为爸爸妈妈推荐一些可以促进宝宝视力发育的大众化游戏，让宝宝边玩边提升视力，还能够促进其智能的开发。

第一种游戏

名称：这是什么颜色

适合年龄：13 ～ 18 个月

所需工具：蓝、绿、红、黄等颜色的纸片各几张、纸盒一个。

游戏步骤：

妈妈引导宝宝认识纸片的颜色：“宝贝，今天咱们来一起认识几种颜色。你看噢，这个是蓝色，这个是绿色，这个是红色，还有这个是黄色。”

妈妈将准备好的各种颜色的纸片放在纸盒子里。

跟宝宝说各种纸片对应的颜色之后，妈妈从纸盒子里随便取出一张纸片，引导宝宝说出这是什么颜色。或者妈妈说出某种颜色的名称，让宝宝自己从纸盒子里寻找相应的颜色。

游戏作用：这个游戏可以帮助宝宝提高语言理解能力、语言表达能力和颜色认知能力。

提示：

纸盒子可以用家里用过的月饼盒、饼干盒或面纸盒，纸片可以用糖果纸、色纸，实在没有，可以从杂志或者广告宣传纸上剪出大小相同的纸片，还可以用彩色笔直接涂在白纸上，再裁剪成大小相同的纸片即可。

在跟宝宝游戏的过程中，要多多鼓励宝宝，当妈妈问宝宝“这个纸片是什么颜色的呢？”的时候，如果宝宝回答对了，就要立刻表扬宝宝：“回答对了，宝宝好聪明噢！”如果宝宝回答不出来，或者回答错误，妈妈就要主动将纸片的颜色说出来：“宝贝，这个是绿色的，记住了。”还要鼓励宝宝跟着念：“绿色。”

游戏要循序渐进，刚开始的时候可以先用两种颜色引导宝宝，等宝宝认识得差不多之后，再适当地增加游戏的难度，从两种颜色增加到三种、四种。在给宝宝选择或裁剪纸片的时候，最好选择一些基本色调的纸片，如蓝、绿、红、黄等颜色。

第二种游戏

名称：认识宝宝的小手小脚

适合年龄：13 ～ 18 个月

所需工具：用范晓萱的《健康操》来作为游戏的背景音乐。

游戏步骤：

妈妈和宝宝可以坐在床上或者坐在地毯上。

妈妈先将自己的双手举起来，然后前臂，再询问宝宝：“宝贝啊，妈妈的手跑到哪里去了？”同时将自己的手在宝宝面前绕一绕，再让宝宝模仿妈妈的手臂动作，让宝宝知道哪里是手。

妈妈将自己的脚伸直，放在正前方，等宝宝注意力集中之后，再将自己的脚随便动一动，询问宝宝：“宝贝啊，妈妈的脚跑到哪里去了？”接着动动脚提示宝宝，再让宝宝跟着妈妈的动作动动脚，知道哪里是脚。

等到宝宝已经会自己“动手动脚”之后，妈妈可以放出《健康歌》来和宝宝一起“抖抖手呀，抖抖脚呀……”，跟宝宝一起做运动。在做的时候，要注意引导宝宝跟着妈妈一起做出各种动作，宝宝还未理解的其他音乐内容可以让宝宝自由摇摆身体，舒缓身心。

游戏作用：这个游戏可以帮助宝宝认识自己的手和脚等身体部位，通过适当的动作，还可以帮助宝宝的智力发展。此外，这个游戏还可以增强宝宝对情境的认知能力和反应能力，学会用动作进行沟通。

提示：12 ~ 18 个月大的宝宝，理解能力和语言辨别能力有了较高的发展，已经可以通过简单的动作和词语做出相应的反应。也可以模仿大人发出的简单音节，发出一些有意义或无意义的声音了。这个时候，爸爸妈妈要特别注意对宝宝的指导，帮助宝宝将一些物品和动作与声音联系起来。在这个过程中，宝宝可以学习动作或物品的名字。如果宝宝在这个游戏中能够听到声音后做出相应的动作和反应，就说明宝宝的语言理解能力已经培养起来了。

第三种游戏

游戏名称：扮作小动物的游戏

适合年龄：12 ~ 18 个月

游戏步骤：

妈妈和宝宝可以坐在地上，然后妈妈对宝宝说：“宝贝呀，小狗很可爱噢，我们一起来学小狗走路，好不好呀？”等宝宝的好奇心被勾起之后，妈妈就可以四肢着地学小狗狗走路的样子，并且引导宝宝跟着妈妈一起做。

妈妈给宝宝示范小狗的“汪汪”叫声，让宝宝跟着一起学习发音。

妈妈跟宝宝维持四肢爬行的动作，从这一头爬到另一头。为了提高宝宝的积极性，还可以跟宝宝比赛到底谁爬得快。

游戏作用：这个游戏可以有效提高宝宝的视觉追逐能力和专注力，还可以增强宝宝的情境理解能力，促进宝宝动作协调能力的发展，让宝宝的创造力和想象力随着对动物的认知得到提高。

提示：

从坐着的姿势转换到四肢着地爬行的姿势，可以很好地锻炼宝宝的动作协调能力。如果宝宝暂时还无法完成这些动作，妈妈可以在一旁给予帮助，并且要对宝宝的进步给予及时的鼓励，以提高宝宝的积极性。

扮作小动物的游戏，可以通过模仿动物的声音和动作，让宝宝的身体运动机能获得较快的提升，还可以增加宝宝对动物的认知，从而提高理解能力。

小贴士

除了小狗之外，爸爸妈妈还可以教给宝宝不同动物的叫声和动作，比如小鸡（双手放胯边，唧唧叫）、小青蛙（模仿“呱呱呱”的声音和蛙跳动作）、小鱼（双手握在一起，往前波浪前行，模仿鱼游的动作）等等，以加强宝宝对各种动物的认知。

宝宝认识事物一般是通过六种渠道，即认识事物的名称、外观、类别、特性、属性以及和其他事物的联系，所以，爸爸妈妈要针对这些要素，锻炼宝宝的视觉（带领宝宝观察事物的大小、颜色和形状）、听觉（让宝宝听各种不同的声音）、触觉（让宝宝抚摸不同的事物）、嗅觉（让宝宝闻菜香、花香等等）、味觉（给宝宝吃一些不同味道的食物），这些都可以帮助宝宝提高认识事物的能力，还可以增强宝宝的理解能力和协调能力。

宝宝记忆力大增

这个阶段的宝宝，记忆能力日渐增强，在宝宝的综合智能发展中起到了巨大的推动作用，不论是模仿能力、语言能力或者想象能力都随着记忆能力的提升而有较大的发展。小家伙对事物的记忆更快了，保存的时间也更长了。比如，这个时候让宝宝回忆昨天妈妈带宝宝去做了什么，玩了什么游戏，吃了什么东西，宝宝都能够想得起来。这种记忆能力让宝宝逐渐具备了从众多的现象中总结归纳出事物基本概念的能力，而这种归纳和抽象的思维能力对宝宝建立与世界的联系起着至关重要的作用。

想要促进宝宝记忆力的发展，可以采取以下几种方法：

拿一些画册或者故事书，给宝宝反复朗读，念故事。

挑选宝宝喜欢的歌曲，带领宝宝跟着音乐一起哼唱。

在跟宝宝说话的时候，带领宝宝回忆经历过的有趣的事情。

在说话的时候，看着宝宝的眼睛，称呼宝宝的名字，与宝宝进行目光交流等等，这些方法都有助于宝宝记忆能力的提升。

宝宝开始连词成句

宝宝在 13 ～ 18 个月期间，懂得的词汇量也在迅速增加。刚满周岁的时候，宝宝还只能说出一两个模糊的单词，但是到了 1 岁半，宝宝已经能够说出 50 个左右的词语了，并且随着月龄的增加，语言能力也在不断发展。

1 岁半之后，宝宝已经能够将词语连成句子了，并且理解能力也在逐步发展，甚至远远超出自己的语言表达能力。比如妈妈跟宝宝说“买菜去”，宝宝就会去拿小篮子。宝宝快接近两周岁的时候，就可以听懂一些简单的指令了，比如妈妈跟宝宝说：“宝贝，把妈妈的鞋子拿过来”，宝宝就会听从指令，将鞋子拿过来。

这个时期，想要促进宝宝语言能力的发展，方法主要有：爸爸妈妈可以在宝宝面前连续地跟宝宝叙述今天做了哪些事情，宝宝有哪些收获，让宝宝在听的同时，积累大量的词汇，给宝宝积累丰富的语言资料，以便于宝宝自身语言的发展。

宝宝对数量有所知晓

在一岁半的时候，宝宝已经能够区分出“多”与“少”的概念了，对数词与数量有了一些基本的概念。到了两岁的时候，宝宝能够区别出少与多，能够明白 1 指的是“一”个物体，而 2、3 等则是表示数量不等的多个个体，但是真正的计数能力还要等到更大一些才能学会。

这个阶段促进宝宝识数能力的主要方法有：

爸爸妈妈在准备正餐的时候，可以让宝宝帮忙一起摆桌子，给宝宝数出几个汤匙（铁质的或塑料的），让宝宝在摆的时候能够记得几个。

在给宝宝穿衣服的时候，可以跟宝宝一起数衣服上的纽扣，扣一颗数一下，以增加宝宝对数字的敏感性。

在给宝宝吃零食的时候，比如糖果，可以给一颗数一颗，使用一些数词来培养宝宝的数字概念。此外，还可以适当地用一些简单的形容词，比如“很少”“许多”等，让宝宝对数字的多寡有基本的认识。

宝宝察觉到空间关系

如果将积木给 1 岁的宝宝玩，宝宝可能会将积木扔来扔去，或者敲打着玩儿。但是如果给 1 岁半以后的宝宝玩积木，宝宝有了空间关系的意识，就可以在大人的指导下，理解积木的玩法。等两岁的时候，宝宝已经会将两块积木搭在一起，还会根据积木的形状，将契合的积木放在一起，或者进行叠堆了。这就说明宝宝已经具备了初步的空间关系意识。

在这一阶段，想要提升宝宝对空间关系的认知能力，主要方法有：

爸爸妈妈可以指导宝宝，用各种方式体验自己身体在空间中的移动，让宝宝有清楚的“上面”、“中间”和“下面”的概念，让宝宝了解各种空间方位所指向的名词的含义。

爸爸妈妈还可以给宝宝提供一些填塞物品和容器，指导宝宝把填塞物往容器里面装，再将填塞物倒出来。还可以给宝宝准备一些简单的积木，只有两三块的那种，让宝宝自由拼接，以提升宝宝对形状和空间的认知能力。

宝宝注意到事物的异同

对于一岁的宝宝来讲，会“汪汪汪”叫的小狗跟会“喵喵喵”叫的小猫，看起来没有什么区别。但是在宝宝两岁的时候，就能够清楚地辨别小猫跟小狗的差异，或者小轿车和公交车有什么差异。在这个阶段，宝宝已经能够根据物品的不同用途来给物品配对了，比如碗和勺子放在一起，茶壶和茶杯放在一起等等，这些都说明了宝宝的认知能力在不断地提升。宝宝已经意识到周围物品的不同功用，还会根据用途来分类，说明宝宝已经理解了物品之间的相互联系。

这一时期，想要提高宝宝分辨事物能力，主要方法有：平常在跟宝宝说话的时候，尽量将物品的名称讲给宝宝听，可以适当地重复，让宝宝知道这个东西是用来做什么的。爸爸妈妈还可以跟宝宝一起收拾玩具，引导宝宝根据玩具的不同颜色、不同形状和不同用途来进行分类。刚开始的时候，宝宝可能还无法自己一个人完成，但是宝宝会渐渐理解父母说的话，从而学会分辨哪些是应该放在一起的，哪些又是不同种类的。这个时候，宝宝的分辨能力就会被逐渐培养起来。

二、语言提升训练

语言特点

13 ~ 18 个月的宝宝已经处在理解语言和模仿语言的表达阶段，在这个时间内，宝宝的语言发育有着明显的特点：

没有意义的发声次数明显减少，可以发出大量不同音节的声音。

可以不通过模仿大人而说出一些具有实际意义的字词，这表示宝宝的口语能力真正开始发展。比如，当宝宝想要吃糖的时候，他会跟妈妈说：“糖，糖。”比如说爸爸下班回来了，他就一边叫着“爸爸”，一边向爸爸跑过去。

这一阶段，宝宝对语言的理解能力也明显增强，已经可以理解一些比较复杂的语言。等宝宝到了一岁半，一些比较复杂的故事也可以听得懂了。

这一时期，宝宝说的话常常是“一语双关”的，比如他说“妈妈”，有可能是要妈妈抱，或者要妈妈给东西吃。他们会将不会表达的语言省略，而以词语代替句子，这时候就要考验家长对宝宝的理解和亲子之间的默契了。

训练的重点和方法

继续用短语或者词语跟宝宝进行交流

这个月龄的宝宝正处于从语言模仿到使用语言进行表达的关键期，因此，爸爸妈妈在跟宝宝交流的时候，要继续使用短语或者词语。尤其要注意将动作和语言结合起来，比如说要带宝宝去逛街，就要跟宝宝说：“宝贝，我们现在出门逛逛噢。”爸爸妈妈下班回来，要跟宝宝说：“宝贝，妈妈（爸爸）下班回来了。”等等。

教宝宝讲出各种事物的名称

在日常生活中，不管遇到什么事物，要随时教给宝宝这个事物的名称，这也是教宝宝说话最基本的方法。事物名称在宝宝耳朵里出现的次数越频繁，宝宝就越能将事物和名词对应起来。比如说“勺子”、“米饭”、“星星”、“月亮”、“车子”等等。

教宝宝学会询问语句

在培养宝宝语言能力的时候，要教会宝宝使用“这是什么”或者“那是什么”的语句。因为如果宝宝已经学会了一些词，就会产生较强的好奇心，有时候不知道怎么表达自己的疑问，就可以让宝宝用询问的句子表达出来，以求妈妈的解答。比如宝宝看到汽车，不知道那是什么，就可以问妈妈：“那是什么？”这个时候，妈妈就可以适当地教给宝宝，以加深宝宝的印象。

教宝宝使用一些简单的句子

宝宝刚开始学说话的时候，首先是从说简单的句子开始的。所以爸爸妈妈在跟宝宝相处的时候，要多使用一些简单句来跟宝宝进行交流。比如：“宝宝吃”、“出去玩”、“妈妈穿”、“爸爸上班”、“宝宝乖”、“爷爷写字”等等，这些简单清楚的主谓结构句子或谓宾结构句子，宝宝听多了，也就会开始模仿了。此外，还可以设置一些实地的场景来引导宝宝将简单的句子说出来，比如爸爸在跟宝宝一起玩耍的时候，两个人笑成一团，这个时候妈妈就要问宝宝了：“爸爸怎么了？”引导宝宝说出“爸爸笑”的话来。又比如说妈妈跟宝宝一起玩积木，这个时候爸爸就可以问宝宝：“宝宝在做什么？”引导宝宝说出：“宝宝玩”或者“搭积木”等简单的话语来。

教宝宝背简短的古诗和小儿歌

这个阶段的宝宝很喜欢跟着妈妈背一些简短的古诗或者小儿歌。一开始的时候，宝宝没有办法完全听懂词意，这就需要大人一句一句地重复古诗或者小儿歌的内容。宝宝当然不可能马上就可以背诵，但是听的时间长了，宝宝就知道这一句之后要接那一句。往往是妈妈才将前面一句的内容背出来，宝宝就开始附和着说出下一句的几个字。比如妈妈说“离离原上。”宝宝马上就会接着说“草”。妈妈又说“一岁一枯。”宝宝又马上接着说“荣”。一段时间之后，妈妈只要说出前面的一个字，宝宝就会接出后面的四个字。等宝宝对古诗完全熟悉之后，就可以自己背出整首古诗。教宝宝背诵简短的古诗和小儿歌，是帮助宝宝提高语言能力的很有效的方法。

教宝宝通过短句来表达自己的要求

宝宝在初学语言的时期，总是比较“懒惰”。因为在还没有语言表达能力的时候，只要通过自己的身体语言，就可以让大人了解自己的需求，而大人也总是给以相应的回应，因此就会形成习惯，总是用表情或者动作来表达自己的需求。比如宝宝想要吃糖果，就会将小手一指，妈妈就会将糖果拿给宝宝。但是如果到了语言发育的黄金时间，爸爸妈妈仍然对宝宝的这种“动作指示”予取予求的话，就会让宝宝更加懒得说话了。

所以，在这个阶段，不能纵容宝宝以身体语言来表达需求的习惯，当宝宝出现这种动作的时候，爸爸妈妈要假装不懂，引导宝宝用语言来表达自己的需要，哪怕是说出一个字也好。比如宝宝拉着妈妈的手，指指鞋子，再指指门口，意思是想让妈妈带自己出去玩。这个时候妈妈就要问宝宝：“宝贝想干嘛？妈妈看不懂。宝贝能不能说出来？”而不要马上回应宝宝，哪怕让宝宝说出一个“玩”字也是好的。如果总是纵容宝宝的“动作指示”，宝宝的语言能力的发展就会受到很大的限制。有些宝宝甚至到了两岁还不愿意开口说话，不是因为缺乏说话的能力，而是因为在一岁半的时候，家长总是随着宝宝，也就错过了语言发展的黄金时间。

三、动作提升训练

精细动作训练

这一时期，宝宝的动作训练主要集中在手指和手眼之间，可以通过精细的动作训练来增加宝宝动作的灵活性和手腕与手掌的协调性。主要的训练有抓捏、抓握等，这些训练可以提升宝宝的感知觉能力，提高宝宝的身体协调性。

搭积木

这个月龄段的宝宝适合玩体积相对大一些的积木，不需要太多的块数，不然会把宝宝搞得头晕，4 ~ 10 块左右都可以。可以利用积木来搭成长火车，或者搭成高楼状。在一周岁的时候，宝宝可以将三四块的积木摞起来，随着月龄的增加，到了一岁半的时候，宝宝已经可以摞 7 ~ 10 块左右的积木了。

套环

套环是锻炼宝宝动作协调性的好东西，可以给宝宝准备大小两种套环。宝宝刚开始的时候不知道怎么玩，大人可以先指导宝宝将大的套环套在轴子上，然后再将小的套环套在大套环的上边。训练宝宝玩套环可以加强宝宝手部精细动作的锻炼，还能够帮助宝宝区分大小，初步具备事物大小的分辨能力。

颜色分类

宝宝这个时候已经具备分辨颜色的能力了。妈妈可以将颜色不同的物体放在一起，让宝宝通过分辨，将它们分别排在不同的位置。最好是选择那些颜色相差比较大的物体，比如用红与绿，或者黑和白的纸片、积木等，让宝宝自己慢慢琢磨，按照颜色将它们分类。这个游戏有助于提高宝宝对颜色的感知能力，还能够锻炼宝宝的动手能力，提高宝宝的手眼协调性。

抓玻璃球

用小碗给宝宝准备半碗小玻璃球。教宝宝用一只手将玻璃球从这个碗里抓到另外一个碗里。等宝宝熟练了抓握动作之后，妈妈再教宝宝用大拇指和食指捏住玻璃球，在碗和碗之间传递。

宝宝在抓玻璃球的时候，大人一定要在旁边看着，以防宝宝将玻璃球放进嘴里，引起危险。

抓握玻璃球的训练，可以让宝宝通过动作和触觉来了解球状物体，同时还能够锻炼宝宝的抓握能力和五指的协调能力。当然，不能只训练一只手，要让宝宝的两手换着抓握。

纸类游戏

撕纸　拿一张大的纸，教宝宝将纸从大张撕成小张。让宝宝知道自己的手可以改变纸的形状。等宝宝发现其中的乐趣之后，就会增加对手部的运用机会，可以在不断的锻炼中加强宝宝对手指的控制能力，同时也能让宝宝的自信心大大增加，引起宝宝探索世界的好奇心。

折纸　给宝宝准备一张正方形或长方形的纸张，教宝宝将纸张折成三角形、正方形或者长方形等不同的几何形状。这种纸类的游戏安全性高，并且锻炼效果好，可以同时锻炼宝宝的手眼协调能力和精细动作，促进宝宝手与脑的综合发展。

四、注意力训练

1～2 岁是宝宝无意识注意力发展的关键时期。通常来讲，1 岁半的宝宝可以集中注意力的时间在 5～8 分钟左右。而 1 岁 9 个月宝宝可以集中注意力的时间在 10 分钟左右。2 岁宝宝注意力集中的时间就可以达到 10～20 分钟左右。当然，这个注意力集中时间的长短也要看注意的对象是什么。要想提高宝宝注意力集中的时间，可以通过以下几种方法：

用一些色彩鲜艳的，或者宝宝没有见过的新鲜东西来吸引宝宝，使宝宝的注意力长时间地停留在该物体上面。

跟宝宝玩一些需要集中注意力的游戏，比如搭积木、辨别颜色，或者看蚂蚁搬家等等。

在宝宝注意力集中的一段时间内，如果没有什么重要的事，大人不要随便转移宝宝的注意力。

宝宝的美术教育

分辨颜色

1 岁初的宝宝可以认识一种颜色，但是经过一段时间的颜色辨别训练，到一岁半的时候，宝宝至少可以认识三种左右的颜色了。

一般来讲，宝宝最先认识的颜色会是红色，接下来是白色、黑色和蓝色。

可用前文介绍的方法教宝宝分辨。在教宝宝认识第一种颜色的时候，不要用其他的颜色来混淆宝宝的辨别能力。要等到宝宝能够辨别三种以上的颜色之后，再对宝宝进行辨色游戏训练。

宝宝的音乐教育

这个阶段，宝宝有基本的旋律感知能力，但是不需要进行系统的音乐教育，关键是要让宝宝自己去感受音乐，培养宝宝对旋律的敏感性。

倾听

在跟宝宝玩耍的时候，可以放一些比较活泼、轻快的音乐来伴随宝宝。在宝宝睡觉之前，也可以放一些比较轻柔的催眠音乐让宝宝平静下来。

玩音乐玩具

妈妈可以给宝宝提供一些音乐玩具，让宝宝在玩耍的过程中培养对音乐的兴趣。比如提供一些玩具小琴，或者小手鼓等，让宝宝自己敲着玩儿。还可以用录音机将宝宝弹出来的声音录下来，提高宝宝对音乐的好奇心。

听表声

给宝宝准备一个机械表（不要电子表）。

将表贴在宝宝的耳朵旁边，并且引导宝宝听表声。妈妈可以在一旁发出“滴答”“滴答”的声音。

等宝宝听过之后，妈妈可以将表放在自己的耳朵边，看着宝宝说“滴答”“滴答”。

等宝宝意会了之后，将表拿给宝宝，询问宝宝：“宝贝啊，滴答在哪里呀？”这个时候如果宝宝懂得将表放在自己的耳朵边听，就说明宝宝知道了。

宝宝听了一会儿之后，妈妈可以引导宝宝：“宝贝啊，给妈妈听听滴答好不好呀？”如果宝宝将表送到了妈妈的耳朵边，就说明宝宝真的听懂了。

让宝宝听表声的游戏可以训练宝宝的听力，同时也能提高宝宝的感知能力，让宝宝知道“滴答”是和“表”连结在一起的，使宝宝知晓音乐和事物的相互联系。

五、自我意识提升训练

1 岁半左右是宝宝自我意识萌发的时期，如果宝宝这个时候表现出“反叛”的行为，妈妈不要太着急，而是要耐心地引导宝宝，对宝宝进行自我意识的提升训练。

多给宝宝讲一些小故事

有些宝宝萌生了自我意识之后，就不愿意跟别人分享自己的东西了。这个时候，妈妈可以多给宝宝讲一些分享东西的小故事，也可以找一些相关的影片来给宝宝看，比如“孔融让梨”的故事。

多鼓励宝宝的分享行为

如果宝宝某天心血来潮，愿意将自己的东西分享给别人了，这个时候大人就要及时对宝宝的这种行为大加鼓励，让宝宝知道这是一种会受到赞扬的行为，他就会再接再厉，以求获得更多的表扬。

不要用威胁的方式逗宝宝

有些家长喜欢逗宝宝，常常故意会跟宝宝说“我要吃你的糖了噢”，等宝宝真的被大人逗哭了，大人常常是将东西还给宝宝之后就一笑了之，但是这种行为会对宝宝的心灵造成一定的影响。这种“逗引”的方式不但起不到任何教育宝宝的作用，还有可能出现负面的作用，让宝宝将自己的东西“保护”得更为周密，不让他人侵犯。

在宝宝萌生自我意识之后，有一段时间内不愿意跟别人分享自己的东西，这是很正常的。让宝宝学会分享是一个循序渐进的过程，是急不得的。俗话说“心急吃不了热豆腐”，如果总是用这种“威胁”的方式来达到让宝宝“分享”的目的，会让宝宝的自我意识在萌生的过程中受到打击，进而产生自卑的心理，给宝宝的心灵成长造成不良的影响。

要引导宝宝学会分享，正确的做法应该是在不打击宝宝自信心的前提下，鼓励宝宝的分享行为，调整宝宝的“自私”举止，不要让宝宝过度自我化。但是在调整宝宝“自我”的过程中要掌握好“度”，不能过于激进。作为爸爸妈妈，对宝宝要耐心，要多多动脑筋。因为宝宝跟大人不一样，心理承受能力比较差，性格也尚未形成，因此千万不要操之过急。

在宝宝出现“独享”行为或者抢夺他人东西的时候，大人要了解，对于宝宝来说，那些东西是有着无限的诱惑力的，不管是霸着不放，还是抢夺过来，都是一种本能，是很自然的事情。因为这个时期的宝宝还不具备“归属”意识，因此大人要做的是约束宝宝，告诉宝宝“宝宝喜欢这个东西对不对，那应该让更多的小朋友也喜欢它呀”，或者“宝宝不想把自己的东西让给别人，那其他小朋友也不愿意让呀，宝宝这样抢小朋友东西是不对的噢”等等。宝宝当时可能不会理解大人的话，但是长时间被大人这样告知，自然就会形成一种“分享”的意识，不会轻易去抢夺别人的东西，也会愿意将自己喜欢的东西拿出来跟大家分享了。

六、常见问题

宝宝认生怎么办

宝宝认生指的是宝宝对自己不熟悉的人表现出来的一种畏惧的反应。有些宝宝一见到陌生的人，表情就会立刻显得严肃，并且表现出焦躁不安和紧张的神态；有些宝宝会想要回避这些自己不熟悉的人，从而躲藏在家长的怀里；有些宝宝甚至会表现出严重的害怕和恐惧，不是哭闹不休就是挣扎着要离开陌生的环境和陌生人。这些都是宝宝认生的表现。很多传统的老观念认为，宝宝认生是一种本能，没必要太过于在意，等宝宝跟陌生人多接触之后，自然就会熟悉了。有些家长还会强迫宝宝跟陌生人接触，来“治疗”宝宝的认生毛病。那么，所有的宝宝都认生吗？宝宝认生是宝宝身心发育中不可避免的吗？

所有的宝宝都认生吗

小于 4 个月　这个阶段的宝宝不会出现认生的情况，因为他们正处于好奇心高涨的阶段，对一切事物都十分好奇，包括对陌生的环境和陌生人，都会表现出极大的求知欲望。通常来讲，这个阶段的宝宝，不管是谁去逗他，都会报以微笑和喜悦。

4 ~ 5 个月　这个阶段的宝宝处于“警惕”期，他们对于自己不熟悉的人会摆出一副“观察和警惕”的姿态，会不断地观察陌生人的举止和面孔，以比较家人和陌生人的区别，对陌生人持关注但是不热衷的态度，眼神停留在陌生人脸上的时间比停留在家人脸上的时间要长得多。

5 ~ 7 个月　这个阶段的宝宝在陌生人面前常常会表情严肃，全面警戒，甚至出现紧张或害怕的神态。

7 ~ 9 个月　这个阶段的宝宝在面对陌生人的时候会出现哭闹、回避和畏惧等强烈的情绪反应。

心理学研究发现，并非所有的宝宝都有认生的情况，并且宝宝出现认生的情况是一个逐步显现的过程。以上各个不同阶段对认生的反应表明，宝宝在一开始的时候并没有认生的反应，而更多的是在后天的客观环境下逐渐形成的。

什么样的宝宝更容易认生呢

就性格方面来讲，内向的宝宝比外向的宝宝更容易认生；身体不好、比较虚弱的宝宝比身体健康、体格健壮的宝宝更容易认生；独生子女比有兄弟姐妹的宝宝更容易认生；长期待在同种环境的宝宝比经常转换环境的宝宝更容易认生；过分依赖妈妈的宝宝比独立的宝宝更容易认生。除此之外，有些宝宝是只对具有某种特征的人会产生害怕或者恐惧的情绪，如戴帽子的人或者戴眼镜的人。这些可能是因为宝宝曾经受过具备这些特征的人的威吓或者强制的缘故。

认生对宝宝的成长是十分不利的。认生对宝宝的智力发展和交往能力的发展都会造成一定的障碍。有些大人为了怕宝宝因为认生而哭闹不止，常常只会让陌生人站在远远的地方和自己打招呼，或者索性不让宝宝见陌生人。宝宝一旦哭闹，就会降低别人与宝宝沟通的欲望，对于宝宝来说，自然也就失去了一些与人交往的机会，让宝宝的生活圈子越来越狭小，受到外界正面刺激的机会也就降低了许多。

很多研究事实表明，在先天身体条件相同的情况下，生活在多样化环境中的宝宝会比生活在单一环境下的宝宝活泼伶俐一些。正所谓“见多识广”，这在宝宝认生的问题上也是说得通的。认生会让宝宝失去和外界接触的机会，如果在以后的成长过程中，人际交往能力受到局限，长大之后就会更怯弱，更不敢与人打交道了。长期下来，会让宝宝越来越自卑，也会更多地体会到孤独的感觉，影响到宝宝整体的性格发育和身心健康。

怎样才能减少宝宝认生，或者让宝宝不认生呢

上面说到，宝宝认生是分时间段的，在宝宝 3 ~ 4 个月大的时候不怎么认生，家长就要抓紧这个阶段，多将宝宝带到更为广阔的环境中，让宝宝接受多样化的刺激，尤其是要让宝宝接触到不同的人群，让宝宝对“男女老少”有一个最基本的认知，熟悉儿童和成人的区别，多让宝宝接受别人的逗引，还可以利用一些不吓人的假面具来与宝宝做游戏。

对于那些生下来就很安静的宝宝，更要有意识地创造宝宝与人接触的机会，让宝宝适应各种不同的环境，经过一段时间的训练，可以避免日后宝宝认生。

有些宝宝在 3 ~ 4 个月的时候已经有了轻微的认生反应，这个时候不要避免宝宝跟陌生人的接触，但也不要强制宝宝跟陌生人交往，最好是顺其自然，否则只会适得其反。宝宝接触和接受陌生人需要一个过程，需要大人的耐心引导。

比如，经常带着宝宝到邻居或者亲戚家串门（最好是家里也有宝宝的），或者时常邀请朋友到自己家里来做客，让宝宝接触不同的人群。这个时候，为了让宝宝更快地接纳陌生人，家长可以设计一些场景来让宝宝主动接触陌生人。比如让客人拿着糖果来拜访，这样，宝宝就会转移一部分对陌生人的恐惧，而愿意为了糖果与陌生人打交道。当然，在这中间要告诉宝宝：“这是妈妈（爸爸）的朋友，宝宝可以和他们玩，如果妈妈不在旁边，宝宝遇到陌生人给糖果，不要随便吃噢。”这样让宝宝受到多次的良性刺激，慢慢地对陌生人的恐惧心理就会降低，同时也知晓哪些人是可以信任的，哪些人是需要“观望”的。

再比如，家长带着宝宝到公共场所，要针对宝宝可能出现的反应，制定一些应对的措施。比如先将宝宝带到熟悉的环境当中，避免一下子出现太多陌生面孔吓坏宝宝。还要尽量避免让过多热情的陌生人强抱宝宝，逗弄宝宝，让宝宝产生不安的心理，增加认生的程度，让宝宝更对人群心怀恐惧感。

2～3岁的宝宝认生的毛病仍然存在的话，家长不要时常当着宝宝的面指责宝宝的缺点，让宝宝越来越自卑。因为这种指责只会增加宝宝的心理压力，从而让宝宝更不敢与人接触。应该在有意无意间，让宝宝与平时交往的小朋友玩耍，多带宝宝到一些儿童集中的场所，跟陌生的宝宝一起做游戏，降低宝宝对人群的畏惧，让宝宝知晓，人群里还是有好玩的东西的。

此外，还可以给宝宝找寻那些“自来熟”的伙伴做朋友，让其他小朋友的热情来感染宝宝。同龄人的热情往往比大人的苦口婆心要有效得多。当宝宝可以跟陌生人自然地对话或者跟陌生人打招呼的时候，家长千万不要忘了称赞宝宝，让宝宝知道这是受到鼓励的，是正面的积极的行为。

宝宝为何爱发脾气

很多人在形容宝宝的时候，总是习惯性地用到“可爱”这个词。即便是那些很淘气的孩子,也会被大人认为是“顽皮”“好动”。但是这个阶段的宝宝绝对称不上是“可爱”的，可能因为反叛，还会让大人觉得头痛，觉得可怕。为什么说这个年龄的宝宝是可怕的呢?

之所以说这个阶段的宝宝很“可怕”，是因为宝宝在这个阶段会表现出与以前乖巧的形象很有反差的特征，宝宝会变得比较难缠，还喜欢跟大人“作对”。

宝宝1岁半以后，就开始进入了“第一叛逆期”的阶段。以前总是乖乖听话的宝宝，一下子变得任性不讲理，总是习惯性地跟大人说“我不要”。这在爸爸妈妈看来，是很让人头痛的。因为宝宝一下子失去了控制，使得很多教导也很难进行下去。

如果爸爸妈妈够细心的话，就可以发现宝宝的种种举动其实是一种自我意识萌发的表现。比如，宝宝不愿意让妈妈帮着穿衣服了，总是想要自己来；宝宝不想被妈妈喂了，想要自己学着用筷子吃饭；宝宝不想把碗交给妈妈洗了，想要自己来等等，这些都说明了宝宝已经有了自己的主张。

一些语言能力发育得比较早的宝宝，这个时候就会懂得用语言来表达自己的“反抗”的意愿了，在上述的情况下，就有可能会说：“不要妈妈穿”“我要用筷子”“不要爸爸喂，自己吃”等等，将自己不想依靠大人的想法表达出来。但是一些语言能力发育得比较晚的宝宝，通常只会用身体语言来表示，比如撅着小嘴，或者妈妈在给自己穿衣服的时候抢过来，自己试着穿。因为他们无法用语言表达这种想要“自己来”的想法，因此就会被家长误认为宝宝是在“耍叛逆”，而忽略了宝宝自主意识的萌发。

宝宝在这个阶段的一系列“反抗”表现，都是其自我发展的必经路径，家长应该正确看待宝宝的“牛脾气”，尽量放手让宝宝自己去尝试。就算宝宝在摸索的过程中会摔跤，也好过总是拦着不让他们自己做要好得多。让宝宝自主地“为自己服务”，不仅可以满足这个时期宝宝的心理需求，还可以提高宝宝各方面的能力，让宝宝懂得照顾自己，学会自主成长。

1岁半～2岁之间是宝宝身心快速成长的时期，在这个成长期内，宝宝慢慢学着自己吃饭，自己睡觉，自己上厕所，从会爬到会站再到会走，渐渐地宝宝可能还会表现出某一方面的天赋，他们的自我意识在不断地膨胀和发展。这个阶段他们总是会凭着自己的喜好来决定自己的行为举止。但是一些宝宝无法用语言来表述自己的需求，只能用身体来表达自己的不满，或者将喜怒哀乐全都写在一张小脸上。他们总是对大人替自己做决定的行为不满，肚子饿了不想吃饭，冷得发抖也不愿意添衣服，感冒了非要往外边跑，妈妈费尽心思做出好吃的东西，宝宝却看都不看一眼。

宝宝在 1 岁半 ~ 2 岁之间表现出的种种“坏脾气”，都是宝宝心理成长所必须经历的，大人无需对此多加干涉。唯一需要做的，就是摸索宝宝的想法，让宝宝自己做事，而不是对宝宝进行“强制管教”，让宝宝越来越反叛。

家长需要了解的是，宝宝在这个时期，最需要的不是管教，而是父母的情感支持。如果总是一味地要求宝宝“不要做什么”“必须做什么”，就会让宝宝觉得不受到尊重，而越发“嚣张跋扈”。父母需要与宝宝进行沟通，多给宝宝一些选择和动手的机会。比如说在给宝宝吃水果的时候，不要命令宝宝一定要吃，而是要将一些不同的水果摆在宝宝的面前，让宝宝自己选择，还要告诉宝宝吃水果会让他变聪明，让宝宝知道吃水果是有好处的。如果宝宝在选择了某一样水果之后又不想吃了，家长也不要太急躁，因为这是宝宝学习“选择”的过程，是允许“反悔”的。

家长还可以通过与宝宝进行“平等交换”的方式来纠正宝宝的倔脾气。如果宝宝非要在大冷天里出门，那么爸爸妈妈就可以跟宝宝说：“爸爸妈妈都答应宝宝出门了，那宝宝也要答应我们，穿得厚厚的，还要戴帽子噢。”用尊重的方式来对待宝宝，宝宝也会懂得尊重大人，可谓是一箭双雕。

最后，家长还要学会“忍让”。这个时期的宝宝自主意识高涨，有可能会不讲理。因此，当宝宝的行为跟家长的要求不一致的时候，家长不要急躁，要了解宝宝真正需要的是什么，如果不是什么危险的事情，最好让宝宝自己做主，而不要过多地干涉宝宝的决定，引起宝宝的反感。

宝宝为何迟迟不说话

每个宝宝开口说话的时间段都不一样，有些宝宝在 8 个月的时候就可以咿咿呀呀说几个单词，不到一周岁就可以讲出一些简单的句子了。但是有的宝宝虽然智能发展很正常，却要等到两三岁才会开口说话。一般来讲，女孩比男孩开口说话要早，那么为什么有些宝宝早说话，有些宝宝却很晚才说话呢？

智力低下　引发宝宝语言发育迟缓最为常见的原因就是智力低下。宝宝的智力跟语言的发育有着极为密切的联系，语言是反映宝宝智能高低的载体。智力低下的宝宝注意力集中的时间很短，无法留意到别人正在对他说什么，也就不具备较好的语言模仿能力，无法正确地理解字词的意思，也不能利用语言进行自我表达。

智力低下的宝宝说话的年龄比较晚，并且无法用话语来完全表达自己的意愿。具体表现为：说话没有主题，总是重复别人的话语，询问他的时候，会将询问词重复一遍，作为回答，并且常常伴随着口吃、口齿不清等症状。智力低下的宝宝在开始说话的时候，虽然也可以将别人的话语听清楚，但是很快就会忘掉，以至于自己无法使用同样的词汇来表达。

听力缺陷　听力出现障碍也是影响宝宝语言发育的重要因素之一。宝宝如果严重丧失听力，就无法通过倾听来进行语言模仿，也就无法学习说话了。如果宝宝的听力障碍还不是很严重，尚可以看着别人的口唇动作，从而尝试自己发音。但是这种学习方法，容易学会的只有那些口型变化比较明显的词，如“妈”、“乌”、“叭”等等，对于一些比较复杂的、需要通过舌头的运动来发出声音的词汇，如“了”、“哥”、“么”等，因为无法看见别人口腔内部的舌头运动，学习起来难度就加大很多了。如果宝宝在会说话了之后才出现听力障碍，这并不会影响说话。但是在宝宝尚幼小的时候，即便是很轻微的听力障碍，也有可能影响宝宝语言功能的正常发育。

家庭因素　宝宝说话早晚跟家庭因素也有很大的关系。有些宝宝的智力发育十分正常，也又没有任何的听力障碍，经过检查，身上也没有其他的疾病，但就是迟迟不开口说话。这种情况大多数跟家族的遗传有关系。宝宝的爸爸妈妈说话也可能比较晚。

环境因素　环境因素对宝宝语言能力的发育也是至关重要的。据有关报道，在孤儿院里成长的孩子，开口说话的时间普遍比一般家庭的孩子要晚，具备语言模仿能力和组成句子表达自己的时间也比较晚。

父母的教育文化水平　影响宝宝语言发育快慢的因素还有父母的教育文化水平，以及对宝宝的关心程度。有些家长采用严厉的教育方式，在宝宝很小的时候就总是批评宝宝的讲话方式，或者讥笑宝宝不正确的词语发音，这都会给宝宝开口说话带来一定的心理障碍。还有些父母因为工作忙，跟宝宝相处的时间很少，与宝宝进行语言交流的时间也比较少，这样也会影响宝宝说话的积极性，让宝宝对说话失去欲望，影响宝宝正常的语言发育。

有些家长会觉得，对宝宝太过关注，在宝宝还没有提出要求的时候就将宝宝可能会想要的东西准备好了，这也会影响宝宝学说话。这虽然会在一定程度上让宝宝懒得开口，但绝对不是宝宝晚说话的主要原因。宝宝“会说话”跟“多说话”是不一样的，前者指的是宝宝具有说话的能力，而后者指的是宝宝是否愿意常常开口，是建立在已经“会说”的基础之上。宝宝不说话是因为他还不会说话，而不是因为不想说话。

有些双胞胎常常会出现语言发育迟缓的现象，有人觉得这是因为两个宝宝一直黏在一起，不用说话就有默契，可以依靠其他方式来表达自己的需求。也有人说，双胞胎中常常只有一个是语言发育比较迟缓的，两个宝宝在同一阶段的语言发育程度和性质都是存在差别的，因此不全是因为总是在一起的缘故。还有人认为双胞胎说话晚主要是因为妈妈的注意力被分散了，无法同时教两个宝宝说话，以至于延缓了宝宝语言发育的好时机。

有些家长认为宝宝不会说话可能是舌头与口腔出现了问题，比如一些唇腭宝宝或者腭裂宝宝。实际上，这些因素对宝宝语言的发育影响并不是很大，只有在宝宝需要发辅音的时候才会出现一些障碍，比如 b、d、p、t 等。但是如果腭裂宝宝同时伴有耳聋的症状，那自然就会影响宝宝学习语言。舌系带短通常不会影响宝宝说话，除非是短得离谱才会。

此外，有些正常发育的宝宝在学习语言的过程中会出现口齿不清的情况，或者对某些音节会表达有误，甚至经常说一些让家长摸不着头脑的话，这些都是正常现象，经过恰当的纠正和训练，是可以改变过来的，爸爸妈妈无需过于紧张。

宝宝睡眠少怎么办

培养良好的睡眠习惯

按时睡觉　在宝宝入睡前半小时到一小时之内，要让宝宝的情绪缓和下来，不要让宝宝看一些刺激性的电视节目，也不要给宝宝讲一些会让宝宝害怕恐惧的故事，新鲜的玩意儿也不要在宝宝入睡前给宝宝玩。在宝宝睡觉之前，要给宝宝洗漱，包括宝宝的脸、手和小屁股。此外，在临睡前还要让宝宝上厕所，排空小便，以免夜起撒尿。宝宝脱下来的衣服应该整齐地摆在固定的位置，要让宝宝养成定时上床睡觉和定时起床的习惯。（参见第 1 篇第 4 章“养成正确的睡眠习惯”）

自然入睡　宝宝上床之后，如果是晚间睡觉就要将灯关上，如果是白天午睡，那也要将窗帘拉上，让室内的光线稍微暗一些，使宝宝更容易入睡。宝宝睡着了之后，大人不用蹑手蹑脚的，因为宝宝已经熟睡了，只要不发出太大的声响，如很大的关门声，或者东西掉在地上的声音，宝宝通常都是不会惊醒的。

睡眠习惯是要长期培养的，要让宝宝养成睡觉不咬被角、不吸吮手指、不含妈妈的乳头、不蒙着头睡、不把玩具抱在怀里、醒来以后安静不哭闹的好习惯。

对于那些很难自动入睡的宝宝，不要太过强迫睡觉，要尽量用温柔的语言来爱抚宝宝。但是如果宝宝总是无理取闹，到了睡点还磨磨蹭蹭不肯上床，那也不能太过于迁就宝宝，要让宝宝依靠自己的调节来进入睡眠状态。不要用恐吓或者威胁的方式让宝宝入睡，也不要过于粗暴地对待宝宝。有些宝宝十分怕黑，那么在宝宝睡觉的时候可以在床头开一盏夜灯，以便于宝宝更好地入睡。

睡姿舒适　1 岁以后的宝宝在睡觉的时候已经有了自己喜欢的入睡姿势，他们知道对自己来说什么姿势是最舒服的，因此大人最好尊重宝宝的睡姿，只要宝宝自己睡着舒服，不管是侧卧、俯卧还是仰卧都可以。但是如果宝宝刚刚喝完牛奶，马上就要睡，这个时候就比较适合采取右侧卧睡的姿势，这样比较容易促进宝宝对食物的消化吸收。如果宝宝睡眠时间特别长，那么在宝宝睡觉的过程中，可以适当地帮助宝宝调整睡姿。

睡眠不安的处理　夜里宝宝有些时候睡觉会特别不安，如果做了恶梦就更容易惊醒和哭闹，很多父母在这种时候总是习惯将宝宝抱起来软言哄睡，让宝宝再度进入梦乡。但是结果往往是让宝宝依赖上父母的怀抱，以至于后来父母不哄就不愿意睡觉。所以，对待宝宝在半夜突然惊醒的情况，父母要先查清楚宝宝哭闹的原因，是不是因为听了害怕的故事，是不是在白天受了什么委屈，是不是睡觉之前吃得太多，或者是尿床了、口渴了、饿了、肚子痛、鼻塞等等，要针对不同的哭闹原因，给予不同的处理。如果宝宝并不是因为身体的不适，就应该在拍拍宝宝之后让宝宝自己重新入睡。宝宝夜间哭闹，父母无需如临大敌，既不要太过于急躁地将宝宝抱起来安抚，也不要不耐烦地对宝宝发脾气。只有采取正确的方式，才能纠正宝宝的夜间哭闹问题。

注意事项

宝宝的被褥要经常保持清洁，经常将被褥拿到太阳底下晒，每个月至少要将被褥拆洗一次。宝宝被褥的薄厚程度也应该随着季节的变化而不断调整。

宝宝睡觉的卧室要经常开窗开门通风换气，要保持干净整洁卫生。夏天的时候可以开着窗子睡觉，但是要注意给窗子安上防蚊纱窗。宝宝起床前的半小时要将窗户关上，稍微提高室内的温度，以免宝宝起床的时候着凉。

如何帮助宝宝白天睡眠

给宝宝做一个小的厚纸箱子，将宝宝喜欢的玩具和书籍画册放在里面，如果宝宝玩着玩着觉得累了，可以在困倦之前看看书，从而达到催眠的效果。但是要注意不要放太贵的玩具和书，因为宝宝有可能会将玩具弄坏或者将书弄皱。可以适当地放一些宝宝喜欢的、颜色鲜艳的小画册、识字卡，还可以从杂志上剪一些有意思的图画，贴到厚纸板上，让宝宝玩。

尽量让宝宝在靠近大人的地方，当然，最好是在床上，或者沙发上靠近大人午睡的地方睡觉。

如果宝宝实在不肯午睡，那么至少要确保宝宝晚间的睡眠时间是足够的。此外，还要注意别让宝宝一股脑地玩，要让宝宝适当地休息一会儿。

如果宝宝不愿意睡觉，可以放一些床头故事的录音带给宝宝听。让宝宝安静下来，并且告诉宝宝，要等到故事讲完了，宝宝才能继续玩。这样，宝宝就有可能在听故事的过程中不知不觉地睡着了。

在宝宝很兴奋地玩闹之后，不要急着让宝宝立刻上床睡觉。因为这个时候宝宝还没有平静下来，是很难有睡意的。如果硬是强迫宝宝睡觉，只会引起宝宝的逆反心理，也会让大人筋疲力尽。最好的方法是放一些轻柔的音乐，让宝宝先冷静下来，或者给宝宝讲一些催眠的小故事，让宝宝自然入睡。

如果宝宝喜欢在床上看书，那么可以在床上放一本宝宝喜欢的书。但是要注意不要让宝宝躺着看，以免影响宝宝的视力发育。

可以给宝宝的枕头撒上一些爽身粉或者一些比较淡的香水，这样可以让宝宝在一呼一吸间缓和神经，逐渐安静和放松下来。

在宝宝上床之前要给宝宝洗个舒服的澡，睡前半小时喝一杯牛奶，帮助宝宝入睡。

为什么宝宝越来越胆小

宝宝的性格正在慢慢形成，有些宝宝活泼好动，好奇心强，什么都敢尝试，但是也有一些宝宝比较胆小，平常就安安静静，沉默寡言，也没有很大的冒险精神，不想跟别人一起玩，胆子也比较小，有一点风吹草动就会吓哭，跟别的同龄宝宝不一样，既不爱玩也不好动。他们总是很腼腆，说话的声音也小得跟蚊子一样。他们对爸爸妈妈很少提什么要求，也不敢一个人独处。这就是我们常常说的胆小宝宝。那么，为什么有些宝宝胆子大，有些宝宝却胆子小呢？其实，宝宝出现胆小的情况是有很多原因的：

环境原因　有些宝宝胆小是因为周围

环境的关系。因为现在大多数家庭只生一个宝宝，因此宝宝的活动范围特别小，总是跟大人待在一起。有些爸爸妈妈工作比较忙，就将宝宝留给爷爷奶奶照顾。爷爷奶奶如果没有经常将宝宝带出去“见世面”，宝宝接触外人的机会就非常少。这样就容易养成宝宝依赖大人的毛病，无法很快地适应新环境，一旦到了一个陌生的地方，或者看见一件没见过的物品，就会出现恐惧的心理。这样，宝宝一被生人抱就哭闹，大人声音稍微高一点就会瘪嘴准备嚎哭。有时候带宝宝到公园去玩耍，如果大人在的时候倒还好，可是一旦见不到自己熟悉的人，宝宝就会变得畏畏缩缩。等会说话了之后，他们的表现就更胆小了，不敢跟自己不熟悉的人讲话。

家庭教育　家庭教育的方法不当也是宝宝胆小的因素之一。有些家长在教育宝宝的时候，总是觉得跟宝宝说不清，索性就用恐吓或者威胁的方式来吓唬宝宝，比如在宝宝哭闹的时候，妈妈就会吓宝宝：“不要哭了，再哭妖怪要来吃你了。”在宝宝无理取闹的时候，跟宝宝说：“再闹，警察就要来抓宝贝了。”或者宝宝不想吃饭的时候，家长又用言语来恐吓宝宝：“再不吃，再不吃就让外面的狮子把你吃掉。”宝宝不睡觉的时候，大人躲在门的后边模仿一些怪异的声音来吓宝宝。宝宝想要玩沙子，家长又告诉宝宝说沙子里面有虫子，会咬人的。这样长期下去，宝宝就自然而然形成了胆小的性格，极度缺乏安全感，对周围的环境总是存在一种难以言喻的恐惧感。正因为胆小的性格，使宝宝失去了很多接触外界事物的欲望，也就少了很多锻炼自己的机会。

保护过度　“宝贝，太高了，快下来。”“出门太危险了，还是在家里玩吧。”“不要拿这个，这个不是你玩的东西。”现在的孩子大多数都是独生子女，都是掌上明珠，父母都是捧在手里怕摔了，含在嘴里怕化了。有些家长对宝宝过于紧张，在平常的生活中对宝宝十分约束，什么都怕危险，什么都不让宝宝碰。

比如带宝宝去公园的时候，不让宝宝跟其他小朋友一起玩，怕别的小朋友伤到宝宝；宝宝一碰水，家长就大呼小叫，怕宝宝着凉，怕宝宝被溺，哪怕只是小碗大小的水。这种行为就会逐渐导致宝宝不敢尝试，也不敢反对。宝宝在对世界充满好奇的时期，无法通过实践获得对世界的认知，长此以往，就逐渐养成了懦弱胆小的性格。

爸爸妈妈总是小心翼翼地看护自己的宝宝，对宝宝保护过度，怕宝宝走路的时候摔着了，怕宝宝玩玩具的时候磕着了，怕任何给宝宝带来不安全的东西，总想时刻将宝宝拴在裤腰带上，形影不离。这样也容易形成宝宝对家长的依赖性格，觉得自己是被保护的，是不需要去探索的。当宝宝逐渐长大，必须自己去面对世界的时候，这种依赖的习惯已经养成了，想要改变已经变得很困难。如果宝宝的能力没有随着年龄的增加而有所发展，那么宝宝就会出现“恐惧症”，大人一离开宝宝的身边，宝宝就开始害怕，无法适应新的环境，无法跟别人交往沟通。

其实形成宝宝胆小性格的因素还有很多，但是总的一句话，想要改变宝宝胆小的毛病，就一定要搞清楚是什么原因造成了宝宝的胆小，从而对症下药，让宝宝成为一个勇于探索新事物、勇于尝试、勇于挑战、勇于冒险的人。

如何培养宝宝的责任感

责任感是一个人安身立命的基石，是一个人对自己的言行给他人带来的影响进行自我评判后的情感体验。很多大人觉得，宝宝还小，不需要具备什么责任意识，这是一种错误的观念。虽然在做事情的时候，宝宝更多关注的是自己本身的感受，或者是整个过程，而不重视自己的行为会造成的后果，但是如果没有及时告诉宝宝"责任"这件事情，宝宝是没有办法"无师自通"的。想要从小培养宝宝的责任感，就要让宝宝养成对自己的举止和行为负责任的好习惯。那么，在宝宝还不清楚"责任"为何物的时候，怎样培养宝宝的责任感呢？

跟宝宝做约定　在宝宝做一件事之前，要跟宝宝做个约定，让宝宝知道自己在做什么，做了之后有什么后果，如果宝宝错了要接受什么样的惩罚。宝宝缺乏责任意识，通常做事情都是凭自己的一时兴趣，因此要想培养宝宝的责任意识，就要让宝宝对某件事情负责到底。必须让宝宝清楚地知道自己正在做的事情是好是坏，并且将后果告诉宝宝，让宝宝知晓自己应当为行为承担的责任。比如，将摆碗筷的任务交给宝宝，如果没有做好的话，便不能吃自己喜欢的菜。这个时候宝宝就会知道，如果马虎应对的话，是要为"马虎"付出代价的。

让宝宝以负责任为自豪　妈妈总是让宝宝摆碗筷，久而久之，宝宝就会认为这是自己应该做的事情。家长要鼓励宝宝参加家务劳动，同时对宝宝负责任的行为大加赞扬，让宝宝了解"责任"是一件很让人自豪的事情。这样就可以增加宝宝的自信心，长此以往形成习惯，宝宝就会将"负责任"当成是一件理所当然的事情。

让宝宝学会对自己的事情负责　小睿的妈妈总是要求小睿在洗澡的时候将自己的衣服放在脏衣篮里，长期下来形成习惯，就算爸爸忘了放衣服，小睿也会伸出小手指指篮子，意思是让爸爸"自觉"一点。在做这件事的时候，妈妈总是在一旁鼓励小睿，小睿似懂非懂，但是因为有妈妈的表扬，他就为自己的进步感到自豪。因此，家长最重要的是要教导宝宝如何对自己的行为负责，而不是一味地强迫宝宝。让宝宝记住自己该做的事情，宝宝慢慢地就会萌生责任的意识，学会对自己的行为负责。从小培养责任感，以后才能更好地对自己、对社会、对他人负责任。

让宝宝挽救自己不良行为造成的后果　比如宝宝摔坏了其他小朋友的玩具，就要让宝宝将自己喜欢的玩具赔给人家，让宝宝知道"摔坏"是要付出代价的。可能对方的家长会觉得玩具不值钱，很没必要，但这却是培养宝宝"负责任"意识最好的时机。如果纵容宝宝，就算宝宝做了任何不好的事情，家长都在背后替宝宝收拾，就会让宝宝更加地有恃无恐。在宝宝犯错的时候，要让宝宝知道，谁造成的后果，就要由谁负责。宝宝摔坏了别人的东西，就要拿自己心爱的玩具出来给别人。当然，最重要的一点就是家长要树立这种"负责任"的好榜样，这样宝宝才能有样学样，才有足够的威信来要求宝宝负责任，才有立场纠正宝宝"不负责任"的行为。

如何应对宝宝的驴脾气

宝宝的"驴脾气"通常出现在一岁半左右，这个时期的宝宝一碰到不如意的事情就会"大动肝火"，情绪起伏比较大，总是想要跟大人对着干。

宝宝的自主意识逐渐形成，但是语言又限制了这种自主的表达。刚刚开始有了一些独立的思想，想要随着自己的心思做事，但是又无法将这种情绪传达给大人，再加上大人时不时就会左右宝宝的行为，规范他们什么可以做，什么不可以做，就会让宝宝越发不耐烦。这个时期也是宝宝很敏感的时期，他们的心情容易随着大人的态度而发生变化。宝宝有“驴脾气”并不代表他真的脾气坏，而是因为他们不被人了解。

这个阶段爸爸妈妈和宝宝很容易陷入僵局，或者引彼此间的的冲突。遇到宝宝的“驴脾气”犯了，大人首先要懂得尊重宝宝的感受，了解宝宝的需要。要用那些不会伤害到宝宝幼小心灵的方式来与宝宝进行沟通，纠正宝宝的行为。通常这种状况会延续到4岁左右，等宝宝过了“叛逆期”，会使用语言来表达自己之后，脾气大多都会变得好一些。

面对宝宝的“驴脾气”，家长应该先将宝宝作为一个独立的个体来进行沟通协调，而不是将宝宝的行为理解成为“无理取闹”。首先要了解宝宝想要表达什么，试着去缓和宝宝的情绪。因为宝宝在发脾气的时候，最想得到的是安抚和理解，而不是对立和指责。

宝宝发脾气，父母应该先对宝宝进行安抚，让宝宝冷静下来，然后再面对面地与宝宝进行沟通。即便宝宝的语言不灵光，他也会通过其他方式让父母了解他的意图。在知道宝宝想做什么之后，如果是合理的，可以满足宝宝的要求。但是同时要告诉宝宝，这种“发脾气”的方式是不对的，想要什么，要好好地跟妈妈（爸爸）沟通。如果暂时无法安抚宝宝的情绪，可以先让宝宝自己闹一会儿，不要过于娇宠，费尽心思逗宝宝笑。最好的方法就是转移宝宝的注意力，或者采取集体隔离的方式，让宝宝知道他的哭闹是不受喜欢的，不能轻易妥协，要让宝宝自己调整心情。

总而言之，对待宝宝的“驴脾气“，既不能随着宝宝的意思，宠着惯着，也不能采取粗暴的方式去对待，抹杀了宝宝心灵自我成长的机会。

教宝宝说话的误区有哪些

宝宝在开始“咿咿呀呀”开口学说话的时候，爸爸妈妈在教导宝宝怎么发音的时候，要小心留意，不要走入以下误区。

觉得宝宝听不懂

宝宝在一岁以前，对大人说的话确实是不理解，也听不懂。但是如果妈妈总是对着宝宝说“宝贝啊，妈妈抱你高不高兴呀？”“宝贝，肚子饿了吧，你看，这是香奶奶噢。”久而久之，这种语言信息就会在宝宝的脑子里生根发芽，经过长时间的语言重复，宝宝就会知道什么是“香奶奶”了。但这种做法会让宝宝误以为这些词就是正确的，搞混了概念。

过于满足宝宝的要求

有些家长总是过于关注宝宝的需求，宝宝指着糖果，家长就将糖果递给宝宝。这种过于满足宝宝需求的做法，会间接地导致宝宝懒于说话，使宝宝的语言发育呈现滞缓的状态。因为宝宝知道，自己就算不说话，直接用手去指，家长就会满足自己的需要，那又何必开口呢？也就让宝宝失去了很多练习说话的机会。因此，当宝宝指着某种东西时，家长要先装作看不懂宝宝想干什么。比如宝宝指着奶瓶，家长就可以给宝宝一个空的奶瓶，当他拿到奶瓶之后，想要喝奶，就会努力地说“奶，奶”，这样就能让宝宝试着用语言来表达自己的需求了。

用儿化语和宝宝说话

1 岁左右的宝宝，语言发育还处于单音节的阶段，常常会发出一些重复性的单字，比如“奶奶”“要要”“抱抱”“吃吃”等等，并且在说这些话的时候，会结合自己的身体语言来表达自己的意愿。一岁半以后，宝宝就可以用两三个单字组合成词语了，比如说“爸爸抱”“吃饭饭”“香喷喷”等等，这就进入了说词句的阶段了。等到了两岁左右，宝宝就可以说出一个完整的句子了，比如“宝宝要妈妈抱”“宝宝要嗯嗯”等等简单的完整句，来准确地表达自己的需求。

面对宝宝不同月龄的语言发展，很多家长都会用儿化语来跟宝宝讲话，以为这样可以跟宝宝更为亲近。殊不知这种“跟随”宝宝说话的方式只会延缓宝宝语言能力的发展，拖延宝宝从说单字过渡到说完整话的时间。

重复宝宝的错误语音

刚刚学会讲话的宝宝，即便是可以用一两个单字来表达自己的要求和愿望，也有可能存在着发音不标准的情况，比如将“吃饭”说成“七换”，将“糖果”说成“糖朵”，或者将“老虎”说成“老辅”等等，这些都是因为宝宝的发音器官正在成长，但是还没有发育到完善的地步，也就使得宝宝还无法掌握正确的发音方法，发错了音节。面对宝宝这种错误的发音，做家长的不要去重复宝宝的错误发音，因为这样会让宝宝觉得自己的发音是正确的，爸爸妈妈才会跟自己说一样的话。家长应该用正确的发音来纠正宝宝的错误发音，久而久之，在正确发音的指导下，宝宝的音节就会逐渐被纠正过来了。

语言环境复杂

有些家庭里面成员的构成比较复杂，爸爸妈妈、爷爷奶奶有些说方言，有些说普通话，就导致了宝宝学习语言的环境过于复杂，有多种语言在耳边环绕，导致宝宝在模仿大人发音的时候会出现困惑，不知道哪种才是正确的，常常会让宝宝开口说话的时间后延。因此在一岁半到两岁之间，也就是宝宝语言发育的黄金时间，家庭成员说话应该统一成普通话，让宝宝学习最标准的语言发音。

如何改正宝宝的不良习惯

宝宝在尚年幼的时候，多多少少会有一些不好的习惯，有的宝宝喜欢咬指甲，有的宝宝喜欢吸吮手指，还有的宝宝喜欢抠鼻子，如果家长没有及时地改正宝宝的这些坏习惯，就有可能让这种习惯发展成难以纠正的“恶症”，影响宝宝的身心健康。好习惯应该从小开始培养，让宝宝在健康的习惯中快乐成长。

吮手指

吸吮手指是宝宝最为常见的不良习惯，在宝宝 5 个月之前，吮指是一种正常的情况，五个月之后，宝宝偶尔也会因为饥饿或好奇而将手指放在自己的嘴里。但是如果宝宝在一周岁之后仍然习惯不时地将手指放入口中，就说明宝宝已经形成吮手指的习惯了。

有吮手指习惯的宝宝，只要感到无聊，或者遇到困惑，就会下意识地将手指放进嘴里。手指在长期的吸吮之下有可能会发生变形，还会让宝宝的下颌出现发育不良的状况，进而影响宝宝咀嚼能力的发育。想要纠正宝宝吸吮手指的习惯，最好的方法就是一看见宝宝将手指放到嘴里，就要及时将其抽出来，并且告诉宝宝，这是一种不好的习惯，让宝宝意识到行为的不好，慢慢改正过来。如果宝宝是因为情绪的原因而吸吮手指，就要了解宝宝的恐惧和不安是从哪里来的，并且跟宝宝进行沟通，及时关心宝宝，不要让宝宝通过吮吸手指来抚慰自己。

咬指甲

很多宝宝在紧张或者不知所措的时候，都会通过咬指甲来缓和这些情绪，咬指甲对宝宝来讲，似乎有着一种不可思议的安定作用。如果宝宝咬指甲的次数多了，就会不知不觉地养成习惯。因此，要纠正宝宝咬指甲的不良习惯，就要先消除那些能够引起宝宝紧张情绪的因素，关注宝宝的行为举止，一旦发现宝宝正在咬指甲，就要观察周围有什么事情引起宝宝情绪的变化。在宝宝咬指甲的时候不要大声呵斥宝宝，应该温和地阻止宝宝的行为，或者拿其他的东西来分散宝宝的注意力，慢慢地改变宝宝咬指甲的坏毛病。

抠鼻孔

家长都知道，在人前抠鼻子是很不雅的，但是有不少宝宝抠鼻子的习惯却是从大人那里学来的。因此，想要纠正宝宝抠鼻子的坏习惯，家长就要首先养成不抠鼻子的习惯。每次给宝宝洗脸的时候，不要光洗小脸蛋，还要注意清洁宝宝的小鼻孔，将宝宝的鼻涕用纸巾擤出来，将结痂的鼻屎取出来。

如果宝宝因为感冒、鼻炎等众多原因而导致鼻涕量增加，要及时将宝宝的鼻涕擤干净，避免宝宝因为不舒服而自己去抠鼻子。在给宝宝擤鼻涕的时候，要注意不要将面巾纸或手帕直接按压在两个鼻孔上，要先堵着一边的鼻孔，让宝宝将另一边的鼻涕擤出来，再换另一边。平常应该帮宝宝准备一条干净的小手帕，放在宝宝的兜里，也可以准备一些婴儿湿巾放在宝宝的口袋中，以便于随时使用，让宝宝自己学着擦鼻子。

眨眼

宝宝一开始眨眼，可能是因为觉得眼睛不舒服，比如眼睛有炎症，或者出现倒睫毛的情况，让宝宝觉得眨眨眼睛有缓和不适的作用。但是如果总是通过眨眼睛来让自己舒服一些，长期下来，就算引起眼部不适的因素已经排除了，宝宝也会不自觉地眨眼睛，形成一种不良的习惯。眨眼睛有不同的形式，有些宝宝是很用力地眨一下眼睛，等很久以后，再用力地眨另外一下。还有些宝宝是一直快速地眨眼睛，间隔的时间很短。想要纠正宝宝不断眨眼睛的习惯，首先要检查一下宝宝的眼睛是不是有什么异常情况，如果是因为眼睛的问题，就要带宝宝及时去治疗。如果不是疾病的原因，那么在宝宝快速眨眼的时候，就要告诉宝宝，这样眨眼睛是不好的，会让眼睛变得不好看。这样宝宝就会因为紧张自己的眼睛不好看而减少眨眼的次数。

咬衣被

宝宝之所以会养成一些不良习惯，是因为这些不良习惯都具有一定的自慰成分。有些家长工作忙碌，疏于照顾宝宝。有些家长过分强调独立自主，什么事都让宝宝自己做。这个时候正是宝宝依赖心强的阶段，自主的培养虽然很重要，但是适当的关心也是很关键的。如果宝宝得不到足够的重视，就会为了寻找慰藉，而养成一些在大人看来很不好的习惯，比如咬被子，咬衣角，咬下嘴唇等等，甚而习惯于抚摸自己身体的某一部分来寻求安慰。这些习惯随着年龄的增长，会给宝宝带来不好的影响。想要从小纠正宝宝咬衣被的习惯，就要了解宝宝的需求，知道宝宝为什么咬衣角，在宝宝出现这些行为的时候转移宝宝的注意力，让宝宝不要这样做，以其他方式来满足宝宝的需求。

恋物

有些宝宝具有明显的恋物行为，他们对待某一种物品有着强烈的依赖感，一旦不见了那些东西，就会不安、哭闹，甚至出现拒食和失眠的症状。恋物的行为常常发生在宝宝睡觉的时候，因为宝宝在入睡之前总是想得到父母的安抚，如果父母不在身边，这种需求就无法获得满足，宝宝就会感觉到不安。如果这个时候刚好有一种东西可以让宝宝拥抱着，或者抚摸着某种东西可以让宝宝平静下来而安然入睡，宝宝就会逐渐形成“恋物”的习惯。

通常这种恋物的习惯是无伤大雅的，但是如果形成习惯的原因是不安，那么就要从源头上扫清不安的因素了。想要纠正宝宝的恋物癖，就要在宝宝紧张慌乱的时候及时给予抚慰，改变宝宝胆小、拘谨的个性，尽量在宝宝入睡之前陪着宝宝，给予宝宝抚慰。在宝宝抓着某种物体不放的时候，家长要及时转移宝宝的注意力，让宝宝在不知不觉间减少对物品的依赖，慢慢纠正恋物的习惯。

宝宝形成这些不良的习惯，大多数跟家长的教导方式或者养育方法有关。有些家长在忙碌的时候，总是喜欢将宝宝放在一个“没有危险”的地方，给宝宝一个奶嘴或者玩具让宝宝“自娱自乐”。殊不知，这只会让宝宝感到孤独和无聊，从而将注意力放在一些东西或者身体的某些部位上面，以此打发漫长的时间。还有些妈妈在哄宝宝入睡的时候，习惯轻轻拍打宝宝。一旦妈妈因为某种原因而不能时常满足宝宝“被拍”的需求，宝宝就会转而需求另外一种安慰了。所以，想要纠正宝宝的不良习惯，家长首先要反省自己，是不是在养育宝宝的过程中采取了某些不恰当的方式，让宝宝形成这些习惯。不良习惯的纠正要“对症下药”，才能取得最好的效果。不要放纵宝宝坏习惯的发展，要帮助宝宝改掉坏毛病，才能让宝宝更健康更快乐地成长。

为宝宝选择调料有何讲究

味觉是与生俱来的，味蕾能辨别出酸、甜、苦、咸这四种味觉，是通过接触与训练来提升的。以咸味来说，吃含调味料越多的食物，摄取的“钠”及“氯”的机会就会越多，一开始宝宝吃盐分含量过高的食物，口味偏重的可能性就越大，那么日后宝宝偏好咸味的机会就越高。即使等到宝宝稍微长大以后，很多也是喜欢吃自己以前习惯吃的食物，也就是说宝宝对咸味口感偏重的几率就很大。儿童饮食应当以清淡为主。给宝宝添加调味料，至少应做到“四少一多”的原则，即少糖、少盐、少酱油、少味精、多醋。而且还应该尽量避免给宝宝食用咸腌食品、食用罐头和含钠高的加工食品。味精、酱油、虾米等含钠极高，必须少量进食。（参见第 2 篇第 12 章“给宝宝辅食加调味料”）

每天应当给宝宝食用的盐量可参照以下数据：

1 周岁以前以每日不超过 1 克为宜。

1 至 6 岁的宝宝每天食盐摄入量不应超过 2 克。

宝宝膳食中应适当添加食盐，只是尽量避免过多。为了控制好食盐量，在烹调或起锅时，少加盐或不加盐，最好在餐桌上放一瓶盐，可以等菜肴烹调好端到餐桌时再加入盐。因为人的口感主要来自菜肴表面，就餐时放的盐主要附着于食物和菜肴表面，来不及渗入内部，因此吃起来咸味已够。这样既控制了盐量，也避免碘在高温烹饪中的损失。

要解决宝宝在饮食中出现的问题，必须先认识食物是否属于具有刺激口味的食物。一般情况下，新鲜的食物除了一些具有特殊味道的食物，如辣椒、老姜等，其他食物在没有调味料的调味下，大多不具有刺激性的味道。但是食物经过烹饪后，为了加强口感而添加调味品，如食用盐、酱油等调味料，以增加食物的口感；除此之外，还可能会为了特殊风味而使用辣椒酱、番茄酱等调味料来增加口味，在食用时如果用量多时，就会超过食物本身的风味，而成为以调味料的味道为主的重口味食物了。针对这些有刺激性的食物，最好还是不给宝宝食用。

重口味的食物对宝宝的健康有什么影响呢？如果使用的调味料较多，那么像盐对应的元素“钠”的摄取量也会增加，而“钠”与身体中的液体及血压平衡有密切的联系，一旦摄取高钠的食物，体内的细胞就很可能会出现脱水现象，进而有口渴之感，血压也会上升，出现高血压的症状。

因此，需要宝宝从小养成良好的饮食习惯，以清淡为主，预防日后慢性病的发生。虽然不建议给宝宝添加过量的调味料，但总是很难避免出现在宝宝的日常饮食中。建议妈妈为了宝宝的健康，适当地调配一下菜色的做法，如果餐桌上有重口味的菜，可搭配一些蔬菜瓜果等，使口味更加平衡。而且还能帮宝宝吃菜时能以清淡的菜色为主，重口味的菜色为辅，就可省去妈妈为选择菜样带来的很多麻烦。

怎样让宝宝提早说话

每个宝宝的情况都不一样

通常来讲，9 ~ 12 月是宝宝学说话的时间，这个阶段的宝宝已经开始模仿大人的发音了，还会将物品和对应的单字联系在一起，初步具备了理解词义的能力。

在 1 岁半之前，宝宝可以说的音节主要以单字为主，间或用重复的单字来表达自己的需求，比如宝宝会用“抱抱”来表示“妈妈抱我”的意思。这些单字虽然发音不是很清楚，理解起来也比较困难，但是加上宝宝的身体动作，是可以看得出来宝宝想要表达什么的。

在 1 岁半之后，宝宝会使用的词汇量明显增加，范围和音节也在扩大，可以说出由多个单字组成的小短句。虽然这些短句很简单，也没有什么语法规则可言，但是宝宝毕竟已经会开始用句子来表达自己的意思了。到了两岁之后，宝宝的语言会得到迅速发展，学会的句子越来越多，说的字数也越来越多，讲话也就更有逻辑，更丰富了。

怎样让宝宝提早说话

多跟宝宝说说话

有些家长总是认为宝宝还小，就算跟宝宝说话，他也不见得听得懂，所以就很少跟宝宝说话。这是一种错误的观念。因为宝宝智力的发育是从日常生活中的所见、所闻、所感积累起来的，通过不断的刺激来重复对事物的印象，从而在脑中形成对某种事物的认识。脑细胞是通过不断的刺激来促使其发育的，因此不要小看了对宝宝的“絮絮叨叨”，这些絮叨是带领宝宝认识世界的最好途径，也是影响宝宝语言发展的重要因素。

语言发展分成几个阶段，第一个阶段是发音，第二个阶段是理解，第三个阶段就是表达了。想要让宝宝提早说话，在宝宝出生之后就要引导宝宝发音，多跟宝宝进行言语交流，使那些音节和语言的信息留在宝宝的脑海中，为语言发育做好充分的准备。

对刚出生的宝宝，也要给予一个健康丰富的语言环境。好的语言环境是让宝宝提早开口说话的催化剂，在跟宝宝相处的时候要尽量用标准的普通话来跟宝宝说话。比如在给宝宝洗澡的时候、在喂宝宝喝奶的时候、在逗宝宝笑的时候，都要跟宝宝说说话。不需要用很复杂的语言，只要重复那几个单字，或者几句话，就可以让宝宝对语言形成印象，为宝宝语言的尽早发育打下基础，同时还可以加深宝宝跟家长之间的情感交流，让亲子关系更为亲密。

鼓励宝宝多开口

宝宝在不会说话的时候，如果想要表达自己的需求，只能通过身体语言。家长看到宝宝伸长了手去抓奶瓶，就知道宝宝饿了；宝宝“依依呀呀”地用手指着饼干，家长马上就知道宝宝想吃。这些“所指即所得”的生活过得久了，宝宝就会认为，即便自己不开口，任何需要也可以得到满足，那干吗还要说话呢。家长这种过于关注宝宝需求的行为，常常让宝宝丧失了说话的机会和说话的欲望，从而长时间地习惯用身体语言来代替真正的口头交流。

目前，这样的家长很多，尤其是那些爷爷奶奶带的宝宝。有些宝宝开口说话晚，还有一个重要的原因，就是家长不知道如何给宝宝恰当的言语刺激，比如说，在教宝宝说话的时候，总是很枯燥地告诉宝宝怎么说，而不是通过具体、形象、可以触摸得到的事物来加深宝宝对语言的理解。有些宝宝过了一岁半，父母还总是拿那种书面的图片来敷衍宝宝，让宝宝对图学语。

在宝宝学说话的初始阶段，需要的是生动、直接、可触摸、形象的实物刺激，而不是通过抽象的词汇加上图片来认识事物。如果总是用抽象的图文来教导宝宝，宝宝模仿和接受的速度就会比较慢，语言发展的进度也会比较慢。所以，当宝宝想要某件东西的时候，在将东西给宝宝的同时，还要跟宝宝说那是什么东西，重复该物品的名称和特征，比如宝宝要苹果，那就可以在给宝宝递苹果的时候说：“苹果，红红的，好吃。”这样重复多次之后，宝宝就会知道，红色是和苹果联系起来的，从而在脑海里对名词和实物有了具体的联系。因此，一定要多给宝宝进行一些言语刺激，营造良好的语言环境，这样才能让宝宝的语言能力发展得更快更好。

此外，还有一点值得一提，教导宝宝说话需要一个明确的目标定位，也就是说，在教宝宝说话的时候，要稍微教一些超过宝宝此年龄段实际表达能力的话语，当然，这些话教了之后，宝宝不见得会说，但是却可以为宝宝今后语言更高的发展打下基础。比如这个阶段宝宝只能说一个字，那么，家长在教一个单字的时候，也可以适当地教两个字，这样以此类推，让宝宝提前接受超前的语言教育，就可以让宝宝的语言能力得到充分的提高。要注意这仅限于“稍微超前”，而不是“超前很多”。如果在宝宝只能说一个字的时候，教给宝宝整个句子，那就等于什么也没教到。

不要逼宝宝讲话

前面说到，宝宝已经具备了开口说话的条件，但总是习惯用身体语言来“差遣”家长，这样就会延缓宝宝语言能力的发展。但是如果在宝宝还不具备语言表达能力，或者语言表达能力还很差的时候，家长为了让宝宝早点开口说话，而采用“强迫”的方式让宝宝开口，也会让宝宝产生心理阴影，影响语言能力的发展。

比如说，宝宝想要某种东西，而家长拿着那个东西就是不给宝宝，强迫宝宝自己开口要，但是宝宝实际上又不具备说话的能力，这样就容易让宝宝对“说话”这件事情产生反感，等宝宝真正具备说话能力的时候，就不愿意开口了。还有些宝宝，说话的时间比同龄的宝宝要晚一些，家长就觉得宝宝是故意“憋”着不说，常常使出“逼话”的招数，对宝宝威逼利诱，非得让宝宝吱声不可。

要知道，宝宝只有理解了语言，才能具备语言表达的能力，这是一个循序渐进的过程。如果采用强迫的方式，只会让宝宝对说话这件事产生压力，从而在具备表达能力之后用沉默来对抗这种压力。

怎样纠正宝宝的破坏性行为

随着宝宝月龄的增加，会逐渐出现一些破坏性的行为。宝宝的破坏性行为也是最让父母头痛的一件事情。因为这种行为比较难以改变，也会给家长带来无力感和挫折感。但是爸爸妈妈要注意了，宝宝的破坏性行为给宝宝带来的障碍不是这种行为本身，而是父母根本没有留心到宝宝行为的发展，不愿意处理宝宝的破坏性行为。

在宝宝的成长过程中，家长对于宝宝偶尔的无理取闹，偶尔地摔坏东西，大多采取容忍的态度，这也就失去了在宝宝破坏性行为的萌生阶段就将其扼杀在摇篮里的机会。

宝宝破坏性行为持续的时间有长有短，但是不管时间长短，想要改变都是比较困难的。这种改变的难度也可能是因为父母不愿意阻止宝宝，让宝宝出现焦躁不安的状态。因为如果宝宝的破坏欲望得不到发泄，就有可能又哭又闹，家长在这个时候往往就会选择让步或者放弃。这也是一种很正常的“趋利避害”的心理。但是很糟糕的是，这种纵容的行为不仅不会让宝宝得到满足，还有可能强化宝宝的破坏性行为，让他们认为这些行为都是被允许的，也就增加了日后改变坏习惯的难度。

此外，有些家长还会觉得这种破坏的习惯无伤大雅，等宝宝大一些了就自然会懂事了。这也是一种认知上的误区。跟宝宝沟通是很重要的，不要认为宝宝听不懂就不跟宝宝讲道理。大多数人以为真正导致宝宝破坏性行为的原因是焦躁的情绪，只要等宝宝平静下来以后就可以不治而愈了。殊不知很多孩子日后养成的恶劣习性都是从小开始的，因为他们被纵容，而不是被教导。

从小纠正宝宝的破坏性行为是十分重要的，尽管这样有可能导致宝宝的焦躁不安，有可能让宝宝在一段时间内又哭又闹。但是家长千万要提醒自己，就算自己不舒坦，但是一切是为了宝宝日后的身心发育，是不得不为之的。我们不能只看到宝宝短期的眼前快乐，而忽略了日后很长一段时间内的习性养成，家长需要关注的是宝宝的长期快乐。当然，在纠正宝宝破坏性行为的过程中有可能遇到这样那样的困扰或者不愉快，但是只要想这一切都是为了宝宝的以后着想，就什么都值得了。

要不要接受古诗词熏陶

对宝宝进行早教育已经成为多数父母的共识，越来越多的家长通过各种方式来给宝宝进行学前指导。“读经家庭”也就随之蜂拥而起。

什么是“经”呢？这当然是值得探讨的问题。但是在孩子的学前教育中，家长绝对不会忘了让宝宝朗诵诗词，在与其他家长的交往中，父母也常常以宝宝可以背诵几首诗词而骄傲。我们的传统教育模式总是强调直接背诵诗词，而不管宝宝是否理解诗词的含义。让宝宝在学前时期，利用记忆力发育的黄金时间，事先接触一些优秀的诗词作品，对宝宝以后的语感发育都是有好处的。

但是在让宝宝接触诗词的过程中，怎样做才是正确的，才能让宝宝对诗词保有浓厚的兴趣，而不是被强迫着背诗词，引起对诗词的反感呢？如果采取了错误的方式，父母想要培养宝宝“古典韵味”的愿望有可能就会成为宝宝的梦魇。

其实，在让宝宝接触诗词的时候，最有用的方法就是采用丰富多彩的形式让宝宝理解诗词，虽然诗词大多很晦涩，但是如果用通俗的讲法来渗透到日常的生活中，就可以让宝宝更好地了解诗词的含义，从而对诗词感兴趣。

家长们都知道，3 岁前的宝宝处于学习能力迅速上升的阶段，他们对事物的了解和吸收也是整体性的，通过不断的储存记忆来加深印象。在宝宝还没有说话能力的时候，妈妈给他讲故事并不需要每天一个，只要重复同样的故事，时间长了，宝宝的脑部就会受到这些语言的刺激，从而把故事的内容记下来。等宝宝有了说话能力之后，可能还会缠着家长重复已经烂熟于心的故事，直到自己可以将故事复述出来。宝宝不管是念儿歌、打油诗还是古典诗词，都具有这样的特点。尤其是那些重复次数多的内容，总是可以让宝宝的印象更为深刻。

这样的话，家长就没必要等到宝宝会说话了之后再让宝宝接触古诗词，在宝宝出生之后，家长就可以选择一些简洁明了、优美好听的古诗词，像讲故事那样念给宝宝听，让宝宝在成长发育的过程中不知不觉地将古诗词记在脑海中。

宝宝从小就吃惯了的东西，长大之后也不容易拒食。宝宝在襁褓中听到的古诗词，在真正开始接受教育了之后，脑中就会产生“似曾相识”的感觉，从而更快地学习和接受它们。优美的古诗词常常具有节奏感强、形象鲜明、自然流畅等特点，宝宝即便还没有说话能力，也有可能被这些“好听”的话语吸引。如果父母在给宝宝朗读古诗词的时候加上一些生动的动作来解释古诗词的含义，那么古诗词也可以成为宝宝的精神食粮，让宝宝有被抚慰的感觉。如果在宝宝入睡之前给宝宝诵读一些古诗词，还有可能起到催眠的作用，让宝宝更容易入睡。

家长是宝宝的第一任老师，也会是作用最大的老师。宝宝在年幼的时候接触古诗词，最好是由家长，尤其是妈妈亲自教授。如果家长实在没有空的话，也可以放一些朗诵古诗词的光碟给宝宝听。但是光碟毕竟不能代替爸爸妈妈，因此为了宝宝身心的全面发育，父母不管多忙也要抽出时间来参与宝宝的学前教育。如果家长本身缺乏相关的修养，那么也可以先买光碟听过了之后，再复诵给宝宝听。

1 岁宝宝智力提升方法

洗澡

想要提升宝宝的智力，最重要的就是选择合适的环境，掌握合适的时机，这样才能收到最好的效果。对宝宝来说，洗澡是提升宝宝智力的首选方案。（参见第 2 篇第 4 章“让宝宝爱上洗澡”）

家长在给宝宝洗澡的过程中，可以将宝宝身体上的各个构造指给宝宝看，并且告诉宝宝“这是胳膊”“这个是手”“这是脚趾”等等，还要告诉宝宝你正在做什么。比如说妈妈在为宝宝洗脚趾头的时候，要有意识地告诉宝宝：“妈妈正在洗宝贝的小脚趾噢。”同时让宝宝扑腾扑腾小脚，知道脚在哪里。

但是要注意的是，家长在教给宝宝一些事情的时候，不要总是使用儿化语。因为很多家长都觉得儿化语可以拉近自己跟宝宝的距离，所以就总是用“手手”“脚脚”诸如此类的叠词儿化语来跟宝宝说话，殊不知，在宝宝智力提升的黄金时期，只有给宝宝灌输正确的词汇才能让宝宝的语言能力及早发育。家长作为宝宝的第一任老师，传递的信息必须是正确无误的。家长用正确的语音跟宝宝进行交流，有利于培养宝宝对语言的理解能力，让宝宝的智力发育先人一步。

在给宝宝洗澡的过程中，还可以使用一些小玩具来增加宝宝的乐趣，最好是用一些可以漂浮在水面上的东西，比如小塑料瓶、乒乓球、或者小水鸭子等等。正确的做法是，先将水龙头打开，等到水没过宝宝的腰际时关上。用手托住宝宝，让宝宝在浴缸里面坐稳，另一只手把玩具拿起来，吸引宝宝的注意力，同时对宝宝说：“宝贝，看鸭子是在水里游的噢，要游到宝贝那里去了。”这个时候将小鸭子（或其他玩具）放到水里，并对宝宝说：“看，快看，鸭子要游走了，宝贝快抓住它。”

在洗澡的过程中跟宝宝玩这样的游戏，可以提升宝宝的视觉智能和行动智能。可能宝宝一开始玩的时候无法顺利地抓到水里漂浮的玩具，但是几次之后，家长就会发现，宝宝的手眼协调能力得到了很大的提高，已经能够触摸到漂浮在水中的小玩具了。

在玩具玩累了之后，可以换些花样。妈妈可以拿两个小脸盆，一个装着凉水，另外一个装着温水，等宝宝的注意力被吸引过来之后，可以让宝宝把小手伸到温水盆里，然后告诉宝宝：“这是温的水噢。”等宝宝感受几秒钟之后，再让宝宝将双手伸到凉水里（不能太凉），并且跟宝宝说：“这是凉的水噢。”这样交替几次之后，宝宝的触感就会受到刺激，知道哪些是凉的，哪些是热的，有了最初的“冷暖自知”的意识，同时还可以提升宝宝的触觉智能，促进宝宝智能的综合发展。

在给宝宝洗完澡之后，妈妈别忘了给宝宝做一些背部按摩。可以让宝宝趴在床上，然后妈妈轻轻地将自己的手放在宝宝的后颈处，再缓缓地左右移动，从上往下一直按摩到宝宝的小屁股，再用同样的手法从下往上按摩到颈部。来回按摩，可以提升宝宝的触觉智能，对宝宝的身心发育很有好处。

下厨

想要提升宝宝的智力，很多地方都可以好好利用。厨房就是一个提升宝宝智力的好场所，妈妈在厨房做家务的时候，可以适当地让宝宝参与进来，让宝宝做一些有益大脑的小游戏，对宝宝的大脑进行良性的刺激，让宝宝在玩耍的同时，向聪明更迈进一步。

提高宝宝的杯匙意识

妈妈可以拿一个汤匙和一个玻璃杯，用汤匙敲敲玻璃杯，等发出清脆悦耳的声音之后，告诉宝宝："这是汤匙，汤——匙，这是玻璃杯，玻——璃——杯，声音是这样敲出来的。"（玻璃是危险物品，妈妈在教宝宝的时候一定要看紧宝宝）。此外，妈妈还可以拿两个锅盖轻轻碰撞，这时候会发出"咣咣"的声音，等宝宝听到了之后，再告诉宝宝："这是锅盖碰撞的声音。"还可以利用其他的厨具来引导宝宝，只要宝宝觉得有意思，通常都会认真地配合家长。

视觉刺激

妈妈可以拿起一个小青椒，放在宝宝的面前，让宝宝注意力集中在青椒上面，然后再告诉宝宝:"这是一个绿色的青椒。"接着再换一个西红柿，告诉宝宝："这是西红柿，红色的西红柿。"在厨房里，有单纯颜色的蔬果都可以拿来教宝宝认识颜色和物体，以提升宝宝的视觉智能。

碗勺对话

妈妈在用小勺子给宝宝刮苹果糊的时候，可以跟宝宝说："宝贝啊，你看，小勺子好看吗？前面是圆圆的，后边是长长的噢。"不管宝宝有没有回应，都要不厌其烦地告诉宝宝，让宝宝觉得"认识事物"是有趣的事情。长期下来，宝宝就会知道"圆"是什么形状，"长"又是什么形状。尽量多问宝宝一些是非题，让宝宝在没有说话能力的时候也能以点头或摇头来做出回应。

室外

室外也是宝宝进行智力提升训练的好场所。因为在外面，不仅可以让宝宝接触到更多的新鲜食物，还可以对宝宝的触觉、听觉、嗅觉和视觉有一个综合的提升机会，促进宝宝各种感官协调发展。

比如说，抱着宝宝到小区里散步的时候，如果看到路上有比较干净的小石子，可以捡起来放到宝宝的手掌心中，让宝宝感受小石子，并且跟宝宝说："这是石头，是硬硬的，凉凉的，滑滑的，宝贝摸着是不是这样啊？"这样宝宝就更会注意感受手里的石头，意会大人所说的"凉""硬""滑"是什么概念，初步理解这些词汇的意思。

让宝宝去室外感受世界，可以培养宝宝在室外的感知觉机能。不要总是把宝宝关在家里，要多带宝宝出去感受大自然，不管是一只小蚂蚁还是一株小草，都可以成为带领宝宝认识世界的好工具。

左手和右手

有些家长在发现宝宝习惯使用左手之后，总是会费尽心机地帮助宝宝“纠正”过来。那么，我们一定要用右手吗？用左手就必须要纠正吗？答案是否定的。如果宝宝的习惯是用左右，那么强硬地让宝宝改为右手，就会违反宝宝大脑生理的发育规律。不管是想用左手还是右手，都是宝宝自身的权利，大人不可以左右宝宝的自由选择。

那么，想要提升宝宝的智力，到底是用左手好呢，还是用右手好呢？答案是“两手抓，两手都要练”。因为这个阶段宝宝的大脑是自由的，因此想要让宝宝的智力更早地发育，就不能干预宝宝“习惯性使用侧”的建立。但是在宝宝培养习惯的时候要注意，要认真观察宝宝用哪只手比较顺，比较协调，再让宝宝用另外一只手，等宝宝两手都“练”过之后，他自己就会发现哪只手是自己的惯用手，此后家长就不要太过于干预。

家长在这个时候可以给宝宝买一些电子琴等小玩具，让宝宝学着在琴键上锻炼自己的手指，有利于宝宝的手指变得更为灵活，也可以更好地锻炼宝宝的手眼协调能力。

如果家长总是偏执地认为使用右手才是好的，而强硬地让宝宝改用右手，那就可能导致宝宝以后用左眼看书，却用右手写字，影响了阅读的效率。因为身体本能要求孩子用左手，而家长的命令却强迫自己用右手，让孩子的大脑无法取舍，只好眼睛用左边的，手用右边的。明明知道，左手写字比较快，但是却只能照着家长的意思去做，最后导致学习效率低下，家长的这种教导方式最后只会得不偿失。

游戏

宝宝在幼年时期，各种能力都是尚未分化的，不管是运动能力还是智力发育都是联系在一起的。因此想要分化宝宝各方面的能力，进行区别锻炼，选择适当的游戏是很重要的。有益的游戏能够促进宝宝智力的发育，尤其是那些可以锻炼宝宝手眼能力的游戏，对宝宝的智力发育是十分有帮助的。

适合锻炼宝宝手眼协调能力的游戏有画图、堆积木等等。虽然这个阶段的宝宝还无法很好地完成游戏，但是却可以让宝宝兴趣大增，边玩边学。此外，在宝宝沐浴的时候，还可以让宝宝自己舀水冲洗，或者协助宝宝拿着杯子自己喝水。刚开始的时候宝宝不一定能做得很好，但是能锻炼宝宝的手部肌肉，为宝宝的智力发育打下基础。

那么，在跟宝宝做游戏的过程当中，哪些是需要特别注意的呢？

所做的游戏最好配合宝宝发育状况　家长在给宝宝选择游戏的时候，最好先参考一些育儿杂志或者书籍，对不同年龄段宝宝适合什么样的游戏有一个充分的了解。同时结合自己宝宝的发育情况进行选择。但是也不要将杂志或书里的内容绝对化。因为同一年龄的不同宝宝，发育情况也会有所不同。因此，即便自己的宝宝发育比较慢一些，也不要过于着急。

要对宝宝给予鼓励或表扬　如果在游戏的过程中做对了，家长要及时给予宝宝赞扬和鼓励。这样可以让宝宝觉得自己的行为获得了别人的认同，可以提升宝宝的积极性，让宝宝产生快乐的感觉，让宝宝对自己更有信心。

不要勉强宝宝玩游戏　在宝宝觉得累

的时候，或者是犯困的时候，不要强迫宝宝玩游戏。要等到宝宝精力充沛的时候再给宝宝玩。如果给宝宝买的玩具难度比较高，宝宝不会玩，那就可以先放放，换成其他比较简单的玩具给宝宝。稍难的游戏等宝宝大一点再给他玩。

父母要与宝宝共同游戏　父母是宝宝的第一任老师，因此做家长的应该要有足够的耐心陪宝宝玩耍，跟宝宝分享有趣的游戏，不要觉得不耐烦。父母跟宝宝的互动可以增进亲子关系，还可以让宝宝对游戏更感兴趣，为宝宝智力的发育奠定良好的基础。

游戏目录

那么，适合这个阶段宝宝的游戏有哪些呢?

接球运动　妈妈跟宝宝相距1米左右，然后妈妈可以将球轻轻地投给宝宝（要软的球），同时教宝宝接球。之后再让宝宝将球投回给妈妈,鼓励宝宝重复这些动作，在言语上赞美宝宝，这样宝宝就可以边游戏，边锻炼手臂肌肉。

积木游戏　家长可以先拿两三块积木搭给宝宝看，以勾起宝宝的兴趣。等宝宝跃跃欲试之后，再教宝宝如何组合积木，锻炼宝宝的手眼协调能力。

爬追游戏　将一个玩具放到宝宝一米之外，让宝宝自己爬过去拿玩具。或者在地上放一些小球，宝宝在抓小球的时候会滚动，这样宝宝就会追着小球爬动了。这样可以在不知不觉间使宝宝的运动机能和手眼功能得到锻炼。

听儿歌　妈妈可以放一些儿歌让宝宝听，还可以教导宝宝随着儿歌摇摆自己的身体。或者将宝宝放在床上，让宝宝抓着妈妈的手做上下提升的动作，这样既可以锻炼宝宝的听力,也可以锻炼宝宝的身体。

玩具

提升宝宝智力最有效的道具就是玩具。给宝宝一些提升宝宝能力的玩具，可以加快宝宝的身心发展。玩具的意义不仅仅是用来玩的，更重要的是促进宝宝的生理和心理协调发育，这才是最重要的。

一般而言，为宝宝选择玩具要考虑以下几点：

方便清洗和清洁，适合宝宝发育情况，玩具必须是安全的，所选玩具要能促进身心机能的发展，给宝宝的玩具必须是宝宝喜欢的。在利用玩具提升宝宝智力的过程当中，要让宝宝掌握主动权，而不是家长做宝宝看。虽然家长在宝宝玩之前要教宝宝如何玩，但是在宝宝自己动手时，不要指挥宝宝“你要做这个,那个是错的”。如果宝宝习惯了家长在一旁指导，就会产生惰性，而不愿意自己动手了，也就错失了独立思考能力的发展,从而缺乏自主性。

此外，在宝宝玩玩具的过程当中，爸爸妈妈还要注意多跟宝宝说话，将语言能力的提升加入到游戏当中，跟宝宝进行互动。这样既可以促进宝宝智力的发展，又可以提高宝宝的语言能力，一举两得。

七、宝宝智能发展水平测试

1岁1个月

分类	项目	测评方法	通过标准
大动作	手脚并用爬一两级台阶	将玩具放在楼梯上，让宝宝去取	可以手脚并用爬上台阶
精细动作	堆砌2块积木	家长给宝宝示范堆积2块方积木，接着推倒积木，鼓励宝宝搭高	搭高2块积木
认知能力	指出身体的3个部位	家长问宝宝“耳朵在哪里？”“鼻子在哪里？”“嘴巴在哪里？”	宝宝能用手将身体的3个部位正确地指出来，试5次，成功3次即可
言语	说出儿歌 的最后一个字	给宝宝念3个字1句的儿歌，鼓励宝宝将最后一个押韵的字讲出来并鼓励	可以说出儿歌的最后一个字
情绪与社会行为	听到叫自己的名字会有反应	家长在宝宝背后叫他的名字	听到叫自己名字，并作出反应

1岁2个月

分类	项目	测评方法	通过标准
大动作	双臂随大人上下运动	在宝宝注视下，大人将自己的手 臂举起来，再放下。接着鼓励宝宝模仿	双臂可以随着大人的口令而上下运动
精细动作	将小球放进瓶子里	鼓励宝宝将一颗小球投进瓶口直径约2.5厘米的瓶子里	可以正确地将小球投进瓶子里
认知能力	知道烫的东西不可以去动	仔细观察宝宝对一些烫的东西是否有记忆，是否知道不可以徒手去摸	知道烫的东西不能摸
言语	说2～3个字的话	观察宝宝是否是有意识地阻止语言	能有意识地说出2～3个字的话字的话
情绪与社会行为	完成指令“捡起玩具”	当宝宝的玩具掉在地上的时候，家长要抱宝宝将弯曲捡起来	可以根据大人的指令将玩具捡起

1岁3个月

分类	项目	测评方法	通过标准
大动作	向前方抛	家长给宝宝示范向前方抛球的动作，鼓励宝宝跟着一起做	宝宝可以模仿家长的动作，在抛球的时候手和身体都没有扶助物
精细动作	用4块积木排火车	家长给宝宝示范用4块积木排成一列火车，等推掉之后再鼓励宝宝重新搭	宝宝会排出“火车”
认知能力	会指出红色	将红、黄、蓝、绿四种颜色的卡片放在宝宝的面前，让宝宝说出正确的颜色	宝宝可以正确地将红色或其中的一种颜色指出来
言语	会叫爷爷、奶奶	教宝宝叫爷爷奶奶	在叫爷爷或奶奶时发出“爷爷”、“奶奶”的声音
情绪与社会行为	有同情心	看到别的小朋友哭了，宝宝是不是也会出现难过的情绪	可以感受别人的心情

1岁4个月

分类	项目	测评方法	通过标准
大动作	双臂随大人上下、前后运动	示范举双臂上下、前后运动，鼓励宝宝跟着做	能随着大人的动作上、下、前、后运动两臂
精细动作	用4块积木搭出塔	家长给宝宝示范用4块方积木搭出塔，推倒后再鼓励宝宝搭	可以顺利地将4块积木搭成塔状
认知能力	会指眼、鼻、耳、口、手	家长问宝宝：“眼睛在哪里？”“耳朵在哪里？”“小手在哪里？”等等	宝宝可以用手指指出4个以上部位
言语	发出6～8个字音	观察宝宝有意识地说话的情形	宝宝可以有意识地说出6～8个单字（名词或动词，爸爸妈妈除外）
情绪与社会行为	积极探索周围的环境	在宝宝高兴的时候，让他一个人在家里自由活动，家长可在一旁观察宝宝	宝宝会主动地探索室内的物品，翻东翻西

1岁5个月

分类	项目	测评方法	通过标准
大动作	牵着大人的手上楼梯	将宝宝领到楼梯下，牵着宝宝的手，鼓励宝宝一个台阶一个台阶地往上走	宝宝可以牵着大人的手用力地迈上台阶
精细动作	将三角形板放进三角形的板穴内	妈妈可以用厚纸板制作出三角形、圆形和正方形三种图形板，接着将三角形板放进三角形的板穴内，让宝宝跟着妈妈做	宝宝可以正确地将三角形板放进 板穴内
认知能力	看图指出四种物体	给宝宝出示7～8张图片，家长跟宝宝一一说出图片中物体的名字，之后让宝宝看图指出物体为何物	可以正确地将图中的物体指出来
言语	说出自己的名字	家长可以询问：“宝贝叫什么名字啊？”鼓励宝宝回答	宝宝可以正确地将自己的名字说出来
情绪与社会行为	会替大人拿东西	家长可以吩咐宝宝去拿东西，比如小球、小调羹、小板凳等等	宝宝会根据大人的指令将东西正确地拿过来（三种东西）

1岁6个月

分类	项目	测评方法	通过标准
大动作	牵着大人手下楼梯	牵着宝宝的手迈上两层阶梯，然后再牵着宝宝的手，鼓励宝宝下楼梯	大人先迈下2个台阶，宝宝可以两步迈一个台阶
精细动作	从瓶中倒出10个小弹珠	鼓励宝宝将10颗小弹珠放进透明的瓶子里面，再引导宝宝将小弹珠拿出来，注意不要跟宝宝说“倒出来”	宝宝可以将全部的小弹珠拿出来或者倒出来
认知能力	认出自己的东西	将宝宝的鞋子、帽子、袜子或者其他物品和爸爸妈妈的东西放在一起，要求宝宝：“宝贝，你要将自己的东西挑出来噢。”	宝宝可以从一堆物品中挑出两三件属于自己的东西
言语	说出10个字音	家长要注意观察宝宝有意识地说话的情形	宝宝可以有意识地讲出10个左右的名词或者动词
情绪与社会行为	会保护自己的玩具	宝宝在玩玩具的时候，如果有小朋友来拿，看看宝宝有什么样的反应	别的小朋友跟宝宝一起玩，宝宝不愿意将自己的玩具让出来

第 5 章
1.5 ~ 2 岁宝宝的智能提升

一、认知能力提升训练

观察能力的培养

培养上下、左右、前后方位的意识 在跟宝宝做游戏的时候，要及时告诉宝宝："玩具在盒子里"、"球在箱子外面"、"娃娃在宝贝后面"等等。

辨别多少 要让宝宝具备"多"和"少"的概念。在给家人分糖果的时候，要让宝宝看看分得是不是一样多。可以将糖果放在桌子上，比比看谁的那堆糖果比较多。还可以通过画图的方式，让宝宝来认识"多"与"少"。

比较高矮 要让宝宝知道什么是"高"，什么是"矮"。爸爸妈妈可以在宝宝面前比身高，同时告诉宝宝："宝贝看，爸爸高，妈妈矮。"或者让宝宝跟家长比身高，让宝宝知道妈妈比自己要"高"。还可以用各种不同的道具来比高度，或者指着小狗小猫做对比。在父母有时间的时候，可以带宝宝去动物园逛逛，让宝宝指出哪种动物比较高，哪种动物比较矮。还要提出一些假设性的问题，比如小猫比小狗矮，但是如果小猫爬到树上，就比小狗高了，让宝宝知晓"高"和"矮"是相对的，而不是绝对的。

指导宝宝对事物进行观察 这个阶段的宝宝有着强烈的好奇心，父母要适时地指导宝宝观察各种事物，如身边的植物成长，开花结果，或者宠物，都可以成为宝宝的观察对象。比如："宝贝，看小狗在吃什么？""蝴蝶飞过来了，宝贝看漂不漂亮？""白色的小花开了，宝贝快来看""宝宝闻，什么味道这么香？"等等，这些都有助于带领宝宝认识世界，加深对世界的了解。

记忆力的培养和思维发展

记忆能力

词汇记忆

家长在给宝宝讲故事或者给宝宝诵读儿歌、诗词的时候，要有意识地稍微停顿一下，让宝宝适时地补充缺失的内容。当然，这要建立在宝宝长期听某篇诗词或某首儿歌，已经有一定记忆的基础上。要先从简单的开始，让宝宝填补某个单字，再让宝宝慢慢增加到一个词语，一句话。这样循序渐进，既可以提升宝宝的记忆力，也能促进宝宝语言能力的发展。

实物记忆

想要锻炼宝宝对实物的记忆力，可以给宝宝提供一件玩具，让宝宝的注意力集中到玩具上面，然后在宝宝面前将玩具放到盒子里，盖上盖子。等几分钟之后，再让宝宝说出放进盒子里的玩具是什么。

思维发展

比较大小

将纸片剪成不同大小，或者给宝宝一些大小差异比较大的玩具，让宝宝比较物品的大小，同时让宝宝将比较大的东西挑出来，对不同大小的东西进行简单的概括和分析，熟悉物品大小的区别。

物体归类

家长可以给宝宝准备一些颜色差异较大的物品，让宝宝根据颜色将物体区分归类，或者在家长的提示下将某种颜色的物品找出来。在游戏的过程中，还可以让宝宝将不同颜色的东西挑出来放在不同的盒子里。比如说，将颜色各异的积木进行区分，这个盒子里放红色的积木，而另外一个盒子里则放绿色的积木，锻炼宝宝物体归类的能力。

培养宝宝解决问题的能力

比如教宝宝用衣架将够不到的玩具拉到跟前，或者用小木槌将木板顶到沙堆里等等。慢慢让宝宝学会独立思考，摆脱依赖的习惯，具备解决问题的能力。

想象力和创造力的培养

模仿游戏

想要促进宝宝想象力和创造力的发展，模仿游戏是很有效的途径。家长可以指导宝宝模仿日常生活中的小情节，也可以想出一些很有意思的情节内容来指导宝宝进行模仿，让宝宝在模仿中学会创新，具备初步的创造能力。

让宝宝学习绘画

家长可以有计划地培养宝宝的绘画能力，因为绘画是以观察为基础的，宝宝看到什么就可以通过手上的画笔画出来。即便宝宝没有绘画的天分，也可以让宝宝在涂涂抹抹中增加学习的乐趣。让宝宝学习绘画不仅可以提升宝宝观察和认识事物的能力，还能够锻炼宝宝的手部肌肉，让宝宝初步具备审美能力。

如果宝宝对绘画很感兴趣，并且表现出一定的天分，就可以让宝宝更为深入地学习，培养宝宝的创造能力和想象能力，同时也能让宝宝感受到艺术的美好、生活的美好和自然的美好。让宝宝学习绘画，可以培养宝宝的专注能力，让宝宝进行独立思考，促进宝宝智能的发展。

培养宝宝欣赏音乐的能力

音乐是很神奇的东西，它可以给予人以美的享受。想要提升宝宝的创造能力和想象力，可以让宝宝多听一些音乐。在宝宝出生之后就可以不时地放一些世界名曲给宝宝听，让宝宝在成长的过程中感受到旋律的奇妙，进而培养宝宝的乐感，让宝宝具备区分音节长短、音量高低和节奏快慢的能力，增强宝宝的音乐感受力，促进宝宝听觉能力和智能的发展。节奏感强、有趣的、或者宝宝熟悉的乐曲具有促进宝宝想象力发展的作用。想要培养出一个聪明宝宝，就要从小培养宝宝欣赏音乐的能力。

宝宝的自理能力

用汤匙进食

如果家长发现宝宝可以自己用汤匙来吃饭喝汤了，这就表示宝宝手腕的动作已经日渐成熟，趋向于成人了。这个时候宝宝的自理能力也得到了一定的提高，对宝宝的培养要求可以适当地提高一些。在宝宝可以自主运用汤匙来吃饭之后，还可以培养宝宝的用餐礼仪，教给宝宝正确的吃饭姿势。比如让宝宝吃饭的时候要一只手拿着餐具，另一只手扶着碗。宝宝在吃完之前不能离开餐桌，也不可以洒落太多食物在桌子上，等等。

培养建议

家长要先教宝宝使用汤匙，拉着宝宝的手，学会“舀”这个动作，还要帮助宝宝将汤匙中的食物送到嘴里。

可以给宝宝提供一些娃娃的玩具，让宝宝通过娃娃练习吃饭。等宝宝学会怎么喂宝宝之后，就可以运用到自己身上了。

平时，可以多跟宝宝玩一些可以锻炼手腕动作的游戏，比如堆积木、铲沙子等，这样可以有效地提高宝宝手腕的灵活度。

爸爸妈妈可以请其他的小朋友来家里，跟宝宝一起吃饭，让宝宝模仿别的宝宝的吃饭方式，让宝宝自愿学习吃饭，尽量使用汤匙来进食。

咀嚼固体食物

这个阶段宝宝的口腔肌肉越发地灵活了，牙齿的咀嚼能力也在迅速提升，可以吃的东西也越来越多了，这样有利于宝宝身体发育中的营养平衡。值得一提的是，否则，家长要提醒宝宝记得细嚼慢咽，不要囫囵吞枣，既不利于消化，也容易噎着。

培养建议

家长可以给宝宝提供稍微硬一些的饼干，或者将苹果切成片状让宝宝练习咀嚼，同时要教宝宝用门牙来将食物咬断，用舌头将食物送入喉道再吞进去。此时，要提醒宝宝先吃一口吞下去，再吃另外一口。

家长在给宝宝准备食物的时候，不要将食物切得太细，要多给宝宝一些学习咀嚼的机会，让宝宝学会如何咬断食物。比如一些青菜或者肉丝等等，都是宝宝练习咬断和咀嚼食物的好东西。

在家长的协助下练习刷牙

刷牙是一种良好的卫生习惯，让宝宝学习刷牙，既能让宝宝的口腔保持卫生，也可以锻炼宝宝的手部肌肉运作。可能宝宝一开始学习的时候还不能刷得很好，不过让宝宝学习刷牙的重点是要让宝宝懂得早晚要刷牙这件事。这个时候家长要特别耐心地教宝宝，持续帮助宝宝掌握刷牙的诀窍，直到宝宝会自己刷牙为止。（参见第 1 篇第 7 章“训练宝宝刷牙”）

培养建议

首先要教宝宝将牙刷放进嘴里，一开始的时候宝宝可能会觉得不习惯，妈妈可以先在宝宝的手指上套上牙刷套，让宝宝渐渐地接受牙刷。才开始接触牙刷的时候，可以不用给宝宝挤牙膏，刷牙的时候直接用水来漱就行了。或者在牙刷上抹点儿盐巴也可以。

家长不要光指导宝宝刷牙，要拿起牙刷跟宝宝一起刷。将自己刷牙的动作呈现给宝宝看，让宝宝模仿家长的动作。因为刷牙需要较多动作的协调，包括眼部、嘴部和手部的合作，因此，可以让宝宝对着镜子练习刷牙，方便宝宝更快地掌握正确的刷牙姿势。

教宝宝刷牙的时候，要让宝宝先刷前面的牙齿，再接着刷后边的牙齿。

家长要对宝宝刷牙的行为进行鼓励。因为宝宝一开始学刷牙还不是很熟练，也无法刷得很干净，因此就有可能出现挫败的情绪。家长要随时鼓励宝宝、赞美宝宝、协助宝宝。可以先让宝宝学着自己刷牙，等宝宝刷过了，再抬起宝宝的小嘴，帮宝宝完整地刷干净，使宝宝的口腔保持卫生。

在家长的协助下脱外套、裤子及鞋子

在宝宝学会穿衣裤之前，先要学会怎么脱衣裤。因为“穿”比“脱”要难，因此要先会脱，再学穿。可以先给宝宝提供一个衣裤可穿脱的娃娃，让宝宝用娃娃来进行穿衣脱衣练习，最后再运用到自己身上，就不会那么笨拙了。

培养建议

短袖和短裤比长袖和长裤更容易穿脱，因此在培养宝宝独立穿脱衣裤的时候，最好从短袖和短裤开始练习，不管宝宝采取什么姿势，只要能够顺利地将衣服脱下来就行。

在脱衣服的时候，会运用到关节的部分。因此，家长可以仔细观察宝宝的习惯动作，帮助宝宝将动作进行分解。比如脱外套，可以教宝宝先将衣扣解开或者将拉链拉下来，将袖口往前拉，再将手从袖子中抽离出来。家长在旁边可以适时地给宝宝提供协助，让宝宝对脱衣服有信心和学习的欲望。

在给宝宝脱裤子的时候，要先让宝宝站在床上，然后帮助宝宝将裤子往下拉，再让宝宝坐下来，自己动手将裤子从脚踝拉出来，将脚“解放”出来。

在大人协助下穿衣服

让宝宝学会穿衣服，要从容易穿的衣服开始学起。套头式衣服和开敞式衣服的穿法不一样，开敞式的衣服比套头式的衣物更容易穿脱，因此可以先让宝宝学习穿开敞式的衣服，等到宝宝两三岁时再让宝宝练习穿脱套头式衣服。开敞式的背心比短袖还更容易穿脱，因此可以将开敞式背心作为宝宝学习穿衣服的第一选择。

培养建议

想要让学会穿衣裤，就要先让宝宝学会如何分辨衣物的正面和背面，帮助宝宝先穿上一边，再让宝宝自己穿上另外一边，边学习边实践。

在给宝宝穿裤子的时候，要先让宝宝坐在床上，帮助宝宝将脚伸到裤管里面，再将裤子拉到宝宝的大腿处，接着让宝宝坐起身来，把裤子往上提，然后再做最后的整理动作。

在教宝宝穿衣服的时候，要根据宝宝动作协调能力发展的情况，来适当地增加穿衣服的难度。

在宝宝练习穿衣的时候，要给宝宝留出足够的练习时间，要耐心，不要总是催促宝宝，更不要因为宝宝做不好就责骂宝宝，那样只会打击宝宝学习穿衣服的积极性，让宝宝缺乏信心，进而丧失学习的动力。

帮忙做简单家务

妈妈不管是在收拾厨房或者做其他家务的时候，都可以给让宝宝提供一个帮忙和学习的机会。家长在做家务的时候，其实就是宝宝的学习和模仿对象，这样就能给宝宝增加乐趣，还能顺便锻炼宝宝各方面的能力。比如让宝宝擦小碗（塑料碗），或者摆筷子等等。值得一提的是，不要用大人的标准来要求宝宝，宝宝愿意学习就很好，应该及时给予宝宝鼓励和赞美。

培养建议

宝宝将玩具散落一地，在给宝宝收拾之前，要先让宝宝知晓，什么东西应该放在什么地方，最好是有一个固定的位置，让宝宝在脑子里形成明确的“定点”印象。每次在给宝宝拿玩具之前，都要告诉宝宝，玩完了要放回原处，父母有空的话，最好是陪着宝宝一起玩，结束了之后再跟宝宝一起收拾。

在做其他家务的时候也是一样，家长在一旁做，让宝宝在一旁看。时间长了，宝宝也会产生想要尝试的心理。可以给宝宝准备一些专用的小工具，比如棉质的抹布或者小围裙等，让宝宝跟着家长一起擦桌子，擦小汤匙，宝宝做的好的话要及时给予宝宝鼓励。

练习如厕及表达需求

宝宝可以表达自己想上厕所的意愿，必须是在排泄器官发育成熟，括约肌对尿意和便意有感受之后，才可以用言语将自己想如厕表达出来。在宝宝成长的阶段里，家长一定要学会耐心，就算宝宝仍旧尿床或尿裤子，也不要太过于着急，要顺其自然，不要因为宝宝偶尔的小便失禁而大发脾气。（参见第 1 篇第 7 章“让宝宝学会控制大小便”）

培养建议

想要训练宝宝自己上厕所，可以先给宝宝准备一些卡通图案的坐便训练器。在家长上厕所的时候，可以带着宝宝一起，让宝宝模仿大人上厕所的姿势，了解正确的如厕方式是怎么样的，再应用到自己身上。

要掌握好宝宝大小便的频率，在觉得宝宝快要排便的时间里，询问宝宝是不是想上厕所，然后让宝宝坐在坐便训练器上，三五分钟之后，如果宝宝可以顺利地将尿便排出来，就说明宝宝已经适应了坐便器。这个时候要对宝宝加以鼓励，增强宝宝的自信心。

教宝宝上厕所的时间最好是在夏天，因为这个季节穿的衣裤很少，就算不小心弄脏了比较容易清洗。男宝宝跟女宝宝如厕的方式有所区别，因此家长应该根据宝宝的性别，再决定让爸爸还是妈妈带着宝宝如厕，让宝宝学习到正确的如厕方式。

二、语言提升训练

宝宝的语言能力

最爱说“没了”

1.5 岁 ~ 2 岁的宝宝语言学习速度是非常快的，平均每天就可以学会一个新的单词或简单句。这个年龄段的宝宝当中，有一半的宝宝可以讲出 100 个左右的词汇。这些词汇通常是宝宝在日常生活中经常用到的，或者家长在宝宝面前重复次数比较多的。宝宝有很强的模仿能力，不管是家长说的话，还是其他人讲的句子，都会在宝宝的脑子里形成印象，从而组织成自己的句子。

这个阶段宝宝最喜欢说的词就是“没了”。在这个月龄期，大多数宝宝都具备了组字成句的能力。尽管宝宝说出来的句子可能还不是那么通顺，也没有什么语法，但是大多数句子在别人听起来还是能够理解得了的，或者可以通过宝宝的一两个词，拼凑出宝宝想要表达的意思。宝宝现阶段的语言能力就像是发电报时运用的简短语言，虽然少，却能够有效地表达出想要传达的内容。

父母在宝宝入睡之前给宝宝讲故事，可以让宝宝更快地入睡。这个阶段的宝宝已经能听一个完整的故事了。父母可以给宝宝选择一些比较温馨的故事，让宝宝将故事里的美好感觉带入梦乡，而不要选择那些比较恐怖的故事，让宝宝在梦里惊醒。因为那些越是可怕的故事，宝宝对其的好奇心就越强，如果不讲完宝宝通常是不愿意睡觉的，但是讲完又会给宝宝造成心理阴影，这种阴影造成的刺激会让宝宝夜醒啼哭，还会影响宝宝的正常心理发育，对宝宝的成长是很不利的。

学着自己看图书，讲故事

如果父母在宝宝婴儿时期就开始给宝宝讲故事，那么到了这个年龄段，宝宝的语言能力渐趋完善，就已经有可能反过来给父母讲故事了。宝宝可以讲的故事，大多数是在宝宝脑海里留下深刻印象的，或者是父母反复给宝宝重复多次的故事。有时候宝宝还会根据自己的想象力，给故事增添一些色彩。宝宝还会将故事里的主人翁换成自己，或者其他人。

这个阶段可以让宝宝自己看图画性的故事书，这对提高宝宝的想象力和创造力是很有帮助的。家长要教宝宝如何看故事书，有些宝宝会像模像样地跟大人一样翻故事书。最好是选择图片多、色彩鲜艳的故事书，比较能够增加宝宝阅读的兴趣。另外还有一些宝宝，虽然看不懂文字，却对文字比较感兴趣，家长也可以适当地给这样的宝宝提供一些图文结合的画册，让宝宝从小培养对文字的敏感性，为宝宝的智能发育打下坚实的基础。

多给宝宝听儿歌

宝宝在这个阶段积累了很多的单字和句子，如果父母适时地开始教宝宝认字，宝宝智能发育的时间就会提早。在教宝宝认字的过程中，一定要结合正确的发音，让宝宝将语言和文字结合起来学习，促进宝宝各方面能力的协调发展。

这个时候宝宝可以用语言来完整表达自己的要求和意愿，尽管有时候还会磕磕巴巴，但是心中的想法却已经不用光靠身体语言来表达了。有些已经学会说话的宝宝就会开始“不安分”了，听到别人唱歌，自己也会跃跃欲试了。这个时候的宝宝说话常常跟唱歌一样，有高音低音，升调降调，表情也比较丰富。

根据这个时期宝宝语言发育的特点，可以给宝宝多听一些儿歌和押韵的诗词。因为儿歌是非常朗朗上口的，可以让宝宝通过旋律来记住更多的东西，增强宝宝的记忆能力。因为很多时候，我们背诵了一句话常常会忘记，但是学会了一首歌，却总是能够脱口而出。旋律可以帮助记忆，这是毋庸置疑的。

这个阶段的宝宝虽然不知道儿歌的意思，但是却可以一字不漏地将儿歌背下来。这是因为宝宝的兴趣不在歌词上，而在儿歌的旋律上。如果妈妈有空的话，最好跟宝宝一起听儿歌，或者亲自教宝宝唱儿歌。因为当妈妈满面笑容地教宝宝的时候，宝宝也会感受到那种幸福和快乐，记忆也就更深刻了。有些时候宝宝学会了儿歌，还会缠着别人一定要找到一个听众，这个时候家长也不要拒绝宝宝，要有耐心地细心聆听，让宝宝有一种成就感。在宝宝唱完还要适时地给予鼓励，让宝宝在学习的道路上充满信心。

宝宝为什么大喊大叫

这个阶段的宝宝有时候会无缘无故地对着别人大喊大叫，脾气来了，还会摔东西，家长不要误认为这是宝宝的性格出现问题。其实，这是因为宝宝的语言表达能力无法很好地传达自己的意愿，思维能力高于语言能力，宝宝急了，就会大喊大叫，甚至莫名其妙地气哭。另一方面，这个阶段的宝宝还会通过喊叫的方式来吸引别人的注意力，让自己成为人群的焦点。碰到宝宝无理取闹，家长不能放之任之，但是也不能训斥宝宝，应该跟宝宝好好沟通交流，了解宝宝的想法。妈妈可以这样跟宝宝说：“妈妈知道，宝宝有话要告诉妈妈，但是宝宝太小了噢，所以还没办法完整地说宝宝想要什么。宝宝别急，来，慢慢跟妈妈说，妈妈可以猜得到的噢。”在宝宝表达了一点想法之后，家长就可以通过宝宝的只言片语来理解宝宝的意图，询问宝宝：“宝宝是不是想要这个呀？妈妈有没有猜对？”可能宝宝这个时候对妈妈的话还是一知半解，但是对宝宝来讲，妈妈说什么已经不是那么重要了，重要的是妈妈对宝宝的关心，知道要耐心地对待宝宝。这个时候宝宝就可以感觉到家长的理解和爱护，对宝宝来说已经很够了。宝宝就不会再大喊大叫，可以安静下来，避免挫折感的产生。

对自己名字很敏感

这个阶段的宝宝对自己的名字十分敏感，已经知道自己叫什么了。在数月前，宝宝对于自己的名字还不能很快地做出反应，但是短短的时间内，宝宝已经有名字意识了，对于家长的召唤，总是可以迅速地做出反应。有时候妈妈话还没说完，宝宝就会大声地回答妈妈，或者“咚咚咚”地跑到妈妈身边，看看妈妈叫自己有什么事情。不要轻视了宝宝这个小小的进步，这是宝宝反应能力的急速提升，说明宝宝对于自己看到的、听到的东西已经可以做出快速的反应了，也说明了宝宝视觉、听觉和行动力相互配合能力的快速发展，是非常值得嘉赏的。

会凭经验办事了

这个时段的宝宝主要是通过触觉、嗅觉、听觉和视觉来感知万事万物，也是通过这些感官来学习知识和认识事物。宝宝的思维能力有了较大的发展，已经可以将自己的经历运用到对事物的认知上面了，开始懂得举一反三。比如说，妈妈会跟宝宝说，不要接近煤气灶，因为会烫，味道也不好。有些妈妈为了让宝宝了解到厉害关系，还会让宝宝将小手放到煤气灶边来感受火的热浪。如果宝宝曾经感受过“火浪”，就会在脑海中形成对火的印象，通过大脑的编码告诉自己，火是不可以碰的。这样，就算宝宝看到没有点燃的煤气灶，也不会想要去摆弄，因为知道“烫”。这说明宝宝已经会利用自己的经验来决定行为举止了。

这个阶段的宝宝，最为重要的不是宝宝会背多少诗词、会唱多少儿歌、认得多少生字，重要的是宝宝的思维能力有没有得到长足的发展，宝宝具备了多少生活的常识，宝宝有没有独立解决吃饭穿衣的能力，宝宝有没有养成良好的生活和睡眠习惯。家长应该多带宝宝出去接触人群，接触大自然，让宝宝学会与人分享美好事物，懂得与人进行交流，这样才能更好地促进宝宝的健康快乐成长。

协调注意力的能力

宝宝在这个阶段也具备了协调注意力的能力。所谓的协调注意力，指的是宝宝可以一边玩玩具，一边注意家长教如何玩，并且可以在家长的教导下进行玩具的组装。这个时候宝宝会听着家长的话，专注地看着家长如何做，然后模仿家长的动作，跟家长进行配合，来学习如何正确地使用玩具或者其他器械。如果宝宝没有很好的协调注意力的能力，就会在学习的过程中分心，无法很好地边听边学，也没有办法同时对妈妈的“讲”和“做”投入足够的注意力，学习的效果也就差了很多。

情绪不稳定

1岁8个月到2岁的宝宝，有时候会表现得很乖巧，自己一个人就可以玩很久，不需要大人来照顾。有些宝宝只要给他们一些玩具，就可以玩得手舞足蹈，嘴里自言自语，一会儿扮演宝宝，一会儿扮演妈妈，一会儿又扮演爸爸，自娱自乐，玩得兴高采烈。但是宝宝情绪在某一天忽然就转变了，变得对周围的一切都不顺眼，甚至会将自己平常最喜欢的玩具扔掉，甚至会大哭大闹。碰到宝宝出现这种情况，家长一定要冷静下来，不要跟宝宝一起发脾气。不管宝宝的情绪有多么不稳定，都不要在宝宝面前表现出焦躁的情绪，更不能指责宝宝或者对宝宝大加训斥。这个时候应该陪在宝宝身边，不要离开。不要站着俯视宝宝，最好蹲下来跟宝宝的视线平行，再用缓和的语气询问宝宝。在跟宝宝开口之前，最好先酝酿一下，可以这样问宝宝："宝贝，妈妈知道你不开心，妈妈理解宝贝，可是你要将自己为什么不开心讲给妈妈听，妈妈才可以帮宝贝解决问题嘛，对不对？妈妈一直在，只要你说，妈妈就会帮你的噢。"这样宝宝就可以感觉到家长对自己的理解和关怀，就可以让宝宝的情绪平静下来了。

利我与利他

这个阶段的宝宝已经不再那么"自私"了，认为什么东西都是自己的。宝宝已经开始懂得"分享"这件事了，会知道自己喜爱的东西要跟小朋友一起玩。但这个阶段的宝宝又是很"别扭"的，因为宝宝既希望保有自我，又希望跟别人一起玩耍，既想要跟别人分享东西，又有独占好东西的心思。这个时候家长就要注意宝宝感情表达的培养了，要帮助宝宝学会乐于助人，让宝宝知道与人分享是一件可以让自己快乐，也可以让别人快乐的事情。

家长不要总是强迫性地要宝宝将自己的"爱物"贡献出来，也不要一味地教宝宝对待别人要谦让，这样只会造成宝宝的逆反心理。有些家长急于改正宝宝"自私"的坏毛病，所以在宝宝跟其他小朋友玩耍的时候，就会让宝宝让着其他小朋友。宝宝跟其他人发生争夺物品状况的时候，妈妈也要宝宝将东西让给别人，希望让宝宝不要那么自私，这是一种错误的教导方式。因为妈妈这样做是强迫宝宝接受"分享"这件事，包含着勉强的成分，就会让宝宝越来越守护自己的"财产"，而不愿意跟别人分享。如果不是很严重的争执，妈妈应该让宝宝自己跟小朋友解决，而不要大加干涉。平常多教宝宝一些"分享就是让快乐加倍"的道理，让宝宝懂得如何处理"争夺"事件，这才是最重要的。

宝宝的语言大突破

词汇质量大突破

宝宝1岁9个月大的时候，妈妈就会惊喜地发现，宝宝懂得的词汇数量直线上升，质量也有了很大的突破。宝宝以前所学会的词语多数都是日常生活中重复得比较频繁的词，或者宝宝很熟悉的人或物的名称，但是从这个阶段开始，宝宝已经可以掌握生活用词以外的其他词语了。比如"炎热"、"寒冷"、"害怕"、"肮脏"、"走开"、"打闹"等等。这个年龄的宝宝有一半已经能够讲出150～180个词左右了。到了21个月左右，宝宝学会的词可以达到200

个左右。在 2 岁之前的几个月里，宝宝学会的词汇量会以惊人的速度增加。如果妈妈有心的话，还可以每天记录宝宝开口说出的新词汇，总结宝宝在 1 周之内或者 1 个月之内词汇量的增长到底有多少。

使用句子

到了这个月龄，已经有三成以上的宝宝可以将不同的字词组合成一句简单的话了。如果语言能力发育比较快的话，还可以将一些相互之间没有直接联系的字词组合成一句复杂的话来表达自己的意思了。这个阶段的宝宝，想要讲出句完整的话并不是那么简单的事情，但是大多数宝宝都会磕磕巴巴地表达自己的想法，虽然无法成句，但却可以让别人了解到他们想要表达什么。当宝宝努力地想要组词成句的时候，就说明宝宝对母语已经有了相当的理解能力了。如果宝宝在这个月龄还没有具备组词成句的能力，也不要过于着急。因为不同宝宝在同一年龄有着不同的语言发育情况，有些宝宝在 1 岁的时候就已经可以开口说简单的字词了，可是有些宝宝却要等到 2 岁左右才开口说第一个字。同样的，在这个月龄，有些宝宝可以使用母语来表达自己的想法和要求，还可以跟别人进行简单的沟通和交流，但另外一些宝宝可能还处在说字说词的阶段，这是急不得的，语言发育慢并不说明宝宝有语言障碍，要放宽心来对待，不要过于强迫宝宝说话，让宝宝因而产生恐惧或厌烦的心理。

对语言的理解能力

这个阶段宝宝对语言的理解能力也快速进步，有些语言发育比较早的宝宝已经可以通过理解、领会，然后用自己的语言来表达需求了。比如说，宝宝会跟家长说，自己要睡觉、要吃饭、或者要嘘嘘等等。宝宝的语言发育是建立在理解的基础之上的，这个阶段的宝宝不光是从字面上去理解句子的含义，还会将语言通过自己的融会贯通来使用字词或句子。比如说，妈妈跟宝宝说要吃饭了，宝宝就会联想到一系列跟吃饭有关的东西，比如说碗筷、碗垫、盘子等等。家长可能还会有这样的发现：每次将宝宝带出门的时候如果都要给宝宝戴上小帽子，当妈妈跟宝宝说“宝贝，我们要出去了噢”的时候，宝宝就会去寻找小帽子，或者说出“妈妈戴帽子”这样的话。这就说明宝宝在脑子里已经自动地将“出去玩”和“戴帽子”联系到一起了。有时候宝宝想要出去玩，又不知道怎么表达，就会跟妈妈说“戴帽子”，而妈妈如果没有足够的理解力，就无法联想出宝宝要表达的是什么。

喜欢向家长发问

这个阶段的宝宝喜欢追在家长后边，提出个“十万个为什么”，经常对着家长问这问那。这个时候家长可千万不要不耐烦，不管宝宝提出什么问题，都要耐心地解答宝宝的疑问。这是宝宝认识事物、探索新知的高峰期，宝宝对目之所及的所有东西都抱有很大的好奇心，因此家长不要打击宝宝认识世界的积极性。

家长不要敷衍宝宝的好奇心，要认真地回答宝宝提出的每一个问题。宝宝只要想知道，家长就要尽可能地用宝宝可以理解的语言来告知宝宝。家长应该正面回答宝宝的问题，并且力求准确，要用简单句来让宝宝理解，不要将宝宝的好奇心不当一回事，也不要忽略宝宝的问题，更不要错误地回答宝宝所提出的问题。如果家长随便地应付宝宝，或者对宝宝很不耐烦，就会挫伤宝宝的积极性。

如果宝宝提出来的问题家长也不知道答案，不要随便编一个答案来敷衍了事，而是应该直接地告诉宝宝，你也不知道。如果手头上的事情不是那么重要，也可以放下手中的事，通过网络或者书籍来寻找正确的答案，再回答宝宝所提出的问题。这样跟宝宝一起找出答案，不仅给了宝宝正确的回答，也让自己知晓了一个知识，同时还可以让宝宝感觉到，书本是知识的载体，多看书是有益的。让宝宝培养对书本的兴趣，从而增加宝宝阅读的积极性。就算宝宝现在看不懂，也会在潜意识里对书本产生敬佩的意识，等宝宝具备阅读能力之后，就会自动自发地多多阅读书籍了。

从1数到10

这个阶段的宝宝有些已经能够数数了，大多都可以从一数到十。有少数脑部发育比较好的宝宝，甚至可以连续数到几十，那是很值得嘉奖的事情。但是有些宝宝的记忆力和思维能力发育比较晚，只能说出自己几岁了，还不会数数，家长也不要过于着急。不会数数并不代表宝宝的智商有问题，家长无需过于焦虑。

这个阶段家长可以通过身边的实物来教宝宝认识数字。比如带宝宝出去玩耍时可以问宝宝，路边的行人有几个，车子有几辆。使宝宝有数字概念，让宝宝学会数数。比如宝宝在玩玩具的时候，也可以让宝宝数数玩具有几个。在餐桌上吃饭的时候，可以问宝宝，碗有几个等等。这个时候宝宝还没有具体的数字概念，也无法理解很抽象的1、2、3，因此只能先让宝宝对数字理解了，才能具备数字意识。认识实物的数量是教宝宝知晓数字的很好方法，如果单纯教宝宝数数，而忽略了宝宝数字概念的培养，宝宝只会越数越迷糊。

背诵完整的儿歌

这个阶段的宝宝已经能够将一首完整的诗词或儿歌背诵出来了。如果你的宝宝只能背诵一两句，甚至连一句也记不住，也不要过于焦虑。背诵能力弱并不表示宝宝的智力有什么问题。因为在同一月龄，有的宝宝喜欢思考，不喜欢机械地背诵诗词，而有的宝宝却喜欢说话，喜欢通过背诵诗词或儿歌来获得家长的表扬。宝宝之间存在着不同的差异，不能用这个标准来判定宝宝就比别的宝宝笨，或者比别的宝宝聪明。

家长不要强迫宝宝背诵儿歌或诗词，而应该花更多的时间在增长宝宝的知识面上边。要多带宝宝出去，让宝宝多看、多说、多想、多做、多运动，为宝宝脑部建立各种事物之间的联系打下基础。因为这一时期正是宝宝脑部发育的高峰期，宝宝的脑子是空白的，不管填补什么，都会给宝宝留下很深的印象，因此要让宝宝多多接触正确的知识，开发宝宝的智能。但是也不要无限制地给宝宝灌输各种知识，尤其是在宝宝并不理解的前提下。更为重要的是要让宝宝对事物之间的联系有一个基本的认识，然后再对宝宝进行正确的教育。

有了视觉分辨力

这个时候，宝宝已经具备明显的颜色分辨能力了。如果你的宝宝在这个月龄还无法对红色和绿色做出区分，就要想着宝宝有可能是色盲了。色盲是一种遗传性疾病，在男孩儿身上比较常见。如果宝宝再大一些仍然无法区分红绿色，就要及时带宝宝去看眼科医生了。

这个阶段宝宝还可以明显地区分不同形状的物体，有些宝宝还可以将形状契合的积木搭在一起，说明宝宝已经具备明显的物体和形状意识了。如果妈妈说将小碗拿过来给妈妈洗，宝宝就绝对不会将玩具拿过去给妈妈。如果妈妈说将布娃娃和宝宝的衣服都拿过来，宝宝就会同时抱着布娃娃和衣物，而不会刻意忽略另外一样。

宝宝会照镜子了

这个时候宝宝对镜子十分好奇，也会专注地看着镜子里的自己，开始注意自己的“形象”了。在数月以前，宝宝还无法理解为什么镜子里的人会跟自己做一样的动作，这个时候已经清楚镜子里的人就是自己了。当宝宝换上了一件新衣服，擦完了润肤乳，就会站在镜子前面欣赏自己，看看自己有什么变化。有些宝宝不仅会在穿衣服的时候照镜子，还会在裸身的时候观察自己的身体。如果浴室里面有镜子，有些宝宝可能就光溜溜地对着镜子照来照去。

宝宝对眼怎么办

如果家长发现宝宝眼睛的黑眼球不对称，不用太早给宝宝的眼睛下定义，认为这是对眼。因为这个阶段的宝宝还没有调节眼球位置的能力，有些宝宝长时间注视某种东西，就会出现黑眼球不对称的情况，这是很正常的。在宝宝 2 岁以后，具备了调节眼球运动的能力，对眼就自然会消失了。如果宝宝直到 3 岁还是这样，就需要带宝宝去看眼科医生了。

回忆见到过的物品并分辨不同物品

这个阶段宝宝的记忆能力不断进步，宝宝已经能够记住自己曾经玩耍过的事物了。比如说妈妈曾经让宝宝玩过手机，第二天宝宝就会嚷着还要玩，如果妈妈不给，宝宝就会假哭来达到自己的目的。因此，有一些比较危险的东西不要轻易让宝宝看到，并且使其感到兴趣，因为宝宝会记住这些东西，进而索取。比如打火机、火柴盒等等。

宝宝也会懂得区分大小物品了，能够明确地指出不同物体之间有什么区别。比如爸爸说：“将变形金刚拿过来。”妈妈说：“将积木拿过来。”宝宝就会将变形金刚拿到爸爸的跟前，而将积木放到妈妈的手里。这是一种认知上的大进步，说明宝宝不仅具备了区分物体外表的能力，还可以通过别人的指令将对应事物找出来，有了基本的物品区分概念了。

盯着看

这个阶段宝宝盯着某种东西看的次数减少了，但是如果盯上了，盯的时间却会有所延长。这是因为宝宝的好奇心被勾引起来，可以专注在一件事情上的时间延长了，探索事物的兴趣也大大增加了。这个时候宝宝盯着一件事物看，目的就是“想看个究竟”。所以，当宝宝很专注地盯着一件东西看的时候，家长不要去干涉，要让宝宝在盯着看的时候自主思考，让宝宝自己想“那是什么”、“有什么用”，等宝宝不理解向大人询问的时候，再针对宝宝的问题做出回答，要让宝宝有一个观察——思考——发问的过程，这样有助于帮助宝宝思维能力的发展，也可以延长宝宝专注于一件事情的时间，培养宝宝“心无旁贷”的能力。

宝宝的行为发展

辨别男声和女声

这个阶段宝宝对声音十分敏感，已经可以分辨远处传来的声音是男声还是女声了。宝宝已经可以通过听觉来接受家长的指令了，比如妈妈叫宝宝擦手，宝宝就会将小手放在湿布上搓两下。在数个月之前，宝宝还只是停留在“听”的程度，只有看到妈妈的动作示意，才知道妈妈要让自己做什么。但是这个月龄的宝宝，已经可以分辨家长声音中的情绪了，高兴的时候声音愉悦，生气的时候声音低沉，宝宝可以从别人的声音中判断那个人是高兴还是生气，而无需通过观察表情来获得信号。有些宝宝听到自行车铃铃的声音，会告诉妈妈车子来了，听到有小猫叫，也知道肯定有小猫在自己的附近。这就说明宝宝已经可以通过声音做出某种程度的推断了，不只会“听”，还会“想”。

模仿声音

宝宝开始喜欢模仿大人的声音，尤其是爸爸妈妈说话的语调和语气。如果家长总是用温和的方式来说话，宝宝说话的语气就会相对比较柔和。如果家长总是讲脏话，或者用很粗暴的方式来讲话，宝宝也会养成粗声粗气的讲话方式，等形成惯性了之后，就会很难改变，没办法和颜悦色地与人对话。家长是宝宝的第一任老师，因此在宝宝模仿力强的时候，家长尤其要注意自身的言行举止，以免在潜移默化中对宝宝造成不良的影响。

音乐喜好

这个阶段的宝宝已经有了自己的音乐喜好了，有些宝宝喜欢柔和抒情的音乐，有些宝宝喜欢节奏感强的音乐。性格比较内向、温婉的宝宝多喜欢那些优美舒缓、能够放松心情的音乐、而性格活泼外向、好动爱玩的宝宝多喜欢节奏明快、蹦蹦跳跳的音乐。但是也不排除有些活泼外向的宝宝却喜欢安静轻柔的音乐，有些内向害羞的宝宝，听到节奏感强的音乐就兴奋。这些都是个人的音乐喜好，没有什么理由可言，只是喜欢而已。

在宝宝对音乐敏感的时期内，应该多让宝宝听各种风格的音乐，让宝宝欣赏音乐是开发宝宝潜能的重要一步。有些宝宝对音乐敏感性很强，有些宝宝却将音乐作为消遣的东西。每个宝宝都有可能成为音乐家，不要因为家长的乐感不强，就觉得宝宝肯定也是五音不全的人。要尽量多让宝宝接触音乐，培养宝宝对声音的兴趣，激发宝宝潜藏的音乐细胞。

辨别声源

宝宝在这个月龄已经可以辨别声音的来源了，这是宝宝听力进步的重要表现。其实宝宝在 2 ~ 3 个月大的时候就已经能将小脑袋转往声音的来源方向了，只不过当声音来源太过于复杂时，宝宝就无法辨清不同声音之间的差异了。到了 7 ~ 8 个月大的时候，宝宝可以根据声音来辨别声音来自于哪个方向，到了这个月龄，宝宝已经可以辨别出声音是由谁发出来的了。比如妈妈下班回来在走廊里跟邻居说话，宝宝在屋里听到，就知道是妈妈的声音，会乐颠颠地跑去开门了。这个时候，宝宝对声音的辨识度已经往成人的程度更迈进一步了。

用感官探究事物

宝宝在这个时候已经会用感官来探究身边的事物了，比如宝宝看到电视里出现有人哭的画面，宝宝也会收起嬉闹的举止，小脸变得严肃起来，有些多愁善感的宝宝看见别人哭还会跟着一起哭起来。这种情况下的哭泣不是由情绪引起的，而是因为宝宝的感觉细胞觉察到了他人的悲伤，进而受到了影响，也感受到了悲伤。这个阶段宝宝的情感变得丰富起来，不管是看、听、说、碰，都有可能会给宝宝的感官造成刺激，从而让宝宝感知到喜怒哀乐。

“我的”意识减弱

宝宝在 1 岁半左右，会有“这是我的，别人不许碰”的意识，这并不表示宝宝是自私的人，而是一种“自我”意识形成的过程。处在这个阶段的宝宝，家长很难从宝宝手里拿走他们喜欢的东西，他们对自己的东西总是保护有加，不让别人动。但是随着宝宝自我意识地不断完善，这种“自我”意识也在慢慢地递减，宝宝渐渐地不再将那些东西当成自己的私人财产。如果家长适时地告诉宝宝，要学会分享，分享才会快乐，或者跟宝宝说他手上的东西是其他小朋友的，他们丢了也会难过，宝宝多数会将自己的东西跟别人分享，或者将别人的东西还给别人，这就说明了宝宝“自我”意识已经不是那么强了，慢慢懂得了与人分享的快乐。

当宝宝开始会说“这是我的”的时候，就说明宝宝已经有所有权意识了，宝宝开始知道有些东西是归属于特定的某个人，比如说妈妈的化妆品是妈妈的，爸爸的皮鞋是爸爸的，爸爸不会用妈妈的化妆品，妈妈也不能穿爸爸的大皮鞋。如果爸爸脸干挖了一点妈妈的护肤乳液来抹，宝宝就会跟妈妈说爸爸偷用了妈妈的化妆品；同理，宝宝也开始意识到玩具是自己的，就会对自己的“所属物品”大加保护。谁要是想动他的玩具，都要经过宝宝的同意。不管是在家里的哪一个角落发现玩具，宝宝都会将玩具收到自己的玩具箱里。有时候宝宝会将自己的玩具拆开，显得对玩具的“不尊重”，其实这是宝宝通过这种拆卸的行为来证明玩具的归属问题，同时也可能是因为想要探索玩具的奥秘，而不是故意毁坏玩具。

开始亲近妈妈以外的人

宝宝在数个月之前，还跟妈妈最为亲近。1 ~ 2 岁是宝宝最为依赖妈妈的时候，但是到了 2 岁左右，宝宝除了老是黏着妈妈之外，还会开始亲近除了妈妈之外的人。大多数都是经常跟宝宝在一起生活和玩耍的人，比如爸爸、爷爷、奶奶等。隔壁邻居小朋友如果对宝宝表现出友好，宝宝也会接受他们，跟其他的小朋友玩耍。但是如果没有经常跟宝宝相处，或者没有主动接近宝宝，宝宝也不会怎么主动去和别人发展亲密关系。在这个阶段，宝宝虽然会开始亲近除了妈妈以外的人，但这是建立在熟识或者他人主动的情况下。这个月龄的宝宝在人际交往方面，基本上还是处于被动的状态，不会主动亲近别人。

“绘画大师”

这个阶段的宝宝已经可以拿画笔画画了，有些宝宝可以画出类似弧线、直线和水平线等，喜欢小猫小狗的宝宝还会以动物为“模特”，在画纸上画出自己看到的东西。这个阶段宝宝画的东西几乎都很“抽象”，如果宝宝自己不说，大人是一般不出宝宝画的是什么东西。但是如果宝宝跟大人说自己画的是什么，大人就可以根据宝宝的描述来看宝宝的“绘画作品”，继而会觉得那件“画作”越看越像。宝宝的想象力十分丰富，他们可以凭空画出一些东西，并且给那些东西下定义，让大人都“自叹弗如”。有句话是这么说的：“只有在绘画这方面，宝宝的信手涂鸦，就是大师级的作品。”

比如宝宝照着眼前的鸭梨画了一个大圆圈，还加了一个梨蒂，但是却涂成黑色的。这个时候妈妈就会问了：“宝贝在画什么呀？”宝宝会回答：“梨。”妈妈又接着问了：“梨是黄色的，宝贝怎么涂成黑乎乎的呢？”宝宝就会出人意料地回答妈妈：“梨烂了。”妈妈这才想起来，之前有一次买了梨，但是放在箱子里太久就烂掉了，妈妈把烂梨挑出来的时候宝宝刚好在旁边，看见妈妈边挑梨边说：“看看，都黑了，烂了，不能吃了。”宝宝这个时候就在脑子里形成印象，烂掉的梨会变黑色，于是在画画的时候就将自己脑子的东西运用到画纸上，将看到的和听到的东西用颜色表示出来，这也说明了宝宝记忆能力和运用能力的飞速发展。

自己穿鞋脱衣服

这个阶段的宝宝已经会自己穿鞋、穿衣服了。还会自己脱鞋，脱衣服，大多数时候，宝宝更愿意光着小脚丫满屋子跑。如果家里是木地板或者有地毯，就可以让宝宝光脚活动，但是如果家里铺的是瓷砖或者水泥地，就要让宝宝穿上袜子，避免宝宝因为脚底受凉而引起身体不适。这个时候的宝宝不仅喜欢脱鞋跑，还喜欢脱袜子。妈妈给宝宝穿几次袜子，宝宝就自己偷偷地脱掉几次。有些妈妈担心宝宝受凉，干脆买那种高筒袜，将袜头塞在裤子里，让宝宝找不到，或者将袜子裹得紧紧的，就是不让宝宝自己将袜子脱掉。其实如果天气不是特别冷，屋子里又有暖气的话，这么做是很没必要的。因为宝宝脱自己的袜子也是一种锻炼，如果宝宝没有学会脱袜子，也就不能享受穿袜子的乐趣了。

有些宝宝无法分辨鞋子哪只是左，哪知是右，经常会将袜子和鞋子穿错边。这是一种很正常的现象。有时候妈妈都教宝宝很多次了，可是宝宝还是会将鞋穿反，这个时候无需太过着急，因为宝宝在这个月龄还不具备分辨方向的能力，即便宝宝有一两次穿对了，那也是偶然的。等宝宝再大一点，经过家长的指导，自然而然就能分辨左右了。

这个阶段的宝宝中有三成已经学会脱衣服了，但是如果是那些纽扣或者系带比较复杂的衣服，宝宝在穿脱的时候就有一定难度了。对于这个月龄的宝宝来讲，拉拉链、扣纽扣、系带子，都有一定的难度。相对来说，那些只要摁上就可以扣住的纽扣就比较容易一些。

鼓励宝宝做家务

这个阶段的宝宝模仿能力很强，有时候看见爸爸妈妈在厨房里忙活，就会跃跃欲试，想要学爸爸妈妈的样子做做家务。这个时候家长可以适当地鼓励宝宝帮助自己做一些力所能及的事情，比如说用鸡毛掸子来掸灰尘，用抹布来抹桌子，或者择菜等等，都可以提高宝宝的积极性，让宝宝有参与感，吃起饭来也比较香。如果家长不理会宝宝的这种“愿望”，等宝宝真正长大了，就会失去帮助妈妈做家务的兴趣。那个时候再埋怨宝宝太过懒惰，已经来不及了。

在宝宝帮助家长做家务的过程中，每完成一件事情，做完家长布置的任务，都不要忘了表扬宝宝。鼓励对于宝宝来说是很重要的，宝宝会在做家务的过程中获得成就感，认为自己做的事情是有价值的，从而避免养成宝宝日后懒惰的坏习惯。

语言联想力的培养

理解与联想

这个阶段的宝宝已经具备了较强的语言理解能力，可以根据别人的语言产生联想，并且依据指示作出相应的动作。比如妈妈说睡觉了，宝宝就会颠颠地走到床边，让妈妈帮自己脱衣服。比如妈妈说吃饭了，宝宝就会自动地坐到餐桌边，还可能会拿出自己专用的餐具等待吃饭。但是这个月龄的宝宝，并不总是可以对家长说的话做出反应的。因此妈妈要不时地提醒宝宝，帮助宝宝联想自己应该做什么。宝宝想不起来的话，妈妈要给予提示，而不是帮宝宝什么都做好。

如果家长总是为宝宝代劳，什么都给宝宝准备好，久而久之，宝宝就会出现惰性。在宝宝幼小的时候还没什么关系，但是宝宝渐渐长大，这种被“宠”出来的惰性就会越发明显，问题开始出现。有些宝宝在上幼儿园之后，甚至不知道自己到学校要干什么。家长没有教会宝宝自理能力，等宝宝需要自理的时候，问题就严重了。因此，家长要及时培养宝宝对语言的理解和联想能力，让宝宝养成良好的自主习惯。不要等宝宝行为定性之后再后悔莫及。

看图说话

这个阶段的宝宝已经会看着图画故事书来讲故事了，说是讲故事，其实大多是宝宝看着图画自己编故事，常常讲的跟故事书中的不一样。宝宝跟大人不一样，他们会用最自然、最纯真的思维去理解故事书，看到什么就通过自己丰富的想象力描述出来。这个阶段宝宝学习的重点就是看图说话。有些宝宝的语言能力发育得比较快，讲故事的时候也比较会组织语言。有些宝宝的语言发育比较慢，虽然没办法完全通过语言来描述故事，但也是通过只言片语让大人了解自己讲的故事。

以前是家长给宝宝讲故事，现在轮到宝宝给家长讲故事了。家长在这个时候要做一个最好的听众，不要因为宝宝讲的故事“不合逻辑”就去打断宝宝，应该适时地对宝宝进行鼓励和赞美。当宝宝满怀热情地给爸爸妈妈讲故事的时候，爸爸妈妈也要表现出最大的热情和耐心来聆听宝宝稚嫩的声音，这应该是每个作为父母的人听到的最动听、最悦耳的声音。有些家长会缺乏耐心，总是敷衍宝宝，或者纠正宝宝的故事，动不动就跟宝宝说：“不是这样的，故事应该是这么发展的。”这样用成人的眼光来遏制宝宝想象力的发展，是非常不明智的。长期下来，宝宝就会对说故事失去信心，对说话失去信心，甚至对自己失去信心。家长的耐心，是维护宝宝身心健康成长的基石，千万不要在无意中遮盖了宝宝想象的天空。

宝宝喜欢家长用什么方式跟自己交流

一字一句，语音清晰。

最好用一些肯定句和陈述句来跟宝宝进行交流。

宝宝更愿意跟妈妈说话，因为女性的声音比较清脆，更容易让宝宝听清楚；而爸爸的声音比较低沉，因此爸爸在跟宝宝说话的时候，要尽量咬字清晰，提高音量。

宝宝喜欢父母在说话的时候多重复几次，因为有些话听在宝宝的耳朵里比较陌生，家长就需要重复多次来让宝宝理解话中的含义，进而学会融会贯通，学会运用语言。

宝宝更希望爸爸妈妈用尽量简单的句子来跟自己说话，因此，家长在跟宝宝说话的时候，不要使用生僻的字词，尽可能多用一些名词来让宝宝了解家长的意思。

宝宝希望受到肯定，因此在宝宝做好某一件事的时候，要多对宝宝进行表扬和赞赏，树立宝宝的自信心，提高宝宝学习或做事的积极性。

家长在教导宝宝说话的时候，不要干巴巴地教宝宝咬文嚼字，最好是结合实际的场景，让宝宝了解字词和句子的意思，增加宝宝学习语言的兴趣。

叫出熟悉的小朋友的名字

这个时段的宝宝已经能够很明确地叫出自己所熟悉的人的名字了，这是宝宝人际交往能力的一大进步。宝宝的记忆力也有了较快的发展，当宝宝离开熟悉的人一段时间后，如果再遇到他们，偶尔也可以顺口地叫出那个人的名字。宝宝正在逐渐融入人际集体，开始接纳不同的人群。有些早早进入托儿所的宝宝，可以跟其他的小朋友一起做游戏，一起吃饭，一起说话，这也正说明了宝宝慢慢地具备了社会生存的能力。

家长不要怕家里闹哄哄的，而拒绝宝宝将其他小朋友带到家里来玩；也不要担心宝宝跟小朋友吵架吃亏而干涉孩子之间的“斗争”；也不要担心让其他小朋友到自己家来玩之后，宝宝就会变得不听话。自己的宝宝可能也会争抢其他小朋友的玩具，或者将别人的东西装进自己的口袋，些无需介意。

用语言拒绝爸爸妈妈的要求

宝宝在这个阶段，最经常说的话就是“我不要”、“不要吃”、“不想睡”、“不刷牙”等等，宝宝常常会下意识地拒绝大人提出的要求，除非那些事情本身是宝宝十分感兴趣的。比如妈妈要带宝宝去逛街，宝宝就会欣然答应；但是如果妈妈让宝宝去睡觉，尤其是在夏天睡午觉，宝宝可就不那么乐意了。这不是宝宝故意跟家长做对，而是宝宝的“自主意识”萌发，因为宝宝开始认识到自己的价值，他们开始知道自己有权利去“接受”或者“拒绝”。如果宝宝感受不到自己的存在，无法肯定自己的价值，又怎么会懂得尊重别人呢？

要知道，一个人对自身价值的认识，不是随着年龄的增长而直接获得的，而是有一个循序渐进的过程。很多家长常常会为自己孩子价值观的偏差感到头痛，其实这种偏差在小时候就埋下“祸根”了。这可能是因为家长在宝宝自主意识萌发的阶段，总是遏制或者以恐吓的方式阻止宝宝的“对抗”，没有及时给予宝宝正确的引导，才会导致长大后价值观出现问题。可能有时候，家长的不作为也会给宝宝造成一些潜移默化的影响，这些难道都要怪在孩子身上吗？

声情并茂地使用语言

宝宝的语言能力随着年龄的增长而持续提高，发音开始逐渐标准，并且变得比较丰富，已经会模仿大人的口气和语调了，还会通过声音表情来表达自己的郁闷和怒气。当然，宝宝也会通过语调来表示出高兴的心情，还可以声情并茂地使用语言来模仿大人的举止行为。比如说爸爸在修家电的时候会哼歌，宝宝就会学着爸爸的样子，假装边忙碌边悠闲地唱歌。

语言里蕴涵丰富表情，可以充分地反映人的情绪。积极的人，说话总是声调较高，还会声情并茂，手舞足蹈；但是悲伤或消极的人，语调常常是很低沉的，让人一听就觉得没有活力。如果家长看见宝宝不时地大喊大叫，不要认为宝宝是情绪不好，他们只是通过喊叫来表达自己激动的心情而已。

词汇量

这个阶段的宝宝大多都已经掌握了200 ~ 300个词汇，接近一半的宝宝已经可以使用300个以上的词语了，多数的宝宝还会使用由5个左右单字组成的简单句。宝宝已经可以用语言来与人进行沟通交流了。这个时候，家长最需要做的就是耐心地对待宝宝，聆听宝宝想要表达什么，针对宝宝提出的问题，认真地回答清楚。有一些理解能力比较好的宝宝，已经可以理解“我”和“我们”，“你”和“你们”有什么区别了，也知道“他”指的是单数，而“他们”指的是两个人以上的意思。宝宝对抽象的单数和负数有了一定的概念，也对数字有了进一步的理解。

每天给宝宝读书

此阶段正是宝宝理解力迅速攀升的时候，因此家长最好每天抽出15分钟左右的时间来给宝宝读书，不管是诗词、故事还是典故，对于宝宝阅读能力的培养都是十分重要的，在给宝宝选择读物的时候，应该留意的事情有以下几点：

别给宝宝买太多幼儿读物，选择的书籍应该少而精。因为书一多，就会让宝宝对特定的某本书失去兴趣，显得廉价，让宝宝没有听书的欲望。

给宝宝选择幼儿读物，最好是挑那些颜色纯正、图案清晰、有主题、有思想的大开本，而不要选择那些劣质的小开本，质量无法保证，宝宝自己看书的时候也会失去阅读的兴趣。

给宝宝读书，最好是在宝宝入睡之前，要挑选那些可以吸引宝宝注意力的情节，最好是短小但有教育意义的，同时也要有一定的趣味性，不枯燥无味。不要选择那些恐怖故事，以免影响宝宝的睡眠质量。

宝宝对语言的整合能力

这个阶段宝宝的语言能力并不都是来自于对语言的理解和对大人说话方式的模仿。因为如果宝宝是通过模仿大人说话来提高语言水平，那么宝宝说的话应该跟周围的人差不了多少。但是实际上，宝宝讲话有自己的特色，不管是在说话口气、说话方式还是说话内容上，都跟大人有明显的区别。宝宝对语言有着自己特殊的理解方式，也有自己的语言特点。比如妈妈在宝宝拿打火机的时候会说：“宝贝不要玩，危险。”但是经过宝宝自己的理解，宝宝会说的却是：“危险，宝宝怕。”这就是宝宝经过“加工”之后整合出来的语言，妈妈告诉宝宝“不要动”，因为打火机很“危险”，但是宝宝在不明白“危险”是什么概念的情况下，又觉得这个新词很有意思，加上妈妈的紧张神情，宝宝就会将“不要动”转化成“宝宝怕”，而保留了“危险”这个词。妈妈用“危险”来警告宝宝，宝宝却以“怕”来回应妈妈，这就是大人和孩子在词语理解方面的不同。宝宝对语言的理解和运用是很让人惊奇的，因为他们不仅仅是模仿，还有“新创造”。

辨别说话声

这个时候，宝宝在很远的地方就可以分辨出熟悉的人的说话声音，还可以同时在两三个人之中分辨中熟悉的人的声音，并指出正在说话的人是谁。这是宝宝听力的很大进步。宝宝有了分辨声音的能力之后，就可以通过电视和广播等渠道来进行学习了。最好是让宝宝听广播，因为看电视的学习效果比较差，甚至可能让宝宝成为“电视虫”，整天就黏在电视前面。因为有了视觉的干扰，宝宝就会忽略电视里说话的声音，对声画同步的电视失去感觉，没有反应。宝宝一旦看电视看麻木了，就无法从电视里真正学到什么东西。家长因为忙碌就把宝宝放在电视前面，不管宝宝做什么事情都开着，这对于宝宝的听力发展是很不利的，应该尽量避免。

宝宝的语言潜能

直呼父母大名

这个阶段的宝宝已经知道自己的爸爸妈妈叫什么名字了，还可以将父母的名字告诉别人。更有意思的是，有时候宝宝不喊爸爸妈妈，而会直呼父母的名字。有些家长不能接受，尤其是家里有老人的，觉得宝宝这样是很不礼貌的。但是实际上，这个阶段正是宝宝“直呼其名”的过渡期，不管是宝宝的心理还是语言运用上，他们所能想到的就是直接称呼姓名的胜利，表示自己记住了爸妈的名字，而不会考虑是否礼貌的问题。如果家长因为宝宝的“不礼貌”就对宝宝大加训斥，只会打击宝宝探索的热情，让宝宝的性格趋于懦弱，到时候想改变都来不及了。

背诵儿歌

这个阶段的宝宝注意力集中的时间可以保持在10分钟左右。因此在宝宝注意力集中的时间内，教宝宝背诵诗词或者儿歌，对宝宝是很有好处的。因为宝宝可能今天将一首儿歌背诵得滚瓜烂熟，但是很久没有复习，就会忘得光光的。想要提高宝宝的记忆能力，延长宝宝注意力的集中时间，就需要不时地将宝宝背诵过的诗词拿出来复习。值得一提的是，背诵儿歌或诗词不是教育宝宝的最终目的，想要很好地开发宝宝的智力，光靠死记硬背是行不通的。让宝宝背诵儿歌和诗词的目的是提高宝宝的记忆能力，而更重要的是增长宝宝的见识，让宝宝多看、多听、多想，将儿歌和诗词中的内容和现实生活联系起来，让宝宝更好地理解其中的内容，融会贯通，这才是开发宝宝智力的最好方式。

用语言表达愤怒

情绪是一个人的价值和信念的表现，随着宝宝心理的发育，渐渐也有了自己内心的价值指标，当这种价值指标被遏制或者无法实现的时候，宝宝就会产生愤怒或沮丧的情绪。宝宝有情绪是正常的，如果宝宝总是温温吞吞，什么事情都提不起兴致，这才是需要担心的事情。不管宝宝是伤心还是愤怒，都不能说宝宝是“任性”的。所有的情绪都有其正面的作用，负面情绪也是这样。

这个时候，宝宝已经可以通过语言来表达自己的愤怒了，在宝宝情绪来的时候，不管表现出什么情绪，家长都不要采取强硬的态度。尤其是在气头上的宝宝，家长应该尽量安抚宝宝的情绪，通过问话来了解宝宝为什么生气，帮助宝宝找到原因，对症下药，缓解宝宝的不满。让宝宝渐渐学会分析自己的情绪，这样下次宝宝在有情绪的时候，就有能力自己来处理了。如果家长总是对宝宝的情绪大加遏制，不仅无法缓和宝宝的愤怒，最糟糕的是让宝宝从此失去抒发情绪的欲望，在今后很长的一段时间内都压抑情绪，会影响身心的发育。家长需要做的是与宝宝进行言语沟通，和善地处理宝宝的愤怒情绪，让宝宝学到处理情绪的步骤和方法，这才是面对宝宝愤怒的最佳方式。如果宝宝因为长期情绪失控而养成某种性格缺陷，等性格定型之后想改变就很困难了。

愿意听到表扬，因此听妈妈的话

这个阶段的宝宝比较听妈妈的话，不过要注意，这可不是因为宝宝觉得妈妈很伟大，或者妈妈说的都是对的，而是因为宝宝更喜欢听到妈妈的赞美，因为妈妈在赞美宝宝的时候，表情多是很柔和的，有时还会伴随着亲吻或者拥抱的动作，宝宝是十分享受这种被人重视、被人肯定的感觉的。因此，在宝宝做好了某件事之后，妈妈要及时给予宝宝赞美，提高宝宝的自信心，促进宝宝的心智发育。

语言交流能力

这个阶段的宝宝对语言的理解能力持续提升，远远超过了宝宝自身对语言的表达能力。因此，如果宝宝还不怎么说话，或者说话磕磕巴巴，家长不用太着急，只要宝宝听得懂大人在说什么，就说明宝宝的语言能力没有什么问题，只不过是开口比较少而已。

有些平常不怎么说话的宝宝，往往一开口就是“一鸣惊人”。这样的宝宝有时会很惊人地说出一大串的话，这就说明宝宝不是不会说，而是不愿说而已。还有些宝宝很喜欢跟家长进行对话，尽管有时候说的话颠三倒四，词不达意，但是想要表达的东西大人是可以理解的，宝宝只是由于语言发育尚未完全，无法用语言很好地将话说完整，而不是宝宝没有思考。在这个阶段，面对宝宝的“口吃”，家长只需要耐心地跟宝宝进行对话，宝宝在多次的练习之下，表达能力自然会得到飞速的提高。在两岁以前，宝宝对那些比较复杂的句子理解起来还是有一定的难度，但是随着年龄的增长，不管是表达能力还是理解能力都会得到完善。

宝宝的智力和行为特点

语言发展新阶段

临近2岁的宝宝语言能力继续发展，词汇量也呈现爆炸式的增长。大多数宝宝都可以完整地用语言来表达自己的需求了。这个阶段，宝宝也可以跟家长进行交互式的沟通与对话了，同时，宝宝对语言也表现出很大的好奇心，很喜欢尝试用各种各样的新鲜词语来跟家长进行交流。家长要适时地对宝宝进行鼓励和赞赏，这样可以更好地提高宝宝学习和运用语言的积极性。

当宝宝讲出一个新词语的时候，家长要表现出讶异的神情，并且对宝宝加以赞扬，这有利于更好更快地激发宝宝的潜能。处于这个月龄的宝宝，说话的语序已经趋于正常，不会颠三倒四了。有些宝宝时不时还会使用一些名词之外的词语，比如说：高兴、伤心、可以、熟悉、打闹等等，也可以讲出不少的完整句，比如说：“小狗在吃饭”、“妈妈在干吗”、“爸爸下班了”等等。

独立性和自律能力

临近2岁的宝宝独立性更为明显，已经有了一定的自律能力，尤其在乎自身的感受。宝宝的好奇心旺盛，开始做一些自己感兴趣和喜欢的事情，感情的感知能力也有所发展，开始了解父母对自己的爱。但是因为宝宝年纪还小，对某些事情的认知还存在一些漏洞，因此当家长为了怕危险而阻止宝宝做某些事情的时候，宝宝可能会因为无法理解而反抗，甚而觉得爸爸妈妈“不爱我”了。因为宝宝眼睛所能看到的就是父母对自己行为的阻止，不知道父母是为了自己好。因此爸爸妈妈在阻止宝宝做某件事情之前，一定要让宝宝了解其中的利害关系，让其知晓爸爸妈妈不是不爱他，只是那样做“很危险”，“宝宝会受伤”等，这样就会让宝宝保持情感上的良好发展趋势，而不至于“钻牛角尖”。

喜欢帮爸爸妈妈做事

宝宝越来越大，不能总是爸爸妈妈帮宝宝安排好一切，是时候教宝宝处理自己的问题了。宝宝在这个阶段动手能力很强，很有做事的欲望，因此家长可以适时地让宝宝帮着自己做一些简单的家务。这样不仅能够锻炼宝宝的自理能力，还能够培养起宝宝勤快爱劳动的良好习惯。既然宝宝跃跃欲试，不妨就让宝宝参与一些日常生活中简单的家务事，这对开发宝宝的潜能是很有帮助的。

手眼协调能力

随着宝宝身体的发育，手眼的配合也越来越协调了。有些比较有耐心的宝宝会坐在地上一早上，就为了将那些有小孔的小珠子串在一起。这个时候，只要是宝宝感兴趣的事情，都会有尝试的欲望。尽管有时候宝宝的动作不是那么灵活，但是大多数宝宝都有较好的耐力，总是坚持自己要将事情做好。有些宝宝的想象力比较丰富，还会通过自己的观察，用画笔在画纸上画出一些具备了具体意义的图画，让人一眼就能看出宝宝画的是什么，比如太阳、月亮、苹果、石头等等。

锻炼宝宝解决问题的能力

宝宝从 2 岁往 3 岁迈进，在这一过程中，宝宝取得的最大的进步就是思考能力有很大的提升，独立解决问题的能力也大大提高。这个阶段，家长要锻炼宝宝解决问题的能力，不要跟宝宝小时候一样什么事情都为宝宝安排好。比如说，故意将玩具放在高一些的地方（比宝宝够得着的距离高 30 厘米左右即可），等宝宝想要玩具而向妈妈求助的时候，妈妈不要直接将玩具拿给宝宝，而是要引导宝宝："宝贝可以自己拿呀，看，小板凳在哪里？"看宝宝露出犹豫的神情，妈妈就要接着鼓励宝宝："妈妈相信宝贝一定可以拿得到的，对不对？"这个时候宝宝就会信心大增，将小板凳搬过来，然后站在小板凳上面，通过这种方式"增高"，玩具就可以顺利拿到了。等宝宝拿到了玩具之后，家长要及时鼓励宝宝，让宝宝获得成就感。这样独立解决问题的自豪感，会让宝宝在下一次遇到问题的时候，也会首先想到如何自己解决问题，而不是一味地依赖大人。

无暇顾及"小事"了

1 岁半之前的宝宝，虽然已经告别了婴儿期，但是身上还能够找得到婴儿的影子，比如喜欢腻在妈妈的怀里撒娇，或者摸摸妈妈的乳头，回味躺在妈妈怀里吃奶的情形。但是快 2 岁的宝宝就不一样了，他们变得比较"繁忙"，无暇顾及这些小事。宝宝的好奇心促使他们对很多事情都感兴趣，有更多的小愿望等着实现。在他们眼里，很多东西都是很新奇的，等待着他们去探索，他们的冒险精神十分旺盛，行动力也更强了。

强烈的自我意识

在这个阶段，仍然有很多宝宝的"自我意识"是比较强烈的。最明显的特征就是将玩具或者自己喜爱的东西紧紧地握在手里，别人想从他手中拿走属于他的东西几乎是不可能的。这个月龄的宝宝要是不愿意将自己的东西让出来，不再是将东西藏在自己的身后了，而是会通过语言让你明白："不许抢，这是我的！"

但是有些宝宝却是十分"慷慨"的。艾艾刚满 2 岁，不管是自己多喜欢的东西还是多好吃的食物，只要别人想要，她都愿意让出来。大多数宝宝身上常见的"独占意识"在艾艾身上几乎是看不到的。难道艾艾哪里有问题吗？并不是这样。因为艾艾的妈妈有一次观察到，艾艾正在玩一个小娃娃，但是邻居家更小的孩子看到娃娃，哭着闹着要。如果是普通的孩子，自己正玩得高兴，哪可能将娃娃让给别人。但是艾艾不一样，她犹豫了一下，看到小妹妹哭得更可怜了，就默默地将娃娃放在小妹妹的手里。艾艾转过头的时候，妈妈看到艾艾的眼眶都红了。这个阶段正是宝宝"自主意识"飙涨的高峰期，像艾艾这种情况，不是因为没有自主意识，而是因为爱护小妹妹的心理使然。

需要讲明事情原委

2 岁的宝宝可以展现出很多让家长

吃惊的能力，好像什么都开始知道一点了，但是有时候宝宝也会让爸爸妈妈很头痛，比如爸妈在违背了宝宝的意愿，或者不答应宝宝要求的时候。面对这种情况，家长就要将为什么拒绝宝宝的原因讲给宝宝听，虽然宝宝不见得听得懂，但是他会感受到家长的诚意，知道父母还是疼爱自己的，也就会愉快地接受家长的建议了。

调皮的宝宝

有些宝宝比较调皮，动作也很快，妈妈一个不留神，宝宝就将桌子上的玻璃杯子打翻了。打翻了之后，微微一撅嘴，就无所谓地跑到另一边去玩耍了。这个时候妈妈不要默默地放纵宝宝这种“无所谓”的行为，要将宝宝带过来，指着地上的碎片说：“这是你弄坏了，怎么可以转身就走呢？这样妈妈不喜欢。以后要再弄东西，要记得道歉。再有这么不负责任的行为，妈妈就不理你了，知道吗？”要让宝宝有责任意识，而不能放任不管，以免养成宝宝的性格缺陷，变成一个缺乏责任心的人。

听懂“不”的含义

2岁之前的宝宝，如果妈妈不让宝宝动某样东西，他就偏要动。这不是宝宝在跟妈妈作对，而是宝宝听不懂妈妈的“不要”是什么意思。宝宝总是要看到大人的举止提示，才知道大人话中的含义是什么。但是2岁之后，宝宝就学“聪明”了，已经开始理解“不要”是禁止的意思。如果宝宝听到了妈妈叫他不要动某样东西，而偏要动的话，就是宝宝故意所为了，这是随着自己的心意做出的动作，以表现自己的能力。因为即便是多乖的宝宝，到了这个时候，也不会像2岁之前那样乖乖受家长“摆布”了。

极强的模仿力

临近2岁的宝宝模仿力是很惊人的，模仿的欲望也是很强烈的。这个时候大人干什么，宝宝也会想要干什么，在一岁半之前，虽然宝宝也有模仿力，但是这种模仿大多数是比较滞后的，也就是说，看见家长做什么事情，宝宝要等到一两天之后才开始模仿。而现在就不同了，一看见妈妈要扫地，宝宝也在旁边学着妈妈的动作，“干扰”妈妈扫地。

但是也有一些宝宝是比较安静的，总是在一边自己玩。他们的模仿可能不明显，但绝对不是没有。有些宝宝可以模仿一些比较复杂的动作，比如说看到爸爸用锤子钉钉子，宝宝就会拿起圆的积木，锤其他积木。还有可能拿着一块积木，这边敲敲，那边打打，这就是宝宝自己对模仿的“再创造”。

合作精神

临近2岁的宝宝开始喜欢跟其他的小朋友一起玩耍了，但是不太懂得要与人分享，合作的精神也稍微差了一些。这在宝宝的这个阶段是很正常的，家长不要因此就给宝宝下定义，觉得宝宝就是不合群。在这个时候，爸爸妈妈就要耐心教导宝宝，如何学会与人分享，多给宝宝讲一些分享的小故事，让宝宝知道把快乐分给别人，是可以获得更多的快乐的。但是要注意，不要强迫宝宝将自己心爱的东西让出来，或者将自己喜欢的东西送给别人。任何一种教育，都要建立在自愿的基础之上，否则只会让宝宝产生逆反心理，甚而出现“自卑感“，觉得别人比自己有“优势”，而自己总是被迫要与人分享东西。

如果你的宝宝总是抢别的小朋友的东西，也没有必要用很严厉的语言来教训宝宝。因为宝宝可以感受到的只是父母的严厉，而听不懂父母话里的含义。家长只需要告诉宝宝：“宝贝也不希望自己的东西被别人拿走，对不对？这样抢是不对的噢，我们还给他们好不好？”只要跟宝宝说“抢”是不对的，是不受人欢迎的，然后让宝宝将东西还给别人就可以了。如果妈妈用“反抢”的方式，将东西从宝宝手上夺过来，然后还给别人，这样就会让宝宝更不听从妈妈的话了。因为既然你都可以抢宝宝的东西，那又怎么能说宝宝抢别的小朋友的东西就是错的呢？有些宝宝甚至会因为这样而情绪失控，嚎啕大哭。对待宝宝的“霸道”，要以柔克刚，而不能以暴制暴。

三、动作提升训练

宝宝动作能力的培养

扶栏上、下楼梯。这个阶段要训练宝宝学习如何上、下楼梯。一开始的时候，不要让宝宝一下子运动量很大，从两三阶开始，让宝宝慢慢地适应上下楼梯。

跑步练习。家长可以通过跑步练习来提高宝宝肢体的稳定性和灵活性。可以在跑步训练的过程中适当地增加一些难度，如设置一些障碍等等。

对于宝宝感兴趣的事情，如果是有益身体健康的，家长都要加以鼓励以充分地锻炼宝宝动作的灵活性、协调性和稳定性。

宝宝的动作训练

跑

1 岁半 ~ 2 岁的儿童，在走路的时候已经比较平稳了，有些运动细胞比较好的宝宝，甚至可以开始学习跑步了。刚刚学跑的时候，速度会比较慢一些，动作也没有那么协调，显得有些僵硬。这个时候家长就要及时鼓励宝宝，让宝宝能够定时地练习跑步，这样就可以让宝宝在练习的过程中慢慢加快步子，并且越跑越稳。等宝宝跑步基本没问题之后，还可以设置一些障碍物，让宝宝练习绕过障碍物，学习拐弯。（家长要在旁边看着，注意安全）

倒着走

有些宝宝还会开始倒着走，这是宝宝肢体协调能力越来越好的表现。家长可以给宝宝准备一些可以拖着走的玩具，让宝宝练习倒退走路，这样可以提高宝宝身体的灵活性，促进宝宝的身体发育。

双脚跳

宝宝从会走、会跑，到可以双脚跳，是肢体的很大进步。在宝宝学会了跑步之后，家长可以教宝宝如何双脚跳，也就是俗称的“青蛙跳”。可以在练习的时候放一些儿歌来提高宝宝学习的兴趣，比如“小白兔蹦蹦跳”等等。宝宝刚开始学双脚跳的时候可能无法将双脚同时抬起，这个时候家长就要在一旁对宝宝进行指导，可以拿一些玩具放在宝宝的正上方，让宝宝跳起来取玩具。等宝宝学会双脚同时离地之后，再慢慢训练宝宝将小手背在身后双脚跳。

跨越

等宝宝学会了双脚跳之后，家长就可以让宝宝练习跨越了。可以让宝宝玩“跨越才能拿到玩具”的游戏。具体方法是：用粉笔在地上画两条 15 厘米左右的平行线，然后将玩具放在线对面的椅子上，同时告诉宝宝，只有跨越了这个距离才可以拿到玩具，最好给宝宝做个示范，让宝宝知道跨越的时候是不可以踩到双线里面的，这样就能很好地锻炼宝宝的跨越能力。记住要以趣味性的方式来吸引宝宝做这个游戏，而不是以威胁的方式来勉强宝宝做这些动作。

攀登

想要提升 1 岁半 ~ 2 岁的宝宝手部的握力和腿部的蹬力，可以通过攀登的动作来完成，攀登动作可以加强宝宝动作的灵活性和协调性。家长可以充分利用家里的楼梯、小区里的滑梯或者公园里的攀登架，来进行宝宝的攀登训练。在宝宝上攀登架的时候，家长要在一旁进行辅助，为了提高宝宝的兴趣，家长可以在攀登架的上方放一些宝宝喜欢的玩具，来吸引宝宝进行攀登训练。通常来讲，1 岁半 ~ 2 岁的宝宝可以攀登的级数在二三级左右。

上楼梯

想要锻炼宝宝手脚的协调能力，还可以通过爬楼梯来完成。公园里的滑滑梯就是一个很好的选择。要先让宝宝爬上滑梯，家长要稍微扶住宝宝，免得宝宝因为不留神而失手。这个阶段的宝宝已经具备了上楼梯的能力，一开始的时候宝宝可能还会有些畏惧，家长就要及时鼓励宝宝，让宝宝对自己有信心。或者可以在楼梯的上方放一些宝宝喜欢的东西，让宝宝有动力爬楼梯。虽然滑滑梯的楼梯数有限，但也要注意宝宝的体力，开始的时候限于几个阶梯，等宝宝体力有所增长之后再逐渐增加。在滑下来的时候，家长也要注意在一旁看着，要手放在宝宝的后背，避免宝宝因为冲力太大无法适应或者不小心受伤。

练臂力

想要锻炼宝宝手臂的力量，可以让宝宝做一些投掷的练习，比如说扔沙包，或者扔皮球等等。这些投掷的游戏可以让宝宝的注意力更集中，也可以培养宝宝的空间感。在进行投掷游戏的过程中，应该提醒宝宝将手举过肩膀再扔，如果扔的是沙包，重量要控制在 80 克左右，以免因为沙子露出来而迷了宝宝的眼睛。

在进行游戏之前，可以让宝宝自由地投掷。在宝宝熟练了之后，就可以在离宝宝一米左右的地上放一个小盆，让宝宝朝着小盆里面扔。宝宝再大一些，还可以让宝宝对着远处比较小的目标物扔，锻炼宝宝的眼力和臂力。值得一提的是，在玩这个游戏的时候，最好选择宽敞一点的地方，附近不要有玻璃之类的易碎品，以免不小心砸坏了。

四、生活与社交能力培养

习惯和生活能力的培养

睡觉

这个阶段宝宝的睡眠在白天的时候逐渐递减为 1 ～ 2 次，家长可以按照宝宝的作息，将宝宝白天睡觉的时间安排在吃过午饭以后，睡觉的时间保持在一个半小时之内。想要让宝宝习惯新的作息是一个循序渐进的过程，家长要根据宝宝自身的特点，慢慢引导宝宝的作息时间趋于正常。

吃饭

这个阶段宝宝是吃三餐的，可以让宝宝三餐都吃主食，在两餐之间安排一些小点心。此外，还要教给宝宝正确的进餐姿势和进餐礼仪，提醒宝宝不要边吃边玩，也不要在宝宝吃饭的时候逗宝宝笑，以防宝宝在笑的时候被食物呛到。吃完饭之后，可以让宝宝安静地活动一会儿，不要让宝宝做剧烈运动，以免引起呕吐或者腹痛。（参见第 2 篇第 14 章“进食习惯养成计划”）

习惯

要让宝宝养成饭前便后洗手的好习惯，让宝宝做一个爱干净的小孩。其实对于宝宝来讲，不管学习什么样的习惯和本领，都是一件很有挑战力的事情。因此，家长在教育宝宝养成良好习惯的同时，也要适当地帮助宝宝减轻困难。对待宝宝一定要耐心、细心，要让宝宝一步一步地学会，顺利地掌握每一个动作，养成好习惯。

整理玩具

要教宝宝在玩完玩具之后，收拾好玩具。也要让宝宝学会爱护自己的玩具，不要随意破坏。

社交能力的培养

与人交往。这个阶段的宝宝语言表达能力越来越好，已经可以跟越来越多的人进行交流了。因此，家长在与宝宝沟通的过程中，要适当地教给宝宝一些与人交往的礼仪，让宝宝明白一些简单的是非观念。

宝宝在 1 岁半 ～ 2 岁之间，语言发展突飞猛进，他们不仅有着绝佳的模仿能力，可以重复大人说过的话，并且还可以说出自己想要什么，想做什么。

宝宝的词汇是在日常生活中积累起来的，因此家长应该多带宝宝到户外去接触新的人群，让宝宝跟更多的人学说话。要多多鼓励宝宝跟人交往，并且引导宝宝对周围的事物进行观察，在宝宝注意一件事物的时候告诉宝宝那是什么，将名词说出来，让宝宝加深印象。

在户外学了一些新词语，回到家之后，妈妈要及时跟宝宝复习学到的词语，并且教宝宝将词语组合成一句简单句说出来，这样既巩固了宝宝的记忆，又让宝宝学到新知识，一举两得。

五、自我意识提升训练

宝宝自我意识萌芽期

宝宝出现自我意识

快两岁的宝宝，自主意识更为“猖狂”。因为宝宝的动作协调能力更好了，也能够自己进行自由活动，因此想要“自己来”的欲望就更加强烈了。这个阶段的宝宝虽然还需要依赖家长的照顾，却会时不时就跟爸爸妈妈作对，不是想要这个，就是想要那个，不是拒绝这个，就是拒绝那个，如果家长没有满足宝宝的要求，宝宝就会又哭又闹，大发脾气，让家长头痛不已。

这些都是宝宝在发育中很正常的现象，因为宝宝的心理也随着身体慢慢成长，想要独立的愿望也就越发地强烈。但是宝宝还分不清楚什么是对的，什么是错的，什么是可以做的，什么是很危险的。因此，家长要对宝宝多一些关注，不要一味地拒绝宝宝的要求，也不要全盘接受，要根据实际情况给予正确的回应。

宝宝爱提问

宝宝还小，知识领域也十分有限，不管是运动能力还是思维能力都有待进一步发展。这个阶段，宝宝的思维方式是很特别的，跟成人的观察方式和思维方式都有很大的区别，因此常常会提出一些稀奇古怪或者让人哭笑不得的问题，比如说“天上的太阳为什么会发光？”“太阳是谁放上去的？”“星星为什么那么多？”等，这些问题常常让大人也回答不出来。有些家长会敷衍宝宝:“这个问题等你长大就自然知道了。”还有些家长会采取回避的态度或者压制宝宝的好奇心，说：“干嘛问东问西的，不乖！”还有些家长为了保全“面子”，会随便编一个答案来糊弄宝宝。这些都是错误的做法，因为时间长了，因为宝宝的好奇心得不到满足，又受到家长的呵斥，就会变得沉默寡言。有些家长回答的错误答案在宝宝脑子里扎了根，还会影响以后宝宝对知识的接受。这些方式都会影响宝宝的思维能力、语言能力和观察能力，会让宝宝变得不爱思考，只顾着玩，或者变得卑微怯懦，不敢发问。

事实上，宝宝提问是语言发育的必经过程，是宝宝锻炼语言能力、运用的语言的方法，也是宝宝通过自主思考而发出疑问的行为，还是宝宝脑部发育的重要表现。因此，面对宝宝的提问，家长应该认真对待，正确回答。这样既可以让宝宝了解更多的知识，也让宝宝愿意说话，锻炼宝宝的语言能力，同时还能让宝宝习惯思考，促进智能的发展。

孩子需要小伙伴

这个阶段的宝宝开始对别的小朋友感兴趣了，也越来越想要跟其他小朋友一起玩耍，一看见别的小朋友，宝宝就会表现得非常热情。有些自来熟的宝宝，还会主动过去拉别人的手，摸摸人家的小脸，或者跟小朋友相对而笑。这个时候家长就要引导宝宝跟小朋友一起做游戏。但是也有些宝宝比较害羞，就算心里想跟其他小朋友玩，也会觉得不好意思。两个孩子有时候也是各玩各的，表面上看起来互不相干，但是却会偷偷地注意对方。有其他小朋友在的时候，宝宝的表现欲望也会比较强烈，他可以用一个玩具做出比平常更多的游戏动作，玩耍的时间也会延长许多。

宝宝在跟其他小朋友一起玩耍的过程当中，会开始意识到“同伴”和“合作”是联系在一起的，宝宝也会开始学习如何跟其他的小朋友进行协调配合，也会开始观察和模仿别的小朋友的说话方式和玩耍方法。但是宝宝还不知道怎么跟其他小朋友一起玩耍，看到其他小朋友在一起玩得很高兴，宝宝就会慢慢模仿别人的动作，或者参与到玩耍游戏当中，跟着小朋友一起乐。这个阶段的宝宝只会考虑自己的喜好，而不会顾虑到从属问题，因此常常会发生跟其他小朋友抢玩具的情形。这是因为宝宝脑子里还没有“所有权”的概念，在宝宝看来，自己喜欢就去拿，就跟从玩具架上拿玩具是没有什么区别的。

如果家长发现宝宝跟其他的小朋友在争抢玩具，只要将两个孩子分开就行了，不要太过于指责宝宝。但是要及时告诉宝宝：“这是那个小朋友的噢，宝宝也不希望自己的玩具给别人对不对，抢是不礼貌的噢。”为了防止宝宝跟其他小朋友在玩耍的过程中发生争吵，最好将玩具分配好，教他们想要别人的玩具就要用自己的玩具和别人换。如果宝宝太过于强势，动不动就抢小朋友的玩具，家长可以让宝宝跟比他大一点的小朋友玩，这样宝宝也会有点“忌惮”，收敛自己的行为。

宝宝这个阶段正是学习如何与人交往的时期，对于这个月龄的宝宝，不想将自己的玩具让出去也是很正常的。在宝宝年龄增长的过程当中，家长要适时地教宝宝懂得分享，并且让宝宝体会到分享所带来的快乐。

宝宝在跟其他小朋友一起玩耍或者参加一些活动的时候，家长要让宝宝自己去跟小朋友交往。如果宝宝没有认识别人的欲望，也不要太过于勉强宝宝，可以等到宝宝好奇心被激发起来再说。也不要因为宝宝之前的拒绝而对宝宝融入集体而大加干涉。当宝宝遇到困难和挫折的时候，家长要及时给予宝宝鼓励，要让宝宝在与人交往的过程当中获得快乐的感受，提高宝宝与人交往的积极性，让宝宝克服内心的羞涩，养成活泼开朗的性格。

独立行动的倾向

这个阶段的宝宝比以前更有探索精神和好奇心了，他们迫切地想要认识世界，凡事都想要自己来。这种独立的倾向表现在宝宝经常会说：“让我自己来。”宝宝对于自己力所能及或者好奇的事情，总是想要独立完成，而不想依赖别人或求助别人。比如说当妈妈要喂宝宝吃饭的时候，宝宝会说：“我自己吃”。当奶奶要帮宝宝穿衣服的时候，宝宝会说：“我自己穿。”当妈妈带宝宝出门，宝宝就会挣脱妈妈的怀抱，说：“我自己走。”等等。

宝宝这种要求独立的心思，是宝宝进行独立思考、进行有目的活动的基石。在这个时候，家长要做的就是鼓励和引导宝宝，多给宝宝提供一些做事的机会，让宝宝体会到“自己动手，丰衣足食”的快乐。不要因为怕宝宝做不好，或者因为宝宝的动作太慢而剥夺宝宝自己动手的机会，这样只会错过宝宝独立发展的好时机。值得一提的是，这个阶段的宝宝虽然独立意识越来越强，但是独立行动的能力却不尽如人意。因此家长既要注意满足宝宝独立做事的愿望，又要鼓励宝宝，在宝宝做事的过程中提供指导，让宝宝学会正确的行事方式，培养宝宝的独立能力。

主动与人交往

这个时候的宝宝，可以走路了，语言表达的能力也越来越好，对世界的好奇心也更加旺盛。大多数宝宝都抛却了羞怯，会对一些陌生人产生兴趣。家长就要多多鼓励宝宝，多给宝宝创造一些与人交往的机会，尤其是让宝宝跟与自己同龄的小朋友交往。孩子跟孩子之间可以通过互相交换玩具、互相接触了解来获得简单的快乐。

家长想要让宝宝主动与人交往，建立良好的人际关系，就要教给宝宝一些基本的交际动作，比如说微笑、握手等等。家长可以通过实际的演练来让宝宝熟悉这些动作，比如说爸爸在上班之前，可以教宝宝挥手说“再见”。其他小朋友来家里玩，妈妈可以让宝宝跟小朋友握手或拥抱等等，要让宝宝通过这些基本的交际动作来提高交际的意识，做一个懂礼貌的好孩子。

看别人玩对发展社会交往能力有益处

很多家长都希望自己的宝宝从小就可以自在地跟其他小朋友玩耍和交往，但是有些宝宝却比较羞涩，总是在一旁看着别人玩，自己不参加到游戏里面。这是很正常的现象，很多宝宝在成长的过程都会经历这样一个“旁观”的阶段。宝宝的交往能力是跟年龄有很大关系的。

通常来讲，宝宝真正开始具备交往能力是在3岁左右，所以在2岁左右，宝宝害羞和胆怯是很正常的。虽然宝宝会对其他小朋友有好奇心，但是即便是跟别人在同一个空间内玩，也大多数是独自游戏，跟小朋友之间的交流比较少，各玩各的。只有通过长时间的接触，消除陌生感和羞怯感，才会让彼此之间的合作和交流更多。

不要以为宝宝只会看，不会参与就是没有交际能力，其实，“旁观”其他小朋友玩耍对宝宝观察能力的发展是很有好处的。宝宝在观察的过程中，可以学到很多参与集体活动的能力。因此当家长发现自己的宝宝喜欢呆在一边观察别的小朋友玩游戏的时候，不要催促宝宝加入其中，而是要为宝宝提供各种各样观察的机会和条件。如果宝宝从无意识的观察到变成有意识，这就表示宝宝想要参加活动了。看到宝宝作为“旁观者”，家长不要操之过急，应该让宝宝自己慢慢适应，慢慢学习如何融入团体。

享受玩具的快乐

这个阶段的宝宝对玩具的兴趣也非常浓厚，并且玩的玩具也在不断变化中。这个时候，宝宝已经可以玩一些比较复杂的玩具了，也基本具备了对游戏和玩具的分辨能力。宝宝的手眼协调能力已经趋于完善，会摆弄一些几何图形的积木，知道如何搭起来了。家长可以给宝宝提供一些可以锻炼分辨能力的套叠玩具来给宝宝玩，开发宝宝的智能。还可以给宝宝玩一些能够发挥想象力的玩具，如可以穿脱衣服的娃娃和积木等等。

家长在宝宝智能发展的过程中，应该充分利用玩具来引导宝宝，享受智力开发的乐趣。要让宝宝在玩耍中得到提升，刺激宝宝的感官，提高宝宝的探索精神，激发宝宝的兴趣。家长应该给宝宝提供充分的空间和玩具，给宝宝创造智能开发的好环境，让宝宝可以自在地玩耍，快乐地成长。

大家一起做律动

家长想要同时锻炼宝宝对节奏的敏感性和身体的协调性，可以鼓励宝宝跟自己一起做律动，这个时候可以放一些节奏感比较强的音乐，让宝宝跟着自己弯腰、转身、左右拍拍、右手拍拍、扭扭屁股等等。让宝宝跟着音乐做律动，会让宝宝感受到身体和节奏的协调，感受动作和节拍一致的快感。还可以让宝宝跟其他小朋友一起做，这样就可以让宝宝在观察别人动作的时候学会约束自己，让自己跟别人保持一致，共同学习，共同行动。

六、常见问题分析与处理

宝宝爱吃手怎么办

宝宝吮手指的原因

本能

6 岁之前的宝宝吸吮手指通常都是为了满足“吸吮欲望”，所以没有吃饱的宝宝，或者人工喂养宝宝出现吸吮手指的情况要比母乳喂养的宝宝多得多。吸吮的举止是先天性的，如果将你的手指放在 3 个月左右的宝宝嘴边的时候，宝宝会很自然地吸吮你的手指，这种条件反射其实是一种本能，是为了维持生存的需要而发生的。

寻求安慰

6 个月之后的宝宝，在情感上面比较“脆弱”，总是想要黏在爸爸妈妈的身边，更习惯于面对自己熟悉的人，对亲人尤其依赖。在这个阶段，宝宝又会出现一些“独立”的萌芽，因此常常会在大人看不见的时候，或者觉得情绪低落、疲劳的时候吸吮自己的手指，以求获得心灵的慰藉。

宝宝吮手指危害

宝宝吸吮自己的手指，容易把病菌带到口中，有可能引起肠道寄生病或者消化道感染疾病。

宝宝吸吮手指的时间长了，指甲容易被口水给泡得软趴趴的，还可能出现甲沟肿胀的现象，或者导致局部组织出现畸形、糜烂或者增生，导致化脓或感染等等。

宝宝在长了恒牙之后，如果还是经常吸吮手指，就有可能导致宝宝下颌发育异常，造成上下牙齿咬合不齐或者牙齿排列不整齐的现象，导致宝宝咀嚼受到影响。牙齿参差不齐还会影响到宝宝说话的发音。

喜欢吸吮手指的宝宝，手指的肌肉发育会受到影响，精细动作的发展也会延缓，对日后的学习、生活、工作会造成一定的影响。

改掉吮手指的习惯

如果母乳充足的话，尽量使用母乳喂养，满足宝宝对吸吮的要求。这样宝宝就不会通过吸吮手指来获得心理上的安慰。

如果妈妈奶水不足，宝宝是混合喂养的话，就可以将奶嘴的口开得小一点，延长宝宝吸吮的时间，让宝宝有充分吸吮的感觉。

看到宝宝将自己的小手放在嘴里，家长可以用别的东西来转移宝宝的注意力。比如说拿一个好玩的东西放在宝宝眼前，让宝宝不知不觉被吸引，就会伸出在嘴里的小手来拿玩具了。

如果家长发现自己的宝宝将手指放在嘴里吸吮，应该温柔地将宝宝的手指拿开，并且要告诉宝宝:“这样很脏的噢，牙齿会长虫子呢。”也可以编一些小故事来警示宝宝，比如说小狗吃自己的小爪子就会肚子痛呢，后来被爸爸送到医院了，让宝宝知道吃手指是不卫生的。

多给宝宝创造一些跟其他小朋友接触的机会，让宝宝跟其他的小朋友玩耍，转移宝宝的注意力。因为在玩耍的时候，宝宝就会忘了吸吮这件事。很多时候，宝宝也是因为无聊才吸吮手指的，只要给他事情做，宝宝就会忽略吸吮这件事了。

对于在睡觉之前习惯吸吮手指的宝宝，家长可以买副手套给宝宝，在睡前就给宝宝戴上。同时，家长还可以在宝宝睡前给宝宝讲故事，让宝宝快些入睡，降低宝宝心里的不安，慢慢改善宝宝吸吮的习惯。

不管爸爸妈妈有多忙，都要抽出一些时间来跟宝宝玩耍。不要让宝宝感觉到孤独，要让宝宝感受到爸爸妈妈对他满满的爱。

制止宝宝吮手指的误区

强硬态度不可取

如果宝宝养成了吸吮手指的习惯，家长不能用强硬的手段来让宝宝戒掉吮吸手指。如果用强硬的态度来对待宝宝，宝宝就有可能出现某些心理问题，从而觉得更孤独，更没有安全感，吸吮手指的习惯也就更难改掉了。面对宝宝吸吮手指，最好的方式就是循序渐进，让宝宝在不知不觉中改正过来。

手上抹辣椒水、黄连水等

有些家长在断奶的时候，会运用老方法，在妈妈的乳头上涂上风油精、黄连水或者辣椒水，从而让宝宝感觉到乳汁中有不好的味道，从而自动放弃母乳。对待宝宝吸吮手指，部分家长也会沿用这样的方法，在宝宝的手指上涂上黄连水或辣椒水，让宝宝尝到手指的苦味或辣味，以此改掉吸吮手指的习惯。这是一种错误的做法。因为这样虽然吮吸手指是戒掉了，但是会给宝宝的心灵带来一定的伤害。有些宝宝比较好动，喜欢左边抓抓，右边抓抓。有些宝宝还会揉眼睛，如果家长给宝宝涂的是辣椒水，宝宝揉了眼睛就会觉得很不舒服，那种感觉是很难受的，大人都受不了，何况是宝宝呢?

不重视宝宝心理安抚

有些家长总是在一边监督宝宝有没有吸吮手指，却不转移宝宝的注意力，也不警示宝宝吸吮手指的害处，这样宝宝戒掉吮吸手指的困难度就会增加很多。有些宝宝在家长的眼皮底下不会吸吮手指，但是家长一旦不在跟前，又会将手指放在嘴里了。因此，不要忽视宝宝心理上的安抚，否则只会徒劳无功。

要不要给宝宝吃零食

零食是什么？除却正餐之外的食物都可以称之为零食。不管是糖果、饼干、坚果还是水果都在零食的范畴之内。给宝宝挑对了有营养价值的零食，对宝宝的身体是很有好处的。（参见第 2 篇第 18 章“让零食成为第二营养餐”）

给宝宝选择的零食，要多选择坚果类、果蔬类和奶类的制品，但是糖果、巧克力和膨化食品却要尽量避免让宝宝接触到。不吃当然是最好的，如果宝宝实在馋得不行，1 周最多吃 2 次。像巧克力和牛肉干等零食，1 周不要超过 2 次。但是像鲜奶、水煮蛋和豆浆等对身体有帮助的零食，就可以每天食用了。宝宝每天吃零食的次数要控制在 3 次以内，不要在正餐之前吃零食，以免影响宝宝吃正餐的食欲。最好是在两餐之间吃，同时要避免宝宝边玩边吃。

有些家长觉得，吃零食会影响宝宝的食欲，还会让宝宝正餐吃不下，对牙齿也是有百害而无一利，因此除了正餐之外，从来都不给宝宝吃零食。其实这是一种片面的看法。零食也分有利于身体健康和对身体无益两种，科学地吃一些零食对宝宝的成长发育是很有帮助的。这就要看给宝宝选择的是什么样的零食了。有营养的零食不仅可以给宝宝提供身体所需要的元素，还可以给宝宝的生活增加很多乐趣。

事实上，幼儿期的宝宝所需要的营养量大约是成人的 1/3 左右，因此光凭每天吃的三餐，是不能满足这种营养需求的。因此，可以将宝宝的零食列为与正餐同等重要的营养考察和选择范围。有益的零食，可以给宝宝提供很多的维生素和矿物质，还可以让宝宝保持足够的能量和精力，促进宝宝的身心发育。很多在三餐中间吃一些零食的宝宝，比那些只吃三餐的宝宝身体营养平衡度要高得多。家长应该正确地对待零食，将零食作为宝宝获得营养的途径来认真对待。

如果宝宝一日三餐都吃得很足很高兴，体重也在正常的增长范围之内，那么就没有必要给宝宝吃零食了，而应该代以水果。尽量不要给宝宝吃那些能量很高的零食，比如爆米花、巧克力、糖果等等，这些东西吃得少一些没关系，但是如果摄入过多的话，不仅会损害牙齿，还有可能养出一个小胖墩。

给宝宝吃零食的目的，在于让宝宝学会怎么咀嚼。尤其对那些只懂得吃搅烂的食物的宝宝，学会咀嚼就更重要了。但是可以选择那些既可以锻炼宝宝的咀嚼能力，又有利于健康的食物，比如将苹果和梨切成片状，让宝宝拿着咬。

对于那些饭吃得比较少的宝宝，因为饭量比较小，因此零食就成了补充营养的重要食物。如果宝宝不喜欢吃米饭，那么就可以适当地给宝宝吃一些苏打饼干来补充营养。如果宝宝不喜欢吃鱼肉，就可以给宝宝吃一些具有相同营养成分的食物，如鸡蛋、牛奶、蛋糕等等。

还要注意的是，给宝宝吃零食的时间要固定，不要随便什么时候宝宝想吃就吃。不要让宝宝养成不良的饮食习惯，否则还会影响到宝宝的正常身体发育。

什么时候不宜给宝宝吃零食

宝宝临睡前不宜吃零食　食物残留堆积在牙齿间，不利于宝宝的牙齿健康，很容易引起蛀牙。在睡前吃零食，还会加重胃肠道的负担，延缓食物的消化，从而影响营养的吸收，影响宝宝的睡眠质量。

看电视时不宜吃零食　如果让宝宝在看电视的时候吃零食，宝宝就会在不知不觉间越吃越多，导致热量过剩，引起肥胖。

控制零食数量　幼儿时期宝宝的胃容量十分有限，因此零食也要控制好。如果让宝宝吃太多零食，正餐就吃不下去，这样会造成恶性循环。千万不要让零食代替正餐，否则影响到身体发育就不好了。

备选零食名单　要选择含有丰富营养的零食，如牛奶、蛋、水果、马铃薯、豆浆、蔬菜羹等等。豆制品和奶制品中含有丰富的钙质、蛋白质和B族维生素，因此可以适当地让宝宝多吃一些，这样有助于宝宝牙齿和骨骼的发育。

水果和蔬菜中含有丰富的维生素、膳食纤维和矿物质，可以增加肠道蠕动的速度，防止宝宝便秘，比如苹果、西红柿和黄瓜等。

坚果类的食物中含有丰富的脂肪酸和微量元素，对宝宝的脑部发育很有帮助，也可以让宝宝适当地吃一些，比如核桃、花生、瓜子等，但不能吃多，以免宝宝上火。

禁吃“三高”食品　高糖、高盐、高脂肪食品中含有很多的盐分、糖分和油脂，比如炸鸡、薯片、薯条、可乐、汽水、奶油和夹心饼干等等。这些零食的热量很高，但是矿物质和维生素的含量却很少，吃多了还会影响宝宝吃正餐。此外，也不要让宝宝吃腌制的食品，因为腌制食品中含有大量的二甲基亚硝酸盐，吃多了不利于宝宝的身体健康。熏制食物中含有致癌物质，也不要让宝宝多吃。

注意卫生和安全　在宝宝吃东西之前，一定要让宝宝先洗手。要养成宝宝良好的卫生习惯。给宝宝的东西要留心保质期，不要给宝宝吃过期或变质的食物，也不要给宝宝吃一些没有卫生许可的小摊小贩上的东西，比如油煎饼、糖葫芦等等。此外，还要注意宝宝吃的食物的安全性。果冻尽量不要给宝宝吃，因为果冻不仅没有营养，还有可能让宝宝一口吞下去，导致窒息。也不要给宝宝吃强化食品，以免宝宝在短时间内摄入过多的不利元素，影响宝宝的身体健康。

哪些零食不可以给宝宝吃

家长在给宝宝吃零食的时候，一定要注意以下几点：

零食只能作为正餐的营养补充，而不能代替正餐。在正餐和零食的量上，一定要有个明显的比例之差，不能让宝宝吃零食比吃正餐还多，以免养成宝宝不良的饮食习惯，影响到身体发育。

在零食的选择上，要根据宝宝身体发育的阶段和特点，进行科学的搭配。宝宝的零食应该“软硬兼备”，既要有流质的食物，如牛奶、豆浆等，又要有固体的食物，如坚果、水果等，以保证宝宝摄取营养的平衡，同时也可以锻炼宝宝的咀嚼能力，一举两得。

此外，还要按照宝宝身体的特殊状况有针对性地给宝宝挑选零食，调理宝宝的身体，补充缺乏的元素。比如宝宝便秘的话，就可以给宝宝挑选一些梅子或者果丹皮等酸性零食，这些零食中含有苹果酸和柠檬酸，能够很好地促进肠胃蠕动，具有消化和通便的功效。想要让宝宝骨骼发育更好的话，就可以给宝宝挑选一些含有丰富钙质的零食，比如牛奶、奶酪和鸡蛋等。想要给宝宝补脑，促进宝宝的智能发育，可以给宝宝挑选核桃、松子仁等坚果类零食。值得一提的是，家长要让宝宝吃东西之前洗手，吃完东西要记得漱口或刷牙，养成良好的饮食卫生习惯。

关于给宝宝吃零食的误区

很多家长都以为果冻是一种含有丰富营养的零食，可以让宝宝多吃一些。实际上，市场上销售的果冻几乎都是没有果汁成分的。果冻之所以是甜的，是因为精制的糖的关系，而果冻有独特的香味，也是因为添加了人工香精的缘故。

有些家长还觉得，让宝宝吃一些蜜饯或者果脯就可以补充到跟蔬果一样的维生素，这也一种认识上的误区。蜜饯类的食品在加工的过程中，维生素都被破坏得差不多了，又会添加很多白砂糖进行再加工。因此，宝宝在吃这些东西的时候就会摄入很多的糖分，对宝宝的身体是没有任何帮助的。

有些家长认为坚果可以给宝宝补脑，就大量地给宝宝吃。没错，坚果中含有丰富的不饱和脂肪酸，对宝宝的脑部发育是很有好处的。但是也不能因为这样，就无节制地给宝宝“补脑”。因为坚果中的脂肪含量也是很多的，如果摄入量过多，就会导致肥胖。因此，“补脑”要适度，不能太过，以免得不偿失。

有些宝宝不喜欢吃蔬菜，家长认为水果跟蔬菜的营养价值差不多，就索性用水果来代替蔬菜，给宝宝补充维生素。这种方法是十分不可取的。有些家长甚至随着宝宝的心意，只给宝宝喝果汁以代替水果，这就更加糟糕了。蔬菜中有些营养素是水果无法替代的，比如特定的矿物质，尤其是那些绿色蔬菜，其中含有丰富的植物性化学物质和维生素，是水果远不能企及的。水果虽然含有较多的维生素，但是糖分和热量也比较高，不能作为宝宝补充维生素的代替选择。

如果宝宝不喜欢吃蔬菜，妈妈就要想方设法，将蔬菜做得让宝宝看不出来，或者摆成好玩的图案，吸引宝宝的兴趣，等宝宝习惯了蔬菜的味道之后，就会慢慢接受蔬菜了。

聪明宝宝有什么特征

做父母的都希望自己的宝宝比别人聪明一些，但是怎样才能实现这个愿望呢？

远血缘婚配生育的宝宝

通常来讲，父母的智商比较高，宝宝也会比较聪明。在血缘关系上也有一定的遗传因素。如果父母是同一地方的人，那么宝宝的平均智商在102左右。但是如果父母是不同省份，或者是南北方两地人，那么宝宝的智商就会达到109左右。如果父母是表亲，那么宝宝低智商的几率就会增加很多。因此，如果想要生出来的宝宝聪明一些，可以选择异地通婚。当然，这也只是概率问题了。

父母在最佳生育期生育的孩子

一份调查结果显示，妈妈在23岁之前生的宝宝平均智商在103左右，但是24～28岁的妈妈生出来的宝宝，平均智商却在109左右。而30岁以后的妈妈，生出来的宝宝平均智商又会降到105以下。因此，如果想要生出聪明宝宝，最好是在24～29岁之间生育。至于爸爸，则在30岁左右最佳。

高龄生育会有哪些坏处呢

高龄产妇通常都会遇到以下的风险：跟适龄生育的产妇相比，高龄产妇承担的风险要多得多，分娩的时间延长，生下畸形儿的概率也比适龄产妇要高。对女性来说，随着年龄的增长，阴道的伸张力和子宫的收缩力都比较差，因此也就更容易发生难产和大出血的情况。除此之外，高龄产妇还要面对关于妊娠的一系列并发症。

除了身体上的风险，高龄产妇在生下宝宝之后还要面对教育和教养的问题。高龄产妇，不管是在精神上还是体力上，都没有年轻的父母充沛。尤其是一些职业女性，在生完宝宝之后还要投入工作，这些都是高龄产妇会碰到的问题。

如果爸爸的年纪过大，会出现的风险主要有：一般来讲，爸爸的年龄比较大，妈妈的年纪也大，那么流产率就会比较高。但是如果妈妈的年龄在30岁以下，那么流产率就会降低许多。因为妈妈在30岁以前，胎儿流产的几率本身就很低，所以就不太会受到爸爸年龄的影响了。

吃母乳长大的宝宝

吃母乳长大的宝宝，跟吃代乳品长大的宝宝相比，智商要高出许多。宝宝的智商跟母乳的喂养时间是有很大关系的。据研究，母乳期为 6 个月左右的宝宝，智商要远远高于从小就吃配方奶的宝宝。在 3 个月之后就断母乳的宝宝，在心智和智商方面要比同龄宝宝的平均值低一些。

宝宝爱玩自己的生殖器怎么办

以平常心对待

家长看见宝宝时不时就玩自己的生殖器，不要太过于紧张，更不要打骂宝宝或者喝斥宝宝，更不能用羞辱的方式来纠正宝宝的不良习惯。宝宝爱玩自己的生殖器，其实就是一个探索的过程，宝宝对自己的身体产生好奇心，忽然发现玩弄生殖器可以给自己带来特别的感觉，所以就时不时那样做。如果家长用强硬的方式阻止宝宝，就有可能会给宝宝留下心理阴影，从而影响宝宝正常的身心成长。

讲道理为主

想要改变宝宝玩生殖器的习惯，要采用讲道理的方式来让宝宝接受。比如说："宝贝知不知道小鸡鸡是很怕脏的，如果宝贝用手去碰的话，鸡鸡会生气，到时候撒尿就会痛噢。"

养成良好的生活卫生习惯

要让宝宝养成良好的卫生习惯，宝宝的裤子不能太紧，要让宝宝采取正确的睡姿，尽量避免用俯卧的姿势来睡觉。在宝宝犯困了之后再让宝宝上床睡觉，宝宝醒了就要让宝宝下床，不要养成赖床的习惯。

提供轻松的氛围

宝宝会触摸自己的生殖器，可能是因为宝宝太紧张，或者处在一个让宝宝恐惧的环境中。因此，如果宝宝到了一个新环境，家长应该在宝宝身上多费一些心思，让宝宝尽快地融入新环境，分散宝宝的注意力，这样宝宝就没空抚弄生殖器了。

不要随便给宝宝扣上"手淫"的帽子

等宝宝年龄再大一些，可以给宝宝讲一下有关于隐私的概念，让宝宝知道"害羞"，宝宝也就更能理解了。

宝宝为什么总是喜欢哭

有些宝宝是"爱哭鬼"，总是动不动就哭。不管是身体不舒服还是碰到一点点不如意的事情，就通过哭来发泄情绪。这种宝宝其实是很缺乏自信心的，因为在无可奈何的情况下，又不知道怎么说出来，就只能用哭来解决问题了。这也是 1 岁半到 2 岁宝宝所会拥有的负面情绪。对待爱哭的宝宝，家长应该对症下药，制造机会让宝宝获得成就感，树立宝宝独立解决问题的信心。

选择符合宝宝年龄的玩具

具体来讲，就是不要给 2 岁的宝宝买 3 岁的玩具，否则宝宝就有可能因为不会玩而觉得受挫，产生想哭的欲望。一样的道理，也要让宝宝做能力之内的事情，如果要求 2 岁的宝宝做 5 岁宝宝才可以做到的事情，也会打击宝宝的自信心，让宝宝沮丧不已。

家长要耐心

对待宝宝，家长一定要学会耐心。在宝宝哭泣的时候，要告诉宝宝："别哭，哭是不能解决问题的。来，告诉妈妈，宝贝遇到什么困难了，妈妈来跟宝宝一起想办法。"等知道宝宝受挫的原因之后，再教宝宝如何做，减少宝宝的挫折感，让宝宝知道下次遇到同样的问题要怎么做。家长要教导，但是不能代做，要培养宝宝独立解决问题的能力。

要理解宝宝

家长要懂得理解宝宝，比如说：玩具不小心被宝宝摔坏了，不能用幸灾乐祸的口吻跟宝宝说："我早说了吧，你看，果然被你弄坏了。"而应该跟宝宝说："妈妈知道你不是故意，妈妈有时候也会不小心打坏东西呢，但是宝宝下次要小心噢。"这样就可以在一定程度上降低宝宝的挫败感。

在宝宝自己玩耍的时候，家长不要去干涉，更不要对宝宝玩耍的方式指手画脚。比如说宝宝在玩搭积木，只要让宝宝自己搭就可以了，而不要总是跟宝宝说："不要那样，那个不是放在那里的。"这样会挫伤宝宝玩耍的积极性。但是如果宝宝遇到困难，求助家长，家长就应该适时地伸出援手，指导宝宝。如果宝宝下次碰到一样的问题，要引导宝宝想起上次妈妈是怎么做的，鼓励宝宝自己解决。如果宝宝做好了，也要及时赞赏宝宝："哇，宝贝好厉害，下次要做得更好噢。"如果宝宝不想玩了，也不要去勉强宝宝。

家长要把握好宝宝的情绪

家长要懂得"察言观色"，当宝宝受到挫折的时候，就很容易生气或哭闹，家长要先稳定宝宝的情绪，让宝宝转移注意力，不要让宝宝肆无忌惮地通过哭闹来发泄。

宝宝有嫉妒情绪怎么办

在宝宝的成长过程当中，妒忌是一种正常的情绪反应。通常，这种妒忌会随着年龄的增长而逐渐减少。但是在这中间，家长要适时地充当润滑剂，如果让宝宝的妒忌无限制地发展下去，就有可能造成宝宝日后的人格缺陷，影响宝宝正常的身心发育，导致宝宝成为一个不受喜欢的人。所以，如果家长发现宝宝的妒忌情绪很明显，并且有越演越烈的趋向，就要及时对宝宝进行正确的引导，将妒忌情绪克制好，或者让宝宝以合适的途径来发泄这种妒忌，以免引起"内伤"。

帮助宝宝培养内省智能，让宝宝提高对自我的认识

克服宝宝的妒忌心理可以从培养宝宝的内省智能开始。如果家长发现宝宝出现了明显的妒忌情绪，千万不要拿宝宝跟别人做对比，尤其是凸显宝宝的短处的对比法。比如说："你看，薇薇就从来不抢人家的玩具。"或者"晨晨唱得比你好听多了。"这种贬低宝宝的对比方式会让宝宝的自尊心受到伤害，对于缓解宝宝的妒忌心理没有任何作用，只会让宝宝对其他小朋友产生越来越强烈的妒忌心。

对待“妒忌”的宝宝，家长应该采取温和的方式。要让宝宝知道，每个人都有自己的优点和缺点，让宝宝学会用平常心去看待自己和别人，慢慢帮助宝宝摆脱内心躁郁不安的妒忌情绪。

聆听宝宝内心的感受

在宝宝的妒忌心“喷发”的时候，家长不要太过于责骂宝宝，而是要认真地去聆听宝宝内心的感受，抚平宝宝烦躁的情绪。比如，宝宝看到邻居家的小朋友买了一个自己没有的玩具，就开始“泛酸”，对小朋友充满了敌意。妈妈在仔细观察宝宝之后，要跟宝宝进行良好的沟通，弄清楚宝宝心里在想什么。等找到症结了之后，就可以跟宝宝这样说：“原来宝贝喜欢小朋友的玩具啊，宝贝没有，所以很伤心对不对。”这个时候只要对宝宝说妈妈理解就可以了，千万不要宠着宝宝，看到宝宝难过，就跟宝宝说：“宝宝喜欢吗？走，妈妈也给你去买一个。”这种处理方式是十分不恰当的，甚至会在无意中滋长了宝宝的妒忌心理，还会让宝宝觉得妒忌是“有所得”的，让宝宝充满攀比的欲望，以后要转变这种心理就更难了。

降低宝宝产生妒忌的环境刺激

比如，宝宝看到别的小朋友有某样新奇的玩具，进而小脸臭臭的，妒忌都摆在脸上。这个阶段的宝宝没有“新玩具”和“旧玩具”的概念，因此玩具本身的贵贱并不会作为宝宝是否妒忌的源泉，宝宝在乎的是“他有我没有”。所以，妈妈就可以用家里宝宝喜欢的玩具想出另外一种玩法，或者找寻那些跟别的小朋友玩具差不多功能的东西来转移宝宝的注意力。如果宝宝是因为家里还有另外一个比他更小的宝宝，而对妈妈将注意力放在“小宝宝”身上产生妒忌行为的话，妈妈就可以将宝宝以前的照片拿出来，让宝宝看看自己小时候的样子，并且告诉宝宝，妈妈是非常爱他的，只是因为弟弟（妹妹）现在还小，没有办法照顾自己，所以需要妈妈多一些关怀。要让宝宝清楚妈妈爱他的心，还可以让宝宝多跟弟弟（妹妹）接触，让宝宝在照顾小弟弟（妹妹）的过程中，体会到作为哥哥（姐姐）的自豪。

跟宝宝一起玩一些竞赛的游戏

为了缓和宝宝的妒忌心，可以跟宝宝玩一些竞赛的游戏来转移宝宝的注意力。在竞赛游戏中，宝宝会体会到成功和失败的滋味，让宝宝了解到自己比不上别人的时候那种来自内心的矛盾，锻炼宝宝的心理承受能力。对待三岁以内的“善妒宝宝”，妈妈可以选择一些比较容易玩的游戏，让宝宝先跟妈妈玩，然后再慢慢让宝宝跟其他小朋友玩。在宝宝与其他小朋友玩耍的过程中，妈妈要时不时地跟宝宝讨论“谁输谁赢”的问题，在宝宝输了之后安慰宝宝：输赢是很正常的，就算这一次赢了，下一次也可能会输，不要将太多注意力放在输赢上，更不要因为输而去妒忌对方。

让嫉妒成为宝宝前进的动力

任何事物都有两面性，就看从什么角度去理解它了。嫉妒会危害人的心灵，但是如果运用恰当，妒忌也会变成使人前进的动力。聪明的妈妈可以好好地利用宝宝的妒忌心，将这种妒忌转化为上进的动力，帮助宝宝摆脱妒忌的烦扰，更好地面对别人，面对自己。

比如说，宝宝跟其他的小朋友一起搭积木，看到别人搭得又稳又好，宝宝就气得将积木一把推倒。这个时候，家长如果对宝宝的行为大加指责，根本起不到什么教育作用。还不如从另外一个角度来引导宝宝。可以这样跟宝宝说："哥哥的积木搭得很好呀，不过画画宝宝就很在行啊。你看你推倒了哥哥的积木，哥哥多伤心啊。不如我们现在就帮哥哥把积木搭好吧。"这样宝宝就有会产生愧疚的心理，既对自己其他方面的才能有了信心，又会知道自己的行为是很伤人的，一举两得。

通过这种柔和的形式来化解宝宝的妒忌，会让宝宝找到积极表达妒忌情绪的方式，即从自己身上找寻闪光点，变得更为宽容和自信。这对于宝宝日后的性格发展是很有意义的。

如何培养幼儿的记忆力

宝宝记忆力的好坏，通常是从记忆的广度、记忆的保持时间和记忆的范围来判断的。记忆力可以分成短时间记忆和长时间记忆，给宝宝讲故事，或者朗诵诗歌都属于短时间记忆，如果一段时间不让宝宝复习，宝宝就会将记忆的内容忘掉。但是如果宝宝经历过一件印象深刻的事情，就会记得很久，甚至一辈子都不会忘记。想要促进宝宝智能的发展，很关键的一步就是要将宝宝的短期记忆转化为长期记忆。

记忆能力是需要培养的

父母可以利用形象记忆，用生动具体的事物来提高宝宝的记忆力。要有意识、有耐心地提高宝宝的记忆力，让宝宝的记忆容量扩展到最理想的状态。不要小看宝宝的记忆力，不管是经验的累积还是知识的累积，都要靠记忆力这个最有效的武器来完成。

加强幼儿语言能力

宝宝的记忆水平与语言能力发展有着不可分割的联系。不管是在认识事物还是回忆事物的时候，语言都起着至关重要的作用。记住某件事物，理解某件事物，想起某件事物都离不开语言这个环节。所以，想要提高宝宝的记忆能力，增强宝宝的语言能力是一条很好的途径。

提高有意识记忆的地位

记忆的一个最显著的特点就是容易忘记，因此通常人们都记不住自己在 3 岁之前的事情，这在心理学上被称为"幼年健忘症"。这个阶段的宝宝，感兴趣的事情通常是那些有意思的、生动活泼的东西，这些东西可以吸引宝宝的注意力，让宝宝在反复地玩耍和认识中形成记忆，比如说经常听到的词语、好玩的玩具，或者毛茸茸的动物等等。但是这些都属于无意识的记忆，必须经过多次重复才可以在宝宝的脑海中留下记忆，如果长时间不复习，就很容易忘得一干二净。

因此，想要提高宝宝的记忆力，就要提高有意识记忆的地位。家长在让宝宝记住一件事物之前，要先告知宝宝记住的是什么东西。比如说给宝宝讲一个故事，要告诉宝宝认真听故事，故事讲完之后，妈妈要问一些问题，那么宝宝就会聚精会神地听故事。又比如说带宝宝去逛动物园，要告诉宝宝看到的动物是什么，有什么样的习性。等到回家之后要询问宝宝今天都看了什么，长得什么样子等等，这样记忆效果就会好得多。

在日常生活中，也可以时不时地给宝宝布置一些记忆任务，或者做一些能够提高记忆能力的游戏。比如说将宝宝可以时常看到的东西摆在地板上，让宝宝记住这些东西的名称，然后让宝宝闭上眼睛，再打乱东西的摆放位置。等宝宝睁开眼睛之后，指着不同的东西让宝宝说出对应的名称。还可以将其中的某样东西抽出来，再让宝宝说出地板上少了什么东西等等。

宝宝在4岁之后，如果出现什么大的变故，这种记忆可能会让宝宝毕生难忘。但是，在3岁之前，宝宝的记忆仍然带有“具体形象”的特点。在这个阶段，宝宝的有意识记忆会继续发展，但是还需要家长通过科学的方法来帮助宝宝加强记忆。有意识记忆是掌握科学知识、接纳知识的基础。仅靠形象来记忆是不完善的，也是容易遗忘的。所以，家长要特别留心宝宝的记忆方式。

要注意培养宝宝对事物的理解

宝宝的脑部尚未完全发育，对很多事情都没有办法理解清楚，就算是记在脑子里的东西，也大多数是因为重复次数多，而不是真正地理解了。比如说宝宝会背诵唐诗宋词，但是却不知道自己背诵的是什么意思，而仅仅是一种机械性的记忆或简单的模仿。随着宝宝年龄的增长，可以接触到的东西也越来越多。因此，仅仅靠机械记忆是远远不够的。

想要开发宝宝的智能，提高宝宝的记忆力，就要培养宝宝对事物的理解。要在宝宝理解事物的基础上进行记忆。为了培养宝宝对事物的理解能力，要让宝宝学会比较分析。比如说要让宝宝知道小羊和小牛有什么异同，就要跟宝宝说：“小羊和小牛都是挤奶的，宝宝经常喝的牛奶就是小牛妈妈的奶。可是宝宝头上的小帽子上的毛毛，是从小羊身上剪下来的，小羊毛毛很多噢。”这样宝宝在记忆的时候就会更加清楚了。

宝宝在幼年的时候，记忆特点就是以形象为主。对宝宝来说，记住那些比较形象直观的东西，要比记住那些抽象的东西要容易得多。在宝宝学说话或学认字的过程当中，形象化的描述又比那些抽象的概念要容易接受得多。

想要提升宝宝记忆的兴趣和信心，就要懂得“投其所好”。很多家长都会发现，宝宝在看动画片的时候十分专注，过了几天还可以重复那天看到的动画情节。这是因为电视中那些惟妙惟肖的动画能够吸引宝宝的注意力。通常来讲，宝宝的记忆效果跟情绪好坏是有很大关系的。如果看到听到的是自己感兴趣的内容，宝宝记得就会比较快；而如果面对沉闷的东西，宝宝就会失去兴趣，记忆效果也会大打折扣。所以，想要提高宝宝的记忆力，就需要为宝宝创造良好的记忆环境，投其所好，用一些宝宝乐于接受的方式让宝宝理解事物，记住各种事物。要让宝宝怀着积极、乐观和愉快的情绪来进行记忆。尤其是在宝宝学习一件新事物的时候，不要太早就用成人的标准来要求宝宝，看到宝宝记不住，就批评宝宝，这样只会让宝宝产生自卑和消极的情绪，记忆效果不好。

总而言之，家长要善于发现宝宝对什么感兴趣，学什么效率比较高，并且要对宝宝的记忆能力给予肯定，不要随便批评宝宝，也不要打击宝宝的积极性，让宝宝在自由轻松的环境下成长，更有利于提高宝宝的记忆力。

如何营造良好的学习环境

环境——一个适合的需要不断经营的学习环境

在宝宝了解家长对自己无限爱护的基础上，跟宝宝玩一些“我说你猜”的游戏，让宝宝在游戏中学习到很多东西。

将颜色卡片悬挂在一米左右的地方，要让宝宝从各种角度都可以看到。等到宝宝辨识颜色之后，再将颜色调换，让宝宝说出不同颜色卡对应的颜色名称。

给宝宝提供一块由不同质地编成的触摸毯子，让宝宝在触摸的过程当中寻找自己喜欢的区域。

要将图画书、故事书和玩具放在宝宝可以接触到的地方，方便宝宝随时拿过来学习和玩耍。

在确保安全的前提之下，妈妈可以跟宝宝玩一些躲猫猫的游戏。也可以将玩具藏起来，让宝宝自己去找。

音响和电视的声音要开得小一些，可以让宝宝看电视，但是要跟宝宝约定每天只能看两小时，避免宝宝成为“电视迷”。

语言——一个准确的而生动的语言环境

在跟宝宝交流的时候，要尽量使用准确而生动的语言。

要不时地为宝宝进行朗读，当然，最好是妈妈来为宝宝朗读。

当宝宝表现出对某种事物的兴趣，家长要尽可能地用准确的语言给宝宝进行描述。要让宝宝了解那是什么，怎么说，是做什么用的。

跟宝宝说话的时候，速度不要太快，声音也不要太大。家长不要嫌自己太罗嗦，要不时地对宝宝重复说过的名词，吐字要清晰，要让宝宝听清楚。

跟宝宝说话的时候尽量使用普通话，可以适当地教一些家乡话，但是要以普通话为主。

在宝宝学说话的过程中，可以适当地让宝宝学习一些外国语。丰富的语言环境可以让宝宝在未来学习语言时更容易，学习的时候也会更有熟悉感。

态度——父母的态度决定宝宝的未来

要尽可能减少宝宝在其他人身边过夜的次数，父母多忙都要尽可能地抽出时间来跟宝宝相处，陪宝宝睡觉。

父母每天看到宝宝的时间要保证在

10个小时以上，最好是自己照顾宝宝。可能的话，不要轻易将宝宝托付给别人喂养。

父母对家庭要充满爱。

要尽量在宝宝面前控制好自己的情绪。父母吵架不要让宝宝看见，更不能拿宝宝撒气。

对比——不要拿自己的孩子跟别人做对比

每个宝宝成长的环境都是不一样的，例如：家长的性格爱好、家长的知识水平、家长的年龄、家庭的收入、出生的城市和长期陪伴宝宝的人的素质涵养。这些都会造成宝宝的性格差异。同一年龄的不同宝宝，在语言能力、记忆能力和理解能力方面也存在着一定的差别，家长不要动不动就拿自己的孩子跟别人做对比。尤其是当发现自己的宝宝不如其他宝宝的时候，用胁迫性的方式来提高宝宝的能力，让宝宝成为自己虚荣心的牺牲品，这是很可悲的事情。

此外，在宝宝的成长过程中，应该根据自己宝宝的客观情况制定培养模式。有些教育方式在别的宝宝身上有效，但是在自己宝宝身上就未必有效。别拿孩子跟别人做对比，宝宝应该是父母的骄傲，而不是沦为攀比的工具。

如何预防宝宝出现退缩行为

在跟家人相处的时候，宝宝乐观开朗，有说有笑。但是一到了陌生的环境，或是见到了陌生人，宝宝就会出现退缩，变得害羞胆小，不爱开口，就跟换了一个人一样。有些宝宝喜欢到户外去活动，接触新朋友，但是有些宝宝宁可自己一个待在家里玩，也不愿意出去跟别人交往。这种行为，就称之为“退缩”。

宝宝会变得害羞胆小，退缩畏怯，跟父母的教养方式以及家庭环境是有很大的关系的：

宝宝会产生退缩行为，父母的教育方式不当是主要的原因

有些家长过于溺爱宝宝，什么事情都不让宝宝做，不愿意宝宝受一丁点的委屈。宝宝的生活都由父母安排好，只要吃饱喝足就可以了。就算是把宝宝带到户外，家长也会随时盯着宝宝，就怕一不留神宝宝就磕了或者摔了。

这种教育方面表面上看是为了宝宝好，其实是剥夺了宝宝自主学习和锻炼的机会。时间长了，宝宝就会产生很强的依赖性，认为只有待在父母身边才是最安全的，变得畏畏缩缩，除了家人以外，就不敢跟别人交往。如果任由这种情况发展下去，宝宝只会变得越来越孤僻，到最后产生性格障碍。

还有些家长，不懂得如何教育宝宝，也没有了解宝宝在想什么，常常以自己的标准去评判宝宝、责怪宝宝。比如说，宝宝看见遥控器很好玩，就把电池盖掀下来，电池啊什么的都抠出来。而在家长的眼里，这就是一种破坏的行为，逮着了就是一顿责骂。又比如说，宝宝想要帮妈妈洗碗，但是手一滑，碗掉到地上摔碎了。家长没有弄清楚宝宝的本意，就批评、埋怨宝宝。还有些家长总是喜欢拿自己的宝宝跟别人家的宝宝做对比，如果宝宝不如人，就会对宝宝摆出臭脸，让宝宝的自尊心受到极大的伤害，使宝宝变得越来越自卑而不敢接触他人。这些错误的教养方式都会让宝宝产生退缩的心理，变得畏手畏脚，不敢想也不敢做，追根究底，家长要负绝大多数的责任。

现在的家庭大多数都是独生子女居多，宝宝的生活环境也比较单一，没有什么玩伴

在生活中，宝宝只要跟爸爸妈妈爷爷奶奶相处愉快就可以了。除了对家长提出要求，或者撒娇之外，宝宝没有机会跟别人起争执，更谈不上跟别人有什么交往机会了。因此，如果不是家长刻意将宝宝带出门去接触外人，宝宝基本就是守着自己的“一亩三分地”。

很多宝宝在家里都是“小皇帝”或“小公主”，说一就没有人敢说二。但是当他们到了外面，就没有人像家人那么“听话”了。而宝宝又没有什么实际的交往经验，等到受了多次挫折之后，就会变得自卑、孤僻、胆小，继而产生退缩的行为。

宝宝的退缩行为会影响宝宝对外界的探索，就算宝宝有好奇心，也没有胆量去尝试。如果家长不转变宝宝的这种畏怯心理，还会影响宝宝的社会交往能力和认知能力。那么，如何避免宝宝产生这种“退缩行为”呢？如果宝宝产生了“退缩行为”，家长又该如何应对呢？

放手让宝宝自己去探索，多给宝宝提供锻炼的机会

宝宝在接触和探索外界事物的时候，当然是离不开家长的引导和帮助的。但是很多家长却将这种引导理解成为了“代办”，不管什么事情都帮宝宝做好，宝宝时刻都处在“象牙塔”里面。

到了学习自己吃饭的年龄，看到宝宝不小心将饭菜洒到桌子上，或者吃了很久也没吃完，妈妈就会干脆夺过饭碗来喂宝宝吃。早上起来，家长赶着去上班，又要送宝宝去托儿所，宝宝想要学习自己动手洗脸刷牙，看到宝宝牙膏弄到衣服上，水溅得到处都是，家长又会给宝宝“代劳”。

很多家长都觉得，宝宝大了，自然就会了。现在让他自己来，只会浪费时间，还不如我来帮他做。殊不知，不管是什么事情，都有一个学习和练习的过程。并不是说宝宝长大了自然就会了，只有宝宝在成长的过程中经过自己不断尝试才能慢慢学会。如果家长总是这样剥夺宝宝的学习机会，就会让宝宝逐渐养成懒惰的习惯，慢慢失去学习的欲望和克服困难的心理。

宝宝之所以会“退缩”，正是因为父母的“前进”。父母往前一步，宝宝就会后退一步。他们会失去主动学习和主动交往的意识，变得没有自主能力。在与人相处的时候，碰到一丁点困难就想逃避，就想退回自己的蜗牛壳里，永远学不会成长。

因此，在日常的生活当中，家长要有意识地放手让宝宝去做一些力所能及的事情。中国的教育方式就是要爱护、要疼宠。但是这种疼宠真的对宝宝好吗？其实，必要的时候也可以借鉴一下外国的教育方式。比如美国人在教养宝宝的时候，就会让宝宝从小就自己住在单独的房间里，让宝宝做自己可以做到的事情。这样既锻炼了宝宝的动手能力，又让宝宝在动手的过程中学会独立思考，让宝宝知道自己是“有用”的，从而避免“退缩”行为的出现。

宝宝自信心的培养

有位哲学家曾经说过，自信是每个人事业成功的基础。如果一个人没有信心，就不可能有什么大的作为。想要成功，首先就得有自信。在宝宝的身心发育过程中，培养自信心是很重要的。宝宝有了自信心，就可以快速地适应陌生的环境，面对陌生的人，这对于预防宝宝出现退缩行为是很有效果的。那么，怎样一步一步帮助宝宝培养自信心呢？

家长要不时地鼓励宝宝做一些力所能及的事情。

在宝宝的能力范围之内，家长要让宝宝多多尝试，从做事情当中体会到成功的喜悦。自信心是在实践的过程当中形成的，不是天生就有的。只有在不断的尝试中累积了成功和失败的经验，才能对自己有一个客观的认识，从而相信自己，并且产生去实现自己的理想和愿望的动力。

细心一点的妈妈会发现，当宝宝学会自己拿勺子吃饭的时候，会高兴地说：“妈妈，你看，我会自己吃了呢。”当宝宝学会穿衣服的时候，会兴高采烈地告诉妈妈：“我会自己穿衣服了！”当宝宝第一次将玩具放在玩具箱，收拾干净的时候，如果听到妈妈的赞美，宝宝就会显得十分自信。宝宝的自信是从学会自己独立解决问题开始培养起来的。当宝宝体验到通过自己的行为可以获得成功的时候，宝宝的自信心就又多了一分。

家长要学会抓住时机，对宝宝进行正确客观的评价。

有些家长望子成龙，望女成凤，对宝宝抱有无限的期望。他们总是给宝宝制定一些“超前”的智能培养方案，让宝宝做一些不符合其年龄的事情，要求宝宝可以比其他的宝宝先行一步。有些家长甚至只是出于“攀比”的心理，而忽视了宝宝的自信并不是通过对比得来的。比如说，妈妈看到隔壁邻居家的宝宝会拉小提琴，就会要求宝宝也要会，让还没有培养出乐感的宝宝接触乐器。等宝宝无法达到妈妈要求的时候，妈妈就会拉下脸。即便不责怪宝宝，宝宝也会看着妈妈的脸色而觉得沮丧不已。

这种强迫宝宝学习的方式并不能培养宝宝的自信心，反而会在一定程度上挫伤宝宝学习的积极性，还有可能让宝宝产生自卑的心理，甚至变得越来越退缩，培养自信更是不可能的了。每个宝宝的身心发育特点都不一样，别人家的孩子会这个会那个，家长是否又忽略了自己宝宝的身上也有独特的闪光点呢？就算宝宝走得比别人慢，但是只要开心、健康，就应该为宝宝感到开心了。

想要培养宝宝的自信心，就不要拿别人来跟宝宝做对比，不要让宝宝在对比中觉得自己不如别人，让宝宝对自己产生怀疑，从而自尊心和自信心都受到打击。家长要对宝宝有一个客观的评价。在生活中，要为宝宝一点一滴的进步而高兴，要用积极的态度来面对宝宝的成长，及时鼓励和赞赏宝宝，让宝宝产生“我能行”的自信心，为未来打下坚实的心理基础。

扩大宝宝的交际圈

一项研究调查表明，在日常的生活当中，家长往往都把注意力放在宝宝自身能力的培养上面，而忽略了宝宝社会性交往能力的培养。很多家长总是让宝宝待在家里，不愿意带着宝宝去别人家串门，或者去逛街访友。有些家长的“护幼”心理严重，不准宝宝离开自己的视线，也不肯让宝宝出去找其他的小朋友玩耍，就怕宝宝跟别人起冲突，受了委屈，吃了亏。如果偶尔将宝宝带出门，宝宝又很不巧地跟其他小朋友起冲突，擦破了点儿皮，家长就更有话说了。有些家长甚至会直接训斥宝宝：“你看，早不让你跟他玩，现在受伤了吧，下次不要再跟他玩儿了。”

这种阻止宝宝与人交往的做法，如果一直持续下去，当宝宝真正需要与人交往的时候，比如到了上幼稚园的年龄，就会不知道如何融入同龄人的集体，会变得没有安全感，更不会有自信心。宝宝总是跟家长在一起，没有跟其他小朋友玩的经验，就不知道怎么跟小朋友一起玩游戏，一起交流。家长的这种过度担心的做法，会养成宝宝被动的性格让他们认为自己不过去找别人玩，别人也会来找自己。等没人搭理自己的时候，就会变得自卑、沮丧。

很多例子都表明，总是跟大人在一起的宝宝，除了比较顺从之外，很多都是缺乏活动能力和交往能力的。他们胆小、羞怯，没有很好的独立性。这些都会严重影响宝宝的人际交往能力，影响到宝宝社会性的发展。因此，家长要多多鼓励宝宝与人交往，多带宝宝去认识新朋友，鼓励宝宝跟小朋友玩耍、交流，不要将宝宝锁在家里，要尽量扩大宝宝的交际圈，让宝宝在与人交往的过程中了解人与人之间的合作和竞争，了解输赢，了解自己，培养自信心。

教宝宝正确面对挫折

在生活当中，不管是多聪明的人，都不可能一帆风顺。虽然宝宝还小，但是也会碰到这样那样的困难和问题。有些问题是可以通过努力来解决的，但是有些困难却在一时之间没有解决的办法。有些宝宝在遇到挫折的时候会产生沮丧的情绪，变得消极，整天垂头丧气的。这个时候，如果家长没有及时地引导宝宝，宝宝就有可能沉浸在失败的阴影当中，使自信心受到打击，进而对自己的能力产生怀疑。长时间下来，宝宝就有可能变得唯唯诺诺，什么事都不敢做。

所以，家长要特别注意教宝宝如何正确面对生活中的挫折。要及时引导宝宝，让宝宝知道，只要自己努力了，那么成功和失败并不是非常重要，重要的是要在失败当中吸取教训，勇敢面对自己的失败就是一种成功。要让宝宝有一个正确的成败意识，让宝宝形成“失败不可怕，被失败打倒才是可怕的意识。”这样就可以最大程度地避免宝宝的自信心因为一两次的失败被打击殆尽。比如说：宝宝在跟其他的小朋友比赛搭积木，但是因为一时的失手，积木倒了，宝宝也就输了。这个时候宝宝可能会觉得十分沮丧，家长就要及时对宝宝说：“宝宝这么努力，妈妈都看见了噢，宝宝这次是失误，下次一定可以搭好的呢。妈妈相信宝宝，宝宝也要相信自己啊。”

正确对待宝宝的无意过失

因为宝宝年纪还小，所以难免会因为缺乏经验、自控能力不足或者粗心大意而造成伤害别人或损害东西的行为，这种无意识犯下的错误被称之为“过失行为”。当宝宝犯下“过失行为”的时候，通常一开始都不会怀着不良的动机，更不可能有事先的预谋。所以，如果宝宝无意伤害到别人，家长不可以简单粗暴地对待宝宝，责骂宝宝，或者恐吓宝宝，这样有可能给宝宝的心理留下阴影，导致宝宝以后做事畏手畏脚，就怕一个不小心犯错，变得信心全无。

家长应该注意的是，面对宝宝的无意过失行为，应该要冷静对待。宝宝的过失行为常常会让家长怒气高涨，尤其是碰到那些比较严重的过失的时候。一个人在愤怒的时候容易口不择言，面对别人的时候也可能说出比较严厉的话，有些话成人听了都不见得承受得了，更何况是宝宝呢？最好的做法应该是努力让自己冷静下来，先不要急着批评宝宝。等情绪平稳之后，再好好地跟宝宝进行沟通，耐心地听宝宝解释，探究宝宝为什么会出现这样的行为，对宝宝的错误做出一个客观的评判，再决定如何教育宝宝。

家长千万不要忘记，对待宝宝要以引导和教育为主。宝宝在不知世事的时候，出现一些过失是难免的，家长应该宽容地对待这种过失。但是要跟宝宝指出他错在什么地方，以后要怎么避免出现过失。让宝宝了解到自己是错的，从错误中吸取教训，避免出现同样的错误。要对宝宝进行积极正确的引导，教育宝宝面对错误的正确方法，让宝宝懂得知错要改。

七、宝宝智能发展水平测试

1岁7个月

分类	项目	测评方法	通过标准
大动作	将球抛向不同的方向	家长可以站在宝宝一米开外的地方，朝着两个不同的方向投掷小皮球，再鼓励宝宝分方向给父母投回来	宝宝会向家长朝两个不同的方向抛球
精细动作	用蜡笔划出直线	家长可以给宝宝示范如何在画纸上画出直线，再鼓励宝宝照着家长的方法来握笔画	宝宝可以顺利地画出直线，并且不和家长画的直线相交
认知能力	指认自己身体部位	家长先告知不同身体部位的名称，引导宝宝指出自己身体某个部位的名称	宝宝可以正确地指出自己或家长身体5～6个部位的名称
言语	模仿大人念出两句三字的儿歌	妈妈可以给宝宝念一句三字的儿歌，鼓励宝宝模仿	宝宝可以念出儿歌中的两三句三字儿歌
情绪与社会行为	模仿妈妈做家务	妈妈在做家务的时候，可以给宝宝一些相应的道具，比如一块抹布、一只小扫把等等，鼓励宝宝跟妈妈一起做家务	宝宝会有意识地模仿妈妈做家务的动作，不一定很像，但肯定是用心模仿

1岁8个月

分类	项目	测评方法	通过标准
大动作	可以用脚尖走3～4步路	家长可以先给宝宝示范如何用脚尖走路，再鼓励宝宝模仿家长走路	可以模仿大人踮着脚尖走路3～4步
精细动作	用方积木搭高6块	家长先给宝宝示范如何搭高2块方积木，推倒之后再鼓励宝宝搭6块积木	宝宝可以顺利地搭高6块积木
认知能力	能找出正方形和三角形	家长先让宝宝认识图形，再将圆形、三角形和正方形画在纸上，让宝宝分别指出各种图形的名称	可以正确地找出正方形和三角形，对图形具备基本的辨别能力
言语	能讲出3～5个字的句子	观察宝宝有意识说话的情形组成的句子（有主语和谓语）	宝宝可以顺利地讲出由3～5个字
情绪与社会行为	会耐心地等待食物或者玩具	在吃饭的时候，或者在给宝宝拿东西的时候，让宝宝坐在椅子上等，告诉宝宝：“乖乖在这边等，妈妈去拿，一会儿就回来，不要乱跑喔。”让宝宝坐在椅子上，在给他取东西前告诉他：“等着，妈妈去拿，一会就回来。”	宝宝会耐心地等待妈妈，最少也会等个3～5分钟，脸上还会充满期待的表情

1岁9个月

分类	项目	测评方法	通过标准
大动作	小跑步	家长可以在距离宝宝两米远的地方，用宝宝喜欢的玩具来逗引宝宝跑过来拿	宝宝可以朝着玩具的方向跑两米，但是还不太能控制停步
精细动作	将小铁丝穿进小珠子里	妈妈可以先给宝宝示范如何将小铁丝穿进小珠子里，再让宝宝跟着妈妈做。要特别注意安全	宝宝可以在妈妈的引导下，将小铁丝穿进小珠子里
认知能力	会回答最简单的问题	仔细观察宝宝，在宝宝听到门的声响之后，如果有人进来，就要询问宝宝："宝贝啊，是谁来了啊？"	宝宝可以回答出人名或者人称
言语	说出20个单词	妈妈要细心观察和记录宝宝有意识说出的词汇量	在有意识的情况下，可以说出20个词左右（叠字如"狗狗"算一个词）
情绪与社会行为	开口表达自己的需要	观察宝宝是不是可以用语言来达自己的需要	可以将3种以上的需要用语言表达出来，比如"吃饭"、"喝水"、"睡觉"等等，如果总是用手指挥，则不算

1岁10个月

分类	项目	测评方法	通过标准
大动作	向两个方向踢球	爸爸妈妈站在宝宝的对面，从两个不同的方向朝宝宝踢球，然后再让宝宝从不同方向踢回来	可以朝着父母向不同的方向踢球
精细动作	扭门把开门	家人要出门的时候，鼓励宝宝帮着拧开家里的门把锁，让宝宝学会如何拉开暗锁，扭开门锁	宝宝可以顺利地将暗锁拉开，将门锁扭开
认知能力	会指"1"和"许多"	在宝宝面前放一个玩具和多个玩具两堆，让宝宝指出哪堆是"1"，哪堆是"许多"	可以正确地将"1"和"许多"指出来
言语	说出常见事物的用途	在日程生活中，可以不时地询问宝宝不同的物品有什么用途，比如："宝贝啊，筷子是用来干嘛的？"引导宝宝说出："是吃饭的。"	可以正确地说出两种以上物品的用途
情绪与社会行为	家长不在场的时候可以自己玩耍而不吵不闹	家长不在身边，让宝宝自己一个人玩玩具	家长离开的时间内，宝宝会自娱自乐，不吵不闹

1岁11个月

分类	项目	测评方法	通过标准
大动作	比较稳地奔跑	家长可以将皮球抛到四五米远的地方，然后鼓励宝宝跑着去将皮球拿回来	可以连续奔跑四五米，还可以自己控制步伐，停下捡起
精细动作	用小棒子够取大小玩具	将宝宝的玩具放在桌子底下，鼓励宝宝用小棒子将玩具扒出来	通过努力，可以顺利地取到玩具
认知能力	会数1~5	家长要教宝宝用口来数数	可以按顺序，从1数到5
言语	说“我的”	妈妈可以拿着宝宝的玩具询问宝宝：“这是谁的呀？”	宝宝有物品归属意识，可以回答出：“我的。”
情绪与社会行为	喜欢听小故事	给宝宝讲一个小故事	宝宝可以集中精神倾听3~5分钟

2岁

分类	项目	测评方法	通过标准
大动作	双足跳离地面	示范双足同时跳离地面，鼓励宝宝模仿	可双足同时跳离地面2次以上（同时离地、同时落地）
精细动作	一页页翻书	示范一页页翻书，鼓励宝宝做	用手翻书页，每次一页，连续翻3页以上
认知能力	听完故事能说出讲的是什么人、什么事	给宝宝看图讲一个简短的故事如“小兔乖乖”，然后指着图中的人物问宝宝：“这是谁？”“它在干什么呢？”	能说出1~2个人物，和人物干的1~2件事情
言语	说自己几岁	问宝宝“你几岁了？”	回答“2岁”
情绪与社会行为	能控制情绪	观察宝宝在一种不愉快的情景中经劝说能否不哭	在不高兴时，能控制感情，不哭闹

第 6 章
2 ~ 3 岁宝宝的智能提升

一、感知能力

这个阶段宝宝的身心发展十分迅速。在视觉方面，宝宝已经可以分辨各种基本的颜色了，如蓝色、绿色、红色或黄色等。宝宝还会分辨各种不同的形状，不仅知道正方形、三角形和圆形是什么样子的，还懂得判断多角形、菱形、长方形各自是什么样子的。在听觉方面，宝宝对声音的辨别能力进一步发展，对语音的辨别更加准确了，这也就为宝宝语言的进一步发展创造了良好的条件。在知觉方面，宝宝已经具有概括能力了，他们可以通过指令将某种东西从一堆物品中挑出来。比如在地上给宝宝准备一些动物玩具，这个时候跟宝宝说："把小狗拿出来。"宝宝就会准确地将小狗玩具拿到家长的手上。宝宝还可以分辨五官了。如果给宝宝一个洋娃娃，宝宝可以指出哪里是眼睛，哪里是鼻子，哪里是嘴巴等。

随着宝宝动作能力的发展，尤其是自由行走能力的发展，各种各样的知觉也就随之发展起来了。这个阶段的宝宝已经开始具备初步的时间知觉和空间知觉了。比如说将两个玩具放在不同距离的地方，宝宝就会知道哪个是比较"远"的，哪个是比较"近"的。如果妈妈将宝宝经常玩的玩具换了一个地方来放，宝宝去找的时候首先就会到原本存放的地方，这就说明宝宝已经有这种"空间关系"的意识了。

在时间的感知上面，宝宝已经开始知道"马上来"和"等一下"有什么区别了。但是这只是初步的时间知觉，宝宝对于明确的时间还不是很清楚，这主要表现在宝宝分不清楚"今天"、"明天"和"后天"有什么不一样。明明是一个星期前去逛街，宝宝想起来的时候会说昨天去逛街了。

宝宝也可以在大人的言语指导下对事物进行感知了。这种感知表现得十分随意。这也正是宝宝观察力萌芽的时期。宝宝已经可以简单地感觉到事物的形状、大小和软硬等属性了。在家长的指导下，宝宝还可以短时间地将注意力集中在画册上，进行初步的观察了。

宝宝在这个年龄段，家长要经常

带宝宝出门，让宝宝在更为广阔的天地中认识到更多的东西，锻炼语言能力，学习与人交往，让宝宝用自己的观察力来观察周围的一草一木，知晓环境的变动，启发宝宝独立思考，尽早开发宝宝的智能。

二、宝宝认知潜能开发的关键期

宝宝的认知潜能有多大

宝宝还小，虽然认知能力非常有限，但是认知的潜能却是无限的。打个形象的比喻，宝宝的潜能就像是一棵小树苗，如果能够很好地灌溉这棵树苗，就可以让树苗充分地生长。如果这棵树最高可以长到30米，那么树就具有长到30米的潜能，能不能长到30米，就看有没有科学地养护了。同样的道理，一个宝宝的潜能如果有120分，那么如何充分地将这些潜能开发出来，如何让潜能得到最大程度的发挥，就要看家长如何做了。

但是，因为客观条件的限制，有些宝宝虽然有无限的潜能，却没有完全被开发出来。如果宝宝具有120分的潜能，没有得到很好的开发和教育的话，最后可能就会成为具备60分能力的人。也就是说，宝宝的潜能在成长之后萎缩了，仅仅发挥了其中的一部分。但是如果教养得宜，就可能让宝宝的能力达到90分，100分，甚至更高。学校的教育是很重要的，但是在3岁之前的家庭教育更为关键。开发宝宝智力的目的，就是要让宝宝将自己的潜能尽可能地发挥出来。

2 ~ 3岁的宝宝，是智力变化最大的时期。在这个阶段宝宝能够接受到科学合理的教育，对于宝宝日后的潜力发挥是十分重要的。因此，家长要抓住智能开发的黄金时期，开发宝宝的智能，为最大程度地发挥宝宝的潜能打下坚实的基础。

认知发展与潜能开发

促进感知觉的发展

感知觉的能力是宝宝认知能力发展的基础。2 ~ 3岁是宝宝形象视觉发展至关重要的时期，家长要多多带宝宝走出家门，让宝宝感受外界的环境，让宝宝多接触到植物、动物和各式各样的人，锻炼宝宝的观察能力和视听能力。

宝宝在2 ~ 3岁的时候，对一些细节会表现得十分敏感。他们经常会将注意力放在一些小细节上面，家长要及时对宝宝进行科学的引导，在宝宝对某件事物感兴趣的时候，给宝宝解释那是什么，教导宝宝识别不同的物体，不同的人和不同的图形，开发宝宝辨别事物的潜能。

促进口头语言发展

2 ~ 3岁是宝宝口头语言能力发展最为关键的阶段，语言能力对于宝宝认知能力、情感能力和社会能力的发展都有着密切的关系。

开发宝宝口头语言能力潜能的主要方法有：训练宝宝说完整句，在训练的过程当中逐渐增加宝宝说话的字数。引导宝宝用语言来描述自己看到的事物，表达自己的想法，并且要宝宝对看到的东西进行相应的评价。比如说看到小狗的时候，要宝宝说：“宝宝觉得小狗怎么样？”在说完整句的过程中，要从简单到稍难，让宝宝学会较为复杂的句子。让宝宝在练习语言的组织中学会表达，学会思考。

思维的发展

2 ~ 3 岁是宝宝思维能力发展的飞跃期。从 2 岁开始，宝宝就可以离开具体的物体，来理解简单的抽象语言了。宝宝可以用语言来描述自己眼睛看到的世界，用一些抽象的词汇来思考以前和现在，这就是宝宝学会“想”，思维能力发展的表现。这种思维能力是宝宝认知能力发展的关键，为宝宝认识事物开阔了更为广阔的天地。

想要促进宝宝思维能力的发展，具体的做法是：对宝宝进行适当的引导，当宝宝关注某些事情的时候，引导宝宝进行思考，让宝宝知晓现实世界跟宝宝自身有什么关系，丰富宝宝的大脑，让宝宝学会用发散性思维来思考，培养宝宝的想象力和创新力。

发展宝宝的好奇心

2 岁的宝宝常常会有喜欢摆弄的习惯。比如说看到肥皂，就会拿手去摸一下，感受一下“滑溜”的感觉；看到一个盒子，就会顺手摇一摇，想要“听声辨物”；看到蚂蚁在搬家，就会趴着观察蚂蚁到底在干什么。有时候宝宝还会有一些破坏性的行为，比如说把玩具拆得七零八落，就为了探究玩具为什么会动会叫；将家里的盆栽连根拔起，就想要看看植物下面是什么东西。他们会变成“十万个为什么”，天天都会问大人一些稀奇古怪的问题，这些都是宝宝好奇心的体现。

这个阶段，家长想要发展宝宝的好奇心，有几点是值得注意的：首先要耐心地回答宝宝提出来的问题，就算有些问题很古怪或者回答不出来，也不要随便敷衍宝宝，要在寻找到正确的答案之后再告诉宝宝，让宝宝得到正确的信息。第二，千万不要对宝宝的好奇心不耐烦，更不要不理，这样会打击到宝宝学习和求知的积极性。第三，家长要以身作则，用自己的求知精神去感染宝宝，引导宝宝的好奇心，培养宝宝的探索精神。

促进概念认知发展

宝宝想要记住某些事物的特征，通常都是需要经过反复的感知，和直接的视觉接触，身体接触才可以记住。宝宝有自己的心灵世界，他们往往是通过自己的想象，来对生活中的事物和自然界中的现象来进行“解释”。这种“解释”就是对事物的“概念”。宝宝对任何东西都有着自己朴素的想法，比如说“太阳晚上不出来，那是因为它也去睡觉了”，或者“会动的东西就是生命，那玩具车也会动，也是生命咯。”

这些都是宝宝概念认知发展的表现，想要开发宝宝对概念的认知，需要家长对宝宝进行科学的训练。适时地教导宝宝关于人或者物的相关概念，比如说看到车子，就要跟宝宝说：“那是可以带我们去远方的东西噢，坐上去之后，比走路快很多呢。”要注意提高宝宝的记忆效率，让宝宝学会思考，学会概括，学会通过抽象的描述来理解事物，对事物有正确的概念，从而促进宝宝概念认知的发展。

发展数的运算能力

2 ~ 3 岁是宝宝发展数字运算能力的最好时期。宝宝对数字的概念并不是从会数数开始的，因为他们在一开始的时候最多只能分得清什么是“多”，什么是“少”，主要是通过对比来判断的。在宝宝还没有学会数数之前，虽然没有数字概念，但是却有一些比较模糊的数字观念。比如说，宝宝在 2 岁的时候即便还不会数数，如果给宝宝选择一边多，一边少的糖果，宝宝就会知道要选择多的那一边。

这个阶段要及时发展宝宝的数字运算能力，主要的开发方法是：训练宝宝来数数，可以让宝宝从 1 数到 10，用具体的事物来教导宝宝多少是 1，多少是 10。在此期间，还可以错开顺序，拿一些小黄豆，让宝宝自己数。或者家长拨开一部分的小黄豆，让宝宝数数一共有多少颗。这样可以加快宝宝数字运算能力的培养速度，让宝宝边玩边学，一举两得。

社会认知能力的开发

发展和培养宝宝的社会交往能力，对提升宝宝的思维能力、开发宝宝的潜能是十分有帮助的。开发宝宝的社会认知潜能，可以帮助宝宝更为客观地认识自己，认识别人，认识身边的环境，从而刚好地与人交往，适应陌生的环境，促进自身能力的发展。

2 ~ 3 岁的宝宝通常会表现出十分强烈的“独立意识”，迫不及待地想要自己做事。这是宝宝主观能动性的初期表现，也是宝宝通过意识来指导行动的标志。家长要及时利用宝宝的这种“独立意识”，让宝宝多多与人交往，在独立中寻求和谐，促进宝宝社会认知潜能的开发。

三、记忆和心理活动

记忆能力的培养与训练

2 ~ 3 岁的宝宝，不管是观察能力、认知能力、模仿能力还是语言能力都有了快速的发展，所以宝宝对于事物的记忆方式不再是通过形象具体的东西来进行无意识记忆，而是开始萌发了一些抽象的有意识记忆方式。这个阶段想要提升宝宝的记忆力，可以通过以下的几种方式：

模仿行为

宝宝将大脑中留存的记忆信息通过生动形象的动作来表现出来，就是模仿的行为。宝宝模仿得越惟妙惟肖，就说明宝宝对事物特征属性的记忆就越深，具备的再现能力也越强。所以，想要训练宝宝的记忆能力，就可以让宝宝模仿他人的行为或语言，这样宝宝就会有意识地记住模仿的要点。

宝宝最喜欢模仿的就是动物了，所以家长有空的话，可以多带宝宝去动物园逛一逛，让宝宝了解不同的动物以及他们的习性特点。对于某些有明显特征的动物，可以叫宝宝模仿它们走路的样子、吃东西的样子或者叫声，训练宝宝对事物的记忆能力和再现能力。

背小古诗

2～3岁的宝宝说话一天比一天流利了，因此家长可以在激发宝宝兴趣的前提之下，多多教导宝宝背诵一些小诗词，培养宝宝的语感。比如白居易的《赋得古原草送别》（离离原上草，一岁一枯荣。野火烧不尽，春风吹又生。远芳侵古道，晴翠接荒城。又送王孙去，萋萋满别情。）同时还可以跟宝宝讲述诗词的创作背景，用宝宝可以理解的语言告诉宝宝诗词的作者和写作目的，有什么背后的故事等等。还可以教导宝宝背诵《三字经》（人之初，性本善。性相近，习相远。苟不教，性乃迁……）等。教导宝宝背诵诗词，是提高宝宝记忆能力的有效方法，让宝宝接触古典诗词，还能培养宝宝对传统文化的兴趣，一举数得。

电话记事

爸爸妈妈如果工作忙，尤其是碰到加班的时候，可以在往家里打电话的时候，让爷爷奶奶拿给宝宝听。通过电话，爸爸妈妈可以给宝宝交代一些东西，让宝宝照着做，训练宝宝的当下记忆能力。比如说爸爸在电话里跟宝宝说："宝贝，爸爸今天晚一点回家哦，不过回来的时候可以给宝贝带好吃的，宝贝想吃什么呢？"如果宝宝回答出了自己想吃的东西，爸爸就可以在回家之后拿着袋子让宝宝回忆，自己在电话说想吃的是什么，看看宝宝是不是能够回忆得起来，借以测试宝宝的记忆能力好不好。

讲故事提问题

家长在讲故事之前，提醒宝宝讲完故事之后要跟宝宝提问，这也是训练宝宝记忆力的好方法。一开始的时候，只要提一两个问题就可以了。问题的难度也不要太高。等宝宝记忆力逐渐变好之后，就可以增加问题的数量，提一些比较细节性的问题了。这样可以让宝宝在听故事的过程中聚精会神，努力记住故事中的情节，对于宝宝记忆力的提高和再现能力的提升是很有帮助的。

比如说妈妈在给宝宝讲掩耳盗铃的故事，讲完之后就可以问宝宝："那个人为什么要掩住耳朵，他想要干什么呢？"或者"妈妈说的这个故事叫什么名字？"如果宝宝可以回答得上来，就说明宝宝的记忆能力还不错，如果宝宝回答不上来，可能是因为在听故事的中间走了神。这个时候妈妈要适时地提醒宝宝，让宝宝顺利地答出来，而不至于出现因为回答不出而自尊心受挫的情况。

帮大人记事情

2～3岁的宝宝，已经开始有意识的记忆方式了。这个时候，家长可以适当地给宝宝交代一些任务，让宝宝记住，借以锻炼宝宝的记忆能力。比如说带宝宝到亲戚家玩之前，可以指着要带的东西跟宝宝说，这是明天要带去给阿姨的礼物噢，宝贝要帮妈妈记住，明天出门之前要提醒妈妈记得带上，好不好？”等第二天要出去之前，可以故意延缓几分钟，看宝宝能不能记住提醒妈妈。

回忆物品

让宝宝回忆物品也是锻炼宝宝记忆力的好方法。妈妈可以先拿出几种玩具，如小熊玩偶、超人、手枪等等，让宝宝将玩具的名称一一讲出来。等宝宝完整说出之后，再当着宝宝的面将这些玩具放进一个箱子里面，然后让宝宝想一想刚才放进去的玩具有哪些，宝宝说出一件，就拿出一件，问宝宝是不是这个。也可以换成其他的物品来跟宝宝做这个游戏。这样可以很好地锻炼宝宝快速记忆的能力，如果宝宝记忆好的话，适当地增加物品的数量也是可行的。

数数

教导宝宝数数，既可以给宝宝打下数字的概念，还可以锻炼宝宝的记忆能力，训练抽象思维。教宝宝数数，最好要将数字分成两阶段，也就是说1、2、3、4、5为一个阶段，6、7、8、9、10为另一个阶段。在教导的过程中，与其要连贯，最好是有一定的节奏，方便宝宝记忆。等宝宝可以正着从1数到10之后，还可以教导宝宝倒着数数，锻炼宝宝的逆向思维。

宝宝购物

在保证环境安全的前提下，家长在带宝宝去超市的时候，可以给宝宝一些钱，让宝宝拿着自己要的东西去柜台结账，并且要嘱咐宝宝记得要找钱回来。看看宝宝可不可以很好地完成任务。等宝宝熟悉了购物的环节之后，还可以跟宝宝说几样东西，让宝宝在超市里寻找，看看宝宝能不能将东西找全。这样既锻炼了宝宝的记忆能力，又锻炼了宝宝的交往能力，一举两得。

认图形

几何图形既有抽象的，也有形象的，很多宝宝都喜欢跟这些几何图形打交道，比如说各种形状的积木，如梯形、圆形、正方形、长方形、三角形、扇形等等。教导宝宝认识几何图形，也是锻炼宝宝记忆能力的方法之一。具体做法是：可以拿着一个几何图形的积木，然后告诉宝宝这是什么形状的，并且要跟宝宝说清楚这种形状有什么特点。

比如妈妈可以这样说：“宝贝，你看，这是三角形的，这三个是角，这三条是边，你看像不像房子的屋顶啊？”或者：“这是圆形的，是可以滚来滚去的，你看爸爸车子的轮胎是不是圆形的啊，发动了就可以跑了噢”

等等，在教导宝宝认识完几何图形之后，可以跟宝宝做一些随即抽取积木来猜形状的游戏，让宝宝说出妈妈手上的积木是什么形状的，借以锻炼宝宝的记忆能力。

识汉字

汉字是一种很形象的文字，比如说“鸡”、“风”、“牛”、“羊”等汉字，都有着好认、形象的特点。此外，还有很多形近字，比如说“请”、“青”、“清”、“晴”等，这些都可以用来锻炼宝宝的分辨能力和记忆能力。

2 ~ 3 岁的宝宝已近具备了认识汉字的能力，早日让宝宝接触汉字，可以给宝宝打下阅读基础，还可以锻炼宝宝各方面的能力，开发宝宝的智能，实在是一箭数雕的方法。在宝宝认识汉字的过程中，家长要跟宝宝说清楚他看到的汉字代表什么意思，怎么读。等宝宝认识了几个汉字之后，家长就可以随机地在纸板上写出汉字，让宝宝根据记忆读出来。识字可以开发宝宝的潜能，让宝宝更聪明。

宝宝的心理活动

老一辈的人经常会讲一句话：“两三岁的孩子，连狗都怕。”为什么在很多人眼里的“小天使”，会成为狗都怕的“小恶魔”呢？这个阶段的宝宝有了开始独立思考，有了自主意识，渐渐地不愿意听大人的话了。拆开的玩具肯定是他们做的，干净的衣服上有他们的黑手印，让他们去做点什么事，他们总是习惯性地撅起自己的嘴巴说：“不要啦！”等他们终于玩累了，上床睡觉了，爸妈才终于长长地呼出一口气：“小祖宗，累死我了。”

2 岁，情感开始丰富

当妈妈正在为今天的工作不顺而沮丧不已，坐在沙发上一脸失落的时候，宝宝有可能悄悄地来到妈妈身边，拍拍妈妈的手，朝着妈妈甜甜地笑。妈妈这个时候心里一暖，觉得这个被自己捧在手心里的小宝贝什么时候开始，已经可以看出你的疲惫，给你安慰了。

2 ~ 3 岁的宝宝情感逐渐变得丰富，已经开始学着如何去爱了。他们已经可以通过观察别人的神情，来理解别人的情绪了。比如妈妈在疲惫的时候，神情是很沮丧的，看到妈妈这个样子，宝宝就会解读出“妈妈累了”这个讯息，进而通过自己暖暖的笑容来缓解妈妈的情绪。又比如当宝宝看到动画片里的小老虎找不到妈妈的时候，就会觉得“感同身受”，进而为小老虎觉得难过，而悄悄地掉下眼泪。这就说明宝宝已经有自己的情感了，他们不但可以察觉到其他人的情绪，还可以从别人身上感觉到幸福、悲伤，为别人的幸福而幸福，为别人的难过而难过。

家长对待宝宝的“感情”要保持积极和理解的态度，要给宝宝提供满满的爱，让宝宝从“被爱”中学着如何“去爱”，父母要做好“爱”的示范。

喜欢说“不”

2 ~ 3岁的宝宝，“不”已经成为口头禅了。“我不吃这个”、“不要穿这件”、“不要听儿歌”等等，宝宝为什么会从乖巧变成乖戾呢?

宝宝越来越大，也变得越来越有自主能力了。他们不再满足于被爸爸妈妈安排生活，被爸爸妈妈告知应该做这个，应该做那个。他们开始将自己和别人区分开来，他们正在努力成为一个“独立的人”。当宝宝发现爸爸可以命令他，妈妈也可以指使他的时候，他也想要成为一个可以有自己想法的人。在他们自主性成长的时间内，偶尔会感觉到焦虑，很多宝宝就会将这种焦虑用“不要”的方式表达出来。他们力求通过相反的意见来证明自己的存在。比如说，妈妈跟宝宝说:“我们出去逛街吧”，宝宝明明很想去，却会故意说：“不要。”但是如果妈妈坚持要出去，并且已经走到门口了，宝宝也会按捺不住出去的欲望，而跟在妈妈的屁股后头。

给父母的建议：切不可乱了方寸

在这个时候，家长千万要保持冷静，不要因为宝宝的这种“反抗”而压抑不住怒火，甚至对宝宝大吼大叫。责骂是得不到什么效果的，还不如冷静地接受宝宝的“反抗”，以柔克刚。对待宝宝不要使用强硬的方式来压制，也不能让宝宝予取予求，迁就纵容。

最好的方式就是转移宝宝的注意力，用其他的物品，比如画册来转移宝宝的“焦躁”情绪，跟宝宝进行沟通，了解宝宝的想法，用积极的态度去面对，引导宝宝的情绪向健康的方向发展，自然地度过这个“反抗期”。

家长还可以给宝宝分配一些小任务，比如说在吃饭之前，让宝宝摆碗筷，分配碗垫等等，让宝宝有一些表现的机会，在做事的过程中肯定自己的能力，从而消除内心的不安，这样宝宝就不会迫切地通过“不要”来证明自己的存在了。

四、语言

2 ~ 3岁的宝宝处于语言能力急速发展的阶段，宝宝这个时候已经有了自己的“阅历”和“经验”了，所以家长在训练宝宝语言能力的时候，可以教导宝宝说完整句，要求宝宝尽量说得有条有理。对于宝宝在说话的时候经常出现的语病，也要适时地进行纠正，让宝宝知道如何讲才是正确的。这个阶段宝宝的语言能力会实现质的飞跃，家长要把握住黄金时期，对宝宝进行科学的语言训练。

这个时期宝宝的语言特点

宝宝开始进入语言复合句阶段　宝宝在大人的指导下，已经可以说出完整的主谓宾结构句子了，说话的字数也在不断增加，进入了语言复合句的阶段。比如宝宝在睡觉的时候会说:“妈妈讲故事，宝宝要睡觉。”在吃饭的时候会说：“我要吃西红柿，不要吃萝卜。”等等。

宝宝慢慢学会了用语言表达抽象的事物 事情 比如爸爸加班比较晚回来，宝宝就跟问妈妈：“爸爸为什么还不回来呀？”晚上带宝宝出去遛弯儿，宝宝会说：“晚上没有太阳公公呢？”等等。这个时候宝宝的语言表达已经能够脱离具体环境，向抽象化的方向发展了，这说明宝宝已经开始学会自己思考了。

宝宝慢慢学会用语言来描述人事物之间的关系 比如宝宝会说：“这个碗是我的，那个大碗才是爸爸的。”或者“这是我的，不要抢。”等等。

宝宝慢慢学会用语言来评价身边的人和事 比如宝宝看到电视里的某个小朋友因为胡闹而受到老师的批评，就会说：“哼，他不乖才会被骂呢。”等等。

总而言之，这个阶段是宝宝语言能力发展的关键期，家长要尽量地引导宝宝多使用语言来表达自己，培养宝宝“说想合一”，让宝宝既会说，也要想，注重宝宝语言能力和思维能力的共同提升。

如何提高宝宝的语言能力

教导宝宝语言复述

家长可以跟宝宝一起玩语言复述的游戏，具体做法是：妈妈可以在宝宝的耳边偷偷告诉宝宝：“今天我们一起去吃肯德基。”等宝宝听清楚了，再让宝宝将话传给爸爸。这种游戏比较容易玩，宝宝也会很感兴趣。让宝宝复述的语言要从短到长，一开始的时候不一定要宝宝完整地复述，做这个游戏的目的主要是激发宝宝说话的兴趣，提高宝宝的语言能力。

教导宝宝进行场景提问

家长带宝宝出门活动的时候，看见什么就可以对宝宝进行场景提问，训练宝宝的反应能力。这种提问的游戏对宝宝语言表达能力的发展是十分有利的，比如说看到疾驶而过的汽车，就可以问宝宝：“刚才开过去的是几个轮子的汽车呀？”又比如说前方远远走过来一个年轻人，就可以问宝宝：“宝贝看前面走过来的是哥哥还是姐姐啊？”看到路边的花朵，可以问宝宝：“这朵花是什么颜色的？”看到路上的阿姨提着一个塑料袋，可以问宝宝：“阿姨手上提着什么呀？”等等。这些场景提问都要针对宝宝的日常生活，是宝宝可以直接看得到的东西，宝宝回答的时候也会比较顺利，回答不上来的概率也会降低许多。

培养宝宝的时间概念

想要培养宝宝的时间概念，要从宝宝的实际生活下手，让宝宝在“身临其境”之下明白当下是什么时间。比如说在叫宝宝起床的时候，可以告诉宝宝现在是“早上”，是精神好、要吃早餐的时间。在早午餐的中间，给宝宝吃点心的时候，可以告诉宝宝，现在是“上午”，是吃点心的时候。在宝宝吃中餐的时候可以跟宝宝说，现在是吃午饭的时候，是“中午”。吃过中餐到吃晚餐的那段时间，在宝宝玩游戏或者睡午觉之前可以告诉宝宝，现在是“下午”。吃晚餐的时候当然就可以告诉宝宝，现在是吃晚饭的时间，是“晚上”了噢。等宝宝逐渐了解这些时间代表的含义之后，就可以适时地问宝宝，宝宝吃完午饭玩游戏，现在是上午还是下午呀？”或者可以在宝宝要上床睡觉的时候问宝宝：“天黑了宝宝要睡觉了，现在是下午还是晚上呀？”这种方式可以很好地巩固宝宝的时间概念，让宝宝更快地了解时间。

继续教宝宝背诵古诗和儿歌

这个阶段可以继续教宝宝背诵一些古诗和儿歌，最好可以将诗歌中的内容和实际的场景结合起来，让宝宝理解诗歌，这样背起来也更容易。比如说看到屋外在下雪，就可以教宝宝背诵“忽如一夜春风来，千树万树梨花开。”并且告诉宝宝这是指下雪的意思。这样宝宝背起来就会觉得更有意思了。

教导宝宝学习简单复合句

这个阶段的宝宝已经能够讲一些比较简单的完整句了，家长可以顺着这个势头，教导说由两三个简单句组成的复合句。比如说在吃饭的时候，可以跟宝宝说：“宝宝先吃一口，妈妈再吃一口。”让宝宝重复妈妈说的话。还比如说妈妈在洗碗的时候，可以跟宝宝说：“妈妈在忙，去找爸爸玩儿。”让宝宝学着说：“妈妈忙，我去找爸爸”等等，让宝宝在多次重复的过程中学习如何组织语言。

继续进行故事提问

2 ~ 3岁的宝宝是十分喜欢听大人讲故事的，有些语言能力发展得比较好的宝宝，还会自己“添油加醋”地重复爸爸妈妈给自己讲过的故事。家长要懂得抓住宝宝喜欢听故事的心理，对宝宝进行语言训练，在讲完故事之后，继续针对故事来提问。比如说在讲《龟兔赛跑》故事的时候，家长可以这样问宝宝：“小兔子和小乌龟谁跑赢了？”“为什么小乌龟会赢啊？”等等。随着宝宝心理年龄的增长，针对故事提出的问题难度可以适当增加。比如说针对《龟兔赛跑》的故事，就可以询问宝宝：“如果小兔子吸取教训，下一次跟小乌龟赛跑还能不能跑赢呀？”之类的，让宝宝学会思考，锻炼宝宝的语言表达能力和逻辑思维能力，一举两得。

教宝宝复述故事情节

宝宝爱听故事，家长还可以引导宝宝用简单的语言来复述故事中的情节。只要宝宝差不多可以说出故事讲什么就可以了，哪怕只是几个字，几句话，家长也要及时给予鼓励和赞美。一开始的时候宝宝可能会不知道如何复述，家长可以按照上一小节说到的提问方式来对宝宝加以引导。比如说上面提到的《龟兔赛跑》的故事，家长可以问宝宝：“有一天，是哪两只小动物在比赛跑步呢？”用这种方式来引导宝宝说出：“有一天，小白兔和小乌龟一起比赛跑步”。家长可以接着引导：“那，后来呢？小乌龟和小白兔都是怎么跑得呢？”让宝宝说出：“小乌龟很认真很慢地跑，但是小白兔却在半路躺着睡觉呢。”直到宝宝将故事说完。这种训练过程是比较困难的，可以在宝宝两岁半之后再进行。

因为宝宝的语言发展情况存在着一定的差异，就算是同样年龄的宝宝，也有些发展得比较快，有些发展比较慢。对于语言发展比较快的宝宝，如果已经明确达到了这个年龄的发展水准，就可以适当地对宝宝进行下一阶段的超前训练，不一定要等到宝宝自己学。对于语言发展比较慢的宝宝，如果总的趋势是进步的，那么也不用太过于着急。宝宝在尚未达到年龄的同等发展水准之前，不要急着给宝宝进行下一阶段的语言训练，而应该继续按照宝宝的进度，来进行科学合理的语言训练，这样才能有利于宝宝语言能力的发展。如果操之过急，只会适得其反。

五、动作提升训练

宝宝的大动作训练

宝宝自己上楼梯

先让宝宝学习如何踏步，家长可以在一旁喊口令：“一二一，一二一。”或者“一二三四，二二三四。”还可以用一些节奏明快的音乐来让宝宝踩着乐点踏步。在每一次出门的时候，尽量让宝宝自己上下楼梯，先教导宝宝扶住楼梯的栏杆，或者抓着大人的手，再让宝宝自己跨步或提脚上下楼梯。在宝宝上下楼梯的过程中，不要忘了夸奖宝宝，要跟宝宝说：“哇，宝贝已经能自己上（下）楼梯了，好厉害噢，来，接着努力！”

如果宝宝已经学会了扶着栏杆或者牵着大人的手上下楼梯，家长就可以适当地放手让宝宝自己上下楼梯。家长可以在一旁看着宝宝，保护宝宝的同时鼓励宝宝，用数台阶的方式来让宝宝获得成就感。这个阶段的宝宝正是希望获得表扬的时候，因此，家长的鼓励是至关重要的。通常来讲，要先让宝宝学会上楼梯，然后再学习下楼梯。一开始可以两步一级，等熟练了以后再学一步一级上下楼梯。

注意事项

家长一定要在旁边保护宝宝，要注意不要提着宝宝的衣领，这样会让宝宝觉得不舒服。

走出花样

2 岁的宝宝的行走能力已经很强了，因此可以适当地训练宝宝进行一些花样走法。

踮着脚尖走　家长可以先做给宝宝看，陪宝宝一起踮脚走路。还可以边走边哼一些歌曲：“走走走，走啊走，一起走到马路口，红灯停，绿灯走，叔叔夸我好宝宝。”

过小桥　家长可以用彩色笔或者粉

笔在地上“造出”一座 30 厘米宽，1 米长左右的小桥，然后将玩具放在小桥的另一边，引导宝宝“过桥”去拿玩具。如果宝宝成功拿到了玩具，要及时地鼓励宝宝：“宝贝好厉害呢。”小桥的宽度和长度可以根据宝宝的能力来定。带宝宝出去的时候，可以多鼓励宝宝走一些“羊肠小道”，锻炼宝宝的平衡能力和行路能力，还可以增加宝宝的腿部力量，锻炼宝宝的肌肉。

跑时避开障碍物

将玩具放在地上，设置成宝宝跑步的障碍，然后让宝宝绕着障碍跑，跟宝宝玩“你抓我跑”的游戏。在平常也可以多跟宝宝玩一些跑步的游戏，比如从这个房间跑到那个房间，或者让宝宝跟其他的小朋友在小区里互相追逐。适当地设置一些障碍物，让宝宝学会转弯，学会在跑步的过程中如何控制自己的身体，如何变换跑步的方向。

注意事项

在宝宝练习跑步的过程中，一定要确定环境是安全的，不要将那些尖利的东西作为宝宝跑步的障碍，以免宝宝受伤。

一起转圈圈

很多宝宝都喜欢转圈圈的游戏，宝宝玩这个游戏可以在家长的帮助下完成，家长可以先给宝宝做示范动作，再让宝宝跟着一起转。等宝宝掌握了诀窍之后，也可以让宝宝跟着音乐的节奏自己旋转。可以在宝宝转圈圈的时候放一些相似的儿童录像带，宝宝就可以随着电视里的画面来施展手脚。

双脚向上跳

让宝宝在弹簧床上，或者比较松软的地方上下跳跃，体会双脚离地的感觉。

最好给宝宝选择一些比较卫生、平坦和安全的地方，由大人先示范双脚离地跳跃，再让宝宝跟着跳。家长还可以抓着宝宝的手，让宝宝往上跳。在跳跃的过程中适当地教宝宝一些应景的儿歌，让宝宝更有跳跃的兴致，比如：“小兔子，跳一跳；小青蛙，跳一跳；小袋鼠，跳一跳。”

带着宝宝上下楼梯的时候，在走到最后一个台阶时，家长可以抓着宝宝的手臂，让宝宝从上面的阶梯跳下来。在宝宝行动能力变强之后，还可以放手让宝宝自己跳下去。但是要注意宝宝的安全。

注意事项

让宝宝练习跳跃的场所最好是在有弹性的地方，比如弹簧垫、草地等。家长要给宝宝做好示范，同时要特别留心宝宝在跳跃过程中的安全问题。

单脚跳一跳

家长可以让宝宝扶着自己的手，或者扶着其他家具，一脚提起，一脚站立。在站立的过程中还可以教宝宝念一些有意思的儿歌，比如：“我学小公鸡，金鸡独立棒棒棒”等。

家长可以牵着宝宝的双手，鼓励

宝宝玩一些单脚跳跃的游戏。为了增加趣味性，可以在宝宝的脚踝系上铃铛，这样宝宝在跳跃的时候铃铛就会响起来，让宝宝越玩越开心。

家长还可以跟宝宝手拉着手，跟着音乐的节奏来进行单脚跳跃。适当地配合一些其他的舞步会让游戏更有趣。比如一会这只脚跳，一会儿那只脚跳，一会儿这只脚向前踢，一会那只脚向前踢，还可以同时转圈圈，编成一个简单的舞蹈。这样既能锻炼宝宝的脚部力量，又可以提高宝宝的乐感。如果宝宝做得好的话，家长不要忘了及时给宝宝鼓励，让宝宝更有信心。

精细动作能力训练

拍气球

给宝宝准备一个小气球，对宝宝示范如何将气球往上拍。在气球要落下的时候，用手拍气球，让气球重新浮上去。等气球要落下的时候，又重复地拍气球，不要让气球落在地面上。这种游戏可以锻炼宝宝的手眼协调能力，还可以让宝宝在拍气球的过程中蹲、跑、跳等等，训练宝宝的综合运动能力。

拼插玩具

家长可以给宝宝准备一个拼插类的玩具，指导宝宝用这些工具进行拼插，可以拼成盘子、花朵、汽车和房子等等。在宝宝完成了“作品”之后，还可以鼓励宝宝给自己拼插出来的东西取个名字。比如说圆形的东西，可以戴在头上，就叫做“头环”，可以戴在手上的东西就叫做“手链”等等。这个游戏可以开发宝宝丰富的想象力，还可以促进宝宝手部精细动作的发展，是很有益处的。

玩七巧板

七巧板，顾名思义，就是由七块东西组成的。这些几何图形的版块是从正方形分割而成的，七巧板中包括 1 个正方形片、1 个平行四边形片、2 个小三角形片和 2 个大三角形片。家长要懂得引导宝宝用这七块几何图形，拼凑出各种各样的图案。这个游戏对于开发宝宝的想象力，提高宝宝的思维能力，锻炼宝宝手部的精细动作能力都有很好的效果。

定形撕纸

妈妈可以将白纸用缝纫机制出长方形、正方形、三角形以及其他图形的针脚孔，教导宝宝顺着针脚孔将纸撕成各种形状。这个游戏可以锻炼宝宝的手眼协调能力，提高宝宝的整体肌力。

用杯子倒水

宝宝的手越来越灵活了，以前只能用沙子放在杯子里互倒，现在已经可以换成水了。可以准备两个杯子，在其中一个杯子里倒 1/2 的水，让宝宝将水在两个杯子之间替换，倒过来，倒过去。如果宝宝一开始还不是很熟练，可以用口径比较大的杯子，先倒 1/3 的水试试。这个游戏可以很好地锻炼宝宝的手眼协调能力。

花样穿珠

妈妈可以给宝宝准备一些颜色和形状各异的小珠子，然后拿根线，来跟宝宝比赛穿珠子。在穿珠子之前，要告诉宝宝技巧地运用颜色和形状交叉性地穿，看谁的珠子穿得又快又好看。一开始的时候宝宝还不是很熟练，妈妈要稍微放点儿水，让宝宝获胜，来激发宝宝继续玩下去。这个游戏可以很好地锻炼宝宝的思维能力，对提高宝宝手部肌肉的协调性也有很大帮助。

投物进瓶口

妈妈可以给宝宝找一个玻璃瓶，然后再准备一些小豆子或者小球，让宝宝将这些东西一个一个地装进瓶子里面。在游戏的过程中，可以给宝宝计时，看看宝宝在一分钟之内能投放多少个。这个游戏可以很好地培养宝宝的手眼协调能力，还可以提高宝宝手指的灵活性和注意力。

开关小盒子

妈妈可以给宝宝找一些能够用不同方法来打开盖子的小盒子，将一些小玩意装在盒子里，盖上盖子，然后用手摇动盒子，让宝宝听听里面东西相碰发出的声音。接着再告诉宝宝，盒子里有很多好玩的东西，让宝宝自己去想方设法打开盒子“寻宝”。这个游戏对提高宝宝手指的灵活性，提高宝宝思考问题和解决问题的能力是很有帮助的。

粘贴动物

妈妈可以给宝宝准备一些彩色的图片，然后拿一张白纸，在上面描绘出动物的图形，再指导宝宝将彩色图片涂上胶水之后，黏在动物的图形上面。一开始的时候，宝宝不会用胶水，可能会将胶水弄得到处都是。妈妈不用太过于着急，等宝宝玩完之后再给宝宝洗掉就可以了。这个游戏可以提高宝宝的手眼协调能力，还可以增加宝宝对色彩的兴趣。

学用剪刀

妈妈可以给宝宝准备一把儿童专用的剪刀，即那种塑料剪刀或者钝头剪刀，让宝宝学着使用剪刀。一开始的时候，妈妈可以教宝宝将纸剪开一个小口，然后放手让宝宝继续剪。值得注意的是，在宝宝剪东西的过程中，妈妈要在一旁看着，以免宝宝被剪刀给伤到。这个游戏可以锻炼宝宝的手部技巧，让宝宝学会使用工具。

六、情绪与社交提升训练

宝宝的情绪管理

宝宝到了2岁半，对于爸爸妈妈来说，也进入了“教养黑暗”的时期。这个阶段的宝宝是非常让家长伤脑筋的，但是大多数宝宝的“难管教”症状都差不多，通过一些简单的技巧，是可以将宝宝制服的。具体来讲，可以通过以下的方法来管教宝宝：

父母要善于培养宝宝的好习惯

要给宝宝规定每天的作息时间，这样就可以避免在该睡觉的时候，宝宝却执拗地着不愿意上床。如果给宝宝培养了良好的就寝习惯，到睡点了，不用家长叫，宝宝都会有困意，自动爬上床。

此外，家长也要培养好的习惯，比如在睡前刷牙，给宝宝讲故事，拥抱宝宝，跟宝宝道晚安等等。这些事可能会花掉家长一些时间，尤其是家长自己疲惫不堪的时候。但是一旦这些事情形成习惯，在做这些事情的时候，就会让宝宝乖乖地去睡觉，而不是敷衍性地上床，睁着眼睛要淘气。

2 岁的宝宝习惯规律性的生活，宝宝通常都会重复做着同样的事情，不管是什么改变在宝宝看来都是难以接受的。因此，在这个阶段，要将宝宝的东西尽量放在固定的位置，家具也要摆到宝宝不容易撞到的位置。2 ～ 3 岁的宝宝希望每件事物都在自己的掌控之中，也会习惯于每天的作息是固定的。因此家长要利用好宝宝的这个习性，从小给宝宝培养良好的生活习惯。

在命令宝宝的时候，要给宝宝留面子

在指使宝宝做事情，或者禁止宝宝做某件事的时候，要给宝宝留一些“面子”，不要用强硬的方式来命令宝宝。比如说在吃饭前让宝宝收拾玩具，尽量不要用“不收拾好玩具就不要吃饭”这样的说法，而应该用商量性的说法“宝贝先把玩具捡起来吧，吃完饭再玩”。如果宝宝不愿意收拾，也不要强迫宝宝去收拾。最好的方式就是转变话题，或者让宝宝离开玩具堆。对宝宝不要“以强制强”，这样往往只会收到反作用。遇到宝宝“反抗”的时候，不妨转移宝宝的注意力，等宝宝不再“犟”的时候，再好好跟宝宝说。

比如说，宝宝起床之后不想穿衣服，那妈妈也不要用强迫的方式，抓着宝宝的胳膊套衣服，要尽量避免跟宝宝发生肢体上的冲突。妈妈可以先夸奖宝宝，将宝宝摆到一个高的角度，跟宝宝聊一些今天要做什么，中午有什么宝宝爱吃的东西，然后趁宝宝不注意将衣服迅速地给宝宝穿好。

想要转移 2 ～ 3 岁宝宝的注意力是很简单的事情，只要跟宝宝顾左右而言他就可以了。通常跟 2 岁之前的宝宝说话，可能宝宝会听的一头雾水。但是跟 2 ～ 3 岁的宝宝说话，宝宝虽然不见得完全听得懂，却可以吸引宝宝的注意力，至少会将宝宝的注意力将眼前的争执中转移过来。

想要这个阶段的宝宝自己做出决定是比较困难的

家长可以培养宝宝“预估”的能力，在做某一件事之前，告诉宝宝，会发生什么事，事后会有什么样的后果，后果是好是坏，让宝宝有一个初步的“决定”和“后果”意识。

如果在跟宝宝说明情况之后，宝宝可以按照事情发生的顺序重复一遍，就说明宝宝已经理解了大人所说的“做了什么”之后“会有什么样的后果”的说法，并且宝宝也会在心里权衡，然后再决定要不要做。比如说有些宝宝经常会乱发脾气，很多家长在面对宝宝发脾气的时候，通常会采取“相应不理”的政策。因为宝宝一旦觉得脾气受到重视了，就会越来越肆无忌惮，甚至将“发脾气”变成自己的“独门武器”。在宝宝具备初步的“后果”意识的时候，家长就可以在宝宝发脾气之前，跟宝宝说明发脾气有什么后果，让宝宝了解就算他发了脾气，妈妈也不会满足他的要求，因为这种方式是妈妈很不喜欢的。要让宝宝知道发脾气不但得不到想要的东西，还会让妈妈对宝宝失望，以后都不想理宝宝了。这个时候宝宝就会在“发脾气”和“严重后果”做取舍，懂得“决定”要不要发脾气了。

针对个性给宝宝不同的选择

对于 2 ~ 3 岁的宝宝，适当地给宝宝一些选择的机会也是不错的教养方式，家长应该针对自己宝宝的个性，给宝宝提供不同的选择。比如一些比较聪明的宝宝，喜好十分明确，就很容易做出选择，坚持选择的时间也比较长。还有些宝宝个性比较优柔寡断，虽然也很聪明，但是总会犹豫不决，这种宝宝的性格就不适合做选择。宝宝在一定的阶段内，会有“困惑”的感觉，他们不知道自己想要什么，因此，家长应该在培养出宝宝的喜好之后，再让宝宝做选择。

在宝宝不同的成长阶段内，不可能什么事情都随着家长的愿。如果家长总是希望宝宝一言一行都朝着自己期待的方向发展，最好要修正这种观念。宝宝在每个成长阶段都有自己的优缺点，家长制定教养方式要根据宝宝自身的行为特征，配合宝宝的个性的年龄，这样才能取得更好的效果。

如何提升宝宝早期社交能力

很多父母都发现，宝宝在自己熟悉的环境里十分活跃，但是一到了陌生的环境，就会表现出羞怯、胆小等情况，有时候甚至连话都不敢说，更不用说主动跟人接触了。2 ~ 3 岁的宝宝因为对世界充满着未知，因此一到陌生环境，除了好奇之外，更多是茫然失措，尤其是在大人不在情况下。很多宝宝会表现出退缩、畏惧、羞于见人，这就说明宝宝缺乏适应环境的能力和早期的社交能力。

对于宝宝在陌生环境中表现出的胆怯和茫然，父母无需过于担心，这是很多宝宝面对自己不了解的人和事的正常反应。但是无需担心也不意味着放任宝宝的“畏缩”持续下去，家长有必要通过正确的引导，来提高宝宝适应陌生环境的能力，让宝宝早日具备一定的社交能力。想要培养和提高宝宝的社交能力，可以通过以下几种方法：

主动培养

经常带宝宝去参加各种活动，多多鼓励宝宝跟别人进行交流，提高宝宝的环境适应能力和人际交往能力。

宝宝之所以在面对陌生环境的时候会表现出茫然无措的情况，主要是因为宝宝在日常的生活中没有进行社交锻炼。想要改变宝宝的羞怯，就可以多给宝宝提供与人接触的机会。比如，家长可以带宝宝参加亲子活动，让宝宝参加一些才艺比赛，适时地表扬宝宝，鼓励宝宝，让宝宝从交往中获得成就感。主动培养宝宝的交往能力，一方面可以让宝宝学习到更多的东西，另一方面可以提升宝宝对环境的适应能力，一举两得。

日常引导

家长可以通过日常引导的方式来锻炼宝宝的早期社交能力。比如让宝宝跟其他的小朋友玩游戏，或者跟其他小朋友进行互动，这样就可以让宝宝在玩闹的过程中，学会与人交往。想要培养和锻炼宝宝的社交能力，不仅要有意识地多让宝宝参加一些亲子活动，也要让宝宝懂得主动接触他人。家长还可以在家里跟宝宝玩游戏，在游戏中教导宝宝一些社交的语言。此外，一些少儿电视节目也会有教导社交的内容，可以适当地引导宝宝观看他人的互动，提高宝宝的社交欲望，积累社交经验。

以身作则

想要培养宝宝的早期社交能力，家长以身作则是很重要的。尤其是父母，要以自身的主动与人交往行为来为宝宝树立社交意识。有些宝宝一遇到陌生人就躲到家长的后头，想要改变宝宝这种“畏缩”，是需要家长有意识的锻炼和培养的。如果家长在碰到“陌生人”的时候主动打招呼，并且双方聊得很愉快，就会让宝宝意识到，主动与人交往是一件会让人快乐的事情，并不像自己想象中的那么可怕。在宝宝踏出交往的第一步的时候，家长要及时地鼓励宝宝，赞美宝宝，让宝宝觉得社交是一件值得表扬的好事，进而提高宝宝与人交往的积极性。

想要培养宝宝适应陌生环境的能力和社交能力，在宝宝面前，家长要刻意地用热情善意的态度来对待宝宝眼中的“陌生人”(其实是家长的熟人)，借此来感染和鼓励宝宝加入到交往活动中，让宝宝在家长的潜移默化之下，具备早期的社会交往能力，培养出适应陌生环境的能力。

总而言之，宝宝早期社交能力和适应陌生环境的能力是需要家长主动培养、有意识地引导的。同时也需要家长在日常生活中以身作则，用自己的行为来鼓励宝宝参加社会交往活动，从而让宝宝在交往中获得成就感。

七、常见问题分析与处理

宝宝受到欺负怎么办

在处理宝宝跟其他小朋友争执的时候，应该将自己的宝宝当成别人家的，而将别人家的小朋友当成自己家的宝宝，这样才可以处理得更为公正一些，也可以在处理矛盾的过程中让宝宝学会如何分析问题，解决问题。

如果宝宝刚去托儿所，下午妈妈去接的时候发现宝宝的脸上青了一块。妈妈问怎么回事，宝宝嘴巴一瘪，就哭着跟妈妈说自己受欺负了。遇到这种情况的时候，家长应该怎么做？

通常来讲，1 ~ 3 岁的宝宝正处于社会化的初级阶段，在与人交往的过程中难免会出现矛盾，甚至可能会出现攻击性的行为。因此，当宝宝在托儿所或者其他地方受到欺负的时候，家长需要做的是及时跟托儿所的老师或者小朋友的家长取得联系，了解宝宝为什么会跟小朋友起冲突，不要一味地护犊，站在宝宝的角度思考问题。要及时地教导宝宝："宝贝不可以欺负别的小朋友，但是如果别的小朋友欺负宝贝的话，宝贝要懂得保护自己噢。他们欺负宝贝的时候要躲开，或者去找老师，不要呆呆地站在那里被打。否则的话，宝宝受伤，妈妈也会心疼的。"

很多时候，家长受传统观念的影响，总是教导宝宝要懂得礼让，要宽容，不让宝宝"以暴制暴"。但是一味的限制是不利于宝宝成长的。如果因为宝宝的忍让而让别的小朋友变本加厉，这只会造成恶性循环。因此，在必要的时候要告诉宝宝："虽然我们不可以欺负别人，但是如果宝贝退让，小朋友还是不放过你，那宝贝就不要对他客气了。"

另一方面，在日常的生活当中，家长也要培养宝宝自我保护的能力。可以多给宝宝讲讲故事，让宝宝从故事中学会如何正确地处理矛盾，在受到欺负的时候应该要如何应对。此外，还要注意扩大宝宝的交际圈，多多鼓励宝宝跟其他小朋友友好地交往。在一开始的时候，要为宝宝挑选志趣相投的伙伴，让宝宝在与人交往中建立自信，学会怎么控制自己的情绪，怎么克服自己的胆怯和畏惧心理，怎么做才能更加受到欢迎等等。

家长要及时培养宝宝的表达能力，给宝宝多创造一些表达的机会。在日常生活中，要多给宝宝提供一些解决问题的机会，当宝宝在外面受了委屈或者遇到困难的时候，家长不要过于焦躁，总是帮宝宝善后，这样宝宝会养成依赖的毛病，无法得到真正的成长。家长总是让宝宝待在自己的羽翼下，表面上看是为了宝宝好，其实是剥夺了宝宝飞翔的机会。

教导宝宝懂得反击，并不是要宝宝主动去攻击别人。而是要让宝宝明白，不要欺负别人，但也不要白白受欺负。要让宝宝自己去面对，自己去解决。如果家长什么都为宝宝考虑好，什么问题和矛盾都替宝宝解决，那在家长看不见的地方呢，宝宝要怎么去面对伸到自己眼前的拳头呢？一味的保护只会让宝宝更退缩。有些父母对宝宝的管教十分严格，总是禁止宝宝做这个，做那个，想要让宝宝斯斯文文，成为自己眼中的"好孩子"。而这种"手无缚鸡之力"的宝宝在其他孩子的眼中，就是一块"好咬的肉"，宝宝没有经历"风雨"，怎么会知道如何面对欺负呢?

宝宝在跟其他小朋友吵架的时候，家长不要过于干涉。吵架是培养宝宝社交能力的途径，宝宝会在跟其他小朋友的争吵中学会如何与人沟通，掌握集体生活的方式和技巧。孩子之间吵架通常会分成三种情况：一个是宝宝主动找别人的麻烦，第二就是别的小朋友来招惹宝宝，第三就是报复性质的吵架。在宝宝 2 岁的时候，大多数是被人招惹吵的架，3 岁左右，就多数是主动找别人的茬或者报复性质的吵架了，这也是宝宝自我意识发展的结果。

家长不能不分青红皂白，就禁止宝宝与人争吵，这会让宝宝失去学习如何处理矛盾的机会。但是家长也不可以对宝宝的争吵行为大加赞赏，尤其是在宝宝吵赢的时候，这只会增长宝宝的气焰，下次遇到问题的时候更会用吵架的方式来解决了。有些时候只是孩子之间的争吵，却会让大人都吵起来，伤到和气。而孩子之间是不记仇的，今天面红耳赤，明天就又相亲相爱了，但是大人之间就显得尴尬万分了。孩子之间的争吵是很短暂的，尤其是在 3 岁以前，基本上是根本不记仇的。争吵是磨练宝宝的一种方式，是培养宝宝社会性的途径，这对于宝宝学会自我克制，理解自己，理解他人是有一定益处的。

总而言之，在面对宝宝吵架的时候，要告诫宝宝，不要欺负别人，也不要放任别人欺负自己。要让宝宝学会保护自己，反抗欺负的行为。家长在教育宝宝的时候，要掌握好那个度，只有在别人欺负自己的时候才可以反抗，千万不要主动去攻击别人。有些宝宝特别好斗，尤其是男孩子。对于这样的宝宝，必须找出宝宝攻击行为的症结，再对症下药。基本上，宝宝之所以会出现攻击性的行为，主要有以下三种原因：

学习模仿。有些家长动不动就对宝宝动手动脚，轻则捏脸颊，重则拿小棍子打屁股。这种行为对于宝宝有很负面的影响，会让宝宝有样学样。另外，有些武打电影电视也会对宝宝造成不良影响。

如果宝宝在无意间使用武力达到了自己的目的，那么宝宝就会将这种方式作为获得需求的方式，从而常常出现攻击性的行为。

宝宝的需求得不到满足的时候，或者是被忽视的时候，常常会用哭闹或者惹事的方式来引起别人的注意，这只是因为宝宝缺乏关爱。

找出宝宝为什么会出现攻击性的行为，就可以对症下药了。对于那些不良示范的家长，要改变自己对宝宝的教养方式。对于用攻击性行为作为达到目的手段的宝宝，家长要不予理会，不要让宝宝有第二次“攻击成功”的机会。对于缺乏关爱，用攻击性行为吸引大人注意的宝宝，家长就要多多关怀宝宝，细心地观察宝宝，了解宝宝的内心，并且告诉宝宝想要什么说出来，攻击行为是会让人受到伤害的，是不正确的。这样对症下药，宝宝的攻击性行为是会逐渐转化过来的。

总而言之，家长要教导宝宝不要总是受欺负，要懂得适时地反抗，但也要告诉宝宝，不能主动攻击别人。但是想要保护自己，还可以通过沟通的方式来解决。要让宝宝学会独立思考，在思考中寻求解决问题的方法。

宝宝缺乏安全感怎么办

面对这个问题，家长首先要仔细分析宝宝为什么胆小。有心理学家研究表明，宝宝生来就害怕两种东西：一是特别大的声音，二是身体失去平衡后跌倒，其余的恐惧心理都是后天养成的。恐吓和大惊小怪都会对宝宝产生恐惧的影响。

其次，要设法剔除诱因，切忌吓唬宝宝，别给宝宝讲恐怖故事，常常带宝宝与他恐惧的东西接触，慢慢了解、熟悉之后，宝宝就不会害怕了。宝宝之所以会恐惧主要还是缺乏自信心，正确培养宝宝的自信心，必须要有好的方法：

要给宝宝提供一些社交的机会　现在几乎都是独生子女，爸爸妈妈对宝宝如果一味地溺爱，肯定会减少宝宝与人交往的机会，也就相应地缺乏了自信心，甚至在与其他小朋友交往的时候不知所措，非常被动。基于以上诸多原因，爸爸妈妈要多带着宝宝出去串门、参加社交活动，在这个过程中，宝宝不仅能够学到很多知识，还能增强自信心，提升宝宝的安全感。

宝宝的社交圈子很重要　爸爸妈妈要撒开手，让宝宝大胆自由地与人交往，马不论高低，人不论长短，只要宝宝愿意和他玩就多多地鼓励他。当然，年幼的宝宝之间肯定会发生一些出乎意料的小“纠纷”，最好试着先让他们自己解决，真的解决不了，爸爸妈妈再出面“调解”。

通过体能训练，让宝宝掌握运动技巧，不仅可以提升宝宝的手眼协调能力，而且还能促进宝宝的大脑发育，增强宝宝的信心。

怎样培养宝宝的良好情绪

理智地去爱孩子

对待宝宝不能过度溺爱，过度的予取予求会让宝宝养成自私自利、不顾他人的习惯，对于宝宝正常的身心发展是没有好处的。

不能养成宝宝想要什么，家长费尽心机都要找给宝宝的习惯。

不要给宝宝提供太多不必要的东西，要让宝宝觉得拥有一两件就是幸福。

不要过度地干涉宝宝的独立，避免剥夺宝宝自己动手的快乐和成就感。

让宝宝有自己选择的权利

童年对于宝宝来说是最为快乐、无忧无虑的时期。因此家长要尽量让宝宝的童年过得有滋有味。想要让宝宝的童年过得幸福和快乐，家长需要放手让宝宝自己去尝试、自己去思考、自己去判断。尽管宝宝的思考能力和判断能力十分有限，也不要剥夺宝宝探险的机会。家长可以在一边给予引导，但不是轻易地代替宝宝做选择。这样可以培养宝宝的自尊心、自信心，还可以让宝宝学会自主自立，这样才能让宝宝在大人的呵护下得到最大的快乐。家长要注意，千万不要随便将自己的理想加在宝宝的身上，让宝宝从小就背负着责任生活。

教孩子调整自己的心态

宝宝的年龄还小，自控能力，自我调节能力不足，因此家长需要及时教导宝宝如何调整自己的心态。首先要让宝宝自己感受表达出来的情感。家长要学会倾听，再针对宝宝的疑惑和沮丧，引导宝宝如何克制自己的情绪，让宝宝通过其他的方式将这些消极的情绪排解出来。在宝宝难过失望的时候，要引导宝宝战胜挫折，鼓励宝宝自己去解决遇到的问题。可以适当地带宝宝出去接触大自然，给宝宝调整心情，相信回来之后，宝宝一定又会充满动力和勇气的。

培养宝宝的想象力

想象力的培养要根据宝宝的性格气质类型来制定培养计划。这个阶段宝宝的共同特性就是好奇心旺盛、好动好热闹，不同的宝宝有着不一样的气质，家长针对自己宝宝的性格，来制定对应的想象力培养计划。比如活泼开朗的宝宝就适合接触色彩鲜艳、节奏明快的事物，让宝宝天马行空，充分发挥自己的想象力。安静温和的宝宝适合接触色彩柔和、节奏舒缓的事物，让宝宝在静谧中发挥自己的想象力。

性格和气质的关系

性格和气质有着不可分割的联系，所谓的气质指的就是人表现在外部的性格特征，气质没有好坏，但是有积极和消极之分，因此家长要注意让宝宝扬长避短。家长要在彻底了解宝宝的情况下，针对宝宝的性格和气质做工作，具体要做到以下几点：气质和性格是有密切关系的，所谓气质是人生来就有的外部性格特征，气质类型没有好坏之分，每一种气质类型都有积极的一面和消极的一面，家长应该让宝宝扬长避短。所以家长要研究宝宝，了解宝宝，针对宝宝的特点做工作，同时还应做到以下几点：

多带宝宝参加一些集体活动，让宝宝在跟小朋友的玩耍中培养出活泼的性格。

友谊对于宝宝性格的培养起着重要的促进作用，家长要及时教导宝宝一些简单的社交技巧。

不要对宝宝要求过高，更不要用强硬的方式去束缚宝宝，不要将自己的理想放在宝宝的身上，让宝宝一定要照着大人期待的道路走。

不要给宝宝一些十分消极的心理暗示，这样不利于宝宝身心的健康发展。

怎样顺利地与宝宝分床睡

让宝宝跟家长分床睡对宝宝的健康成长是很有好处的，但是从保护宝宝心灵发展的角度上来看，想要实行分床制，要给宝宝一个过渡和适应的时间。因为突然让宝宝离开父母的怀抱，自己睡觉，他们有可能会出现恐惧不安、沮丧失落的情绪，还有可能觉得自己是被爸爸妈妈遗弃了。如果处理得不好的话，甚至会给宝宝幼小的心灵留下阴影，对以后的身心发展造成不利的影响。因此，如果想要跟宝宝分床睡觉，就应该让宝宝一点一点地习惯，而不是忽然之间改变宝宝的生活习惯，这样是不容易被宝宝接受的。

具体来讲，想要实行分床制，可以先从午睡开始做起，让宝宝午睡的时候自己一个人睡。再让宝宝慢慢习惯夜里一个人睡。还可以在一个星期之内安排一两次宝宝独自睡觉，等宝宝适应之后再增加宝宝独睡的次数。如果宝宝对父母的依赖性比较重，也可以先在父母的房间里准备一张小床，让宝宝先在同一个房间的不同床睡，再制定从分床睡到分房睡的计划。

在制定分床睡或者分房睡计划的时候，家长还可以做一些工作，让宝宝顺利地度过这个适应期：

家长可以利用宝宝的想象力和主动性，跟宝宝一起布置宝宝的小房间或者小床，让宝宝觉得自己已经拥有了一个独立的空间，在这个空间里做什么都是自由的，是自己说了就算了。这不单单可以满足宝宝自主自立的心理需要，同时也可以为宝宝创造一个安静和谐的独自睡眠环境。

家长可以给宝宝准备一个辅助睡眠的安慰物。比如，宝宝喜欢的大玩偶或者是软软的抱枕，让宝宝可以借助拥抱这些玩偶更快地入睡。等宝宝已经习惯了独自睡眠，这些玩偶就可以撤掉（不撤也没多大关系）。

家长要注意保证空间的交流，对宝宝的情绪要及时舒解。当宝宝开始独自睡觉的时候，家长要给宝宝建立一套睡前的习惯，比如说跟宝宝道晚安，给宝宝讲个小故事，或者给宝宝放些催眠音乐等等。如果宝宝还不习惯，可以将两边的房门都打开，让宝宝不会因为幽闭的房间出现恐惧。当宝宝做梦或者需要父母的时候，爸爸妈妈要及时去到宝宝身边，安抚宝宝的情绪。

注意事项

如果宝宝夜里出现哭泣或者摸黑到父母房门口的情况，父母千万不要责怪宝宝，也不要做出什么激烈的反应，而应该在安抚好宝宝之后，将宝宝带回到房间里面，帮宝宝掖好被子，在宝宝的额头上印上一吻，告诉宝宝不要怕，爸妈就在屋子里，宝宝是安全的。实际上，想要让依赖性强的宝宝跟父母分床睡，本来就是一件需要长期“抗战”的事情，在中途出现这种“反复”也是很正常的，父母无需大惊小怪。

但是家长要注意坚持下来，因为只有坚持，才能帮宝宝养成独自睡觉的好习惯。在宝宝的成长过程中，学习任何东西，都有可能需要面对挫折，因此千万不要因为心软就半途而废。否则如果让宝宝形成了赖着父母睡觉的惯性，长大就更难改变了，还有可能影响到宝宝的性格发展。

在日常的生活中，家长千万不要用将宝宝关进房间来作为宝宝做错事情的惩罚。因为一旦宝宝对独自呆在房间里产生了恐惧感，那么让宝宝独房睡觉的难度也就会增加很多，甚至有可能前功尽弃。

在宝宝第一次独睡获得成功之后，家长一定要及时地给予鼓励和赞美，要夸奖宝宝的勇敢，并且让别人也多多对宝宝进行鼓励，让宝宝意识到独自睡觉是一件值得称赞的事情，宝宝的勇气和信心就会大增，分房睡的计划也就更容易取得成功。

父母怎样促进宝宝学话

相同年龄的宝宝开口说话的情况也是不一样的，有些宝宝比较早，有些宝宝就比较晚。家长不要因为宝宝说话晚而着急，有时间的话多跟宝宝聊聊天，多给宝宝讲一些小故事，即便不一定听得懂大人在讲什么，但他们也会慢慢地开始模仿大人说话。多跟宝宝交流是让宝宝早些开口说话的好方法。

大多数的宝宝，在 1 岁左右的时候就可以蹦出一两个单音字或者叠词，在 2 岁左右的时候已经可以用简单的语言来和大人进行交流了。但是有一部分宝宝在 1 岁之后还迟迟不开口说话，这就应该引起家长的重视了。通常来讲，如果宝宝身体发育都没问题，宝宝晚开口就有可能是因为父母对宝宝的语言训练力度还不够，家长应该多给宝宝创造一些说话的机会，鼓励宝宝开口说话。

对于一些比较内向和腼腆的宝宝，家长应该多花些巧心思，耐心地引导宝宝，用一些宝宝可以接受的方式，来提高宝宝说话的兴趣，刺激宝宝开口说话。比如宝宝喜欢小动物，就可以给宝宝买一些很逼真的毛绒玩具，让宝宝跟毛绒玩具对话。妈妈还可以学小猫小狗的叫声，让宝宝知道小动物是怎么“说话”的，这也是刺激宝宝开口说话的好方法。

有些家长对自己的宝宝体贴到了极致，什么事情都给宝宝办好，没等宝宝说话，家长已经将吃的送到宝宝嘴边了。宝宝一伸手，妈妈就给宝宝穿衣服了。这样长时间下来，就让宝宝没有开口说话的机会。宝宝并不是没有说话的能力，而是懒得开口说话。因此，家长要注意，当宝宝有什么需求的时候，要教导宝宝如何说出自己的需求，而不是一味地满足宝宝的要求，这对与促进宝宝开口说话是很重要的。

有些家长不善于言辞，在日常的生活中，又因为工作太忙，跟宝宝接触的时间也十分有限，这就直接导致宝宝缺乏交流和模仿的对象，因此开口说话的时间也就推迟了。因此，家长对于成长黄金期的宝宝，应该付出足够的耐心和爱心，给宝宝提供一个良好的语言环境，让宝宝在语言的刺激下尽早学会说话。宝宝在 10 ~ 13 个月的时候就可以说出一些好玩儿的单词，有些宝宝相对要晚一些，可能要等到 15 个月左右。如果在 1 岁半之后宝宝怎么哄，怎么刺激就是不发声，那么家长就要及时带宝宝去看医生了。不要等到 2 岁再带宝宝去检查，因为那个阶段有更多等着宝宝去学习的东西。如果放任不管，有可能会失去治疗失语的最好时机。

宝宝说话迟的原因

有些宝宝说话晚，是跟家族的遗传有关。有些父母说话比较晚，那宝宝学说话的时间也比较晚。这样的宝宝虽然在当时还不会说话，但是却可以理解大人话中的意思，只是开口相对晚一些，是没有什么关系的，对智力也不会有影响。

有些宝宝的性格比较内向，常常会因为害羞而不敢开口，这样的宝宝是有说话能力的，就看宝宝愿意什么时候开口了。

有些家长因为父母工作比较忙，缺乏必要的语言教育和语言刺激。而照顾宝宝的爷爷奶奶大多数只是将宝宝生活上的事情做得面面俱到，却忽略了跟宝宝的交流，这也是造成宝宝说话晚的原因之一。

一般来讲，宝宝说话早晚对宝宝的智力发育是不会有影响的，因此家长无需过于着急。在一岁半之前，想要刺激宝宝开口说话，可以给宝宝创造更多说话的条件，积极地跟宝宝进行言语沟通。宝宝的语言发育是一个循序渐进的过程，因此，宝宝能早点开口说话当然是最好的。宝宝获得语言的能力比成人要强很多，这是因为宝宝并不是靠着智慧去学习语言，他们只是凭借本能，或者说是通过模仿来学习的。当宝宝在倾听大人语言的时候，他们不见得听得懂，但是他们却会得到语言的感觉，会通过大人的神态和动作来理解大人话里的意思，从而转化成自己的语言。

宝宝学习语言也是一个很奇妙的过程，当妈妈在跟宝宝说话的时候，宝宝虽然不理解，却会报以微笑。当宝宝开口依依呀呀学说话的时候，妈妈对宝宝报以微笑，宝宝就更有学习的欲望和信心了。这种相互之间的交流是宝宝学习语言的心灵动力，也是促进宝宝尽早开口说话的催化剂。

怎样建立良好的亲子关系

良好的亲子关系是宝宝健康成长的重要保证，如何建立良好的亲子关系？

懂得怎样爱宝宝

可能有的家长会觉得奇怪，难道父母还有不爱宝宝的吗？绝大多数是爱宝宝的，这是人类的共性和天性，但是需要注意：首先，家长和宝宝之间能否产生和谐的爱，所谓和谐的爱是说父母爱宝宝，宝宝也能接受。其次，父母对宝宝的爱和积极的关注是否受一定条件限制。

宝宝能否感受你的爱

中国人和西方人有所不同，情感表达比较含蓄，尤其是父亲，尽管很爱宝宝，但宝宝却感受不到。

有的家长认为和宝宝交流不用礼貌、客气，态度很凶，并且认为这是天经地义的，这就会导致宝宝和父母之间可能会有一些隔阂；有的父母对宝宝比较严厉，宝宝经常处于被惩罚和被训斥的威胁之下，这时宝宝将会对家长有严重的畏惧心理；有的家长向宝宝提出要求，却不和宝宝说明理由，导致宝宝认为自己处于一种被支配的地位。这使得宝宝不仅不能体味到父母的良苦用心，反而会埋怨父母太自私、霸道；有的家长由于工作忙或因为忙于自己的娱乐而很少与宝宝呆在一起，导致宝宝认为自己在家长心中无足轻重。

孩子感受到的是什么样的爱

切忌不能对宝宝表现出持续的无条件的爱和关注。

例如爸爸妈妈过于情绪化，心情好的时候，就对宝宝百依百顺；心情不好的时候就对宝宝横加指责，让宝宝觉得父母的感情不可靠。

让宝宝感受到爱的存在，在宝宝取得优异成绩的时候，他想到的是爸爸妈妈会更高兴；当宝宝遇到挫折的时候，他所感受的家应该是个避风的港湾；做宝宝的玩伴；和宝宝在一起愉快地闲聊，仅仅是闲聊……这样才是更为和谐的爱。

如何对待孩子的霸道行为

很多家长对待宝宝的霸道行径都会觉得很伤脑筋，不能“以霸制霸”，用软招又对付不了，真是很头痛。以下就给家长支几招，来对付“恶霸”宝宝：

不予理睬

如果宝宝十分霸道，不管怎么婉言相劝都没有想过，家长不妨对宝宝来一个相应不理。对付宝宝的“霸道”行为，不要让宝宝太难堪。最好的方法就是不予理睬。

引导宝宝的良好行为

从行为治疗的角度上来看，宝宝在某一方面的行为出现问题，家长就要从另外一方面引导宝宝的良好行为。在宝宝出现良好行为的时候，要及时鼓励和称赞宝宝，强化宝宝对良好行为产生的成就感。具体来讲，就是在当家里的“小霸王”出现谦让或温和行为的时候，要及时给予表扬，让宝宝知道这种行为是受到欢迎的，从而有意识地增加良好行为的出现几率，自然就减少了“恶霸”行为的爆发次数。

让宝宝将过剩的精力发泄出来

在日常生活中，要给宝宝多派一些力所能及的劳动，并且适时地给予宝宝指导，让宝宝过剩的精力得到发泄。还可以借助于其他的方式来转移宝宝的注意力，比如图书、音乐、游戏等，在潜移默化中将宝宝的“恶霸”行为转变过来。

让宝宝养只小动物

可以给宝宝养一些小乌龟、小金鱼这样的动物，宝宝在喂养小动物的过程中，会渐渐地减少身上的霸气，培养出爱护弱小的心理。

帮助宝宝建立良好的人际关系

很多宝宝之所以会变得很霸道，是因为它们觉得“霸道”是一种自身的需求获得满足的方式。如果宝宝长期处于孤独的状态之下，那么这种霸道行为就会愈演愈烈。所以，想要改变宝宝霸道的行为，可以多带宝宝参加一些活动，让宝宝跟其他的小朋友交往接触，帮助宝宝建立良好的人际关系，让宝宝知道收敛起“霸道”，才能有更多的朋友。

教宝宝掌握正确的社交方法

大多数的宝宝在入园一两个月之后就可以跟同龄的小朋友融洽相处，但是有个别的宝宝在跟其他小朋友玩耍的时候，却喜欢抢夺别人的玩具，因而受到小朋友的孤立和抵制。还有一些小朋友，内向羞涩，总是躲在角落里，不肯融入集体。

同龄的宝宝，因为性格的差异，在人际交往上也存在着亲疏的差别。自来熟的宝宝，刚入园的时候就能够跟其他小朋友打打闹闹，不久就在一起玩耍了。通常来讲，那些动作能力相仿、语言相通的宝宝比较容易玩在一起，也有可能因为彼此喜欢同一部动画片或者有着相同的学习能力而成为好伙伴。所以，想要让自己的宝宝尽快地融入群体，首要条件就是培养宝宝的多种能力。

但是经常被爸爸妈妈指责的宝宝，或者经常看见父母吵架打架的宝宝在面对人群的时候却会出现两种极端，一种就是性格胆小懦弱，不敢与人交往。另外一种就是脾气暴躁，总是与其他小朋友起争执。面对后者，家长常常需要更多的耐心和爱心，来教导宝宝如何与人相处，同时还要修正自己的行为，不要成为宝宝的坏榜样。

如何与小朋友相处

独生子女在进入幼儿园之前都会面临是否合群的问题，有些宝宝在家里被大人宠惯了，或者没有什么机会接触其他小朋友，就会不知道如何与人相处。为了避免宝宝出现不合群的情况，大人在宝宝入园之前就要做好应对准备了。比如说，家里有宝宝喜欢吃的东西，要保证每一个人都有份，而不要让宝宝觉得东西就是自己的。如果宝宝总是觉得自己应该受到特别优待，那么在进入幼儿园之后就会出现“独享”的行为。不要让宝宝有挑剔的空间，要培养宝宝良好的生活习惯和自理能力。此外，还要教导宝宝独立吃饭，因为如果其他小朋友都会自己吃饭，或者自己上厕所，而宝宝不会，就有可能被小朋友嘲笑而变得自卑，不合群。

入园之前还可以将宝宝带到亲戚家或者邻居家玩耍，让宝宝学会一些跟其他小朋友相处的技巧，慢慢扩大宝宝的活动范围，让宝宝也有自己的

"交际圈"。

在宝宝进入幼儿园之后，要多鼓励宝宝交朋友。家长之间彼此也要多沟通，多请其他小朋友来家里和宝宝玩，让宝宝与其他小朋友熟悉起来，就可以很自然地和其他小朋友友好相处了。

教宝宝广交朋友

家长要多鼓励宝宝跟其他小朋友交往。在晚间睡觉的时候，多挑一些跟小朋友合作团结的故事讲给宝宝听。要告诉宝宝，好孩子是不哭不闹、不打人咬人、不无理取闹的，让宝宝了解如何友好地跟小朋友相处，知道怎么做个听话的好宝宝。

培养宝宝的社交能力

许多研究表明，一个十分聪明、学什么都快的宝宝，人生不一定就可以获得成功。也就是说，智力不是决定人生幸福度的唯一标准。宝宝智力比较高，并不意味着他在未来的学习生活和工作中能够很好地实现自己的人生价值和社会价值。智力固然是十分重要的，但是在现今竞争日趋激烈的大环境下，社交能力也是十分重要的。不要因为宝宝还小，就忽略宝宝社交能力的培养，家长应该要留心让宝宝具备较好的适应能力和社交能力。在众多的成功者中，无一不是同时具备绝佳的工作能力和良好的人际关系，因此，在宝宝社交能力的培养上，家长是绝对不可以掉以轻心的。

给宝宝社交的机会

想要从小培养宝宝的社交能力，家长就要懂得放手。要多将宝宝带到人多的地方，与其他小朋友玩耍。因为宝宝只有见过"世面"才会具备较好的交往素质。比如家长在假期里，可以带宝宝去参加一些亲子活动或者故事会，还可以经常带着宝宝去拜访亲戚和朋友。在这些环境下，家长可以在一旁看着，但绝对不要干涉宝宝认识新朋友。还可以让邻居的小朋友到自己家里来玩，让宝宝拿出自己的糖果和玩具跟小朋友一起分享。

想要培养宝宝热情的好性格，就要让宝宝懂得分享。家里来了客人，家长要让宝宝来"接待"。或者家长在一边做，让宝宝在旁边"观摩"。这样，就会让宝宝在耳濡目染之下学会如何待人接物。要多多给宝宝创造社交的机会，这样才能让宝宝在增长见识的同时树立信心，在与人交往的时候就不至于扭扭捏捏，不知所措了。

鼓励宝宝跟小朋友交往

宝宝应该有自己的社交圈子，与人交往是宝宝学习新知识、知晓人事最重要的途径，因此家长应该多鼓励宝宝跟其他的小朋友交往。

"让宝宝教育宝宝"，使宝宝在互相交往的过程中获取社交经验，学会如何调整和控制自己的言行举止，培养宝宝基本的社会交往能力。一些父母总是觉得宝宝还太小，没必要过早地让宝宝学会"社交"，总觉得"社交"是大人的事情。父母总是担心自己的心肝宝贝会在与小朋友交往的时候发生争执，导致宝宝受到伤害。有一些家长在带宝宝外出的时候，甚至都不让宝宝离开自己一步，就怕有个什么闪失。这种保护过度的方法不仅不能让宝宝正常地健康成长，还会限制宝宝与人交往能力的发展，因为“摔过了才知道痛”，宝宝就是在与其他小朋友的和谐与摩擦中成长起来的，这是宝宝长大不可避免的事情。家长还要注意引导宝宝跟不同年龄层的小朋友一起玩，积累更多与不同人交往的经验，提高宝宝的抗挫折能力、自控能力和社交水平。

鼓励宝宝参加集体活动

家长要多鼓励宝宝参加一些集体活动，因为在集体活动中，宝宝会跟其他的小朋友一起玩耍，一起生活，宝宝会在不知不觉间学会如何正确地与其他人交往。家长还要欢迎其他小朋友来自己家玩，如果住得近的话，还可以鼓励宝宝到其他小朋友家里去玩。在宝宝与别的小朋友交往的过程中，就算有争执，家长也不要太过于护着自己的宝宝。要教导宝宝宽以待人、严以律己。要让宝宝知晓如何与人互相尊重，互相爱戴。

教宝宝正确的交往方法

想要让宝宝与人交往获得成功，就要教导宝宝正确的交往方法。比如，要教导宝宝在跟其他小朋友玩耍的时候，要懂礼貌，以诚相待，不要耍霸道，不能不讲理。在日常的生活中，也要随时教导宝宝要懂得关心他人、看见别人有困难要及时地伸出援手，要做一个让爸爸妈妈喜欢的好宝宝。

培养宝宝良好的兴趣和习惯

在宝宝跟宝宝的交往之中，有着广泛的兴趣爱好，或者有着分享精神的宝宝更容易受到小朋友的欢迎。想要让宝宝成为被其他小朋友喜欢的人，家长就要注意培养宝宝开朗的性格和各种良好的兴趣习惯。要教导宝宝碰到自己熟悉的人，要主动打招呼，在与小朋友玩耍的时候，要讲文明讲礼貌。要告诉宝宝，打人、骂人、或者讲脏话是不对的，要将宝宝培养成有爱心、有耐心、讲文明、讲礼貌的人。同时还要注意观察宝宝的个人兴趣爱好，如果宝宝有天分，就可以鼓励宝宝继续学习。兴趣可以提升宝宝的能力，也可以让宝宝成为一个受欢迎的人。

培养宝宝的好脾气

家长要教导宝宝如何控制自己的脾气，知晓乱发脾气是不好的。首先就是要让宝宝知道，哪些情绪是好的，哪些情绪是伤人的。积极乐观的情绪，比如快乐、热情、与人为善等，是容易被其他小朋友接受的，应该时常让它表现出来。消极暴躁的情绪、如愤怒、悲观、抑郁等，是小朋友不喜欢的，因此要懂得控制，在想要发脾气的时候找老师或者家长来倾诉。父母应该让宝宝懂得，什么场合之下应该表现出什么样的情绪，让宝宝可以在长期的脾气“修炼”中逐渐形成控制自己脾气的习惯，不因为随便发脾气而伤害到其他的小朋友。

及时解决矛盾冲突

如果宝宝在和小朋友玩耍的时候出现矛盾，并且向家长求助的时候，家长千万不要一味地站在宝宝这边，而是帮助宝宝分析为什么会和小朋友发生矛盾，到底是谁的错，并且跟宝宝说清楚与小朋友之间到底谁是谁非，教导宝宝正确的处理方法。因为如果总是站在宝宝的角度去思考问题，一旦宝宝意识到不管自己是对是错，都有个坚强的后盾在背后支持自己，就会越发地肆无忌惮了。家长需要做的是及时解决宝宝在人际交往中出现的问题和矛盾，通过事实让宝宝逐渐明白该如何和谐地与人相处。

让宝宝自己解决问题

家长带着宝宝上街，要适时地鼓励宝宝自己去问路。带着宝宝上车，要让宝宝自己去买票。如果别的小朋友来家里玩，家长只要招待好大人就行了，小朋友就留给宝宝自己去照顾。要让宝宝有小主人的意识，不要什么都抢着为宝宝做。如果宝宝在幼儿园里当了小干部，家长要及时地鼓励宝宝。宝宝在与其他小朋友交往的过程中，不管遇到什么问题，家长都不要擅自代替宝宝解决。要教导宝宝如何解决问题，而不是代替宝宝解决问题，要引导宝宝自己去动脑筋，想办法，培养宝宝独立思考的能力。

教育宝宝远离恃强凌弱

宝宝出现侵犯的行为，多数是源于对大人行为的模仿。作为家长，要彻底杜绝家庭暴力。要让宝宝了解“己所不欲，勿施于人”的道理，教养不能以暴力作为手段。暴力行为本身会给宝宝传达一种负面的信息，家长虽然可以用身体优势来强迫宝宝接受自己不情愿接受的事情，那宝宝为什么就不能有样学样，用暴力来解决跟其他小朋友之间的纠纷呢？

小的时候用暴力来管教宝宝，宝宝没有反抗能力，只能屈服。等宝宝越长越大，可以用言行来反抗的时候，暴力就成为“自然而然”的选择了。因此，想要矫正宝宝的侵犯行为，就要从家长本身做起：

家长要调整自己的教育思路

第一，在要对宝宝使用暴力之前，要先问问自己，我为什么要打宝宝？是因为宝宝犯下的错已经严重到不能收拾的地步，还是因为宝宝犯了一个“明知道是错却偏要犯”的错误而感到愤怒和失望。如果宝宝犯的错的确是很严重的，那么如何补救才是重点，就算打了宝宝也解决不了问题。而如果宝宝是无心之下犯下错误，那么起码要给宝宝悔过的机会，不能不分青红皂白就对宝宝动手。家长要反思自己的情绪是不是太激动，要先让自己冷静下来，避免因为情绪失控而让宝宝产生心理阴影。

第二，家长在意识到宝宝的行为出现偏差之后，但是又无法具体地跟宝宝讲他到底哪里做错了，可以先缓一缓，告诉宝宝这个错造成了什么后果，让宝宝了解到自己对别人造成了伤害，也给家长留下整理思路的时间。等家长的情绪平缓下来之后，再跟宝宝进行有条理、有准备的谈话，让宝宝知晓自己犯了什么错，以后不能再犯等等。

第三，曾经习惯用责打的方式惩罚孩子的家长要坦率向孩子承认，父母过去使用的方法是简单粗暴的，以后会尽量不打骂，并尊重孩子，但孩子也必须学会尊重自己，和父母一起克服侵犯行为。

家长要理性地引导宝宝克服侵犯行为

第一，对待宝宝要耐心，要跟宝宝说清楚侵犯行为会带来的后果。不管是破坏物品，还是伤害别人，都会带来不必要的伤害。如果伤到了人，不仅身体上会痛，心理上也会很难受。要让宝宝知道，伤人跟摔东西是不一样的，摔完了东西可以收拾，但是伤了人就会在别人的心里留下印记，还会让宝宝失去朋友。

第二，要尽量用委婉的方式来让宝宝了解，侵犯行为是解决不了问题的，只会让问题更严重。要让宝宝知道，有什么需求要及时沟通，学会正确地表达自己的想法。

第三，要及时关注宝宝，满足宝宝的正当需求，减少宝宝因为得不到关怀而产生的沮丧情绪和暴力行为。

第四，要跟宝宝分析为什么会出现侵犯性的行为，了解宝宝到底想要什么，指出行为本身的错误所在，让宝宝心悦诚服，接受教训。

把宝宝打扮成异性好吗

现在宝宝的衣服越来越中性化了，甚至有些家长会给宝宝穿异性的衣服。有些女宝宝头发剪得短短的，穿着男宝宝的暗色服装；男宝宝却将头发留得长长的，甚至还穿小裙子。宝宝在很小的时候是很难从脸上分辨出性别的，所以时不时就会出现尴尬的情况。宝宝的性别教育要从小做起，不要轻易按照大人原因的喜好给宝宝易装。

家长的期待

比如说，家长一直希望自己生的是女儿，但偏偏生下的又是个小子。在宝宝出生之后，为了满足家长的期待，就会给宝宝穿小女孩的衣服，让宝宝做异性打扮。

家长的好奇

现在大多数的家庭里只有一个孩子，有些家长出于自己的好奇心，会将女宝宝打扮成潇洒帅气的假小子，而将男宝宝打扮成温柔端庄的假公主。宝宝在还没有明确自己的性别之前，会根据自己的穿着打扮，模仿异性的言行举止，整天跟自己眼中的“同性”玩在一起。

宝宝的模仿

当其他人都穿上了异性的服装或者比较中性的服装，宝宝就会开始模仿别人，有些宝宝甚至会主动对家长提出“易装”的要求。而家长因为没有意识到“易装”会存在的问题，大多会答应宝宝的要求。

媒体的影响

现在电视节目有越来越多的女性做中性打扮，而男性的打扮也越来越阴柔。宝宝长期看电视，也会受到电视的影响，在装束上追求中性打扮。

异性装扮的影响

异性装扮会让宝宝受到同龄小朋友的嘲笑，让宝宝的心理产生阴影。

严重的话会让宝宝出现心理问题，让宝宝心里留存着异性化的倾向。

最严重的会造成宝宝日后的性变态。

因此对于宝宝的异性装扮，家长一定要慎重对待。如果有此种状况，要及时改正过来。

如何促进宝宝自我意识的发展

在宝宝自我意识的发展过程中，会出现三个普遍性的问题，即自我体验失衡、自我认识失实和自我调节失控，自我意识的发展是让宝宝学会独立自主的基石，因此，让宝宝的自我意识朝着健康的方向是至关重要的。那么，具体要怎么做呢？

多多鼓励宝宝参加集体活动，多让宝宝跟同龄的小朋友接触　在跟同龄小朋友交往的过程中，宝宝必须放弃一些“自我”，才能获得“认可”。宝宝会在人与人的交流中，学会站在别人的角度思考问题，学会关心别人，学会理解别人。家长在这一过程中，要教导宝宝学会宽容，学会自我控制，学会客观地看待自己和他人，及时调整宝宝偏差的行为，让宝宝懂得如何跟其他小朋友维持友好关系。宝宝的自我意识是通过一次一次的挫折、争吵、误会、和解而得到完善的。

要让宝宝学会正确地看待自己，提高宝宝认识自己的能力　不管宝宝是对是错，是前进了还是后退了，都要让他们对自己做出反思，教导宝宝树立正确的自我意识。

让宝宝培养积极的自我意识　宝宝对自己的评价来自于别人的看法，尤其是家人对宝宝的看法。因此，家长在评价宝宝的时候要掌握好分寸，尽量不要用“最 × ×”这样的字眼，以免让宝宝产生自负或者自卑的心理。在批评宝宝的时候，要就事论事，而不是将焦点放在宝宝的身上，一个劲地批评宝宝。将要让宝宝在错误中反省，在错误中成长，让宝宝培养积极的自我意识。不要总是指责宝宝“你怎么这么笨啊”或者“懒洋洋的真讨厌”，这样只能让宝宝形成消极的自我意识，对宝宝的身心成长是很不利的。

家长要懂得提高宝宝的自我调节能力　宝宝自我意识水平高低的一个重要衡量标准就是自我调节能力。家长要及时地指导宝宝如何调整好自己的情绪，如何分析做一件事的后果，如何自己做出选择，如何对已经发生的事情做出补救，这都是需要一点一点慢慢教给宝宝。

宝宝提出无理的要求时怎么办

有些宝宝会不时地对家长提出一些无理的要求，要星星要月亮。家长不管怎么哄都没用，宝宝就是非要达到目的不可。如果家长不满足宝宝的要求，宝宝就会大哭大闹。他们最经常说的话就是:“我就要……”或者“我偏要……”

宝宝还不懂事，因此有些要求无理是很正常的。因为宝宝的年龄还小，智力也相对较低，他们只会按照自己的喜好和愿望出发，来对大人提出要求，而并不会考虑到那个要求是否合理，是否有实现的可能。这也是宝宝心理发展必经的阶段。在独生子女当中，宝宝提出无理要求的情况比较常见。这是因为家长的溺爱造成的。因此想要纠正宝宝总是提无理要求的毛病，就要从家长自己做起。

家长要改变对宝宝予取予求的教养方式，在宝宝提出无理要求的时候，要直接地拒绝宝宝。当然，同时要告诉宝宝父母为什么不能满足他，以后不要再提出同样的要求。家长要纠正自己“心软”的毛病，想要培养宝宝良好的个性，就应该做到立场坚定，不为所动。

在宝宝第一次对家长提出无理要求的时候，家长就要坚决地拒绝，同时要坚持下去。宝宝通常会用哭闹作为手段来要挟家长，不答应就哭到底，因此家长千万不能心软，要拒绝到底。家长对于宝宝的哭闹可以采取“眼不见为净”的方式，不要搭理宝宝，去做一些自己的事情。不能纵容宝宝用这种方式来要挟大人，宝宝要哭就让他哭，要闹就让他闹，等他发现这招不管用的时候，自然就会停止了。如果大人因为一时的心软而答应了宝宝，那以后就没完没了。拒绝宝宝的无理要求要态度坚决，但是态度坚决的方式却有很多种，在无计可施的情况下可以采用以下的方法来对付宝宝：

运用正面鼓励法　家长可以用一些宝宝比较崇拜的人的言行去鼓励宝宝做某些事或者不做某些事。比如妈妈可以跟宝宝说：“宝贝长大了想不想当威风的警察呀？”“想啊，那宝宝就要吃了这些青椒，这样才能身体棒，长大才可以当警察抓坏人啊。”

提问诱导法　宝宝的思想单纯，容易受到大人的诱导。因此家长也可以用诱导的方式来进行提问。比如妈妈可以问宝宝：“宝贝，你要不要吃青椒呢？”不爱吃的宝宝通常都会大声地回答：“我不吃！”但是如果妈妈用迂回的方式问宝宝：“宝贝啊，这个青椒你是要吃一口呢，还是吃两口呢？”宝宝脑子一下转不过弯来，只能二者选其一，就会说：“吃一口”。这个时候妈妈就可以抓紧喂宝宝吃青椒了。等宝宝吞下去之后，妈妈要及时鼓励宝宝，让宝宝觉得吃青椒是一件光荣的事情。这个招数对于2～4岁的宝宝特别有效。

转移注意法　比如说看到宝宝缠着爸爸要玩闹，影响到了爸爸的工作，那妈妈就可以转移宝宝的注意力，跟宝宝说："哇，灰太狼出来了，喜羊羊要被吃掉啦！宝宝快来，妈妈跟你说说喜羊羊和灰太狼的故事。"这个时候宝宝的注意力就从爸爸身上被转移到妈妈身上，不再缠着爸爸了。

"拒绝"是一门艺术，尤其是拒绝 3 岁以下的宝宝。不管宝宝有多难应付，凭借着大人的智慧，再加上对宝宝的爱，相信家长一定可以想出"对付"自己宝宝无理要求的方法。

如何对待宝宝的"第一反抗期"

什么是"第一反抗期"

2 ~ 3 岁的宝宝有时候会表现得十分"叛逆"，不愿意听大人的话，什么事情都要按着自己的意思去做。宝宝自我意识高涨会让宝宝进入"第一反抗期"，这也是宝宝独立性和自信心大涨的阶段。有些家长对于自己的宝宝突然从一个"乖宝宝"变成"叛逆宝宝"很不习惯，觉得这是宝宝变坏了，而对宝宝的种种叛逆行为大加制止，这是不正确的。强硬的压制方式只会让宝宝越来越反叛，还会对宝宝的身心发展造成不利的影响。

教宝宝如何建立"自我"

这个阶段的宝宝强烈要求摆脱家长的保护，想要按着自己的意思玩耍，不想要再被大人摆布了。宝宝总是抢着做事，想干什么马上就去干，想要什么就非要到手不可。一旦不顺他们的心，就会大发脾气或者哭闹不休。很多家长在宝宝哭闹的时候都觉得头疼不已。

其实这只是宝宝通过"反抗"和"强硬"来建立"自我"的过程。这个阶段的宝宝自我意识更为高涨，他们觉得很多事自己已经可以做了，就不想要处处受到大人的制约。这是宝宝身心发展必经的过程，家长一定要学会尊重宝宝的愿望。在这一时期，要多为宝宝创造一些能够发挥自主性的机会。当宝宝因为得不到而发脾气的时候，不要压制宝宝的愿望。家长可以装作不知道宝宝想要什么，来个置之不理，或者通过其他的方式转移宝宝的注意力。让宝宝的反抗有一个缓冲期，对促进宝宝心理的健康发展是很重要的。

如果父母对宝宝管教过严，总是跟宝宝说"不许这个，不许那个"，宝宝就会用更多的"我偏要这个，偏要那个"来反抗父母的"压迫"。这样不仅没有任何益处，还会阻碍宝宝的自我意识发展。但是不压迫，不代表放任。如果一味地迎合宝宝的喜好，宝宝想要什么都想方设法拿给宝宝，这也会养成宝宝"予取予求"的毛病，是不健康的自主意识。因此，帮宝宝建立自我要科学、合理，掌握好那个"度"，既不能过于压制，也不能过于放任。

自我意识和占有欲

随着宝宝自我意识的高涨，他们的脑中"我的"，"我要"意识也逐渐清晰，但是对于"他的"、"你的"意识又比较模糊。因此，对于这个阶段的宝宝来说，只要是他看上的东西，都认为是自己的。所以家长在发现宝宝抢夺其他小朋友东西的时候，不要大声地呵斥宝宝，也不要太过于大惊小怪。随着宝宝年龄的增长，通常在3岁以后，宝宝就会转变“什么都是我的”的想法。

但是如果宝宝抢夺其他小朋友东西的频率很高，家长就要适时地教育宝宝了。或者让宝宝跟年纪比较大一些的孩子玩，那么宝宝便会有所忌惮。即便宝宝想抢夺，较大的孩子也会懂得保护自己的东西，从而制止宝宝的抢夺行为。

但是，如果宝宝的东西经常被其他的小朋友抢去，就可以适当地减少宝宝与他们玩耍的机会。不要强制性地要求宝宝忍让，因为如果宝宝不愿意出让，却在“胁迫”之下让出，这不但不能让宝宝学到“礼让”，还会让宝宝觉得连大人都是很“无礼”的，反而会增强宝宝对物品的占有欲。所以，在宝宝遇到抢夺的时候，家长要用引导的方式来让宝宝学会分享，如果宝宝实在不愿意出让，也不要强制性地要求宝宝。宝宝需要的是自愿的快乐，而不是强迫的快乐。

如何与小朋友交往

2～3岁的宝宝喜欢找其他的小朋友玩，但是现在的孩子多为独生子女，跟其他小朋友接触的机会很少，也导致宝宝缺乏必要的社交锻炼机会，当真正与小朋友交往的时候，就会因为“自我”而跟小朋友发生冲突。因此，家长有必要教导宝宝学习一些基本的社交技巧，鼓励宝宝主动与小朋友交往。还要让宝宝知道，不经过别人的同意就不能随便乱拿别人的东西，想要玩别人的玩具必须事先征询别人的意见，别人同意了之后才可以拿。但是家长也要学会尊重宝宝，在宝宝玩耍的过程中，不要过于干涉宝宝玩耍的内容和方式，让宝宝知道自己是被尊重的，同时在被尊重中学会尊重别人。

在给宝宝选择伙伴的时候，最好是选择那些跟宝宝年龄比较相近的小朋友。如果宝宝在玩耍的过程中跟其他的小朋友发生摩擦，在不危害到安全的前提下，家长不要过于干涉，要让宝宝学会自己处理矛盾，让宝宝在与小朋友的交往中学会社交技巧，学会发生矛盾的时候要怎么办。如果宝宝跟其他小朋友闹得比较大，家长可以暂时将宝宝跟其他小朋友隔开。同时询问宝宝发生了什么事，是谁的错等等。当宝宝发现被隔开没有与小朋友玩有意思的时候，妈妈就可以让宝宝主动去道歉（如果是宝宝的错的话）。要教会宝宝道歉、认错、分享、轮流和原谅等观念。家长在非必要的时候，不要剥夺宝宝与人交往、处理矛盾的机会，只要在一旁进行引导就可以了。

宝宝的性别意识

2～3岁是宝宝性别理解能力发展的一个关键时期。家长要抓紧时机对宝宝进行性别教育，让宝宝形成正确的性别观念。宝宝对性别的认识是一个循序渐进的过程，在给宝宝进行性别教育之前，应该先让宝宝对自己的性别有一个明确的认识。在2岁半左右，宝宝就已经可以说出自己是男生还是女生了。但是这多数是别人告知宝宝的，宝宝并不知道男生和女生有什么区别。在宝宝完成自我性别的认识之后，宝宝会很愉快地接受自己的性别，并且开始学习认识与自己不同的性别。

3 岁之前的宝宝主要生活区域就是在家庭里面，因此家长对于宝宝性别观念的建立起着至关重要的作用。如果宝宝小时候就对自己的性别有疑问，或者出现性别混乱的现象，对于宝宝日后心理的发展是十分不利的，尤其是会影响到宝宝性心理的正常发展。如果宝宝没有明确的性别观念，并且对自己的性别没有一个明确的认知，那么一旦形成不正确的性别观念，以后要改变就很难了。

宝宝的恐惧感

黑暗恐惧

家长在平时不要总是恐吓宝宝，尤其是用“再不乖就把你关在黑屋子里”的言语来吓唬宝宝，这样会让宝宝将“黑暗”与“恐惧”联系到一起，从而增加对黑暗的恐惧感。如果宝宝怕黑，家长可以利用日常生活中的种种机会来锻炼宝宝的胆量。尽量用宝宝听得懂的语言，告诉宝宝为什么有白天，为什么有黑夜。让宝宝了解白天和黑夜的更替是自然现象，消除宝宝脑子里“黑夜 = 恐惧”的思想，打破黑夜的神秘感，让宝宝对黑夜有一个正确的认识。

害怕打雷

如果宝宝害怕打雷，家长可以用形象生动的语言来给宝宝描述雷声形成的原因，比如妈妈可以这样告诉宝宝：“宝贝啊，打雷不用怕的。打雷是因为要下雨了，可是你有没有发现，要下雨之前天色灰蒙蒙的呢，那是因为那些乌云聚在一起打架了，就发出‘轰轰轰’的声音。这个就是我们听到打雷的声音。等乌云不打架，和好了，雷声就没有了噢。”这样就会在一定程度上降低宝宝对于打雷的恐惧感，让宝宝对“乌云打架”充满好奇。

害怕猫、狗等小动物

有些宝宝害怕小猫、小狗等小动物，不是毫无缘由的。有可能是因为曾经被小动物追赶过，或者被小动物咬伤过。宝宝害怕小动物，家长可以给宝宝买一些有可爱小动物的画册，让宝宝了解小动物，或者可以让宝宝接触一些无害的动物，如温顺的小狗、小兔子等等，还可以让宝宝尝试着抚摸小动物，逐渐消除宝宝对小动物的恐惧感。

害怕某些昆虫

别说宝宝了，有些大人都会害怕昆虫。宝宝害怕昆虫很多时候跟家长的态度是很有关系的。比如妈妈在遇到蟑螂的时候大声尖叫，或者宝宝要抓昆虫玩的时候大声制止，有些家长甚至会对宝宝夸大昆虫的危险性，这样就会让宝宝产生恐惧感。其实，只要宝宝接触的是无害的昆虫，即便家长自己害怕，也不要过于吓唬宝宝。宝宝有很强的好奇心，家长不应该遏制宝宝好奇心的发展。当然，前提是那种昆虫不会给宝宝带来伤害，比如蚂蚁、蜻蜓等。

害怕独处

有些宝宝害怕自己一个人独处，家长就要逐步帮助宝宝克服这种恐惧感。要慢慢来，比如先可以陪着宝宝去上厕所，再逐渐放手让宝宝自己去，要告诉宝宝："妈妈就在房间里呢，别担心，自己去尿尿。"一开始的时候，家长要先站在远一点的地方陪着宝宝，不要等宝宝一进厕所，扭头就走。等宝宝习惯了之后，再鼓励宝宝自己去，如果宝宝成功做到了，就要及时表扬宝宝，让宝宝从独处中获得自信心，从而改掉害怕独处的毛病。

宝宝的嫉妒心理

细心的父母会发现，宝宝在跟其他小朋友玩耍的时候，一开始还可以兴高采烈地比赛搭积木，但是一个搭得又快又好，一个却边搭边掉，总是赶不上别人的进度。这样努力了很久，搭得慢的宝宝就会莫名地生气，将那个搭得又快又好的积木推倒，让谁也玩不了。这就是宝宝的妒忌心理。宝宝在产生妒忌心理之后，很容易就会将怒气转化给别人，如果宝宝习惯性地妒忌别人，不仅会影响到正常的心理发育，还会让宝宝慢慢变得神经过敏、抑郁不振、任性胡闹等等。因此家长在发现自己的宝宝有妒忌倾向的时候，要注意及时疏导宝宝的心理，让宝宝的心理朝着健康的方向发展。

在宝宝出现妒忌心理的时候，家长除了要及时地给予引导，让宝宝对自己和他人有一个正确的评价之外，更重要的是减少会让宝宝产生妒忌的机会，让宝宝的情绪由消极转向积极。家长要教导宝宝正确的竞争意识，让宝宝知道输赢是正常的，要帮助宝宝树立"自强自信"的观念，帮助宝宝分析为什么别的小朋友会获得"成功"，解开宝宝妒忌的症结。

家长要让宝宝知道，每个人都是有弱点的。人不可能每一件事情都做得比别人好，因此不要总是拘泥于结果，要告诉宝宝："在玩耍的过程中获得快乐就可以了呀"。在日常生活中，家长也要注意不时地鼓励宝宝，让宝宝保持健康愉悦的心情，积极地面对小朋友之间的"输赢"，促进宝宝身心的健康发展。在宝宝出现妒忌举止的时候，家长千万不要"煽风点火"，比如指责宝宝"怎么会输给人家呢""怎么这么没出息"等等，而是要及时地转移宝宝的注意力，用温和的方式来告诉宝宝，妒忌是很没必要的，对宝宝进行积极的心理暗示，让宝宝以正常的心态来代替妒忌的心理，还可以给宝宝讲一些"妒忌有害心灵"的小故事，或者带宝宝出去散散步等等，不要让宝宝沉浸在妒忌中"无法自拔"。

判断力与自控力

在教育宝宝的时候，父母的立场

一定要保持统一，对待宝宝的要求，在前后要保持一致。是正确的就要坚持，不管宝宝如何胡搅蛮缠，如何哭闹不止，都不要因为心软而迁就宝宝不合理的要求。在教育宝宝的同时，家长要告诉宝宝，什么事情可以做，什么事情不能做。什么事情对自己来说是好的，却会在无意中伤害到别人。家长要善于利用生活中的契机，来引导宝宝进行简单的判断和分析，让宝宝具备美丑善恶的分辨能力。家长的教育对宝宝来说是至关重要的，只要坚持下来，宝宝就会慢慢形成自己的道德基准。等宝宝再大一些，他就会知道控制自己的举止，不做那些会让自己开心、但是会损害到别人利益的事情。

想要培养宝宝的自控能力，家长就要以身作则。父母要先控制好自己，给宝宝做出表率。具体来讲，家长在宝宝面前，不要轻易地发脾气，就算家长要吵架，也不能在宝宝面前吵，更不能只顾着玩乐，不顾家庭。如果家长自己的言行不一，那宝宝就会有样学样，更不可能培养什么自控能力了。宝宝是在家长的耳濡目染之下成长的，宝宝的性格也是在模仿大人的行为举止之下培养起来的。因此，家长一定要做好榜样，让宝宝从家长身上学会自控，学会顾虑他人。

孩子应适当受些挫折

很多家长都认为想要培养宝宝的自信心，就不能让宝宝承受挫折。这是一种错误的想法。因为生活中难免会遇到这样那样的挫折，只有经历了挫折并且从挫折中吸取教训，才能在下次遇到同样问题的时候战胜困难。宝宝还小，在心理上具有依赖心强、心灵脆弱的特点，这个时候如果家长再过于保护宝宝，就会让宝宝在遇到挫折的时候“输不起”，出现消极被动的行为。自信心是从多次的自我认识中培养起来的，并不是从每一次的成功中提取出来的。如果不让宝宝接受挫折教育，宝宝甚至可能在无法接受挫折的情况之下出现攻击性的行为，不管是伤害别人还是伤害自己，其后果都是很严重的。

家长要让宝宝内心越来越强大，就要教导宝宝正视挫折，用正确的态度来面对挫折，要让宝宝具备承受挫折的能力。家长在日常生活中要多给宝宝讲一些励志的小故事，增强宝宝的挫折意识。培养宝宝乐观开朗的心态是很重要的，在平时家长可以根据宝宝的年龄，适当地制造一些挫折的情景，让宝宝在挫折中学会如何应对。

如果宝宝在生活、交往、学习、游戏中遇到了障碍和困难，家长不要急于帮宝宝解决，而应该先鼓励宝宝自己解决。如果能力还不足以解决问题，家长就要给宝宝一些指导，并且告诉宝宝：“你看，应该是这样做的。这次宝宝知道方法了，下一次就会有经验了，对不对。多练习几次宝贝肯定能做得很好！”如果宝宝受到了很大的委屈，家长可以鼓励宝宝发泄出来，降低挫折感，避免郁闷堆积在心理，影响心灵的健康成长。与此同时，家长应该多注意培养宝宝的多种爱好，当宝宝遇到困难的时候，可以转移宝宝的注意力，让宝宝从自己擅长的领域中找寻自信，等宝宝缓和下来之后，再让宝宝去解决遇到的挫折，将消极情绪转化为积极情绪。

良好个性的形成

宝宝的性格在 3 岁左右就已经形成了，因此，想要培养宝宝的良好性格，就要从小时候抓起。一般来讲，家长在教育宝宝的过程中都会出现以下问题：

对宝宝过度照顾和关心，根本不让宝宝接触家人以外的人，总是担心宝宝在外面受到欺负，受到委屈。长期下来，宝宝容易养成怯懦、孤僻、胆小的性格，不知道如何与人相处，无法适应集体生活。

对宝宝过分娇惯和溺爱，什么事情都不让宝宝自己做。长此以往，宝宝容易养成骄纵、放肆、目中无人、不懂礼貌、以自我为中心、任性、无理取闹、缺乏耐心、缺乏责任心的性格。

对宝宝漠不关心，冷淡以对，宝宝受到这样的待遇，只能从别的地方寻求认可，他们会想方设法引起别人的注意，容易让宝宝变得喜欢惹是生非，辱骂攻击别人，还有些宝宝会变得跟大人一样冷漠，表现为自闭内向、情感淡漠。

对宝宝管教过严，总是用粗暴的方式来对待宝宝。长期下来，宝宝容易养成软弱、卑微、胆怯、自卑的性格，或者索性变得跟家长一样粗暴、霸道，不管别人做什么事都看不顺眼，有可能还会为了保护自己而习惯性地说谎等等。

对宝宝的态度今天冷，明天热，让宝宝捉摸不定。长时间下来，宝宝容易养成犹豫不决、缺乏主见、多愁善感、情绪不稳的性格、

虽说大部分的家庭都只生一个，但是也有些宝宝是有兄弟姐妹的。家长对待子女要一视同仁，如果家长有不公平的态度，就可能会让宝宝产生妒忌的心理，对宝宝日后心理的健康发展是很不利的。

1 ~ 3 岁是宝宝良好性格塑造的最佳时期，家长一定要把握好这个阶段，让宝宝养成乐观面对生活的好性格。良好和谐的家庭环境、团结友爱的家庭成员，对于培养宝宝的良好性格是十分重要的。在培养宝宝之前，家长要提高自身的素质和修养，给宝宝树立良好的性格榜样。有些宝宝在 2 岁半的时候就会进入托儿所，接受集体生活的训练，家长就更要注意培养宝宝友让谦恭、尊老敬贤、助人为乐、心胸开阔的好性格，同时要注意让宝宝学会自主自立，为宝宝更为长远的身心发展打下坚实的基础。

训练与游戏

家长应该适当地让宝宝学习一些劳动技能，培养宝宝热爱劳动的好习惯。一开始的时候，可以让宝宝学着自己穿衣服、自己吃饭、自己上厕所、自己洗手，等宝宝都习惯了这些事情

之后，再让宝宝来为家庭成员服务。比如说给奶奶扇扇风，给爷爷捶捶腿等等。这个阶段的宝宝好奇心十分旺盛，什么都想要尝试，帮助家人做家务的热情也比较高。一开始宝宝做得可能不是特别好，家长要及时鼓励宝宝。一定要耐心一些，不要因为宝宝做不好就不让宝宝尝试，宝宝养成衣来伸手饭来张口的毛病就糟糕了。

宝宝智能提升的 8 种方法

提高宝宝逻辑性

考推理　妈妈让宝宝一起准备早点，然后在吃饭之前，将食物用盒子盖上，让宝宝猜一猜：“猜猜看，里面是刚刚你和妈妈一起准备的哪样东西？”或者“宝贝希望里面是面包还是鸡蛋？”这种方法可以训练宝宝的逻辑推理能力。

数楼梯　台阶宝宝在上下楼梯的时候会觉得很无趣，但是如果父母花一点巧心思，不但能够让宝宝在上下楼梯的时候提升智能，还会减少宝宝要家长抱着上下楼梯的次数。家长可以在带宝宝上下楼梯的时候，让宝宝沿着阶梯一层一层地数数，在不知不觉中，既锻炼了宝宝的身体，又锻炼了宝宝数学逻辑能力，一举数得。

认路　带宝宝出门回来的时候，宝宝的心情通常都会比较放松，家长就要好好利用那段时间来让宝宝学习认路。要让宝宝学会分辨和记忆，帮助宝宝找出不同道路的不同特点，让宝宝学会利用眼睛看得到的参照物来认路，提升宝宝的观察能力。在回家的路上，还引导宝宝数各个房子门口的门牌号码，让宝宝分清楚哪些是奇数，哪些是偶数，巩固宝宝的数字概念，提升宝宝的数学逻辑分析能力。

数玩具　在晚上睡觉之前，家长要交代宝宝将自己的玩具收拾好。要从小培养宝宝“自己的事情自己做”的观念。

一开始的时候，家长可以跟宝宝一起数玩具。每拿一件玩具放在玩具箱里，就报一个数。宝宝可以通过模仿大人数数的样子，知道数字的顺序是怎么样的，以后妈妈就可以交代宝宝自己边收拾边数玩具了。这种方法可以培养宝宝的数学逻辑能力，对于开发宝宝的智力是很有好处的。

看商品标价　带宝宝逛商场的时候，妈妈可以带领宝宝一起看商品的标签，让宝宝知道每一样东西都是有价格的，不是可以随便拿走的。接着再跟宝宝一起算一算，买两样东西要花多少钱。如果妈妈手里只有 10 块钱，那么能买什么东西。这种方法可以帮助宝宝建立金钱概念，对提升宝宝的数学能力也是有帮助的。

增减衣物学数学　天气变冷了，需要添加衣物；天气暖和了，需要脱些衣物。妈妈可以好好利用穿脱衣物的过程，跟宝宝一起数数衣物的件数。穿一件数一件。在这个过程不仅可以提高宝宝的数学逻辑能力，还可以让宝宝了解到天气冷是跟厚衣服联系起来的，而天气热需要穿薄一些的短袖短裤，让宝宝从具体的生活中积累照顾自己的经验，认识到四季的变迁。

增强与人交往能力

与人打招呼　家长要教导宝宝遇到熟人打招呼，向长辈问好。在打招呼的时候要跟宝宝说，不同的人有不同的称呼方式，比如“哥哥，姐姐，叔叔，阿姨，爷爷，奶奶”等等，还要教导宝宝学会一些礼貌用语，比如“你好，谢谢，对不起”等等，让宝宝具备基本的人际交往能力。

让宝宝进行自我介绍　带宝宝在亲戚或朋友家做客的时候，可以让宝宝简单地介绍一下自己。在家里的时候就要教导宝宝如何自我介绍，只要将自己的姓名和年龄说出来就可以了，不用讲得太多。这种方式既可以让宝宝对自己有一个充分的认识，又可以培养宝宝的人际交往能力。

家长在带宝宝去别人家里做客的时候也要适当地有所选择。最好是带宝宝到有小朋友的人家里做客，这样可以给宝宝创造一些与同龄人交往的机会，对培养宝宝的合群和合作意识是很有帮助的。

让宝宝去问路　妈妈在带宝宝上街的时候，可以鼓励宝宝去问路。这种方法可以提升宝宝的人际智能。在向陌生人问路的时候，宝宝需要口齿清晰，还要目的明确，并且要有与陌生人交际的勇气，这种方法可以有效地提升宝宝的交际能力，锻炼宝宝的语言表达能力。

提升空间智能

认方向　带宝宝外出的时候，家长可以利用时机来教宝宝辨认方向，尤其到了地形比较复杂的十字路口，可以跟宝宝指出上、下、左、右、前、后等不同的方向，让宝宝具备初步的空间意识。

辨认东南西北　等宝宝知道上、下、左、右之后，妈妈可以进一步教导宝宝利用周围的事物来认路，还可以借助于路牌指示、太阳、树叶等来教导宝宝认识东南西北。这对于提升宝宝的方向感，开发宝宝的空间智能是十分有帮助的。

给宝宝下指令　家长可以让宝宝做自己的小帮手，不时地给宝宝下达一些指令，让宝宝帮妈妈做事。比如说：“宝贝，去帮妈妈把桌子上的牛奶拿过来”或者“宝贝，你挡着妈妈看电视了，稍微往左边一点”等等。在给宝宝下达指令的时候，多用一些方向词，比如往左、往右、上面、下面、桌子上、椅子下等等，有助于开发宝宝的空间智能。

锻炼说话能力

让宝宝形容自己最喜欢的动画角色　宝宝在看动画片的时候，对自己喜欢的角色一定会印象深刻。妈妈可以及时引导宝宝，让宝宝将自己喜欢的动画角色讲给妈妈听，让宝宝形容自己喜欢的东西，比如：“宝贝喜欢的动画角色是什么？是人还是小动物啊？长得什么样子？什么颜色的呢？是不是很威风啊？”等等，这对于培养宝宝的观察力和语言表达能力是很有帮助的。

边走路边唱儿歌　家长带宝宝走在路上的时候，可以跟宝宝边走边唱儿歌，比如“小白兔，白又白，两只耳朵竖起来，蹦蹦跳跳真可爱”等等，还可以给宝宝出一些小谜语，让宝宝边走边猜。宝宝不一定可以猜出谜底，但是这种有趣的方式会让宝宝乐于学习，富于求知精神，对提高宝宝的语言能力十分有益。

描述物品特点　妈妈可以拿一个宝宝喜欢的东西，给宝宝描述这个东西有什么特点，比如可以说说它的颜色（是玫瑰花一样的红色），或者是它的形状（跟球一样的圆形），还可以说出它的质地（是软的还是硬的）等等。宝宝听过了之后，再过一两天可以让宝宝重复妈妈说过的话，让宝宝来描述该东西有什么特点。宝宝在倾听和描述的过程中，既提高了理解能力，又锻炼了记忆能力，同时还能提升语言表达能力，好处多多。

培养艺术细胞

唱歌　家长可以鼓励宝宝唱儿歌，调动宝宝的情绪。如果宝宝已经上托儿所了，在让宝宝单独唱歌的时候，就会让宝宝体会到“独唱”的快乐。因为在托儿所里，并没有很多独唱的机会，这种方法可以很好地提高宝宝对音乐的兴趣。

听着轻松欢快的音乐劳动　在日常生活中可以让宝宝帮助家长干一些力所能及的家务活。在干活的过程中，可以放一些欢快的音乐，让宝宝边听边做。既锻炼了身体，又提高了宝宝的音乐智能，还可以让宝宝养成热爱劳动的好习惯，一举数得。

训练观察力和记忆力

辨认蔬菜　妈妈可以让宝宝跟着进厨房，试着让宝宝学习辨认蔬菜。妈妈要指着某种蔬菜，告诉宝宝蔬菜的名字，让宝宝观察蔬菜的颜色和形状，这对于提高宝宝的观察力是很有帮助的。

观察菜的颜色变化　在妈妈做饭的时候，可以让宝宝在一旁观摩。当然要在确保安全的前提之下进行。妈妈可以告诉宝宝等菜变成什么颜色就是熟了，再让宝宝看看生菜和熟菜的区别，训练宝宝的观察能力。

画出自己喜欢的角色　宝宝喜欢看动画片，家长可以让宝宝将自己喜爱的动画角色画出来。电视的画面是移动的，这种方式可以让宝宝观察力更集中，还可以训练宝宝的记忆力。宝宝一开始可能画得还不是很像，但是家长要及时给予鼓励，让宝宝对自己充满信心。

教宝宝找出相同材质的玩具　家长可以教宝宝将不同材质的玩具分类。比如有些玩具是毛绒材料的，有些是木头材料的。这种方法对于培养宝宝的触觉感知能力和视觉分辨能力是很有帮助的。

辨认颜色　家长可以利用各种机会来教导宝宝如何辨认颜色。有时间的话，可以带宝宝去植物园，看看各种不同颜色的叶子，有红色的、绿色的、黄色的，同时问宝宝："家里有什么东西也是黄色（其他颜色）的？"等等。

植物园里还有很多花，颜色也是多种多样的。家长引导宝宝观察不同种类的花，一边解释一边让宝宝辨认颜色，刺激宝宝的视觉，让宝宝将颜色记在心里面。在宝宝观察事物的时候，家长可以给予一些暗示，之后让宝宝自己去领会，思考观察对象的特性。

辨认声音　家长可以带宝宝到大自然中，让宝宝倾听大自然的声音。妈妈要引导宝宝注意倾听某种声音，比如青蛙的叫声、水流的声音、风吹过的声音等等，都可以锻炼宝宝的声音分辨能力。在城市里生活的宝宝，也可以通过很多途径来提高宝宝的声音分辨能力，比如汽车开过的声音、警车呜呜的声音或者是施工队敲敲打打的声音等等。这些声音都可以对宝宝的听觉产生刺激，在宝宝对同类的声音有了记忆之后，一旦听到某种声音，就可以立即判断那是什么发出来的。刺激宝宝听觉的方法对于提高宝宝的听觉敏锐性、增加宝宝声音辨识度是很有帮助的。

触物猜名　在外面活动的时候，家长可以利用看得到的各种形状、各种材质的东西来提升宝宝的触觉能力。先让宝宝闭上眼睛，然后将东西放在宝宝的手里，让宝宝通过触摸，猜出手里是什么东西。比如家长可以拿一块小石头，放在宝宝的手里。然后引导宝宝："宝贝，摸起来是什么感觉啊？热热的还是凉凉的？硬硬的还是软软的？"慢慢让宝宝通过触感说出正确的答案。在进行这种触觉测试的时候，除了用静物，还可以用一些小动物。可以将一直小蛐蛐或者蚕宝宝放在宝宝的手里，告诉宝宝不要用力捏，通过轻轻抚摸猜出手里是什么东西。这对于提升宝宝的触觉分辨能力是很有益处的。

增强内省智能

和孩子一起反省　在忙碌了一整天之后，要跟宝宝好好地聊聊天。不要总是在宝宝面前摆出家长的面孔，应该跟宝宝交朋友，在友爱和谐的气氛中，引导宝宝讲出自己一天都做什么了，有没有犯什么错误，让宝宝与家长一起反省。如果宝宝做错了，家长就要帮助宝宝找出错误的原因，避免下次再犯同样的错误，这是增强宝宝内省智能的有效方法。

故意说错一件事情　在跟宝宝聊天的时候，妈妈可以故意说错一件宝宝已经知道的事情，或者讲错一个故事，比如说今天明明就是艳阳高照，却跟宝宝说外面天色很阴沉，看宝宝是不是能够反应过来，纠正妈妈的说法。这种方法用于锻炼宝宝的逻辑能力和自省能力。

表达心情　一家人其乐融融地在一起聊天，妈妈可以让宝宝判断一下家庭成员是高兴还是不高兴，是很高兴还是一般高兴。让宝宝从人的脸色来判断一个人的心情。或者可以给宝宝讲一个小故事，让宝宝跟着故事情节做出喜怒哀乐等表情，让宝宝学习如何表达心情，提升宝宝的内省智能。

估算时间　在跟宝宝聊了一会儿天之后，要跟宝宝说已经聊了多长时间，然后再继续跟宝宝聊天。再过一段时间之后，让宝宝估算一下刚才一共过了多长的时间，这种方法对培养宝宝的时间观念和数学智能是很有帮助的。

让宝宝参与出游前准备　在带宝宝出游之前，家长都会准备一些出游的物品。不要将准备物品当成是大人的事情，也要让宝宝适时地参与进来。让宝宝参与准备对提升宝宝的逻辑能力与自省能力很有帮助。宝宝会在准备的同时思考自己缺了什么，有没有特别希望带出去的东西。在准备的过程中，家长要跟宝宝细数日常生活中用得到的东西，看宝宝是否迫切要求要带某一样东西而家长没有点到的。这些都会让宝宝在潜移默化中提高思维能力。要尊重宝宝的意见，让宝宝觉得自己的需要是在合理范围内，有助于培养宝宝的内省智能。

提高运动能力

让孩子自己收拾玩具　一开始的时候，妈妈要教导宝宝如何整理。等宝宝可以自己动手的时候，就要鼓励宝宝自己来，即便宝宝做得不是很好，家长也不要过多地责怪宝宝。要让宝宝在整理玩具的过程中，让宝宝明白，自己弄乱的东西要自己收拾，不能总是依赖别人。

跑步前进　爸爸妈妈下班之后可以带着宝宝出去活动活动筋骨。跑步是一个很不错的选择。在起跑之前，要先给宝宝定下一个明确的目标。比如以前方的路牌为目标，然后开始比赛跑步。家长在跑的时候最好跟宝宝一起，但是要注意要让宝宝获胜。这样宝宝就会喜欢上这种运动，因为可以获得成就感。等跑到一个定点目标之后，再定下一个目标跑。

跑步的运动，可以让宝宝通过深呼吸来增加大脑供氧量，这样会让宝宝的头脑更加清晰和灵活，促进腿部肌肉的协调，平衡能力和视力都会相应地得到提升，还可以提高宝宝的肢体运动技能，一举数得。

八、宝宝智能发展水平测试

2岁1个月

分类	项目	测评方法	通过标准
大动作	上楼梯的时候一步一个台阶	家长给宝宝示范扶着栏杆一步一个台阶上楼梯	可以扶着栏杆稳稳地一步一个台阶上楼梯
	爬上椅子再爬上桌子够东西	在书桌上放一个宝宝感兴趣的玩具，再放一把椅子，椅子下放一个板凳，鼓励宝宝动脑子从凳子上椅子再上桌子够东西	可以自己踩着小板凳爬上椅子，再从椅子爬上桌子，够到自己想要的玩具。大人要在一旁注意宝宝的安全，不要让宝宝摔下来
精细动作	画圆圈	先给宝宝示范怎么画圆圈，再鼓励宝宝自己画	宝宝所画出来的圆圈是闭合的，两头是弧度明显的，不是边边角角的
	用8块积木堆出高塔状	先用2块积木给宝宝示范如何造塔，再逐渐往上加积木。推倒之后鼓励宝宝搭高	可以顺利地用8块积木搭出高塔
	造桥	先用3块积木给宝宝示范如何造	可以用积木自己造桥
	可以用绳子在一分钟之内穿3颗珠子	桥（上面一块下面两块）。推倒之后再鼓励宝宝自己造桥 先给宝宝示范如何用绳子连续穿3个珠子，再鼓励宝宝在限定的时间内穿珠子	在一分钟之内可以穿3个珠子
认知能力	区分白天和夜晚	在宝宝起床的时候问宝宝：“现在是什么时候，是白天还是晚上？”到了晚上，可以询问宝宝同样的问题，只是要将答案的顺序调一下，以防宝宝用固定思维回答	可以正确地区分出白天和夜晚
言语	说出自己的姓名、性别以及爸爸妈妈的姓名	家长可以问宝宝“你叫什么名字？你是男孩还是女孩？爸爸妈妈叫什么名字啊？”	可以正确回答出自己的姓名、性别和爸爸妈妈的名字
情绪与社会行为	找到自己的家	将宝宝带到离家100米左右的地方，然后让宝宝带着妈妈找寻回家的路	可以“带领”大人找到回家的路
	背全首儿歌	选一首宝宝喜欢的三字一句的儿歌，鼓励宝宝背诵	能背诵全首儿歌

2岁2个月

分类	项目	测评方法	通过标准
大动作	双脚离地跳远	家长先给宝宝示范如何双脚离地跳远，再鼓励宝宝跟着一块儿做	宝宝可以双脚离地跳远，跳下后可以站稳
	单脚站稳	家长先示范如何用一只脚站立，再鼓励宝宝跟着做	不扶着东西，宝宝可以单脚站立两秒钟以上
	从最后一级台阶跳下	家长先给宝宝示范下楼梯的时候，从最后一级阶梯跳下来，再鼓励宝宝跟着做	不扶着东西，宝宝可以从最后一级阶梯跳下站稳。家长要在旁边注意安全
精细动作	筷子夹枣	家长先给宝宝示范如何用筷子将 红枣夹到盘子里面，再鼓励宝宝跟着做	可以自己用筷子夹起红枣放进盘子里
	拼图	家长先给宝宝示范如何拼图（从3块开始），接着将拼图打乱，鼓励宝宝自己拼	可以在两分钟之内拼出三张拼图。一开始可能不太顺利，等宝宝摸到窍门就可以了
认知能力	数数 1 ～ 10	告诉宝宝："来，跟妈妈一起数数，1、2、3、4、5……"	宝宝可以按顺序从1数到7了
	认识大和小	取出大小两只碗，引导宝宝将小碗放进大碗里面	可以分清大小，将小碗套进大碗里面
	认识两种以	拿出三种颜色的卡片，让宝宝从中挑出妈妈指定的颜色	可以按照指令，挑出正确的颜色，能够认识两种以上的颜色
言语	唱一首完整的歌	妈妈教导宝宝唱一首比较短小的歌曲	可以将整首歌唱准唱完
	问"你"时，用"我回答"	可以将宝宝的玩具拿起来，询问宝宝："这是你的吗？"引导宝宝说出："是我的"	会回答："这是我的"
情绪与社会行为	会使用声音表示喜怒	在日常的生活中，辨别宝宝的声音表情，观察宝宝的情绪和声音的联系	已经会用声音来表达喜怒哀乐等情绪了

2岁3个月

分类	项目	测评方法	通过标准
大动作	接反跳的球	在距离宝宝一米半的地方，将皮球轻轻地拍出去，让球反跳之后落在宝宝的胸前，引导宝宝接球	能双手接住球
	立定跳远15厘米	在地上画出相距20厘米左右的两条线，鼓励宝宝跳	可以双脚同时离地跳过线，脚后 跟没有踩到线
	接到滚来的球	让宝宝蹲下来准备接球，家长在离宝宝两米远的地方，将皮球滚出去，让宝宝接住滚过来的球	可以熟练地将球接住并且抱起来

分类	项目	测评方法	通过标准
大动作 精细动作 认知能力	积木砌金字塔	拿6块积木，给宝宝示范如何搭出金字塔（下面3块，中间2块，上面1块），推倒之后再鼓励宝宝重新搭	可以用6块积木搭起金字塔而不倒
	会画竖线、平行线	先给宝宝示范如何画竖线和平行线，然后再鼓励宝宝自己画	可以模仿家长画竖线，长度在3厘米以内。还会画出两条不相交的“平行线”
言语 情绪与社会行为	辨认1、2、3	将数字1、2、3分别写在纸上，然后指着1和2，让宝宝辨认接着将2和3写在一起，让宝宝分辨	可以正确地分辨出1、2、3这三个数字
	分清长短	拿出长短两个勺子，问宝宝：“哪个勺子比较长？”接着再问：“哪个勺子比较短？”	可以将勺子的长短正确地指出来
	分前后	指引宝宝将自己的手放在身前、身后	可以分得清前和后
	分左右	指引宝宝将自己的左手、右手、左脚、右脚分别伸出来，如果宝宝不会的话，可以跟宝宝说：“右手，就是吃饭的右手。”让宝宝了解左右	可以按照指令将相应的肢体伸出来
	知道物品的用途	可以不时地问宝宝：“妈妈的菜刀是用来干吗的？危险吗？”来引导宝宝说出：“是切菜的，危险。”	可以正确地回答问题
	知道自己冷、饿、渴、困时要怎么办	分别询问宝宝冷了、热了、困了、饿了、渴了怎么办，引导宝宝说出正确的答案	可以正确地回答问题
	懂得批评、避免大人批评	在某些场合，在宝宝要打人或者做不恰当行为的时候用手势、眼神和语言来批评宝宝	宝宝看得懂家长的批评举止，并且能够接受批评而不继续错误的行为，懂得如何避免被批评，具备初步的是非观念

2岁4个月

分类	项目	测评方法	通过标准
大动作	单脚站稳3～5秒	不扶着东西，让宝宝单脚站立	可以独自单脚站立3～5秒
	足尖走路	在地上画一条长约10米的Z形线，让宝宝踮着脚尖在线上走	可以踮着脚尖在线上行走自如，拐弯的时候也很稳
精细动作	倒米粒不洒出	将米倒进无把的杯子，米的量为杯子的1/3左右。给宝宝示范如何将米粒倒入另一只杯子，如此反复两次，再让宝宝跟着做	可以来回倒两次而不将米粒洒出

分类	项目	测评方法	通过标准
精细动作	为不同大小的瓶子配盖	找出三个大小不同的瓶子，将瓶盖拧下来。给宝宝示范如何给瓶子盖瓶盖，再将瓶盖和瓶子打乱，让宝宝自己寻找契合的瓶盖盖上瓶子	可以准确地找出瓶子配对的盖子，并且拧好
认知能力	认识水果、动物和植物	给宝宝拿出一叠表示水果、动物和植物的照片，让宝宝认识水果，并且说出他们对应的名称	可以正确地说出水果、动物和植物的名称各5种
	分清风、雨、雪、晴、阴	给宝宝描述不同的天气情况各自有什么特点，拿出对应的图片来让宝宝更加熟悉。接着让宝宝按照指示分辨找出天气所对应的图片	可以区分不同天气情况对应的图片
言语	说4个英语单词	鼓励宝宝说：“你好”、“对不起”等习惯礼貌用语，还可教导宝宝说一些简单的英语等	可以说出4个左右的英语单词，还会使用礼貌用语
	背诵唐诗	鼓励宝宝背诵唐诗	可以背诵1～2首唐诗
情绪与社会行为	情绪与本月测试无此项		

2岁5个月

分类	项目	测评方法	通过标准
大动作	在单排砖上行走自如	将10块左右长方形的砖放倒在地上，连接成平衡木，鼓励宝宝在砖面上行走	可以顺利地在砖面上行走
精细动作	按秩序放好6层套筒	用6个左右套筒给宝宝示范如何套，再鼓励宝宝跟着做	可以将6个套筒按照由小到大的顺序套好
	会写0和1	教导宝宝在纸上用蜡笔写出0和1这两个数字	宝宝写出来的“0”是封口的，“1”是竖直的
认知能力	会复述3位数	用每秒钟一个数字的速度读数，之后要求宝宝复述家长读过的数字	可以准确地将数字复述出来
	认识交通工具6种	准备10张交通工具的图片，让宝宝讲出那些交通工作的名称，以及在什么情况下会用到这些交通工具	可以认识并讲出6种以上交通工具的名称，还知道它们的不同属性和用途。如船是在水里开的，飞机是在空中开的，汽车是在马路上开的等等
	知道5以内的数字	将2堆糖果放在宝宝的面前，一堆放两块，一堆放三块，问宝宝两边堆放的分别是几块	可以指出5以内的数字，知道两边分别堆的是多少颗
言语	听得懂耳语，并且可以正确地表达3～4个字的句子	用3～4个字的句子跟宝宝一起玩传话的游戏	可以正确地传3～4个字的句子即可
情绪与社会行为	帮助大人干家务	当妈妈在做家务的时候，观察宝宝是否在注意，有没有意愿要帮着做家务	对家务跃跃欲试，希望帮助妈妈干家务

2岁6个月至3岁

分类	项目	测评方法	通过标准
大动作	走平衡木	家长给宝宝示范在离地10厘米，宽度为15厘米左右的平衡木上行走。然后再鼓励宝宝跟着走	可以在平衡木上行走自如
精细动作	开合拉锁	给宝宝示范如何拉开末段封闭的拉锁，再鼓励宝宝跟着做	可以自己开合拉锁
	画“十”字和正方形	给宝宝示范如何画出正方形和十字，再鼓励宝宝跟着画	写出的“十”字形长短基本一致，并且两线基本垂直。画出的正方形是闭合的，某些角度稍微偏离90度也可
	会解结按扣	在给宝宝脱衣服的时候，让宝宝自己解开衣服上的按扣	可以自己独立解开按扣
认知能力	知道3种动物的特点和生活习性	带着宝宝去动物园，或者给宝宝出示一些动物的图片，让宝宝看着动物说出动物的名称和习性	可以说出3种动物的名称及生活习性
	认识4种颜色	将4种颜色的积木或者颜色卡放在宝宝的面前，让宝宝按照大人的指令将对应颜色的积木或颜色卡挑出来	可以按照指令取出正确颜色的积木或颜色卡
	认识4种几何图形	将四种几何图形分别画在纸上（圆形、正方形、长方形和三角形），让宝宝根据大人指的图形说出图形的名称	能准确指出大人所说的几何图形
言语	学会唱2～3首歌曲	在宝宝情绪佳的时候。教宝宝唱一些简单的儿歌	会唱2～3首儿歌，吐字较清晰，节拍也比较准
	会叙述10种图片，每幅图片可以讲出至少1个特点	给宝宝出示15张左右的图片，包括食物、动物、植物等，让宝宝说出图片中物品的名称和特点	可以讲出10张图片的名称，并且可以讲出图片的一个特点
情绪与社会行为	会玩过家家，会表达意见，懂得服从指令	让宝宝跟其他的小朋友一起玩耍，家长在一旁偷偷观察，看宝宝会不会玩“过家家”的游戏	十分乐意跟其他的小朋友玩“过家家”，懂得合作，知道怎么表达自己意见，也知道怎么在游戏中服从指令

3 岁

分类	项目	测评方法	通过标准
大动作	登三层的攀登架	带宝宝去公园或者小区的攀登 架，鼓励宝宝往上爬，家长要在一旁注意宝宝的安全	可以爬上 3 层左右的攀登架
精细动作	会捏面塑	给宝宝示范如何用小面团捏出小碗、小苹果和小杯子等等，再鼓 可以励宝宝跟着捏	可以捏成 2～3 件小物品，不像也
认知能力	背数、点数、按数取东西	让宝宝口头背数，然后给宝宝几颗爆米花，让宝宝一个一个点数，数一个，放一个进碗里。接着妈妈再下达指令："拿（几个）给我。"让宝宝按着指令取东西	可以口头数到 20，懂得点数到 3 了，并且能按照妈妈的指示拿出对应数量的爆米花
	认识 4～5 种不同职业	给宝宝展示一些不同职业的图片（如护士、空姐、警察等），告诉宝宝那是什么职业，是做什么的。接着再按照述说的内容给宝宝提问题	了解 4～5 种不同的职业，知道那些职业分别是做什么的，比如：护士是护理病人的，空姐是照顾乘客的，警察是捉坏人的等等
言语	回答"如果"之后的结果	用宝宝比较熟悉的故事来对宝宝提问："如果兔子没有睡着，那谁会跑赢呢？"（《龟兔赛跑》）	可以准确地回答问题
	回答故事中的问题	让宝宝给大人讲个小故事，然后对宝宝提问，比如掩耳盗铃的故事，就可以问："是谁掩着耳朵，为什么要掩着耳朵？掩着自己的耳朵别人就听不到了吗？"	可以准确地回答问题
情绪与社会行为	学会等待	观察宝宝在一些特殊的场合（比如排队买东西，排队结账等），是不是有足够的耐心等待	懂得排队，并且有耐心